全球基础研究人才

指数报告

（2022）

GLOBAL BASIC RESEARCH TALENT

INDEX REPORT (2022)

柳学智　苗月霞　刘晔　等　著

社会科学文献出版社
SOCIAL SCIENCES ACADEMIC PRESS (CHINA)

序

当前，新一轮科技革命和产业变革蓬勃兴起，科学探索加速演进，学科交叉日益紧密，一些基本科学问题孕育重大突破。世界主要发达国家普遍强化基础研究，全球科技竞争不断向基础研究前移。

基础研究是创新的源头，人才是基础研究的主要驱动因素。了解和评估基础研究人才的分布和发展趋势，是政策制定和理论研究的重要依据。从微观层面看，对个体、团队、组织等的人才进行评估，评估的范围相对较小，评估的内容相对确定，评估的方法易于选择；从宏观层面看，在区域层面上评估一个国家或地区的基础研究人才，或者在研究领域层面上评估一个学科或学科大类的基础研究人才，评估范围广，评估内容多，文献计量评估是一种比较客观、准确的评估方法。本报告基于基础研究文献大数据，构建基础研究人才指数，对全球基础研究人才的分布和发展趋势进行评估。

对基础研究人才进行文献计量评估，必须划分研究领域。当前，研究领域的划分没有公认的标准，考虑到对中国基础研究的针对性，本报告参照国家自然科学基金委员会学科组分类，从学科、学科组、总体三个层面对研究领域进行划分，以学科为基本单元，构建指数，评估学科层面的基础研究人才；汇总学科层面的统计结果，评估学科组层面的基础研究人才；汇总学科组层面的统计结果，评估总体层面的基础研究人才。这样在评估基础研究人才时，既能体现研究领域的整体性，又具有学科针对性。

考虑到不同学科的文献类型有所不同，本报告在选取数据时，涵盖每一学科的主要文献类型，避免基于一种或几种文献类型进行学科比较而产生针对性不足、偏颇等问题。

考虑到基础研究的动态性，本报告针对最近 10 年各年度及年度合计基础研究文献分别计算指数。年度指数反映年度变化趋势，年度合计指数更为全面地反映一个国家或地区的整体水平，作为人才比较的主要指数。

本报告基于文献被引频次分布的特点，截取被引频次的累计百分比处于前 10% 的优秀人才，并且依据 1‰、1%、10% 标线对优秀人才进行了更细致的分层，据此提出了一套全球基础研究人才指数，并运用科睿唯安大数据进行了实证，全面、客观、准确地反映全球基础研究人才的分布和发展趋势，为政策制定和理论研究提供实证参考。

柳学智

中国人事科学研究院

2023 年 3 月

目 录 ⤵

第1章　全球基础研究人才指数

本报告基于基础研究文献大数据，构建全球基础研究人才指数，对各区域各领域基础研究人才进行评估。

第一节　考量因素

本报告的数据来源于科睿唯安的 InCites 数据库，数据更新时间为 2023年 1 月 27 日。

科睿唯安遵循客观性、选择性和动态性的文献筛选原则，将文献被引频次作为主要影响力指标，筛选每一研究领域中最有影响力的期刊等文献，确保文献的代表性。

在科睿唯安数据库中，英国（United Kingdom）、英格兰（England）、苏格兰（Scotland）、威尔士（Wales）、北爱尔兰（Northern Ireland）的数据并行存在，这些数据之间具有包含关系，为保证分析结果的可比性，本报告删除了其中被包含的重复数据。

经过数据清洗，最后纳入统计分析的文献数据共 59660540 篇。

一　基础研究领域的划分

本报告以科睿唯安 Web of Science 学科分类为基础，选择了 198 个 Web of Science 学科，根据国家自然科学基金委员会关于学科组的划分，归入相应的学科组，形成 8 个学科组和 1 个交叉学科，进一步将各学科组和交叉学科归为自然科学总体，这样，就将自然科学基础研究领域划分为学科、学科组、总体三个层面。

表 1-1 基础研究领域的划分

学科组	Web of Science 学科
数学与物理学	数学（Mathematics）
	数学物理（Physics, Mathematical）
	统计学和概率论（Statistics & Probability）
	逻辑学（Logic）
	应用数学（Mathematics, Applied）
	跨学科应用数学（Mathematics, Interdisciplinary Applications）
	力学（Mechanics）
	天文学和天体物理学（Astronomy & Astrophysics）
	凝聚态物理（Physics, Condensed Matter）
	热力学（Thermodynamics）
	原子、分子和化学物理（Physics, Atomic, Molecular & Chemical）
	光学（Optics）
	光谱学（Spectroscopy）
	声学（Acoustics）
	粒子物理学和场论（Physics, Particles & Fields）
	核物理（Physics, Nuclear）
	核科学和技术（Nuclear Science & Technology）
	流体物理和等离子体物理（Physics, Fluids & Plasmas）
	应用物理学（Physics, Applied）
	多学科物理（Physics, Multidisciplinary）
化学	有机化学（Chemistry, Organic）
	高分子科学（Polymer Science）
	电化学（Electrochemistry）
	物理化学（Chemistry, Physical）
	分析化学（Chemistry, Analytical）
	晶体学（Crystallography）
	无机化学和核化学（Chemistry, Inorganic & Nuclear）
	纳米科学和纳米技术（Nanoscience & Nanotechnology）
	化学工程（Engineering, Chemical）
	应用化学（Chemistry, Applied）
	多学科化学（Chemistry, Multidisciplinary）
生命科学	生物学（Biology）
	微生物学（Microbiology）
	病毒学（Virology）

续表

学科组	Web of Science 学科
生命科学	植物学（Plant Sciences）
	生态学（Ecology）
	湖沼学（Limnology）
	进化生物学（Evolutionary Biology）
	动物学（Zoology）
	鸟类学（Ornithology）
	昆虫学（Entomology）
	制奶和动物科学（Agriculture，Dairy & Animal Science）
	生物物理学（Biophysics）
	生物化学和分子生物学（Biochemistry & Molecular Biology）
	生物化学研究方法（Biochemical Research Methods）
	遗传学和遗传性（Genetics & Heredity）
	数学生物学和计算生物学（Mathematical & Computational Biology）
	细胞生物学（Cell Biology）
	免疫学（Immunology）
	神经科学（Neurosciences）
	心理学（Psychology）
	应用心理学（Psychology，Applied）
	生理心理学（Psychology，Biological）
	临床心理学（Psychology，Clinical）
	发展心理学（Psychology，Developmental）
	教育心理学（Psychology，Educational）
	实验心理学（Psychology，Experimental）
	数学心理学（Psychology，Mathematical）
	多学科心理学（Psychology，Multidisciplinary）
	心理分析（Psychology，Psychoanalysis）
	社会心理学（Psychology，Social）
	行为科学（Behavioral Sciences）
	生物材料学（Materials Science，Biomaterials）
	细胞和组织工程学（Cell & Tissue Engineering）
	生理学（Physiology）
	解剖学和形态学（Anatomy & Morphology）
	发育生物学（Developmental Biology）
	生殖生物学（Reproductive Biology）

续表

学科组	Web of Science 学科
生命科学	农学（Agronomy）
	多学科农业（Agriculture, Multidisciplinary）
	生物多样性保护（Biodiversity Conservation）
	园艺学（Horticulture）
	真菌学（Mycology）
	林学（Forestry）
	兽医学（Veterinary Sciences）
	海洋生物学和淡水生物学（Marine & Freshwater Biology）
	渔业学（Fisheries）
	食品科学和技术（Food Science & Technology）
	生物医药工程（Engineering, Biomedical）
	生物技术和应用微生物学（Biotechnology & Applied Microbiology）
地球科学	地理学（Geography）
	自然地理学（Geography, Physical）
	遥感（Remote Sensing）
	地质学（Geology）
	古生物学（Paleontology）
	矿物学（Mineralogy）
	地质工程（Engineering, Geological）
	地球化学和地球物理学（Geochemistry & Geophysics）
	气象学和大气科学（Meteorology & Atmospheric Science）
	海洋学（Oceanography）
	环境科学（Environmental Sciences）
	土壤学（Soil Science）
	水资源（Water Resources）
	环境研究（Environmental Studies）
	多学科地球科学（Geosciences, Multidisciplinary）
工程与材料科学	冶金和冶金工程（Metallurgy & Metallurgical Engineering）
	陶瓷材料（Materials Science, Ceramics）
	造纸和木材（Materials Science, Paper & Wood）
	涂料和薄膜（Materials Science, Coatings & Films）
	纺织材料（Materials Science, Textiles）
	复合材料（Materials Science, Composites）
	材料检测和鉴定（Materials Science, Characterization & Testing）

续表

学科组	Web of Science 学科
工程与材料科学	多学科材料（Materials Science, Multidisciplinary）
	石油工程（Engineering, Petroleum）
	采矿和矿物处理（Mining & Mineral Processing）
	机械工程（Engineering, Mechanical）
	制造工程（Engineering, Manufacturing）
	能源和燃料（Energy & Fuels）
	电气和电子工程（Engineering, Electrical & Electronic）
	建筑和建筑技术（Construction & Building Technology）
	土木工程（Engineering, Civil）
	农业工程（Agricultural Engineering）
	环境工程（Engineering, Environmental）
	海洋工程（Engineering, Ocean）
	船舶工程（Engineering, Marine）
	交通（Transportation）
	交通科学和技术（Transportation Science & Technology）
	航空和航天工程（Engineering, Aerospace）
	工业工程（Engineering, Industrial）
	设备和仪器（Instruments & Instrumentation）
	显微镜学（Microscopy）
	绿色和可持续科学与技术（Green & Sustainable Science & Technology）
	人体工程学（Ergonomics）
	多学科工程（Engineering, Multidisciplinary）
信息科学	电信（Telecommunication）
	影像科学和照相技术（Imaging Science & Photographic Technology）
	计算机理论和方法（Computer Science, Theory & Methods）
	软件工程（Computer Science, Software Engineering）
	计算机硬件和体系架构（Computer Science, Hardware & Architecture）
	信息系统（Computer Science, Information Systems）
	控制论（Computer Science, Cybernetics）
	计算机跨学科应用（Computer Science, Interdisciplinary Applications）
	自动化和控制系统（Automation & Control Systems）
	机器人学（Robotics）
	量子科学和技术（Quantum Science & Technology）
	人工智能（Computer Science, Artificial Intelligence）

续表

学科组	Web of Science 学科
管理科学	运筹学和管理科学（Operations Research & Management Science）
	管理学（Management）
	商学（Business）
	经济学（Economics）
	金融学（Business，Finance）
	人口统计学（Demography）
	农业经济和政策（Agricultural Economics & Policy）
	公共行政（Public Administration）
	卫生保健科学和服务（Health Care Sciences & Services）
	医学伦理学（Medical Ethics）
	区域和城市规划（Regional & Urban Planning）
	信息学和图书馆学（Information Science & Library Science）
医学	呼吸系统（Respiratory System）
	心脏和心血管系统（Cardiac & Cardiovascular Systems）
	周围血管疾病学（Peripheral Vascular Disease）
	胃肠病学和肝脏病学（Gastroenterology & Hepatology）
	产科医学和妇科医学（Obstetrics & Gynecology）
	男科学（Andrology）
	儿科学（Pediatrics）
	泌尿学和肾脏学（Urology & Nephrology）
	运动科学（Sport Sciences）
	内分泌学和新陈代谢（Endocrinology & Metabolism）
	营养学和饮食学（Nutrition & Dietetics）
	血液学（Hematology）
	临床神经学（Clinical Neurology）
	药物滥用医学（Substance Abuse）
	精神病学（Psychiatry）
	敏感症学（Allergy）
	风湿病学（Rheumatology）
	皮肤医学（Dermatology）
	眼科学（Ophthalmology）
	耳鼻喉学（Otorhinolaryngology）
	听觉学和言语病理学（Audiology & Speech-Language Pathology）
	牙科医学、口腔外科和口腔医学（Dentistry，Oral Surgery & Medicine）

续表

学科组	Web of Science 学科
医学	急救医学（Emergency Medicine）
	危机护理医学（Critical Care Medicine）
	整形外科学（Orthopedics）
	麻醉学（Anesthesiology）
	肿瘤学（Oncology）
	康复医学（Rehabilitation）
	医学信息学（Medical Informatics）
	神经影像学（Neuroimaging）
	传染病学（Infectious Diseases）
	寄生物学（Parasitology）
	医学化验技术（Medical Laboratory Technology）
	放射医学、核医学和影像医学（Radiology, Nuclear Medicine & Medical Imaging）
	法医学（Medicine, Legal）
	老年病学和老年医学（Geriatrics & Gerontology）
	初级卫生保健（Primary Health Care）
	公共卫生、环境卫生和职业卫生（Public, Environmental & Occupational Health）
	热带医学（Tropical Medicine）
	药理学和药剂学（Pharmacology & Pharmacy）
	医用化学（Chemistry, Medicinal）
	毒理学（Toxicology）
	病理学（Pathology）
	外科学（Surgery）
	移植医学（Transplantation）
	护理学（Nursing）
	全科医学和内科医学（Medicine, General & Internal）
	综合医学和补充医学（Integrative & Complementary Medicine）
	研究和实验医学（Medicine, Research & Experimental）
交叉学科	交叉学科（Multidisciplinary Science）

二 文献类型的选择

基础研究成果的主要形式是在期刊、报纸、图书等各种媒介上或者在会议、研讨、论坛等各种活动中发表的论文、综述、评论等各种文献。

考虑到学科之间文献类型存在差异，本报告选择了多种文献类型，涵盖了所研究学科的主要文献类型。

表 1-2　文献类型

中文名称	英文名称	中文名称	英文名称
期刊论文	Article	软件评论	Software Review
会议论文	Proceedings Paper	参考书目	Bibliography
会议摘要	Meeting Abstract	数据库评论	Database Review
综述	Review	硬件评论	Hardware Review
编辑材料	Editorial Material	图书	Book
快报	Letter	记录评审	Record Review
更正	Correction	发表内容摘要	Abstract of Published Item
图书章节	Book Chapter	摘录	Excerpt
图书综述	Book Review	研究报告	Note
传记	Biographical-Item	研讨	Discussion
新闻条目	News Item	个人研究领域	Item About An Individual
数据论文	Data Paper	年表	Chronology
转载	Reprint		

三　人才活跃期的界定

基础研究成果随着时间的推移而连续累积，基础研究人才也随之连续分布，只有"活跃的"基础研究人才才有可比性。

考虑到基础研究的长期性，本报告以 10 年作为基础研究人才的活跃期，基于 10 年数据进行统计分析，评估在这一活跃期内某一区域某一研究领域中基础研究人才的分布和发展趋势，能够更为合理地反映该区域该研究领域的人才发展状况。

考虑到基础研究的动态性，本报告还以 1 年为活跃期，对活跃期内各年度数据进行统计分析，及时反映基础研究人才的年度变化情况。

第二节　指数设计

本报告基于基础研究文献大数据的计量分析，划分基础研究人才层次，构建基础研究人才指数，评估各区域各领域的基础研究人才。

一　文献计量方法

一篇文献可能有一个或多个作者，作者可能属于一个或多个国家或地区，甚至一篇文献可能属于一个或多个学科。在本报告中，如果一篇文献有多个作者，且属于同一个国家或地区，视为一个作者；如果一篇文献的作者属于多个国家或地区，视为作者所属的每一国家或地区都拥有该篇文献，例如，某篇文献有 7 个中国作者、3 个美国作者，那么中国和美国各自计量为 1 篇文献；如果一篇文献属于多个学科，视为文献所属的每一个学科都拥有该篇文献，例如，某篇文献既属于有机化学，又属于高分子科学，那么有机化学和高分子科学各自计量为 1 篇文献。

二　基础研究人才层次划分

本报告将基础研究人才界定为，在某一学科某一年度的文献中，被引频次的累计百分比处于前 10% 的文献的作者。

为了对基础研究人才进行更细致的区分，我们继续以 1‰、1%、10% 为标线，将基础研究人才划分为 A、B、C 三个层次。

表 1-3　基础研究人才层次划分

人才层次	累计百分比（p）
A	$p \leqslant 1‰$
B	$1‰ < p \leqslant 1\%$
C	$1\% < p \leqslant 10\%$

三 基础研究人才指数

学科是基础研究领域划分的基本单元，也是基础研究人才划分的基本单元，本报告以学科为基本单元构建指数，进行学科层面的指数计算；在学科分析的基础上，根据学科组的划分，对应汇总相应学科的指数，形成了学科组的指数；进一步汇总学科组的指数，形成自然科学总体的指数。

根据学科、学科组、总体三个研究领域层面和 A、B、C 三个人才层次，构建某一区域某一研究领域某一活跃期内某一人才层次的人才指数，具体指数如下。

A 层人才指数：某区域某研究领域某活跃期内 A 层人才的人次数。

A 层人才占比：某区域某研究领域某活跃期内 A 层人才指数占全球相应研究领域相应活跃期内 A 层人才指数的百分比。

B 层人才指数：某区域某研究领域某活跃期内 B 层人才的人次数。

B 层人才占比：某区域某研究领域某活跃期内 B 层人才指数占全球相应研究领域相应活跃期内 B 层人才指数的百分比。

C 层人才指数：某区域某研究领域某活跃期内 C 层人才的人次数。

C 层人才占比：某区域某研究领域某活跃期内 C 层人才指数占全球相应研究领域相应活跃期内 C 层人才指数的百分比。

为了比较各区域各领域基础研究人才的发展情况，本报告选择 A、B、C 层人才占比作为人才比较的主要指数。

第三节　指数计算与结果呈现

本报告从以下三个层面进行指数计算和结果呈现。

一 学科层面

根据数学与物理学、化学、生命科学、地球科学、工程与材料科学、信息科学、管理科学、医学 8 个学科组，计算和呈现每一学科组下每一学科的排名前 20 的国家和地区的 A、B、C 层人才在 2012~2021 年各年度及其合计的全球占比，不足 20 个国家和地区的，列出全部。

将交叉学科视为一个学科组，其下只有一个学科，进行学科层面的指数计算和结果呈现。

二　学科组层面

以数学与物理学、化学、生命科学、地球科学、工程与材料科学、信息科学、管理科学、医学等 8 个学科组为单元，在学科层面指数计算的基础上，汇总每个学科组中各个学科的计算结果，呈现每一学科组的排名前 40 的国家和地区的 A、B、C 层人才在 2012~2021 年各年度及其合计的全球占比。

三　总体层面

以自然科学总体为单元，在数学与物理学、化学、生命科学、地球科学、工程与材料科学、信息科学、管理科学、医学 8 个学科组和交叉学科组指数计算的基础上，汇总各个学科组的计算结果，呈现自然科学总体的排名前 50 的国家和地区的 A、B、C 层人才在 2012~2021 年各年度及其合计的全球占比。

第2章　数学与物理学

数学与物理学是自然科学中的基础科学，是当代科学发展的先导和基础，在自身取得研究进展和重大突破的同时，也为其他学科的发展提供理论、思想、方法和手段。

第一节　学科

数学与物理学学科组包括以下学科：数学，数学物理，统计学和概率论，逻辑学，应用数学，跨学科应用数学，力学，天文学和天体物理学，凝聚态物理，热力学，原子、分子和化学物理，光学，光谱学，声学，粒子物理学和场论，核物理，核科学和技术，流体物理和等离子体物理，应用物理学，多学科物理，共计20个。

一　数学

数学A、B、C层人才最多的是中国大陆，分别占该学科全球A、B、C层人才的 17.87%、18.12%、14.23%；美国 A、B、C 层人才分别以13.65%、13.21%、14.17%的世界占比排名第二；二者 A、B、C 层人才的世界占比合计分别为 31.52%、31.33%、28.40%。

意大利、土耳其、罗马尼亚、德国、中国台湾、沙特阿拉伯、伊朗、英国的 A 层人才比较多，世界占比在 7%~3%[①]；南非、印度、法国、巴基斯坦、澳大利亚、瑞士、日本、巴西、比利时、加拿大也有相当数量的 A 层

[①] 为了和表中数据从大到小的顺序对照，全书此类数据按从大到小写法呈现，如 7%~3%，特此说明。

人才，世界占比均超过或等于1%。

沙特阿拉伯、土耳其、意大利、德国、法国、中国台湾、巴基斯坦的 B 层人才比较多，世界占比在5%~3%；英国、印度、加拿大、罗马尼亚、伊朗、西班牙、韩国、澳大利亚、日本、波兰、埃及也有相当数量的 B 层人才，世界占比均超过1%。

法国、德国、意大利、英国、西班牙、印度的 C 层人才比较多，世界占比在6%~3%；沙特阿拉伯、土耳其、加拿大、俄罗斯、日本、巴基斯坦、伊朗、韩国、罗马尼亚、中国台湾、巴西、波兰也有相当数量的 C 层人才，世界占比均超过1%。

表2-1 数学 A 层人才排名前20的国家和地区的占比

单位：%

国家和地区	2012 年	2013 年	2014 年	2015 年	2016 年	2017 年	2018 年	2019 年	2020 年	2021 年	合计
中国大陆	23.08	7.14	4.44	19.15	22.92	18.00	26.53	21.82	18.97	15.38	17.87
美国	23.08	26.19	11.11	10.64	20.83	14.00	24.49	10.91	1.72	3.08	13.65
意大利	5.13	7.14	20.00	10.64	12.50	2.00	4.08	0.00	3.45	6.15	6.83
土耳其	0.00	0.00	2.22	2.13	4.17	10.00	2.04	7.27	15.52	12.31	6.22
罗马尼亚	0.00	0.00	0.00	6.38	4.17	8.00	4.08	12.73	10.34	6.15	5.62
德国	5.13	11.90	11.11	10.64	2.08	6.00	2.04	3.64	3.45	0.00	5.22
中国台湾	0.00	0.00	0.00	0.00	0.00	2.00	6.12	7.27	12.07	12.31	4.62
沙特阿拉伯	2.56	2.38	2.22	6.38	8.33	6.00	2.04	7.27	0.00	6.15	4.42
伊朗	0.00	0.00	4.44	2.13	2.08	2.00	2.04	3.64	8.62	9.23	3.82
英国	0.00	7.14	4.44	6.38	0.00	6.00	6.12	1.82	0.00	0.00	3.01
南非	0.00	0.00	2.22	2.13	2.08	0.00	10.20	1.82	3.45	3.08	2.61
印度	2.56	7.14	0.00	6.38	0.00	2.00	2.04	7.27	1.72	1.54	2.61
法国	5.13	7.14	6.67	2.13	2.08	2.00	2.04	0.00	0.00	0.00	2.41
巴基斯坦	0.00	0.00	0.00	0.00	2.08	2.00	2.04	1.82	3.45	3.08	1.61
澳大利亚	0.00	4.76	0.00	4.26	2.08	0.00	0.00	1.82	0.00	0.00	1.41
瑞士	5.13	0.00	0.00	0.00	4.17	2.00	2.04	0.00	0.00	0.00	1.20
日本	2.56	0.00	4.44	2.13	0.00	0.00	2.04	0.00	1.72	0.00	1.20
巴西	0.00	4.76	4.44	2.13	0.00	0.00	0.00	0.00	0.00	0.00	1.00
比利时	0.00	2.38	0.00	2.13	2.08	4.00	0.00	0.00	0.00	0.00	1.00
加拿大	0.00	0.00	6.67	0.00	0.00	0.00	0.00	0.00	1.72	1.54	1.00

表 2-2　数学 B 层人才排名前 20 的国家和地区的占比

单位：%

国家和地区	2012 年	2013 年	2014 年	2015 年	2016 年	2017 年	2018 年	2019 年	2020 年	2021 年	合计
中国大陆	14.60	14.06	17.16	18.64	20.23	20.67	24.59	20.25	16.82	14.29	18.12
美国	20.11	22.14	17.66	18.16	16.28	15.73	10.90	9.07	4.57	5.06	13.21
沙特阿拉伯	3.31	2.60	3.48	3.87	2.79	4.04	5.34	6.75	5.67	8.50	4.84
土耳其	1.93	3.91	3.23	1.45	3.72	3.37	4.41	4.43	7.68	5.06	4.10
意大利	4.13	4.43	4.73	4.36	6.28	4.04	3.02	2.32	2.56	3.25	3.83
德国	4.41	5.47	5.72	4.84	4.42	4.04	3.25	1.90	2.38	2.35	3.74
法国	5.51	5.73	5.72	7.26	5.35	3.60	2.78	3.16	0.00	0.54	3.69
中国台湾	1.38	0.26	0.75	0.97	1.86	2.47	3.25	5.27	7.68	9.22	3.69
巴基斯坦	0.83	0.52	0.75	0.73	0.70	2.02	4.64	8.86	6.95	6.51	3.58
英国	4.68	4.43	3.73	4.36	3.49	3.37	1.86	2.53	1.10	1.08	2.90
印度	1.93	1.30	1.99	3.39	3.26	2.92	2.55	2.95	3.47	3.62	2.81
加拿大	2.75	3.13	1.49	2.66	3.26	3.60	2.32	4.22	1.83	1.63	2.66
罗马尼亚	1.38	2.08	1.74	0.48	2.56	2.02	3.02	2.53	3.84	2.17	2.25
伊朗	1.93	2.86	1.00	1.21	1.40	1.80	1.39	1.48	4.02	2.71	2.05
西班牙	5.23	1.82	3.23	2.18	2.09	2.25	0.93	1.05	0.91	1.08	1.96
韩国	1.38	2.86	1.24	0.97	1.63	1.57	1.62	1.27	1.46	1.99	1.60
澳大利亚	1.93	1.56	1.49	1.69	0.47	2.70	1.86	1.48	1.46	0.90	1.53
日本	1.38	1.56	2.74	2.42	2.09	2.25	1.39	1.27	0.18	0.00	1.44
波兰	1.10	0.78	2.49	0.73	0.47	1.12	2.55	1.48	2.01	1.45	1.44
埃及	0.83	0.26	0.25	0.24	0.47	0.45	1.62	0.84	2.74	3.07	1.19

表 2-3　数学 C 层人才排名前 20 的国家和地区的占比

单位：%

国家和地区	2012 年	2013 年	2014 年	2015 年	2016 年	2017 年	2018 年	2019 年	2020 年	2021 年	合计
中国大陆	11.97	13.23	12.96	13.26	14.71	14.69	16.42	15.92	15.53	12.63	14.23
美国	20.45	17.89	17.22	17.55	16.88	15.85	14.08	11.76	8.02	6.67	14.17
法国	7.19	6.29	6.88	7.00	6.60	5.51	4.80	3.97	2.89	3.02	5.25
德国	6.00	5.44	5.85	5.49	4.74	4.86	4.96	3.99	2.95	3.13	4.63
意大利	4.84	5.07	5.27	5.16	4.84	4.96	4.78	4.35	3.84	3.40	4.60
英国	4.14	3.97	4.01	3.98	4.29	4.67	3.78	3.76	2.61	2.17	3.68
西班牙	3.73	3.41	3.45	2.96	3.15	2.89	2.94	2.58	3.21	3.40	3.16
印度	1.69	2.11	1.94	1.79	2.50	2.59	3.39	3.61	4.77	5.33	3.10

续表

国家和地区	2012 年	2013 年	2014 年	2015 年	2016 年	2017 年	2018 年	2019 年	2020 年	2021 年	合计
沙特阿拉伯	1.60	1.79	1.69	2.17	2.50	2.25	2.21	2.97	5.27	5.98	2.98
土耳其	1.98	3.09	2.27	2.27	2.46	2.59	2.83	2.99	3.82	3.48	2.83
加拿大	3.06	2.88	3.18	3.09	2.55	2.59	2.35	2.54	1.76	1.60	2.51
俄罗斯	1.84	1.81	2.12	2.50	2.19	2.35	3.01	2.50	2.08	2.31	2.29
日本	2.68	2.69	2.97	2.68	2.34	2.25	2.32	2.13	1.37	1.27	2.22
巴基斯坦	0.55	0.72	0.48	0.69	0.91	1.36	1.75	3.27	3.66	4.48	1.93
伊朗	1.43	1.89	1.79	1.40	1.56	1.70	1.95	1.88	2.34	2.38	1.86
韩国	1.92	1.44	1.71	1.35	1.66	1.19	1.77	1.94	2.02	2.08	1.73
罗马尼亚	1.51	1.57	1.24	1.17	1.40	1.60	1.33	1.49	2.50	2.98	1.72
中国台湾	0.67	0.43	0.60	0.74	0.94	1.01	1.24	2.01	3.37	3.69	1.58
巴西	1.25	1.55	1.84	1.74	1.88	1.93	1.53	1.56	1.45	1.02	1.56
波兰	1.40	1.89	1.74	2.15	1.64	1.48	1.37	1.24	1.09	1.08	1.48

二 数学物理

数学物理 A、B、C 层人才最多的是美国，分别占该学科全球 A、B、C 层人才的 22.46%、15.77%、16.63%；A 层人才中，英国、中国大陆分别以 8.70%、7.25%的世界占比排名第二、三位；B、C 层人才排名第二的均为中国大陆，世界占比分别为 13.56%、14.44%。

土耳其、比利时、瑞士、西班牙、意大利、法国、德国、伊朗的 A 层人才比较多，世界占比均为 3.62%；葡萄牙、南非、俄罗斯、澳大利亚、中国台湾、罗马尼亚、印度、日本、墨西哥也有相当数量的 A 层人才，世界占比均超过 1%。

英国、德国的 B 层人才处于第二梯队，世界占比分别为 6.49%、6.29%；土耳其、意大利、沙特阿拉伯、法国、印度的 B 层人才比较多，世界占比在 4%~3%；加拿大、西班牙、瑞士、俄罗斯、伊朗、罗马尼亚、巴基斯坦、日本、南非、澳大利亚、墨西哥也有相当数量的 B 层人才，世界占比均超过 1%。

德国、英国、法国、意大利、印度的 C 层人才比较多，世界占比在

8%~3%；俄罗斯、西班牙、日本、瑞士、加拿大、沙特阿拉伯、伊朗、澳大利亚、土耳其、荷兰、巴西、以色列、巴基斯坦也有相当数量的 C 层人才，世界占比均超过 1%。

表 2-4　数学物理 A 层人才排名前 20 的国家和地区的占比

单位：%

国家和地区	2012 年	2013 年	2014 年	2015 年	2016 年	2017 年	2018 年	2019 年	2020 年	2021 年	合计
美国	50.00	36.36	20.00	33.33	12.50	29.41	31.25	13.33	0.00	21.05	22.46
英国	0.00	18.18	20.00	13.33	25.00	5.88	0.00	0.00	11.11	0.00	8.70
中国大陆	25.00	0.00	0.00	0.00	0.00	11.76	18.75	0.00	0.00	21.05	7.25
土耳其	0.00	0.00	0.00	0.00	12.50	0.00	6.25	13.33	5.56	0.00	3.62
比利时	0.00	0.00	0.00	0.00	0.00	11.76	12.50	0.00	0.00	5.26	3.62
瑞士	0.00	0.00	13.33	6.67	12.50	0.00	6.25	0.00	0.00	0.00	3.62
西班牙	0.00	0.00	6.67	0.00	12.50	5.88	0.00	0.00	11.11	0.00	3.62
意大利	0.00	0.00	6.67	0.00	12.50	0.00	0.00	6.67	5.56	5.26	3.62
法国	0.00	0.00	13.33	6.67	0.00	0.00	6.25	0.00	5.56	0.00	3.62
德国	0.00	0.00	6.67	6.67	0.00	5.88	0.00	6.67	0.00	5.26	3.62
伊朗	25.00	9.09	0.00	0.00	0.00	0.00	0.00	6.67	5.56	5.26	3.62
葡萄牙	0.00	0.00	0.00	0.00	0.00	11.76	0.00	6.67	5.56	0.00	2.90
南非	0.00	0.00	0.00	0.00	12.50	5.88	0.00	6.67	5.56	0.00	2.90
俄罗斯	0.00	18.18	0.00	6.67	0.00	0.00	6.25	0.00	0.00	0.00	2.90
澳大利亚	0.00	0.00	0.00	6.67	0.00	0.00	0.00	0.00	5.56	5.26	2.17
中国台湾	0.00	0.00	0.00	0.00	0.00	0.00	0.00	0.00	11.11	5.26	2.17
罗马尼亚	0.00	0.00	0.00	0.00	0.00	0.00	6.25	6.67	5.56	0.00	2.17
印度	0.00	0.00	0.00	0.00	0.00	0.00	0.00	0.00	11.11	5.26	2.17
日本	0.00	9.09	0.00	0.00	0.00	0.00	0.00	0.00	0.00	5.26	1.45
墨西哥	0.00	0.00	0.00	6.67	0.00	0.00	0.00	0.00	5.56	0.00	1.45

表 2-5　数学物理 B 层人才排名前 20 的国家和地区的占比

单位：%

国家和地区	2012 年	2013 年	2014 年	2015 年	2016 年	2017 年	2018 年	2019 年	2020 年	2021 年	合计
美国	17.81	23.74	21.74	16.55	23.17	19.35	17.22	7.69	7.91	5.88	15.77
中国大陆	10.27	15.11	8.70	11.72	10.98	12.90	15.89	15.38	11.30	22.35	13.56
英国	10.27	10.79	11.59	6.21	9.76	8.39	3.97	1.92	1.69	2.35	6.49

续表

国家和地区	2012 年	2013 年	2014 年	2015 年	2016 年	2017 年	2018 年	2019 年	2020 年	2021 年	合计
德国	6.85	6.47	10.87	10.34	9.76	6.45	6.62	2.56	2.82	1.76	6.29
土耳其	1.37	0.00	0.00	0.69	1.22	3.23	7.28	10.90	7.34	5.88	3.96
意大利	4.79	2.88	2.90	4.14	3.66	4.52	4.64	3.21	3.39	3.53	3.76
沙特阿拉伯	0.68	2.88	2.17	3.45	1.83	1.94	3.31	4.49	5.65	9.41	3.70
法国	2.74	3.60	5.07	5.52	4.88	5.81	3.97	0.64	1.13	1.18	3.37
印度	1.37	2.16	1.45	1.38	3.05	1.29	0.66	2.56	9.60	5.29	3.05
加拿大	4.79	1.44	2.17	0.00	1.83	2.58	1.32	2.56	2.82	4.12	2.40
西班牙	3.42	1.44	5.80	2.76	1.83	4.52	0.66	0.64	1.13	1.76	2.34
瑞士	2.74	2.16	3.62	4.14	3.05	3.23	1.32	1.92	0.00	0.59	2.21
俄罗斯	2.74	0.72	1.45	3.45	3.05	1.29	3.31	0.64	1.69	2.94	2.14
伊朗	1.37	1.44	0.00	0.69	0.00	0.00	3.31	5.13	5.65	2.35	2.08
罗马尼亚	0.00	0.00	0.00	1.38	0.61	3.23	4.64	6.41	1.13	1.18	1.88
巴基斯坦	0.68	0.00	0.00	0.69	0.00	0.65	2.65	3.21	6.21	2.94	1.82
日本	1.37	2.16	2.90	2.07	0.61	3.23	1.32	1.92	0.56	0.00	1.56
南非	0.68	0.00	1.45	0.69	0.61	0.00	3.31	2.56	3.39	1.76	1.49
澳大利亚	2.05	0.00	0.72	1.38	2.44	3.23	1.32	0.00	0.56	1.76	1.36
墨西哥	0.68	0.00	0.00	1.38	0.61	0.00	0.66	1.92	4.52	1.76	1.23

表 2-6　数学物理 C 层人才排名前 20 的国家和地区的占比

单位：%

国家和地区	2012 年	2013 年	2014 年	2015 年	2016 年	2017 年	2018 年	2019 年	2020 年	2021 年	合计
美国	19.22	21.28	19.50	19.60	18.08	17.34	16.72	13.74	12.06	10.31	16.63
中国大陆	12.28	14.89	10.28	13.78	13.54	15.83	15.73	14.47	15.13	17.80	14.44
德国	9.61	8.36	7.80	7.04	8.94	8.01	7.03	7.03	5.16	4.55	7.30
英国	6.03	6.53	7.09	6.68	7.20	6.43	5.64	5.04	3.54	3.35	5.71
法国	6.94	6.16	7.45	6.53	6.47	5.93	5.64	4.31	3.36	3.41	5.56
意大利	4.20	4.55	6.10	5.38	4.74	4.92	3.78	4.25	4.02	3.28	4.51
印度	2.36	2.13	3.26	2.66	2.33	2.71	4.18	4.71	6.66	6.69	3.84
俄罗斯	2.06	2.27	2.48	3.02	2.67	2.84	3.78	2.99	2.22	2.54	2.69
西班牙	3.66	3.74	3.26	2.73	2.87	1.89	2.32	3.19	1.38	1.41	2.60
日本	2.52	2.13	2.20	2.30	2.60	2.96	2.59	2.65	1.74	1.14	2.28
瑞士	1.60	1.98	2.41	2.66	3.07	1.89	1.53	1.86	1.50	1.07	1.95
加拿大	2.06	1.83	2.84	2.58	2.00	1.58	1.73	1.46	1.80	1.47	1.92

续表

国家和地区	2012 年	2013 年	2014 年	2015 年	2016 年	2017 年	2018 年	2019 年	2020 年	2021 年	合计
沙特阿拉伯	0.61	1.03	1.13	0.93	1.27	1.01	1.66	2.12	3.90	5.02	1.92
伊朗	1.83	0.88	1.28	1.29	0.80	1.89	2.12	2.06	2.88	2.74	1.81
澳大利亚	2.06	1.47	1.35	2.66	1.53	1.58	1.26	1.53	1.38	1.67	1.64
土耳其	0.53	0.51	0.35	0.79	0.53	1.20	1.19	2.46	3.66	3.61	1.54
荷兰	1.75	1.47	1.35	1.51	1.80	1.20	1.00	1.00	0.90	0.74	1.26
巴西	1.37	0.88	1.35	0.93	1.80	1.26	1.46	1.06	1.14	0.87	1.21
以色列	1.22	1.61	1.35	1.65	1.40	1.07	0.86	1.06	0.84	0.80	1.17
巴基斯坦	0.23	0.15	0.64	0.22	0.40	0.38	1.26	1.59	2.16	3.95	1.13

三　统计学和概率论

统计学和概率论 A、B、C 层人才最多的是美国，分别占该学科全球 A、B、C 层人才的 32.14%、30.64%、28.10%；A 层人才中，德国以 11.90% 的世界占比排名第二；B、C 层人才排名第二的均为中国大陆，世界占比分别为 11.34%、10.22%。

澳大利亚、英国、瑞士、加拿大、中国大陆的 A 层人才比较多，世界占比均超过 5%；日本、中国香港、丹麦、法国、荷兰、瑞典、比利时、新西兰、葡萄牙、俄罗斯、韩国、西班牙、意大利也有相当数量的 A 层人才，世界占比均超过 1%。

英国的 B 层人才以 9.99% 的世界占比排名第三；德国、澳大利亚、法国、加拿大、荷兰的 B 层人才比较多，世界占比在 6%~3%；瑞士、西班牙、意大利、沙特阿拉伯、挪威、日本、芬兰、韩国、丹麦、印度、瑞典、比利时也有相当数量的 B 层人才，世界占比超过或接近 1%。

英国的 C 层人才以 8.56% 的世界占比排名第三；德国、法国、加拿大的 C 层人才比较多，世界占比在 6%~3%；意大利、澳大利亚、西班牙、瑞士、荷兰、印度、比利时、伊朗、巴西、瑞典、中国香港、沙特阿拉伯、丹麦、日本也有相当数量的 C 层人才，世界占比均超过 1%。

表 2-7　统计学和概率论 A 层人才排名前 20 的国家和地区的占比

单位：%

国家和地区	2012 年	2013 年	2014 年	2015 年	2016 年	2017 年	2018 年	2019 年	2020 年	2021 年	合计
美国	28.57	64.29	25.00	25.00	31.25	27.78	35.29	27.27	33.33	30.00	32.14
德国	7.14	14.29	25.00	6.25	18.75	16.67	17.65	9.09	6.67	0.00	11.90
澳大利亚	14.29	0.00	18.75	0.00	0.00	5.56	0.00	0.00	6.67	15.00	5.95
英国	0.00	0.00	6.25	6.25	12.50	5.56	5.88	4.55	6.67	10.00	5.95
瑞士	7.14	0.00	0.00	18.75	0.00	5.56	5.88	9.09	6.67	0.00	5.36
加拿大	7.14	0.00	12.50	12.50	0.00	11.11	0.00	4.55	0.00	5.00	5.36
中国大陆	0.00	0.00	0.00	6.25	0.00	0.00	5.88	0.00	20.00	20.00	5.36
日本	0.00	0.00	0.00	6.25	0.00	0.00	11.76	0.00	6.67	5.00	2.98
中国香港	7.14	0.00	0.00	6.25	0.00	0.00	5.88	4.55	0.00	0.00	2.38
丹麦	0.00	0.00	0.00	6.25	0.00	11.11	0.00	0.00	0.00	0.00	1.79
法国	0.00	0.00	0.00	0.00	6.25	0.00	0.00	9.09	0.00	0.00	1.79
荷兰	7.14	0.00	0.00	0.00	0.00	0.00	0.00	0.00	0.00	10.00	1.79
瑞典	0.00	7.14	6.25	0.00	6.25	0.00	0.00	0.00	0.00	0.00	1.79
比利时	7.14	0.00	0.00	0.00	0.00	0.00	5.88	0.00	0.00	0.00	1.19
新西兰	7.14	0.00	0.00	6.25	0.00	0.00	0.00	0.00	0.00	0.00	1.19
葡萄牙	0.00	0.00	0.00	0.00	6.25	0.00	0.00	4.55	0.00	0.00	1.19
俄罗斯	7.14	7.14	0.00	0.00	0.00	0.00	0.00	0.00	0.00	0.00	1.19
韩国	0.00	0.00	0.00	0.00	0.00	0.00	0.00	0.00	13.33	0.00	1.19
西班牙	0.00	0.00	0.00	0.00	6.25	0.00	0.00	4.55	0.00	0.00	1.19
意大利	0.00	0.00	0.00	0.00	6.25	0.00	0.00	4.55	0.00	0.00	1.19

表 2-8　统计学和概率论 B 层人才排名前 20 的国家和地区的占比

单位：%

国家和地区	2012 年	2013 年	2014 年	2015 年	2016 年	2017 年	2018 年	2019 年	2020 年	2021 年	合计
美国	41.35	42.45	38.67	27.63	34.94	23.35	25.90	31.63	23.21	22.70	30.64
中国大陆	4.51	2.16	5.33	5.26	6.63	11.38	14.46	16.33	16.07	24.86	11.34
英国	11.28	12.23	10.67	13.82	12.05	10.78	9.04	9.69	5.36	6.49	9.99
德国	8.27	6.47	5.33	4.61	6.02	7.19	3.61	2.55	4.17	3.78	5.06
澳大利亚	2.26	2.88	3.33	3.29	1.20	6.59	4.82	4.59	4.17	3.24	3.70
法国	7.52	5.04	4.67	5.92	2.41	2.99	2.41	3.06	1.79	1.62	3.58
加拿大	2.26	4.32	4.00	1.32	4.22	4.19	4.82	4.59	3.57	2.16	3.58
荷兰	3.01	2.16	4.00	1.97	2.41	1.20	4.82	4.08	3.57	2.70	3.02

国家和地区	2012年	2013年	2014年	2015年	2016年	2017年	2018年	2019年	2020年	2021年	合计
瑞士	3.76	2.88	3.33	2.63	3.61	1.20	2.41	2.55	0.00	2.16	2.40
西班牙	2.26	1.44	3.33	3.95	2.41	1.80	1.81	2.55	1.19	2.16	2.28
意大利	2.26	2.16	1.33	3.29	0.60	2.40	1.81	0.00	2.38	2.16	1.79
沙特阿拉伯	0.00	0.72	2.00	1.32	2.41	2.40	2.41	0.51	0.60	1.62	1.42
挪威	0.75	1.44	0.00	1.97	2.41	1.20	2.41	0.51	2.38	0.00	1.29
日本	0.00	0.72	0.00	1.32	3.01	1.80	0.60	1.02	1.79	1.08	1.17
芬兰	0.75	0.00	1.33	0.66	0.60	3.59	1.81	1.53	0.00	0.54	1.11
韩国	0.00	1.44	0.67	1.32	0.00	1.80	0.60	1.53	1.19	2.16	1.11
丹麦	0.00	1.44	1.33	1.97	2.41	1.80	0.00	0.51	1.19	0.00	1.05
印度	0.00	0.00	0.67	1.32	0.60	2.40	0.60	0.00	1.19	2.16	0.92
瑞典	0.75	0.72	2.00	0.66	0.00	1.20	0.60	1.02	0.60	1.08	0.86
比利时	0.75	0.72	0.00	0.66	0.60	1.20	0.60	2.04	1.79	0.00	0.86

表 2-9 统计学和概率论 C 层人才排名前 20 的国家和地区的占比

单位：%

国家和地区	2012年	2013年	2014年	2015年	2016年	2017年	2018年	2019年	2020年	2021年	合计
美国	30.99	30.50	29.84	31.02	30.03	29.06	28.69	26.74	23.58	22.28	28.10
中国大陆	6.49	8.27	8.53	9.61	8.55	9.91	11.14	10.64	13.31	14.32	10.22
英国	9.08	9.31	9.00	9.07	8.43	8.84	8.68	8.21	8.65	6.49	8.56
德国	5.87	5.98	5.82	5.94	5.23	4.09	3.95	5.21	4.82	4.54	5.11
法国	5.87	5.76	4.80	5.14	5.35	3.86	3.82	4.49	3.62	3.35	4.55
加拿大	4.30	4.28	3.79	3.74	3.82	3.50	3.43	3.41	2.88	3.14	3.59
意大利	2.82	3.25	3.32	3.67	2.89	2.49	2.46	2.74	2.78	2.58	2.88
澳大利亚	2.82	2.44	2.91	1.73	1.91	3.02	2.85	2.84	2.67	3.21	2.64
西班牙	2.82	2.81	2.50	2.94	2.77	2.19	2.40	2.43	1.78	2.51	2.48
瑞士	2.03	2.58	2.84	2.20	2.52	2.73	2.66	2.58	2.46	1.89	2.46
荷兰	2.82	2.29	2.37	1.73	2.34	2.08	2.98	2.79	2.04	2.44	2.38
印度	0.94	1.77	1.01	0.60	1.35	1.48	1.17	1.81	2.25	3.14	1.58
比利时	2.19	1.77	1.56	1.40	1.72	1.54	1.62	1.14	1.05	1.47	1.51
伊朗	0.39	0.81	0.54	0.93	1.05	1.96	1.36	1.70	1.78	1.61	1.26

国家和地区	2012 年	2013 年	2014 年	2015 年	2016 年	2017 年	2018 年	2019 年	2020 年	2021 年	合计
巴西	0.94	1.55	1.22	0.73	1.17	1.54	1.23	1.39	1.15	1.19	1.22
瑞典	1.33	1.40	1.42	1.00	1.05	1.48	0.78	1.24	1.42	1.05	1.22
中国香港	1.96	0.81	1.15	1.33	0.86	1.30	1.49	0.98	1.05	1.12	1.19
沙特阿拉伯	0.39	0.59	0.61	1.20	0.74	1.25	1.75	1.39	1.52	2.09	1.18
丹麦	0.94	1.40	1.49	0.93	1.17	1.30	0.91	0.98	1.00	0.63	1.07
日本	1.56	0.66	1.56	0.73	0.92	0.83	1.55	0.77	0.63	1.19	1.02

四 逻辑学

逻辑学 A、B、C 层人才最多的是美国，分别占该学科全球 A、B、C 层人才的 42.86%、16.59%、13.07%；A 层人才中，德国以 14.29% 的世界占比排名第二；B 层人才排名第二、三位的为英国、德国，世界占比分别为 11.21%、9.42%；C 层人才排名第二、三位的也是英国、德国，世界占比分别为 9.84%、9.79%。

逻辑学是小学科，A 层人才数量很少，除美国、德国外，其他 A 层人才集中在意大利、荷兰、波兰、塞尔维亚、瑞士、英国，世界占比均为 7.14%。

荷兰、意大利、法国、奥地利、西班牙、澳大利亚的 B 层人才比较多，世界占比在 7%~3%；加拿大、印度、葡萄牙、中国大陆、日本、捷克、瑞士、瑞典、比利时、卢森堡、阿根廷也有相当数量的 B 层人才，世界占比均超过 1%。

法国、意大利的 C 层人才处于第二梯队，世界占比分别为 7.86%、7.10%；荷兰、奥地利、西班牙的 C 层人才比较多，世界占比在 5%~3%；日本、中国大陆、俄罗斯、加拿大、捷克、波兰、澳大利亚、瑞典、南非、以色列、阿根廷、芬兰也有相当数量的 C 层人才，世界占比均超过 1%。

表 2-10　逻辑学 A 层人才的国家和地区的占比

单位：%

国家和地区	2012 年	2013 年	2014 年	2015 年	2016 年	2017 年	2018 年	2019 年	2020 年	2021 年	合计
美国	0.00	100.00	66.67	33.33	50.00	50.00	0.00	0.00	0.00	0.00	42.86
德国	0.00	0.00	0.00	0.00	0.00	0.00	100.00	0.00	0.00	50.00	14.29
意大利	0.00	0.00	33.33	0.00	0.00	0.00	0.00	0.00	0.00	0.00	7.14
荷兰	0.00	0.00	0.00	33.33	0.00	0.00	0.00	0.00	0.00	0.00	7.14
波兰	0.00	0.00	0.00	33.33	0.00	0.00	0.00	0.00	0.00	0.00	7.14
塞尔维亚	0.00	0.00	0.00	0.00	0.00	50.00	0.00	0.00	0.00	0.00	7.14
瑞士	0.00	0.00	0.00	0.00	50.00	0.00	0.00	0.00	0.00	0.00	7.14
英国	0.00	0.00	0.00	0.00	0.00	0.00	0.00	0.00	0.00	50.00	7.14

表 2-11　逻辑学 B 层人才排名前 20 的国家和地区的占比

单位：%

国家和地区	2012 年	2013 年	2014 年	2015 年	2016 年	2017 年	2018 年	2019 年	2020 年	2021 年	合计
美国	16.67	9.09	10.00	16.67	17.39	26.09	27.27	13.04	20.00	8.33	16.59
英国	5.56	9.09	16.67	10.00	17.39	8.70	18.18	13.04	0.00	8.33	11.21
德国	0.00	9.09	6.67	13.33	8.70	4.35	4.55	13.04	10.00	33.33	9.42
荷兰	16.67	9.09	3.33	3.33	8.70	0.00	9.09	13.04	0.00	0.00	6.28
意大利	0.00	4.55	6.67	6.67	8.70	4.35	0.00	13.04	15.00	0.00	6.28
法国	5.56	18.18	0.00	13.33	0.00	8.70	4.55	4.35	0.00	0.00	5.83
奥地利	5.56	0.00	10.00	6.67	13.04	0.00	0.00	0.00	5.00	8.33	4.93
西班牙	5.56	0.00	0.00	3.33	4.35	8.70	0.00	4.35	15.00	0.00	4.04
澳大利亚	11.11	4.55	3.33	3.33	4.35	0.00	4.55	4.35	0.00	0.00	3.59
加拿大	0.00	9.09	3.33	0.00	4.35	0.00	0.00	0.00	0.00	0.00	2.24
印度	0.00	4.55	0.00	0.00	0.00	0.00	9.09	4.35	0.00	0.00	1.79
葡萄牙	11.11	0.00	6.67	0.00	0.00	0.00	0.00	0.00	0.00	0.00	1.79
中国大陆	0.00	0.00	0.00	0.00	0.00	8.70	0.00	4.55	4.35	0.00	1.79
日本	0.00	9.09	0.00	0.00	0.00	4.35	0.00	4.35	0.00	0.00	1.79
捷克	0.00	0.00	3.33	6.67	0.00	0.00	0.00	0.00	0.00	8.33	1.79
瑞士	0.00	0.00	6.67	0.00	4.35	0.00	0.00	0.00	5.00	0.00	1.79
瑞典	5.56	0.00	0.00	3.33	0.00	4.35	4.55	0.00	0.00	0.00	1.79
比利时	5.56	0.00	0.00	3.33	0.00	0.00	4.55	0.00	0.00	0.00	1.35
卢森堡	5.56	0.00	3.33	0.00	0.00	4.35	0.00	0.00	0.00	0.00	1.35
阿根廷	0.00	0.00	0.00	3.33	0.00	0.00	0.00	0.00	10.00	0.00	1.35

表 2-12　逻辑学 C 层人才排名前 20 的国家和地区的占比

单位：%

国家和地区	2012 年	2013 年	2014 年	2015 年	2016 年	2017 年	2018 年	2019 年	2020 年	2021 年	合计
美国	15.93	10.53	13.92	15.49	19.30	12.30	10.44	13.21	9.66	8.48	13.07
英国	14.84	12.63	11.36	7.75	11.40	9.02	10.44	8.49	8.70	5.36	9.84
德国	8.79	7.89	9.52	12.32	8.33	7.38	15.38	8.02	10.14	10.27	9.79
法国	6.04	9.47	12.09	8.45	7.46	8.20	6.04	4.25	7.73	7.14	7.86
意大利	6.59	7.89	6.23	7.39	5.70	6.15	8.79	8.02	6.76	8.04	7.10
荷兰	3.85	5.79	4.76	2.11	3.51	6.15	2.75	4.72	3.86	4.91	4.22
奥地利	3.30	4.21	4.40	3.52	7.02	2.46	3.30	5.19	2.42	1.79	3.77
西班牙	2.75	5.26	3.66	0.70	4.39	4.10	3.85	2.83	3.38	6.25	3.64
日本	2.20	2.63	1.83	0.70	1.32	3.69	4.95	2.36	2.42	5.36	2.65
中国大陆	1.65	1.05	1.83	3.52	2.19	2.87	3.85	1.89	5.31	2.23	2.65
俄罗斯	1.10	1.05	1.83	1.41	0.88	2.46	3.30	5.66	3.38	4.02	2.47
加拿大	4.95	3.68	1.83	3.17	3.07	2.46	0.55	0.94	0.48	0.89	2.20
捷克	3.30	1.58	2.93	2.46	1.32	1.64	1.10	2.83	0.97	3.13	2.16
波兰	1.65	2.63	3.30	2.11	0.44	1.23	1.65	2.36	1.93	4.02	2.16
澳大利亚	3.30	2.63	2.20	3.17	1.75	1.23	0.55	1.89	0.48	2.23	1.98
瑞典	1.10	2.11	0.73	2.46	2.19	1.64	1.10	1.89	1.45	1.34	1.62
南非	1.65	0.00	1.10	0.00	0.00	3.69	1.65	1.89	1.45	2.23	1.35
以色列	1.10	2.63	1.10	1.06	0.00	1.64	1.65	1.42	0.97	1.79	1.30
阿根廷	0.55	0.53	0.73	1.06	0.00	1.23	2.20	1.42	2.42	3.13	1.30
芬兰	1.65	1.05	1.10	2.46	2.19	1.23	0.55	0.47	1.93	0.00	1.30

五　应用数学

应用数学 A、B、C 层人才主要集中在美国和中国大陆，二者 A、B、C 层人才的世界占比合计分别为 36.64%、36.39%、34.44%；其中，美国的 A 层人才略多于中国大陆，中国大陆的 B 层和 C 层人才显著多于美国。

意大利、土耳其、德国、沙特阿拉伯、罗马尼亚、英国的 A 层人才比较多，世界占比在 6%~3%；伊朗、中国台湾、法国、印度、加拿大、南非、比利时、瑞士、以色列、俄罗斯、西班牙、澳大利亚也有相当数量的 A

层人才，世界占比超过1%。

　　沙特阿拉伯、土耳其、印度、伊朗、德国、意大利、英国的B层人才比较多，世界占比在5%~3%；法国、罗马尼亚、巴基斯坦、中国台湾、中国香港、澳大利亚、加拿大、埃及、西班牙、南非、韩国也有相当数量的B层人才，世界占比超过1%。

　　德国、意大利、法国、印度、英国、沙特阿拉伯的C层人才比较多，世界占比在5%~3%；伊朗、土耳其、西班牙、巴基斯坦、加拿大、澳大利亚、韩国、中国香港、俄罗斯、中国台湾、罗马尼亚、巴西也有相当数量的C层人才，世界占比超过1%。

表2-13　应用数学A层人才排名前20的国家和地区的占比

单位：%

国家和地区	2012年	2013年	2014年	2015年	2016年	2017年	2018年	2019年	2020年	2021年	合计
美国	27.03	29.27	31.82	18.60	30.23	31.25	20.00	8.77	5.08	4.92	19.25
中国大陆	10.81	9.76	6.82	18.60	16.28	10.42	26.00	29.82	18.64	19.67	17.39
意大利	8.11	9.76	6.82	9.30	6.98	0.00	2.00	1.75	6.78	6.56	5.59
土耳其	0.00	4.88	0.00	2.33	2.33	4.17	4.00	12.28	10.17	9.84	5.59
德国	2.70	4.88	9.09	11.63	4.65	2.08	0.00	3.51	0.00	1.64	3.73
沙特阿拉伯	0.00	4.88	0.00	4.65	0.00	6.25	0.00	0.00	10.17	4.92	3.31
罗马尼亚	0.00	0.00	0.00	0.00	0.00	4.17	4.00	10.53	5.08	4.92	3.31
英国	0.00	7.32	9.09	2.33	4.65	6.25	2.00	1.75	1.69	0.00	3.31
伊朗	2.70	2.44	0.00	2.33	4.65	0.00	0.00	5.26	3.39	6.56	2.90
中国台湾	0.00	0.00	0.00	0.00	0.00	2.08	4.00	0.00	6.78	11.48	2.90
法国	5.41	7.32	9.09	6.98	0.00	2.08	0.00	0.00	1.69	0.00	2.90
印度	2.70	0.00	0.00	0.00	4.65	0.00	4.00	1.75	6.78	1.64	2.28
加拿大	2.70	0.00	2.27	0.00	4.65	4.17	2.00	0.00	0.00	4.92	2.07
南非	0.00	0.00	0.00	0.00	2.33	4.17	8.00	0.00	3.39	0.00	1.86
比利时	2.70	4.88	2.27	0.00	0.00	6.25	0.00	1.75	1.69	0.00	1.86
瑞士	0.00	0.00	2.27	0.00	2.33	0.00	6.00	0.00	3.39	1.64	1.66
以色列	2.70	2.44	4.55	2.33	0.00	2.08	0.00	0.00	0.00	0.00	1.24
俄罗斯	5.41	0.00	0.00	0.00	0.00	0.00	0.00	1.75	5.08	0.00	1.24
西班牙	0.00	2.44	4.55	0.00	0.00	2.08	0.00	1.75	1.69	0.00	1.24
澳大利亚	0.00	0.00	4.55	2.33	2.33	0.00	0.00	1.75	0.00	0.00	1.04

表 2-14 应用数学 B 层人才排名前 20 的国家和地区的占比

单位：%

国家和地区	2012 年	2013 年	2014 年	2015 年	2016 年	2017 年	2018 年	2019 年	2020 年	2021 年	合计
中国大陆	17.34	21.08	19.70	21.99	22.83	26.91	27.52	27.72	28.25	27.81	24.59
美国	15.61	20.00	14.90	12.02	15.88	11.88	12.08	10.89	4.67	5.34	11.80
沙特阿拉伯	4.34	4.86	5.30	5.88	4.96	4.93	3.58	3.37	6.10	5.71	4.91
土耳其	3.18	1.62	0.76	1.02	3.23	3.59	5.15	6.93	8.54	7.55	4.47
印度	4.05	1.89	1.52	2.81	1.99	2.24	2.01	4.55	5.49	4.60	3.23
伊朗	4.34	2.97	2.53	1.02	1.49	2.69	2.24	3.96	5.08	4.60	3.18
德国	3.18	3.24	4.29	4.86	3.47	2.69	4.03	1.78	2.64	2.21	3.16
意大利	3.18	3.51	4.04	4.09	6.70	2.91	2.24	1.58	1.63	2.21	3.09
英国	3.76	4.86	3.03	4.86	4.47	4.71	2.91	1.58	1.02	0.74	3.02
法国	4.91	5.14	5.56	3.32	3.72	1.57	1.79	1.58	1.02	0.74	2.72
罗马尼亚	1.73	0.54	1.26	1.53	2.98	4.04	4.92	4.16	2.03	2.03	2.60
巴基斯坦	1.73	0.00	0.76	0.51	0.74	2.02	2.01	2.97	6.30	5.71	2.51
中国台湾	2.02	0.27	0.51	1.02	0.99	1.12	3.13	2.57	5.89	4.79	2.42
中国香港	3.47	4.05	2.27	3.07	1.99	1.79	2.68	1.58	0.41	0.74	2.07
澳大利亚	3.18	2.70	3.28	3.58	0.99	3.14	0.89	1.39	0.41	1.29	1.98
加拿大	2.31	2.43	3.03	1.79	1.49	2.69	1.57	1.19	1.63	0.92	1.84
埃及	0.87	1.08	1.26	0.77	1.24	1.35	1.57	1.78	2.03	2.58	1.52
西班牙	2.89	3.24	2.02	1.53	1.24	1.35	0.89	0.99	0.61	0.55	1.43
南非	0.00	0.27	1.26	0.26	1.74	0.22	2.24	1.78	2.24	2.76	1.38
韩国	2.02	1.89	2.53	1.53	0.99	2.02	0.22	1.39	0.81	0.37	1.31

表 2-15 应用数学 C 层人才排名前 20 的国家和地区的占比

单位：%

国家和地区	2012 年	2013 年	2014 年	2015 年	2016 年	2017 年	2018 年	2019 年	2020 年	2021 年	合计
中国大陆	17.53	18.69	20.07	20.20	21.44	22.71	25.54	26.58	22.46	20.72	21.82
美国	16.60	15.65	14.57	15.20	14.41	14.69	12.78	10.82	8.72	7.19	12.62
德国	5.10	5.38	5.40	5.59	5.50	4.98	4.83	3.68	3.47	2.93	4.55
意大利	4.26	4.06	5.03	5.10	4.74	4.16	4.15	3.62	3.39	3.45	4.12
法国	5.04	6.28	4.61	5.56	4.61	4.05	3.78	3.46	2.27	2.56	4.06
印度	3.04	2.77	3.06	2.55	2.51	3.34	3.30	3.95	5.06	5.84	3.69
英国	3.74	3.96	3.64	3.23	4.17	3.44	3.28	2.94	2.46	2.00	3.20
沙特阿拉伯	2.00	2.03	2.92	2.85	2.90	2.62	2.78	2.82	4.53	4.69	3.13

续表

国家和地区	2012 年	2013 年	2014 年	2015 年	2016 年	2017 年	2018 年	2019 年	2020 年	2021 年	合计
伊朗	2.75	2.93	2.40	2.42	2.07	2.41	2.67	2.90	3.62	3.28	2.79
土耳其	2.20	2.48	2.11	1.66	2.07	1.89	2.10	2.32	4.04	3.85	2.57
西班牙	2.87	2.98	2.66	2.90	2.64	2.15	2.01	2.10	1.61	1.82	2.31
巴基斯坦	0.90	0.87	1.03	1.03	1.09	1.45	1.78	2.43	3.66	3.63	1.94
加拿大	2.14	2.43	2.56	1.82	1.68	1.89	1.89	1.69	1.31	1.33	1.83
澳大利亚	1.51	1.85	1.95	2.23	1.79	1.89	1.85	1.50	1.40	1.39	1.71
韩国	1.77	1.93	1.71	1.25	1.76	1.40	1.59	1.48	1.23	1.91	1.60
中国香港	1.97	1.87	2.11	1.74	1.66	1.73	1.16	1.60	1.29	1.15	1.59
俄罗斯	1.04	1.13	1.19	1.55	1.22	1.43	1.78	2.00	1.67	1.46	1.48
中国台湾	1.25	0.87	0.71	0.43	0.75	0.94	0.93	1.13	2.94	3.24	1.44
罗马尼亚	1.01	1.53	1.00	1.06	1.04	0.91	1.55	1.17	1.82	1.41	1.28
巴西	1.13	1.11	1.32	1.25	1.43	1.22	1.21	1.11	0.64	1.09	1.13

六 跨学科应用数学

跨学科应用数学 A 层人才主要集中在美国，世界占比为 22.16%，显著领先于其他国家和地区。B、C 层人才主要集中在中国大陆和美国，二者 B、C 层人才的世界占比合计分别为 34.26%、36.51%；其中，美国的 B、C 层人才均少于中国大陆。

中国大陆和英国的 A 层人才以 9.09% 的世界占比并列第二；伊朗、印度、德国、加拿大的 A 层人才比较多，世界占比在 6%~3%；澳大利亚、法国、土耳其、葡萄牙、荷兰、意大利、西班牙、墨西哥、中国台湾、南非、韩国、越南、波兰也有相当数量的 A 层人才，世界占比超过 1%。

英国、德国、伊朗、沙特阿拉伯、意大利、澳大利亚的 B 层人才比较多，世界占比在 6%~3%；印度、土耳其、加拿大、巴基斯坦、法国、西班牙、荷兰、瑞士、越南、韩国、墨西哥、罗马尼亚也有相当数量的 B 层人才，世界占比超过 1%。

英国、伊朗、德国、印度、意大利、沙特阿拉伯的 C 层人才比较多，世界占比在 5%~3%；法国、澳大利亚、西班牙、加拿大、巴基斯坦、土耳其、韩国、荷兰、中国台湾、日本、中国香港、埃及也有相当数量的 C 层人才，世界占比超过 1%。

表 2-16 跨学科应用数学 A 层人才排名前 20 的国家和地区的占比

单位：%

国家和地区	2012 年	2013 年	2014 年	2015 年	2016 年	2017 年	2018 年	2019 年	2020 年	2021 年	合计
美国	53.85	26.67	31.25	25.00	23.08	14.29	23.53	5.00	8.00	25.93	22.16
中国大陆	0.00	0.00	0.00	6.25	15.38	21.43	11.76	10.00	4.00	18.52	9.09
英国	7.69	13.33	12.50	12.50	7.69	7.14	17.65	10.00	8.00	0.00	9.09
伊朗	15.38	6.67	0.00	0.00	0.00	0.00	0.00	20.00	4.00	3.70	5.11
印度	0.00	6.67	0.00	0.00	7.69	0.00	5.88	0.00	12.00	3.70	3.98
德国	0.00	13.33	0.00	6.25	7.69	7.14	0.00	5.00	4.00	0.00	3.98
加拿大	0.00	6.67	6.25	6.25	0.00	0.00	0.00	5.00	4.00	3.70	3.41
澳大利亚	0.00	0.00	0.00	0.00	0.00	0.00	5.88	10.00	4.00	3.70	2.84
法国	0.00	6.67	12.50	0.00	7.69	0.00	0.00	5.00	4.00	0.00	2.84
土耳其	0.00	0.00	6.25	0.00	7.69	0.00	5.88	5.00	4.00	0.00	2.84
葡萄牙	0.00	0.00	0.00	0.00	0.00	14.29	0.00	5.00	4.00	0.00	2.27
荷兰	15.38	0.00	0.00	0.00	0.00	0.00	5.88	0.00	0.00	3.70	2.27
意大利	0.00	0.00	6.25	6.25	0.00	0.00	0.00	5.00	4.00	0.00	2.27
西班牙	0.00	0.00	6.25	6.25	0.00	0.00	0.00	0.00	8.00	0.00	2.27
墨西哥	0.00	0.00	6.25	6.25	0.00	0.00	0.00	0.00	4.00	0.00	1.70
中国台湾	0.00	0.00	0.00	0.00	0.00	0.00	0.00	0.00	8.00	3.70	1.70
南非	0.00	0.00	0.00	0.00	7.69	7.14	0.00	0.00	4.00	0.00	1.70
韩国	0.00	0.00	0.00	6.25	0.00	0.00	0.00	0.00	0.00	7.41	1.70
越南	0.00	0.00	0.00	0.00	7.69	7.14	0.00	0.00	4.00	0.00	1.70
波兰	0.00	0.00	0.00	6.25	0.00	7.14	0.00	0.00	0.00	0.00	1.14

表 2-17 跨学科应用数学 B 层人才排名前 20 的国家和地区的占比

单位：%

国家和地区	2012 年	2013 年	2014 年	2015 年	2016 年	2017 年	2018 年	2019 年	2020 年	2021 年	合计
中国大陆	6.40	14.60	12.33	9.93	11.28	18.71	21.74	22.51	18.50	28.51	17.58
美国	28.80	24.09	24.66	21.19	21.80	14.19	16.15	12.57	8.37	8.51	16.68
英国	7.20	10.95	10.27	8.61	8.27	5.81	4.97	3.66	2.20	2.55	5.90

续表

国家和地区	2012年	2013年	2014年	2015年	2016年	2017年	2018年	2019年	2020年	2021年	合计
德国	8.80	6.57	6.85	8.61	8.27	1.94	4.35	2.62	1.32	0.00	4.33
伊朗	6.40	6.57	2.74	3.31	4.51	1.94	4.35	5.24	4.85	1.70	4.03
沙特阿拉伯	1.60	1.46	2.74	0.66	3.76	3.23	5.59	3.14	4.85	7.66	3.79
意大利	0.00	2.92	4.11	5.30	2.26	4.52	6.21	2.09	3.96	3.83	3.61
澳大利亚	2.40	2.92	3.42	1.32	2.26	5.16	3.11	2.09	3.52	3.83	3.07
印度	1.60	2.92	1.37	1.32	1.50	1.29	0.00	2.09	7.93	5.53	2.95
土耳其	0.80	0.73	0.68	0.00	0.75	3.87	2.48	5.76	6.61	2.98	2.83
加拿大	0.80	2.92	2.05	1.99	3.01	1.94	1.24	2.09	2.20	5.96	2.59
巴基斯坦	1.60	0.73	1.37	0.00	1.50	2.58	1.24	3.66	3.96	3.83	2.29
法国	2.40	2.92	2.05	3.97	3.01	1.94	3.73	1.57	0.88	1.28	2.23
西班牙	3.20	0.73	2.05	3.31	0.00	1.94	2.48	3.14	1.32	1.70	1.99
荷兰	3.20	2.92	1.37	0.66	6.02	2.58	2.48	0.52	1.32	0.00	1.87
瑞士	3.20	2.19	2.05	3.31	1.50	0.65	2.48	1.57	0.44	0.85	1.69
越南	1.60	0.73	0.00	0.66	0.75	3.87	1.86	2.09	3.08	0.85	1.63
韩国	0.80	3.65	2.74	2.65	2.26	1.94	0.00	1.57	0.00	0.85	1.51
墨西哥	0.80	0.73	0.68	1.32	0.75	0.00	0.62	2.09	3.08	1.28	1.26
罗马尼亚	0.00	0.00	0.00	0.00	0.75	2.58	1.86	3.66	1.76	0.00	1.14

表2-18 跨学科应用数学C层人才排名前20的国家和地区的占比

单位：%

国家和地区	2012年	2013年	2014年	2015年	2016年	2017年	2018年	2019年	2020年	2021年	合计
中国大陆	15.88	17.61	17.96	19.80	21.47	24.52	25.31	25.29	24.90	24.40	22.28
美国	19.12	17.46	18.60	18.54	16.99	15.33	13.14	13.44	10.11	7.87	14.23
英国	4.70	6.30	5.73	4.97	5.56	5.29	3.78	4.24	2.71	2.82	4.37
伊朗	5.02	4.42	4.10	3.84	4.79	3.24	4.62	4.24	4.13	2.77	4.02
德国	5.11	4.57	5.52	4.97	5.48	4.03	3.96	3.97	2.71	1.92	3.97
印度	2.35	3.26	1.84	2.78	2.32	3.77	2.88	3.64	5.08	6.12	3.68
意大利	4.21	3.33	3.25	4.17	3.94	4.10	3.18	2.26	2.92	2.37	3.25
沙特阿拉伯	1.78	1.96	2.26	2.25	2.70	2.38	2.88	3.25	4.17	5.02	3.09
法国	4.29	3.70	4.10	2.78	2.63	2.58	2.94	2.26	1.76	1.47	2.67
澳大利亚	2.11	3.62	2.62	2.38	2.63	2.97	3.06	2.70	1.94	2.53	2.62
西班牙	2.92	2.90	3.04	2.85	2.16	2.05	1.92	1.60	1.72	1.35	2.14
加拿大	2.67	2.32	1.84	2.65	2.70	1.92	1.74	1.93	2.02	1.96	2.13

续表

国家和地区	2012 年	2013 年	2014 年	2015 年	2016 年	2017 年	2018 年	2019 年	2020 年	2021 年	合计
巴基斯坦	0.97	0.87	0.50	0.46	1.24	0.93	1.80	2.42	3.91	4.73	2.10
土耳其	1.38	1.45	0.78	0.66	0.85	1.26	1.26	2.04	3.31	3.67	1.89
韩国	2.27	1.52	1.98	1.92	1.78	1.39	1.80	1.10	1.20	1.26	1.56
荷兰	0.89	2.10	1.13	1.92	1.78	2.51	1.50	0.94	0.73	0.82	1.36
中国台湾	1.05	1.59	1.20	0.99	0.54	0.79	0.48	1.05	1.46	2.69	1.28
日本	1.38	1.01	1.77	1.32	1.39	0.99	1.50	1.21	1.12	0.86	1.22
中国香港	1.70	1.38	2.40	1.66	1.00	1.19	0.96	1.16	0.69	0.69	1.20
埃及	0.97	1.23	0.57	0.53	0.93	0.79	0.72	1.10	1.72	1.92	1.13

七　力学

力学 A、B、C 层人才主要集中在美国和中国大陆，二者 A、B、C 层人才的世界占比合计分别为 32.79%、31.88%、34.95%；其中，美国的 A 层人才多于中国大陆，B、C 层人才少于中国大陆；伊朗的 A、B、C 层人才分别以 7.71%、9.06%、6.65% 的世界占比排名第三。

巴基斯坦、英国、澳大利亚、法国、沙特阿拉伯、马来西亚、越南的 A 层人才比较多，世界占比在 5%~3%；德国、荷兰、印度、韩国、中国香港、加拿大、意大利、土耳其、阿联酋、埃及也有相当数量的 A 层人才，世界占比超过 1%。

英国、澳大利亚、沙特阿拉伯、德国的 B 层人才比较多，世界占比在 5%~3%；意大利、印度、马来西亚、越南、法国、巴基斯坦、韩国、加拿大、埃及、土耳其、中国香港、葡萄牙、阿尔及利亚也有相当数量的 B 层人才，世界占比超过或接近 1%。

英国、意大利、印度、澳大利亚、法国、德国的 C 层人才比较多，世界占比在 6%~3%；加拿大、沙特阿拉伯、土耳其、韩国、中国香港、西班牙、马来西亚、巴基斯坦、日本、埃及、越南也有相当数量的 C 层人才，世界占比超过 1%。

表 2-19　力学 A 层人才排名前 20 的国家和地区的占比

单位：%

国家和地区	2012 年	2013 年	2014 年	2015 年	2016 年	2017 年	2018 年	2019 年	2020 年	2021 年	合计
美国	35.71	25.00	26.19	22.58	18.92	16.22	17.95	7.50	15.91	7.32	18.46
中国大陆	10.71	0.00	11.90	19.35	16.22	13.51	15.38	17.50	15.91	17.07	14.33
伊朗	10.71	12.50	2.38	6.45	5.41	2.70	5.13	15.00	4.55	14.63	7.71
巴基斯坦	0.00	4.17	0.00	6.45	10.81	2.70	5.13	10.00	2.27	4.88	4.68
英国	7.14	4.17	4.76	0.00	10.81	0.00	7.69	2.50	2.27	0.00	3.86
澳大利亚	3.57	4.17	2.38	3.23	0.00	8.11	2.56	5.00	2.27	2.44	3.31
法国	0.00	8.33	11.90	0.00	5.41	2.70	2.56	0.00	2.27	0.00	3.31
沙特阿拉伯	0.00	0.00	2.38	0.00	10.81	2.70	2.56	5.00	2.27	2.44	3.03
马来西亚	3.57	0.00	4.76	3.23	2.70	2.70	2.56	0.00	2.27	2.44	3.03
越南	0.00	0.00	0.00	0.00	0.00	5.41	2.56	2.50	9.09	7.32	3.03
德国	0.00	4.17	7.14	6.45	0.00	5.41	0.00	0.00	4.55	0.00	2.75
荷兰	3.57	8.33	7.14	0.00	0.00	0.00	2.56	0.00	0.00	2.44	2.20
印度	3.57	4.17	0.00	3.23	2.70	2.70	0.00	2.50	4.55	0.00	2.20
韩国	0.00	0.00	2.38	0.00	2.70	0.00	2.56	2.50	2.27	7.32	2.20
中国香港	3.57	0.00	0.00	6.45	0.00	0.00	2.56	2.50	0.00	2.44	1.93
加拿大	0.00	0.00	2.38	0.00	0.00	5.41	0.00	0.00	2.27	2.44	1.65
意大利	3.57	4.17	0.00	3.23	0.00	2.70	0.00	0.00	0.00	2.44	1.38
土耳其	0.00	0.00	4.76	0.00	2.70	2.70	2.56	0.00	0.00	0.00	1.38
阿联酋	0.00	0.00	0.00	0.00	0.00	0.00	0.00	2.50	2.27	7.32	1.38
埃及	0.00	0.00	0.00	0.00	0.00	0.00	5.13	0.00	0.00	7.32	1.38

表 2-20　力学 B 层人才排名前 20 的国家和地区的占比

单位：%

国家和地区	2012 年	2013 年	2014 年	2015 年	2016 年	2017 年	2018 年	2019 年	2020 年	2021 年	合计
中国大陆	11.28	13.51	14.47	18.68	15.36	20.06	23.45	20.97	20.45	29.40	19.33
美国	22.18	17.37	15.26	15.02	15.06	10.76	9.89	10.49	8.08	7.23	12.55
伊朗	9.02	5.02	8.95	8.42	10.24	9.30	12.15	11.76	9.09	5.78	9.06
英国	4.14	4.63	6.84	4.03	3.01	4.07	4.52	3.84	5.05	1.93	4.19
澳大利亚	2.63	3.09	3.95	3.30	3.92	4.65	6.21	3.32	4.29	4.10	4.02
沙特阿拉伯	1.88	1.93	2.11	2.93	3.61	3.49	3.67	4.35	4.80	5.06	3.52
德国	4.51	4.25	4.21	3.66	5.42	2.33	3.95	1.28	1.26	1.20	3.05
意大利	4.89	3.86	4.47	4.76	3.31	2.91	1.41	1.79	1.26	2.41	2.96

续表

国家和地区	2012 年	2013 年	2014 年	2015 年	2016 年	2017 年	2018 年	2019 年	2020 年	2021 年	合计
印度	3.38	3.86	2.89	3.66	3.01	2.33	1.41	2.05	2.78	3.13	2.79
马来西亚	1.88	4.63	3.68	3.30	3.92	3.20	2.26	3.07	1.77	0.72	2.76
越南	0.00	0.77	0.53	0.73	1.20	3.20	2.54	4.09	7.07	4.58	2.73
法国	4.14	4.25	2.63	3.66	3.61	1.16	1.98	1.79	2.02	1.45	2.52
巴基斯坦	1.88	1.16	0.79	0.00	2.41	5.23	4.52	2.05	2.53	2.65	2.40
韩国	2.63	2.70	4.21	2.56	0.60	1.74	0.85	1.53	1.52	3.13	2.14
加拿大	2.26	1.16	3.42	2.20	2.11	2.33	1.13	1.79	2.78	1.69	2.11
埃及	1.13	1.54	1.32	2.20	1.81	2.03	1.41	2.30	2.53	2.41	1.91
土耳其	1.88	3.47	2.11	1.83	1.20	0.00	1.41	2.56	2.53	2.17	1.91
中国香港	1.50	1.93	2.11	2.56	0.60	1.16	1.98	2.05	0.76	0.72	1.50
葡萄牙	1.88	1.93	1.32	0.73	1.20	1.16	0.56	0.51	1.01	0.96	1.09
阿尔及利亚	0.00	0.77	0.00	0.37	0.00	0.58	0.85	1.28	2.02	2.89	0.97

表 2-21　力学 C 层人才排名前 20 的国家和地区的占比

单位：%

国家和地区	2012 年	2013 年	2014 年	2015 年	2016 年	2017 年	2018 年	2019 年	2020 年	2021 年	合计
中国大陆	14.34	16.51	17.78	20.22	21.42	24.46	27.81	28.16	27.60	27.43	23.08
美国	16.84	15.24	14.79	13.99	12.74	11.06	10.08	9.78	9.03	8.17	11.87
伊朗	5.52	5.66	5.98	5.97	7.47	8.22	7.29	7.83	6.76	5.21	6.65
英国	5.37	6.66	6.11	6.27	4.97	5.09	4.27	5.02	4.23	4.49	5.18
意大利	4.92	3.85	4.83	4.95	4.01	3.50	3.08	2.99	2.75	3.37	3.76
印度	3.33	2.77	3.24	2.91	3.92	3.82	4.12	4.47	3.70	4.65	3.75
澳大利亚	2.31	3.58	3.47	3.57	3.46	3.79	3.91	3.20	3.03	3.23	3.36
法国	6.05	5.39	4.88	3.64	3.22	2.58	2.37	2.31	2.07	2.30	3.35
德国	4.20	3.35	3.76	3.28	3.52	2.81	2.99	1.87	3.14	2.22	3.06
加拿大	3.33	2.66	2.53	2.70	2.44	2.58	2.22	2.24	1.66	2.16	2.40
沙特阿拉伯	1.63	1.62	1.58	1.89	2.26	2.14	2.02	2.26	2.75	3.50	2.21
土耳其	1.93	2.35	1.79	1.82	1.90	2.08	2.02	2.03	2.14	2.40	2.05
韩国	2.38	2.73	2.10	2.22	1.99	1.77	1.78	1.56	2.04	1.95	2.02
中国香港	1.78	1.73	1.51	1.31	1.84	1.39	1.57	1.85	1.71	1.90	1.66
西班牙	2.27	2.08	2.25	1.93	1.75	1.48	1.60	0.96	1.17	1.31	1.64
马来西亚	1.63	2.19	2.15	2.00	1.96	1.51	1.30	1.46	1.50	0.91	1.64
巴基斯坦	0.83	0.85	0.84	0.87	1.02	1.65	1.45	1.48	2.14	2.80	1.45

续表

国家和地区	2012 年	2013 年	2014 年	2015 年	2016 年	2017 年	2018 年	2019 年	2020 年	2021 年	合计
日本	1.82	1.42	1.35	1.57	1.51	1.53	1.10	1.59	1.45	0.99	1.42
埃及	0.83	1.23	0.95	0.80	1.42	1.48	1.16	1.20	1.89	2.16	1.34
越南	0.26	0.35	0.59	0.80	0.54	0.98	1.19	1.90	3.44	1.47	1.24

八　天文学和天体物理学

天文学和天体物理学 A、B、C 层人才最多的是美国，分别占该学科全球 A、B、C 层人才的 8.83%、13.69%、17.13%。

英国、德国、法国、荷兰、加拿大、西班牙、意大利、澳大利亚、瑞士的 A 层人才比较多，世界占比在 6%～3%；瑞典、日本、芬兰、中国大陆、智利、俄罗斯、波兰、丹麦、印度、南非也有相当数量的 A 层人才，世界占比超过 2%。

德国、英国、法国、意大利、西班牙、荷兰、加拿大、澳大利亚、瑞士、日本的 B 层人才比较多，世界占比在 8%～3%；中国大陆、智利、瑞典、俄罗斯、南非、波兰、丹麦、印度、巴西也有相当数量的 B 层人才，世界占比超过 1%。

德国、英国的 C 层人才处于第二梯队，世界占比分别为 8.79%、8.69%；法国、意大利、西班牙、荷兰、加拿大、日本、瑞士、澳大利亚的 C 层人才比较多，世界占比在 6%～3%；中国大陆、智利、瑞典、丹麦、俄罗斯、波兰、巴西、印度、比利时也有相当数量的 C 层人才，世界占比超过 1%。

表 2-22　天文学和天体物理学 A 层人才排名前 20 的国家和地区的占比

单位：%

国家和地区	2012 年	2013 年	2014 年	2015 年	2016 年	2017 年	2018 年	2019 年	2020 年	2021 年	合计
美国	4.55	20.41	9.09	8.00	8.47	2.08	5.56	14.04	6.52	6.90	8.83
英国	4.55	12.24	6.82	6.00	3.39	2.08	3.70	7.02	6.52	5.17	5.75
德国	4.55	12.24	6.82	8.00	3.39	2.08	5.56	3.51	4.35	5.17	5.54

续表

国家和地区	2012 年	2013 年	2014 年	2015 年	2016 年	2017 年	2018 年	2019 年	2020 年	2021 年	合计
法国	4.55	6.12	4.55	8.00	3.39	2.08	3.70	8.77	4.35	5.17	5.13
荷兰	4.55	4.08	4.55	6.00	3.39	2.08	3.70	8.77	4.35	3.45	4.52
加拿大	4.55	10.20	4.55	4.00	1.69	2.08	1.85	5.26	6.52	1.72	4.11
西班牙	4.55	0.00	4.55	6.00	3.39	2.08	5.56	5.26	4.35	5.17	4.11
意大利	4.55	2.04	4.55	6.00	3.39	2.08	3.70	1.75	4.35	5.17	3.70
澳大利亚	4.55	6.12	0.00	2.00	6.78	2.08	3.70	0.00	6.52	1.72	3.29
瑞士	4.55	2.04	4.55	2.00	3.39	2.08	3.70	3.51	4.35	3.45	3.29
瑞典	4.55	2.04	0.00	4.00	3.39	2.08	3.70	5.26	4.35	1.72	2.87
日本	4.55	6.12	0.00	4.00	0.00	2.08	1.85	3.51	4.35	1.72	2.67
芬兰	4.55	0.00	4.55	2.00	3.39	2.08	3.70	1.75	4.35	1.72	2.67
中国大陆	4.55	0.00	0.00	2.00	1.69	2.08	3.70	3.51	6.52	3.45	2.67
智利	0.00	4.08	4.55	0.00	3.39	2.08	3.70	3.51	0.00	1.72	2.46
俄罗斯	4.55	2.04	4.55	2.00	1.69	2.08	1.85	1.75	4.35	1.72	2.46
波兰	0.00	0.00	4.55	2.00	3.39	2.08	1.85	1.75	4.35	3.45	2.46
丹麦	0.00	2.04	4.55	2.00	3.39	2.08	3.70	0.00	2.17	1.72	2.26
印度	0.00	4.08	4.55	2.00	1.69	2.08	0.00	0.00	4.35	3.45	2.26
南非	0.00	2.04	4.55	2.00	3.39	2.08	0.00	1.75	4.35	0.00	2.05

表 2-23　天文学和天体物理学 B 层人才排名前 20 的国家和地区的占比

单位：%

国家和地区	2012 年	2013 年	2014 年	2015 年	2016 年	2017 年	2018 年	2019 年	2020 年	2021 年	合计
美国	15.38	17.50	13.97	17.41	11.19	13.87	14.91	12.28	12.22	9.67	13.69
德国	7.50	7.50	6.79	9.92	7.65	8.03	8.91	7.83	6.81	7.94	7.88
英国	7.88	8.18	6.79	11.34	7.28	8.21	8.18	6.23	7.16	7.43	7.83
法国	5.58	7.05	5.19	7.09	5.41	4.20	6.91	5.87	4.89	5.35	5.71
意大利	4.23	4.09	4.19	4.86	4.29	4.93	4.73	5.87	5.06	5.70	4.83
西班牙	3.85	2.95	4.79	4.66	5.22	4.01	4.18	3.56	5.06	5.01	4.36
荷兰	3.46	2.95	3.59	4.25	4.48	3.83	3.82	4.80	4.89	5.01	4.15
加拿大	3.08	3.41	3.19	3.04	4.10	4.56	3.82	3.20	4.19	4.84	3.77
澳大利亚	3.65	2.27	1.60	4.45	2.43	4.38	4.36	3.20	2.79	3.80	3.32
瑞士	3.08	2.73	3.59	2.63	3.92	2.55	4.36	1.78	3.84	3.28	3.19
日本	3.46	2.73	2.99	2.23	1.12	3.47	2.55	5.34	4.01	2.07	3.02
中国大陆	2.31	2.05	2.59	2.83	0.93	3.65	3.82	3.74	3.32	3.97	2.96

国家和地区	2012 年	2013 年	2014 年	2015 年	2016 年	2017 年	2018 年	2019 年	2020 年	2021 年	合计
智利	2.31	1.82	1.80	2.63	2.43	3.10	3.09	2.85	1.75	1.73	2.36
瑞典	1.92	1.36	1.20	2.02	3.36	1.82	2.55	2.85	2.97	2.25	2.26
俄罗斯	1.35	1.36	2.00	0.81	2.99	2.19	1.09	2.49	2.44	3.28	2.04
南非	0.77	1.36	3.19	1.01	3.17	1.82	1.09	1.78	1.92	1.73	1.79
波兰	1.35	1.82	2.20	1.62	3.17	1.09	1.64	1.42	1.57	2.07	1.79
丹麦	1.35	2.05	2.79	0.40	2.61	2.74	1.82	0.53	1.22	2.25	1.77
印度	0.38	1.82	2.00	0.81	2.61	2.55	1.27	1.60	2.09	2.07	1.73
巴西	1.15	1.36	1.00	2.63	2.61	2.37	2.00	0.71	1.57	1.21	1.66

表 2-24　天文学和天体物理学 C 层人才排名前 20 的国家和地区的占比

单位：%

国家和地区	2012 年	2013 年	2014 年	2015 年	2016 年	2017 年	2018 年	2019 年	2020 年	2021 年	合计
美国	19.93	19.54	17.77	17.54	15.89	17.02	16.41	15.54	16.55	15.84	17.13
德国	9.86	9.00	8.76	8.98	9.31	8.75	7.97	8.64	8.65	8.06	8.79
英国	8.82	8.22	8.28	9.39	8.80	9.01	8.35	8.73	8.78	8.48	8.69
法国	6.49	6.80	6.41	6.30	6.00	5.76	5.73	5.28	5.90	5.34	5.98
意大利	4.45	4.70	5.13	4.91	4.37	4.92	4.08	4.98	5.36	6.40	4.93
西班牙	4.31	4.10	4.10	3.73	4.00	3.99	4.05	3.88	4.62	4.62	4.14
荷兰	3.19	3.50	3.71	3.13	4.04	4.01	3.35	3.75	3.83	3.71	3.63
加拿大	4.06	4.12	3.71	3.01	3.09	3.14	2.86	3.40	3.06	3.08	3.33
日本	3.17	3.14	2.74	2.91	3.17	3.10	3.44	2.95	3.23	3.22	3.11
瑞士	2.78	2.25	2.47	3.55	3.35	3.12	3.57	3.18	3.03	3.18	3.07
澳大利亚	2.90	3.03	3.06	2.89	3.11	2.53	2.66	3.35	3.08	3.35	3.00
中国大陆	2.23	2.47	1.78	2.34	2.57	2.72	3.08	3.74	4.05	4.35	2.96
智利	1.61	1.89	2.47	1.98	2.61	2.57	2.95	2.45	2.69	3.00	2.44
瑞典	1.31	1.34	1.32	1.90	1.87	1.69	1.83	1.80	1.46	1.85	1.64
丹麦	1.29	1.25	2.01	1.64	1.69	1.37	1.37	1.58	1.63	1.93	1.58
俄罗斯	1.61	1.58	1.54	1.55	1.61	1.45	1.45	1.45	1.66	1.62	1.55
波兰	1.27	1.31	1.40	1.41	1.76	1.52	1.48	1.08	1.23	1.44	1.39
巴西	0.98	1.16	1.38	1.29	1.65	1.52	1.50	1.64	1.05	1.46	1.37
印度	1.02	0.94	1.18	0.91	1.19	1.20	1.14	1.39	1.96	2.01	1.30
比利时	1.18	0.96	1.28	1.31	1.30	1.24	1.14	1.21	1.57	1.44	1.27

九　凝聚态物理

凝聚态物理 A、B、C 层人才主要集中在美国和中国大陆，二者 A、B、C 层人才的世界占比合计分别为 51.47%、56.14%、48.66%；其中，美国的 A 层人才略多于中国大陆，B、C 层人才明显少于中国大陆。

英国、新加坡、德国、日本、韩国、澳大利亚的 A 层人才比较多，世界占比在 5%~3%；瑞士、法国、沙特阿拉伯、中国香港、加拿大、意大利、荷兰、瑞典、比利时、丹麦也有相当数量的 A 层人才，世界占比超过或接近 1%。

新加坡、韩国、澳大利亚、德国、英国的 B 层人才比较多，世界占比在 5%~3%；中国香港、日本、沙特阿拉伯、加拿大、法国、瑞士、西班牙、中国台湾也有相当数量的 B 层人才，世界占比超过 1%；荷兰、印度、意大利、瑞典、比利时有一定数量的 B 层人才，世界占比超过 0.5%。

德国、韩国、英国、日本、新加坡的 C 层人才比较多，世界占比在 6%~3%；澳大利亚、法国、中国香港、印度、加拿大、瑞士、西班牙、沙特阿拉伯、意大利、荷兰、中国台湾、伊朗、瑞典也有相当数量的 C 层人才，世界占比超过或接近 1%。

表 2-25　凝聚态物理 A 层人才的国家和地区的占比

单位：%

国家和地区	2012 年	2013 年	2014 年	2015 年	2016 年	2017 年	2018 年	2019 年	2020 年	2021 年	合计
美国	30.23	41.46	38.10	26.67	27.66	26.92	25.00	25.00	16.39	12.90	25.93
中国大陆	18.60	12.20	14.29	17.78	27.66	23.08	32.14	28.33	29.51	40.32	25.54
英国	4.65	4.88	11.90	6.67	2.13	7.69	1.79	3.33	4.92	3.23	4.91
新加坡	13.95	7.32	4.76	6.67	4.26	0.00	1.79	5.00	1.64	3.23	4.52
德国	2.33	0.00	2.38	4.44	10.64	3.85	1.79	3.33	4.92	9.68	4.52
日本	9.30	7.32	0.00	6.67	2.13	1.92	5.36	3.33	6.56	0.00	4.13
韩国	2.33	7.32	2.38	4.44	10.64	0.00	1.79	5.00	4.92	1.61	3.93
澳大利亚	2.33	2.44	2.38	0.00	0.00	3.85	5.36	1.67	6.56	4.84	3.14
瑞士	0.00	2.44	4.76	6.67	0.00	3.85	5.36	1.67	1.64	1.61	2.75

续表

国家和地区	2012 年	2013 年	2014 年	2015 年	2016 年	2017 年	2018 年	2019 年	2020 年	2021 年	合计
法国	2.33	4.88	2.38	2.22	0.00	1.92	0.00	3.33	6.56	3.23	2.75
沙特阿拉伯	0.00	0.00	0.00	4.44	2.13	1.92	8.93	5.00	0.00	1.61	2.55
中国香港	0.00	0.00	4.76	0.00	0.00	0.00	1.79	1.67	0.00	8.06	1.77
加拿大	0.00	0.00	0.00	0.00	2.13	5.77	1.79	3.33	1.64	1.61	1.77
意大利	0.00	2.44	0.00	4.44	2.13	3.85	1.79	1.67	0.00	0.00	1.57
荷兰	2.33	0.00	2.38	4.44	4.26	0.00	1.79	0.00	0.00	0.00	1.38
瑞典	0.00	0.00	0.00	0.00	2.13	1.92	1.79	0.00	6.56	0.00	1.38
比利时	2.33	0.00	0.00	2.22	0.00	0.00	0.00	1.67	0.00	1.61	0.79
丹麦	0.00	2.44	0.00	0.00	0.00	1.92	0.00	0.00	1.64	1.61	0.79

表 2-26　凝聚态物理 B 层人才排名前 20 的国家和地区的占比

单位：%

国家和地区	2012 年	2013 年	2014 年	2015 年	2016 年	2017 年	2018 年	2019 年	2020 年	2021 年	合计
中国大陆	19.64	24.00	25.45	27.46	31.81	38.06	42.80	44.30	40.07	45.71	35.17
美国	28.06	31.20	30.39	24.41	22.43	19.78	18.93	16.36	14.75	12.32	20.97
新加坡	4.34	5.07	5.19	3.99	5.26	5.81	4.73	6.07	3.64	3.75	4.76
韩国	6.12	5.33	3.90	6.10	5.72	3.66	2.96	4.41	3.10	3.04	4.31
澳大利亚	2.04	2.13	1.56	3.29	3.66	4.52	5.52	3.68	6.56	6.25	4.14
德国	6.89	4.53	5.19	3.99	3.20	3.87	2.56	3.68	4.55	2.68	4.01
英国	5.10	4.80	4.42	3.52	3.43	3.87	2.56	1.65	4.37	1.96	3.45
中国香港	1.53	0.80	2.60	1.88	2.29	3.44	3.55	4.04	4.19	3.39	2.91
日本	6.12	4.00	2.08	4.23	3.20	2.37	1.58	2.57	2.37	1.61	2.89
沙特阿拉伯	1.02	0.53	1.56	2.82	2.29	3.01	3.16	1.65	1.09	1.43	1.88
加拿大	2.04	0.53	1.82	1.88	2.52	1.08	1.58	2.39	1.64	1.43	1.70
法国	2.55	1.60	2.34	2.35	2.06	0.65	1.18	0.92	1.46	1.61	1.62
瑞士	1.02	1.87	1.82	0.94	1.37	0.86	0.59	0.74	1.82	1.07	1.19
西班牙	0.77	1.33	1.82	1.64	1.14	1.08	0.39	1.47	1.09	0.54	1.10
中国台湾	2.30	1.60	2.34	0.94	0.46	0.22	0.79	0.92	0.73	0.71	1.03
荷兰	2.55	2.67	0.52	0.47	0.23	0.86	0.79	0.18	1.82	0.18	0.97
印度	0.51	0.80	0.26	0.70	0.69	0.65	0.39	0.74	0.91	1.96	0.80
意大利	1.28	1.60	0.52	1.17	1.60	0.86	0.00	0.55	0.36	0.54	0.80
瑞典	0.77	0.53	1.04	0.94	1.14	0.22	1.38	0.37	0.73	0.71	0.78
比利时	0.51	1.07	0.52	0.47	0.69	0.43	0.20	0.18	0.55	0.71	0.52

表 2-27　凝聚态物理 C 层人才排名前 20 的国家和地区的占比

单位：%

国家和地区	2012 年	2013 年	2014 年	2015 年	2016 年	2017 年	2018 年	2019 年	2020 年	2021 年	合计
中国大陆	13.97	16.78	19.39	22.13	26.32	31.86	35.62	38.68	35.93	38.12	29.14
美国	27.61	26.90	25.16	23.05	21.11	20.05	17.38	15.90	14.44	11.17	19.52
德国	7.86	7.75	7.24	6.19	5.93	4.74	4.37	4.20	4.39	3.70	5.43
韩国	4.40	5.00	5.51	4.85	4.46	4.30	4.93	4.78	4.54	3.88	4.64
英国	4.61	4.84	4.51	3.51	3.77	3.44	3.42	3.01	3.25	3.22	3.68
日本	4.89	3.82	4.17	3.32	3.49	2.94	2.71	2.70	2.31	2.36	3.16
新加坡	2.55	1.96	2.81	3.53	2.93	3.22	3.78	3.03	3.21	2.79	3.02
澳大利亚	1.69	1.69	2.10	2.66	2.58	3.18	3.11	4.22	3.60	3.20	2.91
法国	3.98	3.85	2.86	2.52	2.81	2.01	1.58	1.25	1.38	1.47	2.24
中国香港	1.09	0.97	1.39	1.77	1.93	2.57	2.87	2.45	2.82	2.82	2.17
印度	1.74	1.86	1.52	1.74	1.19	1.36	1.58	1.53	1.99	2.66	1.74
加拿大	2.16	1.72	2.18	2.00	2.00	1.60	1.39	1.54	1.55	1.44	1.72
瑞士	2.47	2.29	2.13	2.02	2.21	1.62	1.64	1.28	1.29	0.86	1.71
西班牙	2.52	1.99	2.20	1.65	1.81	1.54	1.58	1.30	1.50	0.95	1.65
沙特阿拉伯	0.68	0.83	1.21	1.62	1.40	1.38	1.33	1.39	1.98	2.48	1.49
意大利	1.90	2.31	1.57	1.67	1.44	1.08	1.33	1.28	1.31	1.29	1.48
荷兰	1.80	1.59	1.52	1.67	1.19	1.19	0.83	1.02	0.98	0.70	1.20
中国台湾	1.33	0.91	1.13	1.13	1.12	1.06	0.87	0.82	0.90	0.85	0.99
伊朗	0.91	1.13	0.92	1.32	1.40	1.36	0.79	0.54	0.70	0.99	0.99
瑞典	1.14	1.26	1.15	1.13	0.88	0.93	0.89	0.82	0.98	0.77	0.98

十　热力学

热力学 A 层人才主要集中在美国，世界占比为 13.37%；其后为中国大陆，世界占比为 12.87%；英国、印度、马来西亚、伊朗、沙特阿拉伯、巴基斯坦的 A 层人才比较多，世界占比在 7%~3%；加拿大、德国、法国、土耳其、西班牙、意大利、越南、阿联酋、中国台湾、丹麦、埃及、瑞士也有相当数量的 A 层人才，世界占比超过 1%。

B 层人才主要集中在中国大陆，世界占比为 18.79%；其后为伊朗、美国，世界占比分别为 10.72%、8.52%；马来西亚、印度、沙特阿拉伯、巴基斯坦、英国的 B 层人才比较多，世界占比在 5%~3%；澳大利亚、加拿大、德国、意大利、土耳其、法国、越南、埃及、中国台湾、西班牙、韩国、新加坡也有相当数量的 B 层人才，世界占比超过或接近 1%。

C 层人才主要集中在中国大陆，世界占比为 22.99%；其后为伊朗、美国，世界占比分别为 8.54%、8.18%；印度、英国、沙特阿拉伯的 C 层人才比较多，世界占比在 6%~3%；马来西亚、意大利、巴基斯坦、土耳其、澳大利亚、加拿大、韩国、德国、西班牙、法国、埃及、日本、中国台湾、越南也有相当数量的 C 层人才，世界占比超过 1%。

表 2-28　热力学 A 层人才排名前 20 的国家和地区的占比

单位：%

国家和地区	2012 年	2013 年	2014 年	2015 年	2016 年	2017 年	2018 年	2019 年	2020 年	2021 年	合计
美国	23.08	33.33	23.53	17.65	9.09	8.33	9.09	9.09	9.09	7.14	13.37
中国大陆	7.69	0.00	0.00	5.88	13.64	12.50	22.73	22.73	22.73	10.71	12.87
英国	0.00	0.00	11.76	0.00	18.18	4.17	13.64	0.00	4.55	7.14	6.44
印度	23.08	6.67	0.00	17.65	0.00	4.17	0.00	4.55	4.55	3.57	5.45
马来西亚	7.69	0.00	5.88	11.76	4.55	4.17	4.55	4.55	0.00	7.14	4.95
伊朗	0.00	13.33	0.00	11.76	0.00	0.00	0.00	4.55	9.09	7.14	4.46
沙特阿拉伯	0.00	0.00	5.88	0.00	4.55	4.17	9.09	4.55	4.55	0.00	3.47
巴基斯坦	0.00	0.00	0.00	5.88	4.55	4.17	9.09	9.09	0.00	0.00	3.47
加拿大	0.00	0.00	0.00	5.88	4.55	0.00	0.00	0.00	9.09	3.57	2.97
德国	7.69	6.67	5.88	5.88	4.55	0.00	0.00	0.00	4.55	0.00	2.97
法国	0.00	6.67	5.88	0.00	0.00	4.17	0.00	0.00	4.55	3.57	2.48
土耳其	7.69	0.00	0.00	0.00	4.55	0.00	0.00	0.00	4.55	3.57	2.48
西班牙	7.69	0.00	5.88	0.00	0.00	4.17	4.55	0.00	4.55	0.00	2.48
意大利	7.69	0.00	5.88	5.88	0.00	0.00	0.00	0.00	4.55	3.57	2.48
越南	0.00	0.00	0.00	0.00	0.00	0.00	0.00	0.00	9.09	3.57	1.49
阿联酋	0.00	0.00	0.00	0.00	0.00	0.00	0.00	0.00	0.00	10.71	1.49
中国台湾	0.00	0.00	0.00	5.88	0.00	4.17	0.00	0.00	0.00	3.57	1.49
丹麦	0.00	0.00	5.88	0.00	0.00	4.17	4.55	0.00	0.00	0.00	1.49
埃及	0.00	0.00	0.00	0.00	0.00	0.00	4.55	0.00	0.00	7.14	1.49
瑞士	0.00	0.00	5.88	0.00	9.09	0.00	0.00	0.00	0.00	0.00	1.49

表 2-29　热力学 B 层人才排名前 20 的国家和地区的占比

单位：%

国家和地区	2012 年	2013 年	2014 年	2015 年	2016 年	2017 年	2018 年	2019 年	2020 年	2021 年	合计
中国大陆	11.86	11.59	10.84	19.66	17.95	20.81	21.20	21.01	19.58	24.06	18.79
伊朗	7.63	5.07	14.46	11.80	14.87	10.86	15.21	11.67	10.00	4.89	10.72
美国	11.86	14.49	13.25	11.24	11.28	9.05	8.29	6.61	3.75	3.01	8.52
马来西亚	5.08	11.59	7.23	6.74	4.10	4.98	4.15	2.72	2.08	3.38	4.76
印度	4.24	5.80	3.01	3.93	6.15	2.71	1.84	3.11	7.50	7.14	4.61
沙特阿拉伯	2.54	3.62	0.60	3.93	5.64	3.17	4.15	4.67	7.08	6.39	4.46
巴基斯坦	0.85	2.17	0.60	2.25	4.10	6.33	5.99	2.72	4.58	6.02	3.91
英国	3.39	3.62	3.61	3.37	2.05	5.43	3.23	4.67	4.58	3.38	3.81
澳大利亚	2.54	0.72	3.61	1.12	1.54	1.36	3.69	3.89	2.50	2.26	2.40
加拿大	1.69	1.45	2.41	4.49	1.03	0.90	1.84	2.72	2.50	1.88	2.10
德国	3.39	5.07	2.41	2.25	2.56	2.26	1.84	0.78	1.25	1.13	2.05
意大利	4.24	0.72	4.22	2.81	3.08	2.26	1.38	1.17	0.42	1.50	2.00
土耳其	1.69	3.62	3.61	2.25	1.54	0.90	1.84	1.56	2.50	1.50	2.00
法国	3.39	2.90	3.61	2.25	3.08	1.36	0.00	1.95	1.25	0.75	1.85
越南	0.00	0.00	0.00	0.00	0.00	0.45	0.46	4.67	6.67	2.26	1.80
埃及	0.85	0.00	2.41	1.12	1.54	1.81	0.92	0.78	2.08	3.38	1.60
中国台湾	0.85	0.00	1.20	1.12	1.54	1.81	0.92	0.78	1.25	3.38	1.40
西班牙	0.85	2.17	3.01	1.12	0.00	2.71	0.92	1.56	0.83	0.38	1.30
韩国	1.69	2.17	0.60	2.81	0.00	0.45	0.92	1.17	1.25	1.13	1.15
新加坡	0.85	0.72	0.00	1.69	1.03	0.45	0.46	1.17	2.08	0.00	0.85

表 2-30　热力学 C 层人才排名前 20 的国家和地区的占比

单位：%

国家和地区	2012 年	2013 年	2014 年	2015 年	2016 年	2017 年	2018 年	2019 年	2020 年	2021 年	合计
中国大陆	14.48	15.03	18.36	21.69	21.13	25.51	27.75	26.92	23.96	25.53	22.99
伊朗	6.44	7.77	8.91	8.04	9.95	9.19	9.67	10.62	9.19	4.99	8.54
美国	11.80	11.22	9.93	11.05	10.15	8.97	6.47	6.49	5.49	5.32	8.18
印度	5.27	5.06	4.21	3.59	6.03	5.53	4.81	5.27	5.07	6.26	5.18
英国	3.68	4.55	3.25	3.24	3.81	4.06	4.20	4.34	4.08	3.30	3.86
沙特阿拉伯	1.76	1.47	1.99	1.97	3.04	2.54	2.41	3.12	5.12	6.82	3.32
马来西亚	3.77	3.59	4.46	3.76	3.40	2.50	2.45	1.95	2.58	1.80	2.86
意大利	3.43	3.23	4.09	3.70	3.20	2.99	2.50	2.55	1.75	1.91	2.80

续表

国家和地区	2012 年	2013 年	2014 年	2015 年	2016 年	2017 年	2018 年	2019 年	2020 年	2021 年	合计
巴基斯坦	0.92	0.73	0.84	1.04	1.39	2.05	1.98	2.35	4.33	6.04	2.48
土耳其	3.10	3.08	3.43	2.26	1.70	2.23	2.45	1.99	1.87	2.25	2.34
澳大利亚	1.59	2.49	1.51	2.72	2.16	2.50	2.08	2.47	2.16	1.95	2.18
加拿大	2.26	2.79	2.71	2.02	2.42	1.92	2.50	2.31	1.75	1.50	2.16
韩国	2.93	2.86	2.89	2.08	2.27	1.87	1.75	1.18	1.41	1.95	2.00
德国	3.43	3.23	2.77	3.47	2.11	1.65	1.51	1.50	1.25	0.71	1.96
西班牙	2.76	3.23	3.25	2.60	1.96	1.87	1.70	1.09	1.12	1.05	1.89
法国	3.01	3.52	2.47	3.12	2.27	1.65	1.23	1.26	1.04	1.09	1.87
埃及	0.75	0.88	0.84	1.10	1.44	1.12	1.89	1.82	2.66	3.34	1.74
日本	2.51	2.05	1.26	1.68	1.39	1.78	1.13	1.26	0.83	0.94	1.39
中国台湾	2.01	1.91	1.32	1.21	0.72	0.89	1.23	0.65	0.79	1.91	1.21
越南	0.08	0.00	0.00	0.06	0.15	0.45	0.42	1.86	5.16	1.57	1.19

十一 原子、分子和化学物理

原子、分子和化学物理 A、B、C 层人才最多的是美国，分别占该学科全球 A、B、C 层人才的 25.64%、19.49%、18.64%；A 层人才中，德国以 13.25% 的世界占比排名第二；中国大陆的 B、C 层人才均排名第二，世界占比分别为 12.15%、13.00%。

英国、中国大陆的 A 层人才处于第二梯队，世界占比分别为 7.26%、5.98%；澳大利亚、韩国、法国、伊朗、以色列、印度、日本、加拿大、新加坡、意大利、丹麦、荷兰、沙特阿拉伯、西班牙、瑞士、南非也有相当数量的 A 层人才，世界占比超过 1%。

德国、英国、沙特阿拉伯、印度、日本的 B 层人才比较多，世界占比在 7%~3%；法国、伊朗、西班牙、意大利、瑞士、加拿大、澳大利亚、韩国、巴基斯坦、瑞典、以色列、荷兰、南非也有相当数量的 B 层人才，世界占比超过或接近 1%。

德国的 C 层人才以 7.95% 的世界占比排名第三；英国、印度、法国、伊朗的 C 层人才比较多，世界占比在 6%~3%；意大利、日本、西班牙、沙特阿拉伯、瑞士、加拿大、韩国、澳大利亚、俄罗斯、瑞典、荷兰、波兰、巴基斯坦也有相当数量的 C 层人才，世界占比超过 1%。

表 2-31　原子、分子和化学物理 A 层人才排名前 20 的国家和地区的占比

单位：%

国家和地区	2012 年	2013 年	2014 年	2015 年	2016 年	2017 年	2018 年	2019 年	2020 年	2021 年	合计
美国	50.00	36.00	16.67	23.08	38.46	20.00	20.00	14.81	20.00	11.11	25.64
德国	4.55	20.00	8.33	19.23	7.69	16.00	16.00	14.81	16.00	0.00	13.25
英国	9.09	12.00	12.50	3.85	7.69	12.00	4.00	3.70	4.00	0.00	7.26
中国大陆	9.09	4.00	8.33	3.85	7.69	4.00	4.00	3.70	4.00	22.22	5.98
澳大利亚	4.55	0.00	0.00	7.69	0.00	4.00	0.00	0.00	8.00	11.11	2.99
韩国	0.00	4.00	8.33	3.85	3.85	4.00	4.00	0.00	0.00	0.00	2.99
法国	0.00	8.00	4.17	0.00	0.00	4.00	0.00	3.70	4.00	0.00	2.56
伊朗	0.00	0.00	0.00	0.00	0.00	0.00	12.00	3.70	0.00	22.22	2.56
以色列	4.55	0.00	4.17	7.69	3.85	0.00	0.00	3.70	0.00	0.00	2.56
印度	4.55	0.00	0.00	0.00	3.85	0.00	8.00	3.70	0.00	0.00	2.14
日本	0.00	0.00	4.17	0.00	3.85	4.00	0.00	0.00	0.00	0.00	2.14
加拿大	0.00	4.00	4.17	3.85	0.00	0.00	0.00	0.00	4.00	0.00	1.71
新加坡	0.00	0.00	0.00	0.00	3.85	0.00	4.00	3.70	0.00	0.00	1.71
意大利	0.00	0.00	4.17	3.85	0.00	0.00	0.00	3.70	0.00	0.00	1.71
丹麦	9.09	0.00	0.00	3.85	0.00	4.00	0.00	0.00	0.00	0.00	1.71
荷兰	0.00	4.00	0.00	7.69	3.85	0.00	0.00	0.00	0.00	0.00	1.71
沙特阿拉伯	0.00	0.00	4.17	0.00	0.00	0.00	8.00	0.00	4.00	0.00	1.71
西班牙	0.00	0.00	0.00	3.85	3.85	4.00	0.00	3.70	0.00	0.00	1.71
瑞士	0.00	0.00	4.17	0.00	0.00	4.00	0.00	3.70	4.00	0.00	1.71
南非	0.00	0.00	0.00	0.00	3.85	0.00	4.00	0.00	0.00	11.11	1.28

表 2-32　原子、分子和化学物理 B 层人才排名前 20 的国家和地区的占比

单位：%

国家和地区	2012 年	2013 年	2014 年	2015 年	2016 年	2017 年	2018 年	2019 年	2020 年	2021 年	合计
美国	31.67	33.78	26.84	23.36	22.92	18.67	15.58	9.05	10.42	5.98	19.49
中国大陆	10.86	11.56	10.39	10.66	10.83	15.35	9.96	14.81	9.65	17.13	12.15
德国	7.24	8.89	6.93	11.48	4.58	7.05	7.79	2.88	6.18	4.78	6.75

续表

国家和地区	2012 年	2013 年	2014 年	2015 年	2016 年	2017 年	2018 年	2019 年	2020 年	2021 年	合计
英国	7.24	4.00	5.63	7.79	7.08	4.56	4.76	4.94	5.79	2.79	5.45
沙特阿拉伯	0.90	2.67	2.16	3.69	5.83	4.56	8.23	9.05	2.32	7.97	4.78
印度	1.81	3.11	3.46	3.28	5.00	8.30	6.93	3.29	3.09	4.38	4.27
日本	2.26	4.00	4.33	3.69	3.75	3.32	3.46	4.12	3.86	2.39	3.52
法国	3.62	5.78	3.90	2.46	1.25	2.49	3.03	2.06	3.09	1.59	2.89
伊朗	0.45	0.00	0.87	0.41	2.08	4.98	5.63	5.76	2.70	3.98	2.72
西班牙	3.17	2.67	3.46	4.51	2.92	1.66	2.16	1.23	3.09	1.20	2.60
意大利	4.52	4.44	3.03	1.23	2.92	1.24	1.30	1.23	4.25	1.20	2.51
瑞士	1.81	1.78	2.60	3.69	2.50	2.49	2.60	1.65	3.47	0.80	2.35
加拿大	3.17	1.33	2.60	0.41	4.17	1.24	2.16	2.47	1.16	2.39	2.10
澳大利亚	3.17	0.89	3.03	1.23	0.83	1.66	1.73	2.47	2.70	2.39	2.01
韩国	1.36	1.78	3.03	0.82	1.25	2.90	2.16	1.23	1.16	1.20	1.68
巴基斯坦	0.00	0.00	0.00	0.00	3.75	1.24	3.03	4.53	0.00	3.19	1.59
瑞典	2.26	1.33	2.16	2.87	0.83	2.07	0.87	1.65	0.77	0.80	1.55
以色列	1.36	1.33	3.90	2.05	0.42	0.41	0.00	0.41	1.54	0.80	1.22
荷兰	0.45	1.33	1.30	2.05	1.25	1.24	1.73	1.23	1.16	0.40	1.22
南非	0.00	0.44	0.00	0.41	0.83	1.24	3.03	0.82	1.54	1.20	0.96

表 2-33　原子、分子和化学物理 C 层人才排名前 20 的国家和地区的占比

单位：%

国家和地区	2012 年	2013 年	2014 年	2015 年	2016 年	2017 年	2018 年	2019 年	2020 年	2021 年	合计
美国	24.79	23.85	23.36	21.43	17.81	18.39	16.79	15.18	15.38	10.90	18.64
中国大陆	9.25	9.79	11.10	12.33	11.77	13.14	14.21	15.13	15.57	16.77	13.00
德国	10.86	9.92	9.77	9.26	7.72	8.11	7.11	6.86	5.20	5.39	7.95
英国	6.21	6.05	5.77	6.02	6.20	4.99	4.91	3.83	4.16	4.02	5.19
印度	2.21	2.14	3.46	4.57	5.15	4.53	4.40	4.75	5.13	7.48	4.44
法国	5.15	5.21	4.88	3.70	4.14	4.16	3.64	2.90	3.01	2.41	3.89
伊朗	0.51	0.93	0.98	1.83	3.33	4.33	4.10	4.05	5.05	4.99	3.08
意大利	3.68	3.92	3.20	3.24	2.78	2.45	2.12	2.86	2.54	2.13	2.87
日本	3.63	3.60	3.37	3.41	2.78	2.37	2.62	2.51	2.43	1.53	2.80
西班牙	3.22	3.74	3.42	2.74	2.70	2.33	2.33	2.51	1.77	1.53	2.60
沙特阿拉伯	0.41	0.58	0.98	1.58	3.33	2.62	3.17	3.21	3.39	5.35	2.52
瑞士	2.62	2.80	2.26	2.45	2.19	2.62	2.12	1.94	1.70	1.01	2.16

续表

国家和地区	2012 年	2013 年	2014 年	2015 年	2016 年	2017 年	2018 年	2019 年	2020 年	2021 年	合计
加拿大	2.39	2.67	2.09	2.53	1.94	1.71	2.24	1.67	1.93	1.49	2.06
韩国	1.61	1.78	1.87	1.54	1.86	1.87	1.73	1.14	2.04	2.05	1.76
澳大利亚	2.53	2.40	1.73	1.95	1.73	1.41	1.86	1.28	1.50	1.25	1.75
俄罗斯	1.15	1.56	1.15	1.58	1.18	1.91	2.12	1.98	1.70	2.21	1.66
瑞典	1.75	1.34	1.51	1.29	1.14	1.29	1.48	1.19	1.08	1.01	1.30
荷兰	1.52	1.60	1.69	1.37	0.84	1.08	1.44	1.85	1.00	0.60	1.29
波兰	1.29	0.98	1.07	1.08	0.93	1.33	0.97	1.54	1.58	1.41	1.22
巴基斯坦	0.00	0.09	0.18	0.33	2.36	1.91	1.52	1.45	1.58	1.21	1.09

十二　光学

光学 A、B、C 层人才主要集中在美国和中国大陆，二者 A、B、C 层人才的世界占比合计分别为 37.74%、40.93%、38.67%；其中，美国的 A、B 层人才多于中国大陆，C 层人才少于中国大陆。

英国、德国的 A 层人才处于第二梯队，世界占比分别为 7.67%、6.62%；澳大利亚、加拿大、法国、日本、瑞士、意大利的 A 层人才比较多，世界占比在 5%～3%；新加坡、西班牙、俄罗斯、瑞典、荷兰、韩国、中国香港、以色列、比利时、奥地利也有相当数量的 A 层人才，世界占比超过或接近 1%。

英国、德国的 B 层人才处于第二梯队，世界占比分别为 6.35%、6.15%；法国、加拿大的 B 层人才比较多，世界占比在 4%～3%；澳大利亚、日本、意大利、瑞士、新加坡、西班牙、俄罗斯、韩国、中国香港、荷兰、沙特阿拉伯、印度、丹麦、比利时也有相当数量的 B 层人才，世界占比超过 1%。

德国、英国、法国、日本的 C 层人才比较多，世界占比在 7%～3%；印度、意大利、加拿大、俄罗斯、西班牙、澳大利亚、韩国、新加坡、瑞士、中国香港、伊朗、荷兰、波兰、沙特阿拉伯也有相当数量的 C 层人才，世界占比超过 1%。

表 2-34 光学 A 层人才排名前 20 的国家和地区的占比

单位：%

国家和地区	2012 年	2013 年	2014 年	2015 年	2016 年	2017 年	2018 年	2019 年	2020 年	2021 年	合计
美国	27.12	36.00	27.27	24.24	19.44	29.17	35.62	17.81	17.39	16.92	24.81
中国大陆	8.47	2.00	12.12	10.61	12.50	9.72	12.33	21.92	18.84	16.92	12.93
英国	8.47	4.00	10.61	9.09	11.11	8.33	1.37	6.85	5.80	10.77	7.67
德国	5.08	12.00	4.55	10.61	5.56	9.72	2.74	4.11	7.25	6.15	6.62
澳大利亚	8.47	4.00	3.03	6.06	4.17	4.17	2.74	4.11	4.35	4.62	4.51
加拿大	3.39	4.00	4.55	6.06	2.78	5.56	2.74	5.48	2.90	4.62	4.21
法国	6.78	4.00	3.03	3.03	8.33	4.17	4.11	1.37	2.90	3.08	4.06
日本	5.08	2.00	6.06	4.55	4.17	0.00	4.11	5.48	5.80	3.08	4.06
瑞士	3.39	4.00	6.06	6.06	1.39	2.78	5.48	5.48	1.45	3.08	3.91
意大利	5.08	4.00	3.03	3.03	2.78	5.56	0.00	2.74	5.80	3.08	3.16
新加坡	0.00	2.00	1.52	6.06	4.17	1.39	1.37	5.48	4.35	1.54	2.86
西班牙	0.00	6.00	7.58	3.03	0.00	2.78	1.37	1.37	2.90	1.54	2.56
俄罗斯	0.00	4.00	1.52	0.00	1.39	4.17	2.74	4.11	2.90	3.08	2.41
瑞典	1.69	0.00	0.00	0.00	2.78	1.39	2.74	2.74	2.90	1.54	1.65
荷兰	8.47	0.00	0.00	0.00	2.78	1.39	1.37	1.37	0.00	0.00	1.50
韩国	1.69	2.00	0.00	0.00	0.00	1.39	2.74	4.11	0.00	3.08	1.50
中国香港	0.00	0.00	0.00	0.00	1.39	1.39	2.74	1.37	2.90	3.08	1.35
以色列	1.69	0.00	1.52	3.03	1.39	0.00	2.74	0.00	0.00	0.00	1.20
比利时	1.69	4.00	0.00	0.00	1.39	1.39	0.00	0.00	1.45	1.54	1.05
奥地利	0.00	2.00	0.00	1.52	0.00	1.39	1.37	0.00	0.00	1.54	0.75

表 2-35 光学 B 层人才排名前 20 的国家和地区的占比

单位：%

国家和地区	2012 年	2013 年	2014 年	2015 年	2016 年	2017 年	2018 年	2019 年	2020 年	2021 年	合计
美国	27.12	25.00	23.67	24.03	20.96	19.28	23.31	19.44	16.93	12.84	21.16
中国大陆	12.24	12.96	16.67	18.15	17.55	19.28	21.11	25.19	25.56	27.05	19.77
英国	7.72	7.12	6.67	9.08	6.52	7.62	4.55	4.98	4.63	5.14	6.35
德国	9.04	6.20	7.17	6.89	7.92	5.75	4.84	5.13	5.43	3.60	6.15
法国	5.08	4.74	4.00	4.03	3.26	3.89	2.64	2.18	2.40	1.37	3.22
加拿大	4.52	3.47	4.17	4.03	4.50	2.95	2.79	1.40	2.40	1.88	3.18
澳大利亚	2.26	3.65	3.83	3.53	2.48	2.64	3.37	3.73	1.76	1.54	2.89
日本	3.01	4.56	3.67	1.68	4.04	1.87	2.35	2.33	1.60	1.88	2.67
意大利	3.01	4.20	2.67	3.19	3.42	2.33	2.05	1.87	1.60	2.05	2.61
瑞士	2.82	3.28	3.17	3.03	3.11	2.64	2.05	2.18	2.24	1.20	2.56

续表

国家和地区	2012 年	2013 年	2014 年	2015 年	2016 年	2017 年	2018 年	2019 年	2020 年	2021 年	合计
新加坡	1.88	1.82	2.17	2.35	1.55	2.95	2.64	3.73	2.56	3.60	2.54
西班牙	3.77	2.19	2.50	2.52	2.95	1.87	2.64	2.95	1.92	1.54	2.48
俄罗斯	1.69	1.28	0.83	1.51	1.40	2.80	1.17	2.80	2.56	3.42	1.95
韩国	1.13	1.28	2.67	1.18	1.71	2.02	1.47	1.71	1.60	2.40	1.72
中国香港	1.13	0.55	0.83	1.34	0.62	1.56	2.05	3.11	2.72	1.71	1.59
荷兰	1.32	2.01	2.17	1.34	1.55	1.56	1.61	1.56	1.28	0.68	1.51
沙特阿拉伯	0.00	0.55	0.33	1.01	0.93	2.18	1.91	0.93	2.40	3.08	1.36
印度	0.38	1.09	1.00	0.67	1.09	1.09	1.03	0.62	2.08	3.25	1.23
丹麦	1.69	1.64	1.17	0.84	1.40	1.24	1.32	1.24	0.48	0.51	1.15
比利时	1.13	1.28	0.83	1.18	1.40	1.09	0.73	0.62	1.44	0.68	1.03

表 2-36　光学 C 层人才排名前 20 的国家和地区的占比

单位：%

国家和地区	2012 年	2013 年	2014 年	2015 年	2016 年	2017 年	2018 年	2019 年	2020 年	2021 年	合计
中国大陆	14.48	17.04	16.90	20.74	19.63	22.71	25.12	27.07	27.73	28.71	22.15
美国	21.02	18.87	19.00	18.32	17.09	15.93	14.73	15.33	13.76	11.57	16.52
德国	8.11	7.10	7.67	6.68	6.54	5.84	5.34	4.96	5.18	4.12	6.12
英国	5.18	6.09	5.78	5.25	6.33	5.38	5.04	4.53	4.80	4.22	5.26
法国	4.68	4.20	4.06	3.93	4.23	3.41	2.97	3.06	3.25	2.76	3.63
日本	4.39	4.02	4.09	3.45	3.45	3.44	3.07	2.44	2.49	2.72	3.33
印度	2.54	2.62	2.75	2.49	2.72	2.76	2.63	3.08	3.80	3.76	2.90
意大利	3.31	2.99	3.42	3.36	3.11	2.99	2.58	2.43	2.57	2.26	2.90
加拿大	3.22	3.31	3.32	3.03	3.04	2.63	2.85	2.59	2.14	1.80	2.80
俄罗斯	2.08	2.28	2.10	2.30	2.28	2.84	2.46	2.65	2.80	2.72	2.46
西班牙	2.62	2.73	2.48	2.82	2.63	2.35	2.23	1.83	1.99	1.54	2.32
澳大利亚	2.52	2.73	2.63	2.14	2.55	2.23	2.26	2.06	2.11	1.92	2.31
韩国	2.21	2.09	1.77	2.30	1.93	1.79	2.27	1.99	1.78	1.84	2.00
新加坡	1.64	2.11	2.05	1.93	1.61	1.67	1.51	1.70	1.47	1.38	1.70
瑞士	1.69	1.36	1.43	1.53	1.85	1.18	1.42	1.29	1.31	1.14	1.42
中国香港	1.06	1.16	1.05	1.36	1.14	1.59	1.53	1.41	1.76	1.44	1.36
伊朗	0.60	0.95	0.86	1.01	1.09	1.96	1.75	1.76	1.73	1.60	1.36
荷兰	1.35	1.12	1.27	1.08	1.27	0.81	0.96	1.18	1.14	1.14	1.13
波兰	0.96	1.18	1.15	1.27	1.22	1.03	0.92	1.08	0.97	0.96	1.07
沙特阿拉伯	0.35	0.50	0.88	0.64	0.62	1.00	1.47	1.17	1.55	2.60	1.07

十三　光谱学

光谱学 A 层人才主要集中在美国，世界占比为 14.10%；其后为德国、英国、加拿大、中国大陆，世界占比分别为 8.97%、7.69%、6.41%、5.13%；澳大利亚、奥地利、比利时、丹麦、法国、印度、伊朗、荷兰、波兰、韩国的 A 层人才比较多，世界占比均为 3.85%；日本、俄罗斯、西班牙、瑞士、捷克也有相当数量的 A 层人才，世界占比超过 1%。

B 层人才主要集中在美国，世界占比为 18.46%；中国大陆以 11.10% 的世界占比排名第二；印度、英国、德国 B 层人才的世界占比分别为 8.22%、8.00%、6.62%；法国、加拿大的 B 层人才比较多，世界占比超过 4%；意大利、伊朗、比利时、澳大利亚、荷兰、波兰、瑞士、奥地利、巴西、俄罗斯、丹麦、西班牙、埃及也有相当数量的 B 层人才，世界占比超过 1%。

C 层人才主要集中在中国大陆，世界占比为 18.22%；其后为美国，世界占比为 15.44%，二者的世界占比合计为 33.66%；印度、德国、英国、法国、意大利的 C 层人才比较多，世界占比在 8%~3%；伊朗、西班牙、加拿大、俄罗斯、埃及、瑞士、巴西、日本、荷兰、波兰、比利时、土耳其、澳大利亚也有相当数量的 C 层人才，世界占比超过 1%。

表 2-37　光谱学 A 层人才排名前 20 的国家和地区的占比

单位：%

国家和地区	2012 年	2013 年	2014 年	2015 年	2016 年	2017 年	2018 年	2019 年	2020 年	2021 年	合计
美国	25.00	10.00	0.00	8.33	50.00	10.00	14.29	11.11	25.00	0.00	14.10
德国	0.00	10.00	0.00	16.67	25.00	10.00	14.29	11.11	0.00	0.00	8.97
英国	12.50	10.00	0.00	8.33	25.00	10.00	0.00	11.11	0.00	0.00	7.69
加拿大	25.00	10.00	0.00	0.00	0.00	10.00	0.00	11.11	0.00	0.00	6.41
中国大陆	25.00	0.00	0.00	0.00	0.00	0.00	14.29	0.00	12.50	0.00	5.13
澳大利亚	0.00	10.00	20.00	0.00	0.00	0.00	0.00	0.00	0.00	0.00	3.85
奥地利	0.00	0.00	0.00	8.33	0.00	0.00	14.29	11.11	0.00	0.00	3.85
比利时	0.00	10.00	0.00	0.00	0.00	10.00	0.00	11.11	0.00	0.00	3.85
丹麦	0.00	10.00	20.00	0.00	0.00	0.00	0.00	0.00	0.00	0.00	3.85

国家和地区	2012年	2013年	2014年	2015年	2016年	2017年	2018年	2019年	2020年	2021年	合计
法国	0.00	10.00	0.00	0.00	0.00	10.00	0.00	11.11	0.00	0.00	3.85
印度	12.50	0.00	0.00	16.67	0.00	0.00	0.00	0.00	0.00	0.00	3.85
伊朗	0.00	0.00	0.00	8.33	0.00	0.00	0.00	0.00	25.00	0.00	3.85
荷兰	0.00	0.00	10.00	0.00	0.00	10.00	14.29	0.00	0.00	0.00	3.85
波兰	0.00	0.00	10.00	8.33	0.00	10.00	0.00	0.00	0.00	0.00	3.85
韩国	0.00	0.00	0.00	8.33	0.00	0.00	0.00	11.11	12.50	0.00	3.85
日本	0.00	0.00	0.00	8.33	0.00	0.00	14.29	0.00	0.00	0.00	2.56
俄罗斯	0.00	10.00	0.00	0.00	0.00	10.00	0.00	0.00	0.00	0.00	2.56
西班牙	0.00	0.00	20.00	0.00	0.00	0.00	0.00	0.00	0.00	0.00	2.56
瑞士	0.00	0.00	0.00	8.33	0.00	0.00	0.00	11.11	0.00	0.00	2.56
捷克	0.00	0.00	10.00	0.00	0.00	0.00	0.00	0.00	0.00	0.00	1.28

表 2-38　光谱学 B 层人才排名前 20 的国家和地区的占比

单位：%

国家和地区	2012年	2013年	2014年	2015年	2016年	2017年	2018年	2019年	2020年	2021年	合计
美国	26.97	25.27	17.71	15.74	17.02	20.65	20.93	12.90	16.84	11.83	18.46
中国大陆	7.87	3.30	4.17	8.33	6.38	8.70	15.12	12.90	13.68	31.18	11.10
印度	10.11	13.19	13.54	23.15	4.26	1.09	1.16	2.15	3.16	7.53	8.22
英国	8.99	8.79	8.33	2.78	10.64	8.70	8.14	11.83	6.32	6.45	8.00
德国	8.99	4.40	10.42	6.48	6.38	5.43	8.14	6.45	8.42	1.08	6.62
法国	4.49	5.49	8.33	3.70	6.38	3.26	2.33	10.75	2.11	1.08	4.80
加拿大	4.49	2.20	1.04	0.93	5.32	13.04	1.16	4.30	7.37	1.08	4.06
意大利	2.25	1.10	3.13	2.78	2.13	0.00	6.98	3.23	2.11	4.30	2.77
伊朗	2.25	0.00	2.08	6.48	3.19	0.00	2.33	1.08	4.21	4.30	2.67
比利时	2.25	5.49	0.00	2.78	2.13	2.17	1.16	1.08	5.26	1.08	2.35
澳大利亚	1.12	3.30	3.13	2.78	0.00	4.35	1.16	2.15	2.11	2.15	2.24
荷兰	0.00	2.20	0.00	1.85	0.00	3.26	3.49	4.30	4.21	1.08	2.03
波兰	0.00	4.40	1.04	2.78	4.26	1.09	3.49	0.00	0.00	2.15	1.92
瑞士	2.25	0.00	1.04	0.93	5.32	1.09	1.16	2.15	2.11	1.08	1.71
奥地利	1.12	2.20	2.08	0.93	0.00	1.09	2.33	0.00	3.16	3.23	1.60
巴西	1.12	1.10	2.08	0.93	4.26	1.09	2.33	0.00	3.16	0.00	1.60

续表

国家和地区	2012 年	2013 年	2014 年	2015 年	2016 年	2017 年	2018 年	2019 年	2020 年	2021 年	合计
俄罗斯	1.12	1.10	0.00	0.93	6.38	1.09	2.33	1.08	1.05	1.08	1.60
丹麦	2.25	2.20	2.08	0.93	2.13	0.00	2.33	2.15	1.05	0.00	1.49
西班牙	1.12	3.30	2.08	0.93	2.13	3.26	2.33	0.00	0.00	0.00	1.49
埃及	1.12	0.00	3.13	1.85	0.00	1.09	0.00	3.23	1.05	2.15	1.39

表 2-39　光谱学 C 层人才排名前 20 的国家和地区的占比

单位：%

国家和地区	2012 年	2013 年	2014 年	2015 年	2016 年	2017 年	2018 年	2019 年	2020 年	2021 年	合计
中国大陆	8.74	11.48	14.00	12.65	13.70	14.30	22.04	27.77	28.26	31.21	18.22
美国	19.58	17.92	13.48	15.20	19.60	20.07	14.41	13.34	11.38	9.28	15.44
印度	7.81	6.44	11.70	10.10	4.37	5.54	5.17	5.21	6.35	6.96	7.06
德国	7.58	7.51	6.27	6.76	6.97	7.10	5.54	6.07	4.43	4.06	6.26
英国	5.01	6.01	4.18	5.49	6.49	5.54	6.28	4.45	4.67	4.29	5.23
法国	6.18	6.12	5.54	4.12	4.01	4.88	5.54	3.15	3.35	3.83	4.67
意大利	4.66	4.18	4.49	3.14	4.01	4.10	3.33	3.15	3.47	3.71	3.82
伊朗	2.56	0.97	3.97	4.12	2.24	1.77	2.34	3.25	2.87	3.02	2.74
西班牙	3.73	3.76	2.40	2.25	2.60	1.88	1.97	1.74	2.04	1.74	2.41
加拿大	2.56	2.79	2.09	1.67	2.60	2.99	2.09	1.41	1.68	2.32	2.21
俄罗斯	0.93	1.61	1.78	1.47	2.24	2.55	2.83	2.17	1.32	1.86	1.87
埃及	1.75	1.72	3.24	3.24	1.18	0.44	1.35	1.63	1.32	1.86	1.81
瑞士	2.68	2.25	1.67	1.08	1.65	2.99	1.35	1.19	1.68	1.28	1.78
巴西	1.28	1.72	1.25	1.57	2.36	2.33	3.20	1.08	1.32	1.74	1.77
日本	1.40	2.47	2.82	2.06	1.30	1.77	1.85	1.19	1.08	1.51	1.77
荷兰	1.05	1.93	1.36	1.27	2.48	1.66	0.49	1.84	1.68	1.39	1.52
波兰	1.75	1.61	1.46	1.47	2.01	1.66	2.09	1.08	0.72	1.28	1.51
比利时	1.63	1.72	1.15	1.76	1.77	1.77	0.86	0.98	0.84	1.74	1.43
土耳其	2.33	0.97	0.94	1.76	1.65	0.89	1.11	1.08	1.68	1.86	1.42
澳大利亚	1.40	1.72	1.36	1.47	2.48	1.55	0.74	0.87	1.08	1.16	1.39

十四　声学

声学 A 层人才主要集中在美国，世界占比为 34.57%；其后为中国大陆，世界占比为 11.11%；英国、加拿大的 A 层人才比较多，世界占比均为 6.17%；德国、意大利、中国香港、法国 A 层人才的世界占比均为 3.70%；印度、日本、以色列 A 层人才的世界占比均为 2.47%；奥地利、比利时、巴西、芬兰、希腊、伊朗、荷兰、挪威、波兰也有相当数量的 A 层人才，世界占比均为 1.23%。

B 层人才主要集中在美国，世界占比为 16.30%；其后为中国大陆、英国，世界占比分别为 12.35%、8.89%；法国、意大利、德国、加拿大、伊朗的 B 层人才比较多，世界占比在 5%~3%；澳大利亚、印度、西班牙、日本、丹麦、比利时、荷兰、韩国、中国香港、土耳其、希腊、罗马尼亚也有相当数量的 B 层人才，世界占比超过 1%。

C 层人才主要集中在中国大陆和美国，世界占比分别为 16.92%、15.63%，二者的世界占比合计为 32.55%；英国 C 层人才以 7.93% 的世界占比排名第三；意大利、法国、伊朗、印度、德国、加拿大的 C 层人才比较多，世界占比在 5%~3%；澳大利亚、日本、西班牙、韩国、荷兰、中国香港、巴西、土耳其、比利时、丹麦、中国台湾也有相当数量的 C 层人才，世界占比超过 1%。

表 2-40　声学 A 层人才排名前 20 的国家和地区的占比

单位：%

国家和地区	2012 年	2013 年	2014 年	2015 年	2016 年	2017 年	2018 年	2019 年	2020 年	2021 年	合计
美国	33.33	0.00	50.00	75.00	33.33	42.86	66.67	66.67	0.00	12.50	34.57
中国大陆	0.00	0.00	12.50	25.00	8.33	0.00	33.33	0.00	16.67	25.00	11.11
英国	0.00	11.11	0.00	0.00	8.33	0.00	0.00	0.00	16.67	12.50	6.17
加拿大	66.67	11.11	12.50	0.00	8.33	0.00	0.00	0.00	0.00	0.00	6.17
德国	0.00	11.11	12.50	0.00	0.00	0.00	0.00	8.33	0.00	0.00	3.70
意大利	0.00	11.11	0.00	0.00	0.00	0.00	0.00	0.00	16.67	0.00	3.70
中国香港	0.00	0.00	0.00	0.00	0.00	14.29	0.00	0.00	8.33	12.50	3.70
法国	0.00	11.11	12.50	0.00	0.00	14.29	0.00	0.00	0.00	0.00	3.70
印度	0.00	0.00	0.00	0.00	0.00	0.00	0.00	0.00	0.00	25.00	2.47
日本	0.00	0.00	0.00	0.00	0.00	0.00	0.00	0.00	16.67	0.00	2.47

续表

国家和地区	2012 年	2013 年	2014 年	2015 年	2016 年	2017 年	2018 年	2019 年	2020 年	2021 年	合计
以色列	0.00	0.00	0.00	0.00	8.33	0.00	0.00	8.33	0.00	0.00	2.47
奥地利	0.00	11.11	0.00	0.00	0.00	0.00	0.00	0.00	0.00	0.00	1.23
比利时	0.00	0.00	0.00	0.00	8.33	0.00	0.00	0.00	0.00	0.00	1.23
巴西	0.00	0.00	0.00	0.00	8.33	0.00	0.00	0.00	0.00	0.00	1.23
芬兰	0.00	0.00	0.00	0.00	0.00	14.29	0.00	0.00	0.00	0.00	1.23
希腊	0.00	11.11	0.00	0.00	0.00	0.00	0.00	0.00	0.00	0.00	1.23
伊朗	0.00	0.00	0.00	0.00	0.00	0.00	0.00	0.00	0.00	12.50	1.23
荷兰	0.00	0.00	0.00	0.00	8.33	0.00	0.00	0.00	0.00	0.00	1.23
挪威	0.00	11.11	0.00	0.00	0.00	0.00	0.00	0.00	0.00	0.00	1.23
波兰	0.00	0.00	0.00	0.00	8.33	0.00	0.00	0.00	0.00	0.00	1.23

表 2-41　声学 B 层人才排名前 20 的国家和地区的占比

单位：%

国家和地区	2012 年	2013 年	2014 年	2015 年	2016 年	2017 年	2018 年	2019 年	2020 年	2021 年	合计
美国	17.95	21.18	18.29	20.37	22.02	16.50	16.00	10.09	16.98	7.58	16.30
中国大陆	6.41	2.35	12.20	8.33	11.01	8.74	10.00	10.09	14.15	31.82	12.35
英国	11.54	9.41	10.98	10.19	8.26	9.71	8.00	11.01	7.55	4.55	8.89
法国	7.69	3.53	4.88	9.26	5.50	2.91	6.00	3.67	3.77	3.03	4.94
意大利	5.13	8.24	4.88	3.70	0.92	6.80	6.00	1.83	6.60	2.27	4.45
德国	3.85	7.06	3.66	5.56	6.42	3.88	4.00	4.59	1.89	3.03	4.35
加拿大	6.41	8.24	2.44	4.63	0.92	2.91	3.00	1.83	4.72	1.52	3.46
伊朗	1.28	0.00	1.22	1.85	5.50	2.91	7.00	7.34	2.83	0.76	3.16
澳大利亚	6.41	3.53	3.66	2.78	2.75	0.00	1.00	2.75	2.83	2.27	2.67
印度	2.56	3.53	3.66	0.00	0.92	4.85	1.00	1.83	4.72	3.03	2.57
西班牙	5.13	0.00	3.66	0.93	1.83	3.88	5.00	1.83	0.94	3.03	2.57
日本	2.56	2.35	0.00	2.78	1.83	0.00	4.00	2.75	3.77	1.52	2.17
丹麦	1.28	2.35	1.22	1.85	2.75	2.91	3.00	3.67	1.89	0.00	2.08
比利时	2.56	2.35	1.22	0.93	3.67	2.91	1.00	1.83	1.89	1.52	1.98
荷兰	1.28	2.35	2.44	1.85	2.75	0.97	3.00	0.92	3.77	0.00	1.88
韩国	0.00	2.35	0.00	5.56	0.00	0.00	1.00	3.67	1.89	0.76	1.58
中国香港	1.28	1.18	1.22	2.78	0.00	3.88	1.00	0.00	1.89	1.52	1.48
土耳其	0.00	0.00	1.22	0.93	2.75	0.97	1.00	2.75	2.83	0.76	1.38
希腊	0.00	1.18	0.00	0.00	0.92	3.88	1.00	1.83	0.94	2.27	1.28
罗马尼亚	1.28	1.18	0.00	2.78	0.92	0.97	3.00	0.92	0.94	0.76	1.28

表 2-42　声学 C 层人才排名前 20 的国家和地区的占比

单位：%

国家和地区	2012 年	2013 年	2014 年	2015 年	2016 年	2017 年	2018 年	2019 年	2020 年	2021 年	合计
中国大陆	9.70	11.02	14.23	13.28	16.54	15.86	18.95	16.88	22.44	24.72	16.92
美国	21.86	21.21	16.79	17.20	16.35	15.54	15.50	12.51	13.71	9.98	15.63
英国	8.88	10.78	8.64	10.16	8.60	6.13	6.39	7.76	6.42	6.58	7.93
意大利	4.92	4.38	4.38	4.33	4.54	4.12	3.66	3.10	5.75	5.39	4.48
法国	6.69	4.50	4.62	4.73	5.20	4.02	3.77	3.10	2.30	3.49	4.14
伊朗	1.91	2.25	2.31	2.41	4.35	7.82	8.17	4.85	2.78	2.22	3.93
印度	2.73	3.20	4.26	4.02	3.21	4.55	4.29	4.46	3.64	3.80	3.84
德国	4.78	3.44	3.41	4.53	3.69	4.12	2.93	3.59	2.68	3.65	3.65
加拿大	3.42	3.55	3.53	1.91	2.84	2.64	2.62	2.91	3.26	3.49	3.00
澳大利亚	3.14	2.13	3.89	2.62	2.08	2.11	2.30	3.10	3.45	1.82	2.62
日本	2.32	2.13	1.95	2.82	2.08	2.96	2.41	2.72	1.63	1.35	2.21
西班牙	1.23	2.61	2.55	3.52	2.17	1.80	1.68	2.23	1.73	2.06	2.17
韩国	2.05	2.25	2.07	1.71	1.80	2.01	1.99	1.94	1.73	2.61	2.02
荷兰	2.32	2.25	2.19	1.61	1.89	2.33	1.26	1.84	2.01	1.11	1.84
中国香港	1.91	1.42	2.07	1.31	1.51	1.06	1.47	1.36	1.53	1.74	1.53
巴西	0.82	1.42	0.97	1.51	1.70	1.48	1.36	1.84	1.73	1.66	1.49
土耳其	0.55	1.07	0.85	1.71	0.85	1.69	2.62	2.04	1.05	1.58	1.43
比利时	1.37	2.01	1.34	1.11	0.76	1.06	1.36	1.36	1.73	1.03	1.29
丹麦	1.91	1.42	1.70	1.91	1.98	1.16	0.84	0.39	0.86	0.79	1.26
中国台湾	2.32	0.71	1.46	0.80	1.32	0.74	0.63	1.84	1.63	1.19	1.25

十五　粒子物理学和场论

粒子物理学和场论 A、B、C 层人才最多的是美国，分别占该学科全球 A、B、C 层人才的 8.12%、9.11%、10.93%。

西班牙、英国、意大利、法国、德国、瑞士、中国大陆、日本、澳大利亚、比利时、加拿大、韩国、荷兰的 A 层人才比较多，世界占比在 6%～3%；瑞典、俄罗斯、阿根廷、以色列、印度、墨西哥也有相当数量的 A 层人才，世界占比超过 2%。

　　德国、英国、法国、瑞士、意大利、西班牙、中国大陆的 B 层人才比较多，世界占比在 6%～3%；日本、俄罗斯、加拿大、荷兰、波兰、巴西、印度、瑞典、葡萄牙、中国台湾、匈牙利、比利时也有相当数量的 B 层人才，世界占比超过 1%。

　　德国、英国、意大利、中国大陆、瑞士、法国、西班牙的 C 层人才比较多，世界占比在 7%～3%；日本、加拿大、俄罗斯、巴西、波兰、印度、荷兰、葡萄牙、希腊、捷克、瑞典、韩国也有相当数量的 C 层人才，世界占比超过 1%。

表 2-43　粒子物理学和场论 A 层人才排名前 20 的国家和地区的占比

单位：%

国家和地区	2012 年	2013 年	2014 年	2015 年	2016 年	2017 年	2018 年	2019 年	2020 年	2021 年	合计
美国	4.55	19.23	6.45	3.57	4.17	10.71	5.56	15.00	3.85	10.00	8.12
西班牙	4.55	7.69	3.23	7.14	4.17	7.14	5.56	5.00	3.85	10.00	5.90
英国	4.55	7.69	3.23	10.71	4.17	7.14	5.56	5.00	3.85	6.67	5.90
意大利	4.55	7.69	3.23	10.71	4.17	7.14	2.78	5.00	3.85	6.67	5.54
法国	4.55	0.00	6.45	7.14	4.17	3.57	5.56	5.00	3.85	10.00	5.17
德国	4.55	7.69	3.23	3.57	4.17	3.57	5.56	10.00	3.85	6.67	5.17
瑞士	4.55	11.54	6.45	3.57	4.17	3.57	5.56	0.00	3.85	3.33	4.80
中国大陆	4.55	0.00	6.45	3.57	0.00	7.14	5.56	10.00	3.85	6.67	4.80
日本	4.55	7.69	3.23	0.00	4.17	7.14	2.78	10.00	3.85	3.33	4.43
澳大利亚	4.55	3.85	3.23	3.57	4.17	3.57	5.56	5.00	3.85	3.33	4.06
比利时	4.55	3.85	9.68	3.57	4.17	3.57	2.78	0.00	3.85	0.00	3.69
加拿大	4.55	3.85	3.23	3.57	4.17	3.57	2.78	5.00	3.85	3.33	3.69
韩国	4.55	3.85	3.23	3.57	4.17	3.57	2.78	5.00	3.85	3.33	3.32
荷兰	4.55	3.85	3.23	3.57	4.17	3.57	2.78	5.00	3.85	0.00	3.32
瑞典	4.55	3.85	3.23	0.00	4.17	0.00	2.78	5.00	3.85	3.33	2.95
俄罗斯	4.55	0.00	3.23	3.57	4.17	3.57	2.78	5.00	3.85	3.33	2.95
阿根廷	4.55	0.00	3.23	3.57	4.17	0.00	2.78	0.00	3.85	0.00	2.21
以色列	4.55	0.00	3.23	3.57	4.17	0.00	2.78	5.00	3.85	0.00	2.21
印度	0.00	0.00	3.23	3.57	4.17	3.57	2.78	0.00	0.00	3.33	2.21
墨西哥	4.55	0.00	3.23	0.00	2.78	0.00	2.78	0.00	3.85	3.33	2.21

表 2-44 粒子物理学和场论 B 层人才排名前 20 的国家和地区的占比

单位：%

国家和地区	2012 年	2013 年	2014 年	2015 年	2016 年	2017 年	2018 年	2019 年	2020 年	2021 年	合计
美国	9.15	6.03	11.52	8.33	9.04	11.11	10.79	5.34	9.71	10.86	9.11
德国	8.14	3.55	7.00	5.00	5.75	5.02	5.71	5.34	5.50	6.58	5.74
英国	3.05	4.26	4.53	4.33	5.48	4.30	4.76	3.56	6.47	6.91	4.79
法国	5.76	3.55	4.53	3.67	4.38	5.02	5.71	2.97	5.83	3.95	4.52
瑞士	6.10	3.19	4.94	3.00	3.84	3.94	5.08	3.86	5.50	5.59	4.49
意大利	4.75	4.26	4.53	4.33	5.48	3.94	3.81	2.67	5.83	4.93	4.46
西班牙	4.07	2.84	5.76	3.67	4.66	4.30	4.76	2.97	5.18	3.95	4.19
中国大陆	2.37	1.77	3.29	2.67	2.74	3.58	2.86	3.26	2.91	4.93	3.04
日本	1.69	2.13	2.06	1.33	1.37	3.94	3.17	2.37	3.56	5.26	2.67
俄罗斯	1.69	2.13	2.47	2.67	2.74	2.87	2.22	2.08	3.24	3.29	2.54
加拿大	2.03	2.48	1.65	1.67	2.19	3.58	2.22	1.48	2.91	4.61	2.48
荷兰	1.69	2.84	1.65	2.67	2.19	2.15	2.86	2.37	3.88	1.97	2.44
波兰	2.03	2.13	2.06	3.00	2.19	2.15	2.86	2.08	1.62	1.64	2.18
巴西	1.36	2.13	1.65	3.00	1.37	1.79	3.17	1.48	1.29	1.32	1.85
印度	1.36	2.48	1.23	2.00	1.64	0.72	1.59	2.37	2.27	1.97	1.78
瑞典	1.69	1.77	2.47	0.00	1.37	1.43	2.54	2.37	1.94	1.97	1.75
葡萄牙	1.69	2.13	0.82	2.00	1.92	1.43	1.59	2.08	1.62	1.32	1.68
中国台湾	1.69	1.42	0.82	1.67	1.37	1.43	1.59	1.78	2.27	1.97	1.62
匈牙利	2.37	1.77	2.06	1.33	1.37	1.43	1.27	1.78	1.29	0.99	1.55
比利时	1.36	1.06	0.82	2.00	1.37	0.36	0.63	1.78	1.94	3.29	1.49

表 2-45 粒子物理学和场论 C 层人才排名前 20 的国家和地区的占比

单位：%

国家和地区	2012 年	2013 年	2014 年	2015 年	2016 年	2017 年	2018 年	2019 年	2020 年	2021 年	合计
美国	10.07	9.87	8.52	10.47	10.82	11.20	10.09	12.26	12.23	13.37	10.93
德国	6.42	6.03	4.95	5.37	6.47	6.72	5.65	6.92	6.64	6.61	6.20
英国	5.19	4.60	4.13	4.69	4.93	4.73	4.57	5.77	5.79	6.54	5.10
意大利	4.24	4.56	4.06	3.97	4.01	3.92	3.65	4.61	5.31	6.57	4.49
中国大陆	2.60	3.16	2.65	2.36	3.24	3.36	3.46	4.98	5.41	7.61	3.91
瑞士	4.35	4.13	3.78	3.93	4.07	3.70	3.52	4.35	3.43	3.61	3.88
法国	4.67	4.20	3.50	4.17	3.55	3.33	3.11	3.00	3.58	4.03	3.70
西班牙	4.17	3.73	3.22	3.04	3.29	3.58	2.89	3.46	4.43	4.13	3.59

续表

国家和地区	2012 年	2013 年	2014 年	2015 年	2016 年	2017 年	2018 年	2019 年	2020 年	2021 年	合计
日本	3.19	3.05	1.87	2.67	3.06	2.99	2.92	3.06	3.24	3.32	2.95
加拿大	1.96	2.37	1.98	2.53	2.55	3.02	2.63	2.93	2.26	2.87	2.52
俄罗斯	2.91	2.91	2.30	2.43	2.66	2.30	2.16	2.37	2.45	2.55	2.50
巴西	2.03	2.05	2.47	2.02	2.75	2.24	2.25	1.98	1.64	1.71	2.12
波兰	2.24	2.69	2.12	2.12	2.03	1.90	2.06	1.65	1.73	1.77	2.02
印度	1.75	1.80	2.01	1.40	1.72	2.05	1.65	2.08	2.33	2.74	1.96
荷兰	1.89	1.83	1.73	1.88	2.09	1.52	1.65	1.61	1.60	1.87	1.77
葡萄牙	1.65	1.51	2.16	1.81	1.83	1.77	1.68	1.52	1.29	1.26	1.65
希腊	1.61	1.72	1.94	1.71	1.43	1.28	1.90	1.45	1.70	1.16	1.58
捷克	1.54	1.58	1.77	1.64	1.63	1.52	1.52	1.45	1.26	1.03	1.49
瑞典	1.47	1.69	1.13	1.64	1.60	1.21	1.55	1.35	1.23	1.13	1.40
韩国	1.54	1.36	1.06	1.16	1.03	1.52	1.17	1.48	1.42	1.68	1.34

十六　核物理

核物理 A、B、C 层人才最多的是美国，分别占该学科全球 A、B、C 层人才的 18.33%、7.89%、8.92%；德国 A、B、C 层人才分别以 11.67%、6.15%、6.31% 的世界占比排名第二。

中国大陆、法国、日本 A 层人才的世界占比均为 10.00%，并列排名第三；英国、荷兰、奥地利、俄罗斯、瑞士的 A 层人才比较多，世界占比在 7%~3%；阿根廷、白俄罗斯、比利时、印度、保加利亚、加拿大、匈牙利也有相当数量的 A 层人才，世界占比超过 1%。

中国大陆、意大利、法国、英国、俄罗斯、瑞士、西班牙、日本的 B 层人才比较多，世界占比在 5%~3%；波兰、捷克、韩国、印度、荷兰、加拿大、巴西、芬兰、瑞典、希腊也有相当数量的 B 层人才，世界占比超过 1%。

中国大陆、法国、意大利、俄罗斯的 C 层人才比较多，世界占比在 5%~3%；日本、英国、西班牙、瑞士、波兰、印度、巴西、捷克、韩国、匈牙利、土耳其、希腊、加拿大、亚美尼亚也有相当数量的 C 层人才，世界占比超过 1%。

表 2-46　核物理 A 层人才的国家和地区的占比

单位：%

国家和地区	2012 年	2013 年	2014 年	2015 年	2016 年	2017 年	2018 年	2019 年	2020 年	2021 年	合计
美国	0.00	40.00	0.00	0.00	0.00	33.33	7.14	16.67	0.00	16.67	18.33
德国	0.00	0.00	0.00	0.00	0.00	0.00	7.14	16.67	50.00	16.67	11.67
中国大陆	0.00	0.00	0.00	0.00	0.00	22.22	0.00	11.11	0.00	16.67	10.00
法国	0.00	0.00	0.00	0.00	0.00	22.22	7.14	5.56	0.00	16.67	10.00
日本	0.00	0.00	0.00	0.00	0.00	22.22	0.00	11.11	0.00	16.67	10.00
英国	0.00	0.00	0.00	0.00	0.00	0.00	7.14	5.56	50.00	8.33	6.67
荷兰	0.00	20.00	0.00	0.00	0.00	0.00	7.14	5.56	0.00	0.00	5.00
奥地利	0.00	0.00	0.00	0.00	0.00	0.00	7.14	5.56	0.00	0.00	3.33
俄罗斯	0.00	20.00	0.00	0.00	0.00	0.00	7.14	0.00	0.00	0.00	3.33
瑞士	0.00	0.00	0.00	0.00	0.00	0.00	7.14	5.56	0.00	0.00	3.33
阿根廷	0.00	0.00	0.00	0.00	0.00	0.00	7.14	0.00	0.00	0.00	1.67
白俄罗斯	0.00	0.00	0.00	0.00	0.00	0.00	7.14	0.00	0.00	0.00	1.67
比利时	0.00	0.00	0.00	0.00	0.00	0.00	7.14	0.00	0.00	0.00	1.67
印度	0.00	0.00	0.00	0.00	0.00	0.00	0.00	5.56	0.00	0.00	1.67
保加利亚	0.00	0.00	0.00	0.00	0.00	0.00	7.14	0.00	0.00	0.00	1.67
加拿大	0.00	0.00	0.00	0.00	0.00	0.00	7.14	0.00	0.00	0.00	1.67
匈牙利	0.00	20.00	0.00	0.00	0.00	0.00	0.00	0.00	0.00	0.00	1.67

表 2-47　核物理 B 层人才排名前 20 的国家和地区的占比

单位：%

国家和地区	2012 年	2013 年	2014 年	2015 年	2016 年	2017 年	2018 年	2019 年	2020 年	2021 年	合计
美国	4.62	4.00	7.97	12.20	9.14	8.70	8.03	7.28	8.02	10.00	7.89
德国	3.85	2.67	5.80	6.50	9.71	7.83	5.11	5.96	4.94	10.00	6.15
中国大陆	3.08	2.67	5.07	3.25	4.00	5.22	4.38	4.64	5.56	12.00	4.78
意大利	3.08	2.67	3.62	5.69	6.86	1.74	3.65	2.65	5.56	8.00	4.34
法国	3.08	2.67	4.35	4.88	6.86	2.61	3.65	2.65	4.94	5.00	4.13
英国	3.08	2.67	4.35	3.25	5.14	3.48	2.92	1.99	6.79	3.00	3.77
俄罗斯	2.31	2.67	3.62	4.07	2.86	5.22	2.19	2.65	4.32	5.00	3.40

续表

国家和地区	2012 年	2013 年	2014 年	2015 年	2016 年	2017 年	2018 年	2019 年	2020 年	2021 年	合计
瑞士	2.31	2.67	4.35	2.44	4.00	2.61	2.19	2.65	3.09	7.00	3.26
西班牙	2.31	2.67	2.90	4.07	4.57	1.74	3.65	2.65	3.70	4.00	3.26
日本	1.54	2.00	2.90	0.00	3.43	3.48	3.65	5.30	3.70	6.00	3.19
波兰	2.31	2.67	1.45	4.07	2.29	4.35	5.11	1.32	1.85	2.00	2.68
捷克	2.31	2.67	2.17	1.63	1.14	4.35	2.19	2.65	1.23	0.00	2.03
韩国	1.54	2.00	3.62	0.81	2.29	3.48	0.73	1.32	2.47	2.00	2.03
印度	1.54	2.67	2.90	0.81	0.57	4.35	2.19	0.66	3.09	2.00	2.03
荷兰	2.31	2.00	2.17	1.63	2.29	0.00	2.92	1.32	3.09	2.00	2.03
加拿大	0.77	2.00	2.17	1.63	3.43	0.00	1.46	1.99	2.47	3.00	1.96
巴西	2.31	2.67	2.17	2.44	1.14	0.87	2.92	1.32	1.23	2.00	1.88
芬兰	1.54	2.00	2.17	1.63	3.43	1.74	0.00	1.32	1.23	1.00	1.67
瑞典	0.77	2.00	2.17	0.81	1.14	0.00	1.46	1.32	3.70	2.00	1.59
希腊	2.31	2.67	1.45	0.81	1.14	0.87	1.46	1.32	2.47	1.00	1.59

表 2-48　核物理 C 层人才排名前 20 的国家和地区的占比

单位：%

国家和地区	2012 年	2013 年	2014 年	2015 年	2016 年	2017 年	2018 年	2019 年	2020 年	2021 年	合计
美国	8.04	9.27	8.35	8.72	9.00	9.50	7.68	9.20	9.02	10.87	8.92
德国	6.80	7.37	6.16	6.09	6.08	6.22	4.74	5.45	6.26	8.62	6.31
中国大陆	3.37	3.81	3.29	3.67	4.59	4.82	4.44	5.16	7.02	11.08	4.92
法国	4.81	4.38	3.90	3.88	3.91	3.49	3.84	3.11	3.79	3.69	3.88
意大利	3.78	3.75	3.35	3.67	3.35	3.49	3.16	3.34	3.79	4.72	3.60
俄罗斯	3.71	3.75	3.01	3.67	3.10	3.42	2.79	2.58	3.37	3.28	3.26
日本	3.50	3.24	2.60	2.28	3.35	2.94	2.11	3.05	2.96	3.90	2.98
英国	2.95	3.30	3.15	2.77	3.17	3.28	2.71	2.52	2.68	3.18	2.96
西班牙	3.16	3.11	3.29	3.04	2.73	3.14	2.56	1.93	3.10	2.36	2.85
瑞士	3.23	2.73	3.22	2.70	2.61	2.73	2.79	2.29	2.82	2.67	2.77
波兰	3.30	3.17	2.94	3.04	2.55	2.24	2.33	2.29	2.20	2.46	2.66
印度	1.65	2.67	2.05	2.35	1.92	2.66	1.73	2.87	2.27	3.18	2.32
巴西	2.13	2.10	2.53	2.08	2.86	2.31	2.48	2.11	2.00	2.46	2.30

续表

国家和地区	2012 年	2013 年	2014 年	2015 年	2016 年	2017 年	2018 年	2019 年	2020 年	2021 年	合计
捷克	1.92	2.10	1.85	2.21	2.23	1.54	1.88	1.88	2.00	1.23	1.91
韩国	1.37	2.03	1.78	1.94	1.55	2.03	1.88	2.34	1.86	1.33	1.84
匈牙利	1.85	1.78	1.71	1.73	1.74	1.54	1.81	1.70	1.58	1.03	1.67
土耳其	1.65	1.59	1.71	1.66	1.55	1.54	1.58	1.64	1.38	1.64	1.59
希腊	1.58	1.46	1.71	1.80	1.74	1.40	1.58	1.58	1.79	0.92	1.58
加拿大	1.51	1.40	1.37	1.38	1.80	1.40	1.73	1.23	1.10	2.05	1.47
亚美尼亚	1.72	1.52	1.57	1.45	1.68	1.40	1.58	1.47	1.24	0.82	1.47

十七 核科学和技术

核科学和技术 A、B、C 层人才最多的是美国，分别占该学科全球 A、B、C 层人才的 13.89%、15.60%、14.18%；A 层人才中，日本以 7.41%的世界占比排名第二；中国大陆的 B、C 层人才均排名第二，世界占比分别为 9.23%、12.22%。

法国、沙特阿拉伯、德国、英国、土耳其、加拿大、中国大陆的 A 层人才比较多，世界占比在 7%~3%；伊朗、西班牙、俄罗斯、马来西亚、芬兰、比利时、泰国、印度、瑞典、韩国、意大利也有相当数量的 A 层人才，世界占比超过 1%。

德国、英国、法国、日本、印度、土耳其、沙特阿拉伯、意大利的 B 层人才比较多，世界占比在 7%~3%；瑞士、俄罗斯、埃及、西班牙、加拿大、韩国、马来西亚、荷兰、伊朗、捷克也有相当数量的 B 层人才，世界占比超过 1%。

德国、法国、日本、英国、意大利、印度、韩国的 C 层人才比较多，世界占比在 7%~3%；瑞士、俄罗斯、土耳其、西班牙、比利时、加拿大、埃及、瑞典、伊朗、沙特阿拉伯、荷兰也有相当数量的 C 层人才，世界占比超过 1%。

表 2-49　核科学和技术 A 层人才排名前 20 的国家和地区的占比

单位：%

国家和地区	2012 年	2013 年	2014 年	2015 年	2016 年	2017 年	2018 年	2019 年	2020 年	2021 年	合计
美国	50.00	16.67	31.25	0.00	6.25	13.33	20.00	8.33	12.50	0.00	13.89
日本	0.00	16.67	12.50	0.00	6.25	6.67	30.00	0.00	0.00	0.00	7.41
法国	0.00	16.67	12.50	0.00	6.25	0.00	10.00	16.67	0.00	0.00	6.48
沙特阿拉伯	0.00	0.00	0.00	0.00	0.00	6.67	0.00	8.33	12.50	15.38	5.56
德国	0.00	16.67	6.25	0.00	6.25	0.00	0.00	25.00	0.00	0.00	5.56
英国	50.00	0.00	6.25	0.00	6.25	0.00	10.00	8.33	0.00	7.69	5.56
土耳其	0.00	0.00	0.00	0.00	0.00	6.67	0.00	8.33	18.75	0.00	4.63
加拿大	0.00	16.67	0.00	0.00	6.25	6.67	0.00	8.33	0.00	0.00	3.70
中国大陆	0.00	0.00	6.25	0.00	0.00	6.67	0.00	0.00	0.00	15.38	3.70
伊朗	0.00	0.00	0.00	0.00	0.00	6.67	0.00	0.00	0.00	15.38	2.78
西班牙	0.00	0.00	0.00	0.00	6.25	6.67	0.00	8.33	0.00	0.00	2.78
俄罗斯	0.00	0.00	6.25	0.00	6.25	0.00	0.00	8.33	0.00	0.00	2.78
马来西亚	0.00	0.00	0.00	0.00	0.00	0.00	0.00	0.00	12.50	7.69	2.78
芬兰	0.00	0.00	0.00	50.00	6.25	0.00	10.00	0.00	0.00	0.00	2.78
比利时	0.00	0.00	0.00	0.00	0.00	0.00	10.00	0.00	0.00	7.69	1.85
泰国	0.00	0.00	0.00	0.00	0.00	6.67	0.00	0.00	6.25	0.00	1.85
印度	0.00	0.00	0.00	0.00	0.00	13.33	0.00	0.00	0.00	0.00	1.85
瑞典	0.00	16.67	0.00	0.00	0.00	6.67	0.00	0.00	0.00	0.00	1.85
韩国	0.00	0.00	0.00	50.00	6.25	0.00	0.00	0.00	0.00	0.00	1.85
意大利	0.00	0.00	6.25	0.00	6.25	0.00	0.00	0.00	0.00	0.00	1.85

表 2-50　核科学和技术 B 层人才排名前 20 的国家和地区的占比

单位：%

国家和地区	2012 年	2013 年	2014 年	2015 年	2016 年	2017 年	2018 年	2019 年	2020 年	2021 年	合计
美国	26.96	18.24	16.20	21.68	21.68	13.64	14.56	14.29	7.43	3.70	15.60
中国大陆	4.35	3.38	6.34	8.39	5.59	8.52	11.39	16.23	14.86	11.85	9.23
德国	7.83	10.81	10.56	7.69	7.69	3.41	5.70	5.19	1.35	1.48	6.09
英国	6.96	6.08	5.63	6.29	6.99	2.84	5.06	3.90	4.05	2.96	4.99
法国	5.22	6.08	11.27	6.99	4.90	3.41	5.06	1.95	2.03	0.00	4.65
日本	5.22	7.43	9.15	1.40	5.59	5.11	3.80	3.25	0.68	2.96	4.45
印度	4.35	2.03	3.52	2.10	2.10	4.55	3.16	8.44	6.08	5.93	4.24
土耳其	0.87	0.68	0.00	1.40	1.40	1.70	5.70	5.19	7.43	12.59	3.69

续表

国家和地区	2012 年	2013 年	2014 年	2015 年	2016 年	2017 年	2018 年	2019 年	2020 年	2021 年	合计
沙特阿拉伯	0.87	0.00	0.00	2.10	0.70	1.70	3.16	5.84	6.76	11.85	3.28
意大利	1.74	5.41	2.82	3.50	2.80	2.84	6.33	4.55	0.68	0.00	3.15
瑞士	1.74	4.73	2.82	2.80	5.59	2.84	5.06	0.65	0.68	0.00	2.74
俄罗斯	3.48	1.35	2.11	3.50	4.20	1.70	0.63	1.30	3.38	5.93	2.67
埃及	0.00	0.00	0.00	2.80	1.40	1.70	4.43	3.25	6.08	5.19	2.53
西班牙	1.74	4.05	4.23	4.20	4.90	2.27	1.27	0.00	1.35	0.00	2.39
加拿大	0.87	3.38	2.11	2.10	3.50	1.70	1.90	1.95	2.03	2.22	2.19
韩国	4.35	2.70	2.82	1.40	2.80	2.27	0.00	1.30	4.05	0.00	2.12
马来西亚	0.00	0.00	1.41	2.10	0.00	2.27	3.16	3.90	3.38	4.44	2.12
荷兰	0.87	4.05	2.82	1.40	0.70	1.70	1.90	1.30	0.00	0.00	1.50
伊朗	0.87	0.68	0.70	0.70	0.70	0.00	2.53	3.25	2.70	2.22	1.44
捷克	1.74	0.68	0.00	1.40	3.50	1.70	1.27	0.65	1.35	0.74	1.30

表 2-51　核科学和技术 C 层人才排名前 20 的国家和地区的占比

单位：%

国家和地区	2012 年	2013 年	2014 年	2015 年	2016 年	2017 年	2018 年	2019 年	2020 年	2021 年	合计
美国	16.27	17.19	16.65	15.87	15.85	14.56	13.44	11.06	11.35	10.08	14.18
中国大陆	7.06	8.35	9.78	11.60	12.24	10.87	14.94	14.36	18.18	13.34	12.22
德国	8.28	9.50	7.80	7.86	8.21	6.29	6.52	5.45	4.26	5.25	6.89
法国	9.22	7.99	6.38	6.06	6.16	5.15	5.36	4.07	3.99	3.55	5.70
日本	5.36	5.47	5.39	5.16	5.38	4.26	4.48	3.84	3.65	2.34	4.51
英国	4.89	4.24	4.04	5.84	4.67	4.45	4.14	5.15	3.38	3.97	4.45
意大利	3.57	4.75	3.97	3.37	4.32	4.32	4.34	4.07	3.31	3.34	3.95
印度	3.86	3.60	3.83	1.80	2.62	3.24	3.05	3.30	5.20	5.32	3.59
韩国	2.45	2.81	3.97	3.22	2.97	3.43	2.85	2.84	3.78	4.05	3.26
瑞士	2.16	3.31	2.69	2.62	2.55	2.23	3.12	2.38	1.49	1.92	2.45
俄罗斯	1.79	1.58	2.34	2.77	2.90	2.29	1.70	2.76	2.09	2.98	2.32
土耳其	1.60	1.51	2.27	1.42	1.84	1.53	2.65	3.53	3.31	3.05	2.28
西班牙	2.45	2.09	2.13	2.54	2.62	3.05	2.31	1.46	1.96	1.42	2.21
比利时	2.54	2.88	1.98	2.32	1.42	2.54	1.70	1.54	0.88	1.06	1.87

续表

国家和地区	2012 年	2013 年	2014 年	2015 年	2016 年	2017 年	2018 年	2019 年	2020 年	2021 年	合计
加拿大	2.07	1.73	1.56	2.17	2.34	1.72	1.77	2.07	1.55	1.42	1.83
埃及	1.51	0.72	1.63	0.67	1.06	1.34	1.83	1.77	3.51	3.69	1.79
瑞典	2.63	2.45	1.91	2.10	1.42	1.78	1.77	1.46	0.68	0.64	1.65
伊朗	1.32	1.15	1.35	0.75	1.56	1.21	1.29	1.08	2.84	2.77	1.55
沙特阿拉伯	0.94	0.43	0.78	0.52	0.35	0.83	1.43	2.23	3.11	4.05	1.48
荷兰	2.16	2.01	1.56	1.57	0.92	2.10	1.49	1.08	0.54	0.78	1.41

十八　流体物理和等离子体物理

流体物理和等离子体物理 A、B、C 层人才最多的是美国，分别占该学科全球 A、B、C 层人才的 30.07%、19.27%、19.23%；其后为中国大陆，A、B、C 层人才的世界占比分别为 9.09%、10.37%、11.84%；二者 A、B、C 层人才的世界占比合计分别为 39.16%、29.64%、31.07%。

法国的 A 层人才以 8.39% 的世界占比排名第三；英国、德国、澳大利亚的 A 层人才比较多，世界占比在 7%~3%；意大利、葡萄牙、印度、日本、瑞士、塞浦路斯、荷兰、比利时、西班牙、罗马尼亚、加拿大、捷克、土耳其、伊朗也有相当数量的 A 层人才，世界占比超过 1%。

英国、法国、德国的 B 层人才处于第二梯队，世界占比分别为 6.59%、6.45%、6.38%；日本、印度、意大利的 B 层人才比较多，世界占比在 4%~3%；西班牙、伊朗、俄罗斯、澳大利亚、荷兰、比利时、瑞士、加拿大、瑞典、韩国、葡萄牙、波兰也有相当数量的 B 层人才，世界占比超过 1%。

英国、德国、法国的 C 层人才处于第二梯队，世界占比分别为 7.67%、7.24%、6.71%；意大利、印度的 C 层人才比较多，世界占比在 4%~3%；日本、荷兰、澳大利亚、西班牙、俄罗斯、瑞士、瑞典、韩国、加拿大、比利时、葡萄牙、伊朗、波兰也有相当数量的 C 层人才，世界占比超过或等于 1%。

表 2-52　流体物理和等离子体物理 A 层人才排名前 20 的国家和地区的占比

单位：%

国家和地区	2012 年	2013 年	2014 年	2015 年	2016 年	2017 年	2018 年	2019 年	2020 年	2021 年	合计
美国	30.77	27.27	21.43	35.71	11.76	43.75	29.41	58.33	26.67	21.43	30.07
中国大陆	15.38	0.00	0.00	7.14	0.00	6.25	17.65	25.00	6.67	14.29	9.09
法国	7.69	18.18	21.43	0.00	11.76	0.00	11.76	0.00	6.67	7.14	8.39
英国	0.00	9.09	14.29	14.29	5.88	6.25	5.88	0.00	6.67	7.14	6.99
德国	0.00	9.09	0.00	7.14	5.88	18.75	0.00	0.00	6.67	7.14	5.59
澳大利亚	15.38	9.09	7.14	0.00	0.00	0.00	0.00	8.33	0.00	0.00	3.50
意大利	7.69	9.09	7.14	0.00	5.88	0.00	0.00	0.00	0.00	0.00	2.80
葡萄牙	0.00	0.00	0.00	0.00	0.00	12.50	0.00	0.00	6.67	0.00	2.10
印度	7.69	0.00	7.14	0.00	0.00	0.00	0.00	0.00	0.00	7.14	2.10
日本	0.00	0.00	0.00	7.14	5.88	0.00	0.00	8.33	0.00	0.00	2.10
瑞士	0.00	0.00	0.00	7.14	0.00	0.00	0.00	0.00	6.67	7.14	2.10
塞浦路斯	0.00	0.00	0.00	0.00	0.00	0.00	0.00	0.00	13.33	7.14	2.10
荷兰	0.00	9.09	0.00	0.00	5.88	6.25	0.00	0.00	0.00	0.00	2.10
比利时	0.00	0.00	0.00	0.00	5.88	6.25	0.00	0.00	0.00	0.00	1.40
西班牙	0.00	0.00	0.00	0.00	0.00	0.00	5.88	0.00	6.67	0.00	1.40
罗马尼亚	0.00	0.00	0.00	0.00	0.00	0.00	11.76	0.00	0.00	0.00	1.40
加拿大	0.00	0.00	7.14	0.00	5.88	0.00	0.00	0.00	0.00	0.00	1.40
捷克	0.00	0.00	7.14	0.00	5.88	0.00	0.00	0.00	0.00	0.00	1.40
土耳其	0.00	0.00	0.00	0.00	0.00	0.00	11.76	0.00	0.00	0.00	1.40
伊朗	7.69	9.09	0.00	0.00	0.00	0.00	0.00	0.00	0.00	0.00	1.40

表 2-53　流体物理和等离子体物理 B 层人才排名前 20 的国家和地区的占比

单位：%

国家和地区	2012 年	2013 年	2014 年	2015 年	2016 年	2017 年	2018 年	2019 年	2020 年	2021 年	合计
美国	19.17	24.39	27.41	15.86	22.08	11.76	23.13	13.10	22.92	16.42	19.27
中国大陆	9.17	13.01	7.41	8.28	6.49	9.41	14.18	7.74	11.81	17.91	10.37
英国	10.00	10.57	6.67	6.90	7.14	5.29	6.72	5.95	3.47	4.48	6.59
法国	2.50	9.76	10.37	4.83	8.44	5.29	6.72	6.55	6.94	2.99	6.45
德国	2.50	4.88	5.19	6.21	12.34	7.65	5.97	6.55	4.86	5.97	6.38
日本	5.83	2.44	2.96	0.69	2.60	4.71	3.73	3.57	2.78	4.48	3.36
印度	2.50	1.63	5.19	3.45	4.55	1.76	3.73	1.19	8.33	1.49	3.36
意大利	3.33	1.63	2.96	3.45	0.65	4.71	3.73	4.76	4.17	2.99	3.29

续表

国家和地区	2012 年	2013 年	2014 年	2015 年	2016 年	2017 年	2018 年	2019 年	2020 年	2021 年	合计
西班牙	5.00	3.25	5.19	2.76	1.30	2.94	1.49	1.79	0.69	2.99	2.66
伊朗	3.33	3.25	2.96	1.38	5.19	2.35	3.73	0.60	1.39	2.24	2.59
俄罗斯	4.17	0.81	0.74	4.14	2.60	3.53	2.24	2.38	2.78	0.75	2.45
澳大利亚	3.33	1.63	3.70	1.38	2.60	1.76	2.24	2.38	1.39	2.99	2.31
荷兰	0.00	3.25	1.48	2.07	3.90	3.53	0.75	2.98	2.08	2.24	2.31
比利时	0.00	1.63	1.48	3.45	1.95	1.76	0.00	2.38	2.78	0.75	1.68
瑞士	0.83	0.81	0.74	3.45	3.25	1.76	1.49	1.79	0.00	1.49	1.61
加拿大	2.50	0.00	2.22	0.00	0.65	2.94	2.24	1.79	1.39	2.24	1.61
瑞典	1.67	1.63	1.48	3.45	1.30	0.59	0.75	1.19	1.39	2.24	1.54
韩国	2.50	0.81	1.48	1.38	0.65	1.18	0.00	1.79	0.69	2.99	1.33
葡萄牙	0.83	0.81	0.74	1.38	2.60	2.94	0.00	1.19	0.69	1.49	1.33
波兰	0.00	0.81	0.74	0.69	1.95	1.18	0.75	2.98	0.00	1.49	1.12

表 2-54　流体物理和等离子体物理 C 层人才排名前 20 的国家和地区的占比

单位：%

国家和地区	2012 年	2013 年	2014 年	2015 年	2016 年	2017 年	2018 年	2019 年	2020 年	2021 年	合计
美国	24.28	21.12	23.63	17.68	21.35	17.96	17.46	15.18	18.82	16.97	19.23
中国大陆	8.89	10.32	9.30	8.80	11.06	11.51	11.87	12.89	14.31	18.75	11.84
英国	7.08	9.34	8.63	7.44	8.64	7.59	7.05	6.29	7.80	7.32	7.67
德国	8.48	7.39	7.65	6.59	7.39	7.11	6.22	7.09	7.80	7.03	7.24
法国	8.40	8.04	7.88	6.23	6.84	6.57	6.03	5.74	6.89	5.26	6.71
意大利	3.37	3.17	4.95	4.15	4.08	3.68	3.43	3.08	3.52	3.20	3.66
印度	2.63	2.52	2.63	2.43	2.21	2.89	3.62	3.33	4.82	4.62	3.18
日本	2.47	2.36	2.78	3.44	2.90	2.89	3.11	3.21	2.68	2.84	2.89
荷兰	2.96	3.17	2.55	3.08	2.42	2.35	2.73	2.22	3.21	2.34	2.68
澳大利亚	2.06	2.84	2.70	2.51	2.49	2.59	2.54	2.10	2.30	3.13	2.52
西班牙	1.89	2.68	2.78	2.79	2.35	2.47	2.22	3.15	1.91	1.92	2.43
俄罗斯	1.65	1.95	1.88	2.65	2.83	1.63	2.98	2.47	1.38	1.99	2.16
瑞士	1.65	1.87	1.43	2.22	1.52	1.63	2.29	2.22	1.76	1.56	1.82
瑞典	1.48	1.87	1.80	1.65	1.24	1.93	1.65	1.79	1.45	1.63	1.66
韩国	1.65	1.79	1.65	2.08	2.14	1.69	1.65	1.42	1.30	0.99	1.63
加拿大	2.06	1.54	1.20	1.72	1.38	1.21	1.08	1.48	1.91	2.84	1.62
比利时	1.15	1.79	1.13	1.79	1.52	1.93	1.40	1.73	1.30	0.57	1.44
葡萄牙	0.82	1.87	1.80	1.29	0.83	1.27	1.33	1.60	0.92	0.78	1.25
伊朗	2.06	1.22	1.35	1.15	1.59	1.75	0.63	0.74	1.15	0.92	1.24
波兰	0.58	0.73	0.83	1.50	0.62	0.96	0.95	1.67	0.92	1.07	1.00

十九　应用物理学

应用物理学 A、B、C 层人才主要集中在中国大陆和美国，二者 A、B、C 层人才的世界占比合计分别为 50.97%、53.30%、45.59%；其中，中国大陆 A、B、C 层人才的世界占比均高于美国。

英国、日本、德国、澳大利亚、新加坡、韩国的 A 层人才比较多，世界占比在 6%~3%；沙特阿拉伯、法国、意大利、瑞士、中国香港、加拿大、瑞典、西班牙、荷兰有相当数量的 A 层人才，世界占比超过 1%；比利时、中国台湾、奥地利也有一定数量的 A 层人才，世界占比超过或接近 0.5%。

德国、韩国、新加坡、澳大利亚、英国、日本的 B 层人才比较多，世界占比在 5%~3%；中国香港、法国、加拿大、瑞士、沙特阿拉伯、西班牙、意大利、印度、荷兰、中国台湾、瑞典、俄罗斯也有相当数量的 B 层人才，世界占比超过或接近 1%。

德国、韩国、英国、日本的 C 层人才比较多，世界占比在 6%~3%；澳大利亚、法国、新加坡、印度、意大利、西班牙、中国香港、加拿大、瑞士、沙特阿拉伯、中国台湾、荷兰、俄罗斯、瑞典也有相当数量的 C 层人才，世界占比超过 1%。

表 2-55　应用物理学 A 层人才排名前 20 的国家和地区的占比

单位：%

国家和地区	2012 年	2013 年	2014 年	2015 年	2016 年	2017 年	2018 年	2019 年	2020 年	2021 年	合计
中国大陆	16.98	13.51	20.17	13.68	21.09	28.24	27.21	30.15	37.84	44.44	26.38
美国	28.30	38.74	34.45	21.37	26.56	25.19	21.32	23.53	19.59	13.07	24.59
英国	7.55	7.21	10.92	6.84	5.47	6.11	2.94	2.94	2.70	4.58	5.53
日本	6.60	7.21	1.68	5.98	3.91	3.82	5.15	5.88	2.70	3.27	4.51
德国	6.60	0.90	3.36	5.13	5.47	6.87	2.21	3.68	4.05	6.54	4.51
澳大利亚	1.89	2.70	2.52	3.42	5.47	7.63	5.88	2.94	6.08	4.58	4.44
新加坡	7.55	4.50	2.52	3.42	4.69	0.76	3.68	5.15	4.05	3.27	3.89
韩国	2.83	4.50	2.52	5.13	7.03	0.76	3.68	4.41	3.38	2.61	3.66
沙特阿拉伯	0.00	0.00	0.00	3.42	2.34	3.82	5.15	4.41	0.68	0.65	2.10

续表

国家和地区	2012 年	2013 年	2014 年	2015 年	2016 年	2017 年	2018 年	2019 年	2020 年	2021 年	合计
法国	2.83	2.70	1.68	3.42	1.56	1.53	2.21	1.47	2.03	1.96	2.10
意大利	1.89	1.80	0.84	4.27	2.34	2.29	2.21	2.94	2.70	0.00	2.10
瑞士	0.00	3.60	3.36	6.84	0.00	0.76	2.94	2.21	0.00	0.65	1.95
中国香港	0.00	0.00	3.36	0.00	0.00	0.76	4.41	1.47	4.05	3.27	1.87
加拿大	0.00	0.00	1.68	2.56	3.13	3.05	1.47	2.21	2.03	1.31	1.79
瑞典	0.94	0.00	0.00	1.71	3.13	0.76	1.47	2.21	2.70	0.00	1.32
西班牙	0.94	0.90	3.36	3.42	0.00	0.76	0.00	0.74	2.03	0.65	1.25
荷兰	2.83	0.90	0.84	3.42	3.13	0.76	0.74	0.74	0.00	0.65	1.25
比利时	1.89	0.90	0.84	0.85	0.78	0.00	1.47	0.74	0.68	0.65	0.86
中国台湾	3.77	1.80	0.84	0.00	0.78	0.76	0.00	0.00	0.00	0.65	0.78
奥地利	0.94	0.90	0.00	0.85	0.00	0.76	0.74	0.74	0.00	0.00	0.47

表 2-56 应用物理学 B 层人才排名前 20 的国家和地区的占比

单位：%

国家和地区	2012 年	2013 年	2014 年	2015 年	2016 年	2017 年	2018 年	2019 年	2020 年	2021 年	合计
中国大陆	16.04	20.28	24.12	26.47	30.70	35.90	38.88	39.55	37.75	42.81	32.17
美国	29.38	28.43	26.25	26.29	22.78	22.02	19.15	17.05	13.99	12.22	21.13
德国	6.25	6.06	6.49	5.43	4.26	4.32	3.18	3.44	4.31	2.68	4.52
韩国	5.94	6.36	5.29	5.33	4.26	3.22	3.34	3.92	2.87	2.96	4.22
新加坡	3.75	3.58	4.82	3.37	4.61	4.83	4.89	5.12	3.40	3.47	4.19
澳大利亚	2.29	2.19	2.69	3.27	3.48	4.32	4.40	4.64	5.37	4.84	3.86
英国	5.00	4.17	4.36	4.02	3.74	3.05	3.34	2.96	3.63	2.96	3.66
日本	5.21	4.17	4.08	3.55	3.30	2.46	2.20	3.12	3.25	1.88	3.23
中国香港	1.04	1.49	1.58	2.34	2.61	2.46	3.10	2.96	3.33	3.54	2.53
法国	2.81	2.88	2.50	1.96	2.52	1.78	1.39	0.96	1.51	1.30	1.90
加拿大	2.19	1.39	1.21	1.96	2.09	1.69	1.63	1.92	2.27	1.45	1.78
瑞士	2.19	1.89	2.13	1.68	1.91	0.85	1.22	1.20	1.29	0.80	1.47
沙特阿拉伯	0.63	0.80	1.39	1.68	1.74	1.52	1.87	1.28	1.13	1.95	1.43
西班牙	1.88	1.79	1.21	1.40	1.30	1.02	1.39	1.76	1.29	0.72	1.35
意大利	1.35	2.68	1.30	0.84	1.30	1.19	0.65	1.04	1.51	1.01	1.26
印度	1.15	1.29	0.65	0.94	0.87	0.51	0.65	1.04	1.59	2.02	1.09
荷兰	2.81	1.39	0.83	1.03	0.70	0.59	0.90	0.72	1.29	0.58	1.04
中国台湾	1.35	0.80	1.76	0.65	0.96	0.68	1.14	0.88	0.98	0.80	0.99
瑞典	1.04	0.70	1.11	0.75	0.78	0.76	1.30	0.88	0.61	0.80	0.87
俄罗斯	0.94	0.70	0.19	0.94	0.52	0.76	0.24	0.64	0.76	1.23	0.70

表 2-57　应用物理学 C 层人才排名前 20 的国家和地区的占比

单位：%

国家和地区	2012 年	2013 年	2014 年	2015 年	2016 年	2017 年	2018 年	2019 年	2020 年	2021 年	合计
中国大陆	15.14	18.86	21.14	24.13	25.86	30.53	33.80	35.74	34.15	33.53	27.94
美国	24.51	22.68	20.81	20.85	18.64	17.88	16.41	14.67	13.54	10.47	17.65
德国	7.81	7.34	6.98	5.85	5.87	5.12	4.78	4.22	4.11	3.76	5.45
韩国	4.33	4.37	4.54	4.71	4.37	4.54	4.81	4.75	4.63	4.11	4.52
英国	4.37	4.39	4.44	3.99	4.08	3.80	3.48	3.31	3.34	3.58	3.84
日本	5.44	4.86	4.57	3.93	3.85	3.62	3.07	2.82	2.40	2.44	3.61
澳大利亚	2.06	1.77	2.25	2.51	2.59	2.69	2.88	3.48	3.44	3.08	2.73
法国	4.34	4.12	3.45	3.17	2.70	2.37	1.89	1.51	1.60	1.68	2.59
新加坡	2.48	2.30	2.41	2.68	2.56	2.68	2.68	2.53	2.73	2.18	2.53
印度	2.27	2.57	2.49	2.42	2.27	2.16	2.15	2.02	2.57	3.12	2.41
意大利	2.18	2.34	2.28	2.11	1.93	1.78	1.73	1.77	1.93	2.10	2.00
西班牙	2.39	2.26	2.37	2.14	1.93	1.78	1.82	1.64	1.66	1.47	1.92
中国香港	1.17	1.07	1.56	1.59	1.70	2.01	2.21	2.20	2.27	2.38	1.86
加拿大	1.90	2.08	2.07	1.99	2.08	1.71	1.65	1.53	1.76	1.66	1.83
瑞士	2.27	2.01	1.85	1.78	1.66	1.42	1.59	1.16	1.09	0.90	1.53
沙特阿拉伯	0.54	0.81	1.04	1.37	1.30	1.16	1.23	1.23	1.75	2.64	1.35
中国台湾	1.68	1.46	1.39	1.29	1.22	1.19	0.96	1.07	1.05	1.04	1.21
荷兰	1.71	1.53	1.52	1.27	1.29	1.18	0.88	1.01	0.87	0.68	1.16
俄罗斯	1.22	1.19	1.12	1.09	1.22	1.07	1.13	1.02	0.99	1.25	1.13
瑞典	1.36	1.33	1.19	1.00	1.16	0.94	1.09	0.87	0.89	0.83	1.05

二十　多学科物理

多学科物理 A、B、C 层人才最多的是美国，分别占该学科全球 A、B、C 层人才的 15.53%、19.38%、17.71%。

德国、中国大陆、英国的 A 层人才分别以 8.00%、7.06%、6.12% 的世界占比排名第二至第四位；法国、意大利、日本、西班牙、荷兰、瑞士、韩国的 A 层人才比较多，世界占比在 5%~3%；俄罗斯、澳大利亚、比利时、加拿大、匈牙利、印度、中国台湾、中国香港、以色列也有相当数量的 A 层人才，世界占比超过 1%。

德国、中国大陆的 B 层人才分别以 8.65%、7.35% 的世界占比排名第二、三位；英国、日本、法国、瑞士、西班牙、意大利、加拿大的 B 层人才比较多，世界占比在 6%~3%；荷兰、俄罗斯、奥地利、澳大利亚、印度、波兰、中国台湾、韩国、以色列、巴西也有相当数量的 B 层人才，世界占比超过 1%。

中国大陆、德国的 C 层人才世界占比分别为 9.02%、8.91%，排名第二、三位；英国、法国、日本、意大利、瑞士的 C 层人才比较多，世界占比在 7%~3%；西班牙、加拿大、俄罗斯、荷兰、印度、沙特阿拉伯、澳大利亚、奥地利、巴基斯坦、韩国、以色列、土耳其也有相当数量的 C 层人才，世界占比超过 1%。

表 2-58　多学科物理 A 层人才排名前 20 的国家和地区的占比

单位：%

国家和地区	2012 年	2013 年	2014 年	2015 年	2016 年	2017 年	2018 年	2019 年	2020 年	2021 年	合计
美国	23.26	23.81	25.64	15.63	5.26	6.67	28.26	14.89	3.92	9.52	15.53
德国	11.63	11.90	7.69	12.50	5.26	4.44	10.87	8.51	3.92	4.76	8.00
中国大陆	6.98	7.14	7.69	12.50	5.26	4.44	6.52	6.38	7.84	7.14	7.06
英国	6.98	9.52	10.26	9.38	5.26	4.44	2.17	4.26	3.92	7.14	6.12
法国	2.33	7.14	0.00	6.25	5.26	4.44	8.70	6.38	3.92	4.76	4.94
意大利	2.33	7.14	5.13	6.25	5.26	6.67	2.17	4.26	3.92	7.14	4.94
日本	0.00	4.76	5.13	3.13	5.26	6.67	10.87	6.38	3.92	2.38	4.94
西班牙	2.33	4.76	2.56	9.38	5.26	6.67	2.17	4.26	3.92	4.76	4.47
荷兰	2.33	0.00	0.00	12.50	5.26	4.44	4.35	2.13	3.92	2.38	3.53
瑞士	2.33	0.00	7.69	3.13	0.00	2.22	4.35	6.38	3.92	2.38	3.29
韩国	4.65	2.38	2.56	0.00	5.26	4.44	0.00	2.13	3.92	4.76	3.06
俄罗斯	2.33	0.00	0.00	0.00	5.26	6.67	2.17	2.13	3.92	4.76	2.82
澳大利亚	2.33	2.38	2.56	0.00	5.26	4.44	0.00	2.13	3.92	2.38	2.59
比利时	2.33	0.00	2.56	0.00	5.26	4.44	0.00	4.26	3.92	2.38	2.59
加拿大	2.33	0.00	0.00	0.00	5.26	4.44	0.00	4.26	3.92	2.38	2.35
匈牙利	2.33	2.38	0.00	3.13	5.26	4.44	0.00	2.13	1.96	2.38	2.35
印度	0.00	2.38	0.00	0.00	5.26	4.44	0.00	2.13	1.96	4.76	2.12
中国台湾	2.33	2.38	0.00	0.00	5.26	0.00	0.00	2.13	1.96	2.38	2.12
中国香港	4.65	2.38	5.13	0.00	0.00	0.00	0.00	2.13	3.92	2.38	2.12
以色列	2.33	2.38	2.56	0.00	0.00	0.00	4.35	2.13	1.96	2.38	1.88

表 2-59 多学科物理 **B** 层人才排名前 20 的国家和地区的占比

单位：%

国家和地区	2012 年	2013 年	2014 年	2015 年	2016 年	2017 年	2018 年	2019 年	2020 年	2021 年	合计
美国	23.48	22.63	25.00	15.48	19.51	20.64	20.48	12.90	16.63	18.60	19.38
德国	13.64	10.00	9.68	9.14	8.94	7.86	9.88	6.68	5.47	6.35	8.65
中国大陆	5.56	3.42	6.18	4.82	8.13	7.86	7.95	7.83	8.75	11.82	7.35
英国	5.56	5.53	6.45	5.58	6.50	5.16	8.19	3.23	5.69	4.60	5.61
日本	5.81	3.68	5.11	3.55	2.98	5.41	4.34	5.76	6.13	6.13	4.95
法国	4.55	5.26	5.91	5.08	5.69	4.67	4.34	3.69	4.16	2.19	4.48
瑞士	5.05	5.00	2.96	2.79	4.61	4.18	5.54	2.53	3.28	3.28	3.90
西班牙	3.03	3.68	4.03	3.05	3.79	4.18	4.10	3.46	2.84	2.41	3.43
意大利	3.54	4.47	2.96	3.05	4.61	2.95	3.61	2.76	3.06	2.41	3.31
加拿大	3.28	2.89	4.30	3.05	3.79	2.70	2.17	2.07	3.72	2.84	3.06
荷兰	1.26	3.95	2.96	3.05	2.17	2.46	3.13	2.30	2.84	1.97	2.60
俄罗斯	2.02	2.89	2.69	2.79	3.52	2.46	2.17	3.00	1.75	1.75	2.47
奥地利	3.54	1.05	2.42	1.78	1.36	1.23	1.93	1.84	1.75	2.63	1.96
澳大利亚	2.27	1.58	1.34	2.28	1.90	1.97	1.69	2.30	1.53	1.97	1.89
印度	1.26	1.05	0.54	1.02	1.36	1.23	0.72	1.84	3.50	2.84	1.59
波兰	1.01	2.11	1.34	1.52	1.36	1.72	1.69	1.84	1.53	1.09	1.52
中国台湾	1.01	1.58	1.08	1.27	1.63	0.98	0.72	1.61	2.19	1.75	1.40
韩国	1.77	1.84	1.61	1.27	1.36	1.97	1.20	1.61	0.88	0.22	1.35
以色列	2.53	1.32	1.34	1.27	0.54	0.74	1.69	1.15	1.31	1.31	1.32
巴西	1.01	1.05	0.54	1.78	1.90	1.47	0.72	1.15	0.66	0.88	1.10

表 2-60 多学科物理 **C** 层人才排名前 20 的国家和地区的占比

单位：%

国家和地区	2012 年	2013 年	2014 年	2015 年	2016 年	2017 年	2018 年	2019 年	2020 年	2021 年	合计
美国	20.91	19.79	18.97	19.69	18.80	17.94	16.48	16.84	14.86	14.09	17.71
中国大陆	5.77	6.84	6.71	8.39	7.42	8.47	9.11	11.19	11.20	13.68	9.02
德国	9.64	10.76	9.53	10.08	9.56	9.89	8.24	7.33	7.37	7.43	8.91
英国	6.16	5.97	6.84	7.19	7.05	7.03	5.75	6.06	4.51	4.75	6.08
法国	5.57	6.23	6.05	5.53	5.95	5.11	4.52	4.34	3.65	3.14	4.94
日本	4.83	4.02	3.81	3.97	4.46	3.94	4.21	4.26	3.85	3.57	4.09
意大利	3.13	3.30	3.97	3.61	3.18	3.59	3.56	2.95	3.19	3.23	3.36
瑞士	3.56	3.70	3.42	3.22	3.15	3.16	3.58	2.83	2.47	2.93	3.19

续表

国家和地区	2012 年	2013 年	2014 年	2015 年	2016 年	2017 年	2018 年	2019 年	2020 年	2021 年	合计
西班牙	3.36	3.52	2.98	2.91	2.75	2.99	2.71	2.56	2.23	2.32	2.81
加拿大	2.67	2.69	3.20	3.17	2.32	2.42	2.38	2.56	2.34	2.32	2.59
俄罗斯	2.21	2.00	2.57	2.65	2.48	2.27	1.98	1.68	1.99	1.64	2.13
荷兰	2.54	1.89	1.70	2.13	2.24	2.09	2.07	1.89	1.64	1.68	1.98
印度	0.92	1.28	1.31	1.38	1.09	1.62	1.60	1.75	2.52	4.23	1.82
沙特阿拉伯	0.23	0.48	0.52	0.60	1.17	1.84	1.39	1.77	2.91	4.27	1.59
澳大利亚	1.76	1.60	1.45	1.56	1.82	1.54	1.60	1.39	1.44	1.48	1.56
奥地利	1.88	1.76	1.67	1.38	1.44	1.52	1.55	1.75	1.18	1.23	1.53
巴基斯坦	0.28	0.43	0.49	0.36	0.56	1.89	1.67	1.70	2.76	3.14	1.39
韩国	1.55	1.23	1.26	1.64	1.23	1.42	1.37	1.61	1.29	1.20	1.38
以色列	1.35	1.23	1.31	1.77	1.58	1.54	1.27	1.53	1.12	1.05	1.37
土耳其	0.61	0.69	0.88	0.70	0.61	0.77	1.18	1.63	2.34	2.46	1.23

第二节　学科组

在数学与物理学各学科人才分析的基础上，按照 A、B、C 三个人才层次，对各学科人才进行汇总分析，可以从学科组层面揭示人才的分布特点和发展趋势。

一　A 层人才

数学与物理学 A 层人才最多的是美国，占该学科组全球 A 层人才的 20.30%，中国大陆以 14.82% 的世界占比排名第二，二者的 A 层人才世界占比合计超过全球的 1/3；其后是英国、德国，世界占比分别为 5.67%、5.57%；法国、意大利、澳大利亚、日本、加拿大、瑞士、韩国、西班牙的 A 层人才也比较多，世界占比在 4%～2%；荷兰、沙特阿拉伯、新加坡、印度、伊朗、土耳其、中国台湾、比利时、俄罗斯、中国香港、瑞典、罗马尼亚也有相当数量的 A 层人才，世界占比超过 1%；南非、以色列、波兰、丹麦、芬兰、巴基斯坦、奥地利、葡萄牙、巴西、马来西亚、越南、爱尔兰、智利、匈牙利、墨西哥、挪威有一定数量的 A 层人才，世界占比低于 1%。

在发展趋势上，美国、法国呈现相对下降趋势，中国大陆、伊朗、土耳其、越南呈现相对上升趋势，其他国家和地区没有呈现明显变化。

表 2-61　数学与物理学 A 层人才排名前 40 的国家和地区的占比

单位：%

国家和地区	2012 年	2013 年	2014 年	2015 年	2016 年	2017 年	2018 年	2019 年	2020 年	2021 年	合计
美国	27.49	31.20	25.37	19.69	20.57	20.81	21.85	17.79	12.50	11.52	20.30
中国大陆	12.22	5.84	9.33	11.30	13.29	13.92	17.51	18.21	19.17	22.77	14.82
英国	5.50	7.48	9.00	6.68	6.65	5.69	4.20	3.92	4.17	4.53	5.67
德国	4.89	7.66	6.06	8.22	5.38	6.14	3.91	5.32	4.44	4.53	5.57
法国	3.26	5.47	5.40	3.42	3.32	2.84	3.04	2.94	2.92	2.61	3.46
意大利	3.26	3.47	4.42	5.14	3.80	2.54	1.59	2.24	3.47	2.88	3.22
澳大利亚	3.46	2.92	2.78	2.91	3.16	3.89	2.75	2.52	3.89	3.29	3.16
日本	3.46	3.83	2.45	3.60	2.53	2.40	4.20	3.50	3.33	2.06	3.12
加拿大	2.24	2.37	3.11	2.57	2.85	3.59	1.30	2.80	2.64	2.33	2.58
瑞士	1.63	2.01	3.60	4.28	1.90	1.65	3.62	2.52	1.94	1.37	2.44
韩国	1.83	2.37	1.64	2.74	3.32	1.05	2.03	2.80	2.22	2.19	2.22
西班牙	1.43	1.82	3.60	2.91	1.42	2.25	1.30	1.68	3.06	1.51	2.10
荷兰	3.46	1.64	1.64	2.91	2.53	1.50	1.88	1.68	0.69	1.10	1.83
沙特阿拉伯	0.61	0.55	0.65	1.88	2.37	2.25	3.04	2.38	1.94	1.92	1.83
新加坡	3.05	2.01	1.15	2.05	2.06	0.90	1.16	2.24	1.53	1.10	1.68
印度	2.24	1.64	0.65	1.88	1.42	1.20	1.30	1.40	2.22	2.19	1.61
伊朗	1.63	1.82	0.49	1.20	0.95	0.45	0.87	2.52	2.36	3.43	1.61
土耳其	0.20	0.36	0.82	0.51	1.27	1.80	1.16	2.10	3.33	2.06	1.46
中国台湾	1.43	0.55	0.82	0.86	0.95	1.35	1.01	1.12	2.50	3.02	1.41
比利时	1.83	1.46	1.15	0.86	1.74	2.40	1.45	1.12	0.83	1.10	1.38
俄罗斯	1.63	2.55	0.98	0.51	1.27	1.50	1.01	1.12	1.67	1.10	1.31
中国香港	1.22	0.36	1.47	0.68	0.32	1.20	1.74	1.12	1.94	2.19	1.27
瑞典	1.02	0.91	0.65	0.86	1.74	1.35	1.30	1.96	1.94	0.69	1.27
罗马尼亚	0.00	0.55	0.49	0.51	0.63	1.20	1.74	1.96	1.53	0.96	1.02
南非	0.00	0.55	0.49	0.34	1.58	1.05	1.59	0.70	1.25	0.82	0.88
以色列	1.63	0.91	1.15	0.86	0.95	0.45	1.16	0.70	0.28	0.55	0.83

续表

国家和地区	2012 年	2013 年	2014 年	2015 年	2016 年	2017 年	2018 年	2019 年	2020 年	2021 年	合计
波兰	0.41	0.00	1.15	1.03	1.27	1.35	0.43	0.98	0.97	0.55	0.83
丹麦	1.02	1.46	1.31	1.03	0.63	0.90	0.58	0.00	0.42	0.41	0.74
芬兰	1.43	0.36	0.82	0.51	1.11	0.60	0.58	0.56	0.69	0.55	0.70
巴基斯坦	0.00	0.18	0.00	0.51	0.95	0.60	1.01	1.26	0.69	1.37	0.70
奥地利	0.61	0.55	0.33	0.86	0.47	0.60	1.59	0.84	0.56	0.27	0.67
葡萄牙	0.81	0.36	0.33	0.00	0.32	1.65	0.29	0.56	1.11	0.55	0.61
巴西	0.20	0.73	0.33	0.51	0.95	0.90	0.87	0.42	0.28	0.41	0.56
马来西亚	0.61	0.00	0.49	0.68	0.47	0.45	0.72	0.70	0.69	0.55	0.55
越南	0.00	0.00	0.00	0.00	0.16	0.90	0.14	0.14	1.25	1.78	0.49
爱尔兰	0.00	1.46	1.15	0.17	0.63	0.30	0.58	0.00	0.42	0.00	0.49
智利	0.41	0.36	1.31	0.86	0.63	0.15	0.43	0.42	0.00	0.27	0.47
匈牙利	0.20	0.55	0.00	0.86	0.47	0.90	0.14	0.28	0.42	0.69	0.45
墨西哥	0.41	0.00	0.49	1.03	0.16	0.45	0.43	0.14	0.69	0.41	0.42
挪威	0.41	0.18	0.82	0.17	0.16	0.75	0.14	0.00	0.28	0.55	0.34

二　B 层人才

数学与物理学 B 层人才最多的是中国大陆，占该学科组全球 B 层人才的 18.51%，美国以 17.05% 的世界占比排名第二，二者的 B 层人才世界占比合计超过全球的 1/3；其后是德国、英国，世界占比分别为 5.24%、5.01%；法国、意大利、澳大利亚、日本、加拿大、西班牙、韩国、沙特阿拉伯、印度的 B 层人才也比较多，世界占比在 4%~2%；瑞士、伊朗、新加坡、荷兰、土耳其、中国香港、俄罗斯、中国台湾、巴基斯坦也有相当数量的 B 层人才，世界占比超过 1%；瑞典、波兰、比利时、丹麦、奥地利、罗马尼亚、巴西、南非、以色列、埃及、葡萄牙、马来西亚、芬兰、越南、希腊、捷克、挪威、墨西哥有一定数量的 B 层人才，世界占比低于 1%。

在发展趋势上，美国、德国、英国、法国、日本、西班牙呈现相对下降趋势，中国大陆、沙特阿拉伯、印度、伊朗、土耳其、俄罗斯、中国台湾、巴基斯坦、埃及呈现相对上升趋势，其他国家和地区没有呈现明显变化。

表 2-62　数学与物理学 B 层人才排名前 40 的国家和地区的占比

单位：%

国家和地区	2012 年	2013 年	2014 年	2015 年	2016 年	2017 年	2018 年	2019 年	2020 年	2021 年	合计
中国大陆	10.80	12.41	14.18	15.47	16.45	19.97	22.06	22.37	21.32	25.82	18.51
美国	22.83	22.99	21.25	19.57	18.70	16.92	16.65	13.47	11.84	10.27	17.05
德国	6.92	6.05	6.44	6.41	5.99	5.00	4.93	4.00	4.15	3.55	5.24
英国	6.02	5.88	5.80	6.10	5.54	5.21	4.67	3.95	4.25	3.51	5.01
法国	4.27	4.48	4.37	4.11	3.90	2.89	3.02	2.51	2.37	1.82	3.29
意大利	3.06	3.46	3.01	3.09	3.42	2.71	2.48	2.18	2.55	2.44	2.81
澳大利亚	2.41	2.11	2.48	2.70	2.25	3.23	3.30	2.99	3.04	3.09	2.79
日本	3.25	2.94	2.94	2.43	2.56	2.51	2.08	2.67	2.28	1.95	2.53
加拿大	2.72	2.35	2.53	2.28	2.87	2.65	2.13	2.27	2.55	2.30	2.46
西班牙	2.93	2.26	2.93	2.47	2.36	2.26	2.10	1.93	1.87	1.57	2.23
韩国	2.56	2.85	2.79	2.64	2.00	2.13	1.56	2.27	1.77	2.07	2.23
沙特阿拉伯	1.04	1.19	1.51	1.96	1.93	2.18	2.46	2.51	2.55	3.74	2.17
印度	1.68	2.02	1.79	2.06	2.00	1.94	1.48	1.98	3.25	3.19	2.17
瑞士	2.48	2.24	2.34	2.16	2.48	1.76	2.03	1.48	1.70	1.37	1.97
伊朗	1.57	1.21	1.58	1.34	1.84	1.68	2.28	2.40	2.44	2.02	1.87
新加坡	1.60	1.49	1.76	1.68	1.66	1.90	1.80	2.01	1.50	1.35	1.68
荷兰	1.88	2.13	1.48	1.50	1.79	1.36	1.66	1.41	1.67	1.03	1.57
土耳其	0.88	1.08	0.91	0.63	0.96	1.04	1.51	1.96	2.42	2.40	1.43
中国香港	1.03	1.16	1.26	1.51	1.18	1.41	1.73	1.63	1.64	1.45	1.42
俄罗斯	1.27	1.08	0.95	1.43	1.47	1.52	1.08	1.29	1.44	1.75	1.34
中国台湾	1.19	0.70	0.98	0.90	1.02	1.02	1.17	1.44	2.09	2.07	1.29
巴基斯坦	0.48	0.35	0.38	0.32	0.59	1.07	1.17	1.58	1.90	2.10	1.05
瑞典	1.12	0.94	1.14	1.14	0.97	0.80	1.08	1.00	0.84	0.83	0.98
波兰	0.71	0.85	0.89	1.00	1.01	0.80	1.14	0.92	0.87	0.94	0.92
比利时	0.95	0.97	0.67	1.12	0.85	0.80	0.66	0.90	0.95	0.96	0.88
丹麦	1.03	0.99	1.10	0.60	0.89	0.93	0.80	0.55	0.63	0.49	0.79
奥地利	1.21	0.75	0.83	0.88	0.89	0.60	0.62	0.68	0.72	0.45	0.75
罗马尼亚	0.50	0.64	0.50	0.49	0.72	0.83	0.97	1.10	0.83	0.52	0.72
巴西	0.69	0.79	0.69	0.94	0.81	0.71	0.77	0.63	0.66	0.49	0.71

续表

国家和地区	2012 年	2013 年	2014 年	2015 年	2016 年	2017 年	2018 年	2019 年	2020 年	2021 年	合计
南非	0.28	0.53	0.65	0.27	0.85	0.61	0.92	0.78	0.97	0.99	0.71
以色列	0.90	0.86	0.83	0.71	0.61	0.72	0.62	0.60	0.63	0.55	0.69
埃及	0.39	0.29	0.40	0.53	0.48	0.66	0.62	0.80	1.04	1.44	0.69
葡萄牙	0.75	0.70	0.67	0.49	0.72	0.69	0.43	0.60	0.60	0.65	0.63
马来西亚	0.41	0.70	0.74	0.63	0.54	0.71	0.42	0.73	0.61	0.65	0.61
芬兰	0.67	0.66	0.76	0.71	0.93	0.61	0.48	0.54	0.36	0.51	0.61
越南	0.04	0.13	0.10	0.19	0.18	0.49	0.37	0.76	1.54	0.96	0.51
希腊	0.52	0.59	0.50	0.46	0.46	0.52	0.26	0.47	0.31	0.44	0.45
捷克	0.52	0.50	0.48	0.58	0.34	0.49	0.49	0.42	0.34	0.24	0.43
挪威	0.45	0.48	0.52	0.29	0.59	0.36	0.37	0.26	0.66	0.25	0.42
墨西哥	0.34	0.37	0.29	0.44	0.26	0.28	0.25	0.58	0.60	0.61	0.41

三　C 层人才

数学与物理学 C 层人才最多的是中国大陆，占该学科组全球 C 层人才的 17.96%，美国以 15.95% 的世界占比排名第二，二者的 C 层人才世界占比合计超过全球的 1/3；其后是德国、英国，世界占比分别为 5.88%、5.02%；法国、意大利、印度、日本、西班牙、韩国、加拿大、澳大利亚的 C 层人才也比较多，世界占比在 4%~2%；伊朗、瑞士、俄罗斯、沙特阿拉伯、荷兰、土耳其、新加坡、中国香港、中国台湾、波兰、瑞典也有相当数量的 C 层人才，世界占比超过 1%；巴基斯坦、巴西、比利时、奥地利、以色列、丹麦、埃及、葡萄牙、马来西亚、捷克、芬兰、罗马尼亚、南非、希腊、智利、墨西哥、越南有一定数量的 C 层人才，世界占比低于 1%。

在发展趋势上，美国、德国、英国、法国、日本呈现相对下降趋势，中国大陆、印度、沙特阿拉伯、巴基斯坦、埃及、马来西亚呈现相对上升趋势，其他国家和地区没有呈现明显变化。

表 2-63　数学与物理学 C 层人才排名前 40 的国家和地区的占比

单位：%

国家和地区	2012 年	2013 年	2014 年	2015 年	2016 年	2017 年	2018 年	2019 年	2020 年	2021 年	合计
中国大陆	10.93	12.93	13.82	15.48	16.30	18.79	21.15	22.38	21.84	22.51	17.96
美国	20.59	19.36	18.24	18.18	16.94	16.34	14.90	13.92	12.69	10.80	15.95
德国	7.53	7.12	6.79	6.50	6.36	5.84	5.34	5.00	4.78	4.39	5.88
英国	5.42	5.61	5.45	5.38	5.54	5.20	4.74	4.68	4.34	4.20	5.02
法国	5.35	5.21	4.75	4.48	4.31	3.75	3.40	3.00	2.85	2.73	3.90
意大利	3.51	3.56	3.79	3.64	3.36	3.26	2.99	2.98	3.06	3.16	3.31
印度	2.23	2.38	2.54	2.35	2.41	2.62	2.60	2.88	3.50	4.18	2.81
日本	3.64	3.27	3.11	2.97	2.97	2.80	2.67	2.50	2.18	2.14	2.79
西班牙	3.00	2.95	2.83	2.66	2.57	2.39	2.31	2.13	2.19	2.06	2.48
韩国	2.38	2.39	2.41	2.44	2.32	2.30	2.50	2.40	2.38	2.37	2.39
加拿大	2.62	2.61	2.59	2.47	2.40	2.22	2.15	2.15	1.95	1.95	2.29
澳大利亚	2.02	2.11	2.18	2.24	2.25	2.24	2.30	2.49	2.31	2.26	2.25
伊朗	1.38	1.53	1.68	1.64	1.97	2.27	2.17	2.26	2.39	2.09	1.96
瑞士	2.20	2.10	2.00	2.08	2.07	1.85	1.91	1.66	1.49	1.36	1.85
俄罗斯	1.56	1.52	1.53	1.72	1.65	1.66	1.73	1.62	1.57	1.64	1.62
沙特阿拉伯	0.73	0.85	1.13	1.26	1.37	1.36	1.47	1.64	2.41	3.17	1.59
荷兰	1.78	1.69	1.58	1.54	1.59	1.47	1.31	1.35	1.24	1.14	1.45
土耳其	1.00	1.13	1.07	0.94	1.00	1.05	1.22	1.35	1.72	1.85	1.25
新加坡	1.11	1.06	1.19	1.25	1.19	1.22	1.27	1.18	1.24	1.03	1.18
中国香港	0.95	0.88	1.07	1.10	1.11	1.25	1.31	1.32	1.32	1.31	1.17
中国台湾	1.21	1.06	1.05	0.93	0.88	0.90	0.92	0.96	1.27	1.47	1.07
波兰	1.04	1.11	1.14	1.17	1.12	1.06	0.98	0.94	0.93	1.11	1.05
瑞典	1.14	1.25	1.17	1.10	1.09	1.10	1.05	0.95	0.86	0.83	1.04
巴基斯坦	0.35	0.42	0.45	0.50	0.65	0.82	0.94	1.19	1.72	2.10	0.96
巴西	0.91	0.92	1.07	0.97	1.15	1.01	0.97	0.93	0.81	0.79	0.95
比利时	1.13	1.07	0.99	1.04	0.91	0.91	0.86	0.73	0.76	0.70	0.90
奥地利	1.04	0.98	0.85	0.84	0.91	0.77	0.78	0.71	0.62	0.58	0.80
以色列	0.94	0.90	0.82	0.87	0.86	0.79	0.73	0.65	0.58	0.57	0.76
丹麦	0.81	0.76	0.87	0.89	0.76	0.76	0.72	0.73	0.65	0.62	0.75
埃及	0.39	0.43	0.49	0.51	0.49	0.57	0.64	0.84	1.17	1.62	0.74
葡萄牙	0.73	0.75	0.76	0.65	0.65	0.63	0.62	0.63	0.55	0.59	0.65
马来西亚	0.45	0.47	0.63	0.63	0.58	0.62	0.54	0.68	0.71	0.79	0.62
捷克	0.69	0.61	0.61	0.65	0.65	0.61	0.59	0.56	0.53	0.53	0.60

国家和地区	2012 年	2013 年	2014 年	2015 年	2016 年	2017 年	2018 年	2019 年	2020 年	2021 年	合计
芬兰	0.63	0.62	0.67	0.61	0.63	0.58	0.54	0.49	0.41	0.39	0.55
罗马尼亚	0.53	0.61	0.46	0.51	0.50	0.48	0.55	0.54	0.68	0.62	0.55
南非	0.43	0.45	0.47	0.44	0.61	0.54	0.52	0.55	0.61	0.64	0.53
希腊	0.65	0.58	0.49	0.58	0.56	0.46	0.52	0.54	0.49	0.45	0.53
智利	0.34	0.39	0.47	0.38	0.54	0.44	0.53	0.48	0.43	0.48	0.45
墨西哥	0.43	0.46	0.37	0.33	0.42	0.46	0.41	0.46	0.43	0.46	0.42
越南	0.13	0.13	0.18	0.19	0.19	0.27	0.36	0.65	1.19	0.63	0.41

第3章　化学

化学是研究物质的组成、结构、性质和反应及物质转化的一门科学，是创造新分子和构建新物质的根本途径，是与其他学科密切交叉和相互渗透的中心科学。

第一节　学科

化学学科组包括以下学科：有机化学、高分子科学、电化学、物理化学、分析化学、晶体学、无机化学和核化学、纳米科学和纳米技术、化学工程、应用化学、多学科化学，共计 11 个。

一　有机化学

有机化学 A、B、C 层人才主要集中在美国和中国大陆，二者 A、B、C 层人才的世界占比合计分别为 27.66%、40.63%、44.50%；其中，中国大陆 A 层人才的世界占比略低于美国，B 层和 C 层人才远高于美国。

德国、印度、澳大利亚、意大利、新西兰、西班牙、英国、法国、马来西亚的 A 层人才比较多，世界占比在 7%~3%；伊朗、日本、荷兰、爱尔兰、加拿大、墨西哥、俄罗斯、沙特阿拉伯、瑞典也有相当数量的 A 层人才，世界占比超过 1%。

印度、德国、英国、伊朗、法国的 B 层人才比较多，世界占比在 7%~3%；日本、韩国、埃及、加拿大、意大利、西班牙、沙特阿拉伯、澳大利亚、巴西、土耳其、荷兰、马来西亚、葡萄牙也有相当数量的 B 层人才，世界占比超过或等于 1%。

印度的 C 层人才以 7.82% 的世界占比排名第三；德国、日本、英国的 C 层人才比较多，世界占比在 5%～3%；法国、韩国、西班牙、意大利、伊朗、加拿大、巴西、埃及、沙特阿拉伯、澳大利亚、新加坡、俄罗斯、瑞士、土耳其也有相当数量的 C 层人才，世界占比超过或接近 1%。

表 3-1　有机化学 A 层人才排名前 20 的国家和地区的占比

单位：%

国家和地区	2012 年	2013 年	2014 年	2015 年	2016 年	2017 年	2018 年	2019 年	2020 年	2021 年	合计
美国	8.33	4.17	17.39	18.18	29.17	8.70	26.09	20.83	0.00	12.50	14.47
中国大陆	4.17	12.50	8.70	9.09	8.33	21.74	26.09	20.83	12.50	8.33	13.19
德国	16.67	8.33	8.70	13.64	4.17	8.70	0.00	4.17	0.00	4.17	6.81
印度	12.50	0.00	4.35	4.55	4.17	4.35	4.35	8.33	8.33	12.50	6.38
澳大利亚	0.00	4.17	4.35	4.55	4.17	8.70	4.35	12.50	8.33	0.00	5.11
意大利	8.33	8.33	4.35	4.55	12.50	4.35	0.00	0.00	8.33	0.00	5.11
新西兰	8.33	4.17	4.35	4.55	4.17	4.35	4.35	4.17	4.17	0.00	4.26
西班牙	4.17	4.17	0.00	4.55	12.50	4.35	0.00	0.00	8.33	4.17	3.83
英国	0.00	4.17	4.35	4.55	0.00	4.35	0.00	8.33	4.17	8.33	3.83
法国	12.50	4.17	4.35	0.00	0.00	4.35	0.00	0.00	4.17	4.17	3.40
马来西亚	4.17	0.00	8.70	0.00	0.00	4.35	8.70	8.33	0.00	0.00	3.40
伊朗	0.00	0.00	0.00	0.00	0.00	0.00	8.70	0.00	8.33	8.33	2.55
日本	0.00	4.17	8.70	0.00	0.00	4.35	0.00	0.00	0.00	4.17	2.13
荷兰	4.17	4.17	0.00	4.55	0.00	0.00	0.00	0.00	0.00	4.17	1.70
爱尔兰	0.00	8.33	0.00	0.00	0.00	0.00	0.00	0.00	4.17	4.17	1.70
加拿大	4.17	4.17	0.00	4.55	0.00	0.00	0.00	0.00	0.00	4.17	1.70
墨西哥	0.00	0.00	0.00	4.55	0.00	0.00	4.35	0.00	4.17	0.00	1.28
俄罗斯	0.00	0.00	4.35	0.00	0.00	4.35	0.00	0.00	0.00	4.17	1.28
沙特阿拉伯	0.00	0.00	0.00	0.00	4.17	0.00	0.00	4.17	4.17	0.00	1.28
瑞典	4.17	4.17	0.00	4.55	0.00	0.00	0.00	0.00	0.00	0.00	1.28

表 3-2　有机化学 B 层人才排名前 20 的国家和地区的占比

单位：%

国家和地区	2012 年	2013 年	2014 年	2015 年	2016 年	2017 年	2018 年	2019 年	2020 年	2021 年	合计
中国大陆	16.44	16.07	23.45	25.11	21.50	30.80	33.33	33.04	36.07	36.23	27.10
美国	18.22	18.30	17.26	17.18	14.02	13.84	10.80	9.38	7.31	8.21	13.53
印度	8.89	9.38	6.19	6.61	5.61	6.70	7.51	3.57	5.48	6.76	6.67

续表

国家和地区	2012 年	2013 年	2014 年	2015 年	2016 年	2017 年	2018 年	2019 年	2020 年	2021 年	合计
德国	7.11	9.82	6.64	5.29	6.54	5.80	6.10	4.02	1.83	0.97	5.45
英国	4.00	4.91	5.31	3.08	4.21	3.13	1.41	6.70	5.02	1.93	3.99
伊朗	0.44	1.79	2.65	1.32	3.74	4.46	3.29	4.02	6.39	5.31	3.31
法国	3.56	4.91	3.54	1.76	5.14	4.46	3.76	2.23	1.83	1.93	3.31
日本	4.44	5.36	3.10	2.64	1.40	1.79	2.35	2.68	2.74	1.45	2.81
韩国	3.11	3.13	6.19	2.20	1.87	3.13	0.94	0.45	3.20	2.90	2.72
埃及	0.44	0.89	0.88	1.32	1.40	0.45	1.88	2.68	4.57	6.28	2.04
加拿大	3.56	1.34	1.33	1.32	1.40	2.23	1.88	2.23	3.65	1.45	2.04
意大利	3.56	0.89	3.10	1.76	1.87	0.89	1.88	2.23	2.28	1.45	2.00
西班牙	2.22	3.13	1.33	3.52	1.40	3.57	0.47	3.13	0.46	0.48	2.00
沙特阿拉伯	0.44	0.00	0.44	1.76	1.87	0.89	2.82	1.34	1.83	3.86	1.50
澳大利亚	1.78	1.34	1.77	0.88	1.40	0.89	1.88	1.34	1.37	1.93	1.45
巴西	1.78	2.23	0.88	2.20	2.34	1.34	0.94	1.34	0.91	0.00	1.41
土耳其	0.00	0.89	0.00	0.88	0.47	1.79	0.94	4.46	0.91	2.42	1.27
荷兰	1.78	0.89	0.88	2.20	0.47	1.79	1.88	0.89	0.46	0.48	1.18
马来西亚	1.33	1.34	1.33	0.44	1.87	1.34	0.94	0.00	0.91	0.48	1.00
葡萄牙	0.89	0.89	2.21	1.76	0.47	0.89	0.47	1.34	0.91	0.00	1.00

表 3-3 有机化学 C 层人才排名前 20 的国家和地区的占比

单位：%

国家和地区	2012 年	2013 年	2014 年	2015 年	2016 年	2017 年	2018 年	2019 年	2020 年	2021 年	合计
中国大陆	22.99	24.99	30.40	31.01	35.31	33.51	37.59	38.09	35.29	38.94	32.68
美国	16.45	15.39	15.18	13.60	12.15	11.26	8.96	9.74	7.96	6.40	11.82
印度	7.82	8.01	8.18	8.01	7.42	7.13	7.59	7.73	7.77	8.56	7.82
德国	5.16	5.21	4.88	3.89	4.16	4.17	3.96	4.62	4.18	3.66	4.40
日本	5.35	5.12	4.65	4.74	3.68	3.59	2.88	2.38	2.44	1.81	3.70
英国	4.75	3.76	3.97	2.68	2.58	2.83	3.07	2.47	2.44	2.68	3.14
法国	4.20	3.58	3.30	3.40	2.63	3.10	2.59	1.97	2.59	2.37	2.99
韩国	2.61	2.63	2.66	2.77	2.73	2.02	2.69	2.56	1.64	2.94	2.53
西班牙	3.70	2.81	2.30	2.33	2.54	2.87	2.31	1.92	1.89	1.29	2.41
意大利	2.29	2.54	2.39	2.42	1.72	2.29	1.98	2.24	1.89	1.34	2.12
伊朗	1.23	1.45	1.81	1.52	1.96	1.93	2.69	2.10	3.38	2.94	2.08

续表

国家和地区	2012 年	2013 年	2014 年	2015 年	2016 年	2017 年	2018 年	2019 年	2020 年	2021 年	合计
加拿大	2.33	2.81	1.99	2.42	2.63	1.30	1.27	1.46	1.54	1.91	1.97
巴西	1.23	1.31	1.13	1.25	1.20	1.93	1.93	1.78	1.89	1.96	1.55
埃及	0.82	0.68	0.86	0.98	0.96	1.66	1.42	1.69	3.24	2.48	1.45
沙特阿拉伯	0.69	0.54	0.68	0.76	0.96	1.53	1.56	1.69	2.79	2.32	1.33
澳大利亚	1.60	1.49	0.95	1.25	1.48	1.26	0.80	1.05	1.29	1.19	1.24
新加坡	1.78	1.81	0.95	1.34	0.72	0.76	1.27	0.82	0.50	0.46	1.06
俄罗斯	0.50	0.63	0.86	0.98	1.34	1.26	0.99	0.96	1.44	0.77	0.97
瑞士	1.69	1.31	0.86	0.81	0.62	0.94	0.66	0.64	0.60	0.62	0.88
土耳其	0.46	0.36	0.63	0.81	0.86	0.81	0.85	1.46	0.95	1.08	0.82

二 高分子科学

高分子科学 A、B、C 层人才主要集中在美国和中国大陆，二者 A、B、C 层人才的世界占比合计分别为 28.37%、35.10%、37.53%；其中，美国的 A 层人才多于中国大陆，B、C 层人才少于中国大陆；在发展趋势上，中国大陆呈现相对上升趋势，美国呈现相对下降趋势。

印度、英国、澳大利亚、法国、马来西亚、新加坡、伊朗、韩国、加拿大、德国的 A 层人才比较多，世界占比在 6%~3%；比利时、西班牙、土耳其、意大利、埃及、荷兰、沙特阿拉伯、瑞典也有相当数量的 A 层人才，世界占比超过 1%。

印度、法国、韩国、伊朗、澳大利亚、马来西亚、德国的 B 层人才比较多，世界占比在 6%~3%；英国、意大利、西班牙、加拿大、日本、新加坡、沙特阿拉伯、比利时、巴基斯坦、埃及、巴西也有相当数量的 B 层人才，世界占比超过 1%。

印度、伊朗、德国、韩国、法国的 C 层人才比较多，世界占比在 6%~3%；英国、澳大利亚、加拿大、日本、意大利、西班牙、沙特阿拉伯、埃及、马来西亚、巴西、新加坡、土耳其、荷兰也有相当数量的 C 层人才，世界占比超过 1%。

表 3-4 高分子科学 A 层人才排名前 20 的国家和地区的占比

单位：%

国家和地区	2012 年	2013 年	2014 年	2015 年	2016 年	2017 年	2018 年	2019 年	2020 年	2021 年	合计
美国	23.81	20.83	16.00	12.00	19.23	29.63	12.90	12.12	13.51	10.00	16.26
中国大陆	4.76	0.00	8.00	8.00	19.23	11.11	29.03	12.12	5.41	17.50	12.11
印度	0.00	4.17	8.00	4.00	3.85	3.70	6.45	6.06	8.11	5.00	5.19
英国	4.76	8.33	0.00	8.00	11.54	3.70	3.23	6.06	5.41	0.00	4.84
澳大利亚	4.76	0.00	4.00	4.00	3.85	3.70	0.00	9.09	8.11	2.50	4.15
法国	4.76	4.17	20.00	4.00	3.85	0.00	0.00	6.06	2.70	5.00	4.15
马来西亚	4.76	0.00	12.00	12.00	0.00	0.00	3.23	3.03	0.00	5.00	3.81
新加坡	4.76	0.00	0.00	8.00	3.85	7.41	6.45	6.06	0.00	2.50	3.81
伊朗	0.00	0.00	8.00	4.00	3.85	0.00	0.00	6.06	5.41	5.00	3.46
韩国	14.29	4.17	0.00	8.00	0.00	7.41	0.00	0.00	2.70	2.50	3.46
加拿大	9.52	4.17	4.00	0.00	0.00	3.70	0.00	3.03	2.70	5.00	3.11
德国	4.76	8.33	4.00	4.00	0.00	3.70	6.45	0.00	2.70	0.00	3.11
比利时	0.00	12.50	0.00	0.00	3.85	3.70	0.00	3.03	0.00	0.00	2.08
西班牙	4.76	8.33	0.00	0.00	0.00	3.70	0.00	0.00	5.41	0.00	2.08
土耳其	0.00	0.00	0.00	4.00	3.85	3.70	3.23	3.03	2.70	0.00	2.08
意大利	0.00	12.50	0.00	0.00	0.00	0.00	3.23	0.00	2.70	0.00	1.73
埃及	0.00	0.00	0.00	4.00	0.00	7.41	3.23	0.00	2.70	0.00	1.73
荷兰	0.00	0.00	4.00	0.00	3.85	0.00	0.00	0.00	2.70	5.00	1.73
沙特阿拉伯	0.00	0.00	0.00	0.00	3.85	0.00	3.70	3.03	5.41	0.00	1.73
瑞典	0.00	0.00	0.00	8.00	0.00	0.00	3.23	3.03	0.00	2.50	1.73

表 3-5 高分子科学 B 层人才排名前 20 的国家和地区的占比

单位：%

国家和地区	2012 年	2013 年	2014 年	2015 年	2016 年	2017 年	2018 年	2019 年	2020 年	2021 年	合计
中国大陆	13.62	10.48	15.79	16.52	16.53	17.74	27.44	27.85	21.43	27.59	20.38
美国	17.37	22.27	20.61	18.30	15.68	18.95	13.00	11.39	9.71	7.76	14.72
印度	1.41	4.80	4.82	6.70	3.81	4.84	6.14	5.70	6.57	7.18	5.40
法国	7.04	5.24	3.07	5.80	3.39	4.44	3.61	2.85	1.71	1.44	3.60
韩国	4.69	3.93	4.82	4.02	3.81	3.23	1.81	2.85	3.43	2.87	3.45
伊朗	0.94	2.18	0.88	2.68	2.54	2.42	4.69	4.11	5.43	5.46	3.41
澳大利亚	4.69	3.49	3.51	4.46	4.66	5.65	1.81	3.80	0.86	1.72	3.26
马来西亚	1.41	1.31	3.51	1.34	2.97	4.03	2.17	2.53	5.14	5.46	3.18

续表

国家和地区	2012 年	2013 年	2014 年	2015 年	2016 年	2017 年	2018 年	2019 年	2020 年	2021 年	合计
德国	7.51	5.24	3.07	3.57	3.81	3.63	1.44	2.22	1.14	1.44	3.03
英国	2.82	2.62	4.82	1.79	2.54	4.44	1.81	2.85	4.29	1.44	2.92
意大利	3.76	3.06	2.63	3.13	2.54	2.42	2.17	1.90	3.43	2.30	2.70
西班牙	2.35	2.62	2.19	3.57	3.39	2.42	2.53	1.90	2.00	1.44	2.36
加拿大	5.63	2.18	4.39	1.34	0.42	0.81	0.72	3.16	1.43	2.01	2.14
日本	4.69	3.49	1.75	1.34	2.97	0.40	2.53	1.27	1.71	0.86	1.99
新加坡	3.76	3.06	1.75	1.34	3.81	0.81	1.08	2.22	1.14	1.15	1.91
沙特阿拉伯	0.94	0.87	0.88	1.79	2.54	2.02	1.81	1.27	3.71	2.01	1.87
比利时	1.88	1.31	1.75	2.23	1.69	2.42	2.17	0.95	0.86	0.86	1.54
巴基斯坦	0.47	0.44	0.00	0.45	2.54	2.82	3.25	1.27	1.71	1.15	1.46
埃及	0.47	0.44	0.88	0.45	0.42	0.00	0.72	2.85	2.86	2.87	1.39
巴西	0.47	1.31	0.44	2.68	0.85	2.02	2.17	0.63	1.43	1.15	1.31

表 3-6 高分子科学 C 层人才排名前 20 的国家和地区的占比

单位：%

国家和地区	2012 年	2013 年	2014 年	2015 年	2016 年	2017 年	2018 年	2019 年	2020 年	2021 年	合计
中国大陆	19.15	20.93	21.36	21.75	24.17	25.02	28.96	31.40	28.55	28.25	25.56
美国	19.53	15.83	16.40	15.27	13.83	12.47	9.49	9.50	7.19	6.89	11.97
印度	3.79	4.62	5.00	5.02	5.11	5.89	6.07	5.67	6.29	5.94	5.44
伊朗	0.95	2.05	2.70	2.44	3.32	3.56	5.49	5.26	6.70	4.74	3.97
德国	5.64	5.80	4.55	5.02	3.62	3.27	3.02	2.93	1.86	1.75	3.53
韩国	3.79	3.66	3.20	4.17	3.91	3.43	3.56	3.51	2.91	3.13	3.49
法国	4.50	4.19	4.28	4.44	4.26	2.74	2.29	2.20	2.79	2.58	3.29
英国	3.93	3.40	3.56	3.82	3.40	3.35	2.69	2.33	2.23	1.92	2.95
澳大利亚	3.08	2.62	2.84	3.15	3.19	2.98	2.69	2.36	2.05	2.47	2.69
加拿大	3.32	2.88	3.00	3.24	2.34	2.00	2.26	1.66	2.01	2.10	2.41
日本	4.60	3.71	3.02	2.75	2.21	2.58	1.75	1.43	1.36	1.55	2.35
意大利	2.32	3.10	2.88	2.00	1.96	2.21	2.07	2.17	1.80	2.12	2.23
西班牙	2.04	2.57	2.70	2.40	2.68	2.21	2.84	2.04	1.43	1.61	2.20
沙特阿拉伯	0.81	1.40	1.40	1.38	2.21	1.84	1.93	1.66	2.57	3.50	1.97
埃及	0.47	0.87	1.13	1.07	1.66	1.68	1.86	2.01	2.91	2.76	1.76
马来西亚	0.57	1.13	0.99	0.93	1.32	1.88	1.46	1.66	2.70	3.04	1.69
巴西	1.33	1.18	0.95	1.51	1.15	1.76	1.86	1.94	1.58	1.75	1.54
新加坡	1.94	2.01	1.71	1.46	1.32	1.80	1.38	0.83	1.27	1.03	1.42
土耳其	1.28	1.13	1.26	0.93	1.40	1.35	0.98	1.15	1.49	1.38	1.24
荷兰	2.09	1.79	1.80	1.38	1.11	1.10	0.91	0.99	0.84	0.80	1.22

三　电化学

电化学 A、B、C 层人才主要集中在美国和中国大陆，二者 A、B、C 层人才的世界占比合计分别为 36.13%、45.19%、48.76%；其中，美国的 A 层人才多于中国大陆，B 层和 C 层人才远少于中国大陆。

英国、德国、沙特阿拉伯、韩国、加拿大、法国的 A 层人才比较多，世界占比在 7%~3%；澳大利亚、意大利、印度、以色列、南非、西班牙、瑞士、马来西亚、新加坡、比利时、中国香港、日本也有相当数量的 A 层人才，世界占比超过 1%。

德国、印度、韩国、英国、加拿大的 B 层人才比较多，世界占比在 5%~3%；日本、澳大利亚、意大利、沙特阿拉伯、法国、新加坡、西班牙、伊朗、中国香港、马来西亚、瑞典、荷兰、中国台湾也有相当数量的 B 层人才，世界占比超过 1%。

韩国、印度、德国的 C 层人才比较多，世界占比在 6%~3%；伊朗、英国、加拿大、日本、澳大利亚、法国、西班牙、意大利、沙特阿拉伯、新加坡、中国台湾、中国香港、马来西亚、土耳其、巴西也有相当数量的 C 层人才，世界占比超过或接近 1%。

表 3-7　电化学 A 层人才排名前 20 的国家和地区的占比

单位：%

国家和地区	2012 年	2013 年	2014 年	2015 年	2016 年	2017 年	2018 年	2019 年	2020 年	2021 年	合计
美国	31.25	16.67	22.22	29.41	26.32	22.73	18.18	15.00	15.00	5.26	19.90
中国大陆	25.00	22.22	27.78	5.88	15.79	0.00	18.18	5.00	25.00	21.05	16.23
英国	12.50	5.56	5.56	0.00	10.53	22.73	0.00	5.00	0.00	5.26	6.81
德国	6.25	5.56	16.67	0.00	0.00	13.64	0.00	5.00	0.00	5.26	5.24
沙特阿拉伯	0.00	0.00	5.56	5.88	10.53	0.00	9.09	0.00	5.00	10.53	4.71
韩国	0.00	5.56	11.11	0.00	0.00	4.55	9.09	0.00	10.00	0.00	4.19
加拿大	6.25	5.56	0.00	11.76	0.00	0.00	4.55	0.00	0.00	0.00	3.66
法国	6.25	5.56	0.00	5.88	10.53	4.55	0.00	0.00	0.00	0.00	3.14
澳大利亚	0.00	11.11	0.00	0.00	0.00	0.00	0.00	5.00	10.00	0.00	2.62

续表

国家和地区	2012 年	2013 年	2014 年	2015 年	2016 年	2017 年	2018 年	2019 年	2020 年	2021 年	合计
意大利	0.00	0.00	5.56	0.00	0.00	4.55	4.55	5.00	0.00	5.26	2.62
印度	6.25	0.00	0.00	5.88	0.00	4.55	4.55	0.00	5.00	0.00	2.62
以色列	0.00	0.00	0.00	0.00	0.00	4.55	9.09	5.00	0.00	0.00	2.09
南非	0.00	5.56	0.00	0.00	0.00	0.00	0.00	10.00	0.00	5.26	2.09
西班牙	6.25	0.00	0.00	0.00	5.26	4.55	0.00	5.00	0.00	0.00	2.09
瑞士	0.00	5.56	0.00	0.00	0.00	4.55	4.55	5.00	0.00	0.00	2.09
马来西亚	0.00	0.00	5.56	0.00	5.26	0.00	0.00	5.00	0.00	0.00	1.57
新加坡	0.00	5.56	0.00	0.00	5.26	0.00	4.55	0.00	0.00	0.00	1.57
比利时	0.00	0.00	0.00	0.00	0.00	0.00	0.00	0.00	5.00	5.26	1.05
中国香港	0.00	0.00	0.00	0.00	0.00	0.00	4.55	0.00	5.00	0.00	1.05
日本	0.00	0.00	0.00	5.88	5.26	0.00	0.00	0.00	0.00	0.00	1.05

表 3-8　电化学 B 层人才排名前 20 的国家和地区的占比

单位：%

国家和地区	2012 年	2013 年	2014 年	2015 年	2016 年	2017 年	2018 年	2019 年	2020 年	2021 年	合计
中国大陆	20.81	28.74	29.76	28.75	25.41	24.51	35.15	32.04	28.28	31.68	28.73
美国	28.86	18.56	16.67	10.00	15.68	19.61	21.29	14.08	11.62	10.40	16.46
德国	4.03	5.99	7.74	5.00	8.11	1.96	5.45	4.85	4.04	2.97	4.94
印度	3.36	2.99	2.38	5.00	4.32	5.39	5.45	6.80	5.05	2.97	4.45
韩国	3.36	4.19	3.57	4.38	4.32	3.92	2.48	3.40	7.58	3.47	4.07
英国	2.01	1.80	2.98	5.00	5.95	5.39	3.47	2.43	4.55	3.47	3.75
加拿大	2.01	2.99	2.38	5.00	1.62	3.92	2.48	2.91	6.06	4.95	3.48
日本	4.70	3.59	2.98	4.38	3.24	2.45	1.49	2.91	2.02	2.48	2.93
澳大利亚	3.36	3.59	4.76	0.00	2.16	2.45	1.49	4.85	1.52	1.98	2.61
意大利	2.68	1.80	1.79	4.38	1.62	2.94	0.99	1.94	1.52	2.48	2.17
沙特阿拉伯	0.67	0.60	1.19	1.25	1.08	4.41	3.96	2.43	2.02	2.97	2.17
法国	2.68	2.99	2.98	1.88	1.62	2.45	0.99	0.97	1.52	1.98	1.96
新加坡	3.36	2.40	1.19	2.50	2.70	1.96	0.50	0.49	1.01	2.97	1.85
西班牙	2.01	2.99	2.98	3.13	0.54	1.96	0.00	0.97	1.52	1.98	1.74
伊朗	2.01	3.59	1.19	1.25	2.70	0.49	1.49	1.46	0.51	1.49	1.58
中国香港	0.67	1.80	0.60	1.88	1.08	0.49	2.48	2.43	1.52	1.98	1.52
马来西亚	0.67	1.20	1.79	2.50	2.16	2.45	0.00	0.49	1.01	1.49	1.36
瑞典	0.67	1.20	1.79	0.00	2.16	0.98	1.49	1.46	1.01	1.49	1.25
荷兰	0.67	0.60	1.79	1.88	0.54	0.98	0.99	1.94	2.02	0.99	1.25
中国台湾	2.01	3.59	0.60	0.63	0.54	0.00	0.50	0.97	1.01	1.49	1.09

表 3-9 电化学 C 层人才排名前 20 的国家和地区的占比

单位：%

国家和地区	2012 年	2013 年	2014 年	2015 年	2016 年	2017 年	2018 年	2019 年	2020 年	2021 年	合计
中国大陆	30.80	33.97	39.92	40.32	36.42	37.00	38.02	39.57	38.20	38.81	37.44
美国	14.52	13.59	11.69	10.89	12.47	11.25	11.31	9.77	9.24	9.49	11.32
韩国	5.50	5.71	4.03	5.41	5.68	4.62	5.07	5.29	4.80	4.74	5.07
印度	4.07	3.85	4.68	4.17	4.08	5.16	5.07	4.32	4.59	4.58	4.49
德国	4.00	4.69	3.97	3.86	4.58	3.83	4.20	3.66	3.13	2.96	3.87
伊朗	2.37	2.16	2.92	2.30	3.42	3.49	3.17	2.90	3.18	2.70	2.90
英国	2.10	2.71	2.63	2.18	2.76	3.10	3.28	2.75	3.24	3.23	2.83
加拿大	3.60	2.71	2.28	2.49	2.43	2.21	2.51	1.83	2.56	2.21	2.45
日本	3.53	4.15	3.21	2.61	2.26	2.26	1.79	1.88	1.51	1.67	2.43
澳大利亚	1.90	1.56	1.23	1.74	1.93	1.47	2.30	2.95	2.87	2.32	2.05
法国	2.65	3.37	1.93	1.80	2.04	2.06	2.05	1.68	1.51	1.35	2.02
西班牙	2.31	2.10	2.22	1.80	1.99	2.06	1.69	1.48	1.25	1.35	1.81
意大利	2.58	2.41	1.29	2.12	1.77	1.97	1.13	1.42	1.51	2.10	1.80
沙特阿拉伯	0.95	0.66	1.34	1.80	1.10	1.38	1.48	1.37	1.62	1.67	1.35
新加坡	2.04	1.92	1.58	1.80	1.10	1.13	1.23	0.71	0.84	0.97	1.29
中国台湾	2.92	1.68	1.87	1.31	0.83	0.84	0.56	0.92	0.99	1.40	1.28
中国香港	0.68	0.78	0.76	1.24	1.55	1.47	0.97	1.17	1.41	0.75	1.09
马来西亚	0.88	0.84	0.94	1.56	1.38	0.84	1.07	1.07	1.10	0.86	1.05
土耳其	0.75	0.66	0.64	0.68	1.10	1.72	1.18	1.17	1.20	0.97	1.03
巴西	0.68	1.08	0.82	0.93	0.61	0.84	0.97	0.81	0.63	1.02	0.84

四 物理化学

物理化学 A、B、C 层人才最多的是中国大陆，分别占该学科全球 A、B、C 层人才的 26.48%、34.47%、34.19%；其后为美国，A、B、C 层人才的世界占比分别为 24.34%、19.99%、16.98%；二者 A、B、C 层人才的世界占比合计分别为 50.82%、54.46%、51.17%。

德国、英国、新加坡、韩国、澳大利亚、沙特阿拉伯、日本的 A 层人才比较多，世界占比在 5%~3%；加拿大、瑞士、中国香港、法国、印度、意大利、瑞典、荷兰、中国台湾、西班牙、比利时也有相当数量的 A 层人才，世界占比超过或接近 1%。

韩国、澳大利亚、德国、新加坡、英国的 B 层人才比较多，世界占比在 4%~3%；日本、中国香港、沙特阿拉伯、加拿大、法国、印度、西班牙、瑞士、意大利、中国台湾有相当数量的 B 层人才，世界占比超过 1%；荷兰、瑞典、以色列也有一定数量的 B 层人才，世界占比超过 0.5%。

韩国、德国、英国、澳大利亚的 C 层人才比较多，世界占比在 5%~3%；日本、新加坡、印度、中国香港、法国、加拿大、西班牙、沙特阿拉伯、意大利、瑞士、伊朗、荷兰、中国台湾、瑞典也有相当数量的 C 层人才，世界占比超过或接近 1%。

表 3-10　物理化学 A 层人才排名前 20 的国家和地区的占比

单位：%

国家和地区	2012 年	2013 年	2014 年	2015 年	2016 年	2017 年	2018 年	2019 年	2020 年	2021 年	合计
中国大陆	19.72	14.29	13.10	21.84	27.47	27.00	32.38	31.62	26.09	38.52	26.48
美国	28.17	38.96	38.10	20.69	30.77	30.00	25.71	19.66	15.65	9.63	24.34
德国	9.86	2.60	4.76	3.45	6.59	5.00	1.90	4.27	5.22	4.44	4.68
英国	5.63	6.49	10.71	8.05	1.10	6.00	1.90	1.71	4.35	2.22	4.48
新加坡	12.68	6.49	2.38	4.60	3.30	1.00	3.81	4.27	3.48	3.70	4.28
韩国	1.41	7.79	3.57	6.90	7.69	2.00	4.76	3.42	1.74	1.48	3.87
澳大利亚	1.41	1.30	2.38	1.15	1.10	4.00	5.71	3.42	7.83	5.19	3.67
沙特阿拉伯	0.00	0.00	2.38	5.75	2.20	5.00	5.71	4.27	1.74	2.96	3.16
日本	8.45	3.90	0.00	3.45	2.20	2.00	2.86	3.42	2.61	2.96	3.05
加拿大	0.00	0.00	1.19	3.45	4.40	4.00	1.90	4.27	5.22	0.00	2.55
瑞士	0.00	3.90	3.57	3.45	1.10	1.00	2.86	0.85	2.61	1.48	2.04
中国香港	0.00	0.00	2.38	0.00	0.00	0.00	1.90	3.42	2.61	6.67	2.04
法国	1.41	3.90	1.19	2.30	0.00	2.00	0.00	1.71	2.61	0.74	1.53
印度	1.41	0.00	0.00	0.00	2.20	0.00	0.95	1.71	1.74	5.19	1.53
意大利	0.00	1.30	2.38	3.45	1.10	1.00	0.95	0.85	1.74	0.74	1.32
瑞典	1.41	0.00	0.00	0.00	2.20	1.00	0.95	0.85	3.48	1.48	1.12
荷兰	0.00	0.00	1.19	3.45	3.30	1.00	0.95	0.85	0.00	0.00	1.02
中国台湾	2.82	1.30	2.38	1.15	0.00	0.00	0.95	0.00	0.87	0.74	0.92
西班牙	0.00	1.30	0.00	3.45	1.10	1.00	0.00	0.00	0.87	0.74	0.81
比利时	0.00	0.00	0.00	1.15	2.20	0.00	0.00	0.85	0.87	1.48	0.71

表 3-11 物理化学 B 层人才排名前 20 的国家和地区的占比

单位：%

国家和地区	2012 年	2013 年	2014 年	2015 年	2016 年	2017 年	2018 年	2019 年	2020 年	2021 年	合计
中国大陆	22.89	24.68	25.60	26.23	30.70	35.49	42.65	40.42	35.95	45.61	34.47
美国	30.12	31.13	26.80	24.84	23.06	18.57	18.28	15.77	14.66	10.04	19.99
韩国	5.27	6.46	4.53	5.42	5.10	2.97	2.52	3.49	3.18	3.08	4.00
澳大利亚	1.51	2.73	3.07	3.91	3.28	3.63	4.31	4.34	4.95	5.14	3.88
德国	5.27	4.45	3.87	5.30	3.28	4.18	3.47	3.78	3.89	2.21	3.84
新加坡	3.77	3.16	4.00	3.40	5.22	4.62	3.89	4.25	2.83	2.61	3.71
英国	3.77	3.73	3.60	3.53	4.37	4.62	2.42	1.98	3.18	2.77	3.31
日本	4.07	4.02	3.20	3.03	3.03	2.64	2.00	2.55	2.30	2.29	2.80
中国香港	2.26	0.86	2.40	1.77	1.94	3.08	2.94	3.68	2.92	2.61	2.54
沙特阿拉伯	0.90	0.72	2.53	2.77	2.31	2.97	3.05	1.98	2.12	1.82	2.16
加拿大	1.20	1.87	1.87	1.51	2.06	1.98	2.10	1.89	2.12	1.42	1.81
法国	2.56	1.72	2.27	1.77	1.46	0.99	1.05	1.13	1.86	1.19	1.54
印度	1.20	1.72	1.20	1.01	1.46	0.88	1.05	1.13	1.86	2.21	1.41
西班牙	1.51	1.43	2.27	2.52	0.97	1.32	0.84	1.23	1.50	0.79	1.38
瑞士	1.36	1.72	2.00	1.39	1.70	1.32	0.95	1.32	1.59	0.55	1.34
意大利	1.66	2.01	1.20	1.51	1.33	1.54	0.63	0.85	0.97	0.87	1.19
中国台湾	2.26	1.43	2.53	0.76	0.85	0.44	0.53	1.13	0.62	0.63	1.03
荷兰	1.96	1.72	0.93	0.88	0.49	0.88	0.84	0.38	1.41	0.87	0.99
瑞典	1.20	0.43	0.80	1.51	0.61	0.66	0.95	0.66	1.06	0.95	0.88
以色列	0.45	0.29	0.27	0.88	0.36	0.88	0.63	0.85	0.27	0.32	0.52

表 3-12 物理化学 C 层人才排名前 20 的国家和地区的占比

单位：%

国家和地区	2012 年	2013 年	2014 年	2015 年	2016 年	2017 年	2018 年	2019 年	2020 年	2021 年	合计
中国大陆	20.63	23.02	26.20	29.72	30.09	35.32	38.89	41.46	39.59	42.23	34.19
美国	24.82	23.56	22.13	19.78	18.75	17.69	16.50	14.20	12.90	9.19	16.98
韩国	4.68	4.65	4.81	5.01	4.63	4.47	4.16	4.07	3.83	3.89	4.35
德国	6.20	6.09	5.77	4.74	4.75	3.71	3.85	3.28	3.18	3.17	4.25
英国	3.97	4.23	3.80	3.56	3.74	3.47	3.30	2.93	2.92	2.90	3.39
澳大利亚	2.31	2.42	2.26	2.66	2.62	3.23	3.35	4.06	3.86	3.29	3.11
日本	3.91	3.71	3.61	3.17	2.83	2.56	2.27	2.16	1.98	1.85	2.66

续表

国家和地区	2012 年	2013 年	2014 年	2015 年	2016 年	2017 年	2018 年	2019 年	2020 年	2021 年	合计
新加坡	2.69	2.22	2.66	2.96	2.65	2.87	2.97	2.70	2.69	1.99	2.62
印度	2.26	2.86	2.34	2.04	2.44	2.17	1.87	1.95	2.24	3.34	2.38
中国香港	1.44	1.30	1.31	1.89	1.96	2.38	2.47	2.19	2.55	2.53	2.09
法国	3.12	3.24	2.55	2.49	2.21	1.77	1.39	1.19	1.25	1.32	1.91
加拿大	1.88	1.67	1.88	1.88	1.70	1.70	1.49	1.71	2.10	1.76	1.78
西班牙	2.75	2.39	2.49	1.88	2.34	1.70	1.47	1.40	1.36	1.07	1.78
沙特阿拉伯	0.61	0.86	1.24	1.63	1.96	1.72	1.74	1.86	1.97	2.50	1.71
意大利	2.19	2.22	1.78	1.73	1.68	1.39	0.94	0.96	0.91	1.24	1.42
瑞士	1.75	1.81	1.64	1.35	1.52	1.17	1.44	1.08	1.07	0.77	1.30
伊朗	0.79	0.88	0.75	0.93	1.20	1.26	1.22	1.31	1.57	1.43	1.18
荷兰	1.44	1.37	1.34	1.46	1.26	0.93	0.95	0.92	0.79	0.62	1.05
中国台湾	1.78	1.05	1.04	0.94	1.00	0.88	0.78	0.86	1.01	0.89	0.99
瑞典	0.97	1.02	1.10	1.11	0.81	0.87	0.86	0.69	0.77	0.77	0.87

五 分析化学

分析化学 A、B、C 层人才主要集中在美国和中国大陆，二者 A、B、C 层人才的世界占比合计分别为 37.57%、40.73%、42.70%；其中，美国的 A 层人才略多于中国大陆，B 层和 C 层人才远少于中国大陆。

印度、意大利、韩国、德国、加拿大、沙特阿拉伯、伊朗的 A 层人才比较多，世界占比在 5%~3%；波兰、英国、澳大利亚、西班牙、法国、葡萄牙、土耳其、丹麦、日本、中国香港、挪威也有相当数量的 A 层人才，世界占比超过或接近 1%。

韩国、英国、印度、伊朗、德国、西班牙的 B 层人才比较多，世界占比在 5%~3%；意大利、加拿大、澳大利亚、沙特阿拉伯、法国、瑞士、新加坡、波兰、土耳其、荷兰、瑞典、中国台湾也有相当数量的 B 层人才，世界占比超过或接近 1%。

韩国、印度、伊朗、西班牙、英国的 C 层人才比较多，世界占比在 4%~3%；德国、意大利、加拿大、法国、澳大利亚、巴西、日本、沙特阿拉伯、中国台湾、土耳其、瑞士、荷兰、波兰也有相当数量的 C 层人才，世界占比超过 1%。

表 3-13 分析化学 A 层人才排名前 20 的国家和地区的占比

单位：%

国家和地区	2012 年	2013 年	2014 年	2015 年	2016 年	2017 年	2018 年	2019 年	2020 年	2021 年	合计
美国	24.14	19.35	29.03	24.24	30.30	11.43	20.51	18.18	14.58	8.51	19.19
中国大陆	27.59	9.68	9.68	6.06	9.09	25.71	17.95	15.91	29.17	25.53	18.38
印度	0.00	0.00	0.00	9.09	3.03	5.71	5.13	4.55	2.08	8.51	4.05
意大利	0.00	3.23	9.68	3.03	0.00	2.86	7.69	6.82	0.00	4.26	3.78
韩国	0.00	6.45	6.45	3.03	0.00	8.57	5.13	4.55	0.00	4.26	3.78
德国	3.45	9.68	0.00	3.03	3.03	5.71	5.13	6.82	2.08	0.00	3.78
加拿大	6.90	3.23	0.00	3.03	0.00	8.57	2.56	4.55	4.17	2.13	3.51
沙特阿拉伯	3.45	3.23	3.23	0.00	6.06	2.86	0.00	4.55	6.25	4.26	3.51
伊朗	0.00	3.23	0.00	0.00	0.00	2.86	2.56	9.09	4.17	6.38	3.24
波兰	6.90	3.23	0.00	3.03	3.03	0.00	5.13	2.27	2.08	4.26	2.97
英国	3.45	3.23	3.23	6.06	9.09	2.86	2.56	0.00	0.00	2.13	2.97
澳大利亚	3.45	3.23	3.23	0.00	9.09	0.00	0.00	6.82	0.00	2.13	2.70
西班牙	3.45	3.23	6.45	3.03	9.09	0.00	0.00	0.00	4.17	0.00	2.70
法国	3.45	6.45	3.23	6.06	3.03	0.00	0.00	0.00	2.08	0.00	2.16
葡萄牙	0.00	0.00	0.00	3.03	0.00	5.71	5.13	2.27	0.00	2.13	1.89
土耳其	0.00	0.00	0.00	0.00	3.03	2.86	2.56	0.00	0.00	8.51	1.89
丹麦	0.00	3.23	3.23	0.00	0.00	0.00	0.00	0.00	4.17	2.13	1.35
日本	3.45	3.23	3.23	0.00	0.00	0.00	0.00	0.00	2.08	0.00	1.08
中国香港	0.00	0.00	0.00	0.00	0.00	5.71	0.00	0.00	2.08	0.00	0.81
挪威	3.45	0.00	0.00	0.00	0.00	0.00	0.00	2.27	2.08	0.00	0.81

表 3-14 分析化学 B 层人才排名前 20 的国家和地区的占比

单位：%

国家和地区	2012 年	2013 年	2014 年	2015 年	2016 年	2017 年	2018 年	2019 年	2020 年	2021 年	合计
中国大陆	19.46	28.62	25.53	23.99	22.29	31.97	32.04	27.23	23.02	31.78	26.88
美国	20.23	19.57	16.31	12.84	16.88	16.30	10.50	11.70	11.51	8.41	13.85
韩国	5.84	3.26	2.13	2.70	3.50	2.82	6.63	4.07	4.56	3.97	4.01
英国	7.39	4.35	5.67	3.72	2.87	4.08	3.31	4.58	1.68	2.10	3.77

续表

国家和地区	2012 年	2013 年	2014 年	2015 年	2016 年	2017 年	2018 年	2019 年	2020 年	2021 年	合计
印度	3.11	1.45	3.19	3.38	2.87	4.08	4.97	6.11	4.08	3.04	3.74
伊朗	1.95	2.17	1.06	1.69	3.82	2.51	4.14	5.85	6.71	4.44	3.71
德国	6.61	3.62	4.26	3.72	4.14	2.82	1.38	2.80	2.88	3.50	3.44
西班牙	3.89	4.71	4.96	5.41	4.14	2.82	2.76	3.31	2.40	1.40	3.41
意大利	0.78	1.45	3.19	4.39	3.50	3.13	3.87	2.04	2.40	2.34	2.72
加拿大	3.50	2.90	2.13	3.04	1.59	2.19	2.21	2.04	3.84	2.10	2.54
澳大利亚	3.11	1.09	2.48	1.69	2.87	2.82	3.31	4.58	1.44	1.40	2.48
沙特阿拉伯	0.00	1.45	1.77	1.01	2.55	0.63	1.93	2.29	5.04	3.27	2.18
法国	1.17	0.72	2.48	3.04	2.23	1.88	1.10	1.78	2.16	0.70	1.70
瑞士	0.39	1.09	1.77	3.04	2.23	0.94	1.10	1.27	0.72	1.64	1.41
新加坡	1.17	2.54	1.77	1.35	1.59	1.88	0.55	1.27	1.20	0.70	1.35
波兰	0.78	3.26	0.71	1.35	1.59	0.63	1.66	0.76	0.48	2.10	1.32
土耳其	1.95	0.00	1.42	1.01	1.59	0.31	0.83	1.02	1.20	2.80	1.26
荷兰	0.78	2.90	1.42	0.68	1.91	1.88	0.83	1.27	0.24	0.93	1.23
瑞典	2.72	1.09	1.06	1.35	1.91	1.25	0.28	0.76	0.48	0.47	1.05
中国台湾	0.78	2.17	1.42	0.34	0.96	0.94	1.38	0.00	0.72	1.40	0.99

表 3-15　分析化学 C 层人才排名前 20 的国家和地区的占比

单位：%

国家和地区	2012 年	2013 年	2014 年	2015 年	2016 年	2017 年	2018 年	2019 年	2020 年	2021 年	合计
中国大陆	22.83	25.23	29.86	30.18	31.31	34.61	35.57	33.86	30.23	32.35	30.99
美国	17.15	14.87	14.75	13.10	12.76	12.10	10.07	9.77	8.60	8.10	11.71
韩国	3.75	3.42	3.42	3.64	3.92	4.41	4.11	3.93	3.52	4.00	3.83
印度	2.39	3.27	3.93	3.61	3.60	4.10	3.59	3.98	4.19	4.00	3.72
伊朗	2.47	2.51	2.84	2.35	3.41	3.41	4.47	5.13	4.68	3.56	3.61
西班牙	4.98	5.23	4.44	4.36	3.73	3.23	2.90	2.74	2.44	3.00	3.57
英国	4.17	4.25	3.75	3.98	3.51	3.17	3.26	2.87	2.86	3.38	3.46
德国	4.21	4.07	3.06	3.30	3.79	2.36	2.68	2.76	2.29	1.85	2.94
意大利	3.01	3.42	2.59	2.62	2.78	2.36	2.68	2.39	2.86	3.51	2.82
加拿大	3.09	2.51	2.91	2.69	1.83	1.99	1.79	2.18	1.77	1.90	2.21
法国	2.20	2.04	1.93	2.59	2.50	2.17	1.93	1.33	1.58	2.10	2.01
澳大利亚	2.05	1.34	1.49	1.91	1.83	1.92	1.85	2.31	1.97	2.05	1.90

续表

国家和地区	2012 年	2013 年	2014 年	2015 年	2016 年	2017 年	2018 年	2019 年	2020 年	2021 年	合计
巴西	1.74	1.96	1.71	1.12	1.64	1.58	1.79	1.46	1.36	1.74	1.60
日本	2.32	2.11	2.15	1.57	1.36	1.49	1.16	1.33	1.53	1.36	1.59
沙特阿拉伯	0.85	0.73	1.02	1.05	1.17	1.09	1.38	1.67	2.54	2.49	1.48
中国台湾	1.47	1.67	1.64	1.36	1.04	1.30	1.08	0.93	1.21	1.36	1.28
土耳其	0.66	1.05	0.66	0.99	0.98	1.30	1.27	1.54	1.72	1.97	1.27
瑞士	1.89	1.74	1.64	1.74	1.04	1.18	1.02	1.06	0.81	0.67	1.22
荷兰	1.39	1.42	1.27	1.40	1.07	0.96	0.94	0.93	0.94	1.00	1.10
波兰	1.16	1.38	1.06	1.12	1.14	0.78	0.97	0.90	1.01	1.18	1.06

六 晶体学

晶体学 A 层人才主要集中在中国大陆、英国、美国，三者的 A 层人才的世界占比分别为 16.50%、16.50%、13.59%；德国 A 层人才以 9.71% 的世界占比排名第四；意大利、法国 A 层人才的世界占比均为 4.85%；澳大利亚、俄罗斯、荷兰、瑞士 A 层人才的世界占比均为 3.88%；西班牙、印度、新加坡、沙特阿拉伯、波兰、伊朗、日本、立陶宛、马来西亚也有相当数量的 A 层人才，世界占比超过或接近 1%。

B 层人才主要集中在中国大陆和美国，世界占比分别为 22.09%、11.65%；德国、印度、英国的 B 层人才处于第二梯队，世界占比分别为 7.74%、6.52%、6.24%；日本、法国、西班牙、伊朗、澳大利亚、沙特阿拉伯、俄罗斯、意大利、韩国、新加坡、波兰、加拿大、瑞士、荷兰、捷克也有相当数量的 B 层人才，世界占比超过 1%。

C 层人才主要集中在中国大陆、美国、印度，世界占比分别为 23.88%、10.41%、8.29%；英国、德国、法国、日本、俄罗斯的 C 层人才比较多，世界占比在 6%~3%；西班牙、伊朗、意大利、波兰、韩国、澳大利亚、沙特阿拉伯、瑞士、瑞典、加拿大、新加坡、荷兰也有相当数量的 C 层人才，世界占比超过或接近 1%。

表 3-16　晶体学 A 层人才的国家和地区的占比

单位：%

国家和地区	2012 年	2013 年	2014 年	2015 年	2016 年	2017 年	2018 年	2019 年	2020 年	2021 年	合计
中国大陆	7.69	23.08	0.00	9.09	0.00	25.00	12.50	9.09	30.00	36.36	16.50
英国	15.38	23.08	7.69	9.09	100.00	8.33	37.50	27.27	20.00	0.00	16.50
美国	23.08	23.08	0.00	0.00	0.00	33.33	25.00	9.09	10.00	0.00	13.59
德国	7.69	0.00	15.38	45.45	0.00	8.33	0.00	0.00	0.00	9.09	9.71
意大利	7.69	7.69	15.38	9.09	0.00	0.00	0.00	0.00	0.00	0.00	4.85
法国	7.69	0.00	7.69	9.09	0.00	0.00	12.50	9.09	0.00	0.00	4.85
澳大利亚	0.00	7.69	0.00	0.00	0.00	8.33	12.50	0.00	0.00	9.09	3.88
俄罗斯	7.69	0.00	7.69	0.00	0.00	8.33	0.00	0.00	0.00	9.09	3.88
荷兰	0.00	0.00	15.38	9.09	0.00	0.00	0.00	0.00	10.00	0.00	3.88
瑞士	0.00	7.69	0.00	9.09	0.00	0.00	0.00	0.00	10.00	9.09	3.88
西班牙	0.00	0.00	7.69	0.00	0.00	0.00	0.00	0.00	10.00	9.09	2.91
印度	7.69	0.00	0.00	0.00	0.00	0.00	0.00	18.18	0.00	0.00	2.91
新加坡	7.69	0.00	0.00	0.00	0.00	0.00	0.00	9.09	0.00	0.00	1.94
沙特阿拉伯	0.00	0.00	7.69	0.00	0.00	0.00	0.00	0.00	0.00	9.09	1.94
波兰	7.69	0.00	7.69	0.00	0.00	0.00	0.00	0.00	0.00	0.00	1.94
伊朗	0.00	0.00	0.00	0.00	0.00	0.00	0.00	0.00	0.00	0.00	0.97
日本	0.00	7.69	0.00	0.00	0.00	0.00	0.00	0.00	0.00	0.00	0.97
立陶宛	0.00	0.00	0.00	0.00	0.00	0.00	0.00	0.00	0.00	9.09	0.97
马来西亚	0.00	0.00	0.00	0.00	0.00	0.00	0.00	9.09	0.00	0.00	0.97

表 3-17　晶体学 B 层人才排名前 20 的国家和地区的占比

单位：%

国家和地区	2012 年	2013 年	2014 年	2015 年	2016 年	2017 年	2018 年	2019 年	2020 年	2021 年	合计
中国大陆	25.74	23.28	20.16	14.85	15.31	26.85	21.74	28.43	20.88	21.90	22.09
美国	12.50	18.10	8.06	16.83	8.16	12.04	10.87	9.80	12.09	7.62	11.65
德国	7.35	5.17	12.10	13.86	5.10	7.41	6.52	8.82	6.59	3.81	7.74
印度	1.47	9.48	8.06	4.95	10.20	3.70	7.61	1.96	9.89	9.52	6.52
英国	10.29	6.90	5.65	7.92	5.10	6.48	6.52	5.88	5.49	0.95	6.24
日本	5.15	3.45	2.42	1.98	8.16	1.85	1.09	0.98	0.00	1.90	2.80
法国	2.21	5.17	3.23	6.93	2.04	1.85	2.17	0.98	2.20	0.95	2.80
西班牙	1.47	1.72	5.65	1.98	3.06	2.78	2.17	3.92	1.10	2.86	2.70
伊朗	2.21	0.00	0.81	0.99	0.00	0.93	2.17	6.86	6.59	3.81	2.33

续表

国家和地区	2012 年	2013 年	2014 年	2015 年	2016 年	2017 年	2018 年	2019 年	2020 年	2021 年	合计
澳大利亚	2.21	2.59	2.42	0.99	3.06	3.70	3.26	2.94	2.20	0.00	2.33
沙特阿拉伯	2.21	1.72	0.81	1.98	0.00	0.93	3.26	1.96	2.20	8.57	2.33
俄罗斯	2.21	2.59	1.61	0.00	3.06	0.93	1.09	1.96	3.30	4.76	2.14
意大利	1.47	1.72	3.23	1.98	3.06	1.85	2.17	2.94	0.00	1.90	2.05
韩国	2.21	2.59	2.42	0.99	2.04	0.93	0.00	0.98	2.20	1.90	1.68
新加坡	0.74	1.72	1.61	0.00	5.10	4.63	0.00	0.98	0.00	0.95	1.58
波兰	0.74	0.86	0.81	1.98	1.02	0.00	3.26	3.92	2.20	0.95	1.49
加拿大	2.21	0.00	0.81	0.99	3.06	3.70	2.17	1.96	0.00	0.00	1.49
瑞士	1.47	0.86	0.81	4.95	2.04	1.85	2.17	0.98	0.00	0.00	1.49
荷兰	2.94	2.59	0.81	0.99	4.08	0.93	1.09	0.00	0.00	0.00	1.40
捷克	1.47	1.72	0.81	1.98	0.00	0.93	1.09	2.94	1.10	0.95	1.30

表 3-18 晶体学 C 层人才排名前 20 的国家和地区的占比

单位：%

国家和地区	2012 年	2013 年	2014 年	2015 年	2016 年	2017 年	2018 年	2019 年	2020 年	2021 年	合计
中国大陆	31.62	27.04	24.29	20.93	20.46	20.09	26.55	23.06	19.57	20.96	23.88
美国	10.11	12.24	12.45	11.81	12.25	9.22	9.74	8.58	9.42	7.78	10.41
印度	6.57	9.01	9.96	7.77	7.22	8.66	7.39	8.89	9.42	8.27	8.29
英国	5.49	5.19	5.92	6.94	7.11	7.28	6.42	5.17	4.71	4.13	5.83
德国	5.27	4.68	5.58	7.67	6.24	5.81	5.25	6.20	4.11	4.23	5.49
法国	3.83	4.25	3.78	3.94	4.60	3.96	3.43	4.55	2.66	1.28	3.65
日本	4.33	3.83	3.52	4.35	4.16	2.95	3.64	2.90	3.02	2.76	3.57
俄罗斯	1.66	1.19	2.92	1.87	2.30	4.79	4.50	3.72	4.11	4.82	3.10
西班牙	1.88	2.72	3.00	2.90	3.61	3.13	2.78	2.38	2.90	2.56	2.75
伊朗	1.37	1.70	1.55	1.87	1.64	2.49	1.82	5.48	3.99	1.38	2.24
意大利	2.31	2.98	1.80	2.80	1.97	2.49	2.03	1.34	2.78	1.38	2.19
波兰	2.02	2.47	2.40	1.97	1.97	2.76	1.07	2.38	2.17	1.57	2.10
韩国	2.31	1.87	1.97	2.28	2.19	1.20	0.86	1.76	2.05	2.36	1.90
澳大利亚	1.73	1.53	1.03	1.97	2.63	2.03	1.61	2.07	0.85	1.08	1.65
沙特阿拉伯	0.51	0.60	1.03	0.73	1.09	0.83	1.28	1.65	2.42	6.10	1.55
瑞士	1.01	1.19	1.12	1.66	1.86	1.20	1.93	1.55	1.21	0.20	1.26
瑞典	0.58	1.36	0.94	1.14	0.98	1.47	1.93	1.03	1.33	1.18	1.17
加拿大	0.94	0.43	0.86	0.83	1.42	1.75	2.03	0.83	1.57	0.98	1.13
新加坡	1.59	1.11	1.29	1.24	0.88	0.92	0.54	0.72	0.36	0.39	0.95
荷兰	1.37	1.36	0.86	1.14	0.66	0.74	0.54	1.03	0.36	0.79	0.92

七 无机化学和核化学

无机化学和核化学A、B、C层人才最多的是中国大陆，分别占该学科全球A、B、C层人才的29.65%、31.69%、26.30%；其后为美国，A、B、C层人才的世界占比分别为13.37%、9.87%、9.42%；二者A、B、C层人才的世界占比合计分别为43.02%、41.56%、35.72%。

法国的A层人才以8.72%的世界占比排名第三；日本、印度、意大利、韩国的A层人才比较多，世界占比在6%~3%；德国、英国、西班牙、新加坡、澳大利亚、沙特阿拉伯、荷兰、瑞典、瑞士、比利时、俄罗斯、中国香港、新西兰也有相当数量的A层人才，世界占比超过1%。

印度的B层人才以6.76%的世界占比排名第三；德国、英国、法国、韩国的B层人才比较多，世界占比在5%~3%；西班牙、伊朗、沙特阿拉伯、俄罗斯、意大利、日本、澳大利亚、新加坡、葡萄牙、加拿大、瑞士、中国香港、马来西亚也有相当数量的B层人才，世界占比超过或接近1%。

印度、德国的C层人才世界占比分别为8.23%、6.03%，排名第三、四位；法国、英国、西班牙、伊朗、意大利的C层人才比较多，世界占比在5%~3%；日本、俄罗斯、韩国、澳大利亚、加拿大、波兰、葡萄牙、沙特阿拉伯、瑞士、埃及、比利时也有相当数量的C层人才，世界占比超过或接近1%。

表3-19 无机化学和核化学A层人才排名前20的国家和地区的占比

单位：%

国家和地区	2012年	2013年	2014年	2015年	2016年	2017年	2018年	2019年	2020年	2021年	合计
中国大陆	17.65	31.25	11.11	25.00	23.53	22.22	29.41	41.18	44.44	50.00	29.65
美国	5.88	31.25	27.78	18.75	5.88	5.56	17.65	11.76	11.11	0.00	13.37
法国	11.76	6.25	16.67	12.50	5.88	16.67	5.88	5.88	5.56	0.00	8.72
日本	11.76	6.25	11.11	6.25	5.88	5.56	0.00	0.00	0.00	11.11	5.81
印度	0.00	0.00	0.00	0.00	0.00	0.00	11.76	5.88	11.11	11.11	4.07

续表

国家和地区	2012 年	2013 年	2014 年	2015 年	2016 年	2017 年	2018 年	2019 年	2020 年	2021 年	合计
意大利	11.76	0.00	0.00	6.25	5.88	5.56	0.00	5.88	0.00	5.56	4.07
韩国	5.88	0.00	0.00	0.00	5.88	0.00	0.00	11.76	0.00	11.11	3.49
德国	11.76	6.25	0.00	6.25	0.00	5.56	0.00	0.00	0.00	0.00	2.91
英国	0.00	0.00	5.56	0.00	0.00	5.56	11.76	5.88	0.00	0.00	2.91
西班牙	0.00	6.25	5.56	0.00	11.76	0.00	0.00	0.00	0.00	0.00	2.33
新加坡	0.00	0.00	0.00	0.00	11.76	0.00	5.88	5.88	0.00	0.00	2.33
澳大利亚	0.00	0.00	5.56	0.00	5.88	0.00	5.88	0.00	0.00	0.00	1.74
沙特阿拉伯	0.00	0.00	0.00	0.00	5.88	0.00	0.00	0.00	5.56	5.56	1.74
荷兰	5.88	6.25	5.56	0.00	0.00	0.00	0.00	0.00	0.00	0.00	1.74
瑞典	5.88	0.00	5.56	6.25	0.00	0.00	0.00	0.00	0.00	0.00	1.74
瑞士	5.88	0.00	0.00	6.25	5.88	0.00	0.00	0.00	0.00	0.00	1.74
比利时	0.00	0.00	0.00	6.25	5.88	0.00	0.00	0.00	0.00	0.00	1.16
俄罗斯	0.00	0.00	0.00	0.00	0.00	11.11	0.00	0.00	0.00	0.00	1.16
中国香港	0.00	0.00	0.00	0.00	0.00	0.00	5.56	0.00	0.00	5.56	1.16
新西兰	5.88	0.00	5.56	0.00	0.00	0.00	0.00	0.00	0.00	0.00	1.16

表 3-20　无机化学和核化学 B 层人才排名前 20 的国家和地区的占比

单位：%

国家和地区	2012 年	2013 年	2014 年	2015 年	2016 年	2017 年	2018 年	2019 年	2020 年	2021 年	合计
中国大陆	16.77	21.95	26.44	25.63	26.28	30.06	41.61	48.81	41.32	36.42	31.69
美国	14.84	15.24	10.92	13.75	8.33	13.50	7.45	8.33	3.59	3.47	9.87
印度	7.74	5.49	5.75	3.75	8.97	5.52	6.83	4.17	10.18	9.25	6.76
德国	8.39	9.15	8.05	4.38	4.49	4.29	3.73	2.98	1.20	1.16	4.75
英国	7.10	5.49	4.02	3.75	3.21	6.13	1.24	1.79	4.79	2.31	3.96
法国	3.23	6.10	6.32	2.50	8.33	4.91	1.86	0.60	1.80	1.16	3.66
韩国	1.94	3.05	2.87	3.13	3.85	1.23	4.35	2.38	2.40	6.36	3.17
西班牙	2.58	4.88	3.45	5.63	3.85	1.84	0.62	3.57	1.20	1.16	2.86
伊朗	1.29	1.22	1.15	1.88	1.28	0.00	3.11	4.76	4.19	6.36	2.56
沙特阿拉伯	1.94	1.22	1.72	3.13	0.64	4.91	3.11	1.19	2.99	4.05	2.50
俄罗斯	3.87	1.22	3.45	3.13	1.28	1.84	0.62	4.76	0.60	1.73	2.25
意大利	6.45	2.44	1.15	1.25	3.85	1.84	0.62	1.19	1.20	1.73	2.13
日本	1.29	3.05	2.30	3.13	2.56	3.07	3.11	0.00	1.20	1.73	2.13

续表

国家和地区	2012 年	2013 年	2014 年	2015 年	2016 年	2017 年	2018 年	2019 年	2020 年	2021 年	合计
澳大利亚	0.65	1.83	0.00	1.88	3.85	3.07	3.73	1.19	1.20	2.31	1.95
新加坡	0.65	0.61	2.30	2.50	1.92	1.23	3.73	1.79	2.99	0.00	1.77
葡萄牙	1.29	1.22	1.72	2.50	0.64	0.61	1.24	2.98	0.60	2.31	1.52
加拿大	2.58	1.22	4.02	1.25	0.00	0.61	0.62	1.79	0.60	1.16	1.40
瑞士	1.94	1.22	2.87	1.25	1.28	1.23	1.86	0.60	0.60	0.58	1.34
中国香港	1.29	3.05	1.15	0.00	0.64	1.84	1.24	1.19	1.80	0.58	1.28
马来西亚	0.65	1.22	0.00	1.25	1.28	1.23	0.00	0.00	1.20	2.31	0.91

表 3-21　无机化学和核化学 C 层人才排名前 20 的国家和地区的占比

单位：%

国家和地区	2012 年	2013 年	2014 年	2015 年	2016 年	2017 年	2018 年	2019 年	2020 年	2021 年	合计
中国大陆	17.71	17.06	21.16	22.33	22.79	24.67	33.25	36.15	34.31	33.82	26.30
美国	13.73	12.55	11.13	11.36	10.59	10.02	7.97	6.03	5.97	4.94	9.42
印度	6.30	8.59	8.29	7.84	6.52	8.31	7.90	8.31	10.44	9.69	8.23
德国	8.22	8.90	7.94	6.84	7.36	6.40	4.90	3.39	3.63	2.62	6.03
法国	6.70	5.67	4.41	5.52	4.91	3.49	3.79	2.96	2.79	2.19	4.23
英国	5.64	4.94	4.93	4.39	4.58	3.36	2.42	2.22	2.46	2.32	3.73
西班牙	4.77	4.20	4.35	4.27	3.62	3.68	2.74	2.46	1.95	2.62	3.47
伊朗	1.92	1.58	1.57	2.57	2.00	2.47	4.44	6.53	5.12	4.08	3.22
意大利	4.38	3.96	3.54	3.14	2.91	3.23	2.94	2.09	2.66	2.62	3.14
日本	3.98	4.20	3.77	2.89	3.49	2.85	2.09	2.22	2.14	1.34	2.90
俄罗斯	0.80	1.58	1.04	1.82	2.26	2.54	2.48	2.22	2.40	3.72	2.08
韩国	1.13	2.25	1.74	1.51	1.87	2.16	1.96	2.52	2.46	1.83	1.95
澳大利亚	1.53	2.25	1.80	2.01	1.61	1.84	1.83	1.11	1.95	1.46	1.74
加拿大	2.12	2.32	2.14	1.88	2.00	2.03	1.44	0.92	0.91	0.73	1.65
波兰	1.26	1.34	1.57	1.44	1.68	1.71	1.11	1.11	1.49	1.71	1.44
葡萄牙	1.92	1.83	1.86	1.51	1.55	1.46	1.05	0.99	0.58	1.58	1.44
沙特阿拉伯	0.60	0.73	0.93	1.51	0.84	1.33	1.83	1.85	1.82	2.86	1.43
瑞士	1.79	1.58	1.57	1.88	1.42	1.71	0.72	0.68	0.39	0.98	1.27
埃及	0.07	0.18	0.41	0.31	0.58	0.63	1.57	1.97	1.43	2.62	0.98
比利时	0.99	0.73	1.10	1.07	1.03	1.33	0.46	0.49	0.52	0.73	0.85

八 纳米科学和纳米技术

纳米科学和纳米技术 A、B、C 层人才主要集中在中国大陆和美国,二者 A、B、C 层人才的世界占比合计分别为 50.55%、57.80%、55.00%;其中,中国大陆的三层人才均多于美国;在发展趋势上,中国大陆呈现相对上升趋势,美国呈现相对下降趋势。

英国、韩国、德国、新加坡的 A 层人才比较多,世界占比在 6%~3%;加拿大、瑞士、澳大利亚、沙特阿拉伯、中国香港、日本、意大利、西班牙、瑞典、法国、荷兰、印度、中国台湾、比利时有相当数量的 A 层人才,世界占比超过或接近 1%。

韩国、新加坡、澳大利亚、英国、中国香港、德国、日本的 B 层人才比较多,世界占比在 5%~2%;沙特阿拉伯、加拿大、西班牙、印度、瑞士、中国台湾、意大利有相当数量的 B 层人才,世界占比超过 1%;法国、荷兰、瑞典、比利时有一定数量的 C 层人才,世界占比超过 0.5%。

韩国、德国、新加坡、澳大利亚、英国的 C 层人才比较多,世界占比在 6%~3%;日本、中国香港、印度、加拿大、西班牙、法国、意大利、沙特阿拉伯、瑞士、中国台湾、荷兰、瑞典、伊朗也有相当数量的 C 层人才,世界占比超过或接近 1%。

表 3-22 纳米科学和纳米技术 A 层人才排名前 20 的国家和地区的占比

单位:%

国家和地区	2012 年	2013 年	2014 年	2015 年	2016 年	2017 年	2018 年	2019 年	2020 年	2021 年	合计
中国大陆	23.40	16.67	9.62	20.37	25.81	33.85	24.29	36.36	29.63	34.94	26.76
美国	31.91	31.25	28.85	25.93	25.81	21.54	22.86	24.68	24.69	9.64	23.79
英国	0.00	8.33	15.38	7.41	3.23	6.15	4.29	3.90	2.47	2.41	5.01
韩国	0.00	6.25	5.77	1.85	9.68	4.62	5.71	3.90	6.17	0.00	4.38
德国	2.13	2.08	7.69	3.70	1.61	3.08	2.86	3.90	4.94	4.82	3.76
新加坡	12.77	6.25	0.00	3.70	3.23	0.00	1.43	5.19	2.47	3.61	3.60
加拿大	0.00	2.08	1.92	0.00	6.45	4.62	4.29	2.60	3.70	1.20	2.82
瑞士	2.13	2.08	3.85	5.56	1.61	3.08	1.43	2.60	2.47	3.61	2.82

续表

国家和地区	2012 年	2013 年	2014 年	2015 年	2016 年	2017 年	2018 年	2019 年	2020 年	2021 年	合计
澳大利亚	2.13	2.08	1.92	0.00	0.00	3.08	2.86	1.30	4.94	6.02	2.66
沙特阿拉伯	0.00	0.00	0.00	1.85	3.23	7.69	4.29	3.90	0.00	3.61	2.66
中国香港	2.13	0.00	3.85	1.85	1.61	0.00	1.43	3.90	2.47	4.82	2.35
日本	4.26	4.17	0.00	3.70	3.23	1.54	2.86	1.30	1.23	2.41	2.35
意大利	0.00	2.08	3.85	5.56	0.00	0.00	0.00	0.00	1.23	2.41	1.41
西班牙	2.13	0.00	3.85	1.85	0.00	0.00	0.00	0.00	3.70	1.20	1.25
瑞典	2.13	0.00	0.00	1.85	1.61	0.00	1.43	0.00	2.47	1.20	1.10
法国	0.00	4.17	1.92	1.85	0.00	1.54	1.43	0.00	0.00	0.00	0.94
荷兰	0.00	0.00	1.92	3.70	0.00	1.54	0.00	1.30	0.00	1.20	0.94
印度	2.13	0.00	0.00	0.00	0.00	0.00	2.86	0.00	1.23	2.41	0.94
中国台湾	4.26	0.00	1.92	0.00	1.61	1.54	1.43	0.00	0.00	0.00	0.94
比利时	0.00	2.08	1.92	0.00	1.61	0.00	1.43	0.00	0.00	1.20	0.78

表 3-23 纳米科学和纳米技术 B 层人才排名前 20 的国家和地区的占比

单位：%

国家和地区	2012 年	2013 年	2014 年	2015 年	2016 年	2017 年	2018 年	2019 年	2020 年	2021 年	合计
中国大陆	23.76	28.51	26.58	27.15	32.45	39.66	41.76	41.99	42.40	47.68	36.68
美国	28.71	29.43	28.48	27.34	23.94	19.32	19.78	17.17	15.75	12.45	21.12
韩国	5.88	7.59	6.75	6.84	4.79	2.91	3.30	4.04	3.59	3.58	4.67
新加坡	5.65	4.83	4.22	3.71	4.96	5.47	4.40	5.34	3.87	3.18	4.50
澳大利亚	2.59	2.30	3.38	3.13	3.19	4.79	4.40	4.62	5.11	5.17	4.05
英国	2.82	3.91	2.95	2.73	2.84	3.93	2.35	2.45	2.62	2.12	2.81
中国香港	2.12	1.38	1.90	2.15	2.13	4.44	3.30	3.46	3.59	2.52	2.81
德国	4.00	2.53	3.16	4.10	3.37	2.39	1.73	3.03	2.21	2.12	2.77
日本	3.29	3.68	3.38	2.93	3.01	2.56	2.04	1.88	1.52	1.72	2.46
沙特阿拉伯	1.18	0.46	2.74	1.95	2.84	2.39	2.20	2.02	1.80	0.93	1.86
加拿大	0.94	0.69	1.05	0.98	1.60	1.88	1.57	2.31	1.93	1.19	1.48
西班牙	1.88	0.92	2.11	2.15	1.95	1.20	0.63	1.15	1.10	0.79	1.33
印度	2.82	1.84	0.84	0.78	0.71	0.68	1.57	1.44	0.83	1.99	1.33
瑞士	0.94	1.84	1.69	1.95	2.66	0.85	0.94	0.58	1.66	0.40	1.29
中国台湾	2.59	2.30	3.16	0.59	0.89	0.51	0.78	1.15	0.69	0.66	1.21
意大利	1.41	1.61	1.05	1.56	1.42	1.20	0.47	0.58	0.62	0.79	1.02
法国	1.41	1.15	1.05	1.17	1.60	0.34	1.41	0.72	0.28	0.79	0.95

续表

国家和地区	2012 年	2013 年	2014 年	2015 年	2016 年	2017 年	2018 年	2019 年	2020 年	2021 年	合计
荷兰	1.41	0.92	0.42	1.37	0.71	0.51	0.63	0.43	0.97	0.53	0.76
瑞典	0.94	0.46	0.63	1.17	0.53	0.34	0.94	0.58	0.97	0.53	0.71
比利时	1.18	0.46	0.42	0.39	0.35	0.51	0.16	0.58	0.55	0.66	0.52

表 3-24　纳米科学和纳米技术 C 层人才排名前 20 的国家和地区的占比

单位：%

国家和地区	2012 年	2013 年	2014 年	2015 年	2016 年	2017 年	2018 年	2019 年	2020 年	2021 年	合计
中国大陆	20.12	24.25	26.86	30.56	33.19	37.32	40.48	43.31	42.66	44.37	35.80
美国	28.56	26.46	24.12	21.73	21.23	19.95	17.23	16.17	13.92	11.92	19.20
韩国	5.65	6.03	6.22	6.01	5.14	4.80	4.86	4.76	4.22	4.34	5.09
德国	5.49	4.79	4.54	4.23	3.94	3.46	3.33	2.80	3.16	3.09	3.74
新加坡	3.40	3.34	3.63	3.54	3.22	3.68	3.35	3.34	3.20	3.07	3.36
澳大利亚	1.83	2.10	2.46	3.08	2.92	3.24	3.38	3.89	4.11	3.78	3.21
英国	3.59	3.85	3.31	2.94	3.21	3.10	3.21	2.55	2.84	2.75	3.08
日本	3.78	2.92	3.31	2.55	2.76	2.34	1.93	2.09	1.83	1.59	2.40
中国香港	1.33	1.54	1.76	2.11	2.19	2.39	2.83	2.41	3.02	3.23	2.39
印度	2.49	2.58	2.42	2.27	2.02	1.74	1.45	1.45	1.66	2.04	1.95
加拿大	1.90	1.80	1.95	1.72	1.77	1.65	1.59	1.72	1.83	1.96	1.79
西班牙	2.04	1.91	1.70	1.82	1.63	1.17	1.45	1.27	1.29	0.85	1.45
法国	2.71	2.30	1.83	1.70	1.70	1.03	0.98	1.04	1.17	1.00	1.45
意大利	1.88	1.80	1.40	1.44	1.29	1.15	1.21	0.98	1.17	1.24	1.31
沙特阿拉伯	0.50	0.90	1.49	1.44	1.52	1.36	1.38	1.24	1.43	1.49	1.31
瑞士	1.62	1.80	1.70	1.58	1.47	1.19	1.32	0.89	1.08	0.76	1.28
中国台湾	1.90	1.52	1.38	1.19	1.11	1.15	0.90	0.95	1.12	0.93	1.17
荷兰	1.38	1.27	1.04	0.99	0.99	0.88	0.91	0.87	0.96	0.51	0.95
瑞典	1.02	0.69	0.91	0.79	0.72	0.88	0.93	0.90	0.91	0.82	0.86
伊朗	0.76	0.55	0.30	0.65	0.57	0.81	0.93	0.41	0.94	1.00	0.71

九　化学工程

化学工程 A、B、C 层人才主要集中在中国大陆和美国，二者 A、B、C

层人才的世界占比合计分别为44.85%、48.43%、45.32%，中国大陆的三层人才均多于美国；在发展趋势上，中国大陆呈现相对上升趋势，美国呈现相对下降趋势。

英国、澳大利亚、新加坡、沙特阿拉伯、瑞士、德国、韩国的A层人才比较多，世界占比在6%～3%；加拿大、西班牙、印度、日本、中国香港、伊朗、马来西亚、法国、荷兰、中国台湾、丹麦也有相当数量的A层人才，世界占比超过或接近1%。

澳大利亚、英国、韩国的B层人才比较多，世界占比在5%～3%；印度、德国、新加坡、沙特阿拉伯、加拿大、中国香港、日本、伊朗、马来西亚、西班牙、法国、意大利、荷兰、瑞士、瑞典也有相当数量的B层人才，世界占比超过或接近1%。

印度、英国、韩国、澳大利亚的C层人才比较多，世界占比在4%～3%；伊朗、西班牙、德国、加拿大、意大利、沙特阿拉伯、法国、日本、新加坡、马来西亚、中国香港、荷兰、巴西、中国台湾也有相当数量的C层人才，世界占比超过或接近1%。

表3-25　化学工程A层人才排名前20的国家和地区的占比

单位：%

国家和地区	2012年	2013年	2014年	2015年	2016年	2017年	2018年	2019年	2020年	2021年	合计
中国大陆	10.81	24.39	17.07	21.95	20.41	24.53	31.48	42.86	44.78	35.90	29.58
美国	24.32	17.07	21.95	9.76	14.29	18.87	22.22	15.87	8.96	7.69	15.27
英国	8.11	4.88	12.20	9.76	6.12	3.77	3.70	3.17	4.48	2.56	5.34
澳大利亚	5.41	2.44	2.44	2.44	6.12	5.66	9.26	3.17	2.99	2.56	4.20
新加坡	8.11	4.88	2.44	0.00	8.16	5.66	1.85	1.59	5.97	1.28	3.82
沙特阿拉伯	0.00	4.88	2.44	4.88	2.04	9.43	1.85	1.59	1.49	5.13	3.44
瑞士	2.70	2.44	2.44	7.32	8.16	1.89	3.70	0.00	1.49	2.56	3.05
德国	5.41	4.88	0.00	2.44	6.12	1.89	7.41	3.17	1.49	0.00	3.05
韩国	2.70	0.00	2.44	9.76	6.12	3.77	0.00	3.17	1.49	3.85	3.05
加拿大	5.41	7.32	2.44	0.00	0.00	1.89	7.41	3.17	0.00	1.28	2.67
西班牙	5.41	2.44	4.88	7.32	2.04	1.89	1.85	0.00	0.00	3.85	2.67
印度	5.41	0.00	4.88	0.00	2.04	1.89	1.85	0.00	2.99	2.56	2.10

续表

国家和地区	2012 年	2013 年	2014 年	2015 年	2016 年	2017 年	2018 年	2019 年	2020 年	2021 年	合计
日本	0.00	7.32	2.44	4.88	4.08	0.00	0.00	3.17	1.49	0.00	2.10
中国香港	0.00	0.00	0.00	2.44	0.00	0.00	1.85	3.17	4.48	3.85	1.91
伊朗	2.70	0.00	0.00	0.00	2.04	3.77	1.85	0.00	2.99	3.85	1.91
马来西亚	0.00	2.44	0.00	2.44	0.00	1.89	1.85	1.59	2.99	1.28	1.53
法国	0.00	4.88	4.88	0.00	2.04	0.00	0.00	0.00	0.00	1.28	1.15
荷兰	0.00	2.44	2.44	2.44	0.00	0.00	0.00	1.59	0.00	1.28	0.95
中国台湾	0.00	0.00	2.44	0.00	2.04	1.89	0.00	0.00	0.00	2.56	0.95
丹麦	5.41	0.00	2.44	0.00	0.00	0.00	1.85	0.00	1.49	0.00	0.95

表 3-26　化学工程 B 层人才排名前 20 的国家和地区的占比

单位：%

国家和地区	2012 年	2013 年	2014 年	2015 年	2016 年	2017 年	2018 年	2019 年	2020 年	2021 年	合计
中国大陆	18.93	24.46	26.53	24.19	31.08	37.82	39.76	43.37	47.60	43.08	35.69
美国	21.01	18.21	20.95	17.21	11.94	13.66	11.85	9.29	8.76	5.71	12.74
澳大利亚	4.44	2.45	2.92	3.74	3.60	2.94	3.21	5.51	4.96	7.13	4.34
英国	3.55	2.45	4.51	3.99	5.41	5.25	3.41	4.13	2.64	3.00	3.78
韩国	2.37	3.80	3.98	4.74	3.83	2.73	3.01	5.34	1.49	3.85	3.51
印度	2.96	1.90	4.51	4.24	2.25	1.26	2.81	2.75	3.47	3.57	2.99
德国	2.96	2.99	2.92	4.24	3.38	1.47	5.02	3.10	1.98	1.14	2.80
新加坡	4.44	4.08	4.77	1.00	2.70	2.94	2.61	2.24	2.48	1.85	2.76
沙特阿拉伯	1.18	1.09	1.06	2.24	3.15	3.99	3.82	1.72	2.64	2.85	2.48
加拿大	2.96	2.99	2.39	2.00	2.48	1.47	1.41	2.75	1.82	2.00	2.17
中国香港	0.59	1.63	2.65	1.25	1.35	2.94	1.00	2.58	1.82	2.28	1.88
日本	1.78	2.99	2.92	1.50	2.48	2.52	1.20	1.38	1.82	1.14	1.88
伊朗	2.37	1.63	1.86	1.50	1.80	2.10	1.20	1.55	2.31	2.00	1.84
马来西亚	1.18	2.45	3.18	2.49	1.80	0.84	1.61	0.86	0.33	1.57	1.52
西班牙	3.55	2.17	1.86	2.49	1.80	1.26	1.41	0.69	0.99	0.43	1.48
法国	3.25	2.99	1.06	1.50	2.25	2.31	0.40	0.69	0.83	0.86	1.46
意大利	2.07	1.36	1.33	2.24	1.80	1.05	1.61	1.03	0.83	1.28	1.40
荷兰	3.25	2.45	0.53	1.00	2.03	1.05	0.60	1.03	0.83	1.14	1.29
瑞士	2.07	1.09	1.06	1.75	0.68	1.05	1.81	0.34	0.66	0.86	1.06
瑞典	0.89	2.17	0.53	1.25	1.35	0.84	0.80	0.52	0.50	0.29	0.84

表3-27 化学工程C层人才排名前20的国家和地区的占比

单位：%

国家和地区	2012年	2013年	2014年	2015年	2016年	2017年	2018年	2019年	2020年	2021年	合计
中国大陆	19.39	22.20	23.95	26.03	30.00	34.87	38.89	43.52	44.54	44.06	34.71
美国	15.19	14.20	13.83	12.44	12.44	11.54	10.35	8.87	7.75	5.84	10.61
印度	3.78	4.45	4.22	3.94	3.93	4.09	3.48	3.44	3.31	3.82	3.80
英国	3.39	3.66	3.42	4.17	3.75	4.11	3.40	3.21	3.33	2.77	3.47
韩国	3.87	3.58	3.42	3.37	3.19	3.34	3.17	3.20	3.24	3.77	3.41
澳大利亚	3.60	3.39	3.07	3.59	3.62	3.15	3.52	3.51	3.36	3.20	3.39
伊朗	2.77	2.88	4.47	3.94	2.68	2.96	2.61	2.76	2.65	2.58	2.96
西班牙	4.97	3.96	4.20	3.37	3.19	2.37	2.20	1.79	1.36	1.33	2.62
德国	3.98	2.99	2.99	3.47	2.90	2.10	2.20	2.13	1.76	1.73	2.48
加拿大	3.03	2.82	2.29	2.14	2.08	1.95	2.30	2.07	1.81	1.78	2.16
意大利	3.03	2.93	2.56	2.34	2.61	2.14	1.63	1.39	1.56	1.11	1.99
沙特阿拉伯	0.86	1.57	1.70	2.59	1.90	2.04	1.52	1.69	1.41	2.29	1.79
法国	3.33	2.85	2.13	1.66	2.10	1.74	1.40	1.09	1.21	1.24	1.75
日本	2.35	2.69	2.37	1.83	1.83	1.55	1.42	1.40	1.29	1.45	1.73
新加坡	1.78	2.31	1.78	1.96	1.50	1.74	2.04	1.51	1.71	1.19	1.71
马来西亚	2.38	2.06	1.78	2.04	1.56	1.41	1.46	1.40	1.13	1.67	1.63
中国香港	0.83	0.92	1.08	1.08	1.25	1.45	1.67	1.44	1.36	1.70	1.33
荷兰	2.05	1.55	1.40	1.58	1.36	0.99	1.32	0.77	0.74	0.77	1.17
巴西	1.67	1.33	1.51	0.98	1.03	1.05	0.95	0.58	0.77	0.81	1.01
中国台湾	1.34	1.00	0.78	0.75	0.92	0.78	0.82	1.07	1.04	1.25	0.99

十 应用化学

应用化学A、B、C层人才主要集中在中国大陆和美国，二者A、B、C层人才的世界占比合计分别为30.76%、36.74%、40.69%；其中，中国大陆的三层人才均多于美国；在发展趋势上，中国大陆呈现相对上升趋势，美国呈现相对下降趋势。印度A、B、C层人才分别以7.24%、7.11%、5.23%的世界占比排名第三。

西班牙、马来西亚、伊朗、意大利、澳大利亚、韩国、沙特阿拉伯、德国的A层人才比较多，世界占比在5%～3%；巴西、英国、加拿大、土耳其、法国、中国香港、荷兰、比利时、埃及也有相当数量的 A 层人才，世界占比超过 1%。

伊朗、韩国的 B 层人才比较多，世界占比在 6%～3%；英国、西班牙、马来西亚、意大利、沙特阿拉伯、澳大利亚、巴西、加拿大、德国、法国、巴基斯坦、土耳其、埃及、葡萄牙、日本也有相当数量的 B 层人才，世界占比超过 1%。

伊朗、西班牙、韩国的 C 层人才比较多，世界占比在 5%～3%；巴西、意大利、加拿大、英国、法国、德国、澳大利亚、埃及、沙特阿拉伯、日本、土耳其、马来西亚、葡萄牙、波兰也有相当数量的 C 层人才，世界占比超过 1%。

表 3-28　应用化学 A 层人才排名前 20 的国家和地区的占比

单位：%

国家和地区	2012 年	2013 年	2014 年	2015 年	2016 年	2017 年	2018 年	2019 年	2020 年	2021 年	合计
中国大陆	6.67	16.67	10.53	5.26	10.00	10.00	25.00	25.00	23.33	50.00	20.81
美国	26.67	11.11	15.79	15.79	5.00	5.00	8.33	8.33	3.33	9.38	9.95
印度	13.33	0.00	5.26	21.05	5.00	0.00	8.33	4.17	13.33	3.13	7.24
西班牙	6.67	5.56	0.00	10.53	0.00	10.00	4.17	4.17	6.67	0.00	4.52
马来西亚	6.67	5.56	10.53	0.00	5.00	0.00	8.33	8.33	0.00	0.00	4.07
伊朗	0.00	5.56	0.00	0.00	10.00	0.00	0.00	8.33	6.67	3.13	3.62
意大利	6.67	11.11	0.00	0.00	15.00	0.00	0.00	0.00	3.33	0.00	3.62
澳大利亚	0.00	0.00	0.00	0.00	10.00	0.00	0.00	4.17	3.33	9.38	3.17
韩国	0.00	5.56	5.26	5.26	0.00	0.00	4.17	4.17	3.33	3.13	3.17
沙特阿拉伯	0.00	0.00	0.00	0.00	0.00	0.00	0.00	8.33	10.00	3.13	3.17
德国	6.67	0.00	15.79	5.26	5.00	0.00	0.00	4.17	0.00	0.00	3.17
巴西	0.00	0.00	0.00	5.26	0.00	5.00	8.33	0.00	0.00	3.13	2.71
英国	0.00	0.00	10.53	0.00	0.00	0.00	4.17	4.17	0.00	0.00	2.71
加拿大	0.00	11.11	0.00	0.00	0.00	5.00	4.17	4.17	0.00	0.00	2.26
土耳其	0.00	0.00	0.00	0.00	10.00	0.00	4.17	4.17	0.00	0.00	1.81
法国	20.00	0.00	0.00	0.00	0.00	5.00	0.00	0.00	0.00	0.00	1.81
中国香港	0.00	5.56	0.00	0.00	0.00	0.00	0.00	0.00	3.33	3.13	1.81
荷兰	6.67	0.00	0.00	5.26	0.00	10.00	0.00	0.00	0.00	0.00	1.81
比利时	0.00	0.00	0.00	0.00	0.00	10.00	4.17	0.00	0.00	0.00	1.36
埃及	0.00	0.00	0.00	0.00	0.00	0.00	4.17	0.00	6.67	0.00	1.36

表 3-29　应用化学 B 层人才排名前 20 的国家和地区的占比

单位：%

国家和地区	2012 年	2013 年	2014 年	2015 年	2016 年	2017 年	2018 年	2019 年	2020 年	2021 年	合计
中国大陆	8.97	16.87	16.86	18.13	23.63	24.35	34.23	32.82	36.30	43.75	27.76
美国	17.31	13.25	9.30	14.62	11.54	9.84	5.41	6.11	5.19	5.21	8.98
印度	5.13	9.64	5.81	7.60	8.24	5.18	10.81	7.63	5.93	5.56	7.11
伊朗	0.64	3.61	4.07	6.43	6.04	7.25	9.01	5.73	7.04	5.56	5.76
韩国	5.13	4.82	2.91	2.92	3.30	3.63	0.90	1.15	4.44	3.13	3.12
英国	2.56	2.41	6.40	2.92	2.75	3.63	0.45	2.29	1.85	2.08	2.59
西班牙	6.41	4.82	4.07	2.34	1.65	1.55	1.80	2.29	0.74	2.08	2.55
马来西亚	2.56	1.81	2.91	1.17	2.20	4.15	2.25	3.05	4.07	0.69	2.50
意大利	4.49	1.81	5.81	2.92	2.20	2.07	2.70	1.53	1.48	1.04	2.40
沙特阿拉伯	1.92	0.00	1.16	5.26	3.30	3.63	2.25	1.91	1.48	1.74	2.21
澳大利亚	0.64	2.41	2.33	1.17	1.65	2.07	2.25	3.05	2.22	2.78	2.16
巴西	3.21	2.41	5.23	1.75	2.20	1.04	2.25	0.76	2.22	1.74	2.16
加拿大	2.56	1.81	2.33	2.34	0.55	3.11	1.35	3.05	1.48	2.08	2.07
德国	2.56	3.01	1.74	3.51	2.20	2.59	0.45	2.29	0.37	0.69	1.78
法国	4.49	3.61	2.33	2.34	1.10	3.11	0.45	1.15	1.11	0.35	1.78
巴基斯坦	0.64	0.00	0.58	1.17	3.30	4.15	3.15	1.15	1.11	1.04	1.63
土耳其	1.28	0.60	1.74	2.92	1.65	1.55	2.25	1.15	1.48	1.04	1.54
埃及	1.28	1.20	1.16	0.00	0.55	1.04	0.90	2.67	2.59	2.43	1.54
葡萄牙	3.21	2.41	2.91	2.92	1.10	1.04	0.45	0.76	0.00	0.69	1.34
日本	3.21	1.20	2.33	1.17	0.55	0.00	1.35	0.38	1.85	0.35	1.15

表 3-30　应用化学 C 层人才排名前 20 的国家和地区的占比

单位：%

国家和地区	2012 年	2013 年	2014 年	2015 年	2016 年	2017 年	2018 年	2019 年	2020 年	2021 年	合计
中国大陆	20.35	23.35	25.25	24.07	26.15	30.42	35.29	41.17	39.99	44.21	32.82
美国	11.78	9.18	10.43	8.35	8.95	6.98	7.24	6.11	6.76	6.20	7.87
印度	4.44	6.22	5.33	4.79	5.28	6.03	4.93	5.36	5.36	4.76	5.23
伊朗	2.38	3.27	3.69	3.10	4.26	3.97	6.02	6.73	6.68	4.42	4.70
西班牙	7.21	5.30	5.74	5.43	4.58	4.29	3.76	2.54	2.61	2.16	4.03
韩国	3.61	2.96	3.34	3.97	2.86	3.33	3.03	2.39	2.17	3.08	3.00
巴西	3.03	3.02	3.05	3.33	2.96	4.18	2.99	3.29	2.13	1.78	2.89
意大利	3.93	4.87	2.28	3.10	2.21	2.70	2.17	1.72	1.80	1.34	2.43

续表

国家和地区	2012 年	2013 年	2014 年	2015 年	2016 年	2017 年	2018 年	2019 年	2020 年	2021 年	合计
加拿大	2.77	3.02	2.64	2.22	1.94	2.12	1.95	1.88	1.76	2.23	2.19
英国	1.93	2.34	2.23	2.51	2.70	2.17	2.04	1.60	1.95	1.58	2.05
法国	2.77	2.83	2.69	3.04	2.75	1.69	2.40	1.29	0.92	1.30	2.02
德国	3.54	3.45	2.17	2.69	1.89	1.53	1.63	1.10	0.92	1.47	1.88
澳大利亚	2.70	1.48	2.23	1.29	1.94	2.43	1.86	1.49	1.69	1.75	1.85
埃及	0.71	0.99	1.29	1.40	2.05	1.90	2.04	1.96	2.83	1.99	1.82
沙特阿拉伯	0.26	0.68	0.88	1.99	2.37	2.06	1.40	1.10	2.39	1.37	1.50
日本	2.77	2.53	2.75	1.46	1.46	0.79	0.81	1.02	1.18	1.17	1.48
土耳其	1.35	1.85	1.35	2.10	1.83	1.59	1.45	1.02	1.32	1.34	1.48
马来西亚	1.42	0.99	1.35	1.69	1.89	2.06	1.22	1.17	1.18	1.20	1.39
葡萄牙	1.61	1.79	1.46	1.87	1.35	1.27	1.36	1.10	0.99	0.62	1.27
波兰	1.22	1.79	1.17	1.52	1.46	0.95	0.81	1.33	0.59	0.89	1.12

十一 多学科化学

多学科化学 A、B、C 层人才主要集中在中国大陆和美国,二者 A、B、C 层人才的世界占比合计分别为 50.24%、52.16%、48.27%;其中,中国大陆的 A、B、C 层人才均显著多于美国;在发展趋势上,中国大陆呈现相对上升趋势,美国呈现相对下降趋势。

德国、英国、澳大利亚、韩国、新加坡、日本的 A 层人才比较多,世界占比在 6%~3%;沙特阿拉伯、加拿大、瑞士、法国、西班牙、中国香港、意大利、印度、荷兰也有相当数量的 A 层人才,世界占比超过 1%;瑞典、比利时、丹麦有一定数量的 A 层人才,世界占比超过 0.5%。

德国、新加坡、英国、韩国、澳大利亚的 B 层人才比较多,世界占比在 5%~3%;日本、中国香港、加拿大、西班牙、法国、瑞士、沙特阿拉伯、意大利、印度、荷兰、中国台湾、瑞典、比利时也有相当数量的 B 层人才,世界占比超过或接近 1%。

德国、英国、韩国、日本的 C 层人才比较多,世界占比在 6%~3%;新加坡、澳大利亚、印度、法国、西班牙、意大利、加拿大、中国香港、瑞士、沙特阿拉伯、荷兰、中国台湾、瑞典、伊朗也有相当数量的 C 层人才，世界占比超过或接近 1%。

表 3-31　多学科化学 A 层人才排名前 20 的国家和地区的占比

单位：%

国家和地区	2012 年	2013 年	2014 年	2015 年	2016 年	2017 年	2018 年	2019 年	2020 年	2021 年	合计
中国大陆	18.89	24.73	17.59	23.48	25.81	33.07	25.00	33.12	33.79	35.19	27.99
美国	25.56	36.56	28.70	23.48	24.19	17.32	22.06	21.43	17.24	14.81	22.25
德国	6.67	6.45	5.56	6.09	6.45	5.51	8.09	5.19	4.83	4.32	5.82
英国	7.78	2.15	9.26	5.22	3.23	6.30	5.15	5.84	3.45	3.70	5.10
澳大利亚	0.00	1.08	4.63	3.48	1.61	3.15	5.88	1.95	3.45	7.41	3.51
韩国	6.67	3.23	3.70	2.61	4.03	3.15	3.68	3.90	3.45	1.85	3.51
新加坡	5.56	7.53	1.85	4.35	0.81	1.57	3.68	1.95	3.45	5.56	3.51
日本	4.44	2.15	6.48	2.61	2.42	2.36	2.21	2.60	8.97	0.62	3.43
沙特阿拉伯	0.00	1.08	2.78	5.22	2.42	6.30	3.68	3.25	0.69	1.23	2.71
加拿大	4.44	2.15	1.85	1.74	2.42	1.57	2.94	2.60	2.76	1.85	2.39
瑞士	0.00	1.08	4.63	4.35	2.42	3.94	1.47	1.30	1.38	1.85	2.23
法国	4.44	1.08	0.93	2.61	2.42	3.15	1.47	1.30	2.07	1.23	1.99
西班牙	2.22	0.00	1.85	3.48	1.61	0.00	2.21	0.65	2.07	2.47	1.67
中国香港	0.00	1.08	1.85	0.87	0.81	0.00	1.47	1.30	4.14	3.09	1.59
意大利	1.11	1.08	2.78	1.74	3.23	0.79	1.47	1.95	0.69	1.23	1.59
印度	1.11	0.00	1.85	0.00	0.81	1.57	1.47	2.60	0.69	3.09	1.44
荷兰	2.22	3.23	0.00	1.74	0.81	0.79	1.47	0.65	0.00	0.62	1.04
瑞典	1.11	0.00	0.93	0.87	1.61	0.00	0.00	0.00	1.38	1.85	0.80
比利时	1.11	0.00	0.00	0.00	1.61	0.79	1.47	0.00	0.69	1.23	0.72
丹麦	0.00	1.08	0.00	0.87	0.81	0.79	0.74	1.30	0.69	0.00	0.64

表 3-32　多学科化学 B 层人才排名前 20 的国家和地区的占比

单位：%

国家和地区	2012 年	2013 年	2014 年	2015 年	2016 年	2017 年	2018 年	2019 年	2020 年	2021 年	合计
中国大陆	22.50	23.75	23.55	25.51	28.27	35.33	39.48	35.97	37.25	40.01	32.34
美国	28.18	26.48	25.10	23.20	21.87	21.10	20.23	15.83	15.09	10.86	19.82
德国	6.06	5.46	4.75	6.16	5.33	3.86	3.25	4.39	3.72	4.16	4.58

续表

国家和地区	2012 年	2013 年	2014 年	2015 年	2016 年	2017 年	2018 年	2019 年	2020 年	2021 年	合计
新加坡	4.94	3.44	4.03	3.75	4.36	4.37	4.31	4.39	3.72	3.35	4.04
英国	3.71	4.39	4.65	4.14	4.09	3.95	3.90	2.73	3.79	4.16	3.91
韩国	4.20	5.11	4.44	4.62	3.91	3.00	3.09	4.03	2.90	3.15	3.74
澳大利亚	1.73	2.38	2.69	2.79	3.73	4.46	3.49	4.24	4.24	4.69	3.61
日本	3.83	3.56	3.72	3.56	3.20	2.92	2.19	2.73	1.86	2.41	2.89
中国香港	0.99	1.07	1.55	1.92	1.16	3.00	2.44	2.73	3.27	2.82	2.23
加拿大	1.73	2.02	1.96	2.02	2.13	1.63	2.03	2.95	2.01	2.48	2.14
西班牙	3.09	2.26	3.10	2.12	1.96	1.63	1.62	1.65	1.41	1.61	1.95
法国	2.10	2.85	2.38	2.12	2.13	1.46	1.62	2.09	1.56	1.07	1.87
瑞士	1.85	2.14	2.07	2.41	1.96	1.63	1.14	1.29	1.93	1.27	1.72
沙特阿拉伯	0.49	0.36	2.48	2.31	2.40	2.23	2.27	1.22	1.19	1.68	1.70
意大利	2.47	1.90	1.14	1.64	1.60	1.11	0.57	1.08	1.71	1.27	1.39
印度	1.48	2.26	1.55	1.44	1.24	1.29	0.49	1.22	1.34	1.54	1.35
荷兰	1.98	1.54	1.96	2.02	1.33	1.03	0.73	1.01	1.34	0.87	1.31
中国台湾	1.61	1.43	1.45	0.77	0.80	0.43	0.81	1.37	0.74	1.07	1.02
瑞典	0.99	0.83	0.72	0.67	1.51	0.43	0.89	0.94	0.97	1.14	0.92
比利时	0.62	0.95	0.52	0.58	1.60	0.94	0.49	0.58	0.67	0.74	0.76

表 3-33　多学科化学 C 层人才排名前 20 的国家和地区的占比

单位：%

国家和地区	2012 年	2013 年	2014 年	2015 年	2016 年	2017 年	2018 年	2019 年	2020 年	2021 年	合计
中国大陆	18.54	21.60	22.13	24.88	25.82	29.41	32.87	35.17	34.26	34.48	28.96
美国	26.81	25.49	23.87	21.79	20.89	20.60	18.36	16.21	14.82	12.32	19.31
德国	6.99	7.09	6.26	6.10	5.95	5.47	5.19	4.72	4.41	4.21	5.46
英国	5.36	4.86	4.85	4.77	4.83	4.75	3.96	3.49	3.89	3.47	4.31
韩国	4.26	4.59	4.31	4.49	4.24	3.46	3.83	3.81	3.64	3.23	3.92
日本	5.35	4.85	4.46	4.09	3.62	3.16	2.74	2.69	2.43	2.36	3.39
新加坡	2.58	2.53	2.72	2.94	2.62	2.82	2.76	2.59	2.59	2.45	2.65
澳大利亚	1.78	2.01	2.05	2.15	2.50	2.41	2.61	3.19	3.17	2.99	2.57
印度	1.92	2.16	2.59	2.26	2.36	2.26	2.14	2.01	2.28	3.01	2.32
法国	3.54	2.91	2.91	2.48	2.45	2.14	1.93	1.78	1.73	1.65	2.25
西班牙	2.55	2.47	2.40	2.38	2.56	1.88	2.00	1.94	1.94	1.78	2.14
意大利	1.82	1.94	1.78	1.60	1.90	1.70	1.90	2.00	2.63	2.51	2.02

续表

国家和地区	2012年	2013年	2014年	2015年	2016年	2017年	2018年	2019年	2020年	2021年	合计
加拿大	2.09	2.23	2.36	1.86	1.94	1.80	1.57	1.89	1.72	1.78	1.89
中国香港	1.13	1.32	1.32	1.48	1.54	1.76	2.20	2.00	2.27	2.33	1.81
瑞士	1.86	1.85	1.92	1.96	1.85	1.70	1.74	1.47	1.39	1.31	1.67
沙特阿拉伯	0.71	0.93	1.49	1.54	1.66	1.50	1.50	1.31	1.49	2.12	1.47
荷兰	1.86	1.57	1.37	1.53	1.39	1.44	1.13	1.22	1.10	1.00	1.32
中国台湾	1.31	0.95	1.01	0.99	0.99	0.97	0.67	1.00	1.01	1.03	0.98
瑞典	1.01	0.75	0.96	0.95	0.88	0.93	1.00	0.77	0.98	0.88	0.91
伊朗	0.45	0.52	0.68	0.87	0.73	0.76	0.70	0.80	0.94	1.16	0.79

第二节　学科组

在化学各学科人才分析的基础上，按照 A、B、C 三个人才层次，对各学科人才进行汇总分析，可以从学科组层面揭示人才的分布特点和发展趋势。

一　A 层人才

化学 A 层人才最多的是中国大陆，占该学科组全球 A 层人才的 24.42%，美国以 20.06% 的世界占比排名第二，二者的 A 层人才世界占比合计接近全球的 45%；其后是英国、德国，世界占比分别为 4.88%、4.62%；韩国、澳大利亚、新加坡、沙特阿拉伯、印度、日本、加拿大、法国、意大利、瑞士的 A 层人才也比较多，世界占比在 4%~2%；西班牙、中国香港、伊朗、荷兰也有相当数量的 A 层人才，世界占比超过 1%；瑞典、马来西亚、比利时、中国台湾、丹麦、爱尔兰、土耳其、波兰、葡萄牙、新西兰、俄罗斯、以色列、南非、巴西、埃及、捷克、巴基斯坦、希腊、奥地利、墨西哥、挪威、芬兰有一定数量的 A 层人才，世界占比低于 1%。

在发展趋势上，美国、德国呈现相对下降趋势，中国大陆、澳大利亚、中国香港呈现相对上升趋势，其他国家和地区没有呈现明显变化。

表3-34 化学A层人才排名前40的国家和地区的占比

单位：%

国家和地区	2012年	2013年	2014年	2015年	2016年	2017年	2018年	2019年	2020年	2021年	合计
中国大陆	17.11	18.11	13.43	17.95	21.89	25.90	26.47	29.79	29.41	33.90	24.42
美国	24.74	27.54	26.85	20.23	23.61	20.12	21.55	18.84	14.79	10.17	20.06
英国	5.26	5.21	9.03	6.14	4.29	6.18	4.16	4.45	3.36	2.62	4.88
德国	7.11	4.96	5.79	5.68	4.51	4.98	4.35	4.11	3.53	2.93	4.62
韩国	3.16	4.22	3.47	4.09	4.72	3.39	3.59	3.42	3.03	2.31	3.47
澳大利亚	1.58	2.23	3.01	1.82	3.00	3.39	4.54	3.60	4.71	4.93	3.45
新加坡	6.58	4.71	1.39	3.18	3.00	1.99	2.84	2.91	2.52	2.93	3.09
沙特阿拉伯	0.26	0.99	2.08	3.41	3.22	5.18	3.21	3.42	2.52	3.08	2.85
印度	3.16	0.25	1.85	2.27	1.72	1.59	3.02	2.74	3.19	4.31	2.53
日本	3.95	3.47	3.01	2.73	2.36	1.79	1.70	1.88	3.19	2.00	2.53
加拿大	3.16	2.98	1.39	2.05	2.36	2.99	3.02	3.08	2.86	1.39	2.51
法国	4.47	3.47	3.70	2.95	1.93	2.59	0.95	1.37	1.68	0.77	2.21
意大利	1.84	3.23	3.47	3.18	2.58	1.39	1.51	1.71	1.34	1.39	2.07
瑞士	1.05	2.23	2.78	3.86	2.36	1.99	1.89	1.03	1.68	1.85	2.03
西班牙	2.63	1.99	2.31	3.41	2.79	1.20	0.95	0.51	2.69	1.69	1.95
中国香港	0.53	0.74	1.39	0.68	0.64	1.00	1.13	2.05	2.86	3.54	1.61
伊朗	0.53	0.74	0.46	0.23	0.86	0.80	0.76	1.88	2.02	2.62	1.20
荷兰	1.58	1.74	1.85	2.50	1.07	1.20	0.76	0.68	0.34	0.92	1.18
瑞典	1.32	0.25	0.93	1.59	1.29	0.00	0.57	0.51	1.68	1.54	0.98
马来西亚	0.79	0.99	2.31	1.14	0.64	0.40	1.51	1.37	3.34	0.46	0.96
比利时	0.26	0.99	0.46	0.68	1.50	1.00	0.76	0.34	0.67	1.08	0.78
中国台湾	1.58	0.50	0.93	0.68	0.64	0.60	0.38	0.51	0.84	0.46	0.68
丹麦	0.53	1.24	0.46	0.45	0.64	0.60	0.38	0.51	1.34	0.15	0.62
爱尔兰	1.32	1.74	0.23	0.68	0.43	0.60	0.19	0.51	0.17	0.62	0.60
土耳其	0.00	0.25	0.00	0.23	1.07	0.80	0.57	0.34	0.34	1.85	0.60
波兰	1.05	0.50	1.16	0.23	0.21	0.40	0.76	0.51	0.67	0.46	0.58

续表

国家和地区	2012 年	2013 年	2014 年	2015 年	2016 年	2017 年	2018 年	2019 年	2020 年	2021 年	合计
葡萄牙	1.05	0.00	0.46	1.14	0.00	1.00	0.38	0.17	1.01	0.62	0.58
新西兰	0.79	0.25	0.46	0.23	0.21	0.80	0.57	0.86	0.84	0.15	0.52
俄罗斯	0.26	0.99	0.69	0.00	0.21	1.39	0.19	0.17	0.17	1.08	0.52
以色列	0.26	0.50	0.46	0.91	1.07	0.40	0.76	0.51	0.17	0.15	0.50
南非	0.00	0.50	0.00	0.00	0.21	0.20	0.38	0.68	1.18	0.92	0.46
巴西	0.00	0.00	0.23	0.68	0.43	0.40	1.51	0.17	0.17	0.31	0.40
埃及	0.00	0.00	0.00	0.45	0.21	0.40	0.76	0.34	0.67	0.15	0.32
捷克	0.26	0.00	0.69	0.00	0.86	0.40	0.00	0.00	0.00	0.77	0.30
巴基斯坦	0.00	0.25	0.00	0.00	0.21	0.00	0.76	0.51	0.34	0.15	0.28
希腊	0.79	0.00	0.23	0.45	0.43	0.20	0.19	0.34	0.17	0.15	0.28
奥地利	0.26	0.99	0.23	0.00	0.21	0.20	0.38	0.17	0.17	0.15	0.26
墨西哥	0.00	0.00	0.46	0.23	0.00	0.40	0.57	0.00	0.50	0.15	0.24
挪威	0.26	0.25	0.00	0.45	0.43	0.20	0.00	0.68	0.17	0.00	0.24
芬兰	0.00	0.25	0.23	0.91	0.43	0.00	0.19	0.00	0.17	0.15	0.22

二　B 层人才

化学 B 层人才最多的是中国大陆，占该学科组全球 B 层人才的 31.70%，美国以 17.07% 的世界占比排名第二，二者的 B 层人才世界占比合计接近全球的 50%；德国、韩国、英国、澳大利亚、新加坡、印度、日本、加拿大、沙特阿拉伯的 B 层人才也比较多，世界占比在 4%~2%；西班牙、法国、中国香港、意大利、伊朗、瑞士、荷兰也有相当数量的 B 层人才，世界占比超过 1%；中国台湾、瑞典、马来西亚、比利时、巴西、波兰、俄罗斯、葡萄牙、埃及、土耳其、巴基斯坦、丹麦、爱尔兰、以色列、捷克、奥地利、南非、芬兰、新西兰、泰国、希腊、阿联酋有一定数量的 B 层人才，世界占比低于 1%。

在发展趋势上，美国、德国、英国、日本呈现相对下降趋势，中国大陆、沙特阿拉伯、伊朗、巴基斯坦呈现相对上升趋势，其他国家和地区没有呈现明显变化。

表 3-35 化学 B 层人才排名前 40 的国家和地区的占比

单位：%

国家和地区	2012 年	2013 年	2014 年	2015 年	2016 年	2017 年	2018 年	2019 年	2020 年	2021 年	合计
中国大陆	20.44	23.45	24.27	24.66	27.48	33.44	38.23	37.13	36.15	40.56	31.70
美国	24.41	23.89	21.89	20.69	18.77	17.78	16.13	13.57	12.47	9.27	17.07
德国	5.47	4.86	4.57	5.14	4.33	3.46	3.20	3.65	2.88	2.52	3.86
韩国	4.34	4.97	4.41	4.53	4.05	2.92	2.95	3.58	3.28	3.39	3.76
英国	4.11	3.85	4.36	3.67	3.96	4.40	2.87	3.00	3.30	2.85	3.56
澳大利亚	2.32	2.39	2.79	2.79	3.27	3.70	3.42	4.17	3.72	4.29	3.39
新加坡	3.63	3.01	3.22	2.62	3.71	3.48	2.99	3.24	2.66	2.35	3.05
印度	2.84	3.34	2.87	2.84	2.69	2.33	2.97	2.74	3.08	3.20	2.90
日本	3.40	3.34	2.94	2.72	2.86	2.28	1.90	1.97	1.85	1.78	2.41
加拿大	2.24	1.90	2.08	1.86	1.77	1.91	1.79	2.50	2.21	1.93	2.03
沙特阿拉伯	0.91	0.68	1.93	2.30	2.37	2.61	2.66	1.71	2.21	2.20	2.01
西班牙	2.67	2.44	2.82	2.82	1.98	1.74	1.32	1.71	1.38	1.17	1.91
法国	2.72	2.82	2.41	2.25	2.33	1.89	1.46	1.45	1.43	1.06	1.89
中国香港	1.13	0.98	1.65	1.47	1.36	2.46	2.02	2.47	2.32	2.11	1.87
意大利	2.41	1.82	1.80	2.11	1.89	1.57	1.22	1.22	1.45	1.32	1.63
伊朗	0.79	1.03	0.86	0.98	1.31	1.13	1.53	1.98	2.54	2.23	1.53
瑞士	1.30	1.57	1.70	1.89	1.57	1.11	1.05	0.95	1.21	0.77	1.27
荷兰	1.84	1.57	1.27	1.52	1.17	1.00	0.74	0.76	0.98	0.74	1.10
中国台湾	1.62	1.55	1.42	0.64	0.90	0.48	0.74	0.98	0.60	0.96	0.95
瑞典	1.16	0.95	0.99	1.08	1.20	0.54	0.83	0.70	0.72	0.79	0.87
马来西亚	0.71	0.71	0.96	0.86	0.88	0.98	0.54	0.61	1.01	0.97	0.83
比利时	0.85	0.79	0.56	1.00	1.01	0.63	0.43	0.63	0.54	0.57	0.68
巴西	0.45	0.54	0.51	0.66	0.46	0.59	0.66	0.33	0.54	0.45	0.52
波兰	0.40	0.65	0.46	0.47	0.60	0.28	0.74	0.43	0.63	0.47	0.51
俄罗斯	0.65	0.41	0.43	0.71	0.69	0.30	0.43	0.48	0.45	0.60	0.51
葡萄牙	0.85	0.41	0.81	0.61	0.39	0.35	0.37	0.61	0.40	0.44	0.51
埃及	0.28	0.22	0.25	0.37	0.25	0.15	0.35	0.65	0.78	1.24	0.50
土耳其	0.54	0.27	0.41	0.42	0.35	0.39	0.41	0.56	0.65	0.75	0.49
巴基斯坦	0.20	0.14	0.13	0.29	0.53	0.54	0.54	0.39	0.69	0.77	0.45
丹麦	0.88	0.41	0.48	0.47	0.28	0.30	0.29	0.33	0.40	0.35	0.40
爱尔兰	0.60	0.62	0.28	0.34	0.39	0.20	0.29	0.33	0.38	0.44	0.39
以色列	0.26	0.27	0.56	0.42	0.35	0.48	0.29	0.57	0.43	0.22	0.39
捷克	0.31	0.46	0.36	0.24	0.12	0.48	0.27	0.35	0.42	0.45	0.35
奥地利	0.28	0.22	0.56	0.29	0.58	0.20	0.29	0.22	0.18	0.40	0.32
南非	0.14	0.27	0.25	0.27	0.37	0.28	0.39	0.41	0.40	0.25	0.31
芬兰	0.17	0.30	0.18	0.42	0.25	0.22	0.31	0.41	0.22	0.49	0.31

续表

国家和地区	2012 年	2013 年	2014 年	2015 年	2016 年	2017 年	2018 年	2019 年	2020 年	2021 年	合计
新西兰	0.09	0.11	0.13	0.27	0.44	0.26	0.21	0.32	0.20	0.39	0.25
泰国	0.23	0.24	0.18	0.17	0.28	0.13	0.19	0.13	0.29	0.47	0.24
希腊	0.28	0.27	0.33	0.24	0.12	0.22	0.25	0.11	0.22	0.25	0.22
阿联酋	0.03	0.22	0.08	0.22	0.14	0.13	0.04	0.24	0.34	0.37	0.19

三 C层人才

化学 C 层人才最多的是中国大陆，占该学科组全球 C 层人才的 31.89%，美国以 15.20% 的世界占比排名第二，二者的 C 层人才世界占比合计超过全球的 45%；其后是德国，世界占比为 4.14%；韩国、印度、英国、澳大利亚、日本、西班牙、法国、新加坡的 C 层人才也比较多，世界占比在 4%~2%；加拿大、意大利、伊朗、沙特阿拉伯、中国香港、瑞士、荷兰、中国台湾也有相当数量的 C 层人才，世界占比超过 1%；瑞典、巴西、比利时、马来西亚、埃及、俄罗斯、波兰、土耳其、葡萄牙、巴基斯坦、丹麦、以色列、捷克、芬兰、奥地利、爱尔兰、南非、希腊、泰国、墨西哥、越南有一定数量的 C 层人才，世界占比低于 1%。

在发展趋势上，美国、德国、英国、日本、西班牙、法国、瑞士、荷兰呈现相对下降趋势，中国大陆、伊朗、沙特阿拉伯、中国香港、埃及、俄罗斯、土耳其、巴基斯坦呈现相对上升趋势，其他国家和地区没有呈现明显变化。

表 3-36 化学 C 层人才排名前 40 的国家和地区的占比

单位：%

国家和地区	2012 年	2013 年	2014 年	2015 年	2016 年	2017 年	2018 年	2019 年	2020 年	2021 年	合计
中国大陆	20.92	23.29	25.55	27.57	29.03	32.48	36.06	38.43	37.20	38.55	31.89
美国	21.32	19.84	19.04	17.38	16.82	15.88	14.19	12.73	11.41	9.31	15.20
德国	5.68	5.53	5.03	4.79	4.60	3.92	3.80	3.43	3.13	3.00	4.14

续表

国家和地区	2012 年	2013 年	2014 年	2015 年	2016 年	2017 年	2018 年	2019 年	2020 年	2021 年	合计
韩国	4.11	4.19	4.09	4.34	4.08	3.76	3.82	3.77	3.50	3.60	3.89
印度	3.32	3.92	3.91	3.49	3.43	3.58	3.24	3.23	3.47	3.92	3.55
英国	4.21	4.10	3.95	3.86	3.88	3.77	3.39	2.95	3.11	2.92	3.54
澳大利亚	2.18	2.15	2.11	2.43	2.56	2.62	2.73	3.11	3.08	2.86	2.64
日本	4.04	3.73	3.54	3.07	2.79	2.49	2.11	2.07	1.91	1.80	2.63
西班牙	3.25	2.97	2.90	2.65	2.68	2.17	2.08	1.83	1.70	1.55	2.29
法国	3.42	3.13	2.71	2.62	2.51	2.03	1.81	1.55	1.58	1.54	2.19
新加坡	2.20	2.10	2.18	2.31	2.02	2.23	2.23	2.01	2.05	1.75	2.09
加拿大	2.33	2.23	2.23	2.06	1.95	1.81	1.74	1.79	1.85	1.82	1.95
意大利	2.42	2.57	2.04	1.99	1.96	1.84	1.68	1.60	1.83	1.82	1.94
伊朗	1.27	1.41	1.63	1.63	1.73	1.85	2.16	2.31	2.51	2.11	1.92
沙特阿拉伯	0.67	0.93	1.31	1.57	1.65	1.57	1.55	1.53	1.83	2.30	1.55
中国香港	0.99	1.04	1.09	1.33	1.42	1.59	1.79	1.60	1.80	1.91	1.51
瑞士	1.55	1.44	1.46	1.39	1.33	1.20	1.22	0.99	0.95	0.80	1.20
荷兰	1.49	1.36	1.20	1.29	1.15	1.02	0.97	0.94	0.85	0.76	1.07
中国台湾	1.59	1.09	1.04	0.97	0.98	0.92	0.78	0.95	0.96	0.98	1.01
瑞典	0.99	0.96	0.98	0.95	0.81	0.83	0.87	0.74	0.80	0.77	0.86
巴西	0.85	0.87	0.84	0.79	0.78	0.83	0.80	0.76	0.77	0.82	0.81
比利时	0.97	0.89	0.80	0.80	0.83	0.66	0.60	0.57	0.57	0.66	0.72
马来西亚	0.71	0.65	0.68	0.72	0.68	0.69	0.57	0.66	0.77	0.92	0.71
埃及	0.29	0.35	0.44	0.49	0.57	0.59	0.64	0.77	1.01	1.37	0.70
俄罗斯	0.48	0.45	0.69	0.56	0.67	0.72	0.69	0.73	0.75	0.95	0.69
波兰	0.59	0.59	0.62	0.73	0.66	0.66	0.64	0.61	0.63	0.84	0.66
土耳其	0.54	0.57	0.52	0.65	0.62	0.67	0.59	0.61	0.79	0.81	0.65
葡萄牙	0.68	0.78	0.67	0.61	0.65	0.53	0.48	0.51	0.49	0.48	0.57
巴基斯坦	0.16	0.20	0.22	0.34	0.43	0.50	0.50	0.65	0.97	1.01	0.54
丹麦	0.60	0.50	0.59	0.58	0.43	0.43	0.44	0.40	0.44	0.38	0.47
以色列	0.46	0.52	0.49	0.48	0.52	0.49	0.46	0.32	0.31	0.31	0.42
捷克	0.43	0.41	0.46	0.40	0.37	0.32	0.31	0.36	0.39	0.42	0.38
芬兰	0.41	0.36	0.42	0.38	0.35	0.37	0.41	0.37	0.28	0.32	0.36
奥地利	0.47	0.49	0.32	0.35	0.46	0.37	0.30	0.29	0.24	0.30	0.35
爱尔兰	0.49	0.41	0.46	0.41	0.46	0.28	0.26	0.28	0.23	0.31	0.35

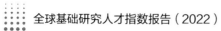

续表

国家和地区	2012 年	2013 年	2014 年	2015 年	2016 年	2017 年	2018 年	2019 年	2020 年	2021 年	合计
南非	0.23	0.29	0.24	0.36	0.36	0.31	0.31	0.29	0.32	0.30	0.30
希腊	0.37	0.31	0.36	0.36	0.34	0.29	0.26	0.22	0.27	0.25	0.29
泰国	0.31	0.26	0.24	0.25	0.28	0.20	0.25	0.25	0.35	0.41	0.28
墨西哥	0.28	0.27	0.26	0.14	0.19	0.31	0.23	0.27	0.25	0.31	0.25
越南	0.05	0.06	0.07	0.08	0.07	0.10	0.12	0.30	0.75	0.43	0.23

第4章　生命科学

生命科学是研究生命现象、揭示生命活动规律和生命本质的科学，其研究对象包括动物、植物、微生物及人类本身，研究层次涉及分子、细胞、组织、器官、个体、群体及群落和生态系统。生命科学既是一门基础科学，又与国民经济和社会发展密切相关。它既探究生命起源、进化等重要理论问题，又有助于解决人口健康、农业、生态环境等国家重大需求。

第一节　学科

生命科学学科组包括以下学科：生物学、微生物学、病毒学、植物学、生态学、湖沼学、进化生物学、动物学、鸟类学、昆虫学、制奶和动物科学、生物物理学、生物化学和分子生物学、生物化学研究方法、遗传学和遗传性、数学生物学和计算生物学、细胞生物学、免疫学、神经科学、心理学、应用心理学、生理心理学、临床心理学、发展心理学、教育心理学、实验心理学、数学心理学、多学科心理学、心理分析、社会心理学、行为科学、生物材料学、细胞和组织工程学、生理学、解剖学和形态学、发育生物学、生殖生物学、农学、多学科农业、生物多样性保护、园艺学、真菌学、林学、兽医学、海洋生物学和淡水生物学、渔业学、食品科学和技术、生物医药工程、生物技术和应用微生物学，共计49个。

一　生物学

生物学A、B、C层人才最多的是美国，分别占该学科全球A、B、C层人才的21.71%、21.87%、26.00%，显著领先于其他国家和地区；英国排名第二，虽与美国有较大差距，但明显高于其他国家和地区，其 A、B、C 层人才的世界占比分别为 10.68%、10.53%、11.58%。

中国大陆、德国、加拿大、澳大利亚的 A 层人才比较多，世界占比在 7%~4%；印度、瑞士、瑞典、意大利、荷兰、中国香港、以色列、奥地利、比利时、南非、新加坡、沙特阿拉伯、韩国、丹麦也有相当数量的 A 层人才，世界占比超过 1%。

德国、中国大陆、澳大利亚、加拿大、法国的 B 层人才比较多，世界占比在 7%~3%；瑞士、荷兰、瑞典、西班牙、意大利、日本、丹麦、印度、奥地利、巴西、沙特阿拉伯、新加坡、比利时也有相当数量的 B 层人才，世界占比超过 1%。

德国、中国大陆、法国、加拿大、澳大利亚的 C 层人才比较多，世界占比在 8%~3%；瑞士、荷兰、日本、意大利、西班牙、瑞典、印度、丹麦、比利时、奥地利、巴西、沙特阿拉伯、以色列也有相当数量的 C 层人才，世界占比超过或接近 1%。

表 4-1　生物学 A 层人才排名前 20 的国家和地区的占比

单位：%

国家和地区	2012 年	2013 年	2014 年	2015 年	2016 年	2017 年	2018 年	2019 年	2020 年	2021 年	合计
美国	22.22	12.50	26.09	32.14	33.33	19.35	24.00	16.67	15.00	21.05	21.71
英国	5.56	12.50	13.04	10.71	12.50	6.45	12.00	10.00	7.50	15.79	10.68
中国大陆	11.11	0.00	0.00	7.14	0.00	6.45	4.00	3.33	22.50	5.26	6.76
德国	5.56	12.50	4.35	3.57	12.50	6.45	4.00	13.33	5.00	2.63	6.76
加拿大	11.11	0.00	4.35	3.57	8.33	3.23	0.00	6.67	5.00	10.53	5.34
澳大利亚	11.11	0.00	8.70	0.00	8.33	0.00	4.00	6.67	7.50	0.00	4.27
印度	0.00	0.00	0.00	3.57	0.00	3.23	0.00	10.00	0.00	5.26	2.49
瑞士	0.00	4.17	0.00	3.57	0.00	3.23	0.00	0.00	7.50	2.63	2.49
瑞典	5.56	4.17	4.35	3.57	4.17	3.23	4.00	0.00	0.00	0.00	2.49
意大利	0.00	8.33	0.00	0.00	4.17	0.00	4.00	0.00	0.00	5.26	2.14
荷兰	5.56	4.17	4.35	3.57	0.00	3.23	0.00	3.33	0.00	0.00	2.14
中国香港	5.56	0.00	0.00	0.00	0.00	3.23	0.00	6.67	5.00	0.00	2.14
以色列	0.00	0.00	0.00	0.00	8.33	3.23	0.00	0.00	2.50	2.63	1.78

国家和地区	2012 年	2013 年	2014 年	2015 年	2016 年	2017 年	2018 年	2019 年	2020 年	2021 年	合计
奥地利	0.00	8.33	0.00	3.57	0.00	3.23	0.00	3.33	0.00	0.00	1.78
比利时	0.00	0.00	0.00	3.57	0.00	0.00	4.00	3.33	5.00	0.00	1.78
南非	0.00	0.00	8.70	0.00	0.00	3.23	0.00	0.00	2.50	2.63	1.78
新加坡	5.56	0.00	0.00	0.00	0.00	3.23	8.00	0.00	2.50	0.00	1.78
沙特阿拉伯	0.00	0.00	0.00	0.00	4.17	3.23	4.00	3.33	0.00	2.63	1.78
韩国	0.00	0.00	0.00	3.57	4.17	0.00	4.00	3.33	0.00	0.00	1.42
丹麦	0.00	4.17	0.00	3.57	0.00	6.45	0.00	0.00	0.00	0.00	1.42

表 4-2 生物学 B 层人才排名前 20 的国家和地区的占比

单位：%

国家和地区	2012 年	2013 年	2014 年	2015 年	2016 年	2017 年	2018 年	2019 年	2020 年	2021 年	合计
美国	22.27	28.69	23.61	28.17	16.67	22.97	21.15	24.46	20.17	13.94	21.87
英国	11.34	13.93	16.31	12.70	7.04	11.15	9.69	8.99	9.24	7.27	10.53
德国	6.48	6.15	6.87	5.95	6.30	9.12	6.17	6.47	6.16	3.64	6.29
中国大陆	1.62	2.87	3.86	3.97	3.33	3.38	7.05	6.47	10.64	7.27	5.30
澳大利亚	4.86	4.10	4.29	7.94	2.59	5.41	4.85	4.32	4.76	5.45	4.86
加拿大	4.05	3.69	5.58	5.95	3.33	4.73	4.41	4.32	4.48	4.24	4.46
法国	4.86	4.51	4.72	2.78	2.96	4.73	5.73	5.04	2.80	1.82	3.88
瑞士	3.64	1.64	4.29	1.98	2.96	3.72	3.96	2.16	1.96	1.52	2.71
荷兰	2.43	2.87	1.29	2.78	2.22	3.72	2.64	3.24	1.96	2.73	2.60
瑞典	3.24	3.28	2.58	1.19	1.11	2.70	3.96	2.16	2.80	1.52	2.41
西班牙	3.64	1.23	3.00	3.17	0.37	2.36	2.20	3.96	1.40	1.21	2.19
意大利	2.43	3.28	3.43	0.79	1.48	1.69	1.32	1.44	2.52	1.52	1.98
日本	2.02	3.69	3.00	1.19	0.37	1.69	1.32	0.36	2.24	1.82	1.76
丹麦	2.02	0.41	0.43	0.79	0.74	2.03	2.64	2.16	1.96	0.91	1.43
印度	0.40	1.23	0.86	0.79	0.74	1.01	0.44	1.44	1.68	4.24	1.39
奥地利	0.40	0.82	1.72	1.59	1.85	0.68	1.32	1.08	2.52	0.61	1.28
巴西	2.43	0.41	0.86	1.19	1.85	1.35	0.44	2.88	0.28	0.61	1.21
沙特阿拉伯	0.81	0.41	0.86	1.19	1.48	0.00	0.88	1.44	0.56	3.64	1.17
新加坡	0.81	1.64	1.29	0.79	0.37	0.34	1.76	0.72	0.56	3.03	1.13
比利时	2.02	1.23	0.43	0.79	1.85	1.01	0.88	0.36	1.12	0.91	1.06

表4-3 生物学C层人才排名前20的国家和地区的占比

单位：%

国家和地区	2012年	2013年	2014年	2015年	2016年	2017年	2018年	2019年	2020年	2021年	合计
美国	29.39	30.77	29.85	29.08	27.13	26.32	24.98	25.18	23.29	18.25	26.00
英国	13.85	12.17	13.88	12.52	12.75	12.17	11.78	10.55	9.99	8.18	11.58
德国	7.16	7.01	7.75	8.32	7.91	6.80	7.87	6.84	6.78	5.64	7.13
中国大陆	3.30	3.65	2.92	3.20	3.90	5.58	7.02	9.07	9.04	8.85	5.92
法国	4.96	5.00	4.44	3.96	4.65	4.43	4.67	3.86	3.96	3.73	4.32
加拿大	4.83	4.58	4.53	3.76	3.97	4.22	4.09	3.36	3.60	3.76	4.03
澳大利亚	3.90	4.07	3.96	4.40	4.05	4.01	4.18	3.97	3.57	3.91	3.98
瑞士	2.67	2.31	3.18	2.76	3.25	2.75	2.76	2.46	2.62	2.73	2.74
荷兰	2.41	2.52	2.96	3.04	2.53	2.16	2.62	3.25	2.34	2.30	2.59
日本	2.46	3.02	2.13	2.24	2.57	2.55	2.00	2.19	2.87	2.30	2.45
意大利	1.86	2.98	1.48	1.76	1.78	1.81	1.33	2.19	2.87	3.00	2.17
西班牙	2.29	2.27	2.13	2.16	1.93	2.16	2.00	2.27	1.95	1.94	2.10
瑞典	1.69	1.72	2.00	2.56	2.16	2.55	1.96	1.70	1.73	1.58	1.95
印度	0.93	1.13	0.57	0.92	1.06	0.80	0.98	1.25	1.79	3.18	1.34
丹麦	1.14	0.97	1.48	1.36	1.17	1.46	1.33	1.21	1.17	1.45	1.28
比利时	1.36	1.34	1.22	1.04	1.25	0.98	1.16	1.17	1.39	0.76	1.16
奥地利	0.93	0.92	0.96	1.16	0.92	1.15	0.84	1.25	1.28	1.39	1.14
巴西	1.06	1.43	1.09	1.00	1.06	0.77	1.02	0.95	1.09	1.18	1.06
沙特阿拉伯	0.13	0.25	0.35	0.72	0.76	0.73	0.93	0.98	1.23	2.85	0.97
以色列	0.97	0.76	1.04	1.00	1.25	1.05	0.93	0.83	0.78	0.67	0.92

二 微生物学

微生物学A、B、C层人才最多的是美国，分别占该学科全球A、B、C层人才的21.80%、25.13%、24.84%，均大幅领先于其他国家和地区。

英国、中国大陆、德国、加拿大、法国、澳大利亚、瑞士、荷兰、瑞典、西班牙的A层人才比较多，世界占比在8%~3%；丹麦、意大利、比利时、中国香港、韩国、挪威、新加坡、印度、巴西也有相当数量的A层人才，世界占比超过1%。

英国、中国大陆、德国、法国、加拿大、澳大利亚、荷兰的 B 层人才比较多，世界占比在 8%~3%；西班牙、瑞士、意大利、丹麦、瑞典、比利时、印度、以色列、爱尔兰、日本、中国香港、奥地利也有相当数量的 B 层人才，世界占比超过 1%。

中国大陆、英国、德国、法国、加拿大、澳大利亚、荷兰、西班牙、意大利的 C 层人才比较多，世界占比在 8%~3%；瑞士、印度、比利时、丹麦、瑞典、日本、巴西、韩国、奥地利、南非也有相当数量的 C 层人才，世界占比超过或等于 1%。

表 4-4　微生物学 A 层人才排名前 20 的国家和地区的占比

单位：%

国家和地区	2012 年	2013 年	2014 年	2015 年	2016 年	2017 年	2018 年	2019 年	2020 年	2021 年	合计
美国	25.71	22.22	20.00	21.62	30.00	14.29	24.32	16.33	8.33	33.33	21.80
英国	8.57	5.56	11.43	8.11	7.50	9.52	8.11	4.08	2.08	9.52	7.35
中国大陆	2.86	5.56	0.00	2.70	7.50	2.38	5.41	8.16	27.08	6.35	7.35
德国	2.86	5.56	5.71	8.11	10.00	2.38	5.41	8.16	6.25	4.76	5.92
加拿大	2.86	5.56	11.43	2.70	12.50	4.76	5.41	4.08	2.08	6.35	5.69
法国	5.71	5.56	8.57	5.41	5.00	2.38	2.70	2.04	2.08	4.76	4.27
澳大利亚	8.57	5.56	0.00	2.70	5.00	2.38	10.81	2.04	2.08	1.59	3.79
瑞士	2.86	5.56	5.71	0.00	0.00	4.76	5.41	6.12	2.08	3.17	3.55
荷兰	0.00	8.33	0.00	2.70	0.00	2.38	5.41	6.12	4.17	3.17	3.32
瑞典	5.71	5.56	8.57	5.41	2.50	2.38	2.70	2.04	0.00	0.00	3.08
西班牙	0.00	0.00	2.86	5.41	5.00	4.76	5.41	2.04	0.00	3.17	3.08
丹麦	5.71	5.56	2.86	5.41	0.00	2.38	5.41	0.00	2.08	0.00	2.61
意大利	0.00	0.00	2.86	2.70	0.00	2.38	2.70	6.12	4.17	3.17	2.61
比利时	8.57	2.78	2.86	5.41	0.00	0.00	0.00	2.04	2.08	1.59	2.37
中国香港	0.00	0.00	0.00	2.70	0.00	2.38	0.00	0.00	10.42	1.59	1.90
韩国	2.86	0.00	2.86	0.00	2.50	7.14	2.70	2.04	0.00	0.00	1.90
挪威	0.00	0.00	0.00	2.70	2.50	2.38	0.00	8.16	0.00	0.00	1.66
新加坡	2.86	2.78	0.00	0.00	5.00	0.00	0.00	2.04	0.00	1.59	1.42
印度	0.00	0.00	0.00	2.70	0.00	2.38	0.00	4.08	2.08	1.59	1.42
巴西	0.00	0.00	0.00	2.70	0.00	2.38	0.00	2.04	0.00	3.17	1.18

表 4-5　微生物学 B 层人才排名前 20 的国家和地区的占比

单位：%

国家和地区	2012 年	2013 年	2014 年	2015 年	2016 年	2017 年	2018 年	2019 年	2020 年	2021 年	合计
美国	26.18	37.96	26.75	25.42	27.39	24.44	23.30	19.02	20.97	25.00	25.13
英国	6.62	6.48	9.42	8.38	6.65	7.23	6.55	5.59	6.21	7.91	7.06
中国大陆	2.21	4.32	3.04	4.47	2.93	4.49	6.55	5.15	19.42	5.94	6.42
德国	7.57	4.01	6.38	6.98	5.85	4.74	6.55	4.25	4.08	3.24	5.18
法国	6.31	5.25	4.86	5.31	4.26	4.49	4.13	3.36	5.24	3.24	4.54
加拿大	4.10	4.94	4.56	3.35	2.93	4.74	4.37	4.47	2.52	3.42	3.87
澳大利亚	2.84	5.25	3.04	3.91	5.05	3.49	3.40	4.03	3.69	3.78	3.84
荷兰	5.36	2.16	4.86	3.07	4.52	3.74	6.31	2.91	2.91	2.34	3.72
西班牙	3.47	2.78	3.95	2.79	4.79	3.24	2.67	2.01	1.55	3.24	2.97
瑞士	3.47	2.16	2.74	3.91	3.46	2.74	2.91	3.13	2.33	3.06	2.97
意大利	2.21	3.09	2.74	3.63	1.86	3.74	1.46	2.24	2.33	4.32	2.80
丹麦	2.52	1.85	2.13	3.63	1.86	2.74	2.91	1.34	1.75	2.52	2.30
瑞典	2.21	2.16	2.13	0.84	0.80	2.24	2.67	3.13	0.97	1.26	1.81
比利时	2.52	0.31	3.04	1.96	1.06	2.49	1.94	1.79	2.33	0.54	1.76
印度	0.63	1.23	0.61	0.56	2.93	3.49	2.67	1.57	1.36	1.44	1.69
以色列	0.95	0.93	1.22	0.84	2.93	1.25	1.21	1.12	1.36	1.98	1.41
爱尔兰	1.26	1.54	0.91	1.68	1.06	1.25	1.46	1.12	0.58	1.80	1.26
日本	1.89	0.31	1.22	1.96	0.53	0.50	0.49	1.12	1.55	1.62	1.14
中国香港	0.63	0.62	0.30	1.12	0.27	1.00	0.97	0.67	3.11	1.44	1.12
奥地利	1.58	0.00	2.43	1.40	0.80	0.50	0.49	1.57	0.97	1.08	1.07

表 4-6　微生物学 C 层人才排名前 20 的国家和地区的占比

单位：%

国家和地区	2012 年	2013 年	2014 年	2015 年	2016 年	2017 年	2018 年	2019 年	2020 年	2021 年	合计
美国	29.96	30.17	28.39	28.25	25.19	24.49	23.55	22.23	20.69	21.04	24.84
中国大陆	2.78	3.90	4.14	4.80	5.41	7.14	7.78	9.28	11.66	9.50	7.09
英国	8.02	6.74	7.20	7.30	7.39	7.29	7.57	6.47	6.49	6.40	7.03
德国	6.66	6.15	6.14	6.34	6.80	5.21	5.69	5.39	4.93	4.79	5.71
法国	5.62	5.77	4.99	5.09	5.11	5.09	4.76	4.61	4.34	4.02	4.86
加拿大	3.79	3.81	3.90	3.81	4.23	3.33	3.04	3.45	3.22	2.92	3.50
澳大利亚	2.87	3.59	2.90	2.96	3.51	3.48	3.22	3.78	3.12	3.06	3.25

续表

国家和地区	2012 年	2013 年	2014 年	2015 年	2016 年	2017 年	2018 年	2019 年	2020 年	2021 年	合计
荷兰	3.66	3.68	3.66	3.35	3.19	3.31	3.50	3.12	3.06	2.23	3.21
西班牙	3.16	3.99	3.63	2.81	3.08	2.71	3.67	2.79	2.72	3.04	3.12
意大利	3.00	2.40	2.81	2.53	2.73	3.11	2.72	2.74	3.61	3.90	3.02
瑞士	2.68	2.31	2.48	2.67	2.81	2.58	2.79	2.67	2.43	2.48	2.59
印度	1.36	1.25	1.60	1.79	1.98	1.85	2.06	2.13	2.43	2.88	2.01
比利时	1.64	2.09	2.09	2.07	2.14	1.90	1.64	1.72	1.72	1.83	1.87
丹麦	1.86	1.84	1.94	1.96	2.30	1.65	1.76	1.54	1.50	1.62	1.77
瑞典	1.58	1.84	1.39	1.68	1.63	1.30	1.53	1.37	1.44	1.77	1.55
日本	2.08	1.78	1.39	1.59	1.55	1.70	1.51	1.70	1.58	0.90	1.55
巴西	1.04	1.28	1.33	1.42	1.74	2.03	1.66	1.61	1.28	1.37	1.48
韩国	1.10	0.84	1.18	0.99	1.07	1.23	1.11	1.75	1.58	1.37	1.25
奥地利	1.48	1.53	1.15	1.36	1.20	1.25	1.21	1.06	1.01	1.19	1.23
南非	0.92	1.00	1.03	0.97	0.91	1.28	0.91	0.85	1.03	1.10	1.00

三　病毒学

病毒学 A、B、C 层人才最多的国家是美国，分别占该学科全球 A、B、C 层人才的 30.25%、30.65%、30.82%，均遥遥领先于其他国家和地区；中国大陆排名第二，虽与美国有相当差距，但明显高于其他国家和地区，其 A、B、C 层人才的世界占比分别为 12.61%、7.40%、7.67%。

英国、法国、加拿大、丹麦、中国香港、德国、澳大利亚的 A 层人才比较多，世界占比在 9% ~ 3%；日本、荷兰、新加坡、比利时、南非、瑞典、瑞士、巴西、埃及、危地马拉、以色列也有相当数量的 A 层人才，世界占比超过或接近 1%。

英国、德国、法国、荷兰、加拿大的 B 层人才比较多，世界占比在 7% ~ 3%；日本、西班牙、意大利、澳大利亚、瑞士、巴西、南非、新加坡、中国香港、印度、瑞典、比利时、丹麦也有相当数量的 B 层人才，世界占比超过 1%。

英国、德国、法国、澳大利亚、加拿大的 C 层人才比较多，世界占比在8%~3%；荷兰、意大利、瑞士、日本、西班牙、巴西、南非、比利时、印度、新加坡、瑞典、丹麦、韩国也有相当数量的C层人才，世界占比超过或接近1%。

表4-7　病毒学A层人才排名前20的国家和地区的占比

单位：%

国家和地区	2012年	2013年	2014年	2015年	2016年	2017年	2018年	2019年	2020年	2021年	合计
美国	38.46	36.36	28.57	15.38	54.55	27.27	16.67	37.50	16.67	35.71	30.25
中国大陆	7.69	18.18	0.00	7.69	9.09	18.18	0.00	12.50	58.33	0.00	12.61
英国	7.69	9.09	14.29	7.69	9.09	9.09	8.33	0.00	0.00	14.29	8.40
法国	15.38	0.00	7.14	7.69	0.00	0.00	8.33	12.50	0.00	0.00	5.04
加拿大	0.00	0.00	7.14	0.00	0.00	18.18	8.33	12.50	0.00	0.00	4.20
丹麦	0.00	0.00	0.00	7.69	0.00	9.09	16.67	0.00	0.00	0.00	3.36
中国香港	7.69	0.00	0.00	7.69	9.09	0.00	0.00	0.00	8.33	0.00	3.36
德国	0.00	0.00	7.14	0.00	9.09	9.09	8.33	0.00	0.00	0.00	3.36
澳大利亚	0.00	18.18	0.00	0.00	0.00	0.00	0.00	0.00	8.33	7.14	3.36
日本	7.69	0.00	0.00	0.00	0.00	0.00	0.00	12.50	0.00	7.14	2.52
荷兰	7.69	0.00	7.14	0.00	0.00	0.00	8.33	0.00	0.00	0.00	2.52
新加坡	0.00	9.09	0.00	0.00	0.00	9.09	0.00	0.00	8.33	0.00	2.52
比利时	0.00	0.00	7.14	0.00	0.00	0.00	8.33	0.00	0.00	0.00	1.68
南非	0.00	0.00	0.00	7.69	0.00	0.00	0.00	12.50	0.00	0.00	1.68
瑞典	0.00	0.00	0.00	7.69	0.00	0.00	8.33	0.00	0.00	0.00	1.68
瑞士	0.00	0.00	7.14	0.00	9.09	0.00	0.00	0.00	0.00	0.00	1.68
巴西	0.00	0.00	0.00	0.00	0.00	0.00	0.00	0.00	0.00	7.14	0.84
埃及	0.00	0.00	0.00	0.00	0.00	0.00	0.00	0.00	0.00	7.14	0.84
危地马拉	7.69	0.00	0.00	0.00	0.00	0.00	0.00	0.00	0.00	0.00	0.84
以色列	0.00	0.00	0.00	0.00	0.00	0.00	0.00	0.00	0.00	7.14	0.84

表4-8　病毒学B层人才排名前20的国家和地区的占比

单位：%

国家和地区	2012年	2013年	2014年	2015年	2016年	2017年	2018年	2019年	2020年	2021年	合计
美国	32.77	34.53	29.84	37.50	36.51	34.23	27.69	21.00	23.02	28.15	30.65
中国大陆	4.20	6.47	1.61	2.50	2.38	1.80	6.15	7.00	36.51	4.44	7.40
英国	13.45	6.47	6.45	5.00	4.76	8.11	4.62	8.00	1.59	7.41	6.50

续表

国家和地区	2012年	2013年	2014年	2015年	2016年	2017年	2018年	2019年	2020年	2021年	合计
德国	7.56	4.32	6.45	7.50	8.73	5.41	8.46	6.00	3.97	6.67	6.50
法国	5.88	5.76	6.45	3.33	2.38	7.21	4.62	3.00	3.97	3.70	4.63
荷兰	7.56	8.63	4.84	4.17	4.76	3.60	5.38	4.00	0.79	2.22	4.63
加拿大	3.36	4.32	4.84	1.67	3.17	3.60	2.31	6.00	3.17	6.67	3.90
日本	2.52	2.88	2.42	3.33	1.59	2.70	2.31	2.00	2.38	2.22	2.44
西班牙	1.68	2.16	4.84	5.00	0.79	3.60	3.08	1.00	0.79	0.74	2.36
意大利	1.68	2.88	0.81	0.83	2.38	0.00	2.31	5.00	1.59	5.19	2.28
澳大利亚	0.00	2.88	1.61	2.50	3.17	1.80	3.08	3.00	2.38	1.48	2.20
瑞士	0.84	0.72	3.23	5.00	3.17	1.80	3.08	2.00	0.79	1.48	2.20
巴西	0.00	0.72	1.61	1.67	3.97	2.70	2.31	2.00	0.79	2.22	1.79
南非	1.68	0.72	5.65	0.83	0.79	1.80	1.54	1.00	0.00	2.96	1.71
新加坡	0.84	1.44	2.42	2.50	3.97	0.00	3.08	0.00	0.79	0.74	1.63
中国香港	0.84	5.04	0.00	0.00	0.79	0.00	0.77	3.00	4.76	0.74	1.63
印度	0.00	0.72	0.81	1.67	0.79	4.50	0.77	0.00	2.38	2.96	1.46
瑞典	2.52	0.72	1.61	1.67	0.00	1.80	1.54	2.00	0.00	2.22	1.38
比利时	0.84	0.00	1.61	1.67	0.79	0.90	1.54	2.00	1.59	1.48	1.22
丹麦	3.36	1.44	0.81	1.67	0.00	1.80	0.77	0.00	0.00	0.74	1.06

表4-9 病毒学C层人才排名前20的国家和地区的占比

单位：%

国家和地区	2012年	2013年	2014年	2015年	2016年	2017年	2018年	2019年	2020年	2021年	合计
美国	38.09	34.96	32.57	33.87	33.79	33.18	29.83	29.60	22.14	20.95	30.82
中国大陆	3.80	5.39	5.36	5.64	6.95	8.95	8.29	7.28	17.12	8.18	7.67
英国	6.84	7.63	8.52	7.92	7.11	7.36	6.63	7.47	4.86	6.01	7.03
德国	5.66	7.71	5.91	6.07	6.79	5.41	5.05	7.00	4.86	5.48	6.00
法国	6.08	5.69	5.28	4.97	5.35	5.03	5.21	5.04	3.21	2.78	4.85
澳大利亚	2.20	3.29	3.39	3.20	2.48	4.10	3.24	4.11	3.29	3.15	3.23
加拿大	3.21	3.22	3.15	2.61	3.99	2.89	3.87	3.27	3.21	2.55	3.20
荷兰	3.55	2.84	3.63	3.12	3.12	2.80	3.08	3.08	1.81	2.48	2.95
意大利	1.86	1.87	2.21	1.85	1.76	1.49	2.29	2.61	4.36	4.43	2.49
瑞士	3.29	2.54	2.92	2.02	2.72	2.24	3.00	2.33	1.40	2.25	2.48
日本	4.39	2.69	2.44	1.94	2.08	2.42	2.76	1.68	1.73	2.33	2.45

续表

国家和地区	2012 年	2013 年	2014 年	2015 年	2016 年	2017 年	2018 年	2019 年	2020 年	2021 年	合计
西班牙	1.86	1.72	3.15	1.52	2.40	2.33	1.74	2.15	1.73	1.58	2.01
巴西	0.59	0.90	1.42	0.93	2.00	2.42	1.18	1.40	1.65	2.63	1.51
南非	1.18	1.50	1.34	1.18	1.12	1.58	1.89	1.59	0.74	1.05	1.31
比利时	0.76	1.27	0.87	1.35	1.36	0.84	1.82	1.96	1.23	1.58	1.30
印度	0.68	0.45	0.95	0.59	1.20	1.03	0.95	0.84	3.13	2.78	1.27
新加坡	1.27	1.05	1.26	1.77	1.04	1.30	1.10	1.12	0.82	0.75	1.14
瑞典	1.10	1.42	1.03	1.18	0.88	1.03	1.18	1.68	0.82	1.05	1.13
丹麦	0.59	0.67	0.87	0.67	1.12	0.47	0.87	1.12	0.33	0.68	0.74
韩国	0.93	0.45	0.63	0.34	0.56	0.65	0.95	0.93	0.82	0.90	0.71

四 植物学

植物学 A、B、C 层人才主要集中在美国和中国大陆，其中，A、B 层人才最多的是美国，分别占该学科全球 A、B 层人才的 17.72%、15.87%，中国大陆排名第二，A、B 层人才的世界占比分别为 11.39%、12.39%；C 层人才最多的是中国大陆，占该学科全球 C 层人才的 17.77%，美国紧随其后，C 层人才的世界占比为 15.15%。

英国、澳大利亚、德国、荷兰、法国、加拿大、西班牙的 A 层人才比较多，世界占比在 8%~3%；瑞士、印度、意大利、日本、奥地利、比利时、波兰、巴西、巴基斯坦、南非、沙特阿拉伯也有相当数量的 A 层人才，世界占比超过 1%。

德国、英国、澳大利亚、法国、西班牙、日本、荷兰的 B 层人才比较多，世界占比在 7%~3%；加拿大、印度、瑞士、意大利、比利时、瑞典、沙特阿拉伯、墨西哥、捷克、韩国、丹麦也有相当数量的 B 层人才，世界占比超过 1%。

德国、英国、澳大利亚、法国、日本、西班牙、印度的 C 层人才比较多，世界占比在 7%~3%；意大利、加拿大、荷兰、瑞士、比利时、韩国、巴西、瑞典、巴基斯坦、沙特阿拉伯、捷克也有相当数量的 C 层人才，世界占比超过 1%。

表 4-10　植物学 A 层人才排名前 20 的国家和地区的占比

单位：%

国家和地区	2012 年	2013 年	2014 年	2015 年	2016 年	2017 年	2018 年	2019 年	2020 年	2021 年	合计
美国	18.42	22.50	28.57	11.63	12.50	16.28	18.37	19.64	20.00	11.67	17.72
中国大陆	2.63	2.50	7.14	16.28	2.08	4.65	8.16	23.21	14.55	23.33	11.39
英国	7.89	12.50	4.76	4.65	12.50	4.65	8.16	10.71	7.27	5.00	7.81
澳大利亚	7.89	7.50	9.52	9.30	4.17	4.65	10.20	7.14	9.09	5.00	7.38
德国	7.89	7.50	4.76	9.30	2.08	4.65	6.12	5.36	1.82	8.33	5.70
荷兰	10.53	12.50	4.76	4.65	6.25	2.33	2.04	3.57	5.45	5.00	5.49
法国	5.26	5.00	4.76	11.63	2.08	2.33	4.08	0.00	1.82	3.33	3.80
加拿大	2.63	2.50	11.90	0.00	2.08	2.33	8.16	3.57	0.00	3.33	3.59
西班牙	5.26	2.50	7.14	0.00	2.08	9.30	2.04	1.79	5.45	1.67	3.59
瑞士	0.00	2.50	0.00	4.65	4.17	4.65	6.12	1.79	3.64	1.67	2.95
印度	2.63	2.50	0.00	2.33	2.08	4.65	0.00	3.64	3.33		2.11
意大利	5.26	0.00	2.38	0.00	0.00	0.00	4.08	0.00	7.27	0.00	1.90
日本	0.00	2.50	4.76	0.00	2.08	4.65	2.04	1.79	0.00	1.67	1.90
奥地利	5.26	2.50	0.00	4.65	0.00	0.00	0.00	1.79	0.00	3.33	1.69
比利时	0.00	5.00	0.00	0.00	0.00	2.33	2.04	3.57	1.82	1.67	1.69
波兰	2.63	0.00	2.38	2.33	4.17	0.00	0.00	1.79	1.82	1.67	1.69
巴西	2.63	0.00	0.00	4.65	4.17	2.33	2.04	0.00	0.00	0.00	1.48
巴基斯坦	0.00	2.50	0.00	0.00	0.00	0.00	2.33	0.00	7.14	0.00	1.67	1.48
南非	2.63	0.00	0.00	0.00	0.00	2.33	2.04	1.79	1.82	1.67	1.27
沙特阿拉伯	2.63	0.00	0.00	2.33	0.00	4.65	0.00	0.00	0.00	1.67	1.05

表 4-11　植物学 B 层人才排名前 20 的国家和地区的占比

单位：%

国家和地区	2012 年	2013 年	2014 年	2015 年	2016 年	2017 年	2018 年	2019 年	2020 年	2021 年	合计
美国	20.34	17.08	18.02	17.94	13.89	17.93	18.00	15.15	12.55	11.50	15.87
中国大陆	6.59	8.26	9.90	11.06	11.57	14.71	14.35	12.32	15.87	15.33	12.39
德国	8.02	6.61	6.09	6.14	6.71	5.52	6.38	9.09	4.80	7.32	6.66
英国	10.60	6.34	5.08	5.16	6.71	6.44	4.33	4.65	4.43	4.53	5.64

续表

国家和地区	2012 年	2013 年	2014 年	2015 年	2016 年	2017 年	2018 年	2019 年	2020 年	2021 年	合计
澳大利亚	4.87	4.96	7.36	5.16	4.63	3.91	5.69	6.46	5.90	3.31	5.19
法国	6.88	7.44	5.08	3.44	6.71	4.83	4.10	3.64	2.95	2.79	4.58
西班牙	4.30	3.03	3.81	2.70	2.78	3.45	4.56	3.84	4.61	2.26	3.52
日本	5.44	4.96	4.57	3.69	1.62	2.07	2.96	2.83	2.77	2.09	3.16
荷兰	2.87	3.31	2.54	3.69	3.94	2.53	2.96	3.23	3.14	3.14	3.14
加拿大	4.01	2.48	4.57	3.19	1.16	3.45	2.51	3.43	2.77	2.26	2.93
印度	2.01	2.20	3.30	3.44	3.47	3.68	2.51	2.63	2.40	3.31	2.91
瑞士	3.15	2.75	2.54	2.70	2.78	1.38	2.73	1.21	2.03	2.44	2.33
意大利	1.15	3.03	2.28	1.72	2.08	2.30	1.82	1.82	2.21	2.96	2.17
比利时	2.58	2.48	1.52	1.23	2.08	0.69	1.82	2.22	2.03	1.22	1.76
瑞典	1.72	2.48	1.52	1.97	1.16	0.92	2.28	1.21	1.11	0.87	1.47
沙特阿拉伯	0.29	0.55	0.25	1.23	1.62	0.92	0.68	1.41	1.85	2.96	1.29
墨西哥	0.57	1.38	2.03	1.47	0.93	1.61	1.59	1.62	0.37	0.87	1.22
捷克	0.86	0.83	1.02	0.49	1.39	1.61	1.82	0.61	1.11	1.74	1.17
韩国	1.15	1.10	2.03	1.97	0.46	1.61	0.68	0.81	0.37	1.74	1.17
丹麦	1.43	2.75	1.27	0.74	1.16	0.46	1.14	0.61	1.29	0.87	1.13

表 4-12　植物学 C 层人才排名前 20 的国家和地区的占比

单位：%

国家和地区	2012 年	2013 年	2014 年	2015 年	2016 年	2017 年	2018 年	2019 年	2020 年	2021 年	合计
中国大陆	11.46	12.45	13.75	15.00	16.22	17.46	19.06	20.81	22.27	23.41	17.77
美国	18.57	17.00	17.68	16.28	15.90	14.82	15.17	14.63	13.17	11.26	15.15
德国	7.77	8.04	8.24	7.20	7.21	6.87	6.36	6.38	5.51	4.76	6.68
英国	7.03	5.88	5.67	5.72	5.14	6.11	5.35	5.37	4.32	3.70	5.31
澳大利亚	4.63	4.58	4.46	4.59	4.91	5.45	4.79	4.11	4.14	3.80	4.51
法国	5.54	5.35	5.41	5.39	4.75	4.26	3.58	3.72	3.07	2.64	4.23
日本	5.06	4.44	4.34	3.74	3.43	3.24	3.07	2.62	2.81	1.96	3.34
西班牙	3.46	3.86	3.72	3.46	3.13	2.94	2.67	3.00	3.01	3.07	3.20
印度	2.37	2.16	2.00	2.78	3.43	2.87	3.00	2.64	3.70	4.92	3.09
意大利	2.60	2.41	2.57	2.89	2.72	2.49	3.07	2.72	2.30	2.83	2.67
加拿大	2.89	2.72	2.72	2.78	2.77	2.73	2.13	2.52	2.18	1.88	2.49
荷兰	2.43	2.50	2.36	2.06	2.10	2.00	1.68	1.85	1.64	1.37	1.95

续表

国家和地区	2012 年	2013 年	2014 年	2015 年	2016 年	2017 年	2018 年	2019 年	2020 年	2021 年	合计
瑞士	1.74	2.47	2.10	1.86	2.44	1.86	2.04	1.53	1.19	0.99	1.77
比利时	2.26	2.47	1.92	1.81	1.59	1.33	1.30	1.45	1.37	1.27	1.63
韩国	1.37	1.72	1.51	1.63	1.61	1.47	1.66	1.67	1.82	1.46	1.60
巴西	1.29	1.39	1.49	1.48	1.45	1.68	1.86	1.45	1.45	1.49	1.51
瑞典	1.43	1.39	1.36	1.15	1.38	1.42	1.41	1.21	1.05	0.87	1.25
巴基斯坦	0.31	0.69	0.54	0.55	0.97	1.07	1.05	1.55	2.08	2.54	1.24
沙特阿拉伯	0.69	0.39	0.41	0.55	0.90	0.93	1.21	1.21	1.82	2.38	1.14
捷克	1.40	0.97	1.15	1.28	0.97	1.10	1.01	1.01	1.15	1.15	1.11

五 生态学

生态学 A、B、C 层人才最多的是美国，分别占该学科全球 A、B、C 层人才的 16.26%、13.92%、18.89%，均显著高于其他国家和地区；英国排名第二，其 A、B、C 层人才的世界占比分别为 9.76%、8.19%、8.91%。

澳大利亚、德国、法国、加拿大、瑞典、荷兰、瑞士的 A 层人才比较多，世界占比在 8%~3%；西班牙、意大利、阿根廷、中国大陆、巴西、芬兰、南非、奥地利、以色列、新西兰、葡萄牙也有相当数量的 A 层人才，世界占比超过 1%。

澳大利亚、德国、加拿大、法国、西班牙、瑞士、中国大陆、荷兰的 B 层人才比较多，世界占比在 7%~3%；瑞典、巴西、丹麦、新西兰、意大利、南非、日本、芬兰、奥地利、比利时也有相当数量的 B 层人才，世界占比超过 1%。

澳大利亚、德国、加拿大、法国、中国大陆、瑞士、西班牙、荷兰的 C 层人才比较多，世界占比在 7%~3%；瑞典、意大利、巴西、丹麦、比利时、挪威、南非、新西兰、芬兰、奥地利也有相当数量的 C 层人才，世界占比超过 1%。

表 4-13　生态学 A 层人才排名前 20 的国家和地区的占比

单位：%

国家和地区	2012 年	2013 年	2014 年	2015 年	2016 年	2017 年	2018 年	2019 年	2020 年	2021 年	合计
美国	32.14	12.12	14.71	29.41	17.14	11.90	9.09	11.11	12.50	17.31	16.26
英国	14.29	9.09	5.88	14.71	8.57	7.14	11.36	3.70	10.00	11.54	9.76
澳大利亚	7.14	3.03	11.76	2.94	11.43	7.14	6.82	7.41	2.50	11.54	7.32
德国	0.00	9.09	2.94	5.88	5.71	4.76	4.55	3.70	12.50	5.77	5.69
法国	14.29	6.06	0.00	2.94	2.86	4.76	4.55	7.41	2.50	5.77	4.88
加拿大	14.29	3.03	0.00	2.94	2.86	2.38	6.82	7.41	5.00	5.77	4.88
瑞典	7.14	6.06	5.88	2.94	0.00	2.38	6.82	3.70	2.50	3.85	4.07
荷兰	0.00	3.03	2.94	0.00	5.71	4.76	4.55	7.41	5.00	1.92	3.52
瑞士	0.00	6.06	0.00	2.94	2.86	2.38	4.55	0.00	10.00	3.85	3.52
西班牙	3.57	6.06	0.00	2.94	2.86	2.38	2.27	0.00	2.50	1.92	2.44
意大利	0.00	3.03	5.88	0.00	5.71	2.38	4.55	0.00	2.50	0.00	2.44
阿根廷	0.00	0.00	2.94	2.94	8.57	0.00	0.00	3.70	2.50	1.92	2.17
中国大陆	3.57	0.00	2.94	2.94	0.00	0.00	0.00	7.41	5.00	1.92	2.17
巴西	0.00	0.00	2.94	2.94	2.86	2.38	2.27	0.00	2.50	1.92	1.90
芬兰	0.00	3.03	0.00	0.00	0.00	2.38	2.27	0.00	2.50	3.85	1.63
南非	0.00	0.00	0.00	0.00	0.00	7.14	2.27	3.70	0.00	0.00	1.63
奥地利	0.00	3.03	0.00	0.00	0.00	2.38	2.27	0.00	5.00	0.00	1.36
以色列	0.00	3.03	0.00	5.88	0.00	0.00	4.55	0.00	0.00	0.00	1.36
新西兰	0.00	3.03	2.94	2.94	2.86	2.38	0.00	0.00	0.00	0.00	1.36
葡萄牙	0.00	6.06	0.00	0.00	0.00	4.76	2.27	0.00	0.00	0.00	1.36

表 4-14　生态学 B 层人才排名前 20 的国家和地区的占比

单位：%

国家和地区	2012 年	2013 年	2014 年	2015 年	2016 年	2017 年	2018 年	2019 年	2020 年	2021 年	合计
美国	18.35	16.44	15.41	13.37	10.99	16.98	13.89	10.23	11.02	15.64	13.92
英国	7.91	8.39	9.75	8.72	9.34	10.61	6.82	7.52	6.78	7.19	8.19
澳大利亚	5.40	6.38	7.55	7.56	6.59	6.10	5.81	4.38	5.93	7.40	6.26
德国	4.32	5.37	6.29	6.40	5.22	5.57	5.30	4.38	5.30	7.40	5.58
加拿大	6.83	5.03	2.20	2.91	5.49	6.10	4.55	3.34	5.72	4.86	4.69
法国	3.96	4.03	4.09	4.36	3.57	4.77	3.79	3.13	4.24	3.59	3.92
西班牙	4.32	3.69	3.77	4.07	4.12	2.92	2.53	3.34	2.12	4.23	3.45

续表

国家和地区	2012 年	2013 年	2014 年	2015 年	2016 年	2017 年	2018 年	2019 年	2020 年	2021 年	合计
瑞士	4.32	4.36	4.09	4.07	3.30	3.18	3.79	3.97	3.18	1.27	3.45
中国大陆	2.16	2.35	3.14	2.62	2.47	3.98	4.04	2.92	3.81	5.29	3.40
荷兰	5.04	3.36	4.72	3.49	4.40	2.39	2.02	2.30	3.39	2.54	3.24
瑞典	1.80	4.03	3.77	3.20	2.20	3.18	3.54	3.34	2.33	1.48	2.84
巴西	2.52	1.68	2.20	4.36	2.20	3.45	2.27	1.88	2.12	1.90	2.42
丹麦	2.52	2.35	1.89	1.74	3.02	1.59	2.53	2.92	1.06	1.48	2.08
新西兰	1.08	1.68	1.89	1.45	3.30	1.33	1.77	1.67	1.69	2.33	1.84
意大利	1.80	1.01	2.20	1.45	1.92	1.86	1.77	1.88	2.54	1.06	1.76
南非	0.00	1.68	0.94	1.74	1.65	1.33	1.52	2.09	1.91	1.27	1.47
日本	1.08	1.68	0.94	0.87	1.92	0.80	2.27	1.04	1.91	1.69	1.45
芬兰	1.44	1.01	1.89	1.45	0.27	0.80	1.26	2.09	1.48	2.11	1.42
奥地利	1.08	0.67	1.26	1.74	1.10	1.06	1.77	1.25	2.33	1.27	1.40
比利时	1.44	0.34	0.63	0.87	1.65	1.59	1.77	2.30	1.69	1.06	1.40

表 4-15　生态学 C 层人才排名前 20 的国家和地区的占比

单位：%

国家和地区	2012 年	2013 年	2014 年	2015 年	2016 年	2017 年	2018 年	2019 年	2020 年	2021 年	合计
美国	24.46	22.29	21.34	21.04	19.68	19.26	17.46	17.53	15.29	15.04	18.89
英国	9.22	9.12	9.58	10.44	9.49	8.72	8.23	8.82	8.57	7.70	8.91
澳大利亚	5.98	7.08	7.63	6.97	7.45	6.54	6.18	6.63	5.80	5.62	6.53
德国	6.69	6.77	6.82	6.28	5.44	6.03	6.38	6.07	6.79	6.27	6.34
加拿大	5.21	5.31	5.70	5.21	5.01	5.15	4.65	4.94	4.23	4.70	4.96
法国	4.96	5.55	4.49	4.28	5.10	4.51	5.28	4.63	4.21	4.00	4.66
中国大陆	2.96	3.17	3.01	3.86	3.65	4.22	4.30	4.45	5.71	6.73	4.36
瑞士	2.85	3.54	3.46	3.14	3.37	3.47	3.55	3.30	3.46	3.24	3.35
西班牙	3.24	2.89	2.98	2.93	3.26	3.52	3.20	3.32	3.46	3.08	3.21
荷兰	3.31	4.08	3.27	3.74	3.37	2.80	2.80	2.81	2.60	2.96	3.12
瑞典	2.92	3.17	2.50	2.78	2.78	2.53	2.88	2.59	2.60	2.41	2.69
意大利	1.69	1.53	2.50	1.77	2.10	2.16	2.40	2.22	2.34	2.15	2.11
巴西	1.41	1.29	1.70	2.15	2.38	1.89	1.85	1.84	2.56	1.94	1.94
丹麦	2.46	1.57	1.89	1.97	2.27	1.76	2.08	1.75	1.85	1.57	1.90
比利时	1.30	1.33	1.22	1.56	1.33	1.81	1.68	1.62	1.32	1.64	1.50
挪威	1.44	1.46	1.41	1.32	1.16	1.39	1.58	1.37	1.98	1.43	1.47

续表

国家和地区	2012 年	2013 年	2014 年	2015 年	2016 年	2017 年	2018 年	2019 年	2020 年	2021 年	合计
南非	0.70	1.26	1.51	1.29	1.87	1.57	1.38	1.53	1.70	1.41	1.45
新西兰	1.94	1.60	1.63	1.50	1.27	1.49	1.20	1.53	1.28	1.25	1.44
芬兰	1.44	1.46	1.25	1.20	1.27	1.20	1.45	1.35	1.74	1.50	1.40
奥地利	0.95	0.99	1.28	1.20	1.39	1.39	1.70	1.55	1.43	1.46	1.36

六 湖沼学

湖沼学 A、B、C 层人才最多的是美国，分别占该学科全球 A、B、C 层人才的 38.89%、23.79%、30.63%，均遥遥领先于其他国家和地区。

澳大利亚、加拿大的 A 层人才处于第二梯队，世界占比均为 11.11%，其余 A 层人才分布在奥地利、中国大陆、德国、意大利、荷兰、西班牙、中国台湾，世界占比均为 5.56%。

英国、中国大陆、法国、澳大利亚、加拿大、荷兰、德国、意大利、瑞士的 B 层人才比较多，世界占比在 8%~3%；瑞典、比利时、西班牙、奥地利、巴西、日本、以色列、沙特阿拉伯、葡萄牙、捷克也有相当数量的 B 层人才，世界占比超过或接近 1%。

英国、中国大陆、加拿大、澳大利亚、德国、瑞士、荷兰、法国、瑞典、意大利的 C 层人才比较多，世界占比在 8%~3%；西班牙、丹麦、奥地利、新西兰、日本、芬兰、挪威、比利时、巴西也有相当数量的 C 层人才，世界占比超过或接近 1%。

表 4-16　湖沼学 A 层人才的国家和地区的占比

单位：%

国家和地区	2012 年	2013 年	2014 年	2015 年	2016 年	2017 年	2018 年	2019 年	2020 年	2021 年	合计
美国	50.00	0.00	0.00	33.33	100.00	0.00	100.00	0.00	50.00	33.33	38.89
澳大利亚	0.00	50.00	100.00	0.00	0.00	0.00	0.00	0.00	0.00	0.00	11.11
加拿大	50.00	0.00	0.00	0.00	0.00	0.00	0.00	50.00	0.00	0.00	11.11

续表

国家和地区	2012 年	2013 年	2014 年	2015 年	2016 年	2017 年	2018 年	2019 年	2020 年	2021 年	合计
奥地利	0.00	0.00	0.00	0.00	0.00	0.00	0.00	0.00	0.00	33.33	5.56
中国大陆	0.00	0.00	0.00	0.00	0.00	0.00	0.00	0.00	50.00	0.00	5.56
德国	0.00	0.00	0.00	33.33	0.00	0.00	0.00	0.00	0.00	0.00	5.56
意大利	0.00	0.00	0.00	0.00	0.00	0.00	0.00	50.00	0.00	0.00	5.56
荷兰	0.00	50.00	0.00	0.00	0.00	0.00	0.00	0.00	0.00	0.00	5.56
西班牙	0.00	0.00	0.00	0.00	0.00	0.00	0.00	0.00	0.00	33.33	5.56
中国台湾	0.00	0.00	0.00	33.33	0.00	0.00	0.00	0.00	0.00	0.00	5.56

表 4-17　湖沼学 B 层人才排名前 20 的国家和地区的占比

单位：%

国家和地区	2012 年	2013 年	2014 年	2015 年	2016 年	2017 年	2018 年	2019 年	2020 年	2021 年	合计
美国	40.91	22.22	36.36	25.93	12.90	30.30	22.22	14.71	16.22	26.67	23.79
英国	9.09	3.70	13.64	11.11	9.68	6.06	7.41	5.88	5.41	6.67	7.59
中国大陆	0.00	7.41	0.00	3.70	3.23	9.09	3.70	5.88	13.51	20.00	7.24
法国	9.09	11.11	4.55	3.70	12.90	12.12	7.41	2.94	8.11	0.00	7.24
澳大利亚	9.09	7.41	9.09	14.81	9.68	3.03	3.70	5.88	2.70	0.00	6.21
加拿大	4.55	3.70	9.09	11.11	3.23	3.03	7.41	5.88	5.41	6.67	5.86
荷兰	13.64	0.00	0.00	11.11	9.68	3.03	3.70	8.82	2.70	6.67	5.86
德国	4.55	3.70	9.09	3.70	3.23	6.06	0.00	5.88	5.41	6.67	4.83
意大利	4.55	0.00	0.00	3.70	9.68	3.03	7.41	2.94	5.41	6.67	4.48
瑞士	0.00	11.11	4.55	3.70	3.23	3.03	3.70	2.94	2.70	0.00	3.45
瑞典	0.00	7.41	4.55	3.70	0.00	0.00	0.00	2.94	5.41	0.00	2.41
比利时	0.00	0.00	0.00	0.00	3.23	3.03	3.70	5.88	2.70	0.00	2.07
西班牙	0.00	0.00	0.00	0.00	3.23	3.03	7.41	0.00	2.70	3.33	2.07
奥地利	0.00	0.00	0.00	3.70	3.23	3.03	0.00	5.88	0.00	0.00	1.72
巴西	0.00	7.41	0.00	0.00	0.00	0.00	3.70	2.94	0.00	0.00	1.38
日本	0.00	0.00	0.00	0.00	0.00	0.00	3.70	5.88	0.00	0.00	1.03
以色列	0.00	0.00	0.00	0.00	0.00	0.00	3.70	0.00	2.70	3.33	1.03
沙特阿拉伯	0.00	3.70	0.00	0.00	0.00	3.03	0.00	0.00	2.70	0.00	1.03
葡萄牙	0.00	0.00	4.55	0.00	3.23	0.00	0.00	0.00	0.00	0.00	0.69
捷克	0.00	0.00	0.00	0.00	0.00	3.03	0.00	0.00	2.70	0.00	0.69

表 4-18　湖沼学 C 层人才排名前 20 的国家和地区的占比

单位：%

国家和地区	2012 年	2013 年	2014 年	2015 年	2016 年	2017 年	2018 年	2019 年	2020 年	2021 年	合计
美国	35.32	32.56	34.36	30.45	24.91	36.81	30.51	34.97	22.32	26.47	30.63
英国	6.75	8.53	8.11	7.14	9.25	6.94	8.81	6.21	7.74	4.58	7.38
中国大陆	3.97	3.88	5.79	6.02	4.27	6.25	8.14	8.82	8.93	11.11	6.88
加拿大	5.95	5.04	3.86	6.02	6.76	3.82	5.42	5.23	6.85	12.09	6.18
澳大利亚	7.94	4.65	5.41	4.89	7.47	6.60	5.42	6.86	5.95	4.58	5.97
德国	5.95	6.98	7.72	5.64	5.69	5.21	5.76	3.59	5.65	5.88	5.76
瑞士	3.57	3.10	5.02	7.52	5.34	4.17	2.37	4.25	3.87	3.27	4.21
荷兰	2.38	5.43	4.25	1.13	5.69	2.08	4.07	4.25	2.38	2.61	3.41
法国	4.37	3.88	1.93	3.38	4.27	3.82	2.71	1.63	2.98	3.59	3.23
瑞典	3.97	3.49	2.32	4.14	1.78	3.47	4.75	2.61	2.98	1.96	3.13
意大利	1.19	3.49	3.86	4.14	6.41	2.78	2.71	2.29	2.98	0.65	3.02
西班牙	1.19	1.16	1.54	1.13	1.78	3.13	2.03	3.27	1.49	0.65	1.76
丹麦	1.19	1.55	2.32	0.75	1.07	2.08	1.36	1.63	0.89	1.96	1.48
奥地利	2.38	0.78	1.16	2.63	1.42	1.39	1.02	1.63	1.19	0.33	1.37
新西兰	1.98	1.16	1.16	1.88	1.78	1.39	0.68	0.33	0.89	0.98	1.19
日本	1.98	0.78	1.16	0.75	0.71	2.08	0.68	0.98	1.49	0.98	1.16
芬兰	0.79	1.55	0.39	0.38	0.00	1.04	0.68	1.63	1.49	1.63	0.98
挪威	0.79	0.78	0.39	1.88	0.71	0.69	2.03	0.98	0.89	0.33	0.95
比利时	1.19	1.16	0.39	1.13	1.42	0.35	0.34	0.98	1.19	0.65	0.88
巴西	0.00	1.16	1.16	0.38	0.36	0.69	1.36	0.98	0.89	1.63	0.88

七　进化生物学

进化生物学 A、B、C 层人才最多的是美国，分别占该学科全球 A、B、C 层人才的 23.81%、20.92%、22.15%，均大幅高于其他国家和地区；英国排名第二，其 A、B、C 层人才的世界占比分别为 8.73%、9.98%、10.41%。

德国、澳大利亚、奥地利、日本、沙特阿拉伯、中国大陆、瑞士、法国、新西兰、西班牙、瑞典的 A 层人才比较多，世界占比在 8%~3%；加拿大、丹麦、匈牙利、阿根廷、墨西哥、荷兰、俄罗斯也有相当数量的 A 层人才，世界占比超过或接近 1%。

加拿大、澳大利亚、德国、法国、瑞士、中国大陆、荷兰、瑞典的 B 层人才比较多，世界占比在 7%～3%；西班牙、新西兰、丹麦、挪威、巴西、奥地利、比利时、南非、葡萄牙、日本也有相当数量的 B 层人才，世界占比均超过 1%。

德国、澳大利亚、加拿大、法国、中国大陆、瑞士的 C 层人才比较多，世界占比在 7%～3%；瑞典、西班牙、荷兰、丹麦、挪威、巴西、意大利、新西兰、日本、奥地利、比利时、芬兰也有相当数量的 C 层人才，世界占比均超过 1%。

表 4-19 进化生物学 A 层人才排名前 20 的国家和地区的占比

单位：%

国家和地区	2012 年	2013 年	2014 年	2015 年	2016 年	2017 年	2018 年	2019 年	2020 年	2021 年	合计
美国	25.00	25.00	7.14	44.44	23.08	21.43	28.57	31.25	16.67	21.43	23.81
英国	16.67	0.00	7.14	11.11	15.38	14.29	7.14	6.25	8.33	0.00	8.73
德国	8.33	12.50	7.14	0.00	7.69	7.14	0.00	6.25	8.33	21.43	7.94
澳大利亚	8.33	0.00	7.14	0.00	7.69	7.14	0.00	12.50	8.33	0.00	5.56
奥地利	0.00	12.50	7.14	11.11	7.69	0.00	7.14	6.25	8.33	0.00	5.56
日本	0.00	25.00	7.14	0.00	7.69	0.00	7.14	0.00	8.33	7.14	5.56
沙特阿拉伯	0.00	12.50	7.14	0.00	15.38	0.00	7.14	0.00	8.33	7.14	5.56
中国大陆	0.00	0.00	7.14	11.11	0.00	0.00	0.00	12.50	0.00	7.14	3.97
瑞士	0.00	0.00	0.00	0.00	0.00	14.29	14.29	0.00	0.00	7.14	3.97
法国	8.33	12.50	0.00	0.00	0.00	7.14	0.00	6.25	0.00	0.00	3.17
新西兰	16.67	0.00	7.14	0.00	0.00	0.00	7.14	0.00	0.00	0.00	3.17
西班牙	0.00	0.00	0.00	0.00	7.69	7.14	0.00	0.00	8.33	7.14	3.17
瑞典	16.67	0.00	0.00	11.11	0.00	0.00	0.00	0.00	8.33	0.00	3.17
加拿大	0.00	0.00	0.00	0.00	0.00	7.14	7.14	0.00	8.33	0.00	2.38
丹麦	0.00	0.00	7.14	0.00	0.00	14.29	0.00	0.00	0.00	0.00	2.38
匈牙利	0.00	0.00	0.00	0.00	0.00	0.00	0.00	0.00	8.33	7.14	1.59
阿根廷	0.00	0.00	0.00	0.00	7.69	0.00	0.00	0.00	0.00	0.00	0.79
墨西哥	0.00	0.00	7.14	0.00	0.00	0.00	0.00	0.00	0.00	0.00	0.79
荷兰	0.00	0.00	0.00	0.00	0.00	0.00	0.00	6.25	0.00	0.00	0.79
俄罗斯	0.00	0.00	0.00	0.00	0.00	0.00	0.00	6.25	0.00	0.00	0.79

表 4-20　进化生物学 B 层人才排名前 20 的国家和地区的占比

单位：%

国家和地区	2012 年	2013 年	2014 年	2015 年	2016 年	2017 年	2018 年	2019 年	2020 年	2021 年	合计
美国	26.32	25.20	26.98	28.46	30.08	17.04	13.57	13.89	15.58	16.23	20.92
英国	8.77	13.01	11.11	10.77	9.02	8.15	7.86	12.50	8.44	10.39	9.98
加拿大	9.65	4.88	5.56	6.15	8.27	6.67	7.86	4.86	7.79	3.25	6.43
澳大利亚	3.51	4.88	7.94	8.46	6.02	3.70	5.71	6.94	5.84	7.79	6.13
德国	7.02	3.25	6.35	4.62	4.51	3.70	5.00	4.86	4.55	9.74	5.40
法国	7.02	6.50	3.17	1.54	8.27	5.19	3.57	4.86	5.84	5.19	5.10
瑞士	4.39	4.07	2.38	4.62	3.76	2.96	6.43	4.86	1.95	1.30	3.62
中国大陆	2.63	1.63	3.17	0.00	3.76	5.19	4.29	4.86	3.90	3.90	3.40
荷兰	4.39	4.07	3.97	2.31	1.50	1.48	2.86	3.47	4.55	2.60	3.10
瑞典	3.51	4.07	2.38	3.85	3.01	3.70	2.86	4.86	1.95	0.65	3.03
西班牙	2.63	3.25	4.76	3.85	3.01	2.96	2.14	2.78	1.30	0.65	2.66
新西兰	5.26	2.44	3.17	3.08	0.75	3.70	2.14	3.47	1.95	1.30	2.66
丹麦	5.26	0.81	2.38	3.08	1.50	0.74	2.14	3.47	1.95	1.30	2.22
挪威	0.88	2.44	0.79	1.54	1.50	2.22	1.43	2.08	2.60	3.25	1.92
巴西	1.75	0.00	0.79	0.77	2.26	4.44	0.71	2.08	1.95	2.60	1.77
奥地利	0.00	2.44	0.79	2.31	1.50	0.74	2.86	0.69	2.60	1.95	1.63
比利时	0.88	0.81	0.00	0.77	0.75	1.48	2.14	3.47	1.30	3.25	1.55
南非	0.00	2.44	2.38	2.31	0.00	1.48	1.43	0.69	1.95	1.30	1.40
葡萄牙	0.88	1.63	0.00	2.31	0.00	1.48	1.43	2.08	1.95	1.95	1.40
日本	2.63	0.81	1.59	0.00	0.75	2.22	0.71	0.69	1.30	1.30	1.18

表 4-21　进化生物学 C 层人才排名前 20 的国家和地区的占比

单位：%

国家和地区	2012 年	2013 年	2014 年	2015 年	2016 年	2017 年	2018 年	2019 年	2020 年	2021 年	合计
美国	25.64	24.98	23.43	26.14	24.92	20.60	21.42	20.24	17.32	18.97	22.15
英国	10.73	11.49	11.48	12.27	10.96	9.96	8.79	9.59	9.61	9.96	10.41
德国	6.39	7.40	7.14	5.58	5.56	5.01	6.70	6.02	6.90	5.98	6.24
澳大利亚	5.20	5.92	7.22	6.77	6.38	6.30	5.93	5.69	5.89	5.54	6.08
加拿大	5.54	5.48	6.98	5.66	4.88	5.08	6.07	4.76	4.94	4.65	5.38
法国	6.39	5.92	4.65	5.18	5.93	5.49	5.23	4.70	4.80	4.58	5.26
中国大陆	2.56	3.05	2.73	3.11	3.15	4.00	4.47	3.90	4.40	6.20	3.81

续表

国家和地区	2012 年	2013 年	2014 年	2015 年	2016 年	2017 年	2018 年	2019 年	2020 年	2021 年	合计
瑞士	3.15	2.87	2.97	2.47	2.40	3.79	3.84	2.58	3.72	3.91	3.19
瑞典	2.81	2.44	2.25	2.47	3.00	3.32	3.28	3.97	2.84	2.51	2.92
西班牙	3.15	2.87	2.89	2.23	2.48	3.12	2.86	2.71	2.77	2.73	2.78
荷兰	2.30	2.87	2.17	2.23	2.18	1.69	1.54	2.05	2.23	2.73	2.18
丹麦	2.64	1.22	1.44	1.75	1.65	1.90	1.95	2.12	2.17	1.77	1.87
挪威	1.36	1.57	1.52	2.07	1.80	1.83	2.09	1.46	2.03	1.77	1.76
巴西	1.02	0.70	1.61	1.67	1.50	2.17	1.81	2.12	2.17	2.36	1.75
意大利	1.62	0.96	1.85	0.96	1.65	1.69	1.61	1.72	1.83	1.99	1.60
新西兰	1.79	1.31	1.36	1.12	1.50	1.36	1.12	1.52	0.81	1.40	1.32
日本	1.96	0.96	0.80	1.43	1.05	1.36	1.54	1.59	0.95	1.40	1.30
奥地利	0.94	1.04	1.44	1.04	1.28	1.22	1.12	1.32	1.29	1.85	1.26
比利时	1.02	1.48	1.28	0.96	1.35	1.69	0.84	1.06	1.76	0.89	1.24
芬兰	1.11	1.22	1.12	1.43	1.43	1.02	1.05	0.93	1.62	1.11	1.20

八 动物学

动物学 A、B、C 层人才最多的是美国，分别占该学科全球 A、B、C 层人才的 18.81%、20.28%、20.52%，均显著高于其他国家和地区；英国排名第二，其 A、B、C 层人才的世界占比分别为 9.63%、9.09%、7.77%。

德国、法国、加拿大、中国大陆、巴西的 A 层人才比较多，世界占比在 9%~3%；澳大利亚、意大利、阿根廷、丹麦、挪威、荷兰、泰国、新西兰、埃及、瑞士、西班牙、比利时、墨西哥也有相当数量的 A 层人才，世界占比均超过 1%。

德国、澳大利亚、加拿大、中国大陆、意大利、法国、西班牙的 B 层人才比较多，世界占比在 7%~3%；巴西、瑞士、瑞典、荷兰、日本、挪威、波兰、葡萄牙、丹麦、埃及、奥地利也有相当数量的 B 层人才，世界占比均超过 1%。

中国大陆、德国、澳大利亚、加拿大、意大利、巴西、法国、西班牙的 C 层人才比较多，世界占比在 6%~3%；日本、瑞士、荷兰、瑞典、南非、波兰、比利时、挪威、奥地利、丹麦也有相当数量的 C 层人才，世界占比均超过 1%。

表 4-22　动物学 A 层人才排名前 20 的国家和地区的占比

单位：%

国家和地区	2012 年	2013 年	2014 年	2015 年	2016 年	2017 年	2018 年	2019 年	2020 年	2021 年	合计
美国	26.32	27.27	22.73	25.00	33.33	8.00	16.67	14.81	5.56	10.34	18.81
英国	10.53	9.09	9.09	20.00	4.17	4.00	8.33	7.41	11.11	13.79	9.63
德国	15.79	9.09	4.55	5.00	4.17	8.00	16.67	14.81	5.56	6.90	8.72
法国	5.26	9.09	9.09	5.00	8.33	8.00	0.00	3.70	11.11	0.00	5.96
加拿大	10.53	4.55	4.55	10.00	0.00	4.00	8.33	3.70	0.00	6.90	5.05
中国大陆	0.00	0.00	9.09	5.00	4.17	0.00	16.67	3.70	5.56	3.45	4.13
巴西	0.00	4.55	0.00	0.00	12.50	8.00	0.00	3.70	0.00	3.45	3.67
澳大利亚	5.26	0.00	0.00	5.00	4.17	0.00	0.00	3.70	5.56	3.45	2.75
意大利	0.00	0.00	4.55	0.00	0.00	0.00	0.00	11.11	5.56	3.45	2.75
阿根廷	0.00	0.00	0.00	0.00	4.17	4.00	8.33	3.70	5.56	0.00	2.29
丹麦	0.00	4.55	0.00	0.00	4.17	4.00	0.00	0.00	0.00	6.90	2.29
挪威	0.00	0.00	0.00	0.00	0.00	4.00	8.33	7.41	0.00	3.45	2.29
荷兰	0.00	0.00	4.55	0.00	4.17	0.00	0.00	0.00	5.56	3.45	2.29
泰国	5.26	0.00	0.00	0.00	0.00	0.00	8.33	0.00	0.00	6.90	1.83
新西兰	0.00	0.00	0.00	8.33	4.00	0.00	0.00	0.00	5.56	0.00	1.83
埃及	0.00	0.00	0.00	0.00	0.00	0.00	0.00	3.70	5.56	6.90	1.83
瑞士	0.00	4.55	4.55	0.00	0.00	0.00	0.00	7.41	0.00	0.00	1.83
西班牙	5.26	4.55	0.00	0.00	0.00	4.00	0.00	0.00	5.56	0.00	1.83
比利时	0.00	0.00	0.00	5.00	0.00	4.00	0.00	0.00	0.00	3.45	1.38
墨西哥	0.00	0.00	4.55	0.00	0.00	4.00	0.00	3.70	0.00	0.00	1.38

表 4-23　动物学 B 层人才排名前 20 的国家和地区的占比

单位：%

国家和地区	2012 年	2013 年	2014 年	2015 年	2016 年	2017 年	2018 年	2019 年	2020 年	2021 年	合计
美国	29.02	22.50	26.18	23.08	21.43	17.33	17.77	20.88	15.65	13.64	20.28
英国	11.92	11.50	10.99	12.98	6.19	8.89	9.50	8.43	6.12	6.61	9.09
德国	6.22	8.50	9.95	9.13	7.62	3.56	8.26	6.02	7.48	3.31	6.92

国家和地区	2012 年	2013 年	2014 年	2015 年	2016 年	2017 年	2018 年	2019 年	2020 年	2021 年	合计
澳大利亚	6.22	6.00	7.85	5.29	8.10	5.78	6.20	6.02	3.40	3.31	5.68
加拿大	6.74	6.00	4.71	4.33	8.57	3.56	6.20	2.41	4.08	3.72	4.92
中国大陆	2.07	2.00	0.52	3.85	4.29	5.33	3.72	7.23	6.12	8.68	4.61
意大利	0.00	2.50	4.19	4.81	1.90	4.44	3.31	4.42	4.42	5.37	3.64
法国	2.07	5.50	1.05	7.69	4.76	4.00	2.07	2.01	3.74	1.65	3.42
西班牙	2.59	1.00	1.05	2.40	4.29	4.00	3.31	2.41	5.44	2.89	3.06
巴西	3.63	1.50	1.57	1.92	4.29	5.33	2.89	3.21	2.04	2.07	2.84
瑞士	3.11	5.00	3.14	0.96	1.43	1.33	1.24	0.80	1.70	2.48	2.04
瑞典	3.11	3.00	1.05	1.44	3.33	0.89	3.72	0.40	1.36	2.07	2.00
荷兰	2.59	2.00	2.62	1.44	2.86	1.78	3.31	1.20	0.68	0.41	1.82
日本	1.55	1.00	1.57	1.44	2.38	2.22	0.00	3.21	1.02	0.83	1.51
挪威	1.04	0.50	0.00	0.00	2.86	3.11	0.83	1.61	3.40	0.83	1.51
波兰	1.04	1.50	0.52	1.92	1.43	1.78	0.83	2.01	2.72	0.00	1.42
葡萄牙	0.52	1.00	1.57	0.00	0.00	1.78	1.65	2.01	2.38	2.07	1.38
丹麦	0.52	2.50	1.05	0.48	0.95	1.78	0.83	0.80	1.36	2.07	1.24
埃及	0.00	0.00	0.00	0.48	0.00	0.00	0.41	1.61	2.72	5.37	1.20
奥地利	1.04	1.50	0.52	1.92	0.00	3.56	0.83	1.20	0.68	0.41	1.15

表 4-24　动物学 C 层人才排名前 20 的国家和地区的占比

单位：%

国家和地区	2012 年	2013 年	2014 年	2015 年	2016 年	2017 年	2018 年	2019 年	2020 年	2021 年	合计
美国	25.85	23.97	26.11	23.37	21.07	19.99	21.35	16.43	15.25	14.68	20.52
英国	8.88	9.86	8.26	8.06	8.09	8.61	7.15	7.11	6.88	5.68	7.77
中国大陆	2.89	3.34	4.13	5.15	4.99	5.03	6.41	7.95	8.85	9.48	5.99
德国	5.52	6.67	5.85	6.53	6.30	5.74	6.18	5.12	6.14	5.09	5.89
澳大利亚	5.88	5.60	5.41	4.91	4.99	6.11	5.26	5.79	4.92	4.23	5.28
加拿大	5.99	4.88	5.11	5.34	4.56	5.17	4.84	4.68	3.36	2.74	4.60
意大利	2.43	2.52	3.20	3.72	3.25	3.34	2.95	4.51	5.80	6.23	3.88
巴西	2.89	2.67	3.39	2.77	4.23	4.33	4.29	3.62	3.44	3.56	3.54
法国	3.92	3.90	3.74	4.01	4.19	3.53	3.87	2.78	2.79	2.55	3.49
西班牙	3.51	3.18	3.00	2.62	2.78	3.39	3.37	2.65	3.62	3.41	3.16
日本	1.91	2.41	2.61	2.38	2.45	1.83	2.07	1.77	1.39	1.45	2.00

续表

国家和地区	2012 年	2013 年	2014 年	2015 年	2016 年	2017 年	2018 年	2019 年	2020 年	2021 年	合计
瑞士	1.75	2.05	1.52	2.72	1.83	2.26	1.84	1.59	1.53	1.37	1.83
荷兰	2.48	2.05	1.77	1.67	1.55	1.74	1.34	1.72	1.44	1.21	1.68
瑞典	1.75	1.80	1.47	1.43	1.41	1.46	1.43	1.50	1.26	1.25	1.47
南非	1.14	1.49	1.47	0.95	1.36	1.32	1.29	1.50	1.57	1.84	1.41
波兰	0.77	0.92	0.79	1.00	1.22	1.51	1.15	1.68	2.14	1.76	1.32
比利时	1.34	0.98	1.23	1.96	1.55	1.60	0.83	1.55	0.87	1.10	1.29
挪威	1.55	1.49	1.43	0.72	1.27	1.08	1.11	1.41	1.35	0.98	1.23
奥地利	1.44	1.39	1.13	1.34	1.69	1.18	0.74	1.24	0.87	1.14	1.21
丹麦	1.19	1.28	0.98	1.10	1.03	0.94	1.48	1.15	1.35	1.14	1.16

九　鸟类学

鸟类学是小学科，A 层人才数量很少，集中分布在加拿大、印度尼西亚、荷兰、新西兰、新加坡、英国，世界占比均为 16.67%；B、C 层人才最多的是美国，分别占该学科全球 B、C 层人才的 25.63%、21.91%，显著高于其他国家和地区。

英国的 B 层人才世界占比为 11.88%，虽与美国有相当差距，但明显高于其他国家和地区；加拿大、西班牙、巴西、澳大利亚、荷兰的 B 层人才比较多，世界占比在 9%~3%；瑞士、南非、芬兰、阿根廷、哥伦比亚、丹麦、意大利、肯尼亚、比利时、中国大陆、土耳其、捷克、新西兰也有相当数量的 B 层人才，世界占比均超 1%。

英国、加拿大的 C 层人才世界占比分别为 9.36%、8.36%，分列第二、三位；西班牙、澳大利亚、德国、荷兰、中国大陆的 C 层人才比较多，世界占比在 5%~3%；南非、法国、瑞士、瑞典、巴西、丹麦、新西兰、阿根廷、挪威、意大利、波兰、捷克也有相当数量的 C 层人才，世界占比均超过 1%。

表 4-25　鸟类学 A 层人才的国家和地区的占比

单位：%

国家和地区	2012 年	2013 年	2014 年	2015 年	2016 年	2017 年	2018 年	2019 年	2020 年	2021 年	合计
加拿大	0.00	0.00	0.00	0.00	0.00	100.00	0.00	0.00	0.00	0.00	16.67
印度尼西亚	0.00	0.00	0.00	0.00	0.00	0.00	0.00	0.00	50.00	0.00	16.67
荷兰	0.00	100.00	0.00	0.00	0.00	0.00	0.00	0.00	0.00	0.00	16.67
新西兰	0.00	0.00	0.00	0.00	0.00	0.00	100.00	0.00	0.00	0.00	16.67
新加坡	0.00	0.00	0.00	0.00	0.00	0.00	0.00	0.00	50.00	0.00	16.67
英国	100.00	0.00	0.00	0.00	0.00	0.00	0.00	0.00	0.00	0.00	16.67

表 4-26　鸟类学 B 层人才排名前 20 的国家和地区的占比

单位：%

国家和地区	2012 年	2013 年	2014 年	2015 年	2016 年	2017 年	2018 年	2019 年	2020 年	2021 年	合计
美国	33.33	25.00	40.00	40.00	16.67	31.25	15.00	10.00	21.05	26.32	25.63
英国	0.00	16.67	26.67	0.00	0.00	6.25	10.00	25.00	10.53	15.79	11.88
加拿大	0.00	8.33	6.67	13.33	16.67	25.00	15.00	0.00	5.26	5.26	8.75
西班牙	5.56	8.33	0.00	6.67	16.67	0.00	0.00	10.00	15.79	5.26	6.25
巴西	5.56	16.67	0.00	6.67	0.00	0.00	0.00	0.00	10.53	10.53	5.00
澳大利亚	16.67	8.33	0.00	6.67	0.00	0.00	0.00	0.00	0.00	5.26	3.75
荷兰	5.56	8.33	0.00	6.67	0.00	0.00	5.00	5.00	5.26	0.00	3.75
瑞士	0.00	0.00	0.00	0.00	33.33	0.00	5.00	5.00	0.00	0.00	2.50
南非	0.00	0.00	0.00	6.67	0.00	0.00	0.00	10.00	5.26	0.00	2.50
芬兰	0.00	0.00	0.00	6.67	0.00	0.00	5.00	0.00	0.00	5.26	1.88
阿根廷	5.56	0.00	0.00	0.00	0.00	0.00	0.00	0.00	10.53	0.00	1.88
哥伦比亚	0.00	0.00	0.00	0.00	0.00	0.00	0.00	0.00	5.26	5.26	1.88
丹麦	0.00	8.33	0.00	0.00	0.00	6.25	0.00	0.00	5.26	0.00	1.88
意大利	0.00	0.00	0.00	0.00	0.00	6.25	5.00	0.00	0.00	0.00	1.25
肯尼亚	0.00	0.00	0.00	0.00	0.00	0.00	0.00	10.00	0.00	0.00	1.25
比利时	0.00	0.00	0.00	0.00	0.00	6.25	0.00	5.00	0.00	0.00	1.25
中国大陆	0.00	0.00	0.00	0.00	0.00	6.25	5.00	0.00	0.00	0.00	1.25
土耳其	5.56	0.00	0.00	6.67	0.00	0.00	0.00	0.00	0.00	0.00	1.25
捷克	0.00	0.00	6.67	0.00	0.00	0.00	0.00	0.00	0.00	0.00	1.25
新西兰	5.56	0.00	0.00	0.00	0.00	0.00	0.00	0.00	5.26	0.00	1.25

表 4-27　鸟类学 C 层人才排名前 20 的国家和地区的占比

单位：%

国家和地区	2012 年	2013 年	2014 年	2015 年	2016 年	2017 年	2018 年	2019 年	2020 年	2021 年	合计
美国	23.08	24.68	23.13	20.73	20.51	24.87	23.60	13.59	22.78	22.97	21.91
英国	11.24	8.86	7.48	12.20	10.26	7.61	8.99	8.70	10.13	8.11	9.36
加拿大	11.24	9.49	11.56	6.71	6.67	8.63	10.67	4.35	7.59	7.43	8.36
西班牙	4.14	5.70	4.76	2.44	4.10	4.06	6.74	2.72	2.53	6.08	4.30
澳大利亚	4.73	5.06	3.40	6.10	3.08	5.08	3.93	3.26	1.90	3.38	4.00
德国	5.33	3.16	5.44	4.27	2.56	5.58	1.12	2.72	4.43	3.38	3.77
荷兰	2.37	4.43	4.08	5.49	3.08	4.06	3.93	3.80	2.53	1.35	3.53
中国大陆	2.96	4.43	0.00	4.88	1.54	3.55	3.37	2.72	4.43	3.38	3.12
南非	1.18	2.53	6.12	4.88	1.03	1.52	3.37	1.63	1.90	6.76	2.94
法国	2.96	3.16	4.76	1.83	3.08	2.03	2.25	3.80	1.90	0.68	2.65
瑞士	3.55	0.00	4.08	2.44	3.59	2.03	2.25	2.17	3.80	2.70	2.65
瑞典	1.78	1.27	2.72	1.83	2.56	2.54	2.81	4.35	1.90	1.35	2.36
巴西	2.37	1.90	0.68	0.61	1.54	2.03	2.81	1.63	3.80	2.03	1.94
丹麦	2.37	3.16	0.68	0.00	1.54	2.03	2.81	2.17	1.90	1.35	1.83
新西兰	1.78	1.90	0.68	0.61	0.51	3.55	1.69	2.72	3.16	0.00	1.71
阿根廷	1.78	3.80	1.36	0.00	0.51	0.51	2.25	2.17	1.90	0.68	1.47
挪威	0.59	1.90	0.68	1.22	2.56	1.02	2.25	2.17	1.27	0.68	1.47
意大利	1.78	0.00	1.36	0.61	0.51	0.51	1.69	2.72	1.90	2.70	1.35
波兰	1.78	2.53	1.36	3.05	1.03	0.51	0.56	2.72	0.00	0.00	1.35
捷克	0.59	2.53	3.40	1.22	2.56	0.51	0.56	1.09	0.00	0.68	1.30

十　昆虫学

昆虫学 A、B、C 层人才最多的是美国，分别占该学科全球 A、B、C 层人才的 23.17%、21.27%、22.23%，均大幅高于其他国家和地区。

中国大陆的 A 层人才世界占比为 9.76%，排名第二；澳大利亚、法国、荷兰、英国、巴西、加拿大、德国、瑞士的 A 层人才比较多，世界占比在 9%～3%；比利时、日本、西班牙、奥地利、贝宁、哥伦比亚、克罗地亚、捷克、加蓬、新西兰也有相当数量的 A 层人才，世界占比均超过 1%。

英国、德国、中国大陆、法国、意大利、荷兰、澳大利亚、巴西、西班牙的 B 层人才比较多，世界占比在 6%~3%；瑞士、比利时、加拿大、日本、希腊、瑞典、捷克、丹麦、南非、墨西哥也有相当数量的 B 层人才，世界占比均超过 1%。

中国大陆的 C 层人才世界占比为 11.78%，排名第二，虽与美国有相当差距，但明显高于其他国家和地区；英国、德国、巴西、意大利、法国、澳大利亚、加拿大的 C 层人才比较多，世界占比在 5%~3%；西班牙、比利时、瑞士、荷兰、印度、希腊、日本、奥地利、瑞典、南非、韩国也有相当数量的 C 层人才，世界占比均超过 1%。

表 4-28　昆虫学 A 层人才排名前 20 的国家和地区的占比

单位：%

国家和地区	2012 年	2013 年	2014 年	2015 年	2016 年	2017 年	2018 年	2019 年	2020 年	2021 年	合计
美国	11.11	33.33	11.11	50.00	20.00	27.27	12.50	37.50	66.67	15.38	23.17
中国大陆	11.11	11.11	0.00	0.00	0.00	18.18	0.00	25.00	0.00	15.38	9.76
澳大利亚	0.00	11.11	22.22	0.00	10.00	9.09	12.50	12.50	0.00	0.00	8.54
法国	33.33	0.00	11.11	0.00	10.00	0.00	0.00	0.00	0.00	15.38	8.54
荷兰	11.11	11.11	0.00	0.00	0.00	9.09	12.50	0.00	0.00	7.69	6.10
英国	22.22	11.11	11.11	0.00	0.00	0.00	0.00	12.50	0.00	0.00	6.10
巴西	0.00	0.00	11.11	0.00	10.00	0.00	25.00	0.00	0.00	0.00	4.88
加拿大	11.11	11.11	0.00	0.00	0.00	9.09	0.00	0.00	33.33	0.00	4.88
德国	0.00	0.00	11.11	50.00	0.00	0.00	0.00	0.00	0.00	7.69	3.66
瑞士	0.00	0.00	11.11	0.00	0.00	9.09	12.50	0.00	0.00	0.00	3.66
比利时	0.00	0.00	0.00	0.00	10.00	0.00	12.50	0.00	0.00	0.00	2.44
日本	0.00	0.00	11.11	0.00	0.00	0.00	0.00	0.00	0.00	7.69	2.44
西班牙	0.00	0.00	0.00	0.00	0.00	0.00	12.50	0.00	0.00	7.69	2.44
奥地利	0.00	0.00	0.00	0.00	0.00	0.00	12.50	0.00	0.00	0.00	1.22
贝宁	0.00	0.00	0.00	0.00	10.00	0.00	0.00	0.00	0.00	0.00	1.22
哥伦比亚	0.00	0.00	0.00	0.00	0.00	9.09	0.00	0.00	0.00	0.00	1.22
克罗地亚	0.00	0.00	0.00	0.00	0.00	0.00	0.00	0.00	0.00	7.69	1.22
捷克	0.00	11.11	0.00	0.00	0.00	0.00	0.00	0.00	0.00	0.00	1.22
加蓬	0.00	0.00	0.00	0.00	10.00	0.00	0.00	0.00	0.00	0.00	1.22
新西兰	0.00	0.00	0.00	0.00	0.00	9.09	0.00	0.00	0.00	0.00	1.22

表 4-29　昆虫学 B 层人才排名前 20 的国家和地区的占比

单位：%

国家和地区	2012 年	2013 年	2014 年	2015 年	2016 年	2017 年	2018 年	2019 年	2020 年	2021 年	合计
美国	19.75	27.71	28.24	22.58	27.17	19.80	22.64	20.16	16.55	13.79	21.27
英国	4.94	6.02	8.24	6.45	5.43	5.94	3.77	3.23	7.91	3.45	5.49
德国	4.94	2.41	4.71	10.75	7.61	2.97	2.83	3.23	7.91	6.03	5.39
中国大陆	3.70	0.00	2.35	3.23	6.52	3.96	6.60	8.87	5.76	8.62	5.29
法国	4.94	9.64	7.06	4.30	7.61	1.98	5.66	4.84	3.60	5.17	5.29
意大利	4.94	6.02	3.53	2.15	7.61	7.92	4.72	5.65	2.16	3.45	4.71
荷兰	1.23	3.61	7.06	6.45	4.35	0.99	3.77	1.61	3.60	4.31	3.63
澳大利亚	2.47	4.82	7.06	3.23	4.35	2.97	3.77	1.61	2.88	0.00	3.14
巴西	0.00	2.41	3.53	1.08	2.17	4.95	6.60	3.23	3.60	1.72	3.04
西班牙	4.94	3.61	2.35	2.15	3.26	3.96	2.83	3.23	0.72	4.31	3.04
瑞士	4.94	3.61	2.35	1.08	5.43	4.95	2.83	1.61	1.44	2.59	2.94
比利时	4.94	2.41	1.18	3.23	2.17	3.96	1.89	1.61	4.32	0.86	2.65
加拿大	2.47	2.41	3.53	4.30	2.17	2.97	0.94	2.42	1.44	4.31	2.65
日本	1.23	2.41	0.00	2.15	2.17	1.98	0.00	1.61	2.88	0.86	1.57
希腊	1.23	0.00	0.00	0.00	1.09	1.98	4.72	1.61	1.44	2.59	1.57
瑞典	1.23	2.41	1.18	3.23	0.00	0.99	0.00	0.81	1.44	2.59	1.37
捷克	1.23	0.00	1.18	1.08	1.09	1.98	0.94	0.00	2.16	2.59	1.37
丹麦	2.47	2.41	1.18	0.00	1.09	2.97	0.94	0.81	1.44	0.00	1.27
南非	1.23	2.41	0.00	1.08	0.00	0.99	4.72	0.81	0.72	0.86	1.27
墨西哥	4.94	0.00	2.35	1.08	1.09	0.00	0.00	1.61	0.72	0.86	1.18

表 4-30　昆虫学 C 层人才排名前 20 的国家和地区的占比

单位：%

国家和地区	2012 年	2013 年	2014 年	2015 年	2016 年	2017 年	2018 年	2019 年	2020 年	2021 年	合计
美国	29.35	21.14	21.76	26.69	24.41	25.52	21.62	19.89	17.75	18.85	22.23
中国大陆	8.01	8.14	10.42	9.44	11.02	11.09	10.86	13.94	15.77	14.85	11.78
英国	4.96	5.83	6.19	5.36	5.29	5.02	6.50	4.35	3.65	3.69	4.96
德国	4.96	4.62	5.61	4.08	5.08	3.14	4.87	4.17	5.07	3.62	4.49
巴西	3.56	3.04	3.78	4.31	4.64	4.39	4.47	4.62	3.57	4.23	4.08
意大利	3.05	2.79	4.01	3.85	3.67	3.77	4.06	4.17	4.91	4.85	4.01
法国	4.45	6.08	3.67	3.50	3.89	4.18	4.06	4.26	3.57	3.00	3.99

续表

国家和地区	2012 年	2013 年	2014 年	2015 年	2016 年	2017 年	2018 年	2019 年	2020 年	2021 年	合计
澳大利亚	3.56	4.37	4.01	3.85	3.35	3.97	4.26	2.75	3.41	3.00	3.60
加拿大	3.81	3.77	3.55	3.38	3.13	3.14	2.74	2.66	2.85	2.77	3.12
西班牙	2.67	2.43	1.83	2.21	2.05	2.20	2.13	2.22	3.41	3.15	2.49
比利时	2.16	2.92	2.18	2.10	2.16	3.45	1.73	2.84	2.22	1.92	2.35
瑞士	1.27	2.31	2.63	1.75	1.73	2.09	2.13	1.95	1.74	1.62	1.91
荷兰	1.40	2.31	2.18	2.45	1.30	2.09	1.73	1.42	1.11	1.38	1.69
印度	1.14	1.46	1.83	1.17	1.51	1.05	1.32	1.33	1.90	2.54	1.58
希腊	1.14	1.70	1.37	1.52	1.19	1.67	1.32	1.95	1.58	1.92	1.57
日本	1.52	1.82	1.15	2.21	1.84	1.26	1.32	1.33	1.35	1.00	1.45
奥地利	1.14	1.70	1.37	1.05	0.76	1.67	1.12	1.33	0.79	1.77	1.27
瑞典	0.76	2.19	1.15	1.17	1.62	0.84	1.02	0.98	0.55	1.23	1.12
南非	2.03	1.94	0.69	1.05	0.97	0.73	0.91	0.71	1.19	0.85	1.07
韩国	1.02	0.97	1.37	0.70	1.08	0.52	0.81	0.80	1.98	1.00	1.05

十一 制奶和动物科学

制奶和动物科学 A、B、C 层人才最多的是美国，分别占该学科全球 A、B、C 层人才的 17.69%、18.02%、16.66%，均明显高于其他国家和地区。

意大利的 A 层人才世界占比为 10.77%，排名第二；加拿大、中国大陆、澳大利亚、埃及、法国的 A 层人才比较多，世界占比在 9%~3%；荷兰、新西兰、韩国、英国、马来西亚、丹麦、日本、挪威、奥地利、印度、伊朗、沙特阿拉伯、瑞典也有相当数量的 A 层人才，世界占比均超过 1%。

中国大陆的 B 层人才世界占比为 8.64%，排名第二；意大利、加拿大、英国、澳大利亚、法国、埃及的 B 层人才比较多，世界占比在 7%~3%；荷兰、西班牙、巴西、德国、韩国、沙特阿拉伯、丹麦、印度、爱尔兰、新西兰、比利时、芬兰也有相当数量的 B 层人才，世界占比均超过 1%。

中国大陆的 C 层人才世界占比为 11.33%，排名第二，虽与美国有相当差距，但明显高于其他国家和地区；加拿大、意大利、英国、澳大利亚、巴西、德国、法国的 C 层人才比较多，世界占比在 6%~3%；西班牙、荷兰、埃及、丹麦、韩国、伊朗、波兰、瑞士、新西兰、比利时、爱尔兰也有相当数量的 C 层人才，世界占比均超过 1%。

表 4-31　制奶和动物科学 A 层人才排名前 20 的国家和地区的占比

单位：%

国家和地区	2012 年	2013 年	2014 年	2015 年	2016 年	2017 年	2018 年	2019 年	2020 年	2021 年	合计
美国	27.27	25.00	20.00	14.29	16.67	30.77	20.00	22.22	0.00	14.29	17.69
意大利	0.00	12.50	30.00	28.57	8.33	15.38	6.67	16.67	4.55	0.00	10.77
加拿大	0.00	25.00	10.00	14.29	0.00	15.38	26.67	0.00	4.55	0.00	8.46
中国大陆	0.00	0.00	10.00	14.29	8.33	7.69	6.67	5.56	13.64	14.29	8.46
澳大利亚	18.18	12.50	0.00	0.00	0.00	0.00	0.00	5.56	9.09	7.14	5.38
埃及	0.00	0.00	0.00	0.00	0.00	0.00	0.00	0.00	9.09	28.57	4.62
法国	9.09	0.00	10.00	0.00	8.33	0.00	0.00	0.00	4.55	0.00	3.08
荷兰	0.00	12.50	0.00	14.29	0.00	0.00	0.00	5.56	0.00	0.00	2.31
新西兰	0.00	12.50	0.00	0.00	8.33	0.00	0.00	0.00	4.55	0.00	2.31
韩国	0.00	0.00	0.00	0.00	0.00	7.69	0.00	5.56	0.00	7.14	2.31
英国	0.00	0.00	0.00	0.00	0.00	0.00	0.00	11.11	4.55	0.00	2.31
马来西亚	0.00	0.00	0.00	0.00	0.00	0.00	6.67	11.11	0.00	0.00	2.31
丹麦	0.00	0.00	10.00	0.00	0.00	0.00	0.00	0.00	0.00	14.29	2.31
日本	9.09	0.00	0.00	0.00	0.00	0.00	0.00	0.00	9.09	0.00	2.31
挪威	9.09	0.00	0.00	0.00	0.00	7.69	0.00	0.00	4.55	0.00	2.31
奥地利	0.00	0.00	0.00	0.00	8.33	0.00	0.00	5.56	0.00	0.00	1.54
印度	0.00	0.00	0.00	0.00	8.33	7.69	0.00	0.00	0.00	0.00	1.54
伊朗	0.00	0.00	0.00	0.00	8.33	0.00	0.00	0.00	0.00	7.14	1.54
沙特阿拉伯	0.00	0.00	0.00	0.00	0.00	0.00	0.00	0.00	4.55	7.14	1.54
瑞典	0.00	0.00	0.00	0.00	0.00	0.00	6.67	0.00	4.55	0.00	1.54

表 4-32　制奶和动物科学 B 层人才排名前 20 的国家和地区的占比

单位：%

国家和地区	2012 年	2013 年	2014 年	2015 年	2016 年	2017 年	2018 年	2019 年	2020 年	2021 年	合计
美国	21.15	25.81	16.33	23.08	16.95	21.54	17.93	17.13	18.46	9.14	18.02
中国大陆	9.62	2.15	5.10	3.85	5.93	11.54	5.52	11.60	9.23	14.52	8.64
意大利	4.81	4.30	4.08	9.62	8.47	6.15	5.52	8.84	5.13	8.06	6.65
加拿大	17.31	6.45	3.06	1.92	6.78	7.69	8.97	4.42	2.56	4.84	6.06

续表

国家和地区	2012 年	2013 年	2014 年	2015 年	2016 年	2017 年	2018 年	2019 年	2020 年	2021 年	合计
英国	1.92	4.30	10.20	5.77	8.47	6.15	4.83	5.52	3.59	2.15	5.02
澳大利亚	6.73	4.30	11.22	3.85	5.08	1.54	4.14	5.52	3.08	3.76	4.65
法国	2.88	5.38	6.12	3.85	5.08	2.31	4.14	4.97	3.08	1.08	3.69
埃及	0.00	0.00	1.02	0.00	0.00	0.00	0.69	1.66	9.23	11.83	3.32
荷兰	1.92	6.45	3.06	2.88	3.39	3.08	4.14	2.76	2.05	0.00	2.73
西班牙	5.77	1.08	0.00	4.81	3.39	2.31	1.38	2.76	2.56	2.15	2.58
巴西	1.92	0.00	2.04	3.85	4.24	3.85	3.45	1.10	2.56	2.15	2.51
德国	5.77	3.23	1.02	4.81	0.85	3.85	2.76	2.21	2.05	0.00	2.44
韩国	0.96	4.30	3.06	0.96	0.00	0.77	4.14	1.10	4.62	2.15	2.29
沙特阿拉伯	0.00	0.00	0.00	1.92	0.00	1.54	0.69	0.00	5.64	6.45	2.07
丹麦	2.88	2.15	3.06	2.88	3.39	3.08	1.38	1.10	1.54	1.08	2.07
印度	0.00	3.23	2.04	1.92	2.54	1.54	3.45	2.76	1.03	1.61	1.99
爱尔兰	0.96	1.08	2.04	1.92	3.39	2.31	4.14	2.21	0.00	0.54	1.77
新西兰	1.92	6.45	4.08	0.00	1.69	2.31	0.69	1.10	0.51	0.54	1.62
比利时	2.88	2.15	3.06	2.88	1.69	1.54	0.69	1.10	1.03	0.54	1.55
芬兰	0.00	2.15	1.02	0.00	2.54	2.31	1.38	2.76	1.54	0.54	1.48

表 4-33　制奶和动物科学 C 层人才排名前 20 的国家和地区的占比

单位：%

国家和地区	2012 年	2013 年	2014 年	2015 年	2016 年	2017 年	2018 年	2019 年	2020 年	2021 年	合计
美国	20.10	20.96	19.12	19.49	15.26	18.73	18.31	14.91	13.45	12.60	16.66
中国大陆	5.05	6.84	6.55	7.59	7.76	11.04	12.14	14.18	16.16	16.01	11.33
加拿大	7.67	5.56	6.34	6.43	6.05	5.52	6.10	4.55	4.21	3.70	5.37
意大利	3.01	4.49	4.19	3.58	4.26	3.66	5.28	6.73	6.39	6.47	5.09
英国	4.66	4.81	5.48	5.37	4.77	5.45	5.69	3.88	3.38	3.87	4.60
澳大利亚	5.44	4.81	5.91	5.37	5.29	3.88	4.46	3.76	3.79	4.34	4.54
巴西	2.91	3.85	5.37	4.53	3.92	5.45	4.12	3.52	2.60	3.35	3.84
德国	4.17	3.96	3.22	4.11	3.50	2.99	3.29	4.00	3.64	2.77	3.52
法国	5.24	5.13	3.87	3.69	3.92	3.13	3.64	2.79	2.44	1.79	3.34
西班牙	4.27	3.74	3.76	2.42	2.90	2.31	1.78	2.79	3.22	3.12	2.97
荷兰	3.88	3.53	3.97	3.37	4.01	2.16	2.74	2.24	2.23	2.14	2.86
埃及	0.58	1.28	1.40	1.26	1.62	2.54	3.02	2.79	3.38	4.57	2.52

国家和地区	2012 年	2013 年	2014 年	2015 年	2016 年	2017 年	2018 年	2019 年	2020 年	2021 年	合计
丹麦	3.40	2.99	2.15	2.63	2.22	2.24	1.71	2.00	1.87	1.27	2.13
韩国	1.94	2.46	2.15	2.32	1.71	2.01	1.71	1.94	1.77	2.77	2.07
伊朗	2.04	1.82	2.15	1.69	1.45	2.54	1.92	1.76	1.40	1.45	1.78
波兰	1.46	1.18	1.18	1.05	2.05	1.72	1.58	1.70	2.39	2.08	1.73
瑞士	0.68	2.03	2.58	2.21	2.47	1.34	1.44	2.12	1.40	1.10	1.68
新西兰	1.75	2.14	2.26	2.00	1.79	2.01	0.89	1.45	1.25	1.16	1.58
比利时	1.75	1.93	1.93	1.90	2.13	1.94	1.23	1.39	1.09	0.92	1.53
爱尔兰	1.75	0.75	2.58	1.37	1.79	1.34	1.99	1.82	1.14	0.98	1.52

十二　生物物理学

生物物理学 A、B、C 层人才最多的是美国，分别占该学科全球 A、B、C 层人才的 29.63%、21.21%、20.46%；中国大陆排名第二，A、B、C 层人才占比分别为 14.81%、13.99%、20.14%，虽与美国有差距，但明显高于其他国家和地区。

英国、德国、印度、法国的 A 层人才比较多，世界占比在 9%~3%；澳大利亚、加拿大、日本、瑞士、丹麦、荷兰、西班牙、瑞典、沙特阿拉伯、马来西亚、意大利、斯洛文尼亚、韩国、土耳其也有相当数量的 A 层人才，世界占比均超过 1%。

英国、印度、德国的 B 层人才比较多，世界占比在 8%~5%；法国、意大利、加拿大、荷兰、韩国、瑞士、日本、澳大利亚、西班牙、伊朗、瑞典、波兰、沙特阿拉伯、以色列、奥地利也有相当数量的 B 层人才，世界占比均超过 1%。

英国、德国、印度、意大利、法国的 C 层人才比较多，世界占比在 6%~3%；日本、韩国、加拿大、西班牙、荷兰、伊朗、澳大利亚、瑞士、巴西、瑞典、沙特阿拉伯、葡萄牙、俄罗斯也有相当数量的 C 层人才，世界占比超过或接近 1%。

表 4-34 生物物理学 A 层人才排名前 20 的国家和地区的占比

单位：%

国家和地区	2012 年	2013 年	2014 年	2015 年	2016 年	2017 年	2018 年	2019 年	2020 年	2021 年	合计
美国	31.82	37.50	44.44	37.04	24.00	37.04	24.00	22.73	24.00	5.26	29.63
中国大陆	18.18	8.33	14.81	11.11	16.00	11.11	20.00	4.55	24.00	21.05	14.81
英国	4.55	8.33	0.00	11.11	20.00	7.41	16.00	9.09	8.00	0.00	8.64
德国	4.55	8.33	3.70	7.41	8.00	3.70	8.00	4.55	0.00	5.26	5.35
印度	0.00	4.17	0.00	0.00	0.00	7.41	4.00	4.55	20.00	0.00	4.12
法国	4.55	4.17	3.70	0.00	0.00	0.00	8.00	13.64	0.00	0.00	3.29
澳大利亚	4.55	4.17	7.41	3.70	0.00	0.00	0.00	0.00	4.00	0.00	2.47
加拿大	9.09	0.00	0.00	0.00	0.00	7.41	0.00	0.00	0.00	5.26	2.06
日本	9.09	4.17	0.00	3.70	0.00	0.00	0.00	0.00	0.00	0.00	2.06
瑞士	4.55	0.00	0.00	0.00	4.00	3.70	4.00	0.00	4.00	0.00	2.06
丹麦	0.00	4.17	3.70	0.00	4.00	0.00	0.00	4.55	0.00	0.00	1.65
荷兰	4.55	0.00	0.00	0.00	0.00	3.70	0.00	4.55	0.00	0.00	1.65
西班牙	0.00	4.17	0.00	7.41	4.00	0.00	0.00	0.00	0.00	0.00	1.65
瑞典	0.00	0.00	3.70	0.00	4.00	3.70	0.00	0.00	0.00	0.00	1.65
沙特阿拉伯	0.00	0.00	0.00	3.70	0.00	0.00	0.00	0.00	4.00	5.26	1.23
马来西亚	0.00	0.00	3.70	3.70	0.00	0.00	0.00	4.55	0.00	0.00	1.23
意大利	0.00	4.17	0.00	0.00	0.00	0.00	0.00	0.00	0.00	5.26	1.23
斯洛文尼亚	4.55	0.00	0.00	0.00	0.00	0.00	0.00	9.09	0.00	0.00	1.23
韩国	0.00	0.00	3.70	0.00	0.00	0.00	4.00	0.00	4.00	0.00	1.23
土耳其	0.00	0.00	0.00	0.00	4.00	0.00	0.00	0.00	0.00	10.53	1.23

表 4-35 生物物理学 B 层人才排名前 20 的国家和地区的占比

单位：%

国家和地区	2012 年	2013 年	2014 年	2015 年	2016 年	2017 年	2018 年	2019 年	2020 年	2021 年	合计
美国	30.29	27.51	28.03	22.04	19.91	23.40	14.04	15.38	12.88	18.88	21.21
中国大陆	4.33	7.42	11.30	12.24	12.83	18.72	15.79	20.94	11.59	25.51	13.99
英国	11.06	7.86	6.69	7.35	7.96	8.09	5.26	8.12	4.72	4.59	7.17
印度	1.92	6.55	3.77	2.45	4.42	5.53	8.77	8.12	9.87	5.61	5.72
德国	9.62	6.55	6.28	6.12	5.31	4.26	4.39	3.42	3.43	6.12	5.50
法国	4.81	3.49	2.93	3.27	3.54	2.98	1.75	2.14	3.43	1.02	2.95
意大利	2.40	1.31	4.60	2.45	3.98	2.55	2.19	2.56	3.43	4.08	2.95
加拿大	4.81	1.75	2.09	5.71	2.21	0.85	2.19	1.71	1.72	4.08	2.68

续表

国家和地区	2012年	2013年	2014年	2015年	2016年	2017年	2018年	2019年	2020年	2021年	合计
荷兰	0.96	2.18	5.44	2.04	2.65	2.98	2.19	2.56	3.43	2.04	2.68
韩国	1.92	2.62	1.26	2.04	2.65	0.43	3.95	3.85	4.29	3.57	2.64
瑞士	2.88	3.49	1.26	1.22	3.98	2.98	3.07	2.14	2.58	3.06	2.64
日本	0.96	3.49	3.77	4.08	4.42	1.28	1.32	1.71	2.58	0.00	2.42
澳大利亚	2.40	4.80	2.09	2.04	2.21	1.70	1.32	2.99	1.29	2.04	2.29
西班牙	1.44	2.18	3.35	2.04	1.77	2.13	2.63	1.71	3.00	2.04	2.24
伊朗	0.00	2.18	1.26	0.82	2.21	1.70	1.75	1.71	2.58	2.04	1.63
瑞典	1.92	2.62	1.26	2.45	2.21	0.85	1.75	0.43	1.72	0.51	1.58
波兰	2.40	0.87	0.84	1.63	0.00	2.13	1.32	1.71	2.15	0.51	1.36
沙特阿拉伯	0.48	0.00	0.42	1.22	1.33	0.85	3.51	1.71	1.72	1.53	1.28
以色列	1.92	1.31	0.84	1.22	2.21	0.85	0.44	1.28	0.86	0.00	1.10
奥地利	1.92	0.00	0.42	1.22	1.33	1.28	1.75	0.43	0.86	1.02	1.01

表4-36　生物物理学C层人才排名前20的国家和地区的占比

单位：%

国家和地区	2012年	2013年	2014年	2015年	2016年	2017年	2018年	2019年	2020年	2021年	合计
美国	28.98	25.30	24.73	22.26	19.57	18.08	16.79	15.60	16.08	16.72	20.46
中国大陆	10.24	15.95	15.53	19.84	20.51	25.08	26.95	25.26	19.32	22.53	20.14
英国	6.11	5.51	5.39	6.13	6.16	5.41	5.76	5.73	5.77	4.92	5.70
德国	7.55	6.17	6.50	6.67	5.80	4.42	4.45	3.89	4.50	3.73	5.40
印度	2.83	4.41	3.98	3.46	4.23	4.72	3.72	5.55	7.12	6.22	4.59
意大利	2.58	3.26	3.19	3.29	3.15	3.95	3.18	2.84	2.79	2.79	3.12
法国	4.37	3.48	3.31	3.33	2.74	2.58	2.22	3.15	2.39	2.43	3.01
日本	3.98	2.86	3.48	3.50	2.79	2.23	2.86	2.36	2.48	2.67	2.92
韩国	2.34	2.69	2.57	3.21	2.74	3.05	3.04	2.88	2.52	3.62	2.85
加拿大	3.43	3.13	2.98	2.72	2.97	2.19	1.81	2.14	1.53	2.67	2.55
西班牙	2.04	2.47	2.15	2.18	2.11	2.15	1.77	1.84	2.52	2.43	2.16
荷兰	2.34	2.42	2.32	1.98	1.71	1.93	1.36	2.01	2.03	1.96	2.01
伊朗	1.14	1.32	1.37	1.32	2.16	1.85	3.22	2.97	2.70	1.96	2.00
澳大利亚	1.99	1.81	2.44	1.69	2.47	1.59	2.09	2.10	1.62	1.84	1.97
瑞士	1.94	1.85	1.49	1.36	0.81	1.89	1.18	1.18	1.17	1.13	1.40

续表

国家和地区	2012 年	2013 年	2014 年	2015 年	2016 年	2017 年	2018 年	2019 年	2020 年	2021 年	合计
巴西	0.94	1.10	1.08	1.03	1.53	1.42	1.27	1.57	1.22	1.24	1.24
瑞典	1.34	1.45	1.20	0.91	1.48	1.20	1.32	1.09	1.17	0.77	1.20
沙特阿拉伯	0.35	0.40	0.50	0.70	1.17	1.03	0.77	0.96	2.21	1.60	0.95
葡萄牙	0.99	1.32	1.28	0.74	0.90	0.73	0.68	1.01	0.54	1.07	0.92
俄罗斯	0.99	0.79	0.58	0.82	0.99	0.99	0.68	1.09	0.99	1.07	0.89

十三 生物化学和分子生物学

生物化学和分子生物学 A、B、C 层人才最多的是美国，分别占该学科全球 A、B、C 层人才的 29.55%、30.16%、25.89%，均大幅高于其他国家和地区。

英国的 A 层人才世界占比为 10.42%，排名第二；德国、中国大陆、瑞士、法国、加拿大的 A 层人才比较多，世界占比在 8%~3%；荷兰、瑞典、澳大利亚、西班牙、丹麦、奥地利、意大利、日本、以色列、比利时、挪威、韩国、巴西也有相当数量的 A 层人才，世界占比超过或接近 1%。

中国大陆、英国的 B 层人才世界占比分别为 8.50%、8.33%，分列第二、三位；德国、加拿大、法国的 B 层人才比较多，世界占比在 7%~3%；澳大利亚、荷兰、意大利、瑞士、日本、西班牙、瑞典、丹麦、韩国、比利时、以色列、印度、奥地利、新加坡也有相当数量的 B 层人才，世界占比超过或接近 1%。

中国大陆的 C 层人才世界占比为 11.01%，排名第二，虽与美国有相当差距，但明显高于其他国家和地区；英国、德国、法国、意大利、日本、加拿大的 C 层人才比较多，世界占比在 8%~3%；澳大利亚、西班牙、瑞士、荷兰、印度、韩国、瑞典、丹麦、比利时、波兰、伊朗、沙特阿拉伯也有相当数量的 C 层人才，世界占比超过或接近 1%。

表4-37　生物化学和分子生物学 A 层人才排名前 20 的国家和地区的占比

单位：%

国家和地区	2012年	2013年	2014年	2015年	2016年	2017年	2018年	2019年	2020年	2021年	合计
美国	32.41	34.29	40.78	34.26	26.36	37.84	25.00	26.72	21.83	22.07	29.55
英国	9.26	6.67	11.65	7.41	6.36	9.91	9.26	11.45	12.68	16.55	10.42
德国	6.48	8.57	5.83	9.26	8.18	9.01	6.48	8.40	4.23	6.90	7.26
中国大陆	3.70	3.81	3.88	5.56	9.09	8.11	5.56	3.05	16.90	0.69	6.15
瑞士	4.63	4.76	2.91	5.56	4.55	3.60	3.70	8.40	2.82	5.52	4.70
法国	5.56	2.86	3.88	0.93	5.45	1.80	4.63	2.29	4.93	2.07	3.42
加拿大	0.93	2.86	3.88	1.85	5.45	3.60	6.48	3.05	3.52	2.07	3.33
荷兰	2.78	2.86	2.91	3.70	3.64	2.70	1.85	3.82	2.11	2.76	2.90
瑞典	3.70	1.90	5.83	2.78	2.73	1.80	2.78	3.05	1.41	2.76	2.82
澳大利亚	2.78	2.86	0.97	5.56	0.91	1.80	2.78	1.53	5.63	2.07	2.73
西班牙	4.63	1.90	0.97	1.85	1.82	2.70	1.85	5.34	2.11	0.00	2.31
丹麦	0.93	1.90	1.94	2.78	2.73	3.60	0.93	3.05	2.11	1.38	2.13
奥地利	2.78	5.71	0.00	0.93	2.73	0.00	1.85	3.05	2.82	0.69	2.05
意大利	0.93	2.86	2.91	0.93	1.82	1.80	0.93	3.05	2.11	4.14	1.96
日本	3.70	1.90	2.91	0.93	2.73	2.70	1.85	2.29	0.00	1.38	1.96
以色列	0.93	0.00	2.91	2.78	1.82	2.70	2.78	1.53	0.70	0.69	1.62
比利时	0.93	0.00	0.97	0.93	1.82	0.90	1.85	0.76	0.00	1.38	0.94
挪威	1.85	2.86	0.97	0.00	0.00	0.00	0.93	1.53	0.70	0.69	0.94
韩国	0.93	0.00	0.00	1.85	0.91	0.00	0.00	0.76	1.41	2.07	0.85
巴西	0.93	0.95	0.00	0.00	2.73	0.90	0.93	0.00	0.00	2.07	0.85

表4-38　生物化学和分子生物学 B 层人才排名前 20 的国家和地区的占比

单位：%

国家和地区	2012年	2013年	2014年	2015年	2016年	2017年	2018年	2019年	2020年	2021年	合计
美国	34.70	35.80	35.77	33.37	31.57	31.15	29.51	26.89	23.73	23.87	30.16
中国大陆	3.49	5.45	5.26	5.32	6.47	8.42	8.18	12.97	14.64	11.17	8.50
英国	8.73	9.26	8.66	9.52	8.17	7.93	8.47	6.36	7.36	9.26	8.33
德国	6.57	5.97	7.73	6.65	7.97	7.05	5.88	7.22	5.17	6.12	6.59
加拿大	4.11	2.78	4.33	4.61	3.19	3.43	3.09	3.18	3.21	3.21	3.49
法国	4.31	3.09	2.89	3.58	3.88	3.53	3.09	3.09	3.13	3.21	3.36
澳大利亚	2.05	3.60	2.89	3.07	2.49	3.53	2.59	3.26	2.66	3.44	2.97

国家和地区	2012 年	2013 年	2014 年	2015 年	2016 年	2017 年	2018 年	2019 年	2020 年	2021 年	合计
荷兰	4.00	2.47	2.99	1.84	2.69	3.04	3.19	2.49	2.51	2.60	2.77
意大利	2.36	2.88	2.68	2.05	2.59	2.06	1.79	2.66	3.52	3.29	2.63
瑞士	2.67	2.16	2.99	2.56	2.99	3.33	2.89	2.41	2.27	2.30	2.63
日本	2.98	3.60	2.78	2.56	1.99	2.55	2.29	2.49	2.82	1.61	2.54
西班牙	2.57	2.78	2.68	2.25	2.99	2.55	1.79	2.49	2.04	1.99	2.39
瑞典	1.54	1.85	2.58	2.46	2.39	2.35	2.19	2.06	1.88	2.45	2.17
丹麦	1.64	1.85	1.03	1.33	1.69	2.15	2.39	0.95	1.64	0.99	1.55
韩国	1.64	1.13	1.34	1.33	1.29	1.27	1.89	1.37	1.41	1.76	1.45
比利时	1.95	1.54	1.24	0.92	1.29	1.37	2.19	1.29	1.17	1.53	1.44
以色列	0.62	1.34	1.55	1.43	1.99	1.57	1.00	1.72	1.10	1.30	1.36
印度	1.13	0.72	1.34	1.02	0.50	0.69	1.00	2.15	1.64	1.84	1.25
奥地利	1.03	0.72	0.52	1.84	1.49	0.98	1.30	0.69	0.63	0.77	0.97
新加坡	1.23	0.82	1.03	0.61	0.60	0.69	1.10	0.60	0.70	0.69	0.80

表 4-39 生物化学和分子生物学 C 层人才排名前 20 的国家和地区的占比

单位：%

国家和地区	2012 年	2013 年	2014 年	2015 年	2016 年	2017 年	2018 年	2019 年	2020 年	2021 年	合计
美国	32.61	32.13	31.30	30.10	26.77	26.75	24.83	21.55	19.99	17.70	25.89
中国大陆	6.32	7.29	7.74	8.19	8.93	11.91	14.18	15.35	13.98	13.70	11.01
英国	7.87	8.18	8.06	8.15	8.35	7.24	7.06	6.11	6.09	5.66	7.18
德国	7.84	7.60	7.13	7.25	7.23	6.64	6.04	5.89	5.53	5.53	6.60
法国	4.60	4.16	3.86	4.13	4.13	3.87	3.33	3.20	2.94	2.92	3.66
意大利	2.61	3.26	2.62	2.73	2.96	3.08	3.39	3.69	4.36	4.82	3.42
日本	4.36	3.90	3.40	3.30	3.23	3.09	2.70	2.86	2.36	2.59	3.14
加拿大	3.47	3.71	3.74	3.45	3.54	3.13	2.85	2.52	2.60	2.37	3.09
澳大利亚	2.37	2.66	2.95	2.79	2.85	2.68	2.61	2.68	2.62	2.41	2.65
西班牙	2.70	2.06	2.45	2.47	2.38	2.41	2.52	2.31	2.73	2.59	2.47
瑞士	2.46	2.76	2.35	2.37	2.34	2.17	2.16	2.16	1.96	1.76	2.23
荷兰	2.51	2.57	2.64	2.19	2.24	2.07	2.14	1.97	1.87	1.71	2.16
印度	1.24	1.20	1.52	1.76	1.97	1.99	1.90	2.39	3.43	3.31	2.14
韩国	1.72	1.55	1.92	1.62	1.83	1.85	1.94	2.09	2.15	2.10	1.89
瑞典	1.61	1.52	1.60	1.70	1.82	1.37	1.64	1.63	1.57	1.30	1.57

国家和地区	2012 年	2013 年	2014 年	2015 年	2016 年	2017 年	2018 年	2019 年	2020 年	2021 年	合计
丹麦	1.07	1.38	1.23	1.23	1.34	1.14	1.10	1.21	1.18	1.14	1.20
比利时	1.44	1.30	1.28	1.37	1.18	0.98	0.84	0.87	0.98	0.96	1.11
波兰	0.70	0.56	0.54	0.71	0.85	0.78	0.84	1.30	1.51	1.83	1.00
伊朗	0.24	0.30	0.31	0.44	0.50	0.78	1.38	1.59	1.92	1.75	0.98
沙特阿拉伯	0.33	0.28	0.54	0.76	0.94	0.94	0.78	0.97	1.34	2.11	0.95

十四 生物化学研究方法

生物化学研究方法 A、B、C 层人才最多的国家是美国，分别占该学科全球 A、B、C 层人才的 34.41%、29.37%、27.37%，均遥遥领先于其他国家和地区。

德国、英国、澳大利亚的 A 层人才属于第二梯队，世界占比在 11%~6%；中国大陆、法国、加拿大、瑞典、瑞士、西班牙、日本的 A 层人才比较多，世界占比在 5%~2%；比利时、中国香港、俄罗斯、荷兰、巴西、新加坡、意大利、新西兰、捷克也有相当数量的 A 层人才，世界占比超过或接近 1%。

中国大陆、德国、英国的 B 层人才有较大优势，世界占比在 10%~8%；加拿大、瑞士、澳大利亚、荷兰、法国、丹麦的 B 层人才比较多，世界占比在 4%~2%；意大利、韩国、西班牙、日本、比利时、奥地利、瑞典、沙特阿拉伯、新加坡、芬兰也有相当数量的 B 层人才，世界占比均超过 1%。

中国大陆的 C 层人才世界占比为 11.65%，排名第二，虽与美国有相当差距，但明显高于其他国家和地区；德国、英国、加拿大、法国、瑞士的 C 层人才比较多，世界占比在 8%~3%；意大利、西班牙、澳大利亚、荷兰、日本、韩国、瑞典、丹麦、比利时、印度、奥地利、新加坡、伊朗也有相当数量的 C 层人才，世界占比超过或接近 1%。

表 4-40　生物化学研究方法 A 层人才排名前 20 的国家和地区的占比

单位：%

国家和地区	2012 年	2013 年	2014 年	2015 年	2016 年	2017 年	2018 年	2019 年	2020 年	2021 年	合计
美国	45.83	43.48	21.74	26.92	44.44	46.43	51.85	23.53	14.81	20.00	34.41
德国	8.33	8.70	21.74	11.54	22.22	10.71	3.70	11.76	3.70	8.00	10.93
英国	0.00	8.70	13.04	11.54	11.11	0.00	11.11	17.65	14.81	12.00	9.72
澳大利亚	8.33	4.35	13.04	3.85	0.00	10.71	0.00	5.88	7.41	8.00	6.07
中国大陆	0.00	0.00	0.00	7.69	0.00	3.57	7.41	5.88	3.70	16.00	4.45
法国	8.33	0.00	0.00	0.00	0.00	3.57	3.70	11.76	0.00	0.00	2.83
加拿大	0.00	0.00	4.35	0.00	0.00	10.71	0.00	0.00	7.41	4.00	2.83
瑞典	0.00	8.70	13.04	0.00	3.70	0.00	0.00	5.88	0.00	0.00	2.83
瑞士	8.33	0.00	4.35	7.69	0.00	0.00	0.00	5.88	0.00	0.00	2.83
西班牙	4.17	4.35	0.00	0.00	7.41	3.57	0.00	0.00	3.70	0.00	2.43
日本	0.00	0.00	0.00	7.69	0.00	0.00	3.70	5.88	3.70	4.00	2.43
比利时	0.00	4.35	0.00	0.00	0.00	3.57	3.70	0.00	3.70	0.00	1.62
中国香港	4.17	0.00	0.00	7.69	0.00	0.00	0.00	0.00	3.70	0.00	1.62
俄罗斯	4.17	4.35	0.00	0.00	0.00	0.00	3.70	0.00	3.70	0.00	1.62
荷兰	0.00	0.00	0.00	3.85	0.00	0.00	0.00	0.00	3.70	4.00	1.21
巴西	0.00	4.35	0.00	3.85	0.00	0.00	0.00	0.00	3.70	0.00	1.21
新加坡	4.17	0.00	0.00	3.85	3.70	0.00	0.00	0.00	0.00	0.00	1.21
意大利	0.00	4.35	0.00	0.00	3.70	0.00	3.70	0.00	0.00	0.00	1.21
新西兰	4.17	0.00	4.35	0.00	0.00	0.00	0.00	5.88	0.00	0.00	1.21
捷克	0.00	0.00	0.00	0.00	0.00	0.00	0.00	0.00	3.70	4.00	0.81

表 4-41　生物化学研究方法 B 层人才排名前 20 的国家和地区的占比

单位：%

国家和地区	2012 年	2013 年	2014 年	2015 年	2016 年	2017 年	2018 年	2019 年	2020 年	2021 年	合计
美国	36.00	35.71	34.84	29.57	33.47	27.56	29.08	26.37	20.26	21.99	29.37
中国大陆	8.00	5.24	5.33	3.48	7.02	10.63	12.35	10.99	16.30	19.50	9.97
德国	12.00	8.10	8.20	7.83	8.68	8.66	9.56	9.16	7.49	7.05	8.68
英国	10.22	8.10	7.38	10.87	10.33	7.87	8.76	6.59	7.93	5.39	8.30
加拿大	4.00	2.38	4.51	3.48	3.31	5.51	4.38	4.40	3.52	3.73	3.96
瑞士	3.56	2.86	3.69	3.48	2.48	3.54	1.20	4.03	4.85	3.73	3.34
澳大利亚	1.78	2.38	2.87	3.48	2.89	4.72	2.79	3.30	2.64	2.49	2.96
荷兰	1.33	2.86	2.46	3.48	3.31	3.15	3.19	2.93	3.52	2.49	2.88

续表

国家和地区	2012 年	2013 年	2014 年	2015 年	2016 年	2017 年	2018 年	2019 年	2020 年	2021 年	合计
法国	2.67	3.81	2.87	4.35	0.83	2.36	3.98	4.03	1.32	2.07	2.84
丹麦	1.33	1.90	2.05	2.61	0.41	1.57	3.59	2.20	3.52	1.24	2.04
意大利	2.67	1.90	0.82	2.61	2.48	0.39	1.59	1.10	2.64	3.73	1.96
韩国	0.44	2.86	1.64	2.17	1.65	1.57	0.40	1.47	2.20	2.90	1.71
西班牙	1.33	2.38	1.23	2.17	1.65	2.76	1.20	1.47	1.76	0.83	1.67
日本	0.89	0.48	0.82	2.61	2.07	1.97	0.80	2.20	2.20	2.07	1.63
比利时	0.89	0.48	2.05	3.04	1.24	0.79	0.80	2.20	1.32	1.66	1.46
奥地利	1.33	0.95	4.10	0.87	0.00	2.36	1.99	0.73	0.88	0.83	1.42
瑞典	1.78	2.38	2.87	0.87	0.83	0.39	1.59	1.10	0.44	1.66	1.38
沙特阿拉伯	0.00	1.43	2.05	0.87	4.13	0.79	1.20	0.37	0.88	0.41	1.21
新加坡	0.44	0.48	1.23	1.30	2.07	1.97	0.40	1.47	1.32	0.41	1.13
芬兰	1.33	1.43	1.23	0.87	0.83	1.57	1.59	0.73	0.44	0.83	1.08

表 4-42　生物化学研究方法 C 层人才排名前 20 的国家和地区的占比

单位：%

国家和地区	2012 年	2013 年	2014 年	2015 年	2016 年	2017 年	2018 年	2019 年	2020 年	2021 年	合计
美国	31.16	30.36	30.92	29.66	28.35	28.81	27.14	24.27	22.82	20.29	27.37
中国大陆	7.31	7.90	8.34	8.06	10.71	12.19	13.61	13.18	16.17	18.68	11.65
德国	8.67	8.05	8.47	9.26	8.86	6.61	7.07	6.59	6.81	6.03	7.63
英国	7.39	7.23	6.70	6.43	7.43	6.21	6.38	5.76	6.27	6.53	6.62
加拿大	3.52	3.28	3.45	3.56	3.00	3.17	3.25	3.67	2.80	3.45	3.31
法国	3.30	3.23	3.16	3.43	3.69	2.97	3.13	3.12	2.97	2.62	3.16
瑞士	3.13	3.37	2.82	3.51	2.75	3.64	2.93	3.08	3.30	2.25	3.08
意大利	2.99	3.28	2.65	2.79	3.08	2.93	2.80	2.72	3.26	3.31	2.97
西班牙	3.08	3.47	3.75	3.43	2.83	2.84	2.33	3.04	2.21	2.16	2.91
澳大利亚	2.68	2.31	2.40	2.36	2.63	2.97	3.01	3.59	2.93	4.14	2.91
荷兰	2.86	3.23	2.74	2.74	2.91	2.22	2.72	3.28	2.38	2.16	2.72
日本	2.95	2.07	1.98	2.10	1.68	1.82	1.99	2.05	2.05	1.75	2.04
韩国	2.16	1.20	1.81	1.97	2.01	2.06	2.07	1.62	1.96	1.20	1.82
瑞典	2.16	1.69	1.94	1.54	1.76	1.78	1.71	1.74	1.46	1.24	1.70
丹麦	1.63	1.20	1.68	1.59	1.35	1.58	1.99	1.78	1.34	1.24	1.55
比利时	0.97	1.73	1.73	2.01	1.11	1.07	1.50	1.50	0.92	1.93	1.44
印度	0.75	0.82	1.05	0.94	0.66	1.19	1.10	1.78	1.92	2.30	1.25

续表

国家和地区	2012 年	2013 年	2014 年	2015 年	2016 年	2017 年	2018 年	2019 年	2020 年	2021 年	合计
奥地利	1.41	1.64	1.52	1.29	1.19	1.19	0.89	0.83	1.21	0.97	1.20
新加坡	1.54	1.20	1.10	0.90	1.27	1.23	1.02	1.14	0.79	1.06	1.12
伊朗	0.62	0.67	0.55	0.69	1.15	1.07	1.10	1.10	1.63	1.06	0.97

十五 遗传学和遗传性

遗传学和遗传性 A、B、C 层人才最多的是美国,分别占该学科全球 A、B、C 层人才的 15.33%、18.36%、23.42%,均显著高于其他国家和地区。

英国、德国、澳大利亚、西班牙、加拿大、瑞士、荷兰、意大利的 A 层人才比较多,世界占比在 7%~3%;日本、瑞典、丹麦、芬兰、奥地利、中国大陆、法国、挪威、比利时、沙特阿拉伯、以色列也有相当数量的 A 层人才,世界占比均超过 1%。

英国、德国、中国大陆、澳大利亚、加拿大、荷兰、瑞典、法国、西班牙的 B 层人才比较多,世界占比在 9%~3%;意大利、瑞士、丹麦、芬兰、日本、挪威、奥地利、韩国、爱沙尼亚、新加坡也有相当数量的 B 层人才,世界占比均超过 1%。

英国、中国大陆、德国、法国、加拿大、澳大利亚、荷兰、意大利的 C 层人才比较多,世界占比在 9%~3%;西班牙、瑞典、日本、瑞士、丹麦、比利时、芬兰、奥地利、挪威、巴西、以色列也有相当数量的 C 层人才,世界占比超过或接近 1%。

表 4-43 遗传学和遗传性 A 层人才排名前 20 的国家和地区的占比

单位:%

国家和地区	2012 年	2013 年	2014 年	2015 年	2016 年	2017 年	2018 年	2019 年	2020 年	2021 年	合计
美国	17.86	24.14	11.90	7.69	18.75	33.33	12.82	13.21	9.68	6.38	15.33
英国	10.71	6.90	2.38	5.13	10.42	7.14	5.13	7.55	9.68	4.26	6.78
德国	3.57	6.90	4.76	2.56	4.17	7.14	7.69	5.66	6.45	4.26	5.28

续表

国家和地区	2012 年	2013 年	2014 年	2015 年	2016 年	2017 年	2018 年	2019 年	2020 年	2021 年	合计
澳大利亚	3.57	3.45	4.76	5.13	4.17	4.76	5.13	3.77	12.90	2.13	4.77
西班牙	7.14	6.90	2.38	5.13	4.17	4.76	2.56	3.77	9.68	4.26	4.77
加拿大	3.57	3.45	2.38	5.13	6.25	4.76	2.56	3.77	3.23	2.13	3.77
瑞士	3.57	3.45	2.38	5.13	2.08	4.76	5.13	3.77	3.23	4.26	3.77
荷兰	3.57	3.45	2.38	5.13	2.08	4.76	5.13	5.66	0.00	2.13	3.52
意大利	3.57	3.45	4.76	2.56	6.25	0.00	2.56	1.89	6.45	2.13	3.27
日本	3.57	10.34	2.38	0.00	2.08	0.00	5.13	1.89	0.00	4.26	2.76
瑞典	0.00	3.45	2.38	0.00	6.25	0.00	0.00	5.66	3.23	2.13	2.51
丹麦	3.57	0.00	2.38	2.56	0.00	4.76	2.56	3.77	3.23	2.13	2.51
芬兰	0.00	0.00	2.38	0.00	6.25	0.00	0.00	5.66	6.45	2.13	2.51
奥地利	0.00	3.45	2.38	2.56	4.17	0.00	2.56	1.89	3.23	2.13	2.26
中国大陆	7.14	0.00	2.38	2.56	2.08	2.38	2.56	1.89	0.00	2.13	2.26
法国	3.57	6.90	2.38	2.56	0.00	2.38	2.56	1.89	0.00	2.13	2.26
挪威	0.00	3.45	2.38	0.00	2.08	0.00	5.13	3.77	3.23	2.13	2.26
比利时	0.00	3.45	2.38	0.00	0.00	2.38	5.13	3.77	0.00	2.13	2.01
沙特阿拉伯	0.00	3.45	0.00	2.56	4.17	0.00	5.13	0.00	0.00	2.13	1.76
以色列	3.57	0.00	2.38	2.56	0.00	2.38	5.13	0.00	3.23	0.00	1.76

表 4-44　遗传学和遗传性 B 层人才排名前 20 的国家和地区的占比

单位：%

国家和地区	2012 年	2013 年	2014 年	2015 年	2016 年	2017 年	2018 年	2019 年	2020 年	2021 年	合计
美国	24.93	17.22	17.42	20.05	21.82	16.58	16.33	16.21	19.17	15.04	18.36
英国	8.66	7.78	9.09	9.16	7.73	8.55	8.62	8.74	10.67	8.26	8.77
德国	5.77	5.83	5.56	4.70	4.77	6.22	4.99	6.01	7.31	6.78	5.84
中国大陆	3.94	1.67	4.29	3.96	4.32	3.11	4.31	5.10	5.53	7.63	4.52
澳大利亚	4.20	4.17	4.04	3.96	4.09	3.89	4.99	4.37	4.94	4.03	4.29
加拿大	2.89	3.06	3.79	3.96	4.09	5.96	3.85	5.10	4.94	4.03	4.22
荷兰	4.72	4.72	2.78	4.46	4.32	3.11	3.40	4.55	1.98	3.39	3.71
瑞典	3.15	4.72	4.04	3.71	3.41	3.37	3.85	3.64	2.77	4.03	3.64
法国	4.20	3.89	4.29	2.23	5.23	4.40	2.95	2.37	2.17	2.97	3.39
西班牙	4.20	3.61	3.03	3.22	3.64	3.11	2.95	2.91	2.77	2.33	3.14
意大利	3.41	3.61	2.27	2.97	2.95	3.89	2.72	3.10	1.38	2.75	2.86

续表

国家和地区	2012 年	2013 年	2014 年	2015 年	2016 年	2017 年	2018 年	2019 年	2020 年	2021 年	合计
瑞士	2.36	2.78	2.53	2.23	2.73	2.33	4.08	2.55	2.96	1.69	2.63
丹麦	3.15	1.94	2.53	2.48	2.05	1.81	3.40	1.46	1.78	2.33	2.26
芬兰	2.10	3.33	1.52	1.73	2.27	2.33	2.27	1.82	1.38	2.75	2.12
日本	1.57	1.67	2.27	2.72	1.82	2.33	1.81	2.19	2.77	1.91	2.12
挪威	1.05	2.78	1.52	1.49	2.27	1.55	2.49	2.00	1.58	1.91	1.87
奥地利	1.57	1.39	1.26	1.73	1.36	1.81	1.59	1.64	1.58	1.48	1.55
韩国	2.10	0.83	2.27	1.98	1.36	0.26	0.91	1.28	1.78	1.69	1.45
爱沙尼亚	1.05	1.39	1.01	1.49	1.82	1.81	1.81	1.46	0.59	1.06	1.34
新加坡	0.52	1.67	1.26	0.99	0.91	2.07	1.59	1.28	1.78	1.27	1.34

表 4-45 遗传学和遗传性 C 层人才排名前 20 的国家和地区的占比

单位：%

国家和地区	2012 年	2013 年	2014 年	2015 年	2016 年	2017 年	2018 年	2019 年	2020 年	2021 年	合计
美国	26.18	25.03	25.18	24.27	23.68	23.33	24.31	21.68	20.74	21.32	23.42
英国	10.02	9.45	9.16	9.22	8.86	9.25	8.89	8.54	8.39	8.05	8.94
中国大陆	3.93	4.73	5.07	5.42	6.12	6.39	8.98	9.86	11.73	12.70	7.74
德国	6.17	6.18	6.04	5.71	6.55	5.92	4.83	5.44	5.77	5.36	5.77
法国	4.81	5.22	4.12	4.59	4.15	4.05	4.20	4.09	4.00	3.06	4.19
加拿大	4.65	5.00	4.15	4.44	3.48	3.71	3.87	3.86	3.47	3.21	3.94
澳大利亚	3.90	4.04	3.79	3.61	3.60	3.71	4.18	3.65	3.79	3.97	3.82
荷兰	4.78	4.07	3.61	3.66	3.73	3.96	3.45	3.38	3.26	3.10	3.66
意大利	3.29	3.13	3.15	3.30	2.73	3.18	2.73	2.98	3.45	3.28	3.12
西班牙	3.05	2.45	3.20	2.60	2.68	2.24	2.31	2.48	2.53	2.41	2.58
瑞典	2.46	2.36	2.81	2.70	2.27	2.69	2.19	2.62	1.77	1.74	2.35
日本	2.46	2.64	2.48	2.20	2.13	2.24	1.52	2.08	1.68	1.85	2.10
瑞士	2.27	2.14	2.25	1.86	2.40	2.49	1.98	2.12	1.64	1.98	2.10
丹麦	1.44	2.42	2.20	2.27	1.99	1.79	2.03	1.72	1.70	1.52	1.90
比利时	1.58	1.79	1.38	1.65	1.49	1.54	1.31	1.34	1.60	1.19	1.48
芬兰	1.28	1.46	1.28	1.24	1.24	1.12	1.31	1.07	0.92	0.98	1.18
奥地利	1.04	1.32	1.15	1.00	1.24	1.17	1.07	1.20	1.17	1.13	1.15
挪威	0.80	1.04	1.05	1.19	0.92	1.52	0.96	0.96	1.11	1.02	1.05
巴西	0.83	0.66	0.77	0.96	1.03	0.75	1.42	1.09	1.06	1.06	0.98
以色列	1.10	0.91	1.05	1.05	1.08	0.77	0.84	0.96	0.98	0.96	0.97

十六 数学生物学和计算生物学

数学生物学和计算生物学 A、B、C 层人才最多的是美国，分别占该学科全球 A、B、C 层人才的 27.54%、24.70%、25.16%，均大幅高于其他国家和地区。

德国的 A 层人才世界占比为 13.04%，排名第二，虽与美国有相当差距，但明显高于其他国家和地区；英国、澳大利亚、中国大陆、加拿大、瑞士的 A 层人才比较多，世界占比在 10%~3%；中国香港、日本、新西兰、新加坡、韩国、西班牙、瑞典、法国、意大利、俄罗斯、巴西、丹麦、希腊也有相当数量的 A 层人才，世界占比超过或接近 1%。

中国大陆的 B 层人才世界占比为 14.33%，排名第二，虽与美国有相当差距，但明显高于其他国家和地区；英国、德国、加拿大、澳大利亚的 B 层人才比较多，世界占比在 10%~3%；法国、瑞士、荷兰、意大利、新加坡、西班牙、日本、韩国、芬兰、印度、沙特阿拉伯、奥地利、中国香港、土耳其也有相当数量的 B 层人才，世界占比均超过 1%。

中国大陆的 C 层人才世界占比为 11.88%，排名第二，虽与美国有相当差距，但明显高于其他国家和地区；英国、德国、加拿大、法国、澳大利亚、意大利的 C 层人才比较多，世界占比在 9%~3%；印度、西班牙、瑞士、荷兰、日本、瑞典、新加坡、韩国、丹麦、比利时、沙特阿拉伯、伊朗也有相当数量的 C 层人才，世界占比超过或接近 1%。

表 4-46　数学生物学和计算生物学 A 层人才排名前 20 的国家和地区的占比

单位：%

国家和地区	2012 年	2013 年	2014 年	2015 年	2016 年	2017 年	2018 年	2019 年	2020 年	2021 年	合计
美国	33.33	58.33	15.38	15.38	25.00	42.86	30.77	23.53	20.00	17.65	27.54
德国	16.67	8.33	23.08	7.69	25.00	7.14	15.38	11.76	0.00	17.65	13.04
英国	8.33	0.00	15.38	7.69	25.00	14.29	0.00	5.88	13.33	5.88	9.42
澳大利亚	16.67	0.00	23.08	0.00	0.00	14.29	0.00	5.88	6.67	17.65	8.70
中国大陆	0.00	0.00	0.00	15.38	0.00	0.00	7.69	11.76	6.67	0.00	4.35

续表

国家和地区	2012 年	2013 年	2014 年	2015 年	2016 年	2017 年	2018 年	2019 年	2020 年	2021 年	合计
加拿大	0.00	0.00	7.69	7.69	0.00	7.14	0.00	0.00	6.67	5.88	3.62
瑞士	0.00	0.00	7.69	7.69	0.00	0.00	7.69	11.76	0.00	0.00	3.62
中国香港	0.00	0.00	0.00	15.38	0.00	0.00	7.69	5.88	0.00	0.00	2.90
日本	0.00	0.00	0.00	7.69	0.00	0.00	0.00	5.88	13.33	0.00	2.90
新西兰	8.33	0.00	7.69	0.00	0.00	0.00	0.00	5.88	0.00	0.00	2.17
新加坡	8.33	0.00	0.00	0.00	8.33	0.00	0.00	0.00	6.67	0.00	2.17
韩国	0.00	0.00	0.00	0.00	0.00	7.14	0.00	0.00	13.33	0.00	2.17
西班牙	0.00	8.33	0.00	0.00	8.33	7.14	0.00	0.00	0.00	0.00	2.17
瑞典	0.00	8.33	0.00	0.00	8.33	0.00	0.00	5.88	0.00	0.00	2.17
法国	0.00	0.00	0.00	0.00	0.00	0.00	7.69	5.88	0.00	0.00	1.45
意大利	0.00	0.00	0.00	0.00	0.00	0.00	7.69	0.00	0.00	5.88	1.45
俄罗斯	8.33	8.33	7.69	0.00	0.00	0.00	0.00	0.00	0.00	0.00	1.45
巴西	0.00	8.33	0.00	0.00	0.00	0.00	0.00	0.00	0.00	0.00	0.72
丹麦	0.00	0.00	0.00	0.00	0.00	0.00	0.00	0.00	0.00	5.88	0.72
希腊	0.00	0.00	0.00	0.00	0.00	0.00	7.69	0.00	0.00	0.00	0.72

表 4-47 数学生物学和计算生物学 B 层人才排名前 20 的国家和地区的占比

单位：%

国家和地区	2012 年	2013 年	2014 年	2015 年	2016 年	2017 年	2018 年	2019 年	2020 年	2021 年	合计
美国	43.12	35.29	25.42	22.69	26.05	19.05	21.09	21.02	21.43	18.40	24.70
中国大陆	9.17	2.52	5.93	6.72	10.08	15.87	17.97	21.02	25.32	20.25	14.33
英国	10.09	13.45	7.63	15.13	14.29	13.49	10.16	8.28	5.19	5.52	9.98
德国	11.93	4.20	7.63	7.56	5.88	4.76	4.69	5.73	1.95	4.29	5.64
加拿大	0.92	5.88	5.08	1.68	5.04	3.97	3.91	3.18	5.19	4.91	4.04
澳大利亚	0.92	4.20	5.08	2.52	1.68	7.14	3.13	1.91	2.60	2.45	3.13
法国	3.67	5.88	5.93	3.36	1.68	1.59	0.78	1.91	1.30	0.61	2.52
瑞士	1.83	3.36	2.54	1.68	3.36	3.17	1.56	1.27	1.95	3.07	2.36
荷兰	0.92	1.68	3.39	3.36	2.52	1.59	2.34	3.18	1.95	0.61	2.13
意大利	2.75	0.84	2.54	4.20	4.20	1.59	0.78	1.91	0.65	1.84	2.06
新加坡	0.00	3.36	0.00	0.00	0.84	3.17	4.69	1.27	2.60	2.45	1.91
西班牙	0.92	1.68	0.85	3.36	3.36	2.38	3.13	1.27	1.30	0.61	1.83
日本	0.00	0.84	1.69	1.68	0.84	1.59	1.56	3.18	3.25	1.84	1.75

续表

国家和地区	2012 年	2013 年	2014 年	2015 年	2016 年	2017 年	2018 年	2019 年	2020 年	2021 年	合计
韩国	0.00	0.84	0.85	1.68	0.00	0.79	0.00	3.82	1.30	3.68	1.45
芬兰	0.92	0.84	1.69	2.52	1.68	1.59	1.56	0.64	0.65	0.61	1.22
印度	0.92	0.00	0.00	0.84	0.84	0.00	0.00	1.27	1.30	5.52	1.22
沙特阿拉伯	0.00	0.00	1.69	1.68	3.36	3.17	1.56	0.00	0.65	0.61	1.22
奥地利	0.00	0.84	1.69	1.68	2.52	0.00	2.34	1.27	0.65	0.61	1.14
中国香港	0.92	0.00	1.69	1.68	0.84	0.79	0.78	1.27	1.30	1.84	1.14
土耳其	0.00	0.84	0.00	0.84	0.00	0.79	2.34	2.55	1.30	1.84	1.14

表 4-48　数学生物学和计算生物学 C 层人才排名前 20 的国家和地区的占比

单位：%

国家和地区	2012 年	2013 年	2014 年	2015 年	2016 年	2017 年	2018 年	2019 年	2020 年	2021 年	合计
美国	30.40	30.34	29.06	30.43	29.67	26.16	25.10	22.66	20.91	12.80	25.16
中国大陆	5.49	6.20	6.29	8.53	9.97	11.62	13.93	12.90	18.36	20.32	11.88
英国	10.51	11.99	10.20	9.31	8.80	8.20	8.42	7.60	7.24	6.20	8.68
德国	7.29	7.63	6.97	7.84	5.95	5.44	4.88	4.45	4.16	2.44	5.52
加拿大	4.36	4.02	4.50	2.67	3.19	3.66	3.38	4.13	3.89	2.64	3.63
法国	5.02	4.36	4.16	4.14	4.78	2.76	3.62	2.69	3.08	2.51	3.62
澳大利亚	3.13	2.77	2.80	2.33	2.10	3.09	3.38	3.47	3.89	5.34	3.31
意大利	3.60	3.77	3.40	2.76	3.02	2.84	2.44	3.21	3.15	3.03	3.11
印度	1.33	1.34	1.27	2.24	1.93	3.25	2.28	3.01	3.82	5.87	2.77
西班牙	2.94	1.93	2.80	3.36	2.01	2.36	2.75	3.34	1.68	1.52	2.44
瑞士	2.94	2.85	2.80	2.59	1.68	3.17	2.28	2.29	1.74	1.45	2.33
荷兰	1.70	2.51	2.89	1.98	1.76	1.62	2.75	2.49	1.54	1.12	2.02
日本	2.94	1.09	1.44	1.38	1.93	2.11	2.12	2.10	2.14	1.39	1.86
瑞典	1.80	1.76	2.21	1.03	1.76	1.30	1.10	1.24	1.21	0.73	1.38
新加坡	0.85	0.75	0.76	1.03	1.59	1.62	1.02	0.92	1.21	1.45	1.13
韩国	1.04	0.67	0.59	0.78	1.09	1.14	1.73	1.05	0.80	1.58	1.06
丹麦	0.57	1.42	1.61	1.29	0.84	1.14	0.94	0.92	1.14	0.73	1.05
比利时	0.95	1.17	1.19	1.12	1.17	0.81	1.26	1.18	0.74	0.79	1.03
沙特阿拉伯	0.00	0.42	0.17	0.86	0.92	1.38	0.87	1.31	0.94	2.70	1.02
伊朗	0.09	0.67	0.85	0.43	0.92	0.97	0.79	0.98	0.67	2.24	0.91

十七 细胞生物学

细胞生物学 A、B、C 层人才最多的是美国，分别占该学科全球 A、B、C 层人才的 27.69%、34.19%、31.50%，均遥遥领先于其他国家和地区。

英国、中国大陆、德国、法国的 A 层人才比较多，世界占比在 7%~4%；西班牙、瑞典、荷兰、加拿大、意大利、澳大利亚、瑞士、比利时、以色列、奥地利、南非、日本、巴西、丹麦、芬兰也有相当数量的 A 层人才，世界占比均超过 1%。

英国、中国大陆、德国、荷兰、法国、加拿大、意大利的 B 层人才比较多，世界占比在 8%~3%；瑞士、澳大利亚、日本、瑞典、西班牙、以色列、丹麦、比利时、韩国、奥地利、新加坡、巴西也有相当数量的 B 层人才，世界占比超过或接近 1%。

中国大陆的 C 层人才世界占比为 11.34%，排名第二，虽与美国有相当差距，但明显高于其他国家和地区；英国、德国、法国、日本、意大利、加拿大的 C 层人才比较多，世界占比在 8%~3%；瑞士、荷兰、澳大利亚、西班牙、瑞典、韩国、比利时、丹麦、以色列、奥地利、新加坡、印度也有相当数量的 C 层人才，世界占比超过或接近 1%。

表 4-49 细胞生物学 A 层人才排名前 20 的国家和地区的占比

单位：%

国家和地区	2012 年	2013 年	2014 年	2015 年	2016 年	2017 年	2018 年	2019 年	2020 年	2021 年	合计
美国	8.77	47.37	40.00	34.38	7.14	45.59	2.22	33.33	23.29	30.65	27.69
英国	1.75	1.75	10.91	3.13	2.86	4.41	2.22	6.35	12.33	14.52	6.19
中国大陆	1.75	7.02	0.00	1.56	2.86	7.35	2.22	3.17	17.81	0.00	4.72
德国	1.75	3.51	5.45	7.81	1.43	7.35	2.22	3.17	6.85	6.45	4.72
法国	1.75	5.26	7.27	1.56	4.29	1.47	4.44	9.52	4.11	6.45	4.56
西班牙	1.75	1.75	1.82	6.25	2.86	2.94	2.22	4.76	4.11	0.00	2.93
瑞典	1.75	5.26	3.64	1.56	2.86	0.00	2.22	4.76	2.74	3.23	2.77
荷兰	3.51	3.51	1.82	4.69	1.43	5.88	3.17	1.37	0.00	2.77
加拿大	1.75	5.26	1.82	0.00	2.86	4.41	2.22	1.59	2.74	0.00	2.28

续表

国家和地区	2012 年	2013 年	2014 年	2015 年	2016 年	2017 年	2018 年	2019 年	2020 年	2021 年	合计
意大利	1.75	3.51	1.82	3.13	1.43	1.47	2.22	3.17	1.37	3.23	2.28
澳大利亚	1.75	1.75	5.45	1.56	1.43	1.47	2.22	1.59	2.74	1.61	2.12
瑞士	1.75	1.75	1.82	3.13	1.43	0.00	2.22	3.17	1.37	4.84	2.12
比利时	1.75	0.00	1.82	3.13	1.43	1.47	2.22	6.35	0.00	1.61	1.95
以色列	1.75	0.00	1.82	1.56	1.43	4.41	2.22	3.17	1.37	1.61	1.95
奥地利	1.75	0.00	0.00	1.56	1.43	1.47	2.22	3.17	4.11	0.00	1.63
南非	1.75	0.00	0.00	0.00	1.43	0.00	2.22	0.00	1.37	9.68	1.63
日本	1.75	0.00	3.64	0.00	1.43	1.47	2.22	1.59	0.00	1.61	1.30
巴西	1.75	1.75	1.82	0.00	1.43	1.47	0.00	0.00	0.00	3.23	1.30
丹麦	1.75	1.75	0.00	1.56	2.86	0.00	2.22	0.00	1.37	1.61	1.30
芬兰	1.75	1.75	0.00	1.56	1.43	1.47	2.22	1.59	1.37	0.00	1.30

表 4-50　细胞生物学 B 层人才排名前 20 的国家和地区的占比

单位：%

国家和地区	2012 年	2013 年	2014 年	2015 年	2016 年	2017 年	2018 年	2019 年	2020 年	2021 年	合计
美国	40.12	38.86	41.32	34.99	36.84	34.62	32.73	32.56	27.47	24.75	34.19
英国	9.30	8.88	7.55	6.97	6.19	7.44	8.73	6.62	8.33	8.08	7.76
中国大陆	4.07	5.33	3.96	6.47	6.50	5.01	7.64	9.48	14.81	9.93	7.43
德国	5.62	3.94	8.30	6.30	6.19	7.01	6.36	7.33	5.56	5.22	6.20
荷兰	5.04	4.54	3.77	3.98	4.02	3.29	3.27	4.11	3.09	2.69	3.74
法国	1.94	4.93	3.77	3.32	3.41	3.86	2.55	3.58	3.86	2.86	3.42
加拿大	4.07	3.75	2.45	2.99	2.79	3.86	2.91	3.40	3.24	4.38	3.38
意大利	2.91	4.54	2.64	2.82	3.25	3.15	2.55	2.68	3.70	3.20	3.14
瑞士	2.71	1.18	2.64	2.82	2.94	2.86	3.82	3.40	2.78	2.36	2.77
澳大利亚	1.74	1.18	2.45	3.48	2.32	2.72	2.00	2.33	3.24	3.20	2.51
日本	2.33	4.14	4.72	1.82	2.01	2.43	1.82	1.61	2.78	1.35	2.46
瑞典	1.36	1.97	2.45	2.99	2.94	2.15	2.91	2.33	2.62	2.53	2.44
西班牙	2.33	2.56	1.70	2.32	2.01	3.58	2.36	2.50	2.01	1.35	2.29
以色列	0.78	1.78	0.94	2.99	2.32	1.72	1.45	2.33	1.70	2.36	1.86
丹麦	0.78	1.38	1.70	2.32	2.01	1.57	1.45	0.89	1.23	1.01	1.45
比利时	2.52	0.59	1.51	1.99	0.77	1.14	2.00	1.07	1.23	1.35	1.40
韩国	1.16	1.97	1.13	1.00	1.70	1.00	1.27	1.43	1.08	0.67	1.23

续表

国家和地区	2012年	2013年	2014年	2015年	2016年	2017年	2018年	2019年	2020年	2021年	合计
奥地利	0.78	1.58	0.57	1.49	1.08	1.14	1.45	1.43	0.62	1.01	1.11
新加坡	1.16	0.59	1.13	1.16	1.24	0.43	1.09	1.43	0.77	1.01	0.99
巴西	0.58	0.20	0.19	0.00	1.08	1.00	0.73	1.25	0.62	1.68	0.75

表4-51 细胞生物学C层人才排名前20的国家和地区的占比

单位：%

国家和地区	2012年	2013年	2014年	2015年	2016年	2017年	2018年	2019年	2020年	2021年	合计
美国	36.93	36.29	36.81	34.31	31.98	31.09	30.32	26.76	26.09	26.32	31.50
中国大陆	5.29	6.33	7.28	7.96	9.40	13.77	12.68	14.69	17.36	16.39	11.34
英国	8.31	7.98	7.79	8.41	8.33	7.58	7.79	7.48	6.75	6.36	7.66
德国	8.37	7.73	7.37	6.73	7.37	7.16	7.03	6.81	6.20	6.17	7.06
法国	4.25	4.36	4.53	4.67	3.85	4.12	3.54	3.42	3.53	3.45	3.96
日本	4.68	3.84	3.65	3.24	3.33	3.40	3.16	2.77	2.74	2.79	3.33
意大利	3.09	3.21	3.05	3.46	3.27	3.01	3.45	3.13	3.19	3.17	3.20
加拿大	3.57	2.90	3.14	3.58	3.55	3.09	3.01	2.97	2.69	3.26	3.18
瑞士	2.59	2.78	2.73	2.59	2.75	2.60	2.80	2.97	2.33	2.58	2.66
荷兰	2.96	3.04	2.65	2.30	2.82	2.14	2.49	2.65	2.68	2.34	2.59
澳大利亚	1.95	2.48	2.33	2.38	2.35	2.54	2.55	2.68	2.65	2.53	2.45
西班牙	2.49	2.21	2.37	2.12	2.30	2.05	2.53	2.25	2.40	1.98	2.26
瑞典	1.53	1.36	1.67	1.61	1.96	1.54	1.90	2.36	1.46	1.80	1.72
韩国	1.26	1.40	1.39	1.39	1.48	1.23	1.33	1.40	1.32	1.01	1.32
比利时	1.47	1.32	1.28	1.28	1.37	1.19	1.29	1.14	1.22	1.30	1.28
丹麦	0.93	1.54	1.28	1.21	1.21	0.98	1.18	1.09	1.26	1.14	1.18
以色列	0.99	1.04	1.15	1.43	1.07	0.97	1.01	1.00	0.88	1.06	1.06
奥地利	0.93	1.10	1.07	0.84	0.98	1.09	1.05	1.01	1.03	1.07	1.02
新加坡	1.22	1.28	0.70	1.13	1.03	0.95	0.86	0.80	0.94	0.88	0.98
印度	0.39	0.45	0.60	0.59	0.63	0.65	0.70	0.76	0.81	1.33	0.70

十八 免疫学

免疫学A、B、C层人才最多的是美国，分别占该学科全球A、B、C层人才的32.99%、28.40%、26.96%，均遥遥领先于其他国家和地区。

德国、英国、荷兰、法国、中国大陆、意大利的A层人才比较多，世界占比在8%~3%；澳大利亚、加拿大、比利时、瑞士、日本、西班牙、新加坡、巴西、爱尔兰、丹麦、瑞典、挪威、以色列也有相当数量的A层人才，世界占比超过或接近1%。

英国、德国、中国大陆、法国、意大利、澳大利亚、瑞士、加拿大的B层人才比较多，世界占比在8%~3%；日本、荷兰、西班牙、比利时、瑞典、丹麦、以色列、爱尔兰、新加坡、奥地利、巴西也有相当数量的B层人才，世界占比均超过1%。

英国、中国大陆、德国、法国、意大利、澳大利亚、荷兰、加拿大的C层人才比较多，世界占比在8%~3%；瑞士、日本、西班牙、瑞典、比利时、巴西、丹麦、印度、奥地利、韩国、南非也有相当数量的C层人才，世界占比超过或接近1%。

表4-52　免疫学A层人才排名前20的国家和地区的占比

单位：%

国家和地区	2012年	2013年	2014年	2015年	2016年	2017年	2018年	2019年	2020年	2021年	合计
美国	48.15	27.45	31.67	37.21	38.10	54.84	20.31	41.67	12.33	35.06	32.99
德国	7.41	7.84	11.67	9.30	11.11	3.23	9.38	5.00	5.48	6.49	7.81
英国	9.26	5.88	6.67	11.63	3.17	6.45	7.81	6.67	6.85	10.39	7.47
荷兰	5.56	3.92	5.00	6.98	1.59	6.45	6.25	5.00	4.11	3.90	4.69
法国	9.26	7.84	6.67	0.00	1.59	3.23	1.56	1.67	6.85	2.60	4.17
中国大陆	0.00	0.00	0.00	4.65	4.76	3.23	1.56	1.67	17.81	1.30	3.82
意大利	1.85	0.00	5.00	2.33	3.17	3.23	3.13	5.00	4.11	2.60	3.13
澳大利亚	1.85	3.92	5.00	0.00	6.35	0.00	1.56	3.33	1.37	3.90	2.95
加拿大	3.70	1.96	1.67	4.65	3.17	0.00	6.25	0.00	4.11	2.60	2.95
比利时	0.00	3.92	3.33	2.33	1.59	0.00	1.56	5.00	2.74	5.19	2.78
瑞士	5.56	0.00	3.33	2.33	4.76	3.23	3.13	3.33	2.74	0.00	2.78
日本	0.00	7.84	3.33	2.33	3.17	0.00	3.13	5.00	1.37	0.00	2.60
西班牙	1.85	1.96	0.00	2.33	3.17	3.23	6.25	1.67	2.74	2.60	2.60
新加坡	0.00	0.00	5.00	0.00	1.59	0.00	3.13	3.33	4.11	0.00	1.91

续表

国家和地区	2012 年	2013 年	2014 年	2015 年	2016 年	2017 年	2018 年	2019 年	2020 年	2021 年	合计
巴西	0.00	0.00	0.00	2.33	3.17	0.00	3.13	0.00	0.00	3.90	1.39
爱尔兰	0.00	0.00	1.67	0.00	4.76	3.23	0.00	0.00	0.00	2.60	1.22
丹麦	0.00	0.00	0.00	2.33	0.00	0.00	1.56	1.67	4.11	0.00	1.04
瑞典	0.00	1.96	0.00	0.00	1.59	6.45	0.00	0.00	1.37	1.30	1.04
挪威	0.00	3.92	0.00	2.33	0.00	0.00	0.00	0.00	1.37	1.30	0.87
以色列	0.00	1.96	3.33	0.00	1.59	0.00	1.56	0.00	0.00	0.00	0.87

表 4-53 免疫学 B 层人才排名前 20 的国家和地区的占比

单位：%

国家和地区	2012 年	2013 年	2014 年	2015 年	2016 年	2017 年	2018 年	2019 年	2020 年	2021 年	合计
美国	30.87	37.21	31.67	30.78	25.26	29.26	28.28	27.05	26.43	21.19	28.40
英国	7.18	10.19	10.37	8.82	6.49	7.00	5.86	6.03	4.95	8.56	7.44
德国	6.60	6.86	6.67	7.06	7.19	6.82	6.55	6.80	4.79	5.08	6.38
中国大陆	1.17	2.49	1.85	1.76	3.86	3.41	6.55	6.65	20.56	4.93	5.68
法国	4.47	4.57	5.74	6.47	3.86	3.23	3.97	2.78	3.40	3.92	4.17
意大利	3.30	2.49	3.15	1.96	3.16	3.05	4.83	4.02	3.40	5.22	3.54
澳大利亚	3.30	3.33	3.15	5.88	3.16	2.51	3.97	2.94	2.16	3.19	3.31
瑞士	2.72	3.53	2.96	3.73	3.33	3.95	3.97	1.70	3.25	3.05	3.19
加拿大	2.72	3.53	3.52	3.92	1.75	3.05	3.28	3.40	3.09	2.03	3.00
日本	2.91	2.91	2.96	4.71	2.63	3.23	2.41	3.40	2.01	2.47	2.93
荷兰	3.30	3.53	3.15	2.16	4.21	3.41	3.28	2.32	2.01	2.32	2.93
西班牙	2.14	1.46	2.22	0.98	2.28	2.33	1.72	2.16	2.32	2.76	2.07
比利时	1.94	1.25	1.85	1.37	1.58	2.33	1.90	2.01	1.39	1.74	1.74
瑞典	2.52	1.87	2.04	0.78	2.46	2.15	0.52	0.93	0.93	1.89	1.59
丹麦	1.36	1.66	1.67	0.39	1.75	1.97	1.55	0.62	0.46	1.89	1.32
以色列	0.97	0.83	1.48	1.76	0.88	1.26	1.03	1.70	1.24	1.74	1.31
爱尔兰	1.36	1.25	1.30	0.98	1.05	2.15	0.69	1.08	0.62	1.60	1.20
新加坡	1.75	1.46	0.74	1.37	1.05	0.72	0.52	1.24	1.08	1.60	1.15
奥地利	1.55	1.04	0.93	1.57	1.93	1.08	0.86	1.08	0.31	1.16	1.13
巴西	1.17	0.21	1.85	1.18	0.88	1.26	0.86	1.08	0.77	1.74	1.12

表 4-54　免疫学 C 层人才排名前 20 的国家和地区的占比

单位：%

国家和地区	2012 年	2013 年	2014 年	2015 年	2016 年	2017 年	2018 年	2019 年	2020 年	2021 年	合计
美国	33.78	31.75	30.64	29.45	28.16	26.54	25.44	23.35	21.93	22.41	26.96
英国	7.90	8.04	8.01	7.59	7.41	7.77	7.47	6.60	6.61	6.80	7.36
中国大陆	3.58	4.05	4.90	4.88	5.94	7.07	8.38	8.24	10.96	10.29	7.08
德国	6.69	6.40	5.82	6.67	6.25	5.58	6.43	6.63	5.54	5.15	6.09
法国	4.26	4.49	4.71	4.42	4.27	4.35	4.21	4.81	4.13	3.97	4.35
意大利	3.92	3.99	3.67	3.91	3.62	3.98	4.21	3.75	5.09	4.76	4.12
澳大利亚	3.37	3.71	3.49	3.48	3.11	3.36	3.76	2.99	3.20	3.26	3.36
荷兰	3.19	3.65	3.52	3.46	3.09	3.42	3.46	3.05	2.76	2.52	3.18
加拿大	3.60	3.29	2.95	2.89	3.34	3.19	2.85	3.01	2.88	2.57	3.04
瑞士	3.23	2.79	2.62	2.81	3.53	3.30	2.80	2.80	2.65	2.57	2.90
日本	3.27	3.15	3.30	2.99	2.93	2.64	2.80	2.29	2.21	2.01	2.72
西班牙	2.18	2.33	2.32	2.38	2.46	2.58	2.61	2.64	2.42	2.38	2.44
瑞典	1.80	1.78	1.67	2.14	1.91	1.92	2.05	2.25	1.75	1.65	1.89
比利时	1.39	1.49	1.48	1.40	1.66	1.90	1.61	1.91	1.71	1.62	1.63
巴西	0.87	0.82	1.19	1.16	1.46	1.34	1.17	1.12	1.23	1.11	1.15
丹麦	1.09	1.13	1.06	1.49	1.27	1.24	1.03	1.30	1.04	0.94	1.15
印度	0.95	0.88	0.87	0.59	1.18	0.87	1.19	0.98	1.64	1.90	1.14
奥地利	0.93	0.94	0.93	0.96	1.53	1.07	1.21	1.19	1.23	0.96	1.10
韩国	0.91	0.99	1.22	0.98	1.02	1.09	1.22	1.06	1.17	1.17	1.09
南非	1.07	1.26	1.08	1.00	0.93	0.95	1.22	0.87	0.85	0.79	0.99

十九　神经科学

神经科学 A、B、C 层人才最多的是美国，分别占该学科全球 A、B、C 层人才的 28.79%、31.29%、29.81%，均遥遥领先于其他国家和地区；英国、德国的 A、B、C 层人才属于第二梯队，分列第二、三位，虽远不及美国，但明显高于其他国家和地区，两国 A、B、C 层人才的世界占比合计分别为 19.05%、17.55%、16.60%。

加拿大、法国、中国大陆、意大利、荷兰、瑞士、澳大利亚的 A 层人才比较多，世界占比在 5%~3%；瑞典、比利时、日本、西班牙、丹麦、奥地利、新加坡、挪威、芬兰、巴西也有相当数量的 A 层人才，世界占比超过或等于 1%。

加拿大、中国大陆、荷兰、法国、澳大利亚、意大利、瑞士的 B 层人才比较多，世界占比在 5%~3%；西班牙、瑞典、日本、丹麦、比利时、奥地利、爱尔兰、以色列、挪威、巴西也有相当数量的 B 层人才，世界占比超过或接近 1%。

中国大陆、加拿大、意大利、法国、荷兰、澳大利亚的 C 层人才比较多，世界占比在 7%~3%；瑞士、西班牙、日本、瑞典、比利时、丹麦、韩国、巴西、奥地利、以色列、印度也有相当数量的 C 层人才，世界占比超过或接近 1%。

表 4-55　神经科学 A 层人才排名前 20 的国家和地区的占比

单位：%

国家和地区	2012 年	2013 年	2014 年	2015 年	2016 年	2017 年	2018 年	2019 年	2020 年	2021 年	合计
美国	45.95	45.45	36.59	31.03	36.26	23.40	29.21	26.13	14.56	9.47	28.79
英国	16.22	15.58	12.20	5.75	8.79	14.89	5.62	12.61	4.85	11.58	10.63
德国	9.46	7.79	6.10	11.49	10.99	8.51	6.74	9.01	7.77	6.32	8.42
加拿大	5.41	3.90	3.66	5.75	3.30	2.13	6.74	2.70	6.80	6.32	4.65
法国	2.70	1.30	3.66	4.60	3.30	4.26	7.87	5.41	2.91	4.21	4.10
中国大陆	0.00	3.90	0.00	5.75	5.49	1.06	5.62	1.80	8.74	3.16	3.65
意大利	2.70	1.30	3.66	2.30	3.30	4.26	2.25	2.70	6.80	6.32	3.65
荷兰	5.41	2.60	3.66	4.60	4.40	4.26	1.12	3.60	2.91	2.11	3.43
瑞士	1.35	2.60	2.44	5.75	3.30	6.38	6.74	0.90	1.94	2.11	3.32
澳大利亚	0.00	0.00	1.22	3.45	4.40	3.19	2.25	7.21	3.88	3.16	3.10
瑞典	2.70	1.30	1.22	3.45	3.30	3.19	4.49	4.50	0.97	3.16	2.88
比利时	1.35	1.30	2.44	2.30	1.10	3.19	0.00	3.60	2.91	4.21	2.33
日本	1.35	0.00	2.44	1.15	0.00	1.06	5.62	1.80	3.88	5.26	2.33
西班牙	0.00	1.30	3.66	0.00	2.20	3.19	2.25	1.94	4.21	1.99
丹麦	0.00	0.00	2.44	3.45	0.00	2.13	0.00	2.70	1.94	2.11	1.55
奥地利	2.70	1.30	2.44	0.00	1.10	0.00	1.12	1.80	2.91	0.00	1.33
新加坡	0.00	0.00	0.00	1.15	0.00	0.00	3.37	0.90	3.88	1.05	1.11
挪威	0.00	2.60	2.44	1.15	0.00	2.13	0.00	2.70	0.00	0.00	1.11
芬兰	0.00	1.30	2.44	1.15	0.00	1.06	1.12	0.00	1.94	1.05	1.00
巴西	0.00	0.00	1.22	0.00	3.30	0.00	1.12	0.00	0.97	3.16	1.00

表 4-56　神经科学 B 层人才排名前 20 的国家和地区的占比

单位：%

国家和地区	2012 年	2013 年	2014 年	2015 年	2016 年	2017 年	2018 年	2019 年	2020 年	2021 年	合计
美国	38.63	38.78	37.43	32.39	31.27	33.04	30.53	28.37	24.76	23.64	31.29
英国	11.22	11.36	11.90	9.60	12.13	10.79	9.01	11.19	8.93	9.30	10.48
德国	8.31	7.39	6.88	7.17	7.61	6.72	7.72	7.59	6.57	5.34	7.07
加拿大	4.37	4.83	4.10	4.48	4.64	5.18	4.33	5.69	5.49	3.96	4.73
中国大陆	1.31	3.27	3.84	2.82	2.85	3.19	5.26	4.00	6.89	5.34	4.00
荷兰	4.52	3.98	3.84	3.97	3.80	4.63	4.44	3.60	3.88	2.77	3.91
法国	3.50	4.12	3.84	4.35	4.28	3.19	2.57	3.40	3.66	2.87	3.54
澳大利亚	2.48	3.41	3.17	3.46	3.21	3.74	4.44	4.00	3.44	3.26	3.49
意大利	3.50	2.41	2.78	2.94	3.33	3.41	2.69	3.50	3.77	4.35	3.32
瑞士	3.79	2.84	3.17	3.33	3.33	2.86	3.16	3.40	2.15	2.67	3.05
西班牙	3.06	2.13	1.72	3.71	2.26	1.65	2.57	1.50	2.91	3.66	2.51
瑞典	2.48	0.71	1.72	1.92	2.73	1.76	3.04	2.90	2.48	2.57	2.28
日本	0.87	2.27	2.51	2.18	1.78	2.31	1.75	1.40	1.94	1.98	1.90
丹麦	1.31	0.57	0.40	1.66	1.43	1.87	1.29	1.90	2.05	1.78	1.48
比利时	0.87	1.42	1.06	0.77	1.55	1.54	1.52	2.00	1.29	2.08	1.45
奥地利	1.17	1.28	0.93	1.15	1.55	1.32	1.40	1.00	1.29	1.98	1.32
爱尔兰	0.73	0.43	0.93	1.28	1.66	1.76	0.82	0.50	1.08	0.69	0.99
以色列	0.73	0.85	0.79	1.41	1.66	0.77	0.35	0.80	1.08	1.38	0.99
挪威	0.58	0.43	0.79	1.02	0.71	0.99	1.64	1.00	0.97	1.29	0.97
巴西	0.58	0.71	0.79	0.51	1.43	0.88	1.05	1.20	0.43	1.48	0.93

表 4-57　神经科学 C 层人才排名前 20 的国家和地区的占比

单位：%

国家和地区	2012 年	2013 年	2014 年	2015 年	2016 年	2017 年	2018 年	2019 年	2020 年	2021 年	合计
美国	35.85	34.62	33.24	33.21	30.95	29.80	29.67	26.60	25.24	23.70	29.81
英国	10.00	9.78	8.80	9.42	9.27	9.24	9.60	8.95	8.74	8.57	9.19
德国	8.34	8.07	7.70	7.80	8.04	7.44	6.68	7.30	6.49	6.78	7.41
中国大陆	3.19	3.35	4.49	4.85	5.15	6.48	7.15	7.72	7.57	8.37	6.05
加拿大	5.07	5.06	5.29	4.85	4.68	4.98	5.03	4.75	5.15	4.52	4.92
意大利	4.12	3.95	4.08	4.01	3.80	3.89	4.06	4.47	4.74	5.30	4.28
法国	3.86	3.70	3.93	3.67	3.61	3.66	3.54	3.23	3.50	3.63	3.62

续表

国家和地区	2012 年	2013 年	2014 年	2015 年	2016 年	2017 年	2018 年	2019 年	2020 年	2021 年	合计
荷兰	4.31	3.69	3.70	3.47	3.46	3.42	3.29	3.77	3.36	3.34	3.56
澳大利亚	2.51	3.31	3.52	3.40	3.74	3.43	3.47	3.82	3.90	3.63	3.50
瑞士	2.45	2.84	2.73	2.87	2.60	2.53	2.42	2.50	2.58	2.52	2.60
西班牙	2.53	2.42	2.64	2.10	2.45	2.49	2.33	2.47	2.71	3.12	2.54
日本	2.84	2.68	2.21	2.46	2.36	2.48	2.09	2.18	2.14	1.82	2.30
瑞典	1.58	1.73	1.74	1.60	1.93	1.96	1.54	1.80	1.91	2.01	1.79
比利时	1.28	1.54	1.47	1.20	1.50	1.33	1.40	1.55	1.55	1.39	1.42
丹麦	1.05	0.90	1.09	1.28	1.27	1.35	1.32	1.47	1.42	1.53	1.29
韩国	1.00	1.10	1.10	1.06	1.44	1.30	1.19	1.23	1.02	1.26	1.18
巴西	0.76	0.86	1.05	0.85	1.13	1.19	1.37	1.16	1.28	1.10	1.09
奥地利	0.77	0.74	1.19	0.94	0.85	0.97	0.82	1.08	1.16	1.02	0.96
以色列	0.91	1.09	1.06	1.06	0.96	0.87	0.99	0.94	0.78	0.76	0.93
印度	0.34	0.44	0.50	0.57	0.59	0.57	0.78	0.87	1.11	1.37	0.75

二十 心理学

心理学 A、B、C 层人才最多的是美国,分别占该学科全球 A、B、C 层人才的 41.35%、31.97%、33.82%,均遥遥领先于其他国家和地区;英国排名第二,虽与美国有相当差距,但明显高于其他国家和地区,其 A、B、C 层人才的世界占比分别为 14.29%、12.31%、12.62%。

加拿大的 A 层人才的世界占比为 9.02%,排名第三;澳大利亚、荷兰、德国、中国大陆、意大利的 A 层人才比较多,世界占比在 6%~3%;巴西、中国香港、新西兰、西班牙、瑞士、比利时、丹麦、法国、爱尔兰、以色列、日本、中国澳门也有相当数量的 A 层人才,世界占比超过或接近 1%。

德国、荷兰、澳大利亚、加拿大的 B 层人才比较多,世界占比在 7%~4%;意大利、比利时、西班牙、中国大陆、瑞士、以色列、瑞典、法国、爱尔兰、巴西、新西兰、挪威、日本、中国香港也有相当数量的 B 层人才,世界占比超过或接近 1%。

德国、澳大利亚、加拿大、荷兰的 C 层人才比较多,世界占比在 7%~

5%；意大利、瑞士、西班牙、中国大陆、法国、比利时、瑞典、以色列、丹麦、挪威、爱尔兰、奥地利、日本、巴西也有相当数量的 C 层人才，世界占比超过或接近 1%。

表 4-58　心理学 A 层人才排名前 20 的国家和地区的占比

单位：%

国家和地区	2012 年	2013 年	2014 年	2015 年	2016 年	2017 年	2018 年	2019 年	2020 年	2021 年	合计
美国	46.15	53.33	50.00	37.50	60.00	56.25	40.00	33.33	21.43	29.41	41.35
英国	23.08	6.67	21.43	25.00	20.00	6.25	0.00	22.22	0.00	11.76	14.29
加拿大	15.38	13.33	7.14	6.25	20.00	6.25	0.00	5.56	14.29	5.88	9.02
澳大利亚	0.00	0.00	0.00	6.25	0.00	6.25	0.00	16.67	14.29	0.00	5.26
荷兰	0.00	6.67	14.29	0.00	0.00	0.00	40.00	5.56	0.00	5.88	5.26
德国	0.00	0.00	0.00	6.25	0.00	6.25	20.00	0.00	7.14	5.88	3.76
中国大陆	0.00	6.67	0.00	6.25	0.00	0.00	0.00	0.00	7.14	5.88	3.01
意大利	0.00	0.00	0.00	0.00	0.00	0.00	0.00	5.56	14.29	5.88	3.01
巴西	0.00	0.00	0.00	6.25	0.00	0.00	0.00	5.56	0.00	0.00	1.50
中国香港	0.00	0.00	0.00	0.00	0.00	6.25	0.00	0.00	0.00	5.88	1.50
新西兰	0.00	0.00	7.14	0.00	0.00	6.25	0.00	0.00	0.00	0.00	1.50
西班牙	0.00	6.67	0.00	0.00	0.00	0.00	0.00	0.00	0.00	5.88	1.50
瑞士	0.00	6.67	0.00	0.00	0.00	0.00	0.00	0.00	0.00	5.88	1.50
比利时	7.69	0.00	0.00	0.00	0.00	0.00	0.00	0.00	0.00	0.00	0.75
丹麦	0.00	0.00	0.00	6.25	0.00	0.00	0.00	0.00	0.00	0.00	0.75
法国	7.69	0.00	0.00	0.00	0.00	0.00	0.00	0.00	0.00	0.00	0.75
爱尔兰	0.00	0.00	0.00	0.00	0.00	6.25	0.00	0.00	0.00	0.00	0.75
以色列	0.00	0.00	0.00	0.00	0.00	0.00	0.00	0.00	0.00	5.88	0.75
日本	0.00	0.00	0.00	0.00	0.00	0.00	0.00	0.00	7.14	0.00	0.75
中国澳门	0.00	0.00	0.00	0.00	0.00	0.00	0.00	0.00	0.00	5.88	0.75

表 4-59　心理学 B 层人才排名前 20 的国家和地区的占比

单位：%

国家和地区	2012 年	2013 年	2014 年	2015 年	2016 年	2017 年	2018 年	2019 年	2020 年	2021 年	合计
美国	40.52	32.19	32.26	42.96	26.38	33.78	20.89	33.73	27.97	32.26	31.97
英国	19.83	12.33	9.03	11.27	11.66	12.84	8.86	15.38	11.19	12.26	12.31
德国	6.90	12.33	5.81	2.11	5.52	4.05	6.33	9.47	6.99	4.52	6.42

续表

国家和地区	2012 年	2013 年	2014 年	2015 年	2016 年	2017 年	2018 年	2019 年	2020 年	2021 年	合计
荷兰	4.31	5.48	5.16	8.45	9.20	4.73	5.06	5.33	6.29	6.45	6.09
澳大利亚	4.31	6.85	3.87	5.63	4.91	4.05	5.70	4.73	6.29	2.58	4.88
加拿大	3.45	4.11	4.52	6.34	4.29	8.11	4.43	4.73	2.80	4.52	4.75
意大利	0.00	1.37	2.58	0.70	4.91	2.70	3.80	0.59	4.90	3.87	2.61
比利时	2.59	2.05	3.23	3.52	2.45	0.68	2.53	3.55	2.10	2.58	2.54
西班牙	1.72	2.05	3.23	1.41	1.84	2.70	1.90	1.78	1.40	3.23	2.14
中国大陆	0.86	0.68	2.58	1.41	0.61	1.35	2.53	1.18	1.40	5.81	1.87
瑞士	0.86	2.05	0.65	0.70	3.07	0.68	5.06	1.78	0.70	1.29	1.74
以色列	1.72	2.05	3.23	2.11	0.61	0.00	0.63	1.78	2.10	1.29	1.54
瑞典	2.59	1.37	0.65	0.70	1.23	1.35	1.90	1.78	1.40	1.94	1.47
法国	1.72	2.74	1.94	0.70	1.23	1.35	1.27	0.00	2.10	1.29	1.40
爱尔兰	0.86	0.68	0.65	0.70	2.45	1.35	0.00	1.78	2.80	1.29	1.27
巴西	0.00	0.68	1.29	0.00	1.84	1.35	1.90	1.78	1.40	1.29	1.20
新西兰	0.86	2.74	1.29	0.00	1.84	1.35	0.63	1.78	1.40	0.00	1.20
挪威	2.59	0.68	0.00	0.70	1.23	1.35	0.63	1.18	0.70	2.58	1.14
日本	0.86	0.00	1.29	0.00	1.23	1.35	1.27	1.18	2.10	0.65	1.00
中国香港	0.00	0.00	0.65	1.41	0.61	1.35	1.90	0.59	1.40	1.29	0.94

表 4-60　心理学 C 层人才排名前 20 的国家和地区的占比

单位：%

国家和地区	2012 年	2013 年	2014 年	2015 年	2016 年	2017 年	2018 年	2019 年	2020 年	2021 年	合计
美国	39.22	37.07	33.75	36.89	34.69	34.66	30.96	32.55	30.63	28.52	33.82
英国	13.53	13.31	12.48	12.65	12.13	13.85	12.55	12.55	11.90	11.27	12.62
德国	7.41	7.40	8.14	6.97	6.89	6.49	6.62	7.08	5.31	6.97	6.94
澳大利亚	5.95	5.77	5.12	6.25	6.10	7.29	6.49	6.34	6.67	5.49	6.15
加拿大	5.78	6.65	6.50	5.05	5.84	5.57	6.28	5.78	6.67	5.49	5.96
荷兰	5.95	5.23	5.58	5.61	5.38	5.30	5.51	5.72	4.78	6.34	5.54
意大利	1.81	2.44	3.09	2.77	2.69	2.12	2.86	2.34	2.58	4.01	2.68
瑞士	0.95	2.31	2.82	2.06	1.31	1.86	2.51	2.09	1.90	2.54	2.06
西班牙	1.72	1.43	1.64	1.71	2.16	2.19	2.16	1.97	2.20	2.61	1.98
中国大陆	0.86	1.29	1.25	1.28	1.84	2.12	1.88	2.65	3.26	3.17	1.97
法国	1.81	1.97	1.71	2.20	2.36	1.59	1.74	1.66	0.91	2.04	1.81

国家和地区	2012 年	2013 年	2014 年	2015 年	2016 年	2017 年	2018 年	2019 年	2020 年	2021 年	合计
比利时	1.47	1.97	1.97	1.71	1.97	1.52	2.23	1.48	1.82	1.76	1.79
瑞典	1.21	1.02	2.04	1.63	1.90	1.79	2.09	1.85	2.12	1.83	1.76
以色列	0.95	1.09	1.31	1.35	1.18	0.99	1.26	1.48	1.06	1.20	1.19
丹麦	1.12	0.54	0.66	1.14	1.31	1.13	0.70	1.11	0.91	1.62	1.02
挪威	0.86	0.48	0.59	0.64	0.59	1.13	1.39	1.05	1.14	1.06	0.89
爱尔兰	0.86	0.54	0.79	0.64	0.46	0.40	0.56	0.80	1.97	1.62	0.85
奥地利	0.60	0.81	1.25	0.71	0.72	0.73	0.70	0.80	0.76	0.92	0.81
日本	0.34	0.61	0.53	1.07	0.66	0.73	0.84	1.23	0.76	1.06	0.79
巴西	1.03	0.61	0.85	0.64	0.85	0.60	0.70	0.49	0.91	0.92	0.75

二十一　应用心理学

应用心理学 A、B、C 层人才最多的是美国，分别占该学科全球 A、B、C 层人才的 46.75%、39.95%、34.40%，遥遥领先于其他国家和地区；英国排名第二，其 A、B、C 层人才的世界占比分别为 9.09%、8.21%、8.88%。

荷兰、澳大利亚、法国、德国的 A 层人才比较多，世界占比在 8%~3%；中国大陆、以色列、新西兰、挪威、南非、比利时、加拿大、希腊、意大利、葡萄牙、斯洛文尼亚、瑞士也有相当数量的 A 层人才，世界占比均超过 1%。

澳大利亚、荷兰、加拿大、德国、中国大陆的 B 层人才比较多，世界占比在 7%~3%；中国香港、新加坡、比利时、法国、瑞士、西班牙、芬兰、韩国、挪威、瑞典、意大利、丹麦、爱尔兰也有相当数量的 B 层人才，世界占比超过或接近 1%。

澳大利亚、荷兰、加拿大、德国、中国大陆的 C 层人才比较多，世界占比在 7%~4%；中国香港、瑞士、比利时、法国、西班牙、意大利、新加坡、韩国、瑞典、以色列、芬兰、挪威、南非也有相当数量的 C 层人才，世界占比超过或接近 1%。

表4-61 应用心理学A层人才的国家和地区的占比

单位：%

国家和地区	2012年	2013年	2014年	2015年	2016年	2017年	2018年	2019年	2020年	2021年	合计
美国	57.14	85.71	33.33	42.86	75.00	25.00	28.57	22.22	44.44	50.00	46.75
英国	0.00	0.00	66.67	0.00	0.00	0.00	28.57	22.22	0.00	8.33	9.09
荷兰	28.57	14.29	0.00	14.29	0.00	12.50	0.00	11.11	0.00	0.00	7.79
澳大利亚	14.29	0.00	0.00	0.00	0.00	12.50	0.00	22.22	11.11	0.00	6.49
法国	0.00	0.00	0.00	0.00	0.00	0.00	14.29	0.00	11.11	8.33	3.90
德国	0.00	0.00	0.00	28.57	0.00	0.00	0.00	0.00	0.00	8.33	3.90
中国大陆	0.00	0.00	0.00	0.00	0.00	0.00	0.00	0.00	11.11	8.33	2.60
以色列	0.00	0.00	0.00	0.00	0.00	0.00	14.29	0.00	11.11	0.00	2.60
新西兰	0.00	0.00	0.00	0.00	0.00	0.00	0.00	22.22	0.00	0.00	2.60
挪威	0.00	0.00	0.00	0.00	0.00	25.00	0.00	0.00	0.00	0.00	2.60
南非	0.00	0.00	0.00	0.00	12.50	12.50	0.00	0.00	0.00	0.00	2.60
比利时	0.00	0.00	0.00	0.00	12.50	0.00	0.00	0.00	0.00	0.00	1.30
加拿大	0.00	0.00	0.00	0.00	0.00	0.00	14.29	0.00	0.00	0.00	1.30
希腊	0.00	0.00	0.00	0.00	0.00	0.00	0.00	0.00	0.00	8.33	1.30
意大利	0.00	0.00	0.00	0.00	0.00	12.50	0.00	0.00	0.00	0.00	1.30
葡萄牙	0.00	0.00	0.00	0.00	0.00	0.00	0.00	0.00	11.11	0.00	1.30
斯洛文尼亚	0.00	0.00	0.00	14.29	0.00	0.00	0.00	0.00	0.00	0.00	1.30
瑞士	0.00	0.00	0.00	0.00	0.00	0.00	0.00	0.00	0.00	8.33	1.30

表4-62 应用心理学B层人才排名前20的国家和地区的占比

单位：%

国家和地区	2012年	2013年	2014年	2015年	2016年	2017年	2018年	2019年	2020年	2021年	合计
美国	56.67	52.38	42.68	50.00	45.12	40.74	26.92	26.09	34.34	36.45	39.95
英国	6.67	7.94	9.76	11.11	4.88	8.64	10.26	7.61	6.06	9.35	8.21
澳大利亚	3.33	4.76	4.88	6.94	9.76	6.17	6.41	8.70	8.08	5.61	6.62
荷兰	5.00	7.94	4.88	2.78	10.98	4.94	11.54	7.61	5.05	5.61	6.62
加拿大	6.67	7.94	7.32	5.56	7.32	2.47	8.97	5.43	5.05	3.74	5.88
德国	1.67	4.76	6.10	2.78	1.22	7.41	6.41	4.35	3.03	2.80	4.04
中国大陆	0.00	1.59	1.22	0.00	3.66	2.47	2.56	5.43	5.05	7.48	3.31
中国香港	6.67	4.76	2.44	0.00	0.00	2.47	6.41	4.35	1.01	2.80	2.94
新加坡	0.00	0.00	1.22	0.00	2.44	2.47	1.28	3.26	4.04	3.74	2.08

续表

国家和地区	2012 年	2013 年	2014 年	2015 年	2016 年	2017 年	2018 年	2019 年	2020 年	2021 年	合计
比利时	1.67	0.00	0.00	5.56	3.66	2.47	2.56	2.17	1.01	0.93	1.96
法国	3.33	0.00	3.66	1.39	1.22	1.23	2.56	4.35	1.01	0.93	1.96
瑞士	1.67	0.00	0.00	2.78	2.44	2.47	3.85	1.09	3.03	0.93	1.84
西班牙	0.00	3.17	3.66	0.00	0.00	1.23	0.00	1.09	1.01	3.74	1.47
芬兰	0.00	1.59	0.00	1.39	0.00	2.47	0.00	2.17	2.02	1.87	1.23
韩国	1.67	0.00	0.00	1.39	0.00	2.47	2.56	0.00	1.01	1.87	1.10
挪威	3.33	0.00	1.22	1.39	0.00	1.23	0.00	2.17	1.01	0.93	1.10
瑞典	0.00	1.59	0.00	0.00	0.00	2.47	1.28	2.17	2.02	0.00	0.98
意大利	0.00	0.00	0.00	0.00	0.00	0.00	1.28	4.35	2.02	0.93	0.98
丹麦	0.00	0.00	1.22	0.00	0.00	0.00	0.00	0.00	4.04	1.87	0.86
爱尔兰	0.00	0.00	0.00	1.39	1.22	2.47	1.28	1.09	0.00	0.00	0.74

表 4-63　应用心理学 C 层人才排名前 20 的国家和地区的占比

单位：%

国家和地区	2012 年	2013 年	2014 年	2015 年	2016 年	2017 年	2018 年	2019 年	2020 年	2021 年	合计
美国	41.64	36.74	34.35	36.02	35.24	35.58	31.14	32.18	29.93	34.18	34.40
英国	8.36	9.90	7.93	7.91	9.84	10.22	8.94	8.54	9.44	7.77	8.88
澳大利亚	4.10	5.27	7.53	5.08	6.10	6.86	6.57	6.11	6.72	6.55	6.17
荷兰	6.31	6.39	7.00	7.91	5.11	4.40	6.96	5.42	6.51	4.00	5.93
加拿大	6.15	6.71	6.61	5.08	5.48	5.56	6.04	4.50	5.21	6.66	5.77
德国	5.68	4.47	5.15	4.80	5.85	5.95	6.04	5.42	6.72	4.66	5.51
中国大陆	2.52	3.83	3.04	5.23	3.61	4.40	3.55	6.11	5.10	5.33	4.36
中国香港	2.05	3.51	3.70	3.81	2.62	2.46	1.45	1.85	1.08	1.33	2.31
瑞士	2.84	2.72	2.38	2.97	1.99	1.16	1.18	2.54	2.60	1.78	2.19
比利时	2.05	1.92	2.51	1.98	2.37	1.16	2.23	1.73	2.28	1.33	1.95
法国	1.74	1.28	0.92	2.26	2.37	1.94	1.84	1.61	1.84	2.66	1.87
西班牙	1.74	1.28	2.38	1.13	2.12	2.07	1.45	1.85	2.17	1.66	1.81
意大利	1.58	0.96	1.32	1.55	1.12	1.42	1.84	1.38	1.95	1.89	1.52
新加坡	1.10	1.60	1.19	1.55	1.37	1.42	1.58	1.61	1.52	1.11	1.41
韩国	0.79	1.92	0.92	1.13	1.99	1.29	1.58	1.04	0.54	0.89	1.19
瑞典	0.32	0.96	1.72	1.41	0.75	1.16	1.58	0.69	1.30	0.78	1.07
以色列	1.58	0.96	0.40	1.41	0.87	1.42	1.45	0.58	0.76	1.00	1.02
芬兰	0.63	0.48	0.53	0.56	1.25	1.29	1.71	1.15	1.41	0.89	1.02
挪威	0.63	0.80	1.32	1.13	1.12	0.52	1.45	1.38	0.87	0.78	1.01
南非	0.47	0.80	1.45	0.28	0.62	0.78	0.79	0.92	0.65	1.00	0.79

二十二 生理心理学

生理心理学 A、B、C 层人才最多的是美国，分别占该学科全球 A、B、C 层人才的 41.67%、31.34%、29.82%，均大幅领先于其他国家和地区；英国排名第二，其 A、B、C 层人才的世界占比分别为 37.50%、12.82%、11.70%。

生理心理学其余 A 层人才分布在奥地利、巴西、加拿大、德国、荷兰，世界占比均为 4.17%。

德国、荷兰、加拿大、澳大利亚的 B 层人才比较多，世界占比在 9%~3%；瑞士、比利时、意大利、西班牙、中国大陆、以色列、瑞典、奥地利、巴西、法国、丹麦、日本、新西兰、挪威也有相当数量的 B 层人才，世界占比均超过 1%。

德国、荷兰、加拿大、澳大利亚的 C 层人才比较多，世界占比在 9%~4%；瑞士、法国、西班牙、意大利、中国大陆、比利时、瑞典、巴西、丹麦、奥地利、日本、新西兰、以色列、挪威也有相当数量的 C 层人才，世界占比超过或接近 1%。

表 4-64　生理心理学 A 层人才的国家和地区的占比

单位：%

国家和地区	2012 年	2013 年	2014 年	2015 年	2016 年	2017 年	2018 年	2019 年	2020 年	2021 年	合计
美国	66.67	0.00	50.00	66.67	75.00	50.00	0.00	0.00	0.00	0.00	41.67
英国	33.33	66.67	50.00	33.33	0.00	25.00	0.00	50.00	0.00	66.67	37.50
奥地利	0.00	0.00	0.00	0.00	0.00	0.00	0.00	50.00	0.00	0.00	4.17
巴西	0.00	0.00	0.00	0.00	0.00	0.00	0.00	0.00	0.00	33.33	4.17
加拿大	0.00	0.00	0.00	0.00	25.00	0.00	0.00	0.00	0.00	0.00	4.17
德国	0.00	33.33	0.00	0.00	0.00	0.00	0.00	0.00	0.00	0.00	4.17
荷兰	0.00	0.00	0.00	0.00	0.00	25.00	0.00	0.00	0.00	0.00	4.17

表 4-65　生理心理学 B 层人才排名前 20 的国家和地区的占比

单位：%

国家和地区	2012 年	2013 年	2014 年	2015 年	2016 年	2017 年	2018 年	2019 年	2020 年	2021 年	合计
美国	25.81	31.25	21.88	53.13	40.00	46.15	15.22	37.50	22.86	20.69	31.34
英国	6.45	18.75	12.50	12.50	17.14	12.82	6.52	10.00	14.29	20.69	12.82
德国	22.58	3.13	18.75	6.25	2.86	5.13	6.52	12.50	2.86	3.45	8.26
荷兰	12.90	3.13	6.25	6.25	0.00	5.13	8.70	10.00	8.57	0.00	6.27
加拿大	6.45	0.00	6.25	3.13	8.57	2.56	4.35	5.00	2.86	0.00	3.99
澳大利亚	6.45	3.13	6.25	0.00	2.86	2.56	6.52	2.50	2.86	0.00	3.42
瑞士	0.00	6.25	3.13	0.00	2.86	5.13	4.35	0.00	2.86	3.45	2.85
比利时	3.23	3.13	3.13	3.13	0.00	2.56	2.17	5.00	0.00	3.45	2.56
意大利	3.23	0.00	3.13	0.00	2.86	2.56	2.17	0.00	8.57	3.45	2.56
西班牙	0.00	3.13	3.13	0.00	5.71	0.00	2.17	2.50	2.86	3.45	2.28
中国大陆	0.00	0.00	3.13	0.00	0.00	0.00	2.17	5.00	8.57	3.45	2.28
以色列	6.45	3.13	3.13	0.00	0.00	7.69	0.00	2.50	0.00	0.00	2.28
瑞典	0.00	3.13	0.00	3.13	0.00	2.56	6.52	2.50	2.86	0.00	2.28
奥地利	0.00	3.13	3.13	0.00	0.00	0.00	4.35	0.00	2.86	6.90	1.99
巴西	0.00	3.13	0.00	0.00	0.00	0.00	2.17	0.00	5.71	3.45	1.42
法国	0.00	3.13	3.13	3.13	0.00	0.00	2.17	0.00	2.86	0.00	1.42
丹麦	0.00	3.13	0.00	3.13	5.71	0.00	0.00	0.00	0.00	0.00	1.14
日本	0.00	0.00	0.00	0.00	5.71	0.00	0.00	0.00	0.00	6.90	1.14
新西兰	0.00	0.00	0.00	0.00	0.00	2.56	4.35	2.50	0.00	0.00	1.14
挪威	3.23	0.00	0.00	0.00	0.00	0.00	2.17	2.50	0.00	3.45	1.14

表 4-66　生理心理学 C 层人才排名前 20 的国家和地区的占比

单位：%

国家和地区	2012 年	2013 年	2014 年	2015 年	2016 年	2017 年	2018 年	2019 年	2020 年	2021 年	合计
美国	38.66	33.33	35.40	31.11	33.61	28.27	34.87	25.74	24.87	16.63	29.82
英国	14.38	11.95	9.94	7.94	11.11	15.97	14.04	12.06	11.50	7.84	11.70
德国	8.31	11.32	10.25	8.25	8.61	6.02	5.81	8.04	8.56	6.65	8.05
荷兰	4.47	4.09	6.21	3.49	5.00	6.54	4.12	4.56	4.81	6.41	5.01
加拿大	4.79	5.03	3.42	6.67	6.39	5.24	5.33	3.75	4.55	3.09	4.79
澳大利亚	3.51	5.97	3.42	5.71	4.17	6.28	4.36	3.75	4.81	4.04	4.59
瑞士	0.64	4.40	4.35	2.54	2.22	3.40	2.66	1.61	4.01	2.61	2.84

续表

国家和地区	2012 年	2013 年	2014 年	2015 年	2016 年	2017 年	2018 年	2019 年	2020 年	2021 年	合计
法国	2.56	1.89	0.93	3.49	3.33	2.88	1.94	3.22	3.48	3.80	2.78
西班牙	1.92	2.20	2.17	1.90	1.94	1.57	2.18	4.56	3.48	2.38	2.45
意大利	1.92	2.83	2.48	2.54	2.50	2.36	2.42	2.41	1.60	2.85	2.39
中国大陆	0.96	1.57	1.55	4.76	2.22	2.88	2.66	1.61	1.87	2.61	2.28
比利时	2.24	3.46	1.86	1.90	1.67	1.57	2.18	1.61	2.94	1.90	2.12
瑞典	0.96	1.26	1.86	2.54	0.83	1.31	0.73	0.80	0.27	2.38	1.28
巴西	1.60	0.31	1.24	1.27	0.83	0.79	2.42	1.61	0.80	1.43	1.25
丹麦	0.96	0.00	1.24	1.90	1.11	1.57	1.21	0.80	1.60	1.90	1.25
奥地利	1.60	1.26	2.17	1.27	0.28	0.52	0.73	1.07	0.53	1.19	1.03
日本	0.32	0.31	0.00	1.90	1.94	1.05	0.73	1.34	1.87	0.24	0.97
新西兰	0.32	0.63	0.93	0.63	1.67	0.79	0.73	0.80	1.60	1.43	0.97
以色列	0.32	0.31	2.17	0.32	0.83	1.05	0.73	1.07	0.80	1.43	0.92
挪威	0.64	0.63	0.00	0.32	0.56	1.57	0.73	0.80	1.60	1.43	0.86

二十三　临床心理学

临床心理学 A、B、C 层人才最多的是美国，分别占该学科全球 A、B、C 层人才的 42.31%、35.33%、40.38%，均遥遥领先于其他国家和地区；英国排名第二，虽远不及美国，但明显高于其他国家和地区，其 A、B、C 层人才的世界占比分别为 11.54%、12.46%、11.42%。

加拿大、荷兰、澳大利亚的 A 层人才比较多，世界占比在 10%～3%；比利时、德国、新西兰、瑞典、中国大陆、中国香港、爱尔兰、西班牙、瑞士、丹麦、法国、冰岛、伊朗、以色列、意大利也有一定数量的 A 层人才，世界占比超过或接近 1%。

澳大利亚、加拿大、荷兰的 B 层人才比较多，世界占比在 7%～4%；德国、比利时、中国大陆、意大利、西班牙、瑞典、瑞士、日本、挪威、新西兰、巴西、以色列、丹麦、爱尔兰、南非也有相当数量的 B 层人才，世界占比超过、等于或接近 1%。

澳大利亚、加拿大、荷兰、德国的 C 层人才比较多，世界占比在 7%～

4%；意大利、西班牙、瑞典、中国大陆、瑞士、比利时、以色列、挪威、法国、丹麦、新西兰、爱尔兰、葡萄牙、中国香港也有相当数量的 C 层人才，世界占比超过或接近 1%。

表 4-67　临床心理学 A 层人才排名前 20 的国家和地区的占比

单位：%

国家和地区	2012 年	2013 年	2014 年	2015 年	2016 年	2017 年	2018 年	2019 年	2020 年	2021 年	合计
美国	66.67	50.00	50.00	60.00	60.00	37.50	26.67	36.84	37.50	28.57	42.31
英国	16.67	8.33	16.67	20.00	0.00	12.50	6.67	10.53	12.50	9.52	11.54
加拿大	0.00	8.33	8.33	10.00	40.00	12.50	6.67	10.53	12.50	4.76	9.23
荷兰	0.00	16.67	8.33	0.00	0.00	12.50	6.67	15.79	6.25	0.00	6.92
澳大利亚	0.00	0.00	0.00	0.00	0.00	12.50	6.67	5.26	0.00	9.52	3.85
比利时	0.00	8.33	8.33	0.00	0.00	0.00	6.67	0.00	0.00	0.00	2.31
德国	8.33	0.00	0.00	10.00	0.00	0.00	6.67	0.00	0.00	0.00	2.31
新西兰	0.00	8.33	8.33	0.00	0.00	12.50	0.00	0.00	0.00	0.00	2.31
瑞典	0.00	0.00	0.00	0.00	0.00	0.00	0.00	5.26	6.25	4.76	2.31
中国大陆	0.00	0.00	0.00	0.00	0.00	0.00	0.00	0.00	0.00	9.52	1.54
中国香港	0.00	0.00	0.00	0.00	0.00	0.00	0.00	0.00	6.25	4.76	1.54
爱尔兰	8.33	0.00	0.00	0.00	0.00	0.00	0.00	0.00	0.00	4.76	1.54
西班牙	0.00	0.00	0.00	0.00	0.00	0.00	6.67	0.00	0.00	4.76	1.54
瑞士	0.00	0.00	0.00	0.00	0.00	0.00	6.67	5.26	0.00	0.00	1.54
丹麦	0.00	0.00	0.00	0.00	0.00	0.00	0.00	5.26	0.00	0.00	0.77
法国	0.00	0.00	0.00	0.00	0.00	0.00	0.00	0.00	0.00	4.76	0.77
冰岛	0.00	0.00	0.00	0.00	0.00	0.00	0.00	0.00	0.00	4.76	0.77
伊朗	0.00	0.00	0.00	0.00	0.00	0.00	0.00	0.00	6.25	0.00	0.77
以色列	0.00	0.00	0.00	0.00	0.00	0.00	0.00	0.00	6.25	0.00	0.77
意大利	0.00	0.00	0.00	0.00	0.00	0.00	0.00	0.00	0.00	4.76	0.77

表 4-68　临床心理学 B 层人才排名前 20 的国家和地区的占比

单位：%

国家和地区	2012 年	2013 年	2014 年	2015 年	2016 年	2017 年	2018 年	2019 年	2020 年	2021 年	合计
美国	51.85	46.22	27.91	53.60	36.43	32.87	38.06	29.82	20.86	27.91	35.33
英国	12.04	12.61	13.18	12.00	8.57	9.09	10.45	16.96	11.66	16.28	12.46
澳大利亚	5.56	8.40	6.98	8.00	8.57	7.69	5.97	7.02	4.91	4.65	6.70

续表

国家和地区	2012 年	2013 年	2014 年	2015 年	2016 年	2017 年	2018 年	2019 年	2020 年	2021 年	合计
加拿大	6.48	5.88	7.75	0.80	7.14	3.50	6.72	7.60	6.13	4.07	5.63
荷兰	1.85	7.56	3.88	8.00	5.00	4.20	6.72	3.51	2.45	4.65	4.70
德国	4.63	3.36	2.33	1.60	2.14	2.10	2.99	4.09	1.84	4.07	2.92
比利时	2.78	2.52	2.33	1.60	2.14	1.40	0.75	4.09	1.84	2.33	2.21
中国大陆	0.00	0.00	2.33	1.60	1.43	1.40	0.75	1.75	0.00	9.30	2.07
意大利	0.00	1.68	1.55	1.60	1.43	3.50	1.49	0.58	3.68	3.49	1.99
西班牙	1.85	0.00	3.10	0.00	1.43	2.10	0.75	1.75	1.84	1.16	1.42
瑞典	0.93	0.84	1.55	0.80	2.14	1.40	2.24	1.17	1.84	0.00	1.28
瑞士	1.85	2.52	0.00	2.40	0.00	1.40	1.49	1.17	1.23	1.16	1.28
日本	0.00	0.84	1.55	0.80	1.43	2.10	1.49	1.17	3.07	0.00	1.28
挪威	0.93	1.68	0.78	0.80	0.71	0.70	2.24	1.17	1.23	2.33	1.28
新西兰	0.00	0.84	1.55	0.00	2.14	1.40	1.49	2.92	1.84	0.00	1.28
巴西	0.93	0.00	1.55	0.00	1.43	1.40	0.75	2.34	1.23	0.58	1.07
以色列	0.93	0.00	2.33	0.80	0.71	0.70	0.75	0.58	1.84	1.16	1.00
丹麦	1.85	0.84	0.78	0.80	0.00	1.40	2.99	1.17	0.00	0.58	1.00
爱尔兰	1.85	0.00	0.00	0.80	0.00	1.40	0.75	1.75	1.23	1.16	0.93
南非	0.00	2.52	1.55	0.00	1.43	2.80	0.00	0.00	0.61	0.00	0.85

表 4-69　临床心理学 C 层人才排名前 20 的国家和地区的占比

单位：%

国家和地区	2012 年	2013 年	2014 年	2015 年	2016 年	2017 年	2018 年	2019 年	2020 年	2021 年	合计
美国	49.50	50.04	44.63	42.70	45.16	37.20	39.94	39.52	31.67	31.57	40.38
英国	10.08	10.69	12.08	11.76	9.92	12.72	10.79	12.55	11.93	11.09	11.42
澳大利亚	7.06	5.30	6.04	6.92	8.05	7.84	7.12	6.62	6.93	5.46	6.70
加拿大	6.69	7.13	6.20	7.09	5.86	5.33	5.43	5.63	5.43	5.35	5.94
荷兰	5.13	5.47	5.33	5.92	6.48	4.88	5.81	4.76	4.00	5.12	5.24
德国	3.57	4.56	4.63	3.59	3.91	4.81	5.05	5.26	3.75	4.67	4.41
意大利	0.73	1.08	1.41	1.67	1.64	2.59	2.22	2.47	3.87	3.77	2.28
西班牙	1.28	1.57	1.65	1.33	1.25	2.29	2.14	1.73	2.69	2.98	1.96
瑞典	1.83	1.99	2.20	1.42	2.11	1.63	1.53	1.79	1.94	1.91	1.84
中国大陆	0.64	0.58	0.78	1.17	0.86	1.11	0.84	1.86	2.69	3.38	1.52
瑞士	1.74	1.66	0.94	1.50	1.09	1.55	1.99	1.42	1.50	1.58	1.50

续表

国家和地区	2012 年	2013 年	2014 年	2015 年	2016 年	2017 年	2018 年	2019 年	2020 年	2021 年	合计
比利时	1.10	1.08	0.94	2.09	1.48	2.00	1.84	1.24	1.31	0.90	1.38
以色列	1.19	0.41	0.78	1.42	1.48	0.96	1.61	1.30	1.87	1.52	1.28
挪威	1.28	0.91	1.02	1.00	0.94	1.18	0.99	1.36	0.69	1.01	1.04
法国	0.55	0.91	0.55	0.58	1.09	0.89	0.84	0.68	0.81	1.74	0.90
丹麦	0.73	0.25	0.94	1.08	0.70	1.04	0.84	0.68	1.12	1.13	0.87
新西兰	0.64	0.50	0.55	0.92	0.94	0.96	1.07	0.74	0.69	0.62	0.76
爱尔兰	0.46	0.33	0.71	0.50	0.47	0.67	0.69	0.87	1.44	0.79	0.72
葡萄牙	0.37	0.50	0.94	1.00	0.70	0.59	0.38	0.49	0.69	0.68	0.63
中国香港	0.18	0.25	0.39	0.42	0.47	0.44	0.69	0.68	1.25	0.84	0.60

二十四　发展心理学

发展心理学 A、B、C 层人才最多的是美国，分别占该学科全球 A、B、C 层人才的 50.00%、36.73%、43.59%，均遥遥领先于其他国家和地区；英国排名第二，虽远不及美国，但明显高于其他国家和地区，其 A、B、C 层人才的世界占比分别为 19.77%、14.38%、10.70%。

加拿大的 A 层人才世界占比为 11.63%，排名第三；澳大利亚、德国的 A 层人才比较多，世界占比在 5%～3%；法国、巴西、中国大陆、塞浦路斯、挪威、沙特阿拉伯、瑞士、中国台湾也有相当数量的 A 层人才，世界占比均超过 1%。

加拿大、荷兰、澳大利亚、德国的 B 层人才比较多，世界占比在 7%～3%；意大利、西班牙、瑞典、中国大陆、瑞士、比利时、以色列、法国、挪威、奥地利、爱尔兰、新西兰、中国台湾、匈牙利也有相当数量的 B 层人才，世界占比超过或接近 1%。

加拿大、澳大利亚、荷兰、德国的 C 层人才比较多，世界占比在 7%～3%；意大利、中国大陆、瑞典、比利时、瑞士、西班牙、以色列、挪威、法国、芬兰、丹麦、中国香港、爱尔兰、南非也有相当数量的 C 层人才，世界占比超过或接近 1%。

表 4-70　发展心理学 A 层人才的国家和地区的占比

单位：%

国家和地区	2012 年	2013 年	2014 年	2015 年	2016 年	2017 年	2018 年	2019 年	2020 年	2021 年	合计
美国	0.00	50.00	75.00	44.44	30.00	40.00	72.73	53.85	38.46	44.44	50.00
英国	0.00	12.50	0.00	11.11	30.00	20.00	9.09	30.77	30.77	22.22	19.77
加拿大	0.00	25.00	12.50	0.00	20.00	20.00	9.09	7.69	7.69	11.11	11.63
澳大利亚	0.00	0.00	12.50	0.00	10.00	0.00	0.00	7.69	7.69	0.00	4.65
德国	0.00	0.00	0.00	0.00	0.00	20.00	0.00	0.00	0.00	22.22	3.49
法国	0.00	0.00	0.00	11.11	0.00	0.00	0.00	0.00	7.69	0.00	2.33
巴西	0.00	0.00	0.00	11.11	0.00	0.00	0.00	0.00	0.00	0.00	1.16
中国大陆	0.00	0.00	0.00	0.00	0.00	0.00	0.00	7.69	0.00	0.00	1.16
塞浦路斯	0.00	0.00	0.00	11.11	0.00	0.00	0.00	0.00	0.00	0.00	1.16
挪威	0.00	12.50	0.00	0.00	0.00	0.00	0.00	0.00	0.00	0.00	1.16
沙特阿拉伯	0.00	0.00	0.00	0.00	10.00	0.00	0.00	0.00	0.00	0.00	1.16
瑞士	0.00	0.00	0.00	0.00	0.00	0.00	9.09	0.00	0.00	0.00	1.16
中国台湾	0.00	0.00	0.00	11.11	0.00	0.00	0.00	0.00	0.00	0.00	1.16

表 4-71　发展心理学 B 层人才排名前 20 的国家和地区的占比

单位：%

国家和地区	2012 年	2013 年	2014 年	2015 年	2016 年	2017 年	2018 年	2019 年	2020 年	2021 年	合计
美国	50.72	49.30	41.43	50.59	43.33	30.19	31.07	31.09	29.66	27.05	36.73
英国	15.94	9.86	8.57	12.94	17.78	14.15	13.59	17.65	16.95	13.11	14.38
加拿大	7.25	8.45	5.71	7.06	5.56	6.60	5.83	7.56	5.08	5.74	6.40
荷兰	4.35	2.82	7.14	4.71	4.44	3.77	4.85	5.88	4.24	5.74	4.83
澳大利亚	0.00	4.23	5.71	4.71	4.44	4.72	3.88	6.72	6.78	4.10	4.72
德国	1.45	5.63	4.29	3.53	4.44	7.55	3.88	2.52	1.69	4.92	3.99
意大利	1.45	1.41	1.43	1.18	2.22	3.77	3.88	0.84	2.54	4.10	2.41
西班牙	0.00	2.82	1.43	1.18	0.00	2.83	0.97	3.36	1.69	4.92	2.10
瑞典	0.00	1.41	1.43	2.35	0.00	2.83	1.94	2.52	0.85	3.28	1.78
中国大陆	2.90	0.00	2.86	0.00	0.00	0.94	0.97	1.68	3.39	2.46	1.57
瑞士	1.45	0.00	0.00	4.71	2.22	1.89	0.97	1.68	0.85	1.64	1.57
比利时	1.45	0.00	0.00	1.18	1.11	1.89	2.91	2.52	1.69	0.82	1.47
以色列	0.00	1.41	2.86	0.00	1.11	0.94	0.00	1.68	1.69	2.46	1.26
法国	0.00	1.41	2.86	0.00	1.11	0.94	0.00	0.84	1.69	1.64	1.05

续表

国家和地区	2012 年	2013 年	2014 年	2015 年	2016 年	2017 年	2018 年	2019 年	2020 年	2021 年	合计
挪威	4.35	0.00	1.43	0.00	1.11	0.00	1.94	0.84	0.00	0.82	0.94
奥地利	0.00	1.41	1.43	0.00	0.00	0.94	0.00	2.52	0.85	0.82	0.84
爱尔兰	0.00	1.41	1.43	0.00	0.00	1.89	0.00	1.68	0.85	0.82	0.84
新西兰	0.00	0.00	1.43	0.00	2.22	1.89	0.97	0.00	0.85	0.00	0.73
中国台湾	0.00	0.00	0.00	0.00	1.11	1.89	0.00	1.68	1.69	0.00	0.73
匈牙利	0.00	1.41	1.43	0.00	0.00	0.94	0.00	0.84	0.85	0.82	0.63

表 4-72 发展心理学 C 层人才排名前 20 的国家和地区的占比

单位：%

国家和地区	2012 年	2013 年	2014 年	2015 年	2016 年	2017 年	2018 年	2019 年	2020 年	2021 年	合计
美国	51.28	54.07	48.97	49.47	42.44	43.89	42.80	40.65	37.63	35.94	43.59
英国	9.94	10.53	9.49	8.90	10.37	10.42	12.39	12.33	11.44	9.92	10.70
加拿大	6.25	7.02	6.33	5.10	7.13	6.42	6.14	4.98	6.61	6.61	6.24
澳大利亚	3.53	4.92	5.36	3.91	5.94	6.53	5.94	5.51	5.48	3.92	5.17
荷兰	5.61	3.65	4.40	5.22	4.54	5.37	5.14	4.37	5.56	5.40	4.96
德国	3.37	3.09	3.16	3.44	3.35	3.58	3.83	3.15	3.22	4.53	3.50
意大利	1.76	1.12	2.06	2.25	2.16	2.21	2.42	1.92	2.90	2.52	2.20
中国大陆	0.64	0.56	1.24	1.19	1.84	1.68	2.01	1.92	2.50	2.70	1.76
瑞典	1.76	1.12	0.96	1.90	1.84	1.79	2.01	1.92	1.77	1.74	1.72
比利时	1.44	1.54	1.10	2.25	1.30	1.26	2.01	2.10	1.05	1.65	1.58
瑞士	1.44	1.12	0.83	1.90	0.97	1.26	1.31	2.10	1.53	2.26	1.53
西班牙	0.48	0.56	0.83	0.71	1.40	1.26	1.41	1.49	2.10	1.65	1.29
以色列	1.44	1.12	0.83	1.66	1.08	1.68	0.91	1.22	1.05	1.74	1.28
挪威	2.08	0.42	1.51	0.83	1.19	1.05	1.41	1.40	1.05	1.22	1.20
法国	0.96	0.70	1.24	0.95	1.08	0.95	1.21	1.49	0.89	1.57	1.13
芬兰	0.80	0.56	0.69	0.83	0.97	0.84	0.60	0.87	1.13	1.04	0.86
丹麦	0.32	0.42	0.83	0.47	0.86	1.05	0.81	0.96	0.89	1.04	0.81
中国香港	0.16	0.42	0.83	0.71	0.65	0.63	0.30	0.96	0.89	0.70	0.66
爱尔兰	0.48	0.28	0.28	0.71	0.76	0.53	0.20	0.52	0.97	0.96	0.60
南非	0.32	0.14	0.83	0.47	0.86	0.53	0.50	1.14	0.56	0.44	0.60

二十五　教育心理学

教育心理学 A、B、C 层人才最多的是美国，分别占该学科全球 A、B、C 层人才的 69.77%、41.81%、41.25%，均遥遥领先于其他国家和地区。

澳大利亚的 A 层人才世界占比为 9.30%，排名第二；丹麦、加拿大、荷兰的 A 层人才比较多，世界占比在 7%~4%；韩国、西班牙也有相当数量的 A 层人才，世界占比均为 2.33%。

英国、德国的 B 层人才虽与美国有相当差距，但明显高于其他国家和地区，世界占比分别为 9.98%、9.26%；澳大利亚、加拿大、荷兰的 B 层人才比较多，世界占比在 6%~4%；韩国、中国大陆、瑞士、西班牙、比利时、芬兰、挪威、奥地利、意大利、新加坡、沙特阿拉伯、葡萄牙、法国、中国香港也有相当数量的 B 层人才，世界占比超过或接近 1%。

德国、英国、澳大利亚、加拿大、荷兰的 C 层人才比较多，世界占比在 9%~4%；中国大陆、中国香港、西班牙、芬兰、比利时、意大利、挪威、以色列、瑞士、韩国、法国、瑞典、奥地利、新西兰也有相当数量的 C 层人才，世界占比超过或接近 1%。

表 4-73　教育心理学 A 层人才的国家和地区的占比

单位：%

国家和地区	2012 年	2013 年	2014 年	2015 年	2016 年	2017 年	2018 年	2019 年	2020 年	2021 年	合计
美国	100.00	66.67	100.00	100.00	100.00	75.00	60.00	42.86	40.00	60.00	69.77
澳大利亚	0.00	0.00	0.00	0.00	0.00	0.00	20.00	14.29	40.00	0.00	9.30
丹麦	0.00	0.00	0.00	0.00	0.00	0.00	0.00	14.29	0.00	40.00	6.98
加拿大	0.00	0.00	0.00	0.00	0.00	25.00	0.00	0.00	20.00	0.00	4.65
荷兰	0.00	33.33	0.00	0.00	0.00	0.00	0.00	14.29	0.00	0.00	4.65
韩国	0.00	0.00	0.00	0.00	0.00	0.00	0.00	14.29	0.00	0.00	2.33
西班牙	0.00	0.00	0.00	0.00	0.00	0.00	20.00	0.00	0.00	0.00	2.33

表 4-74　教育心理学 B 层人才排名前 20 的国家和地区的占比

单位：%

国家和地区	2012 年	2013 年	2014 年	2015 年	2016 年	2017 年	2018 年	2019 年	2020 年	2021 年	合计
美国	52.78	51.52	43.59	54.55	47.37	50.00	23.81	42.62	31.37	33.33	41.81
英国	11.11	0.00	7.69	0.00	13.16	11.76	9.52	11.48	17.65	11.11	9.98
德国	13.89	12.12	15.38	6.06	7.89	2.94	11.90	6.56	7.84	9.26	9.26
澳大利亚	2.78	0.00	2.56	9.09	5.26	2.94	11.90	9.84	3.92	7.41	5.94
加拿大	5.56	18.18	7.69	3.03	10.53	2.94	2.38	3.28	0.00	7.41	5.70
荷兰	2.78	6.06	5.13	6.06	0.00	2.94	2.38	4.92	1.96	7.41	4.04
韩国	2.78	3.03	0.00	3.03	5.26	2.94	2.38	1.64	0.00	1.85	2.14
中国大陆	2.78	0.00	0.00	0.00	0.00	2.94	4.76	1.64	3.92	3.70	2.14
瑞士	0.00	0.00	2.56	3.03	2.63	0.00	4.76	0.00	3.92	1.85	1.90
西班牙	0.00	0.00	0.00	0.00	2.63	0.00	0.00	4.92	1.96	3.70	1.66
比利时	0.00	0.00	0.00	3.03	0.00	2.94	4.76	3.28	0.00	0.00	1.43
芬兰	0.00	3.03	2.56	0.00	0.00	0.00	2.38	0.00	3.92	1.85	1.43
挪威	0.00	0.00	0.00	0.00	0.00	0.00	4.76	1.64	3.92	0.00	1.19
奥地利	0.00	0.00	2.56	0.00	0.00	0.00	0.00	1.64	1.96	1.85	0.95
意大利	0.00	0.00	2.56	0.00	2.63	0.00	0.00	0.00	1.96	1.85	0.95
新加坡	2.78	3.03	0.00	0.00	0.00	2.94	0.00	0.00	0.00	0.00	0.71
沙特阿拉伯	2.78	0.00	0.00	0.00	0.00	2.94	0.00	0.00	0.00	1.85	0.71
葡萄牙	0.00	0.00	0.00	6.06	0.00	0.00	0.00	1.64	0.00	0.00	0.71
法国	0.00	0.00	2.56	0.00	0.00	0.00	0.00	1.64	1.96	0.00	0.71
中国香港	0.00	0.00	0.00	0.00	2.63	2.94	0.00	0.00	1.96	0.00	0.71

表 4-75　教育心理学 C 层人才排名前 20 的国家和地区的占比

单位：%

国家和地区	2012 年	2013 年	2014 年	2015 年	2016 年	2017 年	2018 年	2019 年	2020 年	2021 年	合计
美国	48.01	47.50	39.95	43.38	43.85	45.94	37.08	39.69	38.89	34.77	41.25
德国	4.83	9.06	11.34	8.00	9.36	6.60	8.31	8.98	10.68	10.53	8.91
英国	6.25	5.31	6.96	5.23	5.35	6.85	8.09	7.09	6.62	5.64	6.43
澳大利亚	5.11	6.25	7.47	9.23	5.08	7.11	5.62	5.51	6.41	6.39	6.33
加拿大	5.97	6.88	5.15	4.92	6.15	5.08	6.97	4.25	5.13	5.26	5.48
荷兰	5.97	3.13	4.64	5.23	3.48	5.08	5.62	5.35	5.34	4.51	4.89
中国大陆	1.14	0.94	1.03	1.23	1.87	1.52	3.60	2.99	4.49	4.89	2.60

续表

国家和地区	2012 年	2013 年	2014 年	2015 年	2016 年	2017 年	2018 年	2019 年	2020 年	2021 年	合计
中国香港	1.42	1.56	2.06	1.23	1.34	1.52	1.12	2.52	2.78	2.63	1.91
西班牙	1.42	1.25	0.52	2.77	3.21	1.27	2.02	2.68	0.85	1.69	1.80
芬兰	1.14	2.81	1.80	1.54	2.14	1.78	2.02	1.42	2.35	1.32	1.80
比利时	1.70	0.94	2.06	1.54	1.34	1.78	1.35	1.42	1.28	1.50	1.49
意大利	0.85	1.25	1.55	1.23	1.34	1.02	1.12	1.73	1.28	1.69	1.35
挪威	1.42	1.88	1.03	1.23	1.07	1.27	2.02	1.73	1.28	0.56	1.35
以色列	1.42	0.63	1.55	2.77	1.60	1.27	1.35	0.94	0.85	1.32	1.32
瑞士	1.42	0.94	1.29	0.31	0.27	1.02	1.12	1.10	1.50	2.26	1.18
韩国	0.57	0.00	1.29	1.54	1.60	1.02	1.12	1.26	1.07	0.94	1.06
法国	0.85	0.94	1.03	0.31	0.53	1.27	0.67	1.57	0.43	0.38	0.83
瑞典	0.57	0.94	0.52	0.62	0.80	0.76	1.57	0.47	0.43	0.94	0.76
奥地利	0.85	0.31	0.26	0.31	1.07	0.00	0.67	0.79	1.07	1.32	0.71
新西兰	0.85	0.00	0.00	0.92	1.60	0.76	0.67	0.16	0.43	0.94	0.61

二十六 实验心理学

实验心理学 A、B、C 层人才最多的是美国，分别占该学科全球 A、B、C 层人才的 41.54%、28.46%、31.34%，均遥遥领先于其他国家和地区；英国排名第二，虽远不及美国，但明显高于其他国家和地区，其 A、B、C 层人才的世界占比分别为 15.38%、13.47%、12.38%。

荷兰、加拿大、比利时的 A 层人才比较多，世界占比在 9%~3%；奥地利、德国、澳大利亚、巴西、中国大陆、波兰、日本、捷克、丹麦、芬兰、法国、中国香港、印度、黎巴嫩、意大利也有相当数量的 A 层人才，世界占比超过或接近 1%。

荷兰、德国、加拿大、澳大利亚的 B 层人才比较多，世界占比在 7%~3%；西班牙、中国大陆、法国、瑞士、比利时、意大利、奥地利、瑞典、以色列、中国香港、新西兰、挪威、中国台湾、丹麦也有相当数量的 B 层人才，世界占比超过或接近 1%。

德国、加拿大、荷兰、澳大利亚、意大利的 C 层人才比较多，世界占比在 8%~3%；中国大陆、法国、比利时、瑞士、西班牙、以色列、韩国、中国台湾、瑞典、丹麦、芬兰、奥地利、中国香港也有相当数量的 C 层人才，世界占比超过或接近 1%。

表 4-76　实验心理学 A 层人才排名前 20 的国家和地区的占比

单位：%

国家和地区	2012 年	2013 年	2014 年	2015 年	2016 年	2017 年	2018 年	2019 年	2020 年	2021 年	合计
美国	54.55	61.54	38.46	57.14	57.14	57.14	16.67	31.25	14.29	20.00	41.54
英国	18.18	15.38	23.08	14.29	0.00	14.29	16.67	18.75	14.29	20.00	15.38
荷兰	9.09	7.69	7.69	7.14	0.00	7.14	33.33	6.25	14.29	6.67	8.46
加拿大	0.00	7.69	7.69	0.00	0.00	0.00	0.00	12.50	7.14	6.67	4.62
比利时	0.00	7.69	15.38	7.14	0.00	0.00	0.00	0.00	0.00	6.67	3.85
奥地利	9.09	0.00	0.00	0.00	7.14	0.00	0.00	0.00	7.14	0.00	2.31
德国	0.00	0.00	0.00	0.00	0.00	14.29	0.00	6.25	0.00	0.00	2.31
澳大利亚	0.00	0.00	0.00	0.00	7.14	7.14	0.00	0.00	7.14	0.00	2.31
巴西	0.00	0.00	0.00	0.00	0.00	0.00	0.00	0.00	7.14	6.67	1.54
中国大陆	0.00	0.00	0.00	0.00	0.00	7.14	0.00	0.00	7.14	0.00	1.54
波兰	9.09	0.00	0.00	0.00	0.00	0.00	0.00	0.00	7.14	0.00	1.54
日本	0.00	0.00	0.00	0.00	0.00	0.00	0.00	6.25	0.00	6.67	1.54
捷克	0.00	0.00	0.00	0.00	0.00	0.00	16.67	0.00	0.00	0.00	0.77
丹麦	0.00	0.00	0.00	0.00	0.00	0.00	0.00	6.25	0.00	0.00	0.77
芬兰	0.00	0.00	0.00	0.00	7.14	0.00	0.00	0.00	0.00	0.00	0.77
法国	0.00	0.00	0.00	0.00	0.00	0.00	0.00	0.00	7.14	0.00	0.77
中国香港	0.00	0.00	0.00	0.00	0.00	0.00	0.00	0.00	0.00	6.67	0.77
印度	0.00	0.00	0.00	0.00	0.00	0.00	16.67	0.00	0.00	0.00	0.77
黎巴嫩	0.00	0.00	0.00	0.00	7.14	0.00	0.00	0.00	0.00	0.00	0.77
意大利	0.00	0.00	0.00	0.00	0.00	0.00	0.00	7.14	0.00	0.00	0.77

表 4-77　实验心理学 B 层人才排名前 20 的国家和地区的占比

单位：%

国家和地区	2012 年	2013 年	2014 年	2015 年	2016 年	2017 年	2018 年	2019 年	2020 年	2021 年	合计
美国	39.66	35.77	37.60	29.37	22.14	31.50	24.09	30.26	25.20	13.64	28.46
英国	16.38	17.07	6.40	19.05	15.27	11.81	9.49	11.84	17.07	11.69	13.47
荷兰	8.62	5.69	7.20	5.56	6.87	3.94	12.41	7.24	5.69	3.25	6.62

续表

国家和地区	2012 年	2013 年	2014 年	2015 年	2016 年	2017 年	2018 年	2019 年	2020 年	2021 年	合计
德国	6.90	7.32	8.00	4.76	3.05	7.87	5.11	9.21	5.69	6.49	6.47
加拿大	6.90	6.50	11.20	5.56	3.82	3.15	6.57	7.24	7.32	2.60	6.01
澳大利亚	1.72	4.88	0.00	7.14	0.76	3.94	5.11	6.58	3.25	5.19	3.96
西班牙	0.86	4.88	4.00	4.76	0.76	3.15	0.73	1.32	4.88	2.60	2.74
中国大陆	1.72	0.00	3.20	1.59	2.29	6.30	2.92	2.63	4.07	2.60	2.74
法国	3.45	0.81	2.40	1.59	1.53	1.57	1.46	1.97	3.25	2.60	2.05
瑞士	1.72	2.44	1.60	0.00	2.29	3.15	2.19	1.32	2.44	2.60	1.98
比利时	1.72	3.25	0.80	1.59	1.53	3.15	1.46	3.29	0.81	1.30	1.90
意大利	2.59	1.63	0.80	1.59	4.58	0.79	2.19	0.00	1.63	2.60	1.83
奥地利	0.00	1.63	5.60	0.79	0.00	0.00	1.46	0.66	0.00	1.95	1.22
瑞典	0.86	0.81	0.80	0.79	0.00	1.57	3.65	0.66	1.63	1.30	1.22
以色列	0.86	1.63	1.60	1.59	0.00	2.36	0.00	1.32	0.00	2.60	1.22
中国香港	0.00	0.81	1.60	0.79	0.76	2.36	0.73	0.66	0.81	1.30	0.99
新西兰	0.00	0.81	0.80	0.00	0.76	0.79	1.46	1.32	1.63	1.30	0.91
挪威	0.86	0.81	0.00	0.00	0.76	0.00	0.73	1.97	0.00	2.60	0.84
中国台湾	0.86	0.00	1.60	0.00	0.76	0.79	0.73	0.66	1.63	1.30	0.84
丹麦	0.86	0.81	0.00	1.59	0.76	0.00	0.73	0.66	2.44	0.65	0.84

表 4-78 实验心理学 C 层人才排名前 20 的国家和地区的占比

单位：%

国家和地区	2012 年	2013 年	2014 年	2015 年	2016 年	2017 年	2018 年	2019 年	2020 年	2021 年	合计
美国	35.86	36.18	33.20	34.96	32.05	32.82	30.38	27.98	25.73	25.95	31.34
英国	12.39	11.78	12.01	11.60	13.43	13.16	13.70	12.48	12.08	11.19	12.38
德国	8.64	8.30	8.46	7.62	5.81	6.90	7.01	7.41	9.25	9.25	7.86
加拿大	6.63	6.39	6.04	4.46	5.42	5.61	4.67	5.49	4.94	4.40	5.39
荷兰	4.97	4.73	4.43	5.84	3.61	5.12	5.24	6.65	6.35	5.59	5.28
澳大利亚	3.75	3.73	3.38	3.24	3.53	5.12	3.46	4.25	4.39	4.10	3.91
意大利	3.40	2.16	3.14	4.06	2.99	2.44	3.30	3.16	2.59	3.80	3.11
中国大陆	1.22	1.33	2.01	2.35	3.38	3.49	3.55	4.12	3.61	3.88	2.94
法国	3.93	3.32	2.82	3.08	2.75	1.95	1.93	2.47	2.51	2.76	2.74
比利时	2.36	3.15	3.06	1.78	2.20	2.36	1.85	2.33	3.53	2.39	2.50
瑞士	2.09	2.90	2.98	2.51	2.20	1.46	2.66	2.40	2.04	2.31	2.36
西班牙	1.40	1.99	2.10	2.27	2.51	1.71	2.10	2.47	2.59	1.79	2.10
以色列	1.66	1.49	1.45	1.78	1.89	1.46	1.77	1.44	1.41	1.19	1.55

续表

国家和地区	2012 年	2013 年	2014 年	2015 年	2016 年	2017 年	2018 年	2019 年	2020 年	2021 年	合计
韩国	0.87	1.16	1.37	1.38	1.49	1.54	1.21	0.75	1.10	0.67	1.15
中国台湾	0.52	0.75	1.29	0.89	1.65	1.30	0.48	1.23	0.86	0.75	0.98
瑞典	1.48	1.16	0.81	0.65	0.55	0.73	1.21	0.69	0.78	1.42	0.94
丹麦	0.96	0.83	0.81	0.65	0.94	1.06	1.21	0.62	0.47	0.97	0.85
芬兰	0.70	0.58	0.89	0.81	1.02	0.65	0.73	0.89	1.25	0.75	0.83
奥地利	0.70	0.75	0.89	0.73	0.47	0.73	1.13	0.89	1.02	0.89	0.82
中国香港	0.44	0.75	0.64	0.65	0.71	0.81	0.89	0.89	0.78	1.27	0.79

二十七 数学心理学

数学心理学 A、B、C 层人才最多的是美国，分别占该学科全球 A、B、C 层人才的 66.67%、35.48%、35.02%，均遥遥领先于其他国家和地区；A 层其余人才分布在英国，世界占比为 33.33%。

荷兰、英国的 B 层人才虽与美国差距巨大，但明显高于其他国家和地区，世界占比均为 12.90%；加拿大、德国、比利时的 B 层人才比较多，世界占比在 8%~6%；丹麦、以色列、新西兰、瑞士、澳大利亚、捷克、芬兰、印度、日本、新加坡、韩国、西班牙也有相当数量的 B 层人才，世界占比均超过 1%。

英国、荷兰的 C 层人才虽与美国差距巨大，但明显高于其他国家和地区，世界占比均为 10.14%；德国、加拿大、澳大利亚、比利时的 C 层人才比较多，世界占比在 9%~3%；西班牙、瑞士、法国、意大利、瑞典、中国大陆、中国香港、韩国、日本、波兰、以色列、南非、中国台湾也有相当数量的 C 层人才，世界占比超过或接近 1%。

表 4-79 数学心理学 A 层人才的国家和地区的占比

单位：%

国家和地区	2012 年	2013 年	2014 年	2015 年	2016 年	2017 年	2018 年	2019 年	2020 年	2021 年	合计
美国	0.00	0.00	0.00	0.00	100.00	100.00	0.00	0.00	0.00	0.00	66.67
英国	0.00	0.00	0.00	0.00	0.00	0.00	0.00	0.00	100.00	0.00	33.33

表 4-80　数学心理学 B 层人才的国家和地区的占比

单位：%

国家和地区	2012 年	2013 年	2014 年	2015 年	2016 年	2017 年	2018 年	2019 年	2020 年	2021 年	合计
美国	28.57	42.86	25.00	62.50	44.44	40.00	27.27	33.33	36.36	20.00	35.48
荷兰	28.57	0.00	12.50	0.00	22.22	10.00	18.18	8.33	18.18	10.00	12.90
英国	14.29	0.00	12.50	12.50	22.22	10.00	27.27	8.33	9.09	10.00	12.90
加拿大	14.29	14.29	25.00	0.00	0.00	10.00	0.00	8.33	0.00	10.00	7.53
德国	0.00	14.29	0.00	0.00	0.00	0.00	0.00	8.33	18.18	30.00	7.53
比利时	14.29	14.29	12.50	12.50	0.00	10.00	0.00	0.00	9.09	0.00	6.45
丹麦	0.00	0.00	0.00	0.00	0.00	10.00	0.00	8.33	0.00	0.00	2.15
以色列	0.00	0.00	12.50	0.00	0.00	0.00	0.00	0.00	0.00	10.00	2.15
新西兰	0.00	0.00	0.00	0.00	0.00	0.00	0.00	8.33	9.09	0.00	2.15
瑞士	0.00	14.29	0.00	0.00	0.00	0.00	0.00	9.09	0.00	0.00	2.15
澳大利亚	0.00	0.00	0.00	0.00	11.11	0.00	0.00	0.00	0.00	0.00	1.08
捷克	0.00	0.00	0.00	0.00	0.00	0.00	9.09	0.00	0.00	0.00	1.08
芬兰	0.00	0.00	0.00	0.00	0.00	10.00	0.00	0.00	0.00	0.00	1.08
印度	0.00	0.00	0.00	0.00	0.00	0.00	9.09	0.00	0.00	0.00	1.08
日本	0.00	0.00	0.00	0.00	0.00	0.00	0.00	8.33	0.00	0.00	1.08
新加坡	0.00	0.00	0.00	0.00	0.00	0.00	0.00	0.00	0.00	10.00	1.08
韩国	0.00	0.00	0.00	0.00	0.00	0.00	0.00	8.33	0.00	0.00	1.08
西班牙	0.00	0.00	0.00	12.50	0.00	0.00	0.00	0.00	0.00	0.00	1.08

表 4-81　数学心理学 C 层人才排名前 20 的国家和地区的占比

单位：%

国家和地区	2012 年	2013 年	2014 年	2015 年	2016 年	2017 年	2018 年	2019 年	2020 年	2021 年	合计
美国	33.33	36.76	40.28	41.25	52.13	26.53	34.78	38.18	29.36	20.83	35.02
英国	13.04	7.35	6.94	8.75	9.57	17.35	7.61	10.00	13.76	5.21	10.14
荷兰	7.25	4.41	11.11	10.00	10.64	11.22	10.87	8.18	13.76	11.46	10.14
德国	5.80	5.88	11.11	10.00	3.19	9.18	7.61	10.91	8.26	11.46	8.45
加拿大	5.80	7.35	4.17	2.50	6.38	4.08	3.26	7.27	4.59	5.21	5.07
澳大利亚	7.25	5.88	2.78	3.75	4.26	4.08	2.17	4.55	2.75	2.08	3.83
比利时	4.35	8.82	2.78	2.50	2.13	6.12	1.09	3.64	4.59	2.08	3.72
西班牙	2.90	7.35	2.78	1.25	4.26	3.06	2.17	0.91	2.75	2.08	2.82
瑞士	2.90	0.00	0.00	3.75	1.06	0.00	5.43	4.55	1.83	3.13	2.36

续表

国家和地区	2012 年	2013 年	2014 年	2015 年	2016 年	2017 年	2018 年	2019 年	2020 年	2021 年	合计
法国	4.35	4.41	2.78	2.50	1.06	2.04	2.17	1.82	3.67	0.00	2.36
意大利	2.90	0.00	1.39	2.50	1.06	2.04	1.09	0.91	1.83	4.17	1.80
瑞典	2.90	1.47	0.00	2.50	1.06	2.04	2.17	1.82	1.83	2.08	1.80
中国大陆	0.00	1.47	0.00	1.25	0.00	2.04	2.17	0.91	0.92	2.08	1.13
中国香港	1.45	0.00	1.39	0.00	0.00	1.02	1.09	0.00	0.92	4.17	1.01
韩国	0.00	2.94	0.00	1.25	0.00	1.02	0.00	0.00	2.75	2.08	1.01
日本	1.45	0.00	0.00	0.00	1.06	0.00	0.00	0.00	2.75	2.08	0.79
波兰	0.00	0.00	1.39	3.75	0.00	1.02	1.09	0.00	0.00	1.04	0.79
以色列	0.00	0.00	1.39	0.00	0.00	1.02	2.17	0.00	0.92	1.04	0.68
南非	0.00	0.00	1.39	0.00	0.00	0.00	3.26	0.91	0.00	0.00	0.56
中国台湾	0.00	0.00	0.00	0.00	0.00	1.02	1.09	0.00	0.00	3.13	0.56

二十八　多学科心理学

多学科心理学 A、B、C 层人才最多的是美国，分别占该学科全球 A、B、C 层人才的 34.36%、35.85%、31.73%，均遥遥领先于其他国家和地区；英国排名第二，虽远不及美国，但明显高于其他国家和地区，其 A、B、C 层人才的世界占比分别为 14.54%、11.68%、9.11%。

加拿大、荷兰、德国、澳大利亚、新西兰、西班牙、瑞士的 A 层人才比较多，世界占比在 8% ~ 3%；以色列、比利时、中国大陆、意大利、法国、瑞典、新加坡、奥地利、丹麦、芬兰、希腊也有相当数量的 A 层人才，世界占比超过或接近 1%。

荷兰、加拿大、德国、澳大利亚的 B 层人才比较多，世界占比在 7% ~ 4%；意大利、中国大陆、西班牙、比利时、瑞士、挪威、土耳其、法国、新西兰、瑞典、中国台湾、芬兰、韩国、巴西也有相当数量的 B 层人才，世界占比超过或接近 1%。

德国、澳大利亚、加拿大、荷兰、中国大陆、西班牙、意大利的 C 层人才比较多，世界占比在 6% ~ 3%；比利时、法国、瑞士、瑞典、以色列、挪威、韩国、中国香港、奥地利、芬兰、丹麦也有相当数量的 C 层人才，世界占比超过或接近1%。

表 4-82 多学科心理学 A 层人才排名前 20 的国家和地区的占比

单位：%

国家和地区	2012 年	2013 年	2014 年	2015 年	2016 年	2017 年	2018 年	2019 年	2020 年	2021 年	合计
美国	66.67	44.44	36.84	15.79	25.00	40.91	31.82	34.78	29.63	29.03	34.36
英国	22.22	22.22	21.05	5.26	14.29	18.18	9.09	21.74	11.11	6.45	14.54
加拿大	5.56	11.11	10.53	5.26	7.14	4.55	4.55	4.35	14.81	6.45	7.49
荷兰	0.00	5.56	15.79	10.53	3.57	4.55	22.73	4.35	0.00	6.45	7.05
德国	0.00	5.56	0.00	5.26	3.57	9.09	4.55	8.70	3.70	6.45	4.85
澳大利亚	5.56	0.00	10.53	5.26	3.57	4.55	9.09	0.00	3.70	3.23	4.41
新西兰	0.00	0.00	0.00	0.00	3.57	9.09	0.00	0.00	11.11	6.45	3.52
西班牙	0.00	0.00	0.00	5.26	0.00	4.55	4.55	0.00	7.41	6.45	3.08
瑞士	0.00	5.56	0.00	0.00	3.57	0.00	0.00	4.35	3.70	9.68	3.08
以色列	0.00	0.00	0.00	5.26	0.00	0.00	0.00	8.70	0.00	6.45	2.20
比利时	0.00	0.00	0.00	5.26	7.14	0.00	4.55	0.00	0.00	0.00	1.76
中国大陆	0.00	5.56	0.00	0.00	0.00	0.00	0.00	4.35	3.70	3.23	1.76
意大利	0.00	0.00	0.00	5.26	3.57	0.00	0.00	0.00	7.41	0.00	1.76
法国	0.00	0.00	0.00	0.00	3.57	4.55	0.00	0.00	0.00	3.23	1.32
瑞典	0.00	0.00	5.26	5.26	3.57	0.00	0.00	0.00	0.00	0.00	1.32
新加坡	0.00	0.00	0.00	0.00	0.00	0.00	0.00	4.35	0.00	3.23	0.88
奥地利	0.00	0.00	0.00	5.26	0.00	0.00	0.00	0.00	0.00	0.00	0.44
丹麦	0.00	0.00	0.00	0.00	0.00	0.00	0.00	0.00	3.70	0.00	0.44
芬兰	0.00	0.00	0.00	0.00	3.57	0.00	0.00	0.00	0.00	0.00	0.44
希腊	0.00	0.00	0.00	0.00	0.00	0.00	0.00	4.35	0.00	0.00	0.44

表 4-83 多学科心理学 B 层人才排名前 20 的国家和地区的占比

单位：%

国家和地区	2012 年	2013 年	2014 年	2015 年	2016 年	2017 年	2018 年	2019 年	2020 年	2021 年	合计
美国	47.53	47.59	52.54	52.38	33.20	37.75	30.14	32.03	19.03	24.63	35.85
英国	12.96	16.87	6.78	8.93	14.62	10.29	10.53	12.12	10.53	12.50	11.68
荷兰	6.17	7.23	7.34	5.36	7.91	6.37	3.35	5.19	5.67	6.25	6.08
加拿大	8.64	4.82	9.60	6.55	2.77	8.33	3.35	5.63	2.43	6.99	5.70

续表

国家和地区	2012 年	2013 年	2014 年	2015 年	2016 年	2017 年	2018 年	2019 年	2020 年	2021 年	合计
德国	3.70	6.63	2.82	2.38	2.77	5.39	5.74	6.93	5.26	4.41	4.64
澳大利亚	2.47	4.82	3.39	6.55	5.93	3.43	4.78	3.90	4.45	3.68	4.36
意大利	0.62	0.00	1.69	0.60	3.16	2.94	2.87	3.46	6.07	4.41	2.87
中国大陆	1.23	0.00	2.26	0.60	1.98	3.43	2.87	3.46	4.05	5.15	2.73
西班牙	1.85	1.81	2.26	1.79	3.16	2.45	2.87	3.46	2.83	3.68	2.73
比利时	0.62	1.20	1.69	2.38	2.37	0.49	1.91	1.73	1.21	3.31	1.77
瑞士	0.62	3.01	0.56	0.60	1.98	2.94	2.39	1.73	0.81	1.84	1.68
挪威	2.47	0.00	0.56	0.60	1.19	0.00	1.44	1.30	1.21	1.47	1.05
土耳其	0.00	0.00	0.00	0.00	1.98	0.98	0.48	0.43	3.64	1.47	1.05
法国	1.23	0.60	0.00	0.60	1.19	0.49	1.44	0.43	1.21	1.84	0.96
新西兰	1.23	1.20	0.56	0.60	0.40	1.47	0.48	1.73	0.81	0.37	0.86
瑞典	1.23	0.60	0.00	0.60	0.00	0.49	1.44	1.30	1.62	1.10	0.86
中国台湾	1.23	0.00	1.13	0.00	1.58	0.49	0.96	2.16	0.81	0.00	0.86
芬兰	0.00	0.00	1.13	0.60	0.79	1.47	2.39	0.87	0.81	0.00	0.81
韩国	0.00	0.00	0.00	1.79	1.58	0.49	0.96	1.73	1.21	0.00	0.81
巴西	0.62	0.00	0.00	0.60	0.00	1.47	0.96	0.87	1.21	1.10	0.72

表 4-84　多学科心理学 C 层人才排名前 20 的国家和地区的占比

单位：%

国家和地区	2012 年	2013 年	2014 年	2015 年	2016 年	2017 年	2018 年	2019 年	2020 年	2021 年	合计
美国	44.54	42.41	39.47	36.92	31.52	33.32	29.53	26.83	24.37	20.45	31.73
英国	9.25	9.20	9.32	9.19	9.07	9.90	8.98	9.77	8.63	8.18	9.11
德国	5.92	4.90	6.12	5.76	5.49	5.54	6.80	5.95	5.87	6.39	5.90
澳大利亚	4.01	5.44	4.63	4.94	5.29	4.67	5.56	6.53	4.70	4.02	4.98
加拿大	5.86	6.59	5.03	4.94	4.27	4.98	4.57	4.62	4.70	4.42	4.91
荷兰	4.50	4.84	5.43	5.81	4.27	4.93	5.01	5.06	4.44	4.02	4.77
中国大陆	1.30	1.03	1.72	1.51	2.93	3.30	4.32	4.35	5.82	8.77	3.86
西班牙	2.22	2.48	2.23	3.26	3.25	4.32	4.32	4.89	4.31	4.13	3.65
意大利	1.73	1.75	2.06	2.97	3.29	2.79	3.37	3.82	4.70	4.38	3.24
比利时	1.79	1.39	1.37	1.57	1.71	1.73	2.08	1.38	1.42	1.50	1.59

续表

国家和地区	2012 年	2013 年	2014 年	2015 年	2016 年	2017 年	2018 年	2019 年	2020 年	2021 年	合计
法国	1.60	1.51	1.72	1.40	1.95	1.32	1.89	1.73	1.51	1.24	1.59
瑞士	1.67	1.75	1.66	1.80	1.67	1.27	1.54	1.64	1.29	1.64	1.59
瑞典	1.11	1.33	1.49	1.28	1.63	1.32	1.64	2.04	0.95	0.84	1.36
以色列	0.99	1.63	1.32	1.10	1.34	1.12	0.99	1.24	1.16	1.02	1.19
挪威	1.05	0.67	1.09	0.93	1.14	1.32	1.19	1.11	1.55	1.39	1.17
韩国	1.11	1.15	1.60	1.10	1.22	1.32	1.19	0.71	0.73	0.84	1.07
中国香港	0.49	1.03	0.63	0.52	0.77	0.91	1.14	0.98	1.60	1.28	0.97
奥地利	0.74	0.48	0.92	1.16	0.89	1.02	0.89	1.02	1.12	0.95	0.93
芬兰	0.68	0.67	0.92	0.93	0.89	0.96	1.14	1.20	0.99	0.84	0.93
丹麦	0.86	0.60	0.74	0.76	0.89	0.96	0.84	0.93	0.95	0.99	0.87

二十九 心理分析

心理分析 A、B、C 层人才最多的是美国，分别占该学科全球 A、B、C层人才的 44.44%、39.53%、39.60%，均遥遥领先于其他国家和地区；其余 A 层人才分布在奥地利、英国、意大利，世界占比分别为 22.22%、22.22%、11.11%。

意大利、英国的 B 层人才虽与美国差距较大，但明显高于其他国家和地区，世界占比分别为 14.73%、13.95%；德国、加拿大、澳大利亚、瑞典的 B 层人才比较多，世界占比在 9% ~ 2%；奥地利、比利时、荷兰、西班牙、智利、中国大陆、伊朗、爱尔兰、以色列、中国澳门、挪威、葡萄牙、沙特阿拉伯也有相当数量的 B 层人才，世界占比超过或接近 1%。

德国、英国 C 层人才虽然与美国差距较大，但明显领先于其他国家和地区，世界占比分别为 14.52%、10.81%；意大利、加拿大、以色列、瑞士、奥地利的 C 层人才比较多，世界占比在 6% ~ 2%；澳大利亚、瑞典、法国、比利时、挪威、荷兰、南非、丹麦、西班牙、爱尔兰、阿根廷、巴西也有相当数量的 C 层人才，世界占比超过或接近 1%。

表 4-85 心理分析 A 层人才的国家和地区的占比

单位：%

国家和地区	2012 年	2013 年	2014 年	2015 年	2016 年	2017 年	2018 年	2019 年	2020 年	2021 年	合计
美国	100.00	0.00	100.00	100.00	0.00	0.00	0.00	100.00	0.00	0.00	44.44
奥地利	0.00	0.00	0.00	0.00	0.00	100.00	0.00	0.00	0.00	100.00	22.22
英国	0.00	100.00	0.00	0.00	0.00	0.00	100.00	0.00	0.00	0.00	22.22
意大利	0.00	0.00	0.00	0.00	100.00	0.00	0.00	0.00	0.00	0.00	11.11

表 4-86 心理分析 B 层人才的国家和地区的占比

单位：%

国家和地区	2012 年	2013 年	2014 年	2015 年	2016 年	2017 年	2018 年	2019 年	2020 年	2021 年	合计
美国	55.56	25.00	66.67	41.67	50.00	21.43	18.75	58.33	35.71	35.71	39.53
意大利	11.11	8.33	8.33	25.00	0.00	21.43	25.00	16.67	7.14	21.43	14.73
英国	11.11	25.00	0.00	8.33	28.57	21.43	25.00	0.00	7.14	7.14	13.95
德国	11.11	8.33	8.33	8.33	0.00	7.14	6.25	8.33	7.14	21.43	8.53
加拿大	0.00	8.33	0.00	0.00	7.14	14.29	0.00	0.00	0.00	7.14	3.88
澳大利亚	0.00	0.00	8.33	8.33	7.14	0.00	6.25	0.00	0.00	0.00	3.10
瑞典	0.00	8.33	8.33	8.33	0.00	0.00	0.00	0.00	0.00	0.00	2.33
奥地利	0.00	0.00	0.00	0.00	0.00	0.00	0.00	16.67	0.00	0.00	1.55
比利时	11.11	0.00	0.00	0.00	0.00	7.14	0.00	0.00	0.00	0.00	1.55
荷兰	0.00	0.00	0.00	0.00	7.14	0.00	6.25	0.00	0.00	0.00	1.55
西班牙	0.00	8.33	0.00	0.00	0.00	0.00	0.00	0.00	7.14	0.00	1.55
智利	0.00	8.33	0.00	0.00	0.00	0.00	0.00	0.00	0.00	0.00	0.78
中国大陆	0.00	0.00	0.00	0.00	0.00	0.00	0.00	0.00	7.14	0.00	0.78
伊朗	0.00	0.00	0.00	0.00	0.00	0.00	0.00	0.00	0.00	7.14	0.78
爱尔兰	0.00	0.00	0.00	0.00	0.00	0.00	6.25	0.00	0.00	0.00	0.78
以色列	0.00	0.00	0.00	0.00	0.00	0.00	0.00	0.00	7.14	0.00	0.78
中国澳门	0.00	0.00	0.00	0.00	0.00	0.00	0.00	0.00	7.14	0.00	0.78
挪威	0.00	0.00	0.00	0.00	0.00	0.00	6.25	0.00	0.00	0.00	0.78
葡萄牙	0.00	0.00	0.00	0.00	0.00	0.00	0.00	0.00	7.14	0.00	0.78
沙特阿拉伯	0.00	0.00	0.00	0.00	0.00	0.00	0.00	0.00	7.14	0.00	0.78

表 4-87　心理分析 C 层人才排名前 20 的国家和地区的占比

单位：%

国家和地区	2012 年	2013 年	2014 年	2015 年	2016 年	2017 年	2018 年	2019 年	2020 年	2021 年	合计
美国	52.48	37.61	39.64	45.16	33.33	40.00	39.39	34.06	36.89	41.25	39.60
德国	13.86	17.09	13.51	12.90	15.56	11.67	17.42	18.12	13.11	11.25	14.52
英国	12.87	11.97	13.51	12.90	14.07	12.78	7.58	7.25	7.38	6.25	10.81
意大利	1.98	5.13	3.60	3.23	4.44	1.67	9.85	5.80	5.74	12.50	5.08
加拿大	2.97	5.13	5.41	4.03	6.67	4.44	2.27	3.62	4.92	1.25	4.19
以色列	0.99	3.42	3.60	4.84	4.44	3.33	3.03	1.45	2.46	0.00	2.90
瑞士	1.98	2.56	3.60	4.03	1.48	3.33	2.27	2.90	2.46	0.00	2.58
奥地利	1.98	3.42	1.80	0.81	2.22	2.78	4.55	1.45	0.82	2.50	2.26
澳大利亚	1.98	0.00	0.90	1.61	4.44	1.67	0.00	2.90	2.46	3.75	1.94
瑞典	1.98	1.71	1.80	0.81	2.96	1.11	2.27	0.72	0.82	0.00	1.45
法国	1.98	0.85	0.90	1.61	0.74	1.11	3.03	1.45	0.82	2.50	1.45
比利时	0.00	1.71	0.00	2.42	0.74	1.67	0.00	4.35	1.64	0.00	1.37
挪威	0.99	0.85	2.70	0.81	1.48	0.56	0.76	4.35	0.82	0.00	1.37
荷兰	0.00	1.71	2.70	0.00	0.74	1.11	1.52	1.45	1.64	0.00	1.13
南非	0.00	0.00	0.00	1.61	1.48	1.11	2.27	0.72	0.00	2.50	0.97
丹麦	0.99	0.85	1.80	1.61	0.00	0.56	0.00	1.45	0.82	1.25	0.89
西班牙	0.00	0.85	0.90	0.00	0.00	0.56	1.52	1.45	1.64	1.25	0.81
爱尔兰	0.00	0.00	0.00	0.00	0.74	1.11	0.76	1.45	1.64	0.00	0.65
阿根廷	0.00	0.85	0.00	0.81	0.00	1.11	1.52	0.00	0.82	0.00	0.56
巴西	0.99	0.85	0.00	0.00	0.74	1.11	0.00	0.00	0.00	0.00	0.40

三十　社会心理学

社会心理学 A、B、C 层人才最多的是美国，分别占该学科全球 A、B、C 层人才的 51.72%、36.63%、35.98%，均遥遥领先于其他国家和地区；英国排名第二，虽远不及美国，但明显高于其他国家和地区，其 A、B、C 层人才的世界占比分别为 12.07%、9.45%、9.02%。

澳大利亚、比利时、德国的 A 层人才比较多，世界占比均为 5.17%；奥地利、加拿大、芬兰、以色列、意大利、荷兰、秘鲁、菲律宾、葡萄牙、南非、瑞士、土耳其也有相当数量的 A 层人才，世界占比均为 1.72%。

加拿大、德国、荷兰、澳大利亚、比利时、意大利的 B 层人才比较多，世界占比在 8%~2%；瑞士、波兰、中国大陆、土耳其、法国、丹麦、新西兰、西班牙、韩国、中国香港、俄罗斯、以色列也有相当数量的 B 层人才，世界占比超过或接近 1%。

加拿大、德国、荷兰、澳大利亚、中国大陆、意大利的 C 层人才比较多，世界占比在 7%~2%；比利时、以色列、瑞士、波兰、西班牙、新西兰、法国、中国香港、新加坡、韩国、瑞典、丹麦也有相当数量的 C 层人才，世界占比超过或接近 1%。

表 4-88　社会心理学 A 层人才的国家和地区的占比

单位：%

国家和地区	2012 年	2013 年	2014 年	2015 年	2016 年	2017 年	2018 年	2019 年	2020 年	2021 年	合计
美国	0.00	33.33	0.00	42.86	71.43	62.50	71.43	85.71	37.50	12.50	51.72
英国	0.00	16.67	0.00	14.29	14.29	0.00	14.29	14.29	0.00	25.00	12.07
澳大利亚	0.00	0.00	0.00	0.00	14.29	0.00	0.00	0.00	12.50	12.50	5.17
比利时	0.00	16.67	0.00	14.29	0.00	0.00	0.00	0.00	12.50	0.00	5.17
德国	0.00	16.67	0.00	0.00	0.00	0.00	0.00	0.00	12.50	12.50	5.17
奥地利	0.00	0.00	0.00	0.00	0.00	12.50	0.00	0.00	0.00	0.00	1.72
加拿大	0.00	0.00	0.00	0.00	0.00	0.00	0.00	0.00	12.50	0.00	1.72
芬兰	0.00	0.00	0.00	0.00	0.00	0.00	0.00	0.00	0.00	12.50	1.72
以色列	0.00	0.00	0.00	0.00	0.00	12.50	0.00	0.00	0.00	0.00	1.72
意大利	0.00	16.67	0.00	0.00	0.00	0.00	0.00	0.00	0.00	0.00	1.72
荷兰	0.00	0.00	0.00	0.00	0.00	12.50	0.00	0.00	0.00	0.00	1.72
秘鲁	0.00	0.00	0.00	14.29	0.00	0.00	0.00	0.00	0.00	0.00	1.72
菲律宾	0.00	0.00	0.00	0.00	0.00	0.00	0.00	0.00	12.50	0.00	1.72
葡萄牙	0.00	0.00	0.00	0.00	0.00	0.00	0.00	0.00	0.00	12.50	1.72
南非	0.00	0.00	0.00	0.00	0.00	0.00	14.29	0.00	0.00	0.00	1.72
瑞士	0.00	0.00	0.00	0.00	0.00	0.00	0.00	0.00	12.50	0.00	1.72
土耳其	0.00	0.00	0.00	14.29	0.00	0.00	0.00	0.00	0.00	0.00	1.72

表 4-89 社会心理学 B 层人才排名前 20 的国家和地区的占比

单位：%

国家和地区	2012 年	2013 年	2014 年	2015 年	2016 年	2017 年	2018 年	2019 年	2020 年	2021 年	合计
美国	56.36	41.82	42.19	51.61	49.23	23.38	36.84	35.00	28.75	15.85	36.63
英国	3.64	12.73	6.25	9.68	10.77	6.49	10.53	7.50	13.75	12.20	9.45
加拿大	3.64	10.91	6.25	8.06	13.85	6.49	5.26	11.25	6.25	4.88	7.68
德国	7.27	5.45	9.38	3.23	3.08	3.90	8.77	12.50	11.25	8.54	7.53
荷兰	3.64	12.73	9.38	6.45	6.15	5.19	12.28	11.25	5.00	3.66	7.39
澳大利亚	1.82	1.82	1.56	3.23	4.62	2.60	1.75	3.75	6.25	3.66	3.25
比利时	1.82	1.82	1.56	1.61	0.00	2.60	5.26	6.25	3.75	0.00	2.51
意大利	1.82	1.82	3.13	1.61	0.00	2.60	3.51	2.50	2.50	3.66	2.36
瑞士	3.64	1.82	1.56	0.00	1.54	1.30	3.51	0.00	3.75	2.44	1.92
波兰	1.82	0.00	3.13	0.00	0.00	2.60	0.00	0.00	3.75	4.88	1.77
中国大陆	0.00	0.00	0.00	3.23	0.00	1.30	1.75	1.25	1.25	4.88	1.48
土耳其	1.82	0.00	1.56	0.00	1.54	1.30	0.00	1.25	4.88	1.33
法国	0.00	0.00	0.00	1.61	1.54	0.00	1.75	1.25	1.25	3.66	1.18
丹麦	0.00	0.00	1.56	0.00	1.54	0.00	1.75	1.25	1.25	2.44	1.03
新西兰	3.64	1.82	0.00	0.00	0.00	0.00	1.75	2.50	1.25	0.00	1.03
西班牙	0.00	1.82	1.56	1.61	0.00	1.30	0.00	1.25	2.44	1.03
韩国	0.00	0.00	0.00	3.23	0.00	1.30	1.75	0.00	0.00	0.00	0.59
中国香港	0.00	0.00	1.56	1.61	0.00	1.30	0.00	0.00	0.00	1.22	0.59
俄罗斯	1.82	0.00	0.00	0.00	1.54	1.30	0.00	0.00	0.00	1.22	0.59
以色列	1.82	0.00	0.00	0.00	1.54	0.00	0.00	0.00	1.25	1.22	0.59

表 4-90 社会心理学 C 层人才排名前 20 的国家和地区的占比

单位：%

国家和地区	2012 年	2013 年	2014 年	2015 年	2016 年	2017 年	2018 年	2019 年	2020 年	2021 年	合计
美国	49.81	43.73	41.45	35.77	38.60	35.22	36.38	32.47	29.89	25.33	35.98
英国	7.95	7.38	10.36	10.02	9.54	9.77	8.85	8.77	8.38	8.85	9.02
加拿大	7.95	7.75	6.41	6.20	5.81	7.58	6.60	8.15	6.15	5.82	6.82
德国	4.26	4.61	7.24	6.68	4.92	6.04	5.90	7.16	6.70	6.18	6.05
荷兰	6.40	6.83	5.26	5.41	4.77	5.53	6.18	6.05	5.31	3.15	5.41
澳大利亚	2.91	2.95	4.11	5.09	5.22	5.40	5.76	5.68	5.03	4.61	4.79
中国大陆	0.78	1.85	1.97	2.70	2.38	2.44	2.67	2.35	3.49	3.15	2.45

续表

国家和地区	2012 年	2013 年	2014 年	2015 年	2016 年	2017 年	2018 年	2019 年	2020 年	2021 年	合计
意大利	2.33	1.29	1.15	1.59	2.98	2.19	0.98	2.47	2.79	3.39	2.17
比利时	1.74	2.21	1.97	2.54	1.04	1.29	2.53	1.85	3.21	1.58	1.98
以色列	1.36	1.29	1.48	1.59	2.53	1.29	1.69	1.11	1.40	1.94	1.57
瑞士	0.39	2.03	1.48	0.95	1.19	1.93	1.12	2.35	1.82	1.70	1.54
波兰	0.19	0.92	0.66	1.11	1.79	1.41	1.12	1.98	2.37	2.55	1.50
西班牙	1.36	0.74	1.64	0.95	1.94	1.80	1.26	1.23	1.96	1.82	1.50
新西兰	1.16	2.77	0.99	1.27	1.19	1.29	1.69	1.48	1.12	1.58	1.44
法国	0.97	0.74	1.32	0.79	0.75	1.16	1.54	0.86	1.40	1.09	1.07
中国香港	1.16	0.92	0.66	1.11	1.19	1.16	0.70	0.86	1.12	1.33	1.03
新加坡	0.97	0.92	1.48	0.95	1.19	0.77	1.12	0.86	1.40	0.24	0.97
韩国	0.97	0.55	1.32	1.43	1.04	1.29	0.84	0.25	0.28	0.73	0.85
瑞典	0.97	0.00	0.49	1.59	1.04	0.90	0.56	0.49	1.26	0.85	0.82
丹麦	0.78	0.00	0.33	0.79	0.45	0.90	0.84	0.86	0.98	1.58	0.79

三十一　行为科学

行为科学 A、B、C 层人才最多的是美国，分别占该学科全球 A、B、C 层人才的 25.84%、27.66%、28.41%，均大幅高于其他国家和地区；英国和德国的 A、B、C 层人才属于第二梯队，虽远不及美国，但明显高于其他国家和地区，两国 A、B、C 层人才的世界占比合计分别为 28.09%、21.95%、19.00%，英国的 A、B、C 层人才均多于德国。

荷兰、奥地利、加拿大、瑞典、澳大利亚、西班牙的 A 层人才比较多，世界占比在 9%～3%；比利时、丹麦、芬兰、巴西、中国大陆、塞浦路斯、法国、爱尔兰、意大利、新西兰、波兰也有相当数量的 A 层人才，世界占比均超过 1%。

加拿大、荷兰、澳大利亚、意大利的 B 层人才比较多，世界占比在 8%～3%；法国、瑞士、比利时、西班牙、瑞典、中国大陆、巴西、以色列、奥地利、丹麦、日本、挪威、印度也有相当数量的 B 层人才，世界占比超过或接近 1%。

加拿大、澳大利亚、荷兰、意大利、中国大陆的 C 层人才比较多，世界占比在 6%～3%；法国、瑞士、西班牙、比利时、巴西、瑞典、日本、丹麦、奥地利、以色列、芬兰、新西兰也有相当数量的 C 层人才，世界占比超过或接近 1%。

表 4-91　行为科学 A 层人才排名前 20 的国家和地区的占比

单位：%

国家和地区	2012 年	2013 年	2014 年	2015 年	2016 年	2017 年	2018 年	2019 年	2020 年	2021 年	合计
美国	20.00	33.33	20.00	30.00	50.00	33.33	16.67	8.33	16.67	0.00	25.84
英国	0.00	44.44	30.00	20.00	0.00	0.00	16.67	16.67	0.00	100.00	15.73
德国	20.00	11.11	0.00	10.00	8.33	16.67	8.33	25.00	16.67	0.00	12.36
荷兰	0.00	11.11	0.00	10.00	8.33	8.33	16.67	8.33	16.67	0.00	8.99
奥地利	20.00	0.00	10.00	0.00	8.33	0.00	0.00	8.33	0.00	0.00	4.49
加拿大	0.00	0.00	0.00	8.33	8.33	0.00	8.33	16.67	0.00	0.00	4.49
瑞典	20.00	0.00	0.00	0.00	0.00	8.33	16.67	0.00	0.00	0.00	4.49
澳大利亚	0.00	0.00	0.00	10.00	8.33	0.00	0.00	8.33	0.00	0.00	3.37
西班牙	0.00	0.00	10.00	0.00	0.00	8.33	8.33	0.00	0.00	0.00	3.37
比利时	0.00	0.00	0.00	0.00	0.00	8.33	0.00	0.00	16.67	0.00	2.25
丹麦	0.00	0.00	0.00	0.00	8.33	0.00	8.33	0.00	0.00	0.00	2.25
芬兰	0.00	0.00	0.00	10.00	0.00	0.00	0.00	0.00	16.67	0.00	2.25
巴西	0.00	0.00	0.00	0.00	0.00	8.33	0.00	0.00	0.00	0.00	1.12
中国大陆	0.00	0.00	0.00	0.00	0.00	0.00	8.33	0.00	0.00	0.00	1.12
塞浦路斯	0.00	0.00	10.00	0.00	0.00	0.00	0.00	0.00	0.00	0.00	1.12
法国	0.00	0.00	0.00	0.00	0.00	0.00	0.00	8.33	0.00	0.00	1.12
爱尔兰	0.00	0.00	0.00	10.00	0.00	0.00	0.00	0.00	0.00	0.00	1.12
意大利	0.00	0.00	10.00	0.00	0.00	0.00	0.00	0.00	0.00	0.00	1.12
新西兰	20.00	0.00	0.00	0.00	0.00	0.00	0.00	0.00	0.00	0.00	1.12
波兰	0.00	0.00	0.00	0.00	0.00	0.00	8.33	0.00	0.00	0.00	1.12

表 4-92　行为科学 B 层人才排名前 20 的国家和地区的占比

单位：%

国家和地区	2012 年	2013 年	2014 年	2015 年	2016 年	2017 年	2018 年	2019 年	2020 年	2021 年	合计
美国	35.23	30.11	27.27	28.46	36.44	29.66	31.36	25.19	23.08	14.18	27.66
英国	18.18	17.20	13.13	17.07	16.95	13.56	14.41	12.98	10.26	12.69	14.49
德国	5.68	6.45	11.11	5.69	5.93	10.17	7.63	9.92	10.26	2.24	7.46

续表

国家和地区	2012 年	2013 年	2014 年	2015 年	2016 年	2017 年	2018 年	2019 年	2020 年	2021 年	合计
加拿大	5.68	6.45	8.08	8.13	11.02	7.63	7.63	6.11	5.98	4.48	7.11
荷兰	6.82	5.38	4.04	7.32	4.24	5.93	6.78	6.11	5.98	3.73	5.62
澳大利亚	5.68	2.15	3.03	10.57	4.24	5.93	5.93	5.34	5.13	4.48	5.36
意大利	3.41	2.15	5.05	1.63	4.24	3.39	2.54	2.29	1.71	7.46	3.42
法国	3.41	6.45	3.03	0.81	0.85	1.69	0.85	3.05	1.71	4.48	2.55
瑞士	0.00	4.30	1.01	0.81	4.24	3.39	3.39	3.05	0.85	2.99	2.46
比利时	0.00	1.08	2.02	0.81	0.85	1.69	4.24	3.05	1.71	2.24	1.84
西班牙	1.14	3.23	2.02	3.25	0.00	0.85	0.85	0.76	3.42	2.99	1.84
瑞典	1.14	2.15	3.03	4.07	0.85	1.69	1.69	0.00	1.71	1.49	1.76
中国大陆	1.14	0.00	2.02	0.00	0.00	2.54	3.39	3.05	1.71	2.24	1.67
巴西	1.14	1.08	4.04	0.81	1.69	0.85	1.69	3.05	0.00	1.49	1.58
以色列	1.14	2.15	0.00	0.81	0.85	1.69	0.85	2.29	1.71	2.24	1.40
奥地利	0.00	0.00	3.03	0.81	1.69	1.69	0.00	1.53	1.71	1.49	1.23
丹麦	1.14	3.23	0.00	2.44	0.85	0.85	0.85	0.76	0.85	1.49	1.23
日本	0.00	0.00	1.01	0.00	0.00	0.00	0.85	1.53	2.56	2.99	1.05
挪威	0.00	1.08	0.00	0.81	0.00	1.69	0.85	0.76	2.56	2.24	1.05
印度	0.00	0.00	0.00	0.81	1.69	0.00	0.85	1.53	2.56	1.49	0.97

表 4-93　行为科学 C 层人才排名前 20 的国家和地区的占比

单位：%

国家和地区	2012 年	2013 年	2014 年	2015 年	2016 年	2017 年	2018 年	2019 年	2020 年	2021 年	合计
美国	33.82	32.57	30.51	29.35	27.63	28.62	29.79	25.04	24.90	24.37	28.41
英国	12.45	12.64	10.71	12.21	11.31	12.32	13.69	10.22	12.31	8.94	11.64
德国	7.33	9.15	7.04	8.40	5.87	6.85	7.78	7.14	6.59	7.71	7.36
加拿大	6.11	6.10	5.71	5.28	5.18	6.42	5.55	4.99	5.91	6.11	5.70
澳大利亚	4.76	4.68	4.29	4.76	7.08	5.64	5.55	6.22	4.84	5.83	5.43
荷兰	5.98	5.12	5.71	6.06	5.09	5.03	5.10	5.76	4.65	4.61	5.31
意大利	5.01	3.27	3.37	5.80	3.97	3.99	3.67	3.92	5.72	4.80	4.35
中国大陆	1.34	1.85	3.27	2.60	3.54	4.34	3.22	4.61	4.07	4.14	3.39
法国	4.15	3.16	3.16	3.38	3.37	2.52	2.42	2.76	2.62	2.45	2.96
瑞士	2.32	2.94	2.86	3.03	1.99	2.43	2.50	2.61	2.13	2.26	2.51
西班牙	1.71	2.51	1.84	2.51	2.16	1.47	1.79	2.69	2.91	2.92	2.26

国家和地区	2012 年	2013 年	2014 年	2015 年	2016 年	2017 年	2018 年	2019 年	2020 年	2021 年	合计
比利时	1.34	1.53	2.35	1.56	1.55	1.65	1.52	2.23	1.74	2.35	1.79
巴西	1.10	0.65	1.53	0.87	1.38	1.91	1.43	1.92	2.23	2.54	1.58
瑞典	1.22	1.20	1.94	1.56	1.81	1.73	0.89	1.54	1.36	1.79	1.51
日本	0.73	1.31	1.22	1.13	1.73	0.87	1.25	0.92	1.07	1.03	1.13
丹麦	0.85	0.98	1.22	0.95	1.47	1.13	1.16	0.61	0.97	1.13	1.05
奥地利	0.49	0.54	1.22	1.04	0.43	1.65	1.34	1.31	0.97	0.94	1.02
以色列	0.61	1.20	0.71	0.87	1.04	1.21	1.16	0.77	1.36	0.28	0.93
芬兰	0.85	0.54	0.61	0.17	1.30	0.43	1.07	0.38	0.78	0.75	0.68
新西兰	0.85	0.76	0.82	0.26	0.69	0.61	0.81	0.38	0.48	0.75	0.63

三十二 生物材料学

生物材料学 A、B、C 层人才主要集中在中国大陆和美国，二者 A、B、C 层人才的世界占比合计分别为 43.51%、43.72%、46.78%，中国大陆的 A、B、C 层人才均多于美国；在发展趋势上，中国大陆呈现相对上升趋势，美国呈现相对下降趋势。

澳大利亚、印度、英国、德国、比利时、中国香港、沙特阿拉伯、韩国、意大利的 A 层人才比较多，世界占比在 6% ~ 3%；加拿大、伊朗、日本、法国、新加坡、瑞士、奥地利、巴西、保加利亚也有相当数量的 A 层人才，世界占比超过或接近 1%。

韩国、印度、德国、英国、澳大利亚的 B 层人才比较多，世界占比在 5% ~ 3%；意大利、新加坡、中国香港、伊朗、荷兰、日本、葡萄牙、加拿大、沙特阿拉伯、西班牙、瑞士、法国、芬兰也有相当数量的 B 层人才，世界占比超过或接近 1%。

印度、韩国、德国、英国、伊朗的 C 层人才比较多，世界占比在 5% ~ 3%；澳大利亚、意大利、新加坡、荷兰、加拿大、日本、中国香港、西班牙、法国、葡萄牙、瑞士、中国台湾、巴西也有相当数量的 C 层人才，世界占比均超过 1%。

表 4-94　生物材料学 A 层人才排名前 20 的国家和地区的占比

单位：%

国家和地区	2012 年	2013 年	2014 年	2015 年	2016 年	2017 年	2018 年	2019 年	2020 年	2021 年	合计
中国大陆	0.00	20.00	15.38	7.69	15.38	21.43	30.77	12.50	46.67	62.50	25.19
美国	37.50	0.00	23.08	30.77	30.77	28.57	23.08	0.00	20.00	0.00	18.32
澳大利亚	0.00	10.00	7.69	0.00	7.69	7.14	0.00	6.25	0.00	12.50	5.34
印度	0.00	10.00	0.00	7.69	0.00	0.00	0.00	25.00	6.67	0.00	5.34
英国	12.50	10.00	7.69	0.00	0.00	7.14	7.69	6.25	0.00	6.25	5.34
德国	12.50	0.00	0.00	0.00	0.00	7.14	0.00	6.25	13.33	0.00	3.82
比利时	12.50	0.00	7.69	0.00	7.69	0.00	0.00	6.25	0.00	0.00	3.05
中国香港	0.00	0.00	0.00	0.00	0.00	14.29	0.00	6.25	6.67	0.00	3.05
沙特阿拉伯	0.00	10.00	0.00	7.69	7.69	0.00	7.69	0.00	0.00	0.00	3.05
韩国	0.00	0.00	0.00	7.69	7.69	0.00	7.69	6.25	0.00	0.00	3.05
意大利	12.50	10.00	7.69	0.00	0.00	7.14	0.00	0.00	0.00	0.00	3.05
加拿大	0.00	0.00	7.69	0.00	0.00	0.00	7.69	6.25	0.00	0.00	2.29
伊朗	0.00	10.00	7.69	0.00	0.00	0.00	0.00	0.00	0.00	6.25	2.29
日本	12.50	0.00	0.00	0.00	0.00	0.00	0.00	6.25	6.67	0.00	2.29
法国	0.00	0.00	0.00	0.00	0.00	0.00	0.00	6.25	0.00	6.25	1.53
新加坡	0.00	10.00	0.00	0.00	0.00	0.00	7.69	0.00	0.00	0.00	1.53
瑞士	0.00	10.00	0.00	7.69	0.00	0.00	0.00	0.00	0.00	0.00	1.53
奥地利	0.00	0.00	0.00	0.00	7.69	0.00	0.00	0.00	0.00	0.00	0.76
巴西	0.00	0.00	0.00	0.00	0.00	7.14	0.00	0.00	0.00	0.00	0.76
保加利亚	0.00	0.00	0.00	0.00	0.00	0.00	0.00	6.25	0.00	0.00	0.76

表 4-95　生物材料学 B 层人才排名前 20 的国家和地区的占比

单位：%

国家和地区	2012 年	2013 年	2014 年	2015 年	2016 年	2017 年	2018 年	2019 年	2020 年	2021 年	合计
中国大陆	25.00	24.00	18.80	20.66	18.70	17.52	21.05	26.24	25.71	48.23	24.96
美国	21.05	22.00	23.93	20.66	21.14	19.71	24.56	15.60	12.86	10.64	18.76
韩国	0.00	1.00	3.42	4.13	4.07	8.03	3.51	5.67	8.57	2.13	4.38
印度	5.26	8.00	5.98	1.65	3.25	2.19	1.75	4.26	6.43	4.96	4.30
德国	0.00	2.00	5.13	10.74	2.44	5.11	5.26	2.13	3.57	0.00	3.72
英国	1.32	2.00	2.56	6.61	8.94	3.65	0.88	2.13	2.86	0.71	3.22
澳大利亚	3.95	3.00	4.27	4.96	1.63	2.19	2.63	4.96	2.14	2.13	3.14

续表

国家和地区	2012 年	2013 年	2014 年	2015 年	2016 年	2017 年	2018 年	2019 年	2020 年	2021 年	合计
意大利	1.32	2.00	2.56	3.31	3.25	1.46	4.39	3.55	2.14	2.84	2.73
新加坡	1.32	2.00	1.71	0.83	4.07	1.46	4.39	2.13	2.86	2.13	2.31
中国香港	5.26	2.00	3.42	1.65	0.81	0.73	2.63	2.13	0.71	4.26	2.23
伊朗	1.32	0.00	0.00	0.83	4.07	2.19	0.88	2.84	5.71	2.84	2.23
荷兰	3.95	1.00	2.56	5.79	1.63	1.46	2.63	2.13	0.71	0.71	2.15
日本	0.00	3.00	0.85	2.48	2.44	2.19	1.75	3.55	1.43	0.71	1.90
葡萄牙	1.32	2.00	1.71	2.48	0.00	2.19	2.63	1.42	1.43	2.13	1.74
加拿大	1.32	2.00	0.85	1.65	2.44	0.73	2.63	0.71	1.43	2.84	1.65
沙特阿拉伯	1.32	2.00	0.85	0.00	2.44	2.19	2.63	3.55	0.71	0.71	1.65
西班牙	0.00	3.00	2.56	0.83	0.81	2.92	0.88	0.71	1.43	0.71	1.40
瑞士	2.63	3.00	0.85	1.65	1.63	0.73	0.88	2.13	0.71	0.00	1.32
法国	1.32	1.00	3.42	0.00	0.81	1.46	1.75	0.71	0.71	2.13	1.32
芬兰	0.00	2.00	0.00	0.00	0.00	0.73	0.88	2.84	0.71	2.13	0.99

表 4-96　生物材料学 C 层人才排名前 20 的国家和地区的占比

单位：%

国家和地区	2012 年	2013 年	2014 年	2015 年	2016 年	2017 年	2018 年	2019 年	2020 年	2021 年	合计
中国大陆	20.50	25.70	25.31	23.58	23.12	27.15	29.12	31.30	36.03	37.00	28.55
美国	25.89	20.40	22.08	22.83	19.98	17.28	16.74	17.35	13.18	12.12	18.23
印度	4.86	4.90	3.75	3.67	4.21	3.59	4.35	4.75	5.30	3.71	4.29
韩国	4.73	3.60	3.66	3.00	5.04	3.44	4.35	3.54	4.01	3.43	3.84
德国	4.73	5.00	3.66	4.75	3.80	4.41	2.79	3.19	2.79	3.36	3.77
英国	3.15	3.70	3.75	3.58	4.13	3.74	2.38	3.19	2.72	3.99	3.44
伊朗	0.92	2.00	1.66	1.75	3.39	3.52	3.94	5.45	3.72	2.94	3.09
澳大利亚	2.76	2.40	2.79	2.83	1.90	2.09	3.53	2.62	2.51	3.15	2.66
意大利	2.63	2.80	2.27	2.25	2.73	2.92	2.13	1.63	2.08	2.17	2.33
新加坡	2.63	2.20	3.40	2.33	2.06	2.69	2.71	1.42	1.86	1.26	2.20
荷兰	2.37	2.50	2.44	1.92	1.65	1.80	1.56	1.70	1.93	2.03	1.96
加拿大	2.50	1.30	2.01	1.33	1.82	2.69	2.21	1.56	1.50	1.61	1.83
日本	2.63	2.00	2.44	2.58	1.98	2.02	1.23	0.78	1.58	1.12	1.77

续表

国家和地区	2012 年	2013 年	2014 年	2015 年	2016 年	2017 年	2018 年	2019 年	2020 年	2021 年	合计
中国香港	1.58	1.60	1.31	2.33	0.99	1.27	2.13	1.49	2.29	2.17	1.73
西班牙	1.45	1.40	1.92	2.17	1.90	1.57	1.56	1.56	1.07	1.47	1.60
法国	1.97	1.90	1.57	1.83	1.57	1.57	0.98	1.63	1.50	1.33	1.56
葡萄牙	1.58	2.70	1.13	1.25	1.40	1.20	1.31	1.42	1.58	1.12	1.44
瑞士	1.71	2.10	1.13	2.00	1.82	1.57	1.39	0.64	1.00	0.84	1.37
中国台湾	2.23	2.50	1.83	1.58	1.24	1.20	0.74	0.42	1.15	0.63	1.26
巴西	0.92	1.10	1.05	1.67	1.82	1.57	1.56	1.06	0.57	0.98	1.23

三十三　细胞和组织工程学

细胞和组织工程学 A、B、C 层人才最多的是美国，分别占该学科全球 A、B、C 层人才的 43.48%、31.85%、28.20%，均大幅领先于其他国家和地区；中国大陆排名第二，虽远不及美国，但明显高于其他国家和地区，其 A、B、C 层人才的世界占比分别为 15.22%、12.33%、13.64%。

澳大利亚、法国、意大利的 A 层人才比较多，世界占比在 7%~4%；巴西、加拿大、德国、中国香港、印度、日本、马其顿、荷兰、波兰、新加坡、土耳其、英国也有相当数量的 A 层人才，世界占比均为 2.17%。

英国、日本、德国、荷兰、加拿大的 B 层人才比较多，世界占比在 7%~3%；意大利、瑞士、瑞典、法国、韩国、澳大利亚、新加坡、西班牙、伊朗、奥地利、比利时、波兰、中国香港也有相当数量的 B 层人才，世界占比超过或接近 1%。

英国、德国、日本、意大利的 C 层人才比较多，世界占比在 7%~3%；加拿大、法国、荷兰、韩国、澳大利亚、瑞士、西班牙、瑞典、新加坡、伊朗、印度、比利时、巴西、丹麦也有相当数量的 C 层人才，世界占比超过或接近 1%。

表 4-97 细胞和组织工程学 A 层人才的国家和地区的占比

单位：%

国家和地区	2012 年	2013 年	2014 年	2015 年	2016 年	2017 年	2018 年	2019 年	2020 年	2021 年	合计
美国	40.00	0.00	50.00	33.33	66.67	50.00	33.33	33.33	40.00	50.00	43.48
中国大陆	0.00	0.00	16.67	0.00	0.00	33.33	16.67	0.00	40.00	50.00	15.22
澳大利亚	20.00	0.00	0.00	16.67	0.00	0.00	16.67	0.00	0.00	0.00	6.52
法国	0.00	0.00	16.67	0.00	0.00	0.00	16.67	0.00	0.00	0.00	4.35
意大利	0.00	0.00	0.00	16.67	16.67	0.00	0.00	0.00	0.00	0.00	4.35
巴西	0.00	0.00	0.00	0.00	0.00	0.00	0.00	0.00	20.00	0.00	2.17
加拿大	0.00	0.00	16.67	0.00	0.00	0.00	0.00	0.00	0.00	0.00	2.17
德国	0.00	0.00	0.00	16.67	0.00	0.00	0.00	0.00	0.00	0.00	2.17
中国香港	0.00	0.00	0.00	0.00	0.00	16.67	0.00	0.00	0.00	0.00	2.17
印度	20.00	0.00	0.00	0.00	0.00	0.00	0.00	0.00	0.00	0.00	2.17
日本	20.00	0.00	0.00	0.00	0.00	0.00	0.00	0.00	0.00	0.00	2.17
马其顿	0.00	0.00	0.00	0.00	0.00	0.00	16.67	0.00	0.00	0.00	2.17
荷兰	0.00	0.00	0.00	16.67	0.00	0.00	0.00	0.00	0.00	0.00	2.17
波兰	0.00	0.00	0.00	0.00	0.00	0.00	0.00	33.33	0.00	0.00	2.17
新加坡	0.00	100.00	0.00	0.00	0.00	0.00	0.00	0.00	0.00	0.00	2.17
土耳其	0.00	0.00	0.00	0.00	16.67	0.00	0.00	0.00	0.00	0.00	2.17
英国	0.00	0.00	0.00	0.00	0.00	0.00	0.00	33.33	0.00	0.00	2.17

表 4-98 细胞和组织工程学 B 层人才排名前 20 的国家和地区的占比

单位：%

国家和地区	2012 年	2013 年	2014 年	2015 年	2016 年	2017 年	2018 年	2019 年	2020 年	2021 年	合计
美国	38.46	41.30	46.15	31.51	27.45	31.15	21.05	33.33	28.07	20.97	31.85
中国大陆	1.92	6.52	9.23	27.40	9.80	13.11	12.28	6.67	19.30	11.29	12.33
英国	7.69	2.17	4.62	6.85	7.84	4.92	7.02	5.00	8.77	12.90	6.85
日本	7.69	17.39	9.23	4.11	1.96	3.28	8.77	5.00	3.51	8.06	6.68
德国	7.69	4.35	4.62	6.85	5.88	8.20	5.26	0.00	7.02	8.06	5.82
荷兰	1.92	6.52	0.00	1.37	7.84	3.28	8.77	1.67	7.02	3.23	3.94
加拿大	11.54	0.00	0.00	1.37	3.92	3.28	8.77	5.00	1.75	1.61	3.60
意大利	1.92	4.35	6.15	2.74	3.92	1.64	1.75	3.33	1.75	1.61	2.91
瑞士	1.92	4.35	1.54	4.11	1.96	1.64	1.75	6.67	0.00	3.23	2.74
瑞典	1.92	0.00	4.62	1.37	3.92	1.64	3.51	3.33	3.51	1.61	2.57
法国	3.85	2.17	3.08	0.00	3.92	3.28	3.51	1.67	1.75	1.61	2.40

续表

国家和地区	2012 年	2013 年	2014 年	2015 年	2016 年	2017 年	2018 年	2019 年	2020 年	2021 年	合计
韩国	1.92	0.00	1.54	4.11	1.96	1.64	1.75	3.33	3.51	1.61	2.23
澳大利亚	0.00	6.52	0.00	0.00	0.00	4.92	1.75	3.33	1.75	1.61	1.88
新加坡	0.00	2.17	3.08	0.00	5.88	3.28	0.00	1.67	0.00	1.61	1.71
西班牙	0.00	0.00	1.54	1.37	1.96	1.64	0.00	3.33	1.75	1.61	1.37
伊朗	0.00	0.00	0.00	0.00	1.96	0.00	1.75	3.33	1.75	4.84	1.37
奥地利	0.00	2.17	0.00	0.00	0.00	1.64	1.75	0.00	1.75	1.61	0.86
比利时	0.00	0.00	0.00	2.74	1.96	0.00	0.00	1.67	0.00	1.61	0.86
波兰	0.00	0.00	0.00	0.00	0.00	1.64	0.00	5.00	0.00	0.00	0.68
中国香港	0.00	0.00	3.08	0.00	0.00	0.00	1.75	0.00	0.00	1.61	0.68

表 4-99　细胞和组织工程学 C 层人才排名前 20 的国家和地区的占比

单位：%

国家和地区	2012 年	2013 年	2014 年	2015 年	2016 年	2017 年	2018 年	2019 年	2020 年	2021 年	合计
美国	34.13	31.90	36.48	28.51	31.22	29.30	24.87	24.54	21.72	19.86	28.20
中国大陆	6.59	7.14	8.33	7.80	11.82	11.92	16.23	20.70	25.13	20.21	13.64
英国	7.19	7.86	7.08	5.82	6.70	8.44	7.05	6.01	4.85	5.50	6.61
德国	6.59	5.95	6.45	6.95	6.88	4.30	6.17	3.51	4.49	5.85	5.72
日本	4.99	5.71	4.87	4.54	6.00	4.80	5.82	4.67	3.41	3.01	4.76
意大利	4.19	4.52	3.62	4.11	4.76	4.47	2.65	3.67	3.05	4.26	3.92
加拿大	3.99	1.90	1.89	3.55	2.47	2.81	3.00	3.84	2.33	3.37	2.94
法国	3.59	4.05	2.67	2.13	1.59	3.31	3.35	2.50	2.33	1.77	2.67
荷兰	2.99	4.52	1.73	3.83	2.47	2.81	1.76	3.17	1.97	1.60	2.66
韩国	3.39	1.43	2.83	2.98	1.59	2.15	3.00	3.34	2.15	1.95	2.52
澳大利亚	2.99	2.62	2.36	3.83	2.82	1.82	3.35	1.50	2.15	1.42	2.50
瑞士	1.40	3.10	3.30	2.27	1.94	2.15	2.29	3.01	1.97	2.66	2.41
西班牙	2.79	2.14	1.57	2.41	2.82	2.32	2.47	1.50	2.15	2.13	2.22
瑞典	1.60	0.48	1.42	1.99	1.41	2.32	1.76	1.00	1.97	1.42	1.57
新加坡	2.20	2.14	1.42	2.27	1.23	1.49	0.53	0.67	1.26	1.42	1.45
伊朗	0.40	0.24	0.31	0.57	0.18	0.17	1.41	1.34	2.51	3.90	1.10
印度	0.40	0.48	0.94	1.13	1.23	1.16	1.23	0.50	1.44	1.60	1.03
比利时	0.80	0.71	0.63	1.84	0.53	1.32	1.76	0.67	0.54	1.06	1.01
巴西	1.00	0.71	0.79	0.99	1.23	1.16	1.41	0.83	0.54	0.71	0.94
丹麦	0.40	1.19	1.26	0.71	0.88	0.99	0.35	1.34	1.08	0.71	0.89

三十四　生理学

生理学 A、B、C 层人才最多的是美国，分别占该学科全球 A、B、C 层人才的 31.41%、27.09%、25.92%，均遥遥领先于其他国家和地区。

英国的 A 层人才世界占比为 10.47%，虽与美国有相当差距，但明显高于其他国家和地区；德国、加拿大、澳大利亚、意大利、伊朗、丹麦的 A 层人才比较多，世界占比在 8%~3%；日本、印度、荷兰、中国大陆、比利时、瑞士、法国、西班牙、中国香港、土耳其、葡萄牙、塞尔维亚也有相当数量的 A 层人才，世界占比均超过 1%。

英国、中国大陆、澳大利亚、加拿大、德国、意大利、伊朗、荷兰的 B 层人才比较多，世界占比在 8%~3%；法国、西班牙、比利时、瑞士、丹麦、瑞典、巴西、日本、挪威、印度、芬兰也有相当数量的 B 层人才，世界占比超过、等于或接近 1%。

中国大陆的 C 层人才虽与美国差距明显，但明显高于其他国家和地区，世界占比为 12.22%；英国、加拿大、澳大利亚、德国、意大利的 C 层人才比较多，世界占比在 8%~3%；法国、西班牙、荷兰、日本、伊朗、丹麦、瑞典、瑞士、巴西、比利时、韩国、新西兰、波兰也有相当数量的 C 层人才，世界占比超过或接近 1%。

表 4-100　生理学 A 层人才排名前 20 的国家和地区的占比

单位：%

国家和地区	2012 年	2013 年	2014 年	2015 年	2016 年	2017 年	2018 年	2019 年	2020 年	2021 年	合计
美国	29.41	41.18	38.89	38.89	35.29	25.00	36.36	21.74	20.00	31.58	31.41
英国	11.76	0.00	16.67	16.67	11.76	10.00	9.09	8.70	0.00	21.05	10.47
德国	0.00	11.76	0.00	11.11	5.88	10.00	9.09	8.70	0.00	15.79	7.33
加拿大	17.65	11.76	0.00	5.56	23.53	5.00	0.00	0.00	5.00	0.00	6.28
澳大利亚	17.65	17.65	0.00	0.00	11.76	0.00	4.55	4.35	0.00	0.00	5.24
意大利	0.00	0.00	5.56	0.00	0.00	0.00	0.00	13.04	15.00	0.00	3.66
伊朗	0.00	0.00	0.00	0.00	0.00	0.00	4.55	17.39	5.00	0.00	3.14
丹麦	5.88	5.88	0.00	0.00	0.00	0.00	4.55	0.00	5.00	10.53	3.14

续表

国家和地区	2012 年	2013 年	2014 年	2015 年	2016 年	2017 年	2018 年	2019 年	2020 年	2021 年	合计
日本	0.00	0.00	0.00	5.56	0.00	5.00	4.55	0.00	5.00	0.00	2.09
印度	0.00	0.00	11.11	5.56	0.00	0.00	0.00	0.00	5.00	0.00	2.09
荷兰	0.00	0.00	0.00	5.56	0.00	10.00	0.00	4.35	0.00	0.00	2.09
中国大陆	0.00	0.00	5.56	0.00	0.00	5.00	0.00	0.00	0.00	5.26	1.57
比利时	0.00	0.00	5.56	0.00	5.88	5.00	0.00	0.00	0.00	0.00	1.57
瑞士	0.00	5.88	0.00	0.00	0.00	0.00	0.00	4.35	0.00	0.00	1.57
法国	0.00	5.88	5.56	0.00	0.00	5.00	0.00	0.00	0.00	0.00	1.57
西班牙	0.00	0.00	0.00	5.56	5.88	0.00	4.55	0.00	0.00	0.00	1.57
中国香港	0.00	0.00	0.00	0.00	0.00	0.00	0.00	0.00	5.00	0.00	1.05
土耳其	0.00	0.00	0.00	0.00	0.00	10.00	0.00	0.00	0.00	0.00	1.05
葡萄牙	5.88	0.00	0.00	0.00	0.00	0.00	0.00	0.00	5.00	0.00	1.05
塞尔维亚	0.00	0.00	0.00	0.00	0.00	0.00	0.00	0.00	5.00	5.26	1.05

表 4-101　生理学 B 层人才排名前 20 的国家和地区的占比

单位：%

国家和地区	2012 年	2013 年	2014 年	2015 年	2016 年	2017 年	2018 年	2019 年	2020 年	2021 年	合计
美国	34.44	33.12	32.12	32.00	30.77	27.78	26.96	22.83	15.08	19.35	27.09
英国	9.27	8.92	7.27	7.43	9.89	8.33	5.88	5.02	7.82	9.14	7.79
中国大陆	1.99	2.55	4.24	6.86	3.85	10.00	12.75	10.96	2.79	6.45	6.56
澳大利亚	5.30	6.37	5.45	6.86	7.14	7.78	5.88	4.57	5.59	4.30	5.90
加拿大	6.62	5.10	7.27	6.86	7.69	2.22	2.45	5.94	7.26	7.53	5.84
德国	9.27	7.01	9.70	2.86	4.40	6.67	4.90	2.74	5.59	5.38	5.67
意大利	3.31	5.73	6.67	3.43	3.30	1.11	3.92	4.57	5.03	4.84	4.17
伊朗	0.00	0.00	0.00	0.00	2.20	0.00	8.33	10.96	3.35	2.15	3.06
荷兰	4.64	4.46	5.45	4.00	1.65	1.11	1.96	1.83	2.79	3.23	3.00
法国	1.32	0.64	1.21	5.71	2.75	3.89	1.96	3.65	1.68	4.30	2.78
西班牙	4.64	3.82	0.61	1.71	1.10	2.22	3.43	2.28	2.79	3.23	2.56
比利时	0.66	1.91	0.61	3.43	2.75	5.00	2.45	0.91	4.47	1.61	2.39
瑞士	0.66	3.82	2.42	2.86	1.65	2.78	1.47	1.37	5.03	1.61	2.34
丹麦	1.32	1.27	0.00	2.29	3.30	2.78	0.98	2.74	2.23	1.08	1.84
瑞典	1.32	0.64	2.42	1.71	1.65	1.11	1.47	0.46	2.23	1.61	1.45
巴西	1.32	1.27	1.82	0.57	3.30	0.00	0.98	0.91	1.12	2.69	1.39

续表

国家和地区	2012 年	2013 年	2014 年	2015 年	2016 年	2017 年	2018 年	2019 年	2020 年	2021 年	合计
日本	2.65	1.27	1.21	1.14	0.55	2.22	0.98	1.83	1.12	0.54	1.33
挪威	2.65	1.27	0.61	1.71	0.00	1.11	0.49	0.00	2.23	0.54	1.00
印度	0.00	1.27	0.61	0.00	0.00	0.00	0.98	1.83	1.68	2.15	0.89
芬兰	0.00	1.27	0.00	0.00	1.10	0.00	0.49	2.74	1.12	0.54	0.78

表 4-102　生理学 C 层人才排名前 20 的国家和地区的占比

单位：%

国家和地区	2012 年	2013 年	2014 年	2015 年	2016 年	2017 年	2018 年	2019 年	2020 年	2021 年	合计
美国	33.79	33.42	31.43	30.14	26.74	24.06	20.67	18.51	22.11	22.77	25.92
中国大陆	3.43	4.78	6.26	10.37	9.63	15.62	19.12	23.20	13.40	10.18	12.22
英国	8.43	7.78	8.90	7.69	8.16	8.55	6.39	5.87	7.20	7.18	7.54
加拿大	6.06	6.44	5.83	5.30	5.95	5.46	4.70	5.02	5.81	7.05	5.70
澳大利亚	4.41	5.48	6.02	5.13	6.12	5.41	5.03	4.12	5.86	4.63	5.21
德国	5.67	5.99	5.52	6.04	5.44	4.58	3.97	4.02	5.64	5.48	5.17
意大利	2.70	3.57	3.19	3.42	3.12	3.20	4.65	3.69	4.75	4.04	3.66
法国	3.10	2.55	2.76	2.91	3.29	2.21	2.47	1.47	2.85	2.54	2.58
西班牙	2.64	2.49	2.70	1.60	2.38	2.81	3.24	1.80	2.07	1.70	2.35
荷兰	2.77	2.74	2.82	1.42	2.49	2.59	1.98	1.70	2.74	1.89	2.29
日本	3.43	3.51	1.96	2.62	2.44	2.04	1.69	1.42	1.62	2.02	2.22
伊朗	0.26	0.06	0.31	0.17	0.45	0.77	2.71	6.68	3.41	1.30	1.78
丹麦	2.37	1.59	1.96	1.94	2.04	1.27	1.40	1.80	1.45	1.76	1.74
瑞典	1.45	2.04	1.41	1.99	1.93	1.32	1.79	1.37	0.95	1.24	1.55
瑞士	1.38	1.79	1.60	1.71	1.81	1.16	1.60	0.99	1.17	1.96	1.50
巴西	1.19	0.89	1.47	1.31	1.64	1.55	1.31	1.04	2.12	2.54	1.49
比利时	2.24	1.08	1.47	1.25	1.36	1.38	1.06	1.14	1.17	1.17	1.32
韩国	1.05	1.28	1.84	1.14	1.47	1.27	1.21	0.66	0.73	0.33	1.09
新西兰	0.79	1.08	1.29	0.97	0.74	1.32	1.06	0.99	0.45	0.91	0.96
波兰	0.86	0.77	0.55	1.08	0.85	0.88	1.36	0.62	0.50	1.11	0.86

三十五　解剖学和形态学

解剖学和形态学 A、B、C 层人才最多的是美国，分别占该学科全球

A、B、C 层人才的 27.78%、24.11%、21.97%，均显著高于其他国家和地区。

澳大利亚、德国、英国的 A 层人才处于第二梯队，世界占比均为11.11%；比利时、智利、法国、伊朗、意大利、新西兰、西班牙也有相当数量的 A 层人才，世界占比均为 5.56%。

德国、法国、英国、巴基斯坦、中国大陆、意大利、西班牙、沙特阿拉伯的 B 层人才比较多，世界占比在 8%~4%；加拿大、日本、瑞士、荷兰、波兰、伊朗、澳大利亚、印度、比利时、格林纳达、智利也有相当数量的 B 层人才，世界占比均超过 1%。

德国、英国、中国大陆、意大利、西班牙、加拿大、法国、日本、澳大利亚的 C 层人才比较多，世界占比在 9%~3%；巴基斯坦、荷兰、瑞士、巴西、波兰、沙特阿拉伯、伊朗、土耳其、奥地利、比利时也有相当数量的 C 层人才，世界占比均超过 1%。

表 4-103　解剖学和形态学 A 层人才的国家和地区的占比

单位：%

国家和地区	2012 年	2013 年	2014 年	2015 年	2016 年	2017 年	2018 年	2019 年	2020 年	2021 年	合计
美国	50.00	0.00	66.67	33.33	0.00	0.00	0.00	0.00	0.00	50.00	27.78
澳大利亚	0.00	0.00	33.33	0.00	100.00	0.00	0.00	0.00	0.00	0.00	11.11
德国	50.00	0.00	0.00	0.00	0.00	0.00	0.00	0.00	0.00	50.00	11.11
英国	0.00	0.00	0.00	0.00	0.00	0.00	100.00	100.00	0.00	0.00	11.11
比利时	0.00	50.00	0.00	0.00	0.00	0.00	0.00	0.00	0.00	0.00	5.56
智利	0.00	0.00	0.00	0.00	0.00	33.33	0.00	0.00	0.00	0.00	5.56
法国	0.00	0.00	0.00	0.00	0.00	33.33	0.00	0.00	0.00	0.00	5.56
伊朗	0.00	0.00	0.00	0.00	0.00	33.33	0.00	0.00	0.00	0.00	5.56
意大利	0.00	0.00	0.00	33.33	0.00	0.00	0.00	0.00	0.00	0.00	5.56
新西兰	0.00	50.00	0.00	0.00	0.00	0.00	0.00	0.00	0.00	0.00	5.56
西班牙	0.00	0.00	0.00	33.33	0.00	0.00	0.00	0.00	0.00	0.00	5.56

表 4-104 解剖学和形态学 B 层人才排名前 20 的国家和地区的占比

单位：%

国家和地区	2012 年	2013 年	2014 年	2015 年	2016 年	2017 年	2018 年	2019 年	2020 年	2021 年	合计
美国	43.48	28.00	37.04	30.00	30.00	34.48	16.67	29.17	8.00	5.26	24.11
德国	8.70	8.00	3.70	6.67	13.33	3.45	5.56	4.17	6.00	13.16	7.14
法国	0.00	8.00	7.41	16.67	10.00	6.90	5.56	0.00	6.00	2.63	5.95
英国	4.35	12.00	3.70	3.33	10.00	6.90	5.56	6.25	4.00	5.26	5.95
巴基斯坦	0.00	0.00	0.00	0.00	0.00	0.00	11.11	14.58	8.00	10.53	5.65
中国大陆	0.00	4.00	3.70	6.67	6.67	10.34	2.78	6.25	6.00	7.89	5.65
意大利	4.35	8.00	3.70	0.00	3.33	0.00	5.56	4.17	4.00	10.53	4.46
西班牙	4.35	8.00	7.41	0.00	0.00	3.45	2.78	6.25	6.00	2.63	4.17
沙特阿拉伯	0.00	0.00	0.00	0.00	0.00	0.00	8.33	8.33	6.00	10.53	4.17
加拿大	8.70	0.00	0.00	0.00	6.67	0.00	5.56	4.17	2.00	0.00	2.68
日本	0.00	8.00	0.00	3.33	3.33	0.00	2.78	0.00	4.00	5.26	2.68
瑞士	8.70	0.00	3.70	6.67	3.33	0.00	2.78	2.08	8.00	0.00	2.38
荷兰	0.00	8.00	7.41	0.00	0.00	3.45	2.78	0.00	4.00	0.00	2.38
波兰	4.35	0.00	0.00	3.33	3.33	6.90	0.00	0.00	0.00	0.00	2.08
伊朗	0.00	0.00	3.70	0.00	0.00	0.00	2.78	2.08	2.00	7.89	2.08
澳大利亚	0.00	4.00	0.00	3.33	0.00	3.45	8.33	0.00	0.00	0.00	1.79
印度	0.00	0.00	0.00	3.33	0.00	0.00	0.00	0.00	0.00	7.89	1.79
比利时	8.70	0.00	3.70	0.00	0.00	0.00	2.78	0.00	0.00	2.63	1.49
格林纳达	0.00	0.00	0.00	0.00	0.00	6.90	0.00	0.00	4.00	2.63	1.49
智利	0.00	0.00	0.00	0.00	0.00	0.00	0.00	2.08	4.00	2.63	1.19

表 4-105 解剖学和形态学 C 层人才排名前 20 的国家和地区的占比

单位：%

国家和地区	2012 年	2013 年	2014 年	2015 年	2016 年	2017 年	2018 年	2019 年	2020 年	2021 年	合计
美国	29.66	24.79	28.72	24.67	23.05	21.20	22.60	18.36	20.54	13.66	21.97
德国	7.22	7.56	7.09	11.00	12.20	6.96	8.05	8.41	6.25	7.32	8.12
英国	9.13	9.24	7.09	6.67	9.83	7.28	6.81	5.75	6.25	6.10	7.18
中国大陆	2.66	5.46	3.55	4.00	4.07	5.06	7.12	5.53	8.04	8.78	5.71
意大利	2.66	4.62	3.19	4.67	4.41	6.96	3.72	5.97	4.91	4.63	4.69
西班牙	2.28	4.20	6.03	6.67	4.07	4.75	3.41	4.20	3.35	1.95	4.00
加拿大	4.18	4.20	3.19	3.67	5.76	3.48	3.41	3.54	4.02	3.41	3.85

续表

国家和地区	2012 年	2013 年	2014 年	2015 年	2016 年	2017 年	2018 年	2019 年	2020 年	2021 年	合计
法国	3.80	3.36	3.19	5.00	4.41	3.16	3.72	3.32	3.57	3.90	3.73
日本	1.14	4.62	3.90	1.00	2.37	3.80	2.17	5.09	4.02	1.95	3.10
澳大利亚	2.28	3.78	2.48	5.33	2.71	3.16	2.79	2.88	2.01	3.17	3.01
巴基斯坦	0.00	0.00	0.00	0.00	0.00	0.32	4.02	5.31	3.57	7.07	2.49
荷兰	1.14	0.84	2.13	2.67	3.73	3.16	3.41	2.21	1.12	1.22	2.13
瑞士	1.14	1.26	3.55	1.67	2.71	2.53	1.86	2.88	0.67	1.71	1.98
巴西	2.66	3.78	2.84	1.33	1.69	1.90	2.17	0.88	1.79	1.71	1.95
波兰	1.90	0.84	1.42	1.00	1.36	1.90	1.55	1.77	3.57	2.20	1.86
沙特阿拉伯	0.38	0.00	0.00	0.33	1.02	0.95	1.86	2.88	1.56	4.15	1.53
伊朗	1.14	1.68	1.06	1.00	0.68	1.90	2.17	1.77	1.34	1.95	1.50
土耳其	1.14	1.26	1.42	0.00	0.68	0.32	0.62	2.21	2.46	2.93	1.44
奥地利	2.28	1.26	1.42	0.33	1.02	0.63	2.17	1.99	0.67	0.73	1.23
比利时	3.04	0.00	1.77	2.00	1.02	1.27	1.24	0.88	0.89	0.49	1.20

三十六　发育生物学

发育生物学 A、B、C 层人才最多的是美国，分别占该学科全球 A、B、C 层人才的 50.70%、38.71%、34.35%，均遥遥领先于其他国家和地区。

中国大陆、英国、德国、法国的 A 层人才比较多，世界占比在 9%~4%；加拿大、日本、荷兰、新加坡、澳大利亚、奥地利、丹麦、厄瓜多尔、爱尔兰、意大利、罗马尼亚、瑞典也有相当数量的 A 层人才，世界占比均超过 1%。

英国的 B 层人才世界占比为 10.36%，排名第二；中国大陆、德国、法国、荷兰的 B 层人才比较多，世界占比在 9%~3%；澳大利亚、加拿大、日本、瑞士、西班牙、意大利、奥地利、新加坡、比利时、以色列、瑞典、挪威、韩国、丹麦也有相当数量的 B 层人才，世界占比超过或接近 1%。

英国的 C 层人才世界占比为 9.35%，排名第二；中国大陆、德国、法国、日本、加拿大、澳大利亚的 C 层人才比较多，世界占比在 9%~

3%；瑞士、意大利、西班牙、荷兰、瑞典、奥地利、比利时、以色列、丹麦、新加坡、印度、韩国也有相当数量的 C 层人才，世界占比超过或接近1%。

表 4-106　发育生物学 A 层人才的国家和地区的占比

单位：%

国家和地区	2012 年	2013 年	2014 年	2015 年	2016 年	2017 年	2018 年	2019 年	2020 年	2021 年	合计
美国	71.43	71.43	33.33	66.67	57.14	85.71	28.57	57.14	16.67	27.27	50.70
中国大陆	0.00	0.00	0.00	0.00	0.00	0.00	0.00	0.00	16.67	45.45	8.45
英国	0.00	0.00	0.00	0.00	28.57	0.00	14.29	14.29	16.67	9.09	8.45
德国	0.00	14.29	16.67	16.67	0.00	0.00	0.00	14.29	0.00	0.00	5.63
法国	0.00	0.00	16.67	0.00	0.00	14.29	14.29	0.00	0.00	0.00	4.23
加拿大	0.00	0.00	0.00	0.00	0.00	0.00	0.00	0.00	16.67	9.09	2.82
日本	0.00	0.00	16.67	16.67	0.00	0.00	0.00	0.00	0.00	0.00	2.82
荷兰	14.29	0.00	16.67	0.00	0.00	0.00	0.00	0.00	0.00	0.00	2.82
新加坡	0.00	14.29	0.00	0.00	0.00	0.00	0.00	14.29	0.00	0.00	2.82
澳大利亚	0.00	0.00	0.00	0.00	0.00	0.00	0.00	0.00	0.00	9.09	1.41
奥地利	0.00	0.00	0.00	0.00	0.00	0.00	0.00	0.00	16.67	0.00	1.41
丹麦	0.00	0.00	0.00	0.00	14.29	0.00	0.00	0.00	0.00	0.00	1.41
厄瓜多尔	14.29	0.00	0.00	0.00	0.00	0.00	0.00	0.00	0.00	0.00	1.41
爱尔兰	0.00	0.00	0.00	0.00	0.00	0.00	14.29	0.00	0.00	0.00	1.41
意大利	0.00	0.00	0.00	0.00	0.00	0.00	0.00	0.00	16.67	0.00	1.41
罗马尼亚	0.00	0.00	0.00	0.00	0.00	0.00	14.29	0.00	0.00	0.00	1.41
瑞典	0.00	0.00	0.00	0.00	0.00	0.00	14.29	0.00	0.00	0.00	1.41

表 4-107　发育生物学 B 层人才排名前 20 的国家和地区的占比

单位：%

国家和地区	2012 年	2013 年	2014 年	2015 年	2016 年	2017 年	2018 年	2019 年	2020 年	2021 年	合计
美国	47.62	46.27	35.29	47.06	45.31	37.33	34.38	44.44	34.29	22.58	38.71
英国	6.35	8.96	20.59	10.29	10.94	10.67	10.94	11.11	5.71	8.60	10.36
中国大陆	6.35	1.49	2.94	2.94	3.13	4.00	4.69	3.17	22.86	23.66	8.20
德国	3.17	5.97	10.29	7.35	4.69	6.67	14.06	6.35	2.86	8.60	7.05

续表

国家和地区	2012 年	2013 年	2014 年	2015 年	2016 年	2017 年	2018 年	2019 年	2020 年	2021 年	合计
法国	6.35	5.97	2.94	1.47	3.13	2.67	3.13	4.76	2.86	4.30	3.74
荷兰	3.17	0.00	4.41	1.47	6.25	5.33	1.56	1.59	7.14	1.08	3.17
澳大利亚	3.17	2.99	2.94	1.47	3.13	5.33	0.00	1.59	5.71	1.08	2.73
加拿大	1.59	2.99	1.47	4.41	1.56	2.67	4.69	4.76	1.43	0.00	2.45
日本	1.59	1.49	4.41	4.41	4.69	1.33	0.00	4.76	1.43	1.08	2.45
瑞士	0.00	2.99	1.47	1.47	0.00	4.00	7.81	0.00	1.43	2.15	2.16
西班牙	3.17	2.99	1.47	1.47	1.56	2.67	0.00	4.76	0.00	3.23	2.16
意大利	0.00	1.49	2.94	1.47	0.00	0.00	1.56	3.17	5.71	3.23	2.01
奥地利	1.59	2.99	0.00	0.00	1.56	2.67	4.69	1.59	1.43	1.08	1.73
新加坡	3.17	1.49	2.94	2.94	1.56	2.67	0.00	1.59	1.43	0.00	1.73
比利时	3.17	0.00	0.00	1.47	0.00	4.00	1.56	1.59	0.00	2.15	1.44
以色列	0.00	0.00	1.47	2.94	3.13	2.67	0.00	0.00	1.43	0.00	1.15
瑞典	1.59	1.49	0.00	1.47	0.00	0.00	0.00	1.59	1.43	3.23	1.15
挪威	0.00	0.00	2.94	1.47	1.56	1.33	0.00	0.00	0.00	2.15	1.01
韩国	0.00	1.49	0.00	1.47	0.00	0.00	0.00	0.00	0.00	2.15	0.58
丹麦	1.59	2.99	0.00	1.47	0.00	0.00	0.00	0.00	0.00	0.00	0.58

表 4-108　发育生物学 C 层人才排名前 20 的国家和地区的占比

单位：%

国家和地区	2012 年	2013 年	2014 年	2015 年	2016 年	2017 年	2018 年	2019 年	2020 年	2021 年	合计
美国	43.69	37.70	36.93	40.80	33.08	36.41	34.36	33.28	28.65	23.10	34.35
英国	8.31	9.39	10.78	9.94	11.38	10.62	10.86	9.88	6.95	6.62	9.35
中国大陆	3.08	2.83	3.40	3.41	4.31	5.66	6.97	6.08	18.01	26.46	8.75
德国	6.31	7.60	7.68	6.23	6.92	7.59	6.48	6.53	8.37	5.75	6.92
法国	5.54	4.77	5.61	4.75	5.38	5.24	6.16	6.38	3.97	3.25	5.02
日本	6.00	6.11	4.58	4.30	5.54	4.14	5.02	3.34	3.12	2.39	4.36
加拿大	4.31	4.92	4.28	4.30	4.00	2.62	2.92	2.74	2.13	1.95	3.35
澳大利亚	2.00	3.13	3.25	3.56	2.92	4.14	3.08	4.26	2.41	2.93	3.17
瑞士	3.23	3.13	2.95	3.12	2.92	2.48	2.43	2.43	1.70	2.49	2.68
意大利	2.00	2.53	2.22	1.04	1.54	2.48	1.46	3.19	3.55	2.93	2.33
西班牙	2.62	2.24	1.77	1.93	2.62	2.21	1.78	3.19	1.99	2.71	2.32
荷兰	3.23	2.09	1.92	1.93	3.08	1.93	1.78	2.13	2.13	2.06	2.22

续表

国家和地区	2012 年	2013 年	2014 年	2015 年	2016 年	2017 年	2018 年	2019 年	2020 年	2021 年	合计
瑞典	1.23	1.49	1.18	1.04	0.77	1.24	1.94	2.13	1.70	0.98	1.35
奥地利	1.23	0.45	1.33	0.74	1.54	1.10	1.62	1.22	1.42	1.30	1.19
比利时	0.92	1.34	1.18	1.48	1.69	0.83	1.30	1.06	1.13	0.65	1.14
以色列	0.46	1.04	1.33	1.48	1.08	0.83	0.97	1.06	0.14	0.87	0.92
丹麦	0.31	0.75	1.48	1.48	0.15	0.69	1.30	0.91	0.85	0.65	0.85
新加坡	0.92	1.64	1.48	1.04	0.31	0.55	0.97	0.46	0.43	0.54	0.82
印度	0.31	0.00	0.30	0.59	0.92	0.28	0.65	1.37	0.57	1.74	0.71
韩国	0.46	0.75	0.44	0.59	1.23	0.55	0.32	0.30	0.85	0.54	0.60

三十七 生殖生物学

生殖生物学 A、B、C 层人才最多的是美国，分别占该学科全球 A、B、C 层人才的 24.51%、18.31%、21.54%，均大幅高于其他国家和地区。

英国的 A 层人才虽远不及美国，但明显高于其他国家和地区，世界占比为 9.80%，排名第二；澳大利亚、中国大陆、意大利、荷兰的 A 层人才比较多，世界占比在 7%～3%；比利时、加拿大、丹麦、芬兰、法国、南非、德国、印度、挪威、土耳其、中国香港、爱尔兰、以色列、阿根廷也有相当数量的 A 层人才，世界占比超过或接近 1%。

英国的 B 层人才虽远不及美国，但高于其他国家和地区，世界占比为 9.56%，排名第二；意大利、澳大利亚、法国、西班牙、中国大陆、荷兰、比利时、德国、丹麦的 B 层人才比较多，世界占比在 7%～3%；加拿大、瑞士、瑞典、巴西、日本、以色列、印度、葡萄牙、土耳其也有相当数量的 B 层人才，世界占比均超过 1%。

中国大陆的 C 层人才世界占比为 8.81%，排名第二；英国、意大利、西班牙、澳大利亚、法国、比利时、荷兰、加拿大、德国的 C 层人才比较多，世界占比在 8%～3%；日本、巴西、丹麦、瑞典、以色列、印度、伊朗、土耳其、韩国也有相当数量的 C 层人才，世界占比超过或接近 1%。

表 4-109　生殖生物学 A 层人才排名前 20 的国家和地区的占比

单位：%

国家和地区	2012 年	2013 年	2014 年	2015 年	2016 年	2017 年	2018 年	2019 年	2020 年	2021 年	合计
美国	41.67	36.36	0.00	63.64	10.00	11.11	10.00	18.18	20.00	18.18	24.51
英国	8.33	0.00	14.29	9.09	10.00	11.11	10.00	18.18	10.00	9.09	9.80
澳大利亚	8.33	9.09	0.00	0.00	20.00	0.00	20.00	9.09	0.00	0.00	6.86
中国大陆	0.00	0.00	0.00	0.00	0.00	0.00	0.00	0.00	40.00	9.09	4.90
意大利	8.33	0.00	0.00	0.00	0.00	11.11	0.00	9.09	10.00	9.09	4.90
荷兰	8.33	0.00	14.29	0.00	10.00	0.00	10.00	0.00	0.00	0.00	3.92
比利时	0.00	0.00	14.29	0.00	20.00	0.00	0.00	0.00	0.00	0.00	2.94
加拿大	0.00	0.00	0.00	0.00	0.00	11.11	0.00	9.09	0.00	0.00	2.94
丹麦	0.00	9.09	0.00	0.00	0.00	11.11	0.00	0.00	0.00	0.00	2.94
芬兰	0.00	9.09	14.29	0.00	0.00	0.00	10.00	0.00	0.00	0.00	2.94
法国	0.00	0.00	0.00	9.09	0.00	11.11	0.00	0.00	0.00	0.00	2.94
南非	0.00	0.00	0.00	9.09	0.00	11.11	0.00	0.00	0.00	9.09	2.94
德国	0.00	0.00	14.29	0.00	0.00	0.00	0.00	0.00	10.00	0.00	1.96
印度	0.00	0.00	0.00	0.00	0.00	0.00	10.00	0.00	0.00	9.09	1.96
挪威	0.00	9.09	0.00	0.00	0.00	11.11	0.00	0.00	0.00	0.00	1.96
土耳其	8.33	0.00	0.00	0.00	10.00	0.00	0.00	0.00	0.00	0.00	1.96
中国香港	0.00	0.00	0.00	0.00	0.00	0.00	0.00	0.00	0.00	9.09	0.98
爱尔兰	0.00	0.00	0.00	0.00	0.00	0.00	0.00	0.00	10.00	0.00	0.98
以色列	0.00	0.00	14.29	0.00	0.00	0.00	0.00	0.00	0.00	0.00	0.98
阿根廷	0.00	9.09	0.00	0.00	0.00	0.00	0.00	0.00	0.00	0.00	0.98

表 4-110　生殖生物学 B 层人才排名前 20 的国家和地区的占比

单位：%

国家和地区	2012 年	2013 年	2014 年	2015 年	2016 年	2017 年	2018 年	2019 年	2020 年	2021 年	合计
美国	18.02	22.32	24.32	19.05	13.21	22.61	15.45	21.43	11.93	14.02	18.31
英国	14.41	13.39	13.51	9.52	7.55	6.96	6.36	8.04	7.34	8.41	9.56
意大利	6.31	3.57	8.11	5.71	5.66	9.57	8.18	4.46	5.50	8.41	6.56
澳大利亚	7.21	5.36	8.11	4.76	6.60	3.48	8.18	9.82	4.59	4.67	6.28
法国	4.50	3.57	3.60	6.67	6.60	4.35	3.64	3.57	4.59	7.48	4.83
西班牙	5.41	7.14	4.50	5.71	3.77	6.09	3.64	1.79	3.67	3.74	4.55
中国大陆	3.60	4.46	5.41	4.76	1.89	2.61	3.64	7.14	4.59	6.54	4.46

国家和地区	2012 年	2013 年	2014 年	2015 年	2016 年	2017 年	2018 年	2019 年	2020 年	2021 年	合计
荷兰	5.41	4.46	6.31	6.67	1.89	2.61	4.55	4.46	5.50	2.80	4.46
比利时	5.41	4.46	1.80	4.76	3.77	4.35	5.45	1.79	7.34	4.67	4.37
德国	4.50	1.79	3.60	2.86	3.77	2.61	3.64	2.68	4.59	5.61	3.55
丹麦	2.70	5.36	3.60	1.90	3.77	6.09	3.64	0.89	1.83	4.67	3.46
加拿大	2.70	1.79	0.00	1.90	1.89	2.61	1.82	6.25	1.83	1.87	2.28
瑞士	1.80	0.00	0.90	2.86	1.89	4.35	1.82	0.00	2.75	2.80	1.91
瑞典	0.00	1.79	0.90	2.86	2.83	1.74	2.73	1.79	2.75	0.93	1.82
巴西	0.00	1.79	0.00	3.81	1.89	2.61	0.00	1.79	1.83	0.93	1.46
日本	2.70	0.00	0.90	0.95	0.94	0.87	1.82	3.57	1.83	0.93	1.46
以色列	0.00	0.89	1.80	1.90	1.89	1.74	1.82	0.89	0.00	1.87	1.28
印度	0.90	0.89	0.00	0.00	1.89	0.00	2.73	1.79	0.92	3.74	1.28
葡萄牙	0.90	0.89	0.90	0.00	0.94	1.74	2.73	0.89	2.75	0.93	1.28
土耳其	4.50	1.79	1.80	0.00	0.00	0.87	0.91	0.89	0.92	0.93	1.28

表 4-111 生殖生物学 C 层人才排名前 20 的国家和地区的占比

单位：%

国家和地区	2012 年	2013 年	2014 年	2015 年	2016 年	2017 年	2018 年	2019 年	2020 年	2021 年	合计
美国	23.67	23.46	25.53	24.13	23.46	23.68	22.17	17.35	16.76	15.87	21.54
中国大陆	5.25	4.77	5.93	7.52	8.83	9.10	10.09	13.15	10.28	12.87	8.81
英国	7.65	8.07	8.80	7.22	6.74	7.80	6.37	5.28	6.57	8.11	7.26
意大利	4.00	5.04	5.35	4.35	6.74	4.92	6.66	5.90	6.02	5.82	5.48
西班牙	4.98	4.12	4.30	4.65	3.99	4.36	5.14	5.28	4.26	4.67	4.58
澳大利亚	4.98	4.67	4.59	5.44	4.65	4.92	3.71	4.20	3.98	4.41	4.55
法国	5.07	3.67	3.73	3.56	3.99	2.88	2.95	3.40	3.33	3.26	3.59
比利时	3.91	4.12	4.49	3.46	3.70	2.79	3.71	2.68	4.26	2.47	3.55
荷兰	3.65	3.57	3.73	3.36	2.56	3.81	3.71	3.67	3.33	2.91	3.43
加拿大	4.63	3.85	3.63	3.07	4.08	3.25	2.38	3.31	2.96	1.94	3.31
德国	3.47	5.22	2.87	2.47	2.28	2.79	2.66	2.77	2.59	2.91	3.01
日本	3.65	3.30	2.49	2.87	2.94	2.60	2.66	3.22	2.78	3.17	2.98
巴西	2.14	2.84	2.01	2.27	3.23	2.41	2.57	2.42	1.94	2.29	2.41
丹麦	2.76	3.12	2.10	1.78	2.56	3.25	1.52	2.50	2.41	1.85	2.39
瑞典	2.05	1.28	1.53	2.87	1.42	1.67	1.33	1.97	2.50	1.85	1.85
以色列	2.05	1.01	1.91	1.48	1.23	1.11	1.71	1.34	1.20	1.06	1.41
印度	0.71	1.56	0.38	0.99	1.04	0.93	2.00	1.34	1.39	2.29	1.27

续表

国家和地区	2012 年	2013 年	2014 年	2015 年	2016 年	2017 年	2018 年	2019 年	2020 年	2021 年	合计
伊朗	0.44	0.82	0.67	0.79	0.47	0.93	1.52	2.42	2.13	2.20	1.25
土耳其	0.89	1.19	1.05	1.29	1.42	0.84	1.14	0.89	1.02	1.15	1.08
韩国	1.16	1.28	1.34	1.38	0.85	0.65	0.29	1.25	0.74	0.79	0.97

三十八　农学

农学 A、B、C 层人才主要集中在美国和中国大陆，二者 A、B、C 层人才的世界占比合计分别为 36.15%、27.01%、32.08%；其中，美国的 A 层人才多于中国大陆，B、C 层人才少于中国大陆。

澳大利亚、法国、巴西、加拿大、西班牙、伊朗、意大利、德国、英国的 A 层人才比较多，世界占比在 7%~3%；印度、荷兰、日本、比利时、肯尼亚、韩国、俄罗斯、墨西哥、瑞典也有相当数量的 A 层人才，世界占比均超过 1%。

澳大利亚、德国、法国、意大利、英国、西班牙、印度的 B 层人才比较多，世界占比在 6%~3%；巴西、荷兰、加拿大、瑞典、巴基斯坦、墨西哥、伊朗、沙特阿拉伯、比利时、瑞士、葡萄牙也有相当数量的 B 层人才，世界占比均超过 1%。

澳大利亚、意大利、法国、德国、西班牙、印度、英国、巴西的 C 层人才比较多，世界占比在 5%~3%；加拿大、荷兰、伊朗、巴基斯坦、墨西哥、日本、葡萄牙、比利时、埃及、波兰也有相当数量的 C 层人才，世界占比均超过 1%。

表 4-112　农学 A 层人才排名前 20 的国家和地区的占比

单位：%

国家和地区	2012 年	2013 年	2014 年	2015 年	2016 年	2017 年	2018 年	2019 年	2020 年	2021 年	合计
美国	30.77	35.71	26.67	28.57	12.50	18.75	22.22	35.00	8.70	12.50	21.69
中国大陆	7.69	0.00	0.00	14.29	25.00	6.25	11.11	25.00	21.74	20.83	14.46
澳大利亚	7.69	14.29	6.67	0.00	6.25	0.00	5.56	5.00	4.35	8.33	6.02

续表

国家和地区	2012 年	2013 年	2014 年	2015 年	2016 年	2017 年	2018 年	2019 年	2020 年	2021 年	合计
法国	23.08	0.00	6.67	0.00	12.50	6.25	5.56	5.00	4.35	0.00	6.02
巴西	0.00	7.14	6.67	0.00	12.50	6.25	11.11	0.00	8.70	0.00	5.42
加拿大	7.69	7.14	20.00	0.00	0.00	12.50	0.00	0.00	4.35	4.17	5.42
西班牙	0.00	0.00	0.00	0.00	0.00	12.50	0.00	0.00	17.39	4.17	4.22
伊朗	0.00	0.00	0.00	0.00	0.00	6.25	5.56	5.00	4.35	8.33	3.61
意大利	0.00	7.14	0.00	0.00	0.00	6.25	0.00	10.00	4.35	4.17	3.61
德国	0.00	0.00	0.00	14.29	6.25	6.25	5.56	0.00	4.35	4.17	3.61
英国	0.00	0.00	0.00	14.29	0.00	0.00	5.56	5.00	4.35	8.33	3.61
印度	7.69	0.00	13.33	0.00	6.25	0.00	0.00	0.00	0.00	0.00	2.41
荷兰	0.00	14.29	0.00	0.00	0.00	6.25	5.56	0.00	0.00	0.00	2.41
日本	0.00	7.14	0.00	0.00	0.00	0.00	5.56	0.00	0.00	4.17	1.81
比利时	0.00	0.00	0.00	0.00	0.00	6.25	0.00	5.00	0.00	0.00	1.20
肯尼亚	0.00	0.00	6.67	0.00	0.00	0.00	0.00	0.00	4.35	0.00	1.20
韩国	0.00	7.14	0.00	0.00	0.00	0.00	0.00	0.00	0.00	4.17	1.20
俄罗斯	0.00	0.00	0.00	0.00	0.00	6.25	0.00	0.00	0.00	4.17	1.20
墨西哥	0.00	0.00	13.33	0.00	0.00	0.00	0.00	0.00	0.00	0.00	1.20
瑞典	0.00	0.00	0.00	0.00	6.25	0.00	0.00	0.00	4.35	0.00	1.20

表 4-113 农学 B 层人才排名前 20 的国家和地区的占比

单位：%

国家和地区	2012 年	2013 年	2014 年	2015 年	2016 年	2017 年	2018 年	2019 年	2020 年	2021 年	合计
中国大陆	6.56	8.33	9.03	5.75	13.51	14.77	13.13	16.92	21.74	21.67	14.09
美国	15.57	15.38	13.19	12.64	13.51	13.42	15.00	14.36	10.87	8.75	12.92
澳大利亚	4.92	6.41	9.03	3.45	3.38	6.04	5.63	5.13	6.09	4.17	5.36
德国	7.38	7.05	3.47	6.32	4.73	4.03	3.13	5.13	3.48	3.75	4.71
法国	7.38	8.97	6.25	4.60	4.73	6.71	3.75	4.10	1.74	1.25	4.54
意大利	4.10	1.92	6.25	4.02	6.08	4.03	3.13	5.13	2.61	3.33	3.96
英国	4.10	3.85	3.47	4.02	2.70	5.37	5.63	4.10	3.04	3.75	3.96
西班牙	4.92	4.49	2.78	5.17	5.41	1.34	3.75	2.56	4.35	2.08	3.61
印度	3.28	5.13	3.47	4.02	0.00	2.01	1.88	4.10	3.48	4.58	3.32
巴西	3.28	2.56	4.17	3.45	4.73	2.68	4.38	1.54	3.04	0.42	2.85
荷兰	2.46	3.85	3.47	4.02	2.03	4.03	0.63	1.54	1.74	0.83	2.33
加拿大	3.28	3.21	3.47	0.57	5.41	0.67	1.88	0.51	2.17	1.25	2.10

续表

国家和地区	2012 年	2013 年	2014 年	2015 年	2016 年	2017 年	2018 年	2019 年	2020 年	2021 年	合计
瑞典	0.82	1.28	0.00	5.17	1.35	2.01	1.25	2.05	2.61	0.42	1.75
巴基斯坦	0.00	1.28	0.00	0.57	1.35	2.01	3.75	1.54	3.48	1.67	1.69
墨西哥	1.64	0.00	4.17	2.30	3.38	0.67	0.63	1.54	0.43	2.08	1.63
伊朗	0.00	0.64	0.69	0.57	2.03	1.34	1.25	3.08	1.74	2.50	1.51
沙特阿拉伯	0.00	0.00	0.69	1.72	1.35	1.34	0.00	0.00	3.04	4.17	1.46
比利时	1.64	1.28	1.39	2.30	1.35	0.67	1.88	1.03	1.74	0.83	1.40
瑞士	1.64	1.28	2.08	2.87	1.35	1.34	1.88	0.51	0.43	1.25	1.40
葡萄牙	0.82	1.28	2.08	1.15	2.03	1.34	0.00	1.03	1.30	1.67	1.28

表 4-114　农学 C 层人才排名前 20 的国家和地区的占比

单位：%

国家和地区	2012 年	2013 年	2014 年	2015 年	2016 年	2017 年	2018 年	2019 年	2020 年	2021 年	合计
中国大陆	11.81	13.79	15.38	17.41	17.32	17.90	19.63	22.93	22.52	27.19	19.16
美国	16.54	13.86	14.16	14.53	14.01	14.55	13.29	11.23	10.75	9.03	12.92
澳大利亚	6.22	4.16	5.32	4.97	4.28	4.31	4.91	3.50	3.44	3.89	4.40
意大利	3.54	3.51	4.17	3.37	4.42	3.86	4.04	3.81	4.60	3.68	3.92
法国	4.49	5.60	4.89	4.05	4.49	3.93	3.91	2.81	3.20	2.28	3.85
德国	3.86	4.23	4.60	3.31	4.07	4.25	4.04	4.08	2.95	2.85	3.77
西班牙	5.20	5.01	4.03	3.86	3.17	3.28	3.54	3.23	3.78	2.59	3.71
印度	4.80	4.10	2.73	3.13	3.52	3.41	3.17	3.02	3.92	3.22	3.48
英国	3.62	4.29	3.59	2.88	3.24	3.86	3.85	3.23	3.10	2.18	3.34
巴西	2.99	2.86	3.45	3.49	3.11	3.80	3.42	2.65	3.15	1.61	3.01
加拿大	2.83	3.06	3.09	2.82	2.90	3.41	1.80	2.38	2.71	2.70	2.75
荷兰	2.36	1.69	2.52	1.53	2.07	3.03	1.49	2.07	1.94	1.14	1.95
伊朗	1.02	1.69	1.22	1.78	0.69	1.74	1.74	2.38	2.23	2.49	1.77
巴基斯坦	0.94	1.17	1.08	1.47	1.24	1.42	1.30	1.85	1.79	2.91	1.58
墨西哥	2.68	1.69	1.44	1.04	1.52	1.09	1.43	1.69	1.26	0.83	1.43
日本	2.13	2.28	1.94	1.16	1.93	1.03	1.37	1.22	0.92	0.62	1.40
葡萄牙	1.73	1.82	0.93	1.41	1.10	0.71	1.24	0.90	0.97	0.78	1.13
比利时	1.18	1.24	1.15	0.98	1.45	1.35	1.06	1.38	0.82	0.78	1.12
埃及	0.47	0.33	0.72	0.43	1.04	0.77	0.87	1.01	2.08	2.70	1.12
波兰	0.31	1.17	0.86	0.92	0.90	0.90	0.68	0.79	1.99	1.25	1.02

三十九 多学科农业

多学科农业 A、B、C 层人才主要集中在中国大陆和美国，二者 A、B、C 层人才的世界占比合计分别为 27.93%、30.98%、39.21%，中国大陆的 A、B、C 层人才均多于美国。

荷兰、澳大利亚、加拿大、西班牙、法国、巴西、意大利的 A 层人才比较多，世界占比在 10%～3%；印度、新西兰、德国、英国、爱尔兰、土耳其、巴基斯坦、希腊、瑞典、埃及、中国香港也有相当数量的 A 层人才，世界占比超过或接近 1%。

英国、德国、澳大利亚、西班牙、荷兰、意大利、法国的 B 层人才比较多，世界占比在 6%～3%；印度、加拿大、巴西、新西兰、韩国、希腊、墨西哥、马来西亚、肯尼亚、瑞典、沙特阿拉伯也有相当数量的 B 层人才，世界占比均超过 1%。

西班牙、意大利、德国、澳大利亚的 C 层人才比较多，世界占比在 5%～3%；英国、荷兰、巴西、法国、加拿大、印度、韩国、比利时、日本、伊朗、丹麦、土耳其、瑞士、中国台湾也有相当数量的 C 层人才，世界占比超过或接近 1%。

表 4-115 多学科农业 A 层人才排名前 20 的国家和地区的占比

单位：%

国家和地区	2012 年	2013 年	2014 年	2015 年	2016 年	2017 年	2018 年	2019 年	2020 年	2021 年	合计
中国大陆	0.00	0.00	0.00	0.00	9.09	0.00	21.43	33.33	25.00	46.15	16.22
美国	37.50	22.22	16.67	0.00	9.09	8.33	7.14	0.00	18.75	7.69	11.71
荷兰	12.50	0.00	16.67	10.00	0.00	25.00	0.00	8.33	12.50	7.69	9.01
澳大利亚	0.00	11.11	33.33	0.00	9.09	0.00	7.14	16.67	6.25	7.69	8.11
加拿大	12.50	11.11	0.00	10.00	0.00	0.00	7.14	8.33	6.25	7.69	6.31
西班牙	12.50	0.00	16.67	0.00	0.00	8.33	7.14	0.00	6.25	0.00	4.50
法国	0.00	11.11	0.00	0.00	9.09	8.33	0.00	8.33	6.25	0.00	4.50
巴西	0.00	0.00	16.67	0.00	0.00	0.00	14.29	8.33	0.00	0.00	3.60
意大利	0.00	0.00	0.00	0.00	0.00	25.00	7.14	0.00	0.00	0.00	3.60

续表

国家和地区	2012 年	2013 年	2014 年	2015 年	2016 年	2017 年	2018 年	2019 年	2020 年	2021 年	合计
印度	0.00	0.00	0.00	10.00	0.00	0.00	7.14	8.33	0.00	0.00	2.70
新西兰	0.00	22.22	0.00	0.00	0.00	0.00	0.00	0.00	6.25	0.00	2.70
德国	12.50	0.00	0.00	10.00	9.09	0.00	0.00	0.00	0.00	0.00	2.70
英国	0.00	11.11	0.00	0.00	9.09	0.00	7.14	0.00	0.00	0.00	2.70
爱尔兰	0.00	0.00	0.00	10.00	0.00	0.00	7.14	0.00	0.00	0.00	1.80
土耳其	0.00	0.00	0.00	0.00	9.09	0.00	0.00	0.00	6.25	0.00	1.80
巴基斯坦	0.00	0.00	0.00	10.00	0.00	0.00	0.00	0.00	0.00	7.69	1.80
希腊	0.00	0.00	0.00	0.00	0.00	8.33	7.14	0.00	0.00	0.00	1.80
瑞典	0.00	0.00	0.00	10.00	9.09	0.00	0.00	0.00	0.00	0.00	1.80
埃及	0.00	0.00	0.00	0.00	0.00	0.00	0.00	0.00	0.00	7.69	0.90
中国香港	0.00	0.00	0.00	0.00	9.09	0.00	0.00	0.00	0.00	0.00	0.90

表 4-116 多学科农业 B 层人才排名前 20 的国家和地区的占比

单位：%

国家和地区	2012 年	2013 年	2014 年	2015 年	2016 年	2017 年	2018 年	2019 年	2020 年	2021 年	合计
中国大陆	15.91	10.47	8.70	23.16	9.52	13.76	19.69	20.00	28.67	32.67	18.92
美国	22.73	15.12	16.30	6.32	9.52	11.93	13.39	12.80	9.33	5.94	12.06
英国	5.68	6.98	7.61	5.26	8.57	8.26	3.15	5.60	3.33	1.98	5.47
德国	4.55	4.65	5.43	6.32	6.67	4.59	5.51	2.40	4.67	1.98	4.64
澳大利亚	4.55	2.33	5.43	3.16	1.90	7.34	3.94	4.80	4.00	7.92	4.55
西班牙	3.41	8.14	6.52	6.32	7.62	6.42	2.36	3.20	2.67	0.99	4.55
荷兰	2.27	2.33	5.43	1.05	0.95	4.59	7.09	6.40	2.67	7.92	4.17
意大利	5.68	2.33	6.52	4.21	4.76	2.75	2.36	3.20	2.67	2.97	3.62
法国	4.55	6.98	3.26	3.16	0.95	6.42	3.15	3.20	2.67	1.98	3.53
印度	0.00	3.49	1.09	4.21	4.76	1.83	3.94	3.20	2.67	2.97	2.88
加拿大	2.27	1.16	3.26	5.26	2.86	4.59	1.57	2.40	2.00	2.97	2.78
巴西	0.00	2.33	2.17	1.05	4.76	1.83	2.36	0.80	4.67	2.97	2.41
新西兰	1.14	2.33	1.09	1.05	1.90	0.00	2.36	1.60	1.33	1.98	1.48
韩国	0.00	3.49	0.00	0.00	0.95	1.83	0.79	0.80	3.33	0.99	1.30
希腊	2.27	1.16	0.00	1.05	1.90	3.67	0.00	0.80	0.67	0.99	1.21
墨西哥	0.00	0.00	0.00	3.16	2.86	0.92	1.57	1.60	1.33	0.00	1.21
马来西亚	2.27	1.16	3.26	1.05	0.95	0.00	0.00	0.00	2.00	0.99	1.11
肯尼亚	0.00	2.33	2.17	1.05	0.95	0.00	1.57	1.60	0.67	0.99	1.11
瑞典	3.41	0.00	1.09	1.05	0.95	0.92	0.00	0.80	1.33	0.99	1.02
沙特阿拉伯	0.00	0.00	0.00	2.11	1.90	0.92	1.57	0.00	0.67	2.97	1.02

表 4-117 多学科农业 C 层人才排名前 20 的国家和地区的占比

单位：%

国家和地区	2012 年	2013 年	2014 年	2015 年	2016 年	2017 年	2018 年	2019 年	2020 年	2021 年	合计
中国大陆	15.30	15.95	18.56	16.31	18.81	25.38	30.79	35.81	33.29	40.98	26.49
美国	16.80	15.72	14.97	13.22	12.94	12.31	12.92	10.18	11.72	9.43	12.72
西班牙	7.76	7.57	5.34	4.90	4.08	4.10	4.14	3.84	2.76	2.21	4.42
意大利	4.06	5.01	5.34	5.76	5.07	4.01	2.92	4.42	3.31	3.03	4.17
德国	4.06	4.89	4.76	3.30	5.77	3.34	3.33	2.59	2.69	3.44	3.70
澳大利亚	3.82	3.96	4.52	3.30	3.58	4.10	4.63	2.59	2.34	3.11	3.52
英国	3.01	3.26	2.55	3.41	4.08	2.77	2.68	2.75	3.10	2.38	2.98
荷兰	1.97	3.26	3.60	3.30	2.39	2.10	3.25	2.34	2.41	2.79	2.72
巴西	2.43	3.26	2.44	1.71	2.89	3.53	2.11	2.09	2.27	1.89	2.43
法国	2.90	2.91	2.32	2.56	3.18	2.96	1.87	0.83	1.86	1.48	2.20
加拿大	2.67	1.98	1.97	2.35	2.29	2.96	2.27	2.34	1.65	1.56	2.17
印度	1.74	1.16	1.51	1.39	2.39	2.39	2.03	1.59	2.34	2.54	1.96
韩国	2.78	2.33	1.39	2.35	1.59	2.00	1.30	1.25	1.17	0.90	1.63
比利时	1.85	1.98	1.62	1.81	1.69	1.62	0.89	1.50	1.17	1.39	1.51
日本	2.55	2.21	1.51	1.71	1.49	0.86	1.22	0.75	1.10	0.66	1.33
伊朗	1.16	1.05	0.35	1.39	1.39	0.76	0.97	1.84	1.59	1.23	1.21
丹麦	1.27	1.75	1.62	1.92	0.80	1.34	0.97	0.83	0.48	0.33	1.06
土耳其	0.58	1.28	1.16	1.92	1.49	0.95	0.49	1.50	0.90	0.57	1.06
瑞士	0.81	1.16	0.46	0.85	1.49	1.43	1.30	1.17	0.76	0.49	0.99
中国台湾	2.90	1.51	0.58	1.28	0.90	0.67	0.65	0.75	0.62	0.74	0.99

四十 生物多样性保护

生物多样性保护 A、B、C 层人才最多的是美国，分别占该学科全球 A、B、C 层人才的 18.39%、11.67%、14.94%，均明显高于其他国家和地区。

德国、澳大利亚、英国、加拿大、巴西、中国大陆、西班牙、瑞士的 A 层人才比较多，世界占比在 9%~3%；法国、日本、南非、瑞典、荷兰也有相当数量的 A 层人才，世界占比均为 2.30%；奥地利、孟加拉国、比利时、保加利亚、哥伦比亚、捷克有一定数量的 A 层人才，世界占比均为 1.15%。

中国大陆、澳大利亚、英国、德国、法国、加拿大的 B 层人才比较多，世界占比在 8%～3%；巴西、西班牙、瑞士、意大利、荷兰、瑞典、奥地利、比利时、丹麦、芬兰、日本、新西兰、印度也有相当数量的 B 层人才，世界占比均超过 1%。

英国、中国大陆、澳大利亚、德国、加拿大、法国、西班牙的 C 层人才比较多，世界占比在 9%～3%；意大利、荷兰、瑞士、瑞典、巴西、丹麦、南非、比利时、芬兰、挪威、印度、奥地利也有相当数量的 C 层人才，世界占比均超过 1%。

表 4-118　生物多样性保护 A 层人才排名前 20 的国家和地区的占比

单位：%

国家和地区	2012 年	2013 年	2014 年	2015 年	2016 年	2017 年	2018 年	2019 年	2020 年	2021 年	合计
美国	33.33	0.00	0.00	22.22	27.27	33.33	18.18	0.00	11.11	15.38	18.39
德国	33.33	14.29	0.00	0.00	0.00	11.11	18.18	0.00	5.56	0.00	8.05
澳大利亚	0.00	14.29	0.00	0.00	0.00	11.11	0.00	33.33	11.11	7.69	6.90
英国	16.67	14.29	0.00	0.00	9.09	0.00	0.00	0.00	5.56	15.38	6.90
加拿大	0.00	0.00	0.00	11.11	18.18	22.22	0.00	0.00	0.00	7.69	6.90
巴西	0.00	0.00	0.00	11.11	0.00	0.00	9.09	0.00	5.56	7.69	4.60
中国大陆	0.00	0.00	0.00	0.00	9.09	0.00	0.00	33.33	5.56	7.69	4.60
西班牙	0.00	0.00	0.00	11.11	9.09	0.00	0.00	0.00	5.56	0.00	3.45
瑞士	0.00	14.29	0.00	0.00	0.00	11.11	0.00	0.00	5.56	0.00	3.45
法国	0.00	14.29	0.00	0.00	0.00	11.11	0.00	0.00	0.00	0.00	2.30
日本	0.00	0.00	0.00	11.11	0.00	0.00	9.09	0.00	0.00	0.00	2.30
南非	0.00	0.00	0.00	0.00	9.09	0.00	0.00	0.00	5.56	0.00	2.30
瑞典	0.00	0.00	0.00	0.00	0.00	0.00	9.09	0.00	0.00	7.69	2.30
荷兰	0.00	14.29	0.00	0.00	0.00	0.00	0.00	0.00	5.56	0.00	2.30
奥地利	0.00	0.00	0.00	0.00	0.00	0.00	0.00	0.00	5.56	0.00	1.15
孟加拉国	0.00	0.00	0.00	11.11	0.00	0.00	0.00	0.00	0.00	0.00	1.15
比利时	0.00	0.00	0.00	0.00	0.00	0.00	9.09	0.00	0.00	0.00	1.15
保加利亚	16.67	0.00	0.00	0.00	0.00	0.00	0.00	0.00	0.00	0.00	1.15
哥伦比亚	0.00	0.00	0.00	0.00	0.00	0.00	0.00	0.00	5.56	0.00	1.15
捷克	0.00	0.00	0.00	0.00	9.09	0.00	0.00	0.00	0.00	0.00	1.15

表 4-119 生物多样性保护 B 层人才排名前 20 的国家和地区的占比

单位：%

国家和地区	2012 年	2013 年	2014 年	2015 年	2016 年	2017 年	2018 年	2019 年	2020 年	2021 年	合计
美国	16.44	10.81	13.33	9.52	12.22	12.26	13.33	10.14	10.91	10.37	11.67
中国大陆	1.37	1.35	6.67	4.76	6.67	7.55	5.00	6.76	9.09	15.85	7.45
澳大利亚	8.22	2.70	7.78	5.95	6.67	10.38	6.67	4.73	6.67	6.10	6.55
英国	5.48	5.41	8.89	7.14	5.56	5.66	4.17	5.41	7.27	6.10	6.10
德国	6.85	2.70	5.56	5.95	4.44	3.77	7.50	2.70	6.67	5.49	5.21
法国	5.48	4.05	4.44	4.76	6.67	3.77	5.83	2.70	3.03	4.27	4.31
加拿大	2.74	4.05	3.33	2.38	5.56	3.77	4.17	1.35	3.64	4.88	3.59
巴西	1.37	1.35	3.33	1.19	5.56	1.89	2.50	3.38	3.64	3.05	2.87
西班牙	5.48	4.05	4.44	2.38	3.33	2.83	3.33	2.03	1.82	1.83	2.87
瑞士	4.11	4.05	2.22	1.19	1.11	3.77	5.00	1.35	3.64	1.22	2.69
意大利	5.48	1.35	3.33	2.38	2.22	3.77	3.33	1.35	3.64	0.61	2.60
荷兰	5.48	0.00	3.33	4.76	4.44	1.89	0.83	2.03	1.21	2.44	2.42
瑞典	2.74	1.35	4.44	2.38	4.44	1.89	2.50	0.68	1.82	1.83	2.24
奥地利	1.37	0.00	1.11	3.57	1.11	3.77	1.67	2.03	4.24	1.22	2.15
比利时	4.11	1.35	0.00	1.19	3.33	1.89	1.67	2.70	2.42	1.22	1.97
丹麦	1.37	1.35	2.22	4.76	2.22	1.89	2.50	1.35	0.00	2.44	1.89
芬兰	1.37	1.35	1.11	2.38	0.00	2.83	3.33	2.03	1.82	1.83	1.89
日本	0.00	2.70	1.11	1.19	3.33	1.89	1.67	0.68	1.21	3.05	1.71
新西兰	1.37	1.35	2.22	0.00	2.22	1.89	0.83	1.35	2.42	2.44	1.71
印度	1.37	1.35	1.11	2.38	1.11	0.94	0.83	1.35	3.64	1.22	1.62

表 4-120 生物多样性保护 C 层人才排名前 20 的国家和地区的占比

单位：%

国家和地区	2012 年	2013 年	2014 年	2015 年	2016 年	2017 年	2018 年	2019 年	2020 年	2021 年	合计
美国	19.69	20.03	17.78	15.69	13.97	16.34	15.22	14.33	11.50	11.90	14.94
英国	9.22	10.08	11.69	9.70	9.79	8.54	8.33	9.50	8.13	6.11	8.84
中国大陆	2.51	4.19	4.06	4.54	5.91	4.69	7.74	9.14	9.05	16.91	7.80
澳大利亚	7.54	6.81	7.88	6.71	6.42	7.32	6.98	6.55	5.57	5.59	6.58
德国	7.26	7.20	5.73	6.50	5.91	5.45	6.39	5.76	5.69	5.14	5.97
加拿大	5.31	4.19	5.37	4.54	4.49	4.88	3.53	3.53	3.55	3.92	4.19
法国	3.35	4.06	3.94	4.13	4.99	4.41	5.38	3.38	3.24	3.92	4.04

续表

国家和地区	2012 年	2013 年	2014 年	2015 年	2016 年	2017 年	2018 年	2019 年	2020 年	2021 年	合计
西班牙	4.47	2.09	2.63	3.72	2.34	3.10	3.28	3.17	3.91	2.64	3.15
意大利	2.51	2.23	2.98	2.89	3.67	2.91	3.03	2.52	3.00	2.32	2.80
荷兰	3.07	4.19	2.39	2.99	3.06	2.82	2.27	2.81	2.39	1.74	2.66
瑞士	2.09	2.09	3.34	3.41	3.06	3.00	2.94	2.45	2.63	1.41	2.59
瑞典	3.49	3.53	2.98	2.06	2.14	1.97	1.93	1.94	2.45	1.48	2.27
巴西	3.07	2.09	1.79	2.37	2.75	2.16	2.02	1.73	2.32	1.99	2.19
丹麦	2.37	1.96	2.03	2.37	1.94	2.25	2.35	2.09	1.10	0.90	1.84
南非	1.82	1.96	2.15	1.44	2.65	2.91	1.01	1.37	2.32	1.16	1.84
比利时	1.40	1.44	0.95	1.24	1.33	2.07	1.68	1.37	1.53	1.67	1.50
芬兰	1.68	1.31	1.19	1.55	0.82	0.85	1.60	1.73	1.71	1.41	1.41
挪威	1.68	1.96	1.55	1.03	1.53	0.94	1.51	1.44	1.53	0.71	1.34
印度	0.70	1.18	0.60	0.93	0.92	0.75	1.26	1.66	2.08	1.86	1.32
奥地利	0.84	0.92	1.19	1.14	1.83	1.69	1.51	1.08	1.59	1.03	1.31

四十一 园艺学

园艺学 A、B、C 层人才主要集中在中国大陆和美国，二者 A、B、C 层人才的世界占比合计分别为 24.29%、35.75%、36.68%，中国大陆的 A、B、C 层人才均多于美国。

墨西哥的 A 层人才世界占比为 10.00%，排名第三；意大利、印度、德国、西班牙、肯尼亚的 A 层人才比较多，世界占比在 9%～4%；加拿大、塞浦路斯、中国台湾、英国、澳大利亚、孟加拉国、比利时、巴西、法国、希腊、以色列、日本也有相当数量的 A 层人才，世界占比均超过 1%。

意大利、澳大利亚、德国、西班牙、法国、墨西哥的 B 层人才比较多，世界占比在 7%～3%；印度、伊朗、英国、荷兰、埃及、以色列、日本、南非、韩国、巴西、加拿大、比利时也有相当数量的 B 层人才，世界占比均超过 1%。

意大利、西班牙、澳大利亚、德国的 C 层人才比较多，世界占比在 6%～3%；法国、印度、伊朗、巴西、英国、加拿大、墨西哥、日本、荷兰、韩国、土耳其、南非、埃及、新西兰也有相当数量的 C 层人才，世界占比均超过 1%。

表 4-121　园艺学 A 层人才排名前 20 的国家和地区的占比

单位：%

国家和地区	2012 年	2013 年	2014 年	2015 年	2016 年	2017 年	2018 年	2019 年	2020 年	2021 年	合计
中国大陆	0.00	14.29	0.00	11.11	28.57	12.50	14.29	0.00	40.00	16.67	12.86
美国	11.11	28.57	0.00	11.11	0.00	0.00	28.57	33.33	0.00	0.00	11.43
墨西哥	11.11	0.00	33.33	0.00	28.57	0.00	0.00	16.67	0.00	16.67	10.00
意大利	0.00	0.00	0.00	22.22	14.29	25.00	14.29	0.00	0.00	0.00	8.57
印度	11.11	14.29	33.33	0.00	0.00	0.00	0.00	0.00	0.00	16.67	7.14
德国	22.22	0.00	0.00	11.11	0.00	0.00	0.00	0.00	20.00	0.00	5.71
西班牙	11.11	0.00	0.00	0.00	0.00	12.50	0.00	0.00	20.00	0.00	4.29
肯尼亚	0.00	0.00	16.67	0.00	0.00	0.00	0.00	16.67	0.00	16.67	4.29
加拿大	0.00	14.29	0.00	11.11	0.00	0.00	0.00	0.00	0.00	0.00	2.86
塞浦路斯	0.00	0.00	0.00	0.00	0.00	12.50	14.29	0.00	0.00	0.00	2.86
中国台湾	0.00	14.29	0.00	0.00	0.00	12.50	0.00	0.00	0.00	0.00	2.86
英国	0.00	0.00	0.00	11.11	14.29	0.00	0.00	0.00	0.00	0.00	2.86
澳大利亚	11.11	0.00	0.00	0.00	0.00	0.00	0.00	0.00	20.00	0.00	2.86
孟加拉国	0.00	0.00	0.00	0.00	0.00	0.00	0.00	16.67	0.00	0.00	1.43
比利时	0.00	0.00	0.00	11.11	0.00	0.00	0.00	0.00	0.00	0.00	1.43
巴西	0.00	0.00	0.00	11.11	0.00	0.00	0.00	0.00	0.00	0.00	1.43
法国	11.11	0.00	0.00	0.00	0.00	0.00	0.00	0.00	0.00	0.00	1.43
希腊	0.00	0.00	0.00	0.00	0.00	0.00	14.29	0.00	0.00	0.00	1.43
以色列	0.00	0.00	0.00	0.00	14.29	0.00	0.00	0.00	0.00	0.00	1.43
日本	0.00	0.00	16.67	0.00	0.00	0.00	0.00	0.00	0.00	0.00	1.43

表 4-122　园艺学 B 层人才排名前 20 的国家和地区的占比

单位：%

国家和地区	2012 年	2013 年	2014 年	2015 年	2016 年	2017 年	2018 年	2019 年	2020 年	2021 年	合计
中国大陆	18.52	18.99	20.48	4.65	14.86	27.94	19.44	34.18	30.00	33.33	21.77
美国	12.35	13.92	20.48	11.63	16.22	13.24	20.83	10.13	12.86	7.58	13.98
意大利	4.94	5.06	4.82	10.47	16.22	5.88	8.33	1.27	2.86	4.55	6.46
澳大利亚	11.11	2.53	4.82	6.98	1.35	4.41	4.17	5.06	4.29	9.09	5.41

续表

国家和地区	2012 年	2013 年	2014 年	2015 年	2016 年	2017 年	2018 年	2019 年	2020 年	2021 年	合计
德国	6.17	5.06	4.82	2.33	5.41	4.41	4.17	2.53	1.43	6.06	4.22
西班牙	4.94	5.06	3.61	4.65	8.11	5.88	1.39	1.27	4.29	0.00	3.96
法国	4.94	8.86	3.61	5.81	1.35	0.00	4.17	3.80	0.00	1.52	3.56
墨西哥	7.41	2.53	4.82	5.81	4.05	1.47	2.78	0.00	0.00	3.03	3.30
印度	2.47	5.06	1.20	4.65	1.35	1.47	0.00	2.53	5.71	3.03	2.77
伊朗	0.00	2.53	0.00	1.16	2.70	2.94	0.00	6.33	8.57	3.03	2.64
英国	2.47	1.27	2.41	0.00	1.35	4.41	4.17	3.80	1.43	4.55	2.51
荷兰	1.23	2.53	3.61	2.33	4.05	2.94	0.00	0.00	1.43	1.52	1.98
埃及	0.00	1.27	0.00	2.33	0.00	0.00	1.39	2.53	7.14	3.03	1.72
以色列	2.47	0.00	1.20	1.16	8.11	0.00	4.17	0.00	0.00	0.00	1.72
日本	4.94	5.06	0.00	0.00	0.00	1.47	0.00	1.27	1.43	1.52	1.58
南非	1.23	3.80	2.41	1.16	1.35	2.94	0.00	0.00	2.86	0.00	1.58
韩国	0.00	1.27	1.20	3.49	0.00	0.00	1.39	2.53	0.00	1.52	1.19
巴西	1.23	0.00	0.00	2.33	1.35	2.94	2.78	0.00	1.43	0.00	1.19
加拿大	0.00	1.27	1.20	0.00	1.35	1.47	1.39	1.27	1.43	3.03	1.19
比利时	0.00	1.27	0.00	1.16	4.05	0.00	0.00	1.27	2.86	0.00	1.06

表 4-123　园艺学 C 层人才排名前 20 的国家和地区的占比

单位：%

国家和地区	2012 年	2013 年	2014 年	2015 年	2016 年	2017 年	2018 年	2019 年	2020 年	2021 年	合计
中国大陆	14.48	14.06	15.54	20.09	17.27	19.26	26.40	28.75	34.79	35.53	21.94
美国	19.46	16.52	15.41	17.02	15.88	15.57	13.20	11.99	11.00	8.46	14.74
意大利	5.11	5.42	6.37	5.91	6.22	6.56	4.07	4.09	3.40	3.55	5.15
西班牙	6.20	6.58	4.59	5.56	5.25	4.92	4.35	4.09	4.37	3.55	5.01
澳大利亚	4.26	4.39	5.22	4.85	3.18	3.69	4.07	1.77	3.56	2.54	3.82
德国	3.65	4.00	3.95	3.66	4.14	3.69	3.51	3.41	2.43	1.86	3.49
法国	3.89	5.55	3.95	2.72	2.49	3.42	1.40	2.04	2.10	1.02	2.94
印度	3.41	3.61	3.31	3.43	2.76	2.32	1.69	2.59	2.10	3.55	2.90
伊朗	1.09	1.29	1.02	1.89	1.80	2.32	3.93	4.22	5.18	4.06	2.56
巴西	1.95	2.06	2.29	2.36	1.93	3.28	3.51	2.59	0.65	1.02	2.21
英国	1.82	1.94	3.57	1.30	2.76	1.78	2.11	2.18	1.78	2.03	2.13
加拿大	1.70	2.06	1.15	2.25	3.73	2.19	1.83	2.18	1.94	1.35	2.04

国家和地区	2012 年	2013 年	2014 年	2015 年	2016 年	2017 年	2018 年	2019 年	2020 年	2021 年	合计
墨西哥	1.70	2.97	2.17	1.18	1.93	1.64	2.25	2.59	1.13	1.35	1.91
日本	3.53	1.81	2.55	1.77	2.49	1.23	1.69	0.95	1.13	1.18	1.88
荷兰	2.07	1.81	1.91	0.83	1.80	1.64	1.69	2.32	1.29	0.68	1.62
韩国	0.85	0.65	1.15	2.13	1.80	1.50	0.98	1.77	1.94	1.35	1.40
土耳其	1.34	1.29	1.27	0.95	1.24	1.64	1.12	1.23	0.81	1.86	1.27
南非	0.97	1.42	1.02	1.30	1.66	1.64	1.12	1.09	0.97	0.85	1.21
埃及	0.49	0.52	1.15	0.95	0.28	1.09	2.39	1.09	1.78	2.54	1.17
新西兰	1.95	0.77	1.53	1.42	1.52	0.96	1.26	0.82	0.49	0.51	1.16

四十二 真菌学

真菌学 A 层人才最多的是美国，世界占比为 16.67%；荷兰、南非的 A 层人才世界占比分别为 12.50%、8.33%，分列第二、三位；加拿大、中国大陆、捷克、爱沙尼亚、法国、德国、印度、伊朗、意大利、新西兰、阿曼、葡萄牙、瑞士、泰国、英国也有相当数量的 A 层人才，世界占比均为 4.17%。

真菌学 B 层人才最多的是荷兰，占该学科全球 B 层人才的 6.82%；美国紧随其后，世界占比为 6.23%；中国大陆、泰国、德国、印度、英国、意大利的 B 层人才比较多，世界占比在 6%~3%；澳大利亚、巴西、新西兰、伊朗、沙特阿拉伯、毛里求斯、日本、法国、比利时、加拿大、韩国、俄罗斯也有相当数量的 B 层人才，世界占比均超过 1%。

真菌学 C 层人才最多的是美国，世界占比为 10.76%；中国大陆排名第二，世界占比为 7.58%；荷兰、德国、泰国、英国、印度、巴西、法国的 C 层人才比较多，世界占比在 7%~3%；西班牙、意大利、南非、澳大利亚、加拿大、奥地利、日本、捷克、沙特阿拉伯、比利时、新西兰也有相当数量的 C 层人才，世界占比均超过 1%。

表 4-124　真菌学 A 层人才的国家和地区的占比

单位：%

国家和地区	2012 年	2013 年	2014 年	2015 年	2016 年	2017 年	2018 年	2019 年	2020 年	2021 年	合计
美国	0.00	0.00	0.00	0.00	50.00	0.00	25.00	0.00	0.00	50.00	16.67
荷兰	50.00	25.00	0.00	0.00	0.00	0.00	0.00	25.00	0.00	0.00	12.50
南非	0.00	25.00	0.00	0.00	0.00	0.00	0.00	25.00	0.00	0.00	8.33
加拿大	0.00	0.00	0.00	0.00	25.00	0.00	0.00	0.00	0.00	0.00	4.17
中国大陆	0.00	0.00	0.00	0.00	0.00	0.00	25.00	0.00	0.00	0.00	4.17
捷克	0.00	0.00	0.00	0.00	0.00	25.00	0.00	0.00	0.00	0.00	4.17
爱沙尼亚	0.00	0.00	0.00	0.00	25.00	0.00	0.00	0.00	0.00	0.00	4.17
法国	0.00	0.00	0.00	0.00	0.00	25.00	0.00	0.00	0.00	0.00	4.17
德国	0.00	0.00	0.00	0.00	0.00	0.00	0.00	25.00	0.00	0.00	4.17
印度	0.00	0.00	0.00	0.00	0.00	0.00	0.00	0.00	0.00	50.00	4.17
伊朗	0.00	25.00	0.00	0.00	0.00	0.00	0.00	0.00	0.00	0.00	4.17
意大利	0.00	0.00	0.00	0.00	0.00	0.00	0.00	25.00	0.00	0.00	4.17
新西兰	50.00	0.00	0.00	0.00	0.00	0.00	0.00	0.00	0.00	0.00	4.17
阿曼	0.00	0.00	0.00	0.00	0.00	0.00	25.00	0.00	0.00	0.00	4.17
葡萄牙	0.00	25.00	0.00	0.00	0.00	0.00	0.00	0.00	0.00	0.00	4.17
瑞士	0.00	0.00	0.00	0.00	0.00	25.00	0.00	0.00	0.00	0.00	4.17
泰国	0.00	0.00	0.00	0.00	0.00	0.00	25.00	0.00	0.00	0.00	4.17
英国	0.00	0.00	0.00	0.00	0.00	25.00	0.00	0.00	0.00	0.00	4.17

表 4-125　真菌学 B 层人才排名前 20 的国家和地区的占比

单位：%

国家和地区	2012 年	2013 年	2014 年	2015 年	2016 年	2017 年	2018 年	2019 年	2020 年	2021 年	合计
荷兰	17.95	10.53	9.68	3.57	3.57	12.50	5.26	2.78	2.44	4.00	6.82
美国	5.13	10.53	6.45	7.14	3.57	0.00	7.89	2.78	2.44	10.00	6.23
中国大陆	10.26	2.63	9.68	7.14	3.57	12.50	5.26	8.33	2.44	2.00	5.64
泰国	10.26	2.63	6.45	7.14	7.14	0.00	7.89	8.33	2.44	2.00	5.64
德国	2.56	5.26	3.23	0.00	7.14	12.50	7.89	5.56	4.88	4.00	4.75
印度	2.56	2.63	0.00	3.57	3.57	0.00	2.63	8.33	2.44	10.00	4.15
英国	7.69	7.89	3.23	3.57	3.57	0.00	5.26	0.00	2.44	2.00	3.86
意大利	0.00	5.26	6.45	3.57	7.14	0.00	2.63	2.78	2.44	2.00	3.26
澳大利亚	10.26	2.63	3.23	3.57	0.00	0.00	2.63	0.00	2.44	2.00	2.97
巴西	2.56	7.89	0.00	3.57	3.57	12.50	0.00	2.78	2.44	2.00	2.97

续表

国家和地区	2012 年	2013 年	2014 年	2015 年	2016 年	2017 年	2018 年	2019 年	2020 年	2021 年	合计
新西兰	10.26	2.63	3.23	3.57	3.57	0.00	0.00	0.00	2.44	2.00	2.97
伊朗	0.00	0.00	0.00	3.57	3.57	12.50	0.00	2.78	2.44	6.00	2.37
沙特阿拉伯	5.13	2.63	0.00	3.57	3.57	12.50	2.63	2.78	0.00	0.00	2.37
毛里求斯	0.00	0.00	0.00	3.57	7.14	0.00	5.26	5.56	2.44	0.00	2.37
日本	0.00	5.26	6.45	0.00	3.57	0.00	0.00	0.00	2.44	2.00	2.08
法国	0.00	5.26	0.00	3.57	7.14	0.00	0.00	2.78	0.00	2.00	2.08
比利时	0.00	0.00	0.00	3.57	3.57	12.50	0.00	2.78	2.44	0.00	1.78
加拿大	0.00	2.63	6.45	3.57	0.00	0.00	2.63	0.00	2.44	0.00	1.78
韩国	0.00	0.00	6.45	0.00	3.57	0.00	2.63	5.56	0.00	0.00	1.78
俄罗斯	0.00	0.00	0.00	0.00	3.57	0.00	5.26	2.78	2.44	2.00	1.78

表 4-126 真菌学 C 层人才排名前 20 的国家和地区的占比

单位：%

国家和地区	2012 年	2013 年	2014 年	2015 年	2016 年	2017 年	2018 年	2019 年	2020 年	2021 年	合计
美国	20.60	13.92	12.57	11.16	10.47	7.04	11.68	7.78	7.81	4.94	10.76
中国大陆	8.04	8.10	7.38	8.37	7.07	8.50	6.97	7.50	7.30	6.52	7.58
荷兰	5.28	8.61	7.38	6.97	7.33	7.28	5.94	6.39	5.29	4.72	6.49
德国	5.28	8.35	5.74	6.37	5.76	3.64	6.35	6.11	6.05	4.72	5.84
泰国	3.27	4.05	4.64	4.58	3.93	6.31	3.48	4.72	5.29	4.94	4.51
英国	3.52	3.54	3.28	4.78	3.93	3.64	6.15	3.06	4.03	3.60	4.03
印度	2.01	2.03	2.19	3.39	3.40	3.64	3.89	4.44	4.79	4.72	3.47
巴西	3.02	4.30	3.01	3.59	3.66	3.40	2.66	3.06	4.03	3.15	3.38
法国	4.27	3.80	3.55	3.78	4.45	2.43	4.10	2.78	2.52	1.57	3.33
西班牙	3.27	3.80	2.73	2.59	3.40	2.18	3.48	2.78	3.02	2.47	2.97
意大利	2.01	1.52	3.01	3.78	2.09	3.64	3.07	2.22	2.77	3.60	2.82
南非	2.01	2.03	3.01	3.78	3.14	3.64	3.07	3.89	1.51	2.02	2.82
澳大利亚	2.01	2.53	2.46	2.39	3.14	1.94	3.07	3.89	1.76	2.47	2.56
加拿大	3.02	2.53	3.01	2.19	3.14	1.70	1.02	1.39	1.26	2.25	2.12
奥地利	2.76	1.27	1.64	1.99	1.83	1.21	2.87	1.94	1.76	2.25	1.98
日本	2.26	4.05	3.01	2.59	1.83	1.21	0.82	1.39	1.51	1.12	1.95
捷克	1.26	2.28	1.09	1.00	3.14	1.94	1.84	2.50	1.76	2.47	1.91
沙特阿拉伯	1.76	0.25	2.46	3.59	1.83	2.18	0.00	0.83	2.77	2.70	1.86
比利时	1.51	1.27	1.37	1.79	1.05	1.94	2.46	1.94	2.27	1.57	1.74
新西兰	1.76	1.52	2.46	1.39	1.57	1.21	1.64	2.78	2.27	1.12	1.74

四十三 林学

林学A、B、C层人才最多的是美国，分别占该学科全球A、B、C层人才的17.46%、12.85%、15.31%；中国大陆排名第二，虽与美国有相当差距，但明显高于其他国家和地区，其A、B、C层人才的世界占比分别为11.11%、8.10%、10.72%。

澳大利亚、加拿大、德国、意大利、英国、西班牙、智利、以色列、日本、斯洛文尼亚、瑞典的A层人才比较多，世界占比在7%~3%；奥地利、巴西、克罗地亚、捷克、法国、希腊、立陶宛也有相当数量的A层人才，世界占比均为1.59%。

德国、加拿大、意大利、法国、英国、瑞士、澳大利亚、西班牙、奥地利的B层人才比较多，世界占比在7%~3%；瑞典、芬兰、荷兰、丹麦、捷克、巴西、比利时、波兰、日本也有相当数量的B层人才，世界占比均超过1%。

德国、西班牙、加拿大、法国、澳大利亚、英国、意大利的C层人才比较多，世界占比在7%~3%；瑞典、芬兰、瑞士、捷克、巴西、奥地利、荷兰、日本、波兰、葡萄牙、比利时也有相当数量的C层人才，世界占比均超过1%。

表4-127 林学A层人才排名前20的国家和地区的占比

单位：%

国家和地区	2012年	2013年	2014年	2015年	2016年	2017年	2018年	2019年	2020年	2021年	合计
美国	40.00	25.00	33.33	16.67	0.00	16.67	40.00	9.09	0.00	7.69	17.46
中国大陆	20.00	0.00	16.67	0.00	0.00	0.00	20.00	18.18	0.00	15.38	11.11
澳大利亚	20.00	0.00	0.00	16.67	0.00	0.00	0.00	9.09	0.00	7.69	6.35
加拿大	0.00	25.00	0.00	0.00	0.00	0.00	20.00	0.00	0.00	7.69	6.35
德国	0.00	0.00	33.33	0.00	0.00	0.00	20.00	9.09	0.00	0.00	6.35
意大利	0.00	25.00	0.00	16.67	0.00	0.00	0.00	14.29	7.69	6.35
英国	0.00	0.00	0.00	16.67	0.00	0.00	0.00	9.09	0.00	15.38	6.35
西班牙	0.00	0.00	0.00	0.00	0.00	16.67	0.00	9.09	14.29	0.00	4.76

续表

国家和地区	2012 年	2013 年	2014 年	2015 年	2016 年	2017 年	2018 年	2019 年	2020 年	2021 年	合计
智利	0.00	0.00	0.00	0.00	0.00	0.00	0.00	0.00	14.29	7.69	3.17
以色列	0.00	0.00	16.67	0.00	0.00	0.00	0.00	0.00	14.29	0.00	3.17
日本	0.00	0.00	0.00	0.00	0.00	16.67	0.00	0.00	0.00	7.69	3.17
斯洛文尼亚	0.00	0.00	0.00	0.00	0.00	16.67	0.00	0.00	14.29	0.00	3.17
瑞典	0.00	0.00	0.00	16.67	0.00	16.67	0.00	0.00	0.00	0.00	3.17
奥地利	0.00	0.00	0.00	0.00	0.00	0.00	0.00	9.09	0.00	0.00	1.59
巴西	0.00	0.00	0.00	16.67	0.00	0.00	0.00	0.00	0.00	0.00	1.59
克罗地亚	0.00	0.00	0.00	0.00	0.00	0.00	0.00	0.00	14.29	0.00	1.59
捷克	0.00	0.00	0.00	0.00	0.00	0.00	0.00	0.00	0.00	7.69	1.59
法国	0.00	0.00	0.00	0.00	0.00	0.00	0.00	9.09	0.00	0.00	1.59
希腊	0.00	0.00	0.00	0.00	0.00	16.67	0.00	0.00	0.00	0.00	1.59
立陶宛	0.00	0.00	0.00	0.00	0.00	0.00	0.00	0.00	14.29	0.00	1.59

表 4-128　林学 B 层人才排名前 20 的国家和地区的占比

单位：%

国家和地区	2012 年	2013 年	2014 年	2015 年	2016 年	2017 年	2018 年	2019 年	2020 年	2021 年	合计
美国	22.73	15.07	11.69	12.99	8.08	10.87	20.62	12.39	8.77	10.17	12.85
中国大陆	1.52	0.00	2.60	9.09	2.02	9.78	15.46	8.85	10.53	14.41	8.10
德国	7.58	6.85	6.49	5.19	8.08	9.78	5.15	5.31	7.02	5.93	6.70
加拿大	7.58	12.33	5.19	6.49	0.00	5.43	5.15	5.31	2.63	2.54	4.86
意大利	1.52	4.11	7.79	6.49	4.04	4.35	4.12	1.77	4.39	8.47	4.75
法国	4.55	8.22	5.19	5.19	5.05	3.26	5.15	2.65	2.63	4.24	4.43
英国	4.55	5.48	5.19	2.60	3.03	6.52	3.09	3.54	2.63	5.08	4.10
瑞士	4.55	2.74	6.49	2.60	4.04	4.35	2.06	2.65	4.39	3.39	3.67
澳大利亚	9.09	4.11	5.19	5.19	3.03	2.17	2.06	1.77	2.63	2.54	3.46
西班牙	1.52	4.11	5.19	2.60	4.04	2.17	3.09	0.88	3.51	5.08	3.24
奥地利	3.03	1.37	3.90	3.90	5.05	3.26	2.06	2.65	3.51	2.54	3.13
瑞典	6.06	1.37	3.90	3.90	3.03	5.43	2.06	1.77	1.75	1.69	2.92
芬兰	4.55	2.74	0.00	1.30	2.02	2.17	3.09	2.65	3.51	3.39	2.59
荷兰	3.03	5.48	3.90	3.90	3.03	1.09	0.00	2.65	1.75	1.69	2.48
丹麦	1.52	6.85	3.90	0.00	1.01	1.09	2.06	3.54	3.51	0.85	2.38
捷克	3.03	1.37	1.30	2.60	3.03	4.35	1.03	0.88	1.75	1.69	2.05

续表

国家和地区	2012 年	2013 年	2014 年	2015 年	2016 年	2017 年	2018 年	2019 年	2020 年	2021 年	合计
巴西	1.52	4.11	1.30	1.30	1.01	1.09	0.00	0.88	1.75	2.54	1.51
比利时	0.00	1.37	2.60	1.30	1.01	0.00	1.03	0.88	2.63	1.69	1.30
波兰	0.00	1.37	0.00	1.30	3.03	1.09	2.06	1.77	0.88	0.85	1.30
日本	1.52	1.37	1.30	3.90	0.00	0.00	2.06	0.88	0.88	0.85	1.19

表 4-129　林学 C 层人才排名前 20 的国家和地区的占比

单位：%

国家和地区	2012 年	2013 年	2014 年	2015 年	2016 年	2017 年	2018 年	2019 年	2020 年	2021 年	合计
美国	21.50	17.72	17.20	19.38	15.65	15.78	15.57	12.38	10.98	12.12	15.31
中国大陆	4.96	8.50	5.91	8.91	8.35	10.14	11.94	14.70	13.21	15.25	10.72
德国	7.37	7.35	6.72	6.20	6.59	7.83	5.54	5.91	5.98	5.96	6.46
西班牙	7.22	4.47	3.90	5.04	4.71	4.03	4.48	3.88	3.75	3.71	4.41
加拿大	5.56	3.46	3.90	5.43	4.12	3.23	3.52	4.25	3.57	5.18	4.19
法国	5.41	6.34	5.51	3.62	3.88	3.23	4.16	3.70	3.39	2.83	4.06
澳大利亚	4.81	4.47	4.70	5.17	3.53	2.88	3.30	4.07	3.93	3.52	3.97
英国	2.26	4.32	3.36	3.36	3.53	3.46	3.62	4.81	3.66	3.32	3.62
意大利	2.56	4.03	3.90	4.39	3.06	3.57	3.20	3.23	3.93	2.64	3.44
瑞典	2.26	2.88	3.76	2.84	3.41	2.65	2.03	3.42	2.23	3.32	2.88
芬兰	3.01	2.31	3.49	2.84	3.06	2.30	2.99	2.68	2.77	2.74	2.81
瑞士	2.71	3.75	3.63	2.84	3.18	2.65	2.77	2.13	2.14	2.25	2.73
捷克	1.20	2.02	2.28	1.55	2.35	2.76	2.24	2.50	2.41	1.96	2.17
巴西	1.65	2.02	2.55	1.16	2.00	1.27	2.03	1.94	2.95	1.86	1.98
奥地利	1.95	1.44	1.88	1.94	1.76	3.34	1.39	2.13	1.61	0.98	1.83
荷兰	1.80	1.44	2.28	1.29	2.00	1.61	2.03	1.57	1.79	1.56	1.74
日本	2.11	2.31	0.81	1.42	1.53	1.84	1.28	1.48	0.71	1.27	1.43
波兰	0.30	0.58	1.34	0.26	1.06	2.42	1.49	1.20	2.68	1.96	1.43
葡萄牙	1.05	1.87	1.48	1.68	2.24	1.27	1.17	1.11	1.16	1.37	1.42
比利时	1.50	1.59	1.08	0.78	1.65	1.04	1.49	1.85	1.61	1.27	1.40

四十四　兽医学

兽医学 A、B、C 层人才最多的是美国，分别占该学科全球 A、B、C 层人才的 22.27%、16.30%、16.67%，均显著高于其他国家和地区。

英国的 A 层人才的世界占比为 8.40%，排名第二；加拿大、中国大陆、意大利、印度、法国、埃及的 A 层人才比较多，世界占比在 6%～3%；澳大利亚、马来西亚、新西兰、沙特阿拉伯、巴西、西班牙、瑞典、瑞士、泰国、丹麦、德国、俄罗斯也有相当数量的 A 层人才，世界占比均超过 1%。

中国大陆的 B 层人才的世界占比为 8.10%，排名第二；英国、意大利、德国、西班牙、澳大利亚、法国、加拿大、埃及的 B 层人才比较多，世界占比在 8%～3%；印度、荷兰、比利时、丹麦、瑞士、奥地利、巴西、泰国、伊朗、韩国也有相当数量的 B 层人才，世界占比均超过 1%。

中国大陆的 C 层人才虽远不及美国，但明显高于其他国家和地区，世界占比为 11.23%；英国、意大利、德国、西班牙、澳大利亚、加拿大、法国、巴西的 C 层人才比较多，世界占比在 8%～3%；荷兰、比利时、埃及、瑞士、丹麦、印度、日本、韩国、波兰、瑞典也有相当数量的 C 层人才，世界占比均超过 1%。

表 4-130　兽医学 A 层人才排名前 20 的国家和地区的占比

单位：%

国家和地区	2012 年	2013 年	2014 年	2015 年	2016 年	2017 年	2018 年	2019 年	2020 年	2021 年	合计
美国	28.00	30.43	27.27	28.57	27.27	30.43	11.54	20.00	12.90	15.63	22.27
英国	16.00	8.70	9.09	0.00	13.64	8.70	11.54	10.00	6.45	0.00	8.40
加拿大	0.00	8.70	4.55	0.00	4.55	13.04	15.38	5.00	3.23	3.13	5.88
中国大陆	0.00	4.35	9.09	14.29	4.55	0.00	7.69	5.00	6.45	0.00	4.62
意大利	4.00	4.35	9.09	7.14	4.55	4.35	3.85	0.00	3.23	3.13	4.62
印度	0.00	0.00	4.55	7.14	4.55	0.00	0.00	0.00	9.68	12.50	4.20
法国	8.00	8.70	4.55	0.00	4.55	0.00	3.85	5.00	6.45	0.00	4.20
埃及	0.00	0.00	0.00	0.00	0.00	0.00	0.00	0.00	3.23	18.75	3.36
澳大利亚	0.00	4.35	0.00	0.00	0.00	4.35	3.85	0.00	6.45	0.00	2.10
马来西亚	4.00	0.00	0.00	0.00	4.55	0.00	3.85	5.00	0.00	0.00	1.68
新西兰	0.00	4.35	0.00	7.14	4.55	0.00	0.00	0.00	3.23	0.00	1.68
沙特阿拉伯	0.00	0.00	0.00	0.00	0.00	4.35	0.00	0.00	0.00	9.38	1.68
巴西	4.00	0.00	4.55	7.14	4.55	0.00	0.00	0.00	0.00	0.00	1.68

续表

国家和地区	2012 年	2013 年	2014 年	2015 年	2016 年	2017 年	2018 年	2019 年	2020 年	2021 年	合计
西班牙	4.00	0.00	0.00	7.14	4.55	0.00	0.00	0.00	0.00	3.13	1.68
瑞典	0.00	0.00	4.55	0.00	0.00	0.00	0.00	10.00	3.23	0.00	1.68
瑞士	4.00	0.00	4.55	0.00	4.55	0.00	0.00	5.00	0.00	0.00	1.68
泰国	0.00	4.35	0.00	0.00	0.00	4.35	0.00	0.00	3.23	3.13	1.68
丹麦	4.00	0.00	0.00	0.00	0.00	0.00	0.00	5.00	0.00	6.25	1.68
德国	0.00	0.00	9.09	0.00	0.00	0.00	0.00	5.00	0.00	0.00	1.26
俄罗斯	0.00	0.00	0.00	7.14	0.00	0.00	3.85	0.00	0.00	3.13	1.26

表 4-131　兽医学 B 层人才排名前 20 的国家和地区的占比

单位：%

国家和地区	2012 年	2013 年	2014 年	2015 年	2016 年	2017 年	2018 年	2019 年	2020 年	2021 年	合计
美国	20.09	19.32	21.54	18.54	12.87	17.31	15.45	12.64	13.45	14.63	16.30
中国大陆	6.25	5.31	4.62	4.88	7.92	8.65	9.76	8.81	12.07	9.86	8.10
英国	10.71	11.59	10.77	8.29	9.41	10.58	6.91	7.28	4.48	3.40	7.98
意大利	3.13	3.86	3.59	4.39	7.92	5.77	6.10	6.90	5.52	7.82	5.62
德国	4.91	4.83	3.59	8.29	3.96	6.25	6.10	3.07	4.48	2.72	4.72
西班牙	6.25	4.35	5.13	5.37	5.94	2.40	3.25	3.07	3.10	3.40	4.12
澳大利亚	4.46	5.31	3.59	6.34	4.46	1.92	4.07	4.98	1.72	3.40	3.95
法国	6.25	4.35	1.54	4.39	4.46	5.29	2.44	2.68	3.45	3.06	3.73
加拿大	5.36	2.90	5.13	2.44	3.47	3.85	2.44	2.30	3.79	3.74	3.52
埃及	1.34	0.48	1.03	0.98	2.48	2.88	1.63	2.30	7.24	6.80	3.00
印度	1.79	1.45	1.03	0.98	2.97	3.85	4.07	3.83	1.38	3.74	2.57
荷兰	3.57	4.83	2.05	2.93	3.47	0.96	4.88	1.53	1.72	0.68	2.57
比利时	3.13	3.86	3.08	3.41	1.49	1.92	2.85	2.68	1.72	0.00	2.32
丹麦	1.34	3.38	3.59	3.90	0.99	1.92	2.03	0.77	1.03	1.70	1.97
瑞士	1.79	1.93	3.59	2.44	1.49	0.96	2.44	1.15	2.07	1.36	1.89
奥地利	1.34	0.97	1.03	2.44	1.98	3.37	2.03	0.77	1.38	1.70	1.67
巴西	0.89	2.90	3.08	2.93	0.50	1.44	2.44	1.15	0.69	1.36	1.67
泰国	0.89	0.48	1.54	0.49	0.50	1.44	2.44	3.07	1.38	2.38	1.54
伊朗	0.89	0.00	0.51	0.98	2.48	1.92	1.63	2.30	1.38	1.36	1.37
韩国	1.79	0.00	1.54	1.95	0.50	1.44	1.22	2.30	1.72	1.02	1.37

表 4-132 兽医学 C 层人才排名前 20 的国家和地区的占比

单位：%

国家和地区	2012 年	2013 年	2014 年	2015 年	2016 年	2017 年	2018 年	2019 年	2020 年	2021 年	合计
美国	19.51	20.91	19.24	19.10	19.01	18.08	14.68	13.87	13.08	13.20	16.67
中国大陆	5.42	6.89	7.66	9.91	9.84	12.35	12.75	16.26	14.10	13.68	11.23
英国	9.49	8.76	9.77	8.98	8.49	8.10	7.79	6.19	5.35	5.69	7.65
意大利	4.20	3.75	3.91	3.63	4.25	4.05	5.81	5.41	6.30	6.18	4.89
德国	4.65	3.95	3.86	4.67	4.09	4.69	3.87	3.33	4.15	3.20	3.99
西班牙	4.61	4.91	4.06	3.63	3.83	3.80	4.10	3.80	3.21	3.72	3.94
澳大利亚	3.70	4.25	4.06	4.05	3.21	3.01	3.87	3.84	3.73	3.62	3.73
加拿大	4.02	3.90	4.12	3.84	4.40	3.11	3.92	3.37	2.75	2.72	3.54
法国	3.61	3.90	4.53	3.63	3.63	2.67	3.69	2.78	2.60	1.91	3.20
巴西	3.12	3.65	3.24	3.27	3.78	3.56	3.20	2.43	2.41	2.72	3.08
荷兰	3.16	2.94	3.19	2.34	2.12	1.93	2.03	1.92	1.55	1.42	2.19
比利时	2.71	2.53	2.21	2.39	1.71	1.63	2.34	1.92	1.43	1.13	1.95
埃及	0.63	1.01	0.62	0.93	0.83	1.43	1.98	2.74	3.58	3.49	1.89
瑞士	1.85	1.77	1.80	2.13	1.71	2.08	1.58	1.76	1.51	1.20	1.70
丹麦	2.21	1.92	1.65	1.87	1.92	1.48	1.80	1.33	1.24	1.00	1.60
印度	1.31	1.32	1.54	1.76	2.07	1.63	1.58	1.21	1.58	1.65	1.56
日本	2.17	2.23	2.06	1.25	1.76	1.04	1.53	1.06	1.32	1.42	1.56
韩国	1.72	1.11	0.82	0.99	1.45	1.43	1.35	0.98	1.43	2.14	1.38
波兰	0.99	1.06	0.77	0.93	1.04	1.53	1.17	1.57	2.07	2.01	1.38
瑞典	1.76	1.47	1.49	1.40	1.66	1.04	1.58	1.18	1.36	0.91	1.36

四十五 海洋生物学和淡水生物学

海洋生物学和淡水生物学 A、B、C 层人才最多的是美国，分别占该学科全球 A、B、C 层人才的 20.23%、15.12%、14.63%，均显著高于其他国家和地区。

澳大利亚的 A 层人才世界占比为 9.83%，排名第二；英国、德国、加拿大、意大利、中国大陆、法国、葡萄牙、挪威的 A 层人才比较多，世界占比在 9%~3%；丹麦、荷兰、西班牙、爱尔兰、比利时、巴西、新西兰、芬兰、印度、韩国也有相当数量的 A 层人才，世界占比均超过 1%。

英国、澳大利亚、中国大陆、加拿大、德国、意大利、法国、西班牙、挪威的 B 层人才比较多，世界占比在 8%～3%；荷兰、丹麦、巴西、葡萄牙、比利时、瑞典、日本、印度、埃及、伊朗也有相当数量的 B 层人才，世界占比均超过 1%。

中国大陆的 C 层人才虽远不及美国，但明显高于其他国家和地区，世界占比为 10.17%；澳大利亚、英国、西班牙、法国、加拿大、意大利、德国的 C 层人才比较多，世界占比在 7%～3%；挪威、巴西、葡萄牙、荷兰、丹麦、印度、瑞典、日本、新西兰、伊朗、韩国也有相当数量的 C 层人才，世界占比均超过 1%。

表 4-133　海洋生物学和淡水生物学 A 层人才排名前 20 的国家和地区的占比

单位：%

国家和地区	2012 年	2013 年	2014 年	2015 年	2016 年	2017 年	2018 年	2019 年	2020 年	2021 年	合计
美国	38.46	25.00	16.67	5.88	31.58	31.58	20.00	0.00	27.78	8.33	20.23
澳大利亚	23.08	18.75	25.00	0.00	5.26	15.79	5.00	6.67	5.56	4.17	9.83
英国	7.69	6.25	0.00	17.65	10.53	15.79	0.00	13.33	5.56	4.17	8.09
德国	15.38	6.25	0.00	5.88	10.53	5.26	0.00	6.67	5.56	8.33	6.36
加拿大	0.00	0.00	16.67	0.00	5.26	10.53	5.00	6.67	5.56	4.17	5.20
意大利	0.00	12.50	8.33	11.76	0.00	5.26	0.00	6.67	5.56	4.17	5.20
中国大陆	0.00	0.00	8.33	0.00	10.53	5.26	5.00	13.33	5.56	0.00	4.62
法国	0.00	6.25	8.33	11.76	5.26	5.26	0.00	0.00	0.00	4.17	4.05
葡萄牙	0.00	0.00	0.00	5.88	5.26	0.00	15.00	0.00	0.00	4.17	3.47
挪威	0.00	0.00	0.00	0.00	5.26	0.00	5.00	13.33	0.00	8.33	3.47
丹麦	0.00	6.25	0.00	11.76	0.00	0.00	0.00	0.00	0.00	8.33	2.89
荷兰	0.00	0.00	0.00	5.88	0.00	0.00	0.00	6.67	5.56	4.17	2.89
西班牙	0.00	6.25	0.00	0.00	0.00	0.00	0.00	6.67	5.56	8.33	2.89
爱尔兰	0.00	0.00	0.00	0.00	0.00	0.00	5.00	6.67	5.56	4.17	2.31
比利时	0.00	6.25	0.00	5.88	0.00	0.00	0.00	0.00	5.56	0.00	1.73
巴西	0.00	0.00	0.00	0.00	0.00	0.00	10.00	0.00	0.00	0.00	1.73
新西兰	0.00	0.00	0.00	0.00	5.26	0.00	0.00	6.67	0.00	4.17	1.73
芬兰	0.00	0.00	0.00	5.88	0.00	0.00	0.00	0.00	5.56	0.00	1.16
印度	0.00	0.00	0.00	0.00	0.00	0.00	5.00	0.00	0.00	4.17	1.16
韩国	0.00	0.00	0.00	0.00	0.00	5.26	5.00	0.00	0.00	0.00	1.16

表 4-134　海洋生物学和淡水生物学 B 层人才排名前 20 的国家和地区的占比

单位：%

国家和地区	2012 年	2013 年	2014 年	2015 年	2016 年	2017 年	2018 年	2019 年	2020 年	2021 年	合计
美国	16.31	18.30	21.38	19.16	22.28	12.63	13.51	10.57	14.09	8.15	15.12
英国	4.96	7.84	6.92	11.38	11.41	10.00	5.41	8.81	5.00	4.29	7.53
澳大利亚	7.80	4.58	8.18	5.39	7.61	5.79	4.86	8.37	8.18	5.58	6.67
中国大陆	0.71	8.50	4.40	5.99	3.80	3.16	7.03	5.29	5.45	6.01	5.11
加拿大	8.51	3.92	6.29	4.79	4.89	3.16	4.32	3.52	2.73	3.86	4.41
德国	6.38	5.23	3.14	3.59	4.35	3.16	3.24	5.29	4.55	4.29	4.30
意大利	4.26	1.96	5.03	5.99	3.26	4.74	7.03	3.96	2.73	1.72	3.98
法国	7.09	2.61	1.89	2.99	3.26	5.79	4.32	6.17	2.27	2.15	3.82
西班牙	4.26	1.96	3.14	2.40	5.98	4.74	1.08	3.52	3.64	3.86	3.50
挪威	4.26	4.58	4.40	2.40	1.09	2.63	0.54	5.73	3.64	3.43	3.28
荷兰	3.55	2.61	1.89	2.40	4.35	4.74	2.70	2.64	2.73	0.86	2.80
丹麦	1.42	4.58	1.26	2.99	4.35	3.16	1.62	1.76	4.09	1.72	2.69
巴西	2.13	2.61	1.89	4.19	1.63	3.16	2.70	1.76	2.73	0.86	2.31
葡萄牙	1.42	1.31	1.89	0.60	2.17	2.63	4.32	2.64	2.73	1.72	2.21
比利时	2.84	1.31	2.52	1.80	1.63	2.63	1.08	2.20	0.91	3.00	1.99
瑞典	1.42	2.61	1.89	1.80	1.09	1.58	2.16	0.88	2.27	0.86	1.61
日本	0.71	2.61	0.63	1.80	1.09	2.11	1.62	3.08	0.45	1.29	1.56
印度	0.00	1.31	0.00	0.60	1.09	0.53	1.08	3.52	2.27	3.00	1.51
埃及	0.00	0.00	0.00	0.00	0.54	0.53	0.54	0.44	4.55	5.58	1.45
伊朗	0.00	0.00	1.26	1.20	0.00	0.53	1.08	1.76	3.18	2.58	1.29

表 4-135　海洋生物学和淡水生物学 C 层人才排名前 20 的国家和地区的占比

单位：%

国家和地区	2012 年	2013 年	2014 年	2015 年	2016 年	2017 年	2018 年	2019 年	2020 年	2021 年	合计
美国	18.45	18.00	16.44	17.28	15.19	15.45	13.93	13.28	10.71	10.99	14.63
中国大陆	7.00	7.81	8.72	11.39	8.49	10.76	10.35	11.58	12.43	11.27	10.17
澳大利亚	7.88	7.68	7.26	7.62	7.46	6.78	5.69	6.46	6.19	5.03	6.71
英国	8.15	7.41	7.12	6.25	6.42	5.49	5.17	5.63	5.19	5.08	6.07
西班牙	4.18	4.24	4.86	4.09	4.14	4.09	3.87	4.57	4.00	3.88	4.18
法国	4.31	4.63	4.93	3.65	4.46	4.04	4.21	4.61	3.57	2.91	4.09
加拿大	6.26	4.04	3.06	4.40	4.68	3.28	3.52	3.51	3.62	4.06	4.00

国家和地区	2012 年	2013 年	2014 年	2015 年	2016 年	2017 年	2018 年	2019 年	2020 年	2021 年	合计
意大利	3.57	3.71	3.99	3.34	3.27	4.04	4.95	4.15	4.81	3.14	3.91
德国	4.92	5.23	3.26	3.84	3.65	3.55	3.87	3.51	4.14	3.33	3.88
挪威	3.57	3.77	2.80	2.97	2.61	2.10	2.84	3.18	2.95	2.86	2.94
巴西	1.89	1.85	2.46	2.85	2.89	3.50	2.39	2.03	2.81	3.33	2.63
葡萄牙	1.82	1.32	2.33	2.41	2.56	1.83	1.99	1.43	2.19	2.03	1.99
荷兰	1.82	1.79	1.93	1.73	2.72	2.26	2.62	1.61	1.38	1.34	1.90
丹麦	2.29	1.59	1.80	2.54	1.80	1.99	1.48	1.52	1.52	1.66	1.79
印度	1.48	1.52	1.60	1.30	1.63	1.08	1.76	1.61	1.67	2.40	1.63
瑞典	1.48	1.59	1.33	1.42	1.69	1.45	2.39	1.43	1.52	1.15	1.54
日本	1.35	2.25	1.07	0.93	1.42	1.35	1.36	1.80	1.43	1.76	1.48
新西兰	1.28	0.33	1.26	1.36	1.25	1.40	1.53	1.38	1.52	1.06	1.26
伊朗	0.61	0.66	0.67	0.56	1.14	0.97	1.19	1.66	1.95	2.17	1.23
韩国	1.01	1.39	0.87	1.24	0.76	1.45	1.31	0.88	1.29	1.43	1.17

四十六　渔业学

渔业学 A 层人才最多的是美国，世界占比为 13.43%；法国、澳大利亚、英国、意大利的 A 层人才处于第二梯队，世界占比均为 5.97%；中国大陆、西班牙、埃及、日本、挪威的 A 层人才比较多，世界占比均为 4.48%；比利时、巴西、加拿大、南非、阿根廷、德国、加纳、希腊、印度、爱尔兰也有相当数量的 A 层人才，世界占比均超过 1%。

渔业学 B 层人才最多的是美国，世界占比为 11.63%；中国大陆排名第二，B 层人才的世界占比为 8.19%；挪威、英国、澳大利亚、加拿大、意大利、西班牙、埃及的 B 层人才比较多，世界占比在 7%～3%；伊朗、德国、泰国、法国、荷兰、丹麦、瑞典、印度、日本、巴西、比利时也有相当数量的 B 层人才，世界占比均超过 1%。

渔业学 C 层人才最多的是中国大陆，世界占比为 15.84%；美国紧随其后，C 层人才的世界占比为 12.42%；澳大利亚、挪威、英国、加拿大、西班牙的 C 层人才比较多，世界占比在 6%～3%；伊朗、法国、埃及、意大利、巴西、德国、印度、丹麦、泰国、荷兰、日本、葡萄牙、韩国也有相当数量的 C 层人才，世界占比均超过 1%。

表 4-136 渔业学 A 层人才排名前 20 的国家和地区的占比

单位：%

国家和地区	2012 年	2013 年	2014 年	2015 年	2016 年	2017 年	2018 年	2019 年	2020 年	2021 年	合计
美国	0.00	42.86	33.33	20.00	28.57	0.00	0.00	0.00	9.09	16.67	13.43
法国	14.29	14.29	33.33	0.00	0.00	12.50	0.00	0.00	0.00	0.00	5.97
澳大利亚	0.00	0.00	33.33	20.00	14.29	0.00	0.00	0.00	9.09	0.00	5.97
英国	0.00	0.00	0.00	20.00	14.29	12.50	0.00	0.00	0.00	16.67	5.97
意大利	14.29	14.29	0.00	0.00	0.00	0.00	0.00	12.50	9.09	0.00	5.97
中国大陆	0.00	0.00	0.00	0.00	0.00	0.00	20.00	12.50	0.00	16.67	4.48
西班牙	14.29	0.00	0.00	0.00	0.00	12.50	20.00	0.00	0.00	0.00	4.48
埃及	0.00	0.00	0.00	0.00	0.00	12.50	20.00	12.50	0.00	0.00	4.48
日本	0.00	0.00	0.00	0.00	0.00	0.00	20.00	12.50	9.09	0.00	4.48
挪威	0.00	0.00	0.00	20.00	0.00	0.00	20.00	12.50	0.00	0.00	4.48
比利时	0.00	14.29	0.00	0.00	0.00	0.00	0.00	0.00	9.09	0.00	2.99
巴西	0.00	0.00	0.00	0.00	14.29	12.50	0.00	0.00	0.00	0.00	2.99
加拿大	0.00	0.00	0.00	0.00	14.29	0.00	0.00	0.00	9.09	0.00	2.99
南非	0.00	0.00	0.00	0.00	14.29	0.00	0.00	0.00	9.09	0.00	2.99
阿根廷	0.00	0.00	0.00	0.00	0.00	0.00	0.00	0.00	9.09	0.00	1.49
德国	0.00	14.29	0.00	0.00	0.00	0.00	0.00	0.00	0.00	0.00	1.49
加纳	0.00	0.00	0.00	0.00	0.00	0.00	0.00	12.50	0.00	0.00	1.49
希腊	14.29	0.00	0.00	0.00	0.00	0.00	0.00	0.00	0.00	0.00	1.49
印度	0.00	0.00	0.00	0.00	0.00	12.50	0.00	0.00	0.00	0.00	1.49
爱尔兰	0.00	0.00	0.00	0.00	0.00	0.00	0.00	0.00	9.09	0.00	1.49

表 4-137 渔业学 B 层人才排名前 20 的国家和地区的占比

单位：%

国家和地区	2012 年	2013 年	2014 年	2015 年	2016 年	2017 年	2018 年	2019 年	2020 年	2021 年	合计
美国	8.82	13.43	15.28	19.48	15.22	15.38	5.15	9.91	11.11	6.31	11.63
中国大陆	2.94	10.45	4.17	6.49	7.61	8.79	10.31	11.71	6.84	9.91	8.19
挪威	14.71	5.97	6.94	3.90	5.43	6.59	6.19	9.01	4.27	4.50	6.53
英国	7.35	5.97	6.94	5.19	9.78	8.79	6.19	7.21	6.84	1.80	6.53

续表

国家和地区	2012 年	2013 年	2014 年	2015 年	2016 年	2017 年	2018 年	2019 年	2020 年	2021 年	合计
澳大利亚	2.94	2.99	11.11	7.79	7.61	3.30	6.19	7.21	4.27	9.01	6.31
加拿大	8.82	5.97	9.72	5.19	8.70	6.59	4.12	0.90	2.56	3.60	5.20
意大利	4.41	7.46	0.00	5.19	4.35	2.20	6.19	6.31	5.13	2.70	4.43
西班牙	5.88	5.97	2.78	3.90	5.43	2.20	3.09	5.41	1.71	0.90	3.54
埃及	0.00	0.00	0.00	0.00	2.17	0.00	0.00	4.50	10.26	10.81	3.43
伊朗	0.00	0.00	0.00	1.30	1.09	1.10	2.06	7.21	7.69	3.60	2.88
德国	4.41	1.49	4.17	2.60	1.09	3.30	3.09	1.80	1.71	4.50	2.77
泰国	0.00	4.48	1.39	3.90	1.09	1.10	2.06	6.31	4.27	1.80	2.77
法国	4.41	2.99	2.78	0.00	3.26	5.49	2.06	1.80	3.42	0.90	2.66
荷兰	4.41	1.49	6.94	1.30	4.35	2.20	3.09	0.00	0.85	0.90	2.33
丹麦	2.94	1.49	1.39	0.00	3.26	6.59	3.09	0.90	1.71	1.80	2.33
瑞典	2.94	2.99	2.78	2.60	2.17	1.10	4.12	0.90	1.71	0.90	2.10
印度	1.47	1.49	0.00	0.00	0.00	1.10	2.06	0.90	3.42	6.31	1.88
日本	2.94	1.49	0.00	2.60	2.17	2.20	1.03	3.60	0.85	0.90	1.77
巴西	0.00	2.99	0.00	3.90	2.17	2.20	2.06	0.00	1.71	2.70	1.77
比利时	2.94	1.49	0.00	0.00	2.17	3.30	2.06	2.70	0.00	0.90	1.55

表 4-138　渔业学 C 层人才排名前 20 的国家和地区的占比

单位：%

国家和地区	2012 年	2013 年	2014 年	2015 年	2016 年	2017 年	2018 年	2019 年	2020 年	2021 年	合计
中国大陆	10.30	12.37	15.45	16.92	13.15	14.73	16.94	18.20	18.66	18.07	15.84
美国	17.13	14.39	16.18	15.01	14.03	14.18	12.29	11.03	8.40	6.84	12.42
澳大利亚	5.81	4.89	5.83	5.87	5.86	4.51	4.10	6.16	5.48	3.93	5.21
挪威	6.39	8.63	4.96	4.23	5.08	4.40	4.21	4.23	4.07	4.87	4.96
英国	7.11	4.60	4.37	5.87	5.41	4.62	4.98	4.50	4.07	4.68	4.94
加拿大	7.11	6.47	4.37	4.91	5.86	4.62	4.32	4.04	3.09	2.81	4.58
西班牙	4.50	4.60	4.96	4.23	3.98	4.29	3.77	2.94	3.09	2.43	3.75
伊朗	1.60	1.01	1.60	1.23	2.65	3.19	2.55	3.95	4.51	3.75	2.82
法国	3.63	4.03	4.52	4.09	2.43	2.75	2.44	2.11	2.21	1.40	2.79
埃及	0.15	0.14	0.44	1.64	1.66	2.64	2.88	2.67	5.13	5.71	2.61
意大利	1.31	3.31	3.64	2.73	2.32	2.20	2.66	1.93	3.63	1.87	2.54
巴西	2.47	2.01	2.33	1.91	2.43	3.41	2.10	2.39	2.56	2.34	2.42

国家和地区	2012 年	2013 年	2014 年	2015 年	2016 年	2017 年	2018 年	2019 年	2020 年	2021 年	合计
德国	1.89	3.45	1.60	2.46	2.21	1.98	2.10	1.75	2.48	2.43	2.23
印度	2.90	1.44	2.33	1.36	1.77	1.21	1.88	2.85	2.12	3.37	2.17
丹麦	2.32	2.01	2.62	1.50	3.20	1.87	1.66	1.84	1.41	1.97	2.01
泰国	0.73	0.14	0.44	0.95	0.66	2.53	1.88	2.21	2.56	4.03	1.79
荷兰	1.60	2.16	1.90	1.77	2.21	1.65	1.55	1.47	1.50	1.31	1.68
日本	1.60	2.45	1.46	1.23	1.77	1.32	2.10	1.19	1.41	0.94	1.51
葡萄牙	1.16	1.58	0.87	1.64	1.55	1.21	1.77	1.47	1.68	1.40	1.45
韩国	1.31	1.58	0.73	1.23	0.88	1.32	1.77	1.38	0.88	0.66	1.16

四十七 食品科学和技术

食品科学和技术 A 层人才最多的是美国，世界占比为 8.71%；中国大陆紧随其后，世界占比为 7.21%；印度、意大利、西班牙、加拿大、荷兰、英国的 A 层人才比较多，世界占比在 6%~3%；德国、巴西、土耳其、法国、奥地利、伊朗、澳大利亚、比利时、韩国、希腊、瑞典、葡萄牙也有相当数量的 A 层人才，世界占比均超过 1%。

食品科学和技术 B 层人才主要集中在中国大陆和美国，世界占比分别为 16.04%、11.12%；西班牙、意大利、印度、澳大利亚、伊朗、英国、巴西的 B 层人才比较多，世界占比在 6%~3%；加拿大、法国、德国、爱尔兰、荷兰、葡萄牙、韩国、比利时、马来西亚、土耳其、波兰也有相当数量的 B 层人才，世界占比均超过 1%。

食品科学和技术 C 层人才最多的是中国大陆，世界占比为 21.41%，显著高于其他国家和地区；美国的 C 层人才世界占比为 9.91%，排名第二；西班牙、意大利、巴西、印度的 C 层人才比较多，世界占比在 6%~3%；加拿大、英国、伊朗、澳大利亚、德国、法国、韩国、葡萄牙、爱尔兰、荷兰、土耳其、波兰、比利时、新西兰也有相当数量的 C 层人才，世界占比均超过 1%。

表 4-139　食品科学和技术 A 层人才排名前 20 的国家和地区的占比

单位：%

国家和地区	2012 年	2013 年	2014 年	2015 年	2016 年	2017 年	2018 年	2019 年	2020 年	2021 年	合计
美国	17.86	7.14	12.50	9.68	2.78	9.76	15.38	8.16	3.70	6.25	8.71
中国大陆	0.00	0.00	3.13	3.23	13.89	2.44	7.69	14.29	7.41	10.94	7.21
印度	14.29	3.57	3.13	6.45	2.78	0.00	7.69	2.04	3.70	10.94	5.47
意大利	7.14	10.71	3.13	6.45	8.33	12.20	2.56	2.04	3.70	3.13	5.47
西班牙	3.57	3.57	3.13	6.45	2.78	7.32	5.13	10.20	3.70	1.56	4.73
加拿大	7.14	3.57	3.13	6.45	2.78	2.44	10.26	6.12	1.85	3.13	4.48
荷兰	0.00	3.57	6.25	9.68	2.78	9.76	0.00	0.00	1.85	3.13	3.48
英国	3.57	3.57	3.13	9.68	2.78	2.44	2.56	6.12	3.70	0.00	3.48
德国	0.00	10.71	3.13	3.23	0.00	4.88	0.00	6.12	1.85	1.56	2.99
巴西	3.57	3.57	0.00	6.45	8.33	0.00	7.69	0.00	0.00	3.13	2.99
土耳其	0.00	3.57	3.13	0.00	8.33	2.44	2.56	4.08	3.70	1.56	2.99
法国	7.14	3.57	3.13	0.00	8.33	4.88	0.00	0.00	1.85	1.56	2.74
奥地利	0.00	3.57	0.00	0.00	0.00	0.00	0.00	6.12	5.56	4.69	2.49
伊朗	0.00	0.00	0.00	0.00	5.56	0.00	2.56	6.12	1.85	4.69	2.49
澳大利亚	0.00	3.57	0.00	3.23	5.56	0.00	0.00	2.04	1.85	4.69	2.24
比利时	3.57	3.57	0.00	3.23	0.00	2.44	2.56	4.08	1.85	0.00	2.24
韩国	0.00	3.57	3.13	3.23	0.00	4.88	5.13	0.00	1.85	1.56	2.24
希腊	3.57	0.00	0.00	0.00	2.78	0.00	0.00	0.00	7.41	3.13	1.99
瑞典	0.00	3.57	6.25	6.45	0.00	0.00	2.56	0.00	3.70	0.00	1.99
葡萄牙	0.00	3.57	3.13	3.23	0.00	7.32	0.00	0.00	0.00	3.13	1.99

表 4-140　食品科学和技术 B 层人才排名前 20 的国家和地区的占比

单位：%

国家和地区	2012 年	2013 年	2014 年	2015 年	2016 年	2017 年	2018 年	2019 年	2020 年	2021 年	合计
中国大陆	3.91	10.58	9.03	7.50	14.76	14.74	19.58	22.80	17.72	25.13	16.04
美国	15.63	14.96	13.19	14.38	13.55	13.01	8.13	7.45	9.37	7.97	11.12
西班牙	7.81	5.47	6.60	8.75	3.92	3.47	7.23	4.29	5.50	4.68	5.58
意大利	4.69	5.84	7.29	5.94	5.42	3.18	3.61	4.51	3.87	3.47	4.59
印度	4.69	2.55	3.82	5.00	5.42	2.31	4.82	3.84	4.89	4.16	4.18
澳大利亚	2.73	3.65	5.21	2.19	3.31	4.91	2.71	2.03	5.70	2.77	3.53
伊朗	1.95	2.55	2.08	3.13	3.01	4.62	3.61	4.29	3.87	3.99	3.47

续表

国家和地区	2012 年	2013 年	2014 年	2015 年	2016 年	2017 年	2018 年	2019 年	2020 年	2021 年	合计
英国	3.52	5.47	4.51	1.56	3.31	4.05	4.22	3.16	2.65	2.43	3.33
巴西	3.13	2.19	3.47	1.88	3.01	3.47	4.82	2.71	2.85	3.12	3.06
加拿大	4.30	1.82	2.08	4.38	1.81	5.20	2.71	4.29	1.63	1.91	2.92
法国	5.08	3.28	3.13	5.00	2.41	2.89	2.71	2.48	2.24	1.39	2.84
德国	2.73	3.28	2.43	2.50	2.71	3.18	1.51	2.26	2.24	1.91	2.41
爱尔兰	3.91	3.65	4.51	1.88	1.81	2.60	2.11	0.68	2.24	1.21	2.24
荷兰	2.73	2.55	2.43	1.25	1.51	2.60	0.30	2.93	2.24	1.91	2.05
葡萄牙	3.13	2.92	3.82	2.81	2.11	1.45	1.51	2.03	0.61	1.39	2.00
韩国	0.78	1.82	2.08	2.50	1.20	2.60	0.90	1.58	2.65	2.25	1.91
比利时	3.91	1.46	2.78	2.19	3.01	0.58	0.60	0.90	0.61	1.04	1.53
马来西亚	1.56	1.46	2.08	0.94	2.71	0.87	1.51	0.90	1.63	1.39	1.48
土耳其	0.78	0.36	1.39	1.88	2.11	1.45	1.51	1.13	1.22	1.56	1.37
波兰	0.78	1.46	1.74	1.25	1.20	0.87	2.41	0.90	1.22	1.04	1.26

表 4-141　食品科学和技术 C 层人才排名前 20 的国家和地区的占比

单位：%

国家和地区	2012 年	2013 年	2014 年	2015 年	2016 年	2017 年	2018 年	2019 年	2020 年	2021 年	合计
中国大陆	13.06	13.62	15.58	15.79	16.24	19.61	22.08	27.12	26.44	30.68	21.41
美国	12.82	10.71	11.99	10.46	10.20	10.96	9.81	8.32	9.29	7.64	9.91
西班牙	9.38	7.77	7.21	6.76	5.62	6.47	5.42	4.78	4.59	4.72	5.96
意大利	4.75	5.36	5.03	5.65	5.46	4.78	4.96	4.39	5.57	4.11	4.96
巴西	4.12	4.41	4.15	4.35	4.76	4.75	4.77	4.80	4.09	3.23	4.30
印度	2.18	3.06	2.85	3.80	3.57	2.66	2.60	2.80	2.60	3.92	3.03
加拿大	3.56	3.55	3.10	3.22	2.90	3.30	2.95	2.63	2.03	2.27	2.84
英国	2.45	2.79	3.52	3.28	3.05	2.77	3.17	2.38	2.91	2.43	2.84
伊朗	1.39	2.11	1.93	1.79	2.93	2.34	3.03	3.37	3.66	3.11	2.71
澳大利亚	2.53	2.41	2.57	2.60	2.81	2.69	2.82	2.96	2.11	1.98	2.52
德国	3.21	2.75	2.92	2.89	2.50	2.44	2.33	1.94	1.93	1.76	2.36
法国	3.44	2.98	2.67	2.79	2.93	2.34	2.11	1.50	1.79	1.57	2.27
韩国	2.97	2.64	2.50	2.34	2.84	1.91	1.73	2.19	1.59	2.17	2.21

续表

国家和地区	2012 年	2013 年	2014 年	2015 年	2016 年	2017 年	2018 年	2019 年	2020 年	2021 年	合计
葡萄牙	1.90	2.11	1.51	1.53	1.89	1.88	2.11	1.73	1.85	1.49	1.79
爱尔兰	1.86	2.00	2.08	2.08	1.74	2.26	1.87	1.87	1.40	1.10	1.77
荷兰	2.10	1.62	2.00	2.01	1.95	1.61	1.73	1.52	1.40	1.27	1.67
土耳其	1.66	1.40	1.51	2.01	1.80	1.77	1.73	1.48	1.57	1.62	1.65
波兰	1.15	1.36	1.30	1.43	1.62	1.32	1.25	1.64	1.40	1.47	1.41
比利时	1.54	1.96	1.65	2.27	1.56	1.80	1.19	0.85	0.87	0.82	1.36
新西兰	1.15	1.40	1.20	1.46	1.19	1.15	1.38	0.79	0.89	1.19	1.15

四十八　生物医药工程

生物医药工程 A、B、C 层人才主要集中在美国和中国大陆，二者 A、B、C 层人才的世界占比合计分别为 41.50%、43.06%、40.80%，美国的 A、B、C 层人才均多于中国大陆。

英国、德国、法国、荷兰、澳大利亚、加拿大、新加坡的 A 层人才比较多，世界占比在 6%~3%；日本、韩国、土耳其、瑞士、芬兰、中国香港、意大利、奥地利、沙特阿拉伯、印度、马来西亚也有相当数量的 A 层人才，世界占比均超过 1%。

英国、韩国、德国、澳大利亚、荷兰的 B 层人才比较多，世界占比在 6%~3%；中国香港、加拿大、意大利、印度、新加坡、瑞士、法国、西班牙、日本、伊朗、葡萄牙、沙特阿拉伯、中国台湾也有相当数量的 B 层人才，世界占比均超过 1%。

英国、德国、意大利、韩国、加拿大的 C 层人才比较多，世界占比在 6%~3%；澳大利亚、印度、荷兰、瑞士、法国、日本、新加坡、西班牙、伊朗、中国香港、比利时、中国台湾、葡萄牙也有相当数量的 C 层人才，世界占比均超过 1%。

表 4-142 生物医药工程 A 层人才排名前 20 的国家和地区的占比

单位：%

国家和地区	2012 年	2013 年	2014 年	2015 年	2016 年	2017 年	2018 年	2019 年	2020 年	2021 年	合计
美国	30.43	26.92	24.14	26.67	28.57	31.03	37.04	25.71	21.88	20.00	26.87
中国大陆	8.70	15.38	6.90	3.33	7.14	13.79	18.52	17.14	21.88	28.57	14.63
英国	8.70	3.85	3.45	6.67	3.57	3.45	11.11	8.57	3.13	2.86	5.44
德国	4.35	3.85	6.90	6.67	3.57	3.45	0.00	5.71	0.00	5.71	4.08
法国	0.00	7.69	3.45	6.67	0.00	3.45	3.70	5.71	0.00	5.71	3.74
荷兰	8.70	0.00	3.45	6.67	7.14	10.34	0.00	0.00	0.00	2.86	3.74
澳大利亚	0.00	7.69	6.90	3.33	3.57	0.00	0.00	5.71	3.13	2.86	3.40
加拿大	4.35	0.00	3.45	6.67	0.00	3.45	3.70	8.57	0.00	2.86	3.40
新加坡	0.00	7.69	0.00	0.00	0.00	6.90	3.70	2.86	6.25	2.86	3.06
日本	4.35	3.85	3.45	0.00	0.00	3.45	3.70	2.86	3.13	0.00	2.38
韩国	0.00	0.00	0.00	0.00	3.57	3.45	0.00	2.86	3.13	2.86	2.04
土耳其	0.00	0.00	0.00	3.33	3.57	3.45	0.00	0.00	6.25	0.00	1.70
瑞士	8.70	3.85	0.00	3.33	3.57	0.00	0.00	0.00	0.00	0.00	1.70
芬兰	4.35	3.85	3.45	3.33	3.57	0.00	0.00	0.00	0.00	0.00	1.70
中国香港	0.00	0.00	0.00	0.00	0.00	10.34	3.70	2.86	0.00	0.00	1.70
意大利	4.35	3.85	3.45	3.33	0.00	0.00	0.00	0.00	0.00	2.86	1.70
奥地利	0.00	0.00	3.45	0.00	3.57	0.00	3.70	2.86	0.00	0.00	1.36
沙特阿拉伯	0.00	0.00	3.45	3.33	3.57	0.00	0.00	0.00	0.00	2.86	1.36
印度	0.00	0.00	0.00	0.00	0.00	0.00	0.00	2.86	6.25	2.86	1.36
马来西亚	0.00	0.00	0.00	0.00	0.00	3.45	3.70	0.00	3.13	2.86	1.36

表 4-143 生物医药工程 B 层人才排名前 20 的国家和地区的占比

单位：%

国家和地区	2012 年	2013 年	2014 年	2015 年	2016 年	2017 年	2018 年	2019 年	2020 年	2021 年	合计
美国	23.18	29.20	24.15	24.06	24.11	22.70	24.31	21.31	20.42	15.48	22.62
中国大陆	16.36	23.45	18.87	16.92	19.76	16.67	18.43	20.66	21.48	30.00	20.44
英国	5.00	3.10	4.53	8.65	7.91	4.96	5.88	4.26	3.52	5.81	5.36
韩国	2.73	2.65	3.77	3.38	2.77	5.67	6.27	6.56	4.58	1.94	4.09
德国	2.27	4.42	5.28	6.77	3.16	3.90	2.75	3.28	4.23	1.94	3.79
澳大利亚	2.73	2.21	3.40	2.63	2.77	3.19	1.96	2.95	2.46	5.81	3.08
荷兰	2.73	2.21	4.53	4.14	3.56	3.90	2.35	3.61	1.06	1.94	3.00

续表

国家和地区	2012 年	2013 年	2014 年	2015 年	2016 年	2017 年	2018 年	2019 年	2020 年	2021 年	合计
中国香港	2.73	3.10	3.40	1.88	2.77	3.19	1.57	2.62	1.41	2.26	2.48
加拿大	3.18	3.54	2.26	1.88	2.37	2.13	3.14	2.62	1.06	2.90	2.48
意大利	4.09	2.21	2.26	3.38	1.98	1.77	2.75	1.64	2.11	2.58	2.44
印度	2.27	0.44	3.02	1.88	1.98	1.77	1.96	3.93	4.93	1.61	2.44
新加坡	2.27	3.10	1.13	1.13	3.16	0.00	4.71	3.28	1.76	2.90	2.33
瑞士	4.09	2.21	2.26	3.01	2.37	3.19	2.35	1.31	1.06	0.32	2.14
法国	2.73	1.77	2.64	1.88	1.19	3.90	2.75	0.66	0.70	2.26	2.03
西班牙	0.91	1.33	1.13	2.26	1.19	2.13	1.18	2.30	1.76	1.94	1.65
日本	0.91	3.54	0.38	2.63	1.19	1.42	1.18	2.30	0.70	0.97	1.50
伊朗	0.45	0.88	0.38	0.75	2.37	1.42	0.39	1.31	2.46	2.58	1.35
葡萄牙	1.36	2.65	1.13	0.38	0.79	0.71	1.57	1.31	1.76	0.97	1.24
沙特阿拉伯	1.36	0.00	1.13	0.75	1.58	2.13	0.78	1.31	1.41	0.97	1.16
中国台湾	2.27	1.33	1.13	1.50	1.19	0.35	0.00	0.33	0.70	2.58	1.13

表 4-144　生物医药工程 C 层人才排名前 20 的国家和地区的占比

单位：%

国家和地区	2012 年	2013 年	2014 年	2015 年	2016 年	2017 年	2018 年	2019 年	2020 年	2021 年	合计
美国	28.65	28.13	27.06	25.31	24.78	22.87	22.58	21.96	18.86	16.09	23.26
中国大陆	11.91	14.30	14.92	13.17	13.44	16.11	17.47	20.93	23.23	25.82	17.54
英国	4.52	4.98	5.05	5.65	5.20	5.96	4.88	5.41	4.55	4.53	5.08
德国	5.60	5.96	5.48	6.30	5.35	5.46	3.92	4.54	3.18	3.08	4.82
意大利	4.57	3.74	4.19	3.85	4.30	4.12	2.96	2.90	3.01	3.05	3.62
韩国	4.25	2.72	3.72	3.02	4.18	3.68	3.88	3.54	3.22	3.11	3.51
加拿大	3.31	3.06	3.17	2.92	3.32	2.93	2.92	2.77	3.36	2.47	3.00
澳大利亚	3.09	2.77	2.58	2.70	2.77	2.85	2.80	2.87	2.48	2.90	2.78
印度	1.75	1.15	1.57	1.48	2.77	3.07	3.60	2.09	3.78	4.47	2.64
荷兰	2.69	2.72	2.94	3.28	2.70	2.13	2.36	2.35	2.13	2.31	2.55
瑞士	3.04	3.06	2.27	2.84	2.89	2.17	2.76	1.87	1.68	1.97	2.41
法国	3.09	2.89	2.23	2.23	2.54	2.35	2.12	2.09	1.64	1.51	2.23
日本	2.46	2.60	2.47	2.70	2.27	2.53	1.88	1.90	1.71	1.60	2.19
新加坡	1.57	2.34	2.19	2.02	1.95	1.91	2.28	1.87	2.20	1.63	1.99

续表

国家和地区	2012 年	2013 年	2014 年	2015 年	2016 年	2017 年	2018 年	2019 年	2020 年	2021 年	合计
西班牙	1.97	2.21	2.04	2.77	2.15	1.81	1.84	2.12	1.47	1.42	1.97
伊朗	0.54	1.11	0.98	0.83	1.91	1.88	3.36	2.41	2.31	2.10	1.78
中国香港	1.25	1.06	0.94	1.37	0.82	1.37	1.52	1.55	2.03	2.22	1.45
比利时	1.52	1.06	1.37	1.30	1.29	1.34	1.04	1.13	1.19	0.96	1.21
中国台湾	1.79	1.96	1.57	1.12	1.45	0.94	0.64	0.64	1.15	1.14	1.21
葡萄牙	1.07	1.62	1.06	1.44	1.52	1.16	0.68	1.03	0.94	0.77	1.12

四十九 生物技术和应用微生物学

生物技术和应用微生物学 A 层人才最多的是美国，世界占比为 30.69%；英国、德国、澳大利亚、加拿大、中国大陆的 A 层人才比较多，世界占比在 9%~4%；法国、韩国、瑞典、西班牙、瑞士、意大利、新加坡、丹麦、比利时、俄罗斯、中国香港、印度、奥地利、沙特阿拉伯也有相当数量的 A 层人才，世界占比均超过 1%。

生物技术和应用微生物学 B 层人才最多的是美国，世界占比为 25.89%；中国大陆排名第二，虽远不及美国，但明显高于其他国家和地区，世界占比为 12.30%；英国、德国、印度、澳大利亚、加拿大的 B 层人才比较多，世界占比在 8%~3%；法国、韩国、荷兰、西班牙、日本、瑞士、瑞典、意大利、丹麦、沙特阿拉伯、比利时、巴西、中国香港也有相当数量的 B 层人才，世界占比超过或等于 1%。

生物技术和应用微生物学 C 层人才最多的是中国大陆，世界占比为 20.09%；美国紧随其后，世界占比为 18.29%；英国、印度、德国、韩国的 C 层人才比较多，世界占比在 5%~3%；澳大利亚、意大利、西班牙、加拿大、法国、荷兰、日本、巴西、丹麦、伊朗、瑞典、瑞士、比利时、中国台湾也有相当数量的 C 层人才，世界占比均超过 1%。

表 4-145　生物技术和应用微生物学 A 层人才排名前 20 的国家和地区的占比

单位：%

国家和地区	2012 年	2013 年	2014 年	2015 年	2016 年	2017 年	2018 年	2019 年	2020 年	2021 年	合计
美国	36.84	53.85	38.30	33.33	20.00	34.04	27.08	28.85	27.08	14.81	30.69
英国	10.53	5.13	6.38	10.42	11.11	8.51	10.42	11.54	8.33	3.70	8.58
德国	7.89	5.13	14.89	4.17	8.89	6.38	10.42	7.69	4.17	3.70	7.30
澳大利亚	5.26	0.00	10.64	6.25	2.22	4.26	4.17	5.77	8.33	3.70	5.15
加拿大	0.00	5.13	4.26	2.08	2.22	8.51	2.08	7.69	8.33	3.70	4.51
中国大陆	2.63	0.00	0.00	10.42	6.67	0.00	8.33	5.77	6.25	3.70	4.51
法国	2.63	0.00	2.13	2.08	4.44	4.26	2.08	5.77	4.17	0.00	2.79
韩国	0.00	2.56	2.13	2.08	0.00	0.00	6.25	1.92	8.33	1.85	2.58
瑞典	0.00	5.13	2.13	2.08	6.67	4.26	0.00	1.92	0.00	1.85	2.36
西班牙	7.89	2.56	2.13	0.00	4.44	4.26	0.00	1.92	0.00	1.85	2.36
瑞士	7.89	0.00	2.13	2.08	2.22	2.13	2.08	1.92	0.00	1.85	2.15
意大利	0.00	2.56	2.13	0.00	2.22	2.13	2.08	1.92	2.08	5.56	2.15
新加坡	5.26	2.56	0.00	0.00	0.00	0.00	2.08	1.92	4.17	1.85	1.93
丹麦	0.00	0.00	2.13	2.08	2.22	2.13	2.08	3.85	0.00	1.85	1.72
比利时	0.00	0.00	4.26	2.08	0.00	2.13	2.08	1.92	0.00	1.85	1.50
俄罗斯	2.63	2.56	0.00	0.00	0.00	4.26	2.08	0.00	0.00	1.85	1.29
中国香港	2.63	0.00	0.00	6.25	2.22	0.00	0.00	1.92	0.00	0.00	1.29
印度	0.00	2.56	2.13	0.00	0.00	0.00	6.25	0.00	2.08	0.00	1.29
奥地利	0.00	0.00	0.00	2.08	0.00	2.13	0.00	0.00	0.00	5.56	1.07
沙特阿拉伯	0.00	0.00	0.00	2.08	2.22	0.00	0.00	0.00	2.08	3.70	1.07

表 4-146　生物技术和应用微生物学 B 层人才排名前 20 的国家和地区的占比

单位：%

国家和地区	2012 年	2013 年	2014 年	2015 年	2016 年	2017 年	2018 年	2019 年	2020 年	2021 年	合计
美国	37.99	30.43	32.95	24.36	27.51	24.88	24.88	20.34	20.25	19.57	25.89
中国大陆	8.94	6.65	9.05	10.07	11.00	11.74	13.95	17.77	13.43	18.09	12.30
英国	7.26	5.12	5.80	9.13	8.37	5.87	8.14	7.07	8.06	6.60	7.16
德国	5.03	4.35	4.41	6.56	3.35	6.34	3.95	5.78	4.75	4.68	4.93
印度	2.51	3.07	2.09	3.28	3.11	3.05	4.65	3.85	4.34	6.38	3.70
澳大利亚	3.63	4.60	5.10	3.28	2.63	3.52	1.86	3.00	2.89	2.55	3.28
加拿大	4.47	1.79	3.48	2.34	3.35	3.76	2.56	3.85	2.07	2.77	3.02

续表

国家和地区	2012 年	2013 年	2014 年	2015 年	2016 年	2017 年	2018 年	2019 年	2020 年	2021 年	合计
法国	3.35	4.09	4.18	1.87	3.59	2.58	2.56	2.78	2.89	1.06	2.86
韩国	1.96	2.30	1.86	2.34	2.63	2.82	4.42	2.57	3.72	3.62	2.86
荷兰	2.79	3.07	1.86	2.11	4.55	2.35	2.56	2.57	1.65	1.49	2.46
西班牙	1.40	1.02	2.09	3.28	1.44	3.29	1.86	1.28	2.89	2.13	2.09
日本	0.84	4.35	2.32	2.11	1.67	1.64	1.86	2.57	1.86	1.06	2.02
瑞士	1.96	1.28	2.78	1.87	1.91	1.88	2.09	2.78	2.27	1.28	2.02
瑞典	1.68	1.79	1.16	1.87	2.15	2.35	2.09	1.93	2.07	1.70	1.88
意大利	1.12	2.30	1.39	1.64	2.15	1.41	2.33	1.71	2.27	1.91	1.84
丹麦	1.40	2.56	1.62	2.58	0.72	1.88	1.40	1.28	1.24	1.49	1.60
沙特阿拉伯	0.84	0.77	2.32	0.70	0.96	2.11	1.40	0.64	0.62	1.28	1.16
比利时	0.56	1.53	1.86	1.64	0.96	0.70	0.00	1.50	1.45	0.43	1.07
巴西	0.84	0.00	0.70	1.64	0.96	0.70	2.09	1.50	1.24	0.85	1.07
中国香港	0.56	0.77	1.16	0.94	0.48	0.70	0.93	1.71	1.03	1.49	1.00

表 4-147 生物技术和应用微生物学 C 层人才排名前 20 的国家和地区的占比

单位：%

国家和地区	2012 年	2013 年	2014 年	2015 年	2016 年	2017 年	2018 年	2019 年	2020 年	2021 年	合计
中国大陆	11.04	15.28	15.90	16.27	19.12	20.79	23.32	25.13	24.42	26.02	20.09
美国	25.33	22.93	21.62	20.45	20.02	17.58	16.48	15.66	14.17	11.69	18.29
英国	6.02	5.04	5.29	5.20	5.27	5.34	4.39	4.65	3.93	4.25	4.89
印度	3.64	3.48	4.13	3.17	3.94	4.13	4.20	4.54	5.12	7.10	4.40
德国	5.08	5.04	5.24	5.22	5.08	4.39	3.84	3.69	3.50	2.81	4.34
韩国	3.08	3.17	2.67	3.13	3.24	2.99	3.32	3.14	3.41	3.24	3.14
澳大利亚	3.13	2.29	3.09	2.99	3.02	2.92	3.23	2.84	2.96	2.48	2.89
意大利	3.16	2.39	3.57	2.84	2.73	3.13	2.74	2.69	3.13	2.40	2.87
西班牙	3.73	2.78	2.60	3.27	2.64	2.66	2.48	2.13	2.14	2.20	2.63
加拿大	2.99	2.86	2.91	3.08	2.35	2.42	2.29	2.60	2.10	2.16	2.56
法国	3.67	3.25	2.88	3.20	2.49	2.75	2.36	2.07	1.87	1.42	2.55
荷兰	2.60	2.65	2.50	2.16	2.22	1.97	1.58	1.69	1.42	1.46	1.99
日本	2.60	2.81	2.24	1.95	2.01	2.14	1.79	1.77	1.34	1.48	1.98
巴西	1.72	1.61	1.49	1.81	1.79	1.73	1.79	1.71	1.48	1.24	1.63
丹麦	1.44	1.40	1.25	1.79	1.72	1.50	1.32	1.26	1.54	1.13	1.43

续表

国家和地区	2012 年	2013 年	2014 年	2015 年	2016 年	2017 年	2018 年	2019 年	2020 年	2021 年	合计
伊朗	0.65	0.83	0.57	0.92	1.55	1.40	2.45	2.03	1.95	1.61	1.43
瑞典	1.86	1.48	1.32	1.43	1.40	1.73	1.06	1.39	1.38	1.18	1.41
瑞士	1.07	1.61	1.30	1.48	1.31	1.68	1.06	1.19	1.27	1.18	1.31
比利时	1.58	1.35	1.61	1.55	1.52	1.19	1.37	1.00	0.97	0.94	1.29
中国台湾	0.82	1.38	1.28	1.06	0.65	0.95	0.83	0.68	1.40	1.61	1.07

第二节　学科组

在生命科学各学科人才分析的基础上，按照 A、B、C 三个人才层次，对各学科人才进行汇总分析，可以从学科组层面揭示人才的分布特点和发展趋势。

一　A 层人才

生命科学 A 层人才最多的是美国，占该学科组全球 A 层人才的 26.37%，英国以 8.66% 的世界占比排名第二，二者的 A 层人才世界占比合计超过全球的 35%；之后是中国大陆、德国、加拿大、澳大利亚，世界占比分别为 6.11%、5.97%、4.34%、4.28%；法国、荷兰、意大利、瑞士、西班牙的 A 层人才比较多，世界占比在 4%~2%；瑞典、日本、比利时、丹麦、巴西、奥地利、印度、韩国也有相当数量的 A 层人才，世界占比在 2%~1%；新加坡、挪威、以色列、新西兰、芬兰、中国香港、南非、沙特阿拉伯、爱尔兰、葡萄牙、俄罗斯、土耳其、伊朗、波兰、墨西哥、希腊、阿根廷、泰国、马来西亚、中国台湾、捷克有一定数量的 A 层人才，世界占比均低于 1%。

在发展趋势上，美国呈现相对下降趋势，中国大陆呈现相对上升趋势，其他国家和地区没有呈现明显变化。

表 4-148 生命科学 A 层人才排名前 40 的国家和地区的占比

单位：%

国家和地区	2012 年	2013 年	2014 年	2015 年	2016 年	2017 年	2018 年	2019 年	2020 年	2021 年	合计
美国	33.26	33.70	30.45	29.21	27.66	30.14	23.53	24.25	17.62	19.49	26.37
英国	9.35	8.12	9.18	8.78	8.21	7.66	7.88	10.11	7.66	9.55	8.66
中国大陆	2.66	3.23	3.02	5.29	5.47	4.36	6.18	6.68	13.53	7.88	6.11
德国	5.77	6.45	6.26	7.20	6.35	6.10	5.38	6.50	4.51	5.57	5.97
加拿大	3.93	4.23	4.64	3.17	4.50	5.14	5.28	3.95	4.60	3.90	4.34
澳大利亚	4.62	4.00	5.51	3.39	4.30	3.29	3.69	4.83	5.28	3.82	4.28
法国	5.20	3.89	4.00	2.54	3.13	3.29	3.39	3.60	2.89	2.63	3.40
荷兰	3.46	4.12	3.35	3.92	2.25	4.17	3.39	3.69	2.55	2.47	3.29
意大利	1.73	2.89	2.92	2.33	2.44	2.81	2.09	3.16	3.74	3.02	2.76
瑞士	2.54	2.67	2.05	2.86	2.15	2.81	3.09	2.81	2.04	2.39	2.53
西班牙	2.54	2.11	1.51	2.22	2.44	3.39	2.39	2.28	2.98	2.23	2.43
瑞典	1.73	2.34	2.81	2.12	2.35	1.45	1.99	2.28	1.45	1.43	1.97
日本	1.96	1.67	2.05	1.48	1.17	1.36	2.39	1.93	1.70	1.67	1.73
比利时	1.15	1.67	2.27	1.80	1.56	1.45	1.69	2.02	1.36	1.51	1.65
丹麦	0.81	1.33	1.30	2.12	1.27	2.03	1.20	1.58	1.28	1.91	1.50
巴西	0.58	0.89	0.76	1.90	2.35	1.26	2.29	0.53	0.68	1.83	1.32
奥地利	1.15	1.89	0.65	1.06	1.47	0.87	1.20	1.93	1.70	0.95	1.30
印度	1.04	1.00	1.19	1.06	0.59	0.87	1.40	1.49	1.79	1.99	1.28
韩国	0.69	0.78	0.86	1.06	0.78	1.16	1.20	0.88	1.36	1.19	1.01
新加坡	1.50	1.00	0.76	0.32	0.88	0.58	1.69	0.97	1.62	0.56	0.98
挪威	0.69	1.56	0.86	0.95	0.59	0.87	1.00	1.76	0.51	0.88	0.96
以色列	0.81	0.33	1.62	1.27	1.08	0.87	1.20	0.62	0.77	0.88	0.94
新西兰	1.73	0.89	1.19	0.32	1.27	1.07	0.60	0.70	0.68	0.48	0.87
芬兰	0.58	1.22	0.86	0.85	0.98	0.68	0.60	0.70	1.19	0.64	0.83
中国香港	0.58	0.00	0.22	1.48	0.49	1.16	0.20	0.53	2.04	0.80	0.78
南非	0.46	0.22	0.43	0.21	0.88	0.87	0.60	0.44	0.68	1.75	0.69
沙特阿拉伯	0.12	0.67	0.22	0.95	1.08	0.58	0.70	0.18	0.60	1.51	0.68
爱尔兰	0.58	0.44	0.65	0.74	0.68	0.58	0.70	0.53	0.43	1.27	0.67
葡萄牙	0.58	0.78	0.43	0.63	0.49	1.16	0.90	0.09	0.34	0.72	0.60
俄罗斯	0.69	0.33	0.22	0.21	0.68	0.68	1.10	0.44	0.60	0.56	0.56
土耳其	0.58	0.33	0.22	0.63	0.88	0.39	0.60	0.18	0.85	0.72	0.55
伊朗	0.23	0.33	0.11	0.00	0.39	0.29	0.50	0.79	0.85	1.27	0.52
波兰	0.35	0.11	0.32	0.11	0.88	0.39	0.90	0.79	0.68	0.40	0.51

续表

国家和地区	2012年	2013年	2014年	2015年	2016年	2017年	2018年	2019年	2020年	2021年	合计
墨西哥	0.23	0.00	1.08	0.74	0.78	0.58	1.00	0.26	0.09	0.40	0.51
希腊	0.58	0.22	0.43	0.32	0.49	0.29	0.90	0.44	0.94	0.32	0.50
阿根廷	0.23	0.22	0.32	0.21	0.68	0.58	0.40	0.62	0.51	0.16	0.40
泰国	0.35	0.11	0.65	0.11	0.10	0.10	0.40	0.26	0.26	1.35	0.39
马来西亚	0.23	0.11	0.22	0.21	0.20	0.39	1.00	0.53	0.17	0.64	0.38
中国台湾	0.58	0.22	0.22	0.63	0.39	0.48	0.30	0.26	0.60	0.08	0.37
捷克	0.12	0.56	0.22	0.11	0.29	0.39	0.40	0.26	0.51	0.40	0.33

二　B层人才

生命科学 B 层人才最多的是美国，占该学科组全球 B 层人才的24.63%；英国、中国大陆 B 层人才的世界占比分别为 8.06%、7.97%，分列第二、三位；德国、澳大利亚、加拿大、荷兰、法国、意大利、西班牙、瑞士的 B 层人才比较多，世界占比在 6%~2%；日本、瑞典、比利时、印度、丹麦、韩国、巴西、奥地利也有相当数量的 B 层人才，世界占比在2%~1%；以色列、挪威、新加坡、芬兰、爱尔兰、葡萄牙、伊朗、新西兰、沙特阿拉伯、波兰、中国香港、南非、俄罗斯、墨西哥、希腊、土耳其、中国台湾、埃及、捷克、马来西亚、巴基斯坦有一定数量的 B 层人才，世界占比均低于1%。

在发展趋势上，美国呈现相对下降趋势，中国大陆呈现相对上升趋势，其他国家和地区没有呈现明显变化。

表 4-149　生命科学 B 层人才排名前 40 的国家和地区的占比

单位：%

国家和地区	2012年	2013年	2014年	2015年	2016年	2017年	2018年	2019年	2020年	2021年	合计
美国	30.63	30.09	28.96	27.52	25.66	25.39	23.13	21.80	19.48	18.48	24.63
英国	8.95	8.91	8.57	8.66	8.55	8.27	7.44	7.56	7.01	7.42	8.06
中国大陆	4.28	5.12	5.49	5.73	6.22	7.47	8.56	9.71	12.36	11.65	7.97

续表

国家和地区	2012 年	2013 年	2014 年	2015 年	2016 年	2017 年	2018 年	2019 年	2020 年	2021 年	合计
德国	6.40	5.64	6.29	5.97	5.63	5.85	5.69	5.79	5.10	5.04	5.70
澳大利亚	3.58	4.07	4.40	4.53	3.91	4.01	4.01	4.17	3.92	3.82	4.04
加拿大	4.63	3.86	4.23	3.93	3.88	4.25	3.82	4.01	3.52	3.59	3.95
荷兰	3.93	3.68	3.72	3.42	3.85	3.27	3.64	3.24	2.83	2.59	3.37
法国	3.99	4.14	3.61	3.57	3.62	3.52	3.03	2.92	2.97	2.65	3.35
意大利	2.65	2.80	3.05	2.82	3.25	2.88	2.98	3.00	3.20	3.65	3.05
西班牙	2.98	2.76	2.77	2.99	2.78	2.78	2.46	2.47	2.67	2.61	2.71
瑞士	2.53	2.44	2.43	2.48	2.55	2.53	2.80	2.21	2.13	1.97	2.39
日本	1.84	2.35	2.07	2.04	1.65	1.71	1.57	1.94	1.87	1.41	1.83
瑞典	1.74	1.85	1.98	1.89	1.78	1.76	2.13	1.77	1.68	1.62	1.81
比利时	1.85	1.34	1.40	1.65	1.52	1.63	1.66	1.78	1.43	1.34	1.56
印度	0.99	1.19	1.17	1.16	1.27	1.27	1.64	1.86	1.89	2.39	1.53
丹麦	1.47	1.66	1.28	1.61	1.48	1.65	1.65	1.25	1.35	1.22	1.45
韩国	0.94	1.02	1.09	1.37	1.08	1.37	1.43	1.39	1.47	1.31	1.26
巴西	0.95	0.96	1.07	1.22	1.52	1.37	1.39	1.38	1.21	1.38	1.26
奥地利	1.00	1.01	1.14	1.22	1.08	1.17	1.09	0.96	1.06	1.09	1.08
以色列	0.77	0.87	0.95	1.06	1.25	0.90	0.73	0.98	0.94	1.03	0.95
挪威	1.09	0.88	0.73	0.82	0.72	0.86	0.94	1.01	0.89	0.99	0.90
新加坡	0.75	0.88	0.74	0.72	0.81	0.67	0.91	0.81	0.79	1.04	0.82
芬兰	0.77	0.84	0.68	0.71	0.76	0.92	0.91	0.96	0.75	0.81	0.82
爱尔兰	0.82	0.78	0.70	0.79	0.89	1.00	0.83	0.61	0.74	0.71	0.78
葡萄牙	0.69	0.87	0.76	0.68	0.76	0.84	0.85	0.67	0.81	0.78	0.77
伊朗	0.19	0.32	0.27	0.39	0.58	0.56	0.76	1.16	1.16	1.37	0.72
新西兰	0.84	0.84	0.68	0.56	0.67	0.64	0.63	0.93	0.59	0.58	0.69
沙特阿拉伯	0.28	0.34	0.59	0.74	0.77	0.59	0.63	0.54	0.96	1.16	0.68
波兰	0.55	0.43	0.50	0.52	0.69	0.58	0.87	0.89	0.85	0.60	0.66
中国香港	0.39	0.45	0.57	0.56	0.39	0.60	0.55	0.67	1.02	0.80	0.62
南非	0.33	0.50	0.58	0.54	0.50	0.72	0.77	0.57	0.70	0.72	0.60
俄罗斯	0.38	0.32	0.46	0.47	0.60	0.59	0.54	0.53	0.60	0.68	0.53
墨西哥	0.46	0.43	0.53	0.52	0.48	0.67	0.43	0.48	0.46	0.58	0.51
希腊	0.57	0.46	0.30	0.43	0.39	0.48	0.60	0.42	0.59	0.58	0.49
土耳其	0.33	0.26	0.36	0.36	0.44	0.39	0.58	0.45	0.70	0.67	0.47
中国台湾	0.40	0.33	0.46	0.39	0.35	0.46	0.40	0.46	0.67	0.64	0.47
埃及	0.14	0.14	0.14	0.14	0.26	0.23	0.20	0.45	1.01	1.34	0.45

国家和地区	2012 年	2013 年	2014 年	2015 年	2016 年	2017 年	2018 年	2019 年	2020 年	2021 年	合计
捷克	0.35	0.40	0.41	0.50	0.33	0.47	0.51	0.38	0.52	0.50	0.44
马来西亚	0.22	0.29	0.35	0.29	0.49	0.26	0.43	0.42	0.39	0.61	0.39
巴基斯坦	0.12	0.15	0.20	0.17	0.20	0.37	0.44	0.44	0.80	0.63	0.38

三 C 层人才

生命科学 C 层人才最多的是美国，占该学科组全球 C 层人才的
24.02%，中国大陆 C 层人才以 10.60% 的世界占比排名第二，二者的 C 层
人才世界占比合计超过全球的 1/3；之后是英国、德国，世界占比分别为
7.36%、5.81%；澳大利亚、加拿大、法国、意大利、荷兰、西班牙、瑞
士、日本的 C 层人才比较多，世界占比在 4%~2%；印度、瑞典、巴西、比
利时、韩国、丹麦也有相当数量的 C 层人才，世界占比在 2%~1%；奥地
利、伊朗、以色列、葡萄牙、挪威、波兰、芬兰、新加坡、新西兰、爱尔
兰、南非、沙特阿拉伯、中国台湾、土耳其、中国香港、捷克、埃及、墨西
哥、俄罗斯、希腊、巴基斯坦、马来西亚有一定数量的 C 层人才，世界占
比均低于 1%。

在发展趋势上，美国呈现相对下降趋势，中国大陆呈现相对上升趋势，
其他国家和地区没有呈现明显变化。

表 4-150　生命科学 C 层人才排名前 40 的国家和地区的占比

单位：%

国家和地区	2012 年	2013 年	2014 年	2015 年	2016 年	2017 年	2018 年	2019 年	2020 年	2021 年	合计
美国	29.80	28.46	27.71	26.80	25.14	24.34	23.07	21.12	19.47	18.25	24.02
中国大陆	5.85	7.02	7.65	8.39	8.83	10.79	12.05	13.37	14.14	14.73	10.60
英国	8.05	7.90	7.85	7.79	7.79	7.67	7.36	6.95	6.61	6.25	7.36
德国	6.52	6.51	6.30	6.26	6.16	5.68	5.53	5.46	5.23	4.99	5.81
澳大利亚	3.62	3.81	3.93	3.86	3.96	3.95	3.96	3.92	3.70	3.57	3.82
加拿大	4.32	4.16	4.06	3.91	3.96	3.81	3.64	3.58	3.40	3.32	3.78

续表

国家和地区	2012 年	2013 年	2014 年	2015 年	2016 年	2017 年	2018 年	2019 年	2020 年	2021 年	合计
法国	4.12	4.03	3.75	3.72	3.72	3.45	3.37	3.15	3.00	2.78	3.47
意大利	3.04	3.13	3.20	3.23	3.22	3.24	3.35	3.39	3.90	3.88	3.39
荷兰	3.19	3.19	3.16	2.98	2.92	2.78	2.81	2.83	2.55	2.40	2.85
西班牙	3.13	2.92	2.93	2.81	2.76	2.78	2.82	2.76	2.79	2.74	2.84
瑞士	2.14	2.32	2.22	2.24	2.23	2.19	2.13	2.04	1.90	1.86	2.11
日本	2.77	2.57	2.30	2.21	2.17	2.06	1.90	1.85	1.76	1.65	2.09
印度	1.18	1.28	1.31	1.38	1.57	1.52	1.58	1.69	2.17	2.57	1.66
瑞典	1.62	1.60	1.60	1.62	1.70	1.57	1.61	1.63	1.46	1.40	1.57
巴西	1.28	1.28	1.40	1.44	1.63	1.70	1.65	1.51	1.58	1.52	1.51
比利时	1.51	1.57	1.50	1.53	1.48	1.42	1.37	1.39	1.34	1.26	1.43
韩国	1.38	1.31	1.40	1.37	1.47	1.41	1.41	1.40	1.40	1.44	1.40
丹麦	1.30	1.28	1.27	1.35	1.34	1.26	1.24	1.25	1.18	1.15	1.26
奥地利	0.93	0.94	0.99	0.91	1.00	0.96	0.97	0.96	0.95	0.92	0.95
伊朗	0.39	0.48	0.45	0.53	0.73	0.85	1.14	1.37	1.45	1.37	0.92
以色列	0.89	0.82	0.85	0.92	0.83	0.77	0.78	0.74	0.67	0.72	0.79
葡萄牙	0.68	0.79	0.76	0.77	0.81	0.73	0.78	0.80	0.80	0.81	0.78
挪威	0.74	0.78	0.75	0.71	0.77	0.76	0.79	0.84	0.82	0.77	0.77
波兰	0.52	0.57	0.61	0.65	0.70	0.72	0.75	0.87	0.97	1.01	0.75
芬兰	0.75	0.74	0.73	0.73	0.74	0.66	0.74	0.72	0.71	0.68	0.72
新加坡	0.67	0.65	0.64	0.65	0.67	0.69	0.66	0.64	0.70	0.63	0.66
新西兰	0.67	0.63	0.65	0.60	0.59	0.61	0.61	0.63	0.59	0.54	0.61
爱尔兰	0.63	0.61	0.60	0.62	0.60	0.58	0.60	0.59	0.61	0.59	0.60
南非	0.46	0.55	0.57	0.53	0.59	0.62	0.61	0.64	0.65	0.62	0.59
沙特阿拉伯	0.25	0.28	0.44	0.54	0.58	0.50	0.50	0.61	0.80	1.13	0.59
中国台湾	0.61	0.65	0.63	0.55	0.54	0.54	0.50	0.52	0.62	0.65	0.58
土耳其	0.38	0.34	0.40	0.50	0.55	0.51	0.49	0.57	0.68	0.74	0.53
中国香港	0.41	0.45	0.48	0.48	0.42	0.50	0.51	0.54	0.68	0.70	0.53
捷克	0.41	0.46	0.48	0.48	0.47	0.48	0.55	0.55	0.53	0.59	0.51
埃及	0.19	0.17	0.25	0.28	0.36	0.42	0.48	0.59	0.86	1.08	0.50
墨西哥	0.43	0.45	0.44	0.44	0.48	0.56	0.45	0.55	0.48	0.59	0.49
俄罗斯	0.26	0.31	0.32	0.40	0.41	0.43	0.45	0.57	0.64	0.71	0.46
希腊	0.39	0.39	0.43	0.44	0.34	0.40	0.40	0.45	0.48	0.50	0.42
巴基斯坦	0.15	0.18	0.20	0.25	0.30	0.39	0.39	0.55	0.65	0.82	0.41
马来西亚	0.29	0.31	0.32	0.35	0.33	0.37	0.40	0.37	0.41	0.54	0.38

第5章　地球科学

地球科学是人类认识地球的一门基础科学。它以地球系统及其组成部分为研究对象，探究发生在其中的各种现象、过程及过程之间的相互作用，以提高对地球的认识水平，并利用获取的知识为解决人类生存与可持续发展中的资源供给、环境保护、灾害减轻等重大问题提供科学依据与技术支撑。

第一节　学科

地球科学学科组包括以下学科：地理学、自然地理学、遥感、地质学、古生物学、矿物学、地质工程、地球化学和地球物理学、气象学和大气科学、海洋学、环境科学、土壤学、水资源、环境研究、多学科地球科学，共计15个。

一　地理学

地理学 A、B、C 层人才主要集中在美国和英国，二者 A、B、C 层人才的世界占比合计分别为 35.30%、32.43%、36.60%；其中，美国的 A、B 层人才多于英国，C 层人才稍少于英国。

荷兰、中国大陆的 A 层人才处于第二梯队，世界占比分别为 9.80%、8.82%；德国、澳大利亚、加拿大、挪威、瑞典的 A 层人才比较多，世界占比在 5%~3%；奥地利、爱尔兰、意大利、西班牙、法国、中国香港、日本、比利时、芬兰也有相当数量的 A 层人才，世界占比超过或接近 1%。

中国大陆的 B 层人才以 8.04%的世界占比排名第三；荷兰、德国、澳大利亚、加拿大、瑞典的 B 层人才比较多，世界占比在 7%~3%；挪威、奥地利、瑞士、法国、意大利、中国香港、比利时、西班牙、新加坡、日本、丹麦、南非也有相当数量的 B 层人才，世界占比均超过 1%。

中国大陆、澳大利亚、荷兰、加拿大、德国的 C 层人才比较多，世界占比在 7%~4%；意大利、瑞典、西班牙、法国、比利时、瑞士、挪威、中国香港、丹麦、奥地利、新加坡、新西兰、芬兰也有相当数量的 C 层人才，世界占比超过、等于或接近 1%。

表 5-1 地理学 A 层人才的国家和地区的占比

单位：%

国家和地区	2012 年	2013 年	2014 年	2015 年	2016 年	2017 年	2018 年	2019 年	2020 年	2021 年	合计
美国	20.00	14.29	28.57	20.00	45.45	11.11	0.00	13.33	21.43	15.38	18.63
英国	60.00	57.14	14.29	10.00	18.18	0.00	9.09	6.67	21.43	7.69	16.67
荷兰	0.00	14.29	14.29	30.00	0.00	11.11	9.09	6.67	7.14	7.69	9.80
中国大陆	0.00	0.00	0.00	10.00	27.27	11.11	0.00	6.67	7.14	15.38	8.82
德国	0.00	0.00	0.00	0.00	9.09	11.11	9.09	6.67	0.00	7.69	4.90
澳大利亚	0.00	0.00	28.57	10.00	0.00	0.00	9.09	0.00	0.00	0.00	3.92
加拿大	0.00	0.00	0.00	10.00	0.00	0.00	9.09	13.33	0.00	0.00	3.92
挪威	20.00	14.29	0.00	0.00	0.00	0.00	0.00	13.33	0.00	0.00	3.92
瑞典	0.00	0.00	0.00	10.00	0.00	0.00	0.00	13.33	7.14	0.00	3.92
奥地利	0.00	0.00	0.00	0.00	0.00	11.11	9.09	6.67	0.00	0.00	2.94
爱尔兰	0.00	0.00	14.29	0.00	0.00	0.00	9.09	6.67	0.00	0.00	2.94
意大利	0.00	0.00	0.00	0.00	0.00	11.11	0.00	0.00	7.14	7.69	2.94
西班牙	0.00	0.00	0.00	0.00	0.00	0.00	9.09	0.00	7.14	7.69	2.94
法国	0.00	0.00	0.00	0.00	0.00	11.11	0.00	6.67	0.00	0.00	1.96
中国香港	0.00	0.00	0.00	0.00	0.00	0.00	0.00	0.00	7.14	7.69	1.96
日本	0.00	0.00	0.00	0.00	0.00	11.11	0.00	0.00	0.00	7.69	1.96
比利时	0.00	0.00	0.00	0.00	0.00	0.00	0.00	0.00	0.00	7.69	0.98
芬兰	0.00	0.00	0.00	0.00	0.00	0.00	0.00	0.00	7.14	0.00	0.98

表 5-2　地理学 B 层人才排名前 20 的国家和地区的占比

单位：%

国家和地区	2012 年	2013 年	2014 年	2015 年	2016 年	2017 年	2018 年	2019 年	2020 年	2021 年	合计
美国	18.75	19.05	16.67	18.28	17.53	17.24	22.22	15.56	16.28	20.00	18.13
英国	18.75	16.67	17.78	21.51	16.49	6.03	12.70	14.81	12.40	10.83	14.30
中国大陆	5.00	5.95	6.67	6.45	8.25	7.76	7.94	12.59	6.98	10.00	8.04
荷兰	5.00	5.95	3.33	5.38	9.28	9.48	7.14	6.67	5.43	4.17	6.26
德国	5.00	8.33	7.78	8.60	4.12	8.62	3.17	4.44	3.88	2.50	5.42
澳大利亚	7.50	1.19	4.44	4.30	5.15	6.03	2.38	4.44	6.20	5.83	4.77
加拿大	8.75	5.95	7.78	2.15	4.12	1.72	5.56	3.70	6.20	0.83	4.49
瑞典	2.50	3.57	2.22	6.45	8.25	4.31	5.56	0.74	2.33	1.67	3.64
挪威	1.25	4.76	3.33	3.23	3.09	3.45	3.17	2.22	3.10	2.50	2.99
奥地利	0.00	2.38	2.22	0.00	2.06	6.03	3.97	2.96	2.33	2.50	2.62
瑞士	2.50	4.76	2.22	2.15	3.09	1.72	2.38	0.74	3.10	4.17	2.62
法国	5.00	0.00	2.22	1.08	3.09	2.59	3.17	2.22	1.55	3.33	2.43
意大利	0.00	1.19	1.11	5.38	1.03	5.17	3.97	0.74	3.10	0.83	2.34
中国香港	0.00	0.00	0.00	1.08	2.06	0.86	3.17	3.70	2.33	5.83	2.15
比利时	0.00	1.19	2.22	1.08	3.09	1.72	2.38	2.96	1.55	1.67	1.87
西班牙	2.50	2.38	0.00	1.08	0.00	0.00	0.79	1.48	3.10	3.33	1.50
新加坡	1.25	1.19	1.11	2.15	1.03	0.86	0.79	2.96	1.55	1.67	1.50
日本	1.25	1.19	1.11	1.08	0.00	5.17	0.00	1.48	1.55	0.00	1.31
丹麦	2.50	1.19	4.44	0.00	0.00	0.00	0.79	0.00	0.78	2.50	1.12
南非	2.50	1.19	2.22	0.00	0.00	0.00	1.59	0.00	2.33	0.83	1.03

表 5-3　地理学 C 层人才排名前 20 的国家和地区的占比

单位：%

国家和地区	2012 年	2013 年	2014 年	2015 年	2016 年	2017 年	2018 年	2019 年	2020 年	2021 年	合计
英国	23.51	21.88	20.14	18.89	18.08	20.33	17.52	18.24	16.77	16.23	18.88
美国	21.14	20.29	19.34	21.00	16.65	15.77	18.26	16.13	17.01	14.30	17.72
中国大陆	4.23	4.40	4.66	3.89	6.84	7.20	7.58	7.39	9.10	8.41	6.64
澳大利亚	6.08	7.46	5.23	7.00	6.44	5.83	5.46	5.95	5.93	6.09	6.10
荷兰	4.76	5.38	6.03	4.56	5.92	5.20	5.38	4.90	5.30	5.99	5.34
加拿大	5.55	7.46	5.80	5.11	6.84	5.20	4.73	4.45	4.51	4.06	5.25

续表

国家和地区	2012 年	2013 年	2014 年	2015 年	2016 年	2017 年	2018 年	2019 年	2020 年	2021 年	合计
德国	5.02	3.55	4.78	4.67	3.68	3.56	4.81	3.99	4.27	3.38	4.15
意大利	1.85	2.93	2.73	3.11	3.27	3.46	2.85	3.01	2.53	2.80	2.88
瑞典	2.38	2.57	2.84	3.78	2.96	3.28	2.61	2.94	2.37	2.61	2.83
西班牙	2.51	1.83	3.19	2.89	2.86	2.55	2.12	2.19	2.14	2.61	2.46
法国	1.72	1.34	2.84	1.89	1.43	1.73	1.63	2.49	1.74	1.64	1.86
比利时	1.59	1.83	1.59	1.11	2.15	1.64	2.36	1.73	1.19	2.71	1.80
瑞士	1.72	1.47	2.28	1.44	1.84	1.55	1.39	1.21	1.98	2.13	1.68
挪威	0.66	0.98	1.59	1.78	1.23	1.28	1.79	2.03	2.06	2.13	1.61
中国香港	1.32	0.73	1.25	1.11	1.74	1.64	2.04	1.73	1.98	1.93	1.60
丹麦	0.92	1.59	1.48	1.67	1.74	0.91	1.30	1.13	1.03	1.55	1.31
奥地利	0.92	1.10	1.59	1.22	1.12	0.82	1.14	1.43	1.50	1.16	1.22
新加坡	0.66	0.61	0.68	0.56	0.72	1.46	0.81	1.28	1.90	1.26	1.05
新西兰	1.59	0.73	0.91	1.56	0.92	0.73	0.81	0.75	0.71	1.64	1.00
芬兰	0.66	1.71	0.80	0.89	0.82	1.46	1.14	0.60	0.71	1.16	0.98

二　自然地理学

自然地理学 A、B、C 层人才主要集中在中国大陆和美国，二者 A、B、C 层的世界占比合计分别为 42.31%、27.94%、28.76%；其中，中国大陆的 A 层人才多于美国，B、C 层人才稍少于美国。

西班牙、英国的 A 层人才处于第二梯队，世界占比分别为 9.62%、8.65%；德国、澳大利亚、加拿大、法国、荷兰的 A 层人才比较多，世界占比在 7%~2%；奥地利、意大利、葡萄牙、瑞典、瑞士、比利时、丹麦、伊朗、日本、挪威、罗马尼亚也有相当数量的 A 层人才，世界占比超过或接近 1%。

英国、德国的 B 层人才处于第二梯队，世界占比分别为 7.58%、6.56%；法国、加拿大、澳大利亚、瑞士、荷兰的 B 层人才比较多，世界占比在 5%~3%；挪威、意大利、奥地利、比利时、丹麦、西班牙、瑞典、日本、中国香港、芬兰、新西兰也有相当数量的 B 层人才，世界占比均超过 1%。

英国、德国的 C 层人才处于第二梯队，世界占比分别为 8.52%、6.98%；法国、澳大利亚、加拿大、瑞士、荷兰、西班牙、意大利的 C 层人才比较多，世界占比在 5%～3%；比利时、瑞典、挪威、丹麦、印度、巴西、日本、奥地利、芬兰也有相当数量的 C 层人才，世界占比均超过 1%。

表 5-4　自然地理学 A 层人才排名前 20 的国家和地区的占比

单位：%

国家和地区	2012 年	2013 年	2014 年	2015 年	2016 年	2017 年	2018 年	2019 年	2020 年	2021 年	合计
中国大陆	0.00	0.00	16.67	25.00	7.69	38.46	10.00	15.38	33.33	53.85	24.04
美国	28.57	0.00	16.67	12.50	15.38	30.77	20.00	23.08	20.00	0.00	18.27
西班牙	28.57	0.00	8.33	0.00	15.38	0.00	20.00	7.69	6.67	7.69	9.62
英国	14.29	0.00	8.33	12.50	15.38	7.69	0.00	15.38	0.00	7.69	8.65
德国	0.00	0.00	0.00	0.00	0.00	7.69	10.00	7.69	6.67	23.08	6.73
澳大利亚	0.00	0.00	8.33	37.50	0.00	0.00	10.00	0.00	6.67	0.00	5.77
加拿大	0.00	0.00	0.00	0.00	7.69	0.00	0.00	15.38	13.33	0.00	4.81
法国	14.29	0.00	8.33	0.00	0.00	0.00	0.00	0.00	0.00	7.69	2.88
荷兰	0.00	0.00	8.33	12.50	0.00	7.69	0.00	0.00	0.00	0.00	2.88
奥地利	0.00	0.00	0.00	0.00	7.69	7.69	0.00	0.00	0.00	0.00	1.92
意大利	0.00	0.00	0.00	0.00	7.69	0.00	0.00	0.00	6.67	0.00	1.92
葡萄牙	14.29	0.00	0.00	0.00	0.00	0.00	10.00	0.00	0.00	0.00	1.92
瑞典	0.00	0.00	0.00	0.00	0.00	7.69	0.00	7.69	0.00	0.00	1.92
瑞士	0.00	0.00	8.33	0.00	0.00	0.00	10.00	0.00	0.00	0.00	1.92
比利时	0.00	0.00	0.00	0.00	0.00	0.00	10.00	0.00	0.00	0.00	0.96
丹麦	0.00	0.00	8.33	0.00	0.00	0.00	0.00	0.00	0.00	0.00	0.96
伊朗	0.00	0.00	0.00	0.00	0.00	0.00	0.00	0.00	6.67	0.00	0.96
日本	0.00	0.00	0.00	0.00	0.00	0.00	0.00	7.69	0.00	0.00	0.96
挪威	0.00	0.00	0.00	0.00	7.69	0.00	0.00	0.00	0.00	0.00	0.96
罗马尼亚	0.00	0.00	0.00	0.00	7.69	0.00	0.00	0.00	0.00	0.00	0.96

表 5-5　自然地理学 B 层人才排名前 20 的国家和地区的占比

单位：%

国家和地区	2012 年	2013 年	2014 年	2015 年	2016 年	2017 年	2018 年	2019 年	2020 年	2021 年	合计
美国	19.51	20.18	19.63	7.83	19.20	18.42	8.94	8.96	13.87	13.28	14.65
中国大陆	6.10	4.59	13.08	6.09	9.60	14.91	12.20	13.43	21.17	26.56	13.29
英国	9.76	8.26	10.28	6.09	11.20	10.53	2.44	5.97	5.11	7.81	7.58
德国	4.88	4.59	7.48	6.96	8.00	7.89	2.44	10.45	8.03	3.91	6.56
法国	7.32	5.50	5.61	5.22	2.40	3.51	4.07	5.22	3.65	5.47	4.68
加拿大	6.10	1.83	2.80	5.22	1.60	5.26	2.44	6.72	6.57	0.78	3.92
澳大利亚	6.10	4.59	1.87	4.35	4.80	5.26	1.63	2.99	2.92	3.13	3.66
瑞士	6.10	4.59	1.87	4.35	4.80	1.75	2.44	5.97	1.46	1.56	3.41
荷兰	0.00	1.83	1.87	6.09	2.40	1.75	4.07	5.97	2.92	3.91	3.24
挪威	2.44	2.75	0.93	2.61	2.40	1.75	2.44	3.73	4.38	3.13	2.73
意大利	0.00	4.59	4.67	2.61	1.60	2.63	2.44	1.49	2.19	3.13	2.56
奥地利	1.22	2.75	2.80	3.48	2.40	0.88	2.44	2.24	1.46	1.56	2.13
比利时	2.44	3.67	1.87	1.74	0.80	0.88	2.44	2.99	2.19	2.34	2.13
丹麦	6.10	2.75	4.67	1.74	1.60	0.88	1.63	1.49	1.46	0.78	2.13
西班牙	3.66	0.00	0.93	5.22	3.20	2.63	1.63	0.75	2.19	0.78	2.04
瑞典	3.66	1.83	1.87	0.87	4.00	0.88	2.44	2.24	2.19	0.00	1.96
日本	0.00	1.83	0.00	1.74	0.80	0.00	2.44	4.48	3.65	0.78	1.70
中国香港	0.00	0.00	0.00	0.87	0.80	2.63	4.07	2.24	0.73	3.13	1.53
芬兰	2.44	0.00	0.93	0.00	4.00	0.00	2.44	1.49	2.19	0.78	1.45
新西兰	2.44	1.83	1.87	1.74	0.00	0.88	0.81	1.49	2.19	0.78	1.36

表 5-6　自然地理学 C 层人才排名前 20 的国家和地区的占比

单位：%

国家和地区	2012 年	2013 年	2014 年	2015 年	2016 年	2017 年	2018 年	2019 年	2020 年	2021 年	合计
美国	17.04	17.24	17.29	16.91	16.32	14.25	15.57	13.96	12.67	13.12	15.25
中国大陆	7.59	9.97	11.28	12.12	9.93	13.58	15.24	16.09	17.16	18.17	13.51
英国	9.33	11.11	8.65	9.13	8.12	9.30	8.99	8.47	7.03	6.26	8.52
德国	7.84	7.89	7.42	6.51	7.63	6.79	7.16	6.94	6.72	5.51	6.98
法国	5.35	4.88	4.70	4.61	6.15	4.78	4.00	4.81	3.01	3.62	4.54
澳大利亚	3.48	6.02	4.14	4.34	3.69	3.77	4.33	3.20	3.40	3.32	3.92
加拿大	4.23	3.43	3.10	3.80	3.69	2.77	3.33	2.90	4.25	3.47	3.48
瑞士	4.23	3.01	3.67	3.35	4.10	3.52	2.91	2.67	4.56	2.49	3.42

续表

国家和地区	2012 年	2013 年	2014 年	2015 年	2016 年	2017 年	2018 年	2019 年	2020 年	2021 年	合计
荷兰	4.98	3.01	3.67	3.71	2.87	3.19	3.66	3.36	3.01	2.49	3.33
西班牙	3.86	3.32	4.79	2.89	4.18	3.69	2.41	3.20	2.16	2.56	3.26
意大利	2.99	2.39	3.38	4.07	4.43	3.02	2.91	2.75	3.32	2.87	3.22
比利时	1.87	1.97	1.22	1.72	1.31	1.51	1.75	1.60	2.55	1.81	1.73
瑞典	1.62	2.49	2.07	1.08	1.64	1.26	1.83	1.45	1.62	1.58	1.65
挪威	1.24	1.45	1.69	1.90	1.97	1.93	0.83	1.53	1.39	1.13	1.51
丹麦	1.87	1.77	1.50	1.27	1.72	1.17	1.08	1.22	1.39	0.83	1.35
印度	1.12	0.93	1.60	1.45	1.23	0.92	1.08	1.22	1.24	2.19	1.32
巴西	1.00	0.62	1.13	1.27	1.07	1.42	1.58	1.22	1.55	1.81	1.30
日本	1.87	1.45	0.66	1.45	0.98	1.34	1.58	1.30	1.16	1.28	1.29
奥地利	0.75	0.62	1.13	0.81	1.80	1.59	0.83	1.30	1.62	1.58	1.25
芬兰	1.37	1.25	1.32	0.81	0.66	2.43	0.67	1.07	1.16	1.13	1.18

三　遥感

遥感 A、B、C 层人才主要集中在中国大陆和美国，二者 A、B、C 层人才的世界占比合计分别为 43.29%、37.59%、40.15%，中国大陆的三层人才均多于美国；德国 A、B、C 层人才分别以 9.76%、7.46%、6.19% 的世界占比排名第三。

法国、西班牙、意大利、加拿大、荷兰、澳大利亚、奥地利的 A 层人才比较多，世界占比在 8% ~ 3%；冰岛、英国、葡萄牙、瑞士、中国香港、日本、比利时、巴西、丹麦、希腊也有相当数量的 A 层人才，世界占比均超过 0.6%。

法国、意大利、西班牙、英国、澳大利亚、加拿大、荷兰的 B 层人才比较多，世界占比在 5% ~ 3%；奥地利、瑞士、比利时、日本、冰岛、印度、葡萄牙、芬兰、中国香港、瑞典也有相当数量的 B 层人才，世界占比超过或接近 1%。

意大利、法国、英国、加拿大、澳大利亚、西班牙、荷兰的 C 层人才比较多，世界占比在 5%~3%；印度、瑞士、日本、中国香港、比利时、巴西、伊朗、奥地利、韩国、芬兰也有相当数量的 C 层人才，世界占比超过或接近 1%。

表 5-7　遥感 A 层人才排名前 20 的国家和地区的占比

单位：%

国家和地区	2012 年	2013 年	2014 年	2015 年	2016 年	2017 年	2018 年	2019 年	2020 年	2021 年	合计
中国大陆	0.00	15.38	6.25	31.25	33.33	13.33	29.41	26.32	33.33	42.86	25.00
美国	27.27	23.08	18.75	12.50	11.11	20.00	29.41	15.79	11.11	19.05	18.29
德国	9.09	7.69	6.25	6.25	5.56	13.33	11.76	15.79	11.11	9.52	9.76
法国	18.18	15.38	0.00	6.25	0.00	13.33	0.00	5.26	11.11	9.52	7.32
西班牙	18.18	15.38	6.25	0.00	5.56	6.67	0.00	5.26	0.00	4.76	5.49
意大利	9.09	0.00	12.50	6.25	5.56	0.00	0.00	5.26	5.56	0.00	4.27
加拿大	0.00	0.00	12.50	0.00	5.56	0.00	5.88	5.26	5.56	0.00	3.66
荷兰	9.09	0.00	6.25	6.25	0.00	6.67	5.88	5.26	0.00	0.00	3.66
澳大利亚	0.00	0.00	6.25	6.25	5.56	0.00	0.00	5.26	5.56	0.00	3.05
奥地利	0.00	0.00	6.25	0.00	11.11	6.67	5.88	0.00	0.00	0.00	3.05
冰岛	0.00	0.00	0.00	6.25	0.00	0.00	5.88	5.26	5.56	0.00	2.44
英国	0.00	0.00	6.25	12.50	5.56	0.00	0.00	0.00	0.00	0.00	2.44
葡萄牙	9.09	15.38	0.00	0.00	0.00	0.00	0.00	0.00	0.00	0.00	1.83
瑞士	0.00	0.00	0.00	0.00	0.00	13.33	5.88	0.00	0.00	0.00	1.83
中国香港	0.00	0.00	0.00	0.00	5.56	0.00	0.00	0.00	0.00	4.76	1.22
日本	0.00	0.00	0.00	0.00	0.00	0.00	0.00	5.26	0.00	4.76	1.22
比利时	0.00	7.69	0.00	0.00	0.00	0.00	0.00	0.00	0.00	0.00	0.61
巴西	0.00	0.00	0.00	0.00	0.00	0.00	0.00	0.00	5.56	0.00	0.61
丹麦	0.00	0.00	6.25	0.00	0.00	0.00	0.00	0.00	0.00	0.00	0.61
希腊	0.00	0.00	0.00	6.25	0.00	0.00	0.00	0.00	0.00	0.00	0.61

表 5-8　遥感 B 层人才排名前 20 的国家和地区的占比

单位：%

国家和地区	2012 年	2013 年	2014 年	2015 年	2016 年	2017 年	2018 年	2019 年	2020 年	2021 年	合计
中国大陆	4.63	16.00	22.60	16.08	19.77	19.50	25.13	23.44	20.10	33.95	21.35
美国	19.44	24.80	25.34	8.39	16.28	17.61	11.23	18.66	14.07	11.63	16.24
德国	7.41	5.60	10.96	8.39	7.56	6.29	4.81	8.13	8.54	6.98	7.46

续表

国家和地区	2012 年	2013 年	2014 年	2015 年	2016 年	2017 年	2018 年	2019 年	2020 年	2021 年	合计
法国	4.63	4.80	2.74	8.39	3.49	8.81	3.21	4.78	4.52	5.12	4.99
意大利	5.56	6.40	2.74	6.99	2.91	4.40	3.21	6.22	2.51	6.98	4.75
西班牙	4.63	7.20	4.79	3.50	5.23	3.77	4.28	5.26	2.51	2.33	4.21
英国	4.63	4.80	0.68	6.29	4.65	3.77	4.28	4.31	3.52	4.19	4.09
澳大利亚	5.56	4.00	3.42	1.40	4.65	2.52	4.28	5.26	3.02	3.26	3.73
加拿大	5.56	2.40	3.42	4.20	2.91	3.14	4.28	2.39	6.03	2.33	3.61
荷兰	7.41	4.00	3.42	5.59	4.07	3.77	2.67	1.91	3.02	0.93	3.37
奥地利	6.48	1.60	0.68	2.10	2.33	1.89	3.21	1.44	2.51	0.93	2.16
瑞士	3.70	0.80	2.05	2.10	4.65	1.89	1.60	0.96	1.51	1.86	2.04
比利时	0.93	1.60	2.05	4.20	1.16	2.52	1.07	0.96	2.51	1.86	1.86
日本	1.85	0.80	1.37	0.70	0.00	2.52	2.14	2.87	3.02	1.86	1.80
冰岛	0.00	0.80	2.74	4.20	0.58	2.52	1.07	1.44	1.01	1.86	1.62
印度	1.85	0.80	0.68	0.70	1.16	1.89	2.14	0.00	1.51	2.33	1.32
葡萄牙	2.78	3.20	1.37	3.50	0.58	1.89	1.07	0.00	0.50	0.00	1.26
芬兰	0.93	1.60	0.00	0.70	2.33	2.52	1.60	0.48	1.51	0.00	1.14
中国香港	0.00	0.80	0.00	1.40	0.58	0.00	3.74	0.48	0.50	2.33	1.08
瑞典	0.93	0.00	0.00	0.00	2.91	0.00	1.60	0.96	1.01	0.93	0.90

表 5-9　遥感 C 层人才排名前 20 的国家和地区的占比

单位：%

国家和地区	2012 年	2013 年	2014 年	2015 年	2016 年	2017 年	2018 年	2019 年	2020 年	2021 年	合计
中国大陆	12.48	16.20	20.49	19.26	20.12	25.56	23.61	25.57	24.39	33.18	22.97
美国	22.63	22.16	20.08	17.85	18.36	17.69	16.62	14.40	14.31	13.26	17.18
德国	8.29	7.01	5.88	7.51	5.88	5.64	7.37	6.42	4.79	4.59	6.19
意大利	5.87	6.12	5.61	5.52	6.00	4.19	4.46	4.19	4.84	3.33	4.89
法国	5.31	4.35	4.60	4.32	4.85	4.06	3.52	3.94	3.05	2.98	3.99
英国	3.72	3.63	2.91	3.97	4.73	4.00	3.80	4.80	4.07	3.18	3.91
加拿大	4.10	3.87	4.12	3.61	2.67	4.33	3.58	2.83	3.26	3.18	3.49
澳大利亚	2.98	3.63	3.65	3.68	3.03	3.80	3.52	3.08	3.72	3.33	3.44
西班牙	3.91	3.38	3.92	2.62	4.00	3.01	3.85	2.83	3.51	2.87	3.37
荷兰	4.56	2.90	2.50	4.32	3.45	2.69	3.14	2.63	2.44	2.27	3.00
印度	1.21	1.21	1.49	1.42	1.76	1.44	1.43	1.41	2.75	2.02	1.67
瑞士	1.30	2.10	1.89	2.20	1.76	1.70	1.87	1.01	1.27	0.86	1.55

续表

国家和地区	2012 年	2013 年	2014 年	2015 年	2016 年	2017 年	2018 年	2019 年	2020 年	2021 年	合计
日本	1.77	1.93	1.08	1.56	1.03	1.44	1.87	1.57	1.68	1.26	1.51
中国香港	0.84	1.53	1.56	0.92	1.58	1.25	1.38	1.36	1.12	1.51	1.32
比利时	1.58	0.89	1.01	1.70	1.64	1.38	1.60	1.41	0.92	0.91	1.29
巴西	0.93	1.05	0.81	0.71	1.09	1.25	0.99	1.62	1.43	1.87	1.22
伊朗	0.56	0.81	0.74	0.99	0.97	0.85	0.94	1.92	1.83	1.71	1.21
奥地利	1.96	1.29	1.08	1.56	1.27	0.92	0.61	0.91	1.12	1.01	1.12
韩国	0.74	0.81	0.81	0.35	0.48	0.66	1.32	1.31	1.43	1.26	0.97
芬兰	1.12	1.29	1.28	0.71	1.15	0.98	0.66	1.16	0.92	0.50	0.96

四 地质学

地质学 A、B、C 层人才主要集中在中国大陆和美国，二者 A、B、C 层人才的世界占比合计分别为 42.59%、32.24%、31.92%；其中，中国大陆的 A、B 层人才多于美国，C 层人才少于美国。

澳大利亚、英国的 A 层人才处于第二梯队，世界占比分别为 12.96%、11.11%；德国、加拿大、马来西亚、瑞士的 A 层人才比较多，世界占比在 8%~3%；法国、印度、南非、韩国、西班牙、斯里兰卡、中国台湾也有相当数量的 A 层人才，世界占比均为 1.85%。

英国、澳大利亚的 B 层人才处于第二梯队，世界占比分别为 9.59%、8.43%；德国、加拿大、法国的 B 层人才比较多，世界占比在 7%~3%；挪威、瑞士、意大利、日本、荷兰、俄罗斯、新西兰、奥地利、中国香港、南非、巴西、瑞典、芬兰也有相当数量的 B 层人才，世界占比超过或接近 1%。

英国的 C 层人才的世界占比为 10.27%，排名第三；澳大利亚、德国、加拿大、法国、意大利的 C 层人才比较多，世界占比在 7%~3%；瑞士、西班牙、日本、挪威、荷兰、俄罗斯、巴西、新西兰、南非、瑞典、印度、阿根廷也有相当数量的 C 层人才，世界占比超过或接近 1%。

表 5-10　地质学 A 层人才的国家和地区的占比

单位：%

国家和地区	2012 年	2013 年	2014 年	2015 年	2016 年	2017 年	2018 年	2019 年	2020 年	2021 年	合计
中国大陆	50.00	0.00	0.00	0.00	0.00	28.57	28.57	22.22	60.00	50.00	24.07
美国	50.00	66.67	25.00	16.67	0.00	14.29	14.29	22.22	0.00	16.67	18.52
澳大利亚	0.00	0.00	25.00	0.00	20.00	14.29	42.86	11.11	0.00	0.00	12.96
英国	0.00	0.00	25.00	33.33	20.00	14.29	0.00	11.11	0.00	0.00	11.11
德国	0.00	33.33	25.00	0.00	20.00	0.00	0.00	0.00	0.00	16.67	7.41
加拿大	0.00	0.00	0.00	16.67	0.00	0.00	14.29	0.00	0.00	16.67	5.56
马来西亚	0.00	0.00	0.00	0.00	0.00	0.00	0.00	11.11	20.00	0.00	3.70
瑞士	0.00	0.00	0.00	0.00	20.00	14.29	0.00	0.00	0.00	0.00	3.70
法国	0.00	0.00	0.00	16.67	0.00	0.00	0.00	0.00	0.00	0.00	1.85
印度	0.00	0.00	0.00	0.00	0.00	14.29	0.00	0.00	0.00	0.00	1.85
南非	0.00	0.00	0.00	0.00	20.00	0.00	0.00	0.00	0.00	0.00	1.85
韩国	0.00	0.00	0.00	0.00	0.00	0.00	0.00	11.11	0.00	0.00	1.85
西班牙	0.00	0.00	0.00	16.67	0.00	0.00	0.00	0.00	0.00	0.00	1.85
斯里兰卡	0.00	0.00	0.00	0.00	0.00	0.00	0.00	0.00	20.00	0.00	1.85
中国台湾	0.00	0.00	0.00	0.00	0.00	0.00	0.00	11.11	0.00	0.00	1.85

表 5-11　地质学 B 层人才排名前 20 的国家和地区的占比

单位：%

国家和地区	2012 年	2013 年	2014 年	2015 年	2016 年	2017 年	2018 年	2019 年	2020 年	2021 年	合计
中国大陆	9.26	11.76	8.51	25.00	8.47	21.74	13.11	19.75	14.06	36.51	17.36
美国	27.78	19.61	8.51	17.86	8.47	17.39	19.67	13.58	7.81	9.52	14.88
英国	9.26	11.76	12.77	5.36	13.56	10.14	13.11	7.41	12.50	1.59	9.59
澳大利亚	7.41	9.80	10.64	8.93	13.56	8.70	1.64	9.88	4.69	9.52	8.43
德国	9.26	5.88	6.38	7.14	6.78	5.80	4.92	6.17	4.69	4.76	6.12
加拿大	3.70	5.88	2.13	5.36	5.08	4.35	4.92	8.64	7.81	7.94	5.79
法国	0.00	0.00	6.38	3.57	6.78	4.35	1.64	3.70	4.69	0.00	3.14
挪威	7.41	3.92	2.13	1.79	1.69	1.45	1.64	2.47	4.69	1.59	2.81
瑞士	3.70	3.92	2.13	0.00	3.39	4.35	3.28	2.47	1.56	3.17	2.81
意大利	0.00	1.96	6.38	5.36	5.08	1.45	1.64	1.23	6.25	0.00	2.81
日本	1.85	3.92	4.26	3.57	0.00	2.90	0.00	1.23	1.56	3.17	2.15
荷兰	3.70	0.00	2.13	3.57	0.00	4.35	1.64	0.00	4.69	0.00	1.98
俄罗斯	0.00	1.96	4.26	0.00	1.69	1.45	1.64	2.47	1.56	3.17	1.82

续表

国家和地区	2012 年	2013 年	2014 年	2015 年	2016 年	2017 年	2018 年	2019 年	2020 年	2021 年	合计
新西兰	7.41	0.00	2.13	0.00	1.69	2.90	0.00	1.23	1.56	0.00	1.65
奥地利	1.85	0.00	2.13	1.79	0.00	1.45	1.64	2.47	0.00	0.00	1.16
中国香港	0.00	3.92	0.00	0.00	3.39	0.00	1.64	0.00	0.00	3.17	1.16
南非	1.85	5.88	0.00	1.79	1.69	0.00	1.64	0.00	0.00	0.00	1.16
巴西	0.00	0.00	0.00	0.00	1.69	0.00	0.00	2.47	3.13	1.59	0.99
瑞典	0.00	1.96	2.13	0.00	1.69	1.45	1.64	0.00	0.00	1.59	0.99
芬兰	0.00	0.00	0.00	0.00	0.00	0.00	1.64	1.23	0.00	4.76	0.83

表 5-12 地质学 C 层人才排名前 20 的国家和地区的占比

单位：%

国家和地区	2012 年	2013 年	2014 年	2015 年	2016 年	2017 年	2018 年	2019 年	2020 年	2021 年	合计
美国	21.68	19.00	20.09	16.07	18.33	16.06	15.54	14.82	12.48	13.70	16.45
中国大陆	9.77	12.73	10.37	15.18	15.12	17.80	18.62	17.35	14.22	19.69	15.47
英国	10.74	9.60	10.58	11.96	10.14	10.39	9.85	10.00	9.64	10.08	10.27
澳大利亚	6.45	6.05	7.13	8.04	6.76	6.93	6.62	7.11	7.27	6.30	6.88
德国	6.64	8.14	4.97	5.36	4.45	4.88	6.62	5.18	7.27	5.67	5.87
加拿大	4.88	5.43	6.05	7.14	6.76	6.30	4.62	4.82	6.48	5.20	5.72
法国	4.30	5.64	4.97	3.57	3.20	3.31	5.23	4.46	5.21	3.94	4.36
意大利	3.71	3.55	4.10	3.04	3.56	3.78	2.77	3.61	3.00	3.31	3.42
瑞士	2.73	2.09	2.38	2.32	2.49	2.52	2.00	2.77	2.37	2.52	2.43
西班牙	2.15	2.30	3.02	0.71	1.96	1.10	2.00	3.01	2.53	2.05	2.10
日本	3.91	2.09	2.16	1.61	1.07	1.10	1.23	1.57	1.74	1.89	1.78
挪威	2.34	1.88	1.94	1.79	1.96	2.20	1.38	1.93	1.26	0.79	1.73
荷兰	2.34	1.04	2.81	2.32	2.31	1.10	1.23	0.72	0.79	0.63	1.44
俄罗斯	0.78	0.84	1.30	1.07	0.71	1.42	2.15	0.96	1.90	2.52	1.39
巴西	0.59	0.84	0.86	0.71	1.60	3.15	1.85	1.20	1.42	0.79	1.34
新西兰	2.73	0.63	0.43	1.43	1.07	0.31	0.77	0.96	2.05	2.05	1.24
南非	0.98	0.63	1.30	0.89	0.36	0.47	1.08	1.45	2.37	0.94	1.07
瑞典	0.98	1.46	0.86	1.07	2.14	0.94	0.77	0.72	0.79	0.47	0.99
印度	0.39	0.42	0.22	1.25	1.42	1.26	0.92	1.20	0.63	1.10	0.92
阿根廷	1.17	0.84	1.08	0.89	1.78	0.47	0.77	0.36	0.47	1.10	0.86

五　古生物学

古生物学 A、B、C 层人才主要集中在英国和美国，二者 A、B、C 层人才的世界占比合计分别为 39.47%、31.49%、27.98%；其中，英国的 A 层人才多于美国，B、C 层人才少于美国。

中国大陆 A 层人才的世界占比为 10.53%，排名第三；加拿大、德国、挪威、俄罗斯的 A 层人才比较多，世界占比在 8%~5%；阿根廷、丹麦、马来西亚、摩洛哥、波兰、葡萄牙、瑞典、瑞士、中国台湾也有相当数量的 A 层人才，世界占比均为 2.63%。

德国、中国大陆、法国、瑞士、加拿大的 B 层人才比较多，世界占比在 8%~3%；俄罗斯、意大利、瑞典、澳大利亚、西班牙、挪威、阿根廷、南非、丹麦、比利时、巴西、荷兰、奥地利也有相当数量的 B 层人才，世界占比均超过 1%。

中国大陆、德国的 C 层人才处于第二梯队，世界占比分别为 9.68%、9.23%；法国、加拿大、西班牙、意大利、瑞士的 C 层人才比较多，世界占比在 6%~3%；澳大利亚、阿根廷、巴西、瑞典、俄罗斯、波兰、荷兰、日本、南非、印度、比利时也有相当数量的 C 层人才，世界占比均超过 1%。

表 5-13　古生物学 A 层人才的国家和地区的占比

单位：%

国家和地区	2012 年	2013 年	2014 年	2015 年	2016 年	2017 年	2018 年	2019 年	2020 年	2021 年	合计
英国	0.00	0.00	50.00	25.00	20.00	16.67	33.33	28.57	0.00	16.67	23.68
美国	50.00	0.00	0.00	0.00	20.00	0.00	0.00	42.86	0.00	16.67	15.79
中国大陆	50.00	0.00	0.00	25.00	0.00	0.00	0.00	28.57	0.00	0.00	10.53
加拿大	0.00	0.00	0.00	0.00	0.00	33.33	16.67	0.00	0.00	0.00	7.89
德国	0.00	0.00	0.00	25.00	20.00	0.00	0.00	0.00	0.00	16.67	7.89
挪威	0.00	0.00	50.00	0.00	0.00	0.00	0.00	0.00	0.00	16.67	5.26
俄罗斯	0.00	0.00	0.00	0.00	20.00	16.67	0.00	0.00	0.00	0.00	5.26
阿根廷	0.00	0.00	0.00	0.00	20.00	0.00	0.00	0.00	0.00	0.00	2.63

续表

国家和地区	2012 年	2013 年	2014 年	2015 年	2016 年	2017 年	2018 年	2019 年	2020 年	2021 年	合计
丹麦	0.00	0.00	0.00	0.00	0.00	0.00	16.67	0.00	0.00	0.00	2.63
马来西亚	0.00	0.00	0.00	0.00	0.00	0.00	16.67	0.00	0.00	0.00	2.63
摩洛哥	0.00	0.00	0.00	0.00	0.00	16.67	0.00	0.00	0.00	0.00	2.63
波兰	0.00	0.00	0.00	25.00	0.00	0.00	0.00	0.00	0.00	0.00	2.63
葡萄牙	0.00	0.00	0.00	0.00	0.00	16.67	0.00	0.00	0.00	0.00	2.63
瑞典	0.00	0.00	0.00	0.00	0.00	0.00	0.00	0.00	0.00	16.67	2.63
瑞士	0.00	0.00	0.00	0.00	0.00	0.00	0.00	0.00	0.00	16.67	2.63
中国台湾	0.00	0.00	0.00	0.00	0.00	0.00	16.67	0.00	0.00	0.00	2.63

表 5-14　古生物学 B 层人才排名前 20 的国家和地区的占比

单位：%

国家和地区	2012 年	2013 年	2014 年	2015 年	2016 年	2017 年	2018 年	2019 年	2020 年	2021 年	合计
美国	22.92	19.15	13.04	22.92	21.82	15.09	8.93	21.88	18.75	16.13	18.05
英国	16.67	10.64	10.87	22.92	7.27	9.43	16.07	18.75	10.94	11.29	13.44
德国	8.33	6.38	4.35	10.42	9.09	5.66	5.36	14.06	7.81	6.45	7.92
中国大陆	4.17	10.64	10.87	4.17	9.09	5.66	8.93	9.38	3.13	8.06	7.37
法国	6.25	6.38	4.35	4.17	5.45	5.66	5.36	6.25	4.69	6.45	5.52
瑞士	6.25	2.13	0.00	6.25	1.82	7.55	8.93	3.13	3.13	1.61	4.05
加拿大	2.08	4.26	2.17	6.25	3.64	7.55	0.00	1.56	6.25	3.23	3.68
俄罗斯	4.17	0.00	4.35	0.00	7.27	1.89	3.57	1.56	1.56	4.84	2.95
意大利	0.00	0.00	4.35	4.17	0.00	5.66	5.36	3.13	4.69	0.00	2.76
瑞典	4.17	2.13	0.00	0.00	1.82	5.66	3.57	3.13	1.56	3.23	2.58
澳大利亚	0.00	2.13	0.00	4.17	3.64	0.00	1.79	1.56	3.13	6.45	2.39
西班牙	2.08	4.26	2.17	0.00	0.00	3.77	3.57	1.56	3.13	3.23	2.39
挪威	2.08	6.38	0.00	0.00	5.45	0.00	0.00	3.13	4.69	1.61	2.39
阿根廷	2.08	2.13	6.52	0.00	1.82	1.89	3.57	0.00	3.13	1.61	2.21
南非	0.00	4.26	2.17	4.17	0.00	1.89	1.79	0.00	1.56	3.23	1.84
丹麦	2.08	2.13	2.17	0.00	1.82	1.89	3.57	3.13	1.56	0.00	1.84
比利时	0.00	2.13	2.17	2.08	3.64	5.66	0.00	0.00	0.00	0.00	1.47
巴西	4.17	0.00	2.17	0.00	1.82	1.89	0.00	0.00	3.13	1.61	1.47
荷兰	0.00	4.26	2.17	0.00	1.82	3.77	1.79	0.00	0.00	1.61	1.47
奥地利	0.00	0.00	4.35	0.00	1.82	0.00	1.79	1.56	1.56	0.00	1.10

表 5-15　古生物学 C 层人才排名前 20 的国家和地区的占比

单位：%

国家和地区	2012 年	2013 年	2014 年	2015 年	2016 年	2017 年	2018 年	2019 年	2020 年	2021 年	合计
美国	18.66	18.53	19.68	19.38	17.30	15.72	15.54	14.26	16.08	14.15	16.78
英国	11.16	12.95	13.43	11.34	11.71	10.81	10.67	11.38	11.69	7.46	11.20
中国大陆	7.91	7.37	7.87	7.22	9.37	9.43	11.05	11.06	11.48	13.00	9.68
德国	10.95	11.38	9.26	9.07	7.39	8.64	9.55	9.13	9.60	7.84	9.23
法国	5.88	6.92	6.02	4.74	6.31	6.29	5.81	4.49	4.80	4.78	5.57
加拿大	4.06	5.13	4.17	3.71	3.96	3.54	3.56	2.88	1.88	2.49	3.50
西班牙	3.85	3.35	3.94	2.27	3.78	4.32	2.25	4.65	2.51	2.68	3.38
意大利	3.04	2.68	3.47	4.12	3.60	2.95	3.75	3.04	3.13	3.44	3.33
瑞士	3.65	3.79	3.24	4.12	2.34	2.75	3.00	2.40	4.38	4.02	3.33
澳大利亚	2.43	2.46	2.78	2.68	3.42	3.54	2.43	3.85	3.13	2.68	2.97
阿根廷	4.06	2.46	2.08	3.51	3.42	1.96	3.00	2.72	2.92	2.87	2.91
巴西	1.42	2.68	1.85	1.65	2.34	1.96	2.81	4.17	2.92	2.49	2.48
瑞典	2.43	1.34	1.39	3.51	2.52	1.77	2.25	2.40	2.51	1.15	2.14
俄罗斯	1.62	2.01	1.85	1.44	2.52	0.98	2.06	1.76	1.88	2.68	1.89
波兰	1.22	1.56	1.16	1.03	1.44	1.18	2.62	1.44	1.04	1.72	1.46
荷兰	1.62	0.89	1.62	2.68	1.80	1.57	0.94	0.96	0.42	1.72	1.42
日本	2.03	1.12	1.39	1.24	0.54	2.16	1.12	1.60	0.84	1.34	1.34
南非	0.41	0.89	1.39	0.62	1.08	2.36	1.31	1.60	1.46	0.76	1.20
印度	0.61	0.67	1.62	1.65	0.90	1.18	1.31	1.12	1.04	1.72	1.18
比利时	1.01	0.45	1.85	0.82	0.90	1.77	0.94	1.28	1.04	0.96	1.10

六　矿物学

矿物学 A、B、C 层人才主要集中在澳大利亚、美国、中国大陆，三者 A、B、C 层人才的世界占比合计分别为 54.17%、47.65%、47.55%；其中，澳大利亚与美国的 A 层人才以 18.75% 的世界占比并列第一，略高于中国大陆，中国大陆的 B、C 层人才多于美国和澳大利亚。

英国、加拿大、法国的 A 层人才比较多，世界占比分别为 6.25%、4.17%、4.17%；阿尔及利亚、捷克、埃及、德国、印度、日本、马来西亚、巴基斯坦、卡塔尔、俄罗斯、沙特阿拉伯、韩国、斯里兰卡、瑞士也有相当数量的 A 层人才，世界占比均为 2.08%。

　　加拿大、英国、法国、德国的 B 层人才比较多，世界占比在 7%～4%；瑞士、印度、韩国、俄罗斯、意大利、日本、马来西亚、土耳其、中国台湾、巴西、西班牙、比利时、捷克也有相当数量的 B 层人才，世界占比超过或接近 1%。

　　加拿大、德国、英国、法国的 C 层人才比较多，世界占比在 7%～4%；意大利、日本、西班牙、伊朗、印度、巴西、俄罗斯、瑞士、南非、中国香港、韩国、土耳其、智利也有相当数量的 C 层人才，世界占比超过或接近 1%。

表 5-16　矿物学 A 层人才排名前 20 的国家和地区的占比

单位：%

国家和地区	2012 年	2013 年	2014 年	2015 年	2016 年	2017 年	2018 年	2019 年	2020 年	2021 年	合计
澳大利亚	0.00	25.00	0.00	20.00	25.00	16.67	16.67	33.33	20.00	12.50	18.75
美国	0.00	25.00	25.00	20.00	25.00	16.67	33.33	16.67	0.00	12.50	18.75
中国大陆	0.00	25.00	25.00	40.00	25.00	0.00	0.00	33.33	20.00	0.00	16.67
英国	0.00	0.00	25.00	0.00	25.00	0.00	0.00	0.00	0.00	12.50	6.25
加拿大	0.00	0.00	25.00	0.00	0.00	0.00	0.00	0.00	0.00	12.50	4.17
法国	0.00	0.00	0.00	20.00	0.00	0.00	16.67	0.00	0.00	0.00	4.17
阿尔及利亚	0.00	0.00	0.00	0.00	0.00	16.67	0.00	0.00	0.00	0.00	2.08
捷克	0.00	0.00	0.00	0.00	0.00	0.00	0.00	0.00	0.00	12.50	2.08
埃及	0.00	0.00	0.00	0.00	0.00	0.00	0.00	0.00	0.00	12.50	2.08
德国	0.00	0.00	0.00	0.00	0.00	0.00	0.00	0.00	0.00	12.50	2.08
印度	0.00	0.00	0.00	0.00	0.00	0.00	16.67	0.00	0.00	0.00	2.08
日本	0.00	0.00	0.00	0.00	0.00	0.00	0.00	0.00	20.00	0.00	2.08
马来西亚	0.00	0.00	0.00	0.00	0.00	0.00	0.00	0.00	20.00	0.00	2.08
巴基斯坦	0.00	0.00	0.00	0.00	0.00	16.67	0.00	0.00	0.00	0.00	2.08
卡塔尔	0.00	0.00	0.00	0.00	0.00	16.67	0.00	0.00	0.00	0.00	2.08
俄罗斯	0.00	0.00	0.00	0.00	0.00	0.00	0.00	0.00	0.00	12.50	2.08
沙特阿拉伯	0.00	0.00	0.00	0.00	0.00	16.67	0.00	0.00	0.00	0.00	2.08
韩国	0.00	0.00	0.00	0.00	0.00	0.00	16.67	0.00	0.00	0.00	2.08
斯里兰卡	0.00	0.00	0.00	0.00	0.00	0.00	0.00	0.00	20.00	0.00	2.08
瑞士	0.00	0.00	0.00	0.00	0.00	16.67	0.00	0.00	0.00	0.00	2.08

表 5-17　矿物学 B 层人才排名前 20 的国家和地区的占比

单位：%

国家和地区	2012 年	2013 年	2014 年	2015 年	2016 年	2017 年	2018 年	2019 年	2020 年	2021 年	合计
中国大陆	10.00	9.09	21.95	15.38	18.00	15.25	17.24	29.23	32.81	46.67	22.70
美国	12.50	15.91	14.63	23.08	22.00	18.64	3.45	7.69	12.50	8.33	13.51
澳大利亚	10.00	13.64	7.32	17.31	12.00	6.78	8.62	13.85	15.63	8.33	11.44
加拿大	10.00	11.36	12.20	9.62	4.00	3.39	5.17	6.15	1.56	3.33	6.19
英国	7.50	4.55	2.44	3.85	6.00	6.78	6.90	1.54	4.69	3.33	4.69
法国	5.00	11.36	7.32	0.00	6.00	8.47	6.90	0.00	3.13	0.00	4.50
德国	2.50	6.82	7.32	1.92	4.00	8.47	5.17	4.62	1.56	3.33	4.50
瑞士	2.50	4.55	2.44	1.92	2.00	8.47	1.72	0.00	0.00	1.67	2.44
印度	5.00	2.27	0.00	0.00	0.00	0.00	6.90	3.08	0.00	5.00	2.25
韩国	2.50	0.00	0.00	0.00	2.00	1.69	3.45	4.62	3.13	1.67	2.06
俄罗斯	0.00	2.27	2.44	5.77	2.00	3.39	0.00	1.54	0.00	3.33	2.06
意大利	7.50	4.55	0.00	0.00	0.00	0.00	1.72	3.08	1.56	1.67	1.88
日本	5.00	0.00	4.88	0.00	2.00	1.69	1.72	0.00	1.56	1.67	1.69
马来西亚	0.00	2.27	2.44	0.00	0.00	0.00	5.17	1.54	1.56	1.67	1.50
土耳其	2.50	2.27	0.00	1.92	0.00	1.69	1.72	0.00	3.13	1.67	1.50
中国台湾	2.50	2.27	0.00	3.85	0.00	0.00	1.72	0.00	0.00	1.67	1.31
巴西	2.50	0.00	4.88	0.00	0.00	0.00	1.69	0.00	1.54	0.00	1.13
西班牙	0.00	0.00	2.44	1.92	0.00	1.69	1.72	3.08	0.00	0.00	1.13
比利时	2.50	0.00	0.00	1.92	0.00	1.69	3.45	0.00	0.00	0.00	0.94
捷克	0.00	0.00	0.00	1.92	0.00	1.69	1.72	1.54	1.56	0.00	0.94

表 5-18　矿物学 C 层人才排名前 20 的国家和地区的占比

单位：%

国家和地区	2012 年	2013 年	2014 年	2015 年	2016 年	2017 年	2018 年	2019 年	2020 年	2021 年	合计
中国大陆	25.14	21.14	24.48	23.65	20.93	20.37	27.41	29.00	25.04	31.86	25.18
美国	16.02	13.78	10.62	15.77	15.24	12.90	11.03	7.08	10.14	7.10	11.59
澳大利亚	14.36	9.03	11.55	10.96	12.60	10.19	8.79	11.86	11.83	8.04	10.78
加拿大	3.59	5.46	5.08	6.73	6.30	7.64	5.86	6.75	7.53	4.89	6.13
德国	4.70	4.99	4.62	5.38	4.47	5.77	5.17	3.46	4.15	6.15	4.90
英国	3.59	5.94	3.70	4.81	5.89	6.96	3.45	3.29	3.84	4.10	4.54
法国	3.87	6.65	4.39	2.31	4.47	3.57	4.66	4.12	3.99	3.15	4.05
意大利	1.66	3.33	2.08	2.31	1.22	2.21	2.41	1.98	2.15	1.89	2.12

国家和地区	2012 年	2013 年	2014 年	2015 年	2016 年	2017 年	2018 年	2019 年	2020 年	2021 年	合计
日本	3.04	3.80	3.70	1.35	1.42	1.19	2.41	1.98	0.77	1.26	1.95
西班牙	2.21	2.38	1.85	1.54	1.83	1.36	2.59	2.14	2.00	1.74	1.95
伊朗	1.66	1.19	1.62	2.50	1.63	2.04	1.72	1.65	1.84	2.37	1.85
印度	0.55	1.66	2.08	2.12	1.22	2.21	1.90	2.47	0.92	1.58	1.70
巴西	0.83	0.71	2.31	1.35	1.22	2.21	0.69	2.47	2.00	1.58	1.59
俄罗斯	1.66	2.14	1.39	0.19	0.81	1.36	0.86	2.64	1.38	2.68	1.53
瑞士	1.66	0.95	2.31	1.35	2.03	1.87	1.38	0.49	1.08	1.74	1.46
南非	1.38	0.71	1.39	0.96	0.81	1.36	1.21	1.81	2.15	1.26	1.34
中国香港	1.93	2.38	2.54	1.92	0.81	0.68	1.03	0.82	0.31	0.79	1.21
韩国	0.55	0.48	1.15	0.96	0.81	0.85	0.52	0.99	1.54	0.95	0.91
土耳其	1.93	1.43	1.62	0.96	0.20	0.51	0.69	0.49	1.23	0.47	0.89
智利	0.55	0.24	0.69	0.58	0.81	0.68	0.86	0.33	2.15	0.95	0.83

七 地质工程

地质工程 A、B、C 层人才主要集中在中国大陆和美国，二者 A、B、C 层人才的世界占比合计分别为 39.08%、47.13%、39.32%，中国大陆的三层人才均远远高于美国。

澳大利亚、意大利的 A 层人才处于第二梯队，世界占比分别为 9.20%、8.05%；加拿大、瑞士、英国、沙特阿拉伯、越南的 A 层人才比较多，世界占比在 7%~3%；阿尔及利亚、法国、德国、马来西亚、挪威、瑞典也有相当数量的 A 层人才，世界占比均为 2.30%；埃及、伊朗、日本、新加坡、韩国也有一定数量的 A 层人才，世界占比均为 1.15%。

澳大利亚、意大利、英国、中国香港、伊朗、加拿大的 B 层人才比较多，世界占比在 7%~3%；新加坡、日本、德国、法国、马来西亚、希腊、挪威、印度、沙特阿拉伯、越南、瑞士、韩国也有相当数量的 B 层人才，世界占比超过或接近 1%。

澳大利亚、意大利、英国、加拿大、中国香港、伊朗、法国的 C 层人才比较多，世界占比在 8%～3%；日本、印度、新加坡、德国、瑞士、西班牙、希腊、土耳其、荷兰、韩国、葡萄牙也有相当数量的 C 层人才，世界占比超过或接近 1%。

表 5-19　地质工程 A 层人才排名前 20 的国家和地区的占比

单位：%

国家和地区	2012 年	2013 年	2014 年	2015 年	2016 年	2017 年	2018 年	2019 年	2020 年	2021 年	合计
中国大陆	20.00	0.00	0.00	11.11	10.00	30.00	9.09	28.57	42.86	61.54	26.44
美国	0.00	0.00	37.50	11.11	10.00	10.00	9.09	28.57	7.14	7.69	12.64
澳大利亚	20.00	0.00	12.50	0.00	10.00	0.00	9.09	0.00	14.29	15.38	9.20
意大利	0.00	0.00	12.50	11.11	0.00	0.00	27.27	14.29	7.14	0.00	8.05
加拿大	20.00	0.00	25.00	11.11	0.00	0.00	0.00	14.29	0.00	0.00	6.90
瑞士	20.00	0.00	12.50	11.11	0.00	0.00	9.09	0.00	0.00	0.00	4.60
英国	0.00	0.00	0.00	11.11	0.00	10.00	0.00	14.29	0.00	7.69	4.60
沙特阿拉伯	0.00	0.00	0.00	0.00	10.00	0.00	0.00	0.00	14.29	0.00	3.45
越南	0.00	0.00	0.00	0.00	10.00	10.00	9.09	0.00	0.00	0.00	3.45
阿尔及利亚	0.00	0.00	0.00	0.00	0.00	0.00	0.00	0.00	14.29	0.00	2.30
法国	0.00	0.00	0.00	11.11	0.00	0.00	9.09	0.00	0.00	0.00	2.30
德国	0.00	0.00	0.00	0.00	0.00	0.00	18.18	0.00	0.00	0.00	2.30
马来西亚	0.00	0.00	0.00	0.00	0.00	10.00	0.00	0.00	0.00	0.00	2.30
挪威	0.00	0.00	0.00	0.00	0.00	10.00	0.00	0.00	0.00	0.00	2.30
瑞典	0.00	0.00	0.00	11.11	0.00	10.00	0.00	0.00	0.00	0.00	2.30
埃及	0.00	0.00	0.00	0.00	0.00	0.00	0.00	0.00	0.00	0.00	1.15
伊朗	0.00	0.00	0.00	0.00	0.00	10.00	0.00	0.00	0.00	0.00	1.15
日本	0.00	0.00	0.00	0.00	0.00	0.00	0.00	0.00	0.00	7.69	1.15
新加坡	20.00	0.00	0.00	0.00	0.00	0.00	0.00	0.00	0.00	0.00	1.15
韩国	0.00	0.00	0.00	0.00	0.00	10.00	0.00	0.00	0.00	0.00	1.15

表 5-20　地质工程 B 层人才排名前 20 的国家和地区的占比

单位：%

国家和地区	2012 年	2013 年	2014 年	2015 年	2016 年	2017 年	2018 年	2019 年	2020 年	2021 年	合计
中国大陆	16.98	14.12	21.74	30.93	31.07	39.78	44.14	41.46	46.40	48.72	35.86
美国	7.55	17.65	14.49	18.56	13.59	7.53	9.91	9.76	9.60	5.98	11.27
澳大利亚	9.43	8.24	4.35	4.12	4.85	10.75	2.70	5.69	10.40	7.69	6.76

续表

国家和地区	2012 年	2013 年	2014 年	2015 年	2016 年	2017 年	2018 年	2019 年	2020 年	2021 年	合计
意大利	3.77	4.71	8.70	5.15	1.94	4.30	9.91	4.07	4.00	4.27	5.02
英国	7.55	9.41	5.80	6.19	4.85	7.53	3.60	2.44	2.40	0.85	4.61
中国香港	3.77	4.71	4.35	7.22	4.85	5.38	3.60	2.44	1.60	5.13	4.20
伊朗	1.89	5.88	2.90	3.09	0.97	3.23	4.50	5.69	2.40	3.42	3.48
加拿大	9.43	3.53	10.14	3.09	4.85	1.08	0.00	0.81	3.20	0.85	3.07
新加坡	3.77	3.53	1.45	2.06	3.88	0.00	1.80	1.63	1.60	3.42	2.25
日本	3.77	4.71	1.45	2.06	0.00	0.00	2.70	2.44	0.80	2.56	1.95
德国	5.66	1.18	1.45	2.06	1.94	2.15	0.00	0.00	3.20	0.85	1.64
法国	11.32	1.18	2.90	1.03	0.97	2.15	2.70	0.00	0.00	0.00	1.64
马来西亚	0.00	1.18	2.90	3.09	0.97	2.15	0.00	2.44	0.80	0.85	1.43
希腊	0.00	0.00	1.45	2.06	2.91	2.15	0.00	0.81	0.80	1.71	1.23
挪威	1.89	2.35	1.45	0.00	0.97	1.08	0.00	3.25	0.80	0.00	1.13
印度	0.00	1.18	1.45	0.00	3.88	2.15	0.00	2.44	0.00	0.00	1.13
沙特阿拉伯	0.00	1.18	0.00	0.00	0.97	0.00	4.50	1.63	0.80	0.00	1.02
越南	0.00	0.00	0.00	0.00	0.00	1.08	0.00	1.63	3.20	2.56	1.02
瑞士	1.89	2.35	1.45	2.06	1.94	1.08	0.00	0.00	0.00	0.00	0.92
韩国	3.77	0.00	0.00	3.09	0.00	0.00	0.90	0.81	0.80	0.85	0.92

表 5-21　地质工程 C 层人才排名前 20 的国家和地区的占比

单位：%

国家和地区	2012 年	2013 年	2014 年	2015 年	2016 年	2017 年	2018 年	2019 年	2020 年	2021 年	合计
中国大陆	13.57	17.91	18.21	22.81	25.51	25.94	33.33	35.87	39.01	34.06	28.26
美国	12.79	14.90	14.57	12.31	12.02	11.58	9.03	10.25	8.27	8.49	11.06
澳大利亚	8.14	8.24	7.42	8.57	8.50	7.18	7.24	7.26	6.52	7.21	7.56
意大利	6.40	4.05	7.42	7.71	4.01	7.82	5.36	5.64	5.10	4.74	5.73
英国	6.98	6.14	5.46	4.18	6.06	5.57	5.16	4.36	4.26	4.84	5.15
加拿大	3.68	5.23	5.46	5.67	5.28	4.50	3.87	2.56	3.26	3.06	4.16
中国香港	3.49	4.05	3.36	3.75	3.71	3.43	3.67	3.42	4.93	3.85	3.81
伊朗	3.68	3.27	3.36	2.46	2.83	3.22	3.08	3.07	2.76	3.36	3.06
法国	5.62	4.97	4.34	3.00	3.32	3.11	2.58	1.96	2.09	1.68	3.02
日本	3.10	3.79	2.80	2.78	1.47	2.47	2.18	2.65	1.84	1.58	2.37
印度	2.13	2.35	1.40	2.03	2.64	2.57	1.59	1.54	1.84	3.75	2.19
新加坡	2.52	2.22	1.40	1.28	1.56	1.07	2.38	2.31	2.17	2.17	1.91

续表

国家和地区	2012 年	2013 年	2014 年	2015 年	2016 年	2017 年	2018 年	2019 年	2020 年	2021 年	合计
德国	1.74	1.70	1.96	2.14	2.74	0.96	1.69	1.62	1.92	2.07	1.87
瑞士	1.94	0.78	2.52	1.82	2.05	1.39	1.49	1.37	0.92	0.39	1.41
西班牙	3.68	1.96	1.40	2.14	1.66	1.50	1.09	0.43	0.33	0.89	1.34
希腊	3.10	2.35	1.82	1.18	1.17	1.18	0.99	1.11	0.50	0.89	1.28
土耳其	1.16	1.96	2.38	1.82	1.37	0.64	1.19	0.85	0.50	1.28	1.25
荷兰	1.16	0.39	0.56	0.64	1.37	1.18	0.79	1.02	1.75	1.09	1.04
韩国	1.94	1.70	1.26	0.43	1.27	0.64	0.60	1.62	0.50	0.49	0.98
葡萄牙	1.74	1.05	0.70	1.50	1.08	1.29	0.50	0.26	0.58	0.69	0.87

八　地球化学和地球物理学

地球化学和地球物理学 A、B、C 层人才最多的是美国，分别占该学科全球 A、B、C 层人才的 21.54%、20.87%、21.65%；中国大陆 A、B、C 层人才均排名第二，世界占比分别为 18.97%、19.07%、15.61%。

德国的 A 层人才以 10.26% 的世界占比排名第三；英国、法国、澳大利亚、荷兰的 A 层人才比较多，世界占比在 8%~3%；西班牙、瑞士、加拿大、冰岛、意大利、中国香港、新西兰、瑞典、日本、奥地利、捷克、丹麦、印度也有相当数量的 A 层人才，世界占比均超过 1%。

德国、法国、英国、澳大利亚、加拿大、瑞士的 B 层人才比较多，世界占比在 7%~3%；意大利、西班牙、日本、荷兰、冰岛、挪威、比利时、瑞典、新西兰、印度、丹麦、俄罗斯也有相当数量的 B 层人才，世界占比超过或接近 1%。

英国、法国、德国、澳大利亚、加拿大、瑞士、意大利的 C 层人才比较多，世界占比在 8%~3%；日本、荷兰、西班牙、挪威、丹麦、瑞典、俄罗斯、中国香港、新西兰、巴西、比利时也有相当数量的 C 层人才，世界占比超过或接近 1%。

表 5-22 地球化学和地球物理学 A 层人才排名前 20 的国家和地区的占比

单位：%

国家和地区	2012 年	2013 年	2014 年	2015 年	2016 年	2017 年	2018 年	2019 年	2020 年	2021 年	合计
美国	60.00	18.75	25.00	26.32	15.00	10.53	21.74	23.08	10.00	14.29	21.54
中国大陆	6.67	6.25	12.50	10.53	35.00	10.53	39.13	23.08	5.00	28.57	18.97
德国	6.67	6.25	0.00	5.26	15.00	15.79	8.70	19.23	10.00	9.52	10.26
英国	13.33	12.50	6.25	5.26	0.00	10.53	4.35	3.85	10.00	9.52	7.18
法国	0.00	6.25	0.00	10.53	5.00	15.79	4.35	3.85	10.00	9.52	6.67
澳大利亚	0.00	12.50	18.75	5.26	5.00	5.26	8.70	0.00	5.00	0.00	5.64
荷兰	0.00	6.25	12.50	0.00	0.00	5.26	0.00	7.69	5.00	0.00	3.59
西班牙	0.00	6.25	0.00	0.00	5.00	5.26	0.00	0.00	0.00	9.52	2.56
瑞士	0.00	6.25	0.00	5.26	0.00	5.26	0.00	0.00	5.00	4.76	2.56
加拿大	6.67	0.00	0.00	5.26	0.00	0.00	4.35	3.85	0.00	0.00	2.05
冰岛	0.00	0.00	6.25	5.26	0.00	0.00	4.35	3.85	0.00	0.00	2.05
意大利	6.67	0.00	6.25	5.26	0.00	0.00	0.00	0.00	5.00	0.00	2.05
中国香港	0.00	0.00	0.00	0.00	5.00	0.00	0.00	3.85	0.00	4.76	1.54
新西兰	0.00	12.50	0.00	0.00	0.00	0.00	0.00	0.00	0.00	0.00	1.54
瑞典	0.00	0.00	12.50	0.00	0.00	0.00	0.00	0.00	5.00	0.00	1.54
日本	0.00	0.00	0.00	0.00	5.00	0.00	0.00	0.00	5.00	4.76	1.54
奥地利	0.00	0.00	0.00	5.26	0.00	5.26	0.00	0.00	0.00	0.00	1.03
捷克	0.00	0.00	0.00	0.00	0.00	0.00	0.00	3.85	5.00	0.00	1.03
丹麦	0.00	0.00	0.00	0.00	0.00	0.00	0.00	0.00	10.00	0.00	1.03
印度	0.00	0.00	0.00	0.00	5.00	0.00	0.00	0.00	5.00	0.00	1.03

表 5-23 地球化学和地球物理学 B 层人才排名前 20 的国家和地区的占比

单位：%

国家和地区	2012 年	2013 年	2014 年	2015 年	2016 年	2017 年	2018 年	2019 年	2020 年	2021 年	合计
美国	27.52	21.97	23.50	24.42	24.74	22.34	18.31	19.41	19.64	12.50	20.87
中国大陆	9.40	10.98	10.38	13.95	18.04	17.26	18.31	21.94	23.66	35.94	19.07
德国	3.36	8.67	5.46	4.07	6.70	6.09	7.04	6.75	8.48	7.42	6.56
法国	9.40	8.67	6.56	6.98	5.67	5.58	4.23	5.91	5.80	5.86	6.31
英国	8.05	4.05	7.65	6.98	6.70	5.58	6.57	6.33	4.91	5.86	6.21
澳大利亚	6.04	6.94	6.01	5.81	5.67	5.58	2.35	3.80	6.25	2.73	4.95
加拿大	6.04	4.05	7.65	5.81	5.67	4.57	5.16	3.38	1.79	3.52	4.60
瑞士	1.34	2.89	3.28	2.91	1.55	3.05	4.69	4.64	2.23	3.91	3.15

续表

国家和地区	2012 年	2013 年	2014 年	2015 年	2016 年	2017 年	2018 年	2019 年	2020 年	2021 年	合计
意大利	4.03	3.47	3.28	1.16	2.06	2.54	2.82	4.22	2.23	3.52	2.95
西班牙	4.70	1.73	3.83	1.74	2.58	4.57	2.82	4.22	0.45	2.34	2.85
日本	2.01	2.89	2.19	1.74	2.06	5.08	0.47	1.69	3.57	1.17	2.25
荷兰	3.36	1.16	1.09	1.74	2.06	1.52	3.29	2.95	1.79	1.17	2.00
冰岛	0.00	0.58	1.09	4.07	1.03	3.05	0.94	1.69	1.34	1.56	1.55
挪威	1.34	1.73	1.64	0.58	1.03	1.52	2.82	1.27	1.79	0.39	1.40
比利时	1.34	0.58	1.09	0.58	1.03	2.03	2.35	0.84	0.89	1.17	1.20
瑞典	0.00	0.58	0.55	2.33	0.00	1.02	0.47	0.42	1.79	1.56	0.90
新西兰	0.67	0.58	0.55	0.58	2.06	1.02	0.47	0.84	1.79	0.39	0.90
印度	0.00	0.58	0.00	2.33	0.00	0.00	1.41	2.11	0.89	0.78	0.85
丹麦	1.34	1.16	0.55	0.00	1.03	1.52	0.94	0.42	0.45	0.78	0.80
俄罗斯	0.67	1.73	1.64	1.16	0.52	0.51	0.47	0.00	0.45	0.78	0.75

表 5-24　地球化学和地球物理学 C 层人才排名前 20 的国家和地区的占比

单位：%

国家和地区	2012 年	2013 年	2014 年	2015 年	2016 年	2017 年	2018 年	2019 年	2020 年	2021 年	合计
美国	23.85	24.08	23.81	25.91	22.60	22.40	21.29	18.95	20.10	17.00	21.65
中国大陆	9.62	10.79	11.68	13.57	13.63	15.68	15.27	17.98	19.04	23.48	15.61
英国	7.42	7.15	8.75	8.34	8.29	8.23	8.25	7.61	7.66	7.86	7.96
法国	9.14	9.30	9.82	6.64	8.13	7.14	6.31	6.71	6.79	5.90	7.44
德国	8.32	7.57	7.39	6.46	6.97	6.67	7.78	6.46	6.46	6.90	7.05
澳大利亚	6.05	5.07	5.47	5.64	4.61	4.86	5.45	5.35	4.78	3.95	5.07
加拿大	5.15	4.89	4.63	4.88	4.09	4.86	4.13	4.46	4.31	3.37	4.42
瑞士	3.57	3.34	3.22	3.47	2.99	3.10	3.60	3.14	3.01	3.74	3.32
意大利	3.16	3.34	2.26	3.58	2.88	3.16	3.41	2.97	3.83	3.49	3.22
日本	2.61	3.58	2.14	1.70	2.31	2.43	2.66	2.72	2.11	2.20	2.44
荷兰	1.37	1.91	1.92	1.23	2.36	1.45	1.80	1.66	1.44	1.08	1.61
西班牙	1.58	1.49	1.98	1.53	1.05	1.55	1.52	1.53	1.24	1.83	1.53
挪威	1.31	1.37	1.30	0.88	1.21	1.24	1.71	1.66	1.39	1.08	1.32
丹麦	1.03	0.89	1.02	0.94	1.10	0.88	0.57	1.02	1.15	0.83	0.94

续表

国家和地区	2012 年	2013 年	2014 年	2015 年	2016 年	2017 年	2018 年	2019 年	2020 年	2021 年	合计
瑞典	0.89	0.89	0.56	0.88	1.31	1.35	0.85	1.10	0.91	0.54	0.93
俄罗斯	1.17	1.31	0.96	0.71	0.84	0.62	0.81	0.98	0.62	0.71	0.86
中国香港	0.82	0.60	0.79	0.88	0.94	0.93	0.81	0.64	0.72	0.83	0.79
新西兰	1.31	0.77	0.68	0.53	0.84	0.88	0.95	0.68	0.77	0.62	0.79
巴西	0.62	0.42	0.73	0.59	0.79	1.24	0.71	0.81	0.57	0.71	0.73
比利时	0.55	0.48	0.79	0.53	0.73	0.62	1.04	0.89	0.62	0.79	0.72

九　气象学和大气科学

气象学和大气科学 A、B、C 层人才最多的是美国，分别占该学科全球 A、B、C 层人才的 19.13%、18.42%、21.57%。

英国的 A 层人才以 10.00% 的世界占比排名第二；中国大陆、德国、澳大利亚、日本、加拿大、荷兰、法国、瑞士、挪威的 A 层人才比较多，世界占比在 8%～3%；奥地利、意大利、比利时、沙特阿拉伯、西班牙、瑞典、巴西、新西兰、芬兰也有相当数量的 A 层人才，世界占比超过或接近 1%。

英国、德国的 B 层人才分别以 8.81%、7.46% 的世界占比排名第二、三位；中国大陆、澳大利亚、法国、瑞士、荷兰、加拿大、意大利、日本的 B 层人才比较多，世界占比在 7%～3%；西班牙、挪威、奥地利、瑞典、芬兰、丹麦、比利时、韩国、南非也有相当数量的 B 层人才，世界占比超过或接近 1%。

中国大陆、英国的 C 层人才处于第二梯队，世界占比分别为 10.21%、8.30%；德国、法国、澳大利亚、加拿大、荷兰的 C 层人才比较多，世界占比在 7%～3%；瑞士、意大利、日本、瑞典、西班牙、挪威、奥地利、印度、芬兰、韩国、比利时、丹麦也有相当数量的 C 层人才，世界占比超过或接近 1%。

表 5-25　气象学和大气科学 A 层人才排名前 20 的国家和地区的占比

单位：%

国家和地区	2012 年	2013 年	2014 年	2015 年	2016 年	2017 年	2018 年	2019 年	2020 年	2021 年	合计
美国	50.00	28.57	23.81	23.53	11.54	20.00	17.39	8.33	7.14	17.24	19.13
英国	6.25	9.52	14.29	5.88	11.54	4.00	8.70	8.33	14.29	13.79	10.00
中国大陆	6.25	4.76	4.76	5.88	7.69	4.00	8.70	8.33	3.57	17.24	7.39
德国	6.25	4.76	4.76	5.88	7.69	12.00	4.35	8.33	7.14	3.45	6.52
澳大利亚	6.25	0.00	4.76	5.88	7.69	0.00	13.04	8.33	7.14	3.45	5.65
日本	6.25	9.52	4.76	5.88	7.69	4.00	4.35	4.17	7.14	0.00	5.22
加拿大	6.25	9.52	0.00	11.76	7.69	0.00	8.70	4.17	3.57	0.00	4.78
荷兰	0.00	0.00	9.52	0.00	3.85	0.00	4.35	4.17	7.14	10.34	4.78
法国	6.25	0.00	9.52	0.00	7.69	0.00	8.70	4.17	7.14	3.45	4.78
瑞士	0.00	4.76	0.00	5.88	7.69	0.00	8.70	4.17	3.57	0.00	4.35
挪威	0.00	4.76	0.00	0.00	3.85	0.00	4.35	4.17	10.71	3.45	3.48
奥地利	0.00	4.76	4.76	5.88	0.00	4.00	0.00	0.00	7.14	0.00	2.61
意大利	0.00	4.76	0.00	5.88	0.00	0.00	4.35	4.17	0.00	3.45	2.61
比利时	0.00	0.00	0.00	0.00	3.85	0.00	4.35	4.17	3.57	3.45	2.17
沙特阿拉伯	6.25	0.00	9.52	0.00	0.00	0.00	0.00	0.00	0.00	0.00	1.30
西班牙	0.00	0.00	0.00	0.00	3.85	0.00	0.00	0.00	0.00	3.45	1.30
瑞典	0.00	0.00	0.00	0.00	0.00	4.00	0.00	8.33	0.00	0.00	1.30
巴西	0.00	4.76	0.00	0.00	0.00	0.00	0.00	0.00	3.57	3.45	1.30
新西兰	0.00	0.00	0.00	0.00	3.85	0.00	0.00	4.17	0.00	3.45	1.30
芬兰	0.00	0.00	4.76	0.00	0.00	4.00	0.00	0.00	0.00	0.00	0.87

表 5-26　气象学和大气科学 B 层人才排名前 20 的国家和地区的占比

单位：%

国家和地区	2012 年	2013 年	2014 年	2015 年	2016 年	2017 年	2018 年	2019 年	2020 年	2021 年	合计
美国	18.08	18.27	21.83	20.27	19.33	26.11	18.37	17.94	14.24	13.38	18.42
英国	7.91	10.66	9.14	9.91	8.82	8.85	9.80	7.63	7.12	8.92	8.81
德国	7.91	7.11	6.09	7.21	6.30	6.64	9.39	8.78	6.78	7.96	7.46
中国大陆	3.95	5.58	7.61	5.41	6.30	7.08	3.27	6.87	6.78	10.83	6.57
澳大利亚	4.52	7.11	4.57	6.31	5.04	5.31	6.12	6.87	4.07	4.46	5.39
法国	3.39	5.58	5.08	6.76	4.62	4.42	4.08	4.58	4.07	4.46	4.68
瑞士	5.08	3.55	3.05	6.31	3.78	5.75	4.90	4.96	4.07	4.46	4.59
荷兰	3.39	3.55	4.06	4.05	6.72	3.54	5.31	4.20	3.73	5.10	4.42

国家和地区	2012 年	2013 年	2014 年	2015 年	2016 年	2017 年	2018 年	2019 年	2020 年	2021 年	合计
加拿大	4.52	5.58	5.08	2.25	2.94	5.75	2.45	4.58	4.07	3.82	4.05
意大利	3.95	2.54	4.06	2.70	2.52	2.21	5.71	3.05	4.41	2.55	3.37
日本	2.26	3.05	3.55	3.15	4.62	2.65	3.27	3.82	3.05	3.18	3.29
西班牙	2.82	4.57	2.03	1.80	1.26	1.77	2.86	4.20	3.05	1.59	2.57
挪威	5.08	2.54	1.52	3.60	2.10	1.77	2.04	3.44	2.71	1.59	2.57
奥地利	1.69	1.52	2.54	1.35	3.36	2.65	2.45	0.76	2.37	2.23	2.11
瑞典	3.95	1.52	0.51	3.60	2.94	2.21	1.63	2.29	2.03	0.96	2.11
芬兰	2.82	2.54	2.03	0.90	1.26	1.33	1.22	0.38	2.03	0.96	1.47
丹麦	2.82	1.52	1.02	2.25	0.00	1.33	0.82	1.53	1.02	1.59	1.35
比利时	0.00	1.02	0.51	1.35	0.84	0.44	1.22	1.15	2.71	1.59	1.18
韩国	0.00	1.02	1.02	1.35	1.68	0.44	0.82	1.91	2.03	0.96	1.18
南非	0.56	1.02	2.03	0.45	0.84	0.00	0.41	1.53	1.36	0.64	0.88

表 5-27　气象学和大气科学 C 层人才排名前 20 的国家和地区的占比

单位：%

国家和地区	2012 年	2013 年	2014 年	2015 年	2016 年	2017 年	2018 年	2019 年	2020 年	2021 年	合计
美国	28.04	25.49	25.83	25.21	22.60	22.69	17.99	19.88	17.48	16.13	21.57
中国大陆	7.53	6.47	7.52	10.13	9.89	11.15	10.45	12.47	11.56	12.24	10.21
英国	8.98	9.05	8.13	8.50	7.91	8.36	8.24	8.00	8.29	7.92	8.30
德国	7.88	7.69	6.41	6.96	7.83	6.53	6.39	6.45	7.05	6.60	6.94
法国	4.23	6.07	3.91	3.97	4.63	3.75	4.51	4.58	4.58	4.35	4.46
澳大利亚	4.11	4.35	4.12	3.59	3.91	3.70	3.73	3.53	3.99	3.64	3.85
加拿大	3.36	3.74	2.95	3.50	3.87	3.70	3.44	3.26	3.99	3.46	3.55
荷兰	2.84	2.83	3.66	2.85	3.37	3.14	3.36	2.95	2.72	3.36	3.08
瑞士	3.36	2.88	3.36	3.13	3.28	2.57	3.03	2.76	2.89	2.53	2.95
意大利	3.19	3.14	3.00	2.99	2.53	2.44	2.75	2.14	2.75	3.14	2.78
日本	2.90	3.34	2.54	2.15	1.77	2.40	2.09	2.21	2.82	2.25	2.42
瑞典	1.56	1.87	2.03	1.63	2.36	2.22	2.87	1.83	2.27	1.96	2.09
西班牙	2.43	1.52	2.03	1.77	1.94	1.35	2.42	2.56	2.41	2.18	2.08
挪威	1.45	2.48	1.93	1.59	2.40	2.05	1.84	1.44	1.69	1.75	1.85
奥地利	1.39	1.47	1.73	1.45	1.56	1.57	2.13	1.83	1.79	2.00	1.71

续表

国家和地区	2012 年	2013 年	2014 年	2015 年	2016 年	2017 年	2018 年	2019 年	2020 年	2021 年	合计
印度	1.27	1.01	1.42	1.73	1.26	1.66	1.07	1.83	1.79	2.14	1.55
芬兰	1.51	1.37	1.73	1.12	1.73	1.52	1.72	1.13	1.41	1.18	1.43
韩国	0.75	0.66	1.07	0.98	0.97	1.74	1.15	1.51	1.17	1.25	1.15
比利时	0.87	0.81	0.92	1.07	1.01	1.61	1.48	1.32	0.93	1.14	1.13
丹麦	1.39	1.57	1.17	0.79	0.97	0.65	0.86	0.85	0.79	0.79	0.95

十 海洋学

海洋学 A、B、C 层人才最多的是美国，分别占该学科全球 A、B、C 层人才的 32.43%、22.34%、20.21%，大幅领先于其他国家和地区。

法国、英国、澳大利亚、加拿大、中国大陆、德国的 A 层人才处于第二梯队，世界占比在 9%～6%；意大利、挪威的 A 层人才比较多，世界占比均为 3.60%；日本、瑞典、葡萄牙、比利时、百慕大、中国台湾、土耳其、荷兰、阿根廷、波兰、俄罗斯也有相当数量的 A 层人才，世界占比超过或接近 1%。

英国、中国大陆、澳大利亚、德国、法国的 B 层人才处于第二梯队，世界占比在 10%～6%；加拿大、挪威、西班牙的 B 层人才比较多，世界占比在 5%～3%；荷兰、意大利、日本、瑞典、葡萄牙、丹麦、比利时、新西兰、希腊、波兰、韩国也有相当数量的 B 层人才，世界占比超过或接近 1%。

中国大陆、英国的 C 层人才处于第二梯队，世界占比分别为 11.14%、9.12%；澳大利亚、法国、德国、加拿大、意大利、挪威、西班牙的 C 层人才比较多，世界占比在 6%～3%；荷兰、日本、瑞典、丹麦、葡萄牙、巴西、新西兰、印度、希腊、土耳其也有相当数量的 C 层人才，世界占比超过或接近 1%。

表 5-28 海洋学 A 层人才排名前 20 的国家和地区的占比

单位：%

国家和地区	2012 年	2013 年	2014 年	2015 年	2016 年	2017 年	2018 年	2019 年	2020 年	2021 年	合计
美国	44.44	33.33	11.11	54.55	50.00	33.33	27.27	26.67	45.45	12.50	32.43
法国	11.11	11.11	0.00	18.18	0.00	0.00	9.09	13.33	9.09	6.25	8.11
英国	0.00	11.11	22.22	0.00	12.50	8.33	9.09	13.33	0.00	6.25	8.11
澳大利亚	11.11	0.00	22.22	0.00	12.50	8.33	9.09	6.67	0.00	6.25	7.21
加拿大	11.11	11.11	11.11	9.09	0.00	8.33	0.00	13.33	0.00	6.25	7.21
中国大陆	0.00	11.11	0.00	0.00	0.00	8.33	0.00	6.67	18.18	18.75	7.21
德国	11.11	0.00	0.00	0.00	12.50	8.33	9.09	6.67	9.09	6.25	6.31
意大利	0.00	11.11	11.11	0.00	0.00	0.00	9.09	0.00	9.09	0.00	3.60
挪威	0.00	0.00	0.00	0.00	0.00	8.33	9.09	6.67	0.00	6.25	3.60
日本	0.00	0.00	0.00	0.00	0.00	0.00	9.09	0.00	0.00	12.50	2.70
瑞典	0.00	0.00	11.11	0.00	0.00	0.00	0.00	0.00	0.00	6.25	1.80
葡萄牙	0.00	0.00	0.00	0.00	12.50	0.00	0.00	0.00	9.09	0.00	1.80
比利时	0.00	0.00	11.11	0.00	0.00	0.00	0.00	0.00	0.00	0.00	0.90
百慕大	11.11	0.00	0.00	0.00	0.00	0.00	0.00	0.00	0.00	0.00	0.90
中国台湾	0.00	0.00	0.00	9.09	0.00	0.00	0.00	0.00	0.00	0.00	0.90
土耳其	0.00	0.00	0.00	0.00	0.00	0.00	9.09	0.00	0.00	0.00	0.90
荷兰	0.00	0.00	0.00	0.00	0.00	0.00	0.00	6.67	0.00	0.00	0.90
阿根廷	0.00	11.11	0.00	0.00	0.00	0.00	0.00	0.00	0.00	0.00	0.90
波兰	0.00	0.00	0.00	0.00	0.00	8.33	0.00	0.00	0.00	0.00	0.90
俄罗斯	0.00	0.00	0.00	0.00	0.00	8.33	0.00	0.00	0.00	0.00	0.90

表 5-29 海洋学 B 层人才排名前 20 的国家和地区的占比

单位：%

国家和地区	2012 年	2013 年	2014 年	2015 年	2016 年	2017 年	2018 年	2019 年	2020 年	2021 年	合计
美国	30.49	31.46	25.22	27.12	30.91	21.85	20.74	16.06	15.56	13.14	22.34
英国	6.10	11.24	9.57	9.32	10.00	7.56	8.89	13.14	7.41	11.68	9.60
中国大陆	0.00	2.25	4.35	4.24	3.64	6.72	2.96	12.41	11.85	21.90	7.73
澳大利亚	4.88	5.62	7.83	7.63	10.00	5.04	10.37	3.65	9.63	5.11	7.05
德国	8.54	5.62	4.35	6.78	7.27	5.88	7.41	6.57	6.67	4.38	6.29
法国	4.88	5.62	3.48	3.39	8.18	8.40	8.15	8.76	5.19	4.38	6.12
加拿大	3.66	2.25	3.48	5.93	4.55	5.04	5.19	4.38	6.67	4.38	4.67
挪威	4.88	2.25	6.09	5.93	1.82	5.04	1.48	2.92	5.93	2.92	3.91

续表

国家和地区	2012 年	2013 年	2014 年	2015 年	2016 年	2017 年	2018 年	2019 年	2020 年	2021 年	合计
西班牙	4.88	1.12	3.48	4.24	1.82	3.36	4.44	2.19	2.96	3.65	3.23
荷兰	3.66	1.12	3.48	2.54	0.00	3.36	2.96	4.38	1.48	2.92	2.63
意大利	2.44	2.25	4.35	2.54	1.82	1.68	3.70	1.46	1.48	2.19	2.38
日本	1.22	2.25	2.61	1.69	1.82	1.68	1.48	3.65	2.96	2.19	2.21
瑞典	1.22	2.25	2.61	1.69	0.91	1.68	0.74	2.19	3.70	1.46	1.87
葡萄牙	1.22	1.12	1.74	1.69	0.91	2.52	1.48	2.19	2.22	2.19	1.78
丹麦	2.44	4.49	2.61	1.69	0.00	3.36	0.74	0.73	1.48	0.73	1.70
比利时	2.44	2.25	0.00	0.00	2.73	0.84	0.74	0.73	0.74	1.46	1.10
新西兰	0.00	2.25	0.87	0.85	1.82	1.68	1.48	0.00	1.48	0.00	1.02
希腊	1.22	1.12	1.74	0.00	0.00	1.68	0.00	1.46	0.00	1.46	0.85
波兰	0.00	0.00	0.87	0.85	0.00	3.36	0.00	0.00	2.22	0.00	0.76
韩国	0.00	0.00	0.87	1.69	0.00	0.00	1.48	2.19	0.74	0.00	0.76

表 5-30　海洋学 C 层人才排名前 20 的国家和地区的占比

单位：%

国家和地区	2012 年	2013 年	2014 年	2015 年	2016 年	2017 年	2018 年	2019 年	2020 年	2021 年	合计
美国	27.43	26.57	23.76	23.31	20.60	22.16	18.75	19.00	14.37	12.21	20.21
中国大陆	4.98	5.47	5.60	7.54	6.05	10.21	12.58	13.41	15.97	23.32	11.14
英国	10.56	9.46	9.39	8.91	10.66	8.12	9.58	8.57	9.00	7.75	9.12
澳大利亚	5.83	7.18	6.23	5.57	5.69	5.58	5.28	5.07	4.64	4.07	5.42
法国	7.28	5.59	5.96	5.66	4.97	5.32	5.84	3.87	4.43	3.44	5.11
德国	5.70	5.02	6.50	4.97	5.24	5.41	4.79	4.84	4.64	3.68	5.03
加拿大	4.13	5.13	4.61	5.31	3.25	3.58	4.06	4.32	4.06	3.99	4.22
意大利	1.94	2.85	3.88	3.26	3.70	3.23	3.00	3.87	4.43	3.60	3.46
挪威	2.55	3.88	2.44	3.00	4.70	3.84	3.65	3.06	2.61	2.97	3.26
西班牙	2.55	3.31	4.25	2.91	3.52	4.10	2.27	2.91	3.27	2.43	3.14
荷兰	2.79	2.05	1.99	2.83	2.26	2.53	3.08	2.61	2.47	1.88	2.45
日本	2.67	2.62	1.90	1.63	1.90	1.57	0.97	1.79	1.52	1.72	1.77
瑞典	1.70	1.48	1.26	1.03	1.72	2.01	2.11	2.09	1.45	2.27	1.73
丹麦	1.21	1.48	1.99	1.89	2.35	1.48	1.79	1.79	1.31	1.80	1.72

国家和地区	2012 年	2013 年	2014 年	2015 年	2016 年	2017 年	2018 年	2019 年	2020 年	2021 年	合计
葡萄牙	2.18	1.03	1.08	1.37	1.26	0.70	1.06	1.49	2.03	1.02	1.32
巴西	0.73	0.68	0.99	1.29	0.81	0.61	1.22	0.89	1.74	1.17	1.05
新西兰	1.33	1.25	1.08	1.11	1.26	1.05	1.38	0.89	0.73	0.39	1.02
印度	0.85	1.25	0.90	0.60	1.26	1.05	0.89	0.60	1.31	1.10	0.98
希腊	0.36	0.34	0.81	0.69	1.36	0.87	0.89	0.82	1.23	1.33	0.91
土耳其	0.24	0.34	0.63	0.51	1.45	1.13	0.65	0.89	1.16	1.56	0.90

十一 环境科学

环境科学 A、B、C 层人才最多的是美国和中国大陆，二者 A、B、C 层人才合计分别占该学科全球 A、B、C 层人才的 27.89%、28.88%、33.47%；其中，美国的 A 层人才多于中国大陆，B、C 层人才少于中国大陆。英国 A、B、C 层人才分别以 7.72%、6.43%、5.55% 的世界占比排名第三。

德国、澳大利亚、荷兰、意大利、瑞士的 A 层人才比较多，世界占比在 6%~3%；加拿大、法国、瑞典、印度、西班牙、中国香港、马来西亚、奥地利、挪威、韩国、伊朗、日本也有相当数量的 A 层人才，世界占比均超过 1%。

澳大利亚、德国、加拿大、荷兰、意大利的 B 层人才比较多，世界占比在 6%~3%；印度、法国、西班牙、瑞士、韩国、瑞典、日本、中国香港、丹麦、奥地利、挪威、巴基斯坦也有相当数量的 B 层人才，世界占比均超过 1%。

澳大利亚、德国、印度、意大利、加拿大的 C 层人才比较多，世界占比在 5%~3%；西班牙、荷兰、法国、韩国、瑞典、瑞士、伊朗、日本、中国香港、巴西、丹麦、巴基斯坦也有相当数量的 C 层人才，世界占比均超过 1%。

表 5-31　环境科学 A 层人才排名前 20 的国家和地区的占比

单位：%

国家和地区	2012 年	2013 年	2014 年	2015 年	2016 年	2017 年	2018 年	2019 年	2020 年	2021 年	合计
美国	30.51	15.15	11.29	19.57	20.48	16.67	11.90	8.04	11.05	12.50	14.09
中国大陆	6.78	6.06	9.68	8.70	18.07	4.76	12.70	11.61	17.89	20.67	13.80
英国	5.08	13.64	12.90	10.87	4.82	9.52	7.94	8.93	5.26	6.25	7.72
德国	10.17	12.12	1.61	8.70	4.82	7.14	8.73	6.25	3.16	2.40	5.60
澳大利亚	5.08	3.03	8.06	6.52	3.61	3.57	7.14	5.36	6.32	3.37	5.12
荷兰	6.78	4.55	6.45	2.17	2.41	11.90	4.76	6.25	2.63	2.88	4.63
意大利	3.39	4.55	3.23	2.17	2.41	3.57	1.59	1.79	8.42	2.40	3.67
瑞士	5.08	3.03	4.84	4.35	6.02	4.76	3.97	5.36	2.11	1.92	3.67
加拿大	1.69	4.55	1.61	4.35	2.41	1.19	3.97	4.46	3.68	1.92	2.99
法国	1.69	6.06	6.45	0.00	4.82	1.19	3.97	3.57	2.11	0.00	2.61
瑞典	0.00	0.00	3.23	4.35	2.41	2.38	3.97	5.36	1.58	1.92	2.51
印度	1.69	0.00	3.23	2.17	1.20	0.00	2.38	3.57	3.16	2.88	2.32
西班牙	1.69	4.55	3.23	0.00	2.41	2.38	3.17	0.00	2.11	1.44	2.03
中国香港	0.00	0.00	1.61	0.00	0.00	1.19	2.38	1.79	3.16	1.92	1.64
马来西亚	0.00	0.00	0.00	0.00	1.20	1.19	1.59	1.79	0.53	4.33	1.54
奥地利	0.00	0.00	1.61	2.17	2.41	3.57	1.59	2.68	0.53	1.44	1.45
挪威	1.69	1.52	0.00	0.00	0.00	1.19	1.59	2.68	2.11	1.44	1.45
韩国	0.00	1.52	3.23	2.17	2.41	3.57	0.00	1.79	1.05	0.96	1.45
伊朗	0.00	0.00	0.00	0.00	0.00	1.19	0.79	0.89	1.05	4.33	1.35
日本	0.00	1.52	0.00	2.17	2.41	2.38	0.00	0.00	3.16	0.96	1.35

表 5-32　环境科学 B 层人才排名前 20 的国家和地区的占比

单位：%

国家和地区	2012 年	2013 年	2014 年	2015 年	2016 年	2017 年	2018 年	2019 年	2020 年	2021 年	合计
中国大陆	9.53	9.39	12.77	11.01	12.95	13.47	16.13	19.49	17.52	20.25	15.78
美国	18.50	18.62	18.00	12.98	16.86	14.02	14.22	11.98	11.34	7.94	13.10
英国	5.79	8.24	8.00	6.42	7.84	6.90	6.24	5.81	6.06	5.60	6.43
澳大利亚	5.61	5.27	5.08	4.19	5.94	5.59	5.38	5.46	4.51	5.55	5.25
德国	6.54	4.94	6.00	4.72	4.87	5.37	6.50	5.17	3.80	3.61	4.88
加拿大	3.74	4.61	2.46	3.67	4.39	3.61	2.78	3.19	2.97	2.29	3.17
荷兰	4.49	3.62	4.00	3.93	4.51	3.94	3.12	2.55	2.49	2.04	3.14
意大利	3.55	2.47	3.69	4.33	2.97	2.96	2.69	2.62	3.98	1.93	3.00

续表

国家和地区	2012 年	2013 年	2014 年	2015 年	2016 年	2017 年	2018 年	2019 年	2020 年	2021 年	合计
印度	1.12	1.98	2.31	2.62	1.90	2.08	2.17	2.48	3.50	4.48	2.80
法国	3.18	4.28	3.54	3.28	4.75	3.83	1.47	2.20	2.55	1.73	2.77
西班牙	3.55	2.97	2.15	2.62	2.14	2.19	2.86	2.55	3.09	2.09	2.58
瑞士	3.93	2.97	2.77	3.15	2.14	2.41	3.04	1.77	1.84	1.53	2.30
韩国	1.31	0.82	1.23	1.70	2.38	2.30	2.34	2.62	1.90	2.65	2.11
瑞典	2.99	2.47	2.00	2.49	2.02	2.30	3.21	1.63	1.31	1.73	2.06
日本	1.87	2.64	2.15	1.70	1.78	2.30	1.47	1.49	1.84	1.53	1.79
中国香港	0.75	1.15	0.77	0.52	1.07	0.99	2.17	1.98	1.48	1.32	1.35
丹麦	1.87	1.98	2.15	1.97	1.19	1.31	1.21	1.35	1.01	0.92	1.34
奥地利	1.31	1.81	2.15	1.44	1.54	1.86	1.73	0.92	0.71	0.92	1.29
挪威	2.43	2.14	0.92	2.23	1.43	1.20	0.87	1.63	0.95	0.71	1.28
巴基斯坦	0.37	0.16	0.31	0.79	1.07	1.20	0.87	1.13	1.37	2.44	1.22

表 5-33　环境科学 C 层人才排名前 20 的国家和地区的占比

单位：%

国家和地区	2012 年	2013 年	2014 年	2015 年	2016 年	2017 年	2018 年	2019 年	2020 年	2021 年	合计
中国大陆	11.61	12.90	12.46	13.63	15.87	18.15	19.86	22.48	23.93	24.25	19.50
美国	22.90	21.80	20.48	17.68	16.97	15.26	13.35	12.20	10.35	8.43	13.97
英国	6.53	6.53	6.52	6.50	6.65	6.06	5.66	5.67	4.82	4.08	5.55
澳大利亚	4.65	4.74	4.78	4.85	4.41	4.69	4.57	4.24	3.90	3.65	4.29
德国	5.74	5.22	5.05	5.48	5.22	4.57	4.35	3.83	3.22	2.88	4.15
印度	1.54	2.00	1.85	2.19	2.42	2.15	2.68	3.09	3.80	5.10	3.12
意大利	2.82	2.96	3.03	3.07	3.24	3.32	3.15	3.03	3.14	2.90	3.07
加拿大	3.65	3.52	3.68	3.78	3.55	3.15	2.97	2.91	2.66	2.43	3.04
西班牙	3.76	3.08	3.50	3.31	3.16	2.85	2.91	2.78	2.72	2.52	2.92
荷兰	3.54	3.47	3.62	3.18	3.31	3.08	2.84	2.49	1.80	1.56	2.59
法国	3.31	3.26	3.31	3.12	2.94	2.82	2.82	2.52	2.03	1.75	2.56
韩国	1.62	1.63	1.29	1.69	1.50	1.45	1.93	1.89	1.98	2.51	1.88
瑞典	2.28	2.41	2.33	2.27	2.37	2.17	2.06	1.51	1.36	1.30	1.83
瑞士	2.78	2.43	2.64	2.71	2.14	2.09	1.78	1.32	1.10	1.19	1.76
伊朗	0.40	0.50	0.73	0.53	0.83	1.34	1.68	1.88	1.90	1.86	1.40

国家和地区	2012 年	2013 年	2014 年	2015 年	2016 年	2017 年	2018 年	2019 年	2020 年	2021 年	合计
日本	2.18	1.71	1.58	1.72	1.35	1.25	1.11	1.26	1.25	1.35	1.39
中国香港	0.88	0.91	0.92	1.10	1.46	1.49	1.67	1.51	1.46	1.20	1.32
巴西	1.11	1.08	1.13	1.20	1.34	1.39	1.32	1.29	1.40	1.28	1.28
丹麦	1.54	1.53	1.55	1.73	1.32	1.48	1.23	1.26	1.04	0.91	1.26
巴基斯坦	0.15	0.48	0.36	0.66	0.57	0.86	0.98	1.26	1.87	2.10	1.20

十二　土壤学

土壤学 A 层人才最多的是美国，世界占比为 15.79%；其后是中国大陆，A 层人才的世界占比为 13.16%；德国、荷兰的 A 层人才世界占比均为 10.53%，并列第三位；加拿大、澳大利亚、英国、意大利的 A 层人才也比较多，世界占比在 6%~3%；奥地利、西班牙、伊朗、越南也有相当数量的 A 层人才，世界占比均为 2.63%；捷克、丹麦、埃及、爱尔兰、阿根廷、新西兰、阿曼、巴基斯坦有一定数量的 A 层人才，世界占比均为 1.32%。

B 层人才最多的是中国大陆，世界占比为 18.09%；其后是美国，世界占比为 13.37%；澳大利亚、德国、英国、法国、荷兰的 B 层人才比较多，世界占比在 8%~3%；意大利、加拿大、西班牙、比利时、印度、伊朗、瑞士、奥地利、巴西、新西兰、韩国、挪威、马来西亚也有相当数量的 B 层人才，世界占比均超过 1%。

C 层人才最多的是中国大陆，世界占比为 22.69%；美国以 12.71% 的世界占比排名第二；德国、澳大利亚、英国、法国、西班牙的 C 层人才比较多，世界占比在 7%~3%；印度、巴西、加拿大、意大利、荷兰、伊朗、瑞士、瑞典、新西兰、比利时、俄罗斯、丹麦、巴基斯坦也有相当数量的 C 层人才，世界占比均超过 1%。

表 5-34　土壤学 A 层人才排名前 20 的国家和地区的占比

单位：%

国家和地区	2012 年	2013 年	2014 年	2015 年	2016 年	2017 年	2018 年	2019 年	2020 年	2021 年	合计
美国	33.33	28.57	33.33	0.00	25.00	14.29	0.00	20.00	10.00	10.00	15.79
中国大陆	0.00	0.00	0.00	0.00	12.50	14.29	0.00	0.00	30.00	50.00	13.16
德国	0.00	14.29	0.00	33.33	0.00	14.29	22.22	20.00	0.00	0.00	10.53
荷兰	0.00	14.29	33.33	16.67	12.50	14.29	11.11	0.00	0.00	20.00	10.53
加拿大	16.67	0.00	33.33	0.00	0.00	14.29	0.00	0.00	0.00	10.00	5.26
澳大利亚	16.67	28.57	0.00	0.00	0.00	0.00	0.00	0.00	0.00	0.00	3.95
英国	16.67	0.00	0.00	0.00	12.50	0.00	11.11	0.00	0.00	0.00	3.95
意大利	0.00	14.29	0.00	16.67	12.50	0.00	0.00	0.00	0.00	0.00	3.95
奥地利	0.00	0.00	0.00	0.00	0.00	14.29	11.11	0.00	0.00	0.00	2.63
西班牙	0.00	0.00	0.00	16.67	12.50	0.00	0.00	0.00	0.00	0.00	2.63
伊朗	0.00	0.00	0.00	0.00	0.00	0.00	0.00	20.00	0.00	0.00	2.63
越南	0.00	0.00	0.00	0.00	0.00	0.00	0.00	20.00	0.00	0.00	2.63
捷克	0.00	0.00	0.00	0.00	0.00	0.00	0.00	0.00	0.00	10.00	1.32
丹麦	0.00	0.00	0.00	0.00	0.00	0.00	0.00	10.00	0.00	0.00	1.32
埃及	0.00	0.00	0.00	0.00	0.00	0.00	10.00	0.00	0.00	0.00	1.32
爱尔兰	0.00	0.00	0.00	0.00	0.00	0.00	11.11	0.00	0.00	0.00	1.32
阿根廷	0.00	0.00	0.00	0.00	12.50	0.00	0.00	0.00	0.00	0.00	1.32
新西兰	0.00	0.00	0.00	0.00	0.00	0.00	0.00	10.00	0.00	0.00	1.32
阿曼	0.00	0.00	0.00	0.00	0.00	0.00	0.00	10.00	0.00	0.00	1.32
巴基斯坦	0.00	0.00	0.00	0.00	0.00	0.00	0.00	10.00	0.00	0.00	1.32

表 5-35　土壤学 B 层人才排名前 20 的国家和地区的占比

单位：%

国家和地区	2012 年	2013 年	2014 年	2015 年	2016 年	2017 年	2018 年	2019 年	2020 年	2021 年	合计
中国大陆	15.69	15.15	11.43	9.68	12.33	20.25	24.05	15.91	25.53	23.76	18.09
美国	11.76	15.15	22.86	11.29	16.44	10.13	12.66	9.09	13.83	11.88	13.37
澳大利亚	5.88	3.03	10.00	8.06	6.85	6.33	5.06	11.36	8.51	8.91	7.60
德国	5.88	9.09	5.71	9.68	4.11	6.33	6.33	10.23	8.51	6.93	7.34
英国	11.76	4.55	2.86	6.45	4.11	1.27	6.33	1.14	5.32	3.96	4.46
法国	1.96	7.58	2.86	1.61	4.11	3.80	2.53	4.55	2.13	2.97	3.41
荷兰	1.96	3.03	4.29	3.23	5.48	5.06	3.80	2.27	0.00	3.96	3.28
意大利	3.92	1.52	2.86	3.23	5.48	1.27	5.06	3.41	1.06	0.99	2.75

续表

国家和地区	2012 年	2013 年	2014 年	2015 年	2016 年	2017 年	2018 年	2019 年	2020 年	2021 年	合计
加拿大	1.96	0.00	4.29	3.23	4.11	2.53	2.53	3.41	3.19	0.00	2.49
西班牙	3.92	6.06	0.00	1.61	2.74	2.53	2.53	2.27	1.06	1.98	2.36
比利时	1.96	6.06	0.00	1.61	2.74	2.53	1.27	2.27	1.06	2.97	2.23
印度	0.00	3.03	0.00	3.23	0.00	3.80	2.53	1.14	4.26	2.97	2.23
伊朗	1.96	0.00	1.43	0.00	2.74	2.53	2.53	5.68	1.06	1.98	2.10
瑞士	1.96	3.03	2.86	1.61	1.37	2.53	2.53	2.27	1.06	0.99	1.97
奥地利	0.00	4.55	1.43	1.61	4.11	1.27	1.27	1.14	2.13	0.99	1.83
巴西	1.96	0.00	5.71	1.61	2.74	0.00	1.27	1.14	2.13	1.98	1.83
新西兰	1.96	3.03	2.86	3.23	1.37	1.27	1.27	1.14	0.00	0.99	1.57
韩国	0.00	0.00	1.43	0.00	0.00	3.80	2.53	2.27	3.19	0.99	1.57
挪威	1.96	0.00	0.00	1.61	1.37	2.53	2.53	1.14	2.13	0.99	1.44
马来西亚	3.92	0.00	4.29	3.23	1.37	1.27	1.27	1.14	0.00	0.00	1.44

表 5-36 土壤学 C 层人才排名前 20 的国家和地区的占比

单位：%

国家和地区	2012 年	2013 年	2014 年	2015 年	2016 年	2017 年	2018 年	2019 年	2020 年	2021 年	合计
中国大陆	15.96	14.93	17.73	19.97	16.37	22.21	23.49	25.90	28.67	32.17	22.69
美国	15.21	12.44	14.39	14.61	12.21	14.89	11.87	11.55	13.68	8.82	12.71
德国	7.05	7.62	7.99	7.31	6.93	6.65	7.29	5.95	5.36	6.49	6.78
澳大利亚	6.68	4.04	7.41	6.66	5.55	5.45	5.69	5.95	5.03	5.23	5.71
英国	4.82	7.15	3.34	4.38	4.30	4.39	3.83	3.85	3.50	4.65	4.36
法国	4.82	4.04	3.92	2.92	4.44	2.26	2.72	2.68	2.63	2.33	3.16
西班牙	5.38	4.51	3.05	2.76	4.85	2.79	2.22	2.33	1.97	2.33	3.06
印度	2.97	2.64	2.62	2.11	3.74	3.32	3.21	2.22	2.74	3.00	2.87
巴西	3.15	4.20	2.33	1.79	3.88	1.86	2.60	1.87	2.84	2.81	2.71
加拿大	4.45	2.95	2.62	1.46	1.66	2.53	2.84	3.27	2.95	2.33	2.68
意大利	1.86	2.95	3.05	4.87	3.19	2.39	2.84	2.33	1.64	1.74	2.60
荷兰	1.67	1.40	1.89	3.08	2.64	2.93	1.48	2.80	2.95	1.26	2.21
伊朗	0.93	0.78	1.31	1.30	0.83	1.86	2.10	3.38	3.28	2.71	1.99
瑞士	2.41	1.87	2.47	1.79	1.80	2.13	1.11	0.82	0.88	1.45	1.60
瑞典	1.67	2.49	1.74	1.62	1.80	1.60	1.11	1.05	0.77	1.26	1.45
新西兰	2.60	1.09	1.60	1.30	1.25	0.80	1.61	1.17	0.77	1.26	1.29
比利时	0.74	2.02	1.89	1.30	1.39	0.93	0.62	1.28	0.88	1.16	1.20

续表

国家和地区	2012 年	2013 年	2014 年	2015 年	2016 年	2017 年	2018 年	2019 年	2020 年	2021 年	合计
俄罗斯	0.37	0.93	1.45	0.65	1.53	0.80	1.61	1.87	0.98	1.36	1.20
丹麦	1.67	1.71	1.60	0.97	1.39	1.33	0.87	1.28	0.77	0.78	1.19
巴基斯坦	1.48	0.62	0.44	0.97	1.11	1.73	1.48	0.70	1.64	1.36	1.18

十三　水资源

水资源 A、B、C 层人才主要集中在美国和中国大陆，二者 A、B、C 层人才的世界占比合计分别为 25.99%、28.01%、31.38%；其中，美国的 A 层人才多于中国大陆，B、C 层人才稍低于中国大陆。

澳大利亚、英国、荷兰、德国、加拿大、意大利、西班牙的 A 层人才比较多，世界占比在 8%~3%；沙特阿拉伯、法国、瑞士、马来西亚、奥地利、比利时、葡萄牙、挪威、新加坡、芬兰、印度也有相当数量的 A 层人才，世界占比均超过 1%。

澳大利亚、英国、荷兰、德国的 B 层人才比较多，世界占比在 7%~3%；意大利、伊朗、法国、加拿大、印度、马来西亚、瑞士、西班牙、奥地利、挪威、韩国、比利时、沙特阿拉伯、瑞典也有相当数量的 B 层人才，世界占比均超过 1%。

澳大利亚、英国、德国、印度、意大利、伊朗、加拿大、荷兰的 C 层人才比较多，世界占比在 6%~3%；西班牙、法国、瑞士、韩国、马来西亚、瑞典、日本、土耳其、新加坡、比利时也有相当数量的 C 层人才，世界占比均超过 1%。

表 5-37　水资源 A 层人才排名前 20 的国家和地区的占比

单位：%

国家和地区	2012 年	2013 年	2014 年	2015 年	2016 年	2017 年	2018 年	2019 年	2020 年	2021 年	合计
美国	16.67	10.00	4.55	7.41	16.13	10.00	23.33	0.00	8.11	23.68	13.39
中国大陆	0.00	5.00	0.00	7.41	3.23	15.00	16.67	18.18	21.62	26.32	12.60
澳大利亚	5.56	15.00	9.09	3.70	3.23	15.00	10.00	18.18	0.00	5.26	7.09

续表

国家和地区	2012 年	2013 年	2014 年	2015 年	2016 年	2017 年	2018 年	2019 年	2020 年	2021 年	合计
英国	16.67	5.00	9.09	18.52	3.23	0.00	6.67	9.09	0.00	2.63	6.30
荷兰	5.56	10.00	9.09	0.00	9.68	10.00	0.00	18.18	2.70	0.00	5.12
德国	5.56	10.00	13.64	3.70	3.23	5.00	6.67	0.00	0.00	2.63	4.72
加拿大	0.00	0.00	0.00	3.70	9.68	0.00	6.67	0.00	2.70	10.53	4.33
意大利	0.00	10.00	0.00	3.70	3.23	5.00	0.00	9.09	8.11	5.26	4.33
西班牙	0.00	0.00	4.55	3.70	3.23	0.00	0.00	0.00	10.81	5.26	3.54
沙特阿拉伯	5.56	5.00	0.00	3.70	3.23	0.00	0.00	0.00	5.41	2.63	2.76
法国	0.00	10.00	0.00	3.70	3.23	0.00	3.33	0.00	2.70	2.63	2.76
瑞士	5.56	5.00	9.09	3.70	3.23	0.00	0.00	9.09	0.00	0.00	2.76
马来西亚	0.00	0.00	4.55	7.41	3.23	5.00	0.00	0.00	2.70	0.00	2.36
奥地利	0.00	5.00	4.55	0.00	3.23	0.00	3.33	0.00	0.00	2.63	1.97
比利时	0.00	0.00	4.55	0.00	3.23	0.00	0.00	0.00	2.70	0.00	1.57
葡萄牙	0.00	5.00	4.55	0.00	6.45	0.00	0.00	0.00	0.00	0.00	1.57
挪威	0.00	0.00	0.00	0.00	0.00	5.00	3.33	0.00	2.70	2.63	1.57
新加坡	0.00	0.00	4.55	0.00	0.00	0.00	0.00	10.00	0.00	0.00	1.57
芬兰	0.00	0.00	0.00	3.70	3.23	5.00	3.33	0.00	0.00	0.00	1.57
印度	5.56	0.00	0.00	3.70	0.00	0.00	0.00	0.00	5.41	0.00	1.57

表 5-38　水资源 B 层人才排名前 20 的国家和地区的占比

单位：%

国家和地区	2012 年	2013 年	2014 年	2015 年	2016 年	2017 年	2018 年	2019 年	2020 年	2021 年	合计
中国大陆	9.88	8.42	12.56	13.93	14.23	14.01	20.68	14.47	22.89	23.19	16.28
美国	14.53	12.38	15.94	16.80	12.46	12.45	13.16	9.32	8.73	6.67	11.73
澳大利亚	8.14	7.43	4.35	6.97	6.05	3.50	6.02	6.75	6.63	6.67	6.23
英国	7.56	8.42	6.76	8.61	6.41	4.67	4.89	5.14	4.82	4.64	5.96
荷兰	8.72	5.94	3.86	4.10	6.05	2.33	3.38	3.54	1.20	2.32	3.82
德国	2.33	3.96	4.83	3.69	4.63	4.28	3.76	3.22	2.11	4.06	3.67
意大利	2.91	3.47	2.90	4.10	3.91	2.72	2.26	3.54	2.11	1.74	2.90
伊朗	4.07	1.49	2.42	1.23	2.14	3.50	1.88	3.86	3.61	3.48	2.83
法国	1.74	4.95	3.38	2.46	3.56	3.89	2.26	2.25	2.41	1.74	2.79
加拿大	4.07	3.96	2.90	4.10	3.20	0.78	1.88	2.57	1.81	3.19	2.75
印度	1.16	1.98	0.97	2.87	3.91	3.11	1.88	2.25	4.22	3.48	2.75
马来西亚	4.65	1.98	3.38	3.28	2.49	1.95	2.63	1.29	2.41	1.45	2.41

续表

国家和地区	2012 年	2013 年	2014 年	2015 年	2016 年	2017 年	2018 年	2019 年	2020 年	2021 年	合计
瑞士	6.40	4.95	1.93	1.23	3.20	1.56	2.63	2.25	0.60	1.45	2.37
西班牙	2.91	2.48	2.42	2.46	2.14	2.33	1.88	1.61	1.81	1.16	2.03
奥地利	1.74	2.97	2.42	0.82	0.36	2.72	1.88	1.93	2.11	1.74	1.83
挪威	2.91	0.50	1.45	1.64	2.14	2.33	1.50	1.61	1.81	1.45	1.72
韩国	2.33	0.99	1.93	0.41	1.07	1.56	1.50	2.57	2.41	1.45	1.64
比利时	0.58	0.99	1.45	2.05	2.85	1.56	1.50	0.64	0.60	1.45	1.38
沙特阿拉伯	0.58	0.50	0.97	1.23	2.14	1.95	0.75	0.32	0.60	2.61	1.22
瑞典	0.58	3.47	2.42	0.82	0.36	0.78	0.75	1.61	0.30	1.74	1.22

表 5-39 水资源 C 层人才排名前 20 的国家和地区的占比

单位：%

国家和地区	2012 年	2013 年	2014 年	2015 年	2016 年	2017 年	2018 年	2019 年	2020 年	2021 年	合计
中国大陆	10.47	11.52	11.93	12.79	14.44	16.01	16.50	20.15	19.96	23.74	16.47
美国	18.75	18.65	17.11	17.89	14.84	17.22	15.20	13.05	11.76	9.78	14.91
澳大利亚	6.66	5.66	6.21	5.81	5.62	5.28	5.00	5.25	4.81	3.89	5.30
英国	5.79	4.89	6.35	5.40	5.77	5.32	5.84	5.05	4.94	3.99	5.26
德国	5.27	4.94	4.79	4.52	4.90	3.95	4.24	2.75	2.77	3.33	4.01
印度	3.07	3.57	3.13	3.03	3.12	3.63	3.13	3.76	4.94	4.33	3.65
意大利	4.22	3.82	4.45	3.90	3.56	2.90	3.63	2.99	2.58	3.05	3.42
伊朗	2.43	2.45	2.54	2.57	2.98	3.35	3.71	4.49	3.80	4.14	3.36
加拿大	3.88	3.87	3.76	3.69	3.34	3.02	3.06	2.99	2.89	3.08	3.30
荷兰	3.94	4.08	4.30	2.86	3.34	3.63	3.25	2.54	2.70	2.31	3.19
西班牙	3.76	3.82	2.93	3.11	2.98	3.06	2.83	2.71	2.61	1.62	2.85
法国	3.76	3.77	2.88	2.49	2.79	2.34	2.33	1.46	1.35	1.43	2.32
瑞士	2.66	2.55	2.98	2.70	2.47	2.54	2.10	1.46	1.51	1.34	2.14
韩国	0.98	1.17	1.52	1.20	1.34	1.45	1.41	2.02	2.01	1.93	1.56
马来西亚	1.10	1.17	1.37	1.58	1.45	1.05	0.99	1.29	1.19	1.93	1.33
瑞典	1.33	1.17	1.37	1.54	1.60	1.41	1.22	1.04	1.16	1.25	1.30
日本	1.62	1.43	1.37	1.12	1.16	1.21	1.45	1.08	1.41	1.09	1.27
土耳其	1.68	0.92	1.42	1.08	0.98	0.89	0.99	0.90	1.13	1.18	1.10
新加坡	0.69	1.68	0.98	0.95	1.27	1.29	1.26	1.08	0.79	0.97	1.09
比利时	1.10	1.78	0.68	1.20	1.23	1.25	0.84	1.15	0.85	0.65	1.05

十四 环境研究

环境研究 A、B、C 层人才最多的国家是美国，分别占该学科全球 A、B、C 层人才的 14.53%、13.27%、13.49%。

中国大陆的 A 层人才以 9.40% 的世界占比排名第二；英国、澳大利亚、德国、荷兰、法国、日本、加拿大、瑞士的 A 层人才比较多，世界占比在 8%～3%；奥地利、西班牙、瑞典、丹麦、芬兰、意大利、巴基斯坦、南非、印度、孟加拉国也有相当数量的 A 层人才，世界占比超过或接近 1%。

英国、中国大陆的 B 层人才处于第二梯队，世界占比分别为 9.52%、8.17%；德国、荷兰、澳大利亚、意大利、加拿大、法国、瑞典的 B 层人才比较多，世界占比在 6%～3%；西班牙、瑞士、奥地利、挪威、日本、丹麦、印度、芬兰、巴基斯坦、马来西亚也有相当数量的 B 层人才，世界占比超过或接近 1%。

英国、中国大陆的 C 层人才处于第二梯队，世界占比分别为 10.43%、9.92%；德国、澳大利亚、荷兰、意大利、西班牙、加拿大的 C 层人才比较多，世界占比在 6%～3%；瑞典、法国、瑞士、挪威、奥地利、印度、丹麦、中国香港、韩国、比利时、日本也有相当数量的 C 层人才，世界占比均超过 1%。

表 5-40 环境研究 A 层人才排名前 20 的国家和地区的占比

单位：%

国家和地区	2012 年	2013 年	2014 年	2015 年	2016 年	2017 年	2018 年	2019 年	2020 年	2021 年	合计
美国	28.57	26.67	27.27	8.33	20.00	8.70	7.69	18.42	7.69	14.58	14.53
中国大陆	28.57	0.00	0.00	8.33	20.00	4.35	0.00	2.63	5.13	25.00	9.40
英国	0.00	20.00	18.18	8.33	6.67	4.35	7.69	7.89	7.69	2.08	7.26
澳大利亚	0.00	6.67	18.18	8.33	13.33	4.35	7.69	5.26	7.69	4.17	6.84
德国	14.29	6.67	0.00	0.00	6.67	8.70	7.69	10.53	10.26	2.08	6.84
荷兰	0.00	0.00	18.18	0.00	0.00	8.70	11.54	5.26	7.69	4.17	5.98
法国	0.00	6.67	9.09	0.00	13.33	4.35	3.85	7.89	5.13	0.00	4.70
日本	0.00	6.67	0.00	0.00	6.67	4.35	3.85	5.26	0.00	8.33	4.27

续表

国家和地区	2012年	2013年	2014年	2015年	2016年	2017年	2018年	2019年	2020年	2021年	合计
加拿大	0.00	6.67	0.00	8.33	0.00	0.00	7.69	5.26	5.13	2.08	3.85
瑞士	14.29	0.00	0.00	8.33	6.67	4.35	7.69	2.63	2.56	2.08	3.85
奥地利	0.00	0.00	0.00	8.33	0.00	8.70	3.85	2.63	0.00	2.08	2.56
西班牙	0.00	6.67	0.00	0.00	6.67	4.35	3.85	2.63	2.56	0.00	2.56
瑞典	0.00	0.00	0.00	8.33	0.00	0.00	3.85	5.26	5.13	0.00	2.56
丹麦	0.00	6.67	0.00	0.00	0.00	0.00	3.85	2.63	5.13	0.00	2.14
芬兰	0.00	0.00	0.00	0.00	0.00	4.35	3.85	2.63	2.56	2.08	2.14
意大利	0.00	0.00	0.00	8.33	0.00	8.70	3.85	0.00	0.00	0.00	1.71
巴基斯坦	0.00	0.00	0.00	8.33	0.00	0.00	0.00	0.00	2.56	4.17	1.71
南非	0.00	6.67	0.00	0.00	0.00	4.35	0.00	0.00	2.56	0.00	1.71
印度	0.00	0.00	0.00	0.00	0.00	0.00	0.00	2.63	2.56	2.08	1.28
孟加拉国	0.00	0.00	0.00	0.00	0.00	0.00	0.00	0.00	0.00	4.17	0.85

表5-41 环境研究B层人才排名前20的国家和地区的占比

单位：%

国家和地区	2012年	2013年	2014年	2015年	2016年	2017年	2018年	2019年	2020年	2021年	合计
美国	15.08	17.93	12.35	17.61	13.92	18.18	15.12	13.16	11.66	7.35	13.27
英国	10.32	8.28	10.00	9.66	8.25	8.66	11.68	10.82	9.59	8.02	9.52
中国大陆	3.17	3.45	5.29	5.11	4.64	6.49	7.56	9.06	8.29	15.37	8.17
德国	7.14	6.90	4.71	5.11	7.73	6.06	6.87	4.97	6.74	4.01	5.82
荷兰	6.35	6.21	6.47	7.95	7.73	6.93	6.19	4.39	3.37	2.90	5.26
澳大利亚	7.14	9.66	6.47	6.82	4.64	8.66	5.15	6.43	2.33	2.00	5.18
意大利	3.17	2.76	5.29	4.55	2.58	3.03	4.12	3.22	4.92	3.12	3.71
加拿大	4.76	6.21	2.94	3.41	2.58	3.90	4.47	4.39	3.11	2.23	3.59
法国	3.97	4.14	4.12	2.27	5.15	4.76	1.72	3.80	2.33	3.12	3.35
瑞典	3.17	5.52	2.35	5.68	2.06	3.46	4.81	3.22	3.11	1.78	3.31
西班牙	1.59	4.83	0.59	2.27	1.55	3.03	3.09	2.63	3.89	3.34	2.87
瑞士	4.76	2.76	2.35	3.41	4.12	2.60	2.06	1.75	2.33	2.45	2.63
奥地利	1.59	2.76	3.53	1.70	3.09	3.90	2.41	3.51	1.81	0.45	2.31
挪威	2.38	4.14	1.76	3.41	2.06	2.60	2.41	3.51	1.81	0.45	2.23
日本	2.38	1.38	2.94	0.57	2.06	3.03	2.06	2.05	2.07	0.89	1.87
丹麦	2.38	1.38	5.29	2.84	2.58	0.87	1.03	1.17	1.81	0.89	1.75
印度	0.00	1.38	2.94	1.14	1.55	0.87	0.69	0.88	1.04	2.67	1.39

续表

国家和地区	2012 年	2013 年	2014 年	2015 年	2016 年	2017 年	2018 年	2019 年	2020 年	2021 年	合计
芬兰	2.38	2.07	1.18	2.27	1.55	0.00	0.69	0.58	2.33	1.34	1.35
巴基斯坦	0.79	0.69	0.59	0.00	1.55	0.87	0.00	1.17	0.78	3.79	1.27
马来西亚	1.59	0.00	1.18	0.57	0.52	1.30	0.69	0.58	0.26	2.00	0.92

表 5-42　环境研究 C 层人才排名前 20 的国家和地区的占比

单位：%

国家和地区	2012 年	2013 年	2014 年	2015 年	2016 年	2017 年	2018 年	2019 年	2020 年	2021 年	合计
美国	19.09	19.06	18.30	15.76	17.65	14.71	13.69	11.75	10.67	8.16	13.49
英国	14.55	14.65	11.55	12.19	12.59	11.10	10.33	10.50	8.56	6.83	10.43
中国大陆	4.79	5.68	6.93	7.09	7.74	9.68	9.88	11.49	11.28	14.03	9.92
德国	6.45	5.89	6.26	7.03	6.16	6.02	5.21	5.47	4.97	3.78	5.43
澳大利亚	7.19	7.08	6.63	5.92	5.85	5.72	4.39	5.21	4.33	3.95	5.22
荷兰	4.71	5.96	5.47	4.92	4.64	4.60	4.63	4.19	3.43	2.39	4.17
意大利	2.15	2.80	1.64	2.87	3.37	3.91	3.50	4.22	5.13	4.63	3.79
西班牙	3.06	3.08	2.86	3.40	3.00	3.18	3.57	3.69	3.83	3.25	3.38
加拿大	4.71	4.27	3.59	4.28	3.53	4.00	3.64	2.76	3.01	2.32	3.36
瑞典	3.55	3.22	3.04	3.93	2.85	2.88	3.57	2.91	2.19	1.89	2.83
法国	2.64	2.10	3.40	2.23	2.48	2.24	2.98	2.44	2.17	2.14	2.44
瑞士	2.48	1.96	2.01	2.23	1.84	2.28	1.68	2.04	1.45	1.71	1.89
挪威	2.07	1.47	1.88	2.17	1.90	1.98	2.06	1.31	1.48	1.66	1.74
奥地利	2.07	1.33	2.49	1.52	1.79	1.51	1.37	1.69	1.37	1.34	1.57
印度	0.58	0.49	1.03	1.17	1.53	1.03	0.93	1.80	1.59	2.24	1.41
丹麦	1.90	1.75	1.34	1.64	1.16	1.38	1.51	1.05	1.35	0.86	1.30
中国香港	1.16	1.26	1.09	1.35	1.90	1.89	1.13	1.05	1.22	1.03	1.27
韩国	0.74	1.05	1.05	1.05	0.95	1.25	1.20	1.51	1.06	1.51	1.21
比利时	0.99	0.63	1.28	1.64	1.21	1.59	1.51	0.93	1.19	1.06	1.20
日本	1.32	1.61	1.16	1.00	1.26	0.86	1.20	1.16	1.00	1.16	1.14

十五　多学科地球科学

多学科地球科学 A、B、C 层人才最多的是美国，分别占该学科全球 A、B、C 层人才的 13.28%、15.22%、16.85%；中国大陆 A、B、C 层人才分别以 8.78%、10.60%、15.47% 的世界占比排名世界第二。

英国的 A 层人才以 8.35% 的世界占比排名第三；德国、法国、澳大利亚、荷兰、加拿大、瑞士、挪威、奥地利、意大利的 A 层人才比较多，世界占比为 7%~3%；比利时、瑞典、日本、丹麦、俄罗斯、西班牙、印度、中国香港也有相当数量的 A 层人才，世界占比均超过 1%。

英国、德国的 B 层人才处于第二梯队，世界占比分别为 8.71%、7.14%；法国、澳大利亚、加拿大、瑞士、荷兰的 B 层人才比较多，世界占比在 5%~3%；意大利、挪威、日本、瑞典、奥地利、西班牙、比利时、丹麦、印度、伊朗、俄罗斯也有相当数量的 B 层人才，世界占比均超过 1%。

英国、德国、澳大利亚、法国、加拿大、意大利的 C 层人才也比较多，世界占比在 8%~3%；荷兰、瑞士、西班牙、日本、印度、挪威、瑞典、伊朗、比利时、奥地利、中国香港、丹麦也有相当数量的 C 层人才，世界占比超过或接近 1%。

表 5-43　多学科地球科学 A 层人才排名前 20 的国家和地区的占比

单位：%

国家和地区	2012 年	2013 年	2014 年	2015 年	2016 年	2017 年	2018 年	2019 年	2020 年	2021 年	合计
美国	23.33	10.81	23.68	12.12	12.77	10.64	13.04	15.00	10.17	8.57	13.28
中国大陆	3.33	5.41	2.63	15.15	6.38	12.77	8.70	6.67	11.86	11.43	8.78
英国	10.00	8.11	7.89	12.12	8.51	6.38	10.87	6.67	8.47	7.14	8.35
德国	3.33	8.11	7.89	9.09	8.51	8.51	4.35	5.00	6.78	5.71	6.64
法国	0.00	5.41	13.16	3.03	6.38	4.26	4.35	8.33	6.78	5.71	6.00
澳大利亚	6.67	8.11	5.26	6.06	4.26	6.38	2.17	6.67	3.39	8.57	5.78
荷兰	0.00	5.41	5.26	6.06	4.26	6.38	4.35	5.00	6.78	4.29	4.93
加拿大	6.67	5.41	2.63	3.03	4.26	2.13	6.52	6.67	3.39	5.71	4.71
瑞士	6.67	2.70	7.89	6.06	6.38	2.13	2.17	3.33	3.39	5.71	4.50
挪威	6.67	2.70	0.00	0.00	6.38	4.26	6.52	3.33	5.08	2.86	3.85
奥地利	0.00	0.00	2.63	3.03	8.51	6.38	4.35	3.33	3.39	2.86	3.64
意大利	0.00	5.41	2.63	0.00	0.00	6.38	8.70	3.33	5.08	0.00	3.21
比利时	0.00	5.41	0.00	0.00	2.13	4.26	4.35	1.67	5.08	2.86	2.78

续表

国家和地区	2012 年	2013 年	2014 年	2015 年	2016 年	2017 年	2018 年	2019 年	2020 年	2021 年	合计
瑞典	3.33	5.41	5.26	6.06	0.00	0.00	0.00	1.67	1.69	4.29	2.57
日本	3.33	5.41	0.00	0.00	2.13	2.13	4.35	3.33	3.39	0.00	2.36
丹麦	3.33	2.70	5.26	3.03	0.00	0.00	2.17	1.67	0.00	2.86	1.93
俄罗斯	0.00	2.70	0.00	6.06	0.00	0.00	0.00	3.33	1.69	2.86	1.71
西班牙	6.67	0.00	2.63	0.00	2.13	0.00	2.17	3.33	0.00	1.43	1.71
印度	3.33	0.00	0.00	0.00	0.00	2.13	0.00	1.67	0.00	4.29	1.28
中国香港	3.33	0.00	2.63	3.03	0.00	0.00	2.17	3.33	0.00	0.00	1.28

表 5-44　多学科地球科学 B 层人才排名前 20 的国家和地区的占比

单位：%

国家和地区	2012 年	2013 年	2014 年	2015 年	2016 年	2017 年	2018 年	2019 年	2020 年	2021 年	合计
美国	19.25	18.93	18.64	15.77	15.77	15.19	13.93	16.42	12.87	10.33	15.22
中国大陆	5.90	6.13	10.83	6.70	7.21	9.35	12.38	12.45	11.40	17.81	10.60
英国	12.11	10.67	10.58	9.94	9.91	8.18	7.93	7.17	6.68	7.15	8.71
德国	9.32	5.87	6.80	7.13	7.21	8.18	6.96	5.47	8.31	6.68	7.14
法国	4.35	5.87	4.28	6.05	3.83	5.84	5.03	4.72	4.89	3.82	4.83
澳大利亚	5.28	4.27	4.53	4.97	5.18	3.50	3.87	5.47	5.37	4.45	4.70
加拿大	3.11	3.20	3.78	3.89	5.41	5.14	2.90	4.34	4.56	3.97	4.07
瑞士	3.73	4.80	3.02	4.75	3.83	4.44	3.68	3.02	3.58	3.18	3.75
荷兰	3.42	4.53	3.78	3.89	3.83	3.74	3.29	3.58	3.26	2.70	3.54
意大利	1.55	2.40	3.53	3.46	2.93	2.34	4.84	2.83	1.95	2.86	2.90
挪威	2.48	3.47	2.02	3.02	3.38	3.74	1.93	2.45	2.93	2.70	2.80
日本	1.24	1.60	2.52	1.73	2.93	2.10	3.29	2.64	3.26	2.23	2.44
瑞典	1.55	1.60	2.77	2.81	3.83	3.27	1.93	1.13	2.12	2.07	2.29
奥地利	2.48	2.40	1.51	1.73	1.35	1.40	2.32	1.51	3.26	2.07	2.03
西班牙	1.55	1.87	2.02	1.73	2.25	1.87	2.51	1.89	1.95	1.59	1.93
比利时	0.00	2.13	1.51	2.38	1.35	1.40	1.55	1.13	2.28	1.43	1.57
丹麦	1.55	1.60	1.01	1.08	1.35	1.40	1.93	1.13	1.14	1.27	1.34
印度	0.62	0.53	0.76	0.43	0.90	1.87	1.55	2.08	0.98	2.07	1.25
伊朗	1.24	0.53	0.76	0.65	1.35	0.70	0.97	2.83	1.30	1.59	1.25
俄罗斯	2.17	1.60	1.26	1.08	1.35	1.17	0.19	0.75	0.49	1.59	1.10

表5-45　多学科地球科学 C 层人才排名前 20 的国家和地区的占比

单位：%

国家和地区	2012 年	2013 年	2014 年	2015 年	2016 年	2017 年	2018 年	2019 年	2020 年	2021 年	合计
美国	20.03	18.25	20.01	18.77	18.54	17.74	16.82	15.25	14.12	12.97	16.85
中国大陆	11.27	10.75	12.06	13.76	13.57	14.67	16.57	19.42	18.06	19.15	15.47
英国	8.85	9.25	8.13	8.14	8.07	7.51	7.77	7.03	6.49	6.63	7.64
德国	6.34	7.50	7.15	6.86	6.73	6.21	5.65	5.76	5.40	5.31	6.18
澳大利亚	4.74	5.56	5.04	5.58	5.12	5.13	5.02	4.86	4.78	4.34	4.99
法国	5.24	5.62	5.04	4.92	5.41	4.80	4.16	3.77	4.07	4.09	4.61
加拿大	4.83	3.82	3.78	3.82	4.01	3.59	3.61	3.44	3.51	3.37	3.72
意大利	3.45	2.92	3.32	3.42	2.92	3.57	3.61	3.73	3.89	3.60	3.48
荷兰	3.39	3.08	2.57	2.88	2.43	3.47	2.39	2.57	2.31	2.27	2.68
瑞士	3.26	2.62	2.85	2.97	2.74	3.05	2.71	2.25	2.42	2.22	2.66
西班牙	2.10	2.40	2.39	1.96	2.38	2.15	2.26	2.26	2.24	2.18	2.23
日本	2.70	3.30	1.65	2.41	2.14	2.01	2.24	2.16	2.11	1.95	2.23
印度	1.41	2.05	1.65	1.48	1.47	1.61	1.43	1.85	1.92	2.38	1.75
挪威	1.63	2.21	1.57	1.80	1.92	2.01	1.51	1.45	1.53	1.73	1.71
瑞典	1.73	1.91	1.52	1.48	1.78	1.49	1.65	1.30	1.35	1.30	1.52
伊朗	0.66	1.04	0.93	0.99	1.00	1.39	1.51	2.10	1.90	2.04	1.44
比利时	1.57	1.36	0.87	1.21	1.29	1.56	1.16	1.14	1.22	1.15	1.24
奥地利	0.91	1.15	1.23	1.01	1.43	1.54	1.22	0.91	1.27	1.28	1.20
中国香港	1.22	0.74	0.95	0.94	0.91	0.85	1.02	0.98	1.12	1.28	1.01
丹麦	1.13	0.87	1.05	1.08	1.00	1.25	0.94	0.83	0.93	0.95	0.99

第二节　学科组

在地球科学各学科人才分析的基础上，按照 A、B、C 三个人才层次，对各学科人才进行汇总分析，可以从学科组层面揭示人才的分布特点和发展趋势。

一　A 层人才

地球科学 A 层人才最多的是美国，占该学科组全球 A 层人才的

16.06%，中国大陆以 13.53% 的世界占比排名第二，二者的 A 层人才世界占比合计接近全球的 30%；其后是英国、德国、澳大利亚，世界占比分别为 7.91%、6.41%、5.88%；荷兰、加拿大、法国、瑞士、意大利、西班牙、瑞典的 A 层人才也比较多，世界占比在 5%~2%；奥地利、日本、挪威、印度、比利时、丹麦、中国香港、马来西亚也有相当数量的 A 层人才，世界占比超过或等于 1%；韩国、沙特阿拉伯、葡萄牙、新西兰、伊朗、新加坡、芬兰、南非、巴基斯坦、越南、巴西、俄罗斯、埃及、捷克、中国台湾、冰岛、土耳其、智利、爱尔兰、印度尼西亚有一定数量的 A 层人才，世界占比均低于 1%。

在发展趋势上，美国、英国、德国、澳大利亚、荷兰、法国呈现相对下降趋势，中国大陆、印度、中国香港、伊朗、巴基斯坦、越南呈现相对上升趋势，其他国家和地区没有呈现明显变化。

表 5-46　地球科学 A 层人才排名前 40 的国家和地区的占比

单位：%

国家和地区	2012 年	2013 年	2014 年	2015 年	2016 年	2017 年	2018 年	2019 年	2020 年	2021 年	合计
美国	31.77	18.81	18.30	17.03	18.09	15.18	14.64	14.78	11.18	13.27	16.06
中国大陆	6.25	5.96	5.96	11.79	14.47	10.56	12.43	12.10	17.20	23.27	13.53
英国	8.85	11.47	11.49	10.92	7.57	6.60	7.46	8.06	5.81	6.15	7.91
德国	6.77	8.72	4.26	6.11	6.58	8.25	8.01	7.80	4.73	4.62	6.41
澳大利亚	5.21	6.42	9.79	6.55	5.26	4.62	7.73	5.65	5.38	4.23	5.88
荷兰	3.13	4.59	7.66	3.93	2.96	7.59	4.14	5.38	3.66	3.27	4.50
加拿大	4.17	4.13	3.83	5.24	3.95	1.98	5.25	5.65	3.44	3.27	4.03
法国	3.13	5.96	5.53	4.37	4.28	3.30	4.14	4.84	3.87	2.31	4.00
瑞士	4.17	2.75	4.26	3.93	4.28	4.29	3.87	2.96	1.94	2.31	3.28
意大利	2.08	4.59	3.40	3.49	1.97	3.63	3.31	2.15	6.02	1.73	3.25
西班牙	3.65	3.21	2.55	1.31	3.62	1.98	2.49	1.34	2.37	2.50	2.44
瑞典	1.56	0.92	2.98	3.49	1.32	1.32	1.66	3.76	1.72	1.73	2.03
奥地利	0.00	0.92	2.13	2.18	2.96	4.62	2.49	1.88	1.08	1.35	1.97
日本	1.04	2.75	0.85	0.87	2.30	1.98	1.38	1.88	2.80	2.31	1.94
挪威	2.08	2.29	0.43	0.00	1.97	1.98	2.21	2.69	2.58	1.73	1.91
印度	1.56	0.46	1.28	0.87	0.66	0.66	1.10	1.61	2.37	1.92	1.38

续表

国家和地区	2012 年	2013 年	2014 年	2015 年	2016 年	2017 年	2018 年	2019 年	2020 年	2021 年	合计
比利时	1.04	1.83	0.85	0.44	1.64	1.65	1.38	1.34	1.08	1.15	1.25
丹麦	1.04	1.38	2.13	1.31	0.66	0.00	1.38	1.34	1.72	0.58	1.13
中国香港	0.52	0.00	0.85	0.44	0.66	0.33	1.38	1.61	1.72	1.54	1.06
马来西亚	0.00	0.00	0.43	0.87	1.32	1.32	0.83	0.81	0.86	2.12	1.00
韩国	0.00	0.92	0.85	1.31	0.66	3.63	0.28	1.34	0.65	0.38	0.97
沙特阿拉伯	1.04	0.46	2.13	0.87	1.32	0.33	0.00	0.00	1.51	1.35	0.91
葡萄牙	1.04	2.75	0.43	0.00	0.99	0.66	0.83	0.27	0.65	0.77	0.78
新西兰	0.00	1.83	0.85	0.44	0.66	0.33	0.55	1.61	0.65	0.58	0.75
伊朗	0.52	0.00	0.00	0.00	0.33	0.66	0.28	0.54	1.08	1.92	0.69
新加坡	1.04	0.46	1.28	0.00	0.66	0.00	1.66	0.27	0.86	0.58	0.69
芬兰	0.00	0.46	0.43	0.87	0.33	1.32	0.83	0.54	0.65	0.58	0.66
南非	1.56	0.92	0.43	0.44	1.32	0.66	0.28	0.54	0.65	0.38	0.66
巴基斯坦	0.00	0.46	0.43	1.31	0.33	0.66	0.00	0.54	0.86	1.15	0.63
越南	0.00	0.00	0.00	0.00	0.66	0.33	0.28	1.08	0.86	1.35	0.59
巴西	0.00	0.46	0.00	0.00	0.99	0.33	0.55	0.27	1.51	0.38	0.53
俄罗斯	0.52	0.46	0.43	1.31	0.33	0.66	0.28	0.81	0.22	0.58	0.52
埃及	0.00	0.00	0.00	0.00	0.66	0.33	0.28	0.27	0.22	1.35	0.41
捷克	0.00	0.00	0.00	0.00	0.00	0.66	0.99	0.00	0.27	0.43	0.58	0.34
中国台湾	0.00	0.46	0.00	0.44	0.33	0.66	1.10	0.27	0.22	0.34
冰岛	0.00	0.00	0.43	0.87	0.00	0.00	0.55	0.54	0.65	0.00	0.31
土耳其	0.00	0.00	0.00	0.44	0.00	0.00	0.55	0.27	0.00	0.77	0.28
智利	0.52	0.92	0.85	0.00	0.00	0.00	0.28	0.00	0.43	0.19	0.28
爱尔兰	0.00	0.00	0.43	0.00	0.00	0.66	0.55	0.00	0.43	0.19	0.28
印度尼西亚	0.00	0.00	0.00	0.00	0.00	0.00	0.55	0.27	0.43	0.58	0.25

二　B 层人才

地球科学 B 层人才最多的是美国，占该学科组全球 B 层人才的
14.92%，中国大陆以 14.35% 的世界占比排名第二，二者的 B 层人才世界占
比合计接近全球的 30%；其后是英国、德国、澳大利亚，世界占比分别为
7.44%、5.74%、5.36%；法国、加拿大、荷兰、意大利、瑞士、西班牙的

B层人才也比较多，世界占比在4%～2%；日本、瑞典、挪威、印度、奥地利、韩国、比利时、丹麦、中国香港、伊朗也有相当数量的B层人才，世界占比超过1%；芬兰、马来西亚、葡萄牙、巴西、新西兰、南非、新加坡、俄罗斯、土耳其、沙特阿拉伯、巴基斯坦、中国台湾、越南、希腊、捷克、波兰、爱尔兰、墨西哥、以色列有一定数量的B层人才，世界占比均低于1%。

在发展趋势上，美国、英国、德国、法国、加拿大、荷兰、瑞士、丹麦呈现相对下降趋势，中国大陆、印度、韩国、中国香港、伊朗、巴基斯坦、越南呈现相对上升趋势，其他国家和地区没有呈现明显变化。

表5-47　地球科学B层人才排名前40的国家和地区的占比

单位：%

国家和地区	2012年	2013年	2014年	2015年	2016年	2017年	2018年	2019年	2020年	2021年	合计
美国	19.05	19.05	18.74	16.25	17.29	16.42	14.55	13.73	12.52	9.57	14.92
中国大陆	7.41	8.38	11.60	10.45	11.79	13.14	14.94	16.81	16.59	21.59	14.35
英国	8.71	8.75	8.44	8.50	8.23	7.04	7.37	6.93	6.47	6.31	7.44
德国	6.54	5.79	6.11	5.81	5.93	6.14	6.05	5.81	5.50	4.74	5.74
澳大利亚	5.96	5.84	5.09	5.42	5.86	5.33	4.81	5.74	5.13	5.00	5.36
法国	4.33	5.04	4.10	4.21	4.41	4.79	3.09	3.51	3.26	2.86	3.80
加拿大	4.52	4.17	4.02	4.04	4.08	3.82	3.18	3.68	3.67	2.72	3.68
荷兰	4.18	3.67	3.59	3.93	4.31	3.76	3.56	3.12	2.55	2.38	3.36
意大利	2.93	2.92	3.75	3.82	2.73	2.83	3.67	2.98	3.32	2.48	3.11
瑞士	3.90	3.38	2.49	3.22	2.93	2.96	2.98	2.35	2.07	2.16	2.72
西班牙	2.93	2.88	2.21	2.27	2.14	2.31	2.65	2.52	2.53	2.04	2.42
日本	1.73	2.08	2.09	1.63	1.71	2.44	1.88	2.08	2.18	1.63	1.95
瑞典	2.16	2.13	1.70	2.48	2.27	2.09	2.35	1.60	1.61	1.57	1.94
挪威	2.69	2.42	1.62	2.34	1.98	2.02	1.55	2.08	1.96	1.19	1.91
印度	0.72	1.25	1.26	1.49	1.55	1.57	1.60	1.79	2.13	2.88	1.77
奥地利	1.64	1.92	1.85	1.31	1.71	1.93	1.91	1.43	1.50	1.13	1.59
韩国	0.82	0.75	0.95	1.03	1.32	1.22	1.46	1.77	1.52	1.59	1.32
比利时	0.82	1.63	1.14	1.66	1.51	1.48	1.27	1.09	1.43	0.89	1.28
丹麦	1.88	1.50	1.97	1.35	1.12	1.09	1.24	1.00	0.97	0.95	1.23
中国香港	0.43	0.88	0.59	0.85	1.02	0.84	1.82	1.28	1.08	1.41	1.09

续表

国家和地区	2012 年	2013 年	2014 年	2015 年	2016 年	2017 年	2018 年	2019 年	2020 年	2021 年	合计
伊朗	0.67	0.71	0.71	0.53	0.72	0.74	1.10	1.43	1.41	1.43	1.03
芬兰	0.91	1.08	1.03	1.06	0.92	0.93	1.02	0.75	1.23	0.81	0.97
马来西亚	1.06	0.54	1.18	1.03	0.59	0.71	0.94	0.58	0.88	1.11	0.86
葡萄牙	0.77	0.75	0.63	0.92	0.66	0.80	1.08	0.68	0.97	0.75	0.81
巴西	0.77	0.38	1.03	0.46	0.99	0.87	0.58	0.80	0.92	0.93	0.79
新西兰	1.15	0.96	0.51	0.85	0.82	0.84	0.86	0.73	0.70	0.52	0.76
南非	0.91	0.67	0.71	0.64	0.76	0.71	0.75	0.73	0.86	0.54	0.72
新加坡	0.77	0.46	0.67	0.78	0.69	0.51	0.55	1.07	0.66	0.81	0.71
俄罗斯	1.06	0.83	0.87	0.57	0.66	0.71	0.33	0.39	0.59	0.99	0.68
土耳其	0.63	0.21	0.55	0.42	0.53	0.29	0.33	0.65	1.08	1.33	0.67
沙特阿拉伯	0.19	0.54	0.36	0.57	0.66	0.67	0.80	0.53	0.66	1.15	0.66
巴基斯坦	0.19	0.17	0.12	0.35	0.46	0.48	0.47	0.65	0.68	1.61	0.62
中国台湾	0.63	0.75	0.28	0.50	0.40	0.26	0.66	0.39	0.59	0.85	0.54
越南	0.19	0.13	0.24	0.07	0.23	0.45	0.41	0.75	1.10	0.97	0.54
希腊	0.38	0.38	0.36	0.46	0.72	0.51	0.44	0.65	0.51	0.62	0.52
捷克	0.34	0.29	0.47	0.39	0.40	0.55	0.69	0.36	0.62	0.48	0.48
波兰	0.34	0.33	0.43	0.46	0.56	0.42	0.41	0.31	0.48	0.58	0.45
爱尔兰	0.29	0.13	0.32	0.64	0.36	0.51	0.50	0.31	0.53	0.48	0.42
墨西哥	0.43	0.29	0.63	0.46	0.43	0.42	0.22	0.34	0.44	0.42	0.40
以色列	0.34	0.33	0.36	0.28	0.56	0.55	0.58	0.34	0.35	0.20	0.38

三 C层人才

地球科学C层人才最多的是中国大陆，占该学科组全球C层人才的16.52%，美国以15.91%的世界占比排名第二，二者的C层人才世界占比接近全球的1/3；其后是英国、德国、澳大利亚，世界占比分别为7.22%、5.25%、4.85%；法国、加拿大、意大利、荷兰、西班牙、印度、瑞士的C层人才比较多，世界占比在4%~2%；瑞典、日本、挪威、伊朗、韩国、中国香港、巴西、比利时、丹麦、奥地利也有相当数量的C层人才，世界占比均超过1%；芬兰、葡萄牙、马来西亚、土耳其、新西

303

兰、南非、沙特阿拉伯、希腊、巴基斯坦、新加坡、波兰、俄罗斯、中国台湾、越南、捷克、埃及、爱尔兰、智利有一定数量的 C 层人才，世界占比均低于 1%。

在发展趋势上，美国、英国、德国、澳大利亚、法国、加拿大、荷兰、瑞士、比利时、丹麦呈现相对下降趋势，中国大陆、印度、伊朗、韩国、巴西、土耳其、巴基斯坦、埃及呈现相对上升趋势，其他国家和地区没有呈现明显变化。

表 5-48　地球科学 C 层人才排名前 40 的国家和地区的占比

单位：%

国家和地区	2012 年	2013 年	2014 年	2015 年	2016 年	2017 年	2018 年	2019 年	2020 年	2021 年	合计
中国大陆	10.19	11.05	11.79	13.10	13.89	15.89	17.21	19.47	20.14	22.12	16.52
美国	21.54	20.50	20.06	18.90	17.75	16.96	15.26	13.99	12.57	10.64	15.91
英国	8.45	8.43	7.88	7.82	7.91	7.64	7.30	7.11	6.32	5.57	7.22
德国	6.45	6.24	5.97	5.98	5.85	5.31	5.34	4.83	4.43	4.08	5.25
澳大利亚	5.31	5.41	5.32	5.40	5.03	5.04	4.81	4.79	4.48	4.03	4.85
法国	4.58	4.67	4.44	3.79	4.13	3.63	3.56	3.26	2.92	2.65	3.59
加拿大	4.19	4.12	3.92	4.09	3.84	3.73	3.47	3.28	3.29	2.91	3.58
意大利	3.22	3.25	3.37	3.59	3.37	3.42	3.36	3.30	3.48	3.23	3.36
荷兰	3.28	3.10	3.23	3.00	3.07	3.05	2.88	2.62	2.27	1.96	2.74
西班牙	3.09	2.76	3.01	2.60	2.83	2.59	2.63	2.64	2.58	2.38	2.67
印度	1.39	1.66	1.62	1.70	1.87	1.78	1.84	2.20	2.71	3.46	2.17
瑞士	2.74	2.37	2.65	2.62	2.38	2.34	2.10	1.75	1.72	1.65	2.13
瑞典	1.79	1.90	1.75	1.82	1.97	1.81	1.87	1.53	1.42	1.35	1.68
日本	2.23	2.27	1.63	1.70	1.48	1.51	1.54	1.58	1.51	1.49	1.64
挪威	1.33	1.57	1.42	1.41	1.55	1.50	1.33	1.23	1.16	1.13	1.33
伊朗	0.69	0.84	0.85	0.91	1.00	1.26	1.39	1.73	1.69	1.81	1.32
韩国	0.88	0.94	0.94	0.93	0.93	1.05	1.23	1.41	1.40	1.72	1.21
中国香港	0.97	0.90	0.95	1.08	1.18	1.23	1.34	1.26	1.28	1.19	1.17
巴西	0.92	0.97	0.97	0.99	1.12	1.13	1.15	1.17	1.25	1.27	1.12
比利时	1.12	1.13	1.02	1.31	1.18	1.25	1.22	1.07	0.99	0.96	1.11
丹麦	1.26	1.24	1.23	1.22	1.15	1.15	1.04	1.02	0.98	0.87	1.08
奥地利	1.05	1.03	1.25	1.10	1.17	1.18	1.12	1.06	1.03	0.96	1.08
芬兰	0.78	0.74	0.92	0.74	0.88	0.93	0.92	0.78	0.83	0.70	0.82

国家和地区	2012 年	2013 年	2014 年	2015 年	2016 年	2017 年	2018 年	2019 年	2020 年	2021 年	合计
葡萄牙	0.80	0.81	0.62	0.76	0.80	0.78	0.69	0.86	0.76	0.74	0.76
马来西亚	0.43	0.46	0.62	0.61	0.59	0.64	0.61	0.71	0.93	1.19	0.73
土耳其	0.57	0.62	0.63	0.61	0.62	0.52	0.56	0.60	0.93	1.03	0.70
新西兰	0.96	0.89	0.78	0.84	0.67	0.67	0.69	0.64	0.57	0.57	0.70
南非	0.48	0.60	0.73	0.67	0.58	0.65	0.76	0.75	0.73	0.66	0.67
沙特阿拉伯	0.28	0.37	0.45	0.57	0.52	0.56	0.57	0.58	0.82	1.24	0.66
希腊	0.69	0.67	0.57	0.62	0.68	0.68	0.69	0.71	0.54	0.71	0.66
巴基斯坦	0.18	0.21	0.18	0.32	0.32	0.45	0.55	0.79	1.11	1.39	0.65
新加坡	0.52	0.62	0.56	0.51	0.59	0.58	0.65	0.65	0.72	0.64	0.62
波兰	0.36	0.35	0.38	0.52	0.55	0.55	0.65	0.59	0.84	0.80	0.60
俄罗斯	0.45	0.62	0.59	0.55	0.59	0.54	0.51	0.51	0.58	0.85	0.59
中国台湾	0.60	0.59	0.54	0.54	0.37	0.48	0.47	0.54	0.64	0.67	0.55
越南	0.12	0.12	0.14	0.19	0.19	0.23	0.34	0.61	1.01	0.83	0.46
捷克	0.24	0.28	0.40	0.41	0.39	0.40	0.46	0.44	0.50	0.50	0.42
埃及	0.11	0.20	0.24	0.24	0.29	0.29	0.32	0.42	0.61	0.71	0.39
爱尔兰	0.34	0.29	0.32	0.37	0.40	0.33	0.41	0.34	0.39	0.40	0.37
智利	0.32	0.36	0.31	0.33	0.34	0.34	0.43	0.31	0.40	0.37	0.36

第6章　工程与材料科学

工程与材料科学包括工程和材料两个学科领域，是保障国家安全、促进社会进步与经济可持续发展、提高人民生活质量的重要科学基础和技术支撑。

第一节　学科

工程与材料科学学科组包括以下学科：冶金和冶金工程、陶瓷材料、造纸和木材、涂料和薄膜、纺织材料、复合材料、材料检测和鉴定、多学科材料、石油工程、采矿和矿物处理、机械工程、制造工程、能源和燃料、电气和电子工程、建筑和建筑技术、土木工程、农业工程、环境工程、海洋工程、船舶工程、交通、交通科学和技术、航空和航天工程、工业工程、设备和仪器、显微镜学、绿色和可持续科学与技术、人体工程学、多学科工程，共计29个。

一　冶金和冶金工程

冶金和冶金工程 A、B、C 层人才主要集中在中国大陆和美国，二者 A、B、C 层人才的世界占比合计为 40.76%、39.36%、42.91%，中国大陆的 A、B、C 层人才均多于美国。

德国、澳大利亚、英国、印度的 A 层人才比较多，世界占比在 9%～4%；日本、中国香港、瑞典、加拿大、伊朗、比利时、波兰、中国台湾、沙特阿拉伯、法国、韩国、俄罗斯、土耳其、爱尔兰也有相当数量的 A 层人才，世界占比均超过 1%。

德国、澳大利亚、印度、英国、日本的 B 层人才比较多，世界占比在 6%~3%；韩国、法国、伊朗、沙特阿拉伯、俄罗斯、加拿大、新加坡、中国香港、西班牙、意大利、土耳其、比利时、马来西亚也有相当数量的 B 层人才，世界占比均超过 1%。

印度、德国、韩国、英国、日本、澳大利亚的 C 层人才比较多，世界占比在 6%~3%；伊朗、法国、加拿大、俄罗斯、西班牙、沙特阿拉伯、波兰、意大利、埃及、马来西亚、中国香港、奥地利也有相当数量的 C 层人才，世界占比超过或接近 1%。

表 6-1　冶金和冶金工程 A 层人才排名前 20 的国家和地区的占比

单位：%

国家和地区	2012 年	2013 年	2014 年	2015 年	2016 年	2017 年	2018 年	2019 年	2020 年	2021 年	合计
中国大陆	27.27	4.35	12.50	8.70	13.04	21.43	26.67	16.67	25.00	44.19	21.92
美国	22.73	34.78	29.17	17.39	26.09	21.43	13.33	25.00	7.50	6.98	18.84
德国	9.09	17.39	16.67	4.35	17.39	10.71	6.67	2.78	10.00	0.00	8.56
澳大利亚	13.64	4.35	4.17	13.04	0.00	3.57	10.00	2.78	5.00	0.00	5.14
英国	0.00	4.35	4.17	4.35	4.35	0.00	6.67	5.56	2.50	6.98	4.11
印度	0.00	4.35	8.33	4.35	0.00	3.57	3.33	8.33	5.00	2.33	4.11
日本	4.55	4.35	0.00	4.35	8.70	0.00	0.00	2.78	2.50	2.33	2.74
中国香港	0.00	0.00	0.00	0.00	4.35	10.71	0.00	5.56	5.00	0.00	2.74
瑞典	0.00	0.00	4.17	4.35	0.00	3.57	3.33	2.78	2.50	0.00	2.05
加拿大	0.00	0.00	0.00	0.00	4.35	0.00	0.00	5.56	2.50	2.33	1.71
伊朗	0.00	0.00	0.00	0.00	4.35	3.57	0.00	2.78	2.50	2.33	1.71
比利时	4.55	4.35	0.00	0.00	4.35	3.57	0.00	0.00	2.50	0.00	1.71
波兰	0.00	0.00	4.17	4.35	0.00	0.00	3.33	2.78	0.00	2.33	1.71
中国台湾	9.09	8.70	4.17	0.00	0.00	0.00	0.00	0.00	0.00	0.00	1.71
沙特阿拉伯	4.55	0.00	0.00	4.35	0.00	3.57	0.00	0.00	2.50	2.33	1.71
法国	0.00	0.00	0.00	4.35	4.35	3.57	3.33	0.00	2.50	0.00	1.71
韩国	0.00	0.00	0.00	0.00	4.35	0.00	3.33	2.78	2.50	0.00	1.37
俄罗斯	0.00	4.35	0.00	0.00	0.00	0.00	3.33	0.00	0.00	4.65	1.37
土耳其	0.00	0.00	0.00	0.00	0.00	0.00	3.33	0.00	0.00	4.65	1.03
爱尔兰	4.55	4.35	0.00	0.00	0.00	0.00	0.00	0.00	0.00	2.33	1.03

表 6-2　冶金和冶金工程 B 层人才排名前 20 的国家和地区的占比

单位：%

国家和地区	2012 年	2013 年	2014 年	2015 年	2016 年	2017 年	2018 年	2019 年	2020 年	2021 年	合计
中国大陆	16.26	19.63	20.37	18.10	19.91	23.72	25.09	27.83	36.77	37.72	26.24
美国	18.23	20.56	13.89	15.38	19.91	14.23	16.24	9.48	8.08	5.71	13.12
德国	10.34	5.14	11.11	8.60	9.09	4.74	7.38	3.36	2.79	2.98	5.97
澳大利亚	3.94	5.61	3.70	4.07	5.19	5.14	5.90	2.75	4.46	3.97	4.41
印度	3.45	3.27	4.17	5.43	4.33	5.14	3.69	4.28	4.18	4.71	4.30
英国	2.96	4.21	5.09	9.95	9.96	5.14	2.95	3.36	1.11	1.49	4.19
日本	5.42	4.21	5.09	3.62	2.60	4.74	1.48	3.36	1.67	1.24	3.08
韩国	4.93	3.74	3.70	2.26	2.60	3.16	2.95	2.45	1.39	2.48	2.82
法国	5.91	4.21	3.24	2.71	2.16	1.98	4.06	2.45	2.23	0.99	2.78
伊朗	1.97	1.87	0.93	1.36	0.87	2.77	2.58	2.14	1.95	3.47	2.11
沙特阿拉伯	0.99	0.47	0.93	0.90	1.73	0.40	2.95	2.75	3.06	3.23	1.96
俄罗斯	0.99	1.87	1.39	2.71	1.73	1.58	0.74	1.83	1.39	2.73	1.74
加拿大	2.96	1.40	3.70	1.36	1.30	1.58	0.74	2.14	1.39	1.49	1.74
新加坡	0.49	0.00	0.93	0.90	0.87	0.79	0.37	2.75	2.79	2.73	1.48
中国香港	0.49	2.34	0.93	2.71	0.43	1.58	1.11	0.61	1.95	1.74	1.41
西班牙	2.46	2.80	2.78	0.90	0.00	1.19	0.74	1.53	0.56	0.50	1.22
意大利	0.99	1.40	0.93	0.00	0.87	0.79	0.74	2.75	0.84	1.74	1.19
土耳其	1.48	1.40	1.39	0.45	0.87	0.79	0.37	0.92	1.39	1.99	1.15
比利时	0.49	1.87	1.39	1.36	1.30	1.19	3.32	0.61	0.28	0.50	1.15
马来西亚	1.48	1.40	0.00	0.00	0.87	1.58	0.74	1.83	1.39	1.49	1.15

表 6-3　冶金和冶金工程 C 层人才排名前 20 的国家和地区的占比

单位：%

国家和地区	2012 年	2013 年	2014 年	2015 年	2016 年	2017 年	2018 年	2019 年	2020 年	2021 年	合计
中国大陆	24.19	27.90	25.89	28.49	31.31	33.15	34.80	38.04	35.17	37.82	32.57
美国	13.54	12.34	12.26	13.33	12.87	11.23	11.16	8.43	7.26	6.31	10.34
印度	5.50	5.00	6.15	5.34	5.35	5.91	4.96	4.31	4.79	5.77	5.27
德国	5.45	4.95	5.70	6.07	4.86	4.82	4.85	3.71	3.77	2.90	4.52
韩国	4.51	5.42	4.79	3.65	3.83	3.78	2.96	4.25	3.37	3.79	3.96
英国	5.00	4.16	3.97	3.93	4.14	3.86	3.50	3.05	3.09	2.55	3.59
日本	5.64	5.19	3.92	4.57	3.79	3.28	3.87	2.20	2.24	2.17	3.46
澳大利亚	3.78	3.04	4.19	3.88	3.03	3.16	3.36	3.08	2.98	2.63	3.24
伊朗	3.04	2.48	2.42	2.92	3.30	2.82	2.66	2.74	2.24	2.25	2.64

续表

国家和地区	2012 年	2013 年	2014 年	2015 年	2016 年	2017 年	2018 年	2019 年	2020 年	2021 年	合计
法国	3.58	4.35	4.01	2.74	2.81	2.89	2.30	1.83	1.90	1.46	2.62
加拿大	2.89	2.52	2.46	2.88	1.92	1.74	1.82	1.48	1.36	1.14	1.90
俄罗斯	1.62	1.07	1.55	1.14	1.56	1.85	1.64	1.64	1.50	2.06	1.60
西班牙	1.77	1.87	1.46	1.55	1.29	1.20	1.68	1.70	1.42	1.03	1.47
沙特阿拉伯	0.69	0.84	0.91	1.14	0.49	0.96	0.69	1.20	2.47	3.09	1.40
波兰	0.34	0.47	0.46	0.78	0.76	0.69	0.91	1.35	2.16	2.95	1.25
意大利	0.49	1.21	0.73	0.68	0.71	1.00	2.04	1.86	1.64	1.19	1.23
埃及	0.83	1.12	0.59	0.87	0.36	0.77	0.62	1.26	2.07	1.87	1.13
马来西亚	0.69	1.12	0.87	0.73	0.76	0.62	0.44	1.16	1.62	1.54	1.01
中国香港	0.88	0.79	1.00	0.91	0.98	1.04	1.13	0.69	1.11	1.06	0.97
奥地利	1.23	0.84	1.23	1.23	1.07	1.27	1.02	0.76	0.85	0.54	0.96

二 陶瓷材料

中国大陆的陶瓷材料 A 层人才最多，世界占比为 19.74%，美国以 15.79% 的世界占比排名第二，二者合计拥有超过 35% 的 A 层人才；德国、意大利、伊朗、沙特阿拉伯、澳大利亚、巴基斯坦的 A 层人才比较多，世界占比在 7%~3%；印度、伊拉克、日本、瑞士、英国、也门、巴西、埃及、法国、约旦、哈萨克斯坦、葡萄牙也有相当数量的 A 层人才，世界占比均超过 1%。

中国大陆的 B 层人才最多，世界占比为 24.87%，显著高于其他国家和地区；美国排名第二，B 层人才的世界占比为 9.66%；印度、英国、沙特阿拉伯、伊朗、德国、土耳其、韩国的 B 层人才比较多，世界占比在 8%~3%；马来西亚、意大利、埃及、澳大利亚、日本、俄罗斯、巴基斯坦、法国、西班牙、巴西、瑞士也有相当数量的 B 层人才，世界占比超过或接近 1%。

中国大陆的 C 层人才最多，世界占比为 31.61%，遥遥领先于其他国家和地区；印度、美国、伊朗、韩国、沙特阿拉伯的 C 层人才比较多，世界占比在 8%~3%；德国、埃及、英国、土耳其、日本、意大利、法国、马来西亚、西班牙、巴基斯坦、澳大利亚、巴西、俄罗斯、中国台湾也有相当数量的 C 层人才，世界占比超过或接近 1%。

表 6-4　陶瓷材料 A 层人才排名前 20 的国家和地区的占比

单位：%

国家和地区	2012 年	2013 年	2014 年	2015 年	2016 年	2017 年	2018 年	2019 年	2020 年	2021 年	合计
中国大陆	0.00	16.67	20.00	0.00	37.50	25.00	22.22	25.00	25.00	18.18	19.74
美国	16.67	16.67	40.00	14.29	25.00	12.50	33.33	12.50	0.00	0.00	15.79
德国	33.33	0.00	0.00	28.57	0.00	0.00	11.11	0.00	0.00	0.00	6.58
意大利	16.67	0.00	0.00	14.29	12.50	0.00	0.00	12.50	0.00	0.00	5.26
伊朗	0.00	0.00	0.00	0.00	12.50	12.50	0.00	0.00	12.50	9.09	5.26
沙特阿拉伯	0.00	16.67	0.00	0.00	0.00	12.50	0.00	0.00	0.00	18.18	5.26
澳大利亚	16.67	0.00	0.00	0.00	0.00	0.00	11.11	12.50	0.00	0.00	3.95
巴基斯坦	0.00	0.00	0.00	0.00	0.00	12.50	0.00	0.00	25.00	0.00	3.95
印度	0.00	0.00	0.00	0.00	0.00	12.50	0.00	0.00	0.00	9.09	2.63
伊拉克	0.00	0.00	0.00	0.00	0.00	0.00	0.00	0.00	12.50	9.09	2.63
日本	0.00	16.67	0.00	14.29	0.00	0.00	0.00	0.00	0.00	0.00	2.63
瑞士	0.00	0.00	20.00	14.29	0.00	0.00	0.00	0.00	0.00	0.00	2.63
英国	0.00	0.00	0.00	0.00	12.50	12.50	0.00	0.00	0.00	0.00	2.63
也门	0.00	16.67	0.00	0.00	0.00	0.00	0.00	12.50	0.00	0.00	2.63
巴西	0.00	0.00	0.00	0.00	0.00	0.00	0.00	12.50	0.00	0.00	1.32
埃及	0.00	0.00	0.00	0.00	0.00	0.00	0.00	0.00	0.00	9.09	1.32
法国	0.00	0.00	0.00	0.00	0.00	0.00	11.11	0.00	0.00	0.00	1.32
约旦	0.00	0.00	0.00	0.00	0.00	0.00	0.00	0.00	0.00	9.09	1.32
哈萨克斯坦	0.00	0.00	0.00	0.00	0.00	0.00	0.00	0.00	12.50	0.00	1.32
葡萄牙	0.00	0.00	20.00	0.00	0.00	0.00	0.00	0.00	0.00	0.00	1.32

表 6-5　陶瓷材料 B 层人才排名前 20 的国家和地区的占比

单位：%

国家和地区	2012 年	2013 年	2014 年	2015 年	2016 年	2017 年	2018 年	2019 年	2020 年	2021 年	合计
中国大陆	16.13	17.65	20.78	23.19	29.73	25.00	24.69	34.78	19.32	31.96	24.87
美国	8.06	10.29	18.18	10.14	13.51	14.71	7.41	6.52	5.68	5.15	9.66
印度	6.45	7.35	6.49	10.14	6.76	5.88	11.11	4.35	6.82	6.19	7.09
英国	8.06	10.29	3.90	7.25	5.41	5.88	1.23	5.43	4.55	3.09	5.28
沙特阿拉伯	0.00	0.00	1.30	2.90	0.00	5.88	4.94	6.52	13.64	10.31	5.03
伊朗	1.61	2.94	5.19	5.80	5.41	0.00	6.17	9.78	4.55	5.15	4.90
德国	6.45	4.41	5.19	5.80	8.11	5.88	6.17	0.00	1.14	0.00	3.99

国家和地区	2012 年	2013 年	2014 年	2015 年	2016 年	2017 年	2018 年	2019 年	2020 年	2021 年	合计
土耳其	1.61	1.47	1.30	2.90	0.00	2.94	3.70	3.26	7.95	4.12	3.09
韩国	0.00	2.94	2.60	4.35	2.70	1.47	3.70	5.43	3.41	3.09	3.09
马来西亚	3.23	4.41	3.90	1.45	2.70	4.41	2.47	5.43	0.00	1.03	2.84
意大利	3.23	1.47	5.19	2.90	4.05	0.00	3.70	2.17	2.27	0.00	2.45
埃及	1.61	0.00	0.00	0.00	1.35	2.94	1.23	1.09	4.55	9.28	2.45
澳大利亚	4.84	0.00	5.19	5.80	2.70	0.00	2.47	3.26	0.00	0.00	2.32
日本	0.00	13.24	2.60	1.45	0.00	1.47	2.47	1.09	0.00	0.00	2.06
俄罗斯	0.00	4.41	0.00	1.45	0.00	1.47	2.47	1.09	5.68	2.06	1.93
巴基斯坦	3.23	0.00	1.30	0.00	0.00	0.00	2.47	1.09	3.41	6.19	1.93
法国	8.06	2.94	0.00	2.90	1.35	2.94	1.23	0.00	0.00	0.00	1.68
西班牙	4.84	2.94	1.30	1.45	0.00	4.41	1.23	0.00	0.00	0.00	1.42
巴西	1.61	0.00	0.00	0.00	5.41	2.94	2.47	0.00	0.00	1.03	1.29
瑞士	4.84	1.47	1.30	0.00	0.00	1.47	0.00	0.00	0.00	1.03	0.90

表 6-6　陶瓷材料 C 层人才排名前 20 的国家和地区的占比

单位：%

国家和地区	2012 年	2013 年	2014 年	2015 年	2016 年	2017 年	2018 年	2019 年	2020 年	2021 年	合计
中国大陆	23.67	23.50	24.80	27.82	29.83	33.99	39.95	39.49	29.45	36.85	31.61
印度	9.18	8.36	9.81	9.17	7.59	8.01	8.33	6.60	5.94	7.47	7.94
美国	11.76	8.83	7.90	8.27	6.66	6.96	6.13	7.16	3.92	4.09	6.91
伊朗	3.06	4.26	6.68	4.36	4.79	4.20	4.90	4.92	7.13	4.20	4.90
韩国	3.86	3.79	3.95	5.11	4.66	3.41	2.94	3.58	4.75	3.68	3.95
沙特阿拉伯	1.13	0.79	1.36	2.26	1.86	1.57	3.55	4.81	7.36	8.80	3.68
德国	4.03	5.52	2.72	4.81	4.26	2.89	2.21	1.79	1.19	1.54	2.92
埃及	1.93	1.74	2.72	1.80	1.07	0.92	2.21	2.80	6.89	4.91	2.85
英国	2.25	2.37	3.41	2.26	3.60	2.49	2.57	2.01	2.26	2.35	2.55
土耳其	1.93	2.68	1.23	1.50	1.60	1.05	1.47	3.91	4.63	2.97	2.38
日本	5.48	3.63	2.72	2.71	2.26	3.15	1.96	1.34	0.59	1.23	2.35
意大利	2.90	4.10	2.18	2.71	2.53	2.76	2.57	2.01	0.48	1.13	2.23
法国	4.19	3.63	3.00	3.01	3.33	2.36	1.10	0.67	0.59	0.51	2.07
马来西亚	1.61	1.26	2.86	3.01	2.13	1.97	1.72	1.34	1.19	0.82	1.74
西班牙	2.90	3.47	2.32	2.26	2.00	2.10	1.35	1.12	0.24	0.41	1.69

续表

国家和地区	2012 年	2013 年	2014 年	2015 年	2016 年	2017 年	2018 年	2019 年	2020 年	2021 年	合计
巴基斯坦	0.32	1.58	1.23	0.30	1.20	1.18	1.59	2.13	2.61	3.38	1.66
澳大利亚	1.13	1.42	1.23	1.20	0.93	1.84	1.84	1.90	0.83	1.02	1.34
巴西	1.93	1.26	1.63	1.20	1.86	1.31	0.86	1.01	1.31	1.02	1.31
俄罗斯	0.16	0.95	0.27	1.65	0.53	0.79	0.98	1.34	2.97	2.35	1.27
中国台湾	1.45	1.42	1.36	0.30	0.80	0.79	0.00	0.34	0.36	0.61	0.70

三 造纸和木材

美国的造纸和木材 A 层人才最多，世界占比为 25.00%；奥地利、比利时、加拿大、中国大陆、埃及、伊朗、日本、新西兰、瑞典 A 层人才也比较多，世界占比均为 8.33%。

中国大陆的 B 层人才最多，世界占比为 20.56%，显著高于其他国家和地区；美国的 B 层人才以 9.76% 的世界占比排名第二；加拿大、瑞典、芬兰、马来西亚、法国的 B 层人才比较多，世界占比在 8%~3%；西班牙、澳大利亚、葡萄牙、意大利、巴西、埃及、印度、伊朗、日本、德国、丹麦、沙特阿拉伯、韩国也有相当数量的 B 层人才，世界占比均超过 1%。

中国大陆的 C 层人才最多，世界占比为 23.75%；美国排名第二，世界占比为 9.84%；加拿大、芬兰、瑞典、法国、马来西亚、日本的 C 层人才比较多，世界占比在 6%~3%；巴西、德国、西班牙、韩国、印度、埃及、伊朗、波兰、英国、奥地利、澳大利亚、意大利也有相当数量的 C 层人才，世界占比均超过 1%。

表 6-7　造纸和木材 A 层人才的国家和地区的占比

单位：%

国家和地区	2012 年	2013 年	2014 年	2015 年	2016 年	2017 年	2018 年	2019 年	2020 年	2021 年	合计
美国	0.00	50.00	50.00	0.00	0.00	0.00	0.00	33.33	0.00	0.00	25.00
奥地利	0.00	0.00	0.00	0.00	50.00	0.00	0.00	0.00	0.00	0.00	8.33
比利时	0.00	0.00	0.00	0.00	0.00	0.00	0.00	33.33	0.00	0.00	8.33

国家和地区	2012 年	2013 年	2014 年	2015 年	2016 年	2017 年	2018 年	2019 年	2020 年	2021 年	合计
加拿大	0.00	50.00	0.00	0.00	0.00	0.00	0.00	0.00	0.00	0.00	8.33
中国大陆	0.00	0.00	50.00	0.00	0.00	0.00	0.00	0.00	0.00	0.00	8.33
埃及	0.00	0.00	0.00	0.00	0.00	0.00	0.00	0.00	50.00	0.00	8.33
伊朗	0.00	0.00	0.00	0.00	0.00	0.00	0.00	33.33	0.00	0.00	8.33
日本	0.00	0.00	0.00	0.00	0.00	100.00	0.00	0.00	0.00	0.00	8.33
新西兰	0.00	0.00	0.00	0.00	0.00	0.00	0.00	0.00	50.00	0.00	8.33
瑞典	0.00	0.00	0.00	0.00	50.00	0.00	0.00	0.00	0.00	0.00	8.33

表 6-8 造纸和木材 B 层人才排名前 20 的国家和地区的占比

单位：%

国家和地区	2012 年	2013 年	2014 年	2015 年	2016 年	2017 年	2018 年	2019 年	2020 年	2021 年	合计
中国大陆	7.41	0.00	12.00	24.14	6.90	14.29	35.29	29.63	37.14	25.00	20.56
美国	11.11	14.29	12.00	10.34	6.90	21.43	5.88	7.41	11.43	0.00	9.76
加拿大	7.41	4.76	16.00	17.24	3.45	7.14	0.00	0.00	8.57	9.38	7.32
瑞典	11.11	4.76	20.00	6.90	3.45	3.57	2.94	0.00	2.86	6.25	5.92
芬兰	7.41	0.00	8.00	3.45	13.79	7.14	0.00	3.70	5.71	0.00	4.88
马来西亚	3.70	4.76	0.00	3.45	10.34	10.71	5.88	0.00	0.00	9.38	4.88
法国	11.11	4.76	0.00	3.45	6.90	0.00	5.88	3.70	0.00	3.13	3.83
西班牙	3.70	4.76	0.00	0.00	10.34	0.00	2.94	0.00	0.00	3.13	2.79
澳大利亚	0.00	9.52	0.00	3.45	0.00	0.00	2.94	11.11	0.00	0.00	2.44
葡萄牙	3.70	4.76	0.00	6.90	3.45	0.00	0.00	0.00	2.86	0.00	2.09
意大利	3.70	9.52	0.00	0.00	6.90	3.57	0.00	0.00	0.00	0.00	2.09
巴西	0.00	0.00	4.00	0.00	0.00	7.14	2.94	3.70	0.00	0.00	1.74
埃及	0.00	0.00	0.00	0.00	0.00	0.00	0.00	0.00	8.57	6.25	1.74
印度	0.00	0.00	0.00	3.45	0.00	3.57	2.94	3.70	2.86	0.00	1.74
伊朗	0.00	0.00	0.00	3.45	0.00	0.00	5.88	0.00	0.00	3.13	1.74
日本	0.00	4.76	0.00	3.45	0.00	3.57	2.94	0.00	0.00	3.13	1.74
德国	3.70	4.76	0.00	0.00	0.00	0.00	2.94	7.41	0.00	0.00	1.74
丹麦	7.41	4.76	0.00	0.00	0.00	0.00	0.00	0.00	0.00	3.13	1.39
沙特阿拉伯	0.00	0.00	0.00	0.00	6.90	0.00	0.00	0.00	2.86	3.13	1.39
韩国	0.00	0.00	4.00	3.45	0.00	0.00	0.00	3.70	0.00	3.13	1.39

表 6-9　造纸和木材 C 层人才排名前 20 的国家和地区的占比

单位：%

国家和地区	2012 年	2013 年	2014 年	2015 年	2016 年	2017 年	2018 年	2019 年	2020 年	2021 年	合计
中国大陆	12.90	15.53	19.20	16.61	18.73	22.27	27.90	32.66	32.52	32.19	23.75
美国	12.90	13.70	14.40	8.66	8.24	8.50	10.34	8.08	8.51	6.85	9.84
加拿大	5.65	4.11	8.40	3.97	5.24	4.45	5.33	6.06	5.47	3.42	5.21
芬兰	5.65	5.48	6.80	3.97	3.37	6.07	4.08	3.03	4.56	1.71	4.37
瑞典	5.24	3.65	4.40	4.33	5.24	4.05	4.39	3.37	2.13	3.42	3.97
法国	6.85	5.02	2.80	5.05	3.00	4.86	2.19	3.03	1.52	1.37	3.42
马来西亚	6.05	5.94	2.80	5.05	4.87	2.02	3.45	1.68	1.52	1.03	3.32
日本	5.65	5.02	4.80	2.53	3.37	2.83	2.51	2.02	2.13	2.40	3.21
巴西	3.23	2.28	2.00	3.25	2.62	3.24	0.94	2.36	4.56	2.74	2.73
德国	1.61	4.57	4.00	4.33	3.75	0.81	2.51	2.02	0.91	2.05	2.59
西班牙	4.84	2.74	2.00	2.53	4.12	4.45	1.57	0.34	1.82	2.05	2.55
韩国	2.02	2.28	1.20	2.17	0.75	2.02	1.88	3.03	1.52	2.74	1.97
印度	2.42	1.83	0.80	1.08	1.50	3.24	1.88	1.01	2.74	2.40	1.89
埃及	0.40	1.37	1.60	1.44	1.12	0.40	2.19	3.70	2.43	3.42	1.89
伊朗	0.40	2.74	1.60	1.81	2.25	2.02	2.19	2.36	2.43	1.03	1.89
波兰	0.81	1.37	1.20	1.08	3.00	2.83	2.19	1.35	1.82	1.37	1.71
英国	1.21	1.37	1.20	2.53	1.50	0.81	1.88	1.01	1.52	3.42	1.68
奥地利	1.61	1.83	1.20	3.25	2.25	1.21	1.25	1.35	0.61	1.71	1.60
澳大利亚	0.40	0.46	0.40	2.17	2.62	0.81	1.88	2.02	1.82	2.05	1.53
意大利	2.02	2.28	1.20	1.08	0.75	2.02	0.94	1.01	1.22	1.37	1.35

四　涂料和薄膜

中国大陆和美国的涂料和薄膜 A 层人才最多，世界占比均为 16.82%，二者世界占比合计超过全球 A 层人才的 1/3；印度、加拿大、沙特阿拉伯、德国、日本、瑞典的 A 层人才比较多，世界占比在 9%~3%；法国、韩国、英国、意大利、中国台湾、丹麦、马来西亚、卡塔尔、中国香港、奥地利、比利时、巴西也有相当数量的 A 层人才，世界占比超过或接近 1%。

中国大陆的 B 层人才最多，世界占比为 31.57%，显著超过 B 层人才世界占比为 13.53%、排名第二的美国；德国、印度、伊朗的 B 层人才比较多，世界占比在 5%～3%；法国、英国、韩国、加拿大、日本、沙特阿拉伯、西班牙、澳大利亚、马来西亚、埃及、巴基斯坦、意大利、中国香港、土耳其、瑞士也有相当数量的 B 层人才，世界占比超过或接近 1%。

中国大陆的 C 层人才最多，世界占比为 37.16%，遥遥领先于 C 层人才占比为 9.03%、排名第二的美国；印度、伊朗、德国、韩国的 C 层人才比较多，世界占比在 6%～3%；加拿大、英国、法国、日本、澳大利亚、沙特阿拉伯、意大利、中国台湾、西班牙、土耳其、马来西亚、波兰、俄罗斯、巴基斯坦也有相当数量的 C 层人才，世界占比超过或接近 1%。

表 6-10　涂料和薄膜 A 层人才排名前 20 的国家和地区的占比

单位：%

国家和地区	2012 年	2013 年	2014 年	2015 年	2016 年	2017 年	2018 年	2019 年	2020 年	2021 年	合计
中国大陆	12.50	22.22	0.00	22.22	0.00	27.27	16.67	23.08	21.43	13.33	16.82
美国	12.50	44.44	33.33	11.11	42.86	18.18	16.67	0.00	0.00	13.33	16.82
印度	0.00	0.00	0.00	0.00	0.00	9.09	8.33	15.38	21.43	13.33	8.41
加拿大	0.00	0.00	11.11	11.11	0.00	0.00	16.67	15.38	0.00	6.67	6.54
沙特阿拉伯	0.00	0.00	0.00	11.11	0.00	18.18	8.33	7.69	0.00	6.67	5.61
德国	12.50	0.00	11.11	0.00	28.57	9.09	0.00	0.00	0.00	6.67	5.61
日本	0.00	11.11	0.00	22.22	0.00	0.00	0.00	0.00	7.14	6.67	4.67
瑞典	12.50	0.00	11.11	0.00	14.29	0.00	8.33	0.00	0.00	0.00	3.74
法国	0.00	0.00	0.00	11.11	0.00	0.00	8.33	0.00	0.00	6.67	2.80
韩国	12.50	0.00	0.00	0.00	0.00	0.00	0.00	0.00	7.14	0.00	1.87
英国	0.00	0.00	11.11	0.00	0.00	0.00	0.00	0.00	0.00	6.67	1.87
意大利	0.00	0.00	11.11	0.00	0.00	0.00	8.33	0.00	0.00	0.00	1.87
中国台湾	0.00	0.00	0.00	0.00	0.00	0.00	0.00	7.69	7.14	0.00	1.87
丹麦	0.00	0.00	0.00	0.00	0.00	0.00	0.00	0.00	7.14	6.67	1.87
马来西亚	0.00	0.00	0.00	0.00	0.00	0.00	0.00	7.69	7.14	0.00	1.87
卡塔尔	0.00	0.00	0.00	0.00	0.00	0.00	0.00	7.69	7.14	0.00	1.87
中国香港	0.00	0.00	0.00	11.11	0.00	9.09	0.00	0.00	0.00	0.00	1.87
奥地利	0.00	0.00	0.00	0.00	0.00	0.00	8.33	0.00	0.00	0.00	0.93
比利时	0.00	0.00	0.00	0.00	0.00	0.00	0.00	0.00	0.00	6.67	0.93
巴西	0.00	0.00	0.00	0.00	0.00	0.00	0.00	7.69	0.00	0.00	0.93

表 6-11 涂料和薄膜 B 层人才排名前 20 的国家和地区的占比

单位：%

国家和地区	2012 年	2013 年	2014 年	2015 年	2016 年	2017 年	2018 年	2019 年	2020 年	2021 年	合计
中国大陆	13.58	14.61	30.59	20.45	26.14	38.54	43.69	40.80	35.16	38.69	31.57
美国	33.33	26.97	21.18	13.64	6.82	9.38	13.59	9.60	8.59	3.65	13.53
德国	3.70	2.25	7.06	7.95	11.36	8.33	5.83	3.20	1.56	0.73	4.80
印度	1.23	7.87	3.53	4.55	7.95	1.04	3.88	2.40	6.25	3.65	4.22
伊朗	1.23	1.12	5.88	3.41	4.55	4.17	3.88	6.40	3.91	3.65	3.92
法国	2.47	5.62	3.53	5.68	5.68	4.17	0.00	1.60	2.34	0.73	2.94
英国	3.70	1.12	3.53	4.55	1.14	1.04	0.97	5.60	3.91	2.19	2.84
韩国	2.47	3.37	3.53	4.55	1.14	0.00	0.97	3.20	0.78	7.30	2.84
加拿大	1.23	4.49	3.53	4.55	2.27	5.21	1.94	3.20	1.56	1.46	2.84
日本	3.70	8.99	2.35	4.55	1.14	3.13	1.94	1.60	0.78	1.46	2.75
沙特阿拉伯	0.00	0.00	0.00	3.41	1.14	1.04	0.97	2.40	4.69	4.38	2.06
西班牙	2.47	0.00	0.00	2.27	4.55	1.04	1.94	1.60	2.34	0.73	1.67
澳大利亚	1.23	4.49	0.00	1.14	4.55	0.00	1.94	0.80	0.78	0.73	1.57
马来西亚	0.00	0.00	0.00	1.14	0.00	2.08	0.97	3.20	2.34	1.46	1.27
埃及	2.47	0.00	0.00	0.00	0.00	0.00	0.97	0.00	3.91	2.92	1.18
巴基斯坦	0.00	1.12	0.00	0.00	2.27	0.00	0.00	0.00	0.78	5.11	1.08
意大利	1.23	1.12	0.00	2.27	1.14	1.04	0.97	0.80	0.78	0.73	0.98
中国香港	1.23	2.25	0.00	1.14	0.00	0.00	1.94	1.60	0.78	0.73	0.98
土耳其	0.00	1.12	2.35	0.00	1.14	1.04	0.00	0.00	1.56	2.19	0.98
瑞士	0.00	2.25	0.00	2.27	3.41	1.04	0.00	0.80	0.00	0.00	0.88

表 6-12 涂料和薄膜 C 层人才排名前 20 的国家和地区的占比

单位：%

国家和地区	2012 年	2013 年	2014 年	2015 年	2016 年	2017 年	2018 年	2019 年	2020 年	2021 年	合计
中国大陆	24.36	27.49	33.05	35.31	33.73	39.24	44.80	43.10	40.28	40.85	37.16
美国	13.85	12.40	12.23	10.63	10.45	8.71	8.60	6.61	6.89	4.56	9.03
印度	5.90	3.63	4.96	4.69	4.16	5.71	5.02	6.36	7.29	7.40	5.67
伊朗	3.97	5.38	5.69	2.97	4.04	3.70	5.11	4.87	3.48	3.09	4.19
德国	4.62	5.61	4.12	4.69	4.39	4.60	3.76	2.89	2.19	2.12	3.73
韩国	3.33	3.04	3.51	2.86	3.09	2.90	3.85	3.06	3.97	4.15	3.42
加拿大	3.59	4.80	3.39	3.54	3.09	3.50	2.87	1.73	1.54	1.22	2.77

国家和地区	2012 年	2013 年	2014 年	2015 年	2016 年	2017 年	2018 年	2019 年	2020 年	2021 年	合计
英国	2.05	2.22	2.30	2.74	2.61	2.30	1.97	1.90	2.35	2.20	2.25
法国	3.72	3.86	1.57	2.06	2.49	1.40	1.97	2.06	0.89	1.22	2.02
日本	3.59	3.51	2.18	2.74	2.02	2.10	0.99	1.07	2.03	0.57	1.95
澳大利亚	1.79	1.40	1.57	1.49	1.90	1.50	1.61	2.06	1.38	1.95	1.68
沙特阿拉伯	0.77	0.35	0.36	1.71	0.59	1.10	1.16	1.49	2.51	4.96	1.67
意大利	1.79	0.58	1.33	1.14	1.07	1.20	1.52	1.49	1.30	1.22	1.27
中国台湾	2.44	2.22	1.94	0.34	0.95	1.00	0.81	0.99	1.46	0.81	1.24
西班牙	1.54	1.64	1.57	1.71	1.90	0.90	1.16	0.66	0.81	0.57	1.17
土耳其	1.54	1.52	1.21	1.26	1.54	0.80	0.63	0.83	1.05	1.46	1.15
马来西亚	0.64	0.94	1.45	2.06	0.95	1.30	0.81	1.24	1.05	0.90	1.12
波兰	0.90	0.82	1.21	1.14	1.54	1.20	0.81	1.16	0.81	1.06	1.05
俄罗斯	0.90	1.40	0.48	1.14	1.07	0.60	0.54	1.24	0.89	1.46	0.98
巴基斯坦	0.51	0.58	0.12	0.00	1.07	0.30	0.81	1.24	1.62	2.36	0.95

五　纺织材料

中国大陆和印度的纺织材料 A 层人才最多，世界占比均为 15.38%；其后是美国，A 层人才的世界占比为 11.54%；马来西亚、瑞典、奥地利、加拿大、芬兰、伊朗、意大利、日本、荷兰、巴基斯坦、菲律宾、泰国、突尼斯的 A 层人才比较多，世界占比在 8%~3%。

中国大陆的 B 层人才最多，世界占比为 26.15%；印度排名第二，B 层人才的世界占比为 8.21%，远低于中国大陆；美国、加拿大、瑞典、法国、韩国、马来西亚、澳大利亚的 B 层人才比较多，世界占比在 7%~3%；芬兰、西班牙、埃及、伊朗、泰国、意大利、瑞士、巴西、巴基斯坦、沙特阿拉伯、中国台湾也有相当数量的 B 层人才，世界占比均超过 1%。

中国大陆的 C 层人才最多，世界占比为 33.66%，遥遥领先于其他国家和地区；印度、美国、韩国、伊朗的 C 层人才比较多，世界占比在 8%~3%；法国、加拿大、土耳其、芬兰、瑞典、埃及、意大利、澳大利亚、日本、巴西、马来西亚、英国、西班牙、波兰、德国也有相当数量的 C 层人才，世界占比均超过 1%。

表 6-13　纺织材料 A 层人才的国家和地区的占比

单位：%

国家和地区	2012 年	2013 年	2014 年	2015 年	2016 年	2017 年	2018 年	2019 年	2020 年	2021 年	合计
中国大陆	0.00	0.00	33.33	0.00	0.00	25.00	0.00	33.33	25.00	0.00	15.38
印度	0.00	0.00	33.33	0.00	0.00	25.00	0.00	0.00	25.00	16.67	15.38
美国	0.00	33.33	33.33	0.00	0.00	0.00	0.00	33.33	0.00	0.00	11.54
马来西亚	0.00	0.00	0.00	0.00	0.00	25.00	0.00	0.00	25.00	0.00	7.69
瑞典	0.00	0.00	0.00	0.00	33.33	0.00	0.00	0.00	0.00	16.67	7.69
奥地利	0.00	0.00	0.00	0.00	0.00	0.00	0.00	33.33	0.00	0.00	3.85
加拿大	0.00	33.33	0.00	0.00	0.00	0.00	0.00	0.00	0.00	0.00	3.85
芬兰	0.00	0.00	0.00	0.00	33.33	0.00	0.00	0.00	0.00	0.00	3.85
伊朗	0.00	0.00	0.00	0.00	0.00	0.00	0.00	0.00	0.00	16.67	3.85
意大利	0.00	33.33	0.00	0.00	0.00	0.00	0.00	0.00	0.00	0.00	3.85
日本	0.00	0.00	0.00	0.00	0.00	0.00	0.00	0.00	0.00	16.67	3.85
荷兰	0.00	0.00	0.00	0.00	0.00	0.00	0.00	0.00	0.00	16.67	3.85
巴基斯坦	0.00	0.00	0.00	0.00	33.33	0.00	0.00	0.00	0.00	0.00	3.85
菲律宾	0.00	0.00	0.00	0.00	0.00	0.00	0.00	0.00	0.00	16.67	3.85
泰国	0.00	0.00	0.00	0.00	0.00	0.00	0.00	0.00	25.00	0.00	3.85
突尼斯	0.00	0.00	0.00	0.00	0.00	25.00	0.00	0.00	0.00	0.00	3.85

表 6-14　纺织材料 B 层人才排名前 20 的国家和地区的占比

单位：%

国家和地区	2012 年	2013 年	2014 年	2015 年	2016 年	2017 年	2018 年	2019 年	2020 年	2021 年	合计
中国大陆	17.24	6.45	10.34	18.75	14.71	27.27	36.36	25.00	40.43	42.31	26.15
印度	3.45	0.00	3.45	6.25	5.88	6.82	13.64	18.75	12.77	3.85	8.21
美国	17.24	12.90	3.45	6.25	5.88	11.36	0.00	2.08	6.38	5.77	6.67
加拿大	6.90	9.68	10.34	15.63	2.94	2.27	0.00	0.00	2.13	3.85	4.62
瑞典	6.90	0.00	17.24	6.25	5.88	4.55	4.55	0.00	0.00	1.92	4.10
法国	10.34	9.68	0.00	3.13	5.88	2.27	6.82	2.08	0.00	1.92	3.85
韩国	0.00	12.90	3.45	3.13	2.94	6.82	2.27	2.08	2.13	1.92	3.59
马来西亚	3.45	0.00	0.00	3.13	8.82	2.27	2.27	6.25	4.26	3.85	3.59
澳大利亚	3.45	6.45	0.00	3.13	0.00	0.00	4.55	6.25	2.13	3.85	3.08
芬兰	6.90	0.00	6.90	0.00	8.82	2.27	0.00	2.08	2.13	0.00	2.56
西班牙	3.45	6.45	10.34	0.00	5.88	0.00	0.00	0.00	0.00	1.92	2.31

国家和地区	2012 年	2013 年	2014 年	2015 年	2016 年	2017 年	2018 年	2019 年	2020 年	2021 年	合计
埃及	0.00	0.00	0.00	6.25	0.00	2.27	2.27	2.08	2.13	5.77	2.31
伊朗	6.90	3.23	3.45	3.13	2.94	4.55	2.27	0.00	0.00	0.00	2.31
泰国	0.00	0.00	0.00	0.00	2.94	0.00	2.27	2.08	6.38	3.85	2.05
意大利	0.00	12.90	0.00	3.13	2.94	2.27	0.00	0.00	0.00	0.00	1.79
瑞士	0.00	0.00	13.79	3.13	0.00	2.27	0.00	0.00	0.00	0.00	1.54
巴西	3.45	3.23	3.45	0.00	0.00	2.27	2.27	2.08	0.00	0.00	1.54
巴基斯坦	0.00	3.23	3.45	0.00	2.94	0.00	2.27	2.08	2.13	0.00	1.54
沙特阿拉伯	0.00	0.00	0.00	0.00	5.88	2.27	0.00	2.08	2.13	1.92	1.54
中国台湾	0.00	3.23	0.00	0.00	2.94	2.27	2.27	2.08	0.00	0.00	1.28

表 6-15　纺织材料 C 层人才排名前 20 的国家和地区的占比

单位：%

国家和地区	2012 年	2013 年	2014 年	2015 年	2016 年	2017 年	2018 年	2019 年	2020 年	2021 年	合计
中国大陆	17.97	29.28	22.56	27.61	30.12	38.37	39.07	41.10	36.86	38.88	33.66
印度	6.25	6.91	5.72	6.73	8.39	5.28	5.74	8.38	14.05	8.21	7.89
美国	6.64	6.25	12.12	6.73	6.21	6.47	8.74	4.70	3.87	3.24	6.16
韩国	6.64	3.29	3.70	5.39	3.11	2.88	3.55	4.91	2.65	3.46	3.84
伊朗	5.08	5.26	5.05	5.05	6.21	3.12	2.46	2.24	2.24	2.59	3.67
法国	4.69	3.29	2.69	4.38	2.48	2.88	1.91	2.45	2.04	2.16	2.76
加拿大	1.56	2.30	5.05	3.03	2.17	2.16	2.73	1.43	2.44	1.08	2.30
土耳其	7.03	2.63	2.02	1.68	2.48	2.40	1.09	1.23	1.63	2.59	2.30
芬兰	2.34	2.63	4.38	1.68	2.17	2.40	2.73	1.02	1.43	0.65	2.00
瑞典	3.13	1.97	2.69	2.36	2.48	1.68	2.73	1.84	1.22	0.86	1.97
埃及	0.39	1.97	1.35	2.02	2.17	1.20	1.91	2.25	2.04	3.24	1.94
意大利	1.95	5.26	2.36	2.69	1.55	2.16	1.91	0.41	1.22	0.86	1.86
澳大利亚	3.13	2.30	0.34	3.03	2.48	0.72	2.46	2.25	0.81	1.94	1.86
日本	2.34	2.96	3.70	1.35	1.24	1.44	1.64	1.23	1.43	1.30	1.76
巴西	2.34	1.64	2.36	1.68	1.55	1.92	0.82	1.43	2.04	1.51	1.70
马来西亚	1.17	0.99	0.67	1.35	1.86	2.16	1.64	1.43	1.22	2.81	1.59
英国	2.73	0.99	2.36	0.67	0.62	1.20	1.91	2.04	0.81	2.59	1.59
西班牙	1.17	1.97	2.02	1.68	2.17	2.64	1.09	0.61	0.81	0.65	1.40
波兰	1.17	1.32	0.67	1.35	2.48	1.44	1.09	1.23	1.83	1.08	1.38
德国	1.56	1.97	1.68	1.35	2.48	0.96	0.82	1.02	1.63	0.43	1.32

六 复合材料

中国大陆的复合材料 A 层人才最多，世界占比为 27.03%；美国、澳大利亚处于第二梯队，A 层人才的世界占比分别为 18.92%、10.81%；新西兰、英国、韩国、印度的 A 层人才比较多，世界占比均为 4.05%；中国香港、伊朗、意大利、马来西亚、葡萄牙、越南、比利时、丹麦、芬兰、沙特阿拉伯、南非、瑞典、瑞士也有相当数量的 A 层人才，世界占比均超过 1%。

中国大陆的 B 层人才最多，世界占比为 27.18%；美国排名第二，B 层人才的世界占比为 9.50%；澳大利亚、伊朗、阿尔及利亚、沙特阿拉伯、韩国、印度、中国香港、英国、意大利的 B 层人才比较多，世界占比在 8%~3%；埃及、越南、德国、土耳其、葡萄牙、马来西亚、新加坡、日本、比利时也有相当数量的 B 层人才，世界占比均超过 1%。

中国大陆的 C 层人才最多，世界占比为 27.41%；美国、伊朗、澳大利亚、英国、意大利、印度、韩国的 C 层人才比较多，世界占比在 9%~3%；中国香港、法国、加拿大、德国、土耳其、西班牙、葡萄牙、沙特阿拉伯、越南、马来西亚、埃及、日本也有相当数量的 C 层人才，世界占比均超过 1%。

表 6-16 复合材料 A 层人才排名前 20 的国家和地区的占比

单位：%

国家和地区	2012 年	2013 年	2014 年	2015 年	2016 年	2017 年	2018 年	2019 年	2020 年	2021 年	合计
中国大陆	20.00	0.00	0.00	12.50	14.29	40.00	12.50	45.45	44.44	50.00	27.03
美国	20.00	16.67	20.00	37.50	0.00	40.00	37.50	0.00	11.11	20.00	18.92
澳大利亚	20.00	0.00	20.00	0.00	0.00	20.00	25.00	9.09	22.22	0.00	10.81
新西兰	0.00	0.00	20.00	0.00	14.29	0.00	12.50	0.00	0.00	0.00	4.05
英国	20.00	0.00	20.00	0.00	0.00	0.00	0.00	0.00	11.11	0.00	4.05
韩国	0.00	16.67	0.00	12.50	0.00	0.00	0.00	0.00	0.00	10.00	4.05
印度	0.00	16.67	0.00	12.50	0.00	0.00	12.50	0.00	0.00	0.00	4.05
中国香港	20.00	0.00	0.00	12.50	0.00	0.00	0.00	0.00	0.00	0.00	2.70
伊朗	0.00	0.00	0.00	0.00	0.00	0.00	0.00	9.09	0.00	10.00	2.70

续表

国家和地区	2012 年	2013 年	2014 年	2015 年	2016 年	2017 年	2018 年	2019 年	2020 年	2021 年	合计
意大利	0.00	16.67	0.00	12.50	0.00	0.00	0.00	0.00	0.00	0.00	2.70
马来西亚	0.00	0.00	20.00	0.00	14.29	0.00	0.00	0.00	0.00	0.00	2.70
葡萄牙	0.00	33.33	0.00	0.00	0.00	0.00	0.00	0.00	0.00	0.00	2.70
越南	0.00	0.00	0.00	0.00	14.29	0.00	0.00	0.00	0.00	10.00	2.70
比利时	0.00	0.00	0.00	0.00	0.00	0.00	0.00	9.09	0.00	0.00	1.35
丹麦	0.00	0.00	0.00	0.00	0.00	0.00	0.00	0.00	11.11	0.00	1.35
芬兰	0.00	0.00	0.00	0.00	14.29	0.00	0.00	0.00	0.00	0.00	1.35
沙特阿拉伯	0.00	0.00	0.00	0.00	0.00	0.00	0.00	9.09	0.00	0.00	1.35
南非	0.00	0.00	0.00	0.00	0.00	0.00	0.00	9.09	0.00	0.00	1.35
瑞典	0.00	0.00	0.00	0.00	14.29	0.00	0.00	0.00	0.00	0.00	1.35
瑞士	0.00	0.00	0.00	0.00	14.29	0.00	0.00	0.00	0.00	0.00	1.35

表 6-17 复合材料 B 层人才排名前 20 的国家和地区的占比

单位：%

国家和地区	2012 年	2013 年	2014 年	2015 年	2016 年	2017 年	2018 年	2019 年	2020 年	2021 年	合计
中国大陆	17.78	22.64	10.71	12.86	20.59	24.32	32.97	27.88	43.53	39.60	27.18
美国	8.89	9.43	5.36	8.57	10.29	9.46	17.58	6.73	8.24	8.91	9.50
澳大利亚	8.89	5.66	7.14	10.00	4.41	16.22	9.89	0.96	8.24	6.93	7.63
伊朗	2.22	1.89	1.79	2.86	7.35	5.41	5.49	8.65	3.53	6.93	5.09
阿尔及利亚	0.00	3.77	3.57	8.57	5.88	4.05	3.30	6.73	3.53	3.96	4.55
沙特阿拉伯	0.00	3.77	3.57	8.57	4.41	4.05	1.10	9.62	3.53	2.97	4.42
韩国	4.44	7.55	7.14	2.86	1.47	4.05	3.30	1.92	0.00	8.91	4.02
印度	4.44	9.43	8.93	2.86	4.41	4.05	1.10	2.88	2.35	2.97	3.88
中国香港	6.67	7.55	10.71	4.29	2.94	1.35	1.10	0.96	3.53	0.99	3.35
英国	6.67	1.89	5.36	5.71	2.94	1.35	4.40	0.96	5.88	0.00	3.21
意大利	6.67	0.00	1.79	8.57	7.35	5.41	2.20	1.92	0.00	0.00	3.08
埃及	0.00	3.77	1.79	8.57	1.47	0.00	1.10	3.85	2.35	0.99	2.41
越南	0.00	0.00	0.00	0.00	1.47	1.35	0.00	3.85	1.18	7.92	2.01
德国	2.22	3.77	5.36	1.43	1.47	1.35	3.30	0.00	1.18	0.00	1.74
土耳其	2.22	5.66	3.57	1.43	0.00	2.70	0.00	0.96	1.18	0.99	1.61
葡萄牙	8.89	0.00	0.00	1.43	1.47	1.35	1.10	2.88	0.00	0.00	1.47
马来西亚	0.00	1.89	0.00	1.43	5.88	1.35	1.10	2.88	0.00	0.00	1.47

续表

国家和地区	2012 年	2013 年	2014 年	2015 年	2016 年	2017 年	2018 年	2019 年	2020 年	2021 年	合计
新加坡	2.22	0.00	3.57	1.43	0.00	0.00	3.30	2.88	0.00	0.00	1.34
日本	0.00	0.00	1.79	1.43	4.41	0.00	1.10	1.92	1.18	0.00	1.20
比利时	2.22	0.00	1.79	1.43	0.00	0.00	0.00	0.96	0.00	3.96	1.07

表 6-18   复合材料 C 层人才排名前 20 的国家和地区的占比

单位：%

国家和地区	2012 年	2013 年	2014 年	2015 年	2016 年	2017 年	2018 年	2019 年	2020 年	2021 年	合计
中国大陆	12.39	13.71	17.72	19.76	25.58	23.77	31.03	30.82	39.88	40.04	27.41
美国	10.43	9.87	9.95	8.68	7.12	9.13	10.16	6.16	6.59	8.37	8.42
伊朗	5.22	7.13	3.62	5.21	4.65	6.52	4.02	7.24	3.76	3.81	5.10
澳大利亚	6.09	4.57	3.98	5.74	3.78	4.78	5.58	4.79	5.29	5.51	5.04
英国	7.61	7.31	6.69	7.88	5.38	3.91	4.02	3.42	3.53	3.18	4.95
意大利	4.78	7.50	7.23	6.81	6.54	5.65	5.92	2.15	1.88	2.01	4.70
印度	2.83	3.66	3.44	2.67	3.49	4.49	5.02	6.85	5.53	4.66	4.50
韩国	3.04	3.84	4.52	4.94	4.94	4.06	3.24	4.99	2.82	3.07	3.95
中国香港	3.26	3.11	1.27	3.74	3.92	3.19	2.34	2.25	2.35	1.91	2.68
法国	5.43	3.47	3.80	2.54	2.47	2.03	0.89	1.66	1.29	1.17	2.19
加拿大	2.61	1.83	2.35	2.94	2.47	2.90	1.12	1.47	2.59	2.01	2.16
德国	1.96	1.65	4.16	2.27	2.62	1.88	2.34	1.76	1.53	1.38	2.08
土耳其	1.74	2.74	2.71	1.60	2.62	2.17	2.23	2.54	1.53	1.27	2.08
西班牙	5.22	3.11	1.63	1.60	1.89	2.46	2.46	1.27	1.06	0.85	1.95
葡萄牙	3.48	4.39	2.89	1.87	1.16	1.88	0.78	0.98	1.41	0.42	1.68
沙特阿拉伯	1.30	2.74	2.17	1.07	1.45	1.74	1.34	0.98	1.88	2.44	1.68
越南	0.43	1.28	0.54	1.74	1.60	0.72	1.34	1.86	2.24	1.06	1.37
马来西亚	1.52	1.10	1.99	0.27	1.02	1.45	1.67	2.15	0.47	1.27	1.30
埃及	0.65	1.28	1.08	0.93	1.02	1.74	0.67	1.37	1.65	1.38	1.20
日本	1.30	0.73	1.27	1.34	2.18	1.45	0.78	1.27	1.06	0.32	1.14

七　材料检测和鉴定

中国大陆的材料检测和鉴定 A 层人才最多，世界占比为 16.33%；其后是阿尔及利亚、英国，两国 A 层人才的世界占比均为 14.29%；沙特阿拉伯、美国的 A 层人才世界占比均为 10.20%；法国、西班牙的 A 层人才比较多，世界占比在 7%～4%；澳大利亚、巴西、加拿大、中国香港、印度、以色列、拉脱维亚、波兰、罗马尼亚、韩国也有相当数量的 A 层人才，世界占比均为 2.04%。

中国大陆的 B 层人才最多，世界占比为 12.99%；美国紧随其后，B 层人才的世界占比为 10.43%；伊朗、沙特阿拉伯、印度、意大利、土耳其、阿尔及利亚、德国、英国、澳大利亚的 B 层人才比较多，世界占比在 7%～3%；法国、加拿大、泰国、马来西亚、日本、埃及、韩国、中国香港、西班牙也有相当数量的 B 层人才，世界占比均超过 1%。

中国大陆的 C 层人才最多，世界占比为 22.85%，遥遥领先于其他国家和地区；美国排名第二，C 层人才世界占比为 9.18%；伊朗、印度、英国、意大利、法国、德国的 C 层人才比较多，世界占比在 6%～3%；韩国、加拿大、波兰、澳大利亚、土耳其、西班牙、日本、巴西、马来西亚、葡萄牙、俄罗斯、沙特阿拉伯也有相当数量的 C 层人才，世界占比均超过 1%。

表 6-19　材料检测和鉴定 A 层人才的国家和地区的占比

单位：%

国家和地区	2012 年	2013 年	2014 年	2015 年	2016 年	2017 年	2018 年	2019 年	2020 年	2021 年	合计
中国大陆	20.00	50.00	25.00	0.00	0.00	16.67	0.00	0.00	0.00	42.86	16.33
阿尔及利亚	0.00	0.00	25.00	0.00	20.00	0.00	0.00	25.00	50.00	14.29	14.29
英国	20.00	25.00	25.00	33.33	40.00	16.67	0.00	0.00	0.00	0.00	14.29
沙特阿拉伯	0.00	0.00	0.00	0.00	0.00	0.00	0.00	25.00	50.00	14.29	10.20
美国	0.00	25.00	0.00	33.33	0.00	16.67	0.00	50.00	0.00	0.00	10.20
法国	20.00	0.00	0.00	0.00	0.00	0.00	20.00	0.00	0.00	14.29	6.12
西班牙	20.00	0.00	0.00	0.00	0.00	0.00	20.00	0.00	0.00	0.00	4.08
澳大利亚	0.00	0.00	0.00	0.00	0.00	16.67	0.00	0.00	0.00	0.00	2.04
巴西	0.00	0.00	0.00	33.33	0.00	0.00	0.00	0.00	0.00	0.00	2.04
加拿大	0.00	0.00	0.00	0.00	0.00	0.00	20.00	0.00	0.00	0.00	2.04
中国香港	0.00	0.00	0.00	0.00	0.00	0.00	20.00	0.00	0.00	0.00	2.04
印度	0.00	0.00	0.00	0.00	0.00	16.67	0.00	0.00	0.00	0.00	2.04
以色列	0.00	0.00	0.00	0.00	0.00	16.67	0.00	0.00	0.00	0.00	2.04

续表

国家和地区	2012 年	2013 年	2014 年	2015 年	2016 年	2017 年	2018 年	2019 年	2020 年	2021 年	合计
拉脱维亚	20.00	0.00	0.00	0.00	0.00	0.00	0.00	0.00	0.00	0.00	2.04
波兰	0.00	0.00	0.00	0.00	20.00	0.00	0.00	0.00	0.00	0.00	2.04
罗马尼亚	0.00	0.00	0.00	0.00	0.00	0.00	20.00	0.00	0.00	0.00	2.04
韩国	0.00	0.00	0.00	0.00	0.00	0.00	0.00	0.00	0.00	14.29	2.04

表 6-20　材料检测和鉴定 B 层人才排名前 20 的国家和地区的占比

单位：%

国家和地区	2012 年	2013 年	2014 年	2015 年	2016 年	2017 年	2018 年	2019 年	2020 年	2021 年	合计
中国大陆	8.16	11.90	11.90	15.38	6.67	14.29	20.41	7.81	12.12	20.63	12.99
美国	18.37	14.29	14.29	15.38	15.56	12.24	10.20	7.81	1.52	3.17	10.43
伊朗	4.08	2.38	2.38	5.13	4.44	10.20	12.24	9.38	3.03	12.70	6.89
沙特阿拉伯	0.00	2.38	0.00	2.56	0.00	2.04	4.08	12.50	21.21	7.94	6.30
印度	2.04	4.76	4.76	0.00	8.89	6.12	2.04	4.69	6.06	6.35	4.72
意大利	4.08	4.76	4.76	2.56	4.44	6.12	4.08	4.69	3.03	1.59	3.94
土耳其	0.00	0.00	0.00	0.00	4.44	4.08	2.04	6.25	7.58	7.94	3.74
阿尔及利亚	2.04	4.76	0.00	2.56	0.00	0.00	0.00	7.81	10.61	3.17	3.54
德国	4.08	0.00	2.38	5.13	4.44	4.08	4.08	6.25	1.52	1.59	3.35
英国	10.20	2.38	4.76	5.13	4.44	2.04	4.08	1.56	1.52	0.00	3.35
澳大利亚	4.08	4.76	7.14	2.56	0.00	2.04	0.00	0.00	4.55	6.35	3.15
法国	2.04	4.76	7.14	5.13	4.44	0.00	4.08	4.69	0.00	0.00	2.95
加拿大	0.00	2.38	0.00	7.69	6.67	4.08	2.04	0.00	1.52	3.17	2.56
泰国	2.04	0.00	0.00	2.56	0.00	0.00	0.00	1.56	9.09	3.17	2.17
马来西亚	2.04	0.00	7.14	0.00	2.22	0.00	4.08	0.00	3.03	3.17	2.17
日本	2.04	4.76	4.76	0.00	0.00	2.04	0.00	4.69	0.00	0.00	1.77
埃及	0.00	0.00	0.00	2.56	2.22	2.04	0.00	4.69	3.03	0.00	1.57
韩国	6.12	2.38	2.38	2.56	0.00	0.00	0.00	0.00	1.52	1.59	1.57
中国香港	0.00	4.76	0.00	0.00	0.00	0.00	2.04	0.00	0.00	4.76	1.38
西班牙	6.12	7.14	0.00	0.00	2.22	0.00	0.00	0.00	0.00	0.00	1.38

表 6-21　材料检测和鉴定 C 层人才排名前 20 的国家和地区的占比

单位：%

国家和地区	2012 年	2013 年	2014 年	2015 年	2016 年	2017 年	2018 年	2019 年	2020 年	2021 年	合计
中国大陆	15.16	15.72	18.74	23.24	21.40	27.84	23.59	25.36	22.39	31.36	22.85
美国	12.30	10.57	10.68	11.49	8.47	8.61	10.02	10.00	5.88	5.92	9.18
伊朗	4.92	2.95	4.79	6.53	6.14	5.49	6.05	9.11	6.37	4.88	5.80
印度	4.51	4.18	3.49	3.92	4.24	4.21	4.80	6.43	7.35	6.79	5.14
英国	8.20	6.63	6.10	3.92	5.51	4.58	5.43	3.39	3.27	2.44	4.82
意大利	2.66	5.16	4.14	6.27	4.66	4.03	2.51	3.57	3.59	2.09	3.76
法国	5.53	4.91	7.41	3.92	3.39	3.48	2.30	2.68	2.12	2.61	3.71
德国	5.53	5.65	2.61	3.92	5.30	3.11	4.18	1.43	2.61	3.14	3.63
韩国	2.46	4.42	3.70	2.35	2.12	2.75	2.09	2.32	2.45	2.96	2.73
加拿大	2.25	1.97	2.83	3.66	0.85	2.75	4.38	1.79	2.29	1.57	2.39
波兰	1.64	2.95	1.74	1.57	4.24	2.56	2.71	2.86	2.45	0.52	2.31
澳大利亚	1.02	1.47	1.31	2.09	1.69	2.93	2.92	1.96	3.10	3.14	2.23
土耳其	2.25	0.98	0.44	1.83	1.69	1.65	2.09	3.39	2.78	2.79	2.07
西班牙	2.25	3.93	1.53	0.78	3.60	1.65	1.46	0.89	0.49	2.09	1.81
日本	2.25	1.23	2.61	2.61	1.69	2.38	1.67	1.43	1.31	1.05	1.79
巴西	2.25	2.21	1.53	1.04	2.75	1.47	1.04	2.68	0.98	1.05	1.69
马来西亚	2.66	2.95	1.96	0.52	0.64	0.92	0.63	0.89	2.78	2.09	1.63
葡萄牙	2.05	1.72	0.87	1.57	1.69	1.10	2.09	1.25	1.14	1.05	1.43
俄罗斯	1.23	2.21	1.74	0.78	1.06	0.73	1.88	1.07	0.98	1.57	1.31
沙特阿拉伯	0.41	0.98	0.44	0.52	0.42	0.73	0.63	1.61	2.78	2.44	1.18

八　多学科材料

多学科材料 A、B、C 层人才主要集中在美国和中国大陆，二者 A、B、C 层人才的世界占比合计分别为 48.12%、53.73%、48.72%；其中，美国的 A 层人才多于中国大陆，B 层和 C 层人才少于中国大陆。

英国、韩国、德国、日本的 A 层人才比较多，世界占比在 6%~3%；澳大利亚、新加坡、瑞士、加拿大、中国香港、沙特阿拉伯、法国、意大利、瑞典、荷兰、西班牙、中国台湾、比利时、印度也有相当数量的 A 层人才，世界占比超过或接近 1%。

韩国、澳大利亚、德国、新加坡、英国、日本的 B 层人才比较多，世界占比在 5%~3%；中国香港、加拿大、沙特阿拉伯、法国、印度、瑞士、西班牙、意大利、中国台湾、瑞典、荷兰、比利时也有相当数量的 B 层人才，世界占比超过或接近 1%。

德国、韩国、英国、澳大利亚的 C 层人才比较多，世界占比在 5%~3%；印度、日本、新加坡、法国、中国香港、加拿大、西班牙、意大利、沙特阿拉伯、瑞士、中国台湾、荷兰、伊朗、瑞典也有相当数量的 C 层人才，世界占比超过或接近 1%。

表 6-22　多学科材料 A 层人才排名前 20 的国家和地区的占比

单位：%

国家和地区	2012 年	2013 年	2014 年	2015 年	2016 年	2017 年	2018 年	2019 年	2020 年	2021 年	合计
美国	28.86	33.77	33.13	27.21	32.30	25.14	26.67	26.91	22.22	14.56	26.13
中国大陆	24.83	13.25	15.63	17.01	18.63	21.23	24.10	26.91	21.79	29.12	21.99
英国	4.03	5.30	8.75	9.52	4.35	7.26	3.08	3.14	4.27	4.21	5.16
韩国	4.70	5.30	3.13	7.48	6.21	5.59	4.62	4.04	6.41	4.60	5.16
德国	6.04	3.97	5.63	4.08	6.21	4.47	2.56	3.14	4.70	7.28	4.84
日本	4.03	4.64	1.88	3.40	4.35	2.79	3.08	4.48	3.42	2.30	3.39
澳大利亚	1.34	1.99	1.88	2.04	1.24	4.47	3.59	3.14	4.27	3.83	2.96
新加坡	6.71	4.64	2.50	3.40	2.48	0.56	2.05	2.69	1.71	3.45	2.90
瑞士	2.01	3.97	2.50	2.72	3.73	2.79	3.08	1.79	2.56	1.92	2.63
加拿大	0.67	0.66	1.25	1.36	4.35	4.47	3.59	2.69	2.99	2.30	2.53
中国香港	1.34	0.66	2.50	2.04	2.48	0.56	3.08	4.48	1.71	4.21	2.47
沙特阿拉伯	0.67	0.00	1.88	2.72	1.86	5.59	4.10	1.79	1.71	1.92	2.26
法国	2.01	4.64	1.25	1.36	1.24	2.23	1.03	0.90	2.14	1.15	1.72
意大利	0.67	0.66	3.13	4.76	1.24	2.23	0.51	1.35	1.28	1.15	1.61
瑞典	1.34	0.00	0.00	0.68	1.24	1.12	2.05	0.90	3.85	2.68	1.56
荷兰	1.34	1.32	1.25	2.72	1.24	1.12	1.03	1.79	0.85	0.77	1.29
西班牙	0.67	0.66	2.50	1.36	0.00	1.12	1.03	0.90	2.14	1.15	1.18
中国台湾	2.68	1.99	2.50	0.00	0.62	1.12	1.54	0.90	0.00	1.15	1.18
比利时	0.00	2.65	0.63	0.68	2.48	0.56	0.51	1.35	0.43	1.53	1.08
印度	0.67	1.32	0.00	0.00	0.00	0.00	1.54	0.90	1.28	2.68	0.97

表 6-23　多学科材料 B 层人才排名前 20 的国家和地区的占比

单位：%

国家和地区	2012 年	2013 年	2014 年	2015 年	2016 年	2017 年	2018 年	2019 年	2020 年	2021 年	合计
中国大陆	21.12	24.34	24.44	25.24	28.24	33.48	36.69	38.25	38.18	40.84	32.43
美国	28.51	28.57	26.39	25.32	23.11	22.48	20.22	19.87	16.07	12.61	21.30
韩国	5.61	6.05	5.00	5.02	4.58	2.70	2.98	3.44	3.28	3.34	4.03
澳大利亚	2.51	2.41	3.33	3.37	4.30	4.12	4.44	4.23	5.59	4.43	4.02
德国	5.02	4.59	5.49	4.64	4.23	4.05	3.26	3.49	3.51	2.67	3.94
新加坡	3.40	3.21	4.51	3.52	4.16	4.48	4.04	4.28	3.55	3.30	3.84
英国	3.99	4.66	4.10	4.27	4.09	4.24	3.71	2.89	3.65	3.01	3.76
日本	3.91	3.43	3.40	3.30	3.68	3.56	2.64	2.94	2.45	2.25	3.06
中国香港	1.70	1.53	1.53	2.62	2.22	2.70	2.75	3.29	3.46	2.88	2.58
加拿大	1.77	1.53	1.67	1.80	1.67	1.60	1.69	2.74	2.45	1.88	1.93
沙特阿拉伯	0.59	0.87	1.88	2.47	1.94	1.78	1.80	1.84	1.15	1.96	1.64
法国	2.22	2.55	1.94	1.57	2.43	1.11	1.63	0.95	0.92	1.13	1.55
印度	1.99	1.53	1.46	1.65	0.83	1.04	1.18	1.34	1.75	2.34	1.55
瑞士	1.33	1.60	1.81	1.72	2.22	0.98	1.46	1.15	1.43	0.92	1.41
西班牙	1.77	1.97	1.32	1.87	1.67	1.17	0.90	1.20	0.97	0.84	1.29
意大利	1.33	1.82	1.18	1.50	1.53	1.04	0.84	0.55	0.92	1.00	1.12
中国台湾	2.07	1.38	2.08	0.90	0.90	0.55	0.56	1.00	0.83	0.75	1.05
瑞典	0.96	0.58	1.39	1.27	0.69	0.55	1.57	0.75	0.69	0.84	0.92
荷兰	1.85	1.17	1.04	0.82	0.62	0.86	0.90	0.60	1.02	0.54	0.90
比利时	0.66	0.73	0.69	0.30	0.69	0.55	0.51	0.50	0.28	0.63	0.54

表 6-24　多学科材料 C 层人才排名前 20 的国家和地区的占比

单位：%

国家和地区	2012 年	2013 年	2014 年	2015 年	2016 年	2017 年	2018 年	2019 年	2020 年	2021 年	合计
中国大陆	20.17	22.41	26.15	28.64	29.72	32.83	35.65	38.11	37.13	36.70	31.82
美国	22.56	21.43	20.33	19.72	18.67	18.31	16.47	15.05	13.06	10.75	16.90
德国	6.18	5.85	5.41	5.04	4.57	4.12	4.17	3.85	3.62	3.42	4.46
韩国	4.73	4.80	4.98	5.01	4.76	4.42	4.37	4.13	3.85	3.80	4.40
英国	4.10	4.26	3.86	3.65	4.08	3.72	3.90	3.20	3.46	3.20	3.68
澳大利亚	2.36	2.54	2.62	3.09	3.19	3.34	3.45	3.75	3.80	3.36	3.23
印度	3.04	3.18	2.93	2.59	2.69	2.30	2.39	2.38	2.91	3.98	2.87

续表

国家和地区	2012 年	2013 年	2014 年	2015 年	2016 年	2017 年	2018 年	2019 年	2020 年	2021 年	合计
日本	4.09	3.83	3.64	3.21	3.14	2.66	2.54	2.48	2.10	1.98	2.84
新加坡	2.59	2.24	2.45	2.74	2.76	2.85	2.72	2.66	2.69	2.17	2.58
法国	3.86	3.43	2.87	2.31	2.31	2.02	1.78	1.40	1.44	1.44	2.15
中国香港	1.30	1.28	1.63	1.91	1.98	2.13	2.39	2.24	2.53	2.47	2.06
加拿大	2.08	2.02	2.13	1.90	1.84	1.74	1.65	1.73	1.86	1.63	1.83
西班牙	2.57	2.29	2.18	1.86	1.79	1.64	1.46	1.32	1.29	1.22	1.68
意大利	1.93	2.11	1.89	1.52	1.42	1.62	1.41	1.29	1.35	1.58	1.58
沙特阿拉伯	0.52	0.80	1.12	1.37	1.33	1.53	1.41	1.43	1.72	2.55	1.47
瑞士	1.60	1.70	1.44	1.53	1.46	1.52	1.51	1.12	1.15	0.85	1.34
中国台湾	1.63	1.38	1.21	1.21	1.04	0.93	0.87	0.91	1.00	1.04	1.09
荷兰	1.38	1.26	1.13	1.13	1.13	1.05	0.92	1.01	0.88	0.69	1.02
伊朗	0.97	0.99	0.92	1.00	1.06	1.00	0.89	0.82	1.04	1.35	1.01
瑞典	0.97	1.12	0.90	1.01	0.99	0.98	0.96	0.81	0.89	0.84	0.93

九 石油工程

石油工程 A、B、C 层人才主要集中在中国大陆和美国，二者 A、B、C 层人才的世界占比合计分别为 63.33%、57.06%、51.65%，中国大陆的 A、B、C 层人才均多于美国。

澳大利亚、马来西亚、荷兰、德国、伊拉克、挪威、卡塔尔、阿联酋的 A 层人才比较多，世界占比在 7%~3%。

伊朗、加拿大、澳大利亚、马来西亚、印度的 B 层人才比较多，世界占比在 5%~3%；英国、沙特阿拉伯、挪威、俄罗斯、埃及、阿联酋、德国、波兰、巴基斯坦、尼日利亚、卡塔尔、伊拉克、荷兰也有相当数量的 B 层人才，世界占比超过或接近 1%。

伊朗、加拿大、澳大利亚的 C 层人才比较多，世界占比在 8%~4%；印度、俄罗斯、挪威、英国、沙特阿拉伯、马来西亚、巴西、法国、德国、韩国、阿联酋、荷兰、日本、卡塔尔、意大利也有相当数量的 C 层人才，世界占比超过或接近 1%。

表 6-25 石油工程 A 层人才的国家和地区的占比

单位：%

国家和地区	2012 年	2013 年	2014 年	2015 年	2016 年	2017 年	2018 年	2019 年	2020 年	2021 年	合计
中国大陆	50.00	33.33	50.00	0.00	33.33	33.33	0.00	40.00	33.33	100.00	40.00
美国	50.00	0.00	50.00	66.67	0.00	33.33	0.00	20.00	33.33	0.00	23.33
澳大利亚	0.00	33.33	0.00	0.00	33.33	0.00	0.00	0.00	0.00	0.00	6.67
马来西亚	0.00	0.00	0.00	0.00	0.00	0.00	50.00	0.00	33.33	0.00	6.67
荷兰	0.00	0.00	0.00	0.00	33.33	33.33	0.00	0.00	0.00	0.00	6.67
德国	0.00	0.00	0.00	33.33	0.00	0.00	0.00	0.00	0.00	0.00	3.33
伊拉克	0.00	0.00	0.00	0.00	0.00	0.00	0.00	20.00	0.00	0.00	3.33
挪威	0.00	33.33	0.00	0.00	0.00	0.00	0.00	0.00	0.00	0.00	3.33
卡塔尔	0.00	0.00	0.00	0.00	0.00	0.00	0.00	20.00	0.00	0.00	3.33
阿联酋	0.00	0.00	0.00	0.00	0.00	0.00	50.00	0.00	0.00	0.00	3.33

表 6-26 石油工程 B 层人才排名前 20 的国家和地区的占比

单位：%

国家和地区	2012 年	2013 年	2014 年	2015 年	2016 年	2017 年	2018 年	2019 年	2020 年	2021 年	合计
中国大陆	30.43	34.48	11.54	17.86	20.69	37.14	35.14	37.21	51.16	29.79	32.06
美国	34.78	31.03	46.15	21.43	31.03	28.57	27.03	16.28	16.28	14.89	25.00
伊朗	0.00	13.79	7.69	10.71	3.45	0.00	5.41	4.65	4.65	2.13	5.00
加拿大	4.35	3.45	11.54	14.29	6.90	0.00	2.70	6.98	4.65	0.00	5.00
澳大利亚	26.09	0.00	3.85	0.00	0.00	8.57	5.41	2.33	2.33	2.13	4.41
马来西亚	0.00	3.45	0.00	3.57	6.90	5.71	2.70	6.98	2.33	4.26	3.82
印度	0.00	0.00	3.85	3.57	3.45	0.00	2.70	11.63	2.33	2.13	3.24
英国	0.00	0.00	7.69	3.57	3.45	2.86	5.41	2.33	2.33	2.13	2.94
沙特阿拉伯	0.00	0.00	3.85	3.57	0.00	0.00	8.11	0.00	2.33	6.38	2.65
挪威	0.00	3.45	0.00	3.57	0.00	0.00	0.00	2.33	0.00	4.26	1.47
俄罗斯	0.00	0.00	0.00	0.00	3.45	5.71	0.00	2.33	0.00	0.00	1.18
埃及	0.00	0.00	0.00	0.00	0.00	0.00	0.00	0.00	0.00	8.51	1.18
阿联酋	4.35	3.45	0.00	0.00	3.45	0.00	0.00	2.33	0.00	0.00	1.18
德国	0.00	0.00	0.00	7.14	3.45	0.00	0.00	0.00	0.00	0.00	0.88
波兰	0.00	0.00	0.00	0.00	0.00	0.00	0.00	0.00	6.38	0.00	0.88
巴基斯坦	0.00	0.00	0.00	3.57	6.90	0.00	0.00	0.00	0.00	0.00	0.88
尼日利亚	0.00	3.45	0.00	0.00	0.00	0.00	2.70	2.33	0.00	0.00	0.88

国家和地区	2012 年	2013 年	2014 年	2015 年	2016 年	2017 年	2018 年	2019 年	2020 年	2021 年	合计
卡塔尔	0.00	0.00	0.00	0.00	0.00	0.00	2.70	0.00	0.00	2.13	0.59
伊拉克	0.00	0.00	0.00	0.00	0.00	0.00	0.00	0.00	4.65	0.00	0.59
荷兰	0.00	0.00	0.00	3.57	0.00	2.86	0.00	0.00	0.00	0.00	0.59

表 6-27 石油工程 C 层人才排名前 20 的国家和地区的占比

单位：%

国家和地区	2012 年	2013 年	2014 年	2015 年	2016 年	2017 年	2018 年	2019 年	2020 年	2021 年	合计
中国大陆	16.52	21.66	20.24	27.31	24.47	31.95	37.54	38.58	39.66	37.53	31.24
美国	29.91	25.27	25.51	26.94	18.79	22.78	25.21	14.16	12.74	13.85	20.41
伊朗	8.48	6.50	10.12	7.38	8.16	4.44	5.73	9.36	8.65	7.05	7.56
加拿大	9.38	7.94	5.26	5.17	6.38	5.62	5.73	4.79	5.53	3.27	5.68
澳大利亚	3.57	4.69	5.67	3.69	3.90	4.44	2.87	4.11	4.33	3.78	4.08
印度	1.79	2.17	0.40	3.32	3.19	2.66	3.15	2.97	2.88	2.77	2.62
俄罗斯	1.34	2.89	1.62	1.48	4.26	2.96	2.01	1.60	2.64	4.79	2.62
挪威	5.80	3.97	2.83	3.32	2.48	3.55	1.72	1.14	1.92	1.76	2.62
英国	1.34	3.25	3.24	2.58	3.19	2.96	2.29	2.51	1.92	2.77	2.59
沙特阿拉伯	1.34	0.72	1.62	2.95	3.55	3.25	1.15	2.74	1.92	5.29	2.56
马来西亚	1.34	0.72	1.62	1.85	1.42	1.78	1.43	3.42	2.16	3.53	2.07
巴西	1.79	2.17	1.62	2.58	3.55	0.59	0.86	1.14	1.44	1.26	1.61
法国	4.46	3.25	3.24	0.37	2.48	0.30	0.86	0.91	0.48	0.25	1.42
德国	1.79	1.81	3.64	0.37	0.71	0.59	0.29	0.68	0.48	0.25	0.93
韩国	0.89	0.72	0.00	1.48	0.35	0.59	1.43	0.68	0.48	1.01	0.77
阿联酋	0.45	0.72	0.40	1.11	1.42	0.89	0.57	0.68	0.96	0.25	0.74
荷兰	0.89	0.72	2.02	1.48	1.06	1.18	0.86	0.23	0.00	0.00	0.74
日本	0.89	1.81	0.00	0.00	1.42	1.18	0.29	0.68	0.48	0.00	0.68
卡塔尔	0.00	0.72	0.00	0.37	0.35	0.59	1.43	0.91	0.48	0.50	0.59
意大利	0.45	1.08	1.62	0.00	0.71	0.59	0.00	0.46	0.72	0.25	0.56

十 采矿和矿物处理

采矿和矿物处理 A 层人才主要集中在中国大陆和美国，世界占比分别为 35.71%、21.43%，合计为 57.14%，超过全球 A 层人才的一半；澳大利亚、南非、韩国的 A 层人才比较多，世界占比在 8%~4%；比利时、加拿大、德国、中国香港、印度、马来西亚、西班牙、斯里兰卡、中国台湾、英国、越南也有相当数量的 A 层人才，世界占比均为 2.38%。

中国大陆的 B 层人才最多，世界占比为 37.48%；澳大利亚和美国处于第二梯队，B 层人才的世界占比分别为 12.99%、11.30%；加拿大、英国、德国的 B 层人才比较多，世界占比在 4%~3%；法国、韩国、瑞典、日本、土耳其、印度、伊朗、南非、马来西亚、巴西、俄罗斯、瑞士、挪威、中国香港也有相当数量的 B 层人才，世界占比超过或接近 1%。

中国大陆的 C 层人才最多，世界占比为 33.55%；澳大利亚和美国处于第二梯队，C 层人才的世界占比分别为 11.01%、10.09%；加拿大、德国的 C 层人才比较多，世界占比分别为 5.54%、3.05%；伊朗、英国、印度、法国、日本、南非、土耳其、俄罗斯、西班牙、巴西、瑞典、意大利、波兰、韩国、智利也有相当数量的 C 层人才，世界占比超过或等于 1%。

表 6-28　采矿和矿物处理 A 层人才的国家和地区的占比

单位：%

国家和地区	2012 年	2013 年	2014 年	2015 年	2016 年	2017 年	2018 年	2019 年	2020 年	2021 年	合计
中国大陆	0.00	0.00	33.33	25.00	0.00	50.00	33.33	42.86	14.29	71.43	35.71
美国	0.00	66.67	33.33	0.00	100.00	25.00	16.67	28.57	14.29	0.00	21.43
澳大利亚	0.00	0.00	0.00	0.00	0.00	0.00	0.00	14.29	0.00	28.57	7.14
南非	0.00	0.00	0.00	0.00	0.00	0.00	16.67	0.00	14.29	0.00	4.76
韩国	0.00	0.00	0.00	0.00	0.00	0.00	0.00	14.29	14.29	0.00	4.76
比利时	0.00	0.00	0.00	25.00	0.00	0.00	0.00	0.00	0.00	0.00	2.38
加拿大	0.00	0.00	33.33	0.00	0.00	0.00	0.00	0.00	0.00	0.00	2.38
德国	0.00	0.00	0.00	0.00	0.00	25.00	0.00	0.00	0.00	0.00	2.38
中国香港	0.00	0.00	0.00	0.00	0.00	0.00	16.67	0.00	0.00	0.00	2.38
印度	0.00	0.00	0.00	0.00	0.00	0.00	16.67	0.00	0.00	0.00	2.38
马来西亚	0.00	0.00	0.00	0.00	0.00	0.00	0.00	0.00	14.29	0.00	2.38
西班牙	0.00	0.00	0.00	25.00	0.00	0.00	0.00	0.00	0.00	0.00	2.38

续表

国家和地区	2012 年	2013 年	2014 年	2015 年	2016 年	2017 年	2018 年	2019 年	2020 年	2021 年	合计
斯里兰卡	0.00	0.00	0.00	0.00	0.00	0.00	0.00	0.00	14.29	0.00	2.38
中国台湾	0.00	33.33	0.00	0.00	0.00	0.00	0.00	0.00	0.00	0.00	2.38
英国	0.00	0.00	0.00	25.00	0.00	0.00	0.00	0.00	0.00	0.00	2.38
越南	0.00	0.00	0.00	0.00	0.00	0.00	0.00	0.00	14.29	0.00	2.38

表 6-29　采矿和矿物处理 B 层人才排名前 20 的国家和地区的占比

单位：%

国家和地区	2012 年	2013 年	2014 年	2015 年	2016 年	2017 年	2018 年	2019 年	2020 年	2021 年	合计
中国大陆	20.45	27.66	18.42	37.21	16.33	41.18	26.42	44.44	54.29	64.06	37.48
澳大利亚	18.18	8.51	7.89	13.95	12.24	15.69	7.55	16.67	17.14	9.38	12.99
美国	18.18	17.02	18.42	16.28	20.41	17.65	5.66	5.56	5.71	0.00	11.30
加拿大	4.55	6.38	7.89	2.33	4.08	1.96	3.77	2.78	0.00	4.69	3.58
英国	2.27	4.26	0.00	0.00	6.12	5.88	7.55	2.78	1.43	4.69	3.58
德国	4.55	2.13	7.89	4.65	4.08	3.92	5.66	1.39	1.43	1.56	3.39
法国	4.55	2.13	5.26	0.00	6.12	3.92	1.89	0.00	1.43	0.00	2.26
韩国	2.27	2.13	0.00	2.33	2.04	1.96	0.00	5.56	1.43	1.56	2.07
瑞典	2.27	0.00	2.63	4.65	2.04	1.96	0.00	0.00	2.86	3.13	1.88
日本	0.00	2.13	10.53	2.33	2.04	0.00	1.89	0.00	1.43	0.00	1.69
土耳其	4.55	4.26	0.00	0.00	0.00	0.00	7.55	0.00	1.43	0.00	1.69
印度	0.00	6.38	0.00	2.33	0.00	0.00	5.66	1.39	0.00	1.56	1.69
伊朗	0.00	0.00	2.63	2.33	0.00	0.00	3.77	2.78	4.29	0.00	1.69
南非	0.00	0.00	0.00	0.00	2.04	0.00	5.66	2.78	1.43	0.00	1.32
马来西亚	2.27	2.13	0.00	0.00	0.00	0.00	3.77	1.39	0.00	0.00	0.94
巴西	0.00	0.00	2.63	2.33	2.04	3.92	0.00	0.00	0.00	0.00	0.94
俄罗斯	0.00	0.00	2.63	2.33	2.04	1.96	0.00	1.39	0.00	0.00	0.94
瑞士	4.55	2.13	2.63	0.00	0.00	0.00	0.00	0.00	0.00	1.56	0.94
挪威	2.27	0.00	0.00	0.00	4.08	0.00	1.89	0.00	0.00	0.00	0.75
中国香港	0.00	2.13	7.89	0.00	0.00	0.00	0.00	0.00	0.00	0.00	0.75

表 6-30　采矿和矿物处理 C 层人才排名前 20 的国家和地区的占比

单位：%

国家和地区	2012 年	2013 年	2014 年	2015 年	2016 年	2017 年	2018 年	2019 年	2020 年	2021 年	合计
中国大陆	23.53	23.04	26.25	33.02	32.20	33.46	37.66	36.54	35.09	45.75	33.55
澳大利亚	13.97	8.70	13.65	10.61	12.47	12.45	10.58	11.68	10.26	7.45	11.01
美国	10.29	10.22	12.86	12.97	12.93	11.48	10.02	7.97	9.31	6.24	10.09
加拿大	5.15	6.74	6.56	6.60	4.54	6.42	5.38	5.36	4.72	4.85	5.54
德国	2.94	4.78	2.89	2.12	2.49	3.89	2.78	2.75	2.56	3.47	3.05
伊朗	5.15	3.26	3.41	2.83	2.49	2.33	2.41	2.88	2.29	1.91	2.80
英国	2.94	3.04	4.99	1.89	2.95	3.89	2.97	2.61	1.62	2.08	2.78
印度	3.19	3.48	2.10	2.12	2.95	1.75	1.86	3.16	2.02	2.43	2.49
法国	4.66	3.04	2.62	1.65	1.81	1.17	3.53	2.61	2.16	1.73	2.46
日本	1.23	1.96	2.89	1.89	1.13	0.97	2.41	1.65	1.48	1.39	1.67
南非	1.96	2.83	1.84	0.47	1.59	1.36	1.86	1.37	1.48	1.56	1.61
土耳其	2.45	2.17	2.36	1.65	1.13	0.78	1.48	1.37	1.35	1.39	1.55
俄罗斯	1.23	1.52	1.05	0.94	0.45	1.36	0.37	2.06	1.35	2.08	1.30
西班牙	1.72	1.74	1.31	1.18	1.13	1.95	2.23	0.55	0.94	0.69	1.29
巴西	0.98	1.52	1.05	0.00	1.81	1.56	1.11	1.24	1.08	0.87	1.13
瑞典	1.47	1.74	1.57	1.18	1.59	0.58	0.93	1.37	0.27	1.21	1.13
意大利	1.23	2.39	1.05	0.71	0.91	0.97	1.11	0.96	0.94	0.52	1.06
波兰	1.47	0.65	0.26	0.94	0.23	0.58	0.56	0.55	2.43	1.91	1.04
韩国	0.74	0.87	1.31	0.71	0.68	0.39	0.56	1.10	2.29	0.87	1.02
智利	0.00	1.52	0.52	1.18	1.13	1.56	1.11	0.27	1.48	1.04	1.00

十一　机械工程

机械工程 A、B、C 层人才主要集中在美国和中国大陆，二者 A、B、C 层人才的世界占比合计为 36.15%、36.22%、38.09%；其中，美国的 A 层人才多于中国大陆，B 层和 C 层人才少于中国大陆。

伊朗和英国的 A 层人才比较多，世界占比分别为 6.15%、5.19%；沙特阿拉伯、印度、德国、巴基斯坦、加拿大、马来西亚、越南、韩国、法国、澳大利亚、阿尔及利亚、意大利、比利时、土耳其、芬兰、新加坡也有相当数量的 A 层人才，世界占比均超过 1%。

伊朗、英国、澳大利亚、沙特阿拉伯的 B 层人才比较多，世界占比在 8%~3%；印度、加拿大、德国、意大利、法国、韩国、越南、巴基斯坦、土耳其、马来西亚、中国香港、西班牙、日本、埃及也有相当数量的 B 层人才，世界占比均超过 1%。

英国、伊朗、印度、意大利、德国、澳大利亚、法国的 C 层人才比较多，世界占比在 6%~3%；加拿大、韩国、日本、西班牙、土耳其、中国香港、沙特阿拉伯、马来西亚、波兰、新加坡、瑞典也有相当数量的 C 层人才，世界占比均超过或等于 1%。

表 6-31　机械工程 A 层人才排名前 20 的国家和地区的占比

单位：%

国家和地区	2012 年	2013 年	2014 年	2015 年	2016 年	2017 年	2018 年	2019 年	2020 年	2021 年	合计
美国	26.42	30.43	29.51	24.44	12.73	29.09	5.45	13.73	5.77	8.51	18.65
中国大陆	7.55	10.87	16.39	15.56	27.27	18.18	20.00	15.69	23.08	19.15	17.50
伊朗	0.00	8.70	4.92	2.22	3.64	3.64	3.64	7.84	11.54	17.02	6.15
英国	9.43	4.35	4.92	4.44	7.27	3.64	7.27	1.96	7.69	0.00	5.19
沙特阿拉伯	0.00	2.17	3.28	2.22	7.27	3.64	1.82	3.92	1.92	2.13	2.88
印度	3.77	0.00	1.64	4.44	5.45	0.00	0.00	3.92	3.85	4.26	2.69
德国	3.77	4.35	6.56	4.44	1.82	0.00	1.82	0.00	1.92	0.00	2.50
巴基斯坦	1.89	2.17	0.00	4.44	5.45	0.00	3.64	7.84	0.00	0.00	2.50
加拿大	7.55	4.35	0.00	2.22	1.82	1.82	3.64	0.00	1.92	0.00	2.31
马来西亚	1.89	0.00	1.64	0.00	1.82	1.82	0.00	3.92	0.00	12.77	2.31
越南	0.00	0.00	0.00	0.00	0.00	0.00	1.82	1.96	13.46	6.38	2.31
韩国	3.77	2.17	3.28	2.22	5.45	0.00	1.82	1.96	0.00	0.00	2.12
法国	1.89	2.17	3.28	2.22	1.82	1.82	5.45	0.00	0.00	2.13	2.12
澳大利亚	1.89	2.17	1.64	2.22	0.00	1.82	0.00	5.88	1.92	2.13	1.92
阿尔及利亚	0.00	0.00	3.28	4.44	3.64	0.00	0.00	0.00	5.77	0.00	1.73
意大利	1.89	0.00	0.00	4.44	0.00	5.45	5.45	0.00	0.00	0.00	1.73
比利时	3.77	0.00	0.00	2.22	3.64	0.00	0.00	1.96	3.85	0.00	1.54
土耳其	0.00	0.00	3.28	0.00	1.82	0.00	0.00	0.00	5.77	2.13	1.35
芬兰	1.89	0.00	1.64	2.22	0.00	3.64	0.00	1.96	0.00	2.13	1.35
新加坡	1.89	0.00	1.64	4.44	0.00	1.82	1.82	1.96	0.00	0.00	1.35

表 6-32 机械工程 B 层人才排名前 20 的国家和地区的占比

单位：%

国家和地区	2012 年	2013 年	2014 年	2015 年	2016 年	2017 年	2018 年	2019 年	2020 年	2021 年	合计
中国大陆	12.19	18.16	17.89	24.51	23.67	21.21	21.64	28.81	26.23	33.78	22.74
美国	21.49	17.45	16.82	17.65	15.71	14.95	9.22	9.48	7.04	5.33	13.48
伊朗	4.55	3.30	6.08	3.92	7.76	7.88	12.02	8.92	8.96	7.56	7.21
英国	4.96	7.31	4.47	4.66	2.65	4.65	3.41	4.46	5.12	3.33	4.46
澳大利亚	1.65	1.42	3.94	3.43	3.27	2.63	4.01	2.60	4.90	4.00	3.20
沙特阿拉伯	1.24	1.18	1.43	2.94	3.88	4.24	3.81	3.90	3.41	5.11	3.11
印度	3.93	4.01	2.50	2.45	4.49	1.62	1.80	1.67	4.05	3.78	2.99
加拿大	1.65	3.54	3.58	3.68	2.04	2.83	2.81	2.97	1.71	1.56	2.64
德国	3.31	4.25	3.40	2.94	2.24	2.02	3.01	1.49	1.28	1.33	2.51
意大利	4.13	3.07	3.40	2.94	1.84	3.03	2.20	1.86	0.85	1.33	2.47
法国	4.75	4.72	3.58	1.96	2.45	1.62	0.40	0.56	2.35	0.44	2.26
韩国	4.13	3.07	3.76	2.21	1.22	1.21	1.00	1.12	2.13	2.67	2.24
越南	0.41	0.00	0.18	0.00	0.41	1.41	2.20	2.60	7.68	4.67	1.95
巴基斯坦	1.03	0.47	1.07	0.74	2.04	5.25	3.61	1.86	1.49	1.33	1.93
土耳其	1.86	1.89	2.33	1.72	2.45	0.61	2.81	1.67	1.92	1.78	1.91
马来西亚	1.45	2.36	1.61	1.72	1.02	2.02	2.40	2.23	1.71	1.33	1.79
中国香港	1.65	2.12	1.43	2.45	1.43	0.81	2.00	2.23	1.49	1.78	1.72
西班牙	2.69	1.89	1.97	1.47	0.61	1.01	1.20	0.37	0.43	0.44	1.20
日本	2.27	1.42	1.61	0.49	1.22	1.41	0.80	0.93	0.64	0.89	1.18
埃及	0.41	0.94	0.54	1.23	1.43	2.02	0.80	1.12	1.71	1.56	1.16

表 6-33 机械工程 C 层人才排名前 20 的国家和地区的占比

单位：%

国家和地区	2012 年	2013 年	2014 年	2015 年	2016 年	2017 年	2018 年	2019 年	2020 年	2021 年	合计
中国大陆	16.76	18.48	20.09	23.45	26.18	27.39	30.35	31.01	30.34	32.43	25.65
美国	16.03	17.01	14.54	15.50	12.64	12.21	9.95	9.80	8.80	8.21	12.44
英国	5.97	6.01	5.34	5.68	5.12	4.91	4.97	5.22	4.92	4.57	5.27
伊朗	4.38	2.99	4.32	3.54	5.06	5.27	4.93	5.92	5.80	4.44	4.71
印度	4.79	4.59	4.03	3.31	4.77	4.83	4.59	5.28	4.46	5.48	4.62
意大利	4.43	3.99	4.33	3.66	3.79	2.86	2.99	2.72	2.57	2.46	3.39
德国	3.97	3.83	4.01	3.59	3.31	3.26	2.99	2.72	2.50	2.36	3.26

国家和地区	2012 年	2013 年	2014 年	2015 年	2016 年	2017 年	2018 年	2019 年	2020 年	2021 年	合计
澳大利亚	2.69	3.11	3.04	3.66	3.25	3.28	3.51	3.01	3.07	3.10	3.17
法国	4.15	4.87	3.74	3.96	2.94	2.65	2.23	1.93	1.80	1.96	3.00
加拿大	3.35	3.09	3.01	2.92	2.96	2.52	2.85	2.48	1.84	2.06	2.72
韩国	3.59	3.09	3.19	3.11	2.62	2.37	2.09	1.99	2.57	2.56	2.70
日本	2.04	2.61	2.33	1.72	1.54	1.71	1.30	1.49	1.95	1.29	1.80
西班牙	1.80	2.49	2.15	2.04	1.40	1.38	1.75	0.93	1.23	1.14	1.62
土耳其	1.57	1.45	1.43	1.47	1.33	1.44	1.69	1.36	1.78	2.11	1.55
中国香港	1.40	0.83	1.27	1.07	1.50	1.25	1.75	2.04	1.51	2.11	1.48
沙特阿拉伯	0.77	0.81	0.88	1.20	1.27	1.61	1.58	1.49	1.78	1.76	1.31
马来西亚	1.18	0.90	1.18	1.15	1.40	1.08	0.96	1.12	1.30	0.92	1.12
波兰	1.20	0.88	1.54	1.42	1.33	1.06	0.96	0.98	0.94	0.79	1.12
新加坡	0.73	1.33	1.22	1.15	1.21	0.91	0.98	1.04	1.10	1.22	1.08
瑞典	1.05	1.50	1.27	1.20	0.77	1.04	0.94	0.74	0.70	0.84	1.00

十二　制造工程

制造工程 A 层人才主要集中在美国，世界占比为 20.96%；中国大陆、法国的 A 层人才世界占比均为 8.98%，并列第二名；澳大利亚、英国、德国、加拿大、印度的 A 层人才比较多，世界占比在 9%～4%；丹麦、意大利、巴西、新加坡、马来西亚、比利时、新西兰、阿联酋、瑞典、西班牙、伊朗、匈牙利也有相当数量的 A 层人才，世界占比超过或接近 1%。

制造工程 B 层人才主要集中在中国大陆和美国，世界占比分别为 17.13%、15.01%；英国的 B 层人才以 9.75% 的世界占比位列第三；德国、印度、法国、加拿大、澳大利亚、意大利的 B 层人才比较多，世界占比在 6%～3%；中国香港、比利时、韩国、新加坡、瑞典、土耳其、丹麦、伊朗、西班牙、日本、葡萄牙也有相当数量的 B 层人才，世界占比均超过 1%。

制造工程 C 层人才主要集中在中国大陆和美国，世界占比分别为 21.08%、14.28%；英国、印度、德国、意大利、法国、加拿大的 C 层人才比较多，世界占比在 8%～3%；韩国、中国香港、澳大利亚、伊朗、日本、新加坡、西班牙、中国台湾、土耳其、瑞典、荷兰、巴西也有相当数量的 C 层人才，世界占比均超过 1%。

表 6-34　制造工程 A 层人才排名前 20 的国家和地区的占比

单位：%

国家和地区	2012 年	2013 年	2014 年	2015 年	2016 年	2017 年	2018 年	2019 年	2020 年	2021 年	合计
美国	18.75	33.33	37.50	35.71	9.09	13.33	26.32	14.29	9.52	12.50	20.96
中国大陆	0.00	11.11	12.50	7.14	0.00	0.00	21.05	4.76	9.52	18.75	8.98
法国	6.25	5.56	0.00	7.14	9.09	6.67	10.53	9.52	14.29	18.75	8.98
澳大利亚	12.50	0.00	0.00	35.71	9.09	0.00	10.53	9.52	0.00	12.50	8.38
英国	6.25	11.11	6.25	0.00	9.09	6.67	5.26	9.52	14.29	6.25	7.78
德国	6.25	11.11	6.25	0.00	9.09	6.67	0.00	9.52	14.29	0.00	6.59
加拿大	18.75	11.11	0.00	0.00	0.00	0.00	5.26	4.76	0.00	0.00	4.19
印度	0.00	0.00	6.25	7.14	0.00	6.67	0.00	4.76	14.29	0.00	4.19
丹麦	6.25	0.00	12.50	0.00	9.09	0.00	5.26	0.00	0.00	0.00	2.99
意大利	0.00	5.56	0.00	0.00	9.09	13.33	0.00	0.00	4.76	0.00	2.99
巴西	0.00	0.00	0.00	0.00	0.00	6.67	5.26	9.52	0.00	0.00	2.40
新加坡	0.00	0.00	0.00	0.00	0.00	13.33	0.00	4.76	0.00	6.25	2.40
马来西亚	0.00	0.00	0.00	0.00	9.09	6.67	0.00	4.76	0.00	6.25	2.40
比利时	6.25	0.00	6.25	0.00	0.00	6.67	0.00	0.00	0.00	0.00	1.80
新西兰	6.25	0.00	0.00	0.00	9.09	0.00	0.00	4.76	0.00	0.00	1.80
阿联酋	0.00	0.00	0.00	0.00	0.00	0.00	0.00	4.76	0.00	6.25	1.20
瑞典	6.25	0.00	0.00	0.00	0.00	0.00	0.00	0.00	0.00	6.25	1.20
西班牙	6.25	5.56	0.00	0.00	0.00	0.00	0.00	0.00	0.00	0.00	1.20
伊朗	0.00	0.00	6.25	0.00	0.00	0.00	5.26	0.00	0.00	0.00	1.20
匈牙利	0.00	0.00	6.25	0.00	0.00	0.00	0.00	0.00	0.00	0.00	0.60

表 6-35　制造工程 B 层人才排名前 20 的国家和地区的占比

单位：%

国家和地区	2012 年	2013 年	2014 年	2015 年	2016 年	2017 年	2018 年	2019 年	2020 年	2021 年	合计
中国大陆	8.82	18.86	6.99	12.50	13.24	23.94	18.97	16.18	21.20	30.25	17.13
美国	15.69	12.57	18.18	19.53	15.44	12.68	14.94	17.65	14.67	9.26	15.01
英国	11.76	11.43	8.39	10.16	11.76	9.86	10.92	8.82	7.07	7.41	9.75

国家和地区	2012 年	2013 年	2014 年	2015 年	2016 年	2017 年	2018 年	2019 年	2020 年	2021 年	合计
德国	4.41	5.71	13.99	7.81	6.62	4.93	3.45	5.88	3.80	4.32	5.87
印度	5.88	1.71	4.90	5.47	4.41	4.23	4.02	4.90	3.80	4.94	4.42
法国	2.45	5.71	2.10	1.56	5.15	2.82	6.32	4.90	6.52	1.85	4.06
加拿大	4.90	2.29	3.50	5.47	2.21	3.52	4.60	2.45	2.17	3.70	3.45
澳大利亚	3.43	2.86	2.10	3.91	3.68	5.63	3.45	1.96	3.26	2.47	3.21
意大利	3.43	3.43	2.10	3.13	4.41	2.82	2.87	3.43	2.72	1.85	3.03
中国香港	3.43	6.86	0.70	1.56	2.94	0.70	2.87	2.45	3.80	1.23	2.78
比利时	1.96	2.29	5.59	1.56	2.94	0.00	3.45	2.45	0.54	0.00	2.06
韩国	3.92	1.71	3.50	4.69	0.74	2.82	1.15	0.00	1.63	1.23	2.06
新加坡	0.98	1.14	2.10	3.13	0.74	3.52	2.87	0.98	2.72	3.09	2.06
瑞典	1.47	1.71	2.10	3.13	0.74	4.23	0.57	1.96	1.09	1.85	1.82
土耳其	1.47	1.14	2.80	1.56	1.47	1.41	0.57	1.47	2.72	1.23	1.57
丹麦	0.98	1.71	0.00	0.00	0.74	0.70	2.30	1.47	1.63	1.85	1.39
伊朗	2.45	2.29	0.70	2.34	0.74	0.70	1.15	0.98	0.54	1.23	1.33
西班牙	2.45	1.71	1.40	0.78	2.21	1.41	0.57	0.98	1.63	0.00	1.33
日本	2.45	4.00	0.70	1.56	1.47	0.70	0.57	0.49	0.54	0.00	1.27
葡萄牙	1.96	0.57	2.80	0.00	0.00	3.52	0.57	0.98	1.63	0.62	1.27

表 6-36 制造工程 C 层人才排名前 20 的国家和地区的占比

单位：%

国家和地区	2012 年	2013 年	2014 年	2015 年	2016 年	2017 年	2018 年	2019 年	2020 年	2021 年	合计
中国大陆	14.87	15.49	17.43	18.94	23.96	20.27	21.75	23.20	27.63	27.89	21.08
美国	14.14	14.44	14.89	15.68	12.94	14.65	15.60	14.95	13.33	11.92	14.28
英国	6.55	7.02	6.31	8.00	8.24	6.61	7.35	7.53	7.74	6.91	7.21
印度	6.08	6.32	7.00	6.99	7.01	5.55	6.49	5.99	4.63	5.48	6.11
德国	4.78	4.41	4.80	3.73	3.54	4.55	3.47	3.33	3.50	3.86	3.99
意大利	2.81	4.18	3.50	4.04	2.77	4.34	3.47	3.38	3.16	3.05	3.45
法国	3.43	3.89	3.36	4.35	3.24	3.56	3.02	3.07	2.99	3.45	3.41
加拿大	4.37	4.47	3.84	2.48	2.62	2.63	4.33	2.71	3.33	2.30	3.38
韩国	3.33	2.96	3.50	2.56	2.23	2.70	1.82	2.25	1.92	1.90	2.52
中国香港	2.70	2.49	1.78	2.25	2.08	2.42	2.45	2.71	2.49	2.98	2.46
澳大利亚	2.08	2.26	1.85	3.11	1.62	3.49	2.33	2.20	2.60	2.71	2.40

国家和地区	2012 年	2013 年	2014 年	2015 年	2016 年	2017 年	2018 年	2019 年	2020 年	2021 年	合计
伊朗	3.12	3.54	2.75	2.33	3.08	2.28	2.16	1.74	1.58	1.29	2.38
日本	3.12	2.26	2.47	2.10	2.23	2.20	1.54	1.84	1.64	1.15	2.06
新加坡	1.72	1.22	1.65	1.86	2.23	1.56	2.05	1.64	2.71	2.37	1.89
西班牙	2.60	2.84	1.30	1.71	1.62	1.49	1.77	1.43	1.02	1.56	1.76
中国台湾	4.47	2.61	2.95	1.01	0.77	1.28	0.80	1.08	0.73	0.68	1.70
土耳其	2.44	2.09	1.92	1.79	1.23	1.00	1.25	1.02	1.19	1.56	1.56
瑞典	1.46	1.39	1.58	1.16	1.85	1.85	1.54	1.18	1.36	1.22	1.45
荷兰	1.66	1.33	1.85	1.63	1.08	0.28	1.08	1.08	1.07	0.68	1.18
巴西	1.14	0.81	0.82	1.24	1.00	0.92	0.91	1.54	1.58	1.49	1.16

十三 能源和燃料

能源和燃料的 A、B、C 层人才主要集中在中国大陆和美国，二者 A、B、C 层人才的世界占比合计为 38.03%、41.51%、40.77%，中国大陆的 A、B、C 层人才均多于美国。

英国、德国、日本、澳大利亚、加拿大、新加坡、韩国的 A 层人才比较多，世界占比在 6%~3%；意大利、法国、西班牙、印度、瑞士、中国香港、马来西亚、沙特阿拉伯、瑞典、以色列、荷兰也有相当数量的 A 层人才，世界占比均超过 1%。

澳大利亚、英国、德国、印度、韩国、加拿大的 B 层人才比较多，世界占比在 5%~3%；新加坡、马来西亚、日本、中国香港、沙特阿拉伯、西班牙、意大利、伊朗、法国、荷兰、瑞士、瑞典也有相当数量的 B 层人才，世界占比均超过 1%。

英国、印度、澳大利亚、德国、韩国的 C 层人才比较多，世界占比在 5%~3%；伊朗、加拿大、意大利、西班牙、马来西亚、日本、新加坡、法国、中国香港、沙特阿拉伯、瑞典、土耳其、荷兰也有相当数量的 C 层人才，世界占比均超过 1%。

表 6-37　能源和燃料 A 层人才排名前 20 的国家和地区的占比

单位：%

国家和地区	2012 年	2013 年	2014 年	2015 年	2016 年	2017 年	2018 年	2019 年	2020 年	2021 年	合计
中国大陆	15.38	23.08	11.48	21.88	14.08	17.65	20.00	26.88	20.20	21.62	19.74
美国	28.21	21.15	22.95	12.50	18.31	18.82	21.18	25.81	15.15	8.11	18.29
英国	5.13	3.85	11.48	7.81	5.63	9.41	2.35	3.23	2.02	9.01	5.92
德国	5.13	5.77	1.64	4.69	5.63	5.88	8.24	3.23	4.04	3.60	4.74
日本	2.56	5.77	3.28	4.69	8.45	5.88	2.35	5.38	2.02	0.90	3.95
澳大利亚	5.13	1.92	1.64	4.69	5.63	4.71	3.53	1.08	8.08	1.80	3.82
加拿大	0.00	3.85	1.64	4.69	4.23	1.18	4.71	6.45	6.06	0.00	3.42
新加坡	2.56	5.77	1.64	0.00	5.63	3.53	4.71	2.15	5.05	1.80	3.29
韩国	5.13	1.92	1.64	4.69	5.63	2.35	2.35	3.23	3.03	2.70	3.16
意大利	2.56	1.92	4.92	7.81	2.82	3.53	2.35	2.15	1.01	0.90	2.76
法国	2.56	3.85	4.92	0.00	1.41	5.88	3.53	1.08	1.01	1.80	2.50
西班牙	7.69	1.92	3.28	3.13	2.82	1.18	3.53	1.08	1.01	1.80	2.37
印度	5.13	1.92	3.28	0.00	0.00	2.35	3.53	2.15	3.03	2.70	2.37
瑞士	0.00	3.85	1.64	4.69	5.63	2.35	1.18	0.00	1.01	0.90	1.97
中国香港	0.00	0.00	1.64	0.00	2.82	1.18	1.18	4.30	2.02	2.70	1.84
马来西亚	2.56	1.92	0.00	1.56	2.82	2.35	1.18	0.00	1.01	3.60	1.71
沙特阿拉伯	0.00	0.00	3.28	6.25	0.00	1.18	1.08	4.04	0.90		1.71
瑞典	0.00	1.92	3.28	0.00	0.00	0.00	0.00	1.08	2.02	3.60	1.58
以色列	0.00	1.92	1.64	1.56	2.82	2.35	3.53	0.00	2.02	0.00	1.58
荷兰	0.00	1.92	1.64	1.56	0.00	1.18	1.18	3.23	1.01	1.80	1.45

表 6-38　能源和燃料 B 层人才排名前 20 的国家和地区的占比

单位：%

国家和地区	2012 年	2013 年	2014 年	2015 年	2016 年	2017 年	2018 年	2019 年	2020 年	2021 年	合计
中国大陆	15.70	19.92	26.05	25.44	22.36	25.37	30.44	31.56	27.66	27.04	26.13
美国	20.66	18.64	20.22	16.55	15.31	17.00	18.91	14.66	11.65	8.47	15.38
澳大利亚	6.61	3.39	3.64	4.18	5.05	3.98	4.53	5.32	6.05	5.41	4.87
英国	5.79	4.24	4.92	4.01	5.97	5.58	3.76	4.14	4.59	4.39	4.67
德国	4.13	3.18	5.28	5.75	3.37	3.72	5.31	4.02	4.26	2.14	4.03
印度	3.31	3.81	3.28	4.36	2.91	3.45	2.07	1.54	4.14	5.10	3.41
韩国	3.31	3.18	2.91	2.79	3.37	2.92	3.24	2.60	3.70	3.88	3.22
加拿大	3.31	3.60	2.55	2.96	2.60	2.26	3.11	3.43	3.58	2.86	3.02
新加坡	2.48	4.45	4.01	2.96	3.52	2.92	1.94	2.25	2.13	1.63	2.67

续表

国家和地区	2012年	2013年	2014年	2015年	2016年	2017年	2018年	2019年	2020年	2021年	合计
马来西亚	2.75	3.60	2.91	3.83	2.91	3.45	1.04	1.18	1.79	1.84	2.36
日本	2.20	3.18	2.00	1.57	2.76	2.39	2.07	1.77	2.46	1.73	2.17
中国香港	0.83	1.06	1.64	1.39	1.38	2.26	2.59	3.43	1.68	2.35	2.01
沙特阿拉伯	0.00	1.48	0.73	2.09	1.84	2.52	2.07	1.89	1.34	2.65	1.81
西班牙	4.68	2.75	1.82	2.26	1.99	1.86	1.17	1.18	1.12	1.12	1.75
意大利	2.20	0.42	2.00	1.74	2.60	1.33	0.91	1.30	1.01	1.53	1.46
伊朗	0.83	1.48	1.46	0.70	1.07	0.93	0.65	1.65	2.13	2.55	1.44
法国	2.75	2.33	1.46	0.87	2.14	1.86	0.52	1.18	1.12	1.22	1.43
荷兰	2.75	2.12	0.55	1.39	1.68	1.06	1.30	0.83	1.01	1.33	1.30
瑞士	2.20	0.85	1.09	1.57	1.84	1.33	1.68	1.18	0.67	0.71	1.24
瑞典	1.10	1.27	0.55	1.74	0.92	0.66	1.42	1.65	1.12	1.33	1.20

表6-39　能源和燃料C层人才排名前20的国家和地区的占比

单位：%

国家和地区	2012年	2013年	2014年	2015年	2016年	2017年	2018年	2019年	2020年	2021年	合计
中国大陆	16.74	23.45	27.48	29.10	26.72	28.22	32.03	33.71	31.35	31.87	29.19
美国	18.02	14.93	13.79	12.53	12.69	12.49	12.04	10.37	9.06	7.19	11.58
英国	5.22	4.59	4.00	4.61	4.52	5.18	4.66	4.22	4.79	4.19	4.57
印度	3.15	3.64	3.22	3.70	4.72	4.59	4.16	3.97	4.46	5.15	4.21
澳大利亚	3.32	3.27	3.24	3.72	3.49	3.69	3.90	4.13	3.82	3.51	3.66
德国	4.46	4.07	3.76	3.52	3.77	3.21	3.19	2.86	2.53	2.72	3.26
韩国	2.87	3.42	3.13	3.35	3.49	2.98	3.44	2.91	3.27	3.02	3.18
伊朗	1.67	2.09	2.45	2.36	3.23	3.03	2.61	3.13	3.33	3.29	2.85
加拿大	3.57	3.08	2.89	2.67	2.46	2.08	2.40	2.13	2.13	2.26	2.49
意大利	3.10	2.65	2.61	2.67	2.45	2.42	1.71	1.80	1.81	1.68	2.17
西班牙	3.63	3.14	3.19	2.67	2.28	2.30	1.62	1.78	1.57	1.33	2.16
马来西亚	2.71	2.99	2.65	2.41	2.37	2.18	1.70	1.64	1.64	1.71	2.08
日本	2.46	2.48	2.22	2.04	2.00	1.88	1.82	1.74	1.36	1.33	1.84
新加坡	1.42	1.98	1.85	1.76	1.64	1.77	1.87	1.61	1.91	1.20	1.69
法国	2.79	2.52	2.39	1.81	1.73	1.81	1.28	1.26	1.50	1.14	1.69
中国香港	1.09	1.31	1.32	1.47	1.48	1.64	1.98	1.80	2.06	1.92	1.68
沙特阿拉伯	0.86	0.86	0.89	1.61	1.62	1.53	1.63	1.54	1.81	2.31	1.57
瑞典	1.48	1.68	1.56	1.20	1.26	1.14	1.41	1.08	0.94	1.33	1.27
土耳其	1.67	1.06	1.32	1.05	1.00	1.25	1.11	0.85	1.57	1.45	1.23
荷兰	2.06	1.66	1.26	1.24	1.45	0.97	1.05	0.98	0.84	0.98	1.16

十四　电气和电子工程

电气和电子工程 A、B、C 层人才主要集中在美国和中国大陆，二者 A、B、C 层人才的世界占比合计分别为 42.78%、42.95%、38.54%；其中，美国的 A 层人才多于中国大陆，B、C 层人才少于中国大陆。

英国、澳大利亚、德国、新加坡、法国、加拿大的 A 层人才比较多，世界占比在 7%~3%；中国香港、韩国、意大利、瑞典、日本、西班牙、瑞士、丹麦、印度、芬兰、沙特阿拉伯、荷兰也有相当数量的 A 层人才，世界占比超过或接近 1%。

英国、澳大利亚、加拿大的 B 层人才比较多，世界占比在 6%~3%；德国、新加坡、中国香港、韩国、印度、法国、意大利、西班牙、日本、沙特阿拉伯、伊朗、瑞典、丹麦、中国台湾、瑞士也有相当数量的 B 层人才，世界占比均超过 1%。

英国、加拿大、印度、韩国、意大利、澳大利亚的 C 层人才比较多，世界占比在 6%~3%；德国、法国、西班牙、伊朗、中国香港、新加坡、日本、中国台湾、沙特阿拉伯、瑞典、瑞士、丹麦也有相当数量的 C 层人才，世界占比超过或接近 1%。

表 6-40　电气和电子工程 A 层人才排名前 20 的国家和地区的占比

单位：%

国家和地区	2012 年	2013 年	2014 年	2015 年	2016 年	2017 年	2018 年	2019 年	2020 年	2021 年	合计
美国	32.96	35.00	23.25	21.96	21.21	30.94	20.71	23.88	15.60	12.90	23.39
中国大陆	6.15	10.50	15.35	16.47	20.08	23.38	21.43	23.88	19.20	30.65	19.39
英国	5.03	4.00	6.58	5.88	7.20	6.47	9.29	5.97	6.80	4.84	6.33
澳大利亚	1.68	3.00	3.95	3.92	4.92	3.24	3.21	6.72	5.20	8.47	4.53
德国	5.59	2.50	6.14	4.71	5.30	3.96	4.29	3.36	2.40	3.23	4.12
新加坡	3.35	5.50	2.63	1.96	4.17	2.52	3.57	6.34	6.40	4.03	4.04
法国	4.47	5.00	3.95	5.10	2.27	2.16	2.86	2.24	4.40	2.82	3.43
加拿大	3.91	2.50	3.07	3.92	3.79	2.52	2.50	3.73	2.80	3.23	3.18
中国香港	1.68	3.50	3.51	1.96	1.89	3.60	3.93	1.87	2.40	2.82	2.73
韩国	2.79	0.50	2.19	2.75	2.27	2.52	2.86	2.24	2.40	4.44	2.53

续表

国家和地区	2012 年	2013 年	2014 年	2015 年	2016 年	2017 年	2018 年	2019 年	2020 年	2021 年	合计
意大利	2.23	2.00	3.95	4.31	3.41	0.36	2.50	0.75	2.40	0.40	2.20
瑞典	2.23	2.00	2.19	1.96	1.89	2.52	1.79	0.75	3.20	1.21	1.96
日本	2.23	2.00	1.75	2.35	1.52	0.72	2.14	1.87	2.00	2.02	1.84
西班牙	3.91	3.00	3.51	1.18	3.03	1.44	1.79	0.00	0.40	0.81	1.80
瑞士	3.35	1.50	0.88	1.96	1.14	2.52	3.21	0.75	1.20	0.00	1.63
丹麦	1.68	3.50	3.51	1.18	2.27	0.36	0.71	0.37	0.40	0.40	1.35
印度	1.68	2.50	0.88	0.78	0.76	0.72	0.71	1.12	2.80	1.21	1.27
芬兰	0.00	0.50	1.32	1.18	1.52	0.72	0.71	0.37	1.60	0.81	0.90
沙特阿拉伯	0.56	0.00	1.32	0.78	1.52	0.00	0.36	1.87	1.60	0.81	0.90
荷兰	2.23	1.00	0.88	0.78	1.14	0.36	0.71	0.75	0.40	0.40	0.82

表 6-41 电气和电子工程 B 层人才排名前 20 的国家和地区的占比

单位：%

国家和地区	2012 年	2013 年	2014 年	2015 年	2016 年	2017 年	2018 年	2019 年	2020 年	2021 年	合计
中国大陆	13.12	16.14	18.67	21.35	24.40	24.69	29.12	30.14	30.72	31.33	24.56
美国	25.68	24.57	21.42	19.77	19.57	22.32	17.25	15.44	11.58	9.18	18.39
英国	6.09	5.53	5.07	6.66	5.93	6.02	5.90	6.02	6.65	5.08	5.91
澳大利亚	3.86	4.02	4.10	3.95	4.19	4.90	4.90	5.27	5.42	5.63	4.67
加拿大	5.47	4.13	4.49	4.56	3.90	3.85	3.90	3.28	3.60	3.05	3.97
德国	3.48	4.02	3.57	2.54	3.47	3.37	2.23	2.20	1.91	2.22	2.86
新加坡	2.74	3.13	2.99	3.81	2.24	2.77	2.75	2.78	2.60	2.77	2.85
中国香港	3.05	3.52	2.65	2.72	2.63	3.49	2.63	2.74	1.78	1.57	2.66
韩国	3.11	2.74	2.12	2.46	2.63	2.69	2.91	2.24	3.24	2.63	2.66
印度	1.55	2.07	2.51	2.59	2.20	1.73	2.03	2.74	3.24	4.71	2.55
法国	3.73	3.13	3.47	2.54	2.50	2.61	1.95	1.99	1.60	1.52	2.44
意大利	3.36	2.74	3.38	2.81	2.33	2.09	2.03	1.99	1.82	1.71	2.38
西班牙	2.55	2.85	2.51	1.84	1.95	1.65	1.35	1.83	1.05	1.20	1.83
日本	1.87	2.18	1.21	1.14	1.78	1.20	1.63	1.83	1.50	1.62	1.58
沙特阿拉伯	0.00	0.61	1.11	1.05	0.93	1.16	1.20	1.33	2.42	3.14	1.33
伊朗	1.37	1.01	1.83	1.49	1.36	0.76	1.24	0.95	1.60	1.75	1.33
瑞典	1.37	1.17	1.25	1.49	1.52	1.24	1.12	1.04	0.91	1.02	1.21
丹麦	1.12	1.28	1.69	1.27	1.65	0.88	1.43	0.87	0.91	0.69	1.18
中国台湾	1.49	1.68	1.01	0.83	1.02	0.68	0.96	0.95	1.28	1.66	1.12
瑞士	1.49	1.28	1.45	1.40	0.68	1.24	1.12	0.83	0.64	0.51	1.05

表 6-42　电气和电子工程 C 层人才排名前 20 的国家和地区的占比

单位：%

国家和地区	2012 年	2013 年	2014 年	2015 年	2016 年	2017 年	2018 年	2019 年	2020 年	2021 年	合计
中国大陆	13.60	14.79	17.35	18.64	20.93	23.48	26.26	29.01	26.92	27.00	22.24
美国	21.50	20.84	18.32	18.41	16.62	17.25	15.51	14.41	11.90	9.91	16.30
英国	4.58	4.80	4.62	5.02	5.49	5.29	5.26	5.03	4.99	4.90	5.03
加拿大	4.70	4.48	4.22	4.13	4.16	3.77	3.82	3.36	3.35	3.23	3.89
印度	2.49	2.97	3.57	3.48	4.09	3.71	4.17	3.84	4.81	5.17	3.87
韩国	3.72	3.30	3.12	3.13	3.22	3.13	3.33	3.29	3.61	3.38	3.31
意大利	3.68	4.06	3.93	4.04	3.49	3.13	2.87	2.31	2.42	2.64	3.23
澳大利亚	2.63	2.71	2.82	3.10	2.76	3.20	3.26	3.27	3.30	3.74	3.10
德国	3.65	3.60	3.63	3.54	2.98	2.86	2.32	2.22	1.86	1.87	2.82
法国	3.89	3.86	3.32	3.03	3.11	2.56	2.19	1.84	1.68	1.54	2.65
西班牙	3.39	3.16	2.62	2.67	2.46	2.24	2.06	1.96	1.80	1.78	2.37
伊朗	1.90	1.84	2.08	2.16	2.32	2.27	2.18	2.20	2.35	2.24	2.17
中国香港	2.51	2.23	2.46	2.13	2.05	2.26	2.06	2.03	1.69	1.56	2.09
新加坡	2.14	2.20	2.10	2.08	2.22	2.07	2.03	1.91	1.90	1.74	2.04
日本	2.74	2.58	2.55	2.32	2.03	1.90	1.80	1.63	1.48	1.38	2.01
中国台湾	3.19	2.73	2.32	1.86	1.48	1.25	1.29	1.07	1.32	1.52	1.73
沙特阿拉伯	0.42	0.58	0.76	0.98	0.94	1.02	1.18	1.49	2.63	3.01	1.31
瑞典	1.44	1.35	1.52	1.18	1.27	1.17	0.97	0.91	0.83	0.84	1.13
瑞士	1.54	1.39	1.53	1.31	1.21	1.18	1.00	0.83	0.76	0.63	1.12
丹麦	0.78	0.86	0.83	0.95	1.02	0.97	1.05	1.01	1.16	1.20	0.99

十五　建筑和建筑技术

中国大陆的建筑和建筑技术 A 层人才最多，世界占比为 15.35%；美国紧随其后，A 层人才的世界占比为 13.86%；英国、澳大利亚处于第二梯队，A 层人才的世界占比分别为 9.41%、8.42%；加拿大、印度的 A 层人才比较多，世界占比均为 3.47%；瑞士、韩国、法国、比利时、沙特阿拉伯、意大利、土耳其、巴基斯坦、荷兰、马来西亚、德国、中国香港、阿尔及利亚、越南也有相当数量的 A 层人才，世界占比均超过 1%。

中国大陆的 B 层人才最多，世界占比为 16.38%；其次为美国，世界占比为 11.13%；澳大利亚、英国、中国香港、加拿大、伊朗的 B 层人才比较多，世界占比在 7%~3%；沙特阿拉伯、印度、马来西亚、意大利、瑞士、阿尔及利亚、德国、韩国、荷兰、新加坡、比利时、葡萄牙、丹麦也有相当数量的 B 层人才，世界占比均超过 1%。

中国大陆的 C 层人才最多，世界占比为 20.85%，显著高于其他国家和地区；美国排名第二，C 层人才的世界占比为 11.92%；澳大利亚、英国、意大利、中国香港、伊朗、加拿大的 C 层人才比较多，世界占比在 6%~3%；印度、法国、德国、西班牙、韩国、土耳其、瑞士、马来西亚、葡萄牙、新加坡、荷兰、比利时也有相当数量的 C 层人才，世界占比均超过 1%。

表 6-43 建筑和建筑技术 A 层人才排名前 20 的国家和地区的占比

单位：%

国家和地区	2012 年	2013 年	2014 年	2015 年	2016 年	2017 年	2018 年	2019 年	2020 年	2021 年	合计
中国大陆	15.38	14.29	5.88	20.00	14.29	21.05	9.09	16.67	14.81	20.00	15.35
美国	7.69	14.29	11.76	20.00	14.29	31.58	9.09	12.50	7.41	13.33	13.86
英国	7.69	14.29	23.53	6.67	4.76	5.26	18.18	8.33	7.41	3.33	9.41
澳大利亚	7.69	21.43	17.65	0.00	4.76	5.26	4.55	4.17	7.41	13.33	8.42
加拿大	0.00	0.00	5.88	6.67	4.76	15.79	4.55	0.00	0.00	0.00	3.47
印度	0.00	0.00	5.88	13.33	0.00	5.26	0.00	0.00	3.70	6.67	3.47
瑞士	15.38	0.00	0.00	6.67	0.00	0.00	9.09	4.17	0.00	0.00	2.97
韩国	0.00	14.29	0.00	0.00	4.76	0.00	9.09	0.00	0.00	3.33	2.97
法国	0.00	0.00	0.00	0.00	9.52	0.00	0.00	8.33	0.00	0.00	2.97
比利时	0.00	0.00	5.88	6.67	4.76	0.00	8.33	0.00	0.00	0.00	2.48
沙特阿拉伯	0.00	0.00	0.00	0.00	4.76	0.00	0.00	4.17	7.41	3.33	2.48
意大利	15.38	0.00	0.00	0.00	4.76	0.00	0.00	4.17	3.70	0.00	2.48
土耳其	0.00	7.14	0.00	0.00	4.76	0.00	0.00	0.00	7.41	3.33	2.48
巴基斯坦	0.00	0.00	0.00	0.00	0.00	0.00	4.55	0.00	7.41	3.33	1.98
荷兰	0.00	7.14	0.00	6.67	4.76	0.00	0.00	0.00	3.70	0.00	1.98
马来西亚	0.00	0.00	5.88	0.00	4.76	5.26	0.00	0.00	3.70	0.00	1.98
德国	7.69	0.00	11.76	0.00	0.00	0.00	0.00	4.17	0.00	0.00	1.98

续表

国家和地区	2012 年	2013 年	2014 年	2015 年	2016 年	2017 年	2018 年	2019 年	2020 年	2021 年	合计
中国香港	7.69	0.00	0.00	0.00	0.00	0.00	4.55	0.00	3.70	3.33	1.98
阿尔及利亚	0.00	0.00	0.00	0.00	4.76	0.00	0.00	4.17	3.70	0.00	1.49
越南	0.00	0.00	0.00	0.00	0.00	0.00	0.00	4.17	3.70	3.33	1.49

表 6-44 建筑和建筑技术 B 层人才排名前 20 的国家和地区的占比

单位：%

国家和地区	2012 年	2013 年	2014 年	2015 年	2016 年	2017 年	2018 年	2019 年	2020 年	2021 年	合计
中国大陆	6.77	13.48	10.60	11.27	8.25	16.67	14.51	21.46	24.47	23.86	16.38
美国	16.54	14.89	15.89	10.56	9.79	10.42	13.99	10.50	8.02	7.02	11.13
澳大利亚	4.51	7.09	5.30	6.34	4.12	7.29	8.29	10.05	9.28	5.61	6.94
英国	9.02	6.38	6.62	7.04	5.67	6.25	3.63	3.20	5.49	4.21	5.46
中国香港	4.51	4.26	5.30	2.11	3.09	5.21	3.63	3.20	3.80	2.11	3.60
加拿大	5.26	3.55	3.97	2.82	6.70	0.52	3.63	3.20	3.80	2.11	3.44
伊朗	3.76	1.42	1.32	1.41	3.09	3.65	3.11	4.11	3.38	3.86	3.07
沙特阿拉伯	0.75	0.00	0.66	3.52	1.03	2.60	1.55	5.02	5.91	4.91	2.97
印度	0.00	4.26	3.31	0.00	2.58	3.13	3.63	1.83	2.53	5.61	2.91
马来西亚	4.51	3.55	4.64	2.82	4.12	2.60	2.07	1.83	1.27	2.81	2.86
意大利	3.76	3.55	1.32	3.52	5.67	2.08	3.11	1.83	1.69	1.05	2.60
瑞士	3.01	2.84	2.65	4.93	4.12	2.60	5.70	1.83	0.42	0.35	2.60
阿尔及利亚	0.75	0.71	0.66	3.52	1.03	2.60	1.55	5.02	5.06	1.05	2.33
德国	3.01	2.13	1.99	3.52	4.64	2.60	1.55	2.28	2.11	0.70	2.33
韩国	0.75	4.96	1.99	2.11	2.58	0.52	2.59	3.20	2.11	2.11	2.28
荷兰	3.76	0.71	1.99	4.93	4.12	1.56	1.55	1.83	0.84	1.75	2.17
新加坡	2.26	3.55	1.32	2.11	2.58	2.08	3.11	2.28	1.27	1.05	2.07
比利时	3.01	0.71	2.65	2.11	3.61	2.60	1.04	0.46	0.84	1.05	1.70
葡萄牙	6.02	0.71	1.99	1.41	1.55	2.08	0.00	2.74	0.84	1.05	1.70
丹麦	3.76	2.13	0.00	1.41	1.55	4.69	1.04	0.46	1.69	0.70	1.64

表 6-45 建筑和建筑技术 C 层人才排名前 20 的国家和地区的占比

单位：%

国家和地区	2012 年	2013 年	2014 年	2015 年	2016 年	2017 年	2018 年	2019 年	2020 年	2021 年	合计
中国大陆	11.37	11.15	14.84	15.70	19.00	19.78	24.72	26.53	25.56	26.74	20.85
美国	16.17	15.73	14.10	12.37	12.28	14.07	11.01	11.28	9.19	8.36	11.92
澳大利亚	3.51	4.43	4.79	5.07	5.41	5.66	6.10	6.62	5.91	6.25	5.56

国家和地区	2012 年	2013 年	2014 年	2015 年	2016 年	2017 年	2018 年	2019 年	2020 年	2021 年	合计
英国	6.10	6.93	5.47	5.86	4.72	5.50	5.48	4.65	5.01	4.99	5.35
意大利	4.58	4.72	5.26	5.79	3.73	3.99	3.88	1.79	2.91	2.48	3.66
中国香港	3.13	2.57	2.50	3.26	3.41	3.50	3.77	3.71	3.24	3.40	3.30
伊朗	2.36	2.79	2.29	2.17	2.47	2.91	3.98	4.07	3.53	3.77	3.17
加拿大	3.51	4.15	4.18	3.98	3.20	3.13	2.43	3.04	2.67	2.29	3.12
印度	1.75	1.29	1.48	1.95	2.68	2.86	3.36	3.31	3.41	3.18	2.69
法国	3.97	3.93	3.91	3.26	2.99	2.10	1.91	1.61	1.15	1.11	2.34
德国	2.06	2.07	3.17	3.40	2.36	2.53	2.28	2.19	2.30	1.33	2.29
西班牙	3.81	4.65	2.97	2.39	2.89	2.21	1.76	1.25	1.35	1.59	2.28
韩国	3.51	2.86	2.70	2.24	2.73	2.05	1.40	2.19	1.76	2.00	2.25
土耳其	3.20	2.14	2.29	2.60	1.52	1.13	1.50	1.34	1.85	2.37	1.93
瑞士	2.14	2.64	2.23	2.97	1.68	1.56	1.91	2.28	1.64	1.11	1.92
马来西亚	2.14	2.22	1.48	1.37	2.26	1.73	2.12	1.70	2.26	1.55	1.88
葡萄牙	3.59	2.29	2.97	2.39	2.15	1.73	1.60	1.39	0.78	1.22	1.84
新加坡	1.53	1.64	1.62	0.87	1.63	2.16	2.38	2.28	1.56	1.70	1.78
荷兰	1.68	2.00	1.96	1.88	2.05	1.67	1.19	1.30	1.64	1.29	1.62
比利时	1.60	1.72	1.69	2.10	1.84	1.08	1.29	0.72	0.94	1.18	1.34

十六 土木工程

中国大陆的土木工程 A 层人才最多，世界占比为 17.62%；美国紧随其后，A 层人才的世界占比为 15.54%；澳大利亚、加拿大、英国、阿尔及利亚、中国香港、伊朗、沙特阿拉伯的 A 层人才比较多，世界占比在 9%～3%；印度、越南、德国、马来西亚、韩国、法国、日本、西班牙、荷兰、土耳其、意大利也有相当数量的 A 层人才，世界占比均超过 1%。

中国大陆的 B 层人才最多，世界占比为 19.61%；其次为美国，世界占比为 13.35%；澳大利亚、英国、伊朗、加拿大的 B 层人才比较多，世界占比在 7%～3%；中国香港、沙特阿拉伯、意大利、马来西亚、印度、阿尔及利亚、韩国、荷兰、德国、新加坡、葡萄牙、西班牙、越南、法国也有相当数量的 B 层人才，世界占比均超过 1%。

中国大陆的 C 层人才最多，世界占比为 22.15%；其次为美国，世界占

比为 13.23%；澳大利亚、英国、意大利、伊朗、加拿大、中国香港的 C 层
人才比较多，世界占比在 6%~3%；印度、韩国、西班牙、德国、土耳其、
法国、葡萄牙、荷兰、新加坡、马来西亚、日本、瑞士也有相当数量的 C
层人才，世界占比均超过 1%。

表 6-46　土木工程 A 层人才排名前 20 的国家和地区的占比

单位：%

国家和地区	2012 年	2013 年	2014 年	2015 年	2016 年	2017 年	2018 年	2019 年	2020 年	2021 年	合计
中国大陆	6.67	9.68	6.45	20.00	20.00	16.67	20.93	17.39	18.37	29.09	17.62
美国	10.00	19.35	25.81	13.33	17.14	25.00	23.26	8.70	10.20	9.09	15.54
澳大利亚	6.67	9.68	6.45	3.33	2.86	11.11	13.95	8.70	8.16	7.27	8.03
加拿大	0.00	6.45	12.90	6.67	0.00	13.89	2.33	6.52	2.04	0.00	4.66
英国	10.00	6.45	9.68	0.00	5.71	5.56	2.33	2.17	4.08	3.64	4.66
阿尔及利亚	3.33	3.23	0.00	6.67	8.57	5.56	0.00	4.35	10.20	0.00	4.15
中国香港	3.33	0.00	0.00	3.33	0.00	0.00	9.30	6.52	8.16	5.45	4.15
伊朗	10.00	3.23	3.23	0.00	2.86	0.00	2.33	6.52	8.16	3.64	4.15
沙特阿拉伯	3.33	0.00	0.00	0.00	8.57	2.78	2.33	4.35	8.16	1.82	3.37
印度	3.33	3.23	3.23	3.33	0.00	2.78	0.00	2.17	4.08	1.82	2.33
越南	3.33	0.00	0.00	0.00	0.00	0.00	0.00	6.52	6.12	3.64	2.33
德国	6.67	0.00	6.45	0.00	0.00	0.00	0.00	2.17	4.08	1.82	2.07
马来西亚	3.33	3.23	3.23	3.33	2.86	5.56	2.33	0.00	0.00	0.00	2.07
韩国	0.00	6.45	0.00	0.00	0.00	0.00	2.33	6.52	0.00	1.82	1.81
法国	0.00	0.00	0.00	0.00	0.00	8.57	0.00	2.33	2.17	2.04	1.82	1.81
日本	0.00	0.00	3.23	0.00	0.00	0.00	2.78	2.33	6.52	0.00	1.82	1.81
西班牙	0.00	9.68	0.00	3.33	0.00	0.00	2.33	0.00	0.00	1.82	1.55
荷兰	0.00	3.23	3.23	6.67	2.86	0.00	0.00	0.00	0.00	0.00	1.30
土耳其	0.00	3.23	3.23	0.00	2.86	2.78	0.00	2.17	0.00	0.00	1.30
意大利	6.67	0.00	0.00	3.33	2.86	0.00	0.00	0.00	0.00	0.00	1.04

表 6-47　土木工程 B 层人才排名前 20 的国家和地区的占比

单位：%

国家和地区	2012 年	2013 年	2014 年	2015 年	2016 年	2017 年	2018 年	2019 年	2020 年	2021 年	合计
中国大陆	10.15	15.85	12.19	14.39	13.53	18.55	19.17	24.40	24.62	29.64	19.61
美国	22.93	16.20	14.70	18.18	12.65	15.65	15.03	10.77	10.89	5.82	13.35
澳大利亚	3.76	7.39	3.94	3.79	7.06	7.25	7.25	7.18	7.84	6.57	6.44

续表

国家和地区	2012 年	2013 年	2014 年	2015 年	2016 年	2017 年	2018 年	2019 年	2020 年	2021 年	合计
英国	9.02	7.04	5.73	8.33	5.29	4.93	6.48	3.35	3.27	3.00	5.23
伊朗	3.38	3.87	2.87	2.65	3.53	4.06	4.15	5.98	7.19	4.69	4.48
加拿大	3.76	5.99	5.02	3.41	5.29	2.90	1.55	2.15	3.70	2.81	3.50
中国香港	3.76	2.11	3.23	3.41	2.35	4.93	2.85	3.59	2.18	1.31	2.85
沙特阿拉伯	0.38	0.00	0.36	2.65	1.76	2.90	3.89	3.35	3.70	5.25	2.77
意大利	2.26	3.52	4.66	3.41	4.71	2.61	2.59	1.44	2.83	0.75	2.69
马来西亚	3.76	3.17	3.58	2.65	3.24	2.61	3.11	2.39	1.74	1.69	2.66
印度	2.63	2.82	2.15	0.00	2.94	2.03	2.07	1.67	2.18	4.69	2.46
阿尔及利亚	0.38	0.00	0.36	2.27	1.47	2.90	3.63	3.83	3.49	1.69	2.18
韩国	1.88	3.17	1.79	3.03	1.76	0.87	2.07	1.67	2.40	3.00	2.18
荷兰	2.63	1.41	3.94	4.55	2.94	2.03	1.04	0.48	0.00	0.94	1.73
德国	0.75	1.76	3.94	1.89	2.35	0.87	1.55	2.15	1.09	1.13	1.68
新加坡	1.50	3.17	2.15	0.38	1.76	1.74	2.85	1.67	0.87	0.75	1.62
葡萄牙	5.26	0.70	2.51	1.52	1.18	1.16	1.04	0.96	1.74	0.94	1.57
西班牙	1.13	1.06	4.30	1.89	1.18	2.32	0.78	0.72	0.44	1.13	1.37
越南	0.38	0.00	0.72	0.00	0.59	0.29	0.52	3.59	3.70	1.69	1.37
法国	2.26	1.76	2.51	1.52	2.06	2.61	0.52	0.24	0.22	1.13	1.34

表 6-48 土木工程 C 层人才排名前 20 的国家和地区的占比

单位：%

国家和地区	2012 年	2013 年	2014 年	2015 年	2016 年	2017 年	2018 年	2019 年	2020 年	2021 年	合计
中国大陆	12.07	12.95	15.39	16.30	19.32	21.92	26.21	27.46	28.14	28.86	22.15
美国	17.45	17.75	17.10	14.91	13.78	13.76	11.71	11.87	10.70	9.09	13.23
澳大利亚	4.49	5.82	5.13	6.23	5.78	6.54	6.38	6.32	5.86	5.90	5.90
英国	5.76	6.26	5.99	6.30	5.91	5.34	4.93	5.11	4.97	5.20	5.48
意大利	5.35	5.01	5.38	4.91	4.03	4.77	4.36	3.04	3.41	2.54	4.09
伊朗	2.97	3.51	3.03	3.55	3.30	3.54	4.02	4.77	4.57	4.22	3.86
加拿大	3.42	4.43	4.10	3.43	2.91	3.17	3.14	3.45	2.91	2.79	3.30
中国香港	3.53	2.85	2.49	3.06	3.36	3.25	3.58	2.77	3.17	3.13	3.13
印度	2.08	2.52	2.00	1.85	2.36	2.17	2.80	3.21	2.82	3.36	2.61
韩国	3.08	2.41	2.00	2.19	2.21	1.97	1.89	2.21	1.77	1.87	2.11
西班牙	3.08	3.04	2.67	2.49	2.36	2.25	1.66	1.46	1.25	1.09	1.99

续表

国家和地区	2012 年	2013 年	2014 年	2015 年	2016 年	2017 年	2018 年	2019 年	2020 年	2021 年	合计
德国	2.34	1.54	2.78	2.75	2.03	2.17	1.82	1.82	1.44	1.20	1.91
土耳其	2.49	2.01	2.17	2.53	1.88	1.48	1.40	1.61	1.75	2.16	1.91
法国	2.97	2.67	2.89	2.30	2.24	1.94	1.95	1.39	1.03	1.05	1.90
葡萄牙	2.78	2.23	2.28	2.19	1.94	1.66	1.30	1.31	0.96	1.47	1.71
荷兰	2.23	1.79	2.14	1.85	2.18	1.63	1.56	1.09	1.40	1.05	1.62
新加坡	1.71	1.61	1.14	1.32	1.85	1.86	1.84	1.85	1.44	1.28	1.59
马来西亚	1.26	1.68	1.07	1.21	1.82	1.17	1.82	1.22	1.66	1.36	1.44
日本	2.34	1.28	1.32	1.40	1.45	1.34	0.80	1.07	0.98	0.86	1.22
瑞士	1.78	1.83	1.53	1.62	1.12	0.97	1.32	0.92	0.83	0.73	1.19

十七 农业工程

农业工程 A 层人才最多的是美国，世界占比为 26.79%；印度和中国大陆处于第二梯队，二者 A 层人才的世界占比分别为 16.07%、14.29%；韩国、中国台湾、英国、瑞典、瑞士的 A 层人才比较多，世界占比在 8%~3%；澳大利亚、加拿大、法国、中国香港、爱尔兰、马来西亚、荷兰、菲律宾、沙特阿拉伯、越南也有相当数量的 A 层人才，世界占比均为 1.79%。

中国大陆的 B 层人才最多，世界占比为 24.74%；其后是印度，B 层人才的世界占比为 10.48%；美国、韩国、马来西亚、中国台湾、西班牙的 B 层人才比较多，世界占比在 10%~3%；英国、中国香港、澳大利亚、巴西、加拿大、法国、德国、比利时、新加坡、荷兰、越南、瑞典、丹麦也有相当数量的 B 层人才，世界占比均超过 1%。

中国大陆的 C 层人才最多，世界占比为 31.65%，显著领先于世界占比为 8.72%、排名第二的美国；印度、韩国、澳大利亚的 C 层人才也比较多，世界占比在 7%~3%；西班牙、巴西、英国、中国台湾、加拿大、马来西亚、意大利、法国、日本、德国、伊朗、瑞典、丹麦、比利时、荷兰也有相当数量的 C 层人才，世界占比均超过 1%。

表 6-49　农业工程 A 层人才的国家和地区的占比

单位：%

国家和地区	2012 年	2013 年	2014 年	2015 年	2016 年	2017 年	2018 年	2019 年	2020 年	2021 年	合计
美国	25.00	40.00	25.00	40.00	16.67	0.00	16.67	66.67	25.00	14.29	26.79
印度	0.00	0.00	50.00	0.00	16.67	20.00	16.67	0.00	12.50	42.86	16.07
中国大陆	0.00	0.00	0.00	20.00	0.00	40.00	33.33	33.33	12.50	0.00	14.29
韩国	0.00	0.00	25.00	0.00	16.67	0.00	0.00	0.00	12.50	14.29	7.14
中国台湾	0.00	0.00	0.00	0.00	0.00	20.00	0.00	0.00	25.00	0.00	5.36
英国	25.00	20.00	0.00	20.00	0.00	0.00	0.00	0.00	0.00	0.00	5.36
瑞典	0.00	0.00	0.00	0.00	33.33	0.00	0.00	0.00	0.00	0.00	3.57
瑞士	25.00	0.00	0.00	0.00	0.00	0.00	0.00	0.00	0.00	14.29	3.57
澳大利亚	0.00	0.00	0.00	20.00	0.00	0.00	0.00	0.00	0.00	0.00	1.79
加拿大	0.00	20.00	0.00	0.00	0.00	0.00	0.00	0.00	0.00	0.00	1.79
法国	0.00	0.00	0.00	0.00	16.67	0.00	0.00	0.00	0.00	0.00	1.79
中国香港	0.00	0.00	0.00	0.00	0.00	0.00	16.67	0.00	0.00	0.00	1.79
爱尔兰	0.00	0.00	0.00	0.00	0.00	0.00	16.67	0.00	0.00	0.00	1.79
马来西亚	0.00	0.00	0.00	0.00	0.00	20.00	0.00	0.00	0.00	0.00	1.79
荷兰	25.00	0.00	0.00	0.00	0.00	0.00	0.00	0.00	0.00	0.00	1.79
菲律宾	0.00	0.00	0.00	0.00	0.00	0.00	0.00	0.00	12.50	0.00	1.79
沙特阿拉伯	0.00	20.00	0.00	0.00	0.00	0.00	0.00	0.00	0.00	0.00	1.79
越南	0.00	0.00	0.00	0.00	0.00	0.00	0.00	0.00	0.00	14.29	1.79

表 6-50　农业工程 B 层人才排名前 20 的国家和地区的占比

单位：%

国家和地区	2012 年	2013 年	2014 年	2015 年	2016 年	2017 年	2018 年	2019 年	2020 年	2021 年	合计
中国大陆	29.55	18.03	25.00	27.45	27.27	18.00	26.67	33.33	18.92	25.33	24.74
印度	2.27	9.84	9.62	7.84	7.27	10.00	15.00	10.00	12.16	16.00	10.48
美国	18.18	13.11	15.38	19.61	9.09	6.00	6.67	6.67	4.05	6.67	9.97
韩国	4.55	6.56	3.85	3.92	1.82	8.00	8.33	11.67	9.46	9.33	7.04
马来西亚	4.55	4.92	0.00	1.96	3.64	2.00	3.33	5.00	5.41	8.00	4.12
中国台湾	4.55	3.28	1.92	5.88	3.64	6.00	0.00	3.33	4.05	4.00	3.61
西班牙	9.09	0.00	1.92	5.88	1.82	0.00	5.00	3.33	2.70	1.33	3.09
英国	0.00	0.00	1.92	1.96	1.82	2.00	1.67	1.67	6.76	6.67	2.75
中国香港	0.00	0.00	0.00	0.00	1.82	6.00	5.00	5.00	4.05	4.00	2.75
澳大利亚	6.82	3.28	3.85	1.96	3.64	4.00	1.67	1.67	0.00	1.33	2.58
巴西	2.27	3.28	0.00	0.00	5.45	2.00	5.00	1.67	2.70	0.00	2.23
加拿大	2.27	0.00	3.85	3.92	1.82	6.00	0.00	1.67	0.00	0.00	1.72

续表

国家和地区	2012 年	2013 年	2014 年	2015 年	2016 年	2017 年	2018 年	2019 年	2020 年	2021 年	合计
法国	2.27	6.56	1.92	1.96	1.82	0.00	0.00	1.67	1.35	0.00	1.72
德国	2.27	0.00	5.77	1.96	1.82	0.00	1.67	0.00	2.70	0.00	1.55
比利时	2.27	3.28	0.00	0.00	0.00	4.00	0.00	0.00	2.70	1.33	1.37
新加坡	0.00	3.28	1.92	0.00	1.82	2.00	1.67	0.00	1.35	0.00	1.20
荷兰	2.27	4.92	0.00	3.92	0.00	0.00	1.67	0.00	0.00	0.00	1.20
越南	0.00	0.00	0.00	0.00	0.00	2.00	0.00	3.33	2.70	2.67	1.20
瑞典	2.27	0.00	0.00	0.00	1.82	2.00	1.67	0.00	1.35	1.33	1.03
丹麦	0.00	0.00	1.92	0.00	1.82	0.00	0.00	0.00	1.35	4.00	1.03

表 6-51　农业工程 C 层人才排名前 20 的国家和地区的占比

单位：%

国家和地区	2012 年	2013 年	2014 年	2015 年	2016 年	2017 年	2018 年	2019 年	2020 年	2021 年	合计
中国大陆	20.50	24.01	26.75	28.06	30.56	32.55	37.99	40.07	38.92	31.28	31.65
美国	15.99	11.84	11.78	10.22	8.32	9.16	7.07	6.46	5.81	4.59	8.72
印度	6.53	3.60	4.19	6.21	5.61	8.38	6.01	6.46	8.65	11.33	6.88
韩国	3.15	3.43	3.59	2.81	3.98	3.51	4.24	3.64	4.59	6.03	4.00
澳大利亚	2.03	2.57	3.59	3.41	3.80	2.92	3.71	2.48	3.38	3.01	3.11
西班牙	4.28	4.46	3.99	5.01	3.44	2.92	2.65	1.16	1.89	1.29	2.96
巴西	2.93	2.74	2.99	4.61	2.71	1.75	1.77	2.15	2.30	1.29	2.46
英国	2.70	2.23	3.59	2.61	1.99	1.56	2.12	1.49	0.81	3.73	2.25
中国台湾	2.25	2.23	2.40	2.40	1.63	1.95	1.77	1.49	2.84	3.01	2.23
加拿大	2.70	2.74	2.40	1.80	1.63	2.34	1.41	2.65	2.16	1.87	2.16
马来西亚	2.48	2.92	2.59	2.20	2.17	1.36	1.41	1.99	1.49	3.01	2.16
意大利	2.03	1.54	2.40	1.60	2.53	2.73	2.83	2.81	1.76	0.72	2.05
法国	3.83	3.26	3.39	2.40	2.71	2.14	2.12	0.99	0.27	0.57	2.02
日本	2.93	3.60	2.00	1.80	1.63	1.95	1.06	1.49	0.68	1.29	1.77
德国	1.58	2.23	2.00	2.20	2.71	2.14	1.24	0.66	0.68	0.57	1.53
伊朗	0.68	1.54	0.60	1.40	1.45	1.56	2.30	2.81	1.49	1.00	1.51
瑞典	1.80	0.51	1.80	1.40	1.08	1.17	0.53	1.66	1.49	2.58	1.42
丹麦	1.80	1.89	0.80	1.20	0.90	1.75	1.06	1.49	0.95	1.15	1.28
比利时	1.35	1.54	1.40	1.00	1.63	1.36	2.12	0.66	0.68	0.29	1.16
荷兰	2.48	2.57	1.20	1.00	1.45	0.78	0.35	0.83	0.68	0.57	1.14

十八 环境工程

中国大陆的环境工程 A、B、C 层人才最多，分别占该学科全球 A、B、C 层人才的 20.65%、31.33%、34.46%；美国排名第二，A、B、C 层人才的世界占比分别为 10.65%、10.13%、11.29%，均远远少于中国大陆。

英国、德国、荷兰、瑞士、伊朗的 A 层人才比较多，世界占比在 7%~3%；澳大利亚、加拿大、韩国、沙特阿拉伯、印度、瑞典、西班牙、马来西亚、挪威、意大利、中国香港、葡萄牙、法国也有相当数量的 A 层人才，世界占比均超过 1%。

澳大利亚、英国、印度的 B 层人才比较多，世界占比在 5%~3%；德国、荷兰、沙特阿拉伯、加拿大、中国香港、韩国、意大利、马来西亚、法国、西班牙、日本、伊朗、瑞士、瑞典、新加坡也有相当数量的 B 层人才，世界占比均超过 1%。

澳大利亚、英国、印度的 C 层人才比较多，世界占比在 4%~3%；韩国、西班牙、德国、中国香港、加拿大、意大利、伊朗、荷兰、法国、马来西亚、日本、沙特阿拉伯、丹麦、瑞士、新加坡也有相当数量的 C 层人才，世界占比均超过 1%。

表 6-52　环境工程 A 层人才排名前 20 的国家和地区的占比

单位：%

国家和地区	2012 年	2013 年	2014 年	2015 年	2016 年	2017 年	2018 年	2019 年	2020 年	2021 年	合计
中国大陆	4.55	0.00	5.00	39.13	23.81	9.68	13.89	31.58	23.26	32.73	20.65
美国	27.27	19.05	20.00	4.35	9.52	12.90	11.11	2.63	9.30	5.45	10.65
英国	18.18	9.52	5.00	17.39	4.76	6.45	2.78	5.26	4.65	1.82	6.45
德国	9.09	14.29	10.00	0.00	0.00	6.45	13.89	7.89	0.00	0.00	5.48
荷兰	0.00	9.52	5.00	4.35	4.76	12.90	2.78	7.89	6.98	0.00	5.16
瑞士	9.09	4.76	10.00	0.00	4.76	3.23	2.78	7.89	2.33	0.00	3.87
伊朗	4.55	0.00	0.00	0.00	0.00	6.45	0.00	0.00	4.65	9.09	3.23
澳大利亚	4.55	0.00	10.00	0.00	0.00	0.00	5.56	7.89	2.33	0.00	2.90
加拿大	0.00	4.76	0.00	0.00	4.76	0.00	5.56	5.26	2.33	1.82	2.58

国家和地区	2012 年	2013 年	2014 年	2015 年	2016 年	2017 年	2018 年	2019 年	2020 年	2021 年	合计
韩国	0.00	4.76	10.00	4.35	0.00	0.00	2.78	2.63	2.33	1.82	2.58
沙特阿拉伯	0.00	0.00	0.00	4.35	4.76	6.45	2.78	2.63	2.33	1.82	2.58
印度	0.00	0.00	5.00	0.00	0.00	3.23	5.56	0.00	2.33	5.45	2.58
瑞典	0.00	0.00	5.00	0.00	9.52	3.23	5.56	2.63	0.00	0.00	2.26
西班牙	0.00	0.00	0.00	8.70	0.00	3.23	0.00	0.00	2.33	5.45	2.26
马来西亚	0.00	0.00	0.00	0.00	4.76	0.00	5.56	0.00	2.33	3.64	1.94
挪威	4.55	4.76	0.00	8.70	0.00	3.23	0.00	2.63	0.00	0.00	1.94
意大利	0.00	9.52	0.00	0.00	4.76	0.00	2.78	0.00	2.33	0.00	1.61
中国香港	0.00	0.00	0.00	4.35	0.00	0.00	0.00	0.00	4.65	3.64	1.61
葡萄牙	0.00	4.76	0.00	0.00	0.00	3.23	0.00	0.00	2.33	3.64	1.61
法国	0.00	4.76	0.00	0.00	4.76	0.00	0.00	5.26	2.33	0.00	1.61

表 6-53　环境工程 B 层人才排名前 20 的国家和地区的占比

单位：%

国家和地区	2012 年	2013 年	2014 年	2015 年	2016 年	2017 年	2018 年	2019 年	2020 年	2021 年	合计
中国大陆	22.73	17.77	26.40	28.92	22.39	26.78	34.57	40.46	39.68	34.76	31.33
美国	15.15	17.77	12.69	11.76	14.29	12.20	8.95	7.23	5.34	6.91	10.13
澳大利亚	4.04	5.08	4.06	4.41	6.18	5.42	4.01	4.62	5.10	5.69	4.96
英国	6.06	4.57	4.57	4.41	4.25	5.76	3.09	3.18	3.48	3.66	4.11
印度	1.52	3.05	2.03	3.92	3.86	3.39	2.16	2.60	4.41	4.88	3.40
德国	2.53	3.05	5.08	2.45	1.54	3.73	2.78	3.18	1.16	1.83	2.55
荷兰	2.53	4.57	5.08	3.43	4.25	2.03	2.16	1.73	1.16	0.20	2.28
沙特阿拉伯	1.01	0.51	2.03	2.94	1.93	2.03	2.47	1.73	2.09	3.46	2.17
加拿大	1.52	3.55	1.52	2.94	2.32	3.39	2.47	1.45	1.39	2.03	2.17
中国香港	1.52	2.54	3.05	1.96	1.16	1.36	2.16	1.73	2.09	3.05	2.11
韩国	1.52	3.05	0.51	0.98	2.32	2.71	1.23	3.47	1.39	2.85	2.11
意大利	4.04	3.05	4.06	2.45	1.54	2.37	0.93	2.31	1.16	1.42	2.07
马来西亚	1.01	0.51	5.08	1.47	1.54	1.36	2.78	1.16	1.62	2.64	1.94
法国	2.53	2.54	1.52	1.47	3.47	2.37	0.93	2.31	0.93	1.22	1.80
西班牙	4.04	2.54	3.55	2.45	0.77	0.68	2.16	1.45	1.16	0.61	1.66
日本	1.52	0.00	1.02	1.47	2.70	2.03	1.54	1.45	2.32	1.22	1.60
伊朗	0.51	1.52	0.00	0.98	1.16	1.36	0.31	1.45	4.18	1.83	1.56
瑞士	3.54	2.03	2.03	0.00	1.54	1.36	1.23	1.16	1.62	0.61	1.39
瑞典	2.02	2.03	2.03	1.96	1.54	2.03	0.93	1.45	0.46	0.61	1.33
新加坡	0.51	0.51	0.51	1.96	1.16	0.00	3.40	1.45	1.39	1.02	1.26

表 6-54 环境工程 C 层人才排名前 20 的国家和地区的占比

单位：%

国家和地区	2012 年	2013 年	2014 年	2015 年	2016 年	2017 年	2018 年	2019 年	2020 年	2021 年	合计
中国大陆	20.00	22.85	23.71	23.48	28.80	34.14	37.88	41.86	43.59	41.64	34.46
美国	18.14	17.30	18.36	14.37	13.35	11.59	10.20	9.31	7.52	6.12	11.29
澳大利亚	4.07	3.56	4.06	4.24	3.38	4.05	4.47	3.95	3.66	4.23	3.98
英国	3.97	4.53	3.91	4.34	4.10	4.11	3.16	3.80	2.97	2.73	3.59
印度	2.76	2.34	2.52	3.28	3.26	3.12	3.28	3.45	3.78	4.29	3.38
韩国	2.61	2.09	2.42	2.31	2.13	2.43	1.97	2.47	2.45	3.42	2.51
西班牙	4.07	3.21	3.76	3.52	3.18	2.26	2.06	1.57	1.55	1.26	2.34
德国	3.67	3.00	2.73	2.75	2.90	2.09	2.10	1.45	2.21	1.48	2.26
中国香港	1.66	1.22	1.54	1.78	2.49	2.50	2.60	2.49	2.00	2.13	2.12
加拿大	3.47	2.85	2.26	2.70	1.93	1.65	1.78	1.60	1.83	1.68	2.03
意大利	2.71	2.29	2.42	3.18	2.61	2.16	2.06	1.42	1.50	1.15	1.97
伊朗	1.21	1.42	1.39	1.40	1.61	1.61	2.41	2.00	2.24	2.27	1.88
荷兰	2.71	3.21	2.73	2.56	2.78	2.26	1.47	1.45	1.02	0.95	1.87
法国	2.91	1.88	2.26	2.31	2.09	1.75	1.69	1.25	0.88	1.24	1.66
马来西亚	1.56	1.68	1.18	1.54	1.61	1.51	1.16	1.48	1.40	1.76	1.50
日本	2.26	2.14	1.70	1.64	1.65	1.17	1.09	1.02	1.09	1.38	1.42
沙特阿拉伯	0.65	0.92	1.49	1.25	1.61	1.68	1.31	1.39	1.17	1.80	1.38
丹麦	1.46	1.68	1.65	1.83	1.49	1.34	0.94	1.16	1.14	0.83	1.26
瑞士	2.46	2.54	1.80	1.78	1.65	1.20	1.03	0.81	0.74	0.57	1.26
新加坡	0.95	1.37	1.23	1.16	1.13	0.86	1.50	1.45	1.19	1.19	1.21

十九 海洋工程

中国大陆的海洋工程 A 层人才最多，占该学科全球 A 层人才的 30.30%；美国和日本处于第二梯队，A 层人才的世界占比分别为 18.18%、12.12%；印度、爱尔兰、澳大利亚、加拿大、伊朗、意大利、科威特、葡萄牙、西班牙、土耳其、英国也有相当数量的 A 层人才，世界占比在 7%~3%。

中国大陆的海洋工程 B 层人才最多，占该学科全球 B 层人才的 20.06%；美国和英国处于第二梯队，B 层人才世界占比分别为 13.58%、10.19%；荷兰、西班牙、意大利的 B 层人才也比较多，世界占比在 7%~

3%；澳大利亚、新加坡、葡萄牙、日本、法国、德国、伊朗、挪威、中国香港、印度、比利时、加拿大、土耳其、丹麦也有相当数量的 B 层人才，世界占比均超过 1%。

中国大陆的海洋工程 C 层人才最多，占该学科全球 C 层人才的 20.54%；美国的 C 层人才世界占比为 14.50%，排名第二；英国、意大利、澳大利亚、荷兰、挪威的 C 层人才比较多，世界占比在 10%~3%；葡萄牙、法国、西班牙、韩国、日本、印度、加拿大、德国、伊朗、新加坡、土耳其、丹麦、比利时也有相当数量的 C 层人才，世界占比均超过 1%。

表 6-55　海洋工程 A 层人才的国家和地区的占比

单位：%

国家和地区	2012 年	2013 年	2014 年	2015 年	2016 年	2017 年	2018 年	2019 年	2020 年	2021 年	合计
中国大陆	0.00	0.00	50.00	0.00	33.33	33.33	0.00	50.00	60.00	50.00	30.30
美国	50.00	50.00	0.00	33.33	33.33	33.33	20.00	0.00	0.00	0.00	18.18
日本	50.00	0.00	0.00	0.00	0.00	0.00	20.00	0.00	0.00	33.33	12.12
印度	0.00	0.00	0.00	33.33	0.00	0.00	0.00	50.00	0.00	0.00	6.06
爱尔兰	0.00	0.00	0.00	0.00	0.00	0.00	40.00	0.00	0.00	0.00	6.06
澳大利亚	0.00	0.00	0.00	0.00	33.33	0.00	0.00	0.00	0.00	0.00	3.03
加拿大	0.00	0.00	50.00	0.00	0.00	0.00	0.00	0.00	0.00	0.00	3.03
伊朗	0.00	0.00	0.00	0.00	0.00	0.00	0.00	0.00	0.00	16.67	3.03
意大利	0.00	0.00	0.00	0.00	0.00	0.00	0.00	0.00	20.00	0.00	3.03
科威特	0.00	0.00	0.00	0.00	0.00	33.33	0.00	0.00	0.00	0.00	3.03
葡萄牙	0.00	0.00	0.00	0.00	0.00	0.00	0.00	0.00	20.00	0.00	3.03
西班牙	0.00	50.00	0.00	0.00	0.00	0.00	0.00	0.00	0.00	0.00	3.03
土耳其	0.00	0.00	0.00	0.00	0.00	0.00	20.00	0.00	0.00	0.00	3.03
英国	0.00	0.00	0.00	33.33	0.00	0.00	0.00	0.00	0.00	0.00	3.03

表 6-56　海洋工程 B 层人才排名前 20 的国家和地区的占比

单位：%

国家和地区	2012 年	2013 年	2014 年	2015 年	2016 年	2017 年	2018 年	2019 年	2020 年	2021 年	合计
中国大陆	10.00	9.52	15.38	5.88	32.35	8.00	17.86	22.73	31.91	26.67	20.06
美国	30.00	19.05	23.08	17.65	17.65	20.00	14.29	4.55	4.26	6.67	13.58
英国	0.00	9.52	15.38	11.76	5.88	16.00	10.71	6.82	12.77	11.11	10.19

续表

国家和地区	2012 年	2013 年	2014 年	2015 年	2016 年	2017 年	2018 年	2019 年	2020 年	2021 年	合计
荷兰	10.00	14.29	7.69	11.76	2.94	12.00	3.57	9.09	2.13	0.00	6.48
西班牙	10.00	4.76	3.85	8.82	5.88	0.00	10.71	2.27	2.13	0.00	4.32
意大利	0.00	4.76	0.00	8.82	0.00	4.00	7.14	2.27	2.13	6.67	3.70
澳大利亚	0.00	0.00	7.69	0.00	2.94	0.00	3.57	4.55	2.13	4.44	2.78
新加坡	10.00	0.00	0.00	2.94	0.00	8.00	3.57	2.27	4.26	0.00	2.78
葡萄牙	0.00	0.00	0.00	2.94	2.94	0.00	3.57	2.27	2.13	8.89	2.78
日本	0.00	0.00	3.85	2.94	0.00	4.00	0.00	4.55	6.38	2.22	2.78
法国	0.00	9.52	0.00	0.00	5.88	0.00	3.57	4.55	0.00	0.00	2.47
德国	0.00	0.00	7.69	2.94	0.00	8.00	0.00	4.55	2.13	0.00	2.47
伊朗	0.00	0.00	0.00	0.00	2.94	4.00	3.57	9.09	2.13	0.00	2.47
挪威	5.00	4.76	7.69	2.94	2.94	0.00	0.00	0.00	0.00	2.22	2.16
中国香港	0.00	9.52	0.00	0.00	2.94	0.00	0.00	2.27	2.13	2.22	1.85
印度	0.00	0.00	3.85	0.00	0.00	0.00	0.00	0.00	6.38	2.22	1.85
比利时	0.00	0.00	0.00	0.00	2.94	4.00	10.71	0.00	0.00	0.00	1.54
加拿大	5.00	4.76	0.00	0.00	0.00	0.00	3.57	4.55	0.00	0.00	1.54
土耳其	5.00	0.00	0.00	2.94	2.94	0.00	0.00	2.27	0.00	0.00	1.23
丹麦	5.00	0.00	0.00	2.94	0.00	0.00	0.00	0.00	2.13	2.22	1.23

表 6-57 海洋工程 C 层人才排名前 20 的国家和地区的占比

单位：%

国家和地区	2012 年	2013 年	2014 年	2015 年	2016 年	2017 年	2018 年	2019 年	2020 年	2021 年	合计
中国大陆	9.74	10.71	13.28	12.54	14.33	15.79	26.32	26.34	29.20	26.86	20.54
美国	29.23	19.90	25.78	20.46	13.41	17.89	11.84	8.48	8.40	8.80	14.50
英国	10.77	6.63	6.64	10.23	10.06	12.28	10.20	11.16	9.54	8.35	9.69
意大利	5.64	4.08	3.91	4.62	5.18	2.81	3.29	4.69	3.24	5.87	4.33
澳大利亚	4.62	5.61	3.13	4.29	4.57	3.51	5.92	6.25	3.44	2.48	4.30
荷兰	1.54	3.06	1.56	4.29	3.96	3.86	2.96	3.79	2.67	4.51	3.35
挪威	3.08	6.12	3.52	2.31	5.49	3.16	2.30	3.13	2.86	2.71	3.32
葡萄牙	2.05	2.04	3.52	2.31	1.83	4.56	0.99	2.90	3.44	4.29	2.93
法国	4.62	3.57	2.34	2.31	3.35	3.16	3.62	2.01	1.72	2.93	2.77
西班牙	4.62	3.06	1.56	3.63	3.05	2.81	2.30	2.46	2.10	3.16	2.77
韩国	2.56	3.57	3.52	1.65	3.35	2.46	1.97	2.23	3.44	1.58	2.59

续表

国家和地区	2012 年	2013 年	2014 年	2015 年	2016 年	2017 年	2018 年	2019 年	2020 年	2021 年	合计
日本	1.54	7.65	2.73	3.30	1.83	3.86	1.64	2.23	2.86	0.68	2.59
印度	1.03	2.55	1.17	1.98	8.54	1.40	0.99	1.79	1.53	2.48	2.38
加拿大	1.54	1.53	3.91	2.64	2.13	2.46	2.30	2.23	2.48	2.03	2.35
德国	1.03	1.02	3.13	3.63	3.35	2.11	2.63	2.46	0.95	1.81	2.19
伊朗	2.56	1.53	2.34	1.32	3.35	1.40	1.64	1.56	2.86	2.71	2.19
新加坡	1.54	2.55	1.17	2.31	2.74	2.11	1.64	1.34	2.48	1.13	1.89
土耳其	2.05	1.02	1.56	0.99	0.91	2.81	2.63	1.56	1.91	1.58	1.71
丹麦	0.51	2.55	2.34	3.30	1.22	2.46	1.97	0.45	1.53	0.45	1.55
比利时	0.00	2.04	1.17	0.99	0.91	0.70	0.99	1.12	0.57	1.58	1.01

二十 船舶工程

中国大陆的船舶工程 A、B、C 层人才最多，分别占该学科全球 A、B、C 层人才的 26.67%、26.67%、27.83%，显著高于其他国家和地区。

美国的 A 层人才排名第二，世界占比为 10.00%；澳大利亚、意大利、日本、葡萄牙、英国的 A 层人才比较多，世界占比均为 6.67%；加拿大、印度、伊朗、爱尔兰、科威特、挪威也有相当数量的 A 层人才，世界占比均为 3.33%。

英国的 B 层人才世界占比为 12.27%，排名第二；美国、葡萄牙、意大利、澳大利亚、新加坡、挪威的 B 层人才比较多，世界占比在 6%~3%；法国、伊朗、波兰、土耳其、韩国、荷兰、芬兰、西班牙、加拿大、日本、丹麦、中国台湾也有相当数量的 B 层人才，世界占比均超过1%。

英国的 C 层人才世界占比为 10.26%，排名第二；美国、韩国、挪威、意大利、葡萄牙、澳大利亚的 C 层人才比较多，世界占比在 7%~3%；伊朗、日本、印度、土耳其、加拿大、荷兰、德国、新加坡、西班牙、瑞典、法国、波兰也有相当数量的 C 层人才，世界占比均超过 1%。

表 6-58 船舶工程 A 层人才的国家和地区的占比

单位：%

国家和地区	2012 年	2013 年	2014 年	2015 年	2016 年	2017 年	2018 年	2019 年	2020 年	2021 年	合计
中国大陆	0.00	50.00	50.00	25.00	50.00	0.00	0.00	0.00	40.00	40.00	26.67
美国	0.00	0.00	50.00	25.00	0.00	33.33	0.00	0.00	0.00	0.00	10.00
澳大利亚	0.00	0.00	0.00	0.00	0.00	0.00	20.00	0.00	20.00	0.00	6.67
意大利	0.00	0.00	0.00	0.00	50.00	0.00	0.00	0.00	20.00	0.00	6.67
日本	0.00	0.00	0.00	25.00	0.00	0.00	0.00	0.00	0.00	20.00	6.67
葡萄牙	0.00	50.00	0.00	0.00	0.00	0.00	0.00	0.00	20.00	0.00	6.67
英国	0.00	0.00	0.00	25.00	0.00	0.00	20.00	0.00	0.00	0.00	6.67
加拿大	0.00	0.00	0.00	0.00	0.00	0.00	20.00	0.00	0.00	0.00	3.33
印度	0.00	0.00	0.00	0.00	0.00	0.00	0.00	100.00	0.00	0.00	3.33
伊朗	0.00	0.00	0.00	0.00	0.00	0.00	0.00	0.00	0.00	20.00	3.33
爱尔兰	0.00	0.00	0.00	0.00	0.00	0.00	20.00	0.00	0.00	0.00	3.33
科威特	0.00	0.00	0.00	0.00	0.00	33.33	0.00	0.00	0.00	0.00	3.33
挪威	100.00	0.00	0.00	0.00	0.00	0.00	0.00	0.00	0.00	0.00	3.33

表 6-59 船舶工程 B 层人才排名前 20 的国家和地区的占比

单位：%

国家和地区	2012 年	2013 年	2014 年	2015 年	2016 年	2017 年	2018 年	2019 年	2020 年	2021 年	合计
中国大陆	8.33	12.00	3.57	29.27	12.00	34.29	25.00	37.74	28.89	37.29	26.67
英国	25.00	16.00	7.14	12.20	16.00	8.57	9.62	18.87	6.67	11.86	12.27
美国	8.33	28.00	7.14	7.32	4.00	5.71	1.92	1.89	2.22	3.39	5.60
葡萄牙	8.33	4.00	10.71	2.44	4.00	2.86	1.92	3.77	6.67	3.39	4.27
意大利	0.00	4.00	10.71	2.44	4.00	8.57	1.92	1.89	6.67	1.69	4.00
澳大利亚	0.00	4.00	3.57	7.32	4.00	0.00	5.77	0.00	6.67	1.69	3.47
新加坡	8.33	0.00	7.14	0.00	12.00	8.57	3.85	1.89	0.00	1.69	3.47
挪威	8.33	8.00	3.57	2.44	8.00	0.00	0.00	1.89	6.67	1.69	3.20
法国	8.33	0.00	0.00	2.44	0.00	5.71	1.92	5.66	2.22	3.39	2.93
伊朗	0.00	0.00	0.00	7.32	8.00	5.71	3.85	0.00	0.00	0.00	2.40
波兰	0.00	0.00	0.00	4.88	4.00	2.86	3.85	0.00	4.44	1.69	2.40
土耳其	0.00	0.00	3.57	2.44	0.00	2.86	5.77	0.00	0.00	3.39	2.13
韩国	8.33	0.00	7.14	2.44	0.00	0.00	1.92	3.77	2.22	0.00	2.13
荷兰	0.00	0.00	3.57	2.44	4.00	0.00	5.77	1.89	2.22	0.00	2.13

续表

国家和地区	2012 年	2013 年	2014 年	2015 年	2016 年	2017 年	2018 年	2019 年	2020 年	2021 年	合计
芬兰	0.00	0.00	0.00	2.44	4.00	0.00	1.92	0.00	4.44	3.39	1.87
西班牙	8.33	0.00	0.00	4.88	0.00	0.00	5.77	0.00	0.00	1.69	1.87
加拿大	0.00	0.00	3.57	2.44	4.00	2.86	1.92	1.89	2.22	0.00	1.87
日本	0.00	4.00	3.57	2.44	0.00	0.00	1.92	0.00	2.22	1.69	1.60
丹麦	0.00	8.00	7.14	0.00	0.00	0.00	1.92	0.00	0.00	1.69	1.60
中国台湾	0.00	0.00	3.57	0.00	0.00	0.00	1.92	3.77	2.22	0.00	1.33

表 6-60　船舶工程 C 层人才排名前 20 的国家和地区的占比

单位：%

国家和地区	2012 年	2013 年	2014 年	2015 年	2016 年	2017 年	2018 年	2019 年	2020 年	2021 年	合计
中国大陆	14.79	20.08	22.30	20.91	21.34	28.73	31.79	32.62	31.83	34.08	27.83
英国	8.45	9.06	9.29	9.82	12.25	8.73	10.21	12.45	10.22	10.41	10.26
美国	9.15	8.66	10.04	8.06	8.70	5.92	5.20	5.58	4.32	3.27	6.24
韩国	10.56	7.48	8.18	7.05	6.72	5.35	3.28	2.58	2.55	1.84	4.68
挪威	4.93	3.94	4.09	4.28	8.30	5.92	4.43	4.94	1.96	4.29	4.49
意大利	3.52	3.15	4.46	5.04	3.95	4.23	3.85	2.36	5.50	4.08	4.08
葡萄牙	4.93	5.91	2.97	2.52	3.95	2.54	3.28	3.22	4.52	2.86	3.50
澳大利亚	6.34	3.94	6.32	3.27	1.98	3.38	5.39	2.15	2.36	2.24	3.48
伊朗	2.82	1.97	3.35	4.28	2.37	1.97	1.93	2.79	1.38	3.47	2.60
日本	4.93	4.33	3.72	3.53	2.37	1.69	1.93	1.93	1.18	1.22	2.33
印度	4.93	1.57	1.49	2.52	4.35	1.97	2.50	1.50	2.75	1.43	2.30
土耳其	2.11	1.97	0.37	1.01	2.77	2.54	1.93	2.79	2.36	2.86	2.13
加拿大	1.41	2.76	1.12	2.27	1.19	3.10	1.35	1.50	1.38	2.24	1.83
荷兰	0.00	0.79	0.37	0.76	0.79	2.54	2.50	1.93	3.14	1.84	1.75
德国	1.41	1.57	0.74	2.77	1.58	2.54	1.93	0.86	1.57	1.02	1.61
新加坡	4.23	1.97	0.74	2.52	2.77	0.28	1.73	1.72	1.18	0.41	1.53
西班牙	0.70	2.36	1.49	1.51	0.79	1.97	0.77	2.15	1.96	1.22	1.53
瑞典	0.70	1.97	1.49	0.76	1.58	1.13	1.35	1.50	2.36	1.43	1.48
法国	0.70	0.79	2.60	2.27	1.58	1.13	0.96	1.07	1.38	1.22	1.37
波兰	0.00	0.79	0.37	2.77	0.79	1.69	1.16	0.64	1.38	1.22	1.20

二十一　交通

交通 A、B、C 层人才最多的是美国，分别占该学科全球 A、B、C 层人才的 27.69%、22.22%、19.48%。

荷兰 A 层人才的世界占比为 10.77%，排名第二；英国、中国大陆、中国香港、澳大利亚、智利、德国、瑞典、加拿大、印度、意大利的 A 层人才比较多，世界占比在 8%~3%；孟加拉国、巴西、丹麦、法国、伊朗、日本、挪威也有相当数量的 A 层人才，世界占比均为 1.54%。

中国大陆 B 层人才的世界占比为 12.94%，排名第二；英国、澳大利亚、荷兰、加拿大、中国香港、德国的 B 层人才也比较多，世界占比在 9%~3%；比利时、瑞士、新加坡、瑞典、西班牙、法国、伊朗、意大利、韩国、印度、挪威、奥地利也有相当数量的 B 层人才，世界占比均超过 1%。

中国大陆 C 层人才的世界占比为 15.00%，排名第二；英国、澳大利亚、加拿大、荷兰、中国香港、德国的 C 层人才比较多，世界占比在 8%~3%；瑞典、意大利、法国、西班牙、新加坡、比利时、丹麦、韩国、印度、挪威、瑞士、土耳其也有相当数量的 C 层人才，世界占比均超过 1%。

表 6-61　交通 A 层人才的国家和地区的占比

单位：%

国家和地区	2012 年	2013 年	2014 年	2015 年	2016 年	2017 年	2018 年	2019 年	2020 年	2021 年	合计
美国	40.00	20.00	25.00	16.67	62.50	25.00	37.50	28.57	0.00	16.67	27.69
荷兰	0.00	0.00	25.00	16.67	12.50	25.00	12.50	0.00	12.50	0.00	10.77
英国	60.00	0.00	0.00	0.00	12.50	12.50	0.00	0.00	0.00	0.00	7.69
中国大陆	0.00	0.00	0.00	0.00	0.00	0.00	12.50	14.29	12.50	16.67	6.15
中国香港	0.00	0.00	0.00	0.00	0.00	0.00	0.00	28.57	12.50	16.67	6.15
澳大利亚	0.00	20.00	0.00	0.00	12.50	0.00	0.00	0.00	0.00	16.67	4.62
智利	0.00	20.00	0.00	16.67	0.00	0.00	0.00	0.00	12.50	0.00	4.62
德国	0.00	0.00	25.00	0.00	0.00	0.00	0.00	14.29	12.50	0.00	4.62
瑞典	0.00	20.00	0.00	33.33	0.00	0.00	0.00	0.00	0.00	0.00	4.62

续表

国家和地区	2012 年	2013 年	2014 年	2015 年	2016 年	2017 年	2018 年	2019 年	2020 年	2021 年	合计
加拿大	0.00	20.00	0.00	0.00	0.00	12.50	0.00	0.00	0.00	0.00	3.08
印度	0.00	0.00	0.00	16.67	0.00	0.00	0.00	0.00	12.50	0.00	3.08
意大利	0.00	0.00	25.00	0.00	0.00	0.00	12.50	0.00	0.00	0.00	3.08
孟加拉国	0.00	0.00	0.00	0.00	0.00	0.00	0.00	0.00	0.00	16.67	1.54
巴西	0.00	0.00	0.00	0.00	0.00	12.50	0.00	0.00	0.00	0.00	1.54
丹麦	0.00	0.00	0.00	0.00	0.00	0.00	0.00	0.00	12.50	0.00	1.54
法国	0.00	0.00	0.00	0.00	0.00	0.00	0.00	14.29	0.00	0.00	1.54
伊朗	0.00	0.00	0.00	0.00	0.00	0.00	0.00	0.00	12.50	0.00	1.54
日本	0.00	0.00	0.00	0.00	0.00	0.00	0.00	0.00	0.00	16.67	1.54
挪威	0.00	0.00	0.00	0.00	0.00	12.50	0.00	0.00	0.00	0.00	1.54

表 6-62　交通 B 层人才排名前 20 的国家和地区的占比

单位：%

国家和地区	2012 年	2013 年	2014 年	2015 年	2016 年	2017 年	2018 年	2019 年	2020 年	2021 年	合计
美国	34.04	22.64	17.54	27.45	26.23	28.17	22.78	16.46	15.58	18.29	22.22
中国大陆	4.26	1.89	8.77	11.76	14.75	15.49	12.66	18.99	18.18	14.63	12.94
英国	8.51	7.55	12.28	5.88	6.56	8.45	13.92	7.59	6.49	4.88	8.22
澳大利亚	2.13	5.66	8.77	3.92	9.84	5.63	8.86	5.06	9.09	4.88	6.54
荷兰	4.26	5.66	7.02	7.84	9.84	4.23	5.06	6.33	5.19	1.22	5.48
加拿大	6.38	5.66	8.77	0.00	3.28	4.23	2.53	5.06	3.90	4.88	4.41
中国香港	4.26	1.89	1.75	0.00	3.28	5.63	5.06	7.59	6.49	3.66	4.26
德国	4.26	3.77	3.51	3.92	3.28	5.63	2.53	1.27	2.60	8.54	3.96
比利时	0.00	3.77	1.75	3.92	1.64	1.41	1.27	3.80	3.90	3.66	2.59
瑞士	6.38	5.66	0.00	1.96	1.64	5.63	0.00	0.00	1.30	2.44	2.28
新加坡	2.13	0.00	7.02	0.00	1.64	0.00	3.80	5.06	1.30	0.00	2.13
瑞典	4.26	1.89	0.00	1.96	3.28	1.41	2.53	1.27	1.30	1.22	1.83
西班牙	2.13	3.77	3.51	3.92	1.64	0.00	0.00	0.00	2.60	2.44	1.83
法国	2.13	3.77	3.51	0.00	1.64	2.82	1.27	2.53	0.00	1.22	1.83
伊朗	0.00	1.89	3.51	3.92	4.92	2.82	0.00	0.00	0.00	0.00	1.52
意大利	0.00	1.89	1.75	3.92	0.00	2.82	0.00	0.00	2.60	2.44	1.52
韩国	2.13	1.89	1.75	0.00	0.00	0.00	2.53	2.53	0.00	2.44	1.37
印度	0.00	1.89	1.75	0.00	1.64	0.00	1.27	2.53	0.00	3.66	1.37
挪威	0.00	1.89	3.51	0.00	1.64	0.00	2.53	1.27	1.30	0.00	1.22
奥地利	0.00	0.00	0.00	3.92	1.64	1.41	0.00	1.27	1.30	1.22	1.07

表 6-63 交通 C 层人才排名前 20 的国家和地区的占比

单位：%

国家和地区	2012 年	2013 年	2014 年	2015 年	2016 年	2017 年	2018 年	2019 年	2020 年	2021 年	合计
美国	23.54	24.37	20.70	18.93	18.52	20.14	18.46	17.90	17.92	17.83	19.48
中国大陆	7.13	7.99	8.79	9.46	11.66	14.65	17.93	18.89	21.95	22.35	15.00
英国	11.88	8.97	8.06	7.14	9.05	7.89	6.51	8.27	7.53	4.78	7.82
澳大利亚	6.48	7.02	5.31	6.43	4.66	3.94	5.31	5.56	7.14	4.52	5.55
加拿大	4.32	6.82	6.41	5.36	5.62	3.94	5.05	4.44	3.77	5.17	5.01
荷兰	6.48	4.29	5.31	4.82	5.76	5.07	4.25	5.06	4.68	3.23	4.83
中国香港	2.81	2.34	3.11	1.61	3.57	2.68	4.52	3.33	5.97	5.56	3.71
德国	3.24	3.12	3.48	2.86	3.43	3.10	3.72	4.69	3.12	2.20	3.32
瑞典	3.02	3.70	3.11	3.39	2.47	2.25	2.92	1.48	3.38	3.10	2.82
意大利	3.67	2.53	2.93	5.18	2.88	3.24	1.59	1.73	1.82	2.97	2.75
法国	2.81	2.53	2.75	2.50	2.33	2.39	1.73	1.60	1.82	1.55	2.13
西班牙	2.59	1.17	2.20	4.11	2.88	1.83	0.93	1.48	0.65	1.94	1.90
新加坡	1.94	1.36	1.47	1.96	2.61	1.97	2.26	1.85	1.82	1.29	1.87
比利时	2.59	1.56	2.75	2.14	1.78	1.97	1.59	1.60	0.91	1.42	1.77
丹麦	1.30	2.14	2.20	1.96	1.78	1.97	1.73	1.48	0.91	0.52	1.55
韩国	0.65	1.36	1.65	2.14	1.37	1.97	2.26	0.74	1.30	0.90	1.43
印度	0.22	1.17	0.37	0.36	1.65	1.83	1.46	1.11	1.82	2.45	1.34
挪威	0.65	1.56	1.28	1.79	1.10	1.69	0.53	1.60	1.43	1.55	1.33
瑞士	1.94	1.95	2.20	1.07	1.10	1.27	1.20	0.86	0.78	1.03	1.27
土耳其	1.30	0.78	1.10	1.43	1.78	1.55	1.06	0.86	0.78	1.16	1.18

二十二 交通科学和技术

交通科学和技术 A、B、C 层人才主要集中在美国和中国大陆，二者 A、B、C 层人才的世界占比合计分别达到 52.41%、45.69%、41.22%；其中，美国的 A 层人才显著多于中国大陆，B、C 层人才略少于中国大陆。

英国、德国、加拿大的 A 层人才比较多，世界占比在 9%~4%；中国香港、瑞典、法国、日本、澳大利亚、丹麦、希腊、新加坡、中国台湾、孟加拉国、智利、捷克、埃及、挪威、巴基斯坦也有相当数量的 A 层人才，世界占比超过或接近 1%。

英国、加拿大、澳大利亚、荷兰、德国的 B 层人才比较多，世界占比在 7%～3%；法国、中国香港、新加坡、瑞典、印度、韩国、日本、西班牙、瑞士、意大利、中国台湾、伊朗、葡萄牙也有相当数量的 B 层人才，世界占比均超过 1%。

英国、加拿大、澳大利亚、德国、中国香港的 C 层人才比较多，世界占比在 7%～3%；荷兰、法国、意大利、韩国、新加坡、瑞典、西班牙、印度、日本、中国台湾、瑞士、伊朗、希腊也有相当数量的 C 层人才，世界占比均超过 1%。

表 6-64　交通科学和技术 A 层人才排名前 20 的国家和地区的占比

单位：%

国家和地区	2012 年	2013 年	2014 年	2015 年	2016 年	2017 年	2018 年	2019 年	2020 年	2021 年	合计
美国	63.64	33.33	36.36	45.45	50.00	26.67	31.58	22.22	23.53	0.00	31.03
中国大陆	0.00	22.22	9.09	27.27	12.50	26.67	31.58	33.33	17.65	22.22	21.38
英国	9.09	0.00	0.00	9.09	18.75	13.33	5.26	11.11	5.88	5.56	8.28
德国	0.00	0.00	36.36	0.00	0.00	0.00	5.26	5.56	11.76	5.56	6.21
加拿大	0.00	11.11	0.00	0.00	0.00	13.33	10.53	5.56	5.88	0.00	4.83
中国香港	0.00	0.00	0.00	0.00	0.00	0.00	0.00	0.00	11.76	11.11	2.76
瑞典	9.09	0.00	0.00	18.18	0.00	0.00	0.00	5.56	0.00	0.00	2.76
法国	0.00	0.00	0.00	0.00	6.25	0.00	0.00	5.56	5.88	5.56	2.76
日本	0.00	11.11	9.09	0.00	0.00	0.00	0.00	0.00	0.00	5.56	2.07
澳大利亚	0.00	0.00	0.00	0.00	0.00	0.00	5.26	0.00	0.00	11.11	2.07
丹麦	9.09	0.00	0.00	0.00	0.00	0.00	0.00	0.00	5.88	0.00	1.38
希腊	0.00	0.00	9.09	0.00	0.00	0.00	0.00	5.56	0.00	0.00	1.38
新加坡	0.00	0.00	0.00	0.00	0.00	13.33	0.00	0.00	0.00	0.00	1.38
中国台湾	9.09	0.00	0.00	0.00	0.00	0.00	0.00	5.56	0.00	0.00	1.38
孟加拉国	0.00	0.00	0.00	0.00	0.00	0.00	0.00	0.00	0.00	5.56	0.69
智利	0.00	11.11	0.00	0.00	0.00	0.00	0.00	0.00	0.00	0.00	0.69
捷克	0.00	0.00	0.00	0.00	6.25	0.00	0.00	0.00	0.00	0.00	0.69
埃及	0.00	0.00	0.00	0.00	0.00	0.00	0.00	0.00	0.00	5.56	0.69
挪威	0.00	0.00	0.00	0.00	0.00	6.67	0.00	0.00	0.00	0.00	0.69
巴基斯坦	0.00	0.00	0.00	0.00	0.00	0.00	0.00	0.00	0.00	5.56	0.69

表 6-65 交通科学和技术 B 层人才排名前 20 的国家和地区的占比

单位：%

国家和地区	2012 年	2013 年	2014 年	2015 年	2016 年	2017 年	2018 年	2019 年	2020 年	2021 年	合计
中国大陆	9.09	15.56	17.86	16.38	22.82	23.65	25.60	32.08	33.33	38.36	24.94
美国	28.28	27.78	22.32	31.03	25.50	21.62	21.43	18.87	10.06	10.06	20.75
英国	10.10	6.67	3.57	3.45	6.04	8.78	6.55	6.29	6.92	3.77	6.18
加拿大	6.06	4.44	3.57	4.31	6.71	6.08	5.36	5.03	6.92	6.29	5.59
澳大利亚	1.01	5.56	5.36	2.59	4.03	4.05	4.17	7.55	6.29	8.18	5.08
荷兰	5.05	6.67	6.25	5.17	2.01	2.70	2.98	2.52	1.89	0.63	3.24
德国	3.03	4.44	9.82	3.45	2.68	2.03	4.76	0.00	1.26	1.89	3.09
法国	2.02	3.33	1.79	0.00	2.68	4.73	2.98	1.26	3.77	1.89	2.50
中国香港	3.03	1.11	0.89	0.00	2.01	3.38	2.98	3.14	3.77	1.26	2.28
新加坡	2.02	2.22	3.57	0.86	1.34	1.35	2.98	3.77	0.63	0.63	1.91
瑞典	4.04	1.11	0.89	0.00	3.36	1.35	1.79	0.00	1.89	3.14	1.77
印度	0.00	0.00	1.79	0.86	0.67	1.35	1.19	1.89	1.89	5.66	1.69
韩国	5.05	1.11	0.89	1.72	0.00	0.68	1.79	2.52	2.52	0.63	1.62
日本	2.02	0.00	1.79	1.72	2.01	1.35	1.19	1.89	0.63	3.14	1.62
西班牙	0.00	0.00	3.57	2.59	1.34	1.35	1.79	2.52	0.63	1.26	1.55
瑞士	4.04	2.22	4.46	0.86	2.01	1.35	0.00	0.00	1.26	0.63	1.47
意大利	0.00	1.11	2.68	4.31	0.00	2.03	1.19	1.26	1.26	0.63	1.40
中国台湾	0.00	3.33	0.00	1.72	1.34	0.00	0.00	2.52	0.63	3.14	1.25
伊朗	0.00	1.11	1.79	1.72	2.68	2.70	0.00	0.00	0.00	1.89	1.18
葡萄牙	4.04	1.11	0.00	0.86	0.00	0.68	1.19	1.26	2.52	0.00	1.10

表 6-66 交通科学和技术 C 层人才排名前 20 的国家和地区的占比

单位：%

国家和地区	2012 年	2013 年	2014 年	2015 年	2016 年	2017 年	2018 年	2019 年	2020 年	2021 年	合计
中国大陆	9.78	10.66	12.93	16.50	20.94	21.38	25.58	27.61	31.88	29.15	22.04
美国	26.50	25.48	21.40	21.26	17.94	19.71	18.52	18.45	15.74	13.47	19.18
英国	5.99	6.51	6.60	6.73	7.84	5.80	5.93	6.04	6.97	5.38	6.36
加拿大	5.36	5.27	6.23	5.83	6.14	4.89	4.81	6.62	4.96	5.83	5.59
澳大利亚	4.10	4.49	3.35	3.23	2.80	3.00	3.74	4.64	5.16	4.86	3.96
德国	4.42	3.70	4.74	3.23	3.41	3.63	3.92	3.94	2.14	1.94	3.43
中国香港	2.42	2.24	3.26	2.06	2.73	1.96	3.56	3.05	4.22	3.76	3.01

续表

国家和地区	2012 年	2013 年	2014 年	2015 年	2016 年	2017 年	2018 年	2019 年	2020 年	2021 年	合计
荷兰	3.36	3.59	2.88	3.95	3.34	3.35	2.61	1.97	2.28	1.36	2.77
法国	2.94	4.15	3.81	2.87	3.27	3.49	2.43	1.65	1.61	1.94	2.70
意大利	4.31	3.25	3.81	3.77	2.52	2.73	1.54	1.84	2.48	1.68	2.62
韩国	2.84	2.02	2.60	1.97	2.80	2.59	3.09	1.21	1.54	2.33	2.29
新加坡	2.52	1.80	0.93	2.51	2.66	2.38	2.26	2.54	2.55	2.01	2.25
瑞典	2.21	3.14	2.70	2.42	2.39	2.24	2.14	1.34	1.61	2.07	2.16
西班牙	3.26	1.80	2.88	1.88	2.52	1.47	1.66	1.08	0.67	1.10	1.73
印度	0.95	1.01	0.74	0.81	1.64	1.54	1.31	1.34	2.08	3.43	1.57
日本	1.79	1.57	1.21	2.24	1.64	1.61	0.89	0.89	1.14	0.71	1.31
中国台湾	2.21	1.68	1.67	1.26	1.09	1.05	0.89	0.89	0.74	1.49	1.23
瑞士	1.05	2.13	1.49	1.35	1.16	1.47	1.07	1.08	0.60	1.10	1.20
伊朗	1.37	1.01	0.84	1.35	0.89	1.19	1.19	1.08	0.87	0.71	1.04
希腊	1.26	1.35	0.84	2.06	1.30	1.19	0.77	0.45	0.60	0.78	1.01

二十三　航空和航天工程

航空和航天工程 A、B、C 层人才主要集中在中国大陆和美国，二者 A、B、C 层人才的世界占比合计分别为 50.00%、41.35%、46.84%，中国大陆的 A、B、C 层人才均多于美国。

英国、德国、加拿大、法国、意大利的 A 层人才比较多，世界占比在 7%~3%；阿尔及利亚、印度、伊朗、日本、荷兰、瑞典、瑞士、澳大利亚、丹麦、爱尔兰、马来西亚、葡萄牙、俄罗斯也有相当数量的 A 层人才，世界占比均超过 1%。

英国、德国、伊朗、加拿大、意大利、澳大利亚、印度、法国的 B 层人才比较多，世界占比在 7%~3%；韩国、荷兰、俄罗斯、西班牙、越南、日本、土耳其、瑞典、新加坡、巴西也有相当数量的 B 层人才，世界占比超过或接近 1%。

英国、意大利、德国、加拿大、印度的 C 层人才比较多，世界占比在 6%~3%；法国、韩国、伊朗、荷兰、澳大利亚、日本、俄罗斯、西班牙、新加坡、土耳其、以色列、瑞士、中国香港也有相当数量的 C 层人才，世界占比超过或接近 1%。

表 6-67 航空和航天工程 A 层人才排名前 20 的国家和地区的占比

单位：%

国家和地区	2012 年	2013 年	2014 年	2015 年	2016 年	2017 年	2018 年	2019 年	2020 年	2021 年	合计
中国大陆	28.57	0.00	0.00	0.00	44.44	11.11	36.36	30.00	30.00	63.64	27.27
美国	14.29	20.00	14.29	11.11	33.33	33.33	18.18	50.00	20.00	9.09	22.73
英国	14.29	0.00	28.57	11.11	11.11	11.11	0.00	0.00	0.00	0.00	6.82
德国	0.00	0.00	0.00	11.11	0.00	11.11	9.09	0.00	20.00	0.00	5.68
加拿大	0.00	20.00	14.29	0.00	0.00	11.11	0.00	0.00	0.00	0.00	3.41
法国	0.00	0.00	0.00	0.00	0.00	11.11	0.00	10.00	10.00	0.00	3.41
意大利	0.00	0.00	14.29	11.11	0.00	0.00	9.09	0.00	0.00	0.00	3.41
阿尔及利亚	0.00	20.00	14.29	0.00	0.00	0.00	0.00	0.00	0.00	0.00	2.27
印度	14.29	0.00	0.00	0.00	0.00	0.00	0.00	0.00	10.00	0.00	2.27
伊朗	0.00	0.00	0.00	0.00	0.00	0.00	18.18	0.00	0.00	0.00	2.27
日本	14.29	0.00	0.00	11.11	0.00	0.00	0.00	0.00	0.00	0.00	2.27
荷兰	0.00	0.00	14.29	0.00	11.11	0.00	0.00	0.00	0.00	0.00	2.27
瑞典	0.00	0.00	0.00	0.00	0.00	0.00	0.00	10.00	10.00	0.00	2.27
瑞士	0.00	0.00	0.00	11.11	0.00	11.11	0.00	0.00	0.00	0.00	2.27
澳大利亚	14.29	0.00	0.00	0.00	0.00	0.00	0.00	0.00	0.00	0.00	1.14
丹麦	0.00	0.00	0.00	11.11	0.00	0.00	0.00	0.00	0.00	0.00	1.14
爱尔兰	0.00	20.00	0.00	0.00	0.00	0.00	0.00	0.00	0.00	0.00	1.14
马来西亚	0.00	0.00	0.00	0.00	0.00	0.00	0.00	0.00	0.00	9.09	1.14
葡萄牙	0.00	20.00	0.00	0.00	0.00	0.00	0.00	0.00	0.00	0.00	1.14
俄罗斯	0.00	0.00	0.00	11.11	0.00	0.00	0.00	0.00	0.00	0.00	1.14

表 6-68 航空和航天工程 B 层人才排名前 20 的国家和地区的占比

单位：%

国家和地区	2012 年	2013 年	2014 年	2015 年	2016 年	2017 年	2018 年	2019 年	2020 年	2021 年	合计
中国大陆	17.14	18.46	15.63	10.26	27.16	26.53	19.35	29.91	28.42	34.41	23.58
美国	30.00	26.15	39.06	15.38	12.35	21.43	10.75	17.76	10.53	5.38	17.77
英国	5.71	9.23	7.81	7.69	9.88	3.06	7.53	3.74	4.21	4.30	6.04
德国	8.57	4.62	7.81	10.26	3.70	2.04	3.23	2.80	2.11	2.15	4.38

国家和地区	2012 年	2013 年	2014 年	2015 年	2016 年	2017 年	2018 年	2019 年	2020 年	2021 年	合计
伊朗	0.00	0.00	3.13	3.85	3.70	5.10	3.23	6.54	5.26	5.38	3.91
加拿大	7.14	1.54	3.13	3.85	1.23	4.08	2.15	2.80	5.26	4.30	3.55
意大利	5.71	4.62	4.69	2.56	2.47	3.06	2.15	2.80	5.26	2.15	3.44
澳大利亚	5.71	1.54	3.13	2.56	2.47	4.08	4.30	2.80	5.26	2.15	3.44
印度	1.43	1.54	3.13	6.41	4.94	6.12	1.08	0.93	2.11	5.38	3.32
法国	4.29	3.08	0.00	7.69	4.94	2.04	3.23	1.87	4.21	1.08	3.20
韩国	0.00	7.69	3.13	1.28	6.17	4.08	2.15	2.80	0.00	2.15	2.84
荷兰	0.00	1.54	0.00	2.56	3.70	3.06	3.23	1.87	1.05	1.08	1.90
俄罗斯	1.43	3.08	3.13	2.56	0.00	1.02	2.15	0.93	0.00	4.30	1.78
西班牙	0.00	1.54	1.56	0.00	2.47	0.00	3.23	1.87	1.05	2.15	1.42
越南	0.00	0.00	0.00	0.00	0.00	3.06	1.08	1.87	6.32	0.00	1.42
日本	0.00	3.08	0.00	2.56	0.00	1.02	1.08	2.80	1.05	1.08	1.30
土耳其	4.29	0.00	0.00	1.28	1.23	1.02	1.08	0.93	1.05	1.08	1.18
瑞典	2.86	1.54	1.56	1.28	0.00	0.00	2.15	1.87	0.00	0.00	1.07
新加坡	1.43	0.00	0.00	2.56	0.00	2.04	2.15	0.93	0.00	1.08	1.07
巴西	0.00	0.00	0.00	3.85	1.23	0.00	1.08	1.87	0.00	1.08	0.95

表 6-69　航空和航天工程 C 层人才排名前 20 的国家和地区的占比

单位：%

国家和地区	2012 年	2013 年	2014 年	2015 年	2016 年	2017 年	2018 年	2019 年	2020 年	2021 年	合计
中国大陆	15.37	21.91	23.18	23.64	24.50	31.01	31.20	37.50	32.99	35.49	28.59
美国	28.63	22.24	22.04	20.93	20.47	17.83	16.81	14.92	14.46	10.36	18.25
英国	6.91	5.77	6.16	5.30	4.50	5.91	5.15	4.94	4.86	6.36	5.54
意大利	5.50	4.45	6.65	4.78	5.92	4.22	4.18	4.83	4.63	6.46	5.12
德国	5.08	5.11	4.54	4.78	4.62	4.85	3.98	3.78	3.39	3.79	4.33
加拿大	4.65	4.28	3.40	3.49	4.62	3.16	3.11	1.47	2.15	2.36	3.17
印度	2.82	1.65	2.27	1.42	3.79	2.53	3.50	3.89	4.18	4.21	3.14
法国	3.67	3.79	2.59	3.62	3.31	2.22	2.14	2.00	2.71	3.59	2.90
韩国	1.97	2.64	2.11	2.45	1.78	1.90	2.92	2.84	3.50	2.05	2.43
伊朗	0.99	2.80	3.24	3.10	2.84	2.53	2.43	1.79	2.49	1.85	2.37

国家和地区	2012 年	2013 年	2014 年	2015 年	2016 年	2017 年	2018 年	2019 年	2020 年	2021 年	合计
荷兰	2.12	2.31	1.94	1.42	1.66	2.00	2.43	2.42	3.62	2.05	2.22
澳大利亚	3.53	3.13	2.43	2.45	2.37	2.43	1.94	0.84	2.03	1.44	2.17
日本	2.26	3.13	2.11	1.55	0.95	1.69	2.24	2.00	2.26	1.23	1.89
俄罗斯	1.97	1.81	1.30	3.10	2.13	1.58	1.46	2.00	0.68	1.64	1.75
西班牙	1.55	1.15	0.97	2.45	1.18	2.22	1.55	1.05	1.24	1.13	1.46
新加坡	0.56	0.49	1.13	1.29	0.36	0.84	1.26	0.84	1.24	1.33	0.96
土耳其	1.27	1.81	0.65	0.65	1.30	0.63	0.58	0.84	1.47	0.62	0.95
以色列	0.85	0.82	1.30	1.29	0.83	0.95	0.29	0.74	0.34	0.21	0.72
瑞士	0.71	0.66	0.81	0.65	0.95	0.42	0.97	0.53	0.79	0.72	0.72
中国香港	0.42	0.49	0.16	0.65	0.83	0.84	0.78	1.05	0.68	0.72	0.70

二十四　工业工程

工业工程 A 层人才最多的是美国，世界占比为 20.63%；其后是中国大陆，世界占比为 15.00%；澳大利亚、法国、德国、英国、印度、意大利、加拿大的 A 层人才比较多，世界占比在 9%～3%；瑞典、丹麦、巴西、挪威、新加坡、荷兰、土耳其、比利时、南非、波斯尼亚和黑塞哥维那、智利也有相当数量的 A 层人才，世界占比超过或接近 1%。

中国大陆和美国的 B 层人才最多，世界占比分别为 17.76%、14.82%；英国、德国、加拿大、意大利、法国、澳大利亚的 B 层人才比较多，世界占比在 10%～3%；中国香港、印度、瑞典、伊朗、丹麦、中国台湾、韩国、比利时、西班牙、巴西、新加坡、日本也有相当数量的 B 层人才，世界占比均超过 1%。

中国大陆和美国的 C 层人才最多，世界占比分别为 18.81%、13.40%；英国、加拿大、意大利、澳大利亚、德国、印度、法国的 C 层人才比较多，世界占比在 9%～3%；中国香港、伊朗、西班牙、荷兰、中国台湾、韩国、瑞典、土耳其、新加坡、巴西、丹麦也有相当数量的 C 层人才，世界占比均超过 1%。

表 6-70　工业工程 A 层人才排名前 20 的国家和地区的占比

单位：%

国家和地区	2012 年	2013 年	2014 年	2015 年	2016 年	2017 年	2018 年	2019 年	2020 年	2021 年	合计
美国	15.38	7.14	50.00	29.41	14.29	16.67	33.33	16.67	11.11	15.79	20.63
中国大陆	7.69	14.29	21.43	11.76	0.00	16.67	26.67	16.67	16.67	15.79	15.00
澳大利亚	15.38	7.14	0.00	17.65	7.14	5.56	0.00	11.11	0.00	15.79	8.13
法国	0.00	0.00	0.00	5.88	7.14	5.56	6.67	11.11	16.67	15.79	7.50
德国	7.69	0.00	0.00	11.76	14.29	11.11	0.00	5.56	11.11	0.00	6.25
英国	0.00	7.14	14.29	0.00	14.29	11.11	6.67	0.00	0.00	10.53	6.25
印度	0.00	0.00	0.00	11.76	0.00	0.00	0.00	5.56	22.22	0.00	4.38
意大利	7.69	7.14	0.00	0.00	7.14	5.56	6.67	0.00	5.56	0.00	3.75
加拿大	15.38	7.14	0.00	0.00	0.00	5.56	0.00	5.56	0.00	0.00	3.13
瑞典	7.69	0.00	0.00	5.88	0.00	0.00	6.67	0.00	0.00	5.26	2.50
丹麦	15.38	0.00	7.14	0.00	7.14	0.00	0.00	0.00	0.00	0.00	2.50
巴西	0.00	0.00	0.00	0.00	0.00	5.56	6.67	5.56	0.00	0.00	1.88
挪威	0.00	0.00	0.00	0.00	0.00	5.56	6.67	0.00	5.56	0.00	1.88
新加坡	0.00	0.00	0.00	0.00	0.00	0.00	0.00	11.11	0.00	5.26	1.88
荷兰	0.00	0.00	0.00	0.00	21.43	0.00	0.00	0.00	0.00	0.00	1.88
土耳其	0.00	14.29	0.00	0.00	0.00	0.00	0.00	0.00	0.00	0.00	1.25
比利时	7.69	0.00	0.00	0.00	0.00	5.56	0.00	0.00	0.00	0.00	1.25
南非	0.00	7.14	0.00	5.88	0.00	0.00	0.00	0.00	0.00	0.00	1.25
波斯尼亚和黑塞哥维那	0.00	0.00	0.00	0.00	0.00	0.00	0.00	0.00	5.56	0.00	0.63
智利	0.00	7.14	0.00	0.00	0.00	0.00	0.00	0.00	0.00	0.00	0.63

表 6-71　工业工程 B 层人才排名前 20 的国家和地区的占比

单位：%

国家和地区	2012 年	2013 年	2014 年	2015 年	2016 年	2017 年	2018 年	2019 年	2020 年	2021 年	合计
中国大陆	8.94	11.03	14.39	14.65	11.59	20.00	22.07	20.67	22.84	26.97	17.76
美国	14.63	18.62	21.97	17.83	16.46	13.33	13.10	12.85	11.11	10.67	14.82
英国	9.76	12.41	7.58	7.01	9.76	10.00	8.28	10.06	9.88	6.18	9.07
德国	8.13	6.21	12.12	9.55	9.15	3.33	3.45	6.15	2.47	5.62	6.45
加拿大	6.50	4.14	2.27	4.46	4.27	2.78	4.14	6.15	3.09	6.74	4.47
意大利	4.07	5.52	2.27	4.46	2.44	4.44	2.76	5.03	4.32	2.81	3.83

续表

国家和地区	2012 年	2013 年	2014 年	2015 年	2016 年	2017 年	2018 年	2019 年	2020 年	2021 年	合计
法国	2.44	5.52	2.27	2.55	3.66	3.33	5.52	5.03	4.32	2.81	3.77
澳大利亚	1.63	3.45	2.27	1.27	6.71	4.44	5.52	2.23	4.32	3.93	3.64
中国香港	2.44	3.45	1.52	1.91	3.05	3.33	3.45	3.91	1.23	2.25	2.68
印度	2.44	2.07	2.27	1.91	3.05	2.22	2.76	2.79	1.23	2.25	2.30
瑞典	0.81	2.76	2.27	1.91	0.61	4.44	1.38	1.68	2.47	1.12	1.98
伊朗	0.81	1.38	1.52	2.55	0.00	3.33	2.07	1.12	3.09	3.37	1.98
丹麦	0.81	2.07	3.79	1.27	1.22	2.22	3.45	1.12	1.23	1.69	1.85
中国台湾	3.25	3.45	1.52	0.64	1.22	0.00	2.76	0.56	1.23	1.69	1.53
韩国	3.25	1.38	0.00	2.55	1.22	1.67	2.07	1.12	0.62	1.12	1.47
比利时	2.44	2.07	4.55	0.00	2.44	0.00	1.38	1.68	0.62	0.00	1.41
西班牙	2.44	0.69	1.52	1.91	2.44	1.67	0.69	0.56	1.85	0.00	1.34
巴西	1.63	2.07	0.00	0.64	0.61	0.00	0.69	2.23	2.47	2.25	1.28
新加坡	1.63	0.69	0.76	1.27	0.61	2.78	2.07	0.56	0.62	1.69	1.28
日本	4.07	1.38	0.00	1.91	0.61	0.56	1.38	1.12	0.00	2.25	1.28

表 6-72　工业工程 C 层人才排名前 20 的国家和地区的占比

单位：%

国家和地区	2012 年	2013 年	2014 年	2015 年	2016 年	2017 年	2018 年	2019 年	2020 年	2021 年	合计
中国大陆	11.70	12.19	13.61	13.36	16.93	16.04	22.28	23.08	26.72	27.96	18.81
美国	17.05	15.28	16.40	13.87	12.86	13.31	12.61	13.37	12.18	9.03	13.40
英国	8.24	8.34	6.88	8.93	8.79	8.40	8.50	8.55	7.54	7.83	8.21
加拿大	4.61	4.48	5.44	3.60	2.97	3.55	3.91	3.31	4.89	4.09	4.04
意大利	4.28	3.85	4.01	4.75	5.04	4.73	3.22	3.78	3.77	2.70	4.00
澳大利亚	3.38	4.06	2.80	4.11	3.36	4.20	4.39	4.19	3.83	4.20	3.88
德国	4.53	4.98	5.29	4.30	4.65	4.67	3.15	2.85	2.47	2.30	3.85
印度	2.55	2.94	3.10	3.28	3.36	2.96	3.98	4.42	4.02	3.91	3.49
法国	3.29	4.41	3.70	3.60	3.49	4.38	3.15	2.38	2.29	2.93	3.34
中国香港	4.12	2.66	2.57	2.57	2.91	2.60	3.08	3.26	2.41	2.99	2.90
伊朗	2.72	2.87	2.65	3.02	2.58	2.90	3.77	2.73	2.16	2.82	2.82
西班牙	2.55	3.57	2.49	2.44	2.20	2.13	1.58	1.45	1.48	1.32	2.08

续表

国家和地区	2012 年	2013 年	2014 年	2015 年	2016 年	2017 年	2018 年	2019 年	2020 年	2021 年	合计
荷兰	2.72	2.17	2.27	2.25	2.45	1.78	1.58	1.69	1.61	1.27	1.94
中国台湾	3.62	2.24	2.72	2.12	1.42	1.42	1.58	1.34	1.11	1.73	1.86
韩国	2.22	1.61	2.12	2.25	1.42	2.01	1.58	1.51	1.55	1.90	1.80
瑞典	1.73	1.12	2.04	1.48	1.87	2.25	1.64	1.16	1.36	1.44	1.60
土耳其	2.39	1.47	1.66	2.83	1.68	1.30	0.75	1.22	1.30	1.44	1.58
新加坡	1.24	1.33	1.59	1.54	1.42	1.72	1.78	1.80	1.36	1.73	1.56
巴西	1.40	0.98	0.83	1.41	1.29	1.36	1.44	1.40	1.42	1.21	1.28
丹麦	1.15	1.40	0.98	1.22	0.90	0.95	1.44	1.16	1.18	1.15	1.15

二十五　设备和仪器

设备和仪器 A、B、C 层人才主要集中在中国大陆和美国，二者 A、B、C 层人才的世界占比合计分别为 37.12%、33.09%、37.59%，中国大陆的 A、B、C 层人才均显著多于美国。

英国的 A 层人才世界占比为 8.03%，排名第三；澳大利亚、意大利、加拿大、印度、德国、韩国的 A 层人才比较多，世界占比在 6%~3%；新加坡、西班牙、沙特阿拉伯、丹麦、波兰、中国台湾、日本、法国、伊朗、土耳其、越南也有相当数量的 A 层人才，世界占比超过或等于 1%。

英国、韩国、澳大利亚、意大利、印度、德国的 B 层人才比较多，世界占比在 5%~3%；加拿大、西班牙、法国、伊朗、瑞士、新加坡、沙特阿拉伯、日本、中国台湾、土耳其、马来西亚、中国香港也有相当数量的 B 层人才，世界占比均超过 1%。

韩国、英国、印度、意大利、德国的 C 层人才比较多，世界占比在 5%~3%；西班牙、加拿大、澳大利亚、伊朗、法国、日本、中国台湾、新加坡、土耳其、沙特阿拉伯、瑞士、波兰、中国香港也有相当数量的 C 层人才，世界占比均超过 1%。

表 6-73 设备和仪器 A 层人才排名前 20 的国家和地区的占比

单位：%

国家和地区	2012 年	2013 年	2014 年	2015 年	2016 年	2017 年	2018 年	2019 年	2020 年	2021 年	合计
中国大陆	13.64	8.33	11.76	14.29	6.25	53.85	33.33	25.64	39.53	29.17	24.08
美国	22.73	12.50	17.65	14.29	6.25	7.69	18.18	23.08	9.30	4.17	13.04
英国	9.09	16.67	11.76	14.29	9.38	0.00	3.03	5.13	9.30	4.17	8.03
澳大利亚	4.55	4.17	5.88	0.00	12.50	0.00	6.06	5.13	2.33	10.42	5.69
意大利	0.00	0.00	11.76	14.29	3.13	0.00	12.12	5.13	4.65	0.00	5.02
加拿大	4.55	0.00	5.88	0.00	3.13	7.69	3.03	10.26	2.33	4.17	4.01
印度	9.09	12.50	0.00	3.57	3.13	0.00	0.00	2.56	0.00	6.25	3.68
德国	0.00	4.17	5.88	10.71	6.25	0.00	3.03	2.56	0.00	2.08	3.34
韩国	0.00	4.17	11.76	3.57	3.13	0.00	0.00	0.00	2.33	6.25	3.01
新加坡	0.00	8.33	0.00	0.00	0.00	0.00	3.03	7.69	0.00	4.17	2.68
西班牙	9.09	0.00	0.00	3.57	6.25	15.38	0.00	0.00	2.33	0.00	2.68
沙特阿拉伯	0.00	0.00	5.88	3.57	3.13	0.00	3.03	2.56	2.33	0.00	2.01
丹麦	4.55	8.33	0.00	3.57	0.00	0.00	0.00	0.00	2.33	2.08	2.01
波兰	0.00	0.00	0.00	0.00	3.13	0.00	0.00	2.56	0.00	8.33	2.01
中国台湾	0.00	8.33	0.00	0.00	0.00	0.00	3.03	2.56	2.33	2.08	2.01
日本	4.55	4.17	0.00	3.57	3.13	0.00	0.00	0.00	2.33	0.00	1.67
法国	0.00	0.00	5.88	0.00	6.25	0.00	0.00	0.00	2.33	0.00	1.34
伊朗	0.00	0.00	0.00	0.00	0.00	0.00	0.00	2.56	0.00	2.08	1.00
土耳其	0.00	0.00	0.00	3.57	3.13	0.00	0.00	0.00	0.00	2.08	1.00
越南	0.00	0.00	0.00	0.00	0.00	0.00	3.03	0.00	2.33	2.08	1.00

表 6-74 设备和仪器 B 层人才排名前 20 的国家和地区的占比

单位：%

国家和地区	2012 年	2013 年	2014 年	2015 年	2016 年	2017 年	2018 年	2019 年	2020 年	2021 年	合计
中国大陆	10.78	10.04	13.81	14.79	16.78	17.57	20.90	32.28	34.01	37.93	22.98
美国	12.25	13.97	14.64	10.51	10.86	8.31	8.76	10.66	10.41	5.52	10.11
英国	6.37	5.24	5.44	3.89	4.93	3.19	4.52	5.19	4.06	3.45	4.49
韩国	5.39	2.62	3.77	2.33	4.28	2.88	3.67	3.17	4.31	3.45	3.58
澳大利亚	3.43	1.75	3.35	3.89	4.28	3.19	4.24	5.19	3.05	2.30	3.48
意大利	2.94	2.18	4.18	4.67	3.29	2.88	2.82	4.32	2.54	2.99	3.25
印度	1.47	1.31	4.60	4.28	2.63	2.56	2.26	4.03	2.28	5.06	3.15

续表

国家和地区	2012 年	2013 年	2014 年	2015 年	2016 年	2017 年	2018 年	2019 年	2020 年	2021 年	合计
德国	4.90	3.06	3.35	3.50	3.95	3.19	1.98	2.31	3.05	2.99	3.12
加拿大	2.94	2.18	2.51	1.95	2.63	2.56	2.54	2.02	3.55	2.30	2.54
西班牙	3.92	4.37	2.93	5.06	4.28	2.56	1.41	2.31	0.76	0.69	2.54
法国	3.92	3.49	2.09	4.28	2.96	2.24	2.26	2.02	1.78	0.69	2.37
伊朗	2.45	2.62	2.09	0.78	2.30	1.28	2.54	1.73	2.54	2.53	2.11
瑞士	2.94	4.37	2.93	2.33	2.30	1.92	1.69	0.58	0.25	0.69	1.76
新加坡	0.98	0.87	2.09	3.50	1.64	1.92	0.85	2.31	2.03	0.23	1.59
沙特阿拉伯	0.00	0.87	1.26	0.39	1.32	1.60	1.98	0.58	2.03	2.07	1.33
日本	1.96	1.75	0.42	1.17	1.97	0.96	1.13	1.44	1.27	1.15	1.30
中国台湾	1.47	2.18	1.26	0.78	2.30	1.28	2.26	0.29	0.51	1.15	1.30
土耳其	2.94	0.44	2.09	1.56	1.64	0.96	0.85	1.73	0.76	0.92	1.30
马来西亚	1.96	0.87	2.51	1.17	0.99	1.60	1.41	0.86	0.51	1.15	1.24
中国香港	1.47	0.87	2.51	1.17	1.32	1.28	0.28	1.73	0.25	1.61	1.20

表 6-75　设备和仪器 C 层人才排名前 20 的国家和地区的占比

单位：%

国家和地区	2012 年	2013 年	2014 年	2015 年	2016 年	2017 年	2018 年	2019 年	2020 年	2021 年	合计
中国大陆	15.00	16.57	20.82	23.22	25.72	30.08	33.02	31.54	29.28	30.77	26.80
美国	17.80	13.74	12.49	12.98	11.70	12.01	9.29	8.79	8.69	6.79	10.79
韩国	5.00	4.42	4.87	5.08	4.77	5.00	5.12	5.00	4.08	3.96	4.68
英国	5.00	4.86	4.87	4.27	4.44	4.68	4.28	4.54	4.56	4.70	4.59
印度	3.05	4.29	4.65	4.60	3.75	4.79	4.98	4.77	3.97	5.20	4.48
意大利	4.45	4.82	4.43	3.93	3.91	3.37	3.62	3.30	3.22	4.13	3.84
德国	4.85	4.51	3.16	3.38	3.98	2.53	2.11	2.92	2.66	2.21	3.07
西班牙	2.75	4.02	3.07	3.04	2.55	3.02	2.84	2.57	2.03	2.68	2.79
加拿大	3.90	3.00	3.51	3.04	2.82	2.32	2.20	2.69	2.16	2.16	2.67
澳大利亚	1.80	1.59	2.41	2.93	2.32	2.60	2.40	2.57	2.32	2.56	2.39
伊朗	1.30	1.33	2.50	2.37	2.68	2.64	3.01	2.43	2.48	2.30	2.37
法国	3.55	3.27	2.59	2.60	3.12	2.15	1.77	1.82	1.68	1.59	2.28
日本	3.30	2.70	2.54	1.82	1.99	1.49	1.62	1.62	1.44	1.50	1.89
中国台湾	2.25	2.65	2.24	1.74	1.13	1.08	1.39	1.07	1.44	1.50	1.57
新加坡	1.65	1.59	1.32	1.26	1.46	1.49	1.30	1.04	0.80	1.12	1.26
土耳其	0.95	1.02	1.40	1.37	1.16	1.21	0.93	1.39	1.20	1.19	1.19
沙特阿拉伯	0.50	0.53	0.75	1.08	1.29	1.04	0.90	1.10	1.47	2.14	1.17

续表

国家和地区	2012 年	2013 年	2014 年	2015 年	2016 年	2017 年	2018 年	2019 年	2020 年	2021 年	合计
瑞士	2.25	2.30	1.84	1.48	1.33	0.80	1.01	0.55	0.83	0.55	1.17
波兰	1.40	1.37	1.05	0.96	1.29	0.83	0.93	0.81	1.41	1.47	1.16
中国香港	1.25	0.97	1.01	1.15	1.49	1.28	1.04	1.16	0.91	0.90	1.10

二十六　显微镜学

显微镜学 A 层人才最多的是德国和美国，世界占比均为 20.00%；其次是加拿大、荷兰、英国，世界占比均为 13.33%；比利时、日本、韩国的 A 层人才较多，世界占比均为 6.67%。

美国的 B 层人才最多，世界占比为 20.44%；德国、英国的 B 层人才处于第二梯队，世界占比均为 13.26%；中国大陆、巴基斯坦、比利时、沙特阿拉伯、日本的 B 层人才比较多，世界占比在 7%~3%；澳大利亚、奥地利、荷兰、加拿大、印度、瑞士、法国、丹麦、挪威、俄罗斯、韩国、西班牙也有相当数量的 B 层人才，世界占比均超过 1%。

美国的 C 层人才最多，世界占比为 17.69%；德国的 C 层人才世界占比为 10.15%，排名第二；英国、中国大陆、日本、巴基斯坦、法国、澳大利亚、荷兰的 C 层人才比较多，世界占比在 9%~3%；意大利、比利时、西班牙、加拿大、沙特阿拉伯、巴西、奥地利、印度、瑞士、土耳其、伊朗也有相当数量的 C 层人才，世界占比均超过 1%。

表 6-76　显微镜学 A 层人才的国家和地区的占比

单位：%

国家和地区	2012 年	2013 年	2014 年	2015 年	2016 年	2017 年	2018 年	2019 年	2020 年	2021 年	合计
德国	100.00	50.00	0.00	0.00	0.00	50.00	0.00	0.00	0.00	0.00	20.00
美国	0.00	0.00	50.00	0.00	0.00	0.00	50.00	50.00	0.00	0.00	20.00
加拿大	0.00	0.00	50.00	0.00	0.00	0.00	0.00	50.00	0.00	0.00	13.33
荷兰	0.00	0.00	0.00	50.00	50.00	0.00	0.00	0.00	0.00	0.00	13.33
英国	0.00	50.00	0.00	0.00	50.00	0.00	0.00	0.00	0.00	0.00	13.33

续表

国家和地区	2012 年	2013 年	2014 年	2015 年	2016 年	2017 年	2018 年	2019 年	2020 年	2021 年	合计
比利时	0.00	0.00	0.00	50.00	0.00	0.00	0.00	0.00	0.00	0.00	6.67
日本	0.00	0.00	0.00	0.00	0.00	0.00	50.00	0.00	0.00	0.00	6.67
韩国	0.00	0.00	0.00	0.00	0.00	50.00	0.00	0.00	0.00	0.00	6.67

表 6-77　显微镜学 B 层人才排名前 20 的国家和地区的占比

单位：%

国家和地区	2012 年	2013 年	2014 年	2015 年	2016 年	2017 年	2018 年	2019 年	2020 年	2021 年	合计
美国	27.78	33.33	22.22	33.33	26.32	17.39	0.00	16.67	8.33	12.50	20.44
德国	5.56	9.52	27.78	22.22	15.79	17.39	16.67	0.00	0.00	12.50	13.26
英国	22.22	9.52	16.67	16.67	21.05	17.39	11.11	5.56	8.33	0.00	13.26
中国大陆	0.00	0.00	0.00	5.56	0.00	0.00	5.56	33.33	16.67	12.50	6.63
巴基斯坦	0.00	0.00	0.00	0.00	0.00	0.00	11.11	16.67	33.33	18.75	6.63
比利时	11.11	9.52	11.11	5.56	5.26	0.00	0.00	0.00	0.00	6.25	4.97
沙特阿拉伯	0.00	0.00	0.00	0.00	0.00	0.00	11.11	5.56	25.00	18.75	4.97
日本	5.56	4.76	0.00	0.00	10.53	4.35	11.11	0.00	0.00	0.00	3.87
澳大利亚	5.56	0.00	0.00	11.11	0.00	4.35	0.00	5.56	0.00	0.00	2.76
奥地利	5.56	0.00	5.56	0.00	5.26	8.70	0.00	0.00	0.00	0.00	2.76
荷兰	5.56	0.00	5.56	0.00	5.26	0.00	5.56	0.00	8.33	0.00	2.76
加拿大	5.56	9.52	0.00	0.00	0.00	0.00	5.56	0.00	0.00	0.00	2.21
印度	0.00	4.76	11.11	0.00	0.00	4.35	0.00	0.00	0.00	0.00	2.21
瑞士	0.00	4.76	0.00	0.00	5.26	4.35	0.00	0.00	0.00	6.25	2.21
法国	0.00	9.52	0.00	0.00	0.00	4.35	0.00	0.00	0.00	0.00	1.66
丹麦	0.00	0.00	0.00	0.00	5.26	0.00	5.56	0.00	0.00	0.00	1.10
挪威	0.00	0.00	0.00	0.00	0.00	4.35	5.56	0.00	0.00	0.00	1.10
俄罗斯	0.00	4.76	0.00	0.00	0.00	4.35	0.00	0.00	0.00	0.00	1.10
韩国	0.00	0.00	0.00	0.00	0.00	0.00	0.00	0.00	0.00	12.50	1.10
西班牙	0.00	0.00	0.00	5.56	0.00	4.35	0.00	0.00	0.00	0.00	1.10

表 6-78　显微镜学 C 层人才排名前 20 的国家和地区的占比

单位：%

国家和地区	2012 年	2013 年	2014 年	2015 年	2016 年	2017 年	2018 年	2019 年	2020 年	2021 年	合计
美国	25.86	16.75	24.32	16.94	19.08	18.14	16.38	12.37	17.72	8.50	17.69
德国	14.37	13.40	13.51	12.57	13.29	9.29	7.91	5.67	6.96	3.27	10.15
英国	4.60	7.66	10.27	10.93	8.09	9.29	6.21	9.28	6.33	6.54	8.02

续表

国家和地区	2012 年	2013 年	2014 年	2015 年	2016 年	2017 年	2018 年	2019 年	2020 年	2021 年	合计
中国大陆	3.45	3.83	4.86	2.19	5.78	6.64	9.60	14.95	7.59	15.03	7.26
日本	5.17	5.74	5.95	11.48	5.78	5.75	6.78	4.64	6.33	5.23	6.28
巴基斯坦	0.00	0.00	0.00	0.00	0.00	0.88	9.60	13.40	7.59	15.03	4.37
法国	4.02	5.26	7.57	4.37	6.94	4.42	2.26	3.09	1.27	1.31	4.15
澳大利亚	4.60	7.18	2.16	5.46	1.16	3.98	1.13	1.55	2.53	1.31	3.22
荷兰	5.17	4.78	3.78	4.37	2.31	2.65	5.08	0.52	1.90	0.65	3.17
意大利	3.45	3.83	2.16	3.28	3.47	1.77	1.13	2.58	3.80	1.31	2.67
比利时	2.30	2.87	1.62	5.46	1.16	2.65	3.39	0.52	3.16	1.96	2.51
西班牙	1.72	4.31	2.16	2.73	2.89	3.54	0.00	2.06	1.90	1.96	2.40
加拿大	2.87	2.87	1.62	1.64	1.73	3.54	1.69	1.03	2.53	1.96	2.18
沙特阿拉伯	0.00	0.00	0.00	0.00	0.58	0.88	4.52	6.70	1.90	7.19	2.07
巴西	2.30	2.39	2.16	0.00	2.89	2.21	2.26	2.06	1.90	1.31	1.97
奥地利	1.15	2.39	2.16	2.73	1.16	2.21	2.82	1.03	0.63	1.31	1.80
印度	1.72	1.44	1.62	1.64	0.00	2.65	1.69	0.52	2.53	3.92	1.75
瑞士	1.72	1.44	2.16	1.09	1.73	2.65	1.13	0.52	1.27	1.31	1.53
土耳其	0.57	0.00	0.00	0.00	1.16	0.00	1.13	4.12	2.53	3.92	1.26
伊朗	0.00	0.96	0.54	0.00	1.73	1.77	1.13	2.06	2.53	1.31	1.20

二十七 绿色和可持续科学与技术

中国大陆的绿色和可持续科学与技术 A 层人才最多，占该学科全球 A 层人才的 11.20%；英国、美国、印度、马来西亚、澳大利亚、德国、荷兰、巴基斯坦、土耳其的 A 层人才比较多，世界占比在 8%~3%；沙特阿拉伯、法国、伊朗、丹麦、瑞典、加拿大、意大利、韩国、南非、越南也有相当数量的 A 层人才，世界占比均超过 1%。

中国大陆的 B 层人才最多，占该学科全球 B 层人才的 15.67%；美国、英国、印度、马来西亚、澳大利亚的 B 层人才比较多，世界占比在 8%~4%；伊朗、德国、西班牙、加拿大、意大利、沙特阿拉伯、瑞典、土耳其、荷兰、巴基斯坦、法国、丹麦、韩国、芬兰也有相当数量的 B 层人才，世界占比均超过 1%。

中国大陆的 C 层人才最多，占该学科全球 C 层人才的 21.30%；美国排名第二，C 层人才的世界占比为 8.18%，远低于中国大陆；英国、印度、澳大利亚、马来西亚、伊朗、意大利的 C 层人才比较多，世界占比在 6%～3%；西班牙、德国、加拿大、荷兰、韩国、法国、巴基斯坦、沙特阿拉伯、瑞典、土耳其、中国香港、巴西也有相当数量的 C 层人才，世界占比均超过 1%。

表 6-79　绿色和可持续科学与技术 A 层人才排名前 20 的国家和地区的占比

单位：%

国家和地区	2012 年	2013 年	2014 年	2015 年	2016 年	2017 年	2018 年	2019 年	2020 年	2021 年	合计
中国大陆	25.00	0.00	0.00	0.00	8.00	0.00	9.30	10.64	10.34	18.03	11.20
英国	0.00	14.29	20.00	0.00	8.00	25.00	4.65	10.64	6.90	4.92	7.72
美国	25.00	0.00	0.00	0.00	4.00	0.00	4.65	6.38	8.62	6.56	6.18
印度	0.00	14.29	0.00	0.00	4.00	0.00	9.30	4.26	5.17	8.20	6.18
马来西亚	0.00	0.00	0.00	0.00	8.00	25.00	6.98	4.26	3.45	8.20	5.79
澳大利亚	0.00	0.00	0.00	0.00	8.00	0.00	9.30	0.00	3.45	4.92	4.25
德国	0.00	28.57	0.00	0.00	0.00	0.00	4.65	6.38	5.17	0.00	4.25
荷兰	0.00	28.57	10.00	0.00	0.00	25.00	4.65	4.26	3.45	0.00	3.86
巴基斯坦	0.00	0.00	0.00	0.00	4.00	0.00	2.33	6.38	1.72	4.92	3.47
土耳其	0.00	0.00	0.00	0.00	0.00	0.00	2.33	4.26	5.17	3.28	3.47
沙特阿拉伯	0.00	0.00	0.00	0.00	4.00	0.00	4.65	2.13	3.45	1.64	2.70
法国	0.00	0.00	0.00	0.00	4.00	0.00	0.00	10.64	0.00	1.64	2.70
伊朗	0.00	0.00	0.00	0.00	0.00	0.00	0.00	0.00	5.17	6.56	2.70
丹麦	0.00	0.00	10.00	0.00	0.00	0.00	2.33	6.38	1.72	0.00	2.32
瑞典	0.00	0.00	0.00	0.00	8.00	0.00	2.33	2.13	3.45	0.00	2.32
加拿大	0.00	0.00	0.00	0.00	0.00	0.00	0.00	4.26	5.17	0.00	1.93
意大利	0.00	0.00	10.00	0.00	8.00	0.00	4.65	0.00	0.00	0.00	1.93
韩国	0.00	0.00	0.00	0.00	4.00	0.00	4.65	0.00	0.00	1.64	1.54
南非	0.00	0.00	0.00	0.00	0.00	0.00	2.33	2.13	1.72	1.64	1.54
越南	0.00	0.00	0.00	0.00	0.00	0.00	0.00	0.00	0.00	6.56	1.54

表 6-80　绿色和可持续科学与技术 B 层人才排名前 20 的国家和地区的占比

单位：%

国家和地区	2012 年	2013 年	2014 年	2015 年	2016 年	2017 年	2018 年	2019 年	2020 年	2021 年	合计
中国大陆	5.00	6.85	12.15	5.81	12.61	12.17	18.04	17.39	17.94	20.21	15.67
美国	10.00	10.96	16.82	6.98	10.43	6.96	11.34	7.49	7.42	3.94	7.94
英国	10.00	6.85	9.35	5.23	5.22	6.38	5.15	5.80	6.19	5.55	5.97
印度	10.00	4.11	8.41	6.40	6.52	6.38	2.06	4.83	2.68	5.37	4.84
马来西亚	6.67	5.48	9.35	7.56	7.39	7.25	4.12	4.11	2.68	3.04	4.80
澳大利亚	3.33	6.85	1.87	4.07	4.78	3.48	4.38	5.31	4.95	3.40	4.27
伊朗	1.67	5.48	0.93	1.16	2.61	2.61	1.03	3.38	3.30	3.94	2.79
德国	8.33	5.48	2.80	3.49	3.48	1.45	3.09	2.42	2.68	1.61	2.65
西班牙	6.67	1.37	3.74	3.49	3.91	2.61	2.58	1.93	3.09	1.43	2.61
加拿大	0.00	4.11	2.80	2.33	3.48	2.61	3.09	2.66	2.47	1.79	2.54
意大利	3.33	0.00	3.74	2.91	1.74	2.03	2.06	2.66	3.51	2.15	2.47
沙特阿拉伯	0.00	0.00	0.93	2.33	1.30	3.19	2.58	2.42	2.06	3.58	2.44
瑞典	0.00	1.37	0.00	4.07	1.74	2.61	3.61	2.90	2.27	1.43	2.33
土耳其	1.67	0.00	1.87	1.16	2.61	2.32	1.29	1.21	2.47	4.47	2.33
荷兰	8.33	4.11	3.74	4.07	3.04	2.61	2.32	1.69	1.24	1.25	2.26
巴基斯坦	0.00	1.37	0.00	0.00	0.87	1.16	2.06	1.69	2.68	4.65	2.15
法国	6.67	4.11	4.67	3.49	2.17	2.61	1.29	1.93	1.65	0.89	2.05
丹麦	0.00	2.74	0.00	2.91	2.17	1.74	1.55	1.69	2.47	1.61	1.84
韩国	1.67	4.11	0.93	1.74	1.74	2.61	1.80	1.45	0.82	1.25	1.59
芬兰	0.00	0.00	0.00	2.33	2.17	1.74	1.29	1.93	0.62	1.07	1.31

表 6-81　绿色和可持续科学与技术 C 层人才排名前 20 的国家和地区的占比

单位：%

国家和地区	2012 年	2013 年	2014 年	2015 年	2016 年	2017 年	2018 年	2019 年	2020 年	2021 年	合计
中国大陆	9.88	10.22	14.12	14.55	18.09	19.84	22.65	25.61	23.91	22.66	21.30
美国	14.56	13.31	12.88	10.22	9.35	8.61	8.43	7.79	7.20	5.71	8.18
英国	5.72	4.90	6.20	5.96	5.63	5.97	6.02	5.63	5.32	4.76	5.52
印度	6.41	5.74	5.73	6.62	6.62	6.30	5.48	4.11	5.13	5.53	5.50
澳大利亚	4.33	3.50	3.91	4.78	3.25	3.20	4.08	4.30	3.69	3.46	3.78
马来西亚	6.76	6.58	5.25	4.65	4.72	3.82	2.43	2.21	2.38	2.66	3.20
伊朗	1.04	3.08	2.48	2.16	2.81	3.26	3.44	3.20	3.19	3.42	3.12

国家和地区	2012 年	2013 年	2014 年	2015 年	2016 年	2017 年	2018 年	2019 年	2020 年	2021 年	合计
意大利	2.77	2.52	3.05	2.95	3.07	3.00	3.26	2.98	3.30	2.90	3.06
西班牙	4.33	4.48	3.24	3.87	3.42	2.61	2.87	2.84	2.71	2.19	2.86
德国	5.89	4.90	4.39	4.65	2.60	3.33	3.15	2.50	2.23	1.87	2.83
加拿大	3.99	3.22	3.53	2.62	2.94	2.15	2.46	2.12	2.44	2.26	2.47
荷兰	3.29	3.64	3.24	3.21	2.21	2.51	1.71	2.09	1.94	1.56	2.13
韩国	1.73	0.98	2.19	1.57	2.12	1.96	1.84	1.83	1.69	1.99	1.85
法国	2.95	2.66	2.48	2.36	1.77	2.06	1.50	1.64	1.54	1.38	1.73
巴基斯坦	0.52	1.68	0.76	1.25	1.38	1.47	1.32	1.42	1.92	2.61	1.69
沙特阿拉伯	1.21	1.12	0.67	1.25	1.30	1.76	1.37	1.39	2.04	2.26	1.67
瑞典	1.21	1.96	2.48	1.83	1.43	1.89	1.89	1.71	1.27	1.45	1.63
土耳其	1.73	1.40	1.15	1.57	1.73	1.57	1.14	0.87	1.71	2.10	1.53
中国香港	0.69	0.42	0.57	0.92	1.43	0.98	1.78	1.32	1.67	1.61	1.39
巴西	1.39	1.12	0.76	1.25	1.25	1.79	2.02	1.35	1.25	1.03	1.37

二十八　人体工程学

人体工程学 A、B、C 层人才最多的是美国，分别占该学科全球 A、B、C 层人才的 41.67%、28.47%、23.76%。

英国的 A 层人才比较多，世界占比为 20.83%，排名第二；其后是韩国，A 层人才占比为 8.33%；澳大利亚、加拿大、中国大陆、巴基斯坦、沙特阿拉伯、瑞士、阿联酋也有相当数量的 A 层人才，世界占比均为 4.17%。

英国、中国大陆、德国、澳大利亚、荷兰、韩国、法国、加拿大的 B 层人才比较多，世界占比在 9%~3%；中国香港、西班牙、瑞典、挪威、土耳其、希腊、意大利、丹麦、伊朗、瑞士、芬兰也有相当数量的 B 层人才，世界占比均超过 1%。

中国大陆的 C 层人才世界占比为 10.45%，排名第二；英国、澳大利亚、加拿大、德国、荷兰的 C 层人才比较多，世界占比在 9%~3%；韩国、瑞典、中国香港、意大利、法国、西班牙、中国台湾、伊朗、丹麦、挪威、芬兰、比利时、印度也有相当数量的 C 层人才，世界占比均超过 1%。

表 6-82　人体工程学 A 层人才的国家和地区的占比

单位：%

国家和地区	2012 年	2013 年	2014 年	2015 年	2016 年	2017 年	2018 年	2019 年	2020 年	2021 年	合计
美国	0.00	66.67	100.00	50.00	100.00	0.00	50.00	25.00	50.00	0.00	41.67
英国	0.00	0.00	0.00	0.00	0.00	100.00	0.00	50.00	25.00	0.00	20.83
韩国	0.00	0.00	0.00	0.00	0.00	0.00	50.00	0.00	0.00	25.00	8.33
澳大利亚	0.00	0.00	0.00	0.00	0.00	0.00	0.00	0.00	25.00	0.00	4.17
加拿大	0.00	0.00	0.00	50.00	0.00	0.00	0.00	0.00	0.00	0.00	4.17
中国大陆	0.00	33.33	0.00	0.00	0.00	0.00	0.00	0.00	0.00	0.00	4.17
巴基斯坦	0.00	0.00	0.00	0.00	0.00	0.00	0.00	0.00	0.00	25.00	4.17
沙特阿拉伯	0.00	0.00	0.00	0.00	0.00	0.00	0.00	0.00	0.00	25.00	4.17
瑞士	0.00	0.00	0.00	0.00	0.00	0.00	0.00	25.00	0.00	0.00	4.17
阿联酋	0.00	0.00	0.00	0.00	0.00	0.00	0.00	0.00	25.00	0.00	4.17

表 6-83　人体工程学 B 层人才排名前 20 的国家和地区的占比

单位：%

国家和地区	2012 年	2013 年	2014 年	2015 年	2016 年	2017 年	2018 年	2019 年	2020 年	2021 年	合计
美国	42.86	37.04	25.00	23.08	29.41	36.00	21.43	10.53	31.58	35.29	28.47
英国	14.29	0.00	16.67	7.69	11.76	4.00	17.86	7.89	5.26	5.88	8.81
中国大陆	14.29	3.70	0.00	7.69	2.94	4.00	3.57	13.16	18.42	8.82	8.14
德国	4.76	3.70	8.33	7.69	8.82	8.00	14.29	15.79	0.00	8.82	8.14
澳大利亚	0.00	3.70	4.17	3.85	2.94	4.00	7.14	2.63	10.53	8.82	5.08
荷兰	9.52	0.00	0.00	11.54	8.82	4.00	7.14	7.89	0.00	0.00	4.75
韩国	4.76	11.11	4.17	7.69	0.00	4.00	0.00	2.63	5.26	0.00	3.73
法国	4.76	7.41	0.00	3.85	2.94	0.00	3.57	5.26	2.63	0.00	3.05
加拿大	4.76	0.00	12.50	0.00	0.00	4.00	3.57	0.00	5.26	2.94	3.05
中国香港	0.00	7.41	4.17	0.00	5.88	0.00	0.00	7.89	0.00	0.00	2.71
西班牙	0.00	7.41	4.17	0.00	0.00	12.00	0.00	0.00	0.00	2.94	2.37
瑞典	0.00	0.00	0.00	7.69	2.94	0.00	7.14	2.63	0.00	0.00	2.03
挪威	0.00	7.41	0.00	3.85	2.94	0.00	0.00	0.00	0.00	2.94	1.69
土耳其	0.00	3.70	0.00	0.00	2.94	0.00	0.00	5.26	2.94		1.69
希腊	0.00	0.00	4.17	0.00	0.00	0.00	0.00	2.63	5.26	0.00	1.36
意大利	0.00	0.00	0.00	3.85	0.00	0.00	3.57	0.00	0.00	5.88	1.36
丹麦	0.00	3.70	4.17	3.85	0.00	0.00	0.00	0.00	0.00	2.94	1.36

续表

国家和地区	2012 年	2013 年	2014 年	2015 年	2016 年	2017 年	2018 年	2019 年	2020 年	2021 年	合计
伊朗	0.00	0.00	0.00	0.00	0.00	4.00	0.00	2.63	0.00	5.88	1.36
瑞士	0.00	0.00	4.17	0.00	5.88	0.00	3.57	0.00	0.00	0.00	1.36
芬兰	0.00	0.00	0.00	0.00	0.00	4.00	0.00	0.00	5.26	0.00	1.02

表 6-84　人体工程学 C 层人才排名前 20 的国家和地区的占比

单位：%

国家和地区	2012 年	2013 年	2014 年	2015 年	2016 年	2017 年	2018 年	2019 年	2020 年	2021 年	合计
美国	23.47	27.88	27.69	26.75	24.92	26.00	23.64	21.69	22.31	17.26	23.76
中国大陆	5.10	5.95	8.08	7.00	10.90	9.60	13.45	11.64	11.29	16.44	10.45
英国	10.71	8.55	8.08	9.47	11.53	8.80	6.91	9.26	3.76	6.58	8.16
澳大利亚	10.20	9.67	5.77	9.47	9.03	8.00	3.64	5.03	6.72	4.66	6.96
加拿大	6.63	5.20	5.77	4.12	3.43	3.20	5.45	4.23	5.11	5.75	4.85
德国	6.12	2.97	6.54	3.29	3.43	5.60	4.00	4.50	2.96	3.29	4.13
荷兰	4.59	1.12	2.69	2.88	2.49	5.20	2.91	3.97	3.76	3.29	3.28
韩国	1.53	2.97	1.92	3.29	2.18	1.60	2.18	3.44	2.42	2.47	2.46
瑞典	1.53	2.23	1.92	2.47	2.80	3.60	2.55	1.59	2.69	1.64	2.29
中国香港	1.53	1.12	1.92	0.82	2.80	2.00	1.09	2.12	2.69	3.56	2.08
意大利	2.04	1.12	1.54	4.94	1.56	3.60	2.55	1.59	1.08	1.92	2.08
法国	1.53	2.97	3.46	1.65	1.56	2.40	2.18	1.32	1.34	2.74	2.08
西班牙	3.06	1.49	1.15	2.06	2.18	1.20	2.55	2.12	1.61	1.64	1.88
中国台湾	2.04	3.35	1.15	2.06	2.18	0.80	0.36	1.32	0.81	1.10	1.47
伊朗	1.53	0.37	0.38	0.82	0.93	0.80	1.45	1.32	3.23	2.47	1.43
丹麦	2.04	1.49	4.23	0.82	1.25	0.00	1.09	0.53	1.88	0.82	1.37
挪威	0.51	2.23	1.15	1.23	1.25	2.00	2.18	2.12	0.81	0.27	1.37
芬兰	1.02	0.37	2.69	2.47	1.56	0.80	1.09	1.85	1.08	0.27	1.30
比利时	1.02	0.74	1.54	1.65	1.25	0.40	1.09	1.06	1.88	1.10	1.19
印度	1.02	0.37	0.38	0.41	0.93	0.80	0.36	1.06	3.23	1.92	1.16

二十九　多学科工程

多学科工程 A、B、C 层人才主要集中在美国和中国大陆，二者 A、B、C 层人才的世界占比合计分别为 35.84%、33.73%、32.88%，中国大陆的 A、B、C 层人才均多于美国。

澳大利亚、伊朗、印度、英国、德国的 A 层人才比较多，世界占比在 7%~3%；意大利、越南、韩国、荷兰、沙特阿拉伯、埃及、加拿大、爱尔兰、阿联酋、波兰、土耳其、巴基斯坦、新西兰也有相当数量的 A 层人才，世界占比均超过 1%。

印度、伊朗、澳大利亚、英国、意大利的 B 层人才比较多，世界占比在 6%~3%；德国、韩国、加拿大、沙特阿拉伯、法国、土耳其、越南、中国香港、马来西亚、巴基斯坦、西班牙、埃及、中国台湾也有相当数量的 B 层人才，世界占比均超过 1%。

印度、伊朗、意大利、英国、韩国的 C 层人才比较多，世界占比在 7%~3%；德国、澳大利亚、法国、西班牙、加拿大、沙特阿拉伯、土耳其、马来西亚、巴基斯坦、日本、波兰、中国台湾、埃及也有相当数量的 C 层人才，世界占比均超过 1%。

表 6-85　多学科工程 A 层人才排名前 20 的国家和地区的占比

单位：%

国家和地区	2012 年	2013 年	2014 年	2015 年	2016 年	2017 年	2018 年	2019 年	2020 年	2021 年	合计
中国大陆	4.55	4.00	10.34	22.50	19.05	15.79	25.71	22.22	23.53	22.41	18.70
美国	27.27	32.00	24.14	20.00	16.67	15.79	25.71	8.89	13.73	6.90	17.14
澳大利亚	4.55	0.00	6.90	2.50	4.76	10.53	5.71	6.67	5.88	10.34	6.23
伊朗	4.55	0.00	3.45	7.50	4.76	2.63	2.86	17.78	1.96	6.90	5.71
印度	0.00	8.00	6.90	0.00	2.38	5.26	5.71	8.89	11.76	3.45	5.45
英国	9.09	4.00	6.90	5.00	7.14	2.63	2.86	0.00	3.92	0.00	3.64
德国	4.55	4.00	0.00	12.50	7.14	5.26	0.00	0.00	1.96	0.00	3.38
意大利	4.55	4.00	0.00	5.00	4.76	7.89	0.00	0.00	3.92	0.00	2.86
越南	0.00	0.00	0.00	0.00	4.76	2.63	0.00	0.00	1.96	8.62	2.34
韩国	4.55	4.00	0.00	10.00	0.00	0.00	2.86	0.00	0.00	1.72	2.08
荷兰	4.55	8.00	3.45	0.00	0.00	2.63	2.86	0.00	1.96	0.00	1.82
沙特阿拉伯	0.00	0.00	3.45	0.00	0.00	0.00	2.86	4.44	1.96	3.45	1.82
埃及	0.00	0.00	6.90	0.00	2.38	0.00	0.00	0.00	3.92	3.45	1.82
加拿大	0.00	0.00	3.45	2.50	2.38	5.26	0.00	2.22	0.00	0.00	1.56
爱尔兰	4.55	4.00	0.00	0.00	0.00	0.00	5.71	0.00	1.96	0.00	1.30
阿联酋	0.00	0.00	3.45	0.00	2.38	0.00	0.00	2.22	1.96	1.72	1.30

续表

国家和地区	2012 年	2013 年	2014 年	2015 年	2016 年	2017 年	2018 年	2019 年	2020 年	2021 年	合计
波兰	0.00	0.00	0.00	0.00	0.00	0.00	0.00	0.00	1.96	6.90	1.30
土耳其	0.00	4.00	3.45	0.00	4.76	0.00	0.00	2.22	0.00	0.00	1.30
巴基斯坦	0.00	4.00	3.45	0.00	2.38	0.00	0.00	0.00	0.00	1.72	1.04
新西兰	0.00	0.00	3.45	0.00	0.00	2.63	2.86	0.00	0.00	1.72	1.04

表 6-86　多学科工程 B 层人才排名前 20 的国家和地区的占比

单位：%

国家和地区	2012 年	2013 年	2014 年	2015 年	2016 年	2017 年	2018 年	2019 年	2020 年	2021 年	合计
中国大陆	9.17	15.35	16.12	17.26	19.18	18.24	24.44	26.68	28.73	29.73	21.99
美国	19.72	10.09	18.68	15.07	13.97	13.82	11.24	8.58	8.24	6.18	11.74
印度	6.88	9.65	5.86	3.84	8.22	4.71	4.49	3.48	4.45	6.95	5.64
伊朗	6.88	5.26	4.76	4.11	7.40	3.82	5.90	7.19	3.34	2.90	5.00
澳大利亚	2.75	3.07	2.93	4.11	3.56	5.29	7.87	5.10	4.45	4.44	4.52
英国	5.05	7.02	5.13	4.38	3.84	3.82	4.78	3.94	5.12	1.74	4.23
意大利	5.05	4.39	3.66	6.58	4.93	7.35	4.21	1.86	1.78	1.35	3.84
德国	4.13	3.07	5.13	4.66	3.84	1.76	1.97	1.62	2.23	1.35	2.77
韩国	4.13	2.63	4.03	2.47	1.37	2.35	1.69	4.64	1.78	1.16	2.48
加拿大	3.21	4.82	2.20	3.01	1.37	2.94	1.69	1.62	2.23	2.70	2.46
沙特阿拉伯	1.38	2.19	0.73	2.19	1.64	2.35	2.25	1.62	2.90	4.25	2.31
法国	5.50	2.63	3.66	3.29	3.56	2.65	1.69	0.70	1.56	0.39	2.26
土耳其	0.92	3.95	2.20	0.82	1.64	2.06	1.12	2.09	3.56	1.74	2.00
越南	0.92	0.88	0.73	0.82	1.10	1.47	3.09	4.41	2.90	1.74	1.98
中国香港	2.29	1.75	1.47	2.47	1.10	1.18	3.37	3.25	1.34	1.16	1.92
马来西亚	0.46	1.75	1.47	2.19	1.92	0.88	1.69	2.78	1.78	2.70	1.89
巴基斯坦	0.92	0.88	0.37	0.82	1.10	1.76	0.28	1.39	2.45	4.25	1.64
西班牙	1.38	3.07	1.83	1.64	1.10	2.35	1.12	1.16	1.11	0.58	1.41
埃及	0.92	1.75	1.10	1.10	1.10	0.59	1.40	1.39	0.45	2.32	1.24
中国台湾	0.92	1.32	0.73	0.27	0.82	1.47	0.56	0.46	1.34	2.90	1.16

表 6-87 多学科工程 C 层人才排名前 20 的国家和地区的占比

单位：%

国家和地区	2012 年	2013 年	2014 年	2015 年	2016 年	2017 年	2018 年	2019 年	2020 年	2021 年	合计
中国大陆	14.84	15.94	17.14	18.66	19.32	21.84	22.42	26.31	25.88	25.44	21.62
美国	15.73	14.43	14.40	14.26	12.20	12.39	12.04	9.12	7.72	6.49	11.26
印度	4.06	5.36	6.70	5.71	7.78	6.19	6.88	6.79	5.28	6.25	6.19
伊朗	6.67	6.52	4.55	4.34	4.75	3.51	4.17	4.78	3.50	3.28	4.39
意大利	3.73	3.97	4.44	4.37	4.56	5.88	4.99	3.70	3.05	3.92	4.24
英国	5.41	5.72	4.74	5.05	4.51	3.98	4.11	3.58	3.76	2.99	4.22
韩国	3.17	2.46	2.81	3.06	2.69	2.48	3.03	4.29	3.23	2.46	3.00
德国	4.29	3.04	4.15	2.98	3.85	3.77	2.51	2.28	2.55	1.69	2.97
澳大利亚	2.01	2.77	3.03	2.46	2.45	3.51	3.15	3.06	3.48	2.57	2.89
法国	3.97	3.80	3.37	3.09	2.69	2.45	2.33	1.89	1.68	1.32	2.47
西班牙	2.89	2.72	2.44	2.46	2.39	2.71	2.65	1.96	2.44	1.61	2.36
加拿大	2.85	2.72	1.92	2.70	2.28	2.42	2.01	1.89	1.89	1.63	2.17
沙特阿拉伯	1.17	1.43	1.74	1.34	2.17	1.21	1.31	1.67	2.96	4.60	2.12
土耳其	2.38	2.32	2.18	1.80	2.36	1.30	2.01	1.84	1.98	2.02	1.99
马来西亚	1.26	2.01	1.89	1.37	1.48	1.41	1.20	1.67	1.57	1.91	1.58
巴基斯坦	0.42	0.80	0.81	0.60	0.93	1.12	1.40	1.27	2.23	3.54	1.47
日本	2.05	1.52	2.07	1.72	1.32	1.79	1.14	0.98	1.21	0.86	1.39
波兰	1.12	1.65	1.00	1.83	1.07	1.67	1.40	1.18	1.32	1.56	1.39
中国台湾	1.68	1.34	1.48	1.45	1.24	0.84	1.31	1.20	1.48	1.72	1.37
埃及	0.61	1.47	1.30	1.07	1.18	0.98	0.90	1.37	1.57	2.51	1.36

第二节 学科组

在工程与材料科学各学科人才分析的基础上，按照 A、B、C 三个人才层次，对各学科人才进行汇总分析，可以从学科组层面揭示人才的分布特点和发展趋势。

一 A 层人才

工程与材料科学 A 层人才最多的是美国，占该学科组全球 A 层人才的 20.75%，中国大陆以 19.54% 的世界占比紧随其后，二者的 A 层人才合计达到全球的 40.29%；其后是英国、澳大利亚、德国，世界占比在 6%～4%；加拿大、韩国、法国、新加坡、印度、日本、意大利、中国香港的 A 层人才比较多，世界占比在 3%～2%；沙特阿拉伯、瑞士、瑞典、伊朗、西班牙、荷兰、马来西亚、丹麦也有相当数量的 A 层人才，世界占比超过 1%；中国台湾、土耳其、比利时、巴基斯坦、越南、葡萄牙、芬兰、爱尔兰、巴西、以色列、波兰、阿尔及利亚、挪威、阿联酋、新西兰、希腊、俄罗斯、卡塔尔、南非有一定数量的 A 层人才，世界占比均低于 1%。

在发展趋势上，美国呈现相对下降趋势，中国大陆呈现相对上升趋势，其他国家没有呈现明显变化。

表 6-88　工程与材料科学 A 层人才排名前 40 的国家和地区的占比

单位：%

国家和地区	2012 年	2013 年	2014 年	2015 年	2016 年	2017 年	2018 年	2019 年	2020 年	2021 年	合计
美国	27.30	29.50	26.89	21.75	21.33	24.66	20.38	20.80	14.25	10.27	20.75
中国大陆	12.64	11.65	13.64	17.12	17.60	20.61	21.29	23.27	20.91	27.89	19.54
英国	6.71	5.61	8.21	7.08	6.88	6.64	5.45	4.46	5.11	4.28	5.87
澳大利亚	3.74	3.31	3.44	3.99	3.96	3.94	4.64	4.75	4.66	5.65	4.33
德国	5.77	4.32	6.09	4.89	5.13	4.28	3.83	3.23	3.84	2.99	4.28
加拿大	2.81	3.17	2.91	2.83	3.03	3.72	3.23	3.99	2.65	1.63	2.97
韩国	2.81	2.88	2.38	3.86	3.26	2.25	3.03	2.37	2.74	3.25	2.88
法国	2.50	3.31	2.25	2.57	2.91	2.25	2.62	2.47	2.65	2.05	2.53
新加坡	2.81	3.31	1.59	1.67	2.56	2.03	2.72	3.13	2.37	2.40	2.47
印度	1.87	2.45	2.12	1.93	1.05	1.80	2.12	2.47	4.11	3.34	2.42
日本	2.65	2.73	1.59	2.70	2.33	1.58	1.92	2.94	1.64	1.88	2.16
意大利	2.18	1.87	3.18	4.50	2.91	1.91	2.42	1.04	1.92	0.43	2.12
中国香港	1.40	1.29	1.99	1.54	1.40	1.91	2.83	2.56	2.47	2.65	2.10
沙特阿拉伯	0.62	0.43	1.59	1.93	2.21	2.14	1.82	2.18	2.56	1.88	1.83
瑞士	2.65	1.73	1.32	2.19	1.86	2.03	2.12	1.04	1.28	0.60	1.60
瑞典	1.72	1.01	1.32	1.67	2.21	1.24	1.61	1.14	2.19	1.63	1.59
伊朗	1.09	1.15	0.79	0.64	0.93	0.79	0.91	1.80	2.19	3.34	1.48
西班牙	2.50	2.01	2.12	1.93	1.75	1.13	1.61	0.38	0.91	1.11	1.45

国家和地区	2012 年	2013 年	2014 年	2015 年	2016 年	2017 年	2018 年	2019 年	2020 年	2021 年	合计
荷兰	1.72	1.87	1.72	1.67	1.98	1.58	1.11	1.33	1.19	0.51	1.40
马来西亚	0.78	0.43	0.93	0.51	1.28	1.13	1.21	0.76	0.91	1.97	1.04
丹麦	2.03	1.58	1.99	0.77	1.17	0.23	0.81	0.76	1.28	0.34	1.02
中国台湾	1.25	1.58	1.06	0.51	0.47	1.01	0.81	0.76	1.19	0.86	0.93
土耳其	0.16	1.29	0.79	0.51	1.05	0.34	0.61	0.66	1.64	1.45	0.90
比利时	1.09	1.15	0.93	1.03	1.17	0.79	0.40	1.04	0.46	1.03	0.89
巴基斯坦	0.47	0.29	0.13	0.39	0.82	0.23	0.61	0.76	1.00	1.28	0.65
越南	0.16	0.00	0.00	0.00	0.47	0.11	0.30	0.57	1.37	2.14	0.62
葡萄牙	0.94	1.58	0.66	0.51	0.23	0.23	0.30	0.66	0.55	0.43	0.57
芬兰	0.16	0.14	0.53	1.03	1.05	0.45	0.40	0.28	0.73	0.60	0.55
爱尔兰	1.09	1.15	0.13	0.26	0.35	0.56	1.01	0.19	0.37	0.43	0.53
巴西	0.16	0.29	0.26	0.51	0.35	0.79	0.91	0.66	0.37	0.51	0.50
以色列	0.31	0.43	0.26	0.64	0.70	1.13	0.61	0.38	0.46	0.17	0.50
波兰	0.00	0.43	0.66	0.26	0.58	0.45	0.30	0.57	0.55	0.86	0.49
阿尔及利亚	0.16	0.29	0.66	0.64	0.82	0.23	0.00	0.66	1.19	0.09	0.48
挪威	0.78	0.72	0.26	0.51	0.12	0.90	0.30	0.57	0.46	0.26	0.47
阿联酋	0.00	0.00	0.26	0.00	0.12	0.00	0.20	0.66	0.37	2.05	0.45
新西兰	0.31	0.58	0.53	0.39	0.23	0.68	0.61	0.19	0.46	0.26	0.41
希腊	0.31	0.29	0.53	0.51	0.12	0.34	0.50	0.38	0.82	0.17	0.40
俄罗斯	0.31	0.72	0.26	0.26	0.12	0.34	0.20	0.19	0.73	0.51	0.37
卡塔尔	0.00	0.14	0.40	0.13	0.93	0.11	0.10	0.57	0.37	0.60	0.36
南非	0.16	0.43	0.13	0.64	0.12	0.23	0.50	0.47	0.55	0.26	0.36

二 B 层人才

中国大陆的工程与材料科学 B 层人才最多，占该学科组全球 B 层人才的 25.29%，美国以 16.11%的世界占比排名第二，二者的 B 层人才合计超过全球的 40%；其后是英国，B 层人才世界占比为 5.08%；澳大利亚、德国、加拿大、印度、韩国、新加坡、中国香港、伊朗、意大利、法国的 B 层人才比较多，世界占比在 5%~2%；日本、沙特阿拉伯、西班牙、马来西亚、荷兰、瑞士、瑞典也有相当数量的 B 层人才，世界占比超过 1%；中国台湾、土耳其、丹麦、比利时、巴基斯坦、葡萄牙、埃及、芬兰、巴西、越南、挪威、波兰、希腊、俄罗斯、阿尔及利亚、爱尔兰、奥地利、以色列、南非、阿联酋有一定数量的 B 层人才，世界占比均低于 1%。

在发展趋势上，中国大陆呈现相对上升趋势，美国呈现相对下降趋势，其他国家没有呈现明显变化。

表 6-89　工程与材料科学 B 层人才排名前 40 的国家和地区的占比

单位：%

国家和地区	2012 年	2013 年	2014 年	2015 年	2016 年	2017 年	2018 年	2019 年	2020 年	2021 年	合计
中国大陆	14.70	17.87	19.19	20.89	21.97	24.69	28.06	30.67	31.16	33.05	25.29
美国	23.15	21.70	20.46	18.66	17.63	18.01	15.62	13.78	11.20	8.56	16.11
英国	5.98	5.73	5.11	5.67	5.47	5.39	4.94	4.68	4.89	3.89	5.08
澳大利亚	3.60	3.67	3.73	3.89	4.43	4.60	4.93	4.74	5.39	4.70	4.46
德国	4.22	3.90	5.01	4.03	3.96	3.28	3.16	2.79	2.47	2.18	3.37
加拿大	3.55	3.27	3.37	3.40	3.04	2.85	2.78	2.81	2.87	2.48	2.99
印度	2.46	2.86	2.86	2.88	2.94	2.47	2.31	2.60	3.08	4.30	2.92
韩国	3.75	3.68	3.06	2.94	2.70	2.41	2.55	2.67	2.67	2.84	2.87
新加坡	2.18	2.29	2.75	2.66	2.16	2.54	2.48	2.53	2.04	1.96	2.35
中国香港	2.21	2.42	2.05	2.17	1.94	2.52	2.39	2.67	2.13	2.00	2.25
伊朗	1.78	1.54	1.95	1.72	2.16	1.92	2.24	2.41	2.50	2.62	2.14
意大利	2.73	2.43	2.71	2.75	2.45	2.21	1.80	1.77	1.65	1.45	2.12
法国	3.42	3.19	2.69	2.23	2.63	2.17	1.79	1.60	1.49	1.14	2.11
日本	2.46	2.56	1.88	1.79	2.07	1.85	1.60	1.86	1.48	1.51	1.85
沙特阿拉伯	0.41	0.74	1.16	1.76	1.51	1.81	1.88	2.01	2.35	3.08	1.80
西班牙	2.47	2.36	2.29	1.99	1.78	1.64	1.27	1.33	1.05	0.95	1.62
马来西亚	1.21	1.20	1.49	1.41	1.37	1.49	1.20	1.27	1.12	1.38	1.31
荷兰	1.92	1.51	1.40	1.53	1.62	1.09	1.14	0.94	0.81	0.71	1.20
瑞士	1.56	1.49	1.60	1.37	1.38	1.18	1.19	0.82	0.83	0.60	1.15
瑞典	1.26	1.11	1.24	1.50	1.16	1.08	1.25	0.99	0.99	0.96	1.14
中国台湾	1.39	1.52	1.15	0.78	0.87	0.60	0.83	0.90	0.92	1.11	0.98
土耳其	1.15	0.94	0.93	0.96	1.02	0.74	0.75	0.83	1.15	1.28	0.98
丹麦	0.93	1.12	1.08	0.86	1.09	0.85	0.97	0.61	0.70	0.62	0.86
比利时	1.03	1.16	1.08	0.71	1.08	0.82	0.81	0.62	0.54	0.53	0.80
巴基斯坦	0.25	0.32	0.29	0.31	0.51	0.66	0.67	0.91	1.05	1.60	0.73

国家和地区	2012 年	2013 年	2014 年	2015 年	2016 年	2017 年	2018 年	2019 年	2020 年	2021 年	合计
葡萄牙	1.29	0.72	0.79	0.59	0.60	0.76	0.70	0.65	0.75	0.53	0.72
埃及	0.21	0.52	0.27	0.66	0.66	0.55	0.52	0.56	0.83	1.24	0.64
芬兰	0.56	0.43	0.62	0.77	0.67	0.59	0.50	0.51	0.58	0.61	0.58
巴西	0.54	0.62	0.41	0.66	0.56	0.48	0.67	0.67	0.53	0.59	0.58
越南	0.18	0.09	0.10	0.16	0.20	0.28	0.39	0.85	1.34	1.16	0.54
挪威	0.65	0.52	0.53	0.46	0.60	0.43	0.63	0.37	0.60	0.46	0.52
波兰	0.41	0.29	0.29	0.45	0.47	0.45	0.49	0.41	0.47	0.68	0.45
希腊	0.62	0.60	0.63	0.49	0.57	0.53	0.26	0.24	0.40	0.38	0.45
俄罗斯	0.36	0.37	0.34	0.40	0.39	0.40	0.40	0.44	0.44	0.80	0.45
阿尔及利亚	0.13	0.20	0.15	0.31	0.29	0.48	0.40	0.64	0.60	0.35	0.38
爱尔兰	0.49	0.32	0.39	0.45	0.46	0.32	0.45	0.28	0.27	0.38	0.38
奥地利	0.47	0.37	0.31	0.38	0.66	0.48	0.35	0.29	0.27	0.19	0.37
以色列	0.36	0.45	0.44	0.44	0.47	0.44	0.27	0.28	0.24	0.19	0.34
南非	0.18	0.20	0.18	0.26	0.40	0.44	0.30	0.39	0.33	0.37	0.32
阿联酋	0.23	0.29	0.20	0.25	0.16	0.17	0.25	0.48	0.37	0.60	0.32

三　C 层人才

中国大陆的工程与材料科学 C 层人才最多，占该学科组全球 C 层人才的 26.24%，美国以 14.05% 的世界占比排名第二，二者的 C 层人才占比合计超过全球的 40%；英国排名第三，C 层人才的世界占比为 4.71%；印度、澳大利亚、韩国、德国、加拿大、意大利、伊朗、法国、西班牙、日本的 C 层人才比较多，世界占比在 4%~2%；中国香港、新加坡、沙特阿拉伯、中国台湾、荷兰、马来西亚、土耳其、瑞典、瑞士也有相当数量的 C 层人才，世界占比均超过 1%；巴西、葡萄牙、丹麦、比利时、埃及、巴基斯坦、波兰、芬兰、俄罗斯、希腊、挪威、奥地利、越南、爱尔兰、阿联酋、以色列、捷克、墨西哥有一定数量的 C 层人才，世界占比均低于 1%。

在发展趋势上，美国、德国呈现相对下降趋势，中国大陆、印度呈现相对上升趋势，其他国家没有呈现明显变化。

表 6-90　工程与材料科学 C 层人才排名前 40 的国家和地区的占比

单位：%

国家和地区	2012 年	2013 年	2014 年	2015 年	2016 年	2017 年	2018 年	2019 年	2020 年	2021 年	合计
中国大陆	16.26	18.21	20.69	22.20	24.02	26.70	29.77	32.07	31.25	31.73	26.24
美国	19.32	18.27	16.97	16.34	14.92	14.94	13.50	12.26	10.55	8.73	14.05
英国	4.97	5.02	4.72	4.94	5.10	4.85	4.78	4.49	4.42	4.18	4.71
印度	3.28	3.43	3.60	3.55	4.04	3.79	3.93	3.84	4.16	4.77	3.90
澳大利亚	2.94	3.07	3.10	3.49	3.19	3.55	3.66	3.71	3.68	3.59	3.44
韩国	3.70	3.49	3.48	3.43	3.32	3.15	3.19	3.20	3.13	3.11	3.29
德国	4.42	4.17	4.11	3.84	3.53	3.31	2.98	2.76	2.56	2.35	3.29
加拿大	3.54	3.46	3.35	3.20	3.03	2.77	2.80	2.57	2.50	2.32	2.89
意大利	3.21	3.35	3.34	3.35	2.99	2.90	2.64	2.20	2.26	2.26	2.78
伊朗	2.24	2.23	2.35	2.34	2.61	2.49	2.53	2.69	2.59	2.51	2.48
法国	3.72	3.59	3.15	2.79	2.68	2.34	1.97	1.67	1.55	1.49	2.36
西班牙	2.90	2.85	2.47	2.43	2.24	2.06	1.87	1.64	1.56	1.47	2.07
日本	2.99	2.74	2.58	2.29	2.10	1.97	1.75	1.70	1.54	1.42	2.02
中国香港	1.82	1.60	1.77	1.79	1.92	1.95	2.07	1.99	1.99	1.97	1.91
新加坡	1.76	1.72	1.73	1.78	1.84	1.83	1.81	1.73	1.72	1.48	1.74
沙特阿拉伯	0.55	0.73	0.88	1.11	1.12	1.21	1.19	1.35	1.92	2.57	1.34
中国台湾	2.14	1.83	1.58	1.35	1.11	0.95	0.95	0.92	1.02	1.14	1.24
荷兰	1.65	1.47	1.34	1.32	1.36	1.20	1.05	1.01	0.99	0.85	1.18
马来西亚	1.11	1.17	1.24	1.11	1.17	1.06	0.98	1.06	1.20	1.28	1.14
土耳其	1.36	1.13	1.11	1.10	1.02	0.94	0.95	1.02	1.26	1.39	1.13
瑞典	1.26	1.35	1.35	1.17	1.17	1.13	1.08	0.91	0.89	0.95	1.10
瑞士	1.45	1.40	1.29	1.26	1.15	1.11	1.03	0.85	0.78	0.65	1.06
巴西	0.94	0.88	0.90	0.81	0.89	0.84	0.83	0.83	0.81	0.81	0.85
葡萄牙	1.07	0.96	0.94	0.82	0.81	0.69	0.71	0.75	0.64	0.74	0.79
丹麦	0.82	0.82	0.82	0.85	0.80	0.82	0.78	0.75	0.81	0.70	0.79
比利时	1.09	1.08	0.98	0.93	0.83	0.75	0.75	0.60	0.61	0.53	0.78
埃及	0.38	0.52	0.54	0.55	0.61	0.63	0.65	0.82	1.17	1.33	0.76
巴基斯坦	0.18	0.34	0.32	0.45	0.55	0.62	0.73	0.90	1.17	1.54	0.74
波兰	0.64	0.57	0.62	0.73	0.69	0.65	0.60	0.58	0.76	0.92	0.68
芬兰	0.55	0.61	0.69	0.65	0.58	0.54	0.59	0.55	0.51	0.50	0.57
俄罗斯	0.49	0.46	0.48	0.50	0.52	0.53	0.55	0.56	0.62	0.83	0.57
希腊	0.69	0.62	0.57	0.58	0.63	0.52	0.44	0.43	0.40	0.43	0.51

国家和地区	2012 年	2013 年	2014 年	2015 年	2016 年	2017 年	2018 年	2019 年	2020 年	2021 年	合计
挪威	0.47	0.54	0.49	0.48	0.48	0.49	0.42	0.47	0.45	0.53	0.48
奥地利	0.52	0.51	0.47	0.49	0.45	0.46	0.39	0.33	0.33	0.32	0.41
越南	0.11	0.16	0.14	0.17	0.23	0.22	0.33	0.56	1.04	0.70	0.41
爱尔兰	0.45	0.39	0.38	0.36	0.42	0.34	0.32	0.31	0.29	0.35	0.35
阿联酋	0.17	0.21	0.21	0.33	0.30	0.26	0.28	0.40	0.43	0.50	0.32
以色列	0.47	0.46	0.43	0.35	0.37	0.32	0.28	0.25	0.21	0.17	0.32
捷克	0.31	0.30	0.32	0.33	0.29	0.29	0.29	0.28	0.29	0.35	0.31
墨西哥	0.34	0.35	0.36	0.29	0.29	0.29	0.24	0.28	0.28	0.28	0.29

第7章　信息科学

信息科学是研究信息的获取、存储、传输和处理的科学。随着学科发展和经济社会进步，信息科学的研究拓展到高速网络及信息安全、高性能计算（网络计算与并行计算）、软件技术与高性能算法、虚拟现实与网络多媒体技术、控制技术、电子与光子学器件技术等领域。

第一节　学科

信息科学学科组包括以下学科：电信、影像科学和照相技术、计算机理论和方法、软件工程、计算机硬件和体系架构、信息系统、控制论、计算机跨学科应用、自动化和控制系统、机器人学、量子科学和技术、人工智能，共计12个。

一　电信

电信A、B、C层人才主要集中在美国和中国大陆，二者A、B、C层人才的世界占比合计分别为36.71%、37.77%、37.64%；其中，美国的A层人才多于中国大陆，B、C层人才少于中国大陆。

英国、新加坡、加拿大、法国、澳大利亚、德国、韩国的A层人才比较多，世界占比在8%~3%；日本、瑞典、印度、意大利、芬兰、中国香港、希腊、卡塔尔、沙特阿拉伯、西班牙、马来西亚也有相当数量的A层人才，世界占比超过或接近1%。

英国、加拿大、澳大利亚、韩国的B层人才比较多，世界占比在8%~3%；新加坡、印度、法国、意大利、德国、沙特阿拉伯、瑞典、中国香港、日本、芬兰、西班牙、中国台湾、希腊、巴基斯坦也有相当数量的 B 层人才，世界占比均超过 1%。

英国、加拿大、印度、韩国、澳大利亚的 C 层人才比较多，世界占比在 6%~3%；意大利、法国、沙特阿拉伯、德国、新加坡、西班牙、中国香港、中国台湾、日本、瑞典、巴基斯坦、伊朗、芬兰也有相当数量的 C 层人才，世界占比均超过 1%。

表 7-1 电信 A 层人才排名前 20 的国家和地区的占比

单位：%

国家和地区	2012 年	2013 年	2014 年	2015 年	2016 年	2017 年	2018 年	2019 年	2020 年	2021 年	合计
美国	46.34	39.29	25.93	22.22	21.74	17.50	18.07	13.40	13.68	13.10	20.78
中国大陆	0.00	8.93	9.26	19.05	14.49	17.50	24.10	16.49	13.68	23.81	15.93
英国	2.44	5.36	1.85	6.35	10.14	8.75	7.23	9.28	9.47	8.33	7.48
新加坡	0.00	10.71	1.85	6.35	7.25	3.75	6.02	10.31	9.47	4.76	6.51
加拿大	2.44	3.57	5.56	3.17	5.80	8.75	3.61	3.09	2.11	7.14	4.57
法国	2.44	5.36	9.26	1.59	4.35	3.75	2.41	7.22	3.16	4.76	4.43
澳大利亚	4.88	1.79	9.26	4.76	1.45	2.50	1.20	7.22	5.26	3.57	4.16
德国	4.88	3.57	3.70	3.17	2.90	5.00	4.82	3.09	1.05	3.57	3.46
韩国	7.32	0.00	3.70	3.17	2.90	7.50	3.61	3.09	1.05	2.38	3.32
日本	0.00	3.57	0.00	1.59	1.45	1.25	3.61	1.03	2.11	5.95	2.22
瑞典	4.88	3.57	1.85	0.00	1.45	3.75	0.00	2.06	4.21	1.19	2.22
印度	7.32	0.00	1.85	1.59	1.45	1.25	0.00	2.06	4.21	3.57	2.22
意大利	4.88	3.57	5.56	6.35	2.90	0.00	0.00	0.00	3.16	0.00	2.22
芬兰	2.44	0.00	3.70	0.00	4.35	3.75	2.41	0.00	3.16	2.38	2.08
中国香港	0.00	1.79	0.00	3.17	2.90	2.50	2.41	1.03	3.16	2.38	2.08
希腊	0.00	3.57	1.85	1.59	0.00	2.50	1.20	3.09	2.11	2.38	1.94
卡塔尔	0.00	0.00	0.00	3.17	1.45	1.25	1.20	1.03	3.16	2.38	1.52
沙特阿拉伯	0.00	0.00	1.85	0.00	1.45	0.00	2.41	3.09	2.11	1.19	1.39
西班牙	2.44	3.57	5.56	1.59	1.45	1.25	1.20	0.00	0.00	0.00	1.39
马来西亚	0.00	0.00	0.00	1.59	0.00	0.00	1.20	2.06	2.11	0.00	0.83

表 7-2　电信 B 层人才排名前 20 的国家和地区的占比

单位：%

国家和地区	2012 年	2013 年	2014 年	2015 年	2016 年	2017 年	2018 年	2019 年	2020 年	2021 年	合计
中国大陆	13.07	12.67	16.22	19.04	19.81	22.13	27.27	27.04	24.65	22.89	21.59
美国	23.73	25.35	22.78	17.26	16.93	19.13	15.15	13.23	9.74	8.99	16.18
英国	5.60	6.34	5.21	7.83	9.27	7.79	6.46	7.71	7.63	6.54	7.16
加拿大	6.67	5.35	5.60	8.01	7.51	6.01	4.74	4.37	5.28	4.77	5.68
澳大利亚	3.73	2.97	2.90	3.38	2.88	5.33	3.82	4.37	5.28	5.59	4.18
韩国	2.93	3.37	2.70	2.49	3.83	3.55	3.43	2.19	4.58	3.00	3.25
新加坡	3.73	3.96	4.25	4.63	2.40	2.19	2.11	2.99	2.58	2.32	2.97
印度	1.33	1.19	1.16	1.96	2.40	2.32	2.24	3.68	4.46	6.27	2.95
法国	2.13	3.96	3.09	3.20	2.72	2.73	1.71	2.07	2.35	2.18	2.54
意大利	6.13	3.76	2.90	3.38	2.08	2.32	1.45	2.19	2.11	1.50	2.53
德国	2.67	3.96	4.63	2.85	3.83	2.32	1.84	1.61	1.53	1.36	2.48
沙特阿拉伯	0.27	1.58	1.74	0.71	1.12	2.05	1.71	2.07	3.64	4.90	2.17
瑞典	3.20	1.98	1.16	3.38	2.40	2.46	2.24	1.61	1.64	0.95	2.02
中国香港	1.60	3.17	2.32	2.67	2.40	1.37	1.71	1.38	2.00	0.82	1.87
日本	2.67	1.78	1.54	1.25	2.56	1.37	1.84	1.27	1.29	2.32	1.73
芬兰	1.87	1.58	1.74	2.49	1.28	1.91	1.19	1.38	1.06	2.32	1.64
西班牙	1.87	2.18	3.67	1.07	1.92	1.37	1.71	1.15	0.94	0.95	1.58
中国台湾	0.80	2.18	0.19	1.96	1.44	1.37	0.92	1.04	1.76	2.45	1.44
希腊	3.20	2.38	2.12	1.96	1.60	0.82	0.40	0.12	0.82	1.09	1.24
巴基斯坦	0.00	0.20	0.39	0.71	0.48	1.09	2.11	1.96	2.00	0.82	1.13

表 7-3　电信 C 层人才排名前 20 的国家和地区的占比

单位：%

国家和地区	2012 年	2013 年	2014 年	2015 年	2016 年	2017 年	2018 年	2019 年	2020 年	2021 年	合计
中国大陆	15.08	16.34	17.74	18.99	22.43	23.71	27.93	30.77	25.77	22.06	23.15
美国	21.99	19.85	18.63	16.38	16.27	15.68	13.59	12.00	10.19	8.72	14.49
英国	5.03	5.45	5.87	6.37	6.26	6.18	6.31	5.64	5.48	5.80	5.87
加拿大	7.23	5.80	5.64	5.04	5.78	4.59	4.80	4.16	3.88	4.19	4.90
印度	1.84	2.41	2.59	4.14	3.51	4.14	4.16	3.75	5.83	6.36	4.11
韩国	4.81	3.59	2.91	3.52	3.51	3.43	3.68	3.42	3.92	3.84	3.64
澳大利亚	2.13	2.47	2.73	2.79	2.61	3.04	3.72	3.33	3.25	3.98	3.11

国家和地区	2012 年	2013 年	2014 年	2015 年	2016 年	2017 年	2018 年	2019 年	2020 年	2021 年	合计
意大利	3.99	4.39	4.03	4.32	3.19	3.03	2.49	1.81	2.02	1.92	2.91
法国	2.90	3.15	3.28	3.01	2.89	2.53	1.91	1.65	1.36	1.59	2.29
沙特阿拉伯	0.88	1.25	1.23	1.34	1.56	1.84	1.60	2.33	4.00	4.37	2.22
德国	2.45	3.23	3.12	3.37	2.56	2.31	1.93	1.65	1.35	1.43	2.21
新加坡	2.69	2.45	2.59	2.63	2.59	1.85	2.03	1.72	1.78	1.91	2.14
西班牙	3.22	2.90	2.25	2.61	2.14	2.05	1.78	1.67	1.63	1.32	2.04
中国香港	2.74	2.49	2.71	2.14	2.31	2.09	1.91	1.88	1.47	1.24	2.01
中国台湾	2.74	2.55	2.18	2.14	1.69	1.38	1.21	1.10	1.45	1.85	1.71
日本	2.26	1.90	2.23	1.94	1.55	1.78	1.47	1.29	1.39	1.38	1.65
瑞典	1.54	2.19	1.98	1.81	2.13	1.67	1.26	1.15	1.08	1.04	1.52
巴基斯坦	0.24	0.49	0.55	0.51	0.63	1.15	1.27	1.83	2.73	2.98	1.41
伊朗	1.70	1.29	0.81	1.42	1.20	1.13	1.30	1.59	1.69	1.73	1.40
芬兰	1.04	1.65	1.66	1.65	1.41	1.40	1.07	1.12	1.10	1.27	1.31

二 影像科学和照相技术

影像科学和照相技术 A、B、C 层人才主要集中在中国大陆和美国，二者 A、B、C 层人才的世界占比合计分别为 45.98%、41.28%、42.62%；其中，中国大陆的 A 层人才与美国相同，B、C 层人才均多于美国。

德国、法国、澳大利亚、中国香港、西班牙、英国的 A 层人才比较多，世界占比在 8%~3%；加拿大、葡萄牙、新加坡、荷兰、奥地利、意大利、韩国、瑞士、阿联酋、冰岛、日本、比利时也有相当数量的 A 层人才，世界占比均超过或接近 1%。

德国、英国、法国、意大利、西班牙、澳大利亚、加拿大的 B 层人才比较多，世界占比在 7%~3%；荷兰、瑞士、比利时、中国香港、奥地利、日本、冰岛、印度、葡萄牙、韩国、芬兰也有相当数量的 B 层人才，世界占比超过或接近 1%。

德国、英国、意大利、法国、加拿大、澳大利亚、西班牙的 C 层人才比较多，世界占比在 6%~3%；荷兰、中国香港、瑞士、日本、印度、韩国、比利时、巴西、伊朗、奥地利、芬兰也有相当数量的 C 层人才，世界占比超过或接近 1%。

表 7-4　影像科学和照相技术 A 层人才排名前 20 的国家和地区的占比

单位：%

国家和地区	2012 年	2013 年	2014 年	2015 年	2016 年	2017 年	2018 年	2019 年	2020 年	2021 年	合计
中国大陆	0.00	15.38	30.00	0.00	18.75	11.11	42.86	24.00	34.78	27.03	22.99
美国	20.00	23.08	30.00	14.29	37.50	22.22	33.33	16.00	13.04	24.32	22.99
德国	10.00	7.69	10.00	7.14	12.50	11.11	0.00	12.00	8.70	2.70	7.49
法国	20.00	15.38	0.00	7.14	0.00	5.56	4.76	0.00	8.70	5.41	5.88
澳大利亚	0.00	0.00	0.00	0.00	6.25	5.56	4.76	4.00	4.35	8.11	4.28
中国香港	0.00	0.00	10.00	0.00	12.50	0.00	4.76	8.00	0.00	2.70	3.74
西班牙	10.00	15.38	10.00	0.00	0.00	5.56	0.00	4.00	0.00	2.70	3.74
英国	10.00	0.00	0.00	7.14	0.00	5.56	0.00	0.00	0.00	8.11	3.21
加拿大	0.00	0.00	0.00	7.14	0.00	0.00	4.76	4.00	4.35	0.00	2.14
葡萄牙	10.00	15.38	0.00	7.14	0.00	0.00	0.00	0.00	0.00	0.00	2.14
新加坡	0.00	0.00	10.00	0.00	0.00	0.00	0.00	8.00	0.00	2.70	2.14
荷兰	10.00	0.00	0.00	7.14	0.00	5.56	0.00	0.00	0.00	0.00	2.14
奥地利	0.00	0.00	0.00	0.00	6.25	11.11	0.00	0.00	0.00	0.00	1.60
意大利	10.00	0.00	0.00	0.00	0.00	0.00	0.00	4.00	4.35	0.00	1.60
韩国	0.00	0.00	0.00	0.00	0.00	0.00	4.76	0.00	4.35	2.70	1.60
瑞士	0.00	0.00	0.00	7.14	0.00	11.11	0.00	0.00	0.00	0.00	1.60
阿联酋	0.00	0.00	0.00	0.00	0.00	0.00	0.00	4.00	4.35	2.70	1.60
冰岛	0.00	0.00	0.00	0.00	0.00	0.00	0.00	4.00	4.35	0.00	1.07
日本	0.00	0.00	0.00	0.00	0.00	0.00	0.00	4.00	0.00	2.70	1.07
比利时	0.00	7.69	0.00	0.00	0.00	0.00	0.00	0.00	0.00	0.00	0.53

表 7-5　影像科学和照相技术 B 层人才排名前 20 的国家和地区的占比

单位：%

国家和地区	2012 年	2013 年	2014 年	2015 年	2016 年	2017 年	2018 年	2019 年	2020 年	2021 年	合计
中国大陆	6.19	14.63	17.60	19.71	16.22	16.76	24.35	20.09	20.54	36.51	21.55
美国	20.62	25.20	29.60	9.49	31.08	21.39	22.28	16.52	15.18	15.56	19.73
德国	5.15	5.69	8.00	5.84	6.76	7.51	5.18	7.59	7.14	6.35	6.59
英国	6.19	4.88	3.20	8.76	6.08	4.62	6.74	4.02	4.02	3.81	5.00

续表

国家和地区	2012 年	2013 年	2014 年	2015 年	2016 年	2017 年	2018 年	2019 年	2020 年	2021 年	合计
法国	6.19	6.50	2.40	8.76	2.03	8.09	4.15	4.46	3.57	3.81	4.78
意大利	5.15	6.50	2.40	7.30	2.70	3.47	1.55	5.36	2.68	4.76	4.09
西班牙	5.15	8.13	3.20	3.65	3.38	4.05	3.11	4.91	2.68	1.90	3.70
澳大利亚	6.19	3.25	2.40	1.46	4.05	2.31	2.07	4.91	3.13	3.17	3.24
加拿大	6.19	1.63	3.20	3.65	2.03	1.73	2.59	3.57	5.36	1.59	3.01
荷兰	6.19	2.44	3.20	4.38	2.70	4.05	2.59	2.23	2.68	0.95	2.79
瑞士	2.06	0.00	2.40	0.73	5.41	2.89	1.55	1.79	1.34	1.90	1.99
比利时	1.03	1.63	3.20	4.38	0.68	2.31	1.04	1.34	2.23	1.90	1.93
中国香港	1.03	0.81	2.40	1.46	2.70	0.58	3.11	1.79	1.34	2.54	1.88
奥地利	6.19	1.63	2.40	0.73	2.03	1.73	0.52	1.79	2.68	0.63	1.76
日本	2.06	0.81	0.80	0.73	0.68	2.31	1.55	3.13	2.68	0.95	1.65
冰岛	0.00	0.81	3.20	5.11	0.00	2.31	1.04	0.89	0.45	1.27	1.42
印度	2.06	0.00	0.00	0.73	0.00	1.73	1.04	0.45	2.23	1.90	1.14
葡萄牙	2.06	2.44	1.60	3.65	0.68	1.73	0.52	0.00	0.45	0.00	1.02
韩国	0.00	0.81	0.00	0.00	0.68	0.00	3.11	1.79	1.79	0.00	0.91
芬兰	0.00	1.63	0.00	0.73	0.68	1.73	0.52	0.45	1.34	0.32	0.74

表 7-6 影像科学和照相技术 C 层人才排名前 20 的国家和地区的占比

单位：%

国家和地区	2012 年	2013 年	2014 年	2015 年	2016 年	2017 年	2018 年	2019 年	2020 年	2021 年	合计
中国大陆	11.00	15.15	19.81	19.68	20.07	24.96	24.16	26.06	25.36	33.13	23.85
美国	25.90	23.21	22.16	18.80	21.85	19.42	21.16	15.44	15.51	14.85	18.77
德国	8.94	6.68	6.66	6.95	6.16	5.72	6.27	6.02	4.14	4.36	5.83
英国	4.32	4.32	3.90	4.32	4.45	4.65	4.39	5.27	4.33	3.94	4.39
意大利	4.83	5.05	4.38	5.12	4.52	4.23	3.21	3.88	3.68	3.33	4.04
法国	5.55	5.70	4.79	4.54	4.59	4.11	3.00	4.11	3.04	3.07	3.98
加拿大	3.70	3.66	3.49	3.80	2.19	4.11	3.27	2.77	3.50	2.68	3.23
澳大利亚	2.36	3.01	4.14	3.37	3.15	2.98	3.27	2.95	3.27	3.26	3.19
西班牙	4.01	3.26	3.90	2.56	3.29	3.04	2.89	2.81	3.64	2.20	3.03
荷兰	4.01	2.28	1.95	3.88	3.01	2.32	1.82	2.63	2.02	1.87	2.44
中国香港	1.23	2.04	2.27	1.39	2.40	1.43	2.36	1.65	1.70	3.00	2.04
瑞士	2.06	2.44	2.11	2.49	2.12	1.73	2.36	1.43	1.10	1.29	1.79

续表

国家和地区	2012 年	2013 年	2014 年	2015 年	2016 年	2017 年	2018 年	2019 年	2020 年	2021 年	合计
日本	1.75	2.20	1.22	1.32	0.68	0.95	1.93	1.65	1.93	1.36	1.50
印度	0.72	1.14	1.22	0.95	1.16	1.73	1.23	0.98	2.21	2.00	1.44
韩国	1.34	0.98	0.73	0.66	1.16	0.66	1.93	1.78	1.79	1.78	1.39
比利时	1.34	0.81	1.06	1.83	1.58	1.13	1.23	1.29	1.06	0.81	1.17
巴西	0.82	1.06	0.65	0.88	0.89	1.37	0.91	1.34	1.20	1.29	1.10
伊朗	0.82	0.73	0.49	0.95	0.62	0.89	0.64	1.56	1.84	1.39	1.10
奥地利	2.06	1.22	1.46	1.46	1.16	0.83	0.91	1.03	0.92	0.65	1.06
芬兰	1.23	1.22	1.06	0.80	1.03	1.13	0.43	0.98	1.15	0.48	0.90

三　计算机理论和方法

计算机理论和方法 A、B、C 层人才主要集中在美国和中国大陆，二者 A、B、C 层人才占比合计分别为 49.88%、45.67%、38.34%，美国的 A、B、C 层人才均明显多于中国大陆。

英国、澳大利亚、德国、新加坡、中国香港、加拿大的 A 层人才比较多，世界占比在 7%~3%；瑞士、印度、意大利、法国、西班牙、日本、芬兰、韩国、伊朗、奥地利、以色列、荷兰也有相当数量的 A 层人才，世界占比超过或接近 1%。

英国、澳大利亚、印度、新加坡、德国、中国香港的 B 层人才比较多，世界占比在 7%~3%；加拿大、法国、意大利、韩国、沙特阿拉伯、瑞士、西班牙、日本、荷兰、以色列、中国台湾、巴基斯坦也有相当数量的 B 层人才，世界占比超过或接近 1%。

英国、印度、德国、澳大利亚、法国的 C 层人才比较多，世界占比在 6%~3%；加拿大、意大利、西班牙、中国香港、新加坡、韩国、瑞士、日本、荷兰、中国台湾、沙特阿拉伯、奥地利、以色列也有相当数量的 C 层人才，世界占比均超过 1%。

表 7-7　计算机理论和方法 A 层人才排名前 20 的国家和地区的占比

单位：%

国家和地区	2012 年	2013 年	2014 年	2015 年	2016 年	2017 年	2018 年	2019 年	2020 年	2021 年	合计
美国	38.00	38.89	33.75	30.11	40.43	39.80	22.02	29.82	13.33	20.90	30.46
中国大陆	8.00	11.11	11.25	19.35	20.21	22.45	19.27	26.32	24.00	22.39	19.42
英国	16.00	9.26	1.25	7.53	5.32	8.16	10.09	3.51	1.33	4.48	6.35
澳大利亚	6.00	7.41	3.75	4.30	3.19	2.04	4.59	8.77	9.33	10.45	5.76
德国	4.00	3.70	5.00	4.30	8.51	4.08	2.75	3.51	1.33	0.00	3.84
新加坡	0.00	1.85	2.50	1.08	4.26	3.06	1.83	6.14	6.67	7.46	3.60
中国香港	0.00	1.85	5.00	3.23	3.19	3.06	4.59	6.14	4.00	1.49	3.60
加拿大	4.00	3.70	3.75	2.15	3.19	0.00	5.50	1.75	2.67	8.96	3.36
瑞士	0.00	3.70	1.25	3.23	2.13	4.08	3.67	0.88	0.00	0.00	2.04
印度	0.00	5.56	2.50	2.15	1.06	0.00	1.83	0.88	5.33	2.99	2.04
意大利	4.00	0.00	1.25	1.08	2.13	1.02	1.83	0.88	1.33	1.49	1.44
法国	6.00	0.00	2.50	3.23	0.00	2.04	0.00	0.00	1.33	1.49	1.44
西班牙	0.00	0.00	3.75	1.08	0.00	0.00	2.75	0.00	2.67	2.99	1.32
日本	0.00	1.85	1.25	1.08	0.00	0.00	2.75	2.63	1.33	0.00	1.20
芬兰	0.00	0.00	5.00	0.00	1.06	2.04	0.92	0.00	0.00	2.99	1.20
韩国	2.00	0.00	1.25	1.08	0.00	1.02	0.92	0.88	1.33	0.00	0.96
伊朗	0.00	1.85	0.00	0.00	0.00	0.00	0.92	0.88	4.00	1.49	0.84
奥地利	0.00	0.00	0.00	1.08	0.00	2.04	0.92	1.75	0.00	0.00	0.72
以色列	0.00	1.85	1.25	1.08	0.00	1.02	0.92	0.00	1.33	0.00	0.72
荷兰	0.00	1.85	2.50	0.00	0.00	0.00	0.92	0.00	0.00	1.49	0.60

表 7-8　计算机理论和方法 B 层人才排名前 20 的国家和地区的占比

单位：%

国家和地区	2012 年	2013 年	2014 年	2015 年	2016 年	2017 年	2018 年	2019 年	2020 年	2021 年	合计
美国	30.55	28.48	29.32	26.47	27.06	29.29	22.87	22.88	11.94	8.32	23.64
中国大陆	12.97	14.14	17.98	18.32	20.47	20.94	24.60	26.06	25.76	32.53	22.03
英国	6.81	6.15	5.53	5.99	6.47	6.75	6.28	5.10	8.20	5.45	6.22
澳大利亚	4.62	5.33	4.29	4.67	4.47	4.92	5.06	5.77	5.61	5.60	5.05
印度	1.54	3.48	2.49	3.35	3.06	2.29	3.64	2.69	6.19	4.84	3.35
新加坡	3.08	2.25	3.18	3.47	3.18	3.32	4.76	3.75	2.16	1.66	3.22
德国	3.96	5.94	3.32	3.95	3.41	4.46	2.53	2.88	0.86	1.21	3.17

续表

国家和地区	2012 年	2013 年	2014 年	2015 年	2016 年	2017 年	2018 年	2019 年	2020 年	2021 年	合计
中国香港	2.42	3.48	3.87	3.23	3.29	3.43	3.44	3.94	0.72	2.27	3.10
加拿大	3.08	2.05	4.15	2.40	1.76	2.52	2.83	2.21	2.16	3.48	2.63
法国	4.84	3.89	2.35	2.99	2.59	1.72	1.52	0.96	1.29	1.51	2.16
意大利	2.86	2.46	2.35	1.80	2.59	1.60	2.02	1.35	1.58	2.12	2.00
韩国	2.20	1.84	1.24	1.20	1.53	2.40	1.52	2.69	2.01	1.97	1.87
沙特阿拉伯	0.88	0.41	1.24	0.72	1.76	0.80	1.01	2.02	2.88	3.33	1.52
瑞士	1.54	2.46	1.66	1.80	1.53	1.95	1.42	1.44	0.72	0.45	1.49
西班牙	2.86	1.23	1.52	1.20	1.18	1.14	0.81	1.54	2.01	1.66	1.43
日本	1.32	1.23	1.11	1.08	1.18	1.26	1.42	1.15	1.44	1.51	1.26
荷兰	2.20	1.23	0.55	1.20	0.35	1.37	0.71	0.96	0.86	0.30	0.92
以色列	1.54	1.43	2.21	0.84	1.29	0.57	0.30	0.29	0.29	0.30	0.83
中国台湾	0.66	0.41	0.69	0.84	0.47	0.34	0.61	0.77	0.86	1.82	0.74
巴基斯坦	0.22	0.41	0.00	0.12	0.12	0.23	0.30	1.06	3.02	1.97	0.72

表 7-9 计算机理论和方法 C 层人才排名前 20 的国家和地区的占比

单位：%

国家和地区	2012 年	2013 年	2014 年	2015 年	2016 年	2017 年	2018 年	2019 年	2020 年	2021 年	合计
美国	25.32	23.28	23.66	23.79	23.96	25.64	21.25	21.88	16.29	12.83	21.90
中国大陆	9.72	10.39	11.46	11.18	13.28	17.36	19.56	21.91	19.96	24.54	16.44
英国	6.41	5.95	6.23	5.67	6.04	5.34	5.81	4.67	4.95	4.47	5.51
印度	3.31	3.24	2.91	4.58	4.68	3.17	4.57	4.44	7.92	6.93	4.58
德国	5.34	5.45	5.66	5.36	4.85	4.34	4.05	3.85	3.03	2.67	4.41
澳大利亚	2.77	3.39	3.10	3.30	3.31	3.56	3.56	4.01	4.36	4.27	3.59
法国	4.23	4.81	4.39	4.07	3.68	2.85	2.82	1.96	2.09	1.80	3.16
加拿大	3.73	3.68	3.46	3.67	2.87	2.46	2.75	2.73	2.69	2.26	2.97
意大利	3.73	3.68	3.21	3.27	3.42	2.88	2.70	2.30	2.56	2.64	2.97
西班牙	3.03	3.35	2.53	2.51	2.09	1.88	1.96	1.59	1.77	2.13	2.19
中国香港	1.83	1.88	2.26	1.75	1.83	2.45	2.23	2.58	1.87	1.93	2.10

国家和地区	2012 年	2013 年	2014 年	2015 年	2016 年	2017 年	2018 年	2019 年	2020 年	2021 年	合计
新加坡	1.87	1.94	2.36	1.94	1.99	2.11	2.10	2.04	1.62	1.40	1.96
韩国	1.46	1.61	1.49	1.72	1.47	2.24	1.83	2.19	2.25	1.98	1.86
瑞士	2.24	1.65	1.86	1.55	1.87	1.77	1.60	1.59	1.24	1.20	1.64
日本	1.50	1.59	2.01	2.07	1.88	1.71	1.47	1.29	1.26	1.06	1.59
荷兰	1.94	2.21	1.47	1.69	1.63	1.51	1.48	1.08	1.19	0.87	1.47
中国台湾	1.59	1.65	1.18	1.14	0.99	0.83	0.84	0.96	1.10	1.24	1.09
沙特阿拉伯	0.37	0.58	0.70	0.74	0.81	0.89	1.07	1.15	2.11	2.29	1.08
奥地利	1.22	1.43	1.45	1.16	1.25	1.08	1.04	0.86	0.75	0.64	1.07
以色列	1.66	1.51	1.36	1.30	1.19	1.21	0.81	0.67	0.56	0.38	1.03

四 软件工程

软件工程 A、B、C 层人才主要集中在美国和中国大陆，二者 A、B、C 层人才世界占比合计分别为 42.51%、41.69%、36.84%，美国的 A、B、C 层人才均显著多于中国大陆。

澳大利亚、英国、德国、印度、法国、加拿大的 A 层人才比较多，世界占比在 8%~3%；西班牙、以色列、瑞士、中国香港、意大利、荷兰、比利时、日本、巴基斯坦、巴西、挪威、葡萄牙也有相当数量的 A 层人才，世界占比超过或接近 1%。

英国、澳大利亚、德国、加拿大、印度、法国的 B 层人才比较多，世界占比在 6%~3%；意大利、新加坡、中国香港、瑞士、韩国、日本、沙特阿拉伯、荷兰、西班牙、伊朗、中国台湾、以色列也有相当数量的 B 层人才，世界占比超过或接近 1%。

英国、德国、加拿大、印度、澳大利亚、意大利、法国的 C 层人才比较多，世界占比在 6%~3%；瑞士、中国香港、新加坡、西班牙、荷兰、韩国、奥地利、日本、瑞典、巴西、沙特阿拉伯也有相当数量的 C 层人才，世界占比均超过 1%。

表 7-10　软件工程 A 层人才排名前 20 的国家和地区的占比

单位：%

国家和地区	2012 年	2013 年	2014 年	2015 年	2016 年	2017 年	2018 年	2019 年	2020 年	2021 年	合计
美国	22.22	38.10	22.22	28.13	40.63	38.24	28.95	35.00	18.42	12.77	27.83
中国大陆	5.56	4.76	11.11	3.13	12.50	8.82	26.32	17.50	23.68	19.15	14.68
澳大利亚	16.67	0.00	7.41	6.25	9.38	8.82	5.26	10.00	15.79	2.13	7.95
英国	16.67	9.52	3.70	6.25	0.00	0.00	2.63	5.00	5.26	10.64	5.50
德国	5.56	0.00	11.11	15.63	6.25	5.88	2.63	5.00	0.00	2.13	5.20
印度	0.00	4.76	0.00	0.00	0.00	5.88	5.26	2.50	10.53	2.13	3.36
法国	0.00	9.52	14.81	3.13	3.13	2.94	2.63	0.00	0.00	2.13	3.36
加拿大	5.56	0.00	0.00	0.00	3.13	5.88	5.26	0.00	2.63	6.38	3.06
西班牙	5.56	0.00	0.00	6.25	3.13	2.94	2.63	0.00	0.00	2.13	2.14
以色列	0.00	4.76	7.41	0.00	0.00	0.00	0.00	2.50	2.63	2.13	1.83
瑞士	0.00	4.76	3.70	0.00	0.00	0.00	2.63	2.50	2.63	2.13	1.83
中国香港	0.00	0.00	0.00	3.13	0.00	0.00	0.00	5.00	2.63	2.13	1.53
意大利	0.00	0.00	0.00	3.13	0.00	2.94	0.00	2.50	2.63	2.13	1.53
荷兰	0.00	0.00	0.00	3.13	0.00	0.00	5.26	2.50	0.00	2.13	1.53
比利时	0.00	4.76	3.70	0.00	0.00	0.00	0.00	2.50	0.00	2.13	1.22
日本	0.00	0.00	0.00	0.00	3.13	2.94	0.00	0.00	0.00	4.26	1.22
巴基斯坦	0.00	0.00	0.00	0.00	3.13	0.00	0.00	2.50	0.00	2.13	0.92
巴西	0.00	4.76	0.00	0.00	0.00	2.94	0.00	0.00	0.00	2.13	0.92
挪威	5.56	0.00	0.00	0.00	0.00	0.00	0.00	0.00	5.26	0.00	0.92
葡萄牙	0.00	0.00	0.00	3.13	3.13	0.00	0.00	0.00	0.00	2.13	0.92

表 7-11　软件工程 B 层人才排名前 20 的国家和地区的占比

单位：%

国家和地区	2012 年	2013 年	2014 年	2015 年	2016 年	2017 年	2018 年	2019 年	2020 年	2021 年	合计
美国	32.14	30.30	32.23	28.88	26.22	27.78	20.64	23.61	15.03	12.65	23.55
中国大陆	11.31	8.59	12.40	11.55	13.64	18.30	18.60	21.94	23.99	27.74	18.14
英国	5.95	8.08	7.85	4.33	6.64	5.23	5.52	4.72	4.34	2.68	5.24
澳大利亚	1.19	3.03	3.31	3.61	3.85	3.59	5.52	6.11	4.34	6.81	4.49
德国	5.95	4.55	5.79	6.14	5.24	5.56	5.81	2.78	2.89	0.73	4.25
加拿大	4.76	3.54	5.37	3.97	6.29	3.59	3.49	2.50	4.62	3.89	4.12
印度	0.60	2.02	2.48	1.81	1.05	2.94	3.78	4.72	7.23	6.57	3.74

续表

国家和地区	2012 年	2013 年	2014 年	2015 年	2016 年	2017 年	2018 年	2019 年	2020 年	2021 年	合计
法国	6.55	8.08	4.13	3.97	4.55	2.61	3.78	1.11	2.60	1.22	3.40
意大利	3.57	3.54	2.07	4.33	3.50	2.29	3.78	3.06	0.87	1.70	2.76
新加坡	2.98	2.02	2.07	1.81	2.80	3.27	1.45	2.22	2.02	4.38	2.55
中国香港	2.38	2.53	1.24	1.81	3.15	2.29	3.78	1.94	1.45	0.97	2.11
瑞士	2.98	3.54	2.07	5.05	2.10	3.27	1.45	1.39	1.16	0.00	2.08
韩国	0.60	0.51	1.24	0.72	0.35	1.31	2.03	2.22	2.60	1.70	1.46
日本	0.60	1.52	0.00	1.08	3.50	1.96	2.03	1.39	0.87	0.49	1.36
沙特阿拉伯	0.60	1.01	0.00	1.08	0.35	0.33	0.87	0.83	3.18	3.41	1.33
荷兰	2.38	1.52	1.24	1.08	1.40	1.63	2.62	1.11	0.29	0.49	1.29
西班牙	2.98	2.02	0.41	1.81	1.05	0.65	1.16	1.11	0.87	0.24	1.09
伊朗	0.00	0.51	1.24	0.72	1.40	1.96	0.29	0.28	1.16	1.95	1.02
中国台湾	0.00	0.00	0.83	0.72	0.35	0.33	0.00	1.67	1.45	2.68	0.95
以色列	1.19	1.52	1.65	1.08	0.35	1.63	1.16	1.11	0.00	0.24	0.92

表 7-12 软件工程 C 层人才排名前 20 的国家和地区的占比

单位：%

国家和地区	2012 年	2013 年	2014 年	2015 年	2016 年	2017 年	2018 年	2019 年	2020 年	2021 年	合计
美国	25.33	24.69	24.38	23.13	24.47	22.09	19.26	20.70	16.98	14.26	20.79
中国大陆	9.09	10.61	10.72	12.11	13.09	14.15	17.73	20.26	20.80	22.01	16.05
英国	6.02	6.07	6.09	4.92	5.65	5.71	5.67	5.29	4.41	4.04	5.26
德国	6.86	5.66	6.04	6.14	5.69	5.54	5.16	4.76	4.14	3.69	5.18
加拿大	4.33	5.56	4.94	5.30	5.15	4.32	3.62	3.29	3.40	3.47	4.21
印度	1.44	1.07	1.57	1.61	2.08	2.90	4.28	4.18	6.66	7.26	3.73
澳大利亚	2.53	2.60	2.30	2.27	2.65	2.87	3.50	3.38	4.29	4.81	3.27
意大利	3.43	4.18	3.53	4.05	3.33	3.58	3.14	2.73	2.93	2.67	3.27
法国	4.87	4.64	4.00	4.12	3.11	3.31	2.98	2.35	2.43	2.39	3.23
瑞士	2.59	2.50	2.85	2.69	2.25	2.70	2.47	2.29	1.51	1.77	2.30
中国香港	2.17	2.19	1.91	1.88	2.22	1.79	1.96	2.26	2.19	2.44	2.11

续表

国家和地区	2012 年	2013 年	2014 年	2015 年	2016 年	2017 年	2018 年	2019 年	2020 年	2021 年	合计
新加坡	1.87	2.24	1.83	1.99	2.54	1.99	1.96	1.85	1.86	1.67	1.96
西班牙	2.41	2.81	2.72	2.09	1.82	2.57	2.08	1.47	1.18	1.35	1.95
荷兰	2.83	1.58	2.13	2.34	1.61	2.16	1.69	1.82	1.78	1.25	1.85
韩国	1.56	1.07	1.40	1.33	1.57	1.82	1.12	1.59	1.83	1.70	1.52
奥地利	1.74	1.38	2.30	1.81	1.68	1.72	1.66	1.06	0.98	0.97	1.47
日本	0.72	1.12	1.40	1.67	1.50	1.52	1.69	1.29	1.54	1.22	1.40
瑞典	1.26	0.82	1.49	1.50	1.65	1.32	1.30	1.44	1.27	1.10	1.32
巴西	1.08	1.02	1.15	1.29	1.36	1.42	1.57	1.12	1.42	0.85	1.23
沙特阿拉伯	0.48	0.82	0.77	0.91	0.97	1.01	1.06	0.97	1.78	1.80	1.13

五　计算机硬件和体系架构

计算机硬件和体系架构 A、B、C 层人才主要集中在美国和中国大陆，合计分别占该学科全球 A、B、C 层人才的 52.42%、46.29%、42.09%；其中，美国的 A 层和 C 层人才多于中国大陆，B 层人才少于中国大陆。

澳大利亚、英国、新加坡、法国的 A 层人才比较多，世界占比在 7%～3%；韩国、加拿大、德国、日本、意大利、芬兰、马来西亚、希腊、中国香港、印度、瑞士、爱尔兰、以色列、中国澳门也有相当数量的 A 层人才，世界占比超过或接近 1%。

澳大利亚、英国、加拿大的 B 层人才比较多，世界占比在 7%～3%；印度、中国香港、韩国、德国、意大利、新加坡、日本、法国、沙特阿拉伯、西班牙、希腊、瑞典、伊朗、瑞士、马来西亚也有相当数量的 B 层人才，世界占比超过或接近 1%。

印度、英国、加拿大、意大利、德国、澳大利亚的 C 层人才比较多，世界占比在 5%～3%；法国、中国香港、韩国、新加坡、西班牙、中国台湾、日本、伊朗、沙特阿拉伯、瑞士、巴西、巴基斯坦也有相当数量的 C 层人才，世界占比超过或接近 1%。

表 7-13 计算机硬件和体系架构 A 层人才排名前 20 的国家和地区的占比

单位：%

国家和地区	2012 年	2013 年	2014 年	2015 年	2016 年	2017 年	2018 年	2019 年	2020 年	2021 年	合计
美国	44.44	34.78	24.00	32.14	32.00	48.15	25.00	22.22	11.54	28.00	29.84
中国大陆	16.67	13.04	20.00	32.14	28.00	18.52	29.17	25.93	11.54	28.00	22.58
澳大利亚	5.56	0.00	8.00	3.57	12.00	7.41	0.00	11.11	7.69	8.00	6.45
英国	0.00	17.39	4.00	3.57	4.00	3.70	4.17	7.41	7.69	8.00	6.05
新加坡	0.00	4.35	0.00	7.14	4.00	0.00	0.00	3.70	7.69	8.00	3.63
法国	0.00	0.00	16.00	3.57	0.00	0.00	4.17	0.00	7.69	0.00	3.23
韩国	5.56	0.00	4.00	0.00	0.00	3.70	0.00	7.41	3.85	0.00	2.42
加拿大	11.11	0.00	0.00	3.57	0.00	0.00	0.00	3.70	3.85	4.00	2.42
德国	5.56	0.00	0.00	0.00	8.00	0.00	4.17	0.00	3.85	0.00	2.42
日本	0.00	0.00	0.00	3.57	0.00	0.00	8.33	3.70	3.85	0.00	2.02
意大利	5.56	0.00	0.00	3.57	4.00	0.00	4.17	0.00	3.85	0.00	2.02
芬兰	0.00	0.00	4.00	0.00	0.00	0.00	0.00	0.00	7.69	4.00	1.61
马来西亚	0.00	0.00	4.00	0.00	0.00	3.70	0.00	3.70	0.00	0.00	1.21
希腊	0.00	4.35	0.00	0.00	0.00	3.70	0.00	0.00	3.85	0.00	1.21
中国香港	5.56	4.35	0.00	3.57	0.00	0.00	0.00	0.00	0.00	0.00	1.21
印度	0.00	4.35	0.00	0.00	0.00	0.00	0.00	3.70	3.85	0.00	1.21
瑞士	0.00	4.35	0.00	3.57	0.00	3.70	0.00	0.00	0.00	0.00	1.21
爱尔兰	0.00	0.00	0.00	0.00	4.00	0.00	0.00	0.00	3.85	0.00	0.81
以色列	0.00	4.35	0.00	0.00	0.00	0.00	4.17	0.00	0.00	0.00	0.81
中国澳门	0.00	0.00	4.00	0.00	0.00	0.00	4.17	0.00	0.00	0.00	0.81

表 7-14 计算机硬件和体系架构 B 层人才排名前 20 的国家和地区的占比

单位：%

国家和地区	2012 年	2013 年	2014 年	2015 年	2016 年	2017 年	2018 年	2019 年	2020 年	2021 年	合计
中国大陆	11.31	18.57	20.17	21.27	25.33	20.24	28.15	29.29	34.22	36.13	24.82
美国	29.76	27.62	23.95	24.63	24.00	24.60	23.11	18.41	12.44	8.40	21.47
澳大利亚	4.17	4.76	4.62	5.60	6.67	6.35	8.40	8.37	6.22	6.72	6.26
英国	5.36	4.76	5.04	4.85	2.67	3.97	6.30	6.69	4.00	3.36	4.69
加拿大	2.98	6.67	4.20	5.22	4.44	1.98	4.20	2.51	4.00	2.94	3.91
印度	2.38	3.81	1.26	1.87	0.89	2.38	2.94	5.02	3.56	3.78	2.78
中国香港	2.98	3.81	3.78	2.24	3.11	3.97	0.84	2.93	2.22	1.68	2.74

续表

国家和地区	2012 年	2013 年	2014 年	2015 年	2016 年	2017 年	2018 年	2019 年	2020 年	2021 年	合计
韩国	2.98	2.38	2.52	2.61	3.11	1.59	2.52	2.09	1.33	3.78	2.48
德国	3.57	4.29	3.36	2.24	0.89	3.17	1.68	2.51	0.89	0.84	2.30
意大利	3.57	1.90	2.10	2.24	1.78	3.57	1.68	1.67	1.33	1.68	2.13
新加坡	1.79	1.43	2.94	2.99	1.33	2.38	1.26	1.26	2.67	2.10	2.04
日本	2.38	0.00	1.68	1.87	1.33	2.38	1.68	0.42	3.11	3.78	1.87
法国	3.57	2.86	2.52	1.49	2.22	2.38	0.84	0.00	1.78	0.84	1.78
沙特阿拉伯	0.60	1.43	0.42	1.87	3.11	1.59	1.26	1.67	2.22	2.10	1.65
西班牙	3.57	0.95	2.52	0.75	1.33	1.19	0.84	0.42	0.89	1.26	1.30
希腊	1.19	1.90	2.52	2.24	1.33	0.79	0.84	0.00	0.89	0.84	1.26
瑞典	1.19	0.48	0.00	2.24	0.89	2.38	2.94	1.67	0.44	0.00	1.26
伊朗	1.19	1.43	1.26	0.37	0.89	1.19	0.00	1.26	0.89	1.26	0.96
瑞士	1.19	0.95	1.26	1.49	0.44	1.19	0.42	0.42	0.44	0.42	0.83
马来西亚	0.60	0.48	1.26	0.75	0.89	1.98	0.00	0.00	0.89	1.26	0.83

表 7-15　计算机硬件和体系架构 C 层人才排名前 20 的国家和地区的占比

单位：%

国家和地区	2012 年	2013 年	2014 年	2015 年	2016 年	2017 年	2018 年	2019 年	2020 年	2021 年	合计
美国	31.06	28.95	28.02	21.56	22.46	24.01	22.30	23.03	18.40	13.53	23.00
中国大陆	11.38	13.34	13.59	14.40	18.84	18.90	22.87	22.72	23.52	28.80	19.09
印度	2.43	1.92	2.86	5.16	2.81	3.76	5.22	4.92	5.92	7.01	4.30
英国	4.15	3.89	4.09	3.93	3.80	4.12	4.26	4.47	4.19	4.13	4.10
加拿大	4.21	4.58	3.83	4.12	3.62	2.96	3.91	3.76	3.54	3.16	3.74
意大利	3.68	4.14	3.43	3.81	3.67	3.20	2.55	3.14	2.38	2.19	3.20
德国	4.15	3.45	4.27	4.47	3.58	3.24	2.15	2.75	1.96	1.54	3.14
澳大利亚	2.85	2.71	2.07	3.04	2.94	3.60	3.95	2.39	3.07	4.29	3.12
法国	3.38	3.25	3.56	3.62	2.67	2.52	2.02	2.08	1.86	1.46	2.62
中国香港	2.49	2.90	3.34	2.19	2.40	2.48	2.85	2.44	2.52	2.35	2.59
韩国	1.60	2.12	2.29	2.31	2.40	2.60	2.77	2.44	3.17	2.67	2.46

续表

国家和地区	2012 年	2013 年	2014 年	2015 年	2016 年	2017 年	2018 年	2019 年	2020 年	2021 年	合计
新加坡	1.96	2.56	2.20	1.69	2.40	1.80	1.84	1.33	2.24	2.07	2.00
西班牙	2.25	2.76	2.20	2.43	1.49	2.48	1.36	1.55	1.12	1.26	1.88
中国台湾	2.67	2.95	1.89	2.08	2.22	1.64	1.14	0.84	1.26	1.42	1.78
日本	2.25	2.36	1.58	2.50	1.68	1.96	1.05	1.73	1.63	0.97	1.76
伊朗	1.07	1.18	1.32	1.42	1.09	1.76	1.80	1.42	1.86	1.42	1.45
沙特阿拉伯	0.30	0.79	0.97	1.19	1.59	1.28	1.49	1.37	1.91	2.35	1.36
瑞士	1.48	1.28	1.67	1.31	1.49	1.24	1.67	1.42	1.07	0.97	1.35
巴西	1.07	0.59	1.41	1.12	1.36	0.64	0.70	0.89	0.93	0.85	0.95
巴基斯坦	0.24	0.74	0.62	0.77	0.91	1.08	0.83	1.28	1.21	1.54	0.94

六　信息系统

信息系统 A、B、C 层人才主要集中在美国和中国大陆，合计分别占该学科全球 A、B、C 层人才的 41.45%、39.63%、37.89%；其中，美国的 A 层人才多于中国大陆，B、C 层人才略少于中国大陆。

加拿大、英国、澳大利亚、新加坡、德国、法国的 A 层人才比较多，世界占比在 7%～3%；印度、韩国、意大利、日本、中国香港、西班牙、卡塔尔、瑞典、芬兰、挪威、马来西亚、土耳其也有相当数量的 A 层人才，世界占比超过或接近 1%。

英国、加拿大、澳大利亚、印度的 B 层人才比较多，世界占比在 6%～3%；德国、新加坡、韩国、沙特阿拉伯、中国香港、法国、意大利、西班牙、日本、中国台湾、巴基斯坦、芬兰、瑞典、瑞士也有相当数量的 B 层人才，世界占比超过或接近 1%。

英国、印度、澳大利亚、加拿大、德国的 C 层人才比较多，世界占比在 6%～3%；韩国、意大利、沙特阿拉伯、西班牙、法国、新加坡、中国香港、中国台湾、巴基斯坦、日本、马来西亚、荷兰、伊朗也有相当数量的 C 层人才，世界占比均超过 1%。

表 7-16　信息系统 A 层人才排名前 20 的国家和地区的占比

单位：%

国家和地区	2012 年	2013 年	2014 年	2015 年	2016 年	2017 年	2018 年	2019 年	2020 年	2021 年	合计
美国	35.90	42.31	31.82	32.89	32.43	25.00	21.84	15.74	14.02	18.02	24.62
中国大陆	5.13	7.69	13.64	9.21	13.51	19.74	19.54	21.30	17.76	25.23	16.83
加拿大	2.56	5.77	3.03	2.63	12.16	7.89	6.90	4.63	4.67	9.91	6.28
英国	5.13	3.85	3.03	3.95	4.05	6.58	5.75	6.48	5.61	6.31	5.28
澳大利亚	7.69	3.85	9.09	1.32	2.70	0.00	3.45	7.41	6.54	3.60	4.52
新加坡	0.00	3.85	1.52	3.95	5.41	3.95	5.75	7.41	6.54	0.90	4.27
德国	7.69	7.69	4.55	5.26	2.70	5.26	3.45	2.78	0.00	2.70	3.64
法国	2.56	3.85	7.58	0.00	0.00	5.26	2.30	5.56	2.80	1.80	3.14
印度	2.56	0.00	3.03	1.32	1.35	3.95	1.15	1.85	4.67	4.50	2.64
韩国	0.00	1.92	0.00	2.63	2.70	2.63	2.30	1.85	2.80	1.80	2.01
意大利	5.13	1.92	3.03	3.95	2.70	0.00	0.00	0.93	0.93	2.70	1.88
日本	0.00	0.00	0.00	1.32	1.35	0.00	3.45	1.85	1.87	4.50	1.76
中国香港	5.13	0.00	1.52	2.63	2.70	1.32	1.15	0.93	2.80	0.00	1.63
西班牙	5.13	5.77	1.52	2.63	2.70	0.00	1.15	0.00	0.93	1.80	1.51
卡塔尔	0.00	0.00	1.52	2.63	0.00	1.32	1.15	0.93	2.80	1.80	1.38
瑞典	0.00	0.00	1.52	1.32	0.00	0.00	0.00	0.93	4.67	1.80	1.26
芬兰	2.56	0.00	1.52	0.00	1.35	1.32	2.30	1.85	0.93	0.90	1.26
挪威	0.00	0.00	0.00	0.00	2.70	1.32	1.15	2.78	0.93	0.90	1.13
马来西亚	0.00	1.92	0.00	3.95	0.00	0.00	1.15	1.85	1.87	0.00	1.13
土耳其	2.56	1.92	1.52	0.00	0.00	1.32	0.00	0.93	0.93	0.90	0.88

表 7-17　信息系统 B 层人才排名前 20 的国家和地区的占比

单位：%

国家和地区	2012 年	2013 年	2014 年	2015 年	2016 年	2017 年	2018 年	2019 年	2020 年	2021 年	合计
中国大陆	10.57	9.87	16.58	15.55	15.98	21.35	24.44	24.95	24.36	24.90	20.38
美国	32.00	31.12	28.26	22.82	22.07	22.37	17.54	14.62	12.23	10.24	19.25
英国	7.71	6.87	3.72	6.69	7.91	5.70	4.89	6.34	6.01	3.82	5.79
加拿大	3.71	4.08	5.25	4.80	5.48	3.36	3.26	3.78	4.08	4.32	4.19
澳大利亚	1.14	3.00	2.71	2.91	3.65	4.97	3.01	4.29	5.40	5.62	3.99
印度	2.00	1.50	1.69	1.89	2.59	2.78	3.26	4.60	4.99	6.02	3.52
德国	3.71	3.86	4.23	4.36	3.81	2.49	2.26	2.45	1.12	1.51	2.73
新加坡	2.57	2.15	4.23	2.47	3.96	3.07	2.51	2.45	1.73	2.31	2.67

续表

国家和地区	2012 年	2013 年	2014 年	2015 年	2016 年	2017 年	2018 年	2019 年	2020 年	2021 年	合计
韩国	3.14	1.93	1.86	2.33	2.44	1.90	3.13	2.56	4.08	1.91	2.57
沙特阿拉伯	0.29	1.29	0.68	1.02	1.52	1.90	1.38	2.15	3.77	5.62	2.31
中国香港	3.43	2.15	3.38	2.18	2.28	3.65	2.76	1.53	1.83	1.20	2.28
法国	2.29	3.43	2.88	3.34	2.59	1.61	2.38	1.12	1.33	1.31	2.06
意大利	2.57	1.72	2.37	1.60	2.89	2.34	1.63	2.76	1.43	1.61	2.04
西班牙	2.86	3.43	2.71	1.74	2.13	1.17	2.13	1.43	1.02	1.51	1.84
日本	0.29	1.50	1.35	1.31	1.67	2.05	2.26	1.02	1.73	2.01	1.60
中国台湾	1.14	2.15	1.52	1.45	1.37	1.17	1.00	1.12	2.04	2.21	1.54
巴基斯坦	0.29	0.21	0.85	0.58	0.46	0.88	2.01	1.84	2.45	1.71	1.32
芬兰	1.43	1.93	0.51	1.60	1.07	1.46	1.25	0.92	1.02	1.51	1.24
瑞典	1.14	1.29	0.51	1.31	1.52	2.34	1.00	1.43	0.61	0.60	1.14
瑞士	1.71	2.36	1.52	1.74	1.52	1.61	0.75	0.20	0.31	0.10	0.99

表 7-18 信息系统 C 层人才排名前 20 的国家和地区的占比

单位：%

国家和地区	2012 年	2013 年	2014 年	2015 年	2016 年	2017 年	2018 年	2019 年	2020 年	2021 年	合计
中国大陆	10.24	12.09	12.90	13.75	18.31	20.32	25.06	28.49	23.66	20.88	20.00
美国	27.47	24.38	24.47	22.46	21.11	20.73	17.18	14.37	11.84	9.62	17.89
英国	5.36	5.78	5.20	5.54	5.34	5.16	5.57	5.10	4.77	4.47	5.16
印度	2.04	1.82	2.20	3.40	3.01	3.45	3.53	3.88	5.56	6.50	3.88
澳大利亚	2.92	3.11	3.65	3.90	3.70	3.71	4.31	3.40	3.60	4.23	3.72
加拿大	4.97	4.18	4.19	3.99	4.04	3.71	3.71	3.08	3.15	2.93	3.64
德国	4.51	3.96	4.32	4.84	3.74	3.21	3.03	2.44	1.88	1.73	3.12
韩国	2.58	2.24	2.02	2.00	2.36	2.42	2.62	2.99	3.49	3.44	2.72
意大利	3.06	3.53	3.31	3.19	3.18	3.10	2.06	2.06	2.15	2.19	2.65
沙特阿拉伯	0.57	0.91	0.94	1.05	1.19	1.47	1.67	2.14	3.86	4.58	2.13
西班牙	3.41	3.31	2.85	2.60	2.34	2.00	1.54	1.67	1.62	1.36	2.08
法国	2.58	2.67	3.04	3.03	2.42	1.97	2.01	1.47	1.35	1.40	2.06
新加坡	2.55	2.24	2.37	2.45	2.59	1.91	2.00	1.55	1.71	1.50	2.00
中国香港	2.81	2.76	2.45	2.38	2.42	2.27	1.70	1.66	1.44	1.25	1.98
中国台湾	3.12	2.62	2.35	2.07	1.50	1.21	1.28	1.20	1.60	2.03	1.77
巴基斯坦	0.23	0.42	0.50	0.46	0.60	1.04	1.35	2.06	2.92	3.58	1.58
日本	1.56	1.62	1.51	1.72	1.42	1.54	1.22	1.37	1.24	1.35	1.43
马来西亚	0.34	0.49	0.69	0.90	0.62	1.20	1.16	1.57	1.93	2.14	1.25
荷兰	2.21	2.24	1.82	1.82	1.30	1.10	1.17	0.77	0.66	0.51	1.20
伊朗	0.79	0.96	0.81	0.67	0.94	0.97	0.95	1.30	1.85	1.57	1.16

七　控制论

中国大陆的控制论 A、B、C 层人才最多，分别占该学科全球 A、B、C 层人才的 38.27%、40.16%、28.39%，均遥遥领先于其他国家和地区。

澳大利亚、美国的 A 层人才世界占比均为 11.11%，处于第二梯队；英国、中国香港、加拿大、德国、新加坡的 A 层人才比较多，世界占比在 9%～3%；意大利、克罗地亚、以色列、中国澳门、马来西亚、荷兰、新西兰、葡萄牙、卡塔尔、沙特阿拉伯、韩国也有相当数量的 A 层人才，世界占比均超过 1%。

美国的 B 层人才世界占比为 10.01%，排名第二；英国、澳大利亚、中国香港、加拿大、新加坡的 B 层人才比较多，世界占比在 9%～3%；中国澳门、意大利、德国、韩国、瑞士、荷兰、法国、沙特阿拉伯、日本、西班牙、卡塔尔、中国台湾、印度也有相当数量的 B 层人才，世界占比超过或接近 1%。

美国的 C 层人才的世界占比为 17.16%，排名第二；英国、澳大利亚、加拿大、德国、中国香港的 C 层人才比较多，世界占比在 7%～3%；韩国、新加坡、意大利、法国、西班牙、沙特阿拉伯、印度、荷兰、中国台湾、日本、中国澳门、瑞士、卡塔尔也有相当数量的 C 层人才，世界占比超过或接近 1%。

表 7-19　控制论 A 层人才的国家和地区的占比

单位：%

国家和地区	2012 年	2013 年	2014 年	2015 年	2016 年	2017 年	2018 年	2019 年	2020 年	2021 年	合计
中国大陆	50.00	20.00	33.33	0.00	100.00	40.00	30.77	50.00	41.67	46.15	38.27
澳大利亚	0.00	0.00	0.00	0.00	0.00	20.00	15.38	8.33	25.00	7.69	11.11
美国	0.00	0.00	16.67	33.33	0.00	0.00	7.69	16.67	16.67	7.69	11.11
英国	0.00	40.00	0.00	16.67	0.00	10.00	7.69	8.33	8.33	0.00	8.64
中国香港	0.00	0.00	0.00	0.00	0.00	10.00	7.69	0.00	0.00	15.38	4.94

国家和地区	2012 年	2013 年	2014 年	2015 年	2016 年	2017 年	2018 年	2019 年	2020 年	2021 年	合计
加拿大	0.00	0.00	0.00	16.67	0.00	10.00	7.69	0.00	0.00	0.00	3.70
德国	0.00	0.00	16.67	0.00	0.00	0.00	7.69	8.33	0.00	0.00	3.70
新加坡	50.00	20.00	0.00	0.00	0.00	0.00	7.69	0.00	0.00	0.00	3.70
意大利	0.00	0.00	0.00	0.00	0.00	0.00	0.00	0.00	0.00	15.38	2.47
克罗地亚	0.00	0.00	0.00	16.67	0.00	0.00	0.00	0.00	0.00	0.00	1.23
以色列	0.00	0.00	16.67	0.00	0.00	0.00	0.00	0.00	0.00	0.00	1.23
中国澳门	0.00	0.00	16.67	0.00	0.00	0.00	0.00	0.00	0.00	0.00	1.23
马来西亚	0.00	0.00	0.00	0.00	0.00	0.00	0.00	0.00	0.00	7.69	1.23
荷兰	0.00	20.00	0.00	0.00	0.00	0.00	0.00	0.00	0.00	0.00	1.23
新西兰	0.00	0.00	0.00	0.00	0.00	0.00	0.00	0.00	8.33	0.00	1.23
葡萄牙	0.00	0.00	0.00	0.00	0.00	0.00	0.00	8.33	0.00	0.00	1.23
卡塔尔	0.00	0.00	0.00	0.00	0.00	0.00	7.69	0.00	0.00	0.00	1.23
沙特阿拉伯	0.00	0.00	0.00	0.00	0.00	10.00	0.00	0.00	0.00	0.00	1.23
韩国	0.00	0.00	0.00	16.67	0.00	0.00	0.00	0.00	0.00	0.00	1.23

表 7-20　控制论 B 层人才排名前 20 的国家和地区的占比

单位：%

国家和地区	2012 年	2013 年	2014 年	2015 年	2016 年	2017 年	2018 年	2019 年	2020 年	2021 年	合计
中国大陆	13.95	29.63	28.85	37.74	36.14	41.76	35.00	43.20	52.34	52.89	40.16
美国	9.30	14.81	13.46	13.21	12.05	8.79	9.17	9.60	7.48	8.26	10.01
英国	23.26	7.41	15.38	7.55	7.23	9.89	5.00	7.20	4.67	6.61	8.13
澳大利亚	2.33	5.56	11.54	7.55	8.43	10.99	7.50	8.00	8.41	2.48	7.30
中国香港	2.33	3.70	5.77	7.55	6.02	4.40	4.17	4.00	2.80	4.13	4.36
加拿大	4.65	5.56	1.92	1.89	2.41	2.20	6.67	0.00	2.80	3.31	3.06
新加坡	0.00	1.85	1.92	1.89	2.41	6.59	7.50	3.20	1.87	0.00	3.06
中国澳门	0.00	0.00	1.92	1.89	4.82	3.30	4.17	1.60	4.67	2.48	2.83
意大利	0.00	3.70	0.00	3.77	0.00	2.20	3.33	3.20	0.93	4.13	2.36
德国	4.65	3.70	1.92	1.89	4.82	2.20	4.17	1.60	0.00	0.00	2.24
韩国	2.33	5.56	0.00	0.00	0.00	1.10	2.50	2.40	2.80	3.31	2.12
瑞士	6.98	5.56	3.85	0.00	3.61	0.00	0.83	0.80	0.00	0.00	1.53
荷兰	13.95	0.00	0.00	0.00	2.41	0.00	0.83	0.80	0.00	0.00	1.18
法国	2.33	1.85	0.00	5.66	1.20	1.10	0.83	0.80	0.93	0.00	1.18
沙特阿拉伯	2.33	0.00	0.00	1.89	2.41	0.00	1.67	0.80	0.00	1.65	1.06
日本	2.33	1.85	0.00	0.00	0.00	0.00	0.00	2.40	1.87	1.65	1.06

续表

国家和地区	2012 年	2013 年	2014 年	2015 年	2016 年	2017 年	2018 年	2019 年	2020 年	2021 年	合计
西班牙	4.65	0.00	5.77	1.89	0.00	1.10	0.00	0.00	0.00	0.83	0.94
卡塔尔	0.00	0.00	0.00	1.89	0.00	0.00	0.00	1.60	2.80	0.83	0.82
中国台湾	0.00	0.00	0.00	0.00	0.00	1.10	0.00	0.80	1.87	0.83	0.59
印度	0.00	0.00	0.00	1.89	0.00	0.00	2.50	0.00	0.93	0.00	0.59

表 7-21　控制论 C 层人才排名前 20 的国家和地区的占比

单位：%

国家和地区	2012 年	2013 年	2014 年	2015 年	2016 年	2017 年	2018 年	2019 年	2020 年	2021 年	合计
中国大陆	13.91	14.89	16.70	21.61	21.71	29.25	21.51	29.84	37.79	48.47	28.39
美国	21.82	19.34	22.45	22.89	20.92	18.20	21.51	17.18	11.71	6.73	17.16
英国	7.67	7.16	9.09	6.41	7.50	6.72	7.14	6.85	6.45	6.22	6.97
澳大利亚	3.12	4.84	4.82	4.40	3.82	5.53	4.07	5.65	5.62	6.56	5.06
加拿大	4.32	2.71	5.01	4.58	4.08	4.12	4.57	3.47	3.50	2.98	3.85
德国	3.84	5.61	4.64	4.03	4.47	4.55	4.98	3.23	2.58	0.85	3.64
中国香港	2.88	2.32	1.86	3.11	3.29	4.01	2.99	2.98	4.15	5.11	3.46
韩国	1.92	2.32	2.23	1.83	1.45	0.43	1.91	3.15	2.40	3.75	2.25
新加坡	2.64	1.93	2.41	2.75	2.89	4.01	1.08	1.21	1.57	2.04	2.11
意大利	3.36	3.29	2.23	2.20	2.63	2.17	2.16	1.94	1.47	1.02	2.06
法国	1.68	2.51	2.78	3.85	1.84	1.52	2.33	0.89	0.92	0.26	1.62
西班牙	2.64	2.32	1.86	2.01	1.32	1.30	1.66	1.37	0.65	1.53	1.52
沙特阿拉伯	0.96	0.77	0.74	1.28	2.11	1.52	1.16	1.61	1.29	1.62	1.38
印度	1.44	1.93	1.48	0.92	1.18	0.76	2.41	1.29	1.29	0.77	1.34
荷兰	3.84	2.32	2.04	1.28	1.71	1.19	1.41	1.05	0.83	0.26	1.33
中国台湾	3.36	1.74	2.04	1.10	1.32	0.98	0.75	0.81	1.38	1.62	1.33
日本	2.16	2.32	2.04	0.92	2.11	0.87	1.16	1.21	1.01	0.77	1.31
中国澳门	0.24	0.39	0.74	0.92	1.45	1.73	1.33	1.45	1.29	1.96	1.31
瑞士	2.88	4.64	1.30	0.37	1.05	0.43	1.00	0.65	0.65	0.26	1.04
卡塔尔	0.00	0.39	0.00	0.73	0.66	0.87	0.50	1.29	1.29	1.53	0.87

八　计算机跨学科应用

计算机跨学科应用 A、B、C 层人才最多的是美国，分别占该学科全球 A、B、C 层人才的 24.02%、19.46%、17.97%。

　　中国大陆的 A 层人才世界占比为 11.81%，排名第二；英国、德国、澳大利亚、加拿大、瑞士的 A 层人才比较多，世界占比在 8%~3%；法国、荷兰、伊朗、日本、印度、西班牙、丹麦、中国香港、意大利、新加坡、挪威、韩国、马来西亚也有相当数量的 A 层人才，世界占比均超过 1%。

　　中国大陆的 B 层人才世界占比为 16.52%，排名第二；英国、德国、澳大利亚的 B 层人才比较多，世界占比在 7%~4%；加拿大、印度、西班牙、法国、伊朗、荷兰、意大利、沙特阿拉伯、韩国、中国香港、新加坡、瑞士、土耳其、马来西亚、瑞典也有相当数量的 B 层人才，世界占比均超过 1%。

　　中国大陆的 C 层人才世界占比为 16.98%，排名第二；英国、印度、德国、澳大利亚、加拿大、伊朗的 C 层人才比较多，世界占比在 6%~3%；意大利、西班牙、法国、荷兰、韩国、中国台湾、中国香港、土耳其、新加坡、瑞士、日本、巴西也有相当数量的 C 层人才，世界占比均超过 1%。

表 7–22　计算机跨学科应用 A 层人才排名前 20 的国家和地区的占比

单位：%

国家和地区	2012 年	2013 年	2014 年	2015 年	2016 年	2017 年	2018 年	2019 年	2020 年	2021 年	合计
美国	38.24	34.29	24.39	20.75	25.49	24.07	26.42	29.51	17.46	11.11	24.02
中国大陆	8.82	2.86	4.88	7.55	3.92	9.26	15.09	18.03	12.70	25.40	11.81
英国	2.94	5.71	14.63	9.43	9.80	7.41	11.32	4.92	6.35	3.17	7.48
德国	5.88	5.71	12.20	9.43	11.76	5.56	7.55	8.20	1.59	3.17	6.89
澳大利亚	5.88	5.71	12.20	5.66	5.88	7.41	0.00	4.92	3.17	7.94	5.71
加拿大	2.94	0.00	4.88	3.77	1.96	11.11	3.77	1.64	4.76	1.59	3.74
瑞士	8.82	0.00	2.44	9.43	1.96	3.70	3.77	4.92	3.17	0.00	3.74
法国	2.94	2.86	7.32	3.77	0.00	1.85	1.89	4.92	1.59	1.59	2.76
荷兰	2.94	2.86	0.00	1.89	7.84	5.56	0.00	3.28	0.00	0.00	2.36
伊朗	0.00	2.86	2.44	0.00	1.96	0.00	0.00	0.00	4.76	7.94	2.17
日本	0.00	2.86	0.00	1.89	0.00	0.00	1.89	0.00	4.76	6.35	1.97
印度	0.00	2.86	2.44	0.00	0.00	1.85	0.00	3.28	4.76	3.17	1.97
西班牙	2.94	0.00	0.00	1.89	5.88	1.85	3.77	0.00	0.00	0.00	1.57

续表

国家和地区	2012 年	2013 年	2014 年	2015 年	2016 年	2017 年	2018 年	2019 年	2020 年	2021 年	合计
丹麦	0.00	2.86	0.00	1.89	3.92	5.56	0.00	1.64	0.00	0.00	1.57
中国香港	2.94	2.86	0.00	3.77	1.96	0.00	1.89	1.64	0.00	1.59	1.57
意大利	0.00	2.86	2.44	0.00	1.96	1.85	1.89	0.00	1.59	1.59	1.38
新加坡	0.00	0.00	0.00	0.00	0.00	1.85	3.77	3.28	3.17	0.00	1.38
挪威	0.00	0.00	0.00	1.89	0.00	3.70	1.89	1.64	3.17	0.00	1.38
韩国	0.00	2.86	0.00	0.00	0.00	0.00	0.00	0.00	4.76	3.17	1.18
马来西亚	0.00	0.00	0.00	0.00	0.00	1.85	3.77	0.00	1.59	3.17	1.18

表 7-23　计算机跨学科应用 B 层人才排名前 20 的国家和地区的占比

单位：%

国家和地区	2012 年	2013 年	2014 年	2015 年	2016 年	2017 年	2018 年	2019 年	2020 年	2021 年	合计
美国	28.04	22.81	24.66	22.18	21.13	18.99	19.88	20.54	12.99	11.32	19.46
中国大陆	9.35	5.94	12.06	9.41	10.46	17.98	20.70	21.43	22.42	24.66	16.52
英国	7.48	7.50	6.97	9.21	7.95	6.26	5.80	5.54	6.58	5.07	6.71
德国	9.03	5.00	4.83	6.90	5.23	4.44	2.48	3.21	2.67	4.05	4.55
澳大利亚	2.80	3.44	4.56	3.14	3.14	3.84	4.55	4.82	3.74	5.24	4.01
加拿大	2.18	4.69	2.14	1.26	4.39	2.02	2.90	3.93	1.78	3.72	2.90
印度	1.25	3.13	2.95	1.26	2.72	2.22	2.90	3.04	4.09	3.38	2.77
西班牙	2.18	4.06	3.75	3.14	3.56	3.43	2.07	1.96	2.49	0.84	2.64
法国	4.05	3.75	4.02	3.56	2.30	3.43	2.69	0.71	1.25	1.69	2.55
伊朗	1.56	2.81	1.34	2.09	1.88	3.03	0.83	1.79	3.20	4.39	2.38
荷兰	3.12	1.88	2.95	2.30	4.18	2.22	2.07	1.43	0.89	1.69	2.19
意大利	2.18	3.13	1.88	2.72	1.05	2.22	1.66	1.79	0.89	1.86	1.87
沙特阿拉伯	0.93	1.25	1.34	1.46	1.67	1.41	1.04	1.96	3.91	2.03	1.80
韩国	1.87	1.25	0.80	1.46	0.84	1.41	2.90	2.68	1.42	2.36	1.76
中国香港	0.93	0.94	1.34	2.09	1.05	2.63	2.90	1.43	2.14	0.68	1.65
新加坡	1.56	1.56	0.54	1.46	0.84	2.83	2.69	1.43	0.71	1.52	1.52
瑞士	2.18	2.50	2.14	1.88	2.09	1.21	1.66	0.89	0.53	1.01	1.50
土耳其	1.56	2.19	1.07	2.09	0.42	0.40	1.45	1.61	2.67	1.35	1.48
马来西亚	2.18	1.25	0.80	1.88	1.88	1.41	1.66	1.07	0.71	1.52	1.42
瑞典	0.62	3.13	1.88	0.84	0.63	2.02	1.24	1.43	0.89	0.68	1.27

表 7-24 计算机跨学科应用 C 层人才排名前 20 的国家和地区的占比

单位：%

国家和地区	2012 年	2013 年	2014 年	2015 年	2016 年	2017 年	2018 年	2019 年	2020 年	2021 年	合计
美国	22.74	21.72	21.72	19.81	19.17	18.95	17.78	16.51	14.49	12.29	17.97
中国大陆	9.84	11.57	11.11	12.76	12.92	16.71	19.86	21.73	23.55	21.45	16.98
英国	6.35	5.98	6.40	6.53	6.11	5.94	5.79	5.99	5.35	5.20	5.92
印度	2.60	2.49	2.93	2.80	3.77	4.21	4.33	4.79	4.62	5.78	4.01
德国	5.11	4.98	4.98	4.76	4.68	4.41	3.02	3.17	2.59	2.59	3.87
澳大利亚	3.14	3.56	3.12	4.06	3.29	3.64	4.18	3.32	3.73	3.77	3.61
加拿大	3.65	2.91	3.63	3.56	3.35	2.97	2.85	3.10	3.43	3.16	3.25
伊朗	2.86	3.26	2.58	2.70	2.93	3.42	2.92	3.02	3.32	3.59	3.09
意大利	3.59	3.10	3.74	3.62	3.20	3.19	2.51	2.38	2.29	2.54	2.95
西班牙	3.75	4.49	3.85	3.41	3.18	2.77	2.59	2.34	1.91	1.78	2.85
法国	4.35	3.78	3.53	3.43	2.87	2.52	2.34	2.21	1.84	1.89	2.73
荷兰	2.54	3.07	2.29	2.08	2.38	1.89	1.57	1.86	1.15	1.14	1.90
韩国	2.06	1.52	1.61	1.54	1.96	1.89	1.84	1.57	1.75	2.57	1.85
中国台湾	2.76	2.33	2.50	1.94	1.67	1.46	1.54	1.03	1.29	1.60	1.72
中国香港	1.91	1.16	1.21	1.62	1.52	1.57	2.04	1.86	2.10	1.63	1.69
土耳其	1.46	1.87	1.51	1.83	1.26	1.36	1.29	1.25	1.73	1.98	1.59
新加坡	1.24	1.10	0.94	1.43	1.20	1.44	2.21	1.66	1.47	1.52	1.46
瑞士	1.59	1.68	1.70	1.52	1.39	1.44	1.39	1.40	1.12	1.20	1.41
日本	1.17	1.16	1.26	1.01	1.35	1.63	1.18	1.40	1.28	0.94	1.24
巴西	0.98	0.94	1.10	1.09	1.48	1.34	1.29	1.09	1.21	0.96	1.16

九 自动化和控制系统

中国大陆的自动化和控制系统 A、B、C 层人才最多，分别占该学科全球 A、B、C 层人才的 31.64%、34.68%、29.41%；美国排名第二，其 A、B、C 层人才的世界占比分别为 14.32%、13.16%、13.05%，均明显低于中国大陆。

澳大利亚、英国、德国、加拿大、意大利的 A 层人才比较多，世界占比在 10%~3%；新加坡、中国香港、西班牙、法国、韩国、瑞典、荷兰、中国台湾、卡塔尔、土耳其、挪威、波兰、中国澳门也有相当数量的 A 层人才，世界占比超过或接近 1%。

英国、澳大利亚、中国香港、加拿大、新加坡的 B 层人才比较多，世界占比在 7%～3%；意大利、德国、韩国、法国、西班牙、瑞典、印度、中国澳门、沙特阿拉伯、瑞士、伊朗、日本、中国台湾也有相当数量的 B 层人才，世界占比超过或接近 1%。

英国、澳大利亚、加拿大、意大利、法国的 C 层人才比较多，世界占比在 6%～3%；印度、德国、中国香港、韩国、新加坡、伊朗、西班牙、日本、瑞典、瑞士、荷兰、沙特阿拉伯、中国台湾也有相当数量的 C 层人才，世界占比均超过 1%。

表 7-25　自动化和控制系统 A 层人才排名前 20 的国家和地区的占比

单位：%

国家和地区	2012 年	2013 年	2014 年	2015 年	2016 年	2017 年	2018 年	2019 年	2020 年	2021 年	合计
中国大陆	12.90	16.67	20.51	20.00	31.11	41.18	24.49	39.13	50.00	48.84	31.64
美国	22.58	13.89	17.95	17.78	13.33	7.84	20.41	17.39	10.42	4.65	14.32
澳大利亚	9.68	8.33	7.69	6.67	6.67	9.80	12.24	8.70	10.42	9.30	9.01
英国	9.68	8.33	10.26	6.67	4.44	7.84	6.12	10.87	2.08	2.33	6.70
德国	9.68	5.56	5.13	8.89	6.67	0.00	2.04	2.17	0.00	2.33	3.93
加拿大	6.45	0.00	2.56	0.00	4.44	7.84	4.08	2.17	2.08	2.33	3.23
意大利	0.00	2.78	5.13	6.67	2.22	1.96	4.08	2.17	0.00	4.65	3.00
新加坡	3.23	5.56	0.00	0.00	2.22	1.96	2.04	6.52	0.00	0.00	2.08
中国香港	0.00	2.78	0.00	0.00	4.44	3.92	0.00	0.00	0.00	6.98	1.85
西班牙	0.00	0.00	2.56	2.22	4.44	5.88	2.04	0.00	0.00	0.00	1.85
法国	3.23	2.78	0.00	6.67	0.00	1.96	2.04	0.00	0.00	0.00	1.62
韩国	0.00	0.00	5.13	4.44	2.22	0.00	0.00	0.00	0.00	4.65	1.62
瑞典	6.45	2.78	2.56	2.22	0.00	0.00	2.04	0.00	0.00	0.00	1.39
荷兰	3.23	5.56	2.56	2.22	0.00	0.00	2.04	0.00	0.00	0.00	1.39
中国台湾	0.00	2.78	2.56	0.00	0.00	0.00	0.00	0.00	6.25	0.00	1.15

国家和地区	2012 年	2013 年	2014 年	2015 年	2016 年	2017 年	2018 年	2019 年	2020 年	2021 年	合计
卡塔尔	0.00	2.78	0.00	0.00	2.22	0.00	2.04	0.00	2.08	2.33	1.15
土耳其	0.00	2.78	0.00	4.44	2.22	0.00	0.00	0.00	2.08	0.00	1.15
挪威	3.23	0.00	0.00	0.00	0.00	1.96	2.04	0.00	2.08	0.00	0.92
波兰	0.00	2.78	0.00	2.22	0.00	1.96	0.00	2.17	0.00	0.00	0.92
中国澳门	0.00	0.00	0.00	0.00	2.22	0.00	2.04	0.00	4.17	0.00	0.92

表 7-26　自动化和控制系统 B 层人才排名前 20 的国家和地区的占比

单位：%

国家和地区	2012 年	2013 年	2014 年	2015 年	2016 年	2017 年	2018 年	2019 年	2020 年	2021 年	合计
中国大陆	17.02	21.68	24.93	29.40	31.90	38.98	38.26	41.55	45.43	46.73	34.68
美国	24.11	15.32	20.63	13.32	13.10	11.23	13.20	9.59	8.45	8.29	13.16
英国	9.93	5.78	6.02	3.77	6.90	5.51	4.47	6.62	7.76	7.54	6.32
澳大利亚	4.26	4.91	5.73	7.29	5.48	7.42	5.15	5.25	6.16	4.77	5.72
中国香港	4.96	3.47	3.72	3.77	3.57	5.72	4.03	3.65	2.97	3.52	3.94
加拿大	2.48	2.60	3.44	3.27	4.29	2.97	4.03	3.20	3.20	4.52	3.44
新加坡	1.42	2.89	3.15	3.02	3.57	5.93	3.36	1.83	2.28	2.01	3.03
意大利	3.90	2.31	3.15	3.02	3.10	2.54	1.79	2.97	2.28	3.52	2.81
德国	4.61	4.91	2.58	3.77	3.10	1.48	2.01	1.83	0.68	1.01	2.46
韩国	1.42	1.73	1.43	3.77	1.43	2.75	2.24	2.28	2.05	1.76	2.13
法国	2.84	5.20	1.72	3.27	2.14	2.12	2.46	1.14	0.68	0.00	2.08
西班牙	2.13	3.18	2.01	2.76	1.19	0.42	0.89	0.68	0.68	0.75	1.38
瑞典	1.06	2.02	1.72	2.01	0.95	1.48	1.12	2.05	0.68	0.75	1.38
印度	0.00	1.45	1.43	1.26	1.90	0.42	0.89	2.51	2.05	0.75	1.30
中国澳门	0.00	0.00	0.86	0.50	0.71	1.48	2.24	1.83	1.60	1.76	1.18
沙特阿拉伯	0.00	0.87	0.86	1.51	1.67	0.42	2.01	1.37	0.46	2.26	1.18
瑞士	3.55	1.45	1.43	1.51	1.67	0.21	0.45	0.68	0.91	0.25	1.10
伊朗	0.35	1.45	2.58	1.01	1.43	0.42	1.34	0.91	0.23	1.26	1.08
日本	1.06	1.73	0.00	0.75	0.71	0.42	0.67	1.83	0.91	1.51	0.95
中国台湾	0.71	1.16	1.15	0.50	0.00	0.42	0.67	1.83	1.37	1.01	0.88

表 7-27　自动化和控制系统 C 层人才排名前 20 的国家和地区的占比

单位：%

国家和地区	2012 年	2013 年	2014 年	2015 年	2016 年	2017 年	2018 年	2019 年	2020 年	2021 年	合计
中国大陆	18.39	19.98	22.60	24.57	27.18	31.33	31.30	35.63	37.29	40.48	29.41
美国	17.46	15.90	14.41	14.68	13.99	12.11	12.80	12.15	10.05	8.77	13.05
英国	5.29	4.88	4.60	4.29	5.50	4.54	4.98	5.22	6.11	5.74	5.11
澳大利亚	3.57	3.23	3.64	3.42	3.11	3.77	3.74	3.74	4.20	4.99	3.74
加拿大	3.93	3.70	3.38	3.60	3.54	3.34	3.72	3.21	3.46	3.75	3.55
意大利	5.07	4.14	3.64	3.94	2.99	3.21	3.42	2.66	2.66	2.01	3.31
法国	4.57	5.15	3.81	4.04	3.90	2.74	2.73	2.10	1.96	1.35	3.16
印度	2.61	3.11	2.44	3.67	2.46	3.21	3.17	2.80	3.04	2.48	2.92
德国	4.18	3.73	3.47	3.00	3.39	2.74	2.94	2.20	2.25	1.71	2.91
中国香港	1.93	2.07	2.27	2.33	2.65	2.74	2.64	3.07	2.97	3.04	2.61
韩国	2.75	2.49	2.56	2.68	2.46	2.51	2.80	2.20	2.22	2.79	2.54
新加坡	1.93	2.04	2.33	2.21	2.22	2.40	2.46	2.44	2.01	2.01	2.22
伊朗	1.79	2.13	2.27	2.65	2.27	2.29	2.23	1.96	1.98	1.63	2.14
西班牙	3.11	3.11	2.47	2.28	1.60	1.44	1.61	1.30	1.14	1.02	1.84
日本	1.93	1.48	1.79	1.51	1.43	1.01	1.01	0.68	1.06	0.88	1.24
瑞典	1.50	1.45	1.96	1.26	1.15	1.44	0.92	1.18	0.72	0.63	1.20
瑞士	1.61	1.48	1.79	1.54	1.58	0.94	1.03	0.75	0.75	0.55	1.18
荷兰	1.64	1.48	1.76	0.84	1.22	1.18	1.19	0.87	0.77	0.80	1.15
沙特阿拉伯	0.25	0.53	0.85	1.21	1.24	1.11	1.12	1.38	1.40	1.71	1.12
中国台湾	1.93	1.63	1.53	0.97	0.67	0.77	0.64	0.70	1.06	1.08	1.05

十　机器人学

机器人学 A、B、C 层人才最多的是美国，分别占该学科全球 A、B、C 层人才的 33.33%、29.96%、23.68%，均遥遥领先于其他国家和地区。

德国 A 层人才的世界占比为 10.42%，排名第二；中国大陆、瑞士、英国、西班牙、澳大利亚、中国香港、意大利的 A 层人才比较多，世界占比在 9%~3%；瑞典、比利时、加拿大、韩国、日本、新西兰、哥伦比亚、爱尔兰、以色列、荷兰、罗马尼亚也有相当数量的 A 层人才，世界占比超过或接近 1%。

中国大陆、瑞士、德国、英国、意大利、法国、加拿大、中国香港的 B
层人才比较多，世界占比在 9%~3%；澳大利亚、韩国、西班牙、日本、新
加坡、瑞典、荷兰、印度、比利时、葡萄牙、新西兰也有相当数量的 B 层
人才，世界占比超过或接近 1%。

中国大陆、德国、英国、意大利、瑞士、法国、日本、加拿大的 C 层
人才比较多，世界占比在 10%~3%；韩国、澳大利亚、西班牙、中国香港、
荷兰、新加坡、瑞典、印度、葡萄牙、比利时、伊朗也有相当数量的 C 层
人才，世界占比超过或接近 1%。

表 7-28　机器人学 A 层人才排名前 20 的国家和地区的占比

单位：%

国家和地区	2012 年	2013 年	2014 年	2015 年	2016 年	2017 年	2018 年	2019 年	2020 年	2021 年	合计
美国	50.00	25.00	33.33	42.11	18.75	41.18	37.50	31.25	33.33	16.67	33.33
德国	10.00	50.00	16.67	5.26	12.50	5.88	6.25	12.50	5.56	0.00	10.42
中国大陆	0.00	0.00	0.00	10.53	0.00	5.88	6.25	12.50	5.56	41.67	8.33
瑞士	0.00	0.00	8.33	15.79	12.50	11.76	6.25	6.25	5.56	0.00	7.64
英国	0.00	0.00	8.33	5.26	12.50	11.76	12.50	6.25	11.11	0.00	7.64
西班牙	10.00	12.50	8.33	5.26	12.50	11.76	0.00	0.00	0.00	8.33	6.25
澳大利亚	10.00	0.00	0.00	0.00	12.50	0.00	0.00	6.25	0.00	8.33	3.47
中国香港	0.00	0.00	0.00	5.26	0.00	5.88	6.25	0.00	0.00	16.67	3.47
意大利	10.00	0.00	0.00	0.00	6.25	5.88	0.00	0.00	5.56	8.33	3.47
瑞典	0.00	0.00	8.33	0.00	6.25	0.00	0.00	0.00	11.11	0.00	2.78
比利时	0.00	12.50	0.00	5.26	0.00	0.00	6.25	0.00	0.00	0.00	2.08
加拿大	0.00	0.00	0.00	0.00	0.00	0.00	6.25	12.50	0.00	0.00	2.08
韩国	0.00	0.00	8.33	0.00	0.00	0.00	0.00	6.25	5.56	0.00	2.08
日本	0.00	0.00	0.00	0.00	0.00	0.00	6.25	0.00	5.56	0.00	1.39
新西兰	10.00	0.00	0.00	0.00	0.00	0.00	0.00	0.00	5.56	0.00	1.39
哥伦比亚	0.00	0.00	0.00	0.00	6.25	0.00	0.00	0.00	0.00	0.00	0.69
爱尔兰	0.00	0.00	8.33	0.00	0.00	0.00	0.00	0.00	0.00	0.00	0.69
以色列	0.00	0.00	0.00	5.26	0.00	0.00	0.00	0.00	0.00	0.00	0.69
荷兰	0.00	0.00	0.00	0.00	0.00	0.00	0.00	0.00	5.56	0.00	0.69
罗马尼亚	0.00	0.00	0.00	0.00	0.00	0.00	0.00	6.25	0.00	0.00	0.69

表 7-29　机器人学 B 层人才排名前 20 的国家和地区的占比

单位：%

国家和地区	2012 年	2013 年	2014 年	2015 年	2016 年	2017 年	2018 年	2019 年	2020 年	2021 年	合计
美国	32.22	30.53	42.99	27.03	30.82	31.37	35.92	30.56	23.75	19.55	29.96
中国大陆	2.22	4.21	1.87	5.95	2.05	7.19	8.45	9.72	18.75	18.80	8.41
瑞士	7.78	10.53	7.48	8.11	11.64	5.88	6.34	7.64	6.25	6.02	7.68
德国	10.00	10.53	6.54	10.27	7.53	7.84	7.04	4.86	5.63	5.26	7.45
英国	3.33	4.21	4.67	4.86	5.48	7.19	8.45	4.86	6.88	9.02	6.05
意大利	6.67	5.26	3.74	8.65	6.16	4.58	3.52	6.25	3.13	6.02	5.46
法国	5.56	6.32	3.74	4.32	2.74	1.96	5.63	1.39	2.50	2.26	3.47
加拿大	2.22	3.16	3.74	1.62	5.48	2.61	2.11	4.17	3.13	3.01	3.10
中国香港	0.00	1.05	0.93	1.08	1.37	4.58	3.52	2.78	7.50	6.02	3.10
澳大利亚	10.00	1.05	3.74	3.24	2.74	1.31	2.11	2.08	3.75	1.50	2.95
韩国	2.22	3.16	2.80	2.70	1.37	4.58	2.82	3.47	3.13	2.26	2.88
西班牙	2.22	3.16	3.74	1.62	2.05	0.00	2.82	3.47	0.00	3.01	2.07
日本	3.33	2.11	0.93	1.08	2.05	2.61	2.82	2.78	0.63	0.75	1.85
新加坡	0.00	1.05	0.00	2.70	1.37	4.58	1.41	1.39	1.25	0.75	1.62
瑞典	2.22	1.05	0.00	1.08	0.68	1.96	0.00	2.08	1.25	3.76	1.40
荷兰	2.22	2.11	0.93	1.08	1.37	1.96	2.11	0.00	0.63	1.50	1.33
印度	0.00	0.00	0.00	1.08	2.74	0.65	1.41	1.39	1.25	1.50	1.11
比利时	2.22	1.05	0.93	1.62	0.68	1.31	0.70	0.00	0.63	0.00	0.89
葡萄牙	1.11	1.05	0.00	0.54	2.05	0.00	0.00	1.39	0.00	0.75	0.66
新西兰	0.00	1.05	0.93	1.08	0.00	0.65	0.70	0.69	1.25	0.00	0.66

表 7-30　机器人学 C 层人才排名前 20 的国家和地区的占比

单位：%

国家和地区	2012 年	2013 年	2014 年	2015 年	2016 年	2017 年	2018 年	2019 年	2020 年	2021 年	合计
美国	28.65	24.95	25.70	24.24	22.72	23.06	24.87	24.67	22.16	18.05	23.68
中国大陆	6.28	5.82	6.47	7.37	6.43	8.56	9.36	11.10	14.54	20.11	9.83
德国	10.50	9.23	8.26	8.47	9.99	8.70	6.86	6.45	6.22	7.21	8.05
英国	4.79	4.40	5.63	6.10	5.41	6.65	7.22	7.65	7.17	6.41	6.30
意大利	6.62	5.82	6.10	6.43	7.12	6.98	6.86	5.45	5.84	4.28	6.18
瑞士	3.20	4.73	4.50	3.35	4.24	4.74	3.72	4.12	4.57	3.25	4.04
法国	5.37	4.62	3.85	3.96	4.38	3.36	4.36	3.46	2.79	3.01	3.82

续表

国家和地区	2012 年	2013 年	2014 年	2015 年	2016 年	2017 年	2018 年	2019 年	2020 年	2021 年	合计
日本	4.68	4.40	3.00	3.85	3.56	4.41	2.50	3.46	2.60	2.69	3.47
加拿大	2.63	3.19	3.75	3.63	3.22	3.10	2.93	2.73	2.86	2.93	3.11
韩国	3.77	2.42	2.72	2.97	2.60	2.50	3.65	2.99	2.73	2.53	2.88
澳大利亚	2.40	3.08	2.53	2.58	3.22	2.11	3.07	2.26	2.86	2.22	2.63
西班牙	2.97	4.29	3.00	2.42	2.74	2.70	2.22	1.80	2.03	1.74	2.49
中国香港	0.34	0.55	1.03	0.66	1.78	1.38	2.43	3.79	3.11	3.56	1.96
荷兰	2.05	1.76	3.00	1.32	1.78	1.58	1.79	1.93	2.22	2.14	1.91
新加坡	0.68	1.10	2.06	1.87	2.74	2.17	2.00	2.13	1.84	1.74	1.91
瑞典	1.03	1.76	1.50	1.15	1.37	1.25	0.86	1.73	1.71	1.35	1.37
印度	0.80	0.66	0.94	1.70	1.03	1.05	2.00	0.86	1.08	1.58	1.22
葡萄牙	1.37	2.31	1.31	0.93	1.23	1.32	0.71	1.06	0.76	0.55	1.10
比利时	1.03	0.99	0.94	1.10	0.82	1.12	1.36	0.40	0.76	0.71	0.92
伊朗	0.46	1.54	1.13	1.15	1.23	0.72	0.93	0.66	0.51	0.79	0.90

十一 量子科学和技术

日本和美国的量子科学和技术 A 层人才最多，世界占比均为 20.00%；中国大陆、法国、德国、墨西哥、俄罗斯、瑞士的 A 层人才比较多，世界占比均为 10.00%。

美国的 B 层人才最多，世界占比为 18.85%；英国的 B 层人才世界占比为 10.21%，排名第二；德国、中国大陆、加拿大、意大利、法国、日本、荷兰、澳大利亚的 B 层人才比较多，世界占比在 8%~3%；瑞士、西班牙、俄罗斯、比利时、印度、匈牙利、奥地利、巴西、波兰、韩国也有相当数量的 B 层人才，世界占比均超过 1%。

美国的 C 层人才最多，世界占比为 18.05%；中国大陆 C 层人才世界占比为 10.48%，排名第二；英国、德国、加拿大、意大利、法国、日本、西班牙的 C 层人才比较多，世界占比在 7%~3%；瑞士、印度、荷兰、澳大利亚、伊朗、俄罗斯、奥地利、中国台湾、波兰、土耳其、新加坡也有相当数量的 C 层人才，世界占比均超过 1%。

表 7-31 量子科学和技术 A 层人才的国家和地区的占比

单位：%

国家和地区	2012 年	2013 年	2014 年	2015 年	2016 年	2017 年	2018 年	2019 年	2020 年	2021 年	合计
日本	50.00	0.00	0.00	0.00	0.00	0.00	25.00	0.00	0.00	0.00	20.00
美国	0.00	50.00	0.00	0.00	0.00	0.00	25.00	0.00	0.00	0.00	20.00
中国大陆	0.00	0.00	0.00	0.00	50.00	0.00	0.00	0.00	0.00	0.00	10.00
法国	0.00	0.00	0.00	0.00	0.00	0.00	25.00	0.00	0.00	0.00	10.00
德国	0.00	50.00	0.00	0.00	0.00	0.00	0.00	0.00	0.00	0.00	10.00
墨西哥	50.00	0.00	0.00	0.00	0.00	0.00	0.00	0.00	0.00	0.00	10.00
俄罗斯	0.00	0.00	0.00	0.00	50.00	0.00	0.00	0.00	0.00	0.00	10.00
瑞士	0.00	0.00	0.00	0.00	0.00	0.00	25.00	0.00	0.00	0.00	10.00

表 7-32 量子科学和技术 B 层人才排名前 20 的国家和地区的占比

单位：%

国家和地区	2012 年	2013 年	2014 年	2015 年	2016 年	2017 年	2018 年	2019 年	2020 年	2021 年	合计
美国	12.50	31.82	20.83	4.55	25.00	21.21	21.95	16.67	14.29	21.92	18.85
英国	8.33	13.64	16.67	4.55	18.75	6.06	7.32	14.10	4.08	10.96	10.21
德国	8.33	13.64	0.00	4.55	6.25	12.12	12.20	3.85	6.12	8.22	7.33
中国大陆	0.00	4.55	8.33	4.55	0.00	6.06	12.20	7.69	6.12	4.11	6.02
加拿大	4.17	0.00	4.17	4.55	12.50	6.06	4.88	7.69	6.12	4.11	5.50
意大利	8.33	9.09	8.33	9.09	0.00	3.03	2.44	1.28	6.12	2.74	4.19
法国	8.33	13.64	8.33	9.09	6.25	0.00	2.44	1.28	2.04	4.11	4.19
日本	8.33	4.55	0.00	0.00	6.25	9.09	2.44	2.56	2.04	4.11	3.66
荷兰	8.33	4.55	0.00	4.55	0.00	3.03	4.88	1.28	6.12	4.11	3.66
澳大利亚	0.00	0.00	8.33	4.55	0.00	6.06	7.32	2.56	0.00	2.74	3.14
瑞士	4.17	0.00	0.00	0.00	6.25	0.00	4.88	2.56	4.08	4.11	2.88
西班牙	8.33	0.00	0.00	4.55	0.00	3.03	0.00	1.28	4.08	2.74	2.36
俄罗斯	4.17	0.00	0.00	4.55	0.00	3.03	7.32	1.28	2.04	1.37	2.36
比利时	4.17	0.00	8.33	4.55	0.00	3.03	0.00	1.28	2.04	1.37	2.09
印度	4.17	0.00	0.00	4.55	0.00	3.03	0.00	0.00	2.04	5.48	2.09
匈牙利	4.17	0.00	0.00	9.09	0.00	3.03	0.00	1.28	0.00	2.74	1.83
奥地利	0.00	0.00	0.00	0.00	0.00	0.00	2.44	2.56	4.08	1.37	1.57
巴西	0.00	0.00	0.00	4.55	12.50	3.03	0.00	1.28	0.00	1.37	1.57
波兰	4.17	0.00	0.00	4.55	0.00	0.00	0.00	2.56	2.04	1.37	1.57
韩国	0.00	0.00	0.00	4.55	0.00	3.03	2.44	0.00	0.00	2.74	1.31

表 7-33 量子科学和技术 C 层人才排名前 20 的国家和地区的占比

单位：%

国家和地区	2012 年	2013 年	2014 年	2015 年	2016 年	2017 年	2018 年	2019 年	2020 年	2021 年	合计
美国	17.80	18.78	18.14	21.33	19.80	15.70	17.16	16.69	17.97	18.74	18.05
中国大陆	5.51	12.65	8.44	10.14	11.41	16.38	12.01	10.30	7.81	10.61	10.48
英国	8.05	6.53	8.86	8.39	9.06	6.48	5.15	8.13	4.30	6.14	6.88
德国	5.51	4.49	5.06	6.99	7.05	5.80	7.60	6.82	7.62	5.80	6.46
加拿大	4.24	4.49	6.33	6.29	7.05	4.10	6.13	5.08	5.08	4.98	5.33
意大利	5.93	5.31	5.91	3.85	6.04	3.07	4.41	3.05	4.10	3.15	4.15
法国	7.63	6.12	5.06	2.10	3.69	3.07	3.19	3.92	5.08	3.32	4.12
日本	4.66	6.94	2.53	4.55	4.36	3.41	2.45	3.34	2.93	3.65	3.68
西班牙	3.39	6.12	4.22	3.15	2.35	4.10	2.45	3.48	3.91	1.82	3.31
瑞士	1.69	1.22	2.11	3.85	2.01	2.73	2.94	2.61	3.13	2.49	2.57
印度	2.97	0.00	2.53	2.80	3.02	3.07	1.23	1.89	3.13	2.82	2.36
荷兰	2.97	1.22	2.95	1.40	1.01	2.05	3.43	2.47	2.15	1.82	2.18
澳大利亚	4.24	1.63	1.27	1.40	2.35	2.39	2.21	1.60	1.95	2.82	2.15
伊朗	0.85	1.22	1.27	1.75	1.68	3.41	1.72	2.18	2.54	2.49	2.05
俄罗斯	2.54	2.45	3.38	1.75	2.35	1.71	1.96	1.45	2.15	1.33	1.94
奥地利	1.69	0.41	0.42	1.75	1.01	2.05	1.23	1.89	1.95	1.99	1.58
中国台湾	1.69	3.27	2.11	0.70	2.01	2.05	1.47	1.16	0.59	0.83	1.39
波兰	2.54	1.22	0.84	1.40	1.01	0.68	0.74	1.74	2.15	0.50	1.29
土耳其	0.42	0.41	0.00	0.70	0.67	1.71	2.45	0.73	0.78	2.49	1.18
新加坡	0.85	0.82	0.84	0.35	0.34	1.71	1.47	1.16	1.17	1.49	1.10

十二 人工智能

人工智能 A、B、C 层人才主要集中在美国和中国大陆，二者 A、B、C 层人才的世界占比合计分别为 50.13%、45.77%、41.32%；其中，美国的 A 层人才显著多于中国大陆，B、C 层人才略少于中国大陆。

英国、澳大利亚、中国香港、加拿大、德国的 A 层人才比较多，世界占比在 8%~3%；新加坡、法国、瑞士、韩国、荷兰、伊朗、西班牙、瑞典、意大利、印度、日本、芬兰、土耳其也有相当数量的 A 层人才，世界占比超过或接近 1%。

英国、澳大利亚、德国、中国香港、新加坡的 B 层人才比较多，世界占比在 7%~3%；加拿大、印度、法国、西班牙、韩国、瑞士、日本、意大利、沙特阿拉伯、伊朗、荷兰、比利时、土耳其也有相当数量的 B 层人才，世界占比超过或接近 1%。

英国、印度、澳大利亚、德国的 C 层人才比较多，世界占比在 6%~3%；中国香港、加拿大、新加坡、西班牙、法国、意大利、韩国、伊朗、瑞士、日本、中国台湾、土耳其、沙特阿拉伯、荷兰也有相当数量的 C 层人才，世界占比超过或接近 1%。

表 7-34　人工智能 A 层人才排名前 20 的国家和地区的占比

单位：%

国家和地区	2012 年	2013 年	2014 年	2015 年	2016 年	2017 年	2018 年	2019 年	2020 年	2021 年	合计
美国	29.79	32.65	36.67	44.93	36.11	43.82	37.65	30.21	28.72	16.19	33.03
中国大陆	8.51	16.33	13.33	15.94	13.89	16.85	18.82	19.79	19.15	20.95	17.10
英国	10.64	2.04	8.33	5.80	12.50	7.87	8.24	9.38	3.19	5.71	7.31
澳大利亚	2.13	0.00	0.00	1.45	4.17	3.37	4.71	7.29	9.57	9.52	4.96
中国香港	0.00	6.12	8.33	4.35	5.56	4.49	7.06	6.25	2.13	3.81	4.83
加拿大	2.13	6.12	6.67	5.80	2.78	4.49	3.53	2.08	5.32	1.90	3.92
德国	8.51	4.08	3.33	5.80	6.94	3.37	2.35	6.25	2.13	0.00	3.92
新加坡	2.13	2.04	0.00	2.90	1.39	2.25	2.35	1.04	2.13	8.57	2.74
法国	4.26	10.20	1.67	0.00	0.00	2.25	1.18	4.17	1.06	2.86	2.48
瑞士	10.64	0.00	0.00	2.90	5.56	3.37	0.00	1.04	2.13	0.95	2.35
韩国	2.13	2.04	0.00	4.35	2.78	1.12	2.35	1.04	1.06	2.86	1.96
荷兰	4.26	4.08	1.67	0.00	1.39	2.25	1.18	2.08	1.06	0.95	1.70
伊朗	2.13	0.00	0.00	0.00	1.39	0.00	0.00	0.00	4.26	3.81	1.31
西班牙	4.26	4.08	5.00	0.00	0.00	0.00	1.18	0.00	2.13	0.00	1.31
瑞典	2.13	0.00	5.00	1.45	1.39	1.12	1.18	0.00	2.13	0.00	1.31
意大利	0.00	2.04	1.67	0.00	1.39	0.00	1.18	1.04	0.00	1.90	0.91
印度	0.00	0.00	1.67	0.00	0.00	0.00	3.13	1.06	1.90		0.91
日本	0.00	2.04	0.00	0.00	0.00	0.00	2.35	2.08	0.00	0.00	0.65
芬兰	0.00	0.00	0.00	0.00	0.00	0.00	0.00	0.00	1.06	3.81	0.65
土耳其	0.00	0.00	1.67	0.00	0.00	0.00	0.00	0.00	1.06	2.86	0.65

表 7-35 人工智能 B 层人才排名前 20 的国家和地区的占比

单位：%

国家和地区	2012 年	2013 年	2014 年	2015 年	2016 年	2017 年	2018 年	2019 年	2020 年	2021 年	合计
中国大陆	17.39	18.86	21.69	20.41	20.12	21.79	24.01	26.56	31.34	34.59	24.83
美国	21.51	23.18	21.14	22.65	28.79	25.53	24.65	23.79	13.28	10.61	20.94
英国	9.38	7.05	7.72	8.77	7.89	7.47	6.03	4.97	6.58	5.31	6.86
澳大利亚	4.12	4.55	4.23	3.67	3.87	4.61	5.26	5.20	4.67	5.00	4.60
德国	3.89	4.77	4.04	3.03	4.95	4.86	3.85	3.35	2.75	1.94	3.61
中国香港	4.58	5.00	4.78	4.94	2.94	4.11	2.95	3.70	1.44	3.16	3.58
新加坡	3.43	3.18	2.76	4.78	3.25	2.99	3.21	3.35	3.35	2.45	3.23
加拿大	3.66	2.27	3.13	3.67	3.25	3.11	3.47	2.89	2.63	2.24	2.99
印度	1.37	1.59	3.13	2.07	1.86	1.49	1.41	1.85	4.67	2.86	2.31
法国	4.12	3.18	2.57	3.19	1.86	1.99	2.57	1.39	1.44	1.12	2.14
西班牙	2.97	3.41	2.21	2.39	1.70	1.37	1.67	1.15	2.03	1.94	1.95
韩国	1.37	1.59	1.10	1.59	0.93	1.87	1.28	2.08	2.39	2.86	1.81
瑞士	2.75	2.50	1.47	1.91	2.79	2.62	1.93	1.85	1.08	0.41	1.81
日本	0.46	2.50	1.84	1.75	1.08	1.37	2.44	2.08	1.08	1.43	1.61
意大利	1.60	1.36	2.21	1.12	0.93	1.37	1.41	0.58	0.96	1.84	1.31
沙特阿拉伯	0.46	0.45	1.10	0.64	0.62	1.37	1.28	0.81	2.03	1.84	1.16
伊朗	0.69	0.91	0.92	0.80	0.46	0.37	0.90	1.15	1.08	2.04	0.99
荷兰	1.83	0.68	0.74	0.80	1.24	0.50	1.16	1.04	0.60	0.82	0.91
比利时	1.37	1.59	0.74	0.32	0.93	0.62	1.41	0.23	0.72	0.41	0.76
土耳其	0.92	1.14	0.74	0.64	0.46	0.37	0.39	0.81	0.60	1.53	0.76

表 7-36 人工智能 C 层人才排名前 20 的国家和地区的占比

单位：%

国家和地区	2012 年	2013 年	2014 年	2015 年	2016 年	2017 年	2018 年	2019 年	2020 年	2021 年	合计
中国大陆	14.93	17.31	19.35	21.53	23.33	24.04	27.44	29.13	29.96	30.84	25.06
美国	17.70	18.26	17.99	18.02	17.30	18.30	18.27	17.93	12.75	10.13	16.26
英国	6.40	6.84	6.05	5.47	6.05	6.38	5.97	5.39	5.08	4.59	5.69
印度	3.00	2.64	3.33	3.36	3.31	3.63	3.59	3.83	6.16	5.74	4.07
澳大利亚	2.81	3.72	3.77	4.07	3.62	4.32	4.18	4.14	4.25	4.08	3.98
德国	4.26	4.42	4.06	3.31	3.64	3.71	2.71	2.60	1.84	2.04	3.06
中国香港	3.02	2.66	2.79	2.77	2.72	2.76	3.19	3.17	2.70	2.87	2.88
加拿大	3.35	2.94	2.57	3.02	3.31	2.76	2.71	2.76	2.67	2.44	2.81

国家和地区	2012 年	2013 年	2014 年	2015 年	2016 年	2017 年	2018 年	2019 年	2020 年	2021 年	合计
新加坡	2.63	2.73	2.92	2.89	2.72	2.43	2.88	2.38	2.36	2.35	2.59
西班牙	4.67	3.63	3.31	3.44	2.55	2.21	1.83	2.01	2.11	1.80	2.55
法国	4.09	4.05	3.69	2.64	2.69	2.63	1.82	1.64	1.42	1.38	2.37
意大利	2.70	2.57	2.44	2.72	2.29	2.31	1.62	1.44	1.83	1.93	2.10
韩国	2.30	1.87	1.69	2.09	1.55	1.62	1.86	2.32	1.99	2.49	2.00
伊朗	1.70	1.76	1.76	1.64	1.46	1.58	1.65	1.49	2.14	2.00	1.73
瑞士	1.88	2.06	1.67	1.25	1.40	1.53	1.81	1.44	1.16	1.10	1.47
日本	1.53	1.57	1.53	1.45	1.66	1.57	1.14	1.37	1.34	1.20	1.41
中国台湾	3.49	2.01	2.17	1.38	0.99	0.92	1.15	0.77	1.06	1.52	1.40
土耳其	2.02	1.29	0.99	1.35	1.31	1.12	0.94	0.94	1.59	1.69	1.31
沙特阿拉伯	0.47	0.65	1.08	1.56	1.63	1.41	1.15	0.99	1.35	1.96	1.30
荷兰	1.77	1.64	1.14	0.92	1.15	0.93	0.73	0.91	0.61	0.72	0.97

第二节　学科组

在信息科学各学科人才分析的基础上，按照 A、B、C 三个人才层次，对各学科人才进行汇总分析，可以从学科组层面揭示人才的分布特点和发展趋势。

一　A 层人才

信息科学 A 层人才最多的是美国，占该学科组全球 A 层人才的 25.79%，中国大陆以 18.39% 的世界占比排名第二，二者的 A 层人才合计超过全球的 40%；其后是英国、澳大利亚、德国，世界占比分别为 6.51%、5.62%、4.43%；加拿大、新加坡、法国、中国香港的 A 层人才比较多，世界占比在 4%~2%；意大利、韩国、印度、瑞士、西班牙、日本、瑞典、荷兰也有相当数量的 A 层人才，世界占比超过 1%；芬兰、卡塔尔、伊朗、马来西亚、希腊、土耳其、挪威、沙特阿拉伯、以色列、中国台湾、中国澳门、奥地利、比利时、葡萄牙、爱尔兰、丹麦、俄罗斯、巴西、阿联酋、巴基斯坦、新西兰、波兰、约旦有一定数量的 A 层人才，世界占比低于 1%。

在发展趋势上，美国、德国呈现相对下降趋势，中国大陆呈现相对上升趋势，其他国家没有呈现明显变化。

表 7-37　信息科学 A 层人才排名前 40 的国家和地区的占比

单位：%

国家和地区	2012 年	2013 年	2014 年	2015 年	2016 年	2017 年	2018 年	2019 年	2020 年	2021 年	合计
美国	34.77	33.90	28.81	29.52	30.52	29.78	25.09	23.36	17.03	15.82	25.79
中国大陆	7.28	10.45	12.86	14.66	16.47	19.31	21.48	22.59	21.04	26.19	18.39
英国	7.95	6.78	5.24	6.43	6.83	7.22	7.39	6.70	5.18	5.93	6.51
澳大利亚	6.29	3.39	6.19	3.61	4.82	4.33	4.12	7.63	7.85	6.75	5.62
德国	6.62	5.65	6.19	6.02	6.83	4.15	3.61	4.67	1.50	1.81	4.43
加拿大	3.64	2.82	3.57	3.01	4.42	5.42	4.64	2.80	3.51	5.11	3.96
新加坡	0.99	4.24	1.19	2.41	3.21	2.35	3.26	5.30	4.51	3.62	3.28
法国	3.64	4.52	5.71	2.41	0.80	2.71	1.89	3.12	2.17	2.31	2.77
中国香港	1.32	2.26	2.62	3.01	3.21	2.53	3.09	3.12	2.00	2.80	2.67
意大利	2.98	1.69	2.38	2.61	2.21	0.90	1.20	0.93	1.67	2.14	1.78
韩国	1.99	0.85	1.67	2.21	1.61	1.99	1.55	1.56	2.00	2.14	1.78
印度	1.32	1.98	1.67	0.80	0.80	1.26	0.86	1.87	4.01	2.64	1.78
瑞士	3.31	1.41	1.43	4.02	2.21	2.53	1.55	1.09	1.00	0.33	1.78
西班牙	2.98	3.11	3.10	1.81	2.21	1.62	1.72	0.16	0.83	0.82	1.64
日本	0.33	1.41	0.24	1.20	0.60	0.36	2.92	1.71	1.67	2.97	1.46
瑞典	1.66	1.13	1.90	1.81	1.00	0.90	0.52	0.78	2.34	0.49	1.21
荷兰	1.99	1.98	0.95	1.41	1.00	1.08	1.03	0.93	0.50	0.66	1.07
芬兰	0.66	0.00	2.38	0.40	1.20	1.08	0.86	0.47	1.34	1.32	0.99
卡塔尔	0.00	0.56	0.24	1.20	0.60	0.36	0.69	0.31	1.17	1.81	0.75
伊朗	0.33	0.85	0.48	0.00	0.40	0.00	0.34	0.31	2.00	1.81	0.69
马来西亚	0.33	0.28	0.48	0.80	0.00	0.54	1.03	0.78	0.83	0.82	0.63
希腊	0.66	1.41	0.71	0.40	0.00	0.90	0.52	0.47	0.67	0.49	0.61
土耳其	0.33	1.41	0.95	0.80	0.00	0.18	0.00	0.31	1.00	0.99	0.59
挪威	0.99	0.00	0.00	0.20	0.40	1.08	0.69	0.93	1.17	0.16	0.59
沙特阿拉伯	0.00	0.00	0.48	0.20	0.40	0.54	0.86	1.25	1.00	0.49	0.59

续表

国家和地区	2012 年	2013 年	2014 年	2015 年	2016 年	2017 年	2018 年	2019 年	2020 年	2021 年	合计
以色列	0.33	0.85	1.43	1.61	0.20	0.18	0.86	0.16	0.50	0.16	0.59
中国台湾	0.33	0.85	0.24	0.00	0.20	0.00	0.17	0.16	1.17	1.65	0.49
中国澳门	0.00	0.00	0.95	0.00	0.20	1.08	1.03	0.62	0.33	0.33	0.49
奥地利	0.00	0.56	0.00	0.40	1.41	1.08	0.52	0.78	0.00	0.00	0.49
比利时	0.33	0.85	0.95	0.80	0.40	0.00	0.69	0.62	0.00	0.33	0.47
葡萄牙	0.66	0.56	0.48	1.61	0.40	0.18	0.00	0.31	0.17	0.66	0.47
爱尔兰	0.99	0.00	0.24	0.00	1.20	0.00	0.52	0.47	1.17	0.00	0.45
丹麦	0.66	0.56	0.71	1.00	0.60	0.54	0.17	0.16	0.00	0.16	0.42
俄罗斯	0.99	0.28	0.24	0.40	0.60	0.18	0.69	0.16	0.50	0.00	0.40
巴西	0.00	0.56	0.48	0.60	0.00	0.54	0.00	0.16	0.67	0.66	0.38
阿联酋	0.00	0.00	0.00	0.00	0.00	0.00	0.69	0.93	0.50	0.82	0.36
巴基斯坦	0.00	0.00	0.00	0.00	0.20	0.00	0.52	0.16	1.17	0.82	0.34
新西兰	1.32	0.00	0.00	0.00	0.20	0.18	0.34	0.00	1.00	0.33	0.32
波兰	0.00	0.56	0.48	0.40	0.20	0.18	0.00	0.31	0.50	0.16	0.28
约旦	0.00	0.00	0.00	0.00	0.00	0.54	0.17	0.78	0.00	0.49	0.24

二 B 层人才

中国大陆的信息科学 B 层人才最多，占该学科组全球 B 层人才的 22.34%，美国以 19.83% 的世界占比排名第二，二者的 B 层人才合计超过全球的 40%；其后是英国、澳大利亚，世界占比分别为 6.32%、4.57%；加拿大、德国、印度、中国香港、新加坡、法国、意大利、韩国的 B 层人才比较多，世界占比在 4%~2%；西班牙、沙特阿拉伯、瑞士、日本、瑞典、荷兰、中国台湾也有相当数量的 B 层人才，世界占比超过或等于 1%；伊朗、芬兰、土耳其、巴基斯坦、马来西亚、比利时、巴西、希腊、奥地利、葡萄牙、挪威、丹麦、以色列、中国澳门、埃及、阿联酋、俄罗斯、卡塔尔、波兰、新西兰、爱尔兰有一定数量的 B 层人才，世界占比均低于 1%。

在发展趋势上，中国大陆、澳大利亚呈现总体上升趋势，美国、英国、德国呈现相对下降趋势，其他国家或地区没有呈现明显变化。

表 7-38 信息科学 B 层人才排名前 40 的国家和地区的占比

单位：%

国家和地区	2012 年	2013 年	2014 年	2015 年	2016 年	2017 年	2018 年	2019 年	2020 年	2021 年	合计
中国大陆	12.49	13.80	17.52	17.77	18.99	22.22	25.13	26.18	27.58	30.24	22.34
美国	26.76	25.50	25.89	21.92	23.07	22.65	20.03	18.48	12.31	10.62	19.83
英国	7.54	6.49	5.92	6.73	7.29	6.47	5.87	5.98	6.54	5.18	6.32
澳大利亚	3.67	3.89	4.01	4.04	4.06	4.97	4.63	5.12	5.02	5.20	4.57
加拿大	3.77	3.64	4.12	3.86	4.39	3.26	3.54	3.28	3.54	3.57	3.66
德国	4.77	4.93	4.17	4.37	4.17	3.89	3.04	2.84	2.03	2.09	3.44
印度	1.32	1.96	1.96	2.01	2.18	1.99	2.53	3.06	4.44	4.19	2.72
中国香港	2.74	2.97	3.17	2.91	2.71	3.31	2.93	2.55	1.92	1.96	2.67
新加坡	2.49	2.45	2.91	3.11	2.73	3.18	2.94	2.57	2.06	2.09	2.64
法国	3.84	4.25	2.83	3.44	2.51	2.39	2.33	1.32	1.66	1.50	2.42
意大利	3.38	2.79	2.44	2.76	2.29	2.23	1.89	2.18	1.59	2.21	2.29
韩国	2.03	1.99	1.54	1.92	1.75	2.21	2.38	2.36	2.81	2.26	2.17
西班牙	2.78	2.79	2.50	1.90	1.81	1.42	1.52	1.45	1.44	1.36	1.78
沙特阿拉伯	0.50	0.92	0.95	0.97	1.35	1.18	1.29	1.57	2.72	3.15	1.58
瑞士	2.38	2.27	1.78	1.96	2.10	1.64	1.29	1.11	0.80	0.62	1.49
日本	1.42	1.47	1.08	1.26	1.53	1.50	1.76	1.52	1.35	1.66	1.47
瑞典	1.21	1.19	0.77	1.30	1.07	1.42	1.13	1.28	0.80	0.65	1.07
荷兰	2.21	1.10	1.29	1.08	1.33	1.16	1.14	0.74	0.64	0.67	1.06
中国台湾	0.75	1.25	0.77	1.02	0.74	0.63	0.58	0.91	1.41	1.77	1.00
伊朗	0.89	1.01	0.98	0.64	0.83	0.81	0.58	0.86	1.17	1.52	0.94
芬兰	0.85	0.98	0.72	1.26	0.81	0.81	0.73	0.78	0.64	0.80	0.83
土耳其	0.78	0.89	0.72	0.75	0.52	0.51	0.53	0.76	1.22	0.96	0.77
巴基斯坦	0.11	0.18	0.39	0.29	0.26	0.59	0.94	1.05	1.83	1.13	0.76
马来西亚	0.53	0.52	0.72	0.53	0.63	0.81	0.73	0.79	0.60	0.83	0.69
比利时	1.28	0.92	0.85	0.79	0.52	0.55	0.77	0.44	0.60	0.32	0.66
巴西	0.32	0.86	0.46	0.62	0.79	0.57	0.54	0.88	0.49	0.39	0.60
希腊	0.93	0.86	0.90	1.06	0.63	0.37	0.30	0.25	0.49	0.41	0.57
奥地利	0.85	0.52	0.51	0.77	0.92	0.65	0.34	0.46	0.46	0.32	0.56
葡萄牙	0.89	0.52	0.80	0.49	0.48	0.30	0.64	0.73	0.58	0.23	0.55
挪威	0.43	0.61	0.44	0.26	0.31	0.34	0.47	0.64	0.88	0.76	0.53
丹麦	0.50	0.73	0.54	0.84	0.70	0.41	0.62	0.32	0.37	0.32	0.52
以色列	1.00	0.95	1.00	0.62	0.63	0.47	0.45	0.25	0.13	0.25	0.51
中国澳门	0.00	0.09	0.36	0.55	0.50	0.36	0.45	0.57	0.64	0.74	0.47

续表

国家和地区	2012 年	2013 年	2014 年	2015 年	2016 年	2017 年	2018 年	2019 年	2020 年	2021 年	合计
埃及	0.04	0.18	0.15	0.22	0.15	0.26	0.39	0.69	0.95	1.08	0.47
阿联酋	0.21	0.15	0.21	0.46	0.17	0.22	0.41	0.57	0.66	1.06	0.45
俄罗斯	0.14	0.28	0.15	0.40	0.35	0.39	0.43	0.54	0.55	0.42	0.39
卡塔尔	0.11	0.09	0.44	0.57	0.44	0.45	0.30	0.37	0.49	0.42	0.39
波兰	0.28	0.37	0.49	0.38	0.31	0.20	0.19	0.34	0.42	0.60	0.36
新西兰	0.39	0.37	0.31	0.22	0.37	0.16	0.45	0.30	0.55	0.30	0.34
爱尔兰	0.32	0.46	0.21	0.53	0.35	0.30	0.32	0.22	0.20	0.37	0.32

三 C 层人才

中国大陆的信息科学 C 层人才最多，占该学科组全球 C 层人才的 20.76%，美国以 18.04% 的世界占比排名第二，二者的 C 层人才合计超过全球的 1/3；之后是英国，世界占比为 5.47%；印度、德国、加拿大、澳大利亚、意大利、法国、韩国、西班牙、中国香港、新加坡的 C 层人才比较多，世界占比在 4%~2%；日本、伊朗、瑞士、沙特阿拉伯、中国台湾、荷兰也有相当数量的 C 层人才，世界占比均超过 1%；瑞典、巴基斯坦、土耳其、巴西、马来西亚、芬兰、比利时、奥地利、希腊、丹麦、葡萄牙、波兰、以色列、埃及、挪威、阿联酋、爱尔兰、越南、卡塔尔、俄罗斯、墨西哥有一定数量的 C 层人才，世界占比均低于 1%。

在发展趋势上，美国、德国、法国呈现相对下降趋势，中国大陆、印度呈现相对上升趋势，其他国家没有呈现明显变化。

表 7-39　信息科学 C 层人才排名前 40 的国家和地区的占比

单位：%

国家和地区	2012 年	2013 年	2014 年	2015 年	2016 年	2017 年	2018 年	2019 年	2020 年	2021 年	合计
中国大陆	12.21	13.95	14.87	15.79	18.33	21.05	23.65	26.21	25.27	26.24	20.76
美国	23.25	21.69	21.55	20.32	19.90	19.69	18.07	17.01	13.52	11.24	18.04
英国	5.72	5.65	5.70	5.53	5.76	5.59	5.73	5.38	5.15	4.86	5.47

续表

国家和地区	2012 年	2013 年	2014 年	2015 年	2016 年	2017 年	2018 年	2019 年	2020 年	2021 年	合计
印度	2.39	2.33	2.56	3.47	3.22	3.38	3.82	3.74	5.41	5.59	3.77
德国	4.82	4.57	4.66	4.65	4.26	3.86	3.40	3.11	2.47	2.39	3.67
加拿大	4.35	4.05	3.90	3.94	3.82	3.36	3.47	3.19	3.25	3.07	3.56
澳大利亚	2.81	3.15	3.20	3.42	3.23	3.58	3.85	3.56	3.81	4.16	3.54
意大利	3.76	3.79	3.47	3.66	3.29	3.12	2.61	2.29	2.42	2.32	2.97
法国	3.93	3.98	3.71	3.49	3.12	2.66	2.39	1.97	1.78	1.72	2.71
韩国	2.47	2.12	1.95	2.13	2.10	2.24	2.35	2.46	2.64	2.71	2.34
西班牙	3.39	3.35	2.82	2.70	2.27	2.15	1.90	1.79	1.76	1.60	2.25
中国香港	2.27	2.21	2.32	2.06	2.24	2.28	2.29	2.34	2.08	2.15	2.22
新加坡	2.03	2.06	2.22	2.13	2.26	2.02	2.14	1.84	1.79	1.76	2.01
日本	1.77	1.76	1.75	1.80	1.64	1.66	1.36	1.39	1.39	1.24	1.54
伊朗	1.40	1.43	1.27	1.34	1.30	1.49	1.45	1.54	1.98	1.80	1.52
瑞士	1.76	1.83	1.84	1.50	1.54	1.50	1.46	1.28	1.00	0.98	1.42
沙特阿拉伯	0.49	0.75	0.87	1.04	1.19	1.21	1.25	1.40	2.32	2.65	1.42
中国台湾	2.42	2.09	1.83	1.53	1.23	1.07	1.05	0.94	1.20	1.46	1.39
荷兰	1.97	1.84	1.61	1.50	1.43	1.24	1.19	1.08	0.94	0.84	1.29
瑞典	1.00	1.11	1.14	1.07	1.27	1.13	0.90	0.85	0.81	0.72	0.98
巴基斯坦	0.25	0.36	0.44	0.45	0.60	0.76	0.88	1.35	1.76	1.97	0.98
土耳其	1.02	0.95	0.84	0.84	0.93	0.81	0.73	0.80	1.11	1.19	0.92
巴西	0.90	0.91	0.95	0.97	0.94	0.87	0.90	0.84	0.85	0.85	0.89
马来西亚	0.67	0.57	0.80	0.88	0.73	0.87	0.77	0.89	1.10	1.13	0.87
芬兰	0.60	0.96	1.00	0.92	0.84	0.75	0.66	0.66	0.70	0.68	0.77
比利时	1.21	0.99	1.00	0.94	0.77	0.68	0.60	0.61	0.47	0.42	0.72
奥地利	0.93	0.91	1.02	0.89	0.80	0.75	0.69	0.54	0.46	0.42	0.71
希腊	1.10	1.01	0.77	0.79	0.71	0.67	0.58	0.53	0.54	0.54	0.69
丹麦	0.70	0.81	0.70	0.74	0.63	0.62	0.68	0.56	0.56	0.55	0.64
葡萄牙	0.78	0.75	0.78	0.69	0.73	0.54	0.58	0.64	0.43	0.52	0.63
波兰	0.76	0.70	0.77	0.80	0.71	0.44	0.51	0.40	0.51	0.53	0.59
以色列	0.83	0.76	0.81	0.77	0.73	0.65	0.47	0.41	0.33	0.24	0.57
埃及	0.26	0.27	0.32	0.36	0.39	0.32	0.49	0.67	0.98	1.12	0.56
挪威	0.51	0.55	0.52	0.48	0.57	0.44	0.39	0.43	0.53	0.62	0.50

续表

国家和地区	2012 年	2013 年	2014 年	2015 年	2016 年	2017 年	2018 年	2019 年	2020 年	2021 年	合计
阿联酋	0.15	0.17	0.29	0.30	0.35	0.22	0.31	0.53	0.69	0.78	0.41
爱尔兰	0.48	0.48	0.35	0.43	0.36	0.41	0.46	0.39	0.31	0.37	0.40
越南	0.09	0.13	0.17	0.16	0.18	0.25	0.39	0.46	0.96	0.69	0.39
卡塔尔	0.10	0.25	0.30	0.38	0.37	0.38	0.29	0.43	0.46	0.53	0.37
俄罗斯	0.33	0.25	0.31	0.42	0.39	0.32	0.41	0.36	0.35	0.44	0.37
墨西哥	0.34	0.38	0.33	0.34	0.37	0.30	0.28	0.30	0.38	0.33	0.33

第8章　管理科学

管理科学是研究人类管理活动规律及其应用的综合性交叉科学。管理科学的基础是数学、经济学和行为科学。

第一节　学科

管理科学学科组包括以下学科：运筹学和管理科学、管理学、商学、经济学、金融学、人口统计学、农业经济和政策、公共行政、卫生保健科学和服务、医学伦理学、区域和城市规划、信息学和图书馆学，共计 12 个。

一　运筹学和管理科学

美国的运筹学和管理科学 A 层人才最多，世界占比为 19.62%；中国大陆、法国、澳大利亚、德国、英国、加拿大、巴西的 A 层人才比较多，世界占比在 9% ~ 3%；印度、伊朗、比利时、荷兰、丹麦、新加坡、马来西亚、中国香港、瑞典、挪威、阿联酋、奥地利也有相当数量的 A 层人才，世界占比超过或接近 1%。

美国的 B 层人才最多，世界占比为 17.20%；中国大陆紧随其后，世界占比为 16.08%；英国、法国、加拿大、德国、印度、中国香港的 B 层人才比较多，世界占比在 9% ~ 3%；伊朗、澳大利亚、意大利、荷兰、西班牙、丹麦、新加坡、中国台湾、土耳其、韩国、比利时、巴西也有相当数量的 B 层人才，世界占比均超过 1%。

中国大陆的 C 层人才最多，世界占比为 17.05%；美国紧随其后，世界占比为 16.90%；英国、加拿大、法国、印度、中国香港、意大利的 C 层人才比较多，世界占比在 8%～3%；澳大利亚、德国、西班牙、伊朗、荷兰、土耳其、中国台湾、韩国、新加坡、巴西、比利时、葡萄牙也有相当数量的 C 层人才，世界占比均超过 1%。

表 8-1　运筹学和管理科学 A 层人才排名前 20 的国家和地区的占比

单位：%

国家和地区	2012 年	2013 年	2014 年	2015 年	2016 年	2017 年	2018 年	2019 年	2020 年	2021 年	合计
美国	20.00	31.25	29.41	19.05	15.00	19.05	23.81	25.00	11.54	10.71	19.62
中国大陆	0.00	0.00	5.88	4.76	0.00	23.81	19.05	8.33	7.69	10.71	8.61
法国	0.00	12.50	5.88	4.76	5.00	0.00	14.29	12.50	15.38	7.14	8.13
澳大利亚	6.67	0.00	0.00	19.05	10.00	0.00	4.76	4.17	3.85	17.86	7.18
德国	0.00	6.25	11.76	4.76	5.00	0.00	4.76	12.50	19.23	0.00	6.70
英国	0.00	12.50	5.88	0.00	15.00	14.29	0.00	4.17	0.00	3.57	5.26
加拿大	13.33	12.50	0.00	4.76	0.00	4.76	9.52	8.33	0.00	0.00	4.78
巴西	0.00	6.25	0.00	0.00	5.00	4.76	9.52	4.17	3.85	0.00	3.35
印度	0.00	0.00	0.00	0.00	0.00	0.00	0.00	4.17	15.38	0.00	2.87
伊朗	6.67	0.00	0.00	4.76	0.00	0.00	0.00	0.00	7.69	7.14	2.87
比利时	0.00	6.25	5.88	4.76	5.00	0.00	0.00	4.17	0.00	0.00	2.39
荷兰	0.00	0.00	5.88	4.76	0.00	4.76	4.76	0.00	0.00	0.00	2.39
丹麦	6.67	0.00	5.88	4.76	0.00	4.76	0.00	0.00	3.85	0.00	2.39
新加坡	0.00	0.00	0.00	0.00	0.00	0.00	0.00	4.17	0.00	10.71	1.91
马来西亚	6.67	0.00	0.00	4.76	0.00	0.00	0.00	0.00	0.00	3.57	1.44
中国香港	6.67	6.25	0.00	0.00	0.00	0.00	0.00	0.00	0.00	0.00	1.44
瑞典	6.67	0.00	0.00	4.76	0.00	0.00	0.00	0.00	0.00	3.57	1.44
挪威	6.67	0.00	0.00	4.76	5.00	0.00	0.00	0.00	0.00	0.00	1.44
阿联酋	0.00	0.00	0.00	0.00	0.00	4.76	0.00	4.17	0.00	3.57	1.44
奥地利	0.00	0.00	0.00	0.00	5.00	4.76	0.00	0.00	0.00	0.00	0.96

表 8-2　运筹学和管理科学 B 层人才排名前 20 的国家和地区的占比

单位：%

国家和地区	2012 年	2013 年	2014 年	2015 年	2016 年	2017 年	2018 年	2019 年	2020 年	2021 年	合计
美国	20.39	24.00	22.50	19.89	24.15	13.83	19.69	14.47	12.30	8.20	17.20
中国大陆	13.16	14.67	6.88	13.44	14.98	14.89	19.69	19.15	14.34	24.22	16.08
英国	7.89	8.67	8.75	5.91	7.25	12.23	9.33	8.09	10.25	5.86	8.37

续表

国家和地区	2012 年	2013 年	2014 年	2015 年	2016 年	2017 年	2018 年	2019 年	2020 年	2021 年	合计
法国	2.63	5.33	4.38	4.84	6.28	4.79	2.59	5.11	4.51	3.13	4.36
加拿大	6.58	6.00	5.00	2.15	2.90	5.85	3.11	3.83	3.69	4.69	4.26
德国	3.29	4.00	5.00	6.99	2.42	2.13	2.59	4.68	2.87	5.08	3.91
印度	1.97	1.33	5.00	5.91	1.45	3.19	3.11	5.11	4.92	4.69	3.81
中国香港	4.61	4.67	3.13	2.15	4.35	2.13	2.59	4.68	2.87	2.73	3.35
伊朗	0.00	2.67	4.38	3.23	1.93	2.66	2.59	3.40	2.87	4.30	2.89
澳大利亚	1.97	0.67	2.50	2.69	2.90	1.60	4.15	2.55	4.10	2.34	2.64
意大利	2.63	1.33	3.13	2.15	1.45	2.66	3.11	2.55	4.10	1.56	2.49
荷兰	3.29	2.67	3.13	2.69	2.42	3.19	2.07	2.13	2.05	0.39	2.28
西班牙	1.97	0.67	1.88	3.23	1.93	3.19	0.52	2.13	1.64	1.56	1.88
丹麦	1.97	0.00	3.13	0.54	1.45	2.66	2.07	2.13	1.64	1.56	1.73
新加坡	2.63	2.00	3.13	2.15	0.97	0.00	0.00	2.13	2.05	1.17	1.57
中国台湾	3.29	2.67	1.25	1.08	1.45	0.53	1.04	1.28	0.82	1.56	1.42
土耳其	1.97	0.00	0.63	2.69	3.86	0.00	1.04	1.28	0.41	1.56	1.37
韩国	1.97	0.00	1.88	0.54	0.48	2.13	2.07	0.43	0.82	2.73	1.32
比利时	3.95	4.00	1.25	1.61	1.45	0.53	0.52	0.43	0.41	0.39	1.27
巴西	0.66	0.67	1.25	0.54	0.97	1.06	1.04	1.70	2.05	1.56	1.22

表 8-3 运筹学和管理科学 C 层人才排名前 20 的国家和地区的占比

单位：%

国家和地区	2012 年	2013 年	2014 年	2015 年	2016 年	2017 年	2018 年	2019 年	2020 年	2021 年	合计
中国大陆	12.02	10.79	13.34	14.71	15.49	16.29	17.12	19.45	22.42	22.72	17.05
美国	19.71	21.65	20.83	17.83	17.28	18.41	16.86	16.02	13.39	11.59	16.90
英国	5.98	6.35	5.79	6.98	7.59	8.28	7.93	7.68	7.39	6.89	7.16
加拿大	4.20	4.51	4.97	3.97	4.56	3.81	4.31	3.56	3.46	3.11	3.97
法国	3.61	4.71	3.27	3.81	4.31	3.87	3.36	3.64	3.50	2.94	3.66
印度	2.83	2.05	3.65	3.33	3.13	3.00	3.20	4.04	4.67	5.00	3.61
中国香港	4.66	3.69	3.40	3.54	3.38	3.00	3.89	3.03	3.71	3.19	3.51
意大利	3.22	3.07	3.40	3.60	3.44	3.54	3.36	2.99	2.59	3.32	3.24
澳大利亚	2.04	3.62	2.45	3.02	2.67	2.78	3.26	3.34	3.15	2.60	2.91
德国	3.81	3.69	3.21	3.07	2.72	3.27	2.52	3.12	2.25	2.06	2.90
西班牙	4.34	3.62	3.21	3.07	3.23	2.29	2.10	1.93	2.25	2.60	2.78
伊朗	2.37	2.32	2.39	2.33	1.85	2.34	3.20	2.90	3.37	3.49	2.71

续表

国家和地区	2012 年	2013 年	2014 年	2015 年	2016 年	2017 年	2018 年	2019 年	2020 年	2021 年	合计
荷兰	2.10	2.94	2.45	2.54	2.77	2.07	2.31	1.89	1.90	1.18	2.16
土耳其	3.02	2.19	1.64	2.54	1.90	1.58	1.26	1.58	1.77	2.35	1.96
中国台湾	4.80	3.01	2.71	1.64	1.28	1.25	1.52	1.58	1.25	1.68	1.95
韩国	1.51	1.43	1.76	2.22	1.74	1.69	1.79	1.76	1.64	1.68	1.73
新加坡	1.77	1.09	1.57	2.12	2.10	1.25	1.63	1.54	1.86	1.72	1.68
巴西	1.64	1.64	1.32	1.69	2.15	1.69	1.42	1.36	1.21	2.02	1.62
比利时	1.18	1.84	1.20	1.32	1.28	1.42	0.79	1.32	0.86	0.38	1.12
葡萄牙	1.58	1.37	0.76	1.27	0.97	1.31	1.05	0.75	0.69	0.92	1.04

二　管理学

管理学 A、B、C 层人才最多的是美国，分别占该学科全球 A、B、C 层人才的 27.87%、25.20%、22.46%，明显高于其他国家和地区；英国的 A、B、C 层人才的世界占比为 14.37%、12.49%、11.08%，均排名第二。

德国、澳大利亚、荷兰、中国大陆、法国、加拿大的 A 层人才比较多，世界占比在 8%~3%；西班牙、意大利、丹麦、挪威、瑞士、芬兰、巴西、中国香港、奥地利、比利时、塞浦路斯、瑞典也有相当数量的 A 层人才，世界占比超过或接近 1%。

中国大陆、加拿大、德国、澳大利亚、荷兰、意大利的 B 层人才比较多，世界占比在 7%~3%；法国、西班牙、中国香港、丹麦、芬兰、新加坡、瑞典、瑞士、比利时、挪威、印度、中国台湾也有相当数量的 B 层人才，世界占比均超过 1%。

中国大陆、澳大利亚、德国、加拿大、意大利、荷兰、西班牙的 C 层人才比较多，世界占比在 8%~3%；法国、中国香港、印度、芬兰、瑞典、瑞士、丹麦、中国台湾、韩国、比利时、新加坡也有相当数量的 C 层人才，世界占比均超过 1%。

表 8-4　管理学 A 层人才排名前 20 的国家和地区的占比

单位：%

国家和地区	2012 年	2013 年	2014 年	2015 年	2016 年	2017 年	2018 年	2019 年	2020 年	2021 年	合计
美国	46.15	32.14	35.48	37.50	34.38	28.21	30.56	21.43	12.20	14.63	27.87
英国	7.69	14.29	19.35	6.25	15.63	15.38	16.67	21.43	9.76	14.63	14.37
德国	11.54	14.29	3.23	3.13	12.50	2.56	8.33	7.14	7.32	7.32	7.47
澳大利亚	3.85	7.14	3.23	6.25	3.13	5.13	5.56	4.76	7.32	9.76	5.75
荷兰	11.54	3.57	6.45	9.38	9.38	2.56	5.56	4.76	2.44	0.00	5.17
中国大陆	0.00	0.00	0.00	0.00	0.00	5.13	5.56	4.76	7.32	9.76	3.74
法国	0.00	3.57	3.23	3.13	0.00	2.56	2.78	11.90	4.88	0.00	3.45
加拿大	3.85	3.57	3.23	6.25	0.00	2.56	2.78	7.14	0.00	4.88	3.45
西班牙	0.00	3.57	3.23	3.13	0.00	5.13	0.00	0.00	4.88	7.32	2.87
意大利	0.00	3.57	0.00	0.00	3.13	5.13	2.78	2.38	2.44	2.44	2.30
丹麦	0.00	3.57	3.23	6.25	0.00	2.56	0.00	0.00	4.88	0.00	2.01
挪威	0.00	0.00	0.00	3.13	3.13	7.69	0.00	2.38	2.44	0.00	2.01
瑞士	3.85	0.00	0.00	0.00	3.13	5.13	2.78	0.00	0.00	2.44	1.72
芬兰	0.00	0.00	0.00	0.00	3.13	0.00	0.00	2.38	4.88	2.44	1.44
巴西	3.85	3.57	0.00	0.00	0.00	0.00	0.00	2.38	2.44	0.00	1.15
中国香港	3.85	0.00	6.45	0.00	0.00	2.56	0.00	0.00	0.00	0.00	1.15
奥地利	0.00	0.00	3.23	0.00	0.00	5.13	0.00	0.00	0.00	0.00	0.86
比利时	0.00	0.00	0.00	0.00	3.13	0.00	0.00	0.00	0.00	4.88	0.86
塞浦路斯	0.00	3.57	0.00	0.00	0.00	0.00	0.00	0.00	4.88	0.00	0.86
瑞典	0.00	3.57	0.00	0.00	0.00	2.56	0.00	0.00	0.00	2.44	0.86

表 8-5　管理学 B 层人才排名前 20 的国家和地区的占比

单位：%

国家和地区	2012 年	2013 年	2014 年	2015 年	2016 年	2017 年	2018 年	2019 年	2020 年	2021 年	合计
美国	40.25	34.77	31.03	29.01	30.18	22.55	22.16	20.05	17.49	14.49	25.20
英国	9.96	12.89	13.10	12.97	11.28	11.57	14.97	11.61	13.84	12.17	12.49
中国大陆	3.32	2.73	3.79	4.44	5.18	5.93	8.38	10.29	8.09	9.86	6.53
加拿大	7.05	6.64	4.83	6.83	3.66	5.93	3.89	4.75	3.66	2.03	4.77
德国	2.07	3.91	4.14	5.46	4.57	4.45	4.79	5.28	4.70	6.09	4.65
澳大利亚	3.73	5.47	3.45	4.44	6.40	5.04	4.49	3.69	5.22	2.90	4.49

续表

国家和地区	2012 年	2013 年	2014 年	2015 年	2016 年	2017 年	2018 年	2019 年	2020 年	2021 年	合计
荷兰	6.64	3.91	5.17	4.44	3.05	5.93	5.09	3.69	1.31	2.03	3.99
意大利	2.90	1.17	1.38	1.71	3.66	3.26	3.59	2.90	4.96	4.64	3.14
法国	1.66	2.34	3.10	2.73	3.05	2.08	3.29	4.22	2.35	4.06	2.95
西班牙	2.49	4.30	3.79	3.07	2.74	3.26	2.99	2.90	1.31	2.32	2.86
中国香港	4.15	2.34	2.07	3.07	2.74	2.08	3.29	2.11	1.04	1.74	2.39
丹麦	0.83	1.56	2.07	1.71	2.13	1.48	1.20	1.32	2.87	1.74	1.73
芬兰	2.07	1.56	1.72	1.71	1.52	2.67	1.50	0.53	2.87	1.16	1.73
新加坡	0.41	1.17	2.41	2.39	2.44	0.00	1.20	2.64	2.87	0.87	1.69
瑞典	2.07	1.56	0.69	0.00	1.52	2.97	1.50	1.06	2.61	1.45	1.57
瑞士	3.73	0.39	1.38	2.39	1.22	2.67	0.60	1.06	0.78	1.74	1.54
比利时	0.41	1.95	1.38	2.73	1.83	2.37	1.80	0.79	0.78	0.29	1.41
挪威	1.66	1.56	1.72	1.37	0.30	1.48	1.50	1.32	1.31	1.74	1.38
印度	0.41	0.78	1.03	1.37	0.61	0.00	0.60	1.85	1.83	4.35	1.35
中国台湾	0.83	2.34	2.07	0.68	1.83	0.89	0.60	1.06	0.26	0.87	1.10

表 8-6　管理学 C 层人才排名前 20 的国家和地区的占比

单位：%

国家和地区	2012 年	2013 年	2014 年	2015 年	2016 年	2017 年	2018 年	2019 年	2020 年	2021 年	合计
美国	30.07	27.01	26.35	25.34	23.38	23.92	22.26	18.71	17.91	15.20	22.46
英国	11.98	11.58	11.36	11.63	11.50	11.48	10.11	10.91	10.93	9.92	11.08
中国大陆	3.89	4.52	4.67	6.21	6.18	6.57	7.33	9.68	9.40	10.76	7.20
澳大利亚	4.65	4.60	4.88	4.41	4.85	4.97	5.08	4.81	5.05	4.36	4.78
德国	4.19	4.72	5.12	5.17	4.85	4.77	4.55	4.05	3.87	3.59	4.45
加拿大	4.90	5.79	4.81	4.17	4.44	3.71	4.20	3.47	2.75	3.00	4.01
意大利	2.85	2.74	2.80	3.30	3.74	3.25	3.64	4.62	4.62	4.86	3.73
荷兰	4.40	4.60	4.43	3.89	4.21	3.43	4.11	3.39	2.83	2.58	3.71
西班牙	3.60	2.86	3.81	3.75	3.77	3.23	3.31	3.28	3.43	3.17	3.41
法国	2.47	3.01	2.80	2.99	3.04	2.88	3.10	3.17	3.08	2.58	2.93
中国香港	2.39	3.57	2.56	3.30	2.63	2.68	1.95	2.08	1.32	1.89	2.38
印度	0.75	0.83	1.14	1.18	1.30	1.86	2.22	2.22	2.91	4.28	1.99

国家和地区	2012 年	2013 年	2014 年	2015 年	2016 年	2017 年	2018 年	2019 年	2020 年	2021 年	合计
芬兰	1.72	1.63	2.15	1.53	1.81	1.63	1.83	1.34	1.51	1.31	1.63
瑞典	1.55	1.94	1.84	1.53	2.03	1.54	1.39	1.31	1.65	1.58	1.62
瑞士	2.01	2.10	2.11	1.80	1.87	1.68	1.60	1.26	1.13	0.56	1.56
丹麦	1.80	1.27	2.04	1.80	1.74	1.23	1.30	1.64	1.51	1.33	1.55
中国台湾	1.88	2.14	1.52	1.84	0.92	1.51	1.36	1.29	1.37	1.31	1.48
韩国	1.84	1.31	0.97	1.21	1.30	1.51	1.57	1.45	1.32	1.33	1.38
比利时	1.30	1.86	1.94	1.39	1.33	1.08	1.24	0.96	0.88	1.00	1.26
新加坡	1.38	1.51	1.28	1.80	1.33	1.51	1.12	0.96	0.85	0.75	1.22

三 商学

商学 A、B、C 层人才最多的是美国，分别占该学科全球 A、B、C 层人才的 33.70%、25.23%、22.72%，均明显高于其他国家和地区。

英国和德国的 A 层人才世界占比均为 8.70%，并列排名第二；澳大利亚、法国、荷兰、意大利、挪威的 A 层人才比较多，世界占比在 6%～3%；新西兰、马来西亚、印度、加拿大、中国大陆、西班牙、韩国、葡萄牙、比利时、瑞士、南非、奥地利也有相当数量的 A 层人才，世界占比超过或接近 1%。

英国的 B 层人才世界占比为 11.96%，排名第二；中国大陆、法国、德国、澳大利亚、加拿大、意大利、荷兰、西班牙的 B 层人才比较多，世界占比在 6%～3%；印度、芬兰、瑞典、挪威、瑞士、比利时、中国香港、丹麦、新加坡、奥地利也有相当数量的 B 层人才，世界占比均超过 1%。

英国的 C 层人才世界占比为 11.21%，排名第二；中国大陆、澳大利亚、德国、加拿大、意大利、西班牙、法国、荷兰的 C 层人才比较多，世界占比在 6%～3%；印度、芬兰、瑞典、韩国、中国香港、瑞士、丹麦、中国台湾、新西兰、比利时也有相当数量的 C 层人才，世界占比均超过 1%。

表 8-7　商学 A 层人才排名前 20 的国家和地区的占比

单位：%

国家和地区	2012 年	2013 年	2014 年	2015 年	2016 年	2017 年	2018 年	2019 年	2020 年	2021 年	合计
美国	61.11	42.11	34.78	28.00	41.38	46.67	35.48	18.75	24.32	21.88	33.70
英国	0.00	10.53	13.04	8.00	6.90	16.67	12.90	6.25	5.41	6.25	8.70
德国	11.11	10.53	8.70	12.00	10.34	3.33	6.45	21.88	2.70	3.13	8.70
澳大利亚	5.56	5.26	4.35	8.00	6.90	6.67	0.00	3.13	5.41	9.38	5.43
法国	0.00	0.00	13.04	0.00	3.45	3.33	6.45	3.13	5.41	6.25	4.35
荷兰	5.56	5.26	0.00	8.00	10.34	0.00	6.45	0.00	2.70	3.13	3.99
意大利	5.56	0.00	0.00	0.00	0.00	3.33	9.68	0.00	8.11	3.13	3.26
挪威	0.00	0.00	0.00	0.00	0.00	3.33	3.23	6.25	10.81	3.13	3.26
新西兰	0.00	5.26	4.35	4.00	0.00	0.00	0.00	15.63	0.00	0.00	2.90
马来西亚	0.00	0.00	0.00	4.00	0.00	0.00	0.00	15.63	0.00	6.25	2.90
印度	0.00	0.00	0.00	0.00	6.90	3.33	0.00	3.13	2.70	9.38	2.90
加拿大	0.00	10.53	8.70	4.00	0.00	0.00	0.00	3.13	0.00	0.00	2.17
中国大陆	0.00	0.00	0.00	0.00	0.00	3.33	0.00	0.00	5.41	6.25	1.81
西班牙	5.56	0.00	0.00	0.00	0.00	0.00	0.00	0.00	5.41	3.13	1.45
韩国	5.56	5.26	0.00	4.00	0.00	0.00	3.23	0.00	0.00	0.00	1.45
葡萄牙	0.00	0.00	0.00	8.00	3.45	0.00	0.00	0.00	0.00	0.00	1.09
比利时	0.00	0.00	4.35	0.00	3.45	3.33	0.00	0.00	0.00	0.00	1.09
瑞士	0.00	0.00	0.00	0.00	0.00	3.33	3.23	0.00	2.70	0.00	1.09
南非	0.00	0.00	0.00	0.00	0.00	3.45	0.00	0.00	5.41	0.00	1.09
奥地利	0.00	0.00	0.00	4.00	0.00	3.33	0.00	0.00	0.00	0.00	0.72

表 8-8　商学 B 层人才排名前 20 的国家和地区的占比

单位：%

国家和地区	2012 年	2013 年	2014 年	2015 年	2016 年	2017 年	2018 年	2019 年	2020 年	2021 年	合计
美国	44.31	32.77	33.01	31.30	31.97	27.11	20.77	17.81	16.96	12.84	25.23
英国	8.98	13.56	12.14	11.30	11.52	12.68	11.97	10.62	11.61	14.53	11.96
中国大陆	4.79	1.13	2.43	3.91	4.83	2.46	6.69	6.85	6.55	8.45	5.12
法国	1.80	2.82	4.85	6.09	4.46	3.52	3.87	8.90	5.95	5.07	4.96
德国	3.59	5.65	5.34	6.09	4.09	5.28	3.87	4.79	5.65	3.72	4.80
澳大利亚	2.40	3.39	6.31	3.48	6.32	3.87	4.93	3.77	5.36	3.72	4.45
加拿大	7.19	6.78	4.85	5.65	2.23	5.28	5.28	2.74	2.38	1.01	4.01
意大利	2.40	2.82	0.49	1.74	4.09	2.46	4.58	4.45	4.76	6.42	3.66

续表

国家和地区	2012 年	2013 年	2014 年	2015 年	2016 年	2017 年	2018 年	2019 年	2020 年	2021 年	合计
荷兰	3.59	1.69	5.83	3.91	2.60	6.34	5.28	3.08	0.89	1.69	3.42
西班牙	4.19	3.39	4.37	3.04	4.46	2.82	3.87	2.40	2.08	2.70	3.23
印度	0.00	0.00	1.46	0.87	2.23	2.46	2.46	1.71	6.25	7.43	2.87
芬兰	1.20	3.39	1.46	2.17	1.86	3.52	1.41	2.40	4.17	2.03	2.44
瑞典	0.00	2.82	1.46	2.17	1.86	3.87	1.76	2.05	2.68	1.35	2.09
挪威	1.80	0.56	1.46	0.87	1.49	1.06	1.76	3.08	1.49	1.35	1.53
瑞士	1.80	2.26	0.97	2.61	1.86	1.41	0.70	1.71	0.60	2.03	1.53
比利时	0.60	1.69	0.00	1.30	1.86	2.82	2.11	1.37	1.79	0.34	1.46
中国香港	3.59	1.13	0.97	1.74	1.86	1.06	2.11	1.71	0.60	0.34	1.42
丹麦	1.20	1.13	0.00	1.30	1.49	1.76	0.70	1.03	2.68	1.35	1.34
新加坡	0.00	0.56	1.94	2.17	1.86	0.35	1.06	1.37	2.38	0.68	1.30
奥地利	1.20	2.26	1.94	1.30	0.74	0.70	1.76	0.34	0.30	0.68	1.02

表 8-9　商学 C 层人才排名前 20 的国家和地区的占比

单位：%

国家和地区	2012 年	2013 年	2014 年	2015 年	2016 年	2017 年	2018 年	2019 年	2020 年	2021 年	合计
美国	32.64	28.80	28.90	25.66	25.01	24.46	23.33	19.25	16.36	13.07	22.72
英国	10.90	12.19	10.81	11.05	12.10	10.71	10.68	10.76	11.98	10.96	11.21
中国大陆	2.86	2.96	3.62	4.72	4.83	5.09	7.40	7.41	7.75	8.84	5.92
澳大利亚	4.23	5.15	4.94	4.85	4.98	4.70	5.04	5.18	4.68	4.33	4.81
德国	5.00	4.14	5.43	6.20	5.68	4.84	4.69	4.09	4.71	3.38	4.77
加拿大	5.00	6.15	4.94	4.20	4.80	4.67	4.16	3.72	3.13	2.66	4.19
意大利	2.56	2.52	2.64	2.99	3.06	2.93	3.52	4.70	5.04	5.49	3.72
西班牙	3.28	3.13	4.01	4.20	3.69	3.89	3.28	3.92	3.55	3.07	3.61
法国	2.68	3.47	3.28	2.95	3.54	3.53	3.74	3.69	3.73	4.47	3.57
荷兰	4.41	4.31	4.21	4.25	3.39	3.00	3.31	3.48	2.68	2.22	3.40
印度	0.66	0.84	0.98	1.13	1.36	1.80	2.15	2.57	3.07	4.71	2.12
芬兰	1.73	1.73	2.00	1.99	1.81	1.70	1.94	1.56	1.97	2.39	1.89
瑞典	1.55	1.90	2.64	1.78	1.99	1.98	1.66	1.79	1.97	1.47	1.86
韩国	2.03	1.73	1.03	1.95	1.73	1.70	1.87	1.59	1.40	1.64	1.66
中国香港	2.03	2.63	1.61	1.86	1.48	1.91	1.34	1.39	1.07	1.02	1.56
瑞士	2.50	1.90	1.96	2.04	1.73	1.52	1.34	1.25	1.04	0.96	1.54
丹麦	1.19	2.07	1.86	1.52	1.25	1.38	1.09	1.52	1.73	1.02	1.44
中国台湾	2.03	1.62	1.61	2.21	1.25	1.06	1.23	0.88	0.92	1.33	1.34
新西兰	1.25	0.67	0.68	1.13	1.00	1.34	1.02	1.29	1.31	1.16	1.11
比利时	1.31	1.45	1.22	1.13	1.14	1.17	1.06	1.15	1.01	0.65	1.10

四 经济学

经济学 A、B、C 层人才最多的是美国，分别占该学科全球 A、B、C 层人才的 32.21%、29.82%、25.13%；英国的 A、B、C 层人才的世界占比分别为 11.33%、10.43%、10.83%，均排名第二。

中国大陆、加拿大、德国、荷兰、澳大利亚、法国的 A 层人才比较多，世界占比在 7%~3%；瑞士、瑞典、西班牙、中国香港、意大利、奥地利、印度、比利时、丹麦、巴基斯坦、新加坡、新西兰也有相当数量的 A 层人才，世界占比超过或接近 1%。

中国大陆的 B 层人才世界占比为 9.60%，排名第三；德国、澳大利亚、荷兰、法国、加拿大的 B 层人才比较多，世界占比在 6%~3%；意大利、西班牙、瑞士、瑞典、新加坡、中国香港、比利时、丹麦、日本、奥地利、挪威、印度也有相当数量的 B 层人才，世界占比超过或接近 1%。

中国大陆、德国、意大利、澳大利亚、荷兰、法国、加拿大的 C 层人才比较多，世界占比在 8%~3%；西班牙、瑞士、瑞典、比利时、中国香港、丹麦、挪威、新加坡、印度、日本、奥地利也有相当数量的 C 层人才，世界占比超过、等于或接近 1%。

表 8-10 经济学 A 层人才排名前 20 的国家和地区的占比

单位：%

国家和地区	2012 年	2013 年	2014 年	2015 年	2016 年	2017 年	2018 年	2019 年	2020 年	2021 年	合计
美国	47.83	32.65	34.00	40.38	43.64	28.81	28.57	28.36	23.44	21.67	32.21
英国	10.87	8.16	10.00	13.46	14.55	13.56	12.70	11.94	10.94	6.67	11.33
中国大陆	0.00	2.04	2.00	1.92	3.64	3.39	7.94	8.96	12.50	16.67	6.37
加拿大	6.52	10.20	6.00	3.85	3.64	3.39	3.17	2.99	1.56	6.67	4.60
德国	6.52	6.12	2.00	0.00	5.45	3.39	1.59	7.46	7.81	5.00	4.60
荷兰	8.70	2.04	6.00	7.69	7.27	6.78	1.59	5.97	1.56	0.00	4.60
澳大利亚	0.00	4.08	4.00	3.85	3.64	6.78	4.76	2.99	1.56	8.33	4.07
法国	2.17	2.04	2.00	1.92	0.00	3.39	6.35	5.97	4.69	1.67	3.19
瑞士	0.00	0.00	2.00	3.85	0.00	3.39	1.59	1.49	4.69	3.33	2.12

续表

国家和地区	2012 年	2013 年	2014 年	2015 年	2016 年	2017 年	2018 年	2019 年	2020 年	2021 年	合计
瑞典	2.17	4.08	0.00	1.92	1.82	3.39	3.17	1.49	0.00	3.33	2.12
西班牙	0.00	6.12	2.00	0.00	1.82	5.08	1.59	2.99	1.56	0.00	2.12
中国香港	2.17	0.00	2.00	0.00	0.00	0.00	4.76	2.99	1.56	3.33	1.77
意大利	4.35	0.00	0.00	1.92	1.82	3.39	0.00	1.49	4.69	0.00	1.77
奥地利	0.00	4.08	0.00	3.85	1.82	1.69	1.59	1.49	0.00	0.00	1.42
印度	0.00	0.00	0.00	0.00	0.00	3.39	3.17	1.49	3.13	0.00	1.24
比利时	2.17	0.00	4.00	0.00	1.82	1.69	0.00	0.00	1.56	1.67	1.24
丹麦	0.00	2.04	6.00	0.00	1.82	1.69	0.00	0.00	1.56	0.00	1.24
巴基斯坦	0.00	0.00	0.00	1.92	0.00	0.00	1.59	0.00	3.13	3.33	1.06
新加坡	2.17	0.00	0.00	3.85	3.64	0.00	0.00	0.00	0.00	1.67	1.06
新西兰	0.00	4.08	0.00	1.92	1.82	1.69	0.00	0.00	0.00	0.00	0.88

表 8-11　经济学 B 层人才排名前 20 的国家和地区的占比

单位：%

国家和地区	2012 年	2013 年	2014 年	2015 年	2016 年	2017 年	2018 年	2019 年	2020 年	2021 年	合计
美国	40.98	37.13	38.61	37.52	30.29	31.03	25.57	25.08	20.93	18.15	29.82
英国	12.20	9.57	10.34	11.38	11.84	9.26	11.99	10.96	9.52	7.59	10.43
中国大陆	1.22	2.51	4.22	4.79	6.41	9.98	11.64	15.12	13.49	21.11	9.60
德国	6.10	5.47	4.64	5.79	4.27	4.54	5.82	6.64	4.67	3.70	5.16
澳大利亚	2.44	2.73	3.80	2.99	4.27	3.81	3.70	2.82	6.23	3.52	3.69
荷兰	5.12	5.24	4.22	3.99	4.27	3.45	4.06	2.99	2.77	1.48	3.67
法国	3.17	2.28	3.59	3.79	4.27	3.81	3.35	4.15	2.77	2.96	3.44
加拿大	5.37	3.42	2.95	2.00	3.30	4.54	2.47	2.82	3.46	1.48	3.13
意大利	2.20	2.51	2.95	2.40	4.08	2.54	2.29	1.83	2.94	1.85	2.55
西班牙	2.68	4.78	2.53	1.60	2.33	2.54	2.47	1.99	2.42	1.11	2.40
瑞士	2.93	2.05	1.48	2.00	1.75	2.36	1.76	2.49	2.25	1.48	2.05
瑞典	0.73	1.82	1.90	2.79	1.75	1.63	1.94	2.33	0.69	2.04	1.78
新加坡	1.71	2.28	0.42	2.20	1.17	2.36	2.65	1.33	0.87	0.93	1.58
中国香港	0.73	1.59	0.63	1.40	1.75	2.00	1.06	1.50	2.60	1.67	1.53
比利时	1.71	1.37	1.69	2.00	1.55	1.27	0.88	1.00	0.87	0.74	1.27
丹麦	0.73	1.14	1.90	0.60	1.17	1.09	1.59	1.33	0.69	0.56	1.08
日本	0.49	0.68	0.42	0.60	0.97	0.73	0.88	0.50	1.56	2.22	0.93
奥地利	0.98	0.91	2.53	0.40	0.97	0.73	1.23	0.66	0.17	0.56	0.89
挪威	0.49	0.91	0.84	1.00	0.58	2.00	1.06	1.16	0.35	0.19	0.87
印度	0.24	0.46	0.21	0.20	0.39	0.73	1.06	0.83	1.38	2.41	0.83

表 8-12　经济学 C 层人才排名前 20 的国家和地区的占比

单位：%

国家和地区	2012 年	2013 年	2014 年	2015 年	2016 年	2017 年	2018 年	2019 年	2020 年	2021 年	合计
美国	31.78	30.26	28.86	28.09	26.73	25.65	23.80	21.26	19.64	18.45	25.13
英国	12.15	11.41	11.11	11.72	11.48	10.87	10.79	9.91	10.26	9.08	10.83
中国大陆	4.36	4.76	4.59	4.84	6.22	7.13	8.39	10.01	12.81	14.67	7.96
德国	6.78	6.88	6.64	6.86	6.84	6.16	5.81	5.75	5.75	4.57	6.17
意大利	3.33	3.48	3.43	4.07	3.60	3.71	3.62	4.08	3.38	3.53	3.64
澳大利亚	3.26	3.67	3.39	3.57	3.40	3.74	3.77	3.69	3.98	3.59	3.62
荷兰	4.58	4.46	4.13	3.15	3.79	3.62	3.08	3.30	3.32	2.56	3.56
法国	2.85	3.94	3.32	3.98	3.48	3.82	3.69	3.50	2.90	2.99	3.45
加拿大	3.59	3.42	3.49	3.50	3.30	3.42	3.28	2.77	2.99	2.99	3.26
西班牙	2.68	2.80	3.36	2.61	2.77	2.21	2.80	2.60	2.35	2.22	2.63
瑞士	2.12	2.14	1.80	2.29	1.96	2.27	1.84	2.29	1.76	1.50	2.00
瑞典	2.27	1.96	2.20	2.06	2.31	2.20	2.06	1.69	1.65	1.56	1.99
比利时	1.33	1.68	1.57	1.63	1.48	1.39	1.66	1.33	0.94	1.18	1.41
中国香港	1.35	1.02	1.16	1.06	1.36	1.22	1.47	1.52	1.63	1.52	1.35
丹麦	1.13	1.39	1.61	1.36	1.54	1.21	1.38	0.88	1.03	1.10	1.25
挪威	1.06	1.23	1.27	1.17	0.99	1.44	1.11	0.99	1.27	1.02	1.16
新加坡	0.99	0.98	0.76	1.08	1.11	0.97	1.31	1.01	1.12	0.93	1.03
印度	0.39	0.77	0.63	0.90	0.91	0.70	1.20	1.41	1.17	1.72	1.00
日本	1.42	1.25	0.97	0.94	0.85	0.90	0.78	1.06	0.95	1.00	1.00
奥地利	1.21	1.28	0.91	0.79	1.05	0.95	0.62	1.11	0.95	1.16	0.99

五　金融学

金融学 A、B、C 层人才最多的是美国，分别占该学科全球 A、B、C 层人才的 32.48%、31.98%、27.38%，均遥遥领先于其他国家和地区。

英国、法国、中国大陆、爱尔兰、加拿大、中国香港、荷兰、黎巴嫩的 A 层人才比较多，世界占比为 9%～3%；澳大利亚、丹麦、意大利、瑞士、土耳其、越南、奥地利也有相当数量的 A 层人才，世界占比均超过 1%。

英国、中国大陆、澳大利亚、德国、加拿大、法国、中国香港的 B 层人才比较多，世界占比在 10%～3%；意大利、西班牙、荷兰、瑞士、新加

坡、新西兰、比利时、南非、爱尔兰、越南、韩国、土耳其也有相当数量的
B 层人才，世界占比超过或接近 1%。

英国、中国大陆、澳大利亚、加拿大、德国、法国的 C 层人才比较多，
世界占比在 11%~3%；意大利、中国香港、荷兰、瑞士、西班牙、新西兰、
新加坡、马来西亚、韩国、中国台湾、比利时、印度、瑞典也有相当数量的
C 层人才，世界占比超过或接近 1%。

表 8-13　金融学 A 层人才的国家和地区的占比

单位：%

国家和地区	2012 年	2013 年	2014 年	2015 年	2016 年	2017 年	2018 年	2019 年	2020 年	2021 年	合计
美国	63.64	50.00	66.67	35.29	61.54	33.33	5.88	11.11	11.11	19.05	32.48
英国	0.00	0.00	6.67	5.88	7.69	13.33	23.53	11.11	16.67	0.00	8.92
法国	0.00	0.00	0.00	5.88	0.00	13.33	0.00	22.22	0.00	14.29	6.37
中国大陆	0.00	8.33	6.67	17.65	0.00	0.00	5.88	5.56	11.11	0.00	5.73
爱尔兰	0.00	0.00	0.00	0.00	15.38	0.00	5.88	11.11	11.11	0.00	4.46
加拿大	0.00	0.00	6.67	5.88	0.00	0.00	11.76	11.11	0.00	0.00	3.82
中国香港	18.18	0.00	6.67	0.00	0.00	0.00	5.88	0.00	0.00	9.52	3.82
荷兰	0.00	25.00	0.00	0.00	7.69	0.00	0.00	5.56	0.00	0.00	3.18
黎巴嫩	0.00	0.00	0.00	0.00	0.00	13.33	0.00	11.11	0.00	4.76	3.18
澳大利亚	0.00	0.00	0.00	5.88	0.00	0.00	5.88	0.00	5.56	4.76	2.55
丹麦	0.00	8.33	6.67	0.00	0.00	0.00	0.00	0.00	0.00	4.76	1.91
意大利	9.09	0.00	0.00	5.88	0.00	0.00	0.00	5.56	0.00	0.00	1.91
瑞士	0.00	0.00	0.00	5.88	0.00	0.00	5.88	0.00	5.56	0.00	1.91
土耳其	0.00	0.00	0.00	0.00	0.00	0.00	5.88	0.00	0.00	9.52	1.91
越南	0.00	0.00	0.00	0.00	0.00	0.00	0.00	0.00	5.56	9.52	1.91
奥地利	0.00	0.00	0.00	0.00	0.00	0.00	5.88	0.00	0.00	4.76	1.27

表 8-14　金融学 B 层人才排名前 20 的国家和地区的占比

单位：%

国家和地区	2012 年	2013 年	2014 年	2015 年	2016 年	2017 年	2018 年	2019 年	2020 年	2021 年	合计
美国	55.10	45.38	42.45	42.38	35.38	34.75	27.74	17.68	22.16	15.51	31.98
英国	7.14	5.88	11.51	7.28	10.77	9.22	10.97	11.59	10.78	5.88	9.17
中国大陆	3.06	3.36	2.88	7.28	5.38	8.51	8.39	12.20	10.78	16.58	8.48

续表

国家和地区	2012 年	2013 年	2014 年	2015 年	2016 年	2017 年	2018 年	2019 年	2020 年	2021 年	合计
澳大利亚	4.08	5.04	5.04	6.62	4.62	4.96	5.16	7.93	4.19	6.42	5.51
德国	2.04	5.88	2.88	6.62	6.15	1.42	5.81	3.05	2.99	3.21	4.00
加拿大	4.08	5.88	2.88	3.31	3.85	5.67	3.87	3.66	1.80	2.67	3.65
法国	1.02	2.52	0.72	1.32	3.85	2.13	5.16	7.93	2.99	6.42	3.65
中国香港	3.06	4.20	3.60	3.97	4.62	4.26	0.00	1.83	3.59	2.14	3.03
意大利	3.06	2.52	1.44	3.31	3.08	1.42	4.52	2.44	0.00	1.07	2.21
西班牙	1.02	2.52	2.88	1.99	3.85	0.71	1.94	3.05	2.40	1.07	2.14
荷兰	3.06	3.36	2.88	1.99	2.31	2.13	1.94	0.61	1.80	0.00	1.86
瑞士	2.04	0.00	2.16	1.99	2.31	1.42	1.29	2.44	0.60	0.53	1.45
新加坡	2.04	1.68	0.72	1.99	2.31	2.84	1.29	0.61	1.20	0.53	1.45
新西兰	0.00	0.00	1.44	0.00	1.54	2.84	1.29	1.22	2.40	2.14	1.38
比利时	2.04	3.36	0.72	0.66	1.54	0.00	1.94	1.22	1.20	1.07	1.31
南非	0.00	0.00	0.72	0.66	1.54	2.84	1.29	1.83	1.20	0.53	1.10
爱尔兰	0.00	0.84	1.44	0.66	0.00	0.00	0.65	1.83	1.80	2.14	1.03
越南	0.00	0.00	0.00	0.00	0.00	0.00	0.00	1.22	2.99	4.28	1.03
韩国	2.04	1.68	2.16	0.00	0.77	0.71	1.29	0.00	0.60	0.53	0.90
土耳其	0.00	0.00	0.72	0.00	0.77	0.71	0.65	2.44	1.20	1.60	0.90

表 8-15　金融学 C 层人才排名前 20 的国家和地区的占比

单位：%

国家和地区	2012 年	2013 年	2014 年	2015 年	2016 年	2017 年	2018 年	2019 年	2020 年	2021 年	合计
美国	42.86	37.12	32.30	29.60	30.27	28.75	27.35	22.22	19.14	15.63	27.38
英国	11.33	10.76	12.29	11.93	11.29	10.82	11.07	10.23	9.54	8.11	10.64
中国大陆	2.86	2.97	3.16	4.27	4.78	6.88	6.48	7.83	12.38	15.56	7.22
澳大利亚	5.00	5.00	4.56	7.20	5.73	5.45	5.33	6.38	7.21	5.53	5.83
加拿大	4.39	5.34	4.27	4.53	4.78	4.44	4.46	3.35	3.35	3.67	4.19
德国	3.47	5.08	5.74	4.13	5.18	3.80	4.46	3.85	3.24	2.04	4.03
法国	2.04	4.41	3.53	4.40	3.61	3.15	4.59	3.47	2.50	3.55	3.54
意大利	1.53	1.44	2.80	3.20	2.59	3.01	2.23	2.78	2.67	3.06	2.60
中国香港	3.78	3.31	2.43	2.27	2.59	2.65	1.76	2.40	1.76	1.50	2.35
荷兰	3.78	3.31	2.65	2.60	2.27	2.44	2.03	2.02	1.65	1.14	2.29

续表

国家和地区	2012 年	2013 年	2014 年	2015 年	2016 年	2017 年	2018 年	2019 年	2020 年	2021 年	合计
瑞士	1.84	1.86	1.99	2.13	2.04	2.22	1.76	1.96	1.53	0.78	1.78
西班牙	1.22	1.27	2.06	2.00	1.49	1.43	1.28	1.89	2.27	1.32	1.66
新西兰	1.33	1.36	0.88	0.93	1.18	2.01	2.09	2.08	1.59	1.86	1.56
新加坡	1.53	1.61	1.47	2.20	1.96	0.86	1.76	0.95	1.25	0.78	1.41
马来西亚	0.31	0.76	1.18	1.40	1.33	1.08	0.95	0.95	1.42	1.56	1.14
韩国	1.12	0.51	1.03	0.87	0.78	0.72	1.35	1.89	1.19	1.20	1.09
中国台湾	1.53	0.76	1.03	1.07	0.47	0.86	1.08	0.76	1.02	1.38	0.99
比利时	1.12	1.36	1.03	0.67	0.94	1.29	1.55	1.01	0.45	0.60	0.97
印度	0.41	0.08	0.66	0.53	0.39	0.79	1.08	1.33	1.82	1.68	0.95
瑞典	0.41	1.19	1.25	0.80	1.41	1.08	0.81	1.07	0.85	0.60	0.95

六 人口统计学

人口统计学 A、B、C 层人才最多的是美国，世界占比分别为 39.13%、33.46%、24.28%，均遥遥领先于其他国家和地区。

英国的 A 层人才比较多，世界占比为 17.39%，排名第二；瑞士的 A 层人才世界占比为 8.70%，排名第三；奥地利、比利时、中国大陆、希腊、荷兰、挪威、瑞典的 A 层人才比较多，世界占比均为 4.35%。

英国的 B 层人才排名第二，世界占比为 18.01%；德国、加拿大、澳大利亚、荷兰的 B 层人才比较多，世界占比在 8%~4%；丹麦、意大利、瑞典、瑞士、挪威、西班牙、奥地利、比利时、中国大陆、以色列、法国、日本、波兰、土耳其也有相当数量的 B 层人才，世界占比超过或接近1%。

英国的 C 层人才排名第二，世界占比为 14.11%；德国、荷兰、意大利、加拿大、澳大利亚、瑞典的 C 层人才比较多，世界占比在 7%~3%；中国大陆、西班牙、瑞士、奥地利、法国、挪威、比利时、丹麦、新加坡、芬兰、波兰、印度也有相当数量的 C 层人才，世界占比超过或接近 1%。

表 8-16 人口统计学 A 层人才的国家和地区的占比

单位：%

国家和地区	2012 年	2013 年	2014 年	2015 年	2016 年	2017 年	2018 年	2019 年	2020 年	2021 年	合计
美国	50.00	0.00	0.00	33.33	50.00	66.67	0.00	0.00	75.00	25.00	39.13
英国	0.00	50.00	0.00	0.00	0.00	0.00	50.00	100.00	0.00	25.00	17.39
瑞士	50.00	0.00	0.00	0.00	50.00	0.00	0.00	0.00	0.00	0.00	8.70
奥地利	0.00	0.00	0.00	0.00	0.00	33.33	0.00	0.00	0.00	0.00	4.35
比利时	0.00	50.00	0.00	0.00	0.00	0.00	0.00	0.00	0.00	0.00	4.35
中国大陆	0.00	0.00	0.00	0.00	0.00	0.00	0.00	0.00	25.00	0.00	4.35
希腊	0.00	0.00	0.00	0.00	0.00	0.00	50.00	0.00	0.00	0.00	4.35
荷兰	0.00	0.00	0.00	0.00	0.00	0.00	0.00	0.00	0.00	25.00	4.35
挪威	0.00	0.00	0.00	33.33	0.00	0.00	0.00	0.00	0.00	0.00	4.35
瑞典	0.00	0.00	0.00	33.33	0.00	0.00	0.00	0.00	0.00	0.00	4.35

表 8-17 人口统计学 B 层人才排名前 20 的国家和地区的占比

单位：%

国家和地区	2012 年	2013 年	2014 年	2015 年	2016 年	2017 年	2018 年	2019 年	2020 年	2021 年	合计
美国	52.63	45.83	37.04	39.29	23.53	45.45	0.00	22.22	22.86	27.78	33.46
英国	26.32	20.83	18.52	17.86	20.59	12.12	0.00	19.44	14.29	16.67	18.01
德国	0.00	4.17	0.00	3.57	11.76	3.03	0.00	8.33	11.43	19.44	7.72
加拿大	10.53	0.00	3.70	7.14	2.94	9.09	0.00	5.56	5.71	8.33	5.88
澳大利亚	0.00	12.50	7.41	7.14	2.94	3.03	0.00	5.56	0.00	2.78	4.41
荷兰	0.00	4.17	0.00	0.00	8.82	6.06	0.00	2.78	2.86	8.33	4.04
丹麦	0.00	0.00	0.00	5.88	0.00	0.00	0.00	2.78	5.71	2.78	2.21
意大利	0.00	4.17	0.00	0.00	0.00	3.03	0.00	0.00	8.57	2.78	2.21
瑞典	0.00	0.00	3.70	0.00	0.00	3.03	0.00	8.33	0.00	2.78	2.21
瑞士	0.00	0.00	0.00	3.57	5.88	3.03	0.00	5.56	0.00	0.00	2.21
挪威	5.26	4.17	0.00	3.57	0.00	3.03	0.00	2.78	0.00	0.00	1.84
西班牙	0.00	4.17	0.00	3.57	2.94	3.03	0.00	0.00	0.00	2.78	1.84
奥地利	0.00	0.00	3.70	0.00	0.00	3.03	0.00	0.00	2.86	0.00	1.10
比利时	0.00	0.00	3.70	0.00	2.94	0.00	0.00	0.00	2.86	0.00	1.10
中国大陆	0.00	0.00	3.70	0.00	2.94	0.00	0.00	0.00	2.86	0.00	1.10
以色列	0.00	0.00	0.00	3.57	0.00	0.00	0.00	5.56	0.00	0.00	1.10

续表

国家和地区	2012 年	2013 年	2014 年	2015 年	2016 年	2017 年	2018 年	2019 年	2020 年	2021 年	合计
法国	0.00	0.00	0.00	3.57	0.00	0.00	0.00	2.78	2.86	0.00	1.10
日本	0.00	0.00	0.00	3.57	0.00	0.00	0.00	0.00	0.00	5.56	1.10
波兰	0.00	0.00	0.00	3.57	0.00	3.03	0.00	0.00	0.00	0.00	0.74
土耳其	0.00	0.00	0.00	0.00	0.00	0.00	0.00	0.00	5.71	0.00	0.74

表 8-18　人口统计学 C 层人才排名前 20 的国家和地区的占比

单位：%

国家和地区	2012 年	2013 年	2014 年	2015 年	2016 年	2017 年	2018 年	2019 年	2020 年	2021 年	合计
美国	35.71	34.50	28.33	27.64	29.62	25.70	16.84	20.82	19.47	15.20	24.28
英国	13.78	11.35	14.17	18.91	13.06	13.00	12.95	18.40	12.39	11.82	14.11
德国	5.10	8.73	5.83	6.18	6.05	8.98	3.37	8.72	7.96	8.11	6.94
荷兰	5.61	7.86	2.92	7.27	9.87	6.50	5.96	6.78	5.90	4.39	6.38
意大利	3.06	3.93	4.17	2.91	3.50	2.79	3.37	4.60	5.60	7.77	4.22
加拿大	1.02	3.49	5.42	3.64	3.50	5.88	3.11	3.63	5.01	3.72	3.92
澳大利亚	1.53	3.06	3.75	3.27	5.73	2.48	2.85	3.39	3.24	4.73	3.45
瑞典	4.08	1.75	2.92	3.64	2.87	4.95	2.59	3.15	2.65	2.36	3.09
中国大陆	1.02	0.44	2.92	1.82	1.27	2.48	2.85	4.12	5.60	3.38	2.79
西班牙	4.08	3.93	2.50	2.55	2.55	1.86	2.07	1.21	2.95	1.69	2.39
瑞士	1.53	0.87	2.08	1.82	3.18	2.79	1.81	2.42	2.36	2.70	2.23
奥地利	1.53	1.31	2.08	1.82	1.91	1.24	2.59	3.39	1.18	3.72	2.16
法国	2.04	1.75	2.08	1.82	2.87	2.17	1.04	1.94	0.88	3.04	1.93
挪威	2.55	2.62	3.33	0.36	1.27	1.55	2.59	0.97	1.47	3.38	1.93
比利时	2.55	1.75	2.08	1.09	0.32	3.72	1.55	1.21	1.77	1.35	1.69
丹麦	1.53	0.44	1.25	0.73	0.64	2.17	0.52	1.45	1.47	2.36	1.26
新加坡	0.00	1.31	0.83	1.82	0.32	1.24	0.78	1.94	2.06	0.68	1.16
芬兰	1.02	0.87	0.42	0.73	0.32	1.24	1.30	0.73	1.47	1.01	0.93
波兰	0.51	0.44	1.25	0.36	1.27	0.31	1.30	0.48	1.77	1.01	0.90
印度	2.04	0.00	0.42	0.00	0.00	0.93	2.07	0.48	0.88	1.35	0.83

七 农业经济和政策

农业经济和政策 A、B、C 层人才最多的是美国，世界占比分别为 28.00%、26.44%、25.40%，均遥遥领先于其他国家和地区。

加拿大、法国的 A 层人才比较多，世界占比均为 12.00%；丹麦、瑞典、比利时、德国、印度、意大利、肯尼亚、荷兰、西班牙、英国的 A 层人才比较多，世界占比在 8%~4%。

意大利、德国、英国、中国大陆、加拿大、法国、澳大利亚、荷兰的 B 层人才比较多，世界占比在 9%~3%；肯尼亚、埃塞俄比亚、瑞士、比利时、马来西亚、丹麦、新西兰、乌克兰、爱尔兰、日本、塞浦路斯也有相当数量的 B 层人才，世界占比均超过 1%。

德国、意大利、中国大陆、英国、荷兰、澳大利亚、法国的 C 层人才比较多，世界占比在 8%~3%；加拿大、西班牙、比利时、挪威、印度、肯尼亚、瑞士、丹麦、瑞典、新西兰、马来西亚、南非也有相当数量的 C 层人才，世界占比超过或接近 1%。

表 8-19 农业经济和政策 A 层人才的国家和地区的占比

单位：%

国家和地区	2012 年	2013 年	2014 年	2015 年	2016 年	2017 年	2018 年	2019 年	2020 年	2021 年	合计
美国	50.00	0.00	0.00	50.00	0.00	66.67	33.33	0.00	25.00	33.33	28.00
加拿大	0.00	0.00	0.00	0.00	0.00	33.33	0.00	0.00	50.00	0.00	12.00
法国	0.00	0.00	0.00	0.00	100.00	0.00	0.00	0.00	25.00	33.33	12.00
丹麦	0.00	0.00	50.00	0.00	0.00	0.00	33.33	0.00	0.00	0.00	8.00
瑞典	0.00	50.00	0.00	0.00	0.00	0.00	0.00	33.33	0.00	0.00	8.00
比利时	0.00	0.00	50.00	0.00	0.00	0.00	0.00	0.00	0.00	0.00	4.00
德国	0.00	0.00	0.00	0.00	0.00	0.00	33.33	0.00	0.00	0.00	4.00
印度	0.00	0.00	0.00	0.00	0.00	0.00	0.00	0.00	0.00	33.33	4.00
意大利	0.00	0.00	0.00	50.00	0.00	0.00	0.00	0.00	0.00	0.00	4.00
肯尼亚	0.00	50.00	0.00	0.00	0.00	0.00	0.00	0.00	0.00	0.00	4.00
荷兰	50.00	0.00	0.00	0.00	0.00	0.00	0.00	0.00	0.00	0.00	4.00
西班牙	0.00	0.00	0.00	0.00	0.00	0.00	0.00	33.33	0.00	0.00	4.00
英国	0.00	0.00	0.00	0.00	0.00	0.00	0.00	33.33	0.00	0.00	4.00

表 8-20 农业经济和政策 B 层人才排名前 20 的国家和地区的占比

单位：%

国家和地区	2012 年	2013 年	2014 年	2015 年	2016 年	2017 年	2018 年	2019 年	2020 年	2021 年	合计
美国	30.00	38.10	15.00	21.21	16.13	33.33	22.58	31.58	30.56	25.71	26.44
意大利	5.00	4.76	10.00	12.12	6.45	13.33	3.23	13.16	2.78	8.57	8.14
德国	5.00	9.52	5.00	3.03	6.45	3.33	12.90	2.63	8.33	2.86	5.76
英国	5.00	4.76	10.00	6.06	6.45	6.67	0.00	2.63	5.56	2.86	4.75
中国大陆	5.00	4.76	0.00	6.06	0.00	0.00	9.68	13.16	2.78	2.86	4.75
加拿大	0.00	0.00	0.00	6.06	0.00	3.33	3.23	0.00	16.67	5.71	4.07
法国	0.00	9.52	5.00	6.06	3.23	3.33	0.00	5.26	5.56	2.86	4.07
澳大利亚	10.00	4.76	10.00	0.00	3.23	0.00	9.68	5.26	0.00	0.00	3.73
荷兰	5.00	0.00	10.00	0.00	6.45	0.00	6.45	0.00	2.78	2.86	3.05
肯尼亚	5.00	0.00	5.00	3.03	3.23	0.00	0.00	2.63	0.00	5.71	2.37
埃塞俄比亚	0.00	4.76	5.00	3.03	3.23	3.33	0.00	0.00	0.00	5.71	2.37
瑞士	5.00	0.00	0.00	6.06	0.00	0.00	0.00	2.63	2.78	2.86	2.03
比利时	0.00	4.76	0.00	3.03	0.00	3.33	0.00	0.00	2.78	2.86	1.69
马来西亚	0.00	0.00	5.00	0.00	6.45	0.00	0.00	2.63	0.00	0.00	1.36
丹麦	10.00	0.00	0.00	0.00	0.00	0.00	0.00	2.63	2.78	0.00	1.36
新西兰	0.00	4.76	0.00	0.00	0.00	0.00	6.45	2.63	0.00	0.00	1.36
乌克兰	0.00	0.00	0.00	0.00	0.00	0.00	0.00	0.00	2.78	8.57	1.36
爱尔兰	0.00	0.00	0.00	0.00	3.23	3.33	0.00	0.00	2.78	0.00	1.02
日本	5.00	0.00	5.00	0.00	0.00	0.00	0.00	0.00	2.78	0.00	1.02
塞浦路斯	0.00	0.00	0.00	0.00	3.23	6.67	0.00	0.00	0.00	0.00	1.02

表 8-21 农业经济和政策 C 层人才排名前 20 的国家和地区的占比

单位：%

国家和地区	2012 年	2013 年	2014 年	2015 年	2016 年	2017 年	2018 年	2019 年	2020 年	2021 年	合计
美国	28.64	29.11	27.04	22.12	24.07	29.33	28.06	20.68	19.64	29.54	25.40
德国	9.05	7.04	10.73	8.01	6.44	9.67	5.81	5.38	8.76	3.91	7.36
意大利	4.02	4.23	5.58	4.81	9.49	7.33	6.77	9.63	9.06	6.76	7.04

续表

国家和地区	2012 年	2013 年	2014 年	2015 年	2016 年	2017 年	2018 年	2019 年	2020 年	2021 年	合计
中国大陆	6.53	3.29	1.72	4.17	5.42	4.33	5.16	7.93	8.46	8.19	5.70
英国	5.53	7.04	6.44	5.45	5.42	7.33	6.13	4.82	3.32	3.56	5.41
荷兰	5.03	6.10	5.15	4.17	3.39	2.00	2.90	1.70	2.11	2.85	3.33
澳大利亚	5.53	4.23	3.43	5.77	3.05	2.67	2.90	2.83	2.11	1.07	3.25
法国	4.02	2.82	3.86	1.92	3.39	3.00	2.90	3.68	3.02	1.78	3.01
加拿大	3.02	2.35	2.15	2.88	3.39	1.67	1.29	1.98	4.83	2.14	2.58
西班牙	4.52	3.29	1.29	3.21	3.73	2.00	1.61	1.42	3.32	1.78	2.55
比利时	2.01	4.69	3.00	1.92	3.05	1.67	2.26	2.55	1.21	1.42	2.30
挪威	1.51	1.41	2.58	2.24	3.05	3.33	3.55	2.55	0.91	0.36	2.19
印度	0.50	0.94	0.86	2.24	3.05	2.67	2.58	1.70	1.51	2.85	1.98
肯尼亚	1.51	1.88	2.15	3.21	2.03	0.67	0.97	2.27	1.21	0.36	1.63
瑞士	2.01	1.41	0.86	0.96	1.36	0.33	1.61	1.42	1.51	2.85	1.41
丹麦	1.01	2.35	0.43	0.96	1.02	1.33	2.26	1.13	1.81	1.07	1.34
瑞典	1.01	0.94	0.43	1.92	2.03	0.00	0.97	1.42	1.81	1.07	1.20
新西兰	1.01	0.47	0.43	0.00	0.34	0.67	1.61	1.98	2.72	1.42	1.13
马来西亚	0.00	0.47	0.43	1.60	1.02	0.67	0.97	0.57	1.51	1.42	0.92
南非	1.01	0.47	0.43	0.64	0.34	1.67	0.32	2.27	0.30	1.07	0.88

八　公共行政

公共行政 A、B、C 层人才最多的是美国，世界占比分别为 28.30%、25.30%、23.16%，均遥遥领先于其他国家和地区。

英国 A 层人才的世界占比为 15.09%，排名第二；荷兰、澳大利亚、丹麦、德国、意大利、瑞典的 A 层人才比较多，世界占比在 8%~5%；奥地利、比利时、巴西、加拿大、中国大陆、中国香港、匈牙利、爱尔兰、挪威、西班牙、瑞士也有相当数量的 A 层人才，世界占比均为 1.89%。

英国、荷兰 B 层人才的世界占比分别为 14.94%、11.38%，分列第二、三位；澳大利亚、加拿大、德国、意大利、丹麦的 B 层人才比较多，世界占比在6%～3%；中国大陆、瑞典、瑞士、比利时、西班牙、中国香港、新加坡、挪威、韩国、奥地利、南非、法国也有相当数量的B层人才，世界占比超过或接近1%。

英国、荷兰C层人才的世界占比分别为14.18%、9.15%，分列第二、三位；德国、澳大利亚、丹麦、加拿大的C层人才比较多，世界占比在7%～3%；中国大陆、意大利、瑞典、比利时、瑞士、西班牙、挪威、韩国、新加坡、中国香港、法国、芬兰、奥地利也有相当数量的C层人才，世界占比均超过1%。

表8-22　公共行政A层人才的国家和地区的占比

单位：%

国家和地区	2012年	2013年	2014年	2015年	2016年	2017年	2018年	2019年	2020年	2021年	合计
美国	40.00	40.00	50.00	60.00	16.67	40.00	14.29	12.50	14.29	33.33	28.30
英国	20.00	20.00	0.00	0.00	33.33	0.00	14.29	12.50	14.29	33.33	15.09
荷兰	0.00	0.00	0.00	20.00	33.33	20.00	0.00	0.00	0.00	0.00	7.55
澳大利亚	0.00	0.00	0.00	20.00	0.00	20.00	0.00	14.29	0.00	0.00	5.66
丹麦	0.00	0.00	0.00	0.00	0.00	20.00	0.00	25.00	0.00	0.00	5.66
德国	0.00	0.00	0.00	0.00	0.00	0.00	28.57	12.50	0.00	0.00	5.66
意大利	0.00	20.00	50.00	0.00	0.00	0.00	14.29	0.00	0.00	0.00	5.66
瑞典	0.00	20.00	0.00	0.00	0.00	0.00	0.00	12.50	14.29	0.00	5.66
奥地利	0.00	0.00	0.00	0.00	0.00	0.00	0.00	0.00	14.29	0.00	1.89
比利时	0.00	0.00	0.00	0.00	0.00	0.00	14.29	0.00	0.00	0.00	1.89
巴西	20.00	0.00	0.00	0.00	0.00	0.00	0.00	0.00	0.00	0.00	1.89
加拿大	20.00	0.00	0.00	0.00	0.00	0.00	0.00	0.00	0.00	0.00	1.89
中国大陆	0.00	0.00	0.00	0.00	0.00	0.00	14.29	0.00	0.00	0.00	1.89
中国香港	0.00	0.00	0.00	0.00	0.00	0.00	0.00	0.00	0.00	33.33	1.89
匈牙利	0.00	0.00	0.00	0.00	0.00	0.00	0.00	0.00	14.29	0.00	1.89
爱尔兰	0.00	0.00	0.00	0.00	0.00	0.00	0.00	12.50	0.00	0.00	1.89
挪威	0.00	0.00	0.00	0.00	0.00	0.00	0.00	12.50	0.00	0.00	1.89
西班牙	0.00	0.00	0.00	0.00	16.67	0.00	0.00	0.00	0.00	0.00	1.89
瑞士	0.00	0.00	0.00	0.00	0.00	0.00	0.00	0.00	14.29	0.00	1.89

表 8-23　公共行政 B 层人才排名前 20 的国家和地区的占比

单位：%

国家和地区	2012 年	2013 年	2014 年	2015 年	2016 年	2017 年	2018 年	2019 年	2020 年	2021 年	合计
美国	45.28	26.67	24.53	34.00	24.56	26.47	20.34	19.18	20.99	16.00	25.30
英国	13.21	17.78	16.98	16.00	15.79	16.18	20.34	12.33	11.11	12.00	14.94
荷兰	9.43	11.11	11.32	12.00	12.28	14.71	10.17	16.44	6.17	10.00	11.38
澳大利亚	9.43	6.67	1.89	0.00	3.51	10.29	11.86	6.85	1.23	2.00	5.43
加拿大	5.66	4.44	5.66	8.00	3.51	1.47	5.08	2.74	3.70	6.00	4.41
德国	0.00	0.00	9.43	2.00	7.02	4.41	5.08	8.22	2.47	4.00	4.41
意大利	0.00	4.44	0.00	0.00	5.26	7.35	3.39	5.48	6.17	4.00	3.90
丹麦	0.00	6.67	0.00	4.00	1.75	5.88	1.69	1.37	6.17	2.00	3.06
中国大陆	1.89	2.22	0.00	0.00	0.00	0.00	3.39	2.74	7.41	10.00	2.89
瑞典	3.77	0.00	3.77	0.00	1.75	1.47	3.39	4.11	6.17	2.00	2.89
瑞士	1.89	2.22	1.89	6.00	7.02	1.47	5.08	1.37	0.00	2.00	2.72
比利时	0.00	2.22	0.00	4.00	0.00	1.47	1.69	4.11	2.47	4.00	2.04
西班牙	0.00	0.00	1.89	4.00	3.51	2.94	0.00	1.37	2.47	2.00	1.87
中国香港	0.00	2.22	3.77	0.00	0.00	0.00	0.00	2.74	4.94	0.00	1.87
新加坡	0.00	0.00	3.77	4.00	3.51	0.00	0.00	0.00	1.23	2.00	1.36
挪威	0.00	2.22	1.89	0.00	3.51	1.47	0.00	0.00	2.47	2.00	1.36
韩国	1.89	4.44	1.89	0.00	1.75	0.00	0.00	0.00	2.47	0.00	1.19
奥地利	0.00	0.00	1.89	0.00	0.00	0.00	0.00	0.00	2.47	2.00	0.68
南非	0.00	0.00	1.89	2.00	0.00	1.47	1.69	0.00	0.00	0.00	0.68
法国	1.89	2.22	0.00	0.00	1.75	0.00	1.69	0.00	0.00	0.00	0.68

表 8-24　公共行政 C 层人才排名前 20 的国家和地区的占比

单位：%

国家和地区	2012 年	2013 年	2014 年	2015 年	2016 年	2017 年	2018 年	2019 年	2020 年	2021 年	合计
美国	30.53	26.97	27.52	25.21	24.26	20.03	22.18	20.46	21.00	18.40	23.16
英国	17.37	19.55	16.18	15.97	14.63	13.61	12.10	14.23	11.02	10.75	14.18
荷兰	7.06	7.87	8.19	7.56	10.56	9.94	12.27	9.89	9.19	7.82	9.15
德国	5.15	5.17	5.88	6.09	7.41	7.19	6.05	6.91	5.25	7.98	6.35
澳大利亚	3.24	4.04	5.67	3.36	5.19	4.43	3.53	4.34	3.28	3.26	4.00
丹麦	2.48	3.82	4.41	5.46	3.33	4.13	4.54	2.85	2.49	3.09	3.57
加拿大	4.58	3.60	2.73	3.99	4.07	2.91	2.69	2.71	3.94	3.42	3.43

续表

国家和地区	2012 年	2013 年	2014 年	2015 年	2016 年	2017 年	2018 年	2019 年	2020 年	2021 年	合计
中国大陆	1.72	3.15	2.10	2.73	1.67	1.83	3.03	3.12	4.59	5.05	2.99
意大利	1.15	0.90	1.26	2.31	3.52	2.60	4.20	3.52	4.72	3.91	2.99
瑞典	2.10	2.25	3.15	2.94	2.04	2.75	2.35	3.39	3.28	2.44	2.71
比利时	1.15	2.25	1.89	2.52	1.85	2.45	4.03	2.03	2.36	3.09	2.39
瑞士	3.05	2.25	1.68	2.73	0.74	2.14	2.18	2.57	3.02	1.47	2.21
西班牙	2.67	2.47	2.52	2.10	3.33	2.60	2.02	1.90	1.05	1.63	2.16
挪威	0.38	1.35	1.68	3.36	1.67	2.29	1.85	2.03	1.31	2.12	1.80
韩国	1.53	1.35	1.68	2.10	1.85	2.14	2.02	1.63	1.18	1.47	1.68
新加坡	0.76	1.35	0.84	2.31	1.11	1.53	1.18	1.49	1.44	2.12	1.43
中国香港	1.72	1.57	2.10	1.26	1.11	1.38	1.18	1.63	0.79	0.81	1.32
法国	1.34	1.35	1.26	0.42	1.85	1.07	0.84	1.90	1.05	1.79	1.30
芬兰	1.72	0.00	0.84	1.47	0.74	1.38	1.01	1.36	0.92	2.28	1.20
奥地利	0.76	1.12	1.26	0.63	0.74	1.07	1.18	0.95	1.97	0.98	1.10

九 卫生保健科学和服务

卫生保健科学和服务 A、B、C 层人才最多的是美国，世界占比分别为 27.44%、30.80%、31.29%，均大幅高于其他国家和地区。

英国、加拿大 A 层人才的世界占比分别为 16.16%、10.06%，分列第二、三位；澳大利亚、荷兰的 A 层人才比较多，世界占比均为 7.93%；中国大陆、西班牙、德国、奥地利、比利时、瑞士、丹麦、以色列、法国、挪威、中国香港、印度、黎巴嫩、南非、阿根廷也有相当数量的 A 层人才，世界占比超过或接近 1%。

英国 B 层人才的世界占比为 13.89%，排名第二；加拿大、澳大利亚、荷兰、德国的 B 层人才比较多，世界占比在 8%～3%；中国大陆、西班牙、意大利、挪威、瑞士、瑞典、比利时、法国、新加坡、丹麦、印度、奥地利、南非、爱尔兰也有相当数量的 B 层人才，世界占比超过或接近 1%。

英国 C 层人才的世界占比为 12.12%，排名第二；加拿大、澳大利亚、荷兰、德国的 C 层人才比较多，世界占比在 8%～3%；中国大陆、意大利、西班牙、瑞士、瑞典、法国、挪威、比利时、丹麦、印度、新加坡、爱尔兰、韩国、南非也有相当数量的 C 层人才，世界占比超过或接近 1%。

表 8-25　卫生保健科学和服务 A 层人才排名前 20 的国家和地区的占比

单位：%

国家和地区	2012 年	2013 年	2014 年	2015 年	2016 年	2017 年	2018 年	2019 年	2020 年	2021 年	合计
美国	15.79	21.74	33.33	23.08	28.13	25.71	31.43	37.84	33.33	18.37	27.44
英国	31.58	30.43	14.81	11.54	18.75	22.86	11.43	21.62	11.11	4.08	16.16
加拿大	10.53	8.70	14.81	15.38	18.75	11.43	5.71	8.11	4.44	8.16	10.06
澳大利亚	26.32	0.00	3.70	23.08	0.00	8.57	8.57	5.41	6.67	6.12	7.93
荷兰	10.53	4.35	14.81	7.69	12.50	5.71	11.43	8.11	2.22	6.12	7.93
中国大陆	0.00	0.00	0.00	0.00	3.13	5.71	0.00	2.70	8.89	0.00	2.44
西班牙	0.00	0.00	0.00	0.00	3.13	0.00	8.57	0.00	2.22	4.08	2.13
德国	0.00	0.00	0.00	3.85	0.00	2.86	2.86	2.70	2.22	4.08	2.13
奥地利	0.00	8.70	0.00	0.00	0.00	0.00	0.00	2.70	0.00	4.08	1.52
比利时	0.00	0.00	0.00	0.00	0.00	2.86	0.00	5.41	2.22	2.04	1.52
瑞士	0.00	0.00	3.70	0.00	0.00	2.86	2.86	2.70	0.00	2.04	1.52
丹麦	0.00	0.00	0.00	0.00	0.00	5.71	0.00	0.00	4.44	2.04	1.52
以色列	0.00	8.70	0.00	0.00	0.00	0.00	2.86	0.00	0.00	2.04	1.22
法国	0.00	0.00	0.00	0.00	0.00	0.00	0.00	0.00	2.22	6.12	1.22
挪威	5.26	0.00	3.70	0.00	3.13	0.00	0.00	0.00	2.22	0.00	1.22
中国香港	0.00	0.00	3.70	0.00	0.00	0.00	2.86	0.00	2.22	2.04	1.22
印度	0.00	0.00	0.00	0.00	0.00	0.00	2.86	0.00	2.22	2.04	0.91
黎巴嫩	0.00	0.00	0.00	0.00	3.13	0.00	0.00	2.70	2.04		0.91
南非	0.00	0.00	3.70	3.85	0.00	0.00	0.00	2.22	0.00		0.91
阿根廷	0.00	8.70	0.00	0.00	0.00	0.00	0.00	0.00	0.00		0.61

表 8-26　卫生保健科学和服务 B 层人才排名前 20 的国家和地区的占比

单位：%

国家和地区	2012 年	2013 年	2014 年	2015 年	2016 年	2017 年	2018 年	2019 年	2020 年	2021 年	合计
美国	33.03	36.48	35.12	40.43	32.53	34.41	24.61	29.31	29.43	21.16	30.80
英国	18.81	14.59	16.53	13.36	13.70	15.76	14.95	12.08	10.68	12.09	13.89
加拿大	12.84	10.73	9.92	7.94	11.99	9.65	7.48	5.14	5.21	3.95	7.96
澳大利亚	8.26	3.86	4.96	7.22	7.19	4.18	9.03	4.83	4.69	5.58	5.92

国家和地区	2012 年	2013 年	2014 年	2015 年	2016 年	2017 年	2018 年	2019 年	2020 年	2021 年	合计
荷兰	5.50	6.44	6.61	6.14	6.85	3.54	4.67	3.63	3.91	3.26	4.84
德国	1.38	5.15	3.72	2.53	3.42	3.54	2.18	4.23	3.13	3.95	3.36
中国大陆	1.38	0.00	0.83	0.00	1.37	2.89	3.74	1.51	4.17	4.65	2.34
西班牙	0.00	3.00	2.89	2.17	1.71	1.93	1.25	2.42	2.60	2.09	2.04
意大利	1.83	1.29	2.07	1.08	1.37	1.61	0.93	2.11	3.65	2.79	1.97
挪威	3.21	3.43	1.24	1.44	3.08	1.29	2.18	1.81	1.56	1.40	1.97
瑞士	1.38	2.58	0.41	1.81	1.03	1.29	2.49	0.91	1.82	1.86	1.58
瑞典	0.92	0.00	1.24	1.08	2.05	2.57	0.62	3.32	1.04	1.16	1.45
比利时	1.38	0.43	2.07	1.08	1.71	0.32	0.93	2.42	1.04	1.86	1.35
法国	0.46	0.86	1.24	1.08	1.03	2.25	0.00	1.51	1.04	2.09	1.22
新加坡	0.46	0.00	0.83	0.00	1.03	1.29	1.25	1.81	1.56	0.93	0.99
丹麦	0.92	1.29	0.83	0.36	0.34	1.29	1.25	0.60	1.30	0.93	0.92
印度	0.46	0.00	0.00	0.36	0.00	0.32	1.87	1.21	1.04	2.09	0.86
奥地利	2.75	0.86	0.41	0.72	0.68	0.32	0.00	0.00	0.78	1.40	0.76
南非	0.00	0.00	0.00	0.36	0.68	0.64	2.49	0.60	0.78	1.16	0.76
爱尔兰	0.00	0.43	2.07	1.08	0.68	0.00	0.93	0.60	0.26	1.16	0.72

表 8-27 卫生保健科学和服务 C 层人才排名前 20 的国家和地区的占比

单位：%

国家和地区	2012 年	2013 年	2014 年	2015 年	2016 年	2017 年	2018 年	2019 年	2020 年	2021 年	合计
美国	35.17	34.98	36.69	34.05	32.33	30.78	31.05	31.41	29.36	23.16	31.29
英国	13.47	14.01	12.83	13.58	13.29	11.97	12.60	11.12	10.96	9.60	12.12
加拿大	8.42	8.11	7.37	7.92	8.25	8.31	7.16	7.59	5.78	5.76	7.32
澳大利亚	6.81	6.70	6.51	7.59	6.72	6.22	6.67	6.24	6.28	5.44	6.46
荷兰	6.38	6.21	5.01	4.85	5.04	4.99	5.08	4.98	4.06	3.63	4.89
德国	3.00	3.13	3.58	2.78	3.29	3.56	3.33	3.15	2.73	3.26	3.17
中国大陆	1.43	1.06	1.51	1.55	2.29	2.29	3.06	3.84	4.60	5.60	2.98
意大利	1.48	2.16	1.51	1.81	1.71	2.46	1.93	1.95	2.99	4.31	2.35
西班牙	1.86	1.85	1.75	1.89	2.22	2.39	1.87	2.11	2.30	2.42	2.10
瑞士	1.81	1.89	1.75	1.55	1.61	2.09	2.14	1.83	1.95	1.84	1.86
瑞典	1.38	2.07	1.51	1.48	1.36	1.86	1.62	1.45	1.44	1.18	1.52

续表

国家和地区	2012 年	2013 年	2014 年	2015 年	2016 年	2017 年	2018 年	2019 年	2020 年	2021 年	合计
法国	1.14	1.54	1.26	1.18	0.93	1.30	1.56	1.13	1.31	1.45	1.29
挪威	1.29	1.59	1.47	1.11	1.32	1.56	1.41	0.98	1.23	1.10	1.29
比利时	1.09	1.41	1.22	1.18	1.32	0.93	1.77	1.42	1.10	0.97	1.24
丹麦	1.09	0.97	0.94	0.93	1.21	1.06	1.10	1.45	1.07	0.92	1.08
印度	0.62	0.57	1.02	0.93	0.93	0.83	0.86	1.39	1.04	1.68	1.03
新加坡	0.43	0.40	0.45	0.96	0.75	0.50	0.64	1.35	1.66	1.03	0.87
爱尔兰	0.57	0.66	0.94	0.74	0.71	0.86	1.04	1.07	0.96	0.92	0.87
韩国	0.71	0.62	0.53	0.81	0.96	0.70	0.76	0.85	1.07	1.29	0.86
南非	1.09	0.48	0.53	0.78	1.00	1.06	0.95	0.88	0.75	0.84	0.84

十 医学伦理学

医学伦理学 A、B、C 层人才最多的是美国，世界占比分别为 63.64%、30.39%、32.00%，均遥遥领先于其他国家和地区。

英国 A 层人才的世界占比为 18.18%，排名第二；澳大利亚、瑞士 A 层人才的世界占比均为 9.09%。美国、英国、澳大利亚、瑞士四国集中了全球所有的 A 层人才。

英国 B 层人才的世界占比为 14.92%，排名第二；其后是加拿大、澳大利亚，两国 B 层人才的世界占比均为 10.50%；德国、荷兰的 B 层人才比较多，世界占比均为 4.42%；比利时、瑞士、爱尔兰、意大利、瑞典、新加坡、南非、日本也有相当数量的 B 层人才，世界占比均超过 1%；奥地利、喀麦隆、克罗地亚、丹麦、法国、中国香港有一定数量的 B 层人才，世界占比均为 0.55%。

英国 C 层人才的世界占比为 15.44%，排名第二；澳大利亚、加拿大、荷兰、德国的 C 层人才比较多，世界占比在 8%~3%；南非、瑞士、比利时、挪威、新加坡、新西兰、瑞典、意大利、丹麦、西班牙、伊朗、肯尼亚、中国大陆、爱尔兰也有相当数量的 C 层人才，世界占比超过或接近 1%。

表 8-28 医学伦理学 A 层人才的国家的占比

单位：%

国家和地区	2012 年	2013 年	2014 年	2015 年	2016 年	2017 年	2018 年	2019 年	2020 年	2021 年	合计
美国	100.00	100.00	0.00	0.00	50.00	0.00	100.00	100.00	0.00	0.00	63.64
英国	0.00	0.00	0.00	0.00	50.00	0.00	0.00	0.00	0.00	50.00	18.18
澳大利亚	0.00	0.00	0.00	0.00	0.00	0.00	0.00	0.00	0.00	50.00	9.09
瑞士	0.00	0.00	0.00	0.00	0.00	100.00	0.00	0.00	0.00	0.00	9.09

表 8-29 医学伦理学 B 层人才排名前 20 的国家和地区的占比

单位：%

国家和地区	2012 年	2013 年	2014 年	2015 年	2016 年	2017 年	2018 年	2019 年	2020 年	2021 年	合计
美国	38.46	43.75	33.33	27.27	22.22	16.67	29.41	53.85	20.83	31.82	30.39
英国	15.38	12.50	11.11	18.18	27.78	16.67	11.76	0.00	16.67	13.64	14.92
加拿大	15.38	18.75	22.22	4.55	5.56	16.67	5.88	7.69	4.17	9.09	10.50
澳大利亚	7.69	6.25	5.56	13.64	11.11	11.11	11.76	7.69	12.50	13.64	10.50
德国	7.69	6.25	0.00	4.55	5.56	5.56	5.88	0.00	4.17	4.55	4.42
荷兰	0.00	0.00	5.56	9.09	0.00	5.56	0.00	7.69	4.17	9.09	4.42
比利时	7.69	0.00	11.11	0.00	5.56	0.00	0.00	7.69	0.00	0.00	2.76
瑞士	7.69	0.00	0.00	4.55	0.00	0.00	5.88	0.00	4.17	4.55	2.76
爱尔兰	0.00	0.00	0.00	0.00	0.00	5.56	5.56	0.00	4.17	4.55	2.21
意大利	0.00	0.00	0.00	0.00	0.00	5.56	5.88	0.00	8.33	0.00	2.21
瑞典	0.00	6.25	0.00	4.55	0.00	5.56	0.00	0.00	4.17	0.00	2.21
新加坡	0.00	0.00	0.00	0.00	5.56	0.00	0.00	7.69	4.17	0.00	1.66
南非	0.00	0.00	0.00	4.55	0.00	0.00	0.00	7.69	0.00	0.00	1.10
日本	0.00	0.00	5.56	0.00	5.56	0.00	0.00	0.00	0.00	0.00	1.10
奥地利	0.00	0.00	5.56	0.00	0.00	0.00	0.00	0.00	0.00	0.00	0.55
喀麦隆	0.00	0.00	0.00	0.00	0.00	0.00	5.88	0.00	0.00	0.00	0.55
克罗地亚	0.00	0.00	0.00	0.00	0.00	5.56	0.00	0.00	0.00	0.00	0.55
丹麦	0.00	0.00	0.00	0.00	0.00	0.00	0.00	0.00	0.00	4.55	0.55
法国	0.00	0.00	0.00	0.00	0.00	0.00	5.88	0.00	0.00	0.00	0.55
中国香港	0.00	0.00	0.00	0.00	0.00	0.00	0.00	0.00	0.00	4.55	0.55

表 8-30　医学伦理学 C 层人才排名前 20 的国家和地区的占比

单位：%

国家和地区	2012 年	2013 年	2014 年	2015 年	2016 年	2017 年	2018 年	2019 年	2020 年	2021 年	合计
美国	40.15	29.80	26.40	29.95	34.39	38.67	38.30	21.86	35.78	26.06	32.00
英国	15.15	13.25	14.61	19.79	11.64	15.47	15.96	14.21	19.12	14.36	15.44
澳大利亚	7.58	5.30	7.87	5.35	7.41	7.73	5.32	8.74	12.25	10.64	7.92
加拿大	7.58	7.95	11.24	8.02	9.52	10.50	6.91	2.73	3.43	9.04	7.64
荷兰	3.03	4.64	5.06	8.56	3.70	3.31	4.79	4.92	1.96	4.79	4.49
德国	5.30	3.97	3.37	2.14	1.06	2.76	2.13	6.01	2.94	4.26	3.31
南非	1.52	4.64	2.81	4.28	2.65	1.66	2.66	1.09	2.94	2.66	2.70
瑞士	2.27	1.99	2.25	2.67	2.12	2.76	2.66	2.73	1.96	3.19	2.47
比利时	3.79	1.99	3.37	1.07	1.06	2.21	1.60	1.64	0.98	2.66	1.97
挪威	0.76	4.64	2.25	1.07	3.70	2.76	1.60	0.55	0.98	1.60	1.97
新加坡	0.00	0.66	0.00	1.07	1.06	2.21	0.53	1.09	4.41	0.53	1.24
新西兰	0.76	0.00	0.00	0.00	0.53	0.55	2.66	2.73	1.96	1.60	1.12
瑞典	0.76	1.32	0.56	1.60	0.00	0.55	1.60	1.09	0.98	1.60	1.01
意大利	0.76	1.32	2.81	0.00	0.53	0.00	0.53	0.55	0.49	2.66	0.95
丹麦	0.00	2.65	0.00	1.07	2.65	0.00	0.53	1.09	0.49	1.06	0.95
西班牙	0.76	0.66	1.12	0.53	1.59	0.00	0.00	0.00	1.47	2.13	0.84
伊朗	0.76	0.00	1.12	0.00	1.59	0.55	1.60	1.09	0.49	0.00	0.79
肯尼亚	1.52	1.99	0.00	1.07	0.53	0.55	0.00	1.09	1.47	0.00	0.79
中国大陆	0.76	0.66	0.56	0.53	0.00	0.55	1.60	0.55	0.00	1.60	0.67
爱尔兰	0.00	0.00	0.00	0.53	1.06	0.55	1.60	0.55	0.98	0.53	0.62

十一　区域和城市规划

区域和城市规划 A 层人才最多的是美国，世界占比为 21.92%；英国排名第二，A 层人才的世界占比为 9.59%；荷兰、澳大利亚、法国、意大利、中国大陆、瑞典的 A 层人才比较多，世界占比在 9%~4%；巴西、塞浦路斯、德国、瑞士、阿联酋、加拿大、克罗地亚、丹麦、匈牙利、黎巴嫩、摩洛哥、新西兰也有相当数量的 A 层人才，世界占比均超过 1%。

英国的 B 层人才最多，世界占比为 13.19%；中国大陆和美国紧随其后，世界占比分别为 12.93%、12.53%；荷兰、德国、澳大利亚、西班牙、瑞典、法国、意大利的 B 层人才比较多，世界占比在 6%~3%；中国香港、加拿大、瑞士、比利时、丹麦、印度、土耳其、芬兰、挪威、巴基斯坦也有相当数量的 B 层人才，世界占比均超过 1%。

美国的 C 层人才最多，世界占比为 13.38%；英国紧随其后，世界占比为 13.25%；中国大陆、荷兰、澳大利亚、德国、意大利、西班牙的 C 层人才比较多，世界占比在 11%~3%；加拿大、瑞典、法国、中国香港、芬兰、韩国、比利时、瑞士、挪威、丹麦、奥地利、南非也有相当数量的 C 层人才，世界占比均超过 1%。

表 8-31 区域和城市规划 A 层人才排名前 20 的国家和地区的占比

单位：%

国家和地区	2012 年	2013 年	2014 年	2015 年	2016 年	2017 年	2018 年	2019 年	2020 年	2021 年	合计
美国	0.00	16.67	42.86	14.29	37.50	27.27	28.57	12.50	16.67	12.50	21.92
英国	40.00	16.67	0.00	0.00	25.00	9.09	0.00	0.00	0.00	12.50	9.59
荷兰	20.00	0.00	0.00	42.86	12.50	9.09	0.00	0.00	0.00	0.00	8.22
澳大利亚	20.00	16.67	14.29	14.29	0.00	9.09	0.00	0.00	0.00	0.00	6.85
法国	0.00	0.00	0.00	0.00	12.50	0.00	14.29	12.50	16.67	12.50	6.85
意大利	0.00	0.00	14.29	0.00	0.00	0.00	14.29	12.50	33.33	0.00	6.85
中国大陆	0.00	0.00	14.29	0.00	0.00	18.18	0.00	12.50	0.00	0.00	5.48
瑞典	0.00	16.67	0.00	14.29	0.00	9.09	0.00	0.00	0.00	0.00	4.11
巴西	0.00	0.00	0.00	0.00	0.00	0.00	14.29	12.50	0.00	0.00	2.74
塞浦路斯	0.00	0.00	0.00	0.00	0.00	9.09	14.29	0.00	0.00	0.00	2.74
德国	20.00	0.00	0.00	0.00	0.00	0.00	14.29	0.00	0.00	0.00	2.74
瑞士	0.00	0.00	14.29	0.00	0.00	9.09	0.00	0.00	0.00	0.00	2.74
阿联酋	0.00	0.00	0.00	0.00	0.00	0.00	0.00	12.50	16.67	0.00	2.74
加拿大	0.00	16.67	0.00	0.00	0.00	0.00	0.00	0.00	0.00	0.00	1.37
克罗地亚	0.00	0.00	0.00	0.00	0.00	0.00	0.00	0.00	0.00	12.50	1.37
丹麦	0.00	16.67	0.00	0.00	0.00	0.00	0.00	0.00	0.00	0.00	1.37
匈牙利	0.00	0.00	0.00	0.00	0.00	0.00	0.00	12.50	0.00	0.00	1.37
黎巴嫩	0.00	0.00	0.00	0.00	0.00	0.00	0.00	12.50	0.00	0.00	1.37
摩洛哥	0.00	0.00	0.00	0.00	0.00	0.00	0.00	0.00	0.00	12.50	1.37
新西兰	0.00	0.00	0.00	0.00	12.50	0.00	0.00	0.00	0.00	0.00	1.37

表 8-32　区域和城市规划 B 层人才排名前 20 的国家和地区的占比

单位：%

国家和地区	2012 年	2013 年	2014 年	2015 年	2016 年	2017 年	2018 年	2019 年	2020 年	2021 年	合计
英国	15.79	19.67	12.68	11.43	13.33	17.17	10.00	12.77	12.82	6.85	13.19
中国大陆	7.02	9.84	8.45	10.00	12.00	12.12	12.50	11.70	21.79	21.92	12.93
美国	21.05	6.56	22.54	21.43	14.67	11.11	13.75	7.45	5.13	5.48	12.53
荷兰	5.26	4.92	5.63	10.00	8.00	8.08	5.00	5.32	0.00	1.37	5.41
德国	5.26	3.28	5.63	7.14	8.00	6.06	6.25	2.13	3.85	2.74	5.01
澳大利亚	8.77	3.28	7.04	4.29	1.33	3.03	6.25	5.32	1.28	5.48	4.49
西班牙	5.26	1.64	4.23	1.43	5.33	6.06	5.00	5.32	3.85	2.74	4.22
瑞典	7.02	4.92	2.82	5.71	2.67	3.03	3.75	3.19	1.28	1.37	3.43
法国	3.51	1.64	1.41	2.86	2.67	2.02	3.75	7.45	2.56	4.11	3.30
意大利	3.51	1.64	2.82	2.86	2.67	3.03	5.00	5.32	2.56	1.37	3.17
中国香港	0.00	0.00	4.23	2.86	4.00	4.04	3.75	3.19	1.28	0.00	2.51
加拿大	1.75	1.64	0.00	2.86	1.33	3.03	0.00	2.13	3.85	0.00	1.72
瑞士	5.26	3.28	0.00	4.29	2.67	1.01	0.00	0.00	1.28	1.37	1.72
比利时	0.00	3.28	4.23	1.43	1.33	1.01	0.00	4.26	0.00	0.00	1.58
丹麦	0.00	3.28	2.82	0.00	4.00	2.02	1.25	1.06	0.00	1.37	1.58
印度	1.75	0.00	0.00	0.00	1.33	1.01	1.25	2.13	2.56	5.48	1.58
土耳其	0.00	1.64	0.00	0.00	0.00	0.00	0.00	0.00	7.69	5.48	1.45
芬兰	0.00	3.28	2.82	0.00	0.00	0.00	1.25	0.00	5.13	2.74	1.45
挪威	5.26	0.00	0.00	0.00	1.33	2.02	0.00	3.19	0.00	2.74	1.45
巴基斯坦	0.00	0.00	0.00	0.00	0.00	0.00	0.00	0.00	5.13	8.22	1.32

表 8-33　区域和城市规划 C 层人才排名前 20 的国家和地区的占比

单位：%

国家和地区	2012 年	2013 年	2014 年	2015 年	2016 年	2017 年	2018 年	2019 年	2020 年	2021 年	合计
美国	18.73	13.11	15.65	14.27	14.15	12.95	13.31	13.62	10.99	8.44	13.38
英国	17.09	18.49	13.04	12.82	10.38	14.39	14.70	11.16	11.66	10.69	13.25
中国大陆	5.82	5.38	8.26	9.51	13.07	7.91	10.90	13.28	15.28	16.03	10.75
荷兰	6.55	9.92	6.81	6.48	6.74	6.27	5.70	4.91	4.02	2.39	5.88
澳大利亚	7.64	6.72	7.25	4.90	5.93	5.86	4.31	4.58	5.63	2.81	5.47
德国	6.00	3.19	5.65	6.48	4.04	4.21	5.07	3.79	5.09	3.52	4.66
意大利	3.09	4.54	3.33	4.90	2.96	4.32	4.56	5.69	4.56	5.20	4.37

国家和地区	2012 年	2013 年	2014 年	2015 年	2016 年	2017 年	2018 年	2019 年	2020 年	2021 年	合计
西班牙	2.36	4.37	3.33	3.60	4.85	3.39	3.55	3.24	2.95	3.66	3.53
加拿大	3.09	4.71	3.91	3.89	2.83	3.08	2.28	2.12	2.28	1.69	2.92
瑞典	2.18	3.03	2.75	3.31	2.43	3.19	3.30	3.24	1.88	1.55	2.72
法国	2.36	2.52	2.90	2.02	1.21	1.95	1.77	3.01	3.08	6.33	2.69
中国香港	2.18	2.18	2.46	2.16	2.96	2.36	2.41	2.01	1.21	1.41	2.14
芬兰	1.45	1.68	1.88	1.15	1.35	2.57	1.27	1.67	0.94	2.25	1.65
韩国	0.91	0.50	1.45	3.31	2.29	1.85	1.14	1.23	1.34	1.41	1.57
比利时	1.27	1.01	1.59	0.29	1.89	2.36	1.77	1.90	0.94	0.98	1.46
瑞士	1.64	1.18	1.45	3.03	1.21	0.62	1.27	1.23	2.01	0.84	1.41
挪威	1.09	1.18	1.16	1.01	1.08	2.06	1.39	1.56	0.94	2.11	1.39
丹麦	1.45	0.84	1.16	1.30	1.75	1.03	1.01	1.12	1.34	0.98	1.19
奥地利	0.91	1.51	0.87	2.02	0.81	0.82	1.27	1.67	1.21	0.28	1.14
南非	1.27	1.01	0.72	0.86	1.62	0.92	1.27	1.56	0.67	1.27	1.12

十二　信息学和图书馆学

信息学和图书馆学 A、B、C 层人才最多的是美国，世界占比分别为 29.41%、26.16%、25.89%，均大幅高于其他国家和地区。

英国 A 层人才的世界占比为 13.24%，排名第二；荷兰、加拿大、印度、澳大利亚、西班牙、丹麦的 A 层人才比较多，世界占比在 7%~3%；中国大陆、德国、葡萄牙、芬兰、法国、挪威、中国香港、新加坡、约旦、巴西、希腊、尼日利亚也有相当数量的 A 层人才，世界占比超过或接近 1%。

中国大陆、英国 B 层人才的世界占比分别为 8.33%、7.95%，分列第二、三位；加拿大、德国、荷兰、澳大利亚、中国香港的 B 层人才比较多，世界占比在 6%~3%；芬兰、中国台湾、西班牙、韩国、印度、法国、意大利、马来西亚、丹麦、瑞士、瑞典、新加坡也有相当数量的 B 层人才，世界占比超过或等于 1%。

中国大陆、英国 C 层人才的世界占比分别为 8.84%、7.58%，分列第二、三位；澳大利亚、加拿大、德国、荷兰、西班牙的 C 层人才比较多，世界占比在 5%～3%；韩国、中国台湾、中国香港、意大利、印度、法国、芬兰、新加坡、丹麦、瑞典、马来西亚、瑞士也有相当数量的 C 层人才，世界占比均超过 1%。

表 8-34　信息学和图书馆学 A 层人才排名前 20 的国家和地区的占比

单位：%

国家和地区	2012 年	2013 年	2014 年	2015 年	2016 年	2017 年	2018 年	2019 年	2020 年	2021 年	合计
美国	46.15	50.00	53.85	33.33	14.29	31.25	28.57	0.00	28.57	7.14	29.41
英国	23.08	7.14	0.00	0.00	21.43	12.50	21.43	25.00	7.14	14.29	13.24
荷兰	0.00	7.14	0.00	16.67	7.14	12.50	7.14	0.00	7.14	7.14	6.62
加拿大	0.00	7.14	0.00	8.33	7.14	0.00	21.43	8.33	0.00	7.14	5.88
印度	0.00	0.00	7.69	0.00	0.00	0.00	0.00	16.67	21.43	14.29	5.88
澳大利亚	7.69	7.14	0.00	0.00	7.14	6.25	7.14	0.00	0.00	7.14	4.41
西班牙	7.69	0.00	0.00	8.33	0.00	0.00	14.29	0.00	14.29	0.00	4.41
丹麦	0.00	0.00	0.00	8.33	14.29	0.00	0.00	0.00	7.14	7.14	3.68
中国大陆	0.00	7.14	7.69	0.00	0.00	6.25	0.00	8.33	0.00	0.00	2.94
德国	7.69	7.14	0.00	8.33	0.00	0.00	0.00	0.00	0.00	7.14	2.94
葡萄牙	0.00	0.00	15.38	8.33	0.00	0.00	0.00	0.00	7.14	0.00	2.94
芬兰	0.00	0.00	0.00	0.00	7.14	0.00	0.00	8.33	0.00	7.14	2.21
法国	0.00	0.00	0.00	0.00	0.00	0.00	0.00	8.33	7.14	7.14	2.21
挪威	0.00	0.00	0.00	0.00	14.29	6.25	0.00	0.00	0.00	0.00	2.21
中国香港	7.69	0.00	0.00	0.00	7.14	0.00	0.00	0.00	0.00	0.00	1.47
新加坡	0.00	7.14	0.00	0.00	0.00	0.00	0.00	8.33	0.00	0.00	1.47
约旦	0.00	0.00	0.00	0.00	0.00	12.50	0.00	0.00	0.00	0.00	1.47
巴西	0.00	0.00	0.00	0.00	0.00	0.00	0.00	8.33	0.00	0.00	0.74
希腊	0.00	0.00	0.00	0.00	0.00	0.00	0.00	8.33	0.00	0.00	0.74
尼日利亚	0.00	0.00	0.00	0.00	0.00	0.00	0.00	0.00	0.00	7.14	0.74

表 8-35　信息学和图书馆学 B 层人才排名前 20 的国家和地区的占比

单位：%

国家和地区	2012 年	2013 年	2014 年	2015 年	2016 年	2017 年	2018 年	2019 年	2020 年	2021 年	合计
美国	42.02	38.89	35.11	30.40	23.44	25.52	24.35	14.49	17.29	13.24	26.16
中国大陆	4.20	3.97	6.11	4.80	10.94	11.03	7.83	7.97	11.28	13.97	8.33
英国	8.40	9.52	9.16	10.40	7.81	4.83	6.09	7.97	9.77	5.88	7.95
加拿大	5.04	6.35	8.40	6.40	7.03	5.52	2.61	4.35	4.51	1.47	5.17
德国	0.84	3.97	5.34	6.40	3.91	3.45	2.61	3.62	4.51	3.68	3.86
荷兰	4.20	3.97	5.34	5.60	3.91	4.14	2.61	2.17	4.51	2.21	3.86
澳大利亚	4.20	3.97	2.29	3.20	2.34	2.76	4.35	2.17	6.02	3.68	3.47
中国香港	3.36	3.97	4.58	4.80	3.91	3.45	2.61	0.00	1.50	2.21	3.01
芬兰	4.20	2.38	0.76	3.20	3.91	2.07	4.35	3.62	1.50	2.21	2.78
中国台湾	2.52	2.38	4.58	3.20	3.13	4.14	4.35	1.45	0.00	1.47	2.70
西班牙	4.20	3.17	1.53	1.60	1.56	3.45	1.74	2.90	4.51	1.47	2.62
韩国	2.52	3.17	3.05	3.20	2.34	2.76	0.00	3.62	1.50	2.21	2.47
印度	0.00	0.79	0.00	0.80	0.78	1.38	5.22	2.90	5.26	5.88	2.31
法国	0.84	0.00	1.53	1.60	1.56	0.69	3.48	0.72	3.76	5.15	1.93
意大利	0.00	0.79	0.76	1.60	2.34	3.45	1.74	1.45	2.26	1.47	1.62
马来西亚	0.00	1.59	1.53	0.80	3.91	0.69	0.00	3.62	1.50	0.74	1.47
丹麦	0.84	1.59	0.00	1.60	1.56	0.00	4.35	2.17	0.00	1.47	1.31
瑞士	1.68	1.59	0.76	2.40	0.00	2.07	0.87	0.72	1.50	0.00	1.16
瑞典	0.84	0.79	0.00	0.00	3.13	1.38	0.87	2.90	0.00	1.47	1.16
新加坡	0.84	1.59	1.53	1.60	0.00	2.07	1.74	0.00	0.00	0.74	1.00

表 8-36　信息学和图书馆学 C 层人才排名前 20 的国家和地区的占比

单位：%

国家和地区	2012 年	2013 年	2014 年	2015 年	2016 年	2017 年	2018 年	2019 年	2020 年	2021 年	合计
美国	34.91	33.31	32.17	29.82	26.49	23.62	22.58	20.79	18.70	17.93	25.89
中国大陆	5.40	5.87	6.29	7.37	6.89	8.15	9.17	12.86	12.44	13.57	8.84
英国	7.29	8.93	8.55	6.78	6.82	7.39	6.67	8.23	8.29	6.83	7.58
澳大利亚	4.12	4.10	4.82	4.10	4.88	5.16	4.02	3.96	4.07	4.44	4.38
加拿大	4.29	5.79	5.05	4.86	3.80	3.48	3.26	4.34	3.44	2.71	4.09
德国	3.00	3.30	3.19	4.02	4.03	4.32	3.48	3.89	2.97	4.03	3.63
荷兰	3.69	4.18	4.27	4.44	5.11	3.76	3.03	2.17	3.29	2.47	3.63

国家和地区	2012 年	2013 年	2014 年	2015 年	2016 年	2017 年	2018 年	2019 年	2020 年	2021 年	合计
西班牙	3.09	4.02	4.35	3.77	2.71	3.83	4.09	3.74	3.44	2.30	3.55
韩国	2.49	2.49	3.65	3.27	3.72	2.79	2.65	2.92	1.80	0.99	2.69
中国台湾	2.92	3.14	2.80	2.85	2.17	2.23	1.89	2.02	2.82	1.81	2.45
中国香港	2.74	2.01	1.48	2.68	2.32	3.34	2.20	2.09	1.88	1.81	2.26
意大利	2.32	2.01	1.55	2.76	2.40	2.02	2.42	1.87	2.19	2.47	2.19
印度	0.77	0.32	0.93	1.09	0.85	2.02	2.50	2.39	3.68	5.02	1.97
法国	1.20	0.80	1.32	2.35	1.47	1.60	1.97	1.80	1.64	2.14	1.63
芬兰	1.54	1.53	1.71	1.26	2.09	1.81	1.67	1.42	1.96	1.15	1.62
新加坡	1.72	1.37	1.09	1.51	1.55	1.25	1.21	1.65	1.64	0.90	1.39
丹麦	1.11	1.21	0.85	1.26	1.86	1.18	1.59	1.12	1.25	0.82	1.23
瑞典	1.63	1.13	1.17	1.09	1.32	1.05	1.74	0.82	1.25	0.74	1.19
马来西亚	0.43	0.64	0.78	1.17	1.16	1.60	1.36	1.72	0.70	2.06	1.17
瑞士	0.86	1.37	1.09	0.84	1.32	1.05	0.98	1.27	1.33	1.15	1.13

第二节　学科组

在管理科学各学科人才分析的基础上，按照 A、B、C 三个人才层次，对各学科人才进行汇总分析，可以从学科组层面揭示人才的分布特点和发展趋势。

一　A 层人才

管理科学 A 层人才最多的是美国，占该学科组全球 A 层人才的29.40%，英国以 11.62% 的世界占比排名第二，两国 A 层人才占比合计超过全球的 40%；其后是澳大利亚、荷兰、德国、加拿大、中国大陆，世界占比分别为 5.35%、5.08%、4.95%、4.81%、4.49%；法国、西班牙、意大利的 A 层人才比较多，世界占比在 4%~2%；丹麦、瑞士、印度、挪威、中国香港、瑞典、比利时、奥地利也有相当数量的 A 层人才，世界占比超过1%；巴西、新西兰、新加坡、马来西亚、葡萄牙、伊朗、芬兰、韩国、以色列、南非、黎巴嫩、土耳其、爱尔兰、塞浦路斯、巴基斯坦、波兰、希腊、越南、阿联酋、阿根廷、沙特阿拉伯、克罗地亚有一定数量的 A 层人才，世界占比均低于 1%。

在发展趋势上，美国、英国、荷兰呈现相对下降趋势，澳大利亚、中国大陆、法国呈现相对上升趋势，其他国家没有呈现明显变化。

表 8-37　管理科学 A 层人才排名前 40 的国家和地区的占比

单位：%

国家和地区	2012 年	2013 年	2014 年	2015 年	2016 年	2017 年	2018 年	2019 年	2020 年	2021 年	合计
美国	42.33	33.90	37.97	32.67	35.05	31.09	28.15	23.62	22.18	17.74	29.40
英国	11.66	12.99	10.70	7.43	15.42	14.71	13.03	14.17	8.65	7.92	11.62
澳大利亚	6.13	3.95	3.21	9.41	3.74	5.88	4.62	3.15	4.51	8.68	5.35
荷兰	7.36	4.52	5.35	8.91	9.35	5.04	4.62	3.94	1.88	2.26	5.08
德国	6.13	6.21	3.21	3.47	5.61	2.10	5.46	7.87	5.64	3.77	4.95
加拿大	5.52	7.91	5.88	5.94	4.21	3.78	5.04	5.51	1.88	4.15	4.81
中国大陆	0.00	1.69	2.67	2.48	1.40	6.30	5.46	5.51	8.27	7.17	4.49
法国	0.61	2.26	3.21	1.98	1.87	2.52	4.62	7.48	5.64	5.28	3.81
西班牙	1.23	2.26	1.60	0.99	1.40	2.94	2.52	1.18	3.01	2.64	2.04
意大利	2.45	1.13	1.07	1.49	1.87	2.52	2.52	1.57	3.76	1.13	2.00
丹麦	0.61	2.26	4.28	1.98	1.40	2.10	0.84	0.79	3.01	1.13	1.81
瑞士	1.23	0.00	2.14	1.98	0.93	3.36	2.52	0.79	2.26	1.51	1.72
印度	0.00	0.00	0.53	0.00	1.40	1.26	1.26	1.97	4.14	3.77	1.63
挪威	1.23	0.00	1.07	1.49	2.34	2.94	0.42	1.97	2.26	0.75	1.50
中国香港	3.68	0.56	2.67	0.00	0.93	0.42	2.10	0.79	0.75	2.26	1.36
瑞典	1.23	3.39	0.00	2.48	0.47	2.10	0.84	1.18	0.75	1.51	1.36
比利时	0.61	1.13	2.67	0.50	1.87	1.68	0.42	1.18	0.75	1.51	1.23
奥地利	0.00	2.26	0.53	1.49	0.93	2.52	0.84	0.79	0.38	1.13	1.09
巴西	1.23	1.13	0.53	0.50	0.47	0.42	2.10	1.97	1.13	0.00	0.95
新西兰	0.00	2.82	0.53	0.99	0.93	0.00	0.00	1.97	0.75	0.00	0.82
新加坡	0.61	1.13	0.00	1.49	1.87	0.00	0.42	0.79	0.00	1.51	0.82
马来西亚	0.61	0.00	0.00	1.98	0.00	0.00	0.42	1.97	0.75	1.89	0.82
葡萄牙	0.00	0.00	2.14	1.98	0.47	0.00	0.42	0.39	1.88	0.00	0.73
伊朗	0.61	0.00	0.53	1.49	0.00	0.00	0.42	0.79	1.13	1.13	0.64
芬兰	0.00	0.00	0.00	0.99	0.93	0.00	0.42	0.79	1.50	1.13	0.64

续表

国家和地区	2012 年	2013 年	2014 年	2015 年	2016 年	2017 年	2018 年	2019 年	2020 年	2021 年	合计
韩国	1.23	1.13	0.00	1.49	0.47	0.00	1.68	0.00	0.00	0.75	0.64
以色列	0.00	2.26	1.60	0.00	0.47	0.00	1.68	0.00	0.00	0.38	0.59
南非	0.00	0.00	0.53	0.99	0.93	0.42	0.00	0.00	1.50	1.13	0.59
黎巴嫩	0.00	0.00	0.00	0.00	0.47	0.84	0.84	1.57	0.00	0.75	0.50
土耳其	1.84	0.56	0.53	0.99	0.00	0.00	0.42	0.00	0.00	1.13	0.50
爱尔兰	0.00	0.00	0.00	0.00	0.00	0.93	0.00	0.84	1.18	0.75	0.38	0.45
塞浦路斯	0.00	1.13	0.00	0.00	0.00	0.84	1.26	0.00	1.13	0.00	0.45
巴基斯坦	0.00	0.00	0.00	0.99	0.00	0.00	0.42	0.00	1.13	1.51	0.45
波兰	0.61	0.00	1.60	0.00	0.00	0.42	0.00	0.39	0.00	0.75	0.36
希腊	0.00	0.00	0.00	0.00	0.00	0.00	0.84	0.39	1.13	0.38	0.32
越南	0.00	0.00	0.00	0.00	0.00	0.00	0.00	0.39	0.75	1.13	0.27
阿联酋	0.00	0.00	0.00	0.00	0.00	0.00	0.42	0.79	0.75	0.38	0.27
阿根廷	0.00	2.26	0.53	0.00	0.00	0.00	0.00	0.00	0.00	0.00	0.23
沙特阿拉伯	0.00	0.00	0.00	0.00	0.47	0.42	0.00	0.00	0.75	0.38	0.23
克罗地亚	0.00	0.00	0.00	0.00	0.00	0.00	0.00	0.00	0.00	1.89	0.23

二　B 层人才

管理科学 B 层人才最多的是美国，占该学科组全球 B 层人才的 26.66%，英国以 11.29% 的世界占比排名第二，两国 B 层人才占比合计接近全球的 40%；其后是中国大陆、加拿大、德国、澳大利亚，世界占比分别为 7.64%、4.57%、4.50%、4.39%；荷兰、法国、意大利、西班牙的 B 层人才比较多，世界占比在 4%~2%；中国香港、瑞士、瑞典、印度、新加坡、比利时、丹麦、挪威、芬兰也有相当数量的 B 层人才，世界占比超过 1%；韩国、中国台湾、奥地利、新西兰、土耳其、巴基斯坦、南非、马来西亚、伊朗、爱尔兰、日本、葡萄牙、巴西、希腊、沙特阿拉伯、阿联酋、以色列、俄罗斯、智利、越南、波兰有一定数量的 B 层人才，世界占比均低于 1%。

在发展趋势上，美国、加拿大呈现相对下降趋势，中国大陆呈现相对上升趋势，其他国家没有呈现明显变化。

表8-38 管理科学 B 层人才排名前 40 的国家和地区的占比

单位：%

国家和地区	2012 年	2013 年	2014 年	2015 年	2016 年	2017 年	2018 年	2019 年	2020 年	2021 年	合计
美国	38.48	34.55	33.59	33.16	28.98	27.21	23.24	21.17	19.89	15.92	26.66
英国	11.68	11.58	12.07	11.19	11.56	11.56	12.24	10.81	11.05	9.68	11.29
中国大陆	3.70	3.54	3.71	4.93	6.19	7.21	9.28	10.40	9.68	13.59	7.64
加拿大	6.83	5.94	5.08	4.73	4.56	5.80	3.99	3.67	3.83	2.66	4.57
德国	3.32	4.80	4.53	5.39	4.46	4.04	4.50	5.05	4.32	4.41	4.50
澳大利亚	4.21	3.78	4.26	4.22	4.94	4.04	5.43	3.97	4.92	3.99	4.39
荷兰	4.91	4.38	5.02	4.53	4.32	4.72	4.27	3.38	2.46	2.08	3.90
法国	1.91	2.28	2.79	3.15	3.41	2.77	2.92	4.51	3.03	3.53	3.10
意大利	2.17	1.98	1.97	2.09	3.12	2.86	2.97	2.84	3.71	2.99	2.74
西班牙	2.30	3.30	2.84	2.29	2.69	2.72	2.37	2.42	2.22	1.79	2.46
中国香港	2.11	1.98	1.80	2.09	2.26	1.81	1.62	1.75	1.90	1.58	1.87
瑞士	2.43	1.62	1.20	2.49	1.63	1.81	1.35	1.54	1.37	1.37	1.65
瑞典	1.15	1.44	1.42	1.48	1.63	2.36	1.53	2.21	1.45	1.37	1.63
印度	0.45	0.48	0.87	1.07	0.82	0.95	1.62	1.75	2.66	3.62	1.54
新加坡	1.08	1.26	1.42	1.73	1.49	1.22	1.48	1.59	1.57	0.83	1.37
比利时	1.40	1.74	1.47	1.63	1.58	1.32	1.16	1.34	1.01	0.87	1.32
丹麦	1.02	1.32	1.37	0.92	1.39	1.45	1.48	1.29	1.69	1.16	1.32
挪威	1.40	1.32	0.98	1.02	1.01	1.27	1.21	1.54	1.01	1.04	1.18
芬兰	0.89	1.02	0.98	1.12	0.82	1.36	1.07	0.96	1.61	0.87	1.08
韩国	1.08	1.26	0.98	0.92	0.86	0.91	0.83	0.67	1.01	0.91	0.93
中国台湾	0.89	1.08	1.37	0.76	0.86	0.68	0.65	0.71	0.85	1.04	0.88
奥地利	1.15	0.90	1.42	0.56	0.91	0.73	0.88	0.71	0.65	0.62	0.83
新西兰	0.32	0.60	0.44	0.51	0.43	0.41	0.88	0.79	1.17	0.91	0.67
土耳其	0.26	0.36	0.38	0.46	0.62	0.41	0.46	1.00	1.09	1.16	0.66
巴基斯坦	0.13	0.24	0.22	0.05	0.43	0.54	0.28	0.92	1.17	1.87	0.65
南非	0.19	0.12	0.38	0.25	0.67	0.68	1.21	0.75	0.69	0.91	0.62
马来西亚	0.26	0.42	0.66	0.20	0.62	0.32	0.65	0.79	0.61	1.16	0.59
伊朗	0.06	0.48	0.71	0.51	0.58	0.59	0.70	0.71	0.52	0.83	0.59
爱尔兰	0.19	0.24	0.76	0.61	0.58	0.41	0.51	0.50	0.73	0.75	0.54
日本	0.38	0.54	0.49	0.51	0.58	0.23	0.46	0.54	0.52	1.08	0.54
葡萄牙	0.32	0.42	0.38	0.66	0.14	0.59	0.65	0.50	0.85	0.58	0.53
巴西	0.13	0.24	0.44	0.46	0.34	0.73	0.42	0.71	0.69	0.83	0.53
希腊	0.51	0.42	0.44	0.25	0.29	0.45	0.65	0.54	0.44	0.29	0.43
沙特阿拉伯	0.00	0.18	0.11	0.05	0.10	0.45	0.32	0.58	0.85	1.12	0.42

续表

国家和地区	2012 年	2013 年	2014 年	2015 年	2016 年	2017 年	2018 年	2019 年	2020 年	2021 年	合计
阿联酋	0.13	0.30	0.16	0.10	0.14	0.36	0.19	0.67	0.65	0.87	0.39
以色列	0.45	0.90	0.33	0.56	0.29	0.14	0.28	0.38	0.24	0.21	0.36
俄罗斯	0.19	0.06	0.05	0.05	0.19	0.36	0.46	0.42	0.73	0.75	0.36
智利	0.06	0.24	0.16	0.25	0.43	0.50	0.60	0.38	0.12	0.33	0.32
越南	0.00	0.00	0.00	0.10	0.05	0.05	0.05	0.54	0.69	1.21	0.31
波兰	0.06	0.24	0.11	0.20	0.14	0.36	0.19	0.21	0.48	0.62	0.28

三 C 层人才

管理科学 C 层人才最多的是美国，占该学科组全球 C 层人才的 24.30%，英国以 10.74% 的世界占比排名第二，两国 C 层人才占比合计超过全球的 1/3；其后是中国大陆、德国、澳大利亚、加拿大，世界占比分别为 7.52%、4.64%、4.60%、4.29%；荷兰、意大利、法国、西班牙的 C 层人才比较多，世界占比在 4%~2%；中国香港、瑞士、瑞典、印度、比利时、丹麦、韩国、新加坡、挪威、中国台湾、芬兰也有相当数量的 C 层人才，世界占比均超过 1%；奥地利、土耳其、新西兰、葡萄牙、马来西亚、巴西、南非、日本、伊朗、巴基斯坦、爱尔兰、希腊、波兰、沙特阿拉伯、以色列、阿联酋、智利、俄罗斯、越南有一定数量的 C 层人才，世界占比均低于 1%。

在发展趋势上，美国呈现相对下降趋势，中国大陆呈现相对上升趋势，其他国家没有呈现明显变化。

表 8-39　管理科学 C 层人才排名前 40 的国家和地区的占比

单位：%

国家和地区	2012 年	2013 年	2014 年	2015 年	2016 年	2017 年	2018 年	2019 年	2020 年	2021 年	合计
美国	31.40	29.54	28.72	26.78	25.61	24.81	23.79	21.18	19.65	16.90	24.30
英国	11.46	11.63	11.01	11.36	11.12	10.91	10.66	10.33	10.36	9.23	10.74
中国大陆	4.38	4.37	4.83	5.67	6.31	6.65	7.72	9.43	10.72	12.05	7.52

国家和地区	2012 年	2013 年	2014 年	2015 年	2016 年	2017 年	2018 年	2019 年	2020 年	2021 年	合计
德国	4.81	4.88	5.19	5.12	5.05	4.91	4.49	4.45	4.19	3.65	4.64
澳大利亚	4.31	4.64	4.59	4.77	4.67	4.63	4.64	4.63	4.83	4.22	4.60
加拿大	4.77	5.21	4.77	4.58	4.67	4.44	4.23	3.83	3.57	3.48	4.29
荷兰	4.58	4.83	4.27	3.97	4.24	3.82	3.83	3.59	3.23	2.63	3.83
意大利	2.62	2.75	2.77	3.25	3.16	3.20	3.23	3.75	3.71	4.17	3.32
法国	2.35	3.08	2.72	2.97	2.87	2.87	2.99	2.96	2.65	2.89	2.84
西班牙	2.89	2.82	3.17	2.95	3.02	2.71	2.67	2.70	2.71	2.51	2.80
中国香港	2.05	2.00	1.70	1.88	1.77	1.88	1.66	1.70	1.53	1.58	1.76
瑞士	1.94	1.85	1.71	1.91	1.70	1.81	1.66	1.68	1.49	1.19	1.67
瑞典	1.64	1.77	1.86	1.67	1.83	1.87	1.68	1.55	1.57	1.33	1.67
印度	0.83	0.76	1.07	1.18	1.21	1.35	1.67	1.91	2.23	3.08	1.60
比利时	1.30	1.63	1.48	1.32	1.34	1.32	1.49	1.25	0.96	0.97	1.29
丹麦	1.17	1.32	1.50	1.35	1.45	1.25	1.28	1.25	1.23	1.09	1.28
韩国	1.23	1.08	1.18	1.38	1.35	1.25	1.36	1.37	1.15	1.29	1.27
新加坡	1.09	1.09	0.99	1.42	1.22	1.10	1.04	1.08	1.27	0.96	1.13
挪威	0.98	1.15	1.19	0.97	1.16	1.20	1.18	1.09	1.13	1.12	1.12
中国台湾	1.82	1.36	1.23	1.27	0.89	0.94	0.97	0.89	0.87	1.14	1.10
芬兰	0.99	0.97	1.22	1.03	1.07	1.15	1.14	0.93	1.02	1.12	1.06
奥地利	0.89	0.93	0.88	0.81	0.93	0.79	0.75	0.92	0.82	0.89	0.86
土耳其	0.78	0.56	0.65	0.81	0.71	0.62	0.63	0.80	1.05	1.12	0.79
新西兰	0.74	0.63	0.59	0.63	0.61	0.81	0.96	0.85	0.84	0.79	0.76
葡萄牙	0.76	0.56	0.68	0.58	0.70	0.84	0.93	0.83	0.72	0.83	0.75
马来西亚	0.27	0.38	0.67	0.68	0.77	0.71	0.78	0.71	0.86	1.16	0.72
巴西	0.56	0.44	0.62	0.56	0.79	0.72	0.69	0.87	0.76	0.80	0.70
南非	0.42	0.40	0.47	0.55	0.57	0.78	0.75	0.78	0.74	0.91	0.66
日本	0.83	0.65	0.63	0.65	0.51	0.64	0.51	0.68	0.69	0.66	0.64
伊朗	0.41	0.40	0.47	0.54	0.53	0.53	0.66	0.65	0.80	0.93	0.61
巴基斯坦	0.10	0.19	0.13	0.21	0.23	0.39	0.43	0.79	1.11	1.47	0.55
爱尔兰	0.42	0.50	0.53	0.48	0.57	0.51	0.56	0.62	0.63	0.67	0.54
希腊	0.48	0.68	0.57	0.55	0.49	0.52	0.40	0.53	0.41	0.52	0.51
波兰	0.13	0.22	0.36	0.34	0.46	0.50	0.39	0.55	0.63	0.80	0.46
沙特阿拉伯	0.19	0.15	0.30	0.32	0.36	0.29	0.34	0.42	0.69	1.02	0.43
以色列	0.54	0.56	0.52	0.48	0.41	0.38	0.40	0.36	0.30	0.40	0.42
阿联酋	0.15	0.20	0.17	0.19	0.24	0.30	0.36	0.51	0.57	0.74	0.36
智利	0.17	0.29	0.32	0.33	0.34	0.37	0.42	0.42	0.26	0.26	0.32
俄罗斯	0.08	0.16	0.17	0.13	0.21	0.30	0.26	0.49	0.54	0.61	0.32
越南	0.11	0.12	0.10	0.14	0.12	0.16	0.28	0.40	0.65	0.64	0.29

第9章 医学

医学是研究机体细胞、组织、器官和系统的形态、结构、功能及发育异常，以及疾病发生、发展、转归、诊断、治疗和预防的科学。

第一节 学科

医学学科组包括以下学科：呼吸系统，心脏和心血管系统，周围血管疾病学，胃肠病学和肝脏病学，产科医学和妇科医学，男科学，儿科学，泌尿学和肾脏学，运动科学，内分泌学和新陈代谢，营养学和饮食学，血液学，临床神经学，药物滥用医学，精神病学，敏感症学，风湿病学，皮肤医学，眼科学，耳鼻喉学，听觉学和言语病理学，牙科医学、口腔外科和口腔医学，急救医学，危机护理医学，整形外科学，麻醉学，肿瘤学，康复医学，医学信息学，神经影像学，传染病学，寄生物学，医学化验技术，放射医学、核医学和影像医学，法医学，老年病学和老年医学，初级卫生保健，公共卫生、环境卫生和职业卫生，热带医学，药理学和药剂学，医用化学，毒理学，病理学，外科学，移植医学，护理学，全科医学和内科医学，综合医学和补充医学，研究和实验医学，共计49个。

一 呼吸系统

呼吸系统A、B、C层人才最多的是美国，分别占该学科全球A、B、C层人才的18.44%、18.34%、24.53%，均显著高于其他国家和地区。

英国A层人才的世界占比为11.53%，排名第二；加拿大、法国、中国大陆、澳大利亚、德国、意大利、西班牙、瑞士的A层人才比较多，世界占比在 10%～3%；荷兰、比利时、瑞典、日本、巴西、丹麦、希腊、阿根廷、中国香港、墨西哥也有相当数量的 A 层人才，世界占比超过或接近 1%。

英国 B 层人才的世界占比为 11.09%，排名第二；加拿大、德国、意大利、法国、澳大利亚、荷兰、西班牙的 B 层人才比较多，世界占比在 7%～3%；瑞士、比利时、中国大陆、日本、瑞典、丹麦、巴西、爱尔兰、韩国、南非、奥地利也有相当数量的 B 层人才，世界占比超过或接近 1%。

英国 C 层人才的世界占比为 9.72%，排名第二；加拿大、德国、意大利、中国大陆、法国、荷兰、澳大利亚、西班牙、日本的 C 层人才比较多，世界占比在 6%～3%；瑞士、比利时、瑞典、韩国、丹麦、巴西、奥地利、希腊、南非也有相当数量的 C 层人才，世界占比超过或接近 1%。

表 9-1　呼吸系统 A 层人才排名前 20 的国家和地区的占比

单位：%

国家和地区	2012 年	2013 年	2014 年	2015 年	2016 年	2017 年	2018 年	2019 年	2020 年	2021 年	合计
美国	16.67	43.33	16.67	17.07	20.51	8.33	23.08	13.95	19.51	6.25	18.44
英国	16.67	3.33	10.00	9.76	5.13	8.33	12.82	11.63	14.63	18.75	11.53
加拿大	12.50	10.00	10.00	12.20	12.82	8.33	7.69	11.63	7.32	2.08	9.22
法国	12.50	0.00	10.00	7.32	5.13	0.00	5.13	9.30	0.00	10.42	6.63
中国大陆	4.17	0.00	0.00	0.00	5.13	8.33	5.13	0.00	26.83	6.25	5.76
澳大利亚	4.17	3.33	6.67	9.76	5.13	8.33	7.69	11.63	0.00	0.00	5.48
德国	8.33	3.33	3.33	2.44	7.69	8.33	5.13	6.98	4.88	4.17	5.19
意大利	4.17	6.67	3.33	7.32	2.56	0.00	5.13	4.65	2.44	4.17	4.61
西班牙	0.00	3.33	0.00	2.44	5.13	8.33	0.00	2.33	4.88	8.33	3.46
瑞士	4.17	0.00	3.33	7.32	2.56	0.00	0.00	2.33	4.88	2.08	3.17
荷兰	4.17	10.00	3.33	0.00	2.56	0.00	0.00	2.33	0.00	4.17	2.59
比利时	0.00	0.00	3.33	7.32	0.00	8.33	2.56	2.33	0.00	2.08	2.31
瑞典	4.17	3.33	3.33	0.00	5.13	0.00	0.00	0.00	0.00	6.25	2.31

续表

国家和地区	2012 年	2013 年	2014 年	2015 年	2016 年	2017 年	2018 年	2019 年	2020 年	2021 年	合计
日本	0.00	3.33	3.33	2.44	5.13	8.33	2.56	2.33	0.00	0.00	2.31
巴西	0.00	0.00	6.67	0.00	2.56	0.00	0.00	4.65	0.00	2.08	1.73
丹麦	0.00	3.33	0.00	2.44	0.00	0.00	7.69	0.00	0.00	0.00	1.44
希腊	0.00	0.00	3.33	0.00	5.13	0.00	0.00	0.00	2.44	2.08	1.44
阿根廷	0.00	3.33	0.00	2.44	0.00	0.00	5.13	0.00	0.00	0.00	1.15
中国香港	4.17	0.00	0.00	0.00	0.00	0.00	0.00	2.33	4.88	0.00	1.15
墨西哥	0.00	0.00	3.33	0.00	0.00	0.00	0.00	0.00	0.00	4.17	0.86

表 9-2　呼吸系统 B 层人才排名前 20 的国家和地区的占比

单位：%

国家和地区	2012 年	2013 年	2014 年	2015 年	2016 年	2017 年	2018 年	2019 年	2020 年	2021 年	合计
美国	24.50	23.99	16.39	20.99	20.71	15.38	21.11	16.38	13.54	14.58	18.34
英国	10.84	12.43	12.37	11.33	12.72	10.26	13.11	8.95	7.90	12.04	11.09
加拿大	10.44	6.94	4.01	5.25	6.80	6.53	8.44	6.33	5.19	5.56	6.46
德国	5.22	3.47	5.69	5.80	5.92	6.06	6.44	5.68	3.39	6.25	5.41
意大利	3.21	4.91	4.35	3.87	4.14	5.59	4.67	6.11	7.00	6.25	5.18
法国	2.41	4.91	4.68	3.31	5.62	5.13	4.00	5.46	5.64	5.79	4.81
澳大利亚	3.61	4.62	5.35	4.70	3.25	6.06	5.11	3.28	4.74	3.01	4.39
荷兰	4.02	3.47	4.68	5.80	3.55	3.26	4.67	4.15	4.51	5.32	4.36
西班牙	6.02	4.62	3.68	3.31	3.85	4.20	3.33	3.49	3.84	4.17	3.97
瑞士	1.61	2.31	3.01	4.42	2.66	4.43	2.44	2.84	2.71	2.55	2.94
比利时	2.01	2.31	5.02	1.66	3.55	3.26	2.67	3.06	3.84	1.85	2.92
中国大陆	0.80	1.45	2.01	1.38	3.25	1.86	2.44	2.84	7.67	2.78	2.81
日本	1.20	1.73	1.34	2.76	3.25	2.56	2.44	2.62	3.16	3.24	2.52
瑞典	2.01	2.02	0.67	2.49	1.48	1.86	2.22	2.40	1.35	1.39	1.81
丹麦	2.41	3.76	1.00	1.66	2.66	1.17	0.44	1.53	0.90	0.69	1.52
巴西	0.00	0.87	2.01	1.66	1.78	0.93	0.67	0.66	2.03	2.78	1.37
爱尔兰	0.80	0.87	0.00	1.10	1.18	1.86	1.78	1.31	1.35	1.85	1.29
韩国	2.01	0.87	0.00	1.66	0.89	0.23	1.56	1.31	1.81	1.39	1.18
南非	0.80	1.45	1.00	1.38	1.48	1.17	1.11	1.53	0.68	0.93	1.16
奥地利	1.20	0.87	1.67	0.28	0.30	0.70	0.67	1.75	0.45	1.39	0.92

表 9-3　呼吸系统 C 层人才排名前 20 的国家和地区的占比

单位：%

国家和地区	2012 年	2013 年	2014 年	2015 年	2016 年	2017 年	2018 年	2019 年	2020 年	2021 年	合计
美国	28.58	27.68	25.73	27.14	25.01	24.06	24.55	23.53	21.68	20.35	24.53
英国	10.81	10.08	10.02	9.95	9.73	10.41	9.21	8.82	9.97	8.88	9.72
加拿大	6.00	6.05	5.63	5.42	5.26	6.02	5.34	6.05	5.28	5.07	5.59
德国	5.30	5.14	5.87	5.47	6.02	5.56	5.27	5.14	4.77	5.50	5.38
意大利	4.65	4.26	4.86	4.84	5.06	5.12	5.56	4.68	6.99	6.32	5.30
中国大陆	1.69	2.79	2.83	4.01	3.92	3.93	5.11	6.52	6.13	5.12	4.43
法国	3.70	4.17	4.05	4.54	4.62	4.50	4.05	4.18	4.47	4.22	4.27
荷兰	4.44	4.91	4.35	4.01	4.30	4.21	4.08	4.09	3.91	3.79	4.18
澳大利亚	3.54	4.08	3.68	3.63	4.68	4.52	3.73	4.07	4.05	3.49	3.96
西班牙	3.74	3.03	3.27	3.38	3.86	3.82	3.30	3.23	3.22	3.76	3.45
日本	3.99	3.73	3.24	3.16	3.33	2.92	3.21	3.21	2.52	2.91	3.17
瑞士	2.55	2.64	2.16	2.36	2.37	2.74	2.66	2.07	2.38	2.23	2.41
比利时	2.01	2.29	2.60	2.09	2.43	2.33	2.22	2.68	2.52	2.36	2.37
瑞典	1.52	1.79	2.23	1.37	1.72	1.34	2.29	1.50	1.37	1.78	1.69
韩国	1.36	1.35	1.65	1.35	1.43	1.11	1.33	1.75	1.32	1.53	1.42
丹麦	1.56	1.35	1.42	1.48	1.08	1.27	1.28	1.16	1.39	1.30	1.32
巴西	0.82	1.20	0.98	1.13	1.02	1.42	1.26	1.18	0.93	1.63	1.18
奥地利	1.15	1.06	1.42	1.10	0.79	0.80	0.78	1.09	1.06	1.05	1.02
希腊	0.66	0.94	1.15	0.88	0.70	1.06	0.85	1.07	0.65	1.03	0.90
南非	1.19	1.23	0.88	1.13	0.64	0.59	0.78	0.77	0.81	0.48	0.83

二　心脏和心血管系统

心脏和心血管系统 A、B、C 层人才最多的是美国，分别占该学科全球 A、B、C 层人才的 9.86%、19.33%、24.41%。

英国、意大利、法国、德国、荷兰、加拿大、瑞典、西班牙、比利时的 A 层人才比较多，世界占比在 7%~3%；瑞士、丹麦、澳大利亚、波兰、挪威、捷克、巴西、日本、匈牙利、中国大陆也有相当数量的 A 层人才，世界占比均超过 1%。

英国、德国、加拿大、意大利、荷兰、法国、澳大利亚的 B 层人才比较多，世界占比在 9%~3%；西班牙、瑞士、丹麦、瑞典、比利时、中国大陆、波兰、日本、巴西、希腊、奥地利、挪威也有相当数量的 B 层人才，世界占比均超过 1%。

英国、德国、意大利、加拿大、荷兰、法国、中国大陆的 C 层人才比较多，世界占比在 9%~3%；澳大利亚、西班牙、日本、瑞士、瑞典、丹麦、比利时、波兰、奥地利、希腊、韩国、巴西也有相当数量的 C 层人才，世界占比均超过 1%。

表 9-4　心脏和心血管系统 A 层人才排名前 20 的国家和地区的占比

单位：%

国家和地区	2012 年	2013 年	2014 年	2015 年	2016 年	2017 年	2018 年	2019 年	2020 年	2021 年	合计
美国	16.67	6.06	14.29	8.93	20.00	1.49	4.94	16.67	11.76	1.45	9.86
英国	10.00	7.58	6.35	3.57	10.00	2.99	4.94	9.52	7.06	7.25	6.83
意大利	5.00	7.58	1.59	8.93	11.43	2.99	2.47	0.00	8.24	7.25	5.77
法国	11.67	7.58	3.17	8.93	7.14	2.99	3.70	2.38	3.53	7.25	5.77
德国	8.33	9.09	3.17	1.79	4.29	2.99	3.70	4.76	5.88	7.25	5.16
荷兰	6.67	9.09	1.59	5.36	10.00	2.99	2.47	2.38	2.35	7.25	5.01
加拿大	5.00	4.55	6.35	8.93	5.71	1.49	1.23	9.52	4.71	4.35	4.86
瑞典	3.33	6.06	4.76	5.36	2.86	1.49	3.70	4.76	2.35	5.80	3.95
西班牙	1.67	6.06	1.59	1.79	2.86	2.99	3.70	0.00	4.71	5.80	3.34
比利时	1.67	4.55	1.59	5.36	4.29	2.99	2.47	0.00	2.35	5.80	3.19
瑞士	1.67	1.52	1.59	0.00	5.71	2.99	2.47	0.00	2.35	7.25	2.73
丹麦	8.33	3.03	1.59	0.00	2.86	2.99	1.23	4.76	1.18	1.45	2.58
澳大利亚	1.67	3.03	0.00	1.79	2.86	1.49	2.47	2.38	3.53	1.45	2.12
波兰	0.00	3.03	1.59	1.79	2.86	1.49	1.23	2.38	1.18	4.35	1.97
挪威	0.00	1.52	1.59	3.57	1.43	1.49	1.23	0.00	1.18	4.35	1.67
捷克	1.67	3.03	1.59	1.79	1.43	2.99	0.00	2.38	0.00	1.18	1.67
巴西	1.67	3.03	1.59	1.79	0.00	1.49	1.23	2.38	2.35	0.00	1.52
日本	3.33	1.52	1.59	1.79	0.00	1.49	1.23	4.76	1.18	0.00	1.52
匈牙利	1.67	0.00	1.59	1.79	0.00	1.49	2.47	2.38	1.18	1.45	1.37
中国大陆	0.00	0.00	0.00	1.79	0.00	0.00	1.23	2.38	7.06	0.00	1.37

表 9-5　心脏和心血管系统 B 层人才排名前 20 的国家和地区的占比

单位：%

国家和地区	2012 年	2013 年	2014 年	2015 年	2016 年	2017 年	2018 年	2019 年	2020 年	2021 年	合计
美国	26.24	20.93	20.52	20.14	17.45	19.05	17.67	16.32	19.55	17.94	19.33
英国	8.62	8.21	7.41	8.87	8.26	8.29	9.32	8.23	7.67	7.76	8.25
德国	7.89	8.86	7.59	8.19	6.70	7.22	7.12	7.07	6.06	5.70	7.14
加拿大	6.79	6.44	7.93	4.61	6.70	5.07	5.21	5.53	5.07	4.73	5.72
意大利	4.95	6.60	5.52	5.63	4.98	4.61	4.93	5.78	6.68	5.45	5.54
荷兰	5.87	4.83	3.62	4.61	4.83	3.99	5.62	5.53	4.21	4.12	4.71
法国	3.67	5.31	4.48	5.12	5.14	5.53	3.97	4.76	3.22	4.48	4.54
澳大利亚	3.67	2.58	4.14	4.27	2.96	4.61	3.84	2.96	1.98	2.42	3.27
西班牙	1.83	3.06	2.76	3.24	3.12	2.15	3.01	2.44	2.97	3.39	2.82
瑞士	2.20	2.42	2.41	2.05	2.34	3.23	3.56	3.60	2.60	2.30	2.70
丹麦	2.20	2.58	3.45	2.90	2.49	3.07	2.47	2.06	2.10	3.39	2.66
瑞典	2.20	2.58	2.24	2.56	1.87	3.07	2.47	3.08	1.98	3.15	2.54
比利时	1.28	2.09	2.93	3.58	2.65	1.54	2.19	2.57	1.73	2.42	2.29
中国大陆	0.92	1.29	1.38	1.71	1.40	2.00	1.23	1.67	4.08	2.79	1.94
波兰	1.47	2.25	1.38	1.37	1.25	1.23	1.10	1.54	2.72	2.42	1.71
日本	2.20	1.29	1.55	1.88	2.65	1.54	1.78	1.67	0.99	1.70	1.70
巴西	1.28	1.45	0.86	1.88	1.56	1.08	2.19	1.29	1.61	1.82	1.52
希腊	0.73	1.29	1.03	0.85	1.40	1.08	1.23	1.16	1.61	2.55	1.34
奥地利	1.28	1.61	1.21	1.02	1.25	1.08	1.64	1.16	1.49	0.97	1.27
挪威	0.18	0.97	1.03	1.19	1.56	1.54	1.23	0.77	0.99	1.33	1.09

表 9-6　心脏和心血管系统 C 层人才排名前 20 的国家和地区的占比

单位：%

国家和地区	2012 年	2013 年	2014 年	2015 年	2016 年	2017 年	2018 年	2019 年	2020 年	2021 年	合计
美国	30.21	28.16	28.02	26.34	25.74	23.41	23.15	20.33	22.12	20.65	24.41
英国	7.91	7.62	7.91	8.24	8.03	8.60	8.59	8.05	8.45	8.25	8.19
德国	7.41	7.24	7.31	6.76	6.57	6.59	6.63	6.23	6.25	6.58	6.72
意大利	6.09	6.70	5.98	6.07	5.58	5.92	5.78	6.01	7.13	7.60	6.34
加拿大	5.74	5.37	6.09	4.99	5.32	5.31	5.31	4.92	5.00	4.60	5.22
荷兰	5.08	4.94	4.86	4.77	4.51	4.78	4.85	4.76	4.30	4.43	4.70
法国	4.10	3.76	3.88	4.14	4.38	4.05	3.91	3.64	3.49	3.91	3.91
中国大陆	2.69	3.09	3.15	3.09	3.24	3.27	3.30	3.13	4.12	4.54	3.42

续表

国家和地区	2012 年	2013 年	2014 年	2015 年	2016 年	2017 年	2018 年	2019 年	2020 年	2021 年	合计
澳大利亚	2.59	3.09	2.99	2.80	2.88	2.93	3.28	3.16	2.80	2.85	2.94
西班牙	2.76	2.48	2.66	2.99	2.90	2.93	3.17	2.87	2.97	2.81	2.86
日本	3.44	3.30	2.66	2.66	2.60	2.54	2.60	2.36	2.03	2.37	2.61
瑞士	2.30	2.69	2.33	2.47	2.42	2.82	2.48	2.56	2.71	2.50	2.54
瑞典	2.01	2.04	1.96	2.61	2.41	2.26	2.31	2.33	2.14	2.14	2.22
丹麦	1.77	1.48	2.10	2.13	1.98	2.16	2.34	2.26	2.11	2.31	2.08
比利时	1.75	1.82	1.64	2.08	1.96	2.09	2.04	2.23	1.89	1.93	1.95
波兰	0.77	1.15	0.96	1.27	1.40	1.29	1.18	1.52	1.53	1.80	1.32
奥地利	1.18	1.12	1.36	1.17	1.04	1.18	1.18	1.13	1.22	1.32	1.19
希腊	1.03	1.10	1.03	1.22	0.92	1.26	1.09	1.17	1.18	1.27	1.14
韩国	1.18	1.00	1.07	0.94	1.15	1.15	1.16	1.23	1.03	1.02	1.09
巴西	0.83	0.89	0.91	0.93	0.97	1.12	0.99	1.06	1.16	1.13	1.01

三 周围血管疾病学

周围血管疾病学 A、B、C 层人才最多的是美国，分别占该学科全球 A、B、C 层人才的 27.78%、24.08%、26.82%，均遥遥领先于其他国家和地区。

英国、加拿大、荷兰、意大利、法国、德国、中国大陆、瑞士、比利时、澳大利亚的 A 层人才比较多，世界占比在 8%～3%；瑞典、希腊、爱尔兰、捷克、挪威、西班牙、新西兰、丹麦、波兰也有相当数量的 A 层人才，世界占比均超过 1%。

英国、加拿大、德国、意大利、荷兰、澳大利亚、法国的 B 层人才比较多，世界占比在 9%～3%；瑞典、中国大陆、日本、瑞士、西班牙、丹麦、比利时、希腊、奥地利、挪威、巴西、波兰也有相当数量的 B 层人才，世界占比均超过 1%。

英国、德国、加拿大、意大利、中国大陆、荷兰、法国、澳大利亚、日本的 C 层人才比较多，世界占比在 8%～3%；瑞典、西班牙、瑞士、丹麦、比利时、韩国、希腊、奥地利、巴西、芬兰也有相当数量的 C 层人才，世界占比超过或接近1%。

表 9-7 周围血管疾病学 A 层人才排名前 20 的国家和地区的占比

单位：%

国家和地区	2012 年	2013 年	2014 年	2015 年	2016 年	2017 年	2018 年	2019 年	2020 年	2021 年	合计
美国	25.93	14.29	44.00	40.91	26.67	33.33	23.33	66.67	20.83	18.18	27.78
英国	7.41	9.52	0.00	9.09	0.00	0.00	16.67	0.00	8.33	9.09	7.58
加拿大	7.41	0.00	16.00	13.64	6.67	0.00	0.00	0.00	8.33	4.55	6.57
荷兰	7.41	4.76	8.00	9.09	0.00	0.00	3.33	0.00	8.33	9.09	6.06
意大利	7.41	4.76	4.00	4.55	6.67	0.00	6.67	0.00	12.50	4.55	6.06
法国	7.41	9.52	0.00	4.55	6.67	11.11	3.33	0.00	8.33	4.55	5.56
德国	0.00	4.76	8.00	4.55	6.67	0.00	3.33	0.00	4.17	9.09	4.55
中国大陆	3.70	0.00	0.00	4.55	0.00	11.11	3.33	0.00	20.83	0.00	4.55
瑞士	3.70	4.76	0.00	0.00	6.67	0.00	6.67	0.00	8.33	4.55	4.04
比利时	3.70	4.76	0.00	4.55	6.67	0.00	3.33	0.00	0.00	0.00	3.03
澳大利亚	3.70	4.76	0.00	4.55	6.67	0.00	3.33	0.00	0.00	0.00	3.03
瑞典	0.00	4.76	4.00	0.00	6.67	11.11	3.33	0.00	0.00	0.00	2.53
希腊	3.70	4.76	0.00	0.00	0.00	11.11	3.33	0.00	0.00	4.55	2.53
爱尔兰	0.00	0.00	4.00	0.00	6.67	0.00	3.33	33.33	0.00	4.55	2.53
捷克	3.70	4.76	0.00	0.00	6.67	0.00	0.00	0.00	0.00	0.00	1.52
挪威	0.00	4.76	0.00	0.00	0.00	0.00	3.33	0.00	0.00	4.55	1.52
西班牙	0.00	4.76	0.00	0.00	0.00	0.00	3.33	0.00	0.00	4.55	1.52
新西兰	3.70	0.00	0.00	0.00	0.00	22.22	0.00	0.00	0.00	0.00	1.52
丹麦	3.70	0.00	4.00	0.00	0.00	0.00	0.00	0.00	0.00	0.00	1.01
波兰	0.00	4.76	0.00	0.00	0.00	0.00	3.33	0.00	0.00	0.00	1.01

表 9-8 周围血管疾病学 B 层人才排名前 20 的国家和地区的占比

单位：%

国家和地区	2012 年	2013 年	2014 年	2015 年	2016 年	2017 年	2018 年	2019 年	2020 年	2021 年	合计
美国	32.52	27.33	22.13	22.11	27.40	17.12	23.73	19.44	23.14	25.74	24.08
英国	8.13	8.41	7.79	8.84	7.47	7.00	8.54	7.29	7.84	8.82	8.04
加拿大	7.32	6.31	10.25	5.78	7.83	5.45	6.33	7.99	6.67	4.41	6.78
德国	8.54	8.11	8.61	6.80	3.91	5.06	6.33	4.51	3.14	6.25	6.14

续表

国家和地区	2012 年	2013 年	2014 年	2015 年	2016 年	2017 年	2018 年	2019 年	2020 年	2021 年	合计
意大利	4.47	5.11	6.56	4.42	4.63	2.33	3.80	3.47	9.02	4.04	4.74
荷兰	6.10	4.50	6.15	4.76	4.27	2.72	5.38	3.82	3.14	3.68	4.45
澳大利亚	1.22	3.60	4.51	4.42	2.14	5.06	5.38	3.13	4.31	2.57	3.66
法国	3.66	3.60	5.33	3.06	2.49	3.11	3.80	2.78	4.71	4.41	3.66
瑞典	3.66	2.70	4.51	3.06	2.49	2.72	0.95	3.82	1.18	2.94	2.76
中国大陆	1.63	1.80	2.87	1.36	3.20	1.95	0.95	1.74	6.67	4.04	2.55
日本	1.22	2.10	1.23	2.38	2.49	1.56	3.48	2.78	2.75	1.10	2.15
瑞士	1.63	3.00	1.23	2.04	1.42	1.17	2.53	3.82	1.18	1.47	2.01
西班牙	1.63	3.30	1.23	2.38	1.78	1.17	1.90	1.39	2.35	2.21	1.97
丹麦	1.63	1.20	0.82	1.36	2.85	1.95	1.27	1.74	1.57	4.78	1.90
比利时	2.44	0.90	1.64	2.04	1.78	1.17	1.90	2.78	0.39	1.47	1.65
希腊	2.03	1.50	0.41	1.02	0.71	1.95	0.95	1.04	1.57	3.68	1.47
奥地利	1.22	1.20	2.05	1.36	1.07	0.78	1.58	1.04	1.18	1.10	1.26
挪威	1.63	1.20	0.41	0.68	1.42	1.17	1.90	1.04	0.00	2.21	1.18
巴西	0.41	1.50	0.00	1.70	1.07	0.78	1.58	0.35	2.35	1.10	1.11
波兰	0.41	0.90	0.82	1.02	1.42	1.17	0.63	0.69	1.57	1.84	1.04

表 9-9　周围血管疾病学 C 层人才排名前 20 的国家和地区的占比

单位：%

国家和地区	2012 年	2013 年	2014 年	2015 年	2016 年	2017 年	2018 年	2019 年	2020 年	2021 年	合计
美国	31.31	30.28	28.90	28.82	27.15	25.97	25.83	24.20	22.94	22.84	26.82
英国	8.06	8.24	7.81	7.90	8.14	8.39	8.04	7.52	7.77	7.81	7.97
德国	7.61	6.85	6.61	6.69	6.13	5.86	6.14	5.92	5.59	6.06	6.34
加拿大	5.21	4.83	5.87	6.15	5.78	5.65	5.05	5.67	5.56	4.46	5.41
意大利	5.46	5.15	5.00	4.11	4.09	4.49	4.56	4.40	6.68	5.22	4.93
中国大陆	4.28	3.85	4.13	4.50	4.90	5.43	6.10	4.91	5.08	4.58	4.78
荷兰	4.32	5.46	5.29	5.11	5.05	4.88	4.50	4.43	3.89	3.87	4.68
法国	3.62	3.88	3.93	3.36	4.13	3.85	3.54	3.71	3.95	4.15	3.81
澳大利亚	2.93	3.44	3.39	3.18	3.59	3.17	2.89	3.63	3.61	3.91	3.37
日本	3.75	3.25	3.27	3.22	3.39	3.21	3.68	3.02	2.52	2.79	3.21
瑞典	2.28	2.15	2.48	2.61	2.47	2.70	1.97	2.22	1.98	2.27	2.30

续表

国家和地区	2012 年	2013 年	2014 年	2015 年	2016 年	2017 年	2018 年	2019 年	2020 年	2021 年	合计
西班牙	2.48	2.05	2.36	2.11	1.66	2.27	2.40	2.54	2.62	2.43	2.29
瑞士	1.91	2.56	1.32	1.43	1.54	2.14	1.67	1.93	2.18	2.59	1.94
丹麦	1.51	1.07	1.65	1.39	1.85	2.35	1.31	1.38	1.74	1.36	1.54
比利时	1.38	1.55	1.57	1.54	1.12	1.37	1.41	1.24	1.40	1.63	1.42
韩国	0.81	1.42	1.57	1.54	1.27	1.75	1.41	1.42	1.02	1.04	1.33
希腊	1.02	0.82	1.24	1.36	1.23	1.07	1.38	1.31	1.47	1.71	1.26
奥地利	1.14	1.26	1.20	1.04	1.08	0.98	1.25	1.13	1.36	1.12	1.16
巴西	0.65	0.88	0.50	1.22	1.00	0.68	1.21	1.02	1.33	1.04	0.97
芬兰	0.90	1.11	0.99	0.86	1.00	0.77	0.59	1.05	0.89	0.88	0.90

四 胃肠病学和肝脏病学

胃肠病学和肝脏病学 A、B、C 层人才最多的是美国，分别占该学科全球 A、B、C 层人才的 21.23%、17.40%、22.78%，均大幅高于其他国家和地区。

英国、意大利、法国、西班牙、加拿大、中国大陆、德国、荷兰的 A 层人才比较多，世界占比在 9%～3%；瑞士、以色列、澳大利亚、比利时、日本、中国香港、丹麦、韩国、印度、瑞典、芬兰也有相当数量的 A 层人才，世界占比均超过 1%。

英国、意大利、法国、德国、西班牙、加拿大、中国大陆、荷兰、比利时的 B 层人才比较多，世界占比在 8%～3%；日本、澳大利亚、瑞士、中国香港、瑞典、奥地利、葡萄牙、丹麦、韩国、以色列也有相当数量的 B 层人才，世界占比均超过 1%。

英国、中国大陆、意大利、德国、日本、法国、加拿大、西班牙、荷兰的 C 层人才比较多，世界占比在 8%～3%；澳大利亚、韩国、比利时、瑞士、瑞典、丹麦、中国香港、印度、奥地利、中国台湾也有相当数量的 C 层人才，世界占比均超过 1%。

表 9-10　胃肠病学和肝脏病学 A 层人才排名前 20 的国家和地区的占比

单位：%

国家和地区	2012 年	2013 年	2014 年	2015 年	2016 年	2017 年	2018 年	2019 年	2020 年	2021 年	合计
美国	21.62	21.88	36.84	23.26	15.38	16.67	46.15	31.37	5.71	7.69	21.23
英国	8.11	6.25	15.79	9.30	12.82	16.67	7.69	3.92	2.86	3.85	8.10
意大利	8.11	9.38	7.89	9.30	2.56	0.00	7.69	3.92	2.86	5.77	5.87
法国	8.11	9.38	7.89	2.33	5.13	11.11	0.00	1.96	2.86	7.69	5.59
西班牙	8.11	3.13	10.53	4.65	7.69	0.00	7.69	1.96	2.86	3.85	5.03
加拿大	2.70	9.38	2.63	6.98	5.13	11.11	0.00	1.96	0.00	3.85	4.19
中国大陆	0.00	0.00	0.00	0.00	2.56	5.56	0.00	1.96	22.86	1.92	3.35
德国	5.41	6.25	2.63	4.65	0.00	0.00	0.00	3.92	2.86	3.85	3.35
荷兰	10.81	6.25	0.00	2.33	2.56	0.00	0.00	1.96	2.86	3.85	3.07
瑞士	2.70	3.13	0.00	2.33	2.56	5.56	23.08	1.96	2.86	0.00	2.79
以色列	2.70	0.00	0.00	4.65	2.56	0.00	0.00	3.92	2.86	5.77	2.79
澳大利亚	0.00	0.00	2.63	2.33	2.56	5.56	7.69	1.96	5.71	1.92	2.51
比利时	0.00	9.38	0.00	2.33	2.56	5.56	0.00	3.92	0.00	1.92	2.51
日本	2.70	0.00	0.00	0.00	2.56	5.56	0.00	0.00	5.71	5.77	2.23
中国香港	0.00	0.00	2.63	0.00	2.56	5.56	0.00	1.96	8.57	1.92	2.23
丹麦	2.70	0.00	2.63	4.65	0.00	0.00	0.00	0.00	2.86	1.92	1.96
韩国	2.70	3.13	2.63	0.00	2.56	0.00	0.00	1.96	2.86	1.92	1.96
印度	0.00	0.00	0.00	2.33	2.56	0.00	0.00	3.92	2.86	1.92	1.68
瑞典	0.00	0.00	0.00	2.33	2.56	0.00	0.00	3.92	0.00	1.92	1.40
芬兰	5.41	0.00	2.63	0.00	0.00	5.56	0.00	0.00	2.86	0.00	1.40

表 9-11　胃肠病学和肝脏病学 B 层人才排名前 20 的国家和地区的占比

单位：%

国家和地区	2012 年	2013 年	2014 年	2015 年	2016 年	2017 年	2018 年	2019 年	2020 年	2021 年	合计
美国	25.77	20.18	17.62	22.39	20.95	13.64	15.26	14.63	12.45	15.82	17.40
英国	8.59	7.03	7.32	8.40	7.23	6.14	6.15	5.99	6.43	8.72	7.15
意大利	4.29	6.42	5.96	6.11	7.23	5.68	6.38	5.32	6.43	5.68	5.97
法国	6.44	6.42	5.15	6.62	6.73	5.45	6.15	5.54	4.82	4.06	5.66
德国	7.06	4.59	7.32	6.36	5.49	5.68	4.78	3.77	3.82	4.87	5.27
西班牙	3.68	4.89	4.34	4.33	3.74	6.14	3.42	3.77	3.21	5.07	4.25
加拿大	5.83	5.20	5.15	5.60	3.49	4.77	2.05	4.88	2.81	3.45	4.21

续表

国家和地区	2012 年	2013 年	2014 年	2015 年	2016 年	2017 年	2018 年	2019 年	2020 年	2021 年	合计
中国大陆	3.07	1.22	1.90	1.53	3.49	2.95	3.64	5.32	7.63	3.65	3.63
荷兰	3.37	3.67	3.79	4.33	4.24	3.41	2.73	3.55	3.01	3.25	3.50
比利时	3.68	3.06	6.78	2.80	3.74	3.18	2.28	1.77	2.81	3.04	3.24
日本	3.68	2.45	1.90	4.07	3.49	2.05	4.56	3.33	2.41	2.03	2.97
澳大利亚	3.37	3.36	3.25	3.31	2.49	2.50	2.96	3.33	2.21	2.03	2.83
瑞士	4.60	2.45	2.71	2.04	2.24	2.73	2.96	2.00	1.61	2.84	2.56
中国香港	0.92	0.92	0.27	1.27	1.25	2.05	3.87	1.77	2.81	3.65	2.01
瑞典	0.61	3.06	3.79	2.04	1.50	2.95	1.14	1.33	1.61	1.22	1.89
奥地利	1.84	2.45	3.79	1.53	2.74	2.73	0.68	0.67	1.00	1.42	1.81
葡萄牙	0.61	1.83	1.90	2.04	0.50	1.59	1.59	1.33	1.41	1.62	1.45
丹麦	1.23	1.83	2.17	0.51	1.50	1.59	0.91	1.77	1.41	1.42	1.43
韩国	1.23	0.61	0.81	1.53	1.00	1.36	2.28	2.00	1.41	1.62	1.43
以色列	0.00	0.92	1.90	1.53	1.00	1.36	0.91	1.11	1.41	2.03	1.26

表 9-12 胃肠病学和肝脏病学 C 层人才排名前 20 的国家和地区的占比

单位：%

国家和地区	2012 年	2013 年	2014 年	2015 年	2016 年	2017 年	2018 年	2019 年	2020 年	2021 年	合计
美国	25.37	25.36	25.14	24.97	23.18	22.51	22.67	20.59	20.66	19.73	22.78
英国	6.68	7.42	6.61	6.79	6.97	6.95	7.54	7.25	7.27	7.31	7.09
中国大陆	5.69	5.94	6.31	5.63	6.30	5.53	5.94	6.98	7.55	7.50	6.40
意大利	6.35	5.66	6.28	6.22	6.86	6.25	6.34	5.94	7.20	6.32	6.36
德国	5.96	5.94	5.55	5.60	5.40	5.14	5.17	5.28	5.14	5.35	5.42
日本	5.22	5.19	5.25	5.22	5.79	5.12	4.79	4.85	4.37	4.01	4.94
法国	5.42	4.73	5.00	4.75	4.79	4.97	5.10	4.37	5.25	4.63	4.89
加拿大	3.70	3.15	3.74	4.23	3.94	3.89	3.93	4.32	3.43	3.72	3.82
西班牙	3.25	4.14	3.50	3.10	3.56	3.19	3.59	3.81	3.86	4.16	3.63
荷兰	3.73	4.55	3.42	3.38	3.56	3.98	3.33	3.01	3.54	3.00	3.51
澳大利亚	2.38	2.60	2.62	3.25	3.10	2.82	2.51	2.57	2.44	2.73	2.70
韩国	2.89	2.38	2.81	2.35	2.66	2.32	2.68	2.59	2.14	2.11	2.48
比利时	2.21	2.10	1.99	2.07	2.41	2.46	2.49	2.17	2.27	2.07	2.23
瑞士	1.61	1.82	1.50	1.63	1.82	2.36	1.75	2.00	1.71	1.88	1.82
瑞典	1.85	1.79	1.45	1.78	1.28	1.62	1.75	1.77	1.46	1.84	1.66

续表

国家和地区	2012 年	2013 年	2014 年	2015 年	2016 年	2017 年	2018 年	2019 年	2020 年	2021 年	合计
丹麦	1.43	1.39	1.78	1.47	1.79	1.23	1.65	1.75	1.31	1.27	1.50
中国香港	1.31	1.36	1.15	0.93	1.59	1.23	1.36	1.22	2.10	1.88	1.44
印度	1.10	1.11	0.96	0.62	1.20	1.13	1.15	1.26	1.33	1.48	1.15
奥地利	1.16	1.24	0.79	0.96	0.74	1.35	0.96	1.26	0.81	1.20	1.05
中国台湾	1.28	1.33	0.90	0.93	1.25	0.72	1.32	1.24	0.79	0.80	1.04

五 产科医学和妇科医学

产科医学和妇科医学 A、B、C 层人才最多的是美国，分别占该学科全球 A、B、C 层人才的 19.93%、20.51%、24.68%，相比其他国家和地区优势明显。

英国 A 层人才的世界占比为 12.96%，排名第二；澳大利亚、加拿大、西班牙、意大利、中国大陆、以色列的 A 层人才比较多，世界占比在 5%~3%；荷兰、比利时、瑞士、丹麦、南非、巴西、法国、日本、印度、瑞典、德国、中国香港也有相当数量的 A 层人才，世界占比均超过 1%。

英国 B 层人才的世界占比为 11.12%，排名第二；意大利、澳大利亚、西班牙、加拿大、法国、荷兰、比利时的 B 层人才比较多，世界占比在 6%~3%；瑞士、中国大陆、德国、丹麦、瑞典、巴西、挪威、以色列、印度、日本、希腊也有相当数量的 B 层人才，世界占比均超过 1%。

英国 C 层人才的世界占比为 9.29%，排名第二；意大利、澳大利亚、中国大陆、加拿大、荷兰、西班牙的 C 层人才比较多，世界占比在 6%~3%；法国、德国、比利时、瑞典、丹麦、日本、巴西、瑞士、挪威、以色列、土耳其、印度也有相当数量的 C 层人才，世界占比均超过 1%。

表 9-13 产科医学和妇科医学 A 层人才排名前 20 的国家和地区的占比

单位：%

国家和地区	2012 年	2013 年	2014 年	2015 年	2016 年	2017 年	2018 年	2019 年	2020 年	2021 年	合计
美国	35.00	33.33	14.81	27.27	6.67	13.89	14.29	14.81	24.39	23.53	19.93
英国	10.00	11.11	11.11	18.18	16.67	8.33	11.43	11.11	17.07	11.76	12.96
澳大利亚	5.00	5.56	0.00	9.09	10.00	2.78	8.57	3.70	0.00	5.88	4.98
加拿大	5.00	5.56	3.70	0.00	3.33	5.56	5.71	3.70	4.88	8.82	4.65
西班牙	0.00	0.00	7.41	9.09	3.33	5.56	0.00	3.70	4.88	2.94	3.99
意大利	5.00	0.00	3.70	3.03	0.00	8.33	2.86	3.70	7.32	2.94	3.99
中国大陆	0.00	5.56	7.41	0.00	0.00	2.78	5.71	0.00	12.20	0.00	3.65
以色列	0.00	11.11	7.41	3.03	3.33	5.56	0.00	3.70	0.00	2.94	3.32
荷兰	5.00	0.00	3.70	3.03	10.00	0.00	2.86	0.00	2.44	2.94	2.99
比利时	0.00	0.00	3.70	0.00	6.67	5.56	5.71	3.70	0.00	2.94	2.99
瑞士	10.00	5.56	0.00	3.03	6.67	0.00	2.86	0.00	2.44	0.00	2.66
丹麦	0.00	0.00	0.00	3.03	0.00	8.33	0.00	3.70	0.00	5.88	2.33
南非	10.00	0.00	0.00	0.00	3.33	2.78	2.86	0.00	0.00	2.94	2.33
巴西	0.00	0.00	7.41	0.00	3.33	2.78	2.86	3.70	0.00	0.00	1.99
法国	0.00	0.00	0.00	3.03	0.00	2.78	2.86	3.70	2.44	2.94	1.99
日本	0.00	5.56	0.00	0.00	0.00	0.00	8.57	3.70	0.00	2.94	1.99
印度	0.00	0.00	3.70	3.03	0.00	0.00	2.86	7.41	0.00	0.00	1.66
瑞典	0.00	0.00	0.00	6.06	3.33	0.00	0.00	3.70	2.44	0.00	1.66
德国	0.00	5.56	3.70	0.00	3.33	0.00	0.00	0.00	2.44	2.94	1.66
中国香港	0.00	0.00	0.00	0.00	0.00	2.78	0.00	3.70	4.88	0.00	1.33

表 9-14 产科医学和妇科医学 B 层人才排名前 20 的国家和地区的占比

单位：%

国家和地区	2012 年	2013 年	2014 年	2015 年	2016 年	2017 年	2018 年	2019 年	2020 年	2021 年	合计
美国	25.39	19.73	23.72	29.43	12.16	19.87	21.15	16.84	18.38	20.71	20.51
英国	13.67	13.95	13.14	12.04	9.80	11.04	11.54	12.37	6.76	8.72	11.12
意大利	5.08	3.40	6.20	4.01	4.05	5.99	4.81	5.26	8.65	7.90	5.66
澳大利亚	4.30	4.42	6.20	4.35	7.09	3.47	7.37	4.47	4.32	4.90	5.06
西班牙	3.91	2.72	4.74	4.35	4.05	4.42	4.49	3.68	3.24	4.63	4.01
加拿大	1.95	4.76	2.55	3.01	4.73	4.73	3.85	6.05	1.62	3.54	3.73
法国	3.91	2.04	2.55	3.01	4.39	3.47	3.53	3.95	4.05	4.90	3.63
荷兰	3.52	3.74	5.84	5.02	4.05	2.21	3.53	3.95	2.16	1.63	3.48
比利时	2.73	2.72	2.55	3.01	4.05	3.47	4.17	2.89	4.32	2.72	3.29

国家和地区	2012 年	2013 年	2014 年	2015 年	2016 年	2017 年	2018 年	2019 年	2020 年	2021 年	合计
瑞士	4.30	2.04	2.92	2.34	5.07	3.47	2.24	2.11	1.35	2.18	2.72
中国大陆	1.17	2.38	3.65	1.34	2.36	2.52	3.53	1.32	4.59	2.45	2.56
德国	2.73	2.38	1.82	2.01	4.05	1.89	1.92	3.42	2.16	3.00	2.56
丹麦	2.34	3.40	1.46	1.34	2.70	3.47	3.21	3.16	1.62	1.91	2.46
瑞典	1.17	2.72	0.73	2.01	3.72	0.95	2.56	4.47	2.70	0.82	2.24
巴西	0.78	1.02	1.82	1.34	2.36	2.52	1.92	0.79	1.62	1.63	1.58
挪威	0.39	2.04	1.46	0.33	1.35	1.58	0.96	2.63	1.62	0.82	1.36
以色列	1.17	1.36	1.09	0.67	1.69	1.89	0.64	1.58	0.81	2.18	1.33
印度	1.17	1.02	0.73	1.34	0.68	0.95	1.92	1.05	1.35	2.18	1.26
日本	0.39	0.68	1.82	1.00	0.68	1.26	1.28	2.11	1.08	1.91	1.26
希腊	0.78	0.68	0.00	0.33	1.01	1.26	1.28	2.11	1.35	1.09	1.04

表 9-15　产科医学和妇科医学 C 层人才排名前 20 的国家和地区的占比

单位：%

国家和地区	2012 年	2013 年	2014 年	2015 年	2016 年	2017 年	2018 年	2019 年	2020 年	2021 年	合计
美国	27.48	27.62	27.90	28.05	26.26	25.77	23.18	21.49	21.52	20.13	24.68
英国	9.39	9.86	9.35	9.19	9.24	9.79	9.13	9.33	9.25	8.52	9.29
意大利	4.45	4.79	4.80	4.88	6.25	5.74	5.93	6.16	7.48	6.13	5.74
澳大利亚	4.94	5.07	5.91	5.18	5.64	5.58	5.71	5.47	4.85	4.69	5.30
中国大陆	3.16	3.56	3.62	4.21	4.42	4.81	4.70	6.13	5.84	5.55	4.70
加拿大	5.14	4.44	5.10	4.11	3.91	4.43	3.62	4.52	3.77	3.62	4.23
荷兰	4.13	3.80	4.10	3.78	3.50	3.85	3.46	3.49	2.77	3.09	3.56
西班牙	2.99	2.61	2.44	3.11	2.48	2.89	3.10	3.20	3.60	3.68	3.04
法国	3.60	2.85	2.81	2.47	2.65	2.86	2.38	2.65	2.46	3.25	2.78
德国	2.83	3.13	2.92	2.31	2.55	2.50	2.87	2.48	2.82	3.22	2.76
比利时	3.12	2.89	2.59	2.81	2.24	2.31	2.67	2.28	2.99	2.57	2.64
瑞典	2.59	2.54	2.51	2.41	2.28	2.41	2.15	2.30	2.02	2.39	2.35
丹麦	2.71	2.47	2.11	1.74	2.00	2.05	1.43	2.07	1.36	1.65	1.93
日本	1.86	1.44	2.00	1.47	1.32	1.38	1.57	2.07	1.58	1.56	1.62
巴西	1.34	1.13	1.37	1.84	1.70	1.35	2.12	1.41	2.10	1.69	1.62
瑞士	1.17	1.51	1.59	1.10	2.41	1.80	2.12	1.38	1.41	1.35	1.58
挪威	2.06	1.51	1.29	1.37	1.32	1.64	1.27	1.15	1.05	1.01	1.35
以色列	1.30	1.02	1.22	1.17	1.02	0.96	1.34	1.50	1.30	1.56	1.25
土耳其	0.85	1.30	1.07	1.17	1.05	0.74	0.88	1.18	1.36	1.47	1.12
印度	0.73	0.67	0.74	0.70	1.26	0.90	0.95	1.35	1.33	1.50	1.04

六 男科学

男科学是小学科，人才数量少，只有意大利有 A 层人才。

B 层人才最多的是美国，世界占比为 24.14%；意大利 B 层人才的世界占比为 13.79%，排名第二；中国大陆、德国、南非、澳大利亚、法国、希腊、英国的 B 层人才比较多，世界占比在 6% ~ 3%；比利时、巴西、加拿大、丹麦、荷兰、葡萄牙、韩国、西班牙、瑞典、土耳其、芬兰也有相当数量的 B 层人才，世界占比均超过 1%。

C 层人才最多的是美国，世界占比为 19.39%；意大利、中国大陆、英国、巴西、西班牙、印度、德国的 C 层人才比较多，世界占比在 8% ~ 3%；澳大利亚、伊朗、土耳其、丹麦、加拿大、法国、南非、荷兰、埃及、日本、韩国、瑞典也有相当数量的 C 层人才，世界占比均超过 1%。

表 9-16 男科学 A 层人才的国家和地区的占比

单位：%

国家和地区	2012 年	2013 年	2014 年	2015 年	2016 年	2017 年	2018 年	2019 年	2020 年	2021 年	合计
意大利	0.00	0.00	0.00	0.00	0.00	0.00	0.00	0.00	100.00	100.00	100.00

表 9-17 男科学 B 层人才排名前 20 的国家和地区的占比

单位：%

国家和地区	2012 年	2013 年	2014 年	2015 年	2016 年	2017 年	2018 年	2019 年	2020 年	2021 年	合计
美国	0.00	37.50	37.50	42.86	40.00	30.77	22.22	0.00	0.00	33.33	24.14
意大利	30.00	0.00	12.50	0.00	0.00	7.69	11.11	0.00	20.00	25.00	13.79
中国大陆	0.00	0.00	0.00	14.29	0.00	7.69	0.00	0.00	13.33	8.33	5.75
德国	0.00	0.00	12.50	0.00	0.00	7.69	11.11	0.00	6.67	0.00	4.60
南非	0.00	0.00	12.50	14.29	0.00	0.00	22.22	0.00	0.00	0.00	4.60
澳大利亚	20.00	0.00	12.50	0.00	0.00	7.69	0.00	0.00	0.00	0.00	3.45
法国	0.00	12.50	0.00	14.29	0.00	7.69	0.00	0.00	0.00	0.00	3.45
希腊	0.00	0.00	0.00	0.00	0.00	0.00	11.11	0.00	13.33	0.00	3.45
英国	0.00	0.00	0.00	0.00	0.00	7.69	0.00	0.00	13.33	0.00	3.45
比利时	10.00	0.00	0.00	0.00	0.00	0.00	0.00	0.00	6.67	0.00	2.30

续表

国家和地区	2012 年	2013 年	2014 年	2015 年	2016 年	2017 年	2018 年	2019 年	2020 年	2021 年	合计
巴西	0.00	0.00	0.00	0.00	40.00	0.00	0.00	0.00	0.00	0.00	2.30
加拿大	0.00	0.00	0.00	0.00	20.00	7.69	0.00	0.00	0.00	0.00	2.30
丹麦	10.00	12.50	0.00	0.00	0.00	0.00	0.00	0.00	0.00	0.00	2.30
荷兰	0.00	0.00	12.50	0.00	0.00	0.00	11.11	0.00	0.00	0.00	2.30
葡萄牙	0.00	12.50	0.00	0.00	0.00	7.69	0.00	0.00	0.00	0.00	2.30
韩国	0.00	0.00	0.00	0.00	0.00	0.00	0.00	0.00	6.67	8.33	2.30
西班牙	0.00	12.50	0.00	0.00	0.00	7.69	0.00	0.00	0.00	0.00	2.30
瑞典	0.00	0.00	0.00	0.00	0.00	0.00	11.11	0.00	6.67	0.00	2.30
土耳其	0.00	0.00	0.00	0.00	0.00	0.00	0.00	0.00	6.67	8.33	2.30
芬兰	0.00	0.00	0.00	0.00	0.00	0.00	0.00	0.00	6.67	0.00	1.15

表 9-18　男科学 C 层人才排名前 20 的国家和地区的占比

单位：%

国家和地区	2012 年	2013 年	2014 年	2015 年	2016 年	2017 年	2018 年	2019 年	2020 年	2021 年	合计
美国	19.59	24.66	20.00	16.00	28.09	20.66	22.45	16.92	19.61	12.99	19.39
意大利	6.19	9.59	6.67	8.00	4.49	9.09	4.08	9.23	9.15	9.04	7.81
中国大陆	7.22	12.33	9.33	6.67	3.37	4.96	8.16	7.69	3.92	6.78	6.71
英国	6.19	4.11	5.33	4.00	4.49	2.48	5.10	3.08	3.92	3.95	4.14
巴西	2.06	0.00	0.00	1.33	10.11	4.96	6.12	3.08	5.23	3.39	3.86
西班牙	1.03	8.22	2.67	6.67	7.87	3.31	3.06	1.54	1.96	3.39	3.58
印度	5.15	4.11	0.00	2.67	1.12	1.65	7.14	3.08	3.92	2.82	3.22
德国	4.12	2.74	5.33	5.33	2.25	4.13	1.02	3.85	2.61	2.26	3.22
澳大利亚	2.06	2.74	2.67	8.00	1.12	4.13	2.04	2.31	3.27	2.26	2.94
伊朗	2.06	1.37	8.00	2.67	0.00	4.13	5.10	2.31	3.27	1.69	2.94
土耳其	3.09	0.00	2.67	4.00	0.00	2.48	2.04	4.62	3.27	4.52	2.94
丹麦	8.25	2.74	4.00	0.00	5.62	2.48	0.00	2.31	3.92	0.56	2.85
加拿大	3.09	1.37	2.67	9.33	4.49	0.83	3.06	3.08	1.96	1.69	2.85
法国	6.19	2.74	1.33	1.33	4.49	2.48	1.02	3.08	1.31	2.82	2.67
南非	3.09	0.00	0.00	2.67	1.12	0.83	2.04	1.54	9.15	2.26	2.67
荷兰	4.12	2.74	2.67	4.00	2.25	1.65	4.08	0.77	0.65	0.00	1.93
埃及	0.00	2.74	0.00	1.33	0.00	1.65	4.08	2.31	1.96	2.82	1.84
日本	1.03	4.11	0.00	0.00	0.00	2.48	1.02	3.08	0.00	3.39	1.65
韩国	2.06	2.74	0.00	1.33	0.00	0.00	1.02	3.08	0.65	2.82	1.47
瑞典	1.03	1.37	4.00	1.33	3.37	0.83	1.02	0.77	0.65	1.69	1.47

七 儿科学

儿科学 A、B、C 层人才最多的是美国，分别占该学科全球 A、B、C 层人才的 27.98%、30.42%、34.19%，均遥遥领先于其他国家和地区；英国 A、B、C 层人才的世界占比分别为 10.36%、9.34%、8.11%，均排名第二。

加拿大、澳大利亚、意大利、德国、荷兰、法国、瑞士的 A 层人才比较多，世界占比在 6%~3%；印度、中国大陆、瑞典、西班牙、比利时、巴西、丹麦、奥地利、以色列、芬兰、挪威也有相当数量的 A 层人才，世界占比均超过 1%。

加拿大、澳大利亚、意大利、德国、荷兰的 B 层人才比较多，世界占比在 7%~3%；西班牙、法国、瑞典、瑞士、比利时、以色列、丹麦、印度、中国大陆、巴西、芬兰、日本、奥地利也有相当数量的 B 层人才，世界占比超过或接近 1%。

加拿大、澳大利亚、意大利、荷兰、德国的 C 层人才比较多，世界占比在 7%~3%；法国、瑞典、西班牙、中国大陆、瑞士、印度、比利时、巴西、挪威、丹麦、日本、以色列、芬兰也有相当数量的 C 层人才，世界占比超过或接近 1%。

表 9-19 儿科学 A 层人才排名前 20 的国家和地区的占比

单位：%

国家和地区	2012 年	2013 年	2014 年	2015 年	2016 年	2017 年	2018 年	2019 年	2020 年	2021 年	合计
美国	29.63	58.62	30.00	32.35	16.22	30.00	37.21	17.78	16.67	24.53	27.98
英国	22.22	3.45	10.00	8.82	5.41	12.50	4.65	8.89	14.58	13.21	10.36
加拿大	3.70	10.34	6.67	5.88	8.11	5.00	4.65	11.11	0.00	5.66	5.96
澳大利亚	0.00	6.90	3.33	8.82	2.70	2.50	9.30	8.89	8.33	1.89	5.44
意大利	7.41	0.00	3.33	0.00	0.00	5.00	2.33	2.22	12.50	3.77	3.89
德国	3.70	10.34	3.33	0.00	0.00	2.50	2.33	4.44	6.25	1.89	3.37
荷兰	7.41	3.45	13.33	2.94	0.00	5.00	2.33	2.22	0.00	0.00	3.11
法国	3.70	0.00	3.33	11.76	2.70	5.00	0.00	0.00	2.08	3.77	3.11

续表

国家和地区	2012 年	2013 年	2014 年	2015 年	2016 年	2017 年	2018 年	2019 年	2020 年	2021 年	合计
瑞士	0.00	0.00	0.00	5.88	8.11	2.50	2.33	2.22	6.25	1.89	3.11
印度	0.00	0.00	0.00	2.94	8.11	0.00	2.33	0.00	2.08	7.55	2.59
中国大陆	0.00	0.00	0.00	0.00	2.70	0.00	2.33	2.22	12.50	0.00	2.33
瑞典	0.00	6.90	0.00	0.00	2.70	5.00	2.33	4.44	2.08	0.00	2.33
西班牙	3.70	0.00	3.33	2.94	0.00	2.50	0.00	2.22	2.08	3.77	2.07
比利时	0.00	0.00	3.33	2.94	2.70	0.00	2.33	2.22	2.08	1.89	1.81
巴西	0.00	0.00	0.00	2.94	5.41	2.50	0.00	2.22	0.00	1.89	1.55
丹麦	3.70	0.00	3.33	0.00	0.00	2.50	0.00	4.44	0.00	1.89	1.55
奥地利	0.00	0.00	0.00	0.00	0.00	2.50	4.65	0.00	4.17	0.00	1.30
以色列	3.70	0.00	3.33	0.00	2.70	0.00	0.00	2.22	2.08	0.00	1.30
芬兰	3.70	0.00	3.33	0.00	2.70	0.00	0.00	2.22	0.00	0.00	1.04
挪威	0.00	0.00	0.00	2.94	2.70	2.50	0.00	2.22	0.00	0.00	1.04

表 9-20　儿科学 B 层人才排名前 20 的国家和地区的占比

单位：%

国家和地区	2012 年	2013 年	2014 年	2015 年	2016 年	2017 年	2018 年	2019 年	2020 年	2021 年	合计
美国	37.07	37.20	44.26	34.85	33.24	25.91	25.83	25.06	27.15	23.74	30.42
英国	13.90	9.56	7.77	6.84	9.46	6.13	10.49	7.94	9.74	11.55	9.34
加拿大	8.49	6.14	3.72	5.21	8.02	6.13	8.44	7.44	3.25	4.62	6.06
澳大利亚	5.02	7.51	4.73	5.86	6.02	5.01	5.63	5.21	3.94	4.41	5.25
意大利	3.09	2.73	3.38	2.61	2.87	4.74	4.35	2.98	8.12	6.51	4.38
德国	1.93	3.07	2.70	4.56	2.58	4.74	3.84	3.97	2.55	2.73	3.28
荷兰	3.09	4.44	3.04	2.28	2.87	3.62	4.86	2.73	2.09	3.57	3.25
西班牙	1.93	3.07	2.03	2.61	2.01	3.90	2.05	3.47	2.78	2.10	2.61
法国	2.32	1.71	1.01	2.61	3.15	1.95	3.58	1.24	2.09	3.36	2.36
瑞典	1.93	2.05	1.69	0.98	2.58	2.23	2.56	4.22	1.62	2.10	2.24
瑞士	1.93	2.73	0.68	5.21	2.01	2.23	1.79	1.74	1.39	2.73	2.22
比利时	1.16	1.02	2.03	1.30	2.01	2.23	2.30	0.74	1.62	1.05	1.54
以色列	1.54	1.02	1.69	1.95	1.43	1.67	2.30	0.74	1.39	1.47	1.52
丹麦	2.70	2.39	2.36	2.93	0.57	1.11	0.00	1.49	1.62	0.63	1.46
印度	0.39	1.02	1.01	1.63	1.15	1.11	1.02	1.74	2.78	1.68	1.43
中国大陆	0.00	1.37	0.68	0.33	0.29	0.56	0.51	1.99	5.80	1.05	1.40

国家和地区	2012 年	2013 年	2014 年	2015 年	2016 年	2017 年	2018 年	2019 年	2020 年	2021 年	合计
巴西	0.39	0.34	0.68	0.65	0.29	0.84	1.28	1.99	2.09	2.10	1.18
芬兰	1.93	1.02	1.01	1.63	1.72	0.84	1.02	0.99	0.93	0.42	1.09
日本	0.77	1.37	1.35	0.65	1.15	0.56	1.02	1.99	0.70	0.84	1.04
奥地利	0.39	1.02	0.00	0.65	1.43	1.11	2.05	0.99	0.93	0.84	0.98

表 9-21　儿科学 C 层人才排名前 20 的国家和地区的占比

单位：%

国家和地区	2012 年	2013 年	2014 年	2015 年	2016 年	2017 年	2018 年	2019 年	2020 年	2021 年	合计
美国	38.99	38.80	37.97	36.45	37.48	34.79	32.53	32.02	29.39	29.00	34.19
英国	7.57	7.87	8.43	8.65	7.70	7.92	8.18	8.75	8.87	7.23	8.11
加拿大	5.85	7.53	6.86	6.99	6.09	7.23	7.13	6.39	5.45	5.03	6.38
澳大利亚	4.97	5.44	6.37	4.90	5.05	4.54	5.16	4.83	4.41	3.62	4.85
意大利	3.78	4.24	3.69	3.82	3.47	4.40	4.23	4.14	6.51	6.54	4.61
荷兰	4.13	3.90	3.52	3.30	3.75	3.85	3.41	3.21	3.37	3.52	3.57
德国	3.67	3.25	3.17	3.49	2.96	4.02	3.41	3.02	3.62	3.75	3.45
法国	2.41	2.53	1.95	2.25	2.17	2.14	2.27	2.60	2.41	2.52	2.34
瑞典	1.87	1.98	2.47	2.61	2.28	2.02	2.53	2.23	1.93	2.05	2.20
西班牙	1.38	1.40	1.43	1.47	1.72	2.31	1.94	1.91	2.63	2.63	1.95
中国大陆	1.15	0.79	1.18	1.40	1.41	1.74	1.39	2.47	3.01	2.74	1.82
瑞士	1.38	1.54	1.29	1.73	1.49	1.36	2.01	2.04	1.65	1.70	1.64
印度	1.11	0.86	1.15	1.11	0.96	1.19	1.50	1.33	1.82	2.09	1.36
比利时	1.15	1.23	1.08	1.47	1.52	1.27	1.45	1.72	1.60	0.93	1.35
巴西	0.96	1.03	0.91	1.08	1.27	1.19	1.34	1.33	1.72	1.51	1.27
挪威	1.38	1.27	1.29	1.21	1.16	1.30	1.27	0.98	1.14	0.91	1.17
丹麦	0.99	1.06	0.94	1.08	1.24	1.13	0.98	1.09	1.17	1.01	1.07
日本	1.22	1.23	0.94	0.85	1.07	0.98	1.03	0.95	1.25		1.05
以色列	0.88	0.99	1.01	0.91	1.07	0.90	1.37	1.06	0.99	1.01	1.03
芬兰	1.26	0.92	0.91	1.40	0.93	1.07	0.96	1.01	0.86	0.78	0.99

八　泌尿学和肾脏学

泌尿学和肾脏学 A、B、C 层人才最多的是美国，分别占该学科全球 A、

B、C 层人才的 14.72%、21.69%、26.22%，均大幅高于其他国家和地区；英国 A、B、C 层人才的世界占比分别为 10.19%、7.62%、7.33%，均排名第二。

荷兰、法国、德国、比利时、意大利、加拿大、瑞士、西班牙、澳大利亚的 A 层人才比较多，世界占比在 8%~3%；中国大陆、瑞典、奥地利、捷克、芬兰、俄罗斯、墨西哥、希腊、印度也有相当数量的 A 层人才，世界占比超过或接近 1%。

德国、荷兰、意大利、加拿大、法国、澳大利亚、比利时的 B 层人才比较多，世界占比在 8%~4%；瑞典、西班牙、日本、中国大陆、瑞士、奥地利、巴西、丹麦、中国香港、土耳其、希腊也有相当数量的 B 层人才，世界占比超过或接近 1%。

德国、意大利、加拿大、法国、荷兰、中国大陆、澳大利亚的 C 层人才比较多，世界占比在 7%~3%；日本、比利时、西班牙、瑞典、瑞士、奥地利、韩国、丹麦、巴西、土耳其、印度也有相当数量的 C 层人才，世界占比超过或接近 1%。

表 9-22　泌尿学和肾脏学 A 层人才排名前 20 的国家和地区的占比

单位：%

国家和地区	2012 年	2013 年	2014 年	2015 年	2016 年	2017 年	2018 年	2019 年	2020 年	2021 年	合计
美国	35.71	15.00	10.34	13.79	21.43	6.67	17.24	12.12	10.00	3.45	14.72
英国	7.14	10.00	10.34	10.34	7.14	16.67	10.34	9.09	10.00	10.34	10.19
荷兰	7.14	5.00	10.34	3.45	3.57	10.00	6.90	12.12	10.00	10.34	7.92
法国	7.14	0.00	10.34	3.45	3.57	13.33	6.90	12.12	0.00	10.34	7.55
德国	0.00	5.00	0.00	3.45	3.57	10.00	10.34	6.06	10.00	13.79	7.17
比利时	7.14	0.00	10.34	3.45	0.00	10.00	10.34	6.06	0.00	6.90	6.04
意大利	7.14	5.00	10.34	6.90	0.00	3.33	6.90	9.09	0.00	6.90	6.04
加拿大	0.00	20.00	0.00	10.34	7.14	0.00	6.90	3.03	0.00	0.00	4.53
瑞士	7.14	0.00	3.45	0.00	10.71	3.33	3.45	3.03	0.00	10.34	4.53
西班牙	3.57	0.00	10.34	0.00	0.00	6.67	3.45	6.06	0.00	3.45	3.77
澳大利亚	3.57	5.00	0.00	3.45	7.14	3.33	0.00	0.00	10.00	6.90	3.40
中国大陆	3.57	5.00	0.00	3.45	3.57	0.00	3.45	0.00	20.00	0.00	2.64

国家和地区	2012 年	2013 年	2014 年	2015 年	2016 年	2017 年	2018 年	2019 年	2020 年	2021 年	合计
瑞典	3.57	0.00	3.45	3.45	7.14	0.00	0.00	3.03	10.00	0.00	2.64
奥地利	0.00	0.00	0.00	0.00	3.57	3.33	3.45	3.03	0.00	6.90	2.26
捷克	0.00	0.00	0.00	3.45	3.57	3.33	3.45	6.06	0.00	0.00	2.26
芬兰	3.57	0.00	3.45	0.00	0.00	6.67	3.45	0.00	0.00	3.45	2.26
俄罗斯	0.00	0.00	6.90	0.00	0.00	3.33	0.00	3.03	0.00	0.00	1.51
墨西哥	0.00	5.00	0.00	3.45	0.00	0.00	0.00	0.00	10.00	0.00	1.13
希腊	0.00	0.00	0.00	0.00	3.57	0.00	0.00	0.00	0.00	6.90	1.13
印度	0.00	5.00	0.00	3.45	0.00	0.00	0.00	0.00	0.00	0.00	0.75

表 9-23　泌尿学和肾脏学 B 层人才排名前 20 的国家和地区的占比

单位：%

国家和地区	2012 年	2013 年	2014 年	2015 年	2016 年	2017 年	2018 年	2019 年	2020 年	2021 年	合计
美国	27.24	21.46	25.29	24.90	21.51	23.26	21.66	16.78	17.62	19.78	21.69
英国	5.73	8.10	7.28	8.17	6.77	7.64	8.30	8.72	6.50	8.91	7.62
德国	11.11	8.50	8.43	7.00	7.57	6.60	4.69	6.38	3.79	7.80	7.07
荷兰	6.81	7.29	5.36	5.84	5.98	6.94	5.78	7.38	3.79	4.74	5.89
意大利	8.24	4.45	4.21	7.39	6.37	6.25	5.78	4.70	6.78	4.74	5.89
加拿大	6.45	7.69	6.90	3.89	3.98	6.60	5.78	6.38	5.15	5.85	5.86
法国	4.66	6.48	3.83	7.78	4.38	4.86	4.69	6.04	5.42	7.24	5.58
澳大利亚	5.38	4.05	5.75	2.33	4.38	4.17	4.33	4.03	3.79	4.18	4.23
比利时	5.02	2.43	3.45	3.89	5.18	5.21	2.89	5.03	4.34	3.34	4.09
瑞典	1.43	3.24	4.60	3.50	3.19	1.74	1.44	3.69	2.98	2.79	2.84
西班牙	1.08	2.43	2.30	2.72	1.99	2.43	1.81	2.35	2.98	3.90	2.46
日本	2.15	2.43	3.45	1.95	3.59	2.43	3.97	2.35	1.36	1.11	2.39
中国大陆	1.79	0.40	1.92	2.72	0.80	3.47	0.72	2.68	5.15	1.67	2.25
瑞士	0.72	3.24	1.53	2.72	2.79	2.08	3.25	1.01	2.98	0.84	2.08
奥地利	1.79	2.02	1.92	1.95	1.59	0.35	1.81	1.34	2.44	2.23	1.77
巴西	0.36	0.40	0.77	1.17	1.99	1.39	1.81	1.01	2.98	2.23	1.49
丹麦	0.72	1.21	1.15	0.78	0.80	1.74	1.81	1.34	1.90	1.39	1.32
中国香港	0.36	0.81	0.38	0.39	1.59	1.04	1.08	1.68	1.08	0.56	0.90
土耳其	0.36	1.21	0.77	0.39	1.99	0.69	0.72	0.67	1.08	1.11	0.90
希腊	1.08	0.40	1.15	0.78	0.80	0.69	1.08	1.01	0.81	0.56	0.83

表 9-24　泌尿学和肾脏学 C 层人才排名前 20 的国家和地区的占比

单位：%

国家和地区	2012 年	2013 年	2014 年	2015 年	2016 年	2017 年	2018 年	2019 年	2020 年	2021 年	合计
美国	30.43	31.23	28.86	27.89	26.88	25.97	26.19	23.92	22.63	20.85	26.22
英国	6.72	6.94	7.75	7.26	7.35	8.01	7.55	6.97	7.93	6.84	7.33
德国	7.16	6.57	6.66	6.53	6.01	6.73	6.27	5.73	5.34	6.53	6.33
意大利	5.96	6.99	5.64	5.22	6.05	5.70	6.17	6.54	7.23	6.56	6.23
加拿大	5.93	5.77	5.56	5.80	5.97	5.95	5.17	4.92	4.60	5.03	5.44
法国	4.59	3.96	4.66	4.53	4.40	3.97	4.61	4.65	4.92	5.12	4.56
荷兰	4.41	4.46	4.78	4.73	4.05	4.96	4.22	4.08	4.67	5.12	4.56
中国大陆	3.54	4.08	3.01	4.30	3.69	4.32	4.46	4.08	4.22	3.46	3.92
澳大利亚	3.22	3.11	3.21	3.27	3.03	3.15	3.61	3.81	3.23	3.31	3.30
日本	3.79	2.82	3.05	2.65	2.75	2.69	3.08	3.27	2.94	2.61	2.97
比利时	2.49	2.27	2.62	2.92	2.87	2.66	2.02	3.17	2.91	3.16	2.73
西班牙	2.20	2.02	2.15	2.50	2.59	2.02	2.34	2.96	2.62	3.16	2.48
瑞典	1.84	2.48	1.92	2.42	2.20	2.48	2.41	2.12	1.44	2.18	2.14
瑞士	1.05	1.30	1.68	1.65	1.57	1.81	2.13	2.09	1.76	2.08	1.73
奥地利	1.66	1.43	1.49	1.77	1.18	1.63	1.38	1.75	1.37	1.84	1.56
韩国	0.87	1.22	1.21	1.19	1.22	1.31	1.06	1.68	1.53	1.01	1.24
丹麦	0.76	0.84	1.72	1.42	0.86	1.63	0.92	0.84	1.15	1.29	1.15
巴西	1.34	0.84	0.78	0.88	1.22	1.03	1.13	0.88	1.69	1.20	1.11
土耳其	1.26	0.84	1.06	0.69	0.98	0.99	0.74	0.81	1.69	1.38	1.06
印度	0.43	0.76	0.78	1.08	0.83	0.50	0.74	1.01	1.02	0.98	0.82

九　运动科学

运动科学 A、B、C 层人才最多的是美国，分别占该学科全球 A、B、C 层人才的 21.05%、22.07%、23.81%，均大幅高于其他国家和地区。

澳大利亚、英国 A 层人才的世界占比分别为 12.63%、12.11%，分列第二、三位；加拿大、挪威、荷兰、瑞士、德国的 A 层人才比较多，世界占比在 8%~3%；新西兰、比利时、西班牙、巴西、丹麦、爱尔兰、瑞典、印度、南非、卡塔尔、肯尼亚、芬兰也有相当数量的 A 层人才，世界占比均超过 1%。

澳大利亚、英国 B 层人才的世界占比分别为 12.32%、11.87%，分列第二、三位；加拿大、荷兰、西班牙、挪威、德国的 B 层人才比较多，世界占比在 8%~3%；瑞士、意大利、瑞典、法国、卡塔尔、巴西、比利时、丹麦、新西兰、爱尔兰、葡萄牙、南非也有相当数量的 B 层人才，世界占比均超过 1%。

英国、澳大利亚 C 层人才的世界占比分别为 10.70%、10.15%，分列第二、三位；加拿大、西班牙、德国、荷兰的 C 层人才比较多，世界占比在 6%~3%；意大利、巴西、法国、瑞士、瑞典、挪威、丹麦、比利时、日本、新西兰、葡萄牙、中国大陆、爱尔兰也有相当数量的 C 层人才，世界占比均超过 1%。

表 9-25　运动科学 A 层人才排名前 20 的国家和地区的占比

单位：%

国家和地区	2012 年	2013 年	2014 年	2015 年	2016 年	2017 年	2018 年	2019 年	2020 年	2021 年	合计
美国	38.89	18.75	33.33	27.27	28.57	13.04	21.05	21.43	12.00	8.00	21.05
澳大利亚	16.67	12.50	16.67	9.09	23.81	21.74	10.53	7.14	8.00	0.00	12.63
英国	5.56	12.50	5.56	27.27	9.52	17.39	10.53	21.43	12.00	8.00	12.11
加拿大	5.56	6.25	5.56	0.00	19.05	4.35	10.53	7.14	8.00	4.00	7.37
挪威	0.00	12.50	22.22	0.00	4.76	8.70	5.26	0.00	4.00	0.00	5.79
荷兰	0.00	0.00	0.00	0.00	0.00	4.35	15.79	7.14	4.00	4.00	3.68
瑞士	5.56	6.25	5.56	0.00	4.76	4.35	5.26	0.00	4.00	0.00	3.68
德国	5.56	0.00	0.00	0.00	0.00	4.35	5.26	7.14	4.00	4.00	3.16
新西兰	5.56	6.25	0.00	0.00	0.00	0.00	5.26	14.29	0.00	0.00	2.63
比利时	0.00	0.00	0.00	9.09	4.76	0.00	5.26	0.00	0.00	0.00	2.11
西班牙	0.00	0.00	0.00	0.00	0.00	4.35	0.00	7.14	4.00	0.00	2.11
巴西	0.00	0.00	0.00	0.00	0.00	0.00	0.00	7.14	0.00	8.00	1.58
丹麦	0.00	0.00	0.00	9.09	4.76	0.00	0.00	0.00	0.00	0.00	1.58
爱尔兰	0.00	6.25	0.00	9.09	0.00	0.00	0.00	0.00	0.00	0.00	1.58
瑞典	5.56	0.00	0.00	0.00	0.00	4.35	5.26	0.00	0.00	0.00	1.58
印度	0.00	6.25	0.00	0.00	0.00	0.00	0.00	0.00	4.00	0.00	1.05
南非	0.00	0.00	0.00	0.00	0.00	4.35	0.00	0.00	0.00	0.00	1.05
卡塔尔	0.00	6.25	0.00	0.00	0.00	4.35	0.00	0.00	0.00	0.00	1.05
肯尼亚	5.56	0.00	0.00	0.00	0.00	0.00	0.00	0.00	0.00	0.00	1.05
芬兰	0.00	0.00	5.56	0.00	0.00	0.00	0.00	0.00	4.00	0.00	1.05

表 9-26　运动科学 B 层人才排名前 20 的国家和地区的占比

单位：%

国家和地区	2012 年	2013 年	2014 年	2015 年	2016 年	2017 年	2018 年	2019 年	2020 年	2021 年	合计
美国	35.19	24.67	27.06	24.59	18.95	25.84	16.44	23.39	13.69	16.83	22.07
澳大利亚	8.02	10.67	11.76	13.66	15.79	13.88	14.16	16.13	9.54	8.17	12.32
英国	9.26	8.67	12.94	12.57	10.53	14.83	11.87	10.48	13.28	12.98	11.87
加拿大	6.17	6.67	6.47	6.01	9.47	7.18	8.68	6.85	6.22	6.25	7.02
荷兰	3.09	2.67	3.53	6.01	3.16	2.39	5.02	2.42	3.32	2.88	3.43
西班牙	3.09	4.00	2.35	2.19	2.63	2.39	4.57	3.23	3.32	5.77	3.38
挪威	2.47	3.33	4.71	2.73	6.32	2.39	2.28	2.42	2.49	2.40	3.08
德国	0.62	2.67	2.94	2.73	2.11	2.87	2.74	2.82	5.39	4.33	3.03
瑞士	1.85	6.00	0.59	2.73	4.21	2.87	3.65	2.42	4.15	1.44	2.98
意大利	2.47	2.67	2.35	2.73	0.00	1.44	1.83	2.42	5.39	6.25	2.83
瑞典	2.47	5.33	2.94	2.19	3.16	0.96	2.74	3.23	3.73	1.44	2.78
法国	3.70	1.33	4.12	3.28	2.63	1.44	3.20	0.81	2.90	2.40	2.53
卡塔尔	1.23	3.33	2.94	1.09	3.68	1.44	2.28	0.40	3.32	3.85	2.32
巴西	2.47	1.33	1.76	1.09	1.05	3.35	2.74	2.42	1.66	3.37	2.17
比利时	0.00	3.33	0.59	0.55	3.68	2.39	2.28	3.23	2.90	1.44	2.12
丹麦	3.09	2.00	1.18	3.28	2.63	0.48	3.20	0.81	2.49	0.96	1.97
新西兰	1.85	2.00	0.59	1.09	2.11	2.87	0.91	0.81	1.66	0.96	1.46
爱尔兰	0.00	1.33	1.18	0.55	3.16	3.35	0.91	1.21	0.83	0.96	1.36
葡萄牙	1.23	0.67	1.18	1.09	0.00	0.96	2.28	0.00	0.83	2.40	1.06
南非	0.62	0.00	0.59	0.55	1.05	1.91	0.91	1.21	1.66	0.96	1.01

表 9-27　运动科学 C 层人才排名前 20 的国家和地区的占比

单位：%

国家和地区	2012 年	2013 年	2014 年	2015 年	2016 年	2017 年	2018 年	2019 年	2020 年	2021 年	合计
美国	30.92	27.66	24.74	27.44	24.80	25.61	22.78	23.08	18.84	17.82	23.81
英国	9.86	9.46	11.10	10.90	10.40	11.07	10.57	11.13	10.49	11.44	10.70
澳大利亚	9.31	10.11	10.16	10.50	10.81	11.12	11.84	9.85	9.76	8.40	10.15
加拿大	6.45	6.39	7.52	5.97	5.53	5.92	6.06	5.73	5.54	5.19	5.96
西班牙	2.92	3.46	3.53	2.96	3.53	3.61	4.04	4.37	4.26	5.11	3.87
德国	3.04	3.33	3.23	3.65	4.56	3.42	4.23	3.63	4.26	4.22	3.81
荷兰	2.98	3.91	3.17	3.25	3.43	3.18	2.82	2.68	2.69	2.84	3.05

续表

国家和地区	2012 年	2013 年	2014 年	2015 年	2016 年	2017 年	2018 年	2019 年	2020 年	2021 年	合计
意大利	3.47	2.61	2.23	2.26	2.61	2.17	3.01	3.17	3.82	3.81	2.98
巴西	2.62	2.02	1.88	2.49	2.82	2.60	2.58	2.97	2.81	3.41	2.68
法国	2.86	2.87	2.76	3.02	3.02	2.55	2.11	2.47	2.41	2.52	2.63
瑞士	2.31	3.33	2.00	2.49	1.90	2.50	2.02	2.51	3.01	2.52	2.46
瑞典	2.01	2.22	2.64	1.74	2.51	2.41	2.72	1.81	2.57	2.03	2.27
挪威	1.52	2.54	2.17	1.80	1.84	2.07	2.63	1.94	2.37	1.95	2.09
丹麦	1.34	1.63	2.47	2.44	1.28	1.59	1.93	1.36	2.01	2.03	1.80
比利时	2.01	1.63	2.17	1.68	1.64	1.69	1.97	1.44	1.49	1.22	1.66
日本	1.40	2.15	1.59	1.16	1.79	1.93	1.64	1.28	1.73	1.79	1.64
新西兰	2.07	1.50	2.35	1.68	1.38	1.97	1.27	1.65	1.17	1.22	1.59
葡萄牙	1.52	0.78	1.59	1.10	1.54	1.06	1.27	1.90	1.49	1.70	1.43
中国大陆	1.10	1.04	0.88	1.04	1.33	1.40	1.32	1.61	1.65	2.07	1.40
爱尔兰	0.79	1.24	1.12	0.99	0.92	1.35	1.50	1.53	1.65	1.87	1.34

十 内分泌学和新陈代谢

内分泌学和新陈代谢 A、B、C 层人才最多的是美国，分别占该学科全球 A、B、C 层人才的 18.58%、23.27%、24.79%，均大幅高于其他国家和地区；英国 A、B、C 层人才的世界占比分别为 11.50%、9.48%、8.41%，均排名第二。

意大利、加拿大、澳大利亚、德国、丹麦、中国大陆、法国、比利时、荷兰的 A 层人才比较多，世界占比在 6%~3%；瑞典、印度、希腊、巴西、日本、西班牙、瑞士、新加坡、匈牙利也有相当数量的 A 层人才，世界占比超过或接近 1%。

德国、意大利、加拿大、澳大利亚、中国大陆、荷兰、法国、丹麦、瑞典的 B 层人才比较多，世界占比在 6%~3%；西班牙、瑞士、比利时、日本、巴西、奥地利、印度、芬兰、以色列也有相当数量的 B 层人才，世界占比均超过 1%。

中国大陆、意大利、德国、加拿大、澳大利亚、法国、荷兰的 C 层人才比较多，世界占比在 6%~3%；瑞典、西班牙、丹麦、日本、瑞士、比利时、韩国、巴西、印度、奥地利、芬兰也有相当数量的 C 层人才，世界占比均超过 1%。

表 9-28　内分泌学和新陈代谢 A 层人才排名前 20 的国家和地区的占比

单位：%

国家和地区	2012 年	2013 年	2014 年	2015 年	2016 年	2017 年	2018 年	2019 年	2020 年	2021 年	合计
美国	15.79	13.64	33.33	0.00	30.00	25.00	23.91	7.55	17.31	17.02	18.58
英国	15.79	9.09	6.67	0.00	10.00	25.00	17.39	7.55	7.69	17.02	11.50
意大利	10.53	4.55	4.44	0.00	10.00	0.00	8.70	1.89	9.62	2.13	5.90
加拿大	0.00	4.55	6.67	0.00	20.00	0.00	8.70	3.77	1.92	8.51	5.31
澳大利亚	7.89	2.27	6.67	0.00	0.00	25.00	4.35	7.55	3.85	2.13	5.01
德国	7.89	2.27	2.22	0.00	10.00	0.00	0.00	7.55	7.69	4.26	4.72
丹麦	5.26	4.55	2.22	0.00	10.00	0.00	6.52	3.77	0.00	8.51	4.42
中国大陆	2.63	4.55	0.00	0.00	0.00	0.00	4.35	1.89	7.69	6.38	3.83
法国	0.00	9.09	6.67	0.00	10.00	0.00	0.00	1.89	5.77	0.00	3.54
比利时	0.00	0.00	11.11	0.00	0.00	0.00	6.52	3.77	1.92	2.13	3.54
荷兰	7.89	2.27	8.89	0.00	0.00	25.00	0.00	1.89	1.92	0.00	3.24
瑞典	0.00	4.55	2.22	0.00	0.00	0.00	6.52	1.89	1.92	2.13	2.65
印度	2.63	2.27	0.00	0.00	0.00	0.00	0.00	3.77	3.85	4.26	2.36
希腊	5.26	0.00	0.00	0.00	0.00	0.00	4.35	0.00	3.85	0.00	1.77
巴西	0.00	2.27	0.00	0.00	0.00	0.00	0.00	1.89	3.85	2.13	1.47
日本	2.63	0.00	2.22	0.00	0.00	0.00	0.00	1.89	0.00	4.26	1.47
西班牙	0.00	2.27	0.00	0.00	0.00	0.00	2.17	1.89	1.92	2.13	1.47
瑞士	0.00	0.00	0.00	0.00	0.00	0.00	0.00	0.00	7.69	2.13	1.47
新加坡	2.63	0.00	2.22	0.00	0.00	0.00	0.00	1.89	1.92	0.00	1.18
匈牙利	2.63	2.27	0.00	0.00	0.00	0.00	0.00	1.89	0.00	0.00	0.88

表 9-29　内分泌学和新陈代谢 B 层人才排名前 20 的国家和地区的占比

单位：%

国家和地区	2012 年	2013 年	2014 年	2015 年	2016 年	2017 年	2018 年	2019 年	2020 年	2021 年	合计
美国	33.04	30.66	31.58	24.39	18.30	17.85	25.17	18.09	17.87	20.65	23.27
英国	10.23	8.03	8.61	10.00	7.59	8.11	12.24	8.32	10.21	11.74	9.48
德国	4.97	6.08	4.31	6.83	5.58	5.88	6.47	5.41	4.68	5.65	5.59

续表

国家和地区	2012 年	2013 年	2014 年	2015 年	2016 年	2017 年	2018 年	2019 年	2020 年	2021 年	合计
意大利	4.68	2.92	2.63	5.12	4.24	4.46	5.77	3.12	9.57	5.65	4.86
加拿大	4.97	6.08	3.83	3.66	3.35	4.67	3.00	4.78	2.98	4.57	4.17
澳大利亚	3.51	3.41	3.11	3.41	2.90	2.84	3.70	4.57	5.53	2.83	3.60
中国大陆	1.46	2.43	4.07	1.95	2.01	1.83	3.46	4.16	6.81	6.96	3.60
荷兰	2.34	3.89	3.59	4.15	2.90	4.46	2.77	4.57	2.77	3.91	3.57
法国	2.92	2.19	2.15	3.41	3.13	3.45	3.70	4.57	3.40	4.35	3.37
丹麦	2.63	2.19	2.63	3.66	3.57	3.65	4.16	3.53	1.91	3.26	3.14
瑞典	3.80	3.16	3.59	3.41	3.57	2.43	3.23	2.91	2.34	2.83	3.09
西班牙	3.51	2.68	4.07	3.17	2.46	2.43	2.77	2.29	2.34	1.52	2.68
瑞士	4.09	2.19	1.67	1.71	2.23	1.83	1.15	2.70	1.70	2.61	2.15
比利时	1.46	1.95	2.39	1.22	1.34	1.83	1.15	2.08	2.77	1.74	1.81
日本	2.63	2.43	1.67	2.20	1.56	1.42	0.46	1.87	1.91	1.74	1.76
巴西	0.58	2.19	1.44	0.98	2.01	0.81	1.15	1.66	2.34	1.09	1.44
奥地利	0.58	1.46	1.20	1.22	1.56	1.42	1.39	2.49	0.85	1.74	1.42
印度	0.58	0.97	1.20	0.98	0.89	0.81	0.92	0.42	4.47	1.52	1.31
芬兰	1.17	1.95	1.91	1.46	1.12	1.22	1.15	1.04	0.85	0.22	1.19
以色列	0.88	0.97	0.72	1.22	1.12	1.01	1.15	1.66	1.06	0.65	1.05

表 9-30　内分泌学和新陈代谢 C 层人才排名前 20 的国家和地区的占比

单位：%

国家和地区	2012 年	2013 年	2014 年	2015 年	2016 年	2017 年	2018 年	2019 年	2020 年	2021 年	合计
美国	29.59	28.83	27.57	27.21	26.04	24.99	24.12	21.69	19.77	20.18	24.79
英国	8.16	9.21	8.18	7.60	9.82	8.38	8.99	7.90	8.39	7.44	8.41
中国大陆	3.68	4.01	4.57	4.91	5.65	5.73	6.22	7.72	7.78	8.50	5.97
意大利	4.80	5.23	5.72	4.36	4.67	5.41	5.16	5.22	6.77	6.83	5.45
德国	5.64	5.89	6.01	6.01	5.13	5.53	5.35	4.87	4.78	5.02	5.40
加拿大	4.36	4.53	4.31	4.83	4.22	3.54	4.04	3.66	3.48	3.38	4.01
澳大利亚	3.68	3.64	4.45	4.64	3.92	3.88	4.26	3.89	3.46	3.40	3.92
法国	3.65	3.89	3.21	3.48	3.46	3.36	3.22	2.85	2.81	3.19	3.29
荷兰	3.98	3.59	3.04	3.54	3.70	3.50	2.91	2.87	2.74	2.95	3.25
瑞典	3.07	2.72	2.87	2.66	3.11	2.74	2.93	2.85	2.65	2.51	2.81
西班牙	3.07	2.63	2.99	3.02	2.49	2.63	2.53	2.87	2.41	2.41	2.69

续表

国家和地区	2012年	2013年	2014年	2015年	2016年	2017年	2018年	2019年	2020年	2021年	合计
丹麦	2.37	2.53	2.49	2.74	3.09	2.65	3.03	2.46	2.76	2.34	2.65
日本	3.10	2.72	2.80	2.33	2.39	2.49	2.18	2.50	1.84	2.08	2.43
瑞士	2.43	2.53	2.01	2.00	1.65	2.15	1.75	2.00	1.73	2.10	2.02
比利时	1.87	1.58	1.56	1.65	1.43	1.64	1.77	1.50	1.51	1.50	1.60
韩国	1.55	1.91	1.51	1.15	1.38	1.49	1.28	1.78	1.36	1.40	1.48
巴西	0.99	1.11	1.53	1.26	1.31	1.35	1.49	1.41	1.27	1.38	1.32
印度	0.61	0.82	0.86	1.10	0.96	0.91	1.02	1.07	2.61	2.41	1.26
奥地利	1.17	0.89	1.17	1.07	1.16	1.62	1.23	1.11	1.10	0.97	1.15
芬兰	0.91	1.06	1.01	1.37	1.01	0.98	1.16	1.02	0.94	0.65	1.01

十一 营养学和饮食学

营养学和饮食学A、B、C层人才最多的是美国，分别占该学科全球A、B、C层人才的18.00%、17.16%、16.86%，均显著高于其他国家和地区。

英国、加拿大、澳大利亚、意大利、荷兰、法国、德国、西班牙、瑞士的A层人才比较多，世界占比在9%~3%；奥地利、比利时、巴西、中国大陆、以色列、葡萄牙、克罗地亚、瑞典、波兰、智利也有相当数量的A层人才，世界占比超过或等于1%。

英国、意大利、中国大陆、加拿大、澳大利亚、西班牙、德国的B层人才比较多，世界占比在9%~3%；荷兰、法国、巴西、瑞士、比利时、丹麦、瑞典、印度、波兰、伊朗、挪威、爱尔兰也有相当数量的B层人才，世界占比均超过1%。

中国大陆C层人才的世界占比为12.55%，排名第二；英国、意大利、西班牙、澳大利亚、加拿大、德国的C层人才比较多，世界占比在7%~3%；荷兰、法国、巴西、伊朗、印度、波兰、瑞士、韩国、丹麦、比利时、瑞典、日本也有相当数量的C层人才，世界占比均超过1%。

表 9-31　营养学和饮食学 A 层人才排名前 20 的国家和地区的占比

单位：%

国家和地区	2012 年	2013 年	2014 年	2015 年	2016 年	2017 年	2018 年	2019 年	2020 年	2021 年	合计
美国	20.00	37.50	38.46	14.29	37.50	0.00	16.00	0.00	18.18	0.00	18.00
英国	20.00	4.17	15.38	4.76	12.50	10.53	8.00	9.09	3.03	13.04	9.00
加拿大	0.00	4.17	0.00	14.29	25.00	10.53	12.00	9.09	6.06	4.35	8.50
澳大利亚	0.00	8.33	0.00	14.29	12.50	5.26	4.00	0.00	0.00	8.70	5.50
意大利	6.67	0.00	0.00	4.76	0.00	5.26	12.00	0.00	6.06	13.04	5.50
荷兰	6.67	4.17	7.69	4.76	0.00	10.53	0.00	9.09	3.03	4.35	4.50
法国	0.00	0.00	0.00	4.76	0.00	5.26	4.00	0.00	6.06	13.04	4.00
德国	6.67	0.00	0.00	4.76	0.00	5.26	4.00	9.09	3.03	4.35	3.50
西班牙	6.67	4.17	7.69	0.00	0.00	0.00	0.00	9.09	3.03	4.35	3.50
瑞士	0.00	4.17	7.69	0.00	0.00	5.26	0.00	9.09	3.03	4.35	3.00
奥地利	0.00	4.17	0.00	0.00	0.00	5.26	4.00	9.09	0.00	4.35	2.50
比利时	0.00	0.00	0.00	4.76	0.00	10.53	0.00	9.09	0.00	4.35	2.50
巴西	0.00	4.17	0.00	0.00	0.00	0.00	12.00	0.00	3.03	0.00	2.50
中国大陆	0.00	0.00	15.38	0.00	0.00	0.00	8.00	0.00	3.03	0.00	2.50
以色列	6.67	0.00	0.00	9.52	0.00	0.00	0.00	9.09	0.00	0.00	2.00
葡萄牙	6.67	0.00	0.00	0.00	0.00	5.26	0.00	0.00	3.03	4.35	2.00
克罗地亚	0.00	0.00	0.00	4.76	0.00	5.26	0.00	0.00	0.00	4.35	1.50
瑞典	0.00	0.00	0.00	4.76	0.00	5.26	0.00	0.00	0.00	4.35	1.50
波兰	0.00	0.00	0.00	4.76	0.00	0.00	0.00	9.09	3.03	0.00	1.50
智利	0.00	0.00	0.00	0.00	0.00	0.00	0.00	0.00	6.06	0.00	1.00

表 9-32　营养学和饮食学 B 层人才排名前 20 的国家和地区的占比

单位：%

国家和地区	2012 年	2013 年	2014 年	2015 年	2016 年	2017 年	2018 年	2019 年	2020 年	2021 年	合计
美国	25.97	24.17	25.00	26.70	19.90	12.85	13.51	8.70	15.88	11.61	17.16
英国	11.04	11.37	7.39	12.14	9.71	6.83	8.56	5.35	8.45	5.95	8.31
意大利	3.25	4.27	5.11	4.85	4.85	4.82	4.05	6.02	8.45	7.08	5.56
中国大陆	0.00	1.90	1.14	3.40	5.83	2.81	4.50	3.01	6.08	14.45	5.06
加拿大	6.49	4.74	4.55	3.88	5.34	5.22	5.41	3.34	4.39	4.53	4.68
澳大利亚	4.55	2.37	5.68	6.80	6.31	3.61	4.05	2.34	4.39	2.83	4.09
西班牙	5.84	4.27	5.11	4.37	2.91	1.61	4.50	2.68	5.07	2.83	3.75

续表

国家和地区	2012 年	2013 年	2014 年	2015 年	2016 年	2017 年	2018 年	2019 年	2020 年	2021 年	合计
德国	4.55	3.79	2.84	2.91	2.43	4.82	1.80	3.68	3.72	1.70	3.16
荷兰	5.19	4.27	3.98	3.88	3.88	2.41	2.70	2.34	1.69	1.98	2.99
法国	3.25	3.79	3.98	2.91	3.40	2.01	2.70	2.34	3.04	1.98	2.82
巴西	0.65	1.90	1.70	0.97	1.94	2.01	4.50	2.34	3.38	2.83	2.36
瑞士	3.90	3.79	2.84	0.97	0.97	2.81	4.50	1.34	2.70	1.13	2.36
比利时	1.30	0.95	1.70	1.46	3.40	3.61	1.80	2.01	2.03	1.70	2.02
丹麦	2.60	2.84	2.84	1.94	2.91	2.01	1.80	0.67	1.35	1.42	1.90
瑞典	2.60	1.90	1.70	0.97	1.46	4.82	1.35	1.67	1.01	1.13	1.81
印度	2.60	1.42	1.70	0.49	1.46	1.20	1.80	1.00	1.01	3.12	1.60
波兰	0.65	0.47	3.41	0.97	0.49	2.41	2.70	0.33	2.70	1.42	1.56
伊朗	0.65	1.42	0.00	0.97	1.94	2.41	1.35	2.01	0.68	1.42	1.35
挪威	0.65	0.95	0.00	1.46	2.43	1.61	1.35	1.00	2.36	0.57	1.26
爱尔兰	1.30	0.95	1.14	0.97	1.46	1.20	1.35	0.33	1.35	1.70	1.18

表 9-33　营养学和饮食学 C 层人才排名前 20 的国家和地区的占比

单位：%

国家和地区	2012 年	2013 年	2014 年	2015 年	2016 年	2017 年	2018 年	2019 年	2020 年	2021 年	合计
美国	23.40	21.08	21.56	20.58	17.11	16.00	15.01	14.16	14.66	11.91	16.86
中国大陆	5.67	5.60	8.75	8.73	9.46	10.67	11.97	14.99	16.03	23.92	12.55
英国	8.11	7.46	7.05	7.85	8.06	6.56	6.89	5.54	5.76	4.37	6.54
意大利	3.82	4.43	4.05	4.58	4.39	5.04	5.76	5.97	6.20	4.90	5.05
西班牙	5.34	4.85	5.29	5.12	4.70	4.36	4.94	6.33	4.76	4.17	4.97
澳大利亚	4.02	4.57	5.29	4.92	5.48	5.38	4.49	4.04	3.19	2.88	4.30
加拿大	6.06	4.57	4.99	4.14	4.70	4.74	4.54	4.15	3.70	2.78	4.29
德国	3.76	3.82	2.76	3.12	3.31	3.94	2.63	2.58	2.60	2.68	3.06
荷兰	3.69	4.24	2.94	3.07	3.46	3.05	3.22	2.47	2.54	1.95	2.97
法国	3.56	3.82	2.76	3.17	2.74	2.88	2.90	2.47	2.43	2.02	2.80
巴西	2.24	1.73	2.47	2.68	2.64	2.96	3.08	3.04	2.91	3.27	2.76
伊朗	1.05	1.45	1.94	1.12	1.91	1.23	1.50	2.22	2.71	2.58	1.86
印度	1.19	1.96	1.76	1.95	1.91	1.57	1.32	1.93	1.13	2.51	1.75
波兰	0.99	1.17	1.00	1.27	1.71	1.10	1.90	2.15	1.95	1.92	1.58
瑞士	2.04	1.73	1.23	1.80	1.45	2.37	1.81	1.54	1.16	1.06	1.58
韩国	1.32	1.49	1.29	1.66	1.34	1.35	1.63	1.65	1.27	1.69	1.48
丹麦	1.71	1.77	2.06	1.22	2.12	1.27	2.00	1.22	1.40	0.63	1.47

续表

国家和地区	2012 年	2013 年	2014 年	2015 年	2016 年	2017 年	2018 年	2019 年	2020 年	2021 年	合计
比利时	2.44	1.35	1.88	1.80	1.09	1.23	2.04	0.75	1.44	1.06	1.43
瑞典	1.71	2.19	1.41	1.66	1.03	1.48	1.27	0.93	1.30	0.93	1.35
日本	1.25	1.59	1.23	1.17	1.24	1.06	1.41	1.25	1.13	1.06	1.23

十二 血液学

血液学 A、B、C 层人才最多的是美国，分别占该学科全球 A、B、C 层人才的 22.55%、24.02%、27.35%，均遥遥领先于其他国家和地区；英国 A、B、C 层人才的世界占比分别为 8.33%、7.44%、7.74%，均排名第二。

意大利、德国、加拿大、法国、荷兰、西班牙、比利时、澳大利亚的 A 层人才比较多，世界占比在 7%~3%；奥地利、瑞士、中国大陆、瑞典、日本、以色列、捷克、丹麦、巴西、波兰也有相当数量的 A 层人才，世界占比超过或接近 1%。

德国、意大利、法国、加拿大、荷兰、西班牙、中国大陆的 B 层人才比较多，世界占比在 8%~3%；澳大利亚、瑞士、日本、奥地利、比利时、瑞典、丹麦、波兰、以色列、希腊、巴西也有相当数量的 B 层人才，世界占比均超过 1%。

德国、意大利、法国、加拿大、荷兰、中国大陆、西班牙的 C 层人才比较多，世界占比在 8%~3%；澳大利亚、日本、瑞士、瑞典、奥地利、比利时、丹麦、以色列、波兰、韩国、捷克也有相当数量的 C 层人才，世界占比超过或接近 1%。

表 9-34 血液学 A 层人才排名前 20 的国家和地区的占比

单位：%

国家和地区	2012 年	2013 年	2014 年	2015 年	2016 年	2017 年	2018 年	2019 年	2020 年	2021 年	合计
美国	26.32	14.71	20.00	20.45	21.74	26.47	28.95	24.49	20.00	22.22	22.55
英国	5.26	11.76	12.50	2.27	6.52	5.88	13.16	6.12	12.50	8.89	8.33
意大利	7.89	11.76	5.00	6.82	8.70	5.88	7.89	4.08	7.50	4.44	6.86

续表

国家和地区	2012 年	2013 年	2014 年	2015 年	2016 年	2017 年	2018 年	2019 年	2020 年	2021 年	合计
德国	5.26	2.94	5.00	4.55	10.87	8.82	5.26	10.20	5.00	6.67	6.62
加拿大	7.89	8.82	5.00	6.82	2.17	5.88	5.26	4.08	7.50	11.11	6.37
法国	7.89	2.94	7.50	4.55	4.35	11.76	5.26	8.16	5.00	4.44	6.13
荷兰	2.63	2.94	5.00	2.27	2.17	5.88	10.53	4.08	5.00	4.44	4.41
西班牙	5.26	2.94	5.00	4.55	6.52	5.88	2.63	2.04	0.00	4.44	3.92
比利时	7.89	5.88	0.00	2.27	4.35	2.94	5.26	4.08	2.50	2.22	3.68
澳大利亚	2.63	5.88	5.00	2.27	4.35	5.88	2.63	6.12	2.50	0.00	3.68
奥地利	5.26	2.94	0.00	4.55	0.00	0.00	0.00	6.12	0.00	2.22	2.70
瑞士	5.26	0.00	2.50	0.00	2.17	0.00	2.63	4.08	5.00	2.22	2.45
中国大陆	0.00	0.00	0.00	2.27	0.00	0.00	0.00	0.00	17.50	2.22	2.21
瑞典	0.00	5.88	2.50	2.27	2.17	2.94	0.00	4.08	0.00	2.22	2.21
日本	2.63	2.94	0.00	2.27	2.17	2.94	0.00	2.04	5.00	0.00	1.96
以色列	2.63	0.00	0.00	4.55	2.17	2.94	0.00	0.00	0.00	2.22	1.47
捷克	2.63	2.94	0.00	4.55	2.17	0.00	0.00	0.00	0.00	0.00	1.23
丹麦	0.00	0.00	2.50	2.27	2.17	0.00	0.00	2.04	0.00	2.22	1.23
巴西	2.63	0.00	0.00	2.27	2.17	0.00	2.63	0.00	0.00	0.00	0.98
波兰	0.00	0.00	2.50	2.27	2.17	0.00	2.63	0.00	0.00	0.00	0.98

表 9-35　血液学 B 层人才排名前 20 的国家和地区的占比

单位：%

国家和地区	2012 年	2013 年	2014 年	2015 年	2016 年	2017 年	2018 年	2019 年	2020 年	2021 年	合计
美国	27.54	25.53	32.65	25.34	23.82	25.07	23.17	22.35	15.83	19.27	24.02
英国	8.41	8.81	5.87	7.08	8.96	7.49	5.04	7.45	6.94	8.54	7.44
德国	9.57	7.90	9.18	8.22	5.66	8.07	7.81	6.09	5.00	7.07	7.41
意大利	5.80	8.21	6.38	6.16	5.90	4.90	7.56	5.87	8.06	6.34	6.49
法国	7.25	6.08	5.10	6.39	5.42	6.34	6.55	5.64	5.83	5.61	6.00
加拿大	5.80	3.04	7.14	5.02	5.42	6.05	5.04	6.32	4.17	5.37	5.38
荷兰	4.64	4.86	4.08	4.79	5.90	4.03	3.78	3.61	3.06	5.85	4.48
西班牙	3.19	3.65	3.06	3.42	3.54	3.17	3.78	4.97	4.17	3.41	3.66
中国大陆	0.58	2.13	3.06	3.20	1.42	1.73	4.03	6.77	7.22	3.41	3.42
澳大利亚	2.03	2.43	2.55	2.05	1.89	2.88	4.53	3.61	3.89	2.93	2.88
瑞士	2.32	3.65	2.04	2.97	3.30	2.88	1.51	2.93	2.78	2.20	2.65

国家和地区	2012 年	2013 年	2014 年	2015 年	2016 年	2017 年	2018 年	2019 年	2020 年	2021 年	合计
日本	2.03	1.52	2.55	2.74	2.83	3.17	1.26	2.93	1.67	1.95	2.29
奥地利	1.45	3.34	2.04	2.74	2.12	2.31	2.77	1.81	1.11	1.95	2.16
比利时	2.32	1.52	1.02	2.51	2.59	1.15	3.02	1.35	3.06	0.49	1.90
瑞典	1.16	2.43	1.28	2.97	1.89	2.31	1.01	1.13	1.94	1.46	1.75
丹麦	2.03	1.52	0.26	1.60	2.36	1.73	1.51	0.45	0.83	1.46	1.36
波兰	1.74	0.30	0.00	1.37	0.47	2.31	1.26	1.35	1.94	2.68	1.34
以色列	0.29	1.52	1.28	0.68	1.65	0.58	1.01	0.90	1.39	1.71	1.11
希腊	1.45	1.22	0.26	1.60	0.00	0.58	1.01	0.90	2.50	1.22	1.06
巴西	0.00	0.91	0.77	0.46	0.94	2.02	0.76	0.90	1.94	1.71	1.03

表 9-36　血液学 C 层人才排名前 20 的国家和地区的占比

单位：%

国家和地区	2012 年	2013 年	2014 年	2015 年	2016 年	2017 年	2018 年	2019 年	2020 年	2021 年	合计
美国	30.85	29.31	28.70	28.68	27.29	27.98	27.31	27.20	22.64	23.83	27.35
英国	7.73	8.87	7.84	7.82	7.87	7.90	6.80	7.72	7.71	7.35	7.74
德国	8.34	8.44	8.15	7.68	8.04	7.55	7.22	7.41	6.99	6.95	7.66
意大利	7.18	7.05	6.97	6.17	6.82	6.25	6.04	6.31	7.37	7.43	6.74
法国	5.91	5.76	5.77	5.01	5.46	5.41	5.42	5.58	6.05	5.94	5.62
加拿大	4.08	4.37	4.05	5.13	4.52	4.77	4.35	4.64	4.08	3.84	4.39
荷兰	4.75	5.08	4.61	4.56	4.73	3.91	4.40	4.12	3.68	3.89	4.37
中国大陆	3.45	3.08	3.23	3.87	3.54	4.75	5.05	5.04	6.31	5.28	4.37
西班牙	2.29	2.83	2.87	2.67	2.74	3.01	3.23	3.25	3.68	3.36	3.00
澳大利亚	2.26	2.37	2.90	2.69	2.96	2.14	2.48	2.42	3.17	2.73	2.62
日本	2.64	2.43	2.54	2.55	2.72	2.55	2.58	2.33	1.88	1.72	2.39
瑞士	2.69	2.19	1.79	1.98	2.26	2.29	1.90	2.56	2.51	2.48	2.26
瑞典	2.14	2.12	2.28	2.29	2.52	1.94	2.24	1.76	1.83	1.92	2.11
奥地利	1.54	1.39	2.00	1.89	1.87	1.77	1.56	1.67	1.60	1.84	1.72
比利时	1.48	1.48	1.74	1.37	1.38	1.71	2.24	1.76	1.77	1.77	1.67
丹麦	1.19	1.35	1.59	1.63	1.58	1.48	1.20	1.25	1.31	1.11	1.37
以色列	1.07	1.02	0.95	0.99	1.17	1.16	1.51	1.48	1.37	1.36	1.21
波兰	0.43	0.58	0.69	0.69	0.80	1.01	1.28	0.92	1.23	1.24	0.89
韩国	0.90	0.95	0.95	1.20	0.75	0.75	0.81	0.78	0.63	0.53	0.83
捷克	0.58	0.49	0.54	0.66	0.73	0.93	1.02	1.08	0.74	0.96	0.78

十三　临床神经学

临床神经学 A、B、C 层人才最多的是美国，分别占该学科全球 A、B、C 层人才的 16.30%、21.27%、25.48%，均大幅高于其他国家和地区；英国 A、B、C 层人才的世界占比分别为 8.22%、10.58%、9.26%，均排名第二。

德国、加拿大、澳大利亚、法国、荷兰、瑞典、西班牙、意大利的 A 层人才比较多，世界占比在 7%~3%；中国大陆、日本、瑞士、丹麦、奥地利、芬兰、挪威、印度、比利时、巴西也有相当数量的 A 层人才，世界占比超过或接近 1%。

德国、加拿大、意大利、荷兰、法国、澳大利亚、西班牙、瑞典的 B 层人才比较多，世界占比在 7%~3%；瑞士、比利时、奥地利、中国大陆、丹麦、日本、巴西、挪威、芬兰、韩国也有相当数量的 B 层人才，世界占比超过或接近 1%。

德国、意大利、加拿大、澳大利亚、荷兰、法国、中国大陆的 C 层人才比较多，世界占比在 8%~3%；西班牙、瑞士、瑞典、日本、比利时、丹麦、韩国、奥地利、巴西、挪威、芬兰也有相当数量的 C 层人才，世界占比超过或接近 1%。

表 9-37　临床神经学 A 层人才排名前 20 的国家和地区的占比

单位：%

国家和地区	2012 年	2013 年	2014 年	2015 年	2016 年	2017 年	2018 年	2019 年	2020 年	2021 年	合计
美国	31.67	25.76	14.93	15.71	18.18	18.18	13.41	8.82	17.14	6.86	16.30
英国	10.00	12.12	13.43	5.71	9.09	12.12	8.54	2.94	9.52	2.94	8.22
德国	11.67	7.58	5.97	8.57	9.09	6.06	7.32	4.41	7.62	2.94	6.99
加拿大	6.67	9.09	4.48	12.86	6.49	12.12	4.88	2.94	8.57	2.94	6.71
澳大利亚	1.67	7.58	5.97	7.14	6.49	9.09	7.32	4.41	4.76	0.98	5.21
法国	6.67	6.06	5.97	7.14	7.79	6.06	3.66	2.94	4.76	2.94	5.21
荷兰	1.67	3.03	4.48	4.29	7.79	0.00	4.88	1.47	2.86	4.90	3.84
瑞典	5.00	3.03	5.97	4.29	6.49	3.03	2.44	2.94	2.86	1.96	3.70

续表

国家和地区	2012 年	2013 年	2014 年	2015 年	2016 年	2017 年	2018 年	2019 年	2020 年	2021 年	合计
西班牙	3.33	4.55	4.48	4.29	5.19	3.03	4.88	1.47	4.76	0.98	3.70
意大利	0.00	4.55	5.97	1.43	3.90	6.06	2.44	2.94	5.71	2.94	3.56
中国大陆	1.67	4.55	1.49	1.43	0.00	3.03	0.00	2.94	6.67	2.94	2.60
日本	3.33	3.03	4.48	2.86	1.30	3.03	4.88	1.47	1.90	0.98	2.60
瑞士	5.00	1.52	2.99	1.43	6.49	0.00	2.44	0.00	0.95	0.98	2.19
丹麦	1.67	0.00	2.99	2.86	1.30	0.00	2.44	2.94	0.95	0.98	1.64
奥地利	1.67	1.52	0.00	2.86	1.30	3.03	1.22	1.47	1.90	0.98	1.51
芬兰	0.00	0.00	1.49	4.29	1.30	0.00	1.22	1.47	1.90	1.96	1.51
挪威	1.67	0.00	0.00	1.43	0.00	3.03	1.22	2.94	0.95	0.98	1.10
印度	0.00	0.00	0.00	0.00	0.00	3.03	1.22	2.94	1.90	0.98	0.96
比利时	0.00	0.00	1.49	0.00	2.60	0.00	0.00	1.47	0.95	1.96	0.96
巴西	0.00	1.52	1.49	1.43	0.00	3.03	1.22	1.47	0.00	0.98	0.96

表 9-38　临床神经学 B 层人才排名前 20 的国家和地区的占比

单位：%

国家和地区	2012 年	2013 年	2014 年	2015 年	2016 年	2017 年	2018 年	2019 年	2020 年	2021 年	合计
美国	25.09	28.33	24.72	25.44	22.82	20.29	20.23	15.21	20.32	17.07	21.27
英国	13.49	11.50	12.68	10.02	11.95	10.64	10.82	8.43	9.20	9.48	10.58
德国	6.57	7.50	7.06	6.84	8.19	6.23	7.22	7.40	5.67	5.06	6.70
加拿大	8.13	5.83	8.51	6.04	6.17	5.99	4.64	5.86	5.13	4.95	5.98
意大利	3.98	4.33	3.21	4.13	4.83	4.03	4.64	4.62	6.31	5.37	4.66
荷兰	5.02	4.17	5.46	5.88	5.10	4.77	5.03	3.80	3.32	4.64	4.63
法国	2.77	4.83	4.82	4.45	4.30	5.01	4.90	2.98	4.92	4.21	4.31
澳大利亚	4.33	4.67	4.01	4.61	5.10	3.30	4.38	4.01	3.96	3.27	4.10
西班牙	2.60	2.50	3.69	3.02	3.22	3.18	4.12	2.67	3.29	4.53	3.46
瑞典	3.81	3.17	3.53	2.86	3.89	3.42	3.74	3.19	2.78	3.27	3.34
瑞士	2.25	2.00	3.21	3.02	2.95	3.30	3.99	1.44	2.25	3.16	2.74
比利时	2.08	2.33	2.25	1.75	2.01	1.96	2.06	1.95	0.96	2.32	1.94
奥地利	1.90	1.83	1.61	3.18	0.94	2.57	2.45	1.23	1.39	2.32	1.91
中国大陆	0.69	0.33	1.44	1.11	1.61	1.59	1.55	1.75	4.49	2.42	1.85
丹麦	0.69	1.33	1.44	1.91	2.15	2.20	2.32	1.85	1.50	2.00	1.78
日本	1.21	1.33	2.09	1.59	1.74	2.20	1.55	1.44	1.71	2.32	1.74
巴西	0.87	1.50	1.77	0.48	1.48	0.98	1.03	1.23	1.07	1.90	1.25

续表

国家和地区	2012 年	2013 年	2014 年	2015 年	2016 年	2017 年	2018 年	2019 年	2020 年	2021 年	合计
挪威	1.38	1.17	0.64	1.11	1.21	1.47	0.64	1.03	1.07	1.26	1.10
芬兰	2.08	1.17	0.64	0.95	0.13	1.10	0.90	1.03	0.53	0.95	0.92
韩国	0.17	0.67	0.48	0.32	0.94	0.49	1.03	1.34	1.18	1.48	0.88

表 9-39　临床神经学 C 层人才排名前 20 的国家和地区的占比

单位：%

国家和地区	2012 年	2013 年	2014 年	2015 年	2016 年	2017 年	2018 年	2019 年	2020 年	2021 年	合计
美国	29.76	28.78	28.12	27.10	26.39	25.69	25.01	23.34	23.36	21.30	25.48
英国	9.57	9.54	9.75	9.55	9.04	9.52	9.50	9.27	8.36	8.98	9.26
德国	7.96	7.27	7.31	7.25	7.35	6.95	6.85	7.29	6.65	6.45	7.09
意大利	5.87	5.26	5.28	4.70	5.35	4.91	5.12	5.59	6.80	6.58	5.61
加拿大	5.42	5.61	5.89	5.97	5.72	5.80	5.71	5.47	5.23	5.18	5.58
澳大利亚	4.19	4.24	4.77	4.48	4.35	4.41	4.25	4.17	3.49	4.12	4.22
荷兰	4.52	4.66	4.15	4.09	4.05	4.19	4.06	4.51	4.00	3.66	4.17
法国	4.03	3.95	3.90	3.92	4.08	4.05	4.04	3.89	4.05	3.94	3.98
中国大陆	2.12	2.27	2.50	2.75	3.05	3.54	3.85	4.15	5.08	4.66	3.55
西班牙	2.31	2.85	2.70	2.83	2.78	2.72	2.69	3.12	3.49	3.63	2.96
瑞士	2.56	2.35	2.72	2.42	2.45	2.58	2.76	3.00	2.91	2.93	2.70
瑞典	1.96	2.34	2.34	2.56	2.29	2.58	2.35	2.56	2.29	2.20	2.35
日本	2.47	2.58	2.19	2.18	2.57	2.10	2.11	1.92	1.70	1.89	2.13
比利时	1.51	1.68	1.61	1.73	1.70	1.68	1.82	2.00	1.82	1.68	1.74
丹麦	0.96	1.46	1.43	1.74	1.58	1.73	1.74	2.00	1.70	1.81	1.65
韩国	1.19	1.38	1.32	1.22	1.59	1.55	1.68	1.37	1.12	1.28	1.37
奥地利	1.03	1.48	1.15	1.49	1.20	1.40	1.31	1.41	1.43	1.42	1.34
巴西	0.86	1.00	1.02	1.10	1.48	1.32	1.20	1.06	1.16	1.46	1.18
挪威	1.17	0.95	0.87	0.88	0.84	0.89	0.82	0.78	0.69	0.90	0.87
芬兰	1.05	0.81	1.09	0.91	0.87	0.75	0.70	0.91	0.63	0.75	0.83

十四　药物滥用医学

　　药物滥用医学 A、B、C 层人才最多的是美国，分别占全球 A、B、C 层人才的 34.78%、32.13%、44.80%，均遥遥领先于其他国家和地区；英国 A、B、C 层人才的世界占比分别为 17.39%、12.35%、9.86%，均排名第二。

澳大利亚、加拿大、波兰、瑞典的 A 层人才比较多，世界占比在 8%～4%；法国、德国、伊朗、土耳其、比利时、希腊、中国香港、匈牙利、爱尔兰、意大利、荷兰、挪威、韩国、西班牙也有相当数量的 A 层人才，世界占比均超过 1%。

澳大利亚、加拿大、德国的 B 层人才比较多，世界占比在 7%～3%；瑞士、意大利、荷兰、西班牙、瑞典、比利时、法国、中国大陆、葡萄牙、以色列、匈牙利、挪威、南非、丹麦、俄罗斯也有相当数量的 B 层人才，世界占比超过或接近 1%。

澳大利亚、加拿大、德国的 C 层人才比较多，世界占比在 8%～3%；荷兰、西班牙、意大利、瑞典、中国大陆、瑞士、法国、新西兰、挪威、比利时、伊朗、匈牙利、巴西、丹麦、芬兰也有相当数量的 C 层人才，世界占比超过或接近 1%。

表 9-40　药物滥用医学 A 层人才排名前 20 的国家和地区的占比

单位：%

国家和地区	2012 年	2013 年	2014 年	2015 年	2016 年	2017 年	2018 年	2019 年	2020 年	2021 年	合计
美国	20.00	50.00	57.14	75.00	37.50	12.50	0.00	30.00	22.22	12.50	34.78
英国	40.00	16.67	14.29	0.00	12.50	12.50	0.00	20.00	22.22	25.00	17.39
澳大利亚	20.00	0.00	0.00	12.50	0.00	12.50	0.00	10.00	0.00	12.50	7.25
加拿大	0.00	0.00	0.00	0.00	0.00	12.50	0.00	20.00	0.00	0.00	4.35
波兰	0.00	16.67	28.57	0.00	0.00	0.00	0.00	0.00	0.00	0.00	4.35
瑞典	20.00	0.00	0.00	0.00	0.00	12.50	0.00	0.00	11.11	0.00	4.35
法国	0.00	0.00	0.00	0.00	0.00	12.50	0.00	0.00	0.00	12.50	2.90
德国	0.00	0.00	0.00	0.00	0.00	12.50	0.00	10.00	0.00	0.00	2.90
伊朗	0.00	0.00	0.00	0.00	0.00	0.00	0.00	0.00	11.11	0.00	2.90
土耳其	0.00	0.00	0.00	12.50	0.00	0.00	0.00	0.00	11.11	0.00	2.90
比利时	0.00	0.00	0.00	0.00	12.50	0.00	0.00	0.00	0.00	0.00	1.45
希腊	0.00	0.00	0.00	0.00	0.00	0.00	0.00	0.00	11.11	0.00	1.45
中国香港	0.00	0.00	0.00	0.00	0.00	0.00	0.00	0.00	11.11	0.00	1.45

续表

国家和地区	2012 年	2013 年	2014 年	2015 年	2016 年	2017 年	2018 年	2019 年	2020 年	2021 年	合计
匈牙利	0.00	0.00	0.00	0.00	12.50	0.00	0.00	0.00	0.00	0.00	1.45
爱尔兰	0.00	0.00	0.00	0.00	0.00	0.00	0.00	0.00	0.00	12.50	1.45
意大利	0.00	0.00	0.00	0.00	12.50	0.00	0.00	0.00	0.00	0.00	1.45
荷兰	0.00	16.67	0.00	0.00	0.00	0.00	0.00	0.00	0.00	0.00	1.45
挪威	0.00	0.00	0.00	0.00	12.50	0.00	0.00	0.00	0.00	0.00	1.45
韩国	0.00	0.00	0.00	0.00	0.00	0.00	0.00	0.00	0.00	12.50	1.45
西班牙	0.00	0.00	0.00	0.00	0.00	0.00	0.00	0.00	0.00	12.50	1.45

表 9-41　药物滥用医学 B 层人才排名前 20 的国家和地区的占比

单位：%

国家和地区	2012 年	2013 年	2014 年	2015 年	2016 年	2017 年	2018 年	2019 年	2020 年	2021 年	合计
美国	36.76	45.31	32.00	51.35	38.36	47.13	10.71	30.77	24.42	21.15	32.13
英国	11.76	15.63	12.00	12.16	13.70	16.09	4.46	10.99	16.28	13.46	12.35
澳大利亚	7.35	3.13	5.33	8.11	10.96	8.05	4.46	7.69	5.81	2.88	6.24
加拿大	7.35	14.06	4.00	1.35	8.22	9.20	3.57	4.40	4.65	5.77	6.00
德国	5.88	6.25	2.67	4.05	1.37	1.15	2.68	4.40	1.16	5.77	3.48
瑞士	1.47	1.56	4.00	1.35	2.74	1.15	2.68	1.10	1.16	0.96	1.80
意大利	2.94	0.00	2.67	1.35	1.37	3.45	1.79	1.10	1.16	1.92	1.80
荷兰	1.47	1.56	5.33	2.70	2.74	1.15	0.89	2.20	1.16	0.00	1.80
西班牙	1.47	3.13	2.67	0.00	1.37	0.00	0.89	3.30	1.16	2.88	1.68
瑞典	2.94	1.56	2.67	0.00	1.37	1.15	0.89	2.20	3.49	0.96	1.68
比利时	0.00	0.00	1.33	1.35	1.37	3.45	0.89	1.10	1.16	2.88	1.56
法国	1.47	0.00	5.33	1.35	0.00	0.00	0.89	2.20	1.16	2.88	1.56
中国大陆	0.00	0.00	1.33	0.00	0.00	0.00	0.89	0.00	2.33	6.73	1.32
葡萄牙	2.94	0.00	1.33	0.00	1.37	1.15	1.79	2.20	1.16	0.00	1.20
以色列	1.47	0.00	1.33	0.00	0.00	0.00	0.89	2.20	2.33	0.96	0.96
匈牙利	2.94	0.00	0.00	0.00	2.74	1.15	0.00	0.00	0.00	2.88	0.96
挪威	0.00	0.00	1.33	1.35	2.74	1.15	0.89	1.10	0.00	0.96	0.96
南非	0.00	3.13	1.33	0.00	0.00	0.00	1.79	1.10	1.16	0.96	0.96
丹麦	2.94	0.00	1.33	0.00	0.00	0.00	0.89	2.20	0.00	1.92	0.96
俄罗斯	0.00	0.00	0.00	0.00	0.00	0.00	0.89	1.10	3.49	1.92	0.84

表 9-42　药物滥用医学 C 层人才排名前 20 的国家和地区的占比

单位：%

国家和地区	2012 年	2013 年	2014 年	2015 年	2016 年	2017 年	2018 年	2019 年	2020 年	2021 年	合计
美国	48.13	48.79	46.32	48.11	47.72	48.78	45.02	40.73	37.87	39.54	44.80
英国	8.82	9.25	9.67	10.41	9.38	8.83	9.55	11.15	10.20	10.90	9.86
澳大利亚	9.57	5.83	9.40	7.84	8.28	8.83	7.14	6.84	7.62	6.06	7.68
加拿大	6.73	6.54	5.18	5.68	5.93	8.01	7.24	8.94	9.38	9.58	7.45
德国	2.84	4.13	4.09	2.97	3.45	3.14	3.25	4.08	2.81	2.75	3.34
荷兰	3.14	5.41	3.13	2.43	1.66	1.63	1.68	1.55	1.88	1.76	2.33
西班牙	2.09	1.56	1.63	1.49	2.48	2.44	2.31	1.55	2.11	2.42	2.02
意大利	0.90	1.56	2.18	1.62	1.93	1.05	1.89	1.66	2.23	1.65	1.68
瑞典	1.79	1.42	2.04	1.76	1.93	1.16	1.89	1.10	1.76	1.43	1.61
中国大陆	1.05	1.00	1.23	2.03	1.10	1.74	0.42	2.10	2.23	2.09	1.52
瑞士	1.49	2.70	1.36	1.49	1.52	1.05	1.99	1.21	0.82	0.66	1.40
法国	1.94	1.14	1.09	1.08	0.69	1.28	1.47	0.99	0.70	0.77	1.11
新西兰	1.35	0.71	0.95	1.49	0.55	0.35	1.05	0.88	0.82	0.99	0.91
挪威	0.60	1.14	1.23	0.81	1.52	0.46	1.05	0.66	0.59	1.10	0.91
比利时	0.75	1.14	1.50	0.27	0.83	0.81	1.05	0.44	0.47	0.22	0.73
伊朗	0.15	0.28	0.14	0.27	0.55	0.70	0.42	1.10	1.76	0.77	0.65
匈牙利	0.15	0.28	0.68	0.27	0.14	0.58	1.05	1.21	0.94	0.33	0.60
巴西	1.20	0.28	0.27	0.27	0.41	0.93	0.31	0.66	0.70	0.77	0.58
丹麦	0.45	0.57	0.41	0.54	0.69	0.70	0.42	0.88	0.70	0.22	0.56
芬兰	0.45	0.43	0.82	0.68	0.00	0.58	1.05	0.22	0.35	0.66	0.53

十五　精神病学

精神病学 A、B、C 层人才最多的是美国，分别占该学科全球 A、B、C 层人才的 19.74%、21.54%、26.73%，均大幅高于其他国家和地区；英国 A、B、C 层人才的世界占比分别为 14.16%、12.35%、12.13%，均排名第二。

澳大利亚、加拿大、中国大陆、德国、荷兰、意大利的 A 层人才比较多，世界占比在 7%~3%；瑞典、瑞士、巴西、法国、西班牙、比利时、爱尔兰、日本、中国香港、新加坡、南非、新西兰也有相当数量的 A 层人才，世界占比均超过 1%。

澳大利亚、加拿大、德国、荷兰、意大利、中国大陆的 B 层人才比较多，世界占比在 7%~3%；西班牙、瑞典、巴西、法国、瑞士、比利时、丹麦、爱尔兰、日本、挪威、以色列、印度也有相当数量的 B 层人才，世界占比超过或接近 1%。

澳大利亚、加拿大、德国、荷兰、中国大陆、意大利的 C 层人才比较多，世界占比在 7%~3%；西班牙、瑞士、瑞典、法国、巴西、丹麦、比利时、日本、挪威、爱尔兰、以色列、奥地利也有相当数量的 C 层人才，世界占比超过或接近 1%。

表 9-43　精神病学 A 层人才排名前 20 的国家和地区的占比

单位：%

国家和地区	2012 年	2013 年	2014 年	2015 年	2016 年	2017 年	2018 年	2019 年	2020 年	2021 年	合计
美国	28.21	31.82	29.79	0.00	30.00	16.67	6.52	21.31	11.11	10.29	19.74
英国	25.64	11.36	19.15	0.00	14.00	12.50	4.35	16.39	11.11	14.71	14.16
澳大利亚	5.13	11.36	4.26	0.00	8.00	12.50	4.35	4.92	3.17	4.41	6.22
加拿大	7.69	9.09	6.38	0.00	4.00	10.42	2.17	8.20	3.17	5.88	6.22
中国大陆	0.00	0.00	0.00	0.00	2.00	0.00	2.17	1.64	28.57	4.41	5.15
德国	10.26	9.09	4.26	0.00	4.00	2.08	4.35	6.56	0.00	4.41	4.72
荷兰	5.13	6.82	6.38	0.00	6.00	8.33	4.35	3.28	0.00	2.94	4.51
意大利	5.13	2.27	0.00	0.00	2.00	4.17	2.17	4.92	4.76	5.88	3.65
瑞典	0.00	2.27	4.26	0.00	2.00	0.00	2.17	6.56	3.17	2.94	2.79
瑞士	7.69	4.55	0.00	0.00	2.00	2.08	4.35	4.92	0.00	0.00	2.58
巴西	0.00	0.00	0.00	0.00	2.00	4.17	2.17	3.28	1.59	2.94	1.93
法国	0.00	2.27	0.00	0.00	0.00	0.00	4.35	3.28	0.00	1.47	1.72
西班牙	0.00	0.00	0.00	0.00	4.00	2.08	2.17	4.92	0.00	1.47	1.72
比利时	0.00	0.00	2.13	0.00	4.00	2.08	2.17	1.64	0.00	1.47	1.50
爱尔兰	0.00	2.27	2.13	0.00	4.00	2.08	2.17	0.00	0.00	1.47	1.50
日本	0.00	0.00	2.13	0.00	0.00	0.00	4.35	0.00	3.17	2.94	1.50
中国香港	0.00	0.00	0.00	0.00	0.00	0.00	2.17	1.64	4.76	1.47	1.29
新加坡	0.00	0.00	0.00	0.00	0.00	0.00	2.17	1.64	6.35	0.00	1.29
南非	0.00	0.00	4.26	0.00	0.00	0.00	2.17	0.00	0.00	2.94	1.07
新西兰	5.13	0.00	2.13	0.00	0.00	2.08	0.00	0.00	0.00	1.47	1.07

表 9-44 精神病学 B 层人才排名前 20 的国家和地区的占比

单位：%

国家和地区	2012 年	2013 年	2014 年	2015 年	2016 年	2017 年	2018 年	2019 年	2020 年	2021 年	合计
美国	34.52	25.94	24.41	23.06	22.11	18.76	18.00	21.59	17.60	16.11	21.54
英国	15.34	13.35	11.50	10.82	13.89	12.16	11.04	13.12	10.80	12.44	12.35
澳大利亚	5.48	6.30	7.98	5.71	9.26	8.25	7.77	7.14	5.75	5.42	6.88
加拿大	4.93	4.79	6.10	3.06	5.47	3.51	5.52	6.64	6.27	4.47	5.11
德国	4.38	5.79	4.69	4.49	5.26	4.74	5.32	5.48	3.31	4.78	4.81
荷兰	3.29	7.56	4.93	4.69	4.42	4.54	5.32	3.32	1.92	3.51	4.22
意大利	3.01	2.52	2.82	2.86	2.95	3.51	3.89	2.82	5.57	4.63	3.55
中国大陆	0.82	0.50	3.05	2.04	1.68	2.89	3.27	2.33	9.23	5.42	3.39
西班牙	2.47	2.52	2.35	2.45	2.74	2.27	3.48	3.16	2.26	3.83	2.80
瑞典	1.92	3.02	2.11	1.22	1.68	2.68	3.27	3.32	1.74	2.55	2.37
巴西	1.10	3.02	2.35	2.04	2.32	3.92	2.25	1.66	1.57	1.91	2.19
法国	3.01	3.02	2.82	2.45	1.47	1.86	1.23	1.66	2.44	2.07	2.15
瑞士	1.92	2.27	2.35	1.63	1.68	3.09	2.86	1.99	1.92	1.75	2.13
比利时	1.64	1.76	1.88	2.24	3.37	1.65	2.45	2.16	1.22	2.23	2.07
丹麦	0.82	2.02	1.17	1.63	0.84	1.86	2.45	2.82	1.39	1.59	1.70
爱尔兰	2.47	0.76	1.41	1.63	1.68	1.44	1.43	1.83	1.22	2.07	1.60
日本	1.10	1.76	1.64	1.02	1.89	2.06	1.02	1.33	1.57	1.91	1.54
挪威	1.10	0.76	1.41	1.63	1.89	0.41	2.04	1.83	0.70	0.80	1.26
以色列	1.37	0.25	1.64	1.02	0.84	0.82	0.61	1.33	1.22	0.96	1.01
印度	0.55	0.25	0.47	0.20	0.63	1.24	0.61	0.50	2.96	1.28	0.93

表 9-45 精神病学 C 层人才排名前 20 的国家和地区的占比

单位：%

国家和地区	2012 年	2013 年	2014 年	2015 年	2016 年	2017 年	2018 年	2019 年	2020 年	2021 年	合计
美国	32.10	33.22	29.64	30.92	28.88	26.12	25.91	24.83	21.27	20.75	26.73
英国	12.84	13.14	12.34	11.84	12.75	11.60	12.21	12.68	11.31	11.24	12.13
澳大利亚	5.92	6.42	5.68	6.22	6.61	6.70	6.69	6.20	6.03	5.20	6.14
加拿大	5.26	6.17	5.37	5.32	5.08	4.90	5.73	5.90	5.96	5.61	5.55
德国	5.92	6.14	6.09	6.11	5.15	5.37	5.33	6.12	4.53	5.12	5.54
荷兰	6.01	5.14	5.16	4.76	5.43	4.40	4.50	4.23	3.50	4.23	4.64
中国大陆	1.79	1.45	2.04	2.52	2.37	3.47	3.88	4.54	5.51	6.17	3.62

国家和地区	2012 年	2013 年	2014 年	2015 年	2016 年	2017 年	2018 年	2019 年	2020 年	2021 年	合计
意大利	3.00	3.47	2.88	2.89	3.45	3.36	3.45	3.62	4.48	4.52	3.59
西班牙	2.34	1.95	2.47	2.08	2.28	2.49	2.41	2.45	2.81	3.11	2.48
瑞士	2.20	2.07	2.45	2.36	2.11	2.45	2.11	2.06	2.05	2.12	2.19
瑞典	1.87	1.97	2.61	2.27	2.41	2.26	2.26	2.08	2.13	1.99	2.18
法国	2.07	1.65	2.52	2.20	2.00	2.03	2.13	1.74	1.87	2.25	2.04
巴西	1.41	1.30	1.64	1.48	1.81	1.73	1.64	1.29	1.64	1.83	1.59
丹麦	1.43	0.90	1.71	1.90	1.94	1.73	1.83	1.69	1.44	1.20	1.58
比利时	1.46	1.37	1.55	1.27	1.57	1.58	1.68	1.09	1.14	0.93	1.34
日本	1.24	1.30	1.02	1.27	1.51	1.56	1.26	1.34	1.40	1.30	1.33
挪威	1.35	1.05	1.12	0.95	1.25	1.25	1.36	1.37	1.03	1.15	1.19
爱尔兰	1.05	0.97	1.05	1.06	0.71	1.14	1.11	0.97	1.42	1.25	1.09
以色列	1.13	0.95	0.95	1.16	0.86	0.57	0.98	0.92	1.01	1.17	0.97
奥地利	0.61	0.60	0.90	0.72	0.73	0.95	0.64	1.02	1.01	0.74	0.81

十六 敏感症学

敏感症学 A、B、C 层人才最多的是美国，分别占该学科全球 A、B、C 层人才的 37.04%、14.69%、17.24%，均显著高于其他国家和地区。

中国大陆的 A 层人才比较多，世界占比为 11.11%，排名第二；其后是德国、瑞士、土耳其、英国，世界占比均为 7.41%；加拿大、爱尔兰、以色列、意大利、日本、瑞典也有相当数量的 A 层人才，世界占比均为 3.70%。

英国、德国 B 层人才的世界占比分别为 7.29%、7.18%，分列第二、三位；意大利、瑞士、西班牙、法国、日本、荷兰、加拿大、波兰的 B 层人才比较多，世界占比在 6%~3%；澳大利亚、丹麦、中国大陆、奥地利、比利时、土耳其、芬兰、瑞典、巴西也有相当数量的 B 层人才，世界占比均超过 1%。

英国、德国 C 层人才的世界占比分别为 7.84%、6.81%，分列第二、三位；意大利、西班牙、法国、荷兰、瑞士、加拿大、澳大利亚、瑞典的 C

层人才比较多，世界占比在 5%~3%；日本、丹麦、比利时、奥地利、中国大陆、波兰、芬兰、希腊、土耳其也有相当数量的 C 层人才，世界占比均超过 1%。

表 9-46 敏感症学 A 层人才的国家和地区的占比

单位：%

国家和地区	2012 年	2013 年	2014 年	2015 年	2016 年	2017 年	2018 年	2019 年	2020 年	2021 年	合计
美国	40.00	0.00	100.00	0.00	0.00	0.00	100.00	57.14	9.09	100.00	37.04
中国大陆	0.00	0.00	0.00	0.00	0.00	0.00	0.00	0.00	27.27	0.00	11.11
德国	0.00	0.00	0.00	0.00	0.00	0.00	0.00	0.00	18.18	0.00	7.41
瑞士	0.00	0.00	0.00	0.00	0.00	0.00	0.00	0.00	18.18	0.00	7.41
土耳其	20.00	0.00	0.00	0.00	0.00	0.00	0.00	0.00	9.09	0.00	7.41
英国	0.00	0.00	0.00	0.00	100.00	0.00	0.00	0.00	9.09	0.00	7.41
加拿大	0.00	0.00	0.00	0.00	0.00	0.00	0.00	14.29	0.00	0.00	3.70
爱尔兰	0.00	0.00	0.00	0.00	0.00	0.00	0.00	0.00	9.09	0.00	3.70
以色列	20.00	0.00	0.00	0.00	0.00	0.00	0.00	0.00	0.00	0.00	3.70
意大利	0.00	0.00	0.00	0.00	0.00	0.00	0.00	14.29	0.00	0.00	3.70
日本	0.00	0.00	0.00	0.00	0.00	0.00	0.00	14.29	0.00	0.00	3.70
瑞典	20.00	0.00	0.00	0.00	0.00	0.00	0.00	0.00	0.00	0.00	3.70

表 9-47 敏感症学 B 层人才排名前 20 的国家和地区的占比

单位：%

国家和地区	2012 年	2013 年	2014 年	2015 年	2016 年	2017 年	2018 年	2019 年	2020 年	2021 年	合计
美国	16.67	20.93	13.58	13.48	15.38	13.04	9.09	15.89	18.81	11.76	14.69
英国	6.67	8.14	7.41	7.87	5.49	9.78	5.05	8.41	3.96	9.80	7.29
德国	13.33	8.14	8.64	6.74	7.69	4.35	5.05	11.21	4.95	5.88	7.18
意大利	6.67	3.49	6.17	3.37	5.49	6.52	6.06	5.61	4.95	7.84	5.58
瑞士	10.00	6.98	6.17	2.25	6.59	4.35	5.05	2.80	6.93	2.94	5.01
西班牙	3.33	4.65	4.94	3.37	4.40	2.17	6.06	3.74	3.96	4.90	4.21
法国	6.67	3.49	4.94	4.49	3.30	4.35	3.03	5.61	3.96	2.94	4.10
日本	3.33	3.49	4.94	5.62	2.20	6.52	4.04	3.74	3.96	1.96	3.99
荷兰	3.33	2.33	2.47	3.37	4.40	3.26	5.05	5.61	0.99	2.94	3.42
加拿大	3.33	2.33	3.70	5.62	1.10	3.26	2.02	3.74	4.95	2.94	3.30
波兰	6.67	4.65	2.47	2.25	5.49	1.09	4.04	2.80	2.97	1.96	3.19

续表

国家和地区	2012 年	2013 年	2014 年	2015 年	2016 年	2017 年	2018 年	2019 年	2020 年	2021 年	合计
澳大利亚	3.33	2.33	1.23	6.74	2.20	4.35	2.02	1.87	2.97	2.94	2.96
丹麦	3.33	1.16	3.70	2.25	4.40	1.09	4.04	3.74	0.99	2.94	2.73
中国大陆	0.00	0.00	1.23	1.12	4.40	1.09	3.03	0.00	7.92	2.94	2.39
奥地利	6.67	2.33	3.70	0.00	3.30	0.00	4.04	3.74	0.99	0.98	2.28
比利时	3.33	2.33	0.00	1.12	4.40	2.17	1.01	1.87	1.98	3.92	2.16
土耳其	0.00	3.49	0.00	1.12	2.20	1.09	4.04	1.87	1.98	1.96	1.94
芬兰	0.00	1.16	3.70	2.25	1.10	3.26	1.01	2.80	0.99	0.98	1.82
瑞典	0.00	2.33	2.47	1.12	4.40	2.17	0.00	1.87	0.99	0.98	1.71
巴西	0.00	0.00	2.47	2.25	1.10	2.17	2.02	0.00	1.98	1.96	1.48

表 9-48 敏感症学 C 层人才排名前 20 的国家和地区的占比

单位：%

国家和地区	2012 年	2013 年	2014 年	2015 年	2016 年	2017 年	2018 年	2019 年	2020 年	2021 年	合计
美国	19.48	22.27	20.96	17.01	18.64	17.65	17.29	13.06	13.64	15.67	17.24
英国	9.81	8.62	9.60	7.99	8.96	8.65	7.52	6.16	5.98	6.75	7.84
德国	8.58	8.49	7.58	7.36	5.33	7.04	7.09	5.41	6.26	6.05	6.81
意大利	4.22	4.76	4.17	4.82	5.33	5.77	4.83	3.45	5.42	5.06	4.78
西班牙	3.41	4.25	4.80	3.93	4.12	4.15	5.48	3.36	5.14	5.06	4.40
法国	3.95	4.63	4.80	3.81	4.48	4.04	4.19	3.73	3.08	4.27	4.06
荷兰	3.81	5.66	4.55	3.81	3.87	4.50	3.97	3.26	2.99	3.17	3.89
瑞士	3.54	3.09	3.41	3.68	4.00	4.61	4.08	3.45	3.83	3.97	3.78
加拿大	3.81	3.99	3.16	3.55	2.42	3.00	4.08	3.36	2.71	3.08	3.29
澳大利亚	3.68	2.83	2.90	3.81	3.51	3.00	3.33	2.71	2.52	3.47	3.15
瑞典	3.27	4.12	2.78	3.05	2.78	4.38	2.26	3.36	3.08	2.38	3.12
日本	2.72	1.93	2.90	2.28	3.27	2.88	3.11	1.87	2.24	2.18	2.52
丹麦	1.77	2.45	2.65	2.41	2.42	3.00	2.36	2.61	1.50	2.98	2.41
比利时	1.09	2.19	1.64	2.03	1.82	2.88	2.26	2.89	2.80	2.78	2.30
奥地利	2.18	1.80	2.40	2.79	1.82	2.19	2.58	2.15	2.15	2.28	2.23
中国大陆	0.95	1.16	1.39	1.90	1.94	1.50	2.36	1.68	4.49	3.57	2.20
波兰	1.63	1.67	1.77	1.65	1.57	2.08	2.47	2.43	2.15	2.58	2.04
芬兰	1.77	1.03	1.39	1.78	0.85	1.50	1.29	1.31	1.96	1.09	1.40
希腊	0.95	1.16	1.26	1.65	1.09	1.50	0.75	1.21	1.59	1.69	1.30
土耳其	1.09	0.90	0.76	0.76	0.97	1.38	1.61	1.59	1.96	1.39	1.29

十七 风湿病学

风湿病学A、B、C层人才最多的是美国，分别占该学科全球A、B、C层人才的13.30%、15.60%、18.17%，均明显高于其他国家和地区；英国A、B、C层人才的世界占比分别为10.11%、9.60%、9.96%，均排名第二。

加拿大、德国、荷兰、法国、澳大利亚、奥地利、日本、西班牙、瑞士、意大利、瑞典的A层人才比较多，世界占比在7%~3%；丹麦、比利时、中国大陆、墨西哥、葡萄牙、黎巴嫩、土耳其也有相当数量的A层人才，世界占比均超过2%。

德国、法国、荷兰、加拿大、意大利、西班牙、瑞士的B层人才比较多，世界占比在7%~3%；澳大利亚、比利时、瑞典、奥地利、日本、丹麦、中国大陆、挪威、墨西哥、葡萄牙、爱尔兰也有相当数量的B层人才，世界占比均超过1%。

德国、荷兰、意大利、法国、加拿大、中国大陆、西班牙、日本、澳大利亚的C层人才比较多，世界占比在6%~3%；瑞典、瑞士、丹麦、比利时、挪威、土耳其、奥地利、韩国、巴西也有相当数量的C层人才，世界占比均超过1%。

表9-49 风湿病学A层人才排名前20的国家和地区的占比

单位：%

国家和地区	2012年	2013年	2014年	2015年	2016年	2017年	2018年	2019年	2020年	2021年	合计
美国	18.75	8.33	13.33	21.05	22.22	4.35	11.54	6.67	8.00	21.43	13.30
英国	12.50	8.33	13.33	21.05	22.22	4.35	11.54	6.67	4.00	7.14	10.11
加拿大	12.50	0.00	6.67	5.26	22.22	4.35	0.00	6.67	8.00	10.71	6.91
德国	0.00	8.33	6.67	5.26	0.00	4.35	11.54	0.00	8.00	7.14	5.85
荷兰	0.00	8.33	6.67	15.79	0.00	4.35	3.85	13.33	4.00	0.00	5.32
法国	0.00	8.33	13.33	5.26	0.00	4.35	7.69	0.00	4.00	3.57	4.79
澳大利亚	6.25	0.00	13.33	0.00	0.00	4.35	0.00	13.33	0.00	3.57	3.72
奥地利	0.00	8.33	0.00	0.00	11.11	4.35	11.54	0.00	4.00	0.00	3.72

续表

国家和地区	2012 年	2013 年	2014 年	2015 年	2016 年	2017 年	2018 年	2019 年	2020 年	2021 年	合计
日本	6.25	8.33	6.67	0.00	0.00	4.35	3.85	6.67	4.00	0.00	3.72
西班牙	6.25	8.33	0.00	0.00	0.00	4.35	0.00	6.67	4.00	3.57	3.19
瑞士	6.25	0.00	0.00	10.53	0.00	4.35	0.00	6.67	4.00	3.57	3.19
意大利	0.00	8.33	0.00	0.00	0.00	4.35	7.69	0.00	4.00	3.57	3.19
瑞典	6.25	0.00	6.67	0.00	0.00	4.35	0.00	6.67	4.00	3.57	3.19
丹麦	6.25	8.33	6.67	0.00	0.00	0.00	3.85	0.00	4.00	0.00	2.66
比利时	0.00	0.00	6.67	0.00	0.00	4.35	3.85	0.00	4.00	0.00	2.13
中国大陆	0.00	0.00	0.00	0.00	0.00	4.35	0.00	6.67	8.00	0.00	2.13
墨西哥	0.00	8.33	0.00	0.00	0.00	4.35	0.00	6.67	4.00	0.00	2.13
葡萄牙	0.00	0.00	0.00	0.00	0.00	4.35	3.85	0.00	4.00	3.57	2.13
黎巴嫩	0.00	0.00	0.00	0.00	22.22	0.00	0.00	0.00	0.00	7.14	2.13
土耳其	6.25	8.33	0.00	0.00	0.00	0.00	7.69	0.00	0.00	0.00	2.13

表 9-50　风湿病学 B 层人才排名前 20 的国家和地区的占比

单位：%

国家和地区	2012 年	2013 年	2014 年	2015 年	2016 年	2017 年	2018 年	2019 年	2020 年	2021 年	合计
美国	16.45	19.20	12.11	20.19	16.74	10.34	15.19	17.18	14.29	14.90	15.60
英国	8.55	8.04	11.21	9.39	11.30	9.48	8.86	9.92	11.02	7.84	9.60
德国	7.24	7.14	6.28	4.69	5.44	6.47	6.75	8.02	5.71	7.45	6.53
法国	5.92	4.91	6.28	6.10	3.35	6.03	6.75	4.58	8.57	6.67	5.92
荷兰	5.92	4.91	6.28	6.57	5.02	5.17	8.44	5.73	4.90	4.71	5.74
加拿大	3.29	5.36	5.83	8.92	4.60	4.31	4.22	6.87	4.49	6.67	5.52
意大利	5.92	2.68	4.04	5.16	4.18	4.31	4.22	4.96	7.35	5.49	4.82
西班牙	6.58	4.02	4.48	4.69	4.18	5.17	2.11	3.44	4.49	2.75	4.08
瑞士	1.97	3.13	4.93	3.29	3.77	3.45	3.38	3.05	3.67	2.75	3.37
澳大利亚	0.66	3.57	4.48	3.29	2.51	2.16	0.84	2.29	3.27	3.53	2.72
比利时	2.63	1.34	4.48	0.47	2.93	2.16	5.49	3.44	1.22	1.96	2.63
瑞典	3.95	2.23	1.79	2.35	4.18	3.02	2.11	1.91	2.86	1.96	2.59
奥地利	2.63	1.79	4.48	1.88	2.51	1.29	2.11	2.67	2.86	1.96	2.41
日本	1.97	1.79	0.45	1.41	1.67	2.59	3.38	4.20	1.63	2.35	2.19
丹麦	1.97	1.79	1.35	3.76	3.35	1.29	2.53	1.53	0.82	1.57	1.97
中国大陆	1.32	2.23	0.45	1.41	1.67	0.86	1.69	1.91	3.67	1.96	1.75

续表

国家和地区	2012 年	2013 年	2014 年	2015 年	2016 年	2017 年	2018 年	2019 年	2020 年	2021 年	合计
挪威	1.32	0.89	2.24	1.41	2.09	3.45	2.53	0.38	1.22	1.18	1.67
墨西哥	1.32	1.79	0.90	2.82	1.67	1.72	1.69	1.53	0.41	1.57	1.53
葡萄牙	0.66	0.89	2.69	0.94	1.26	2.59	1.27	0.76	2.45	1.18	1.49
爱尔兰	1.32	1.34	0.90	0.94	2.09	1.72	1.69	0.38	1.63	1.57	1.36

表 9-51　风湿病学 C 层人才排名前 20 的国家和地区的占比

单位：%

国家和地区	2012 年	2013 年	2014 年	2015 年	2016 年	2017 年	2018 年	2019 年	2020 年	2021 年	合计
美国	21.73	21.63	18.79	18.96	18.70	17.41	17.84	15.12	16.92	16.48	18.17
英国	9.69	10.88	10.25	9.77	9.81	9.74	10.15	9.46	10.04	9.87	9.96
德国	6.68	6.07	6.37	6.00	5.94	5.61	6.02	5.03	5.68	5.33	5.83
荷兰	6.54	7.43	6.66	6.57	6.12	5.79	5.05	4.83	4.05	4.58	5.69
意大利	4.12	5.14	4.86	4.81	5.63	5.26	6.24	5.30	7.14	6.73	5.59
法国	6.15	4.86	5.34	5.34	6.03	4.87	4.92	5.46	5.11	5.58	5.34
加拿大	4.45	4.81	5.00	4.91	4.58	4.61	4.61	4.95	4.41	4.34	4.67
中国大陆	2.36	2.20	3.21	3.00	3.70	2.98	4.61	4.20	5.20	3.88	3.60
西班牙	3.27	3.08	3.78	4.62	4.00	2.89	3.03	3.17	3.70	3.72	3.52
日本	3.99	2.90	3.92	2.86	2.77	2.72	2.90	3.68	3.61	3.39	3.26
澳大利亚	2.88	3.74	3.73	3.72	2.95	3.25	2.99	3.48	2.64	2.35	3.17
瑞典	3.01	3.69	2.97	3.33	3.74	3.25	2.64	2.77	1.98	2.15	2.94
瑞士	2.36	2.06	1.98	2.48	2.51	2.76	2.55	2.41	2.64	2.27	2.41
丹麦	1.51	1.82	2.60	2.00	2.42	2.37	2.28	2.26	1.45	1.45	2.03
比利时	1.64	2.10	2.12	1.95	1.76	1.93	1.63	1.82	1.59	2.27	1.89
挪威	1.18	1.59	1.42	1.76	1.89	1.89	1.45	1.39	1.01	0.58	1.41
土耳其	0.92	0.89	1.23	1.24	0.97	1.27	1.67	1.54	1.94	1.94	1.39
奥地利	1.70	1.40	1.51	1.72	1.14	1.23	1.10	1.23	1.41	1.12	1.34
韩国	1.37	1.17	1.04	1.24	1.41	1.36	1.54	1.23	1.19	1.49	1.30
巴西	1.11	1.07	1.09	1.19	0.79	1.14	1.01	1.46	1.28	1.32	1.15

十八　皮肤医学

皮肤医学 A、B、C 层人才最多的是美国，分别占该学科全球 A、B、C

519

层人才的 21.60%、21.54%、23.53%，均大幅高于其他国家和地区。

英国、德国 A 层人才的世界占比分别为 11.74%、8.92%，分列第二、三位；加拿大、法国、西班牙、澳大利亚、瑞士、意大利、日本、丹麦的 A 层人才比较多，世界占比在 7%~3%；波兰、荷兰、奥地利、印度、瑞典、中国台湾、匈牙利、比利时、中国大陆也有相当数量的 A 层人才，世界占比超过或接近 1%。

德国 B 层人才的世界占比为 9.46%，排名第二；英国、法国、加拿大、意大利、西班牙、丹麦、荷兰、澳大利亚、日本的 B 层人才比较多，世界占比在 8%~3%；瑞士、波兰、比利时、奥地利、瑞典、中国大陆、以色列、巴西、印度也有相当数量的 B 层人才，世界占比均超过 1%。

德国 C 层人才的世界占比为 8.68%，排名第二；英国、意大利、法国、日本、中国大陆、加拿大、西班牙、荷兰、澳大利亚的 C 层人才比较多，世界占比在 7%~3%；丹麦、瑞士、韩国、印度、巴西、奥地利、比利时、瑞典、波兰也有相当数量的 C 层人才，世界占比均超过 1%。

表 9-52　皮肤医学 A 层人才排名前 20 的国家和地区的占比

单位：%

国家和地区	2012 年	2013 年	2014 年	2015 年	2016 年	2017 年	2018 年	2019 年	2020 年	2021 年	合计
美国	27.27	33.33	20.00	11.11	25.00	16.67	0.00	32.14	10.71	36.00	21.60
英国	18.18	19.05	15.00	5.56	10.00	16.67	0.00	10.71	10.71	12.00	11.74
德国	0.00	9.52	10.00	11.11	10.00	8.33	11.11	7.14	10.71	8.00	8.92
加拿大	9.09	4.76	10.00	0.00	20.00	8.33	0.00	10.71	0.00	0.00	6.10
法国	9.09	4.76	0.00	5.56	10.00	4.17	11.11	10.71	3.57	4.00	6.10
西班牙	0.00	0.00	5.00	5.56	0.00	4.17	11.11	0.00	7.14	8.00	4.23
澳大利亚	0.00	0.00	10.00	5.56	0.00	8.33	5.56	0.00	3.57	4.00	3.76
瑞士	9.09	0.00	5.00	11.11	0.00	4.17	11.11	0.00	3.57	0.00	3.76
意大利	0.00	4.76	5.00	0.00	0.00	0.00	11.11	3.57	10.71	0.00	3.76
日本	0.00	0.00	5.00	0.00	10.00	4.17	0.00	3.57	3.57	0.00	3.29
丹麦	18.18	0.00	0.00	5.56	5.00	0.00	11.11	3.57	0.00	0.00	3.29
波兰	0.00	0.00	0.00	5.56	0.00	8.33	11.11	0.00	0.00	4.00	2.82
荷兰	0.00	4.76	0.00	5.56	0.00	4.17	0.00	3.57	3.57	0.00	2.35

续表

国家和地区	2012 年	2013 年	2014 年	2015 年	2016 年	2017 年	2018 年	2019 年	2020 年	2021 年	合计
奥地利	0.00	4.76	0.00	0.00	0.00	0.00	5.56	0.00	7.14	0.00	1.88
印度	0.00	4.76	0.00	0.00	0.00	0.00	0.00	0.00	3.57	4.00	1.41
瑞典	0.00	0.00	0.00	5.56	0.00	0.00	0.00	7.14	0.00	0.00	1.41
中国台湾	0.00	4.76	5.00	0.00	0.00	0.00	0.00	0.00	0.00	4.00	1.41
匈牙利	0.00	0.00	0.00	0.00	0.00	4.17	11.11	0.00	0.00	0.00	1.41
比利时	0.00	0.00	0.00	5.56	0.00	0.00	0.00	3.57	0.00	0.00	0.94
中国大陆	0.00	0.00	0.00	0.00	0.00	0.00	0.00	0.00	7.14	0.00	0.94

表 9-53 皮肤医学 B 层人才排名前 20 的国家和地区的占比

单位：%

国家和地区	2012 年	2013 年	2014 年	2015 年	2016 年	2017 年	2018 年	2019 年	2020 年	2021 年	合计
美国	21.54	32.43	21.89	12.14	23.83	22.03	22.77	22.78	14.45	23.67	21.54
德国	11.28	10.27	8.46	8.74	8.88	9.69	8.48	10.04	8.37	10.61	9.46
英国	7.69	7.57	9.45	7.77	7.01	10.13	6.70	7.34	6.08	6.53	7.57
法国	5.64	4.86	7.46	6.80	5.61	8.81	5.80	6.56	7.60	3.27	6.26
加拿大	2.05	4.86	4.48	7.77	3.74	3.96	6.25	4.63	4.94	8.98	5.23
意大利	5.13	4.32	3.48	5.83	4.67	2.64	3.57	3.47	7.60	6.53	4.78
西班牙	3.08	1.08	3.48	2.91	2.34	3.96	2.68	4.25	7.60	4.49	3.74
丹麦	4.10	2.70	2.49	2.91	4.67	3.96	3.57	4.25	4.56	1.63	3.52
荷兰	3.59	4.32	3.48	4.37	6.54	3.08	1.79	2.70	2.66	2.86	3.47
澳大利亚	3.59	2.16	2.99	3.40	3.27	4.41	3.13	3.47	3.80	2.04	3.24
日本	4.62	5.41	1.49	1.94	4.21	3.08	2.68	2.70	3.04	3.67	3.24
瑞士	3.59	2.16	2.49	3.88	2.34	3.52	4.02	1.93	2.66	1.63	2.79
波兰	3.59	2.16	0.50	2.91	3.27	1.32	1.34	1.93	1.52	1.63	2.21
比利时	1.54	1.62	0.50	2.43	1.40	0.88	2.23	2.70	2.28	1.63	1.76
奥地利	2.56	1.62	1.99	2.91	0.93	1.32	1.34	2.32	1.14	0.82	1.67
瑞典	2.05	1.62	1.49	1.46	1.87	1.76	1.34	1.93	1.14	1.22	1.58
中国大陆	1.03	0.54	1.99	0.97	1.40	1.32	1.79	1.93	1.52	1.22	1.40
以色列	1.54	1.62	0.50	1.46	0.93	1.32	1.79	0.77	1.90	0.82	1.26
巴西	1.03	0.00	0.50	0.97	1.87	1.76	0.89	1.54	0.38	1.63	1.08
印度	0.51	1.08	1.00	0.97	1.87	0.88	1.34	0.39	0.76	2.04	1.08

表 9-54 皮肤医学 C 层人才排名前 20 的国家和地区的占比

单位：%

国家和地区	2012 年	2013 年	2014 年	2015 年	2016 年	2017 年	2018 年	2019 年	2020 年	2021 年	合计
美国	26.95	24.69	25.50	25.25	24.02	22.92	24.50	22.02	20.30	21.52	23.53
德国	11.30	9.74	8.71	8.58	8.82	8.75	7.81	8.25	7.70	8.05	8.68
英国	6.56	7.55	6.03	7.25	6.86	7.29	7.53	7.17	5.21	6.47	6.77
意大利	4.30	4.11	4.77	5.64	5.20	4.37	4.21	5.28	9.11	8.08	5.67
法国	4.79	4.38	5.04	4.95	4.61	4.10	3.88	5.17	4.49	3.63	4.48
日本	4.52	4.87	4.72	4.31	3.68	3.46	3.83	2.93	2.13	3.26	3.68
中国大陆	2.64	3.07	2.73	2.94	3.04	3.14	3.23	4.28	3.65	4.00	3.34
加拿大	3.12	2.85	2.94	2.75	3.82	3.46	3.79	3.24	3.57	3.44	3.32
西班牙	2.42	3.23	2.62	2.65	2.84	3.28	2.90	3.47	4.73	3.89	3.27
荷兰	3.34	3.17	3.31	3.19	3.09	4.28	2.76	3.63	2.65	2.40	3.16
澳大利亚	3.01	2.68	3.99	3.77	3.19	2.23	3.51	2.97	2.61	2.40	3.00
丹麦	2.26	2.57	2.36	2.55	3.19	3.69	2.99	2.55	2.05	2.66	2.68
瑞士	1.94	1.75	1.31	2.06	1.81	2.46	2.38	2.55	3.29	2.32	2.24
韩国	2.47	2.63	3.15	1.96	1.76	1.73	2.48	1.77	1.20	1.83	2.05
印度	0.91	1.81	1.84	1.72	2.21	1.46	2.15	1.58	2.45	2.13	1.85
巴西	1.67	1.97	2.47	1.67	1.57	1.14	1.54	1.50	1.48	1.65	1.64
奥地利	1.88	1.97	1.73	1.86	1.23	2.00	1.54	1.20	1.40	1.42	1.60
比利时	1.78	1.48	1.63	0.98	1.57	1.82	1.68	1.66	1.85	1.35	1.58
瑞典	1.61	2.03	1.15	1.72	2.06	1.50	1.45	1.66	1.20	1.24	1.54
波兰	0.75	1.37	1.36	1.13	1.23	1.78	1.22	1.70	1.72	1.38	1.39

十九 眼科学

眼科学 A、B、C 层人才最多的是美国，分别占该学科全球 A、B、C 层人才的 22.13%、26.99%、28.36%，均大幅高于其他国家和地区；英国 A、B、C 层人才的世界占比分别为 9.84%、10.00%、8.35%，均排名第二。

德国、新加坡、法国、澳大利亚、日本、中国大陆、奥地利、瑞士的 A 层人才比较多，世界占比在 9%~3%；中国香港、印度、意大利、荷兰、西班牙、巴西、加拿大、韩国、比利时、丹麦也有相当数量的 A 层人才，世界占比超过或接近 1%。

德国、澳大利亚、意大利、新加坡、中国大陆、日本、法国的 B 层人才比较多，世界占比在 6%~3%；加拿大、瑞士、印度、西班牙、荷兰、巴西、韩国、中国香港、奥地利、中国台湾、以色列也有相当数量的 B 层人才，世界占比超过或接近 1%。

中国大陆、德国、澳大利亚、日本、意大利、印度的 C 层人才比较多，世界占比在 7%~3%；法国、西班牙、韩国、新加坡、加拿大、瑞士、荷兰、巴西、土耳其、中国香港、奥地利、以色列也有相当数量的 C 层人才，世界占比超过或接近 1%。

表 9-55 眼科学 A 层人才排名前 20 的国家和地区的占比

单位：%

国家和地区	2012 年	2013 年	2014 年	2015 年	2016 年	2017 年	2018 年	2019 年	2020 年	2021 年	合计
美国	35.71	40.00	28.00	33.33	25.00	11.54	20.83	18.18	7.69	14.29	22.13
英国	7.14	10.00	16.00	8.33	4.17	11.54	4.17	15.15	11.54	7.14	9.84
德国	14.29	5.00	12.00	8.33	8.33	3.85	4.17	6.06	7.69	14.29	8.20
新加坡	7.14	0.00	8.00	8.33	12.50	3.85	4.17	9.09	11.54	10.71	7.79
法国	7.14	5.00	4.00	12.50	8.33	3.85	8.33	0.00	3.85	3.57	5.33
澳大利亚	7.14	0.00	0.00	0.00	8.33	7.69	16.67	3.03	3.85	3.57	4.92
日本	7.14	0.00	4.00	4.17	0.00	7.69	0.00	9.09	7.69	7.14	4.92
中国大陆	0.00	5.00	0.00	0.00	0.00	7.69	8.33	0.00	11.54	7.14	4.10
奥地利	7.14	5.00	0.00	0.00	0.00	0.00	4.17	6.06	7.69	3.57	3.69
瑞士	7.14	5.00	0.00	4.17	0.00	0.00	8.33	3.03	3.85	7.14	3.69
中国香港	0.00	0.00	0.00	0.00	4.17	3.85	0.00	9.09	3.85	3.57	2.87
印度	0.00	0.00	0.00	4.17	4.17	0.00	0.00	6.06	0.00	10.71	2.87
意大利	0.00	0.00	8.00	0.00	0.00	0.00	8.33	3.03	7.69	0.00	2.87
荷兰	0.00	5.00	4.00	0.00	0.00	3.85	8.33	3.03	0.00	3.57	2.87
西班牙	0.00	0.00	0.00	4.17	12.50	3.85	4.17	0.00	3.85	0.00	2.87
巴西	0.00	0.00	4.00	4.17	0.00	3.85	0.00	0.00	7.69	0.00	2.05
加拿大	0.00	5.00	0.00	4.17	4.17	7.69	0.00	0.00	0.00	0.00	2.05
韩国	0.00	0.00	0.00	0.00	0.00	7.69	0.00	3.03	0.00	0.00	1.64
比利时	0.00	5.00	0.00	4.17	0.00	0.00	0.00	0.00	0.00	0.00	0.82
丹麦	0.00	0.00	0.00	0.00	4.17	0.00	0.00	3.03	0.00	0.00	0.82

表 9-56　眼科学 B 层人才排名前 20 的国家和地区的占比

单位：%

国家和地区	2012 年	2013 年	2014 年	2015 年	2016 年	2017 年	2018 年	2019 年	2020 年	2021 年	合计
美国	37.91	34.47	32.19	31.17	33.61	26.75	20.54	22.26	19.43	20.35	26.99
英国	11.76	8.94	8.15	9.09	10.08	8.64	10.85	10.63	12.01	9.82	10.00
德国	3.92	8.09	8.15	6.06	5.88	4.53	6.20	4.65	3.89	7.02	5.85
澳大利亚	5.23	8.09	5.58	4.33	4.20	4.94	4.65	7.97	3.89	5.26	5.45
意大利	1.31	3.83	4.29	3.46	3.36	3.70	6.20	4.65	5.65	5.96	4.43
新加坡	4.58	0.85	2.15	2.60	5.88	3.29	5.04	4.98	7.42	5.61	4.35
中国大陆	2.61	2.98	4.29	3.03	2.10	4.94	3.88	5.65	6.36	5.26	4.27
日本	4.58	4.26	5.15	3.46	3.78	5.35	4.26	3.99	2.83	3.86	4.11
法国	1.96	3.83	3.43	5.19	3.36	2.06	4.26	2.99	3.18	2.46	3.29
加拿大	4.58	3.83	1.72	2.16	2.10	3.70	1.94	3.65	2.47	1.40	2.68
瑞士	3.27	2.13	2.58	3.90	1.68	2.06	3.10	2.33	2.47	3.16	2.64
印度	1.96	1.28	1.29	1.30	2.94	1.23	3.10	2.33	4.95	4.91	2.64
西班牙	1.96	1.70	2.58	2.16	1.26	3.70	2.71	3.32	2.47	1.05	2.32
荷兰	1.31	1.28	1.72	2.60	1.68	1.23	3.10	1.99	2.83	2.46	2.07
巴西	2.61	1.70	0.86	2.16	2.94	3.70	1.55	0.66	0.71	1.05	1.71
韩国	1.96	1.70	0.86	1.30	2.94	2.47	2.33	0.66	1.77	1.05	1.67
中国香港	1.31	0.85	0.86	0.87	0.84	1.23	0.78	1.99	3.18	2.11	1.46
奥地利	0.65	0.85	3.00	0.87	1.26	2.47	1.55	1.33	0.35	1.05	1.34
中国台湾	0.65	1.70	0.43	0.43	0.84	0.82	1.94	1.33	0.71	2.11	1.14
以色列	0.00	0.00	0.86	0.43	0.42	0.82	1.55	1.00	0.35	2.11	0.81

表 9-57　眼科学 C 层人才排名前 20 的国家和地区的占比

单位：%

国家和地区	2012 年	2013 年	2014 年	2015 年	2016 年	2017 年	2018 年	2019 年	2020 年	2021 年	合计
美国	32.93	31.65	32.89	30.21	30.38	29.88	28.57	24.61	23.58	22.44	28.36
英国	7.47	9.46	8.02	8.43	8.69	8.86	7.81	7.30	9.03	8.20	8.35
中国大陆	4.71	5.10	5.84	6.41	6.40	5.85	6.65	7.41	7.48	6.19	6.30
德国	4.85	5.75	6.05	6.68	5.04	5.35	5.17	5.38	4.40	4.64	5.32
澳大利亚	5.25	5.01	4.91	5.15	4.80	4.01	4.65	4.90	5.00	4.84	4.84
日本	5.99	5.49	5.63	3.90	4.22	4.26	5.57	4.57	3.63	3.60	4.62
意大利	3.30	3.14	2.98	4.03	3.44	4.97	4.61	4.68	6.00	4.49	4.24

续表

国家和地区	2012 年	2013 年	2014 年	2015 年	2016 年	2017 年	2018 年	2019 年	2020 年	2021 年	合计
印度	2.83	2.09	2.10	2.51	2.87	2.55	3.25	4.24	4.48	5.49	3.31
法国	2.36	2.35	2.35	2.78	3.40	3.05	2.56	2.47	2.41	2.86	2.67
西班牙	1.95	2.88	3.02	3.27	2.30	2.51	2.56	2.84	2.48	2.67	2.67
韩国	3.43	2.70	3.07	1.97	2.87	3.05	2.80	2.43	2.26	2.13	2.63
新加坡	2.69	1.96	1.97	2.20	2.71	2.21	2.40	2.47	3.59	2.71	2.50
加拿大	2.69	3.01	2.65	2.78	1.97	1.80	2.20	2.25	2.00	2.90	2.40
瑞士	1.75	1.35	1.26	1.79	2.17	2.17	2.12	2.80	2.33	2.82	2.10
荷兰	2.69	2.31	1.72	2.29	1.76	2.01	2.12	1.84	1.63	2.05	2.01
巴西	1.01	1.48	1.26	1.21	2.09	1.30	1.40	1.29	1.52	1.28	1.40
土耳其	0.67	1.09	1.51	1.26	1.35	1.30	1.36	1.55	1.44	1.39	1.32
中国香港	0.67	1.13	1.01	1.08	1.23	0.96	0.88	1.07	1.15	1.28	1.06
奥地利	1.21	0.70	0.80	1.26	0.82	1.17	0.84	1.40	1.04	1.20	1.04
以色列	0.94	0.78	0.76	0.85	0.94	1.09	0.96	0.85	1.37	1.28	0.99

二十 耳鼻喉学

耳鼻喉学 A、B、C 层人才最多的是美国，分别占该学科全球 A、B、C 层人才的 35.56%、26.46%、33.66%，尤其是 A、C 层人才以全球 1/3 左右的占比遥遥领先于其他国家和地区。

意大利、英国、加拿大、德国、爱尔兰、卢森堡、西班牙的 A 层人才比较多，世界占比在 9%~4%；澳大利亚、比利时、丹麦、法国、伊朗、日本、新加坡、韩国、瑞典、瑞士也有相当数量的 A 层人才，世界占比均为 2.22%。

英国、德国、比利时、澳大利亚、加拿大、荷兰、意大利、法国的 B 层人才比较多，世界占比在 8%~3%；西班牙、日本、瑞典、巴西、波兰、韩国、瑞士、中国大陆、埃及、奥地利、中国台湾也有相当数量的 B 层人才，世界占比均超过 1%。

英国、意大利、德国、加拿大、澳大利亚、荷兰的 C 层人才比较多，世界占比在 7%~3%；中国大陆、比利时、法国、韩国、西班牙、日本、瑞典、瑞士、巴西、土耳其、中国台湾、丹麦、奥地利也有相当数量的 C 层人才，世界占比超过或接近 1%。

表 9-58　耳鼻喉学 A 层人才的国家和地区的占比

单位：%

国家和地区	2012 年	2013 年	2014 年	2015 年	2016 年	2017 年	2018 年	2019 年	2020 年	2021 年	合计
美国	25.00	50.00	62.50	22.22	0.00	0.00	66.67	0.00	23.08	0.00	35.56
意大利	12.50	0.00	0.00	11.11	0.00	0.00	0.00	0.00	15.38	0.00	8.89
英国	12.50	50.00	12.50	0.00	0.00	0.00	0.00	0.00	0.00	0.00	8.89
加拿大	0.00	0.00	25.00	0.00	0.00	0.00	0.00	0.00	7.69	0.00	6.67
德国	12.50	0.00	0.00	11.11	0.00	0.00	0.00	0.00	0.00	0.00	4.44
爱尔兰	0.00	0.00	0.00	0.00	0.00	0.00	33.33	0.00	7.69	0.00	4.44
卢森堡	12.50	0.00	0.00	11.11	0.00	0.00	0.00	0.00	0.00	0.00	4.44
西班牙	0.00	0.00	0.00	11.11	0.00	0.00	0.00	0.00	7.69	0.00	4.44
澳大利亚	12.50	0.00	0.00	0.00	0.00	0.00	0.00	0.00	0.00	0.00	2.22
比利时	0.00	0.00	0.00	0.00	0.00	0.00	0.00	0.00	7.69	0.00	2.22
丹麦	12.50	0.00	0.00	0.00	0.00	0.00	0.00	0.00	0.00	0.00	2.22
法国	0.00	0.00	0.00	0.00	0.00	0.00	0.00	0.00	7.69	0.00	2.22
伊朗	0.00	0.00	0.00	0.00	0.00	0.00	0.00	0.00	7.69	0.00	2.22
日本	0.00	0.00	0.00	11.11	0.00	0.00	0.00	0.00	0.00	0.00	2.22
新加坡	0.00	0.00	0.00	0.00	0.00	0.00	0.00	0.00	7.69	0.00	2.22
韩国	0.00	0.00	0.00	11.11	0.00	0.00	0.00	0.00	0.00	0.00	2.22
瑞典	0.00	0.00	0.00	11.11	0.00	0.00	0.00	0.00	0.00	0.00	2.22
瑞士	0.00	0.00	0.00	0.00	0.00	0.00	0.00	0.00	7.69	0.00	2.22

表 9-59　耳鼻喉学 B 层人才排名前 20 的国家和地区的占比

单位：%

国家和地区	2012 年	2013 年	2014 年	2015 年	2016 年	2017 年	2018 年	2019 年	2020 年	2021 年	合计
美国	36.11	36.71	50.00	43.37	27.18	25.81	23.16	23.48	11.57	8.13	26.46
英国	6.94	5.06	11.84	3.61	10.68	9.68	5.26	8.70	9.09	5.69	7.71
德国	2.78	3.80	3.95	8.43	5.83	8.60	8.42	6.96	1.65	2.44	5.21
比利时	5.56	2.53	3.95	4.82	3.88	3.23	8.42	5.22	2.48	5.69	4.58
澳大利亚	5.56	10.13	3.95	2.41	5.83	3.23	5.26	5.22	0.83	1.63	4.17
加拿大	1.39	3.80	9.21	8.43	3.88	6.45	3.16	3.48	1.65	1.63	4.06

国家和地区	2012 年	2013 年	2014 年	2015 年	2016 年	2017 年	2018 年	2019 年	2020 年	2021 年	合计
荷兰	6.94	3.80	1.32	1.20	6.80	4.30	6.32	5.22	1.65	2.44	3.96
意大利	1.39	2.53	1.32	1.20	3.88	2.15	4.21	4.35	6.61	7.32	3.85
法国	2.78	5.06	2.63	2.41	0.97	0.00	3.16	6.96	2.48	4.07	3.13
西班牙	1.39	1.27	0.00	1.20	2.91	1.08	3.16	4.35	2.48	4.88	2.50
日本	0.00	5.06	0.00	2.41	1.94	6.45	2.11	2.61	0.83	1.63	2.29
瑞典	5.56	1.27	1.32	1.20	0.97	3.23	2.11	4.35	1.65	1.63	2.29
巴西	2.78	2.53	0.00	2.41	0.97	1.08	2.11	0.87	1.65	3.25	1.77
波兰	2.78	3.80	0.00	1.20	0.97	2.15	2.11	1.74	1.65	0.00	1.56
韩国	0.00	1.27	1.32	2.41	2.91	2.15	0.00	2.61	0.83	1.63	1.56
瑞士	1.39	2.53	1.32	1.20	2.91	3.23	1.05	0.00	1.65	0.81	1.56
中国大陆	1.39	0.00	1.32	2.41	1.94	1.08	1.05	0.00	1.65	2.44	1.35
埃及	0.00	0.00	1.32	1.20	0.00	1.08	1.05	0.00	1.65	4.07	1.15
奥地利	1.39	1.27	1.32	1.20	2.91	2.15	0.00	0.87	0.83	0.00	1.15
中国台湾	1.39	1.27	0.00	0.00	0.97	1.08	2.11	0.87	0.00	2.44	1.04

表 9-60　耳鼻喉学 C 层人才排名前 20 的国家和地区的占比

单位：%

国家和地区	2012 年	2013 年	2014 年	2015 年	2016 年	2017 年	2018 年	2019 年	2020 年	2021 年	合计
美国	38.71	38.27	38.12	34.92	33.66	35.92	36.32	31.53	29.20	25.67	33.66
英国	5.86	4.90	6.17	5.84	8.14	6.03	6.99	5.11	8.16	8.39	6.67
意大利	5.43	4.90	6.17	4.65	4.89	4.52	3.44	5.21	7.42	7.39	5.51
德国	7.14	4.12	4.97	5.96	4.99	5.56	4.66	6.09	4.49	5.00	5.26
加拿大	5.00	6.70	4.83	5.24	5.65	6.14	4.05	4.32	3.10	3.30	4.72
澳大利亚	5.29	5.93	4.83	3.81	4.56	4.40	4.91	2.75	3.67	2.40	4.13
荷兰	3.71	3.48	5.37	4.53	4.67	2.43	4.17	3.93	2.77	2.60	3.69
中国大陆	1.71	2.32	1.61	2.38	2.28	3.01	3.19	4.32	3.59	3.80	2.93
比利时	2.71	2.71	2.82	2.50	1.74	2.20	2.58	3.44	3.51	4.20	2.90
法国	2.00	2.58	1.88	1.55	1.41	1.51	1.72	3.54	3.92	4.40	2.57
韩国	1.86	2.58	1.74	3.46	2.50	2.78	2.21	2.65	1.96	2.90	2.47
西班牙	2.29	1.29	2.28	1.07	2.17	2.20	1.60	2.46	2.69	3.10	2.17
日本	1.57	1.80	2.01	1.67	1.74	1.97	2.33	1.67	1.55	2.50	1.88
瑞典	1.29	1.42	1.88	2.26	1.63	2.32	2.33	1.67	2.20	1.60	1.88

续表

国家和地区	2012 年	2013 年	2014 年	2015 年	2016 年	2017 年	2018 年	2019 年	2020 年	2021 年	合计
瑞士	2.00	1.29	0.94	1.55	1.52	2.43	1.47	2.06	1.88	1.60	1.70
巴西	1.71	2.06	1.34	1.55	1.74	1.51	1.35	1.18	1.47	2.10	1.59
土耳其	0.86	1.29	0.81	1.19	1.09	1.39	1.10	1.38	1.96	2.90	1.46
中国台湾	0.86	1.55	0.81	2.03	2.06	1.39	1.23	1.67	0.49	1.10	1.30
丹麦	0.57	0.64	0.94	1.43	1.09	1.27	1.23	1.28	1.14	0.90	1.07
奥地利	1.00	0.77	1.07	1.55	0.98	0.70	0.37	1.38	1.06	0.90	0.99

二十一 听觉学和言语病理学

听觉学和言语病理学 A、B、C 层人才最多的是美国，分别占该学科全球 A、B、C 层人才的 48.48%、35.18%、36.07%，均遥遥领先于其他国家和地区。

英国、澳大利亚的 A 层人才比较多，世界占比分别为 9.09%、6.06%，分列第二、三位；奥地利、巴西、加拿大、中国大陆、捷克、法国、以色列、新西兰、沙特阿拉伯、韩国、西班牙、瑞士也有相当数量的 A 层人才，世界占比均为 3.03%。

英国 B 层人才的世界占比为 14.07%，排名第二；加拿大、德国、澳大利亚、荷兰、比利时、瑞典、中国大陆的 B 层人才比较多，世界占比在 6%～3%；丹麦、法国、瑞士、意大利、西班牙、芬兰、波兰、奥地利、巴西、哥伦比亚、日本也有相当数量的 B 层人才，世界占比超过或接近1%。

英国 C 层人才的世界占比为 10.25%，排名第二；澳大利亚、加拿大、德国、荷兰、中国大陆、法国的 C 层人才比较多，世界占比在 8%～3%；瑞典、丹麦、比利时、瑞士、西班牙、意大利、韩国、奥地利、日本、南非、以色列、芬兰也有相当数量的 C 层人才，世界占比超过或接近 1%。

表 9-61　听觉学和言语病理学 A 层人才的国家和地区的占比

单位：%

国家和地区	2012 年	2013 年	2014 年	2015 年	2016 年	2017 年	2018 年	2019 年	2020 年	2021 年	合计
美国	66.67	100.00	33.33	66.67	0.00	75.00	50.00	50.00	40.00	16.67	48.48
英国	0.00	0.00	33.33	0.00	0.00	0.00	0.00	0.00	0.00	33.33	9.09
澳大利亚	0.00	0.00	0.00	0.00	0.00	0.00	25.00	0.00	0.00	16.67	6.06
奥地利	0.00	0.00	0.00	0.00	0.00	25.00	0.00	0.00	0.00	0.00	3.03
巴西	0.00	0.00	0.00	33.33	0.00	0.00	0.00	0.00	0.00	0.00	3.03
加拿大	0.00	0.00	0.00	0.00	0.00	0.00	0.00	25.00	0.00	0.00	3.03
中国大陆	0.00	0.00	0.00	0.00	0.00	0.00	0.00	0.00	20.00	0.00	3.03
捷克	0.00	0.00	0.00	0.00	0.00	0.00	25.00	0.00	0.00	0.00	3.03
法国	0.00	0.00	33.33	0.00	0.00	0.00	0.00	0.00	0.00	0.00	3.03
以色列	0.00	0.00	0.00	0.00	0.00	0.00	0.00	25.00	0.00	0.00	3.03
新西兰	33.33	0.00	0.00	0.00	0.00	0.00	0.00	0.00	0.00	0.00	3.03
沙特阿拉伯	0.00	0.00	0.00	0.00	0.00	0.00	0.00	0.00	0.00	16.67	3.03
韩国	0.00	0.00	0.00	0.00	0.00	0.00	0.00	0.00	20.00	0.00	3.03
西班牙	0.00	0.00	0.00	0.00	0.00	0.00	0.00	0.00	20.00	0.00	3.03
瑞士	0.00	0.00	0.00	0.00	0.00	0.00	0.00	0.00	0.00	16.67	3.03

表 9-62　听觉学和言语病理学 B 层人才排名前 20 的国家和地区的占比

单位：%

国家和地区	2012 年	2013 年	2014 年	2015 年	2016 年	2017 年	2018 年	2019 年	2020 年	2021 年	合计
美国	50.00	35.29	40.00	50.00	33.33	34.15	37.14	26.92	32.08	26.00	35.18
英国	6.67	11.76	23.33	8.82	15.38	24.39	11.43	9.62	20.75	8.00	14.07
加拿大	6.67	2.94	10.00	0.00	7.69	4.88	2.86	5.77	5.66	4.00	5.03
德国	6.67	5.88	3.33	2.94	5.13	0.00	5.71	7.69	3.77	8.00	5.03
澳大利亚	6.67	8.82	10.00	2.94	0.00	2.44	8.57	1.92	5.66	4.00	4.77
荷兰	6.67	2.94	0.00	2.94	10.26	4.88	5.71	1.92	1.89	4.00	4.02
比利时	3.33	5.88	0.00	2.94	2.56	2.44	2.86	5.77	1.89	8.00	3.77
瑞典	6.67	2.94	3.33	2.94	2.56	4.88	5.71	3.85	3.77	0.00	3.52
中国大陆	0.00	0.00	0.00	0.00	0.00	4.88	2.86	5.77	5.66	8.00	3.27
丹麦	0.00	2.94	3.33	5.88	2.56	7.32	2.86	1.92	1.89	0.00	2.76
法国	0.00	2.94	3.33	2.94	2.56	0.00	0.00	5.77	1.89	2.00	2.26
瑞士	0.00	2.94	0.00	0.00	2.56	2.44	0.00	1.92	3.77	2.00	1.76

续表

国家和地区	2012 年	2013 年	2014 年	2015 年	2016 年	2017 年	2018 年	2019 年	2020 年	2021 年	合计
意大利	3.33	0.00	0.00	2.94	2.56	0.00	0.00	1.92	1.89	4.00	1.76
西班牙	0.00	0.00	0.00	0.00	2.56	0.00	5.71	3.85	1.89	2.00	1.76
芬兰	0.00	0.00	0.00	2.94	0.00	0.00	2.86	3.85	0.00	0.00	1.01
波兰	0.00	5.88	0.00	0.00	0.00	2.44	0.00	0.00	0.00	2.00	1.01
奥地利	0.00	2.94	0.00	2.94	0.00	2.44	0.00	0.00	0.00	0.00	0.75
巴西	0.00	0.00	0.00	0.00	0.00	0.00	0.00	1.92	0.00	4.00	0.75
哥伦比亚	0.00	0.00	0.00	0.00	2.56	0.00	0.00	0.00	1.89	2.00	0.75
日本	0.00	2.94	0.00	0.00	0.00	0.00	0.00	3.85	0.00	0.00	0.75

表 9-63 听觉学和言语病理学 C 层人才排名前 20 的国家和地区的占比

单位：%

国家和地区	2012 年	2013 年	2014 年	2015 年	2016 年	2017 年	2018 年	2019 年	2020 年	2021 年	合计
美国	38.27	39.58	41.08	33.03	30.48	36.72	35.75	37.52	33.41	35.56	36.07
英国	11.11	8.76	10.83	10.40	8.83	9.43	10.10	10.72	11.06	10.86	10.25
澳大利亚	8.95	7.85	9.87	7.34	8.55	7.69	7.51	4.99	6.42	6.17	7.33
加拿大	6.17	7.25	5.41	4.89	7.12	5.21	4.15	5.36	4.20	3.70	5.27
德国	5.56	5.44	4.46	6.42	5.13	5.96	3.63	4.62	4.42	3.70	4.88
荷兰	4.32	5.14	4.78	5.50	5.41	2.73	5.44	3.51	3.76	2.72	4.23
中国大陆	1.85	1.21	3.50	2.45	3.13	2.98	2.85	5.18	5.53	3.46	3.39
法国	3.40	3.63	2.55	4.59	4.27	2.73	3.37	2.77	2.43	4.44	3.36
瑞典	3.09	1.81	2.55	3.06	3.13	2.23	3.37	2.03	1.11	2.72	2.45
丹麦	3.40	0.91	1.91	1.53	1.99	0.99	3.11	1.29	1.77	2.47	1.90
比利时	1.85	1.21	0.96	2.45	2.28	2.73	1.30	1.48	1.77	2.47	1.85
瑞士	0.62	1.81	0.64	2.14	1.99	1.74	1.30	2.03	1.99	1.73	1.64
西班牙	1.23	2.11	0.96	1.22	2.56	2.48	0.26	1.85	1.99	1.48	1.64
意大利	1.85	2.72	1.27	0.61	1.71	1.74	0.52	1.11	1.77	3.21	1.64
韩国	0.62	1.51	0.00	0.31	0.85	1.24	1.81	1.48	1.55	0.74	1.07
奥地利	0.31	0.60	0.96	2.14	1.71	0.50	1.55	0.92	1.11	0.74	1.04
日本	0.31	0.60	0.00	1.53	0.57	0.25	0.78	2.03	1.99	0.99	0.99
南非	0.00	0.91	0.32	0.00	1.14	0.99	1.30	0.55	1.99	1.73	0.94
以色列	0.93	1.21	0.64	0.31	1.14	0.99	1.04	0.74	0.88	0.99	0.89
芬兰	0.62	0.60	0.96	0.31	0.57	0.99	1.04	0.37	1.33	1.23	0.81

二十二 牙科医学、口腔外科和口腔医学

牙科医学、口腔外科和口腔医学 A、B、C 层人才最多的是美国，分别占该学科全球 A、B、C 层人才的 17.32%、17.69%、16.43%。

英国 A 层人才的世界占比为 10.61%，排名第二；印度、荷兰、德国、瑞士、中国香港、意大利、巴西、加拿大的 A 层人才比较多，世界占比在 9%~3%；丹麦、中国大陆、日本、西班牙、瑞典、澳大利亚、法国、以色列、冰岛、沙特阿拉伯也有相当数量的 A 层人才，世界占比均超过 1%。

英国、德国、意大利、瑞士、巴西、西班牙、瑞典、比利时的 B 层人才比较多，世界占比在 9%~3%；荷兰、印度、中国大陆、澳大利亚、加拿大、日本、法国、丹麦、中国香港、爱尔兰、希腊也有相当数量的 B 层人才，世界占比均超过 1%。

巴西、意大利、德国、英国、中国大陆、瑞士、西班牙、日本的 C 层人才比较多，世界占比在 9%~3%；荷兰、瑞典、澳大利亚、加拿大、韩国、土耳其、比利时、沙特阿拉伯、印度、法国、中国香港也有相当数量的 C 层人才，世界占比均超过 1%。

表 9-64　牙科医学、口腔外科和口腔医学 A 层人才排名前 20 的国家和地区的占比

单位：%

国家和地区	2012 年	2013 年	2014 年	2015 年	2016 年	2017 年	2018 年	2019 年	2020 年	2021 年	合计
美国	26.67	26.67	17.65	17.65	16.67	33.33	13.33	6.67	8.33	12.00	17.32
英国	6.67	20.00	17.65	11.76	16.67	16.67	6.67	6.67	8.33	0.00	10.61
印度	0.00	0.00	0.00	5.88	0.00	0.00	0.00	40.00	4.17	28.00	8.38
荷兰	20.00	6.67	5.88	0.00	5.56	5.56	6.67	6.67	4.17	4.00	6.15
德国	0.00	0.00	5.88	5.88	5.56	5.56	6.67	6.67	8.33	4.00	5.03
瑞士	20.00	0.00	5.88	5.88	5.56	0.00	6.67	0.00	8.33	0.00	5.03
中国香港	6.67	0.00	0.00	0.00	11.11	5.56	13.33	0.00	8.33	0.00	4.47
意大利	0.00	6.67	5.88	0.00	5.56	5.56	0.00	4.17	4.00	3.91
巴西	6.67	0.00	0.00	5.88	0.00	0.00	6.67	6.67	0.00	8.00	3.35
加拿大	0.00	6.67	11.76	0.00	5.56	0.00	0.00	6.67	0.00	4.00	3.35
丹麦	0.00	6.67	5.88	5.88	5.56	5.56	0.00	0.00	0.00	0.00	2.79

续表

国家和地区	2012 年	2013 年	2014 年	2015 年	2016 年	2017 年	2018 年	2019 年	2020 年	2021 年	合计
中国大陆	0.00	0.00	0.00	0.00	0.00	0.00	6.67	0.00	16.67	0.00	2.79
日本	0.00	6.67	0.00	5.88	5.56	5.56	0.00	0.00	0.00	4.00	2.79
西班牙	0.00	0.00	0.00	5.88	0.00	0.00	6.67	0.00	8.33	4.00	2.79
瑞典	0.00	0.00	5.88	5.88	5.56	5.56	0.00	0.00	4.17	0.00	2.79
澳大利亚	0.00	6.67	5.88	0.00	0.00	0.00	6.67	6.67	0.00	0.00	2.23
法国	0.00	0.00	5.88	0.00	0.00	5.56	5.56	0.00	4.17	0.00	2.23
以色列	0.00	6.67	0.00	0.00	0.00	0.00	6.67	0.00	4.17	0.00	1.68
冰岛	13.33	0.00	0.00	5.88	0.00	0.00	0.00	0.00	0.00	0.00	1.68
沙特阿拉伯	0.00	0.00	0.00	11.76	5.56	0.00	0.00	0.00	0.00	0.00	1.68

表 9-65　牙科医学、口腔外科和口腔医学 B 层人才排名前 20 的国家和地区的占比

单位：%

国家和地区	2012 年	2013 年	2014 年	2015 年	2016 年	2017 年	2018 年	2019 年	2020 年	2021 年	合计
美国	17.16	25.33	21.79	15.92	23.46	10.40	13.81	15.84	15.74	19.38	17.69
英国	11.19	10.67	5.77	7.64	6.79	6.94	7.73	8.42	10.19	9.69	8.53
德国	5.22	9.33	8.33	7.01	8.02	8.67	8.84	5.45	5.09	4.41	6.88
意大利	2.99	4.00	3.85	5.73	4.94	8.09	6.63	6.93	5.09	11.01	6.20
瑞士	6.72	6.67	7.05	4.46	8.64	10.40	5.52	5.94	1.85	2.20	5.69
巴西	5.22	4.00	7.05	4.46	3.09	6.36	3.31	4.46	4.63	7.05	5.01
西班牙	2.99	2.67	0.64	5.10	3.09	3.47	5.52	5.94	5.56	2.20	3.81
瑞典	4.48	0.00	5.77	5.10	6.79	3.47	6.63	1.98	2.78	0.44	3.58
比利时	5.22	2.00	5.13	3.82	4.94	6.94	3.87	1.98	1.85	0.88	3.47
荷兰	2.24	1.33	5.77	5.73	3.09	4.62	2.76	1.49	1.85	1.32	2.90
印度	0.00	1.33	0.64	0.64	1.85	1.16	3.31	5.94	5.56	5.29	2.90
中国大陆	2.99	2.00	2.56	3.82	1.85	2.31	0.55	2.97	4.63	3.96	2.84
澳大利亚	4.48	2.00	1.92	0.00	3.09	2.89	4.42	2.48	3.24	2.64	2.73
加拿大	3.73	6.00	4.49	1.91	1.85	1.16	1.66	1.98	2.78	1.76	2.62
日本	2.99	1.33	3.21	2.55	3.70	2.89	3.31	1.98	1.85	1.76	2.50
法国	2.24	2.00	1.28	1.27	0.62	2.31	1.66	2.48	0.93	2.20	1.71
丹麦	2.24	1.33	1.92	1.27	1.23	2.89	1.66	2.97	1.85	0.00	1.71
中国香港	2.99	0.00	1.92	0.64	0.62	0.58	4.42	1.98	0.93	1.76	1.59
爱尔兰	1.49	0.67	0.64	1.91	1.23	1.16	0.55	1.49	1.85	0.00	1.08
希腊	1.49	0.00	0.64	1.91	1.85	1.16	1.10	1.98	0.00	0.88	1.08

表 9-66　牙科医学、口腔外科和口腔医学 C 层人才排名前 20 的国家和地区的占比

单位：%

国家和地区	2012 年	2013 年	2014 年	2015 年	2016 年	2017 年	2018 年	2019 年	2020 年	2021 年	合计
美国	20.01	19.23	18.29	16.83	17.65	16.56	15.64	15.73	14.32	12.47	16.43
巴西	8.29	9.79	8.17	8.32	9.57	8.89	9.56	8.60	7.77	6.61	8.50
意大利	7.51	5.58	6.29	5.17	5.72	5.78	6.54	6.36	7.82	6.01	6.30
德国	6.60	6.34	7.59	6.81	6.59	7.06	5.75	5.96	4.99	5.60	6.26
英国	6.60	6.89	5.71	6.24	5.28	7.18	5.40	5.60	6.10	6.76	6.16
中国大陆	5.34	4.96	5.45	5.67	6.03	5.30	5.01	6.42	5.90	6.76	5.73
瑞士	4.85	3.93	5.06	4.98	4.41	4.93	5.57	4.63	4.44	4.09	4.68
西班牙	2.74	3.24	3.37	3.03	3.23	3.35	2.96	3.97	4.08	3.53	3.39
日本	3.30	3.38	2.53	2.84	3.79	2.74	3.64	2.85	3.13	3.69	3.19
荷兰	2.53	3.38	3.63	3.09	3.60	2.80	2.39	2.60	1.87	1.72	2.70
瑞典	3.44	2.21	2.40	3.59	2.42	2.56	3.13	2.49	1.51	2.27	2.57
澳大利亚	1.69	2.69	2.20	1.45	2.18	2.31	3.07	2.95	2.07	2.07	2.28
加拿大	1.97	2.55	2.40	2.65	3.11	2.19	2.05	2.09	2.02	1.72	2.25
韩国	2.04	2.48	2.59	2.33	2.24	2.31	1.71	2.34	1.92	1.87	2.17
土耳其	1.83	1.86	2.20	1.89	1.99	1.70	1.76	1.93	1.92	2.17	1.93
比利时	1.90	1.59	1.49	2.40	1.80	2.13	1.76	1.58	1.46	1.62	1.76
沙特阿拉伯	1.26	0.83	0.97	1.51	1.31	1.77	1.59	2.04	2.47	3.13	1.76
印度	1.19	1.65	1.56	2.33	1.62	2.19	1.82	1.32	1.21	1.82	1.66
法国	0.98	1.45	0.78	1.45	1.37	1.89	1.59	1.43	1.31	1.01	1.33
中国香港	1.33	1.24	1.10	0.88	0.75	1.10	1.54	1.43	1.41	1.36	1.23

二十三　急救医学

急救医学 A、B、C 层人才最多的是美国，分别占该学科全球 A、B、C 层人才的 24.07%、17.94%、28.82%，均大幅高于其他国家和地区；英国 A、B、C 层人才的世界占比分别为 12.96%、7.51%、6.89%，均排名第二。

德国、意大利、瑞典、加拿大、芬兰、法国、日本、挪威、土耳其的 A 层人才比较多，世界占比在 8%~3%；澳大利亚、奥地利、中国大陆、印度、伊朗、爱尔兰、以色列也有相当数量的 A 层人才，世界占比均为 1.85%。

意大利、加拿大、澳大利亚、荷兰、德国、比利时、法国、挪威的 B 层人才比较多，世界占比在 6%~3%；奥地利、瑞典、芬兰、瑞士、西班牙、丹麦、巴西、以色列、爱尔兰、韩国也有相当数量的 B 层人才，世界占比均超过 1%。

加拿大、澳大利亚、德国、意大利的 C 层人才比较多，世界占比在 7%~3%；荷兰、中国大陆、法国、瑞典、瑞士、韩国、西班牙、日本、丹麦、土耳其、挪威、芬兰、中国台湾、伊朗也有相当数量的 C 层人才，世界占比均超过 1%。

表 9-67　急救医学 A 层人才排名前 20 的国家和地区的占比

单位：%

国家和地区	2012 年	2013 年	2014 年	2015 年	2016 年	2017 年	2018 年	2019 年	2020 年	2021 年	合计
美国	33.33	42.86	33.33	0.00	0.00	33.33	0.00	12.50	60.00	11.11	24.07
英国	16.67	14.29	33.33	16.67	0.00	0.00	0.00	12.50	0.00	11.11	12.96
德国	0.00	14.29	16.67	16.67	0.00	0.00	0.00	0.00	0.00	11.11	7.41
意大利	0.00	0.00	0.00	16.67	0.00	0.00	25.00	12.50	0.00	11.11	7.41
瑞典	0.00	14.29	0.00	0.00	0.00	33.33	0.00	0.00	0.00	11.11	5.56
加拿大	16.67	0.00	0.00	0.00	0.00	0.00	0.00	12.50	0.00	0.00	3.70
芬兰	0.00	0.00	0.00	16.67	0.00	0.00	0.00	12.50	0.00	0.00	3.70
法国	0.00	0.00	0.00	16.67	0.00	0.00	0.00	0.00	0.00	11.11	3.70
日本	0.00	14.29	16.67	0.00	0.00	0.00	0.00	0.00	0.00	0.00	3.70
挪威	0.00	0.00	0.00	16.67	0.00	0.00	0.00	0.00	0.00	11.11	3.70
土耳其	0.00	0.00	0.00	0.00	0.00	0.00	50.00	0.00	0.00	0.00	3.70
澳大利亚	0.00	0.00	0.00	0.00	0.00	0.00	25.00	0.00	0.00	0.00	1.85
奥地利	0.00	0.00	0.00	0.00	0.00	0.00	0.00	0.00	0.00	11.11	1.85
中国大陆	16.67	0.00	0.00	0.00	0.00	0.00	0.00	0.00	0.00	0.00	1.85
印度	0.00	0.00	0.00	0.00	0.00	0.00	0.00	0.00	0.00	11.11	1.85
伊朗	0.00	0.00	0.00	0.00	0.00	0.00	0.00	0.00	20.00	0.00	1.85
爱尔兰	16.67	0.00	0.00	0.00	0.00	0.00	0.00	0.00	0.00	0.00	1.85
以色列	0.00	0.00	0.00	0.00	0.00	0.00	0.00	12.50	0.00	0.00	1.85

表 9-68　急救医学 B 层人才排名前 20 的国家和地区的占比

单位：%

国家和地区	2012 年	2013 年	2014 年	2015 年	2016 年	2017 年	2018 年	2019 年	2020 年	2021 年	合计
美国	49.18	24.14	36.96	6.94	10.39	11.84	12.50	26.92	13.27	9.35	17.94
英国	6.56	6.90	4.35	13.89	5.19	5.26	9.72	9.62	4.08	9.35	7.51
意大利	3.28	5.17	4.35	6.94	5.19	3.95	2.78	3.85	8.16	6.54	5.29
加拿大	8.20	3.45	8.70	2.78	3.90	2.63	4.17	5.77	4.08	1.87	4.17
澳大利亚	6.56	5.17	6.52	1.39	5.19	7.89	2.78	5.77	2.04	0.93	4.03
荷兰	0.00	3.45	10.87	6.94	3.90	1.32	4.17	5.77	2.04	4.67	4.03
德国	3.28	1.72	0.00	6.94	5.19	1.32	4.17	3.85	2.04	6.54	3.76
比利时	0.00	3.45	2.17	6.94	2.60	0.00	5.56	1.92	2.04	7.48	3.48
法国	4.92	0.00	2.17	1.39	2.60	5.26	6.94	5.77	3.06	1.87	3.34
挪威	1.64	1.72	2.17	5.56	2.60	2.63	2.78	0.00	5.10	5.61	3.34
奥地利	1.64	1.72	2.17	5.56	3.90	0.00	1.39	0.00	2.04	4.67	2.50
瑞典	0.00	1.72	2.17	2.78	3.90	2.63	1.39	0.00	3.06	3.74	2.36
芬兰	0.00	1.72	0.00	1.39	3.90	3.95	2.78	1.92	3.06	1.87	2.23
瑞士	0.00	0.00	2.17	4.17	2.60	0.00	2.78	0.00	3.06	2.80	1.95
西班牙	0.00	1.72	0.00	1.39	2.60	1.32	0.00	0.00	3.06	3.74	1.67
丹麦	0.00	0.00	0.00	1.39	1.30	1.32	1.39	5.77	2.04	1.87	1.53
巴西	0.00	1.72	0.00	0.00	2.60	3.95	2.78	3.85	1.02	0.00	1.53
以色列	0.00	1.72	0.00	0.00	2.60	3.95	4.17	1.92	1.02	0.00	1.53
爱尔兰	0.00	0.00	0.00	0.00	5.19	1.32	2.78	0.00	2.04	0.93	1.39
韩国	1.64	5.17	2.17	1.39	0.00	2.63	1.39	0.00	1.02	0.00	1.39

表 9-69　急救医学 C 层人才排名前 20 的国家和地区的占比

单位：%

国家和地区	2012 年	2013 年	2014 年	2015 年	2016 年	2017 年	2018 年	2019 年	2020 年	2021 年	合计
美国	38.44	32.97	34.76	27.99	27.38	28.49	26.50	26.20	24.47	26.41	28.82
英国	7.49	7.31	6.59	8.37	7.72	7.12	5.74	6.93	5.96	6.45	6.89
加拿大	6.99	4.67	7.74	5.77	6.35	6.28	7.18	4.91	5.74	5.73	6.08
澳大利亚	5.32	5.44	4.94	4.47	5.75	4.75	4.70	5.42	5.64	2.76	4.85
德国	4.16	4.67	4.78	2.74	3.63	2.23	3.39	3.65	3.72	3.68	3.64
意大利	1.83	3.58	3.13	3.46	3.18	3.07	2.61	3.27	5.43	4.91	3.58
荷兰	2.50	1.71	1.81	3.61	2.87	3.07	2.87	4.41	2.34	3.07	2.87

续表

国家和地区	2012 年	2013 年	2014 年	2015 年	2016 年	2017 年	2018 年	2019 年	2020 年	2021 年	合计
中国大陆	1.00	2.02	2.64	1.15	2.12	2.37	2.74	1.89	2.87	3.58	2.32
法国	2.00	2.95	1.98	2.16	1.06	1.82	1.96	2.27	2.55	2.56	2.16
瑞典	0.83	2.49	1.65	2.45	2.57	2.37	2.61	2.39	1.81	1.64	2.08
瑞士	2.50	2.95	1.48	2.02	2.72	1.54	1.44	1.51	2.13	2.15	2.03
韩国	2.50	2.49	1.32	1.44	2.42	1.54	1.96	2.39	2.13	1.64	1.97
西班牙	2.16	0.78	1.65	1.15	1.36	1.54	1.96	2.14	2.87	2.66	1.91
日本	1.50	1.71	2.64	1.15	1.66	2.51	1.96	3.02	1.81	1.02	1.88
丹麦	1.00	1.56	1.32	2.74	1.21	1.82	1.96	2.02	1.38	1.13	1.61
土耳其	0.67	1.71	1.81	1.30	1.51	0.84	0.78	1.64	1.17	2.97	1.49
挪威	1.33	1.71	1.81	1.59	1.06	1.96	1.17	1.39	1.60	0.92	1.43
芬兰	1.16	1.24	1.15	1.01	1.06	1.26	1.44	1.39	1.70	1.02	1.26
中国台湾	2.00	0.93	1.32	0.87	0.45	0.98	1.57	1.64	1.60	0.82	1.22
伊朗	0.33	0.93	0.00	0.72	1.82	0.42	0.52	1.01	3.09	1.94	1.19

二十四　危机护理医学

危机护理医学 A、B、C 层人才最多的是美国，分别占该学科全球 A、B、C 层人才的 16.18%、16.54%、25.14%，相较其他国家和地区优势明显。

加拿大 A 层人才的世界占比为 11.27%，排名第二；英国、法国、澳大利亚、意大利、荷兰、德国、西班牙的 A 层人才比较多，世界占比在 8%~3%；瑞士、比利时、中国大陆、巴西、中国香港、日本、沙特阿拉伯、印度、丹麦、以色列、奥地利也有相当数量的 A 层人才，世界占比超过或接近 1%。

英国 B 层人才的世界占比为 9.18%，排名第二；加拿大、法国、意大利、德国、澳大利亚、荷兰、比利时、西班牙的 B 层人才比较多，世界占比在 7%~3%；瑞士、中国大陆、瑞典、巴西、丹麦、奥地利、挪威、日本、印度、希腊也有相当数量的 B 层人才，世界占比均超过 1%。

英国、加拿大、法国、意大利、德国、澳大利亚、荷兰、比利时、西班牙的 C 层人才比较多，世界占比在 9%～3%；中国大陆、瑞士、瑞典、巴西、日本、丹麦、奥地利、韩国、爱尔兰、希腊也有相当数量的 C 层人才，世界占比超过或接近 1%。

表 9-70　危机护理医学 A 层人才排名前 20 的国家和地区的占比

单位：%

国家和地区	2012 年	2013 年	2014 年	2015 年	2016 年	2017 年	2018 年	2019 年	2020 年	2021 年	合计
美国	25.00	22.22	26.32	10.53	13.04	5.26	32.00	17.39	11.11	4.35	16.18
加拿大	25.00	11.11	5.26	10.53	13.04	5.26	20.00	17.39	7.41	4.35	11.27
英国	12.50	5.56	5.26	5.26	8.70	5.26	8.00	8.70	14.81	4.35	7.84
法国	0.00	5.56	10.53	5.26	8.70	5.26	12.00	8.70	3.70	4.35	6.86
澳大利亚	0.00	0.00	10.53	5.26	8.70	5.26	8.00	13.04	3.70	4.35	6.37
意大利	25.00	11.11	5.26	5.26	4.35	5.26	4.00	0.00	11.11	4.35	6.37
荷兰	0.00	16.67	5.26	0.00	8.70	5.26	8.00	4.35	0.00	4.35	5.39
德国	0.00	5.56	5.26	0.00	8.70	5.26	0.00	4.35	11.11	4.35	4.90
西班牙	0.00	11.11	5.26	0.00	8.70	5.26	0.00	0.00	0.00	0.00	3.43
瑞士	12.50	0.00	5.26	5.26	4.35	0.00	0.00	4.35	3.70	0.00	2.94
比利时	0.00	0.00	5.26	5.26	4.35	5.26	0.00	0.00	0.00	4.35	2.45
中国大陆	0.00	0.00	0.00	0.00	0.00	0.00	0.00	0.00	14.81	0.00	2.45
巴西	0.00	0.00	0.00	0.00	0.00	5.26	0.00	4.35	3.70	4.35	1.96
中国香港	0.00	0.00	0.00	5.26	0.00	0.00	0.00	4.35	3.70	4.35	1.96
日本	0.00	5.56	0.00	5.26	0.00	5.26	0.00	0.00	0.00	0.00	1.96
沙特阿拉伯	0.00	0.00	0.00	0.00	0.00	5.26	4.00	4.35	0.00	4.35	1.96
印度	0.00	0.00	0.00	0.00	5.26	5.26	0.00	4.35	0.00	4.35	1.96
丹麦	0.00	5.56	0.00	0.00	0.00	0.00	0.00	0.00	0.00	4.35	1.47
以色列	0.00	0.00	0.00	0.00	0.00	5.26	0.00	0.00	3.70	4.35	1.47
奥地利	0.00	0.00	0.00	5.26	0.00	0.00	0.00	0.00	3.70	0.00	0.98

表 9-71　危机护理医学 B 层人才排名前 20 的国家和地区的占比

单位：%

国家和地区	2012 年	2013 年	2014 年	2015 年	2016 年	2017 年	2018 年	2019 年	2020 年	2021 年	合计
美国	22.83	16.48	20.00	17.39	18.06	15.96	20.70	16.59	11.63	9.09	16.54
英国	10.24	7.39	11.22	11.96	8.33	7.98	13.22	6.73	4.65	11.48	9.18
加拿大	14.96	7.95	4.88	5.43	6.94	7.04	7.93	7.17	4.65	4.31	6.77

续表

国家和地区	2012 年	2013 年	2014 年	2015 年	2016 年	2017 年	2018 年	2019 年	2020 年	2021 年	合计
法国	5.51	5.68	5.85	7.61	6.02	4.23	4.41	6.73	6.20	6.22	5.84
意大利	5.51	4.55	5.85	5.43	5.09	3.29	5.73	5.83	5.04	6.22	5.25
德国	3.94	5.68	4.39	6.52	8.33	4.23	4.41	2.69	4.26	6.22	5.05
澳大利亚	6.30	3.41	5.37	4.35	2.78	5.16	4.85	2.24	3.49	3.35	4.02
荷兰	1.57	2.84	5.37	4.89	3.70	2.35	4.85	3.14	3.10	3.83	3.63
比利时	3.15	6.25	3.90	5.43	2.31	2.82	3.52	2.69	2.71	2.87	3.48
西班牙	3.15	2.27	2.44	3.80	4.63	3.29	1.32	2.69	2.71	5.74	3.19
瑞士	2.36	3.41	1.95	3.26	1.85	2.82	3.08	2.24	1.94	0.96	2.36
中国大陆	0.79	0.57	0.98	0.54	1.39	1.88	2.64	2.24	6.98	2.87	2.31
瑞典	3.15	3.98	1.46	1.09	1.85	1.41	1.32	2.24	1.16	3.83	2.06
巴西	0.79	1.70	1.46	1.63	1.39	1.41	0.88	0.90	2.33	3.35	1.62
丹麦	0.79	1.70	0.98	1.09	3.24	0.94	1.76	1.35	1.94	1.44	1.57
奥地利	1.57	1.70	0.98	1.63	1.85	1.41	0.44	0.90	0.78	2.39	1.32
挪威	3.94	1.14	0.98	3.26	0.46	0.47	0.88	0.45	0.78	2.39	1.32
日本	0.00	1.14	1.46	0.00	2.31	1.41	1.32	1.35	1.94	0.96	1.28
印度	0.00	1.14	0.98	2.17	0.00	1.88	0.44	1.35	1.16	1.91	1.13
希腊	0.79	1.14	1.46	1.09	1.39	0.47	0.88	0.00	1.16	2.39	1.08

表 9-72　危机护理医学 C 层人才排名前 20 的国家和地区的占比

单位：%

国家和地区	2012 年	2013 年	2014 年	2015 年	2016 年	2017 年	2018 年	2019 年	2020 年	2021 年	合计
美国	31.07	31.78	29.17	28.54	27.54	24.26	24.02	22.64	19.16	19.01	25.14
英国	8.76	9.44	7.72	8.51	7.56	8.77	8.42	8.89	8.72	9.36	8.60
加拿大	7.11	6.74	6.61	7.08	7.61	7.74	7.49	7.05	5.93	5.65	6.88
法国	5.95	6.28	6.05	6.15	6.30	5.85	6.13	5.43	7.62	6.19	6.23
意大利	2.64	4.09	4.12	3.40	5.46	4.09	5.02	4.40	6.64	6.34	4.78
德国	4.88	4.09	5.34	3.73	5.04	4.63	4.28	4.96	5.06	5.07	4.73
澳大利亚	4.96	4.61	4.93	4.72	5.04	4.92	4.01	4.44	4.24	3.90	4.54
荷兰	4.21	4.26	4.37	4.94	4.25	4.43	4.54	4.87	3.81	4.73	4.44
比利时	2.23	2.94	3.15	2.85	3.36	2.83	3.35	3.29	3.26	3.31	3.11
西班牙	3.31	2.88	2.74	3.18	3.17	3.12	2.73	2.95	3.06	3.02	3.00
中国大陆	2.23	1.90	2.13	2.36	2.75	2.39	2.20	3.63	5.22	2.78	2.87

续表

国家和地区	2012 年	2013 年	2014 年	2015 年	2016 年	2017 年	2018 年	2019 年	2020 年	2021 年	合计
瑞士	2.15	2.48	1.93	2.47	2.15	2.48	2.69	2.39	2.32	2.53	2.37
瑞典	1.74	1.73	2.13	2.52	1.17	2.19	2.20	1.79	1.33	1.56	1.82
巴西	1.16	1.09	1.78	1.37	1.35	2.05	2.07	1.62	1.61	2.05	1.65
日本	1.24	1.84	1.52	1.48	1.73	1.36	2.16	1.75	1.33	1.56	1.61
丹麦	1.40	1.38	0.97	1.70	1.45	2.29	1.72	1.92	1.37	1.51	1.58
奥地利	1.40	1.67	1.37	0.82	1.17	0.73	1.15	1.28	1.10	1.41	1.20
韩国	1.57	0.81	0.76	0.66	0.75	0.73	1.19	1.28	1.06	0.73	0.94
爱尔兰	0.74	0.46	0.66	0.38	0.75	1.32	0.88	1.11	0.90	1.17	0.86
希腊	1.24	0.63	0.86	0.77	0.42	1.27	0.53	0.81	0.75	0.97	0.80

二十五 整形外科学

整形外科学 A、B、C 层人才最多的是美国，分别占该学科全球 A、B、C 层人才的 29.39%、35.03%、34.10%，均遥遥领先于其他国家和地区；英国 A、B、C 层人才的世界占比分别为 12.72%、7.87%、7.46%，均排名第二。

澳大利亚、加拿大、荷兰、瑞典、法国、中国大陆、瑞士的 A 层人才比较多，世界占比在 8%～3%；比利时、德国、丹麦、西班牙、意大利、日本、巴西、芬兰、伊朗、新加坡、挪威也有相当数量的 A 层人才，世界占比超过或接近 1%。

加拿大、澳大利亚、中国大陆、瑞士、荷兰、德国、意大利的 B 层人才比较多，世界占比在 6%～3%；法国、日本、丹麦、瑞典、韩国、比利时、巴西、挪威、西班牙、爱尔兰、中国香港也有相当数量的 B 层人才，世界占比均超过 1%。

中国大陆、德国、加拿大、澳大利亚、日本、荷兰、意大利的 C 层人才比较多，世界占比在 6%～3%；瑞士、法国、韩国、瑞典、丹麦、西班牙、比利时、奥地利、巴西、挪威、中国香港也有相当数量的 C 层人才，世界占比超过或接近 1%。

表 9-73 整形外科学 A 层人才排名前 20 的国家和地区的占比

单位：%

国家和地区	2012 年	2013 年	2014 年	2015 年	2016 年	2017 年	2018 年	2019 年	2020 年	2021 年	合计
美国	41.18	27.78	35.00	42.86	30.43	30.43	33.33	19.23	26.67	18.75	29.39
英国	23.53	11.11	10.00	9.52	8.70	13.04	5.56	15.38	13.33	15.63	12.72
澳大利亚	5.88	0.00	5.00	4.76	17.39	8.70	5.56	7.69	6.67	12.50	7.89
加拿大	5.88	5.56	5.00	9.52	0.00	13.04	0.00	7.69	10.00	6.25	6.58
荷兰	0.00	0.00	5.00	9.52	8.70	0.00	5.56	3.85	3.33	6.25	4.39
瑞典	5.88	11.11	5.00	4.76	0.00	4.35	0.00	3.85	3.33	6.25	4.39
法国	0.00	11.11	5.00	4.76	0.00	8.70	0.00	0.00	3.33	3.13	3.51
中国大陆	0.00	0.00	0.00	0.00	0.00	0.00	5.56	3.85	10.00	6.25	3.07
瑞士	0.00	11.11	0.00	0.00	0.00	4.35	0.00	3.85	6.67	3.13	3.07
比利时	5.88	0.00	0.00	0.00	0.00	0.00	0.00	3.85	6.67	3.13	2.63
德国	0.00	5.56	0.00	0.00	4.35	0.00	11.11	3.85	0.00	0.00	2.63
丹麦	0.00	0.00	5.00	4.76	4.35	0.00	11.11	0.00	0.00	0.00	2.19
西班牙	0.00	0.00	0.00	4.76	0.00	8.70	0.00	3.85	3.33	0.00	2.19
意大利	0.00	0.00	0.00	0.00	8.70	0.00	5.56	0.00	0.00	3.13	2.19
日本	0.00	5.56	0.00	0.00	0.00	0.00	0.00	3.85	0.00	0.00	1.32
巴西	0.00	0.00	0.00	0.00	4.35	4.35	5.56	0.00	0.00	0.00	1.32
芬兰	0.00	5.56	0.00	4.76	0.00	0.00	0.00	3.85	0.00	0.00	1.32
伊朗	0.00	0.00	5.00	0.00	0.00	0.00	0.00	0.00	0.00	3.13	0.88
新加坡	0.00	0.00	0.00	0.00	0.00	8.70	0.00	0.00	0.00	0.00	0.88
挪威	0.00	0.00	0.00	0.00	0.00	0.00	0.00	3.85	0.00	3.13	0.88

表 9-74 整形外科学 B 层人才排名前 20 的国家和地区的占比

单位：%

国家和地区	2012 年	2013 年	2014 年	2015 年	2016 年	2017 年	2018 年	2019 年	2020 年	2021 年	合计
美国	35.44	40.83	46.74	38.50	33.65	42.06	41.07	27.39	23.64	29.50	35.03
英国	8.23	5.33	5.43	7.49	8.65	6.54	6.25	8.30	10.18	10.34	7.87
加拿大	8.23	5.92	5.98	8.02	6.73	4.67	5.36	4.15	4.73	3.83	5.56
澳大利亚	3.16	5.92	5.98	6.42	5.29	7.01	4.91	7.05	2.55	4.98	5.28
中国大陆	1.27	2.37	1.63	3.21	1.92	4.21	3.57	7.47	5.82	8.81	4.38
瑞士	4.43	3.55	2.72	3.74	2.88	1.40	2.23	5.39	5.45	3.45	3.58
荷兰	5.70	3.55	2.72	3.21	4.81	2.34	3.13	4.15	4.00	2.68	3.58
德国	1.27	3.55	2.17	2.14	4.81	3.27	4.02	2.49	5.45	3.45	3.39

国家和地区	2012 年	2013 年	2014 年	2015 年	2016 年	2017 年	2018 年	2019 年	2020 年	2021 年	合计
意大利	2.53	1.18	2.72	2.67	2.40	3.27	3.57	4.56	4.36	3.07	3.16
法国	3.16	1.78	3.26	0.00	2.88	2.80	3.57	3.32	4.00	3.07	2.88
日本	4.43	3.55	1.63	2.67	2.40	1.87	3.13	2.90	1.45	3.07	2.64
丹麦	2.53	2.96	1.63	2.14	3.37	2.80	1.79	1.24	0.73	1.92	2.03
瑞典	1.27	2.37	4.35	1.07	1.44	1.87	1.34	2.49	1.45	0.77	1.79
韩国	1.27	2.96	2.72	0.53	0.48	2.80	1.34	2.07	1.45	1.15	1.65
比利时	0.00	2.37	1.09	1.07	0.96	0.93	2.23	1.24	2.91	2.30	1.60
巴西	0.63	1.18	1.63	1.60	1.92	1.40	0.45	0.83	1.45	3.07	1.46
挪威	1.27	0.59	1.63	1.60	3.37	0.93	1.34	1.66	1.45	0.38	1.41
西班牙	1.27	1.18	1.63	1.60	0.48	0.00	0.45	1.66	1.45	1.15	1.08
爱尔兰	1.27	1.18	0.54	1.60	1.44	1.40	0.45	2.07	0.00	0.77	1.04
中国香港	1.27	0.00	0.00	1.07	1.44	1.40	0.89	0.41	1.82	1.53	1.04

表 9-75　整形外科学 C 层人才排名前 20 的国家和地区的占比

单位：%

国家和地区	2012 年	2013 年	2014 年	2015 年	2016 年	2017 年	2018 年	2019 年	2020 年	2021 年	合计
美国	39.08	35.61	39.03	38.79	35.09	34.97	34.06	33.64	27.95	28.92	34.10
英国	7.79	9.52	6.76	7.93	7.74	6.62	6.43	7.12	8.30	6.83	7.46
中国大陆	3.10	3.58	3.85	4.25	4.86	5.67	5.15	5.87	7.32	9.61	5.64
德国	5.54	5.88	5.47	4.04	5.16	4.29	4.53	5.19	5.19	6.05	5.14
加拿大	3.70	4.82	5.03	5.72	5.51	4.76	4.19	4.40	3.44	4.27	4.54
澳大利亚	4.55	3.58	3.18	4.25	4.12	5.24	5.29	4.65	4.41	3.90	4.34
日本	3.30	2.64	3.85	3.41	3.28	4.29	3.95	3.23	2.91	3.53	3.44
荷兰	3.83	4.70	3.35	3.10	3.23	3.95	3.05	2.85	3.59	3.16	3.44
意大利	4.62	3.29	3.91	2.99	2.43	2.57	2.57	2.72	3.74	4.16	3.29
瑞士	2.71	3.06	2.40	2.31	2.73	3.24	2.29	3.14	3.51	3.79	2.98
法国	2.31	2.64	2.40	2.94	3.13	2.57	2.95	3.02	3.10	2.45	2.77
韩国	3.04	3.23	2.57	2.41	2.28	2.33	3.19	1.80	2.91	2.08	2.55
瑞典	2.38	1.65	2.01	2.36	2.38	1.76	2.48	1.97	2.28	1.45	2.05
丹麦	0.99	1.12	1.95	1.47	1.49	1.91	1.81	1.84	1.57	1.22	1.55
西班牙	1.25	1.94	1.45	1.42	1.29	0.91	1.48	1.55	1.64	1.34	1.43
比利时	1.19	1.06	1.34	1.36	1.54	1.43	1.62	1.17	1.31	1.41	1.35
奥地利	1.06	1.06	1.34	0.94	1.64	0.95	1.38	1.05	1.61	1.08	1.22

续表

国家和地区	2012 年	2013 年	2014 年	2015 年	2016 年	2017 年	2018 年	2019 年	2020 年	2021 年	合计
巴西	1.06	1.12	1.01	1.21	1.24	0.81	1.14	1.68	1.31	0.97	1.16
挪威	0.86	1.23	1.17	0.68	0.84	1.52	1.76	1.59	0.78	0.78	1.12
中国香港	0.40	0.88	0.50	0.79	0.94	0.71	0.67	0.54	1.01	0.89	0.75

二十六 麻醉学

麻醉学 A、B、C 层人才最多的是美国，分别占该学科全球 A、B、C 层人才的 20.20%、19.75%、26.36%，均大幅高于其他国家和地区；英国 A、B、C 层人才的世界占比分别为 16.16%、11.50%、9.85%，均排名第二。

德国、加拿大、丹麦、比利时、荷兰、瑞典、澳大利亚、法国、意大利、西班牙的 A 层人才比较多，世界占比在 8%~3%；其后是中国大陆、挪威、瑞士，A 层人才的世界占比均为 2.02%；中国香港、俄罗斯、新加坡、南非、韩国也有相当数量的 A 层人才，世界占比均为 1.01%。

加拿大、澳大利亚、德国、荷兰、意大利、法国、丹麦、比利时的 B 层人才比较多，世界占比在 8%~3%；西班牙、瑞士、瑞典、中国大陆、挪威、爱尔兰、奥地利、中国香港、印度、新西兰也有相当数量的 B 层人才，世界占比均超过 1%。

加拿大、德国、澳大利亚、中国大陆、荷兰、法国、意大利、丹麦的 C 层人才比较多，世界占比在 8%~3%；比利时、瑞士、西班牙、瑞典、日本、韩国、印度、奥地利、巴西、新西兰也有相当数量的 C 层人才，世界占比超过或接近 1%。

表 9-76　麻醉学 A 层人才排名前 20 的国家和地区的占比

单位：%

国家和地区	2012 年	2013 年	2014 年	2015 年	2016 年	2017 年	2018 年	2019 年	2020 年	2021 年	合计
美国	30.00	60.00	11.11	0.00	23.08	18.18	28.57	7.69	14.29	17.65	20.20
英国	20.00	0.00	22.22	0.00	7.69	9.09	14.29	7.69	21.43	29.41	16.16
德国	0.00	0.00	11.11	0.00	7.69	9.09	14.29	7.69	7.14	5.88	7.07

续表

国家和地区	2012 年	2013 年	2014 年	2015 年	2016 年	2017 年	2018 年	2019 年	2020 年	2021 年	合计
加拿大	0.00	20.00	11.11	0.00	7.69	0.00	0.00	0.00	14.29	11.76	7.07
丹麦	0.00	0.00	0.00	0.00	7.69	9.09	0.00	7.69	7.14	11.76	6.06
比利时	20.00	0.00	0.00	0.00	0.00	9.09	14.29	7.69	0.00	5.88	6.06
荷兰	20.00	20.00	0.00	0.00	0.00	9.09	14.29	7.69	0.00	0.00	6.06
瑞典	10.00	0.00	0.00	0.00	7.69	0.00	0.00	7.69	0.00	5.88	4.04
澳大利亚	0.00	0.00	11.11	0.00	0.00	0.00	0.00	7.69	7.14	5.88	4.04
法国	0.00	0.00	11.11	0.00	7.69	0.00	0.00	7.69	0.00	0.00	3.03
意大利	0.00	0.00	0.00	0.00	7.69	9.09	0.00	7.69	0.00	0.00	3.03
西班牙	0.00	0.00	0.00	0.00	7.69	9.09	0.00	0.00	0.00	5.88	3.03
中国大陆	0.00	0.00	0.00	0.00	0.00	0.00	0.00	0.00	14.29	0.00	2.02
挪威	0.00	0.00	0.00	0.00	7.69	0.00	0.00	7.69	0.00	0.00	2.02
瑞士	0.00	0.00	11.11	0.00	0.00	9.09	0.00	0.00	0.00	0.00	2.02
中国香港	0.00	0.00	11.11	0.00	0.00	0.00	0.00	0.00	0.00	0.00	1.01
俄罗斯	0.00	0.00	0.00	0.00	0.00	9.09	0.00	0.00	0.00	0.00	1.01
新加坡	0.00	0.00	0.00	0.00	0.00	0.00	0.00	0.00	7.14	0.00	1.01
南非	0.00	0.00	0.00	0.00	7.69	0.00	0.00	0.00	0.00	0.00	1.01
韩国	0.00	0.00	0.00	0.00	0.00	0.00	14.29	0.00	0.00	0.00	1.01

表 9-77　麻醉学 B 层人才排名前 20 的国家和地区的占比

单位：%

国家和地区	2012 年	2013 年	2014 年	2015 年	2016 年	2017 年	2018 年	2019 年	2020 年	2021 年	合计
美国	27.37	20.59	13.27	20.37	18.80	28.57	20.34	18.55	17.69	15.29	19.75
英国	17.89	12.75	7.96	9.26	14.53	11.76	11.02	12.10	9.52	10.19	11.50
加拿大	10.53	7.84	7.08	8.33	6.84	7.56	7.63	8.87	10.88	4.46	7.92
澳大利亚	5.26	4.90	2.65	4.63	5.98	2.52	9.32	6.45	8.84	7.01	5.92
德国	6.32	7.84	5.31	8.33	5.13	3.36	3.39	7.26	4.76	7.01	5.83
荷兰	6.32	5.88	5.31	7.41	3.42	2.52	5.08	6.45	3.40	3.18	4.75
意大利	1.05	2.94	4.42	3.70	3.42	4.20	4.24	6.45	5.44	8.28	4.67
法国	2.11	3.92	4.42	4.63	1.71	4.20	4.24	2.42	2.72	5.10	3.58
丹麦	2.11	6.86	4.42	3.70	2.56	5.04	5.08	1.61	0.68	3.82	3.50
比利时	1.05	3.92	7.08	3.70	1.71	2.52	2.54	4.84	0.68	5.10	3.33
西班牙	2.11	2.94	5.31	1.85	2.56	5.04	4.24	0.00	2.04	2.55	2.83

续表

国家和地区	2012 年	2013 年	2014 年	2015 年	2016 年	2017 年	2018 年	2019 年	2020 年	2021 年	合计
瑞士	3.16	3.92	0.88	2.78	1.71	1.68	1.69	0.81	2.04	3.82	2.25
瑞典	1.05	2.94	2.65	4.63	4.27	0.84	0.85	1.61	0.68	2.55	2.17
中国大陆	0.00	1.96	0.88	0.93	0.85	0.00	0.00	2.42	5.44	2.55	1.67
挪威	3.16	0.98	0.88	2.78	1.71	2.52	0.85	0.81	1.36	1.91	1.67
爱尔兰	2.11	0.98	0.88	0.93	0.85	2.52	0.00	4.03	1.36	1.91	1.58
奥地利	1.05	0.98	2.65	0.93	2.56	2.52	1.69	0.81	1.36	0.64	1.50
中国香港	1.05	0.98	1.77	0.00	0.85	0.00	0.85	0.81	3.40	1.27	1.17
印度	0.00	0.00	2.65	0.93	1.71	0.84	0.85	2.42	2.04	0.00	1.17
新西兰	2.11	0.00	0.88	0.93	1.71	0.84	0.85	1.61	2.04	0.64	1.17

表 9-78　麻醉学 C 层人才排名前 20 的国家和地区的占比

单位：%

国家和地区	2012 年	2013 年	2014 年	2015 年	2016 年	2017 年	2018 年	2019 年	2020 年	2021 年	合计
美国	28.08	30.49	29.98	25.58	26.40	26.26	24.60	24.09	27.30	22.70	26.36
英国	9.83	9.65	8.42	11.33	9.30	8.81	10.07	10.72	10.31	9.93	9.85
加拿大	7.45	7.39	6.97	7.12	9.39	7.44	9.63	8.94	6.69	6.03	7.67
德国	7.34	6.67	6.25	6.62	5.96	5.82	5.17	5.28	4.94	4.54	5.75
澳大利亚	5.40	5.13	4.53	4.21	4.56	5.05	4.99	4.27	5.01	4.82	4.79
中国大陆	2.38	2.98	3.71	4.31	4.39	4.62	3.12	3.26	4.87	5.32	3.99
荷兰	3.13	3.29	3.99	3.91	3.25	3.85	4.46	3.73	3.48	3.76	3.69
法国	5.29	3.39	4.35	3.11	2.89	3.51	3.48	3.11	3.69	3.97	3.66
意大利	3.13	3.18	3.08	3.81	2.63	2.74	3.48	3.26	3.76	3.83	3.31
丹麦	3.35	2.98	3.71	4.31	4.12	3.25	3.12	3.03	2.23	2.62	3.22
比利时	2.16	2.26	2.45	3.11	1.93	3.08	3.21	3.50	2.37	2.84	2.71
瑞士	2.48	1.75	1.36	1.81	2.11	2.40	2.58	2.56	2.72	3.26	2.35
西班牙	1.40	1.64	1.63	2.71	2.11	1.80	2.32	2.25	1.81	2.41	2.02
瑞典	2.05	1.54	1.36	2.21	1.93	2.14	1.78	2.18	1.46	2.13	1.88
日本	1.30	2.05	2.08	1.30	1.67	1.63	1.16	1.63	1.39	1.21	1.53
韩国	1.94	1.54	1.09	1.20	2.02	1.97	1.87	2.02	0.97	0.85	1.52
印度	0.65	0.62	1.45	0.80	1.23	0.86	0.89	0.93	1.67	1.99	1.16
奥地利	1.19	0.92	1.00	1.40	1.14	0.94	1.78	1.17	0.91	1.06	1.14
巴西	0.97	1.23	0.54	1.10	1.32	1.11	0.89	0.62	0.97	0.92	0.96
新西兰	0.76	0.82	0.54	1.40	0.53	1.63	0.89	0.93	0.97	1.06	0.96

二十七 肿瘤学

肿瘤学 A、B、C 层人才最多的是美国，分别占该学科全球 A、B、C 层人才的 16.91%、21.27%、25.93%，均大幅高于其他国家和地区。

法国、英国、德国、加拿大、西班牙、澳大利亚、意大利、日本、荷兰、韩国的 A 层人才比较多，世界占比在 8%~3%；中国大陆、比利时、俄罗斯、波兰、瑞士、以色列、巴西、瑞典、丹麦也有相当数量的 A 层人才，世界占比均超过 1%。

英国、德国、法国、意大利、加拿大、西班牙、中国大陆、澳大利亚、荷兰、瑞士的 B 层人才比较多，世界占比在 8%~3%；日本、比利时、韩国、丹麦、波兰、瑞典、奥地利、以色列、俄罗斯也有相当数量的 B 层人才，世界占比均超过 1%。

中国大陆 C 层人才的世界占比为 12.31%，排名第二；英国、意大利、德国、法国、加拿大、日本、荷兰的 C 层人才比较多，世界占比在 6%~3%；西班牙、澳大利亚、瑞士、韩国、比利时、瑞典、丹麦、中国台湾、奥地利、波兰、印度也有相当数量的 C 层人才，世界占比超过或接近 1%。

表 9-79 肿瘤学 A 层人才排名前 20 的国家和地区的占比

单位：%

国家和地区	2012 年	2013 年	2014 年	2015 年	2016 年	2017 年	2018 年	2019 年	2020 年	2021 年	合计
美国	23.23	17.82	23.21	19.05	17.05	13.77	15.11	13.73	15.19	15.57	16.91
法国	9.09	5.94	6.25	8.57	8.53	4.35	9.35	7.19	7.59	8.38	7.53
英国	8.08	6.93	7.14	5.71	6.98	4.35	5.76	6.54	6.33	5.39	6.23
德国	6.06	4.95	6.25	5.71	7.75	5.80	5.76	5.88	3.80	7.19	5.92
加拿大	8.08	7.92	6.25	6.67	3.88	2.90	3.60	3.92	6.33	5.39	5.30
西班牙	3.03	2.97	4.46	7.62	6.98	5.80	5.04	5.23	6.33	4.79	5.30
澳大利亚	4.04	7.92	4.46	5.71	4.65	3.62	5.76	4.58	5.06	5.99	5.15
意大利	4.04	5.94	5.36	5.71	5.43	5.07	3.60	3.92	3.16	5.39	4.84
日本	1.01	4.95	3.57	2.86	3.10	5.07	6.47	4.58	7.59	4.19	4.53
荷兰	5.05	1.98	1.79	3.81	3.88	4.35	2.16	2.61	3.16	3.59	3.23
韩国	2.02	1.98	4.46	0.95	2.33	4.35	4.32	2.61	6.96	0.60	3.15

续表

国家和地区	2012 年	2013 年	2014 年	2015 年	2016 年	2017 年	2018 年	2019 年	2020 年	2021 年	合计
中国大陆	0.00	0.99	1.79	0.00	1.55	3.62	3.60	3.27	6.96	3.59	2.84
比利时	1.01	4.95	4.46	0.95	3.88	1.45	1.44	1.96	2.53	3.59	2.61
俄罗斯	5.05	3.96	3.57	2.86	0.78	1.45	2.88	1.96	1.27	0.60	2.23
波兰	4.04	0.99	0.89	3.81	0.78	1.45	2.16	2.61	0.00	3.59	2.00
瑞士	5.05	0.99	2.68	1.90	2.33	0.72	0.72	3.92	0.63	1.80	2.00
以色列	0.00	0.00	0.89	0.95	3.10	0.72	1.44	1.96	2.53	1.80	1.46
巴西	1.01	0.99	0.00	1.90	1.55	1.45	2.88	2.61	0.00	1.80	1.46
瑞典	0.00	1.98	2.68	1.90	0.78	0.72	1.44	0.00	1.90	1.80	1.31
丹麦	1.01	0.99	1.79	2.86	2.33	0.00	1.44	0.65	1.27	0.60	1.23

表 9-80　肿瘤学 B 层人才排名前 20 的国家和地区的占比

单位：%

国家和地区	2012 年	2013 年	2014 年	2015 年	2016 年	2017 年	2018 年	2019 年	2020 年	2021 年	合计
美国	25.20	26.75	22.06	21.66	25.59	21.91	21.29	19.83	16.57	16.64	21.27
英国	8.17	8.41	7.51	8.63	7.66	6.55	6.02	6.75	7.61	5.85	7.21
德国	7.28	5.68	6.45	6.13	6.79	6.87	5.94	5.66	5.39	5.50	6.11
法国	5.26	5.90	5.78	6.21	6.09	6.95	6.17	5.23	6.26	6.13	6.02
意大利	4.59	5.57	5.78	5.00	4.53	5.17	5.87	5.52	5.12	5.22	5.25
加拿大	5.15	4.80	4.62	4.31	4.70	5.58	4.67	4.58	5.05	3.06	4.62
西班牙	4.14	3.93	3.85	3.80	3.57	4.85	4.59	4.50	5.52	5.43	4.50
中国大陆	1.90	3.38	4.24	3.54	3.05	3.80	3.24	6.90	6.73	4.67	4.33
澳大利亚	4.48	3.28	3.66	4.40	4.00	3.88	3.84	4.36	4.51	3.13	3.96
荷兰	3.02	2.84	3.85	3.28	3.39	3.64	3.46	3.85	2.83	2.44	3.25
瑞士	2.58	3.17	2.79	3.19	3.13	3.64	2.48	3.20	2.83	2.92	3.00
日本	2.02	3.06	2.12	3.88	2.09	2.26	3.01	2.61	3.50	3.62	2.87
比利时	2.69	2.73	3.56	2.93	2.61	2.75	2.18	2.47	2.83	2.16	2.66
韩国	1.57	1.75	1.93	2.33	2.26	2.75	2.71	2.83	3.64	2.86	2.55
丹麦	2.35	1.20	1.54	1.04	1.83	0.97	1.28	1.82	1.35	1.60	1.48
波兰	1.79	1.64	1.54	0.95	0.78	1.62	1.28	1.16	1.55	1.81	1.41
瑞典	1.57	1.53	1.64	1.47	1.57	1.78	1.43	0.94	1.21	0.70	1.35
奥地利	1.23	1.20	1.06	1.38	1.74	1.21	1.50	1.53	0.81	1.32	1.30
以色列	1.34	0.98	0.77	1.21	0.96	0.73	1.13	1.89	1.14	1.32	1.16
俄罗斯	0.90	0.98	1.25	0.78	0.78	0.73	0.75	1.23	1.55	2.02	1.13

表 9-81　肿瘤学 C 层人才排名前 20 的国家和地区的占比

单位：%

国家和地区	2012 年	2013 年	2014 年	2015 年	2016 年	2017 年	2018 年	2019 年	2020 年	2021 年	合计
美国	31.06	29.76	30.36	27.95	27.02	26.50	25.51	24.05	21.26	21.01	25.93
中国大陆	6.26	7.76	10.07	11.07	12.77	13.40	14.45	15.64	13.81	13.67	12.31
英国	6.37	6.38	6.45	6.39	5.79	5.86	5.58	5.17	5.83	5.88	5.92
意大利	5.49	4.59	5.07	5.33	5.15	5.09	4.66	5.59	6.30	6.35	5.42
德国	5.80	6.08	5.49	5.13	5.55	5.21	5.19	4.95	5.03	5.36	5.33
法国	4.92	4.58	4.43	4.04	4.25	4.49	4.36	4.50	4.80	4.48	4.48
加拿大	4.41	4.24	3.66	3.98	3.82	4.15	3.75	3.61	3.69	3.50	3.85
日本	3.74	3.61	3.17	3.40	3.89	3.58	3.43	3.68	3.30	3.02	3.46
荷兰	3.97	3.56	3.18	3.58	3.00	3.14	3.33	3.03	3.32	3.12	3.29
西班牙	2.47	2.33	2.75	2.76	2.66	2.76	3.13	3.10	3.43	3.55	2.95
澳大利亚	3.06	3.11	3.03	2.91	3.04	2.85	2.91	2.45	2.87	2.80	2.88
瑞士	2.18	1.93	1.96	1.93	2.10	2.13	2.12	2.21	2.07	2.33	2.11
韩国	1.93	1.87	1.89	1.73	1.88	1.94	1.92	2.33	1.86	1.91	1.93
比利时	1.96	2.10	1.91	1.80	1.89	1.79	1.72	1.86	1.82	1.87	1.86
瑞典	1.82	1.74	1.59	1.52	1.69	1.51	1.44	1.23	1.30	1.44	1.50
丹麦	1.21	1.51	1.31	1.31	1.06	1.11	1.31	1.02	1.17	0.99	1.18
中国台湾	1.11	1.18	0.97	1.19	1.21	1.01	0.88	1.14	1.02	0.98	1.06
奥地利	0.94	1.29	0.99	1.02	1.02	1.08	1.18	1.03	1.04	0.92	1.05
波兰	0.77	0.72	0.72	0.79	0.75	0.92	0.81	0.73	0.93	1.10	0.84
印度	0.67	0.73	0.60	0.82	0.79	0.64	0.97	0.79	0.72	1.27	0.82

二十八　康复医学

康复医学 A、B、C 层人才最多的是美国，分别占全球的 25.77%、26.57%、28.60%，均大幅高于其他国家和地区。

英国 A 层人才的世界占比为 12.88%，排名第二；加拿大、荷兰、澳大利亚、意大利、德国、法国的 A 层人才比较多，世界占比在 8%~3%；瑞士、比利时、奥地利、丹麦、西班牙、巴西、中国大陆、爱尔兰、沙特阿拉伯、新西兰、以色列、挪威也有相当数量的 A 层人才，世界占比均超过 1%。

澳大利亚、英国 B 层人才的世界占比分别为 9.48%、9.15%，分列第二、三位；加拿大、荷兰、意大利、德国、中国大陆的 B 层人才比较多，世界占比在 8%~3%；西班牙、比利时、瑞士、巴西、法国、韩国、丹麦、爱尔兰、瑞典、新加坡、以色列、新西兰也有相当数量的 B 层人才，世界占比超过或接近 1%。

澳大利亚、英国 C 层人才的世界占比分别为 9.27%、8.12%，分列第二、三位；加拿大、荷兰、意大利的 C 层人才比较多，世界占比在 8%~4%；中国大陆、德国、西班牙、巴西、瑞典、比利时、瑞士、韩国、法国、丹麦、新西兰、爱尔兰、挪威、中国台湾也有相当数量的 C 层人才，世界占比均超过 1%。

表 9-82 康复医学 A 层人才排名前 20 的国家和地区的占比

单位：%

国家和地区	2012 年	2013 年	2014 年	2015 年	2016 年	2017 年	2018 年	2019 年	2020 年	2021 年	合计
美国	57.14	53.85	12.50	20.00	20.00	40.00	18.75	9.52	31.58	10.53	25.77
英国	7.14	7.69	18.75	0.00	6.67	20.00	6.25	14.29	15.79	26.32	12.88
加拿大	14.29	7.69	6.25	0.00	13.33	0.00	12.50	9.52	10.53	5.26	7.98
荷兰	0.00	0.00	6.25	20.00	13.33	6.67	6.25	9.52	5.26	0.00	6.75
澳大利亚	0.00	0.00	6.25	6.67	6.67	6.67	6.25	4.76	10.53	10.53	6.13
意大利	0.00	7.69	6.25	6.67	0.00	6.67	6.25	4.76	5.26	5.26	4.91
德国	7.14	0.00	18.75	6.67	6.67	0.00	0.00	4.76	0.00	0.00	4.29
法国	0.00	0.00	6.25	6.67	6.67	0.00	6.25	4.76	0.00	5.26	3.68
瑞士	0.00	0.00	0.00	6.67	0.00	0.00	0.00	4.76	10.53	0.00	2.45
比利时	0.00	0.00	0.00	6.67	0.00	0.00	0.00	0.00	5.26	5.26	1.84
奥地利	0.00	7.69	6.25	0.00	0.00	0.00	0.00	0.00	0.00	5.26	1.84
丹麦	7.14	0.00	0.00	0.00	6.67	0.00	6.25	0.00	0.00	0.00	1.84
西班牙	0.00	0.00	0.00	0.00	0.00	6.67	6.25	0.00	0.00	5.26	1.84
巴西	0.00	0.00	0.00	0.00	0.00	0.00	0.00	9.52	0.00	0.00	1.23
中国大陆	0.00	0.00	0.00	0.00	0.00	13.33	0.00	0.00	0.00	0.00	1.23
爱尔兰	0.00	7.69	0.00	6.67	0.00	0.00	0.00	0.00	0.00	0.00	1.23
沙特阿拉伯	0.00	0.00	0.00	0.00	6.67	0.00	0.00	0.00	0.00	5.26	1.23
新西兰	0.00	7.69	0.00	0.00	6.67	0.00	0.00	0.00	0.00	0.00	1.23
以色列	0.00	0.00	0.00	0.00	0.00	0.00	0.00	9.52	0.00	0.00	1.23
挪威	0.00	0.00	0.00	0.00	0.00	0.00	6.25	4.76	0.00	0.00	1.23

表 9-83　康复医学 B 层人才排名前 20 的国家和地区的占比

单位：%

国家和地区	2012 年	2013 年	2014 年	2015 年	2016 年	2017 年	2018 年	2019 年	2020 年	2021 年	合计
美国	40.32	38.10	36.73	32.33	20.41	27.22	21.43	18.62	18.97	20.00	26.57
澳大利亚	8.87	7.14	10.88	12.03	9.52	12.66	12.70	9.57	4.02	8.57	9.48
英国	7.26	9.52	7.48	9.77	12.24	7.59	10.32	6.91	10.34	10.29	9.15
加拿大	8.87	12.70	6.80	6.77	7.48	10.76	4.76	5.32	6.90	6.86	7.61
荷兰	4.84	4.76	5.44	3.76	7.48	5.06	3.17	5.85	6.90	3.43	5.14
意大利	0.81	3.17	2.72	2.26	2.04	3.80	1.59	5.32	10.92	8.00	4.41
德国	4.84	0.79	4.76	3.76	4.76	2.53	6.35	4.79	4.60	2.29	3.94
中国大陆	4.03	1.59	1.36	0.75	2.72	3.16	3.17	6.38	5.17	4.57	3.47
西班牙	1.61	1.59	2.04	2.26	2.72	0.63	1.59	4.79	2.87	4.00	2.54
比利时	0.00	1.59	0.68	3.01	4.08	2.53	1.59	3.19	2.87	2.29	2.27
瑞士	4.03	0.00	0.68	3.01	0.00	1.90	3.97	3.19	2.30	2.29	2.14
巴西	1.61	1.59	2.72	3.01	1.36	3.16	0.00	3.19	1.72	1.71	2.07
法国	0.00	0.79	0.00	2.26	5.44	3.16	1.59	1.60	2.30	2.29	2.00
韩国	0.00	4.76	2.04	2.26	0.68	1.27	3.17	0.53	1.15	1.14	1.60
丹麦	1.61	0.00	2.04	0.00	2.72	1.90	0.79	2.66	1.15	1.14	1.47
爱尔兰	0.00	1.59	0.68	2.26	2.04	1.27	2.38	0.53	1.72	2.29	1.47
瑞典	1.61	0.00	0.68	3.01	0.68	0.63	2.38	2.13	0.00	1.71	1.27
新加坡	0.00	1.59	0.00	0.75	0.00	1.27	2.38	3.19	1.15	1.71	1.27
以色列	0.81	1.59	2.72	1.50	0.68	0.00	0.00	0.53	0.00	1.14	0.87
新西兰	1.61	0.00	0.68	0.75	1.36	1.27	0.00	1.06	1.15	0.00	0.80

表 9-84　康复医学 C 层人才排名前 20 的国家和地区的占比

单位：%

国家和地区	2012 年	2013 年	2014 年	2015 年	2016 年	2017 年	2018 年	2019 年	2020 年	2021 年	合计
美国	35.32	30.71	32.76	31.26	28.48	27.47	26.99	25.10	25.55	25.07	28.60
澳大利亚	7.70	9.52	9.12	9.56	10.34	10.34	9.26	10.43	8.38	7.73	9.27
英国	7.78	8.61	7.81	8.04	7.31	8.66	9.12	8.03	8.61	7.18	8.12
加拿大	7.62	8.44	8.29	7.66	7.86	7.66	6.78	7.86	8.20	7.18	7.76
荷兰	4.92	5.63	3.98	3.72	4.55	3.96	4.60	4.18	4.48	3.80	4.35
意大利	3.81	4.39	3.15	3.34	3.66	4.03	3.50	3.90	6.08	5.52	4.18
中国大陆	0.87	1.82	1.10	1.21	1.79	3.69	2.77	3.68	4.37	3.73	2.61

国家和地区	2012 年	2013 年	2014 年	2015 年	2016 年	2017 年	2018 年	2019 年	2020 年	2021 年	合计
德国	3.17	2.15	2.88	3.03	2.90	2.89	2.12	2.57	1.71	2.49	2.57
西班牙	1.98	2.40	2.54	2.20	2.62	2.08	2.55	3.40	2.36	2.90	2.53
巴西	1.67	1.82	2.26	2.43	1.86	2.62	2.99	2.84	3.01	1.80	2.37
瑞典	3.02	2.07	1.92	2.43	2.48	1.81	1.90	2.73	1.30	2.14	2.17
比利时	1.90	2.48	2.26	2.43	2.41	1.95	1.82	2.40	1.83	1.52	2.10
瑞士	1.90	1.49	1.51	0.99	2.14	2.28	1.97	2.01	1.30	2.28	1.79
韩国	1.67	1.66	2.33	1.97	2.14	1.41	1.82	1.39	1.83	1.66	1.78
法国	1.19	0.83	1.23	1.59	1.86	1.68	1.24	1.39	0.94	1.80	1.38
丹麦	1.83	0.91	0.62	1.21	1.86	1.21	1.53	1.51	1.30	1.66	1.37
新西兰	2.06	1.16	1.51	0.61	0.90	1.28	1.02	1.23	0.83	1.17	1.17
爱尔兰	1.27	0.83	1.17	1.29	1.10	1.01	1.75	1.12	1.00	1.10	1.16
挪威	1.90	0.99	1.10	1.06	0.90	1.07	0.95	0.73	1.71	1.17	1.15
中国台湾	0.71	1.57	1.03	0.99	1.52	1.34	0.73	1.00	0.71	1.10	1.06

二十九 医学信息学

医学信息学 A、B、C 层人才最多的是美国，分别占该学科全球 A、B、C 层人才的 31.71%、23.49%、25.87%，均大幅高于其他国家和地区；英国 A、B、C 层人才的世界占比分别为 15.85%、12.41%、9.15%，均排名第二。

加拿大、荷兰的 A 层人才比较多，世界占比分别为 10.98%、7.32%；澳大利亚、新加坡的 A 层人才世界占比均为 3.66%；比利时、印度、挪威、瑞典、瑞士的 A 层人才世界占比均为 2.44%，巴西、中国大陆、芬兰、德国、中国香港、匈牙利也有相当数量的 A 层人才，世界占比均为 1.22%。

加拿大、中国大陆、澳大利亚、德国、荷兰的 B 层人才比较多，世界占比在 8%~3%；西班牙、意大利、瑞士、中国香港、沙特阿拉伯、瑞典、新加坡、法国、韩国、比利时、印度、以色列、巴基斯坦也有相当数量的 B 层人才，世界占比均超过 1%。

中国大陆、澳大利亚、加拿大、德国、荷兰的 C 层人才比较多，世界占比在9%~3%；印度、西班牙、意大利、韩国、法国、瑞士、新加坡、中国台湾、中国香港、瑞典、伊朗、挪威、沙特阿拉伯也有相当数量的C层人才，世界占比均超过1%。

表9-85 医学信息学A层人才的国家和地区的占比

单位：%

国家和地区	2012年	2013年	2014年	2015年	2016年	2017年	2018年	2019年	2020年	2021年	合计
美国	20.00	28.57	14.29	42.86	14.29	25.00	50.00	36.36	50.00	25.00	31.71
英国	20.00	42.86	0.00	0.00	14.29	37.50	12.50	27.27	0.00	8.33	15.85
加拿大	20.00	0.00	28.57	14.29	14.29	12.50	0.00	0.00	10.00	16.67	10.98
荷兰	20.00	14.29	14.29	0.00	14.29	0.00	0.00	9.09	10.00	0.00	7.32
澳大利亚	0.00	14.29	0.00	14.29	0.00	0.00	0.00	9.09	0.00	0.00	3.66
新加坡	0.00	0.00	14.29	0.00	0.00	12.50	12.50	0.00	0.00	0.00	3.66
比利时	0.00	0.00	0.00	14.29	14.29	0.00	0.00	0.00	0.00	0.00	2.44
印度	0.00	0.00	0.00	0.00	0.00	0.00	0.00	0.00	0.00	8.33	2.44
挪威	0.00	0.00	0.00	0.00	0.00	0.00	0.00	0.00	0.00	8.33	2.44
瑞典	0.00	0.00	0.00	0.00	0.00	0.00	0.00	0.00	0.00	8.33	2.44
瑞士	0.00	0.00	0.00	14.29	0.00	0.00	0.00	9.09	0.00	0.00	2.44
巴西	0.00	0.00	0.00	0.00	14.29	0.00	0.00	0.00	0.00	0.00	1.22
中国大陆	0.00	0.00	0.00	0.00	14.29	0.00	0.00	0.00	0.00	0.00	1.22
芬兰	0.00	0.00	14.29	0.00	0.00	0.00	0.00	0.00	0.00	0.00	1.22
德国	0.00	0.00	0.00	0.00	0.00	0.00	0.00	9.09	0.00	0.00	1.22
中国香港	0.00	0.00	0.00	0.00	0.00	0.00	12.50	0.00	0.00	0.00	1.22
匈牙利	0.00	0.00	0.00	0.00	0.00	0.00	0.00	0.00	0.00	8.33	1.22

表9-86 医学信息学B层人才排名前20的国家和地区的占比

单位：%

国家和地区	2012年	2013年	2014年	2015年	2016年	2017年	2018年	2019年	2020年	2021年	合计
美国	32.65	24.24	32.35	32.84	25.68	17.28	24.00	27.10	17.69	14.16	23.49
英国	20.41	18.18	8.82	8.96	14.86	18.52	13.33	9.35	8.46	10.62	12.41
加拿大	12.24	13.64	8.82	1.49	12.16	3.70	6.67	5.61	7.69	4.42	7.23
中国大陆	0.00	1.52	4.41	4.48	2.70	12.35	10.67	5.61	4.62	7.08	5.66
澳大利亚	6.12	3.03	7.35	5.97	10.81	7.41	2.67	5.61	2.31	5.31	5.42
德国	2.04	3.03	4.41	2.99	1.35	6.17	1.33	3.74	3.85	5.31	3.61

国家和地区	2012 年	2013 年	2014 年	2015 年	2016 年	2017 年	2018 年	2019 年	2020 年	2021 年	合计
荷兰	2.04	7.58	4.41	2.99	0.00	7.41	1.33	1.87	2.31	3.54	3.25
西班牙	0.00	3.03	1.47	5.97	2.70	3.70	2.67	1.87	1.54	2.65	2.53
意大利	0.00	1.52	4.41	4.48	1.35	0.00	1.33	1.87	4.62	1.77	2.29
瑞士	0.00	1.52	0.00	2.99	2.70	2.47	0.00	2.80	1.54	3.54	1.93
中国香港	0.00	0.00	0.00	5.97	1.35	1.23	0.00	1.87	1.54	3.54	1.69
沙特阿拉伯	2.04	0.00	1.47	1.49	1.35	0.00	1.33	1.87	3.08	1.77	1.57
瑞典	0.00	0.00	0.00	1.49	0.00	3.70	1.33	3.74	0.77	2.65	1.57
新加坡	0.00	0.00	0.00	0.00	0.00	0.00	1.33	5.61	0.77	3.54	1.45
法国	2.04	3.03	1.47	0.00	2.70	1.23	0.00	0.00	1.54	2.65	1.45
韩国	4.08	0.00	0.00	2.99	1.35	0.00	4.00	0.00	1.54	1.77	1.45
比利时	2.04	0.00	2.94	1.49	0.00	0.00	0.00	1.87	1.54	1.77	1.20
印度	2.04	0.00	5.88	0.00	0.00	1.23	2.67	0.00	1.54	0.00	1.20
以色列	2.04	4.55	1.47	0.00	0.00	0.00	0.00	1.87	1.54	0.88	1.20
巴基斯坦	0.00	0.00	0.00	0.00	0.00	0.00	1.33	1.87	3.85	1.77	1.20

表 9-87 医学信息学 C 层人才排名前 20 的国家和地区的占比

单位：%

国家和地区	2012 年	2013 年	2014 年	2015 年	2016 年	2017 年	2018 年	2019 年	2020 年	2021 年	合计
美国	29.40	32.07	29.31	31.05	28.57	27.14	23.87	22.90	21.59	21.69	25.87
英国	10.67	10.79	9.82	9.81	7.82	8.71	8.67	9.57	8.89	8.11	9.15
中国大陆	5.24	3.21	4.08	3.71	6.60	8.71	8.93	8.99	12.86	11.10	8.09
澳大利亚	4.68	4.96	6.04	7.88	5.26	6.27	5.87	5.31	5.16	5.21	5.61
加拿大	6.93	5.10	6.19	5.05	4.04	5.12	4.80	4.93	4.21	4.18	4.90
德国	3.75	5.69	3.63	4.75	2.16	3.59	3.47	3.48	3.02	4.18	3.71
荷兰	4.49	6.12	4.38	3.42	3.64	2.94	3.87	3.09	2.38	2.56	3.48
印度	1.31	1.31	1.96	1.78	3.50	3.71	4.13	4.44	2.14	2.05	2.70
西班牙	3.18	2.48	1.96	3.42	2.56	2.56	2.80	2.90	2.30	1.79	2.53
意大利	1.69	2.92	2.11	2.67	2.70	2.43	1.33	1.64	2.62	2.73	2.31
韩国	2.06	0.73	2.27	1.34	3.50	1.02	1.73	1.93	1.90	1.62	1.81
法国	2.25	2.04	2.11	1.63	1.35	1.54	1.73	1.93	1.51	1.71	1.75
瑞士	1.12	1.90	1.51	1.78	0.81	2.18	1.20	1.64	1.75	2.05	1.64

续表

国家和地区	2012 年	2013 年	2014 年	2015 年	2016 年	2017 年	2018 年	2019 年	2020 年	2021 年	合计
新加坡	1.50	0.73	1.36	0.89	1.35	0.77	0.67	1.84	2.06	2.39	1.47
中国台湾	2.43	1.31	1.81	1.49	1.08	0.90	1.07	0.97	1.83	1.11	1.36
中国香港	1.50	0.44	1.06	0.59	0.94	1.28	1.33	1.26	1.51	1.88	1.24
瑞典	0.75	2.33	0.91	0.89	1.48	1.79	2.00	0.87	0.87	0.94	1.24
伊朗	0.94	0.73	1.21	1.19	0.67	1.66	1.20	1.16	1.51	1.37	1.21
挪威	1.31	1.75	1.21	0.89	1.62	1.02	1.07	0.68	1.27	1.37	1.21
沙特阿拉伯	0.75	0.58	0.91	0.89	1.75	1.02	0.80	1.16	2.30	0.77	1.17

三十 神经影像学

神经影像学 A、B、C 层人才最多的是美国，分别占该学科全球 A、B、C 层人才的 34.21%、28.73%、28.86%，均大幅高于其他国家和地区。

英国 A 层人才的世界占比为 26.32%，排名第二，与美国合计集中了超过全球 60% 的 A 层人才；瑞士 A 层人才的世界占比为 10.53%，排名第三；比利时、中国大陆、法国的 A 层人才比较多，世界占比均为 5.26%；澳大利亚、德国、意大利、荷兰、中国台湾也有相当数量的 A 层人才，世界占比均为 2.63%。

英国、德国 B 层人才的世界占比分别为 13.82%、9.65%，分列第二、三位；加拿大、法国、澳大利亚、荷兰、意大利的 B 层人才比较多，世界占比在 6%~3%；中国大陆、西班牙、丹麦、挪威、瑞士、比利时、瑞典、巴西、新加坡、韩国、奥地利、芬兰也有相当数量的 B 层人才，世界占比超过或接近 1%。

英国、德国分列第二、三位，C 层人才的世界占比分别为 10.86%、9.47%；加拿大、荷兰、中国大陆、法国、瑞士、意大利、澳大利亚的 C 层人才比较多，世界占比在 6%~3%；西班牙、丹麦、瑞典、比利时、韩国、日本、奥地利、挪威、芬兰、爱尔兰也有相当数量的 C 层人才，世界占比超过或接近 1%。

表 9-88　神经影像学 A 层人才的国家和地区的占比

单位：%

国家和地区	2012 年	2013 年	2014 年	2015 年	2016 年	2017 年	2018 年	2019 年	2020 年	2021 年	合计
美国	66.67	50.00	50.00	33.33	33.33	25.00	20.00	25.00	16.67	50.00	34.21
英国	33.33	50.00	25.00	33.33	33.33	25.00	20.00	25.00	16.67	0.00	26.32
瑞士	0.00	0.00	25.00	0.00	0.00	25.00	40.00	0.00	0.00	0.00	10.53
比利时	0.00	0.00	0.00	0.00	33.33	0.00	0.00	25.00	0.00	0.00	5.26
中国大陆	0.00	0.00	0.00	0.00	0.00	0.00	0.00	0.00	33.33	0.00	5.26
法国	0.00	0.00	0.00	0.00	0.00	0.00	0.00	0.00	16.67	50.00	5.26
澳大利亚	0.00	0.00	0.00	0.00	0.00	0.00	0.00	25.00	0.00	0.00	2.63
德国	0.00	0.00	0.00	0.00	0.00	25.00	0.00	0.00	0.00	0.00	2.63
意大利	0.00	0.00	0.00	0.00	0.00	0.00	20.00	0.00	0.00	0.00	2.63
荷兰	0.00	0.00	0.00	33.33	0.00	0.00	0.00	0.00	0.00	0.00	2.63
中国台湾	0.00	0.00	0.00	0.00	0.00	0.00	0.00	0.00	16.67	0.00	2.63

表 9-89　神经影像学 B 层人才排名前 20 的国家和地区的占比

单位：%

国家和地区	2012 年	2013 年	2014 年	2015 年	2016 年	2017 年	2018 年	2019 年	2020 年	2021 年	合计
美国	42.86	34.29	33.33	24.39	17.39	31.11	30.61	22.41	39.29	20.31	28.73
英国	11.43	20.00	11.11	7.32	23.91	8.89	14.29	12.07	8.93	18.75	13.82
德国	22.86	8.57	11.11	12.20	10.87	6.67	8.16	6.90	7.14	7.81	9.65
加拿大	2.86	5.71	0.00	4.88	4.35	11.11	8.16	6.90	3.57	6.25	5.70
法国	0.00	0.00	3.70	12.20	2.17	11.11	2.04	6.90	7.14	3.13	5.04
澳大利亚	5.71	5.71	3.70	0.00	2.17	4.44	8.16	6.90	3.57	4.69	4.61
荷兰	2.86	8.57	7.41	7.32	2.17	8.89	0.00	6.90	1.79	3.13	4.61
意大利	5.71	5.71	7.41	4.88	4.35	2.22	2.04	5.17	3.57	1.56	3.95
中国大陆	2.86	2.86	3.70	0.00	0.00	4.44	6.12	0.00	7.14	0.00	2.63
西班牙	0.00	0.00	0.00	4.88	4.35	2.22	4.08	3.45	0.00	3.13	2.41
丹麦	0.00	0.00	0.00	4.88	2.17	0.00	2.04	3.45	1.79	0.00	1.54
挪威	0.00	2.86	3.70	0.00	2.17	0.00	0.00	1.72	0.00	4.69	1.54
瑞士	0.00	0.00	0.00	2.44	6.52	0.00	0.00	1.72	1.79	1.56	1.54
比利时	0.00	2.86	3.70	0.00	0.00	0.00	2.04	0.00	1.79	3.13	1.32
瑞典	0.00	0.00	0.00	0.00	4.35	0.00	2.04	3.45	0.00	1.56	1.32
巴西	0.00	0.00	0.00	0.00	2.17	0.00	4.08	0.00	1.79	1.56	1.10
新加坡	0.00	0.00	0.00	0.00	0.00	2.22	0.00	1.72	3.57	1.56	1.10

国家和地区	2012 年	2013 年	2014 年	2015 年	2016 年	2017 年	2018 年	2019 年	2020 年	2021 年	合计
韩国	0.00	0.00	7.41	2.44	2.17	0.00	2.04	0.00	0.00	0.00	1.10
奥地利	2.86	0.00	0.00	0.00	0.00	2.22	0.00	0.00	1.79	1.56	0.88
芬兰	0.00	2.86	3.70	4.88	0.00	0.00	0.00	0.00	0.00	0.00	0.88

表 9-90　神经影像学 C 层人才排名前 20 的国家和地区的占比

单位：%

国家和地区	2012 年	2013 年	2014 年	2015 年	2016 年	2017 年	2018 年	2019 年	2020 年	2021 年	合计
美国	34.97	36.62	30.29	30.73	28.09	30.09	31.03	25.30	22.74	24.37	28.86
英国	15.32	9.09	12.74	10.08	12.36	10.18	9.94	12.22	9.21	8.70	10.86
德国	10.12	11.36	9.38	10.33	10.56	10.18	8.32	9.17	9.03	7.35	9.47
加拿大	3.47	5.05	4.81	4.28	3.82	5.43	6.90	6.79	6.86	5.03	5.40
荷兰	6.07	5.56	5.53	4.79	5.17	4.52	5.48	5.09	4.51	4.06	5.03
中国大陆	3.47	2.78	2.88	4.79	4.72	3.85	5.88	8.32	4.87	5.42	4.90
法国	3.47	5.05	2.88	4.53	4.04	4.98	4.06	4.58	5.05	4.84	4.40
瑞士	2.89	3.79	4.81	3.02	3.37	3.17	2.23	4.41	3.61	4.26	3.59
意大利	2.60	4.04	3.13	4.53	3.37	2.94	3.04	3.90	2.89	4.45	3.50
澳大利亚	3.47	3.79	1.68	6.05	2.47	2.71	4.26	2.04	3.25	3.87	3.31
西班牙	1.73	2.53	1.92	1.51	2.70	3.39	1.01	1.70	3.25	3.09	2.31
丹麦	0.87	1.01	1.68	1.76	0.90	2.04	1.62	1.70	1.44	1.74	1.50
瑞典	1.16	1.26	1.20	1.51	2.25	0.90	0.81	0.85	2.53	1.55	1.41
比利时	1.16	1.01	1.68	1.26	0.67	1.81	0.41	2.04	1.26	2.32	1.39
韩国	1.45	0.51	1.44	1.76	1.80	1.58	1.01	1.53	0.90	0.77	1.26
日本	1.16	1.01	1.44	0.50	2.25	1.13	0.81	1.02	1.08	1.55	1.20
奥地利	0.29	0.25	1.92	1.01	0.90	1.13	2.23	0.51	0.72	1.35	1.04
挪威	0.87	0.76	1.68	1.01	0.90	0.90	0.61	0.68	1.99	0.97	1.04
芬兰	0.87	0.51	0.96	0.76	1.80	0.90	1.42	0.51	0.54	0.97	0.91
爱尔兰	0.00	0.00	0.72	0.25	0.67	0.90	1.22	1.19	1.81	1.55	0.91

三十一　传染病学

传染病学 A、B、C 层人才最多的是美国，分别占该学科全球 A、B、C

层人才的 16.10%、17.59%、20.73%；英国 A、B、C 层人才的世界占比分别为 12.15%、8.63%、8.85%，均排名第二。

中国大陆、法国、瑞士、加拿大、德国、瑞典的 A 层人才比较多，世界占比在 7%～3%；荷兰、南非、丹麦、澳大利亚、西班牙、巴西、意大利、中国香港、比利时、奥地利、印度、越南也有相当数量的 A 层人才，世界占比均超过 1%。

中国大陆、法国、瑞士、德国、加拿大、澳大利亚、荷兰的 B 层人才比较多，世界占比在 6%～3%；意大利、西班牙、南非、比利时、巴西、丹麦、中国香港、印度、瑞典、日本、沙特阿拉伯也有相当数量的 B 层人才，世界占比均超过 1%。

法国、中国大陆、德国、澳大利亚、瑞士、意大利、荷兰的 C 层人才比较多，世界占比在 5%～3%；加拿大、西班牙、南非、巴西、比利时、瑞典、印度、丹麦、日本、泰国、沙特阿拉伯也有相当数量的 C 层人才，世界占比超过或接近 1%。

表 9-91 传染病学 A 层人才排名前 20 的国家和地区的占比

单位：%

国家和地区	2012 年	2013 年	2014 年	2015 年	2016 年	2017 年	2018 年	2019 年	2020 年	2021 年	合计
美国	25.00	20.00	16.67	9.68	23.68	19.44	14.29	2.78	10.00	20.37	16.10
英国	14.29	13.33	13.33	6.45	10.53	13.89	9.52	2.78	12.00	20.37	12.15
中国大陆	0.00	0.00	0.00	0.00	2.63	2.78	0.00	0.00	26.00	12.96	6.21
法国	7.14	0.00	0.00	12.90	5.26	2.78	4.76	5.56	6.00	5.56	5.08
瑞士	10.71	10.00	3.33	6.45	2.63	8.33	9.52	2.78	0.00	3.70	5.08
加拿大	10.71	3.33	10.00	3.23	2.63	5.56	9.52	0.00	2.00	1.85	4.24
德国	0.00	3.33	3.33	6.45	5.26	2.78	4.76	2.78	6.00	3.70	3.95
瑞典	3.57	3.33	10.00	3.23	5.26	2.78	9.52	2.78	0.00	1.85	3.67
荷兰	7.14	0.00	3.33	0.00	2.63	5.56	4.76	2.78	2.00	1.85	2.82
南非	0.00	6.67	0.00	6.45	0.00	5.56	4.76	0.00	0.00	1.85	2.26
丹麦	3.57	0.00	0.00	3.23	2.63	5.56	0.00	2.78	2.00	1.85	2.26
澳大利亚	3.57	3.33	0.00	6.45	2.63	0.00	4.76	2.78	0.00	0.00	1.98
西班牙	0.00	0.00	0.00	3.23	5.26	2.78	0.00	2.78	0.00	3.70	1.98

国家和地区	2012 年	2013 年	2014 年	2015 年	2016 年	2017 年	2018 年	2019 年	2020 年	2021 年	合计
巴西	0.00	0.00	0.00	9.68	7.89	2.78	0.00	0.00	0.00	0.00	1.98
意大利	0.00	0.00	0.00	0.00	2.63	2.78	4.76	2.78	4.00	1.85	1.98
中国香港	0.00	0.00	0.00	0.00	0.00	0.00	0.00	0.00	10.00	3.70	1.98
比利时	0.00	3.33	0.00	0.00	2.63	0.00	4.76	2.78	2.00	1.85	1.69
奥地利	0.00	0.00	0.00	0.00	5.26	2.78	4.76	2.78	0.00	0.00	1.41
印度	0.00	3.33	6.67	0.00	0.00	2.78	0.00	0.00	0.00	1.85	1.41
越南	3.57	3.33	3.33	0.00	0.00	0.00	0.00	0.00	2.00	1.85	1.41

表 9-92　传染病学 B 层人才排名前 20 的国家和地区的占比

单位：%

国家和地区	2012 年	2013 年	2014 年	2015 年	2016 年	2017 年	2018 年	2019 年	2020 年	2021 年	合计
美国	19.32	25.26	20.38	26.14	13.85	17.65	9.95	9.90	15.38	22.11	17.59
英国	8.71	11.58	9.40	10.78	5.26	10.59	7.07	6.35	8.13	9.68	8.63
中国大陆	1.89	2.11	2.19	2.29	1.39	2.06	3.14	0.76	23.96	5.89	5.28
法国	5.68	4.91	7.21	4.90	3.88	5.59	2.88	3.05	5.71	3.16	4.58
瑞士	3.79	4.21	4.08	5.23	3.32	5.88	3.14	2.54	2.86	2.74	3.66
德国	3.41	4.21	4.39	3.59	2.22	4.71	3.66	3.30	3.74	2.53	3.52
加拿大	3.03	3.51	2.82	1.63	3.05	3.82	2.62	4.06	4.18	3.16	3.24
澳大利亚	3.03	4.91	3.13	3.59	3.32	3.24	3.40	2.79	1.98	2.95	3.16
荷兰	3.03	3.51	4.70	2.94	3.05	2.94	3.14	2.79	2.20	2.74	3.04
意大利	2.27	3.16	2.19	1.96	1.66	2.94	3.66	2.54	2.86	4.42	2.85
西班牙	2.27	3.16	2.51	1.63	1.39	3.82	2.88	2.28	1.10	2.53	2.32
南非	2.27	1.75	2.19	2.61	1.11	3.24	2.09	3.05	0.44	1.68	1.98
比利时	2.27	1.05	3.13	1.96	1.39	2.06	2.36	1.78	1.32	1.47	1.84
巴西	1.89	0.70	1.57	1.96	3.88	1.18	2.88	1.78	0.44	1.68	1.79
丹麦	3.03	1.75	1.88	2.29	1.39	1.47	1.83	1.02	1.10	1.89	1.70
中国香港	0.00	1.05	0.63	0.98	1.39	2.06	1.05	0.76	4.84	2.11	1.65
印度	1.14	1.05	1.25	0.98	2.22	1.47	2.88	2.03	0.88	1.89	1.62
瑞典	1.14	2.11	1.25	1.96	0.55	2.06	1.31	2.03	1.54	0.84	1.45
日本	0.38	0.35	0.63	2.29	1.39	0.29	1.31	1.78	1.98	1.89	1.31
沙特阿拉伯	0.38	1.75	1.25	0.98	1.94	0.88	0.79	0.76	0.88	0.84	1.03

表 9-93　传染病学 C 层人才排名前 20 的国家和地区的占比

单位：%

国家和地区	2012 年	2013 年	2014 年	2015 年	2016 年	2017 年	2018 年	2019 年	2020 年	2021 年	合计
美国	25.94	24.65	24.07	22.82	22.53	21.59	18.34	17.94	16.11	18.51	20.73
英国	9.68	9.25	8.80	9.34	8.83	9.21	9.41	9.53	7.52	7.94	8.85
法国	4.97	4.99	5.23	4.54	4.82	4.26	4.85	3.78	3.98	3.88	4.47
中国大陆	2.66	2.64	2.49	2.64	2.89	2.81	3.82	4.06	11.29	4.99	4.37
德国	3.32	3.55	4.02	3.39	3.53	4.02	4.13	3.57	3.94	3.47	3.71
澳大利亚	4.09	4.15	3.38	4.33	3.59	3.78	3.45	4.00	2.77	3.06	3.58
瑞士	3.66	3.23	3.25	3.96	3.70	4.98	3.84	3.84	2.37	2.56	3.47
意大利	2.78	3.31	2.42	2.27	2.97	3.05	3.05	3.21	4.71	4.50	3.34
荷兰	3.51	3.76	3.32	3.59	3.05	3.38	3.79	3.54	2.15	2.58	3.20
加拿大	3.20	2.64	2.65	3.11	3.17	3.47	2.65	2.83	2.50	2.78	2.88
西班牙	2.66	3.41	2.93	2.23	2.21	3.08	2.94	2.72	2.35	3.64	2.83
南非	3.05	2.74	2.68	3.11	2.35	3.14	2.84	2.26	1.66	1.94	2.50
巴西	1.39	1.86	1.75	1.86	2.16	2.14	2.04	2.07	1.33	2.15	1.88
比利时	2.16	1.97	1.75	1.73	1.68	1.78	1.96	1.91	1.35	1.77	1.78
瑞典	1.35	2.00	1.56	1.76	1.60	1.75	2.12	1.80	1.42	1.72	1.71
印度	1.43	1.05	1.31	1.32	1.43	1.06	1.30	1.28	1.53	2.41	1.46
丹麦	1.54	1.09	1.15	1.39	1.54	1.15	1.25	1.33	0.93	1.18	1.24
日本	1.35	1.02	1.05	0.74	0.81	0.57	1.09	1.14	1.68	1.66	1.15
泰国	1.50	1.37	1.34	1.32	1.26	1.30	1.01	1.22	0.64	0.82	1.13
沙特阿拉伯	0.39	0.49	1.05	0.68	0.70	0.39	0.34	0.87	1.81	1.46	0.89

三十二　寄生物学

寄生物学 A、B、C 层人才最多的是美国，分别占该学科全球 A、B、C 层人才的 34.00%、31.08%、22.96%，均遥遥领先于其他国家和地区；英国 A、B、C 层人才的世界占比分别为 8.00%、7.86%、9.65%，均排名第二；中国大陆 A、B、C 层人才的世界占比分别为 7.00%、5.46%、5.03%，均排名第三。

荷兰、加拿大、德国、丹麦、法国、意大利的 A 层人才比较多，世界占比在 6%~3%；瑞典、爱尔兰、希腊、中国香港、印度、伊朗、以色列、澳大利亚、肯尼亚、中国澳门、挪威也有相当数量的 A 层人才，世界占比超过或等于 1%。

德国、加拿大、澳大利亚、巴西、瑞士、法国的 B 层人才比较多，世界占比在 6%～3%；意大利、荷兰、瑞典、日本、西班牙、比利时、新加坡、丹麦、印度、爱尔兰、葡萄牙也有相当数量的 B 层人才，世界占比超过或接近 1%。

德国、法国、澳大利亚、巴西、瑞士的 C 层人才比较多，世界占比在 5%～3%；荷兰、意大利、西班牙、加拿大、日本、印度、泰国、比利时、南非、瑞典、新加坡、奥地利也有相当数量的 C 层人才，世界占比超过或接近 1%。

表 9-94　寄生物学 A 层人才排名前 20 的国家和地区的占比

单位：%

国家和地区	2012 年	2013 年	2014 年	2015 年	2016 年	2017 年	2018 年	2019 年	2020 年	2021 年	合计
美国	33.33	50.00	27.27	0.00	36.36	20.00	12.50	54.55	28.57	53.85	34.00
英国	11.11	10.00	18.18	0.00	18.18	20.00	0.00	0.00	0.00	7.69	8.00
中国大陆	0.00	0.00	0.00	12.50	9.09	20.00	0.00	0.00	28.57	0.00	7.00
荷兰	11.11	10.00	9.09	0.00	0.00	0.00	12.50	0.00	14.29	0.00	6.00
加拿大	0.00	0.00	9.09	0.00	0.00	20.00	12.50	18.18	0.00	7.69	6.00
德国	11.11	0.00	0.00	0.00	18.18	0.00	12.50	0.00	7.14	7.69	6.00
丹麦	0.00	0.00	0.00	12.50	0.00	0.00	25.00	0.00	0.00	0.00	4.00
法国	0.00	10.00	9.09	0.00	0.00	0.00	12.50	0.00	0.00	0.00	3.00
意大利	11.11	0.00	0.00	12.50	9.09	0.00	0.00	0.00	0.00	0.00	3.00
瑞典	0.00	0.00	0.00	12.50	0.00	0.00	12.50	0.00	0.00	0.00	2.00
爱尔兰	0.00	0.00	0.00	0.00	0.00	0.00	0.00	18.18	0.00	0.00	2.00
希腊	11.11	0.00	0.00	0.00	0.00	0.00	0.00	0.00	7.14	0.00	2.00
中国香港	0.00	0.00	0.00	12.50	0.00	0.00	0.00	0.00	0.00	0.00	1.00
印度	0.00	0.00	9.09	0.00	0.00	0.00	0.00	0.00	0.00	0.00	1.00
伊朗	0.00	0.00	0.00	0.00	0.00	0.00	0.00	9.09	0.00	0.00	1.00
以色列	0.00	0.00	0.00	0.00	0.00	0.00	0.00	0.00	0.00	7.69	1.00
澳大利亚	0.00	10.00	0.00	0.00	0.00	0.00	0.00	0.00	0.00	0.00	1.00
肯尼亚	0.00	0.00	9.09	0.00	0.00	0.00	0.00	0.00	0.00	0.00	1.00
中国澳门	0.00	0.00	0.00	12.50	0.00	0.00	0.00	0.00	0.00	0.00	1.00
挪威	0.00	0.00	0.00	12.50	0.00	0.00	0.00	0.00	0.00	0.00	1.00

表 9-95　寄生物学 B 层人才排名前 20 的国家和地区的占比

单位：%

国家和地区	2012 年	2013 年	2014 年	2015 年	2016 年	2017 年	2018 年	2019 年	2020 年	2021 年	合计
美国	31.03	25.77	34.31	31.53	38.14	33.05	31.03	26.79	27.73	31.97	31.08
英国	12.64	5.15	9.80	7.21	6.19	11.02	6.03	5.36	6.72	9.02	7.86
中国大陆	3.45	5.15	3.92	3.60	2.06	0.85	6.03	2.68	14.29	10.66	5.46
德国	4.60	3.09	3.92	7.21	4.12	4.24	5.17	8.04	5.04	4.92	5.09
加拿大	4.60	5.15	2.94	4.50	4.12	4.24	3.45	6.25	5.04	1.64	4.16
澳大利亚	2.30	3.09	4.90	2.70	3.09	4.24	6.03	5.36	4.20	3.28	3.98
巴西	3.45	2.06	4.90	4.50	7.22	5.08	3.45	2.68	3.36	1.64	3.79
瑞士	3.45	4.12	2.94	6.31	0.00	6.78	1.72	3.57	2.52	1.64	3.33
法国	6.90	5.15	2.94	1.80	3.09	3.39	2.59	4.46	2.52	1.64	3.33
意大利	1.15	3.09	2.94	2.70	2.06	1.69	5.17	4.46	2.52	3.28	2.96
荷兰	3.45	4.12	3.92	1.80	2.06	2.54	1.72	0.89	2.52	3.28	2.59
瑞典	3.45	2.06	1.96	2.70	0.00	0.00	1.72	1.79	2.52	1.64	1.76
日本	2.30	1.03	3.92	0.00	1.03	0.85	0.00	0.89	2.52	3.28	1.57
西班牙	1.15	1.03	1.96	1.80	1.03	0.85	1.72	1.79	0.84	2.46	1.48
比利时	0.00	1.03	1.96	2.70	3.09	0.85	0.00	1.79	1.68	0.82	1.39
新加坡	1.15	3.09	0.98	0.00	2.06	1.69	0.86	0.89	1.68	0.82	1.30
丹麦	1.15	1.03	0.98	0.00	1.03	0.00	1.72	0.89	1.68	0.82	1.20
印度	0.00	1.03	0.00	2.70	1.03	2.54	0.00	0.00	0.84	1.64	1.02
爱尔兰	1.15	2.06	0.00	0.90	1.03	0.00	0.86	0.89	1.68	0.82	0.93
葡萄牙	0.00	1.03	0.00	0.00	1.03	1.69	1.72	0.89	0.84	0.82	0.83

表 9-96　寄生物学 C 层人才排名前 20 的国家和地区的占比

单位：%

国家和地区	2012 年	2013 年	2014 年	2015 年	2016 年	2017 年	2018 年	2019 年	2020 年	2021 年	合计
美国	25.73	25.72	22.19	24.29	24.27	24.66	21.31	21.33	20.40	20.96	22.96
英国	9.96	9.43	10.44	11.24	9.32	8.92	10.74	10.26	8.32	8.33	9.65
中国大陆	2.35	2.97	4.02	3.62	5.28	4.64	5.37	5.94	7.52	7.22	5.03
德国	5.59	6.66	4.82	5.33	4.49	5.82	3.58	3.69	4.64	5.07	4.93
法国	5.48	6.15	4.42	4.95	5.01	5.28	4.39	4.32	4.24	3.69	4.75
澳大利亚	4.03	4.82	4.12	3.81	6.07	3.37	3.13	4.32	4.64	3.87	4.22
巴西	2.68	2.66	4.82	3.52	3.34	4.46	5.46	3.69	4.96	4.21	4.03
瑞士	4.59	3.79	4.52	3.71	3.17	4.28	4.48	4.41	4.00	2.66	3.94

国家和地区	2012 年	2013 年	2014 年	2015 年	2016 年	2017 年	2018 年	2019 年	2020 年	2021 年	合计
荷兰	2.57	3.07	2.21	3.81	2.64	2.46	2.06	3.06	2.56	2.32	2.67
意大利	1.90	2.77	2.71	3.43	2.29	3.18	2.78	2.16	2.72	2.32	2.63
西班牙	2.13	2.05	2.51	1.71	2.37	2.46	2.86	2.79	2.16	2.58	2.37
加拿大	3.24	2.87	2.71	2.48	2.90	1.36	2.24	2.16	2.40	1.37	2.34
日本	2.57	1.74	1.51	1.71	1.58	1.36	0.98	1.53	0.48	1.80	1.49
印度	1.57	1.74	1.41	1.52	1.93	1.09	1.79	1.08	0.96	1.72	1.47
泰国	1.90	1.64	1.71	1.14	1.14	1.46	1.16	0.90	1.20	1.98	1.41
比利时	1.12	1.23	1.20	1.24	0.79	1.27	1.43	1.71	1.20	0.52	1.17
南非	0.78	1.02	0.80	0.86	1.32	0.73	1.07	1.17	1.28	1.37	1.06
瑞典	1.23	0.82	0.70	1.05	0.62	0.91	0.81	1.26	1.28	1.12	0.98
新加坡	1.01	0.82	1.51	1.33	0.70	0.36	0.54	0.63	0.64	0.69	0.81
奥地利	1.23	0.31	1.20	0.67	0.70	1.09	0.90	0.45	0.88	0.60	0.80

三十三　医学化验技术

医学化验技术 A、B、C 层人才最多的是美国，分别占该学科全球 A、B、C 层人才的 41.94%、26.49%、22.81%，均遥遥领先于其他国家和地区。

意大利 A 层人才的世界占比为 12.90%，排名第二；其后是英国，A 层人才的世界占比为 9.68%；中国大陆、德国的 A 层人才比较多，世界占比均为 6.45%；澳大利亚、奥地利、巴西、加拿大、法国、瑞典、土耳其也有相当数量的 A 层人才，世界占比均为 3.23%。

意大利、中国大陆、英国、德国、法国、加拿大、荷兰、澳大利亚、西班牙的 B 层人才比较多，世界占比在 9%~3%；比利时、印度、瑞典、日本、瑞士、丹麦、挪威、中国香港、土耳其、波兰也有相当数量的 B 层人才，世界占比超过或接近 1%。

中国大陆 C 层次人才的世界占比为 10.28%，排名第二；意大利、英国、德国、加拿大、荷兰的 C 层人才比较多，世界占比在 8%~3%；澳大利亚、法国、西班牙、比利时、瑞典、印度、韩国、伊朗、瑞士、丹麦、日本、奥地利、巴西也有相当数量的 C 层人才，世界占比均超过 1%。

表 9-97　医学化验技术 A 层人才的国家和地区的占比

单位：%

国家和地区	2012 年	2013 年	2014 年	2015 年	2016 年	2017 年	2018 年	2019 年	2020 年	2021 年	合计
美国	80.00	33.33	0.00	0.00	0.00	20.00	20.00	100.00	50.00	66.67	41.94
意大利	0.00	0.00	0.00	33.33	0.00	0.00	20.00	0.00	33.33	0.00	12.90
英国	20.00	0.00	0.00	0.00	0.00	20.00	20.00	0.00	0.00	0.00	9.68
中国大陆	0.00	0.00	0.00	33.33	0.00	20.00	0.00	0.00	0.00	0.00	6.45
德国	0.00	33.33	0.00	0.00	0.00	20.00	0.00	0.00	0.00	0.00	6.45
澳大利亚	0.00	0.00	0.00	0.00	0.00	0.00	20.00	0.00	0.00	0.00	3.23
奥地利	0.00	0.00	0.00	33.33	0.00	0.00	0.00	0.00	0.00	0.00	3.23
巴西	0.00	0.00	0.00	0.00	0.00	0.00	0.00	0.00	16.67	0.00	3.23
加拿大	0.00	0.00	0.00	0.00	0.00	0.00	0.00	0.00	0.00	0.00	3.23
法国	0.00	33.33	0.00	0.00	0.00	0.00	0.00	0.00	0.00	0.00	3.23
瑞典	0.00	0.00	0.00	0.00	0.00	20.00	0.00	0.00	0.00	0.00	3.23
土耳其	0.00	0.00	0.00	0.00	0.00	0.00	0.00	0.00	0.00	33.33	3.23

表 9-98　医学化验技术 B 层人才排名前 20 的国家和地区的占比

单位：%

国家和地区	2012 年	2013 年	2014 年	2015 年	2016 年	2017 年	2018 年	2019 年	2020 年	2021 年	合计
美国	28.89	32.61	32.61	33.33	22.03	40.82	22.00	20.51	20.00	18.97	26.49
意大利	4.44	4.35	4.35	8.89	3.39	8.16	4.00	3.85	28.89	13.79	8.06
中国大陆	6.67	4.35	2.17	4.44	3.39	8.16	8.00	8.97	22.22	5.17	7.29
英国	8.89	6.52	4.35	6.67	6.78	6.12	12.00	7.69	0.00	0.00	5.95
德国	4.44	4.35	10.87	4.44	5.08	2.04	4.00	7.69	2.22	5.17	5.18
法国	4.44	8.70	0.00	2.22	5.08	4.08	4.00	3.85	2.22	6.90	4.22
加拿大	6.67	10.87	4.35	0.00	6.78	2.04	6.00	1.28	0.00	3.45	4.03
荷兰	8.89	4.35	4.35	2.22	5.08	2.04	4.00	5.13	0.00	1.72	3.84
澳大利亚	6.67	4.35	2.17	4.44	3.39	2.04	4.00	2.56	4.44	1.72	3.45
西班牙	0.00	2.17	0.00	8.89	5.08	4.08	4.00	2.56	0.00	6.90	3.45
比利时	0.00	4.35	2.17	4.44	1.69	2.04	4.00	2.56	0.00	3.45	2.50
印度	0.00	2.17	4.35	2.22	1.69	4.08	2.00	2.56	0.00	5.17	2.50

国家和地区	2012 年	2013 年	2014 年	2015 年	2016 年	2017 年	2018 年	2019 年	2020 年	2021 年	合计
瑞典	0.00	2.17	2.17	2.22	3.39	2.04	4.00	2.56	4.44	0.00	2.30
日本	2.22	4.35	4.35	0.00	1.69	2.04	2.00	1.28	0.00	3.45	2.11
瑞士	0.00	0.00	0.00	0.00	6.78	0.00	2.00	1.28	0.00	6.90	1.92
丹麦	2.22	2.17	2.17	0.00	1.69	2.04	2.00	1.28	0.00	1.72	1.54
挪威	2.22	0.00	2.17	2.22	1.69	2.04	0.00	1.28	2.22	1.72	1.54
中国香港	2.22	2.17	2.17	2.22	0.00	0.00	0.00	1.28	2.22	0.00	1.15
土耳其	0.00	0.00	2.17	0.00	0.00	0.00	2.00	2.56	2.22	1.72	1.15
波兰	2.22	0.00	0.00	0.00	1.69	0.00	2.00	1.28	0.00	1.72	0.96

表 9-99　医学化验技术 C 层人才排名前 20 的国家和地区的占比

单位：%

国家和地区	2012 年	2013 年	2014 年	2015 年	2016 年	2017 年	2018 年	2019 年	2020 年	2021 年	合计
美国	26.62	27.60	26.54	26.62	19.31	24.69	17.89	20.70	19.85	21.37	22.81
中国大陆	5.24	6.11	7.58	7.18	7.27	7.68	12.80	13.99	18.21	13.22	10.28
意大利	7.76	6.11	6.64	6.48	4.78	6.85	8.13	6.57	9.47	10.35	7.30
英国	6.29	5.88	5.45	6.71	6.69	5.81	5.89	5.03	3.64	5.29	5.61
德国	5.66	7.01	7.35	4.86	4.97	4.36	6.10	6.15	4.37	4.85	5.55
加拿大	3.14	4.98	5.69	5.56	3.82	4.15	3.86	4.20	3.46	2.86	4.13
荷兰	2.10	3.62	3.32	3.47	6.88	2.49	5.28	3.36	2.55	3.52	3.67
澳大利亚	5.24	1.36	2.84	1.85	2.87	1.87	3.25	3.36	3.83	2.42	2.95
法国	2.73	3.17	2.37	1.85	3.82	3.32	3.66	2.38	2.91	2.20	2.85
西班牙	2.94	2.26	2.37	3.24	4.02	3.32	2.44	3.78	1.64	1.98	2.85
比利时	2.31	2.49	2.37	1.62	2.49	2.90	1.83	1.54	2.73	2.86	2.29
瑞典	2.73	2.04	3.08	2.08	1.91	2.90	1.83	1.96	1.82	1.10	2.13
印度	2.31	2.71	1.90	1.85	2.10	2.49	1.22	2.10	1.64	1.10	1.94
韩国	2.10	1.81	0.71	1.39	0.96	1.24	1.63	1.96	2.73	2.20	1.70
伊朗	0.63	1.13	1.90	0.93	1.72	1.87	0.81	2.66	2.00	2.64	1.68
瑞士	1.26	0.45	2.37	1.62	1.34	2.49	1.22	1.82	1.46	1.76	1.58
丹麦	1.26	1.81	1.90	2.31	1.72	2.28	1.42	1.40	0.36	1.32	1.54
日本	2.10	1.81	1.18	1.39	2.87	1.24	1.02	1.12	1.09	1.10	1.48
奥地利	1.26	1.13	1.42	1.62	0.96	0.62	3.05	1.12	1.64	1.76	1.44
巴西	1.05	1.58	0.71	1.39	1.53	1.66	1.63	0.56	1.64	1.76	1.32

三十四 放射医学、核医学和影像医学

放射医学、核医学和影像医学 A、B、C 层人才最多的是美国，分别占该学科全球 A、B、C 层人才的 23.46%、23.57%、26.88%，均大幅高于其他国家和地区。

加拿大、英国、中国大陆、德国、荷兰、芬兰、意大利的 A 层人才比较多，世界占比在 9%~4%；韩国、瑞士、澳大利亚、比利时、奥地利、以色列、丹麦、日本、挪威、西班牙、中国香港、罗马尼亚也有相当数量的 A 层人才，世界占比超过或接近 1%。

加拿大、英国、德国、中国大陆、荷兰、意大利、芬兰的 B 层人才比较多，世界占比在 10%~4%；韩国、瑞士、澳大利亚、比利时、西班牙、日本、丹麦、奥地利、瑞典、中国香港、印度、挪威也有相当数量的 B 层人才，世界占比超过或接近 1%。

德国、英国、中国大陆、加拿大、荷兰、意大利、芬兰、瑞士的 C 层人才比较多，世界占比在 9%~3%；韩国、日本、澳大利亚、比利时、西班牙、奥地利、丹麦、瑞典、挪威、印度、巴西也有相当数量的 C 层人才，世界占比超过或接近 1%。

表 9-100 放射医学、核医学和影像医学 A 层人才排名前 20 的国家和地区的占比

单位：%

国家和地区	2012 年	2013 年	2014 年	2015 年	2016 年	2017 年	2018 年	2019 年	2020 年	2021 年	合计
美国	33.33	28.21	29.41	16.00	25.58	20.75	21.43	29.63	16.92	18.75	23.46
加拿大	4.44	5.13	7.84	12.00	9.30	15.09	10.71	9.26	9.23	3.13	8.65
英国	15.56	12.82	9.80	8.00	6.98	7.55	8.93	7.41	6.15	6.25	8.65
中国大陆	0.00	2.56	1.96	0.00	4.65	3.77	5.36	7.41	35.38	12.50	8.46
德国	8.89	10.26	11.76	12.00	9.30	9.43	3.57	12.96	3.08	4.69	8.27
荷兰	8.89	2.56	5.88	6.00	9.30	9.43	5.36	5.56	6.15	0.00	5.77
芬兰	4.44	10.26	5.88	12.00	0.00	3.77	5.36	0.00	3.08	4.69	4.81
意大利	6.67	7.69	7.84	4.00	0.00	1.89	3.57	0.00	6.15	3.13	4.04
韩国	2.22	0.00	5.88	0.00	2.33	3.77	3.57	0.00	4.62	3.13	2.69
瑞士	0.00	2.56	1.96	2.00	2.33	5.66	5.36	1.85	1.54	1.56	2.50

续表

国家和地区	2012 年	2013 年	2014 年	2015 年	2016 年	2017 年	2018 年	2019 年	2020 年	2021 年	合计
澳大利亚	0.00	2.56	1.96	0.00	2.33	1.89	3.57	7.41	0.00	3.13	2.31
比利时	4.44	2.56	1.96	4.00	2.33	1.89	1.79	1.85	0.00	3.13	2.31
奥地利	2.22	0.00	0.00	4.00	0.00	3.77	5.36	1.85	0.00	0.00	1.73
以色列	0.00	0.00	3.92	2.00	6.98	0.00	0.00	1.85	0.00	1.56	1.54
丹麦	4.44	0.00	0.00	4.00	4.65	1.89	0.00	1.85	0.00	0.00	1.54
日本	0.00	0.00	3.92	2.00	0.00	1.89	1.79	0.00	1.54	1.56	1.35
挪威	2.22	5.13	0.00	0.00	0.00	1.89	1.79	1.85	1.54	0.00	1.35
西班牙	0.00	2.56	0.00	4.00	0.00	0.00	1.79	0.00	0.00	3.13	1.15
中国香港	0.00	0.00	0.00	0.00	0.00	1.89	3.57	0.00	1.54	1.56	0.96
罗马尼亚	2.22	2.56	0.00	0.00	0.00	1.89	1.79	0.00	0.00	1.56	0.96

表 9-101　放射医学、核医学和影像医学 B 层人才排名前 20 的国家和地区的占比

单位：%

国家和地区	2012 年	2013 年	2014 年	2015 年	2016 年	2017 年	2018 年	2019 年	2020 年	2021 年	合计
美国	34.98	24.67	29.44	19.70	21.43	23.67	21.27	22.64	20.85	20.30	23.57
加拿大	11.03	12.07	8.66	12.50	8.19	10.41	9.74	9.98	8.21	4.74	9.36
英国	12.21	11.81	8.44	9.11	9.66	7.35	9.74	7.84	7.35	8.12	9.00
德国	9.62	8.40	8.44	8.47	9.87	7.35	6.16	9.63	5.13	6.26	7.82
中国大陆	2.82	2.10	3.68	2.54	3.36	3.88	4.37	5.88	14.02	9.98	5.66
荷兰	3.05	4.72	4.11	5.30	6.09	4.08	4.97	6.24	3.93	5.58	4.85
意大利	2.58	4.72	3.90	5.30	4.62	3.88	3.78	3.57	7.18	6.77	4.73
芬兰	3.76	3.67	3.90	6.78	4.20	5.92	5.77	3.57	4.96	4.40	4.71
韩国	1.64	1.31	2.81	2.54	2.10	2.45	3.98	3.57	2.39	2.20	2.55
瑞士	1.17	3.15	3.68	2.12	2.73	2.24	1.99	2.14	2.22	3.21	2.47
澳大利亚	2.58	3.67	2.16	2.12	2.10	2.65	3.18	2.32	1.71	2.03	2.41
比利时	2.58	2.10	1.95	2.75	3.36	2.65	1.39	1.96	2.39	2.54	2.37
西班牙	1.88	1.84	1.52	2.54	2.31	2.45	2.78	1.43	1.71	2.03	2.04
日本	0.94	2.10	1.73	2.54	1.47	1.43	2.39	1.96	1.37	1.69	1.76
丹麦	1.41	1.31	1.08	2.54	2.31	1.84	2.39	2.50	0.85	1.18	1.74
奥地利	0.94	2.10	1.52	1.27	2.10	2.04	1.79	2.14	1.54	1.18	1.66
瑞典	1.17	1.57	0.87	1.27	1.89	1.43	1.39	1.25	0.85	1.02	1.25
中国香港	0.94	0.26	0.87	0.42	0.21	2.04	0.60	1.43	1.71	1.18	1.01
印度	0.23	0.79	1.30	0.21	1.05	1.22	0.99	0.71	1.20	1.69	0.97
挪威	0.00	1.31	1.30	0.64	1.47	0.61	0.80	0.71	0.85	0.85	0.85

表 9-102 放射医学、核医学和影像医学 C 层人才排名前 20 的国家和地区的占比

单位：%

国家和地区	2012 年	2013 年	2014 年	2015 年	2016 年	2017 年	2018 年	2019 年	2020 年	2021 年	合计
美国	32.39	30.24	29.82	28.78	28.11	27.82	27.04	24.98	22.11	20.83	26.88
德国	9.42	9.98	9.90	10.12	10.18	9.47	8.50	7.47	7.54	7.46	8.91
英国	7.45	7.44	7.12	7.34	7.61	7.27	7.13	8.78	6.76	6.95	7.38
中国大陆	3.83	2.73	4.11	4.55	5.27	5.40	6.40	9.03	9.48	9.63	6.29
加拿大	6.10	6.75	5.62	5.31	4.89	5.54	5.57	4.23	4.23	3.85	5.12
荷兰	5.62	5.64	4.85	5.59	4.93	4.50	4.93	5.29	5.06	4.74	5.09
意大利	3.90	4.56	4.33	4.20	4.63	5.15	4.66	4.53	6.45	6.36	4.94
芬兰	4.31	5.14	4.68	4.77	4.93	4.77	4.58	4.59	4.24	4.72	4.66
瑞士	2.60	3.42	3.03	2.67	3.30	2.91	3.23	3.09	3.58	3.56	3.15
韩国	2.77	2.62	3.20	2.85	2.68	2.35	2.71	3.09	2.59	2.38	2.72
日本	3.33	2.33	2.92	2.28	2.79	2.55	2.18	2.14	2.14	2.17	2.46
澳大利亚	2.00	2.20	1.94	2.28	2.40	2.06	2.97	2.31	2.51	2.38	2.32
比利时	1.95	2.20	1.85	1.99	1.65	1.68	2.12	1.93	1.93	2.09	1.94
西班牙	1.59	1.99	1.78	1.97	1.74	1.76	1.72	1.59	1.82	1.90	1.78
奥地利	1.42	1.30	1.31	1.55	1.52	1.70	1.82	1.69	2.05	1.47	1.60
丹麦	0.99	1.46	1.59	1.24	1.78	1.14	1.56	1.69	1.73	1.43	1.47
瑞典	1.52	1.56	1.13	1.48	1.18	1.52	1.53	1.42	1.28	1.58	1.42
挪威	0.60	0.58	0.72	0.91	0.81	0.79	0.67	0.76	1.00	0.80	0.77
印度	0.60	0.61	0.72	0.62	0.90	0.75	0.75	0.74	0.73	1.20	0.77
巴西	0.67	0.64	0.65	0.51	0.60	0.75	0.65	0.63	0.82	0.86	0.68

三十五 法医学

法医学 A、B、C 层人才最多的是美国，分别占该学科全球 A、B、C 层人才的 30.77%、24.56%、19.58%，均大幅高于其他国家和地区；英国 A、B、C 层人才的世界占比分别为 11.54%、10.88%、8.54%，均排名第二。

丹麦、意大利、荷兰、瑞士的 A 层人才比较多，世界占比均为 7.69%；澳大利亚、德国、希腊、伊朗、爱尔兰、墨西哥、波兰也有相当数量的 A 层人才，世界占比均为 3.85%。

德国、意大利、瑞士、荷兰、法国的 B 层人才比较多，世界占比在

7%~3%；澳大利亚、挪威、葡萄牙、奥地利、比利时、日本、中国大陆、西班牙、加拿大、丹麦、沙特阿拉伯、巴西、爱尔兰也有相当数量的 B 层人才，世界占比均超过 1%。

德国、意大利、中国大陆、瑞士、澳大利亚、荷兰、西班牙的 C 层人才比较多，世界占比在 7%~3%；法国、加拿大、奥地利、比利时、丹麦、巴西、葡萄牙、日本、挪威、瑞典、波兰也有相当数量的 C 层人才，世界占比均超过 1%。

表 9-103　法医学 A 层人才的国家的占比

单位：%

国家和地区	2012 年	2013 年	2014 年	2015 年	2016 年	2017 年	2018 年	2019 年	2020 年	2021 年	合计
美国	100.00	0.00	33.33	0.00	50.00	25.00	66.67	0.00	25.00	50.00	30.77
英国	0.00	0.00	33.33	0.00	0.00	25.00	0.00	25.00	0.00	0.00	11.54
丹麦	0.00	0.00	33.33	0.00	0.00	0.00	33.33	0.00	0.00	0.00	7.69
意大利	0.00	0.00	0.00	0.00	0.00	0.00	0.00	0.00	25.00	50.00	7.69
荷兰	0.00	33.33	0.00	0.00	0.00	0.00	0.00	25.00	0.00	0.00	7.69
瑞士	0.00	0.00	0.00	0.00	50.00	25.00	0.00	0.00	0.00	0.00	7.69
澳大利亚	0.00	0.00	0.00	0.00	0.00	0.00	0.00	25.00	0.00	0.00	3.85
德国	0.00	0.00	0.00	0.00	0.00	0.00	0.00	0.00	25.00	0.00	3.85
希腊	0.00	33.33	0.00	0.00	0.00	0.00	0.00	0.00	0.00	0.00	3.85
伊朗	0.00	0.00	0.00	0.00	0.00	0.00	0.00	25.00	0.00	0.00	3.85
爱尔兰	0.00	0.00	0.00	0.00	0.00	25.00	0.00	0.00	0.00	0.00	3.85
墨西哥	0.00	0.00	0.00	0.00	0.00	0.00	0.00	0.00	25.00	0.00	3.85
波兰	0.00	33.33	0.00	0.00	0.00	0.00	0.00	0.00	0.00	0.00	3.85

表 9-104　法医学 B 层人才排名前 20 的国家和地区的占比

单位：%

国家和地区	2012 年	2013 年	2014 年	2015 年	2016 年	2017 年	2018 年	2019 年	2020 年	2021 年	合计
美国	17.39	18.52	14.29	25.00	22.22	22.50	24.24	39.39	38.46	16.67	24.56
英国	17.39	3.70	7.14	18.75	3.70	7.50	9.09	15.15	15.38	10.00	10.88
德国	8.70	7.41	14.29	6.25	7.41	5.00	9.09	3.03	0.00	10.00	6.67

续表

国家和地区	2012 年	2013 年	2014 年	2015 年	2016 年	2017 年	2018 年	2019 年	2020 年	2021 年	合计
意大利	0.00	3.70	7.14	6.25	3.70	2.50	6.06	9.09	3.85	10.00	5.26
瑞士	8.70	3.70	0.00	9.38	7.41	7.50	3.03	0.00	7.69	3.33	5.26
荷兰	13.04	3.70	3.13	3.70	7.50	6.06	0.00	0.00	0.00		3.86
法国	4.35	3.70	7.14	3.13	0.00	5.00	6.06	3.03	0.00	3.33	3.51
澳大利亚	0.00	7.41	0.00	0.00	0.00	2.50	3.03	6.06	3.85	3.33	2.81
挪威	4.35	3.70	7.14	0.00	7.41	2.50	0.00	0.00	3.85	3.33	2.81
葡萄牙	0.00	3.70	7.14	0.00	3.70	5.00	3.03	0.00	7.69	0.00	2.81
奥地利	0.00	3.70	7.14	0.00	7.41	2.50	6.06	0.00	0.00	0.00	2.46
比利时	0.00	3.70	0.00	6.25	3.70	2.50	3.03	0.00	0.00	3.33	2.46
日本	0.00	3.70	0.00	3.13	0.00	5.00	3.03	0.00	3.85	0.00	2.46
中国大陆	4.35	0.00	0.00	3.13	0.00	2.50	6.06	6.06	0.00	0.00	2.46
西班牙	4.35	7.41	7.14	0.00	3.70	2.50	0.00	0.00	0.00	3.33	2.46
加拿大	4.35	3.70	0.00	0.00	0.00	2.50	3.03	0.00	3.85	3.33	2.11
丹麦	0.00	3.70	7.14	3.13	3.70	0.00	0.00	0.00	0.00	3.33	1.75
沙特阿拉伯	0.00	0.00	0.00	0.00	11.11	5.00	0.00	0.00	0.00	0.00	1.75
巴西	0.00	3.70	7.14	0.00	3.70	0.00	0.00	0.00	0.00	0.00	1.40
爱尔兰	4.35	0.00	0.00	6.25	0.00	2.50	0.00	0.00	0.00	0.00	1.40

表 9-105　法医学 C 层人才排名前 20 的国家和地区的占比

单位：%

国家和地区	2012 年	2013 年	2014 年	2015 年	2016 年	2017 年	2018 年	2019 年	2020 年	2021 年	合计
美国	17.74	21.48	18.04	22.07	20.20	19.40	22.36	17.43	17.84	19.75	19.58
英国	10.08	9.77	6.42	7.02	7.62	9.82	10.88	7.71	7.89	8.40	8.54
德国	6.05	6.25	6.42	4.68	6.29	6.55	5.74	4.86	7.89	6.30	6.12
意大利	5.24	3.52	5.81	5.02	4.97	4.79	3.63	7.14	5.56	8.82	5.40
中国大陆	2.42	2.73	2.75	4.35	5.96	5.54	8.46	8.86	4.68	6.72	5.37
瑞士	6.45	6.64	5.81	4.01	7.62	4.03	6.34	4.57	4.09	4.62	5.34
澳大利亚	4.84	7.03	6.12	5.02	4.64	4.79	5.44	4.86	4.09	4.62	5.11
荷兰	4.84	2.34	3.67	5.02	4.64	3.02	5.44	5.14	4.39	5.04	4.34
西班牙	5.65	4.30	3.06	2.34	2.65	3.78	2.11	3.43	2.92	2.10	3.20
法国	4.03	2.73	3.06	1.34	2.98	2.27	0.91	2.86	2.34	4.62	2.62
加拿大	1.61	2.73	2.14	3.68	1.66	2.52	2.72	1.71	1.46	4.20	2.39

续表

国家和地区	2012 年	2013 年	2014 年	2015 年	2016 年	2017 年	2018 年	2019 年	2020 年	2021 年	合计
奥地利	1.61	1.56	3.06	2.34	1.99	2.77	2.11	2.57	3.22	1.26	2.33
比利时	2.82	3.13	3.36	2.01	1.99	2.27	0.60	1.71	3.80	1.68	2.33
丹麦	2.42	1.17	3.06	2.34	1.66	2.02	1.51	1.43	1.75	1.26	1.88
巴西	0.81	1.56	1.53	4.01	2.32	1.51	2.72	0.86	1.17	1.26	1.78
葡萄牙	2.02	1.95	1.53	1.67	2.32	0.50	1.21	2.57	2.63	1.68	1.78
日本	2.82	1.95	2.45	2.01	1.99	1.26	1.21	1.14	1.46	0.84	1.68
挪威	3.63	1.56	2.45	2.34	1.32	2.27	0.91	0.57	1.17	0.84	1.68
瑞典	2.42	0.78	0.92	1.00	1.32	2.02	0.91	2.00	3.51	1.68	1.68
波兰	0.40	2.34	2.75	1.34	0.99	1.76	1.51	1.43	1.75	1.26	1.59

三十六 老年病学和老年医学

老年病学和老年医学 A、B、C 层人才最多的是美国，分别占该学科全球 A、B、C 层人才的 20.83%、21.29%、23.19%，均大幅高于其他国家和地区；英国 A、B、C 层人才的世界占比分别为 11.67%、11.38%、9.53%，均排名第二。

意大利、加拿大、荷兰、中国大陆、澳大利亚、法国、德国、瑞士、西班牙的 A 层人才比较多，世界占比在 8%～3%；比利时、中国香港、韩国、以色列、日本、中国台湾、泰国、捷克、印度也有相当数量的 A 层人才，世界占比超过或接近 1%。

意大利、荷兰、中国大陆、澳大利亚、加拿大、西班牙、法国、德国的 B 层人才比较多，世界占比在 8%～3%；日本、瑞典、瑞士、比利时、中国香港、巴西、以色列、爱尔兰、芬兰、奥地利也有相当数量的 B 层人才，世界占比超过或接近 1%。

中国大陆、意大利、澳大利亚、加拿大、德国、荷兰、西班牙、法国的 C 层人才比较多，世界占比在 9%～3%；日本、瑞典、瑞士、比利时、巴西、韩国、爱尔兰、丹麦、中国香港、奥地利也有相当数量的 C 层人才，世界占比超过或接近 1%。

表 9-106　老年病学和老年医学 A 层人才排名前 20 的国家和地区的占比

单位：%

国家和地区	2012 年	2013 年	2014 年	2015 年	2016 年	2017 年	2018 年	2019 年	2020 年	2021 年	合计
美国	42.86	10.00	18.18	36.36	11.11	36.36	33.33	7.69	5.00	27.27	20.83
英国	14.29	10.00	0.00	27.27	22.22	18.18	16.67	15.38	5.00	4.55	11.67
意大利	0.00	10.00	9.09	0.00	11.11	9.09	33.33	7.69	5.00	4.55	7.50
加拿大	0.00	20.00	0.00	18.18	0.00	0.00	0.00	0.00	0.00	13.64	5.83
荷兰	14.29	10.00	9.09	9.09	11.11	0.00	0.00	7.69	0.00	4.55	5.83
中国大陆	0.00	0.00	9.09	0.00	0.00	0.00	0.00	0.00	20.00	4.55	5.00
澳大利亚	14.29	0.00	0.00	0.00	22.22	9.09	0.00	0.00	0.00	4.55	4.17
法国	0.00	10.00	0.00	0.00	0.00	0.00	16.67	7.69	5.00	0.00	4.17
德国	0.00	0.00	0.00	0.00	0.00	0.00	0.00	7.69	0.00	13.64	4.17
瑞士	0.00	0.00	0.00	0.00	22.22	9.09	0.00	0.00	0.00	9.09	4.17
西班牙	0.00	0.00	0.00	0.00	0.00	0.00	0.00	15.38	5.00	4.55	3.33
比利时	0.00	10.00	0.00	0.00	0.00	9.09	0.00	7.69	0.00	0.00	2.50
中国香港	0.00	0.00	9.09	0.00	0.00	0.00	0.00	0.00	10.00	0.00	2.50
韩国	0.00	0.00	9.09	0.00	0.00	0.00	0.00	0.00	10.00	0.00	2.50
以色列	0.00	0.00	0.00	0.00	0.00	0.00	0.00	0.00	5.00	4.55	1.67
日本	0.00	0.00	0.00	0.00	0.00	0.00	0.00	0.00	5.00	0.00	1.67
中国台湾	0.00	0.00	9.09	0.00	0.00	0.00	0.00	0.00	5.00	0.00	1.67
泰国	0.00	0.00	9.09	0.00	0.00	0.00	0.00	0.00	5.00	0.00	1.67
捷克	0.00	0.00	0.00	0.00	0.00	0.00	0.00	7.69	0.00	0.00	0.83
印度	0.00	0.00	0.00	0.00	0.00	0.00	0.00	0.00	5.00	0.00	0.83

表 9-107　老年病学和老年医学 B 层人才排名前 20 的国家和地区的占比

单位：%

国家和地区	2012 年	2013 年	2014 年	2015 年	2016 年	2017 年	2018 年	2019 年	2020 年	2021 年	合计
美国	28.57	24.73	31.37	23.15	21.31	14.73	17.81	15.82	22.22	20.54	21.29
英国	9.89	10.75	14.71	14.81	11.48	13.18	13.70	8.86	12.78	7.14	11.38
意大利	12.09	4.30	4.90	6.48	7.38	10.08	7.53	6.33	7.78	6.70	7.32
荷兰	8.79	7.53	7.84	4.63	4.92	3.88	4.11	5.70	5.00	4.46	5.40
中国大陆	0.00	0.00	1.96	2.78	2.46	4.65	5.48	10.13	8.89	4.46	4.73
澳大利亚	3.30	8.60	1.96	3.70	4.92	5.43	4.79	6.33	5.00	3.57	4.73
加拿大	5.49	5.38	3.92	5.56	2.46	3.88	4.79	5.70	5.56	4.46	4.73
西班牙	1.10	8.60	2.94	3.70	5.74	6.20	2.74	1.90	3.89	4.02	3.99

国家和地区	2012 年	2013 年	2014 年	2015 年	2016 年	2017 年	2018 年	2019 年	2020 年	2021 年	合计
法国	4.40	9.68	2.94	3.70	3.28	5.43	2.74	2.53	3.89	1.79	3.70
德国	4.40	3.23	2.94	4.63	3.28	4.65	4.11	3.80	1.11	3.57	3.47
日本	1.10	2.15	2.94	1.85	1.64	2.33	4.11	3.16	2.78	1.34	2.37
瑞典	0.00	2.15	2.94	1.85	1.64	0.78	1.37	3.16	2.22	3.57	2.14
瑞士	3.30	2.15	0.98	0.00	4.10	0.78	2.05	2.53	1.67	0.45	1.70
比利时	0.00	0.00	1.96	1.85	4.10	2.33	2.05	1.90	1.67	0.89	1.70
中国香港	2.20	0.00	3.92	3.70	0.00	0.78	0.68	1.27	2.22	0.45	1.40
巴西	0.00	0.00	0.00	0.93	0.82	0.78	1.37	3.16	2.78	0.89	1.26
以色列	3.30	2.15	0.00	1.85	1.64	1.55	0.00	1.27	1.11	0.89	1.26
爱尔兰	1.10	1.08	2.94	1.85	0.82	1.55	0.00	0.63	0.56	1.79	1.18
芬兰	3.30	1.08	0.98	0.00	1.64	0.00	0.78	0.00	1.90	0.56	0.89	1.03
奥地利	2.20	2.15	0.00	1.85	0.82	0.00	2.74	0.63	0.00	0.45	0.96

表 9-108　老年病学和老年医学 C 层人才排名前 20 的国家和地区的占比

单位：%

国家和地区	2012 年	2013 年	2014 年	2015 年	2016 年	2017 年	2018 年	2019 年	2020 年	2021 年	合计
美国	31.26	30.27	27.43	26.96	23.60	23.75	20.40	19.97	20.09	18.19	23.19
英国	9.31	9.84	9.92	8.80	11.06	10.20	10.46	9.50	8.86	8.26	9.53
中国大陆	2.66	2.81	2.82	4.07	5.36	6.29	9.06	13.64	14.84	15.83	8.94
意大利	6.10	5.30	6.13	4.92	5.10	6.22	6.04	5.99	5.98	4.77	5.64
澳大利亚	4.88	5.30	4.57	5.20	5.79	4.38	5.45	5.03	3.44	4.18	4.72
加拿大	5.21	4.86	4.28	5.68	4.49	4.86	4.42	4.27	4.40	3.92	4.56
德国	5.43	5.41	5.35	5.20	3.80	3.90	5.01	4.27	3.61	3.27	4.36
荷兰	4.32	5.73	4.67	3.97	4.32	3.98	3.83	3.99	2.65	3.33	3.92
西班牙	3.77	3.24	3.31	3.88	3.46	3.98	3.98	2.96	3.95	3.38	3.59
法国	3.44	3.24	3.50	4.45	3.11	3.27	2.58	2.27	2.60	2.74	3.02
日本	2.33	2.27	2.33	3.31	2.51	2.79	1.99	2.34	2.20	2.15	2.39
瑞典	2.22	2.16	2.53	1.61	2.25	2.39	2.14	1.65	2.26	1.50	2.04
瑞士	1.22	1.30	1.95	2.18	2.07	2.47	2.14	2.07	1.86	1.56	1.90
比利时	1.11	1.95	1.75	1.42	1.56	1.59	1.84	2.20	1.69	1.50	1.68
巴西	1.00	0.97	1.56	1.61	2.33	1.51	1.33	1.38	1.92	1.77	1.58
韩国	1.44	2.05	1.46	1.32	1.38	1.35	1.77	1.86	1.07	1.34	1.48
爱尔兰	1.33	1.41	0.97	0.85	0.86	1.12	1.47	0.83	1.19	1.29	1.14

续表

国家和地区	2012 年	2013 年	2014 年	2015 年	2016 年	2017 年	2018 年	2019 年	2020 年	2021 年	合计
丹麦	1.11	1.41	1.26	0.47	1.21	0.88	0.44	0.76	0.79	1.34	0.96
中国香港	1.22	0.22	0.97	0.38	0.43	0.80	0.96	0.83	1.47	1.07	0.88
奥地利	0.67	0.76	0.97	1.14	1.12	0.56	1.25	0.96	0.73	0.70	0.88

三十七　初级卫生保健

初级卫生保健 A、B、C 层人才最多的是美国，分别占该学科全球 A、B、C 层人才的 45.16%、35.54%、29.17%，均遥遥领先于其他国家和地区。

英国、加拿大、荷兰 A 层人才的世界占比分别为 16.13%、12.90%、9.68%，处于第二梯队；中国大陆、中国香港、印度、爱尔兰、土耳其也有相当数量的 A 层人才，世界占比均为 3.23%。

英国、加拿大 B 层人才的世界占比分别为 15.70%、11.02%，处于第二梯队；荷兰、澳大利亚、西班牙的 B 层人才比较多，世界占比在 6%~3%；印度、德国、中国大陆、丹麦、爱尔兰、新西兰、比利时、瑞典、土耳其、韩国、奥地利、新加坡、南非、瑞士也有相当数量的 B 层人才，世界占比超过或接近 1%。

英国 C 层人才的世界占比为 17.51%，排名第二；加拿大、澳大利亚、荷兰、印度的 C 层人才比较多，世界占比在 8%~3%；西班牙、德国、瑞典、丹麦、中国大陆、比利时、挪威、爱尔兰、南非、意大利、新西兰、法国、韩国、瑞士也有相当数量的 C 层人才，世界占比超过或接近 1%。

表 9-109　初级卫生保健 A 层人才的国家和地区的占比

单位：%

国家和地区	2012 年	2013 年	2014 年	2015 年	2016 年	2017 年	2018 年	2019 年	2020 年	2021 年	合计
美国	50.00	66.67	100.00	100.00	66.67	33.33	33.33	25.00	0.00	40.00	45.16
英国	0.00	0.00	0.00	0.00	0.00	0.00	33.33	25.00	25.00	40.00	16.13
加拿大	50.00	0.00	0.00	0.00	33.33	0.00	33.33	0.00	25.00	0.00	12.90

续表

国家和地区	2012 年	2013 年	2014 年	2015 年	2016 年	2017 年	2018 年	2019 年	2020 年	2021 年	合计
荷兰	0.00	33.33	0.00	0.00	0.00	66.67	0.00	0.00	0.00	0.00	9.68
中国大陆	0.00	0.00	0.00	0.00	0.00	0.00	0.00	0.00	25.00	0.00	3.23
中国香港	0.00	0.00	0.00	0.00	0.00	0.00	0.00	0.00	25.00	0.00	3.23
印度	0.00	0.00	0.00	0.00	0.00	0.00	0.00	25.00	0.00	0.00	3.23
爱尔兰	0.00	0.00	0.00	0.00	0.00	0.00	0.00	25.00	0.00	0.00	3.23
土耳其	0.00	0.00	0.00	0.00	0.00	0.00	0.00	0.00	0.00	20.00	3.23

表 9-110　初级卫生保健 B 层人才排名前 20 的国家和地区的占比

单位：%

国家和地区	2012 年	2013 年	2014 年	2015 年	2016 年	2017 年	2018 年	2019 年	2020 年	2021 年	合计
美国	48.39	30.30	25.00	42.86	45.16	46.88	34.48	46.67	24.00	20.00	35.54
英国	16.13	15.15	18.75	20.00	19.35	15.63	17.24	11.11	14.00	13.33	15.70
加拿大	9.68	9.09	15.63	17.14	16.13	12.50	20.69	4.44	6.00	6.67	11.02
荷兰	9.68	6.06	15.63	2.86	3.23	9.38	0.00	2.22	4.00	6.67	5.79
澳大利亚	3.23	0.00	6.25	2.86	6.45	6.25	6.90	0.00	8.00	4.44	4.41
西班牙	3.23	6.06	3.13	0.00	3.23	0.00	3.45	2.22	4.00	4.44	3.03
印度	0.00	0.00	0.00	0.00	0.00	0.00	0.00	8.89	4.00	6.67	2.48
德国	0.00	3.03	3.13	5.71	0.00	0.00	0.00	0.00	2.00	6.67	2.20
中国大陆	0.00	3.03	0.00	0.00	0.00	0.00	0.00	2.22	6.00	2.22	1.65
丹麦	3.23	3.03	0.00	2.86	3.23	0.00	0.00	4.44	0.00	0.00	1.65
爱尔兰	3.23	0.00	6.25	0.00	0.00	0.00	0.00	0.00	0.00	4.44	1.38
新西兰	0.00	3.03	0.00	0.00	3.23	0.00	3.45	0.00	4.00	0.00	1.38
比利时	0.00	3.03	3.13	0.00	0.00	0.00	0.00	0.00	2.00	2.22	1.10
瑞典	0.00	0.00	0.00	2.86	0.00	0.00	0.00	2.22	0.00	4.44	1.10
土耳其	0.00	0.00	0.00	0.00	0.00	0.00	0.00	0.00	4.00	2.22	0.83
韩国	3.23	0.00	0.00	0.00	0.00	0.00	0.00	0.00	4.00	0.00	0.83
奥地利	0.00	0.00	0.00	0.00	0.00	0.00	3.45	0.00	2.00	0.00	0.55
新加坡	0.00	0.00	0.00	0.00	0.00	0.00	0.00	2.22	2.00	0.00	0.55
南非	0.00	0.00	0.00	0.00	0.00	0.00	0.00	0.00	2.00	2.22	0.55
瑞士	0.00	0.00	0.00	0.00	0.00	0.00	0.00	0.00	0.00	4.44	0.55

表 9-111　初级卫生保健 C 层人才排名前 20 的国家和地区的占比

单位：%

国家和地区	2012 年	2013 年	2014 年	2015 年	2016 年	2017 年	2018 年	2019 年	2020 年	2021 年	合计
美国	31.80	33.13	32.76	31.01	33.77	29.93	35.03	25.67	19.96	25.95	29.17
英国	17.05	20.43	19.45	16.48	22.73	18.75	19.05	14.43	13.82	16.46	17.51
加拿大	6.56	4.95	8.19	10.89	8.44	7.89	7.82	6.85	6.58	6.33	7.38
澳大利亚	8.20	5.57	7.17	8.66	5.52	7.57	5.44	3.42	5.26	4.43	5.96
荷兰	6.23	5.57	4.10	5.87	9.09	5.92	4.08	4.65	3.73	2.53	4.99
印度	0.66	0.31	0.00	0.56	0.00	0.33	0.00	7.33	10.75	5.91	3.21
西班牙	3.93	2.48	2.39	3.07	1.62	3.29	1.70	2.20	4.17	3.38	2.89
德国	2.62	2.17	3.41	1.68	1.62	1.32	3.40	1.47	2.63	1.69	2.16
瑞典	1.97	1.55	2.05	1.68	1.30	1.64	2.72	2.20	1.97	2.11	1.93
丹麦	0.33	1.24	1.71	2.79	1.95	2.30	2.72	1.47	1.75	1.27	1.73
中国大陆	0.00	0.93	1.02	2.23	0.97	1.64	1.02	0.73	2.19	3.16	1.50
比利时	1.97	2.48	2.39	0.56	1.30	1.64	1.02	1.71	0.66	0.84	1.39
挪威	1.31	1.55	1.71	1.68	0.65	2.96	0.34	1.22	1.32	1.27	1.39
爱尔兰	0.98	0.62	1.71	1.40	0.65	1.64	2.04	0.49	1.75	1.48	1.28
南非	0.33	0.62	0.68	2.23	0.65	2.63	1.36	0.49	2.19	1.05	1.25
意大利	1.31	1.86	0.34	0.56	1.30	0.66	0.68	1.22	1.32	1.48	1.11
新西兰	1.97	0.93	0.34	1.40	0.65	0.99	0.68	0.98	0.88	1.05	0.99
法国	1.64	0.93	0.68	0.00	0.32	0.66	0.68	1.71	1.10	1.27	0.94
韩国	0.33	2.17	0.68	0.00	0.97	0.33	1.02	1.47	1.10	0.63	0.88
瑞士	0.98	0.31	0.68	0.28	1.30	0.33	0.68	2.69	0.22	0.63	0.82

三十八　公共卫生、环境卫生和职业卫生

公共卫生、环境卫生和职业卫生 A、B、C 层人才最多的是美国，分别占该学科全球 A、B、C 层人才的 15.34%、20.63%、26.48%，均大幅高于其他国家和地区；英国 A、B、C 层人才的世界占比分别为 8.52%、9.15%、9.55%，均排名第二。

澳大利亚、荷兰、加拿大的 A 层人才比较多，世界占比在 6%~3%；中国大陆、德国、南非、瑞士、瑞典、印度、法国、意大利、巴西、新加坡、西班牙、墨西哥、丹麦、日本、挪威也有相当数量的 A 层人才，世界占比

均超过 1%。

加拿大、澳大利亚的 B 层人才比较多，世界占比在 4%~3%；中国大陆、瑞士、德国、荷兰、意大利、巴西、印度、西班牙、瑞典、法国、南非、丹麦、挪威、日本、伊朗、巴基斯坦也有相当数量的 B 层人才，世界占比超过或接近 1%。

澳大利亚、加拿大、中国大陆的 C 层人才比较多，世界占比在 5%~4%；德国、荷兰、意大利、西班牙、瑞士、瑞典、法国、印度、丹麦、巴西、南非、挪威、比利时、日本、韩国也有相当数量的 C 层人才，世界占比超过或接近 1%。

表 9-112　公共卫生、环境卫生和职业卫生 A 层人才排名前 20 的国家和地区的占比

单位：%

国家和地区	2012 年	2013 年	2014 年	2015 年	2016 年	2017 年	2018 年	2019 年	2020 年	2021 年	合计
美国	3.33	26.42	10.53	0.00	16.67	20.00	12.50	22.11	5.41	18.69	15.34
英国	3.33	16.98	7.02	0.00	16.67	17.78	4.17	8.42	2.70	9.35	8.52
澳大利亚	3.33	15.09	3.51	0.00	16.67	11.11	8.33	4.21	1.80	1.87	5.11
荷兰	3.33	3.77	1.75	0.00	0.00	6.67	4.17	5.26	1.80	3.74	3.60
加拿大	3.33	5.66	1.75	0.00	16.67	4.44	4.17	5.26	0.90	2.80	3.41
中国大陆	3.33	1.89	3.51	0.00	0.00	0.00	4.17	5.26	2.70	1.87	2.84
德国	0.00	5.66	1.75	0.00	0.00	4.44	4.17	1.05	2.70	2.80	2.65
南非	3.33	1.89	1.75	0.00	0.00	6.67	0.00	5.26	0.90	1.87	2.65
瑞士	0.00	3.77	1.75	0.00	0.00	6.67	0.00	3.16	0.90	2.80	2.65
瑞典	3.33	1.89	3.51	0.00	0.00	0.00	4.17	5.26	1.80	0.93	2.46
印度	3.33	3.77	1.75	0.00	0.00	4.44	4.17	2.11	0.90	0.93	2.08
法国	3.33	0.00	0.00	0.00	16.67	0.00	4.17	1.05	0.90	3.74	1.89
意大利	3.33	0.00	1.75	0.00	0.00	4.44	0.00	3.16	0.90	1.87	1.89
巴西	0.00	1.89	1.75	0.00	0.00	0.00	0.00	3.16	0.90	1.87	1.52
新加坡	3.33	0.00	3.51	0.00	0.00	4.44	0.00	0.00	1.80	0.93	1.52
西班牙	3.33	0.00	0.00	0.00	0.00	4.17	1.05	1.80	2.80	1.52
墨西哥	3.33	1.89	1.75	0.00	0.00	0.00	0.00	2.11	0.90	0.93	1.33
丹麦	3.33	0.00	1.75	0.00	16.67	2.22	0.00	1.05	0.90	0.00	1.14
日本	3.33	1.89	1.75	0.00	0.00	0.00	0.00	1.05	0.90	0.93	1.14
挪威	0.00	1.89	1.75	0.00	0.00	2.22	0.00	1.05	0.90	0.93	1.14

表 9-113　公共卫生、环境卫生和职业卫生 B 层人才排名前 20 的国家和地区的占比

单位：%

国家和地区	2012 年	2013 年	2014 年	2015 年	2016 年	2017 年	2018 年	2019 年	2020 年	2021 年	合计
美国	20.12	22.71	20.94	17.61	13.37	17.48	21.01	22.47	25.90	21.76	20.63
英国	9.96	15.74	7.92	7.24	6.10	9.21	9.00	11.30	8.70	8.38	9.15
加拿大	3.98	3.78	4.91	4.40	2.76	5.01	3.84	3.92	3.10	4.15	3.95
澳大利亚	6.18	5.38	3.02	3.69	3.20	4.20	3.24	4.16	3.20	3.22	3.79
中国大陆	1.99	1.99	1.32	1.42	1.89	1.36	2.64	3.45	6.10	4.15	2.94
瑞士	3.78	4.38	2.64	2.70	2.18	2.30	2.76	3.09	2.40	2.88	2.83
德国	1.79	3.78	2.83	1.56	1.16	3.52	1.92	2.02	2.40	3.22	2.43
荷兰	3.19	4.78	2.08	2.98	2.62	2.03	1.56	2.26	1.80	1.95	2.37
意大利	1.00	2.39	2.08	1.56	1.16	1.76	1.08	1.19	4.90	2.88	2.15
巴西	2.19	1.39	2.26	2.84	1.74	1.76	2.64	1.19	1.50	1.69	1.89
印度	1.59	1.39	1.89	1.42	1.89	1.08	2.28	2.38	1.30	2.79	1.88
西班牙	1.79	2.19	1.51	1.70	1.16	1.76	2.04	1.66	1.80	2.37	1.84
瑞典	3.19	1.79	0.94	1.99	1.45	2.30	1.44	1.78	1.50	0.85	1.64
法国	2.19	1.59	1.13	1.70	1.16	2.03	1.32	1.43	1.90	1.69	1.62
南非	1.99	2.39	1.51	1.28	1.45	1.22	2.40	1.78	1.20	1.35	1.61
丹麦	1.99	1.79	1.13	1.28	1.31	1.63	1.20	1.90	0.60	1.27	1.36
挪威	2.19	2.59	0.94	1.28	1.60	1.36	1.20	1.31	0.60	1.19	1.33
日本	1.59	1.39	1.32	1.14	0.87	1.22	1.08	0.71	1.20	0.93	1.10
伊朗	1.00	0.40	0.75	0.57	1.16	0.95	0.72	0.71	1.20	1.86	1.01
巴基斯坦	0.80	0.80	0.94	0.71	1.16	0.81	1.08	0.71	1.20	1.27	0.98

表 9-114　公共卫生、环境卫生和职业卫生 C 层人才排名前 20 的国家和地区的占比

单位：%

国家和地区	2012 年	2013 年	2014 年	2015 年	2016 年	2017 年	2018 年	2019 年	2020 年	2021 年	合计
美国	33.91	32.92	32.23	30.14	29.45	29.24	27.07	24.97	20.38	18.71	26.48
英国	10.60	10.85	10.22	10.32	9.87	10.08	10.01	9.56	8.19	8.24	9.55
澳大利亚	4.65	5.15	5.21	5.47	5.28	5.51	5.40	5.20	4.46	4.18	4.98
加拿大	5.71	5.41	5.83	5.12	5.54	5.42	5.01	4.81	3.99	3.79	4.88
中国大陆	2.28	2.33	2.44	3.04	3.35	3.66	4.61	6.98	7.48	6.56	4.79
德国	3.15	3.10	3.02	2.96	2.76	2.87	2.71	2.74	2.45	2.88	2.83
荷兰	3.98	2.98	3.06	3.55	2.96	3.22	2.81	2.71	2.15	1.95	2.79
意大利	1.73	2.03	1.71	2.23	1.91	2.04	2.02	2.34	3.57	3.55	2.49

国家和地区	2012 年	2013 年	2014 年	2015 年	2016 年	2017 年	2018 年	2019 年	2020 年	2021 年	合计
西班牙	1.95	2.05	2.15	2.05	2.09	2.14	2.07	2.56	3.17	2.89	2.42
瑞士	2.14	2.21	2.15	2.47	2.34	2.20	1.89	2.40	1.69	1.78	2.08
瑞典	2.90	2.76	2.25	2.16	2.40	2.27	2.07	2.02	1.53	1.53	2.08
法国	2.45	2.35	1.82	2.18	2.14	2.05	1.93	2.06	1.60	1.56	1.95
印度	1.12	1.25	0.99	1.29	1.17	1.13	1.37	1.49	2.07	2.71	1.60
丹麦	2.16	1.75	1.74	1.89	1.96	1.77	1.41	1.59	1.25	1.13	1.59
巴西	1.29	1.29	1.34	1.15	1.64	1.45	1.81	1.31	2.01	1.63	1.54
南非	1.10	1.29	1.45	1.34	1.66	1.67	1.72	1.37	1.26	1.49	1.44
挪威	1.50	1.35	1.47	1.35	1.40	1.46	1.26	1.30	0.82	1.06	1.25
比利时	1.33	1.15	1.63	1.40	1.12	1.16	1.25	1.13	1.01	1.11	1.20
日本	0.93	0.76	0.74	0.80	0.81	0.92	0.89	1.14	1.13	1.43	1.01
韩国	0.57	0.60	0.62	0.60	0.90	0.86	1.00	1.24	1.24	1.35	0.98

三十九　热带医学

热带医学 A、B、C 层人才最多的是美国，分别占该学科全球 A、B、C 层人才的 16.67%、16.17%、15.02%；英国 A、B、C 层人才的世界占比分别为 15.56%、10.26%、9.83%，均排名第二。

中国大陆、法国、瑞士、澳大利亚、巴西、印度、南非的 A 层人才比较多，世界占比在 6%~3%；法属圭亚那、德国、比利时、泰国、新喀里多尼亚、加拿大、西班牙、日本也有相当数量的 A 层人才，世界占比均为 2.22%；柬埔寨、智利、捷克的 A 层人才世界占比均为 1.11%。

瑞士、巴西、澳大利亚、法国的 B 层人才比较多，世界占比在 6%~3%；意大利、中国大陆、泰国、荷兰、西班牙、印度、南非、加拿大、德国、坦桑尼亚、巴基斯坦、越南、比利时、秘鲁也有相当数量的 B 层人才，世界占比均超过 1%。

巴西、瑞士、法国、澳大利亚、中国大陆的 C 层人才比较多，世界占比在 6%~3%；德国、泰国、荷兰、印度、意大利、西班牙、肯尼亚、比利时、坦桑尼亚、南非、加拿大、埃塞俄比亚、伊朗也有相当数量的 C 层人才，世界占比均超过 1%。

表 9-115　热带医学 A 层人才排名前 20 的国家和地区的占比

单位：%

国家和地区	2012 年	2013 年	2014 年	2015 年	2016 年	2017 年	2018 年	2019 年	2020 年	2021 年	合计
美国	42.86	0.00	50.00	25.00	12.50	0.00	14.29	15.38	25.00	14.29	16.67
英国	28.57	0.00	50.00	25.00	0.00	11.11	28.57	15.38	0.00	7.14	15.56
中国大陆	0.00	0.00	0.00	0.00	0.00	0.00	0.00	0.00	37.50	14.29	5.56
法国	0.00	0.00	0.00	0.00	25.00	11.11	0.00	7.69	0.00	0.00	5.56
瑞士	0.00	0.00	0.00	25.00	0.00	5.56	14.29	0.00	0.00	0.00	4.44
澳大利亚	0.00	0.00	0.00	0.00	0.00	0.00	7.14	15.38	0.00	0.00	3.33
巴西	0.00	0.00	0.00	0.00	12.50	5.56	7.14	0.00	0.00	0.00	3.33
印度	0.00	0.00	0.00	0.00	0.00	5.56	0.00	0.00	0.00	14.29	3.33
南非	0.00	0.00	0.00	0.00	0.00	0.00	14.29	7.69	0.00	0.00	3.33
法属圭亚那	0.00	0.00	0.00	0.00	12.50	5.56	0.00	0.00	0.00	0.00	2.22
德国	0.00	0.00	0.00	0.00	12.50	0.00	0.00	0.00	12.50	0.00	2.22
比利时	0.00	0.00	0.00	0.00	0.00	11.11	0.00	0.00	0.00	0.00	2.22
泰国	14.29	0.00	0.00	0.00	0.00	0.00	7.14	0.00	0.00	0.00	2.22
新喀里多尼亚	0.00	0.00	0.00	0.00	12.50	0.00	0.00	7.69	0.00	0.00	2.22
加拿大	0.00	0.00	0.00	0.00	0.00	5.56	0.00	7.69	0.00	0.00	2.22
西班牙	0.00	0.00	0.00	0.00	0.00	5.56	0.00	0.00	0.00	7.14	2.22
日本	0.00	0.00	0.00	0.00	0.00	0.00	0.00	7.69	0.00	7.14	2.22
柬埔寨	14.29	0.00	0.00	0.00	0.00	0.00	0.00	0.00	0.00	0.00	1.11
智利	0.00	0.00	0.00	0.00	0.00	0.00	0.00	0.00	0.00	7.14	1.11
捷克	0.00	0.00	0.00	0.00	12.50	0.00	0.00	0.00	0.00	0.00	1.11

表 9-116　热带医学 B 层人才排名前 20 的国家和地区的占比

单位：%

国家和地区	2012 年	2013 年	2014 年	2015 年	2016 年	2017 年	2018 年	2019 年	2020 年	2021 年	合计
美国	23.88	13.79	22.22	16.55	12.94	18.24	16.67	12.69	15.00	14.29	16.17
英国	14.93	9.20	14.81	10.79	8.24	10.00	10.00	11.94	8.00	7.94	10.26
瑞士	8.96	4.60	11.11	7.91	3.53	7.65	5.00	5.22	3.00	1.59	5.64

续表

国家和地区	2012 年	2013 年	2014 年	2015 年	2016 年	2017 年	2018 年	2019 年	2020 年	2021 年	合计
巴西	2.99	5.75	3.70	7.19	9.41	4.12	6.67	4.48	5.00	4.76	5.45
澳大利亚	5.97	1.15	3.70	7.19	5.88	4.71	4.17	7.46	4.00	2.38	4.81
法国	1.49	4.60	5.56	4.32	4.71	2.94	2.50	2.99	0.00	2.38	3.05
意大利	1.49	5.75	3.70	0.72	1.18	2.94	6.67	0.75	3.00	2.38	2.77
中国大陆	2.99	0.00	1.85	2.16	1.18	1.18	4.17	1.49	9.00	2.38	2.59
泰国	2.99	0.00	0.00	3.60	3.53	3.53	1.67	4.48	2.00	1.59	2.59
荷兰	2.99	5.75	1.85	1.44	3.53	4.12	0.83	1.49	2.00	1.59	2.50
西班牙	0.00	4.60	3.70	3.60	2.35	2.94	3.33	0.00	1.00	0.79	2.22
印度	0.00	1.15	3.70	1.44	2.35	1.76	3.33	1.49	2.00	3.97	2.13
南非	2.99	1.15	5.56	0.72	0.00	2.35	1.67	1.49	1.00	3.17	1.85
加拿大	2.99	0.00	1.85	2.16	2.35	1.18	3.33	1.49	1.00	0.79	1.66
德国	0.00	1.15	1.85	1.44	1.18	3.53	1.67	0.75	1.00	1.59	1.57
坦桑尼亚	0.00	3.45	1.85	1.44	1.18	0.00	1.67	2.24	2.00	0.79	1.39
巴基斯坦	1.49	1.15	0.00	0.72	1.18	2.94	0.00	0.00	2.00	2.38	1.29
越南	1.49	0.00	1.85	1.44	1.18	0.00	0.83	1.49	1.00	3.17	1.29
比利时	0.00	1.15	0.00	2.16	3.53	0.59	0.00	1.49	1.00	1.59	1.20
秘鲁	0.00	3.45	0.00	1.44	1.18	0.00	0.83	1.49	3.00	0.79	1.20

表 9-117 热带医学 C 层人才排名前 20 的国家和地区的占比

单位：%

国家和地区	2012 年	2013 年	2014 年	2015 年	2016 年	2017 年	2018 年	2019 年	2020 年	2021 年	合计
美国	16.33	15.40	14.12	15.42	17.75	15.77	15.34	15.06	12.27	12.70	15.02
英国	11.71	11.17	12.40	10.76	8.65	9.11	10.17	9.08	8.10	8.92	9.83
巴西	5.08	5.01	6.20	6.02	4.83	5.96	5.48	6.37	7.06	6.14	5.87
瑞士	5.08	4.36	5.01	4.10	2.92	4.21	4.45	4.46	3.36	3.11	4.08
法国	3.70	5.65	3.56	3.61	4.94	3.45	4.61	3.19	3.01	2.94	3.79
澳大利亚	5.08	4.49	3.17	3.13	4.49	3.86	3.50	4.38	3.24	3.11	3.78
中国大陆	3.24	1.93	2.77	2.81	4.04	2.45	3.66	3.82	6.02	4.71	3.51
德国	2.47	1.28	2.77	2.09	2.36	3.27	1.67	2.23	2.66	2.10	2.33
泰国	2.77	2.57	2.90	2.17	2.81	2.04	1.75	1.75	1.97	2.61	2.25
荷兰	1.39	1.54	2.51	3.45	3.15	2.22	1.27	1.91	2.08	2.19	2.20
印度	1.85	2.95	1.45	2.01	2.13	1.99	1.43	2.47	1.50	3.78	2.18
意大利	1.69	2.57	2.37	1.53	2.02	2.22	1.27	2.31	2.31	1.93	2.00

续表

国家和地区	2012 年	2013 年	2014 年	2015 年	2016 年	2017 年	2018 年	2019 年	2020 年	2021 年	合计
西班牙	0.92	1.80	1.32	2.33	2.13	2.22	2.54	2.07	1.74	1.85	1.99
肯尼亚	2.00	2.05	1.98	1.77	1.35	1.69	1.99	1.35	1.50	1.77	1.73
比利时	1.54	2.05	1.98	2.25	1.24	1.81	1.67	1.43	1.50	1.09	1.66
坦桑尼亚	2.31	2.44	2.51	1.29	1.01	1.46	1.27	1.75	1.97	0.76	1.58
南非	0.46	0.90	1.58	1.53	1.46	1.52	2.07	1.20	1.74	1.18	1.42
加拿大	2.16	0.77	1.85	1.69	1.57	1.11	1.67	0.80	1.50	0.93	1.35
埃塞俄比亚	0.62	0.51	1.45	0.88	0.90	1.29	1.43	1.51	1.74	1.60	1.24
伊朗	0.46	0.00	1.19	0.48	1.01	1.23	0.64	1.27	2.20	1.77	1.06

四十　药理学和药剂学

药理学和药剂学 A、B、C 层人才最多的是美国，分别占该学科全球 A、B、C 层人才的 26.82%、23.45%、19.49%，均显著高于其他国家和地区。

英国 A 层人才的世界占比为 10.13%，排名第二；中国大陆、德国、印度、澳大利亚、加拿大、法国、荷兰、意大利的 A 层人才比较多，世界占比在 6%~3%；瑞士、比利时、瑞典、韩国、沙特阿拉伯、爱尔兰、日本、丹麦、葡萄牙、奥地利也有相当数量的 A 层人才，世界占比均超过 1%。

中国大陆 B 层人才的世界占比为 8.99%，排名第二；英国、意大利、德国、印度、澳大利亚、法国、加拿大的 B 层人才比较多，世界占比在 8%~3%；西班牙、荷兰、伊朗、瑞士、日本、比利时、韩国、瑞典、丹麦、巴西、葡萄牙也有相当数量的 B 层人才，世界占比均超过 1%。

中国大陆 C 层人才的世界占比为 14.64%，排名第二；英国、意大利、德国、印度的 C 层人才比较多，世界占比在 6%~3%；澳大利亚、法国、西班牙、伊朗、加拿大、荷兰、韩国、日本、瑞士、巴西、比利时、埃及、瑞典、沙特阿拉伯也有相当数量的 C 层人才，世界占比均超过 1%。

表 9-118 药理学和药剂学 A 层人才排名前 20 的国家和地区的占比

单位：%

国家和地区	2012 年	2013 年	2014 年	2015 年	2016 年	2017 年	2018 年	2019 年	2020 年	2021 年	合计
美国	32.81	30.00	38.03	32.00	37.18	34.15	20.00	20.41	13.46	21.43	26.82
英国	10.94	14.29	8.45	14.67	11.54	12.20	8.24	9.18	8.65	6.25	10.13
中国大陆	0.00	5.71	2.82	2.67	1.28	3.66	9.41	4.08	19.23	5.36	5.96
德国	4.69	2.86	1.41	4.00	2.56	1.22	7.06	5.10	4.81	6.25	4.17
印度	6.25	2.86	4.23	4.00	5.13	7.32	3.53	4.08	1.92	2.68	4.05
澳大利亚	0.00	4.29	1.41	2.67	3.85	2.44	5.88	6.12	3.85	4.46	3.69
加拿大	3.13	5.71	1.41	4.00	3.85	3.66	3.53	4.08	3.85	2.68	3.58
法国	4.69	4.29	4.23	4.00	1.28	2.44	0.00	3.06	7.69	1.79	3.34
荷兰	7.81	1.43	1.41	1.33	2.56	2.44	3.53	5.10	1.92	4.46	3.22
意大利	1.56	1.43	2.82	2.67	0.00	1.22	4.71	5.10	2.88	6.25	3.10
瑞士	4.69	2.86	1.41	4.00	2.56	6.10	0.00	3.06	0.96	4.46	2.98
比利时	4.69	0.00	2.82	1.33	2.56	2.44	0.00	0.00	2.88	2.68	1.91
瑞典	0.00	4.29	0.00	1.33	3.85	2.44	1.18	0.00	0.96	2.68	1.67
韩国	3.13	0.00	2.82	0.00	1.28	2.44	2.35	1.02	0.96	1.79	1.55
沙特阿拉伯	1.56	0.00	1.41	0.00	2.56	1.22	1.18	2.04	2.88	1.79	1.55
爱尔兰	0.00	1.43	0.00	4.00	2.56	2.44	1.18	0.00	0.96	1.79	1.43
日本	0.00	2.86	2.82	1.33	0.00	3.66	1.18	1.02	0.96	0.89	1.43
丹麦	1.56	0.00	4.23	2.67	0.00	1.22	0.00	1.02	0.96	0.89	1.19
葡萄牙	1.56	1.43	0.00	0.00	1.28	0.00	2.35	2.04	0.96	1.79	1.19
奥地利	3.13	0.00	0.00	1.33	2.56	0.00	0.00	1.02	0.00	2.68	1.07

表 9-119 药理学和药剂学 B 层人才排名前 20 的国家和地区的占比

单位：%

国家和地区	2012 年	2013 年	2014 年	2015 年	2016 年	2017 年	2018 年	2019 年	2020 年	2021 年	合计
美国	32.79	28.68	26.93	28.17	26.57	25.14	21.54	20.28	17.15	15.79	23.45
中国大陆	2.95	4.55	4.57	5.37	7.00	8.65	10.97	13.13	13.83	12.71	8.99
英国	8.36	8.31	7.72	9.99	7.57	7.43	7.70	6.57	6.11	6.26	7.45
意大利	4.43	4.08	4.41	5.51	4.14	5.14	4.96	4.38	5.79	4.97	4.82
德国	4.75	4.55	6.30	5.66	4.29	2.84	3.92	2.65	2.79	3.48	3.98
印度	4.10	2.82	2.52	2.68	3.00	3.51	3.79	4.84	4.72	5.26	3.86
澳大利亚	2.95	4.08	4.09	3.43	5.00	3.78	3.13	3.23	3.22	2.18	3.44
法国	5.08	4.39	3.78	2.83	2.86	3.24	2.87	3.34	3.22	1.59	3.21

续表

国家和地区	2012 年	2013 年	2014 年	2015 年	2016 年	2017 年	2018 年	2019 年	2020 年	2021 年	合计
加拿大	3.77	3.76	3.94	2.38	3.14	3.65	3.26	2.07	2.36	2.68	3.03
西班牙	1.80	3.13	1.73	2.38	3.43	2.70	2.35	2.65	3.00	2.48	2.59
荷兰	2.46	3.29	2.83	2.53	1.86	2.70	3.79	2.42	1.18	1.79	2.42
伊朗	0.66	0.63	0.94	1.64	2.43	3.11	2.87	2.42	3.64	3.97	2.40
瑞士	2.46	2.51	2.68	3.87	1.43	1.76	2.35	1.38	1.61	1.49	2.07
日本	3.11	2.51	2.05	1.79	2.29	1.08	1.31	1.27	1.71	0.89	1.72
比利时	1.31	2.35	2.83	2.24	1.71	1.35	1.31	1.73	1.18	0.89	1.63
韩国	1.31	1.25	1.10	0.89	2.43	1.08	2.22	2.42	1.71	1.29	1.60
瑞典	0.98	1.10	2.05	1.64	1.71	1.76	1.83	1.50	0.43	1.19	1.39
丹麦	1.48	1.72	1.42	1.64	1.43	1.22	0.91	1.04	0.64	0.99	1.20
巴西	0.66	0.94	1.57	1.04	1.43	0.95	1.31	1.15	1.18	0.99	1.12
葡萄牙	0.82	1.10	1.10	0.89	1.00	0.54	0.39	0.92	2.14	1.19	1.04

表 9-120　药理学和药剂学 C 层人才排名前 20 的国家和地区的占比

单位：%

国家和地区	2012 年	2013 年	2014 年	2015 年	2016 年	2017 年	2018 年	2019 年	2020 年	2021 年	合计
美国	26.35	25.20	24.24	23.48	20.94	19.72	18.45	16.21	14.05	12.49	19.49
中国大陆	9.46	8.74	10.11	11.06	11.66	14.68	17.21	20.01	19.63	18.15	14.64
英国	7.14	7.27	7.04	6.34	6.20	6.05	5.75	5.21	5.21	4.62	5.97
意大利	4.67	5.18	4.29	3.94	4.66	4.85	5.09	4.56	5.48	5.17	4.82
德国	5.48	4.71	5.04	4.46	4.03	3.94	3.87	3.63	2.98	2.76	3.98
印度	3.44	3.79	3.92	3.52	4.05	3.90	3.80	3.46	4.13	5.36	3.97
澳大利亚	2.78	3.20	3.06	2.97	3.23	2.88	2.98	2.71	2.29	2.57	2.84
法国	3.11	3.42	3.06	3.11	3.19	2.56	2.32	2.21	2.38	1.81	2.65
西班牙	2.70	2.86	2.74	2.91	2.72	2.64	2.40	2.44	2.21	2.47	2.58
伊朗	0.78	1.40	1.26	1.52	2.27	2.39	2.99	3.11	3.83	3.78	2.47
加拿大	3.01	2.90	2.53	2.74	2.34	2.83	2.24	2.37	2.15	1.82	2.45
荷兰	2.45	2.75	2.80	2.92	2.75	2.37	2.12	1.84	1.78	1.51	2.27
韩国	2.19	2.35	2.11	2.10	2.28	1.79	2.16	2.14	1.71	2.01	2.07
日本	2.67	2.68	2.48	2.44	1.95	1.82	1.87	1.86	1.47	1.49	2.02
瑞士	2.10	1.68	2.26	2.13	2.08	1.72	1.60	1.52	1.67	1.13	1.75
巴西	1.62	1.73	1.58	1.89	2.04	1.77	1.51	1.59	1.27	1.59	1.64
比利时	1.92	1.79	1.81	1.64	1.62	1.56	1.24	1.21	1.28	0.97	1.47

续表

国家和地区	2012 年	2013 年	2014 年	2015 年	2016 年	2017 年	2018 年	2019 年	2020 年	2021 年	合计
埃及	0.51	0.65	0.80	0.96	1.31	1.59	1.52	1.57	1.97	2.81	1.45
瑞典	1.44	1.53	1.47	1.51	1.35	1.16	1.05	0.95	0.91	1.16	1.23
沙特阿拉伯	0.46	0.49	0.77	0.90	0.93	0.98	1.15	1.33	1.69	2.74	1.22

四十一 医用化学

医用化学 A、B、C 层人才最多的是美国，分别占全球 A、B、C 层人才的 26.09%、20.28%、17.00%，均大幅高于其他国家和地区；中国大陆 A、B、C 层人才的世界占比分别为 6.96%、12.59%、16.31%，均排名第二。

印度、德国、英国、意大利、新西兰、瑞士、澳大利亚的 A 层人才比较多，世界占比在 7%~3%；日本、伊朗、加拿大、韩国、巴基斯坦、孟加拉国、荷兰、爱尔兰、瑞典、法国、西班牙也有相当数量的 A 层人才，世界占比均超过 1%。

印度、意大利、德国、英国、西班牙的 B 层人才比较多，世界占比在 7%~3%；韩国、伊朗、澳大利亚、法国、葡萄牙、瑞士、沙特阿拉伯、巴西、日本、加拿大、波兰、埃及、荷兰也有相当数量的 B 层人才，世界占比均超过 1%。

意大利、印度、德国、英国的 C 层人才比较多，世界占比在 7%~4%；韩国、西班牙、法国、埃及、澳大利亚、伊朗、巴西、沙特阿拉伯、日本、加拿大、瑞士、葡萄牙、波兰、土耳其也有相当数量的 C 层人才，世界占比均超过 1%。

表 9-121　医用化学 A 层人才排名前 20 的国家和地区的占比

单位：%

国家和地区	2012 年	2013 年	2014 年	2015 年	2016 年	2017 年	2018 年	2019 年	2020 年	2021 年	合计
美国	47.62	10.00	30.00	22.73	23.81	40.91	42.86	14.29	18.52	17.86	26.09
中国大陆	4.76	5.00	0.00	9.09	9.52	4.55	0.00	10.71	11.11	10.71	6.96
印度	9.52	0.00	10.00	4.55	0.00	18.18	0.00	3.57	0.00	14.29	6.09

续表

国家和地区	2012 年	2013 年	2014 年	2015 年	2016 年	2017 年	2018 年	2019 年	2020 年	2021 年	合计
德国	4.76	5.00	10.00	0.00	9.52	4.55	0.00	3.57	7.41	7.14	5.22
英国	4.76	5.00	10.00	9.09	4.76	4.55	4.76	3.57	3.70	3.57	5.22
意大利	4.76	10.00	5.00	4.55	4.76	0.00	4.76	3.57	3.70	0.00	3.91
新西兰	4.76	5.00	5.00	4.55	4.76	4.55	4.76	3.57	3.70	0.00	3.48
瑞士	9.52	5.00	0.00	4.55	4.76	4.55	0.00	0.00	0.00	3.57	3.04
澳大利亚	0.00	10.00	5.00	0.00	0.00	0.00	4.76	3.57	7.41	0.00	3.04
日本	0.00	5.00	0.00	0.00	4.76	0.00	0.00	3.57	3.70	7.14	2.61
伊朗	0.00	0.00	5.00	4.55	0.00	0.00	9.52	3.57	0.00	0.00	2.17
加拿大	4.76	5.00	5.00	4.55	0.00	0.00	0.00	0.00	3.70	0.00	2.17
韩国	0.00	0.00	0.00	0.00	4.76	4.55	4.76	0.00	3.70	3.57	2.17
巴基斯坦	0.00	0.00	0.00	0.00	0.00	0.00	4.76	3.57	7.41	0.00	1.74
孟加拉国	0.00	0.00	0.00	0.00	0.00	0.00	0.00	7.14	3.70	3.57	1.74
荷兰	0.00	5.00	0.00	0.00	0.00	0.00	0.00	0.00	3.70	7.14	1.74
爱尔兰	0.00	5.00	0.00	0.00	4.76	0.00	0.00	3.57	0.00	3.57	1.74
瑞典	4.76	5.00	0.00	0.00	4.76	0.00	4.76	0.00	0.00	0.00	1.74
法国	0.00	5.00	5.00	4.55	0.00	0.00	0.00	0.00	0.00	3.57	1.74
西班牙	0.00	0.00	0.00	0.00	0.00	0.00	4.76	7.14	0.00	3.57	1.74

表 9-122　医用化学 B 层人才排名前 20 的国家和地区的占比

单位：%

国家和地区	2012 年	2013 年	2014 年	2015 年	2016 年	2017 年	2018 年	2019 年	2020 年	2021 年	合计
美国	26.98	22.80	22.22	22.17	22.39	21.78	18.36	17.90	18.33	13.33	20.28
中国大陆	5.29	12.44	10.10	11.82	6.97	12.38	12.56	19.07	13.33	18.04	12.59
印度	6.88	9.84	9.09	5.91	6.47	4.95	7.25	7.00	5.00	7.06	6.90
意大利	3.70	8.29	6.06	3.94	7.96	5.94	6.76	4.28	8.75	6.67	6.25
德国	8.47	2.07	7.07	6.40	4.98	4.95	5.31	4.67	3.33	3.53	4.99
英国	7.41	7.77	5.56	2.46	5.47	4.46	3.38	3.89	2.50	3.14	4.48
西班牙	2.65	3.63	1.52	2.46	2.99	2.97	3.38	3.50	5.42	2.75	3.17
韩国	3.17	3.11	5.05	2.46	1.49	1.49	2.90	2.72	3.75	2.35	2.84
伊朗	0.53	2.59	2.53	2.96	4.48	2.48	2.90	1.95	3.75	1.96	2.61
澳大利亚	2.65	1.04	2.53	6.40	3.98	1.98	1.93	1.95	1.25	1.57	2.47
法国	2.65	1.55	2.02	0.49	1.99	3.47	2.90	2.72	2.08	1.18	2.10
葡萄牙	2.65	2.59	2.53	2.46	1.99	2.97	1.45	1.17	1.25	1.57	2.00

续表

国家和地区	2012年	2013年	2014年	2015年	2016年	2017年	2018年	2019年	2020年	2021年	合计
瑞士	2.65	4.15	2.02	1.97	2.49	0.00	2.42	1.17	1.25	1.18	1.86
沙特阿拉伯	0.53	1.04	0.51	1.48	1.49	2.97	2.42	2.72	0.83	3.53	1.82
巴西	1.06	2.59	2.02	1.48	1.99	2.48	1.93	1.56	1.25	0.39	1.63
日本	1.06	2.07	2.02	1.97	1.99	0.99	1.45	1.17	1.25	0.39	1.40
加拿大	1.06	1.04	1.01	0.49	1.49	2.97	2.90	1.95	0.83	0.00	1.35
波兰	1.59	0.00	1.01	1.97	0.50	2.97	0.00	1.17	3.33	0.78	1.35
埃及	0.53	0.00	1.01	0.49	0.00	0.99	1.93	1.17	0.83	4.71	1.26
荷兰	3.70	1.04	1.01	0.49	0.50	1.49	1.45	1.56	0.83	0.78	1.26

表 9-123　医用化学 C 层人才排名前 20 的国家和地区的占比

单位：%

国家和地区	2012年	2013年	2014年	2015年	2016年	2017年	2018年	2019年	2020年	2021年	合计
美国	22.41	22.26	19.36	18.66	17.98	17.50	16.51	13.49	14.46	11.10	17.00
中国大陆	11.36	12.99	13.41	14.52	14.70	15.95	19.27	20.61	17.98	19.37	16.31
意大利	5.58	6.15	6.31	5.64	6.88	7.48	6.21	6.66	7.43	7.40	6.62
印度	6.85	6.74	7.42	5.59	6.41	5.73	5.27	5.30	5.19	6.56	6.06
德国	5.36	4.96	5.58	4.64	5.26	5.43	4.19	4.51	3.44	3.06	4.56
英国	5.84	4.74	4.10	4.69	4.64	4.79	5.13	3.60	4.23	3.42	4.46
韩国	2.55	2.32	2.79	3.04	2.29	2.44	3.30	3.81	3.28	3.34	2.96
西班牙	2.60	2.37	2.21	2.99	2.14	2.34	2.22	2.90	2.48	2.98	2.54
法国	3.08	2.80	2.95	2.59	2.55	2.44	2.41	2.11	2.20	2.23	2.51
埃及	1.43	1.40	1.47	1.75	1.62	1.94	2.07	2.11	3.16	3.22	2.09
澳大利亚	1.86	1.99	2.26	2.05	2.55	1.84	2.22	1.74	1.68	1.67	1.96
伊朗	1.17	1.78	1.32	2.00	1.82	1.65	2.02	1.90	2.84	2.03	1.89
巴西	2.34	2.26	2.10	2.40	1.51	1.99	1.97	1.61	1.40	1.27	1.85
沙特阿拉伯	1.12	0.86	1.53	1.65	2.34	1.89	1.72	1.66	1.96	3.22	1.84
日本	2.28	2.21	1.58	1.75	1.82	1.99	1.58	1.37	1.28	1.59	1.72
加拿大	1.75	1.94	1.42	2.10	1.56	1.55	1.63	1.82	1.36	1.35	1.64
瑞士	1.65	1.67	1.37	1.75	1.82	1.94	1.23	1.53	1.24	1.11	1.51
葡萄牙	1.33	1.40	1.32	1.30	1.41	1.25	1.28	1.53	1.64	1.51	1.41
波兰	0.90	1.08	0.84	1.40	1.09	1.25	1.18	1.86	1.56	1.71	1.32
土耳其	0.80	1.13	0.79	1.35	2.45	1.50	1.23	0.99	1.36	1.39	1.30

四十二　毒理学

毒理学 A、B、C 层人才最多的是美国，分别占该学科全球 A、B、C 层人才的 20.59%、19.60%、19.25%，均显著高于其他国家和地区；中国大陆 A、B、C 层人才的世界占比分别为 8.33%、9.40%、14.78%，均排名第二。

英国、印度、意大利、瑞士、德国、西班牙的 A 层人才比较多，世界占比在 8%~3%；加拿大、巴基斯坦、巴西、爱尔兰、澳大利亚、比利时、新西兰、丹麦、土耳其、日本、瑞典、法国也有相当数量的 A 层人才，世界占比均超过 1%。

英国、意大利、德国、印度、加拿大、法国的 B 层人才比较多，世界占比在 6%~3%；荷兰、比利时、澳大利亚、西班牙、瑞士、新西兰、韩国、丹麦、瑞典、日本、伊朗、巴西也有相当数量的 B 层人才，世界占比均超过 1%。

英国、意大利、德国、印度、法国的 C 层人才比较多，世界占比在 5%~3%；加拿大、西班牙、荷兰、巴西、韩国、伊朗、澳大利亚、瑞士、比利时、瑞典、日本、丹麦、新西兰也有相当数量的 C 层人才，世界占比均超过 1%。

表 9-124　毒理学 A 层人才排名前 20 的国家和地区的占比

单位：%

国家和地区	2012 年	2013 年	2014 年	2015 年	2016 年	2017 年	2018 年	2019 年	2020 年	2021 年	合计
美国	33.33	33.33	15.79	25.00	18.18	19.05	9.09	26.92	21.74	12.50	20.59
中国大陆	0.00	11.11	5.26	0.00	22.73	0.00	9.09	3.85	8.70	20.83	8.33
英国	5.56	0.00	10.53	15.00	4.55	14.29	9.09	3.85	8.70	0.00	7.35
印度	0.00	11.11	0.00	5.00	4.55	0.00	9.09	3.85	13.04	8.33	5.39
意大利	0.00	0.00	10.53	5.00	0.00	9.52	4.55	3.85	4.35	0.00	3.92
瑞士	5.56	11.11	5.26	10.00	0.00	9.52	4.55	0.00	0.00	0.00	3.92
德国	11.11	0.00	0.00	5.00	13.64	0.00	0.00	7.69	0.00	0.00	3.92
西班牙	0.00	11.11	0.00	0.00	4.55	9.52	4.55	3.85	4.35	0.00	3.43
加拿大	5.56	0.00	5.26	5.00	4.55	0.00	0.00	3.85	0.00	4.17	2.94

国家和地区	2012 年	2013 年	2014 年	2015 年	2016 年	2017 年	2018 年	2019 年	2020 年	2021 年	合计
巴基斯坦	0.00	0.00	0.00	0.00	4.55	0.00	0.00	3.85	0.00	12.50	2.45
巴西	0.00	0.00	10.53	0.00	0.00	0.00	9.09	0.00	0.00	4.17	2.45
爱尔兰	0.00	0.00	0.00	10.00	0.00	9.52	0.00	0.00	4.35	0.00	2.45
澳大利亚	0.00	0.00	0.00	0.00	9.09	4.76	4.55	0.00	0.00	0.00	1.96
比利时	5.56	0.00	0.00	5.00	0.00	0.00	0.00	3.85	4.35	0.00	1.96
新西兰	0.00	0.00	0.00	0.00	0.00	0.00	0.00	0.00	4.35	12.50	1.96
丹麦	0.00	0.00	5.26	0.00	0.00	0.00	4.55	0.00	4.35	0.00	1.47
土耳其	5.56	0.00	0.00	0.00	0.00	0.00	0.00	0.00	4.35	4.17	1.47
日本	0.00	0.00	5.26	0.00	0.00	0.00	4.55	3.85	0.00	0.00	1.47
瑞典	5.56	0.00	5.26	0.00	0.00	0.00	0.00	0.00	0.00	4.17	1.47
法国	0.00	0.00	5.26	5.00	0.00	0.00	0.00	3.85	0.00	0.00	1.47

表 9-125 毒理学 B 层人才排名前 20 的国家和地区的占比

单位：%

国家和地区	2012 年	2013 年	2014 年	2015 年	2016 年	2017 年	2018 年	2019 年	2020 年	2021 年	合计
美国	33.13	24.44	27.53	26.78	22.73	19.59	12.09	14.71	12.08	10.58	19.60
中国大陆	4.82	2.22	2.81	6.01	5.56	6.70	10.23	14.29	16.67	19.23	9.40
英国	4.82	6.67	7.30	7.10	3.54	5.15	4.19	5.88	6.25	1.92	5.25
意大利	2.41	3.89	6.74	5.46	3.03	5.67	6.05	2.52	5.83	4.81	4.65
德国	3.61	5.00	6.74	4.92	4.55	4.12	2.33	3.36	3.75	3.37	4.10
印度	3.01	1.67	1.69	3.28	3.03	1.55	6.05	5.88	3.33	6.73	3.75
加拿大	3.61	5.00	6.18	6.01	3.03	3.61	2.79	2.10	3.75	1.92	3.70
法国	6.02	3.33	4.49	3.83	4.04	4.64	3.26	1.68	3.75	1.44	3.55
荷兰	4.82	3.89	4.49	3.83	4.04	2.06	0.93	2.94	2.08	1.44	2.95
比利时	3.01	3.89	1.12	5.46	2.53	4.12	1.40	1.26	2.50	0.96	2.55
澳大利亚	2.41	2.78	2.25	2.19	3.54	2.06	1.86	3.78	0.83	1.44	2.30
西班牙	1.81	4.44	2.81	2.19	2.53	2.06	2.33	0.84	2.92	0.96	2.25
瑞士	1.20	3.89	3.37	2.73	3.54	3.09	1.86	1.26	1.25	0.48	2.20
新西兰	0.60	0.56	0.00	0.55	1.01	1.03	1.86	5.04	3.75	4.81	2.10
韩国	1.81	3.89	0.56	1.64	2.02	1.03	3.26	2.10	2.50	1.92	2.10
丹麦	2.41	2.78	2.25	3.83	1.52	2.58	1.40	1.26	1.67	0.48	1.95
瑞典	1.81	3.33	1.69	1.64	3.54	1.03	1.40	2.10	2.08	0.48	1.90

国家和地区	2012 年	2013 年	2014 年	2015 年	2016 年	2017 年	2018 年	2019 年	2020 年	2021 年	合计
日本	1.20	2.22	0.56	1.64	3.03	1.55	1.86	2.52	0.83	1.92	1.75
伊朗	0.60	0.56	1.12	0.00	0.00	3.09	3.26	2.10	0.42	2.88	1.45
巴西	1.20	0.56	0.00	0.55	2.53	1.03	2.79	2.10	1.25	1.92	1.45

表 9-126　毒理学 C 层人才排名前 20 的国家和地区的占比

单位：%

国家和地区	2012 年	2013 年	2014 年	2015 年	2016 年	2017 年	2018 年	2019 年	2020 年	2021 年	合计
美国	26.39	24.94	23.67	22.63	21.41	20.68	16.63	15.21	13.19	12.46	19.25
中国大陆	8.67	9.81	11.15	9.74	11.09	11.15	16.77	21.00	19.07	24.76	14.78
英国	5.42	5.39	6.86	5.39	4.93	4.40	4.10	3.85	4.05	2.43	4.60
意大利	4.34	5.33	4.46	4.62	4.57	4.97	4.53	4.24	4.35	4.00	4.52
德国	3.92	4.30	4.80	4.13	4.57	4.76	3.81	3.37	4.53	2.38	4.04
印度	3.01	3.57	3.03	3.70	3.85	3.09	3.42	3.63	4.01	5.27	3.68
法国	4.10	3.75	2.74	2.61	3.23	3.30	3.04	2.81	2.66	2.18	3.01
加拿大	3.13	3.09	4.23	3.48	3.23	4.45	2.84	1.99	1.74	2.08	2.96
西班牙	3.01	2.54	2.92	3.32	3.29	3.09	2.07	2.51	2.87	1.92	2.74
荷兰	3.01	2.48	2.80	3.16	3.13	3.09	2.46	1.90	2.00	1.42	2.51
巴西	1.87	1.45	2.23	1.96	2.16	1.94	3.23	1.94	2.39	2.38	2.18
韩国	2.41	3.15	2.86	2.23	2.10	1.68	1.88	1.64	1.52	1.37	2.03
伊朗	0.78	0.73	0.91	0.71	1.18	2.09	3.37	2.46	2.70	3.19	1.90
澳大利亚	1.87	2.12	1.54	1.69	1.85	1.47	2.02	1.51	1.87	1.16	1.70
瑞士	2.05	1.82	1.94	2.50	2.10	1.68	1.59	1.25	1.26	0.96	1.68
比利时	1.27	2.12	1.89	1.74	1.59	1.78	1.88	1.30	1.57	1.32	1.63
瑞典	2.83	2.12	1.89	1.74	1.64	1.73	1.69	1.21	1.09	0.86	1.63
日本	1.51	1.39	1.09	2.39	1.85	1.78	1.30	1.69	1.70	1.32	1.61
丹麦	2.47	1.63	1.43	2.23	2.00	1.10	1.59	1.47	1.26	0.91	1.59
新西兰	0.48	0.48	1.43	0.98	1.28	1.52	1.73	1.51	2.05	1.87	1.38

四十三　病理学

病理学 A、B、C 层人才最多的是美国，分别占该学科全球 A、B、C 层人才的 26.02%、28.64%、27.99%，均大幅高于其他国家和地区。

英国、德国 A 层人才的世界占比分别为 10.20%、9.18%，处于第二梯队；加拿大、瑞士、法国、意大利、日本、荷兰的 A 层人才比较多，世界占比在 6%~4%；比利时、瑞典、澳大利亚、印度、奥地利、丹麦、韩国、中国大陆、捷克、新西兰、卡塔尔也有相当数量的 A 层人才，世界占比均超过 1%。

英国 B 层人才的世界占比为 9.77%，排名第二；德国、加拿大、意大利、荷兰、法国、澳大利亚的 B 层人才比较多，世界占比在 8%~3%；中国大陆、日本、瑞士、西班牙、瑞典、比利时、奥地利、巴西、韩国、丹麦、波兰、中国香港也有相当数量的 B 层人才，世界占比超过或接近 1%。

中国大陆 C 层人才的世界占比为 8.39%，排名第二；英国、德国、加拿大、意大利、日本、法国、荷兰的 C 层人才比较多，世界占比在 8%~3%；澳大利亚、西班牙、瑞士、瑞典、韩国、巴西、比利时、奥地利、中国台湾、丹麦、印度也有相当数量的 C 层人才，世界占比超过或接近 1%。

表 9-127　病理学 A 层人才排名前 20 的国家和地区的占比

单位：%

国家和地区	2012 年	2013 年	2014 年	2015 年	2016 年	2017 年	2018 年	2019 年	2020 年	2021 年	合计
美国	18.18	14.29	10.53	27.27	26.32	21.05	20.00	27.27	40.91	52.94	26.02
英国	9.09	14.29	5.26	4.55	10.53	15.79	10.00	13.64	13.64	5.88	10.20
德国	13.64	0.00	5.26	13.64	5.26	10.53	15.00	9.09	13.64	0.00	9.18
加拿大	9.09	7.14	5.26	4.55	10.53	5.26	10.00	0.00	0.00	5.88	5.61
瑞士	4.55	7.14	5.26	9.09	5.26	5.26	10.00	0.00	9.09	0.00	5.61
法国	9.09	0.00	5.26	4.55	5.26	10.53	5.00	9.09	0.00	0.00	5.10
意大利	4.55	21.43	5.26	0.00	0.00	0.00	10.00	0.00	4.55	5.88	4.59
日本	9.09	0.00	5.26	9.09	0.00	5.26	5.00	4.55	0.00	0.00	4.08
荷兰	4.55	0.00	5.26	4.55	5.26	5.26	10.00	0.00	4.55	0.00	4.08
比利时	0.00	0.00	0.00	4.55	0.00	0.00	4.55	4.55	11.76		2.55
瑞典	4.55	7.14	5.26	0.00	5.26	0.00	0.00	0.00	5.88		2.55
澳大利亚	0.00	0.00	5.26	0.00	0.00	5.26	5.00	4.55	0.00		2.04
印度	0.00	0.00	5.26	0.00	0.00	0.00	0.00	9.09	0.00	5.88	2.04

国家和地区	2012 年	2013 年	2014 年	2015 年	2016 年	2017 年	2018 年	2019 年	2020 年	2021 年	合计
奥地利	4.55	0.00	5.26	0.00	0.00	5.26	0.00	0.00	0.00	0.00	1.53
丹麦	0.00	7.14	0.00	0.00	0.00	5.26	0.00	4.55	0.00	0.00	1.53
韩国	4.55	0.00	0.00	4.55	0.00	0.00	0.00	0.00	0.00	5.88	1.53
中国大陆	0.00	0.00	5.26	0.00	0.00	0.00	0.00	0.00	4.55	0.00	1.02
捷克	0.00	7.14	5.26	0.00	0.00	0.00	0.00	0.00	0.00	0.00	1.02
新西兰	0.00	7.14	0.00	0.00	5.26	0.00	0.00	0.00	0.00	0.00	1.02
卡塔尔	0.00	0.00	5.26	0.00	0.00	0.00	0.00	4.55	0.00	0.00	1.02

表 9-128　病理学 B 层人才排名前 20 的国家和地区的占比

单位：%

国家和地区	2012 年	2013 年	2014 年	2015 年	2016 年	2017 年	2018 年	2019 年	2020 年	2021 年	合计
美国	40.72	31.77	32.34	29.10	24.62	28.06	28.08	26.54	20.57	24.85	28.64
英国	10.31	10.94	7.46	11.64	14.36	9.69	11.82	7.11	8.13	6.06	9.77
德国	7.73	9.38	9.45	8.47	8.72	7.65	6.90	6.64	5.26	4.24	7.47
加拿大	10.82	10.42	6.47	6.35	4.62	6.12	8.37	6.16	6.22	3.03	6.91
意大利	3.61	3.65	2.49	4.76	6.15	5.10	3.45	3.79	6.70	8.48	4.76
荷兰	4.64	3.65	2.49	5.29	5.64	4.59	6.40	4.74	6.70	2.42	4.71
法国	2.06	3.65	4.48	4.23	4.10	4.59	4.93	3.32	5.26	4.85	4.14
澳大利亚	1.03	2.60	4.98	2.65	4.10	4.08	2.96	4.27	3.35	5.45	3.53
中国大陆	0.52	3.13	3.98	2.65	2.05	0.51	2.96	4.74	3.35	4.85	2.86
日本	3.61	3.13	3.48	2.12	1.54	2.55	3.94	1.42	2.87	3.03	2.76
瑞士	1.55	4.69	1.99	3.17	2.56	2.04	3.94	1.90	2.87	1.82	2.66
西班牙	1.03	1.04	0.50	1.59	3.59	3.06	1.97	6.64	1.91	3.03	2.46
瑞典	0.52	1.04	2.49	2.12	2.05	3.06	1.48	3.79	1.91	1.21	1.99
比利时	2.58	1.56	1.00	1.59	2.56	2.55	1.48	1.90	1.44	3.03	1.94
奥地利	2.58	2.08	2.49	1.06	1.03	3.06	0.49	0.95	2.39	1.21	1.74
巴西	0.52	0.52	1.00	0.53	2.05	0.00	2.46	0.00	1.91	3.64	1.23
韩国	1.03	0.52	1.49	1.06	1.03	2.04	0.49	1.42	1.91	0.61	1.18
丹麦	0.52	0.00	0.00	0.53	0.00	2.04	0.49	2.84	0.96	3.03	1.02
波兰	0.52	0.52	1.00	0.53	1.03	1.53	0.00	0.47	0.00	1.82	0.72
中国香港	0.00	0.00	1.00	1.06	0.51	0.51	0.00	0.00	1.91	0.61	0.56

表 9-129　病理学 C 层人才排名前 20 的国家和地区的占比

单位：%

国家和地区	2012 年	2013 年	2014 年	2015 年	2016 年	2017 年	2018 年	2019 年	2020 年	2021 年	合计
美国	30.73	32.05	29.84	26.94	32.30	29.58	26.14	24.67	24.12	22.90	27.99
中国大陆	3.70	6.43	10.29	15.29	5.06	5.76	8.05	12.88	8.81	6.41	8.39
英国	8.05	7.24	6.60	6.62	7.07	7.42	7.94	6.32	7.03	6.97	7.12
德国	8.10	6.92	6.80	5.78	5.78	6.43	5.18	6.23	6.21	6.69	6.40
加拿大	4.91	4.49	4.15	4.33	5.21	5.09	5.28	4.28	5.34	4.62	4.77
意大利	4.56	4.43	4.40	4.28	4.70	4.93	4.72	4.37	5.73	5.79	4.77
日本	6.38	5.08	4.10	5.28	5.01	4.46	4.10	4.52	3.71	4.34	4.70
法国	3.59	2.54	3.15	2.69	3.10	3.68	3.69	3.42	3.18	3.86	3.28
荷兰	3.70	2.76	3.95	2.64	3.30	2.91	3.43	2.42	3.37	3.93	3.22
澳大利亚	2.23	3.14	2.95	2.69	2.73	3.01	3.08	2.95	2.99	3.03	2.87
西班牙	2.38	2.86	2.30	2.04	2.79	2.34	2.51	2.14	2.12	2.41	2.38
瑞士	1.92	1.35	2.00	1.34	2.06	2.44	2.51	2.71	2.60	3.17	2.19
瑞典	1.42	1.78	2.00	1.39	1.65	1.30	1.59	2.04	1.97	1.93	1.71
韩国	1.62	2.86	1.85	1.69	2.06	1.61	1.44	1.19	1.44	0.76	1.66
巴西	0.91	1.30	1.10	1.15	1.60	1.56	1.85	1.19	1.11	1.24	1.30
比利时	1.37	1.14	1.15	1.20	0.62	1.25	1.64	1.00	1.73	1.86	1.28
奥地利	1.32	0.92	1.40	1.29	1.24	0.99	1.03	0.95	0.91	1.59	1.15
中国台湾	0.76	1.03	1.00	1.20	1.24	0.93	0.51	0.90	1.20	0.48	0.94
丹麦	0.66	0.86	0.80	0.70	0.72	1.25	0.82	1.28	0.82	1.24	0.91
印度	1.01	0.86	0.20	0.70	0.62	0.99	1.38	0.81	1.11	1.59	0.91

四十四　外科学

外科学 A、B、C 层人才最多的是美国，分别占该学科全球 A、B、C 层人才的 19.85%、27.69%、32.18%，均大幅高于其他国家和地区；英国 A、B、C 层人才的世界占比分别为 8.72%、8.57%、7.19%，均排名第二。

加拿大、意大利、荷兰、德国、法国、西班牙、瑞典、瑞士的 A 层人才比较多，世界占比在 6%~3%；澳大利亚、比利时、日本、爱尔兰、印度、挪威、阿根廷、芬兰、丹麦、希腊也有相当数量的 A 层人才，世界占比均超过 1%。

意大利、德国、加拿大、荷兰、法国、日本的 B 层人才比较多，世界占比在 6%~3%；澳大利亚、西班牙、瑞士、中国大陆、比利时、瑞典、奥地利、韩国、丹麦、挪威、印度、巴西也有相当数量的 B 层人才，世界占比超过或接近 1%。

意大利、德国、中国大陆、加拿大、日本、荷兰、法国的 C 层人才比较多，世界占比在 6%~3%；澳大利亚、韩国、瑞士、西班牙、瑞典、比利时、巴西、奥地利、丹麦、印度、中国台湾也有相当数量的 C 层人才，世界占比超过或接近 1%。

表 9-130　外科学 A 层人才排名前 20 的国家和地区的占比

单位：%

国家和地区	2012 年	2013 年	2014 年	2015 年	2016 年	2017 年	2018 年	2019 年	2020 年	2021 年	合计
美国	35.94	37.31	21.13	19.44	27.54	17.95	12.20	6.82	11.58	19.05	19.85
英国	9.38	5.97	8.45	5.56	10.14	11.54	8.54	9.09	7.37	10.48	8.72
加拿大	9.38	10.45	2.82	5.56	4.35	2.56	3.66	4.55	4.21	4.76	5.06
意大利	1.56	5.97	5.63	4.17	2.90	6.41	4.88	4.55	8.42	4.76	5.06
荷兰	4.69	2.99	7.04	5.56	2.90	6.41	4.88	5.68	1.05	5.71	4.68
德国	6.25	2.99	5.63	5.56	1.45	7.69	4.88	4.55	3.16	2.86	4.42
法国	4.69	1.49	5.63	4.17	4.35	3.85	3.66	4.55	1.05	6.67	4.05
西班牙	1.56	1.49	4.23	2.78	2.90	5.13	6.10	2.27	6.32	3.81	3.79
瑞典	1.56	5.97	2.82	1.39	1.45	3.85	2.44	6.82	2.11	2.86	3.16
瑞士	3.13	7.46	4.23	4.17	2.90	0.00	3.66	4.55	0.00	1.90	3.03
澳大利亚	0.00	2.99	0.00	5.56	1.45	2.56	1.22	5.68	4.21	3.81	2.91
比利时	1.56	0.00	2.82	5.56	1.45	2.56	4.88	4.55	0.00	3.81	2.78
日本	4.69	2.99	1.41	2.78	5.80	1.28	1.22	2.27	0.00	1.90	2.28
爱尔兰	6.25	1.49	2.82	1.39	2.90	2.56	2.44	1.14	2.11	0.00	2.15
印度	0.00	1.49	2.82	2.78	1.45	1.28	2.44	3.41	2.11	0.95	1.90
挪威	0.00	1.49	0.00	1.39	0.00	0.00	3.66	1.14	4.21	1.90	1.64
阿根廷	0.00	0.00	0.00	2.78	1.45	1.28	2.44	2.27	2.11	0.95	1.39
芬兰	1.56	0.00	1.41	0.00	1.45	1.28	3.66	0.00	3.16	0.95	1.39
丹麦	3.13	0.00	2.82	2.78	0.00	1.28	1.22	1.14	0.00	0.00	1.39
希腊	0.00	0.00	4.23	0.00	0.00	2.56	2.44	1.14	0.00	1.90	1.26

表 9-131 外科学 B 层人才排名前 20 的国家和地区的占比

单位：%

国家和地区	2012 年	2013 年	2014 年	2015 年	2016 年	2017 年	2018 年	2019 年	2020 年	2021 年	合计
美国	35.79	33.89	32.36	32.07	26.88	28.96	20.72	24.69	23.43	24.07	27.69
英国	10.45	7.51	8.74	9.12	8.71	8.70	6.63	8.97	8.89	8.21	8.57
意大利	5.48	3.17	4.75	4.71	5.26	4.14	4.83	5.65	7.70	6.35	5.35
德国	5.48	5.84	6.13	4.86	5.56	4.85	4.28	4.79	4.01	5.91	5.13
加拿大	5.31	4.51	5.21	4.26	4.65	5.56	3.45	6.02	4.12	3.50	4.62
荷兰	3.77	4.01	4.29	5.02	3.90	4.28	6.08	5.04	3.80	4.27	4.45
法国	4.79	3.67	4.60	4.56	3.75	3.57	5.11	4.67	4.66	4.49	4.41
日本	3.42	4.34	4.14	4.71	2.40	2.28	3.59	3.81	2.06	2.84	3.29
澳大利亚	3.25	2.67	3.53	2.13	2.25	3.00	2.07	4.30	2.39	2.30	2.78
西班牙	2.40	2.34	2.61	2.89	2.25	2.71	2.07	2.58	4.12	2.30	2.67
瑞士	2.91	3.34	1.99	2.43	1.80	1.71	1.93	3.56	1.95	1.53	2.28
中国大陆	1.20	1.34	1.84	1.37	1.80	1.85	1.66	2.46	3.47	3.28	2.14
比利时	2.23	1.34	2.30	1.52	1.95	1.71	2.35	2.33	2.39	2.74	2.13
瑞典	1.37	1.34	2.45	1.98	1.80	1.71	1.93	2.58	1.95	1.97	1.94
奥地利	1.20	1.00	1.99	1.67	1.35	1.57	1.38	1.35	1.52	1.20	1.42
韩国	0.86	2.00	0.77	1.82	0.90	1.43	1.80	1.60	0.54	1.53	1.31
丹麦	1.37	1.84	1.69	1.22	1.95	1.28	0.97	0.74	1.19	0.88	1.27
挪威	0.68	1.34	0.77	1.22	1.95	0.71	1.10	1.23	1.08	1.31	1.15
印度	0.68	1.34	0.77	1.06	0.60	1.14	1.52	0.86	1.41	1.64	1.13
巴西	0.51	0.67	0.61	1.06	0.90	1.43	0.97	0.74	1.30	1.20	0.97

表 9-132 外科学 C 层人才排名前 20 的国家和地区的占比

单位：%

国家和地区	2012 年	2013 年	2014 年	2015 年	2016 年	2017 年	2018 年	2019 年	2020 年	2021 年	合计
美国	35.57	35.31	36.28	34.38	33.02	31.27	32.11	30.29	28.70	28.62	32.18
英国	8.23	7.93	7.27	7.25	7.66	7.66	6.55	6.40	6.88	6.73	7.19
意大利	5.15	4.88	4.86	4.92	5.21	5.07	5.23	5.16	7.02	5.80	5.40
德国	5.86	5.71	5.14	5.12	5.11	5.23	5.47	5.33	5.40	5.31	5.36
中国大陆	3.50	3.91	3.87	4.24	3.65	3.95	4.60	5.16	5.62	5.78	4.54
加拿大	3.86	4.19	4.33	4.70	4.40	4.80	4.30	4.57	3.83	4.28	4.32
日本	4.47	4.37	5.00	4.65	4.71	4.25	4.40	4.07	3.89	3.68	4.30
荷兰	3.42	4.02	3.56	3.67	4.05	4.37	4.26	4.08	3.84	3.61	3.89

续表

国家和地区	2012年	2013年	2014年	2015年	2016年	2017年	2018年	2019年	2020年	2021年	合计
法国	3.62	3.66	3.42	3.91	3.97	3.55	3.68	3.60	3.92	3.80	3.72
澳大利亚	2.37	2.61	2.24	2.75	2.83	2.74	2.67	2.37	2.32	2.42	2.52
韩国	3.01	2.52	2.82	2.37	2.28	2.09	2.26	1.80	1.78	1.86	2.23
瑞士	2.10	1.97	2.02	1.84	1.90	2.07	2.09	2.13	2.45	2.21	2.09
西班牙	1.68	2.03	2.04	1.63	1.96	1.86	1.76	2.25	2.19	2.02	1.96
瑞典	1.48	1.36	1.83	1.69	1.68	1.67	1.52	1.75	1.58	1.80	1.65
比利时	1.24	1.47	1.11	1.21	1.64	1.34	1.59	1.45	1.67	1.57	1.44
巴西	1.18	1.27	1.11	1.22	1.36	1.31	1.26	1.14	1.22	1.15	1.22
奥地利	1.31	1.02	0.86	1.00	1.04	0.92	1.19	1.22	1.21	1.05	1.09
丹麦	0.91	0.95	1.05	1.16	0.83	1.19	0.95	1.14	0.94	0.96	1.01
印度	0.62	0.85	0.82	0.74	0.73	0.81	0.85	0.89	1.18	1.40	0.92
中国台湾	1.32	0.90	0.88	0.97	0.84	0.79	1.15	0.86	0.68	0.65	0.88

四十五　移植医学

移植医学A、B、C层人才最多的是美国，分别占该学科全球A、B、C层人才的31.36%、22.67%、28.63%，均遥遥领先于其他国家和地区。

加拿大A层人才的世界占比为10.06%，排名第二；法国、德国、英国、西班牙、澳大利亚、意大利、比利时的A层人才比较多，世界占比在7%~3%；荷兰、奥地利、中国大陆、日本、瑞士、巴西、捷克、波兰、土耳其、希腊、中国香港也有相当数量的A层人才，世界占比超过或接近1%。

英国、德国、法国、意大利、加拿大、西班牙、荷兰、澳大利亚、瑞士的B层人才比较多，世界占比在9%~3%；比利时、瑞典、奥地利、中国大陆、日本、以色列、捷克、波兰、土耳其、巴西也有相当数量的B层人才，世界占比均超过1%。

德国、英国、意大利、法国、加拿大、荷兰、中国大陆、西班牙的C层人才比较多，世界占比在7%~3%；日本、澳大利亚、比利时、瑞士、瑞典、奥地利、韩国、巴西、波兰、以色列、丹麦也有相当数量的 C 层人才，世界占比超过或接近 1%。

表 9-133 移植医学 A 层人才排名前 20 的国家和地区的占比

单位：%

国家和地区	2012 年	2013 年	2014 年	2015 年	2016 年	2017 年	2018 年	2019 年	2020 年	2021 年	合计
美国	29.41	25.00	30.00	30.00	50.00	46.15	21.05	42.86	30.00	23.53	31.36
加拿大	29.41	6.25	5.00	10.00	0.00	7.69	15.79	14.29	5.00	0.00	10.06
法国	5.88	12.50	10.00	0.00	0.00	7.69	10.53	0.00	5.00	11.76	6.51
德国	11.76	6.25	5.00	5.00	0.00	7.69	10.53	4.76	5.00	5.88	6.51
英国	0.00	6.25	5.00	5.00	16.67	7.69	10.53	9.52	5.00	5.88	6.51
西班牙	0.00	0.00	5.00	10.00	0.00	7.69	5.26	0.00	15.00	11.76	5.92
澳大利亚	0.00	6.25	10.00	0.00	0.00	7.69	5.26	4.76	0.00	0.00	4.73
意大利	0.00	6.25	0.00	0.00	16.67	0.00	0.00	9.52	10.00	5.88	4.14
比利时	5.88	0.00	5.00	0.00	0.00	0.00	5.26	4.76	5.00	0.00	3.55
荷兰	0.00	6.25	0.00	0.00	0.00	7.69	5.26	0.00	0.00	5.88	2.96
奥地利	0.00	0.00	0.00	0.00	0.00	0.00	0.00	0.00	5.00	5.88	2.37
中国大陆	0.00	6.25	5.00	0.00	0.00	0.00	0.00	0.00	5.00	0.00	1.78
日本	0.00	12.50	0.00	0.00	0.00	0.00	0.00	0.00	0.00	0.00	1.78
瑞士	0.00	0.00	0.00	10.00	0.00	0.00	5.26	0.00	0.00	0.00	1.78
巴西	0.00	0.00	5.00	5.00	0.00	0.00	0.00	0.00	0.00	0.00	1.18
捷克	5.88	0.00	0.00	0.00	0.00	0.00	0.00	0.00	0.00	5.88	1.18
波兰	0.00	0.00	0.00	0.00	0.00	0.00	5.26	4.76	0.00	0.00	1.18
土耳其	0.00	0.00	0.00	0.00	16.67	0.00	0.00	0.00	0.00	5.88	1.18
希腊	0.00	0.00	0.00	0.00	0.00	0.00	0.00	0.00	0.00	5.88	0.59
中国香港	0.00	0.00	5.00	0.00	0.00	0.00	0.00	0.00	0.00	0.00	0.59

表 9-134 移植医学 B 层人才排名前 20 的国家和地区的占比

单位：%

国家和地区	2012 年	2013 年	2014 年	2015 年	2016 年	2017 年	2018 年	2019 年	2020 年	2021 年	合计
美国	21.34	31.52	26.53	24.06	17.58	26.94	19.19	22.75	13.48	23.08	22.67
英国	6.71	7.88	8.67	6.42	8.24	8.29	9.88	9.52	6.74	7.69	8.03
德国	9.15	7.88	7.65	6.95	7.14	9.33	8.72	4.76	5.06	6.29	7.29

续表

国家和地区	2012年	2013年	2014年	2015年	2016年	2017年	2018年	2019年	2020年	2021年	合计
法国	9.76	6.06	6.12	6.42	9.34	4.15	4.65	6.35	6.74	11.89	7.01
意大利	7.32	7.88	8.16	7.49	4.95	2.07	5.23	5.29	7.30	5.59	6.11
加拿大	3.66	7.27	5.61	6.42	4.95	6.22	4.65	5.29	3.37	2.80	5.09
西班牙	4.27	3.03	3.57	5.35	4.40	3.63	5.81	3.70	7.87	5.59	4.69
荷兰	6.71	1.21	5.10	4.28	4.40	3.63	2.91	6.35	5.62	4.20	4.47
澳大利亚	4.27	2.42	3.06	2.14	3.85	3.63	3.49	3.17	3.93	2.80	3.28
瑞士	5.49	3.03	2.55	1.60	3.30	1.55	3.49	3.70	3.93	2.80	3.11
比利时	2.44	2.42	2.55	1.60	4.95	3.11	1.74	4.76	1.12	2.80	2.77
瑞典	3.05	1.82	1.53	3.21	1.65	2.07	5.81	2.65	2.81	2.10	2.66
奥地利	2.44	1.82	2.55	2.14	2.20	3.11	4.07	2.12	2.25	2.80	2.54
中国大陆	2.44	2.42	1.53	2.67	0.00	3.11	5.23	0.53	3.37	1.40	2.26
日本	1.83	1.82	2.55	2.67	1.65	1.55	1.16	2.65	1.69	0.00	1.81
以色列	0.61	0.61	0.51	1.60	3.30	0.52	2.33	2.65	1.69	2.80	1.64
捷克	0.61	0.61	0.51	0.53	1.65	3.11	1.74	1.59	1.12	2.10	1.36
波兰	0.00	1.21	1.02	0.53	1.10	1.55	2.33	2.12	2.81	0.70	1.36
土耳其	0.61	1.21	0.51	1.07	2.20	0.00	1.74	1.06	2.25	1.40	1.19
巴西	1.83	0.00	1.53	1.60	1.65	1.04	0.00	0.53	1.12	0.70	1.02

表9-135　移植医学C层人才排名前20的国家和地区的占比

单位：%

国家和地区	2012年	2013年	2014年	2015年	2016年	2017年	2018年	2019年	2020年	2021年	合计
美国	27.27	30.21	30.30	29.30	30.40	28.78	28.64	27.88	25.87	27.51	28.63
德国	8.57	7.23	6.67	7.33	7.57	6.44	7.50	5.81	5.64	5.14	6.78
英国	6.44	6.44	7.14	6.36	7.38	7.04	6.64	5.25	6.15	5.85	6.48
意大利	5.07	5.05	4.67	5.83	4.68	4.62	5.33	5.25	6.27	6.17	5.29
法国	5.07	4.38	4.78	5.51	5.23	6.49	4.47	5.31	4.96	6.43	5.26
加拿大	4.82	4.62	4.15	4.65	5.29	4.73	5.44	4.98	4.79	4.50	4.79
荷兰	3.25	5.11	3.99	4.33	3.82	4.84	4.18	4.54	4.33	5.27	4.36
中国大陆	4.00	3.16	3.78	3.32	2.52	3.30	3.61	5.14	5.75	3.86	3.86
西班牙	4.00	3.40	4.04	3.10	3.88	3.63	3.55	4.04	3.82	4.18	3.76
日本	3.69	2.92	3.57	2.94	3.88	2.53	3.09	2.27	2.22	1.99	2.91
澳大利亚	3.25	3.89	3.26	3.05	2.52	2.92	2.75	2.82	1.88	2.06	2.85
比利时	2.63	2.74	2.36	2.78	3.02	3.25	2.69	2.60	2.91	2.83	2.78

国家和地区	2012 年	2013 年	2014 年	2015 年	2016 年	2017 年	2018 年	2019 年	2020 年	2021 年	合计
瑞士	1.94	1.88	1.79	2.25	1.97	2.70	2.92	2.27	2.85	1.93	2.26
瑞典	1.69	1.46	1.84	2.67	2.03	1.43	2.06	2.16	1.99	2.63	2.00
奥地利	2.00	1.58	1.79	2.25	1.35	0.99	1.89	1.83	2.17	1.86	1.77
韩国	2.69	1.34	2.21	1.66	1.66	1.98	1.66	0.94	0.74	0.90	1.58
巴西	1.25	1.40	1.00	1.28	1.05	1.49	0.74	0.50	1.03	1.22	1.09
波兰	0.56	0.79	1.10	1.12	0.92	0.72	0.97	1.22	1.37	1.09	0.99
以色列	0.75	0.67	0.74	0.86	0.80	1.10	1.32	1.11	1.03	0.90	0.93
丹麦	0.56	0.67	0.74	1.02	0.74	1.16	0.86	0.72	0.63	0.96	0.81

四十六　护理学

护理学 A、B、C 层人才最多的是美国，分别占该学科全球 A、B、C 层人才的 25.31%、26.81%、27.93%，均大幅高于其他国家和地区。

英国、澳大利亚 A 层人才的世界占比分别为 14.81%、12.96%，处于第二梯队；加拿大、比利时、瑞典、爱尔兰的 A 层人才比较多，世界占比在 7%~3%；韩国、西班牙、中国大陆、荷兰、新西兰、芬兰、阿曼、中国台湾、意大利、中国香港、菲律宾、挪威、巴西也有相当数量的 A 层人才，世界占比超过或接近 1%。

澳大利亚、英国 B 层人才的世界占比分别为 11.04%、9.45%，处于第二梯队；加拿大、中国大陆的 B 层人才比较多，世界占比在 6%~5%；瑞典、西班牙、意大利、荷兰、爱尔兰、比利时、挪威、韩国、土耳其、芬兰、德国、中国台湾、瑞士、伊朗、中国香港也有相当数量的 B 层人才，世界占比超过或接近 1%。

澳大利亚、英国 C 层人才的世界占比分别为 11.43%、8.00%，处于第二梯队；加拿大、中国大陆、瑞典的 C 层人才比较多，世界占比在 5%~3%；土耳其、韩国、挪威、荷兰、中国台湾、西班牙、意大利、巴西、芬兰、伊朗、爱尔兰、中国香港、丹麦、新加坡也有相当数量的 C 层人才，世界占比均超过 1%。

表 9-136　护理学 A 层人才排名前 20 的国家和地区的占比

单位：%

国家和地区	2012 年	2013 年	2014 年	2015 年	2016 年	2017 年	2018 年	2019 年	2020 年	2021 年	合计
美国	30.77	14.29	46.67	31.25	33.33	37.50	26.32	23.81	0.00	9.09	25.31
英国	7.69	35.71	13.33	18.75	5.56	6.25	15.79	23.81	15.79	0.00	14.81
澳大利亚	7.69	7.14	13.33	6.25	22.22	12.50	5.26	4.76	31.58	18.18	12.96
加拿大	15.38	7.14	6.67	0.00	5.56	12.50	10.53	4.76	0.00	0.00	6.17
比利时	7.69	14.29	0.00	12.50	0.00	0.00	5.26	0.00	0.00	0.00	3.70
瑞典	7.69	0.00	0.00	0.00	0.00	6.25	5.26	9.52	5.26	0.00	3.70
爱尔兰	7.69	0.00	0.00	0.00	5.56	6.25	0.00	9.52	0.00	0.00	3.09
韩国	7.69	0.00	0.00	6.25	0.00	0.00	5.26	0.00	0.00	9.09	2.47
西班牙	0.00	0.00	0.00	6.25	0.00	6.25	0.00	4.76	0.00	9.09	2.47
中国大陆	0.00	0.00	0.00	0.00	0.00	0.00	0.00	4.76	10.53	9.09	2.47
荷兰	0.00	7.14	6.67	12.50	0.00	0.00	0.00	0.00	0.00	0.00	2.47
新西兰	7.69	0.00	6.67	0.00	5.56	0.00	0.00	4.76	0.00	0.00	2.47
芬兰	0.00	7.14	0.00	0.00	11.11	0.00	0.00	0.00	0.00	0.00	1.85
阿曼	0.00	0.00	0.00	0.00	0.00	0.00	0.00	0.00	10.53	9.09	1.85
中国台湾	0.00	0.00	0.00	6.25	0.00	6.25	0.00	5.26	0.00	0.00	1.85
意大利	0.00	0.00	0.00	0.00	0.00	0.00	10.53	0.00	0.00	9.09	1.85
中国香港	0.00	0.00	0.00	0.00	0.00	0.00	5.26	0.00	0.00	0.00	1.23
菲律宾	0.00	0.00	0.00	0.00	0.00	0.00	0.00	0.00	10.53	0.00	1.23
挪威	0.00	7.14	0.00	0.00	0.00	0.00	5.26	0.00	0.00	0.00	1.23
巴西	0.00	0.00	0.00	0.00	5.56	0.00	0.00	0.00	0.00	0.00	0.62

表 9-137　护理学 B 层人才排名前 20 的国家和地区的占比

单位：%

国家和地区	2012 年	2013 年	2014 年	2015 年	2016 年	2017 年	2018 年	2019 年	2020 年	2021 年	合计
美国	39.17	35.71	29.20	33.33	30.57	27.81	26.19	21.43	17.79	18.43	26.81
澳大利亚	10.83	9.29	22.63	9.33	11.46	8.61	14.29	7.14	12.02	7.37	11.04
英国	7.50	7.86	10.22	11.33	12.74	9.27	8.33	8.24	12.50	6.45	9.45
加拿大	7.50	6.43	3.65	8.00	7.01	9.27	6.55	4.40	2.40	5.99	5.95
中国大陆	2.50	3.57	2.92	2.00	1.27	5.96	6.55	5.49	10.58	8.76	5.40
瑞典	5.83	2.86	2.92	2.00	3.18	3.97	2.98	1.10	1.92	3.69	2.94
西班牙	2.50	1.43	0.73	2.67	1.27	3.31	1.79	3.30	4.81	3.23	2.64
意大利	1.67	2.14	2.19	2.67	1.91	1.32	1.19	3.30	3.85	3.23	2.45
荷兰	2.50	4.29	2.92	3.33	1.27	1.32	1.19	2.20	1.92	2.30	2.27
爱尔兰	2.50	2.14	1.46	2.00	1.91	0.66	4.17	3.30	1.92	0.92	2.09

续表

国家和地区	2012 年	2013 年	2014 年	2015 年	2016 年	2017 年	2018 年	2019 年	2020 年	2021 年	合计
比利时	0.83	5.00	2.19	2.67	1.27	1.99	1.79	1.65	1.44	1.84	2.02
挪威	2.50	4.29	1.46	0.67	2.55	1.99	2.38	2.75	0.48	0.46	1.84
韩国	0.00	1.43	0.73	3.33	3.18	3.31	1.79	1.10	1.44	0.46	1.66
土耳其	0.00	0.71	0.73	0.67	1.27	1.99	1.19	1.65	2.40	3.69	1.60
芬兰	1.67	2.14	1.46	0.00	1.91	2.65	1.19	2.75	1.44	0.46	1.53
德国	1.67	2.86	0.73	1.33	2.55	1.32	1.79	2.75	0.00	0.92	1.53
中国台湾	1.67	0.00	1.46	1.33	0.64	1.99	0.60	1.10	1.44	2.76	1.35
瑞士	1.67	2.86	0.00	1.33	2.55	0.00	0.60	1.10	2.40	0.46	1.29
伊朗	0.00	0.00	2.19	0.67	1.27	0.00	1.79	1.65	2.40	1.38	1.23
中国香港	0.00	1.43	0.73	0.00	0.00	0.00	2.38	1.10	2.88	0.46	0.98

表 9-138 护理学 C 层人才排名前 20 的国家和地区的占比

单位：%

国家和地区	2012 年	2013 年	2014 年	2015 年	2016 年	2017 年	2018 年	2019 年	2020 年	2021 年	合计
美国	32.67	33.94	32.19	29.16	29.86	30.31	24.57	25.04	23.03	23.37	27.93
澳大利亚	11.90	12.51	11.44	12.78	11.64	12.98	10.54	10.50	10.89	9.88	11.43
英国	9.30	9.95	8.08	9.19	9.02	7.61	9.15	6.73	6.36	5.89	8.00
加拿大	5.91	6.44	5.72	5.53	4.09	4.60	4.63	4.35	4.33	3.56	4.82
中国大陆	2.00	1.39	2.65	2.93	2.17	3.26	4.46	5.17	7.30	8.59	4.22
瑞典	4.00	5.05	5.08	4.39	4.80	4.22	3.53	3.72	2.08	1.90	3.79
土耳其	2.00	1.17	1.57	1.13	1.98	2.11	1.85	2.59	3.28	3.80	2.22
韩国	1.22	1.17	2.36	2.53	1.79	2.05	2.90	2.74	2.34	2.15	2.18
挪威	2.95	2.85	2.43	2.53	2.24	2.17	2.26	2.43	1.25	1.17	2.18
荷兰	2.61	2.56	2.07	2.26	1.98	1.79	2.14	2.38	2.03	1.96	2.16
中国台湾	2.87	2.27	2.29	2.66	2.75	1.98	1.51	2.07	1.51	1.66	2.11
西班牙	0.78	0.73	1.36	1.73	2.17	1.53	2.26	2.02	2.50	3.74	1.96
意大利	0.96	0.95	1.29	1.93	1.79	1.73	1.97	2.07	2.76	1.96	1.81
巴西	1.22	1.02	1.86	1.46	1.85	2.94	1.62	1.14	1.62	1.72	1.65
芬兰	1.30	1.61	1.72	1.73	1.60	1.28	1.91	1.66	2.14	1.04	1.62
伊朗	1.04	0.66	1.22	0.73	0.70	1.28	2.03	2.74	2.34	2.33	1.59
爱尔兰	1.13	1.10	1.79	1.13	1.60	2.37	1.56	2.02	1.20	1.72	1.58
中国香港	1.13	1.68	0.79	0.87	1.09	0.70	1.16	1.14	1.46	1.60	1.17
丹麦	1.56	1.10	0.72	1.20	1.34	0.83	1.16	1.71	0.99	0.86	1.15
新加坡	1.04	0.95	1.36	0.93	0.58	0.77	1.10	0.98	1.25	1.60	1.06

四十七　全科医学和内科医学

全科医学和内科医学 A、B、C 层人才最多的是美国，分别占该学科全球 A、B、C 层人才的 16.54%、13.83%、28.78%；英国 A、B、C 层人才的世界占比分别为 16.54%、8.71%、12.40%，其中，A 层人才的世界占比与美国并列第一，B、C 层人才的世界占比均排名第二。

加拿大、中国大陆、澳大利亚、荷兰、南非、法国、巴西的 A 层人才比较多，世界占比在 9%～3%；丹麦、黎巴嫩、中国香港、肯尼亚、印度、瑞士、阿根廷、德国、俄罗斯、泰国、巴林也有相当数量的 A 层人才，世界占比超过或接近 1%。

加拿大、澳大利亚、德国的 B 层人才比较多，世界占比在 6%～3%；荷兰、中国大陆、意大利、法国、西班牙、瑞士、南非、比利时、巴西、丹麦、瑞典、印度、以色列、挪威、爱尔兰也有相当数量的 B 层人才，世界占比均超过 1%。

加拿大、澳大利亚的 C 层人才比较多，世界占比在 5%～4%；中国大陆、瑞士、荷兰、德国、意大利、法国、西班牙、印度、瑞典、南非、丹麦、巴西、比利时、挪威、韩国、日本也有相当数量的 C 层人才，世界占比超过、等于或接近 1%。

表 9-139　全科医学和内科医学 A 层人才排名前 20 的国家和地区的占比

单位：%

国家和地区	2012 年	2013 年	2014 年	2015 年	2016 年	2017 年	2018 年	2019 年	2020 年	2021 年	合计
美国	28.57	0.00	42.86	18.18	9.09	6.25	12.50	18.75	12.50	16.00	16.54
英国	21.43	0.00	14.29	36.36	0.00	6.25	12.50	18.75	12.50	24.00	16.54
加拿大	7.14	0.00	14.29	18.18	0.00	6.25	12.50	18.75	0.00	8.00	8.27
中国大陆	0.00	0.00	0.00	0.00	0.00	0.00	0.00	6.25	41.67	0.00	8.27
澳大利亚	7.14	0.00	14.29	18.18	0.00	0.00	12.50	18.75	0.00	8.00	7.52
荷兰	7.14	0.00	0.00	9.09	0.00	6.25	0.00	6.25	0.00	8.00	4.51
南非	7.14	0.00	0.00	0.00	9.09	0.00	12.50	0.00	4.17	4.00	3.76
法国	0.00	100.00	14.29	0.00	0.00	0.00	0.00	6.25	0.00	8.00	3.76

国家和地区	2012 年	2013 年	2014 年	2015 年	2016 年	2017 年	2018 年	2019 年	2020 年	2021 年	合计
巴西	0.00	0.00	0.00	0.00	9.09	6.25	0.00	0.00	4.17	4.00	3.01
丹麦	0.00	0.00	0.00	0.00	0.00	0.00	0.00	6.25	0.00	8.00	2.26
黎巴嫩	0.00	0.00	0.00	0.00	0.00	0.00	12.50	0.00	0.00	8.00	2.26
中国香港	0.00	0.00	0.00	0.00	0.00	0.00	0.00	0.00	12.50	0.00	2.26
肯尼亚	7.14	0.00	0.00	0.00	9.09	0.00	0.00	0.00	0.00	0.00	1.50
印度	0.00	0.00	0.00	0.00	9.09	6.25	0.00	0.00	0.00	0.00	1.50
瑞士	0.00	0.00	0.00	0.00	0.00	6.25	12.50	0.00	0.00	0.00	1.50
阿根廷	0.00	0.00	0.00	0.00	0.00	6.25	0.00	0.00	4.17	0.00	1.50
德国	0.00	0.00	0.00	0.00	0.00	6.25	0.00	0.00	4.17	0.00	1.50
俄罗斯	0.00	0.00	0.00	0.00	0.00	6.25	0.00	0.00	0.00	4.00	1.50
泰国	0.00	0.00	0.00	0.00	9.09	0.00	0.00	0.00	0.00	0.00	0.75
巴林	0.00	0.00	0.00	0.00	9.09	0.00	0.00	0.00	0.00	0.00	0.75

表 9-140　全科医学和内科医学 B 层人才排名前 20 的国家和地区的占比

单位：%

国家和地区	2012 年	2013 年	2014 年	2015 年	2016 年	2017 年	2018 年	2019 年	2020 年	2021 年	合计
美国	21.09	15.29	15.09	14.37	2.33	2.80	1.04	18.66	18.78	22.78	13.83
英国	13.28	14.12	12.58	9.58	1.16	2.80	1.04	11.19	5.63	13.89	8.71
加拿大	9.38	10.59	7.55	5.99	1.74	2.10	1.04	3.73	2.82	5.56	5.12
澳大利亚	6.25	4.12	5.03	3.59	1.16	2.80	1.04	3.73	1.41	3.33	3.20
德国	3.13	2.94	1.89	4.19	1.74	1.40	1.04	3.73	4.69	3.89	3.01
荷兰	3.91	3.53	3.14	4.19	1.16	2.10	1.04	4.48	2.35	2.78	2.88
中国大陆	0.00	2.35	1.89	2.40	1.16	2.10	1.04	2.24	7.98	0.56	2.43
意大利	3.91	2.94	2.52	3.59	1.16	1.40	1.04	2.24	4.23	0.56	2.43
法国	3.13	2.35	1.89	4.19	1.16	1.40	1.04	2.99	1.88	2.78	2.30
西班牙	1.56	2.35	1.89	3.59	1.16	1.40	1.04	2.99	2.82	2.78	2.18
瑞士	4.69	1.18	3.77	1.80	1.16	1.40	1.04	2.99	2.35	1.67	2.18
南非	2.34	1.76	1.89	1.80	1.16	1.40	1.04	1.49	0.47	4.44	1.79
比利时	3.91	1.76	1.89	2.40	1.16	2.10	1.04	0.75	0.94	1.67	1.73
巴西	0.78	1.18	1.89	1.20	1.16	1.40	1.04	1.49	1.41	3.33	1.54
丹麦	3.13	1.76	2.52	1.80	1.16	0.70	1.04	0.00	1.41	1.67	1.54
瑞典	3.13	2.35	3.14	1.80	1.16	1.40	1.04	0.75	0.47	0.00	1.47
印度	0.00	1.76	1.89	0.60	1.16	2.10	1.04	1.49	0.47	1.67	1.22

续表

国家和地区	2012 年	2013 年	2014 年	2015 年	2016 年	2017 年	2018 年	2019 年	2020 年	2021 年	合计
以色列	1.56	0.59	0.63	1.20	1.16	0.70	1.04	0.75	0.47	3.33	1.15
挪威	2.34	1.18	0.63	1.80	1.16	2.10	1.04	0.75	0.94	0.00	1.15
爱尔兰	0.00	0.59	1.89	1.20	1.16	0.70	1.04	0.75	0.94	1.67	1.02

表 9-141　全科医学和内科医学 C 层人才排名前 20 的国家和地区的占比

单位：%

国家和地区	2012 年	2013 年	2014 年	2015 年	2016 年	2017 年	2018 年	2019 年	2020 年	2021 年	合计
美国	32.18	34.60	34.34	32.59	29.56	24.53	22.05	31.74	27.39	23.96	28.78
英国	14.58	15.82	14.67	14.90	13.37	9.89	7.95	12.62	10.18	12.22	12.40
加拿大	6.10	6.04	5.72	5.26	5.30	5.09	4.98	4.55	3.90	4.24	5.00
澳大利亚	6.17	6.11	4.61	5.26	4.64	4.44	4.20	5.01	3.17	2.82	4.46
中国大陆	1.62	2.17	3.03	2.54	2.35	2.37	1.90	3.80	5.96	2.70	2.96
瑞士	2.93	2.30	3.16	3.11	2.65	2.43	2.18	1.90	2.66	2.06	2.50
荷兰	4.17	3.41	2.17	2.73	2.71	2.55	1.73	2.30	1.93	1.90	2.46
德国	3.09	2.30	3.29	1.97	2.23	1.95	1.96	2.65	2.71	2.54	2.46
意大利	1.85	1.51	2.50	2.54	1.81	1.90	1.73	2.02	3.67	3.31	2.38
法国	2.47	2.36	1.97	2.47	2.95	2.19	2.07	1.90	1.79	1.98	2.18
西班牙	1.31	1.44	0.86	1.14	1.75	1.42	1.51	1.44	2.20	2.54	1.64
印度	1.16	1.51	1.78	1.20	1.57	1.07	1.23	1.04	1.06	2.34	1.43
瑞典	1.16	0.92	1.12	1.46	2.23	1.36	1.12	1.56	1.10	1.73	1.39
南非	2.01	1.31	1.18	0.89	1.57	1.36	1.34	1.32	1.01	1.29	1.31
丹麦	2.01	1.64	1.25	1.08	1.51	1.18	1.34	0.98	0.83	1.29	1.28
巴西	0.62	0.59	0.46	0.76	1.14	1.07	1.34	1.04	1.38	1.90	1.10
比利时	0.85	0.85	1.25	0.95	1.20	0.89	1.29	1.04	0.73	1.05	1.01
挪威	1.00	0.53	0.86	1.08	0.84	1.90	1.01	1.27	0.69	0.93	1.00
韩国	0.31	0.72	0.99	0.70	0.54	0.77	0.84	1.56	1.61	1.25	0.98
日本	0.77	0.66	0.86	1.01	0.60	1.18	1.18	0.98	0.96	0.65	0.88

四十八　综合医学和补充医学

综合医学和补充医学 A、B、C 层人才最多的是中国大陆，分别占该学科全球 A、B、C 层人才的 30.00%、25.11%、28.38%，均遥遥领先于其他国家和地区。

韩国 A 层人才的世界占比为 11.67%，排名第二；中国香港、印度、意大利、马来西亚、巴基斯坦、美国的 A 层人才比较多，世界占比均为 5.00%；中国澳门、沙特阿拉伯、西班牙、英国的 A 层人才世界占比均为 3.33%；阿根廷、孟加拉国、埃塞俄比亚、德国、以色列、卢森堡、新加坡、瑞典也有相当数量的 A 层人才，世界占比均为 1.67%。

美国、印度、韩国、澳大利亚、意大利、伊朗、英国、德国的 B 层人才比较多，世界占比在 9%~3%；巴西、中国香港、加拿大、马来西亚、巴基斯坦、南非、土耳其、中国澳门、中国台湾、沙特阿拉伯、葡萄牙也有相当数量的 B 层人才，世界占比均超过 1%。

美国、韩国、印度、伊朗的 C 层人才比较多，世界占比在 8%~3%；德国、巴西、中国台湾、马来西亚、英国、澳大利亚、中国香港、意大利、沙特阿拉伯、巴基斯坦、南非、埃及、土耳其、加拿大、西班牙也有相当数量的 C 层人才，世界占比均超过 1%。

表 9-142 综合医学和补充医学 A 层人才排名前 20 的国家和地区的占比

单位：%

国家和地区	2012 年	2013 年	2014 年	2015 年	2016 年	2017 年	2018 年	2019 年	2020 年	2021 年	合计
中国大陆	0.00	57.14	42.86	14.29	28.57	0.00	16.67	14.29	66.67	57.14	30.00
韩国	0.00	0.00	14.29	14.29	0.00	50.00	33.33	0.00	0.00	14.29	11.67
中国香港	0.00	14.29	0.00	0.00	14.29	0.00	0.00	14.29	0.00	0.00	5.00
印度	0.00	0.00	0.00	14.29	14.29	0.00	0.00	0.00	0.00	14.29	5.00
意大利	20.00	0.00	14.29	0.00	0.00	0.00	16.67	0.00	0.00	0.00	5.00
马来西亚	0.00	0.00	14.29	0.00	14.29	25.00	0.00	0.00	0.00	0.00	5.00
巴基斯坦	40.00	0.00	0.00	0.00	0.00	0.00	0.00	14.29	0.00	0.00	5.00
美国	0.00	14.29	0.00	14.29	0.00	25.00	0.00	0.00	0.00	0.00	5.00
中国澳门	0.00	0.00	0.00	0.00	0.00	0.00	16.67	14.29	0.00	0.00	3.33
沙特阿拉伯	0.00	0.00	0.00	0.00	14.29	0.00	0.00	14.29	0.00	0.00	3.33
西班牙	0.00	14.29	0.00	14.29	0.00	0.00	0.00	0.00	0.00	0.00	3.33
英国	0.00	0.00	14.29	0.00	0.00	0.00	0.00	0.00	33.33	0.00	3.33

续表

国家和地区	2012 年	2013 年	2014 年	2015 年	2016 年	2017 年	2018 年	2019 年	2020 年	2021 年	合计
阿根廷	0.00	0.00	0.00	14.29	0.00	0.00	0.00	0.00	0.00	0.00	1.67
孟加拉国	0.00	0.00	0.00	0.00	0.00	0.00	0.00	0.00	0.00	14.29	1.67
埃塞俄比亚	0.00	0.00	0.00	0.00	0.00	0.00	0.00	14.29	0.00	0.00	1.67
德国	20.00	0.00	0.00	0.00	0.00	0.00	0.00	0.00	0.00	0.00	1.67
以色列	0.00	0.00	0.00	14.29	0.00	0.00	0.00	0.00	0.00	0.00	1.67
卢森堡	0.00	0.00	0.00	0.00	14.29	0.00	0.00	0.00	0.00	0.00	1.67
新加坡	0.00	0.00	0.00	0.00	0.00	0.00	0.00	14.29	0.00	0.00	1.67
瑞典	0.00	0.00	0.00	0.00	0.00	0.00	16.67	0.00	0.00	0.00	1.67

表 9-143　综合医学和补充医学 B 层人才排名前 20 的国家和地区的占比

单位：%

国家和地区	2012 年	2013 年	2014 年	2015 年	2016 年	2017 年	2018 年	2019 年	2020 年	2021 年	合计
中国大陆	18.33	27.27	22.39	22.06	14.93	25.00	21.15	37.31	31.08	28.57	25.11
美国	3.33	1.52	10.45	5.88	13.43	13.46	9.62	14.93	6.76	3.57	8.07
印度	5.00	4.55	1.49	2.94	7.46	7.69	1.92	2.99	5.41	5.95	4.57
韩国	8.33	6.06	4.48	4.41	4.48	1.92	9.62	0.00	2.70	3.57	4.41
澳大利亚	8.33	4.55	1.49	0.00	5.97	3.85	1.92	7.46	5.41	1.19	3.96
意大利	0.00	3.03	2.99	2.94	4.48	1.92	9.62	1.49	5.41	5.95	3.81
伊朗	1.67	6.06	1.49	1.47	7.46	11.54	0.00	4.48	5.41	0.00	3.81
英国	6.67	1.52	4.48	7.35	2.99	3.85	7.69	0.00	2.70	2.38	3.81
德国	6.67	0.00	5.97	4.41	0.00	1.92	1.92	1.49	2.70	4.76	3.04
巴西	3.33	3.03	2.99	7.35	1.49	5.77	1.92	2.99	1.35	0.00	2.89
中国香港	1.67	0.00	5.97	2.94	4.48	1.92	0.00	2.99	1.35	2.38	2.44
加拿大	1.67	6.06	1.49	1.47	4.48	3.85	0.00	1.49	1.35	1.19	2.28
马来西亚	1.67	3.03	1.49	0.00	2.99	0.00	1.92	1.49	2.70	4.76	2.13
巴基斯坦	3.33	0.00	1.49	7.35	1.49	0.00	1.92	1.49	0.00	3.57	2.13
南非	1.67	1.52	0.00	1.47	1.49	5.77	0.00	5.97	2.70	0.00	1.98
土耳其	1.67	6.06	1.49	0.00	1.49	0.00	0.00	0.00	1.35	4.76	1.83
中国澳门	3.33	1.52	0.00	1.47	4.48	1.92	1.92	0.00	4.05	0.00	1.83
中国台湾	1.67	7.58	0.00	1.47	1.49	0.00	1.92	1.49	1.35	1.19	1.67
沙特阿拉伯	0.00	0.00	1.49	1.47	1.49	0.00	0.00	2.99	0.00	4.76	1.37
葡萄牙	1.67	1.52	2.99	4.41	0.00	0.00	1.92	0.00	1.35	0.00	1.37

表 9-144　综合医学和补充医学 C 层人才排名前 20 的国家和地区的占比

单位：%

国家和地区	2012 年	2013 年	2014 年	2015 年	2016 年	2017 年	2018 年	2019 年	2020 年	2021 年	合计
中国大陆	21.59	21.06	21.00	23.98	27.49	26.87	25.76	33.17	37.22	43.83	28.38
美国	8.31	9.36	10.73	8.65	9.21	8.06	8.14	7.77	6.35	3.27	7.96
韩国	5.98	6.08	7.31	6.07	8.01	5.18	9.09	6.15	5.60	5.35	6.46
印度	5.98	7.96	5.44	4.10	4.23	4.61	3.98	4.37	5.45	6.24	5.27
伊朗	1.50	1.87	2.64	3.49	2.72	4.80	3.03	3.40	4.08	3.42	3.08
德国	3.82	3.74	2.49	2.73	2.87	2.50	3.60	3.40	2.87	1.78	2.96
巴西	3.99	4.06	2.02	4.10	3.63	1.92	2.84	1.94	2.12	2.08	2.88
中国台湾	5.15	3.59	3.42	3.19	2.57	2.88	1.70	3.40	1.66	0.89	2.84
马来西亚	3.65	4.99	4.04	3.03	1.66	1.92	1.70	1.94	1.66	0.89	2.56
英国	3.82	3.28	2.49	2.88	2.57	1.73	1.33	1.29	2.27	1.78	2.37
澳大利亚	4.15	1.72	2.33	2.12	2.27	3.45	1.52	2.27	1.82	1.93	2.34
中国香港	2.33	1.72	1.56	3.34	1.51	2.69	1.33	3.40	1.97	2.82	2.27
意大利	1.33	1.72	2.95	1.97	2.11	2.11	1.89	2.75	0.91	1.19	1.88
沙特阿拉伯	1.16	1.09	2.64	1.37	1.96	3.26	2.65	1.62	1.21	2.23	1.88
巴基斯坦	0.66	1.09	2.80	2.58	1.96	2.88	1.33	0.49	0.91	2.08	1.68
南非	2.49	2.34	2.02	1.82	1.81	0.38	2.08	1.13	0.76	0.15	1.50
埃及	0.66	0.78	1.24	1.21	0.60	1.92	2.65	1.62	1.66	1.93	1.40
土耳其	1.16	1.09	1.24	1.67	0.76	1.34	1.89	0.81	1.51	1.19	1.26
加拿大	1.99	0.94	1.24	1.52	1.51	0.77	0.57	1.29	1.66	0.74	1.24
西班牙	1.33	1.56	0.78	1.37	1.81	1.34	1.33	0.49	0.61	1.04	1.16

四十九　研究和实验医学

研究和实验医学 A、B、C 层人才最多的是美国，分别占该学科全球 A、B、C 层人才的 36.19%、31.97%、26.74%，均遥遥领先于其他国家和地区。

英国、中国大陆、意大利、德国、澳大利亚、法国的 A 层人才比较多，世界占比在 8%~3%；荷兰、瑞典、西班牙、加拿大、韩国、瑞士、日本、中国香港、比利时、巴西、以色列、新加坡、芬兰也有相当数量的 A 层人才，世界占比超过或接近1%。

中国大陆B层人才的世界占比为8.19%，排名第二；英国、德国、意大利、加拿大、法国的B层人才比较多，世界占比在8%~3%；荷兰、澳大利亚、瑞士、日本、瑞典、韩国、西班牙、比利时、印度、巴西、丹麦、以色列、伊朗也有相当数量的B层人才，世界占比超过或接近1%。

中国大陆C层人才的世界占比为16.45%，排名第二；英国、德国、意大利、法国的C层人才比较多，世界占比在6%~3%；加拿大、日本、澳大利亚、荷兰、瑞士、西班牙、印度、韩国、瑞典、比利时、伊朗、巴西、中国台湾、丹麦也有相当数量的C层人才，世界占比超过或接近1%。

表9-145　研究和实验医学A层人才排名前20的国家和地区的占比

单位：%

国家和地区	2012年	2013年	2014年	2015年	2016年	2017年	2018年	2019年	2020年	2021年	合计
美国	47.06	58.97	30.23	37.25	38.46	37.21	31.58	37.29	30.43	26.87	36.19
英国	5.88	5.13	9.30	5.88	3.85	4.65	12.28	8.47	10.14	10.45	7.98
中国大陆	8.82	0.00	0.00	3.92	3.85	2.33	8.77	6.78	17.39	0.00	5.64
意大利	8.82	10.26	9.30	1.96	3.85	2.33	5.26	1.69	7.25	1.49	4.86
德国	2.94	0.00	6.98	1.96	7.69	0.00	7.02	5.08	2.90	1.49	3.70
澳大利亚	0.00	10.26	9.30	1.96	3.85	0.00	1.75	3.39	4.35	1.49	3.50
法国	2.94	2.56	2.33	1.96	3.85	4.65	1.75	1.69	4.35	5.97	3.31
荷兰	5.88	0.00	0.00	1.96	1.92	9.30	1.75	5.08	2.90	1.49	2.92
瑞典	0.00	0.00	4.65	0.00	1.92	4.65	1.75	3.39	0.00	7.46	2.53
西班牙	2.94	0.00	0.00	5.88	1.92	6.98	1.75	3.39	1.45	1.49	2.53
加拿大	0.00	0.00	6.98	5.88	3.85	4.65	1.75	0.00	1.45	0.00	2.33
韩国	0.00	0.00	2.33	5.88	1.92	2.33	3.51	1.69	0.00	1.49	1.95
瑞士	2.94	2.56	2.33	3.92	0.00	0.00	1.75	1.69	1.45	1.49	1.75
日本	0.00	7.69	4.65	0.00	0.00	0.00	1.75	5.08	0.00	0.00	1.75
中国香港	0.00	0.00	0.00	3.92	0.00	0.00	1.75	1.69	2.90	1.49	1.36
比利时	0.00	0.00	0.00	1.96	0.00	2.33	1.75	3.39	0.00	1.49	1.17
巴西	2.94	0.00	2.33	1.96	1.92	2.33	0.00	0.00	0.00	1.49	1.17
以色列	0.00	0.00	0.00	0.00	3.85	0.00	0.00	1.69	1.45	1.49	0.97
新加坡	2.94	0.00	2.33	1.96	0.00	2.33	0.00	0.00	1.45	0.00	0.97
芬兰	0.00	0.00	0.00	1.96	0.00	2.33	1.75	1.69	1.45	0.00	0.97

表 9-146 研究和实验医学 B 层人才排名前 20 的国家和地区的占比

单位：%

国家和地区	2012 年	2013 年	2014 年	2015 年	2016 年	2017 年	2018 年	2019 年	2020 年	2021 年	合计
美国	35.42	39.54	37.91	38.21	34.32	30.93	31.52	30.32	27.14	23.31	31.97
中国大陆	1.57	5.44	5.34	6.11	6.99	8.17	9.92	12.77	13.41	6.59	8.19
英国	8.15	7.16	6.36	7.21	7.20	7.98	7.00	6.21	8.08	7.40	7.28
德国	6.58	6.88	6.36	4.59	6.14	6.61	3.31	6.56	3.39	4.82	5.37
意大利	4.70	2.58	3.31	3.93	3.81	3.11	3.11	3.37	5.17	5.31	3.92
加拿大	3.45	4.87	2.80	5.68	2.97	3.50	5.25	2.48	2.10	4.66	3.73
法国	5.02	5.16	3.05	3.93	3.81	2.72	2.92	2.84	3.23	3.54	3.50
荷兰	3.45	3.44	2.04	1.75	2.54	2.72	3.70	3.01	2.91	2.25	2.76
澳大利亚	2.19	2.01	3.82	2.84	2.75	2.14	2.53	2.13	3.07	3.38	2.72
瑞士	2.19	2.01	4.58	3.49	2.12	2.53	2.72	3.01	1.45	1.77	2.53
日本	5.02	3.72	2.29	1.31	2.97	1.95	2.72	1.42	2.10	1.93	2.38
瑞典	1.57	2.01	2.29	2.18	4.03	1.95	1.56	2.48	2.26	3.05	2.38
韩国	2.19	2.29	1.53	1.53	2.12	1.36	2.92	1.77	2.10	1.61	1.93
西班牙	3.76	0.86	0.76	2.62	1.27	1.36	2.33	2.13	2.26	1.61	1.89
比利时	2.19	2.29	1.02	1.09	2.97	1.36	0.97	1.24	0.81	1.77	1.51
印度	0.94	0.00	1.78	0.87	0.64	2.14	1.95	1.60	2.26	1.77	1.49
巴西	1.25	0.86	0.51	0.22	0.21	0.78	0.58	1.95	1.45	1.77	1.02
丹麦	0.00	0.57	1.02	0.66	1.06	1.75	0.78	0.71	0.97	1.13	0.91
以色列	0.63	0.57	0.51	0.87	0.64	0.58	0.97	1.24	0.65	1.77	0.89
伊朗	0.00	0.00	0.25	0.66	0.21	0.58	0.78	1.77	1.29	1.61	0.83

表 9-147 研究和实验医学 C 层人才排名前 20 的国家和地区的占比

单位：%

国家和地区	2012 年	2013 年	2014 年	2015 年	2016 年	2017 年	2018 年	2019 年	2020 年	2021 年	合计
美国	36.98	32.62	31.07	28.75	28.91	26.92	26.99	22.56	20.83	21.19	26.74
中国大陆	5.70	6.44	9.27	11.48	13.80	16.40	20.51	27.21	23.49	18.47	16.45
英国	5.95	6.67	6.35	6.55	6.00	6.91	5.57	5.19	5.44	5.31	5.93
德国	6.79	6.81	6.79	5.81	5.58	5.44	4.58	4.57	4.22	4.80	5.36
意大利	4.22	4.33	4.89	4.89	3.80	3.87	3.75	2.94	4.10	4.57	4.11
法国	4.25	4.59	3.02	3.31	3.65	3.29	2.70	2.46	2.72	2.35	3.12
加拿大	3.87	3.20	3.46	2.94	2.97	2.70	2.78	2.62	2.27	2.35	2.83
日本	3.56	3.20	2.87	2.91	2.01	2.64	2.50	1.89	1.98	1.83	2.44

国家和地区	2012 年	2013 年	2014 年	2015 年	2016 年	2017 年	2018 年	2019 年	2020 年	2021 年	合计
澳大利亚	2.51	2.86	2.38	2.65	2.56	2.50	2.86	2.14	2.06	2.14	2.43
荷兰	2.94	2.54	3.13	2.59	2.71	2.23	1.88	2.04	1.93	2.06	2.34
瑞士	2.01	3.03	2.02	2.04	2.26	2.11	1.77	1.69	1.76	1.86	2.01
西班牙	2.05	2.51	2.13	2.17	1.92	2.05	1.67	2.04	1.99	1.78	2.00
印度	0.99	1.56	1.82	1.31	1.69	1.68	2.18	1.39	2.34	2.53	1.82
韩国	2.11	1.39	2.05	2.45	1.94	1.47	1.61	1.46	1.58	1.42	1.72
瑞典	1.43	1.36	1.54	1.21	1.56	1.43	1.61	1.42	1.28	1.40	1.42
比利时	1.92	1.53	1.49	1.69	1.58	1.33	1.03	0.97	0.96	1.09	1.31
伊朗	0.15	0.43	0.38	0.55	1.18	1.15	1.39	1.33	2.14	2.69	1.28
巴西	0.93	0.92	1.02	1.21	1.00	0.80	0.89	0.84	0.90	1.06	0.96
中国台湾	1.08	1.04	0.82	1.03	1.11	0.86	0.87	0.60	0.93	1.09	0.94
丹麦	1.02	0.92	0.97	1.05	0.94	0.86	0.63	1.07	0.86	0.67	0.89

第二节　学科组

在医学各学科人才分析的基础上，按照 A、B、C 三个人才层次，对各学科人才进行汇总分析，可以从学科组层面揭示人才的分布特点和发展趋势。

一　A 层人才

医学 A 层人才最多的是美国，占该学科组全球 A 层人才的 21.15%，大幅高于其他国家和地区，英国以 9.59% 的世界占比排名第二，这两个国家的 A 层人才合计超过全球的 30%；其后是加拿大、德国、澳大利亚、意大利、法国，世界占比分别为 5.47%、4.92%、4.32%、4.22%、4.19%；荷兰、中国大陆、西班牙、瑞士、瑞典、比利时的 A 层人才比较多，世界占比在 4%~2%；日本、印度、丹麦、巴西、韩国、奥地利、以色列也有相当数量的 A 层人才，世界占比均超过 1%；爱尔兰、芬兰、中国香港、挪威、波兰、新加坡、南非、希腊、俄罗斯、新西兰、葡萄牙、土耳其、捷克、中国台湾、沙特阿拉伯、阿根廷、墨西哥、匈牙利、伊朗、巴基斯坦有一定数量的A层人才，世界占比均低于1%。

在发展趋势上，美国、瑞士呈现相对下降趋势，中国大陆、印度呈现相对上升趋势，其他国家和地区没有呈现明显变化。

表9-148 医学A层人才排名前40的国家和地区的占比

单位：%

国家和地区	2012 年	2013 年	2014 年	2015 年	2016 年	2017 年	2018 年	2019 年	2020 年	2021 年	合计
美国	28.90	27.17	24.82	22.83	23.53	19.73	19.20	18.88	15.93	16.72	21.15
英国	11.25	10.33	10.57	8.61	9.05	10.33	8.88	9.21	8.76	9.55	9.59
加拿大	6.23	6.61	5.57	6.88	6.28	5.29	4.93	5.58	4.29	4.31	5.47
德国	5.58	4.89	5.00	4.62	5.53	4.45	4.86	5.17	4.64	4.66	4.92
澳大利亚	2.70	5.34	3.93	4.44	5.28	4.53	5.16	5.31	3.53	3.32	4.32
意大利	4.09	4.80	4.34	3.99	3.52	3.61	5.08	3.23	5.35	4.02	4.22
法国	4.55	3.99	4.42	5.07	4.52	4.11	3.87	3.70	3.47	4.60	4.19
荷兰	5.30	4.26	4.01	3.80	4.02	4.70	3.72	3.90	2.53	3.49	3.88
中国大陆	1.12	1.99	1.56	1.36	2.18	2.10	3.19	2.62	13.35	3.73	3.74
西班牙	1.67	2.08	2.46	3.62	3.35	3.53	2.96	2.49	3.00	3.44	2.89
瑞士	4.00	2.72	2.21	3.44	3.27	3.11	3.11	2.28	2.35	2.39	2.82
瑞典	1.86	2.90	2.54	2.08	2.51	2.18	1.97	2.69	1.47	2.27	2.23
比利时	1.86	1.81	2.46	2.90	2.43	2.27	2.28	2.35	1.53	2.27	2.20
日本	1.58	2.63	2.29	1.72	1.51	2.18	2.05	2.15	1.88	1.81	1.97
印度	0.84	1.27	1.15	1.54	1.51	1.60	1.06	2.28	1.41	2.39	1.56
丹麦	2.32	0.91	1.80	2.17	1.76	1.51	1.75	1.48	0.82	1.28	1.53
巴西	0.56	0.63	1.06	1.72	1.68	1.26	1.52	1.75	0.88	1.46	1.27
韩国	1.02	0.36	1.80	1.18	0.92	1.60	1.82	0.87	1.41	1.22	1.24
奥地利	1.02	1.09	0.74	1.09	1.01	1.18	1.37	1.14	1.06	1.34	1.11
以色列	0.84	0.63	0.90	1.00	1.42	0.84	0.53	1.21	1.12	1.63	1.04
爱尔兰	0.93	0.91	0.66	1.27	1.42	1.26	0.61	1.14	0.71	0.76	0.95
芬兰	0.84	1.09	1.23	1.72	0.59	0.92	0.99	0.74	0.88	0.58	0.93
中国香港	0.46	0.54	0.41	0.82	0.75	0.59	0.76	1.21	2.06	0.82	0.90
挪威	0.56	1.18	0.49	0.91	0.84	1.26	0.99	1.01	0.71	0.93	0.88
波兰	0.65	0.63	0.90	0.82	0.59	0.67	0.91	0.94	0.29	1.16	0.76

续表

国家和地区	2012 年	2013 年	2014 年	2015 年	2016 年	2017 年	2018 年	2019 年	2020 年	2021 年	合计
新加坡	0.46	0.36	0.82	0.27	0.67	0.67	0.83	0.94	1.47	0.41	0.72
南非	0.37	0.63	0.57	0.72	0.92	1.09	0.83	0.94	0.35	0.64	0.70
希腊	0.74	0.54	0.49	0.36	0.59	0.67	0.83	0.47	1.12	0.93	0.70
俄罗斯	0.65	0.45	0.82	0.63	0.17	0.76	0.83	0.67	0.59	1.16	0.69
新西兰	1.12	0.91	0.33	0.45	0.67	0.67	0.46	0.94	0.29	0.58	0.63
葡萄牙	0.37	0.18	0.33	0.54	0.25	0.67	0.61	0.87	0.47	0.76	0.53
土耳其	0.65	0.09	0.25	0.45	0.67	0.34	0.91	0.54	0.65	0.52	0.52
捷克	0.46	0.82	0.25	0.45	0.67	0.76	0.46	0.60	0.24	0.58	0.52
中国台湾	0.28	0.36	0.41	0.45	0.17	0.42	0.53	0.81	0.71	0.35	0.47
沙特阿拉伯	0.28	0.00	0.25	0.54	0.59	0.34	0.46	0.40	0.65	0.47	0.41
阿根廷	0.09	0.45	0.08	0.72	0.17	0.34	0.53	0.47	0.41	0.70	0.41
墨西哥	0.09	0.63	0.25	0.36	0.08	0.34	0.38	0.60	0.41	0.76	0.41
匈牙利	0.46	0.18	0.33	0.45	0.42	0.67	0.46	0.40	0.29	0.35	0.40
伊朗	0.09	0.36	0.41	0.09	0.17	0.17	0.61	0.54	0.59	0.58	0.39
巴基斯坦	0.28	0.36	0.25	0.00	0.42	0.25	0.38	0.40	0.41	0.52	0.34

二 B层人才

医学 B 层人才最多的是美国，占该学科组全球 B 层人才的 22.52%，大幅高于其他国家和地区，英国以 8.79% 的世界占比排名第二，这两个国家的 B 层人才合计超过全球的 30%；其后是德国、加拿大、意大利、澳大利亚，世界占比分别为 5.24%、4.97%、4.66%、4.06%；中国大陆、法国、荷兰、西班牙、瑞士、比利时、瑞典的 B 层人才比较多，世界占比在 4%～2%；日本、丹麦、巴西、印度、韩国、奥地利也有相当数量的 B 层人才，世界占比均超过 1%；挪威、以色列、波兰、芬兰、希腊、新加坡、爱尔兰、中国香港、葡萄牙、土耳其、南非、新西兰、伊朗、中国台湾、捷克、俄罗斯、阿根廷、沙特阿拉伯、匈牙利、墨西哥、巴基斯坦有一定数量的 B 层人才，世界占比均低于 1%。

在发展趋势上,美国呈现相对下降趋势,中国大陆、印度、俄罗斯呈现相对上升趋势,其他国家和地区没有呈现明显变化。

表 9-149 医学 B 层人才排名前 40 的国家和地区的占比

单位:%

国家和地区	2012 年	2013 年	2014 年	2015 年	2016 年	2017 年	2018 年	2019 年	2020 年	2021 年	合计
美国	29.04	26.92	26.23	24.90	22.55	21.79	20.74	19.98	19.01	18.88	22.52
英国	9.93	9.60	8.79	9.13	8.80	8.60	8.64	8.31	8.27	8.50	8.79
德国	5.90	5.73	5.92	5.57	5.40	5.33	5.05	5.16	4.11	4.87	5.24
加拿大	5.90	5.71	5.38	4.90	4.92	5.25	4.88	5.09	4.28	4.07	4.97
意大利	4.00	4.19	4.29	4.38	4.11	4.17	4.55	4.31	6.32	5.46	4.66
澳大利亚	4.08	4.09	4.45	4.09	4.28	4.24	4.31	4.29	3.70	3.31	4.06
中国大陆	1.75	2.38	2.82	2.68	2.67	3.25	3.77	4.97	7.75	5.42	3.97
法国	3.87	3.90	3.83	3.92	3.67	3.89	3.71	3.55	3.85	3.60	3.77
荷兰	3.94	4.00	4.03	4.04	3.83	3.50	3.92	3.77	2.91	3.20	3.67
西班牙	2.65	2.92	2.67	2.95	2.75	3.00	3.01	2.94	3.31	3.25	2.97
瑞士	2.75	2.94	2.61	2.91	2.61	2.81	2.70	2.52	2.31	2.24	2.61
比利时	2.00	2.07	2.44	2.24	2.48	2.11	2.06	2.13	1.95	1.93	2.13
瑞典	2.00	2.08	2.12	2.00	2.19	2.12	1.99	2.25	1.70	1.74	2.01
日本	1.97	2.09	1.93	2.10	2.00	1.82	2.07	2.05	1.85	1.86	1.97
丹麦	1.70	1.73	1.54	1.71	1.87	1.71	1.58	1.68	1.29	1.49	1.62
巴西	0.98	1.15	1.32	1.35	1.58	1.54	1.52	1.25	1.51	1.79	1.42
印度	0.98	1.06	1.16	0.93	1.08	1.12	1.40	1.43	1.74	2.02	1.33
韩国	1.01	1.29	1.07	1.18	1.14	1.24	1.69	1.48	1.36	1.23	1.28
奥地利	1.26	1.29	1.38	1.26	1.29	1.17	1.24	1.19	0.94	1.08	1.20
挪威	0.89	1.02	0.85	0.98	1.27	0.95	0.98	0.96	0.80	0.93	0.96
以色列	0.70	0.72	0.78	0.84	0.91	0.77	1.00	0.91	1.15	0.88	
波兰	0.76	0.84	0.80	0.66	0.68	1.00	1.01	0.85	0.99	1.00	0.87
芬兰	0.88	0.91	0.93	1.05	0.86	0.93	0.90	0.77	0.72	0.65	0.85
希腊	0.69	0.69	0.81	0.77	0.64	0.76	0.88	0.79	0.83	0.92	0.79
新加坡	0.55	0.64	0.63	0.56	0.69	0.56	0.73	0.85	1.08	0.98	0.75
爱尔兰	0.66	0.56	0.50	0.61	1.00	0.84	0.77	0.75	0.70	0.82	0.73
中国香港	0.44	0.50	0.50	0.59	0.56	0.78	0.72	0.71	1.15	0.96	0.72
葡萄牙	0.57	0.63	0.69	0.59	0.78	0.80	0.74	0.64	0.86	0.78	0.72

国家和地区	2012年	2013年	2014年	2015年	2016年	2017年	2018年	2019年	2020年	2021年	合计
土耳其	0.36	0.47	0.53	0.45	0.63	0.61	0.46	0.62	0.79	0.97	0.61
南非	0.46	0.50	0.60	0.60	0.51	0.67	0.79	0.74	0.49	0.66	0.61
新西兰	0.58	0.65	0.50	0.66	0.64	0.66	0.60	0.67	0.63	0.43	0.60
伊朗	0.16	0.26	0.30	0.31	0.48	0.62	0.60	0.65	0.91	1.03	0.57
中国台湾	0.55	0.44	0.38	0.45	0.56	0.57	0.66	0.52	0.46	0.55	0.52
捷克	0.42	0.42	0.41	0.45	0.67	0.52	0.60	0.55	0.47	0.51	0.51
俄罗斯	0.22	0.23	0.37	0.34	0.41	0.40	0.41	0.57	0.74	0.74	0.47
阿根廷	0.42	0.39	0.40	0.43	0.36	0.44	0.46	0.42	0.30	0.39	0.40
沙特阿拉伯	0.25	0.23	0.28	0.28	0.49	0.39	0.30	0.41	0.46	0.71	0.40
匈牙利	0.35	0.44	0.32	0.33	0.37	0.41	0.51	0.34	0.39	0.45	0.39
墨西哥	0.28	0.32	0.33	0.36	0.38	0.37	0.47	0.40	0.30	0.53	0.38
巴基斯坦	0.20	0.13	0.24	0.19	0.27	0.35	0.30	0.37	0.38	0.54	0.31

三　C层人才

医学C层人才最多的是美国，占该学科组全球C层人才的25.40%，大幅高于其他国家和地区，英国以7.94%的世界占比排名第二，这两个国家的C层人才合计超过全球的30%；其后是中国大陆、德国、意大利、加拿大，世界占比分别为6.70%、5.22%、4.81%、4.42%；澳大利亚、荷兰、法国、西班牙、日本、瑞士的C层人才比较多，世界占比在4%~2%；瑞典、比利时、韩国、巴西、丹麦、印度、奥地利也有相当数量的C层人才，世界占比均超过1%；挪威、芬兰、中国台湾、波兰、以色列、伊朗、希腊、土耳其、爱尔兰、中国香港、新加坡、葡萄牙、新西兰、南非、沙特阿拉伯、埃及、捷克、俄罗斯、泰国、墨西哥、马来西亚有一定数量的C层人才，世界占比均低于1%。

在发展趋势上，美国、英国、德国、加拿大、荷兰呈现相对下降趋势，中国大陆、西班牙、印度、波兰、伊朗呈现相对上升趋势，其他国家和地区没有呈现明显变化。

表 9-150 医学 C 层人才排名前 40 的国家和地区的占比

单位：%

国家和地区	2012 年	2013 年	2014 年	2015 年	2016 年	2017 年	2018 年	2019 年	2020 年	2021 年	合计
美国	30.26	29.40	28.75	27.67	26.72	25.66	24.73	23.09	21.37	20.66	25.40
英国	8.27	8.51	8.13	8.16	8.08	8.08	7.89	7.70	7.57	7.42	7.94
中国大陆	4.05	4.25	4.99	5.57	5.82	6.37	7.28	8.70	9.01	8.57	6.70
德国	5.93	5.71	5.69	5.37	5.30	5.24	5.02	4.94	4.70	4.80	5.22
意大利	4.54	4.56	4.48	4.37	4.52	4.56	4.55	4.64	5.86	5.54	4.81
加拿大	4.70	4.70	4.65	4.64	4.52	4.62	4.47	4.36	4.03	3.88	4.42
澳大利亚	3.75	4.00	3.95	3.99	4.07	3.98	4.00	3.83	3.57	3.42	3.84
荷兰	3.92	4.01	3.69	3.75	3.67	3.59	3.48	3.39	3.12	3.10	3.53
法国	3.59	3.50	3.34	3.36	3.49	3.34	3.25	3.17	3.24	3.18	3.33
西班牙	2.46	2.55	2.58	2.59	2.59	2.62	2.63	2.80	2.91	2.99	2.69
日本	2.86	2.65	2.60	2.49	2.57	2.41	2.44	2.37	2.12	2.17	2.44
瑞士	2.21	2.21	2.12	2.17	2.22	2.40	2.26	2.30	2.23	2.20	2.24
瑞典	1.94	1.96	1.93	1.97	1.98	1.89	1.91	1.81	1.63	1.72	1.86
比利时	1.72	1.75	1.74	1.71	1.67	1.70	1.74	1.69	1.66	1.60	1.69
韩国	1.67	1.63	1.73	1.58	1.62	1.51	1.64	1.69	1.50	1.47	1.60
巴西	1.27	1.31	1.30	1.41	1.49	1.51	1.53	1.39	1.53	1.53	1.44
丹麦	1.38	1.37	1.49	1.52	1.53	1.49	1.44	1.46	1.31	1.29	1.42
印度	1.05	1.19	1.15	1.14	1.28	1.17	1.25	1.31	1.59	1.96	1.34
奥地利	1.04	0.99	1.03	1.03	0.95	1.02	1.02	1.02	1.00	0.99	1.01
挪威	0.88	0.83	0.86	0.84	0.82	0.91	0.86	0.85	0.74	0.75	0.83
芬兰	0.83	0.82	0.90	0.91	0.84	0.81	0.80	0.82	0.72	0.70	0.81
中国台湾	0.83	0.81	0.72	0.79	0.74	0.68	0.69	0.73	0.71	0.70	0.74
波兰	0.54	0.55	0.58	0.67	0.68	0.74	0.77	0.80	0.85	0.97	0.73
以色列	0.70	0.63	0.66	0.71	0.72	0.65	0.74	0.72	0.71	0.80	0.71
伊朗	0.35	0.45	0.45	0.46	0.57	0.63	0.73	0.84	1.12	1.12	0.71
希腊	0.70	0.68	0.66	0.63	0.59	0.68	0.68	0.70	0.76	0.79	0.69
土耳其	0.51	0.55	0.56	0.58	0.63	0.59	0.65	0.91	0.96	0.67
爱尔兰	0.52	0.58	0.54	0.56	0.56	0.63	0.65	0.68	0.68	0.70	0.62
中国香港	0.56	0.57	0.55	0.49	0.56	0.55	0.57	0.64	0.78	0.72	0.61
新加坡	0.52	0.50	0.51	0.51	0.58	0.59	0.56	0.63	0.78	0.66	0.59
葡萄牙	0.46	0.46	0.48	0.54	0.58	0.58	0.61	0.63	0.71	0.65	0.58
新西兰	0.50	0.48	0.54	0.55	0.47	0.60	0.58	0.56	0.53	0.46	0.53
南非	0.43	0.48	0.46	0.51	0.48	0.52	0.57	0.48	0.55	0.55	0.51

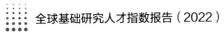

续表

国家和地区	2012 年	2013 年	2014 年	2015 年	2016 年	2017 年	2018 年	2019 年	2020 年	2021 年	合计
沙特阿拉伯	0.27	0.26	0.39	0.41	0.42	0.42	0.43	0.46	0.63	0.83	0.47
埃及	0.23	0.23	0.30	0.32	0.35	0.43	0.43	0.49	0.53	0.68	0.42
捷克	0.31	0.32	0.34	0.35	0.40	0.42	0.39	0.42	0.39	0.44	0.38
俄罗斯	0.12	0.17	0.19	0.25	0.26	0.28	0.34	0.38	0.47	0.50	0.31
泰国	0.31	0.29	0.30	0.28	0.30	0.30	0.35	0.33	0.31	0.34	0.31
墨西哥	0.24	0.26	0.27	0.28	0.32	0.30	0.28	0.31	0.32	0.40	0.30
马来西亚	0.20	0.22	0.25	0.26	0.26	0.27	0.31	0.33	0.37	0.37	0.29

第10章　交叉学科

交叉学科是指跨学科组的多学科交叉的学科。在同一学科组内部的多学科交叉学科，归入各学科组，并已在上文相关学科组中进行了分析。

第一节　A层人才

交叉学科 A 层人才最多的是美国，占该学科组全球 A 层人才的 36.08%，遥遥领先于其他国家和地区；英国、中国大陆 A 层人才分别以 12.37%、9.28% 的世界占比排名第二、三位；瑞士、法国、德国、中国香港、意大利、新加坡、西班牙的 A 层人才比较多，世界占比在 7%~3%；澳大利亚、比利时、丹麦、巴西、日本、墨西哥、荷兰、挪威、葡萄牙、韩国也有相当数量的 A 层人才，世界占比均超过 1%。

表 10-1　交叉学科 A 层人才排名前 20 的国家和地区的占比

单位：%

国家和地区	2012 年	2013 年	2014 年	2015 年	2016 年	2017 年	2018 年	2019 年	2020 年	2021 年	合计
美国	0.00	50.00	20.00	45.45	27.27	41.67	55.56	23.08	46.15	28.57	36.08
英国	0.00	0.00	0.00	9.09	9.09	16.67	11.11	7.69	23.08	21.43	12.37
中国大陆	0.00	0.00	20.00	9.09	0.00	8.33	22.22	7.69	15.38	0.00	9.28
瑞士	0.00	0.00	20.00	0.00	9.09	8.33	0.00	7.69	0.00	7.14	6.19
法国	0.00	0.00	10.00	9.09	9.09	0.00	0.00	0.00	0.00	7.14	4.12
德国	0.00	0.00	10.00	0.00	9.09	0.00	0.00	15.38	0.00	0.00	4.12
中国香港	0.00	0.00	10.00	0.00	0.00	8.33	0.00	7.69	0.00	0.00	3.09
意大利	0.00	0.00	10.00	0.00	9.09	0.00	0.00	7.69	0.00	0.00	3.09
新加坡	0.00	0.00	0.00	18.18	9.09	0.00	0.00	0.00	0.00	0.00	3.09
西班牙	0.00	25.00	0.00	0.00	0.00	8.33	0.00	7.69	0.00	0.00	3.09
澳大利亚	0.00	0.00	0.00	0.00	0.00	8.33	0.00	7.69	0.00	0.00	2.06

续表

国家和地区	2012 年	2013 年	2014 年	2015 年	2016 年	2017 年	2018 年	2019 年	2020 年	2021 年	合计
比利时	0.00	0.00	0.00	0.00	0.00	0.00	0.00	0.00	0.00	14.29	2.06
丹麦	0.00	0.00	0.00	0.00	0.00	0.00	0.00	0.00	0.00	14.29	2.06
巴西	0.00	0.00	0.00	0.00	0.00	0.00	0.00	0.00	0.00	7.14	1.03
日本	0.00	0.00	0.00	0.00	0.00	0.00	7.69	0.00	0.00	0.00	1.03
墨西哥	0.00	25.00	0.00	0.00	0.00	0.00	0.00	0.00	0.00	0.00	1.03
荷兰	0.00	0.00	0.00	9.09	0.00	0.00	0.00	0.00	0.00	0.00	1.03
挪威	0.00	0.00	0.00	9.09	0.00	0.00	0.00	0.00	0.00	0.00	1.03
葡萄牙	0.00	0.00	0.00	0.00	0.00	0.00	0.00	7.69	0.00	0.00	1.03
韩国	0.00	0.00	0.00	0.00	0.00	0.00	11.11	0.00	0.00	0.00	1.03

第二节　B 层人才

交叉学科 B 层人才最多的是美国，占该学科组全球 B 层人才的 30.66%，遥遥领先于其他国家和地区；英国、中国大陆 B 层人才世界占比分别为 8.56%、8.20%，处于第二梯队；德国、加拿大、荷兰、日本、法国的 B 层人才比较多，世界占比在 5%~3%；瑞士、澳大利亚、意大利、瑞典、新加坡、比利时、韩国、西班牙、中国香港、丹麦、奥地利、俄罗斯也有相当数量的 B 层人才，世界占比超过或接近 1%。

表 10-2　交叉学科 B 层人才排名前 20 的国家和地区的占比

单位：%

国家和地区	2012 年	2013 年	2014 年	2015 年	2016 年	2017 年	2018 年	2019 年	2020 年	2021 年	合计
美国	28.17	27.50	30.77	36.89	32.14	26.40	23.85	36.67	28.68	35.20	30.66
英国	8.45	5.00	6.59	10.68	8.93	10.40	6.92	7.50	10.08	9.60	8.56
中国大陆	5.63	7.50	8.79	7.77	8.04	10.40	10.00	9.17	7.75	5.60	8.20
德国	2.82	5.00	4.40	2.91	3.57	8.80	5.38	4.17	5.43	5.60	4.97
加拿大	4.23	7.50	3.30	2.91	1.79	2.40	5.38	4.17	3.10	2.40	3.59
荷兰	4.23	1.25	3.30	1.94	5.36	2.40	5.38	3.33	3.88	1.60	3.31
日本	1.41	6.25	3.30	4.85	2.68	5.60	1.54	3.33	2.33	2.40	3.31

国家和地区	2012年	2013年	2014年	2015年	2016年	2017年	2018年	2019年	2020年	2021年	合计
法国	4.23	5.00	2.20	2.91	3.57	2.40	5.38	1.67	3.10	2.40	3.22
瑞士	1.41	1.25	2.20	1.94	0.89	2.40	3.08	5.00	2.33	6.40	2.85
澳大利亚	1.41	6.25	1.10	0.97	2.68	0.80	3.08	2.50	3.88	4.00	2.67
意大利	4.23	1.25	4.40	0.00	1.79	0.00	3.85	1.67	4.65	2.40	2.39
瑞典	1.41	1.25	2.20	4.85	3.57	2.40	2.31	0.83	1.55	0.80	2.12
新加坡	1.41	3.75	3.30	0.00	2.68	4.00	0.77	2.50	0.78	0.80	1.93
比利时	0.00	2.50	1.10	2.91	2.68	0.00	0.77	1.67	3.88	2.40	1.84
韩国	1.41	2.50	3.30	0.00	3.57	1.60	1.54	2.50	1.55	0.80	1.84
西班牙	2.82	3.75	1.10	0.97	2.68	3.20	0.77	0.83	0.78	2.40	1.84
中国香港	1.41	2.50	0.00	1.94	1.79	0.00	2.31	1.67	4.65	0.00	1.75
丹麦	2.82	2.50	1.10	1.94	2.68	2.40	0.77	0.83	0.78	0.80	1.57
奥地利	1.41	0.00	2.20	2.91	0.00	1.60	1.54	1.67	0.78	0.00	1.20
俄罗斯	0.00	1.25	0.00	0.00	2.68	2.40	1.54	0.83	0.00	0.00	0.92

第三节　C层人才

交叉学科C层人才最多的是美国，占该学科组全球C层人才的26.99%，遥遥领先于其他国家和地区；中国大陆、英国、德国C层人才的世界占比分别为9.60%、8.57%、6.05%，处于第二梯队；法国、加拿大、澳大利亚的C层人才比较多，世界占比在4%~3%；日本、意大利、瑞士、荷兰、西班牙、韩国、瑞典、丹麦、比利时、新加坡、巴西、印度、奥地利也有相当数量的C层人才，世界占比超过或接近1%。

表10-3　交叉学科C层人才排名前20的国家和地区的占比

单位：%

国家和地区	2012年	2013年	2014年	2015年	2016年	2017年	2018年	2019年	2020年	2021年	合计
美国	34.22	31.56	29.04	27.97	28.53	26.11	25.22	25.23	25.16	22.65	26.99
中国大陆	5.46	7.79	9.46	8.29	9.01	12.69	9.35	10.51	10.68	9.95	9.60
英国	9.88	8.44	8.25	9.64	8.22	7.74	9.43	7.82	8.54	8.25	8.57

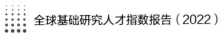

续表

国家和地区	2012 年	2013 年	2014 年	2015 年	2016 年	2017 年	2018 年	2019 年	2020 年	2021 年	合计
德国	4.42	5.45	6.49	5.88	5.83	6.59	6.36	6.22	6.01	6.31	6.05
法国	4.13	3.90	5.28	3.57	2.65	3.71	3.61	3.53	3.40	2.75	3.58
加拿大	3.83	3.38	4.07	2.89	3.53	3.21	3.61	2.69	3.72	3.88	3.47
澳大利亚	3.39	4.42	3.19	3.09	2.92	2.80	3.06	3.20	3.01	2.83	3.13
日本	2.36	2.86	2.53	3.47	4.06	2.72	3.30	2.35	2.14	2.59	2.85
意大利	2.80	1.69	2.75	3.38	2.74	3.13	2.67	2.10	3.01	3.72	2.84
瑞士	2.21	2.08	2.53	2.99	1.86	3.71	3.30	2.44	2.22	2.18	2.59
荷兰	3.39	3.25	2.53	2.31	2.47	2.47	2.28	2.86	2.06	2.51	2.55
西班牙	1.77	1.95	2.31	2.31	1.94	2.47	2.51	2.69	2.22	2.83	2.35
韩国	1.18	1.82	1.98	2.22	2.74	1.07	2.44	2.19	2.06	1.38	1.93
瑞典	1.92	2.21	1.54	2.22	1.33	1.89	1.34	1.68	1.27	1.62	1.66
丹麦	1.03	0.78	1.54	1.64	1.06	1.07	1.34	1.93	1.58	1.94	1.43
比利时	1.62	1.17	1.21	0.96	1.41	1.32	1.49	1.77	0.95	0.97	1.28
新加坡	0.29	1.43	0.99	1.06	1.50	0.74	0.94	1.51	1.03	1.62	1.14
巴西	1.18	0.65	0.99	1.16	0.71	1.24	1.26	0.84	1.58	0.81	1.06
印度	0.59	1.04	1.10	0.58	0.97	0.99	1.10	1.77	0.79	1.38	1.06
奥地利	0.59	0.78	0.99	1.25	1.06	0.82	1.18	1.18	0.63	0.97	0.96

第11章　自然科学

在各学科人才分析的基础上，按照 A、B、C 三个人才层次，对所有学科人才进行汇总分析，可以从总体层面揭示自然科学基础研究人才的分布特点和发展趋势。

第一节　A 层人才

自然科学 A 层人才最多的是美国，占全球 A 层人才的 22.37%，中国大陆和英国分别以 11.98%、7.61% 的世界占比排名第二、三位，三者的 A 层人才合计达到全球的 41.96%；其后是德国、澳大利亚，世界占比分别为 5.10%、4.35%；加拿大、法国、意大利、荷兰、瑞士、西班牙、日本的 A 层人才比较多，世界占比在 4% ~ 2%；韩国、印度、瑞典、新加坡、比利时、中国香港、丹麦、沙特阿拉伯也有相当数量的 A 层人才，世界占比均超过 1%；奥地利、伊朗、巴西、挪威、以色列、芬兰、土耳其、中国台湾、爱尔兰、俄罗斯、马来西亚、葡萄牙、南非、波兰、新西兰、希腊、巴基斯坦、捷克、越南、墨西哥、埃及、智利、罗马尼亚、卡塔尔、阿联酋、阿根廷、匈牙利、泰国、中国澳门、孟加拉国有一定数量的 A 层人才，世界占比均低于 1%。

在发展趋势上，美国、英国、德国、加拿大、法国呈现相对下降趋势，中国大陆、印度、沙特阿拉伯、伊朗呈现相对上升趋势，其他国家和地区没有呈现明显变化。

表 11-1　自然科学 A 层人才排名前 50 的国家和地区的占比

单位：%

国家和地区	2012 年	2013 年	2014 年	2015 年	2016 年	2017 年	2018 年	2019 年	2020 年	2021 年	合计
美国	30.11	29.83	27.02	24.18	24.46	24.03	21.44	20.47	15.55	14.70	22.37
中国大陆	6.69	6.59	7.09	9.37	10.54	11.71	13.30	13.89	17.47	16.95	11.98
英国	8.56	8.18	9.15	7.77	7.77	7.93	7.04	7.40	6.47	6.87	7.61
德国	5.86	5.77	5.63	5.87	5.71	5.07	4.70	5.24	4.12	4.07	5.10
澳大利亚	3.77	4.00	4.38	3.95	4.29	4.06	4.49	4.83	4.72	4.52	4.35
加拿大	4.14	4.34	4.02	3.99	4.21	4.32	4.07	4.17	3.53	3.28	3.97
法国	3.92	4.07	4.19	3.34	3.13	3.08	3.04	3.32	3.00	2.90	3.34
意大利	2.75	3.23	3.48	3.53	2.88	2.51	2.73	2.22	3.59	2.41	2.91
荷兰	3.53	3.13	2.98	3.22	2.77	3.16	2.50	2.65	1.78	1.99	2.69
瑞士	2.77	2.20	2.33	3.28	2.44	2.62	2.74	1.95	1.86	1.72	2.34
西班牙	2.21	2.20	2.38	2.55	2.44	2.43	2.06	1.47	2.38	2.12	2.21
日本	2.09	2.48	1.88	1.98	1.67	1.61	2.27	2.24	2.05	1.96	2.02
韩国	1.56	1.54	1.71	2.17	1.94	1.80	1.99	1.65	1.80	1.76	1.80
印度	1.46	1.32	1.33	1.44	1.13	1.34	1.50	2.01	2.58	2.67	1.75
瑞典	1.61	1.77	1.88	1.88	1.92	1.39	1.49	1.89	1.72	1.54	1.70
新加坡	1.99	1.91	1.04	1.29	1.71	1.15	1.82	2.05	1.92	1.41	1.63
比利时	1.24	1.45	1.63	1.48	1.62	1.47	1.31	1.45	0.97	1.43	1.39
中国香港	0.92	0.66	1.17	1.21	0.98	1.22	1.50	1.58	2.11	1.80	1.38
丹麦	1.39	1.25	1.56	1.46	1.13	1.08	1.00	0.94	1.06	0.91	1.15
沙特阿拉伯	0.34	0.39	0.77	1.23	1.42	1.39	1.29	1.21	1.36	1.36	1.12
奥地利	0.66	1.02	0.58	0.86	1.00	1.11	1.05	1.05	0.77	0.69	0.88
伊朗	0.56	0.70	0.42	0.35	0.52	0.39	0.63	1.13	1.40	1.89	0.87
巴西	0.36	0.59	0.58	1.06	1.13	0.89	1.28	0.80	0.66	0.95	0.85
挪威	0.71	0.89	0.50	0.63	0.65	1.06	0.70	1.05	0.77	0.66	0.77
以色列	0.71	0.61	0.98	0.94	0.92	0.67	0.82	0.61	0.59	0.71	0.75
芬兰	0.58	0.64	0.92	1.00	0.85	0.67	0.65	0.53	0.89	0.64	0.73
土耳其	0.44	0.50	0.44	0.54	0.77	0.52	0.66	0.59	1.09	1.08	0.70
中国台湾	0.73	0.59	0.56	0.52	0.40	0.61	0.58	0.59	0.95	0.75	0.64
爱尔兰	0.73	0.84	0.52	0.56	0.79	0.61	0.65	0.56	0.54	0.61	0.63
俄罗斯	0.68	0.75	0.52	0.40	0.44	0.72	0.65	0.50	0.66	0.75	0.61
马来西亚	0.36	0.20	0.60	0.54	0.52	0.54	0.94	0.67	0.51	0.94	0.61
葡萄牙	0.66	0.68	0.50	0.69	0.35	0.76	0.49	0.50	0.62	0.62	0.58
南非	0.29	0.43	0.38	0.42	0.73	0.69	0.70	0.56	0.66	0.77	0.58

续表

国家和地区	2012 年	2013 年	2014 年	2015 年	2016 年	2017 年	2018 年	2019 年	2020 年	2021 年	合计
波兰	0.44	0.34	0.77	0.46	0.62	0.56	0.54	0.67	0.53	0.66	0.57
新西兰	0.90	0.75	0.52	0.33	0.56	0.65	0.44	0.69	0.51	0.39	0.56
希腊	0.54	0.39	0.42	0.35	0.35	0.39	0.59	0.37	0.72	0.43	0.46
巴基斯坦	0.17	0.27	0.10	0.29	0.44	0.28	0.49	0.53	0.63	0.84	0.44
捷克	0.29	0.39	0.27	0.23	0.46	0.48	0.28	0.30	0.27	0.39	0.34
越南	0.10	0.02	0.10	0.04	0.19	0.20	0.17	0.29	0.77	0.84	0.31
墨西哥	0.24	0.18	0.38	0.38	0.23	0.28	0.44	0.29	0.33	0.33	0.31
埃及	0.12	0.07	0.10	0.04	0.21	0.15	0.26	0.22	0.36	0.94	0.28
智利	0.17	0.41	0.29	0.33	0.17	0.22	0.25	0.18	0.32	0.36	0.27
罗马尼亚	0.05	0.14	0.21	0.10	0.23	0.24	0.40	0.38	0.29	0.32	0.25
卡塔尔	0.00	0.09	0.19	0.29	0.38	0.19	0.14	0.21	0.27	0.52	0.24
阿联酋	0.05	0.00	0.08	0.08	0.04	0.02	0.17	0.42	0.27	0.94	0.24
阿根廷	0.22	0.30	0.17	0.25	0.29	0.20	0.26	0.26	0.23	0.20	0.24
匈牙利	0.22	0.14	0.17	0.31	0.25	0.28	0.19	0.18	0.20	0.27	0.22
泰国	0.24	0.23	0.23	0.13	0.12	0.13	0.17	0.14	0.18	0.38	0.21
中国澳门	0.00	0.00	0.13	0.15	0.04	0.17	0.24	0.14	0.17	0.17	0.13
孟加拉国	0.02	0.07	0.13	0.06	0.02	0.02	0.17	0.11	0.18	0.35	0.13

第二节　B 层人才

自然科学 B 层人才最多的是美国，占全球 B 层人才的 20.28%，中国大陆和英国分别以 14.58%、6.97%的世界占比排名第二、三位，三者的 B 层人才合计达到全球的 41.83%；其后是德国、澳大利亚，世界占比为 4.76%、4.05%；加拿大、意大利、法国、荷兰、西班牙、瑞士、印度的 B 层人才比较多，世界占比在 4%~2%；日本、韩国、瑞典、新加坡、中国香港、比利时、伊朗、沙特阿拉伯、丹麦也有相当数量的 B 层人才，世界占比超过 1%；巴西、奥地利、挪威、中国台湾、土耳其、芬兰、葡萄牙、以色列、波兰、马来西亚、俄罗斯、巴基斯坦、爱尔兰、希腊、南非、新西兰、埃及、捷克、墨西哥、越南、匈牙利、智利、罗马尼亚、泰国、阿根廷、阿联酋、斯洛文尼亚、哥伦比亚、卡塔尔有一定数量的 B 层人才，世界占比均低于 1%。

在发展趋势上，美国、英国、德国、加拿大、法国、日本呈现相对下降趋势，中国大陆、澳大利亚、印度、伊朗、沙特阿拉伯呈现相对上升趋势，其他国家和地区没有呈现明显变化。

表 11-2　自然科学 B 层人才排名前 50 的国家和地区的占比

单位：%

国家和地区	2012 年	2013 年	2014 年	2015 年	2016 年	2017 年	2018 年	2019 年	2020 年	2021 年	合计
美国	26.96	25.78	24.75	23.07	21.62	20.95	19.10	17.57	15.52	13.84	20.28
中国大陆	8.16	9.56	10.88	11.31	12.26	14.51	16.67	17.70	18.68	20.09	14.58
英国	7.95	7.71	7.29	7.53	7.38	7.10	6.65	6.43	6.46	6.10	6.97
德国	5.70	5.31	5.61	5.37	5.08	4.77	4.53	4.46	3.87	3.84	4.76
澳大利亚	3.60	3.70	3.93	3.94	4.00	4.21	4.27	4.35	4.20	4.01	4.05
加拿大	4.36	3.99	4.01	3.76	3.80	3.84	3.49	3.66	3.42	3.14	3.70
意大利	3.10	3.09	3.15	3.21	3.13	2.90	2.92	2.80	3.43	3.18	3.09
法国	3.73	3.85	3.44	3.42	3.34	3.12	2.80	2.64	2.67	2.36	3.07
荷兰	3.11	2.89	2.79	2.77	2.85	2.45	2.61	2.35	2.02	1.90	2.52
西班牙	2.74	2.68	2.64	2.58	2.37	2.35	2.18	2.18	2.24	2.08	2.37
瑞士	2.38	2.34	2.18	2.33	2.23	2.09	2.09	1.76	1.70	1.53	2.02
印度	1.45	1.73	1.71	1.70	1.76	1.66	1.87	2.06	2.55	3.00	2.01
日本	2.20	2.33	2.05	1.97	1.97	1.88	1.79	1.96	1.77	1.66	1.93
韩国	1.96	2.13	1.91	1.98	1.78	1.78	1.89	2.00	1.92	1.90	1.92
瑞典	1.56	1.56	1.57	1.67	1.60	1.54	1.61	1.55	1.31	1.29	1.51
新加坡	1.41	1.40	1.57	1.50	1.53	1.58	1.60	1.66	1.43	1.39	1.51
中国香港	1.06	1.17	1.22	1.30	1.17	1.52	1.51	1.52	1.53	1.40	1.36
比利时	1.45	1.41	1.40	1.47	1.49	1.32	1.27	1.30	1.21	1.11	1.33
伊朗	0.72	0.74	0.85	0.77	1.04	1.01	1.20	1.41	1.56	1.63	1.14
沙特阿拉伯	0.45	0.56	0.83	1.03	1.11	1.14	1.20	1.16	1.46	1.90	1.14
丹麦	1.28	1.32	1.21	1.19	1.26	1.19	1.17	1.00	0.97	0.93	1.13
巴西	0.73	0.83	0.86	0.96	1.06	1.00	1.00	0.95	0.96	1.04	0.95
奥地利	0.98	0.90	0.98	0.93	1.02	0.89	0.86	0.79	0.75	0.73	0.87
挪威	0.85	0.82	0.70	0.73	0.83	0.73	0.77	0.80	0.81	0.73	0.78
中国台湾	0.85	0.81	0.74	0.62	0.67	0.59	0.70	0.75	0.87	1.00	0.77

续表

国家和地区	2012 年	2013 年	2014 年	2015 年	2016 年	2017 年	2018 年	2019 年	2020 年	2021 年	合计
土耳其	0.59	0.57	0.60	0.55	0.65	0.58	0.64	0.80	1.07	1.13	0.75
芬兰	0.72	0.76	0.74	0.87	0.77	0.78	0.73	0.71	0.68	0.68	0.74
葡萄牙	0.78	0.67	0.72	0.61	0.65	0.69	0.69	0.65	0.75	0.64	0.68
以色列	0.64	0.69	0.73	0.71	0.75	0.65	0.62	0.64	0.58	0.64	0.66
波兰	0.54	0.57	0.57	0.57	0.62	0.61	0.74	0.65	0.73	0.74	0.65
马来西亚	0.48	0.53	0.68	0.59	0.66	0.66	0.61	0.66	0.63	0.80	0.64
俄罗斯	0.49	0.42	0.46	0.54	0.60	0.58	0.51	0.59	0.69	0.83	0.59
巴基斯坦	0.22	0.20	0.25	0.24	0.37	0.54	0.58	0.71	0.94	1.10	0.56
爱尔兰	0.55	0.52	0.47	0.56	0.69	0.58	0.55	0.48	0.50	0.57	0.55
希腊	0.59	0.57	0.57	0.57	0.50	0.53	0.51	0.47	0.54	0.57	0.54
南非	0.33	0.42	0.46	0.41	0.52	0.56	0.65	0.56	0.55	0.60	0.52
新西兰	0.51	0.52	0.42	0.47	0.52	0.49	0.49	0.54	0.50	0.40	0.49
埃及	0.18	0.21	0.22	0.33	0.33	0.36	0.33	0.50	0.70	1.02	0.45
捷克	0.34	0.38	0.35	0.39	0.37	0.42	0.44	0.37	0.40	0.39	0.39
墨西哥	0.34	0.30	0.34	0.36	0.30	0.36	0.31	0.36	0.37	0.43	0.35
越南	0.08	0.07	0.08	0.12	0.13	0.20	0.23	0.42	0.70	0.64	0.30
匈牙利	0.25	0.29	0.22	0.30	0.24	0.28	0.30	0.25	0.27	0.28	0.27
智利	0.21	0.25	0.22	0.25	0.31	0.27	0.31	0.22	0.24	0.30	0.26
罗马尼亚	0.18	0.22	0.21	0.20	0.25	0.26	0.28	0.30	0.32	0.25	0.25
泰国	0.24	0.19	0.22	0.22	0.22	0.15	0.22	0.20	0.31	0.38	0.24
阿根廷	0.24	0.24	0.24	0.24	0.23	0.26	0.24	0.19	0.21	0.21	0.23
阿联酋	0.07	0.14	0.10	0.15	0.12	0.17	0.18	0.30	0.31	0.52	0.22
斯洛文尼亚	0.20	0.16	0.16	0.17	0.18	0.16	0.14	0.19	0.17	0.14	0.17
哥伦比亚	0.12	0.17	0.12	0.16	0.20	0.20	0.19	0.17	0.15	0.15	0.17
卡塔尔	0.03	0.05	0.11	0.19	0.18	0.16	0.17	0.18	0.22	0.20	0.16

第三节 C 层人才

　　自然科学 C 层人才最多的是美国，占全球 C 层人才的 20.08%，中国大陆和英国分别以 15.90%、6.45% 的世界占比排名第二、三位，三者的 C 层人才合计占全球的 42.43%；其后是德国，世界占比为 4.86%；澳大利亚、意大利、加拿大、法国、西班牙、印度、荷兰、日本、韩国的 C 层人才比较多，世界占比在 4%~2%；瑞士、瑞典、伊朗、比利时、中国香港、巴西、新加坡、丹麦也有相当数量的 C 层人才，世界占比均超过 1%；沙特阿拉伯、中国台湾、土耳其、奥地利、波兰、芬兰、葡萄牙、挪威、马来西亚、以色列、俄罗斯、巴基斯坦、埃及、希腊、爱尔兰、南非、新西兰、捷克、墨西哥、泰国、智利、越南、匈牙利、罗马尼亚、阿根廷、阿联酋、哥伦比亚、斯洛文尼亚、卡塔尔有一定数量的 C 层人才，世界占比均低于 1%。

在发展趋势上，美国、英国、德国、加拿大、法国、日本呈现相对下降趋势，中国大陆、印度、伊朗、沙特阿拉伯呈现相对上升趋势，其他国家和地区没有呈现明显变化。

表 11-3　自然科学 C 层人才排名前 50 的国家和地区的占比

单位：%

国家和地区	2012 年	2013 年	2014 年	2015 年	2016 年	2017 年	2018 年	2019 年	2020 年	2021 年	合计
美国	25.61	24.39	23.50	22.57	21.37	20.66	19.26	17.81	16.09	14.50	20.08
中国大陆	9.51	10.75	12.00	13.06	14.10	16.12	18.15	19.84	19.67	20.35	15.90
英国	6.96	7.02	6.75	6.77	6.80	6.63	6.40	6.14	5.95	5.63	6.45
德国	5.92	5.71	5.56	5.36	5.19	4.84	4.56	4.37	4.10	3.93	4.86
澳大利亚	3.27	3.46	3.47	3.61	3.57	3.63	3.69	3.68	3.56	3.44	3.55
意大利	3.51	3.59	3.54	3.55	3.44	3.40	3.27	3.21	3.70	3.61	3.48
加拿大	3.92	3.87	3.77	3.70	3.61	3.47	3.37	3.25	3.11	2.97	3.46
法国	3.96	3.89	3.59	3.44	3.40	3.07	2.88	2.65	2.57	2.46	3.12
西班牙	2.92	2.84	2.76	2.65	2.58	2.45	2.39	2.34	2.35	2.28	2.52
印度	1.86	2.02	2.11	2.14	2.29	2.28	2.38	2.44	2.92	3.41	2.44
荷兰	2.79	2.76	2.57	2.51	2.48	2.34	2.24	2.20	2.02	1.88	2.34
日本	2.88	2.66	2.48	2.33	2.26	2.13	2.00	1.94	1.78	1.73	2.17
韩国	2.21	2.14	2.17	2.16	2.14	2.07	2.17	2.18	2.09	2.14	2.15
瑞士	2.01	2.00	1.93	1.92	1.89	1.88	1.80	1.68	1.57	1.49	1.79
瑞典	1.50	1.54	1.52	1.49	1.52	1.45	1.42	1.32	1.23	1.22	1.41
伊朗	0.95	1.03	1.09	1.11	1.28	1.38	1.50	1.64	1.78	1.69	1.38
比利时	1.36	1.36	1.29	1.29	1.22	1.17	1.16	1.09	1.06	1.01	1.18

续表

国家和地区	2012 年	2013 年	2014 年	2015 年	2016 年	2017 年	2018 年	2019 年	2020 年	2021 年	合计
中国香港	1.00	0.98	1.05	1.06	1.12	1.19	1.25	1.24	1.28	1.28	1.16
巴西	1.07	1.07	1.11	1.12	1.22	1.21	1.19	1.13	1.17	1.16	1.15
新加坡	1.08	1.07	1.12	1.16	1.17	1.18	1.19	1.13	1.18	1.03	1.13
丹麦	1.08	1.06	1.11	1.14	1.08	1.05	1.02	1.01	0.96	0.91	1.04
沙特阿拉伯	0.41	0.50	0.69	0.81	0.85	0.85	0.87	0.95	1.33	1.75	0.95
中国台湾	1.23	1.09	1.01	0.93	0.83	0.78	0.76	0.78	0.87	0.95	0.91
土耳其	0.72	0.70	0.70	0.73	0.75	0.71	0.72	0.78	1.03	1.10	0.81
奥地利	0.87	0.86	0.86	0.83	0.83	0.81	0.78	0.75	0.72	0.71	0.79
波兰	0.61	0.62	0.66	0.73	0.72	0.70	0.70	0.71	0.81	0.91	0.73
芬兰	0.70	0.72	0.79	0.75	0.72	0.69	0.70	0.67	0.63	0.61	0.69
葡萄牙	0.70	0.71	0.70	0.67	0.71	0.65	0.66	0.69	0.66	0.67	0.68
挪威	0.68	0.71	0.69	0.65	0.69	0.68	0.65	0.67	0.65	0.66	0.67
马来西亚	0.48	0.50	0.58	0.58	0.57	0.59	0.57	0.62	0.70	0.80	0.61
以色列	0.70	0.66	0.66	0.67	0.64	0.59	0.58	0.54	0.49	0.51	0.60
俄罗斯	0.45	0.46	0.50	0.55	0.56	0.57	0.60	0.63	0.67	0.78	0.59
巴基斯坦	0.17	0.24	0.26	0.31	0.39	0.48	0.54	0.72	0.95	1.16	0.56
埃及	0.26	0.29	0.35	0.37	0.41	0.46	0.51	0.62	0.84	1.05	0.55
希腊	0.61	0.59	0.55	0.57	0.53	0.53	0.51	0.53	0.53	0.55	0.55
爱尔兰	0.50	0.49	0.47	0.48	0.49	0.47	0.49	0.47	0.47	0.49	0.48
南非	0.37	0.42	0.43	0.44	0.46	0.48	0.48	0.47	0.51	0.51	0.46
新西兰	0.45	0.44	0.45	0.44	0.40	0.47	0.45	0.45	0.41	0.39	0.43
捷克	0.38	0.38	0.41	0.41	0.41	0.41	0.41	0.42	0.41	0.44	0.41
墨西哥	0.34	0.34	0.34	0.31	0.35	0.37	0.32	0.36	0.36	0.41	0.35
泰国	0.27	0.25	0.24	0.23	0.26	0.26	0.27	0.28	0.32	0.38	0.28
智利	0.20	0.22	0.25	0.24	0.29	0.27	0.28	0.29	0.28	0.30	0.27
越南	0.08	0.09	0.10	0.12	0.13	0.16	0.24	0.35	0.63	0.44	0.26
匈牙利	0.27	0.24	0.24	0.24	0.25	0.23	0.24	0.24	0.23	0.23	0.24
罗马尼亚	0.21	0.21	0.21	0.22	0.21	0.21	0.22	0.24	0.29	0.30	0.24
阿根廷	0.26	0.24	0.24	0.23	0.21	0.20	0.21	0.20	0.21	0.19	0.22
阿联酋	0.07	0.09	0.12	0.15	0.15	0.14	0.18	0.25	0.31	0.38	0.20
哥伦比亚	0.12	0.13	0.12	0.14	0.15	0.17	0.16	0.18	0.17	0.18	0.16
斯洛文尼亚	0.16	0.14	0.16	0.17	0.16	0.13	0.15	0.14	0.15	0.16	0.15
卡塔尔	0.04	0.07	0.10	0.13	0.16	0.17	0.15	0.18	0.21	0.22	0.15

图书在版编目（CIP）数据

全球基础研究人才指数报告.2022/柳学智，苗月霞，刘晔等著.--北京：社会科学文献出版社，2023.4
ISBN 978-7-5228-1592-3

Ⅰ.①全… Ⅱ.①柳… ②苗… ③刘… Ⅲ.①基础研究-人才-指数-研究报告-世界-2022 Ⅳ.①G316

中国国家版本馆 CIP 数据核字（2023）第 050625 号

全球基础研究人才指数报告（2022）

著　　者／柳学智　苗月霞　刘　晔 等

出 版 人／王利民
责任编辑／宋　静
责任印制／王京美

出　　版／社会科学文献出版社·皮书出版分社（010）59367127
　　　　　地址：北京市北三环中路甲 29 号院华龙大厦　邮编：100029
　　　　　网址：www.ssap.com.cn
发　　行／社会科学文献出版社（010）59367028
印　　装／天津千鹤文化传播有限公司

规　　格／开　本：787mm×1092mm　1/16
　　　　　印　张：39.5　字　数：605 千字
版　　次／2023 年 4 月第 1 版　2023 年 4 月第 1 次印刷
书　　号／ISBN 978-7-5228-1592-3
定　　价／298.00 元

读者服务电话：4008918866